図説 有用魚類千種

理学博士
田中茂穂
理学博士
阿部宗明
共著

森北出版株式會社

た。次回にさらに二百通りの魚の図説をして、一応千通り（種とはいわない。種以下のものも数えるから）の図説という事に致したいと思っている。

本書中、第一頁―二六六頁は大体田中茂穂先生が書かれ、若干図や説明を小生が改めさせて戴き、第二六七頁―二九四頁は全部小生が書いた。

なお本書の各項目の説明は、各地方での呼び名、形態、色彩、習性、利用価値、漁獲の方法と産額等を中心に、さらに他種との類似・異同点やそれぞれについての必要事項を述べて、できる限り利用度の高いものにしようと努めたことを附言しておきたい。

昭和三十年三月一日

阿部宗明

目次

分類表……一〜一〇

魚類総説……一

円口類

穿口蓋類……四

イソメクラウナギ科・オキメクラウナギ科

不穿口蓋類……五

ヤツメウナギ科

魚類

鮫類……七

カグラザメ科・ラブカ科・ネコザメ科・オオセ科・オシザメ科・トラザメ科・ホシザメ科・メジロザメ科・ゾオザメ科・シュモクザメ科・オナガザメ科・アオザメ科・ウバザメ科・ジンベエザメ科・アブラザメ科・オンデンザメ科‖ヨロイザメ科・ノコギリザメ科・キクザメ科・カスザメ科

鱝類……一三

ノコギリエイ科・サカタザメ科・シビレエイ科・ウチワザメ科・ガンギエイ科・アカエイ科・トビエイ科・イトマキエイ科

銀鮫類……二〇

ギンザメ科・テングザメ科

光鱗類……二三

チョオザメ科

等椎類……二三

ギス科・ソトイワシ科・カライワシ科・サバヒイ科・サイトオ科・コノシロ科・イワシ科・カタクチ科・トカゲギス科・サケ科・ワカサギ科・シラウオ科・ヒメ科・エソ科・ハダカイワシ科・ネズミギス科・アオメエソ科・ハダカエソ科・ホオライエソ科・ヨコエソ科・ホテイエソ科・トカゲハダカ科・キュウリエソ科・ホオネンエソ科・ミズウオ科・ミズウオダマシ科・シャチフリ科

骨鰾類……五〇

ゴンズイ科・ナマズ科・ドジョオ科・コイ科

合鰓類……六五

カワヘビ科

無足類……六六
ウナギ科・クロハモ科・アナゴ科・ハモ科・ウミヘビ科・ウツボ科
異肩類……二七九
ソコギス科
単肩類……七一
メタカ科
下口類……七二
ウミテング科・フウライウオ科・ヨオジウオ科
半鰓類……七五
クダヤガラ科・ヘラヤガラ科・ヤガラ科・サギフエ科・ヘコアユ科・イ
トヨ科
合内顎類……七六
ダツ科・サヨリ科・サンマ科・サヨリトビウオ科・トビウオ科
棘鰭類……八〇
カマス科・トオゴロイワシ科・ボラ科・キンメダイ科・ヒウチダイ科・
グソクダイ科・ギンメ科・ナカムラギンメ科・ヒカリギンメ科・マツカ
サウオ科・サバ科・スミヤキ科・タチウオ科・タチモドキ科・カジキ科
メカジキ科・アジ科・スギ科・ヒイラギ科・ギンカガミ科・シイラ科・
マンダイ科・ベンテンウオ科・マナガツオ科・シマガツオ科・ドクウロ
コイボダイ科・エボシダイ科・アマシイラ科・アカナマダ科・テンジク
ダイ科・ホタルジャコ科・ユゴイ科・キントキダイ科・クロマス科・ハ
タ科・ゴンベ科・マツダイ科・タルミ科・シマイサギ科・チョオセンバ
カマ科・イサキ科・タイ科・メジナ科・アマギ科・ニベ科・ハチビキ科
イシダイ科・テングダイ科・ヒメジ科・ライギョ科・トオユウ科・タカノ
ハ科・ツバメコノシロ科・キス科・アマダイ科・アカタチ科・ソコアマ
ダイ科・ウミタナゴ科・スズメダイ科・ベラ科・ブダイ科・マトオダイ
科・カガミダイ科・ツバメウオ科・ヒシダイ科・チョオチョオウオ科・
ツノダシ科・スダレダイ科・ニザダイ科・アイゴ科・ベニカワムキ科・
ギマ科・モンガラハギ科・カワハギ科・ハコフグ科・ウチワフグ科・マ
フグ科・ハリセンボン科・マンボオ科・メバル科・アイナメ科・アブラ
ボオズ科・カジカ科・コチ科・ハリゴチ科・ホオボオ科・キホオボオ科
セミホオボオ科・クマガエウオ科・コンペイトオ科・クサウオ科・コバ
ンザメ科・ヒラメ科・ウシノシタ科・ハゼ科・トラギス科・ハタハタ科
ミシマオコゼ科・クロボオズギス科・ノドクサリ科・ウバウオ科・ギン
ポ科・ウナギギンポ科・ゲンゲ科・カクレウオ科・アシロ科・イカナゴ
科・シワイカナゴ科・イタテウオ科・サイウオ科・タラ科・ヒゲ科
有柄類……二六二
アンコオ科・イザリウオ科・チョオチンアンコオ科・アカグツ科
改訂の部……二六七
増補の部……二七五
索引（学名）……一
同（和名）……七

図説有用魚類千種

田中茂穂
阿部宗明
著

凡　例

○本文中改訂箇所があるものは、当該項目の右肩に＊印をつけて示し、「改訂の部」の当該項目には、本文の頁数を示した。

○項目の排列は大体分類表の順序に従っている。分類表には項目の頁数を（　）内に示し、改訂のあるものは＊印をつけてその頁数をも入れた。

○本文では学名はローマン体、命名者はイタリック体で表記してあるが、「改訂の部」と「増補の部」では学界の慣用に従ってその逆、すなわち学名をイタリック、命名者をローマン体で表記した。

分類表

円口類（綱）

穿口蓋類（目）

イソメクラウナギ科
イソメクラ（四頁）

オキメクラウナギ科
オキメクラ（五頁）・クロメクラ（五頁）

不穿口蓋類（目）

ヤツメウナギ科
カワヤツメ（五頁・＊二六七頁）・スナヤツメ（六頁・＊二六七頁）

魚類（綱）

鮫類（目）

カグラザメ科
エドアブラザメ（七頁）・エビスザメ（七頁）・カグラザメ（七頁）

ラブカ科
ラブカ（八頁）

ネコザメ科
ネコザメ（八頁）・シマネコザメ（九頁）

オオセ科
テンジクザメ（九頁）・オオセ（九頁）・トラフザメ（一〇頁）・クモハダオオセ（二七五頁）

オシザメ科
オシザメ（一〇頁）

トラザメ科
ナヌカザメ（一〇頁）・ホシノクリ（一一頁）・ナガサキトラザメ（一一頁）・トラザメ（一一頁）・ヤケザメ（一二頁）・ガイコツザメ（一二頁）・ヤモリザメ（一二頁）

ホシザメ科
ホシザメ（一三頁）・アカボシ（一三頁）・ドチザメ（一三頁）

メジロザメ科
イタチザメ（一三頁・＊二六七頁）・ヨシキリザメ（一四頁・＊二六七頁）・メジロザメ（一四頁）・ヒラガシラ（一四頁）・エイラクブカ（一五頁）・ヨゴレ（二七五頁）

ゾオザメ科
ミズワニ（一五頁）・ゾオザメ（一五頁）

シュモクザメ科
シュモクザメ（一六頁・＊二六七頁）・アカシュモク（二七六頁）

オナガザメ科
オナガザメ（一六頁）・ハチワレ（二七五頁）

アオザメ科
アオザメ（一六頁・＊二六七頁）・ラクダザメ（一七頁・＊二六八頁）・ホオジロ（一七頁）

ウバザメ科
ウバザメ（バカザメ）（一八頁・＊二六八頁）

ジンベエザメ科
ジンベエザメ（一八頁・＊二六八頁）

アブラザメ科
アブラザメ（一九頁）・ツマリツノザメ（一九頁）・フジクジラ（二〇頁）・カラスザメ（二〇頁）・アイザメ（二〇頁）・ヘラツノザメ（二〇頁）・モミジザメ（二一頁）・ビロオドザメ（二一頁）・カスミザメ（二一頁）・ユメザメ（二七六頁）

オンデンザメ科＝ヨロイザメ科
オンデンザメ（二一頁・＊二六八頁）・ダルマザメ（二二頁）・ヨロイザメ（二七六頁）・カ

エルザメ（二七七頁）

ノコギリザメ科

ノコギリザメ（二二頁）

キクザメ科

キクザメ（二二頁）

カスザメ科

カスザメ（二三頁）・コロザメ（二三頁）

鱝　類（目）

ノコギリエイ科

ノコギリエイ（二三頁）

サカタザメ科

サカタザメ（二四頁）・コモンサカタザメ（二四頁）・トンガリ（二四頁）・シノノメサカタザメ（二四頁）

シビレエイ科

シビレエイ（二五頁）・ヤマトシビレエイ（二五頁）・ネムリシビレエイ（二七七頁）

ウチワザメ科

ウチワザメ（二六頁）

ガンギエイ科

ガンギエイ（二六頁）・テングザメ（二七頁）

サメカスベ（二七頁）

アカエイ科

アカエイ（二七頁）・ズグエイ（二八頁）・ツバクロエイ（二八頁）・ヒラタエイ（二八頁）

トビエイ科

トビエイ（二九頁）・マダラトビエイ（二九頁）

イトマキエイ科

イトマキエイ（三〇頁）

銀鮫類（目）

ギンザメ科

ギンザメ（三〇頁）・アカギンザメ（三一頁）・ウサギザメ（三一頁）

テングギンザメ科

テングギンザメ（三一頁）・アズマギンザメ（三一頁）

光鱗類（目）

チョオザメ科

チョオザメ（三二頁）

等椎類（目）

ギス科

ギス（三二頁）

ソトイワシ科

ソトイワシ（三三頁）

カライワシ科

カライワシ（三三頁・＊二六八頁）・ハイレン（三三頁）

サバヒイ科

サバヒイ（三四頁）

サイトオ科

サイトオ（三四頁）

コノシロ科

コノシロ（三四頁・＊二六九頁）・メナガ（三五頁・＊二六九頁）

イワシ科

ウルメイワシ（三五頁）・キビナゴ（三五頁）・マイワシ（三六頁）・ヒラ（三六頁）・ニシン（三七頁）・サッパ（三七頁）

カタクチ科

カタクチ（三七頁）・エツ（三八頁）

トカゲギス科

トカゲギス（三八頁）

サケ科

ベニマス（三八頁・＊二七三頁）・サケ（三九頁・＊二七三頁）・マスノスケ（三九頁・＊二七三頁）マス（四〇頁・＊二七三頁）・セッパリマス（四〇頁・＊二七三頁）・ニジマス（四一頁）・イト（四一頁）・イワナ（四一頁）カワマス（四二頁）・アユ（四二頁）

ワカサギ科

キュウリウオ（四三頁）・ワカサギ（四三頁）・ニギス（四三頁）・シシャモ（二七七頁）・カラフトシシャモ（二七七頁）

シラウオ科
シラウオ（四四頁）
ヒメ科
ヒメ（四四頁）
エソ科
ミズテング（四四頁）・エソ（四五頁）・アカエソ（四五頁）・オキエソ（四五頁）
ハダカイワシ科
ソトオリイワシ（四六頁）・イタハダカ（四六頁）・ハダカイワシ（四六頁）・イバラハダカ（四七頁）・オオクチイワシ（四七頁）
ネズミギス科
ネズミギス（四七頁）
アオメエソ科
アオメエソ（四七頁・＊二六九頁）
ハダカエソ科
ナメハダカ（二七八頁）
ホオライエソ科
ホオライエソ（四八頁）
ヨコエソ科
ヨコエソ（四八頁）
ホテイエソ科
ホテイエソ（四八頁）
トカゲハダカ科
トカゲハダカ（四九頁）
キュウリエソ科
キュウリエソ（四九頁）
ホオネンエソ科
ホオネンエソ（四九頁）
ミズウオ科
ミズウオ（四九頁）
ミズウオダマシ科
ミズウオダマシ（二七八頁）
シャチフリ科
シャチフリ（五〇頁）

骨鰾類（目）

ゴンズイ科
ゴンズイ（五〇頁）
ナマズ科
ナマズ（五〇頁）・ギバチ（五一頁）・ギギ（五一頁）・アカザ（五一頁）・ハマギギ（五二頁）・ヒレナマズ（五二頁）
ドジョオ科
ドジョオ（五二頁）・ホトケドジョオ（五二頁）・エゾホトケ（五三頁）・フクドジョオ（五三頁）・シマドジョオ（五三頁）・アユモドキ（五四頁）
コイ科
ゼニタナゴ（五四頁）・カネヒラ（五四頁）・イタセンパラ（五四頁）・アブラボテ（五五頁）・クルメタナゴ（五五頁）・タナゴ（五五頁）・ヤリタナゴ（五六頁）・イチモンジタナゴ（五六頁）・モロコ（五六頁）・ニゴイ（五七頁）・カマツカ（五七頁）・セイヨオカマツカ（五八頁）・ウキカモ（五八頁）・カワバタモロコ（五八頁）・ヒガイ（五八頁）・スナモロコ（五九頁）・ムギツク（五九頁）・モツゴ（五九頁）・ウグイ（六〇頁）・アブラハヤ（六〇頁）・オイカワ（六一頁）・カワムツ（六一頁）ハス（六二頁）・ワタカ（六二頁）・フナ（六二頁）・テツギョ（六三頁）・コイ（六四頁）・ツアウヒイ（六五頁）・レンヒイ（六五頁）・ケンヒイ（六五頁）

合鰓類（目）

カワヘビ科
カワヘビ（六五頁）

無足類（目）

ウナギ科
ウナギ（六六頁）
クロハモ科
クロハモ（六六頁）
アナゴ科
マアナゴ（六六頁）・トオヘエ（六七頁）・ギンアナゴ（六七頁）・ゴテンアナゴ（六八頁）・ハシナガアナゴ（六八頁）
ハモ科

ハモ（六八頁）
ウミヘビ科
スソウミヘビ（六八頁）・ウミヘビ（六九頁）・ホタテウミヘビ（六九頁）・ボオウミヘビ（六九頁）・モンガラドオシ（七〇頁）アキウミヘビ（七〇頁）
ウツボ科
トラウツボ（七〇頁）・ウツボ（七〇頁）・アミウツボ（七一頁）
異肩類（目）
ソコギス科
ソコギス（二一七九頁）
単肩類（目）
メタカ科
メタカ（七一頁）・タプミノオ（七二頁）
下口類（目）
ウミテング科
ウミテング（七二頁）
フウライウオ科
フウライウオ（七二頁）
ヨオジウオ科
ヨオジウオ（七三頁）・イショオジ（七三頁）・ヒフキヨオジ（七三頁）・トゲヨオジ（七四頁）・タカクラタツ（七四頁）・ハナタツ（七四頁）・サンゴタツ（七四頁）・タツノオトシゴ（七五頁）・イバラタツ（七五頁）
半鰓類（目）
クダヤガラ科
クダヤガラ（七五頁）
ヘラヤガラ科
ヘラヤガラ（七六頁）
ヤガラ科
アカヤガラ（七六頁）・アオヤガラ（七六頁）
サギフエ科
サギフエ（七六頁）
ヘコアユ科
ヘコアユ（七七頁）
イトヨ科
イトヨ（七七頁）・トミヨ（七八頁）
合内顎類（目）
ダツ科
ハマダツ（七八頁）
サヨリ科
サヨリ（七八頁）・ナンヨオサヨリ（七九頁）・トオザヨリ（七九頁・＊二一七三頁）
サンマ科
サンマ（七九頁）
サヨリトビウオ科
サヨリトビウオ（二一七九頁）
トビウオ科
トビウオ（七九頁・＊二一六九頁）ニジトビウオ（二一七九頁）・アリアケトビウオ（二一八〇頁）・ホソトビ（二一八〇頁）・アカトビ（二一八一頁）・ハマトビウオ（二一八一頁）・ツクシトビウオ（二一八二頁）・カラストビウオ（二一八三頁）・アヤトビウオ（二一八三頁）・サンノジダマシ（二一八三頁）・ホソアオトビ（二一八四頁）・マイトビウオ（二一八四頁）
棘鰭類（目）
カマス科
アカカマス（八〇頁）
トオゴロイワシ科
トオゴロイワシ（八〇頁）
ボラ科
ボラ（八〇頁）・メナダ（八一頁）
キンメダイ科
キンメダイ（八一頁）
ヒウチダイ科
ハシキンメ（二一八五頁）
グソクダイ科
カノコウオ（八二頁）・テリエビス（八二頁）・アカマツカサ（八二頁）・グソクダイ（八三

頁）
ギンメ科
ギンメ（八三頁）
ナカムラギンメ科
ナカムラギンメ（二八六頁）
ヒカリギンメ科
ヒカリギンメ（二八六頁）
マツカサウオ科
マツカサウオ（八四頁）
サバ科
サバ（八四頁）・ソオダガツオ（八五頁）・カツオ（八五頁）・メバチ（八六頁）・ビンナガ（八六頁）・キハダ（八六頁）・マグロ（八七頁）キツネガツオ（八七頁）・サワラ（八七頁・＊二七三頁）・オキザワラ（八八頁・＊二七三頁）・ヨコジマサワラ（八八頁）・カマスサワラ（八八頁）
スミヤキ科
スミヤキ（八九頁）
タチウオ科
タチウオ（八九頁）
タチモドキ科
タチモドキ（八九頁）
カジキ科
バショオカジキ（八九頁）・マカジキ（九〇頁）
メカジキ科
メカジキ（九〇頁）
アジ科
ブリモドキ（九一頁）・ブリ（九一頁）・ヒラマサ（九一頁）・カンパチ（九二頁）・オニアジ（九二頁）・マルアジ（九二頁・＊二六九頁）・ムロアジ（九三頁・＊二六九頁）・マアジ（九三頁）・メアジ（九三頁）・カイワリ（九四頁）・シマアジ（九四頁）・ナガエバ（九四頁）・マルエバ（九五頁）・オキアジ（九五頁）・ヨロイアジ（九五頁）・イトヒキアジ（九六頁）・コバンアジ（九六頁）・オアカムロ（二八六頁）・カッポレ（二八七頁）・ツムブリ（二八七頁）
スギ科
スギ（九六頁）
ヒイラギ科
ヒイラギ（九七頁）・オキヒイラギ（九八頁）・ヒメヒイラギ（九八頁）
ギンカガミ科
ギンカガミ（九八頁）
シイラ科
シイラ（九九頁）
マンダイ科
マンダイ（九九頁）
ベンテンウオ科
ベンテンウオ（九九頁）
マナガツオ科
クロアジモドキ（一〇〇頁）・マナガツオ（一〇〇頁）・イボダイ（一〇〇頁）・メダイ（一〇一頁）・タカベ（一〇一頁）
シマガツオ科
シマガツオ（二八七頁）・マンザイウオ（二八七頁）・ヘリジロマンザイウオ（二八八頁）
ドクウロコイボダイ科
ドクウロコイボダイ（二八八頁）
エボシダイ科
コンニャクアジ（二八八頁）
アマシイラ科
アマシイラ（二八九頁）
アカナマダ科
アカナマダ（二八五頁）・テングノタチ（二八五頁）
テンジクダイ科
マトオテンジクダイ（一〇一頁）・テンジクダイ（一〇一頁）・ネンブツダイ（一〇二頁）・クロテンジクダイ（一〇二頁）・コスジテンジクダイ（一〇二頁）・ツマグロテンジクダイ（一〇三頁）・オオスジテンジクダイ（一〇三頁）・テッポオテンジクダイ（一〇三頁）ムツ（一〇四頁）
ホタルジャコ科

ホタルジャコ（一〇四頁）
ユゴイ科
ユゴイ（一〇四頁）・ギンユゴイ（一〇五頁）
キントキダイ科
キントキダイ（一〇五頁）・チカメキントキ（一〇五頁）・クルマダイ（一〇六頁）
クロマス科
クロマス（一〇六頁）
ハタ科
ウミブナ（一〇六頁）・キハッソク（一〇七頁）・スズキ（一〇七頁）・アラ（一〇七頁）・アカメ（一〇八頁）・オヤニラミ（一〇八頁）・イシナギ（一〇八頁）・ルリハタ（一〇九頁）・ホオセキハタ（一〇九頁）・モヨオハタ（一〇九頁）・オオモンハタ（一〇九頁）・ノミノクチ（一一〇頁）・オオスジハタ（一一〇頁）・コモンハタ（一一〇頁）・アオナ（一一〇頁）・タケアラ（一一一頁）・クエ（一一一頁）・アオハタ（一一一頁）・キジハタ（一一二頁）・マハタ（一一二頁）・アカハタ（一一二頁）・ツチホゼリ（一一三頁）・ヒメコダイ（一一三頁）・カスミサクラダイ（一一四頁）・アカイサギ（一一四頁）・トビハタ（一一四頁）・スミツキハナダイ（一一四頁）・ウキハナダイ（一一五頁）・ヒメハナダイ（一一五頁）・シキシマハナダイ（一一五頁）キンギョハナダイ（一一五頁）・サクラダイ（一一六頁）・ベンテンハナダイ（一一六頁）・ナガハナダイ（一一六頁）・アカムツ（一一七頁）・アオバダイ（一一七頁）
ゴンベ科
ゴンベ（一一七頁）・ハマゴンベ（一一七頁）
マツダイ科
マツダイ（一一八頁）
タルミ科
スジタルミ（一一八頁）・モンツキ（一一八頁）・ホシタルミ（一一九頁）・ドクギョ（一一九頁）・タルミ（一一九頁）・センネンダイ（一二〇頁）・チビキモドキ（一二〇頁）・チビキ（一二〇頁）・ナガサキチビキ（一二一頁）・イシチビキ（一二一頁）・ハマダイ（二八九頁）・ハナフエダイ（二八九頁）・ハチジョオアカムツ（二八九頁）・アオダイ（二九〇頁）
シマイサギ科
シマイサギ（一二二頁）・コトヒキ（一二二頁）
チョオセンバカマ科
チョオセンバカマ（一二二頁）
イサキ科
イサキ（一二三頁）・コロダイ（一二三頁）・コショオダイ（一二三頁）ヒゲダイ（一二四頁）タモリ（一二四頁）・タカサゴ（一二四頁）・ウメイロ（一二五頁）・タマガシラ（一二五頁）
タイ科
イトヨリ（一二五頁）・キイトヨリ（一二六頁）・メイチダイ（一二六頁）・ヘダイ（一二六頁）・クロダイ（一二七頁）・キビレ（一二七頁）・タマミ（一二八頁）・マダイ（一二八頁）・チダイ（一二九頁）・ヒレコダイ（一三〇頁）・キダイ（一三〇頁）
メジナ科
メジナ（一三〇頁）・オキナメジナ（一三一頁）・イズスミ（一三一頁）
アマギ科
アマギ（一三一頁）
ニベ科
ニベ（一三二頁）・イシモチ（一三二頁）
ハチビキ科
ハチビキ（一三二頁）
イシダイ科
イシダイ（一三三頁）・イシガキダイ（一三三頁）
テングダイ科
テングダイ（一三三頁）・カワビシャ（一三四頁）・ツボダイ（一三四頁）
ヒメジ科
ヒメジ（一三四頁）・ウミヒゴイ（一三五頁）・オキナヒメジ（一三五頁）・オジイサン（一三五頁）・トラヒメジ（一三六頁）
ライギョ科

ライギョ（一三六頁）

トオユウ科

トオユウ（一三六頁）

タカノハ科

タカノハ（一三七頁）・ミギマキ（一三七頁）・ユウダチタカノハ（一三八頁）

ツバメコノシロ科

ツバメコノシロ（一三八頁）

キス科

キス（一三八頁）・アオギス（一三八頁）

アマダイ科

アマダイ（一三九頁）・シロアマダイ（一九〇頁）・キアマダイ（一九〇頁）・アカアマダイ（一九一頁）

アカタチ科

アカタチ（一三九頁）・イッテンアカタチ（一四〇頁）・スミツキアカタチ（一四〇頁）

ソコアマダイ科

ソコアマダイ（一四〇頁）

ウミタナゴ科

ウミタナゴ（一四〇頁）・オキタナゴ（一四一頁）

スズメダイ科

クマノミ（一四一頁）・スズメダイ（一四一頁）・ロクセンスズメダイ（一四二頁）

ベラ科

イラ（一四二頁）・カンダイ（一四三頁）・タキベラ（一四三頁）・キツネベラ（一四三頁）・ササノハベラ（一四四頁）・イトベラ（一四四頁）オハグロベラ（一四四頁）・ススキベラ（一四五頁）・カミナリベラ（一四五頁）・ニジベラ（一四五頁）・キュウセン（一四五頁）・ヤナギベラ（一四六頁）・セトベラ（一四六頁）・ムスメベラ（一四六頁）・キヌベラ（一四七頁）・ヤマブキベラ（一四七頁）・オトメベラ（一四七頁）・セナスジベラ（一四八頁）・タコベラ（一四八頁）・カマスベラ（一四八頁）・クギベラ（一四八頁）・イトヒキベラ（一四九頁）・テンス（一四九頁）・テンスモドキ（一四九頁）

ブダイ科

ブダイ（一五〇頁）・アオブダイ（一五〇頁）

マトオダイ科

マトオダイ（一五一頁）

カガミダイ科

カガミダイ（一五一頁）

ツバメウオ科

ツバメウオ（一五一頁）

ヒシダイ科

ヒシダイ（一五二頁）

チョオチョオウオ科

チョオチョオウオ（一五二頁）・トゲチョオチョオウオ（一五二頁）・フウライチョオチョオウオ（一五三頁）・チョオハン（一五三頁）・シラコダイ（一五四頁）・ゲンロクダイ（一五四頁）・キンチャクダイ（一五四頁）ハタタテダイ（一五五頁）・カゴカキダイ一五五頁）

ツノダシ科

ツノダシ（一五五頁）

スダレダイ科

スダレダイ（一五六頁）

ニザダイ科

テングハギ（一五六頁）・ニザダイ（一五七頁）・クロハギ（一五七頁）・カンランハギ（一五七頁）

アイゴ科

アイゴ（一五八頁）

ベニカワムキ科

ベニカワムキ（一五八頁）

ギマ科

ギマ（一五九頁）

モンガラハギ科

アミモンガラ（一五九頁）・モンガラカワハギ（一六〇頁）・クマドリ（一六〇頁）

カワハギ科

カワハギ（一六一頁）・ウマズラ（一六一頁）・センマイハギ（一六二頁）・ウスバハギ（一六

二頁)

ハコフグ科

ラクダハコフグ(一六三頁)・ウミスズメ(一六三頁)・ハコフグ(一六三頁)・コンゴオフグ(一六四頁)イトマキフグ(一六四頁)

ウチワフグ科

ウチワフグ(一六四頁)

マフグ科

カナフグ(一六五頁・*二七〇頁)・サバフグ(一六五頁・*二七〇頁)・センニンフグ(一六五頁・*二七〇頁)・コモンフグ(一六六頁・*二七〇頁)・トラフグ(一六六頁・*二七〇頁)・シマフグ(一六七頁・*二七〇頁)・ショオサイフグ(一六七頁・*二七〇頁)・ゴマフグ(一六七頁・*二七一頁)・ヒガンフグ(一六八頁・*二七一頁)・クサフグ(一六八頁・*二七一頁)・ナメラフグ(一六八頁・*二七一頁)・アカメフグ(一六九頁・*二七一頁)・ムシフグ(一六九頁・*二七一頁)・クマサカフグ(一七〇頁・*二七一頁)・ホシフグ(一七〇頁・*二七二頁)・シロアミフグ(一七一頁)・モヨオフグ(一七一頁・*二七二頁)・キタマクラ(一七一頁)・カワフグ(一九一頁)・シッポオフグ(一九一頁)・カラス(一九一頁)・ナシフグ(一九一頁)・ヨコシマフグ(一九二頁)・シマキンチャクフグ(一九二頁)

ハリセンボン科

ハリセンボン(一七二頁)・イシガキフグ(一七二頁)

マンボオ科

マンボオ(一七二頁)・クサビフグ(一七三頁)・ヤリマンボオ(一九二頁)

メバル科

キチジ(一七四頁)・アコオ(一七四頁)・メバル(一七四頁)・トゴットメバル(一七五頁)・サンゴメヌケ(一七五頁)・オオサガ(一七五頁)・キツネメバル(一七六頁)・ツズノメバチメ(一七六頁)・クロゾイ(一七七頁)・モヨ(一七七頁)・タケノコメバル(一七七頁)・ゴマゾイ(一七八頁)・シマゾイ(一七八頁)・ヒレナガメバル(一七八頁)・アヤメカサゴ(一七九頁)・カサゴ(一七九頁)・ユメカサゴ(一八〇頁)・フサカサゴ(一八〇頁)・オニカサゴ(一八一頁)・サツマカサゴ(一八一頁)・ミノカサゴ(一八一頁)・エボシカサゴ(一八二頁)・ハチ(一八二頁)・ハオコゼ(一八三頁)・オニオコゼ(一八三頁)・ダルマオコゼ(一八四頁)・ヒメオコゼ(一八四頁)・アブオコゼ(一八四頁)・イボオコゼ(一八五頁)

アイナメ科

クジメ(一八五頁)・アイナメ(一八五頁)・ハゴトコ(一八六頁)・ホッケ(一八七頁)

アブラボオズ科

アブラボオズ(一八七頁)・ギンダラ(一九三頁)

カジカ科

クシカジカ(一八八頁)・ウロコカジカ(一八八頁)・ハネカジカ(一八八頁)・ダルマカジカ(一八九頁)・マツカジカ(一八九頁)・コオリカジカ(一九〇頁)・オットセイカジカ(一九〇頁)・メダマカジカ(一九一頁)・カラフトカジカ(一九一頁)・ヨコスジカジカ(一九一頁)・コビキカジカ(一九二頁)・ガンコ(一九二頁・*二七二頁)・ヤマノカミ(一九三頁)・カジカ(一九三頁)・カマキリ(一九四頁)・モカジカ(一九四頁)・アオカジカ(一九五頁)・ゴモカジカ(一九五頁)・オジギカジカ(一九五頁)・ナベコワシ(一九六頁)・イトヒキカジカ(一九六頁)・アカドンコ(一九六頁)・チチビツカジカ(一九七頁)・フサカケカジカ(一九七頁)・オキヒメカジカ(一九八頁)・キンカジカ(一九八頁)・ノロカジカ(一九八頁)・キヌカジカ(一九九頁)・イダテンカジカ(一九九頁)・ムツカジカ(二〇〇頁)・アナハゼ(二〇〇頁)・オビアナハゼ(二〇〇頁)・アサヒアナハゼ(二〇一頁)・ベロ(二〇一頁)・スイ(二〇一頁)・ホカケアナハゼ(二〇二頁)・ミゾレカジカ(二〇二頁)・サチコ(二〇二頁)・トオベツカジカ(二〇三頁)・ウ

ラナイカジカ（二〇三頁）・トリカジカ（二〇四頁）

コチ科

コチ（二〇四頁）・オニゴチ（二〇四頁）・アネサゴチ（二〇五頁）・トカゲコチ（二〇五頁）・イネゴチ（二〇五頁）・マツバゴチ（二〇六頁）・アカゴチ（二〇六頁）・ウバゴチ（二〇六頁）

ハリゴチ科

ハリゴチ（二〇七頁）

ホオボオ科

ホオボオ（二〇七頁）・ソコホオボオ（二〇七頁）・カナガシラ（二〇八頁）・イゴダカホデリ（二〇八頁）・カナド（二〇八頁）・トゲカナガシラ（二〇九頁）・ソコカナガシラ（二〇九頁）

キホオボオ科

キホオボオ（二一〇頁）・ヒゲホオボオ（二一〇頁）

セミホオボオ科

セミホオボオ（二一〇頁）・ホシセミホオボオ（二一一頁）

クマガエウオ科

オニシャチウオ（二一一頁）・イヌゴチ（二一一頁）・アカシゲトク（二一二頁）・クマガエウオ（二一二頁）・ツノシャチウオ（二一二頁）・サブロオ（二一三頁）・シチロオウオ（二一三頁）・ヤギウオ（二一三頁）・ワカマツ（二一三頁）

コンペイトオ科

ダンゴウオ（二一四頁）・ヨキヨ（二一四頁）・フウセンウオ（二一五頁）・コンペイトオ（二一五頁）

クサウオ科

クサウオ（二一五頁）・ビクニン（二一六頁）・アバチャン（二一六頁）・スジクサウオ（二九三頁）

コバンザメ科

コバンバメ（二一六頁）・シロコバン（二一六頁）・ヒシコバン（二一六頁）

ヒラメ科（ヒラメ科とカレイ科）

ホシダルマガレイ（二一七頁）・ダルマガレイ（二一八頁）・コオベダルマガレイ（二一八頁）・ヤリガレイ（二一八頁）・ガンゾオビラメ（二一九頁）・ナツガレイ（二一九頁）・ヒラメ（二一九頁）・マツカワ（二二〇頁）・ホシガレイ（二二一頁）・ムシガレイ（二二一頁）・アカガレイ（二二二頁）・ソオハチ（二二二頁）・アブラガレイ（二二二頁・＊二七二頁）・オヒョオ（二二二頁）・メダマガレイ（二二三頁）・メイタガレイ（二二三頁）・アサバ（二二四頁）・マガレイ（二二四頁）・マコガレイ（二二四頁）・スナガレイ（二二五頁）・カワガレイ（二二五頁）・イシガレイ（二二六頁）・サメガレイ（二二六頁）・ババガレイ（二二六頁・＊二七二頁）・ヤナギムシガレイ（二二七頁・＊二七二頁）・ヒレグロ（二二七頁・＊二七二頁）

ウシノシタ科

ササウシノシタ（二二七頁）・ツルマキ（二二八頁）・クロウシノシタ（二二八頁）・アカシタビラメ（二二九頁）

ハゼ科

ハナハゼ（二二九頁）・イソハゼ（二二九頁）・クロイトハゼ（二三〇頁）・ドンコ（二三〇頁）・カワアナゴ（二三一頁）・ムツゴロオ（二三一頁）・トビハゼ（二三二頁）・ヨシノボリ（二三二頁）・ゴクラクハゼ（二三二頁）・ヒメハゼ（二三三頁）・スジハゼ（二三三頁）・アベハゼ（二三三頁）・クモハゼ（二三四頁）・アシシロハゼ（二三四頁）・イトヒキハゼ（二三四頁）・ウロハゼ（二三五頁）・ウキゴリ（二三五頁）・ビリンゴ（二三五頁）・ニクハゼ（二三六頁）・センバハゼ（二三六頁）・アゴハゼ（二三六頁）・ドロメ（二三六頁）・ニシキハゼ（二三七頁）・キヌバリ（二三七頁）・リュウグウハゼ（二三七頁）・チャガラ（二三八頁）・マハゼ（二三八頁）・ハゼクチ（二三八頁）・ヒゲハゼ（二三九頁）・アカハゼ（二三九頁）・コモチジャコ（二三九頁）・ショオキハゼ二四〇頁）・ボオズゴリ（二四〇頁）・チチブ（二四〇頁）・

シマハゼ(二四一頁)・ミミズハゼ(二四一頁)・シロウオ(二四一頁)・アカウオ(二四二頁)・ワラスボ(二四二頁)

トラギス科

トラギス(二四二頁)・マトオギス(二四三頁)・コオライトラギス(二四三頁)・クラカケトラギス(二四三頁)・オキトラギス(二四四頁)・アカトラギス(二四四頁)・ユウダチトラギス(二四四頁)

ハタハタ科

エゾハタハタ(二四四頁)・ハタハタ(二四五頁)

ミシマオコゼ科

ニラミオコゼ(二四五頁)・ミシマオコゼ(二四六頁)・メガネウオ(二四六頁)・オコボ(二四六頁)・アオミシマ(二四六頁)

クロボオズギス科

クロボオズギス(二四七頁)

ノドクサリ科

セキレン(二四七頁)・アカノドクサリ(二四七頁)・アイノドクサリ(二四八頁)・ノドクサリ(二四八頁)・ハタタテヌメリ(二四九頁)・ハナビヌメリ(二四九頁)

ウバウオ科

ツルウバウオ(二四九頁)・ウバウオ(二四九頁)

ギンポ科

ツバメ(二五〇頁)・コケギンポ(二五〇頁)・イソギンポ(二五〇頁)・ナベカ(二五一頁)・クモギンポ(二五一頁)・イダテンギンポ(二五一頁)・ニジギンポ(二五一頁)・シマギンポ(二五二頁)・カエルウオ(二五二頁)・フサギンポ(二五二頁)・リュウグウギンポ(二五二頁)・ギンポ(二五三頁)・ハナイトギンポ(二五三頁)・ダイナンギンポ(二五三頁)・ゲンナ(二五三頁)・ナメアブラコ(二五四頁)・ムスジカジ(二五四頁)・エゾガジ(二五四頁)・タウエガジ(二五四頁)・ガツナギ(二五五頁・*二七二頁)スナモグリ(二五五頁)

ウナギギンポ科

ウナギギンポ(二五五頁)

ゲンゲ科

キツネダラ(二五六頁)・シロゲンゲ(二五六頁)・クロゲンゲ(二五六頁)

カクレウオ科

カクレウオ(二五六頁)・シロカクレウオ(二五七頁)

アシロ科

アシロ(二五七頁)

イカナゴ科

タイワンイカナゴ(二五七頁)・イカナゴ(二五七頁)

シワイカナゴ科

シワイカナゴ(二九三頁)

イタチウオ科

イタチウオ(二五八頁)・ウミドジョオ(二五八頁)・ヨロイイタチウオ(二五八頁)アワタチ(二五九頁)

サイウオ科

サイウオ(二五九頁)

タラ科

タラ(二五九頁)・スケトオ(二六〇頁)・コマイ(二六〇頁)・ヒゲダラ(二六〇頁)・イトヒキダラ(二九四頁)・スミダラ(二九四頁)・ソコクロダラ(二六〇頁)

ヒゲ科

ヒゲ(二六一頁)

有柄類(目)

アンコオ科

クツアンコオ(二六二頁)・アンコオ(二六二頁)

イザリウオ科

イザリウオ(二六三頁)・ハナオコゼ(二六三頁)・クロハナオコゼ(二六三頁)・フサアンコオ(二六四頁)

チョオチンアンコオ科

チョオチンアンコオ(二六四頁)

アカグツ科

アカグツ(二六四頁)・フウリュウウオ(二六五頁)

魚類總説

魚類は水産動植物の大部分を占めてゐるものである。實際漠然と魚類と云ふ際には、爰に述べるやうな狹義（卽ち學術上）の魚類ばかりでなく、吾々の利用する水産動植物は皆是に包含せられるのである。それは漁業者も魚類として殆ど同樣に取り扱ひ、魚類を取引する商人も亦同樣に取り扱ふばかりでなく、吾々が是等を家庭へ入れて、所謂サカナとして取り扱ふ時には益々廣義に解せられる爲である。今狹義に解釋した魚類は世界に產するもの無慮三萬種以上であつて、我が國に產するものは約一千五百種位と考へられる。尤も海洋條件の變動等によつて、我が國に出現する魚の種類は年々多少異なることもあるが、兎に角我國の魚類の種類は割合に多いのである。それは我が國が甚しく南北に細長く、緯度上の關係もあるが、太平洋岸を洗つてゐる洋流が、北からは寒冷な親潮が流れ込み、南方からは暖い黑潮が入り込み其兩流の相會合する處は千葉縣の犬吠岬である爲め、陸地は固より殊に海洋を寒暖の二樣に明確に分けてゐるからである。それ故我國を大體南日本と北日本との二つに分けることが出來、南日本には溫帶性の魚類と共に熱帶性の魚類を交へ、北日本には溫帶性の魚類と共に寒帶性の魚類を交へてゐる。此の關係が我が國に於て澤山の魚類の種類を見ることの出來る理由となるが、更に世界無比の魚食國である爲め、漁業の方法が精緻を極め、種々の種類が漁獲せられるのである。更に諸地方に發達してゐる深海漁業では往々にして頗る珍い稀種が漁獲せられ、グリインランドや北アフリカの西岸マデイラ群島（何れも大西洋岸）などで稀に取られるものを漁獲せられることがある。斯樣に漁業が發達してゐる爲に、外國で行つて居る學術探險事業よりも頗る正確に魚類の住所、產卵期、その他の習性のわかつてゐるものもあつて、頗る興味ある研究の出來る國柄であるが、また他方では酷漁の爲め、魚類の激減するものがあつて、到底人力では是れが補充の出來ないと云ふ情態となつてゐる次第である。また河魚を考へて見ると、是は外國に較べて著く數も少く、個體の大さも小い。それは細長い國で、中央を分水嶺が縱走し、急流の多い割合に流域が短い爲と、時々豪雨に見舞はれて、洪水の慘禍を受ける爲である。更によく考へて見ると、河魚の中に海魚と考へるべきもので河の下流、往々にして潮入りよりも上流にまで入り込んでゐるものもある。例へばスヾキ、ボラ、サヨリなどである。また潮入りの處まで溯るものもある。例へばハゼ、ダツ、ヒイラギ、ヨオジウオなどである。また、大體河魚と見做すべきもので、內灣へも入り込んでゐるものもある。例へばウグイ、ニゴイなどである。また、一生涯の或時期には海に、他の或時期には河に居るものがある。サケ、マス、アユなどは此部類に入れるべきものである。また河にも內灣にも居るものもある。例へばチヽブ、カワアナゴオなどである。是等を除いたものが眞の河魚と言はれるやうであるが、それでもフナ、メタカなどは多少潮入りの處にも居る。また洪水の時は下流へ押し流され、內灣（斯樣な場合には殆ど淡水となつてゐる）にも游泳してゐることがある。斯樣に考へると河魚は案外に分布を局限せられないもので、一方の河から他方の河へ分布する可能性は多いものである。以上の種々の魚を除くと、河魚の種類は頗る少くなつて、是等は河の稍や上流に居るもので、アブラハヤ、カジカなどが此部類に入れられるものである。更に河の上流卽ち山間の溪谷にはヤマメ、イワナなどが居るが、是は洪水に際しても左程下流に押し流されないから、如何にも純粹の河魚のやうにも思はれるが、是等は海と河とを往來するマスやアメマス（岐阜縣や富山縣で稱するアメマスはヤマメのことであるから爰に言ふアメマスではない。爰で稱するアメマスは北海道の名稱で、マスの樣に海で育つて產卵の際河を溯るものである）と同一種であると考へると、餘程不思議に感ぜざるを得ない。河魚も太平洋岸では千葉縣までが南日本で、利根川と東京灣へ注いでゐる多摩川とは寧ろ北日本と考へるべきものである。それは是等の河の源が遠く高山である爲め、春先に雪解水や秋末に冷へた水を流す爲と思はれる。然し利根川と關係の深い霞ケ浦からボオズゴリ（熱帶性の南日本特徵のもの）が、稀ではあるが取られる處を見ると、利根川やその北にある那珂川なども多少南日本の魚類を含んでゐるのである。日本海沿岸を見ると、南北日本の境界が太平洋岸よりも著く不明瞭である。それは日本海は恰も大きい湖水のやうなもので、是を環つてゐる寒暖二流は割合に其力が微弱で、且つ複雜し、是が爲め魚類の分布を頗る複雜せしめる。それ故明瞭に南北日本の區劃を定め難くて、南北日本に特有の熱帶性と寒帶性との魚類を併有してゐる地域が可なり廣く行き亘つてゐるやうである。それでも大體に島根縣の西部を以て境界とすることが出來る。一月頃の寒い時に福井縣の高濱へハリセンボンの大群が襲來することが普通の現象であるが、また山形縣の海岸へアミモンガラの群が押し寄せて來た事もある。是等の魚は何れも熱帶性の魚類で、その爲め北日本へは分布してないが、南日本には多少存在するものである。斯樣な現象は恐らく沖合が冷へ込み、遁げ路がなくなつて、海岸へ押し寄せるものと解釋するの外、說明する方法が無い。山間の溪谷に居るヤマメは大體二型を見られ、北日本の型には體側に毫も小朱點を見ないが、南日本の型には斯樣な小朱點を散在してゐる。朱點のあるものは太平洋へ注ぐ川では相模川（下流は馬入川）にはその下流の支流道志川では見られるが、その上流の支流には何れも北日本の型を見られる。それ故相模川よりも以西の河には南日本の型が居り、相模川よりも以東の川には北日本の型が居る。然し富士川などでも多くは南日本の型を持つてゐるが、往々にして北日本の型のものが出るが、その理由は充分にわからないとしても、恐らく水溫が其主な原因となることであらう。日本海沿岸では山口縣までは南日本のものが居るやうであるが（此の點まだ充分にわからない）、島根縣から鳥取縣又は恐らく兵庫縣までは南北兩日本の型を持つてゐるのである。是は明に是等の地方が南北日本の兩型をヤマメ以外の魚類でも持つてゐる事實と併行してゐる事柄である。更に奇妙なことは日光中禪寺湖へ注いでゐる湯川の下流（龍頭の瀧以下の處）に居るマスの幼魚には朱色の斑點があり、設令幼形でも一旦中禪寺湖へ降つたものは全く朱點を認めない。是は海や大きい湖水へ入り込んだものは、設令小いものでもマス型を持つ爲で、何故に湯川の下流のマスの幼魚が朱點を持つてゐるかは一寸考へると不可解にも考へられる。是には二通りの解釋が出來る。其一つは中禪寺湖へは曾て琵琶湖産のアメノウオ（卽ちマスの一型）を入れたことがある。是れの幼魚の河に居るものは恐らく朱點を持つてゐるのであらうから、實驗遺傳學で稱する遺傳因子が殘つてゐる爲とも考へられる。是が必しも荒唐無稽の考とも思はれないことは島根縣の或河に朱點のあるのと無いのとあつて、朱點のある方は瀨戸內海へ注ぐ河の上流のもの（朱點のあるもの）を移殖したとの傳說と關聯してゐるのである。然し必しも斯樣な說明を要しないと思はれるのは、瀨戸內海へ注ぐ川の上流のものを移殖しない島根縣の他の川でも往々にして朱點のあるものを見られるのである。何故に湯川のマスの幼魚が殆ど皆朱點を持つてゐるかと云ふ他の說明を考へて見ると、それはマスの幼魚が孵化する頃には追々に河が暖くなる爲か又は湯川の源たる湯の湖には所々から溫泉が湧出してゐるので、何かそれが原因するのではなからうかとも考へられるのである。因に我國の書物に往々「印度洋」と書いて、熱帶部の印度洋を暗指してゐると思はれるものがある。然し印度洋は北は熱帶部から南は寒帶部へ擴がつてゐるから、印度洋の北部を特示する爲には印度洋の熱帶部と特記する必要がある。次に魚の體長を測るには二樣の測り方があつて、ミリメエトル又は尺寸を以て測る際には頭の前端から尾鰭の先端までを測り、頭の長さや體の高さなどの割合を見る爲の體長は尾鰭を除いて測るべきものである。世間では今でも尾鰭を除いて何百ミリメエトルなどゝ書いてあることがあるが、是はよくない。また何れの方法で測る時でも、五ミリメエトル以下は成るべく測らないことゝし、四捨五入して置けばいゝ。グラムで測る時でも餘り微細な差違をも氣にかける必要は無い。またメエトル法で測る時には普通の魚はミリメエトルを單位とし、センチメエトルを單位としない。大きい數字の出る時はメエトルを單位をすることもあるが、例へば一•二メエトルなどゝ測らないで、斯樣な場合には一千二百ミリメエトルとするか、周圍の事情で四捨五入にしてよい時は一メエトルと思ひ切つて書いた方がいゝ。ミリメエトルでは數字の大きい時はセンチメエトルを單位とすることもあるが、今は殆ど是を用ひない、然し便法としてはセンチメエトルを單位としてもいゝが、それでも例へば一五八・二センチメエトルなどゝしないで、一千五百八十二ミリメエトルとするか、差支ない場合は思ひ切つて百五十八センチメエトルとし、小數點以下を倒除することで、決して單位に取つた長さ以下小數を附加すべきものではない。我國ではメエトル制が一般に採用せられてゐるが、古來慣用した尺寸や貫匁の單位も一朝にして廢滅すべきではない。恰も太陽暦が長く採用せられてゐるに拘らず依然として大陰暦が併用せられてゐるやうなものである。よく考へると魚類の長さを測るにはミリメエトルよりも舊來の日本尺の分を單位とした方が實用上便利で、更に丈、尺、寸、分と使ひ分け、往々にして間をも用ひる爲め實用上からは便利である。またグラムを單位とするよりも匁を單位とした方が數字が大きくならないし、一匁以下の小數は四捨五入した方が便利であると考へると、物を測る單位と云ふことには一寸考へて見たくなるのである。次には鱗のことであるが、鱗には色々の形があるが、是に就いて述べることは一と先づ止めて、爰には鱗の大小に就いて述べることゝする。よく鱗が大きいとか、小いとか、又た頗る微小であるなどゝ云ふが、それは肉眼で見ても大體の見當は付くが、是を更に學問的に考へるとなると、體に排列して居る鱗の數を數へるのである。それにはまた色々の數へ方があるが、普通に用ひられてゐるのは體側の一縱列に竝んでゐる鱗數である。是は側線よりも上方の縱列と下方の縱列とで數の相違してゐるものが多いから、普通に前者を取る、即ち側線よりも上方の一縱列の鱗數を數へる。それには鰓孔の上端の直後から、尾鰭の付け根迄を數へ、其以後は數へないことゝする。鱗の竝び方を見ると前上方に向ふた横列と後上方に向ふた横列とが互に交錯してゐる。此兩者はコイやフナでは全く同様で、何れの方向も見通しながら一縱列の鱗數を數へても殆ど同數であるが、スヾキ、アラなどの鱗數を數へると、前記兩者の數へ方によつて著く鱗數が違ふ。夫の有名な魚學者ギュンテル Albert Günther（同氏の有名な大著「英國博物館魚類目錄」は一千八百五十九年から一千八百七十年に亘つて八册となつて出版せられた）の數へ方は前上方に向へる横列を見通しながら一縱列の鱗數を數へたものであるが、現今では後上方に向へる横列を見通しながら一縱列を數へることゝなつてゐる。さて鱗數の多いものは鱗が小く、是に反して鱗數の少いものは鱗は大きいやうであるが、必しもさうでないと云ふのは、體高が高く、言ひ換ふれば體の割合に短いものでは一縱列に竝んでゐる鱗數が少い筈であるから、斯様なものでは假令鱗數が少くても左程鱗が大きいと云ふ譯にはならない。また體高の高いものでは一横列に竝んでゐる鱗數が多い譯であるが、斯様な時に鱗數の少い時には鱗の高さが高いことゝなつて、普通の鱗とは違つた形を呈することゝなるのである。鱗の微小な時には肉眼では見難いが、是も少々見慣れると大體は肉眼で其有無がわかるもので、ウナギは皮膚に綸子形の模様がある爲め、微少鱗の埋沒してゐることがわかり、是に近いアナゴ類は全く此模様がないから無鱗であることがわかる。その外、體面にある模様で微小鱗のあることがわかる場合が多い。鰭を支持してゐる鰭條の數を數へたり、また其れが棘であるか、軟條であるかを決定するにも困難な場合がある、大體發育上から言ふと、棘も發育の初期には軟條であるから、棘か軟條か決定し難い時に、强いて是を決定する必要は無い譯である。また背鰭や臀鰭の最後の軟條二個はその前方の軟條に較べて著く距離が接近してゐる場合が多い。斯様な時には二個と數へないで、一個として取り扱つてゐる。ヒゲタイなどでは背鰭の最前方に逆向した小い一棘があるが、是は數へないことゝする、魚の色彩即ち地色と斑紋との記載は頗る困難である。何となれば魚は凡て其の住み慣れた處に居る時と捕へられて生簀《いけす》の中へ投ぜられた時とでも著く色彩が違つてゐるが、更に鮮魚となつて魚商の店頭に竝べられては刻々に變化し、腐敗に近いものは見る影もないものである。それ故魚の色彩を記載し又は寫生する時には成るべく漁獲直後に近い時、即ち新鮮なもの（必しも生きてなくともいゝ）を寫生することゝなつてゐる。是とても鮮度が落ちるに從つて色彩の變化が早いから、二、三時間の内に略寫し、その他必要と思ふ局處の色彩を特別に寫生して置いて、寫生をした際記憶したことを忘れない內に更に精寫すると云ふ二重の手間を要するものである。獸類、鳥類、昆蟲類、貝類などの色彩は保存法宜きを得ると變化のないやうに思はれるが、是とても變化するもので、たゞ魚類などに較べて變化が頗る遲いと云ふに過ぎない。色彩の研究を精密に行ふ人は色合を頗る氣にし、甚きは色合の表を澤山に作つて、是れの何番目に當てはまるなど、云ふてそれで研究が充分であると滿足してゐる人もあるが、是は吾々の學問上から云ふと可笑しいことで、如何なる標品でも色彩は早晩變化するし、また他方では色合を決定すべき色の見本表が變化もしやうし、是を出版する時に各冊を比較しても既に多少の相違がないとは限らない。斯樣に考へると精密と云ふことに既に人力の及ばないことがあつて、精密も餘り度を過ぎると却て非科學的となることは必しも此場合のみに限らない。さりとて色彩の現し方は記載よりも寫生の方が餘程寫實に近いが、是とても必しもあてにならない。それは新鮮なもの、無い時は止むを得ず腐敗に近いものや、一旦フォルマリン漬などにしたものから寫生する爲であるし、また寫生した色彩圖や書物に掲げた色彩圖は如何に大切に保存しても日を經るに從つて漸次に變化する爲である。また色彩の記載は外國でも我國でも頗る不完全で、その爲に前記の通り色合の見本表を考案した學者があつたのである。それでも今少々注意すると色彩の記載は更に徹底的に近づけることが出來やうと思ふが、まだ斯樣な事を考へてゐる學者は案外少いやうである。最後に述べることは魚類利用法である。是も色々であつて藥用もあるし、工業用、その他色々の目的にも使用せられるが、主要な利用は食用である。殊に魚食國たる我國では殆ど凡ての魚類を食べてゐると言つても過言ではない。有害として人々の恐れるフグ類でさへ、調理法宜きを得れば安心して食用となり、下關や廣島のフグ料理は有名ではないか、タツノオトシゴ、ヨオジウオなどは食べられないと思ふが、それでも食べた人が無いとは斷言しがたいかも知れない。グソクダイやマツカサウオは一見しただけでは食べられないと思ふが、前者は東京などでは食べ方を知らないと思はれるが、鹿兒島縣志布志ではヨロイデ（鎧鯛の義）と言つて魚商の店頭に竝び、相當美味だとその土地の人は言つてゐる。マツカサウオは發光器に關する研究か又は玩弄品として取り扱はれる物かと思ふと、支那東海で操業するトロオル船は是を澤山に漁獲し、竹輪の原料として相當美味である。サブロオ、ワカマツ、コバンザメなどは到底食はれないかと思ふと、是等を多少產する地方では相當美味だと言つてゐる。斯樣に考へると、魚類は單に食用と云ふだけに就いて考へてもまだ〳〵研究の餘地があらうと思ふ。

イソメクラ　磯盲　Heptatretus bürgeri (*Girard*)（イソメクラウナギ科）

神奈川縣三崎でイソメクラ、神奈川縣大井村でヌタウナギ、東京魚市場でメクラウナギ、房州高島でベト、富山縣下新川郡三日市でアナゴ、長崎縣島原附近千々岩でネバエと云ふ。イソメクラはその名稱を示す通り、僅に數尋の淺海に住むもので、殊に夜間は盛に活動し、刺網その他の漁具で漁獲せられてゐる魚類を攻擊する爲め、漁業者からは害魚として嫌忌せられる。攻擊方法は普通に大形魚の鰓から、また往々にして眼から魚體内に侵入し、肉や臟腑を暴食する爲め、十一キログラム（三貫目）位の大形の魚も數多のイソメクラに攻擊せられ、僅に一夜の内に頭部、皮膚、骨だけを殘し、肉や内臟を食ひ盡くし、殊に皮膚は無疵で殘る爲め、網を引上げる際、體内からイソメクラが滑り出て、全く肉の無い魚の殼を取り上げることゝなり、漁業者を憤怒せしめるのである。イソメクラの多い處は土地によつて違ふが、神奈川縣三崎に近い油壺などは最も此魚の害を受ける處である。南日本の海魚であるから、千葉縣以南の

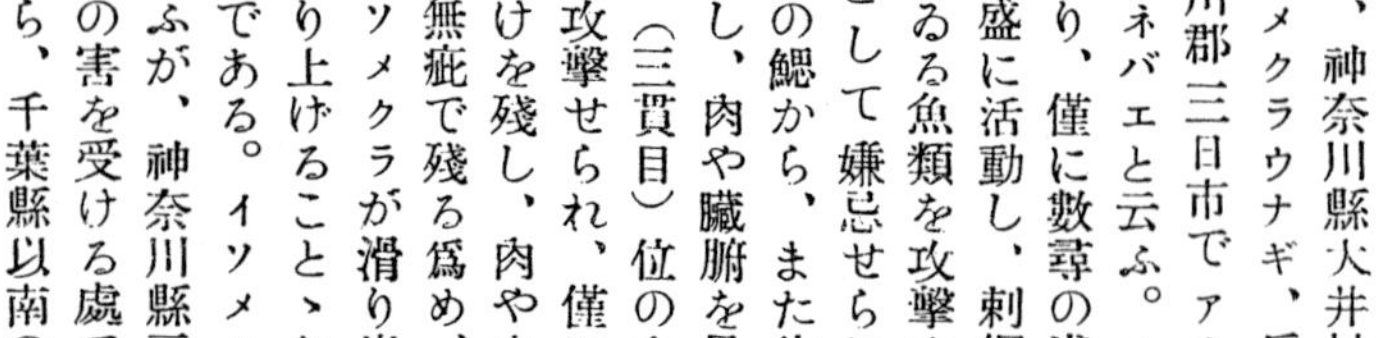

イ　ソ　メ　ク　ラ

海に居るものであるが、日本海沿岸でも其中部以南には多少生活してゐる。體長は三百ミリメエトル（一尺）を超へる。夏期には稍や美味で、是を食するものもある。殊に肝臟や心臟は美味である。口邊の鬚は八個で、鰓孔は各側に六個あるが、其内で左側の第六鰓孔は他の鰓孔の二倍の大さを持つてゐる。イソメクラに近いものにムラサキメクラ紫盲 Heptatretus okinoseanus (*Dean*) がある。是は名稱の示す通り、著く紫色を呈する外に、體の各側にある鰓孔は八個である。また、是れの居る處は神奈川縣三崎沖の沖の瀬外で、四百尋の深海で漁獲せられるが、イソメクラよりも大形である爲か、是より分泌する粘液の多い爲に是れの住してゐる附近を操業する漁網を粘液の爲に大に汚ごし、漁業者から嫌忌せられる。此魚は單にメクラウナギの一種とせられてゐるだけで、此魚だけに特に適用せられる名稱は無い。

オキメクラ

オキメクラ　沖盲 Myxine garmani *Jordan & Snyder*（**オキメクラウナギ科**）

稍やイソメクラに似てゐる爲め、多くは是と區別せられること無くして單にメクラウナギと云はれることが多い。爰にオキメクラと命名することゝした。大體、イソメクラよりも沖合に居るもので神奈川縣三崎沖の沖の瀬外で數百尋の深海に稍や多い爲に、魚市場へ持ち込まれることは極めて少い、イソメクラよりも大形で、體長五百ミリメエトル（一尺六寸五分）以上に達する。イソメクラは茶褐色であるが、オキメクラは青味を帶びた紫色である。然しイソメクラでもオキメクラと同様の色合のものも稀にあるから見誤らないやうに注意するを要する。鰓孔は各側に一個である。イソメクラウナギ科もオキメクラウナギ科も眼は頗る退化してゐて殆ど用をなさない。メクラウナギの稱は是から出てゐる。是に近いものにクロメクラ黒盲 Paramyxine atami *Dean* がある。是は神奈川縣眞鶴崎沖二百七十尋の深海で極めて稀に漁獲せられるもので、體長は五百五十ミリメエトル（一尺八寸五分）に達する。體色は暗紫色で、鰓孔は白つぽい。體の各側に六個の鰓孔があるが、各側にある鰓孔は互に著く接近してゐる。

カワヤツメ

＊カワヤツメ　河八眼 Lampetra fluviatilis (*Linné*)（**ヤツメウナギ科**）

我國にはカワヤツメとスナヤツメとの二種類がある。是等の和名は曾て八田三郎博士の命名せられたものである。普通にはカワヤツメは大きく、體長五百ミリメエトル（一尺六寸五分）に達し、スナヤツメは著く小く、平均百二十ミリメエトル（四寸）に達する。識別點としてはカワヤツメの方は背鰭は完全に二部に分れ、往々にして是等の鰭は接近してゐることがあるが、連續してゐることは無く、口下板には六乃至八個の鋭い突起がある。然るにスナヤツメは背鰭は一基で、二基に分れることが無く、たゞ中途で深き缺刻を持つてゐる、口下板は六、七個の鈍き突起を持つてゐる。其他の識別點としてはカワヤツメは日本海へ注ぐ河に多く、西は島根縣から北海道へ擴がつてゐるが、太平洋へ注ぐ河には極めて少く、それでも阿武隈川、那珂川などに產し、茨城縣涸沼を分布の南限としてゐるやうである。斯樣に日本海と太平洋とへ注ぐ河で分布に著い相違のあるのは從來多少の說があるが、私の考では洋流と關係があるかとも思ふ。それはカワヤツメは河で孵化した幼者は一旦海へ降り、產卵の爲め再び河へ溯るのであるが、海で育つ間に暖い黑潮の直接の影響を受けるを嫌ふ爲かと思はれる。若し此說が正いとせば、太平洋岸と日本海沿岸とで洋流の勢の强弱及び是等に影響せられる結果の著く違ふことがわかるのである。カワヤツメは春、河を溯り、五、六月頃產卵する。食用又は藥用に供せられ、藥用としては鳥眼又は衰弱した體に有効であると古來傳へてゐるが、此魚に著く特有の脂肪の多い處を見ると、此說も多少傾聽し得られるかと思ふ。新潟を本場とし、秋田や山形でも多く取られるが、北海道方面で漁獲せられたものは一旦新潟へ送つて其地に產したものとして賣り出されることもある。尙、スナヤツメとの對照に就いて爰に擧げない點は其項を參照せられ度い。歐洲及び北米へも分布してゐる。カワヤツメは單にヤツメ又はヤツメウナギと云はれてゐることが多い。

*スナヤツメ　砂八眼　Lampetra planeri (*Bloch*)
（ヤツメウナギ科）

スナヤツメに關する一部分は既にカワヤツメの項で述べて置いた。本種はカワヤツメよりも分布が廣く、且つ海へ降ることがなくて成長する。宮崎縣と高知縣と鹿兒島縣との大部分（其一部分には居る）、沖繩縣、臺灣などには居ない。是は本種は多少溫水を嫌ふ爲であらう。スナヤツメはカワヤツメよりも著く小形であることはカワヤツメの項で述べて置いたが、新潟縣の一部や北海道旭川などではカワヤツメ位の大さのもの又はカワヤツメとスナヤツメとの中間の大さのもので、スナヤツメの特徴を持つたものが取られる。是は八田三郎博士によると、カワヤツメ位の大さのものでもスナヤツメと思はれるものは產卵期が違つて、五、

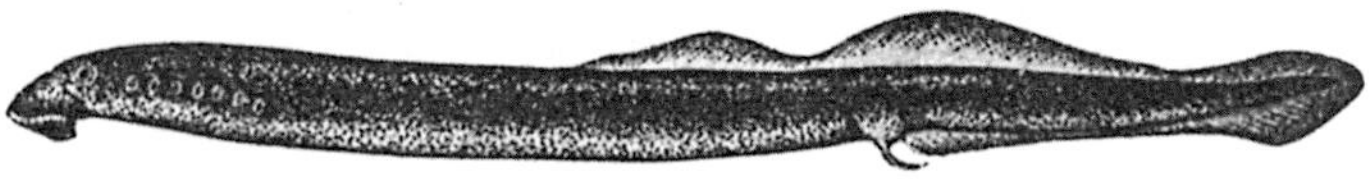

スナヤツメ　成型

六月の交でなく、四月であるし、また、カワヤツメと一所に居なくて、普通大のスナヤツメと一所に居るとのことであるから、スナヤツメには大型と小型とがあるのでは無いかとも思はれて、分類學上爰にも至難の好一例がある。稍や突飛な考へ方であるが、スナヤツメはカワヤツメの一型で、別種でなく、恰もヤマメがマスの一型であり、またヤマメに大體二型あるのと同基調であるとも考へられるが、まだ此點を斷言したくない。カワヤツメもスナヤツメも變態するもので、幼型はアンモシイテス ammocoetes と言つて、成型とは著く違つてゐる。成形では眼がよく發達してゐるが、幼型では膜が眼の上を蔽ふてゐて、發達頗るわるく、殆ど其用をなさない。また鰓孔の發達もわるく、是を連ねてゐる溝がある。アンモシイテスの鰓孔は成型に於ける如く、體の各側に七個でなく八個あつて、最前端のものは成型となる時に消失する。口も成形のやうに環狀をしないで、小い下唇を大きい上唇で蔽ふてゐる。アンモシイテスはスナヤツメに於てよく見られるもので、往々アンモシイテスのみを採集することがある。新潟ではアンモシイテスをメクラと稱し、アナゴ（イソメクラの方言）の幼魚だと漁業者は言つてゐる。是は凡そ五年間を經て成型となり、間もなく產卵して死滅するのである。スナヤツメはカワヤツメと違つて食用又は藥用に供しないのが普通であるが、稀には藥用（眼藥）として食することがある（例へば富山縣下新川郡三日市町）。また單に食用ともする地方もある。歐洲及び北米へも分布してゐる。普通にヤツメウナギと云ふが、長野縣根本の奈良井川（犀川上流）でギナ、石川縣七尾でスナホジリ、富山縣三日市町でスナクヾリ、新潟縣でカゲヤツメ、和歌山縣橋本でヨツメと云ふ。アンモシイテスは一見した處は成型のヤツメに似てゐるが、其體の構造や食物の攝取法などを精査すると、頗るナメクジウオに近い點がある。

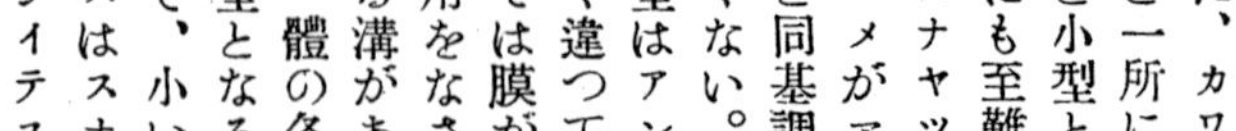

スナヤツメ　幼型

エドアブラザメ　江戸油鮫　Heptranchias perlo (*Bonnaterre*)（**カグラザメ科**）

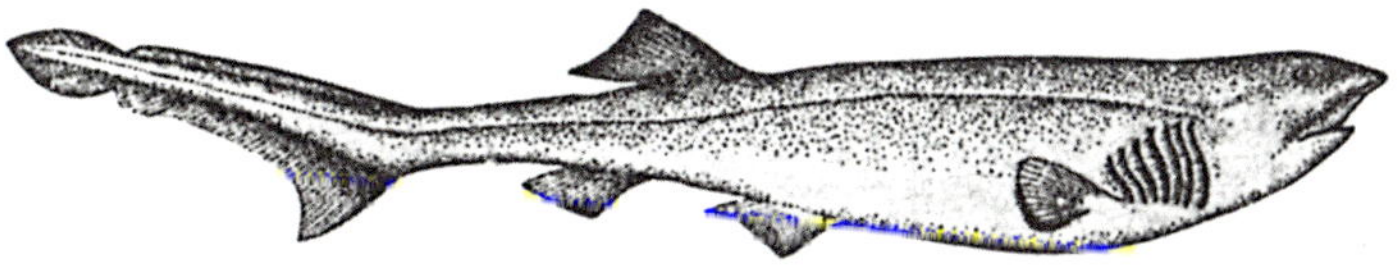

エ　ド　ア　ブ　ラ　ザ　メ

東京では此鮫は少いが、アブラザメと云ふことが多い。東北地方に饒産するアブラザメは、本種とは稍や緣遠く、アブラザメ科（ツメザメ科と言つてもいゝ。ネコザメはツノザメのやうであるが、是はツノザメ科でなく、ネコザメ科である）のものである。此のアブラザメと區別する爲に曾て私が本種をエドアブラザメと命名して置いたのである。體は細長く、鰓孔は體の各側に七個ある。上顎には中央齒はなく、側齒は各側に九乃至十個あつて、是等の各齒は細長くて曲がれる牙狀をなし、其側方には殆ど小突起を持つてゐない。下顎には一個の中央齒があつて、其各側に一又は二個の小突起を具へてゐる。側齒は體の各側に凡そ五個の大きい縱扁した齒を具へ、其各齒の各側に數個の小突起を具へてゐる。噴水孔は小く、眼と鰓孔との中間に位してゐる。口角から後方に一個の深い溝が通り、是は口角と鰓孔との中央にまで達してゐる。眼には瞬膜が無い。吻は幅狹く、長味を呈してゐる。體色は上部は暗灰色、下部は淡白色である。地中海でも取れるものである。稍や大形に成長するもので、東京附近には少いものであるが、蒲鉾原料となる。是に近いもので、英國の白堊層から化石となつて出たものは、一千八百三十五年にアガシイ Agassiz が Notidanus microdon と命名して發表した。

エビスザメ　惠美須鮫　Notorhynchus platycephalus (*Tenore*)（**カグラザメ科**）

エ　ビ　ス　ザ　メ

東京では稀にエビスザメと云ふものもあるが、多くは名稱を知らない。鰓孔は各側に七個ある。稍やエドアブラザメに近いが、頭が幅廣く、縱扁してゐて、從つて吻は幅廣い。眼に瞬膜が無い。噴水孔は小く、遙に眼の後方に位してゐる。上顎には中央齒が無い。中線に近い處で各側に一個の小齒があつて、此齒の基部には不明瞭な突起がある。此齒の外側に六個の側齒がある。是等の基部には突起を具へてゐる。下顎には一個の中央齒があるが、往々にして是に中央突起を缺いでゐる。側齒は各側に六個あつて、是等は上顎のものより大きい。是等の側齒には數個の突起があるし、內緣は鋸齒を呈してゐる。口角から下唇に走る顯著な一唇褶がある。エドアブラザメよりもはるかに大きく成長する。體は茶褐色で、暗褐色の斑點を散在してゐる。地中海、印度洋などへも分布してゐる。東京附近には少いもので、蒲鉾原料となる。或人は本種とエドアブラザメとは同一種であらうと云ふが、まだ充分に明でない。

カグラザメ　神樂鮫　Hexanchus griseus (*Bonnaterre*)（**カグラザメ科**）

東京では本種又は本種と共に他の類似種をも合稱してカグラと云ふことがある。相當大形に成長する鮫で、鰓孔は體の各側に六個ある。噴水孔は小く、遙に眼の後方にある。眼に瞬膜が無い。口角から後方に延びた一溝があつて、口角と鰓孔との中央に達してゐる。上顎に中央齒は無い。前方

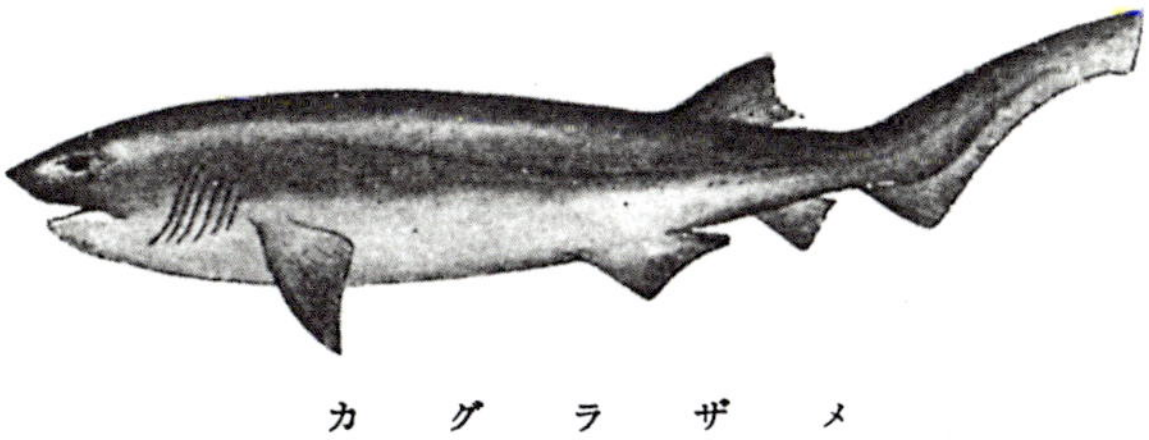

カ　グ　ラ　ザ　メ

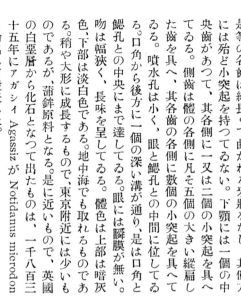

の側歯は鋭く且つ細長く、殆ど基部突起は無い。更に側方の歯には其外側に若干個の突起を具へてゐる。下顎には一個の中央歯があつて、是には一個の中央突起を缺いでゐることもある。側歯には若干個の突起を具へてゐる。體色は淡褐色である。東京市場には稀に來るもので、蒲鉾原料となる。從來、米國西岸で取れたものを地中海やスコットランドで取れたものと別種とすることが多く、若し然かするとすると、邦産のものを米國産のものと、同一種とするのが例ではあるが、私は是等の二種は同一種と思ふから、邦産のものへも歐洲産のものと同一の學名を付けて置いた次第である。

ラブカ　羅鱶　*Chlamydoselachus anguineus Garman*（**ラブカ科**）

ラブカの名稱は何處で言つてゐるのかわからない。或は沼津又は小田原附近の稱呼かも知れない。東京ではカグラザメと一所にカグラと云つてゐるやうである。體は細長く、頭は幅廣く且つ縦扁してゐる。眼には瞬膜が無い。口は前端にある爲め、著く他の鮫類と違つてゐる。口が前端にあることは原始的の性質かとも思はれる。口に唇褶は無い。噴水孔は小く、眼から稍や離れて後方に位してゐる。鰓孔は各側に六個あつて、最前端の鰓孔の邊縁は著く後方に延びてゐる。兩顎に存する歯は小く、同形を呈してゐる。各歯は細長い三個の後方に向へる突起を持つてゐる。上顎には中央歯が無いが、下顎には中央の一列がある。本種の基準標品は日本で取れたもので、一千八百八十四年に初めてガルマン Garman が發表し、次いで北亞弗利加の西方マディラ群島と那威からも漁獲せられたのである。我國でも稀に漁獲せらるが、殆ど食用ともならない爲に、入手することは頗る困難である。本種に似たものがイタリヤのタスカニィのプライオシイン統 Pliocene（新世界の第三系中最も新い層）から化石となつて出で、是を Chlamydoselachus lawleyi *Davis* と言ふ。本種が解剖學上の構造から原始的の點があること（例へば口が普通の鮫のやうに下面になくて前端にあること）、また、類似種が化石となつて現出することによつて、本種は鮫類の内でも原始的のものと考へられ、從來の學者や、發育學者には好箇の研究資料を與へたものである。殊に三回も我國へ來朝せられた米國のディイン博士 Bashford Dean は原始魚類の專攻家であつた爲め、此魚に興味を持たれ、數多の標品を採集せられたが、現在では容易に是を得る方法は無いと言つていゝ。稍や大きく成長するものである。

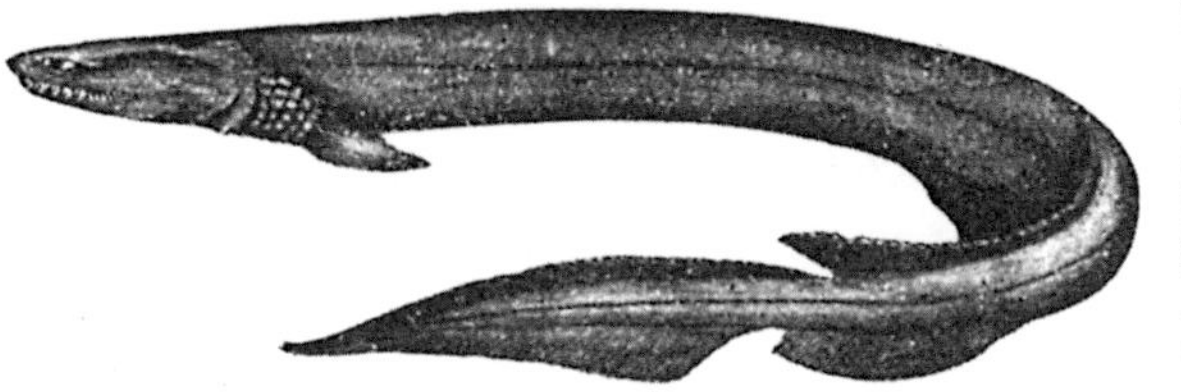

ラ　ブ　カ

ネコザメ　猫鮫　Centracion japonicus (*Duméril*)（**ネコザメ科**）

東京でネコザメ、大阪附近でサヾエワリ、島根縣でサヾエワニと云ふ。頭が短く、吻幅廣く、額部と思はれる處が著く出張つてゐて、恰も猫の顏のやうである爲め、ネコザメの稱呼が出たのである。尤も東京では他の種類をもネコと云ふことがあるから注意を要する。歯が頗る強く、蠑螺《サヾエ》のやうな堅い貝殻をも破つて、中の肉を食することも出來るから、サヾエワリの稱呼が出たのである。山陰地方では鮫類をワニと云ふから、島根縣のサヾエワニの稱呼も諒解することが出來る。眼に瞬膜が無い。小い噴水孔は眼の後方にある。鰓孔は體の各側に五個ある。口は吻の先端に近く、下面に存在し、上顎の各半は凡そ四葉に分れてゐる。兩顎に存する歯は同様で、其内

ネ　コ　ザ　メ

で前方に存するものは稍や突起を有し、後方に存するものは縦走隆起を持つた咀嚼齒をなしてゐる。二背鰭の各ゝに大形の一棘がある爲め、ツノザメ類と誤られるが、ネコザメはツノザメ類に編入すべきものでない。アブラザメ、其他、類似種がツノザメ類である。南日本のものであるが、我國以外には類似種はあつても本種を産しない。本種は小形の鮫で、一千二百ミリメエトル（四尺）に達する。海岸に産するので、是れの産み付ける卵殻は特有のものである。漁獲の少いもので、肉は蒲鉾原料となり、皮はザラ／＼してゐる爲め、是を以て物を磨くものとすることが出來る。

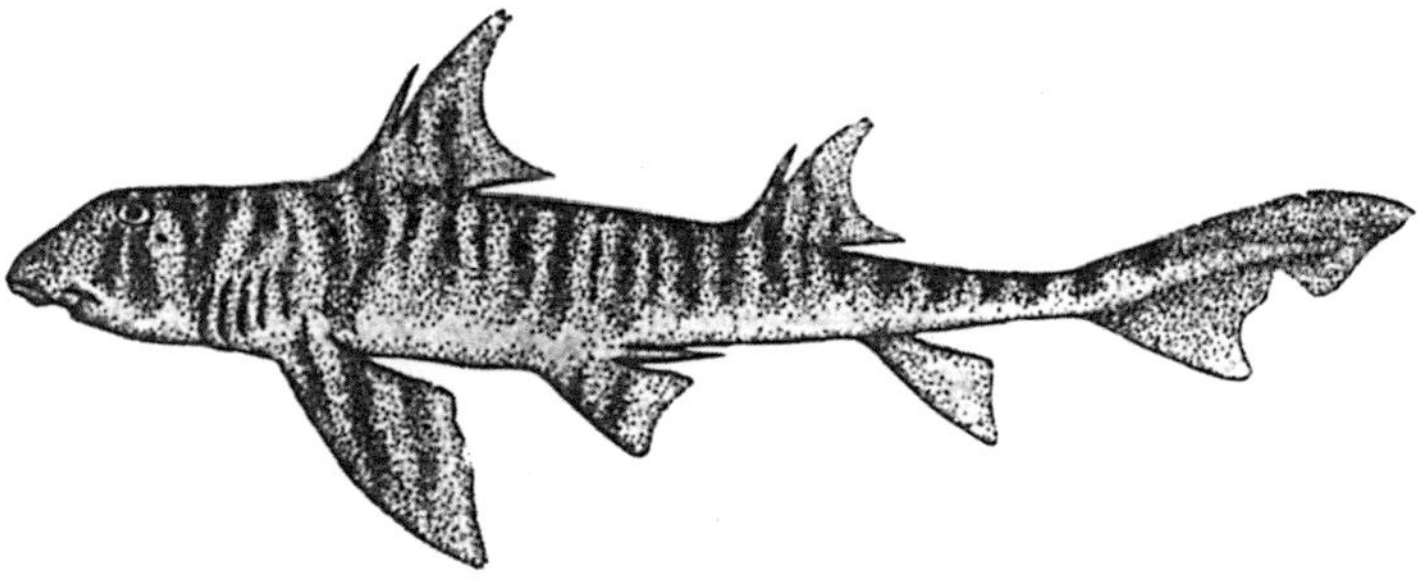

シマネコザメ

シマネコザメ　縞猫鮫　Centracion zebra *Gray*（**ネコザメ科**）

ネコザメに頗る近いが、地色と斑紋とがネコザメと違つてゐる爲め、甚く違つてゐるやうに見える。是を多く産するは、支那と東印度諸島とであるが、瀬戸内海や和歌山縣でも稀に漁獲せられるやうである。ネコザメよりも大きく成長する。地色はネコザメでは茶褐色であるが、シマネコザメでは青味がゝつた灰色である。從つて體を横走してゐる斑紋は、ネコザメに於けるよりも顯著である。世界に産するネコザメ類は六種で、太平洋と印度洋とに産し、濠洲や南北兩米の西岸にも生活するが、大西洋には居ない。ネコザメ類は中世代の侏羅紀 Jurassic 又は其以前に既に現出したもので、其當時のものと現世に生きてゐるものとは左程相違してゐないのは面白い現象である。兎も角もネコザメ類は鮫類の内で最も古く此の世に現出した鮫類中の一類であるから、學問上に貴い資料を提供するものである。

テンジクザメ　天竺鮫　Chiloscyllium indicum (*Gmelin*)（**オヽセ科**）

我國には少い鮫で、特に名稱が無い。テンジクザメの名稱は學名を直譯して曾て私の命名したものである。我國でも南日本だけに居るもので、印度や南支那には相當多い見込である。細長い稍や小い鮫で、普通に九百ミリメエトル（三尺）に達する。頭は短く、縦扁してゐる。眼に瞬膜が無い。噴水孔は小く、眼の後部の下方にある。口の周圍に唇褶がある。齒は小く、是に一個の中央突起があつて、側突起はあることもあり、また無いこともある。鰓孔は各側に五個ある。胎生であるが、私はまだ胎兒を見たことが無い。此の種を含む屬は印度、支那、濠洲に産し、ガルマン Garman は一千九百十三年の著書に於て四種を擧げたが、同一種内の變化に過ぎないこと、私は思つてゐる。我國のものは食用とするであらうが、多くの人は食べないと思ふ。

テンジクザメ

オヽセ　大瀬　Orectolobus japonicus *Regan*（**オヽセ科**）

山口縣仙崎でオヽセと云ふ。左程大きくならない鮫で、六百ミリメエトル（二尺）を超える。胎生で、胎兒數は二十尾位である。口邊にある數多の鬚は人の注目を惹くものである。體は肥大し、稍や縱扁し、頭と吻とは幅廣く、其上面は扁平に近い、口角の周圍に唇褶がある。眼に瞬膜が無く、噴水孔は眼の後下方に位する。鰓孔は體の各側に五個ある。

南日本のもので、東京附近よりも日本海西部又は九州南部には稍や多く、食用に供する。從來我國と濠洲とから取れてゐるから、太平洋に產するものであらうが、上記の地以外から取れないのが奇妙である。ガルマン Garman によると世界に四種を產するやうであるが、其相違は極めて微細であつて、果して種別とするに足るだけの特徴を各種が持つてゐるかは疑はしい。

オオセ

トラフザメ　虎斑鮫　Stegostoma varium (*Seba*)（**オ・セ科**）

トラフザメとは曾て岸上鎌吉博士の命名した和名である。亞弗利加から印度や東印度諸島に多いもので、南日本へも分布してゐるが、東京附近では極めて少い爲に、本種に特に名稱が無い。稍や大きく成長するもので、細長い鮫である。眼に瞬膜が無い。噴水孔は小い。口角の周圍に短い唇褶がある。體の各側に五個の鰓孔がある。齒は小く、三個の突起を持つてゐる。胎生で、幼兒は成魚とは著く斑紋を異にしてゐる。稍や食用ともなることゝ思はれるが、蒲鉾原料にもなるかと思はれるし、此點は確實でない。

トラフザメ　上圖成魚　下圖幼魚

オシザメ　啞鮫　Pseudotriacis acrages *Jordan & Snyder*（**オシザメ科**）

眼に瞬膜が無い。噴水孔は普通大である。體の各側に五個の鰓孔がある。齒は小く、且つ多く、一個の強い中央突起とその各側に小突起とを持つてゐる。口角に短い唇褶がある。我國では少い鮫で、稍や大きく成長する。ガルマン Garman はオ・セやトラザメに近いものとしてゐるが、若し然りとせばオ・セ類は胎生で、トラザメ類は卵生であるから、オシザメは胎生か卵生か一寸わかりかねる。何分にも少い鮫であるから詳いことがわからない。大西洋には本種に近い Pseudotriacis microdon *Capello* を產するが、是も極めて少い鮫であるので、是等兩種の比較が充分に出來てゐないが、多分同一種のものであらう。他の鮫類と同樣に蒲鉾原料に使はれるであらう。オシザメとは或は駿河灣沿岸の或地方で稀に使はれてゐる名稱であらう。學名中の種名はオシザメを啞鮫と解釋し、是に基いて付けた名稱である。

オシザメ

ナヌカザメ　七日鮫　Cephaloscyllium umbratile *Jordan & Fowler*（**トラザメ科**）

本種を何處でナヌカザメと云ふかは不明である。左程大きくならない鮫で、九百ミリメエトル（三尺）に達する。稍やオ・セに似てゐて、殊に腹部が大きく、且つ此部がブク〳〵と膨れ、此魚を動かす毎に此部の搖れるのがオ・セに似てゐるが、特徴が違ふばかりでなく、オ・セは胎生で、ナヌカザメは卵生である。殊にナヌカザメの

ナヌカザメ

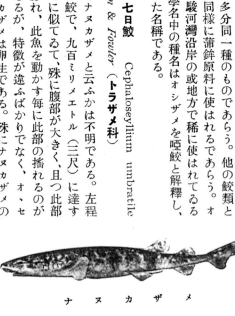

卵殼は他の卵生の鮫の卵殼（ネコザメの卵殼を除いて）よりも著く大きく且つ立派であるから、ネコザメの卵殼と共に標品商の喜ぶものである。體は肥大してゐる爲に、左程細長くは見へない。頭は幅廣く且つ縱扁してゐる。吻も短く稍や幅廣い。口角の唇褶は發達がわるい。眼の瞬膜は發達わるく、噴水孔は眼の後方にある。鰓孔は體の各側に五個ある。齒は小く、各齒に數個の突起があつて、中央の一突起が最も長い。濠洲や日本に產し、世界に產するものは三種である。南日本のものであるが、東京附近には少い。食用となるのであらう。

ホシノクリ

ホシノクリ　星野栗　Calliscyllium venustum *Tanaka*（**トラザメ科**）

鹿兒島でホシノクリと云ふ。此地方でノクリと云ふのは小さい鮫のことで、星狀に散在してゐる斑點があるので、此名を得たものであらう。明治十六年發行の白野夏雲著麑海魚譜を同四十四年に鹿兒島縣立第一鹿兒島中學校で再版した節、其魚類の部は私が査定したが、其節ホシノクリへドチザメの學名を當てゝ置いたが、是は誤であつたことを爰に明記して置く。頗る細長い鮫で、體長は四百五十ミリメエトル（一尺五寸）以上に達する。南日本のものであるが、東京附近には少い。大分縣臼杵や鹿兒島では相當多いものである。琉球にも產するが、それ以南にも居ることゝ思はれる。印度に多いナガサキトラザメと間違ひ易いから注意を要する。其區別點はナガサキトラザメの項で詳述することゝする。口角の周圍に短い唇褶がある。眼には瞬膜が發達してゐる。噴水孔は眼に接近して存在する。鰓孔は各側に五個ある。齒は一個の中央突起と各側に三個の突起とを具へてゐる。四月頃に產卵する。食用に供する。

ナガサキトラザメ　長崎虎鮫　Halaelurus bürgeri (*Müller & Henle*)（**トラザメ科**）

トラザメ又はホシノクリに近いものであるが、印度に多い。我國では長崎沖では取れるが、九州の南部では左程見當らない。琉球に居るから臺灣にも居るであらう。從來神奈川縣三崎沖で取れるトラザメを本種に當てゝゐたやうであるが、是は誤で、恐らく三崎附近にはナガサキトラザメは居ないであらう。尤も伊豆七島には本種を產するかも知れない。長崎方面のみで取れる爲に、曾て私が本種をナガサキトラザメと命名して置いた次第である。細長い小い鮫で、ホシノクリよりも稍や肥大し、體長は是よりも稍や短いかと思ふ。一見した處ではホシノクリに似てゐるが、二背鰭と腹鰭と臀鰭との存在場所の工合がホシノクリとは違ひ、ホシノクリは此點に於て寧ろホシザメ科に似てゐる。曾てガルマン Garman はホシノクリをホシザメ科へ移したが、是は矢張りトラザメ科のもので、たゞ前記の鰭の位置がトラザメ科通有の位置でなくて、ホシザメ科のものに似てゐるに過ぎないのである。ホシノクリがトラザメ科であるのは、第一にその皮膚の性質がよくトラザメ科のものに似てゐること、次にホシザメ科の如く胎生でなく卵生であることでも明である。ナガサキトラザメも食用となるものであらう。

ナガサキトラザメ

トラザメ　虎鮫　Catulus torazame *Tanaka*（**トラザメ科**）

神奈川縣三崎でトラザメと云ふが、東京市場では本種ばかりでなく、他の種類をもトラザメと云ふやうである。細長い小い鮫で、體長は三百四十五ミリメエトル（一尺一寸五分）に達する。二背鰭、腹鰭、臀鰭の相互の位置はナガサキトラザメと同様で、即ちトラザメ科通有の性質を持つてゐる。北日本に多いもので、北海道にも是を産する。此鮫の分布の南限は神奈川縣三崎で、是より南方には居ないやうである。トラザメ科通有の性質として卵生するものである。東京市場では少いもので、多少食用とするだけのものである。

トラザメ

ヤケザメ　耶毛鮫　Apisturus macrorhynchus (*Tanaka*)（**トラザメ科**）

神奈川縣三崎でヤケザメと云ふ。頭が幅廣く、縦扁してゐる爲め、東京ではヘラザメと云ふこともある。三崎のヘラザメはツノザメ類のもので、本種ではないが、其頭部がヤケザメの頭部に稍や似てゐる。ヤケザメは小い鮫で、體長は六百ミリメエトル（二尺）に達する。噴水孔は頗る小い。口角の周圍に唇褶がある。鰓孔は體の各側に五個ある。體色は紫黑色で、斑紋は無い。是れの卵殼はナガサキトラザメやトラザメの卵殼よりも貧弱で、恐らく邦産のトラザメ類中、最も貧弱な卵殼を持つたものであらう。是は卵殼の四隅から出てゐる巻鬚の發達がわるい爲である。中部日本のものであらうとも思はれるが、分布はまだ明でない。東京附近には少いもので、多少食用となるものである。

ヤケザメ　下圖は頭部の上面圖

ガイコツザメ　骸骨鮫　Pristiurus eastmani *Jordan & Snyder*（**トラザメ科**）

本種は神奈川縣三崎でガイコツザメと云ひ、東京ではイモリと云ふ。細長い小い鮫である。噴水孔は小い。口角の周圍に唇褶がある。體の各側に五個の鰓孔がある。齒は小く、七個の突起を具へてゐる、尾鰭上縁に變形した鱗がある。此の變形した鱗のあることが本種の特徴であるが、是に似たものにヤモリザメがある。然し是等兩種は此變形鱗の形や排列法に於て、互に著く違つてゐて、ガイコツザメでは規則正く二列に竝んでゐるが、ヤモリでは不規則に排列してゐる。是等兩種は神奈川縣三崎で稍や稀に漁獲せられるが、其他の分布した地方は不明である。下等食品又は蒲鉾原料であらう。

ガイコツザメ

ヤモリザメ　守宮鮫　Parmaturus pilosus *Garman*（**トラザメ科**）

神奈川縣三崎では特に是に名稱が無いやうであるが、東京市場では往々にしてヤモリと云つてゐる。ガイコツザメよりも稍や肥大してゐるが、是と同様に小形の鮫である。頭はガイコツザメに於けるよりも稍や幅廣い。イモリとヤモリとの名稱は蠑螈《ヰモリ》と守宮《ヤモリ》とに稍や似てゐるから出た名稱であらう。學者によつてはガイコツザメと同一屬とし、即ち Pristiurus 屬に入れる。從つて是等兩者は互によく似てゐる處があつて、往々にして間違へる

ヤモリザメ

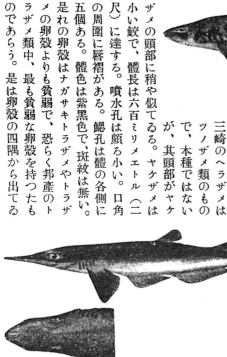

こともあるが、別屬としても差支ないだけあつて、種々の點に於て違つてゐるのである。

ホ シ ザ メ

ホシザメ　星鮫　Galeorhinus manazo (*Bleeker*)（**ホシザメ科**）

東京や神奈川縣三崎でホシザメ、大阪や高知でホシブカ又はマブカ、瀨戸内海沿岸でノォソブカ、長崎でマノォソと云ふ。小い鮫であるが、鮫類中、最も美味の一種であるから「マ」の字が諸地方で附けられるのである。眼に瞬膜がある。噴水孔は小い。口角の唇褶はよく發達してゐる。齒は小く、舗石狀に排列してゐる。鰓孔は體の各側に五個ある。體側には白點を散在してゐるが、小形のものでは白點は針で刺した痕のやうに頗る小く、大形のものでは可なり大きいが、不規則な形をしてゐて、正圓をなしてゐない。北海道の南部から鹿兒島まで分布してゐるが、琉球や臺灣に産するかは不明である。是に頗る近いものに東京でアカボシ、高知でコシナガと云ふのがある。是は Galeorhinus griseus（*Pietschmann*）であるが、類似の別種か同一種か不明で、卽ち疑問種の好資料である。是では全く白點がなく、地色が稍や茶褐色で、多少尾部が細いやうな感じがある。東京附近では稍や少いが、高知や九州では稍や多い。事によると琉球や臺灣にはアカボシの方は居て、ホシザメの方が居ないかも知れない。此點を研究すると、種別の標準や分布を正確に見極める上に、貴い資料を提供することとなる。アカボシは味に於ては左程ホシザメと違はないやうで、多くは是等兩者を識別しないで取引きしてゐるやうである。ホシザメもアカボシも胎生で、胎兒數は二十尾位である。

ド チ ザ メ

ドチザメ　奴智鮫　Triakis scyllium *Müller & Henle*（**ホシザメ科**）

神奈川縣三崎でドチザメ、大阪でネコブカ、瀨戸内海沿岸でイサバ、長崎でモダマと云ふ。小い鮫で、海岸に産する。眼に瞬膜がある。噴水孔は小い。口角に唇褶がある。體の各側に五個の鰓孔がある。齒は頗る小く、中央の一突起の各側に一個又は二個の側突起がある。南日本のもので、其北限は千葉縣であつて、臺灣にも是を産する。左程美味では無い。體長は六百ミリメエトル（二尺）に達する。ホシザメ科の通有性として胎生するもので、胎兒數は二十尾位である。ホシザメと共に解剖學や生理學の實驗材料となる。

***イタチザメ　鼬鮫**　Galeocerdo arcticus (*Faber*)（**メジロザメ科**）

眼に瞬膜がある。口角の周圍に唇褶を持つてゐる。噴水孔は小い。體の各側に五個の鰓孔がある。兩顎に存する齒は同樣で、其內緣は凸形を呈して、外方へ傾き、外緣は深く缺刻してゐて、此緣は粗く鋸齒をなし、更に其邊緣は細かい鋸齒をなしてゐる。大形の鮫で、熱帶部から南北兩緯度で七十度以上の處まで分布してゐる。我國では南日本のものであるが、稀に取られるのみである。胎生であらうが、本種の胎兒や幼期のも

イ タ チ ザ メ

のを私は見たことが無い。南日本のもので、稀に漁獲せられる。多分蒲鉾原料となることであらうが、其味は明で無い。我國には特に名稱は無い。イタチザメの名稱は曾て私の命名したものである。

***ヨシキリザメ　葦切鮫**　Galeus glaucus (*Linné*)(**メジロザメ科**)

東京でヨシキリ、大阪でミズブカ又はアオブカ、高知でミズブカ又はコンジョオブカ、九州でミズブカ、三陸地方でアオナギと云ふ。英語の blue shark はアオザメのことでなくて、ヨシキリザメのことである。實際體色はアオザメよりも濃青色で、紺青鱶と云ふ方言はよくその體色を現してゐる。大きい鮫であるが、頗る細長い。眼の瞬膜はよく發達してゐる。噴水孔は無い。口角に短い唇褶があるが、隱れてゐるから、注意しないと認めることが出來ない。體の各側に五個の鰓孔がある。齒は外方へ曲がり、其兩側は強く鋸齒を呈してゐる。胎生で、胎兒數は六十尾に達し、鮫類中アブラザメを除いては最も多く漁獲せられるもので、毎朝魚市場に於て殆ど是を見受けないことは無い。胎兒又は生れたばかりの幼魚は著く成魚と形を異にしてゐるから注意を要する。太平洋と大西洋との溫帶及び熱帶部に産する。我國では北海道の南部まで分布してゐると思はれる。肉は頗る不味で、從來は棄てたことがあるが、今日では並製の蒲鉾原料として大切なものである。其鰭は鱶鰭中最も上等のもので、また其體内の油も利用せられる。

ヨシキリザメ

メジロザメ　目白鮫　Carcharhinus gangeticus (*Müller & Henle*)
(**メジロザメ科**)

東京でメジロと云ふが、關西ではヒラガシラの諸種と共にヒラガシラと云つてゐるやうである。大きい鮫で、體長七メエトル半（二丈五尺）、體重七百五十キログラム（二百貫）に達する。頭は稍や短く且つ幅廣い。噴水孔が無い。口角の唇褶は頗る發達がわるい。體の各側に五個の鰓孔がある。齒は三角形に近く、鋸齒緣を持つてゐる。胎生で、胎兒數は十八尾位である。蒲鉾原料である。印度、フィジ群島、南日本に産するもので、東京附近から左程北部へ分布してゐないと思ふ。ガルマン **Garman** は世界に産する本屬を二十八種に識別してゐるが、恐らく僅に數種に減少することが出來やうと思はれるが、何分にも大形の鮫であるのと、個體變化も多からうと思はれるので、正確に是を研究するのは相當至難の事業であらう。また大形のものである爲め、往々にして胎兒だけの研究があるが、固より胎兒と成魚とは著く變化してゐるから、斯様な種々の成長期のものを雜然と比較しただけでは正確な研究とは言はれないのである。

メジロザメ　**下圖は頭部の上面圖**

ヒラガシラ　平頭　Scoliodon walbeehmi (*Bleeker*)（**メジロザメ科**）

東京でヒラガシラと云ふ。關西では本種や是に類似したもの、またメジロザメをも總括してヒラガシラと云ふやうである。名稱の示す通り、頭は短く、縱扁してゐる。口角に唇褶がある。眼に瞬膜がある。體の各側に五個の鰓孔がある。齒は兩顎に存するもの何れも同樣で、齒には一突起を具へ、是は外方へ著く傾いて切線を作り、其突起の直下に於て、下緣に一つの缺刻がある。それ以外に殆ど鋸齒緣をしてゐない。尾鰭基底の上部に一凹窪部がある。本種を含んでゐる屬には凡そ十種あつて、何れも太平洋、大西洋、印度洋の三洋の熱帶部と溫帶部とに生活してゐるが、何分にも稍や大きい鮫で、標品の數を多く得られない爲に、まだ研究が不充分である。我國でも一種でなく、數種あるやうであるが、研究が屆いてゐない。蒲鉾原料となるものである。

ヒラガシラ

エイラクブカ　永樂鱶　Eugaleus japonicus (*Müller & Henle*)（**メジロザメ科**）

眼に瞬膜がある。各顎の隅角に短い唇褶がある。噴水孔は小い。兩顎の齒は同樣で、三角形を呈し、口角の方へ傾いてゐる。尙ほ齒の外緣に一缺刻があつて、此缺刻と基底との間に二乃至四個の小突起を具へてゐる。本屬のものは地中海附近に一種、太平洋に一種あるやうであるが、是等の二種は同一種内のものかも知れない。我國では稀に漁獲せられ、其分布の範圍は明でない。左程大形に成長するものでないが、蒲鉾原料となることであらう。多少メジロザメやヒラガシラに似た點がある。胎生のものである。體色は淡灰色で、殆ど斑點は無い。エイラクブカの名稱は何地の稱呼か明でない。

エイラクブカ

ミズワニ　水鰐　Carcharias tricuspidatus *Day*（**ゾオザメ科**）

眼に瞬膜が無い。噴水孔は小い。體の各側に五個の鰓孔がある。上顎の唇褶は發達がわるいが、下顎の唇褶は發達がいゝ。齒は曲がつた牙狀で、二根を持つてゐる。此齒の兩側で、基底部に一個又は二個の小突起のあるのと、全く無いのとが同一個體でもある。體は灰色で、茶褐色の斑點を持つてゐる。尾鰭基底の上緣に一凹窪部があるが、尾柄の側方に隆起緣は無い。稍や大形に成長する。東京でミズワニと稱するは本種と是に近い數種を總括するやうである。本種は東京附近には少いものであるが、印度へも分布してゐる。本種に近い他の一種が東京附近に產する。是はCarcharias owstoni *Garman* であるが、或は是等兩者は同一種かも知れない。澤山の標品を見られない爲に、此の興味ある疑點を解決せられないのは殘念である。恐らく胎生するものであらうが、此點が明でない。

ミズワニ

ゾオザメ　象鮫　Scapanorhynchus owstoni (*Jordan*)（**ゾオザメ科**）

體は細長く、吻は著く長い。眼に瞬膜は無く、噴水孔は小い。體の各

ゾ　オ　ザ　メ

側に五個の鰓孔がある。齒は細長く、錐狀である。下顎に唇褶がある。體は稍や大きく、本種に近いものは旣に地質學上の中世界白堊紀からも出る。齒は稍やミズワニに近いが、ゾオザメの方が吻が著く長い。化石で Odontaspis 屬と稱するは是等ミズワニとゾオザメとに近いものである。是は主として齒の類似してゐる點から推論するのである。ゾオザメは白つぽく、稀に取られるものであるが、殆ど食用には供せられない。然し、前に記した通り、化石と關係が深いから、原始的の鮫の一種であらう。本種をゾオザメと稱するは小田原附近の稱呼であらうか、此點明でない。

***シュモクザメ**　**撞木鮫**　Cestracion zygaena (*Linné*)（**シュモクザメ科**）

東京や神奈川縣三崎でシュモクザメ、大阪や高知でカセブカ、和歌浦でカネタヽキと云ふ。額に當る處が著く橫へ張り出してゐるのは著く人目を惹く。噴水孔はなく、眼に瞬膜がある。口角の唇褶は頗る發達がわるい。體の各側に五個の鰓孔がある、齒は三角形で、基底は幅廣く、且つ口角に向へる數個の突起と外緣に一個の缺刻とを具へてゐる。世界の熱帶及び溫帶部に產する。日本に於ける北限は明でない。體長三メエトル（一丈）、體重百五十キログラム（四十貫）に達する。胎生で、胎兒數は三十尾位である。肉は不味で、上等蒲鉾の原料となる。世界に產するシュモクザメ類はガルマン Garman によると六種に達する。

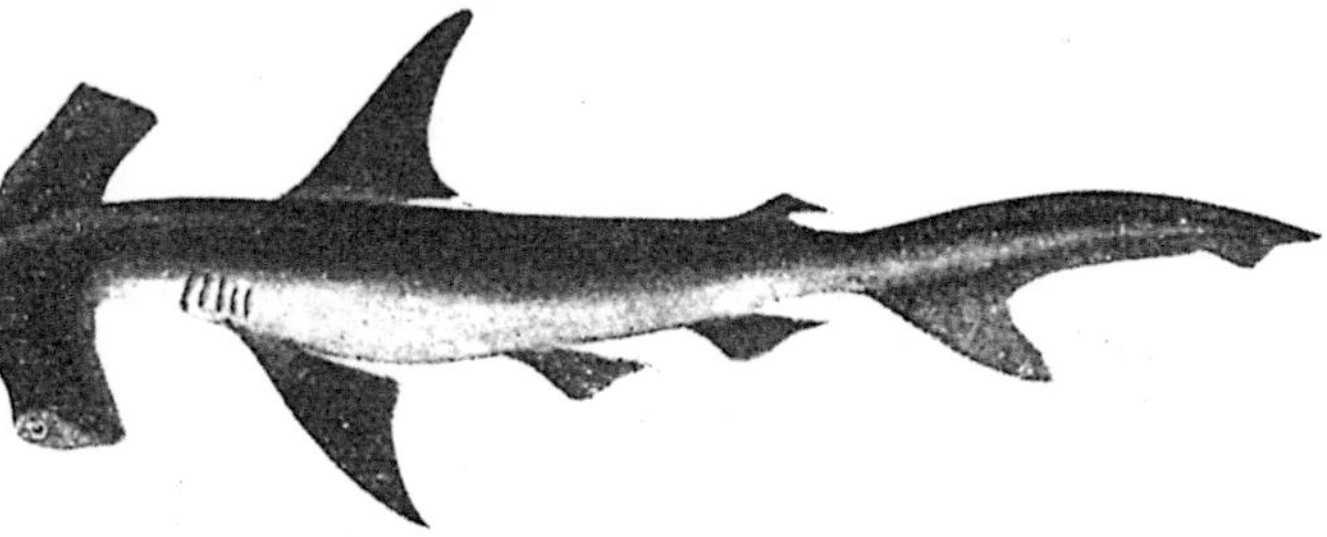

シ　ュ　モ　ク　ザ　メ

オナガザメ　**尾長鮫**　Vulpecula marina *Valmont*（**オナガザメ科**）

東京や神奈川縣三崎でオナガザメ、大阪方面でネズミブカと云ふ。東京のネズミザメは本種でなく、ラクダザメのことである。本種は鮫類中尾鰭が最も長く、鼠の尾に似てゐる爲にネズミブカの名稱が出たのである。東京でラクダザメをネズミザメと云ふのは其尾鰭が似てゐるのでなく、顏が著く尖つて、互に似てゐる爲である。眼には瞬膜は無いが、小い噴水孔がある。體の各側に五個の鰓孔がある。齒は側扁形で、二根の上に立つてゐるが、邊緣に鋸齒は無い。稍や大きくなるが、尾鰭が著く長い爲に、體が頗る長い見かけを持つてゐる。體長は四メエトル（一丈五尺）以上に達する。胎生で、胎兒數は常に二尾である。上等蒲鉾の原料となるものである。世界に產する本科のものはたゞ一種で、世界の熱帶方面には何處でも生活してゐる。日本では南日本に居るが、其分布の北限はまだ明でない。

オ　ナ　ガ　ザ　メ

***アオザメ**　**青鮫**　Isurus glaucus (*Müller & Henle*)（**アオザメ科**）

東京附近でアオザメ、大阪附近でアオヤギ、和歌山縣でイラギと云ふ。

アオザメ

餘り大きくはならないが、齒は長くて、曲がり且つ尖り、其邊緣に鋸齒が無い爲め、恰も犬の齒のやうで、是にさゝれると、死んだものゝ齒でも疼痛を感ずる。是は齒に毒を持つてゐると考へるよりも、鋭い齒の爲に突き傷を得易く、其爲に惹き起こす疼痛かも知れない。噴水孔は微小である。眼に瞬膜は無い。體の各側に五個の鰓孔がある。尾柄は縱扁し、是れの各側に側褶があるし、また尾鰭基部の上に一凹窪部がある。熱帶性の魚類で、印度や南洋にも生活し、我國では南日本へ分布してゐる。胎生であるが、私はまだ是れの胎兒を見たことが無いが、四國又は九州方面で注意してゐると、是を見ることが出來やうと思ふ。

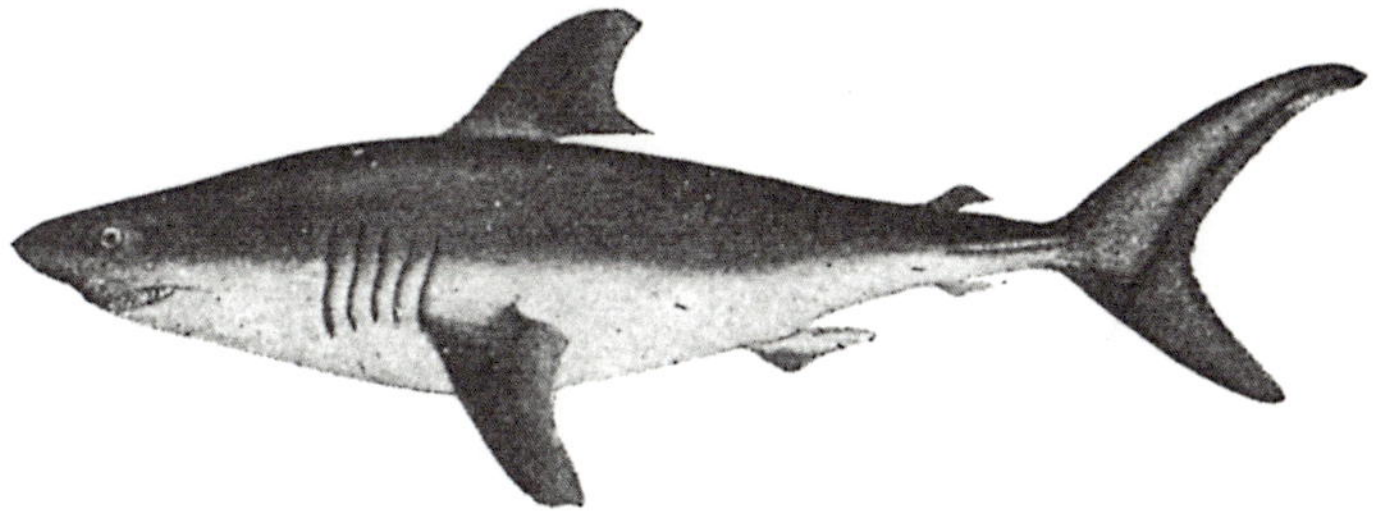
ラクダザメ

***ラクダザメ　駱駝鮫**　Isurus nasus (*Bonnaterre*)（**アオザメ科**）

東京でラクダ、ゴオシカ又はネズミザメ、東北地方でモオカと云ふ。大阪附近のネズミブカは本種でなく、オナガザメであることは其項で述べて置いた。口角に唇褶がある。眼に瞬膜が無い。噴水孔は微小で、殆ど認め難い。齒は幅廣く、二根の上に立ち、細長い一突起の外に其各側に成長したものでは一突起を持つてゐる。體の各側に五個の鰓孔がある。尾柄の各側に一側褶が縱走し、尾鰭の基部の上面に一凹窪部がある。本種とアオザメとは稍や似てゐるが、アオザメよりも肥厚した體を持ち、二背鰭、胸鰭、臀鰭の相互の位置が多少違ふし、齒もアオザメは尖つた牙狀の齒で、其側方に小突起を持つてゐないが、ラクダザメの成長したものでは側突起がある。殊に著い點は、アオザメは熱帶性のものであるが、ラクダザメは寒帶性のものであることで、我國では北日本に稍や多く、東京附近では是等兩種を見ることが出來る。北大西洋にも居る。胎生で、胎兒は四尾又は五尾である。左程大きくはならないが、體が肥大してゐる爲に、割合に體重は重い。肉は美味であるが、粘質に乏い爲め、蒲鉾原料とはならない。

ホオジロ　頰白　Carcharodon carcharias (*Linné*)（**アオザメ科**）

東京で稀に本種をホオジロと云ふ。鮫類中偉大な鮫の一つで、體重は一千八百七十キログラム（五百貫）に達する。眼に瞬膜が無く、噴水孔は微小で、容易に認め難い。口角に唇褶がある。體の各側に五個の鰓孔がある。齒は大きく、幅の廣い三角形で、兩縁に鋸齒がある。地質學上新世界第三系イオシイン Eocene から出る齒の化石は百四十五ミリメエトル（四寸八分）の長さを有し、是を現代のホ

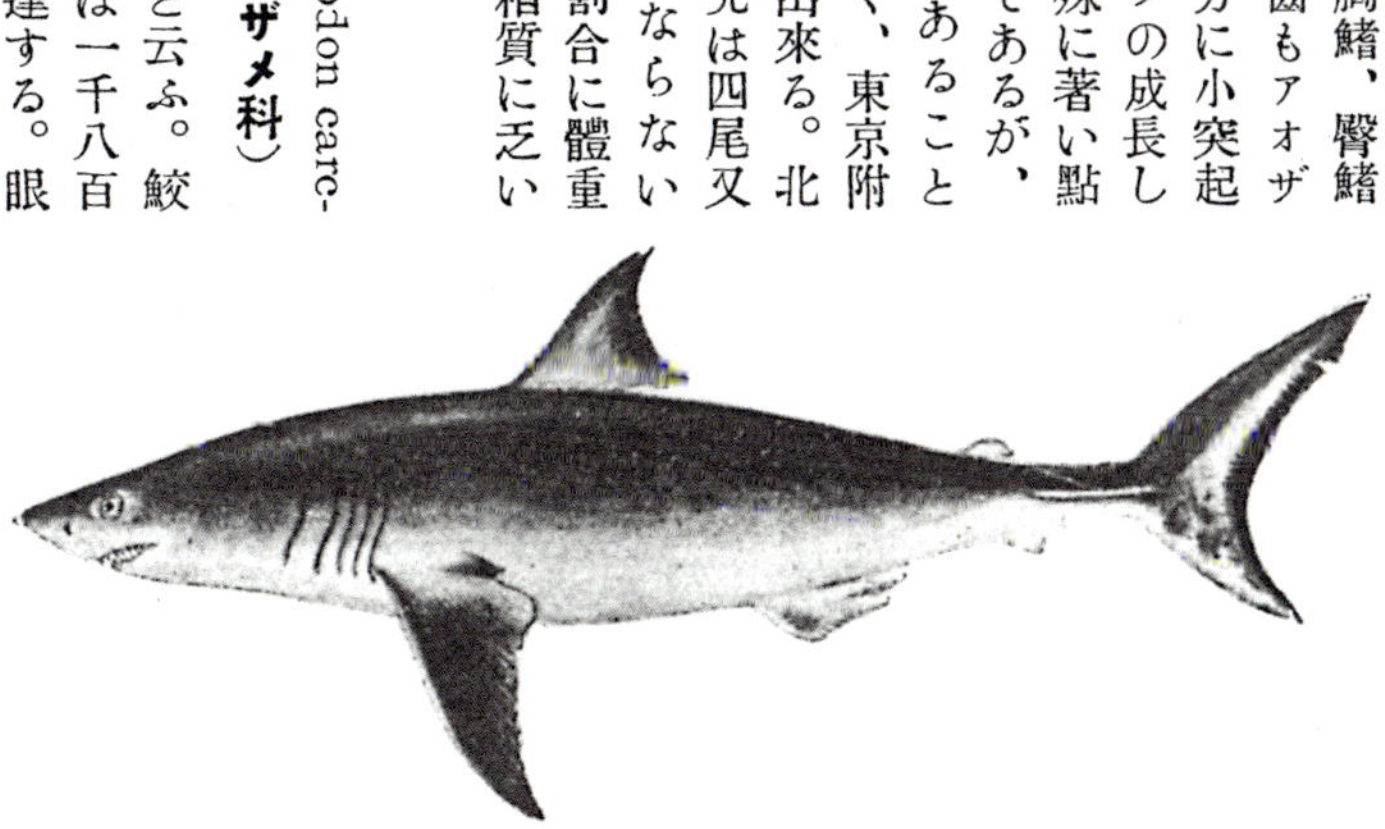
ホオジロ

オジロから推定すると、體長は三十メエトル内外(九丈)に達したものである。此化石は現存のホオジロとは種名を異にしてゐるが、或は同一種と考へていゝかも知れない。ホオジロは尾柄強く、縦扁し、其側方を縦走する隆起縁を持ち、尾鰭基底の上面は一個の凹窪部を持つてゐる。世界の熱帶及び温帶地方に生活してゐるもので、東京附近で稀に捕獲せられるが、我國に於ける分布の北限はまだ明でない。上等蒲鉾の原料となる。外國殊に大西洋では此鮫が人を攻撃すると言つて、爲に「人食ひ鮫」man-eating shark と言つてゐるが、我國の漁業者は斯様な事を言はない。尤も死體を食ふことは鮫類に通有の性質であるから、此の性質は持つてゐるであらう。また外國で是を「人食ひ鮫」と言ひ初めたのはリンネ Linné の著書に此鮫が豫言者ヨナァ Jonah を呑んだと出てゐる爲である。胎生であるが、私は是れの胎兒を見た事は無い。

バカザメ

バカザメ　馬鹿鮫　Cetorhinus maximus (*Gunner*)(**アオザメ科**)

東京でバカザメ、北海道でウトオザメと云ふ。從來、多くの書物に本種をウバザメと載せてあるが、斯様な名稱で本種を呼んでゐる地方は無いやうである。鮫類中偉大な鮫の一つで、二千二百六十キログラム(六百貫)以上に達する。眼に瞬膜は無い。噴水孔は小い。體の各側に五個の鰓孔がある。鰓孔は頗る幅が廣く、他の鮫類に於けるよりも遙に廣い。鰓孔内には鯨鬚に似た水濾器を持つてゐるが、鯨鬚を whalebone と云ふから、此鮫を bone shark と云ふことがある。齒は頗る小い圓錐齒である。水濾器と圓錐齒とを見ると、鯨鬚を持つた鯨と同様に鰯のやうな小い魚を澤山に呑み込んで生活することがわかる。實際此魚は體の偉大な割合に性質は獰猛でなく、往々海面に殆ど不動の姿勢で漂ふてゐることがある。それ故恰も日和ぼつこをしてゐるやうであるから basking shark とも言はれる。バカザメの名稱は割合に容易に漁業者に取られるから付けられた名稱であらう。尾柄の各側に縦走した隆起縁があるし、また尾鰭基底の上面に一凹窪部がある。北氷洋から太平、大西兩洋の温帶部に擴がつてゐるが、我國に於ける分布の南限はまだ明でない。曾て濱松沖で取れたと稱する大形の鮫を香具師《ヤシ》が各地方を觀せて廻はつてゐるのを見たことがあるが、乾燥の仕方が不完全な爲に、充分に種名を判定することが出來なかつたが、恐らく本種であらう。濱松沖では本種の取れることが珍いし、大形の鮫である爲め、人目を惹いたことゝ思はれる。胎生で、稀に是を見ることが出來るが、さて一度に幾尾の胎兒を生み出すかはまだ誰も知らない。

***ジンベエザメ　甚兵衛鮫**　Bhinodon typicus *Smith*(**ジンベエザメ科**)

千葉縣銚子でジンベエ、内房州や神奈川縣三崎でエベスザメと云ふ。鮫類中偉大なものゝ一つで、體長八メエトル(四間半)、體重四千五百キロギラム(一千二百貫)に達する。體の偉大なのに較べて、眼の頗る小いのが人目を惹く。眼に瞬膜が無い。噴水孔は小い。口角の周圍に唇褶が

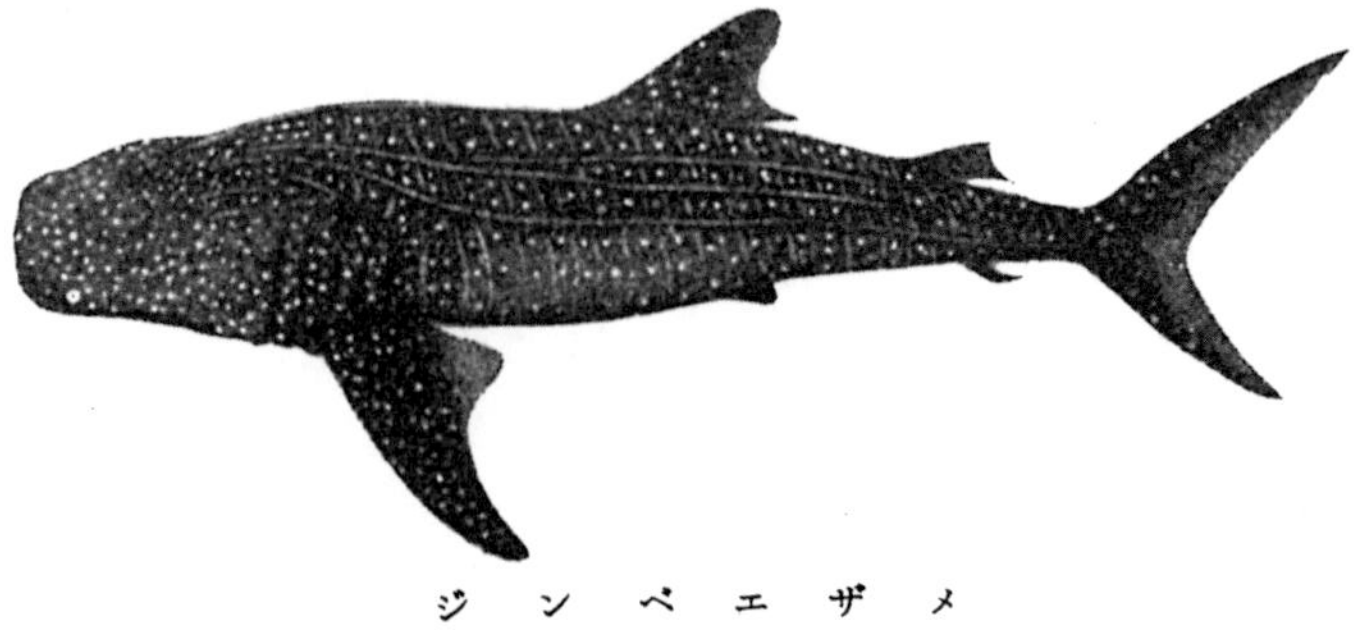

ジンベエザメ

ある。體の各側に五個の鰓孔がある。齒は頗る多く、頗る小い圓錐形を呈してゐる。尾柄には各側に一隆起線がある。また尾鰭基部の上面に一個の凹窪部がある。齒の頗る小いことから考へると、バカザメに近く、また此鮫と同様の習性を持つてゐると思はれる。體の横斷面は五角形で、皮膚は細微の粒狀鱗を散在してゐて、恰も鱸のやうな感覺を與へる。體に瑠璃色の斑紋を散在してゐるが、巨軀を持つてゐる爲め、此斑點は寧ろ物凄い感覺を與へる。熱帶部から温帶部へ分布し、太平洋、大西洋、印度洋の南北兩方に生活してゐる。性質はバカザメと同様に温柔であらうと思はれるが、餘りに大きい爲に我國の漁業者に恐れられる。食用とするか不明である。我國では稀に漁獲せられ、胎生と思はれるが、是れの胎兒又は幼兒を見たものが無い。

ア ブ ラ ザ メ

アブラザメ　油鮫　Squalus sucklii (*Girard*)
（アブラザメ科）

東北地方でアブラザメと云ふのは本種のことであるが、東京市場でアブラザメと云ふのは本種でなくてエドアブラザメのことである。眼に瞬膜は無い。噴水孔がある。口角の周圍に唇褶がある。體の各側に五個の鰓孔がある。兩顎の齒は同様で、先端は外方へ向つて、切緣を作つてゐる。尾鰭の基底に一凹窪部がある。餘り大きくならないもので、成長したものには斑點は無いが、幼兒や胎兒には若干個の顯著な白點がある。北太平洋の南岸に居るもので、我國では北日本のもので、神奈川縣三崎では頗る少いが、それでも本種の胎兒を時々見ることが出來る。前に述べたやうに胎兒には稍や大きい白點がある爲め、類似種から容易に識別することが出來る。東北地方には多いもので、是から作つた蒲鉾は我國の各地、殊に山地へまでも配給せられ、此魚の皮を剝《む》いた剝鮫《ムキザメ》又は棒鮫《ボオザメ》と稱するものは東京でも販賣せられてゐる。

ツマリツノザメ　短角鮫　Squalus mitsukurii *Jordan & Snyder*（アブラザメ科）

長崎でツノオソオと云ふ。九州では本種とツノザメ Squalus japonicus *Ishikawa* とが居るが、アブラザメは居ない。是等三種は極めて近いものであるが、吻の長さ、從つて吻の先端の角度に相違がある。ツマリツノザメは東京附近には無いものであるが、北海道にも居るやうである。前記の通りツノザメと云ふ地方がある爲め、是等の鮫と他の類似種とを合してアブラザメ科の外に、ツノザメ科と言ふことがあるが、ネコザメは此科へ編入せられない。二背鰭の各〻の前方に一個の棘がある爲め、ツノザメ又はツノオソオの名稱が出たのである。上記三種の區別點としてはツマリツノザメは其名稱の示す通り、吻が割合に短く、其先端の角度は九十度で、體に白點がない。アブラザメは吻が稍や長く、其先端の角度は五十度で、幼魚や中成魚には體に白點がある（成長したものでは此白點が無い）。ツノザメは東京附近から名古屋方面に居るもので、吻は相當長く、其先端の角度は四十度であつて、體に全く白點が無い。また是等三種のツノザメ類の內で、アブラザメが最も大きく成長する。ツノザメもツマリツノザメも食用とするが、相當美味であらうと考へられる。是等三種のツノザメ類は互に別種であるか、それとも同一種內の異型に過ぎないのかは判定し難く此方面の研究資料としては好材料の一つである。曾て私などはアイザメと言つたことがあるがアイザメと稱するものは全く是等とは別種へ適用すべきものである。

ツ マ リ ツ ノ ザ メ

フジクジラ　藤鯨　Etmopterus lucifer *Jordan & Snyder*（**アブラザメ科**）

神奈川縣三崎でフジクジラと言ふ。稍やカラスザメに似てゐるから混同することがある。何れも發光する性質を持つてゐる。兩種とも稍や深海に産する爲め、分布區域が明でない。眼に瞬膜が無い。噴水孔は大きい。口角に唇褶がある。體の各側に五個の鰓孔がある。齒は上顎に存するものは數個の突起を持ち、下顎の齒は先端外方へ向つてゐて、爲に内縁が切縁を作つてゐる。紫黒色の小い鮫で、兩眼の間に一個の白點のないのが普通であるが、往々に是を不明瞭ながら認めることもある。胎生である。食料となるが、美味のものではない。

カ　ラ　ス　ザ　メ

フ　ジ　ク　ジ　ラ

カラスザメ　烏鮫　Etmopterus pusillus (*Lowe*)（**アブラザメ科**）

フジクジラと共に神奈川縣三崎の稍や深海に産する。此鮫は我國の外に北亞弗利加の西方マデイラ群島沖からも産する。フジクジラに似てゐる爲め、往々混同せられて兩種を共にカラスザメと云ふ人もあるから注意を要する。是等兩種の識別點を擧げると、フジクジラの皮膚は頗る粗雜で、著くざらく〳〵してゐるが、カラスザメでは割合に滑で、是は鱗の形が著く違つてゐる爲である。兩眼の間にある一個の白點はカラスザメでは頗る著く、稀に是れの不明瞭なものもある。フジクジラでは此白點は不明瞭であることが普通である。多くの場合にカラスザメはフジクジラよりも少いやうに見受けられる。

ア　イ　ザ　メ

アイザメ　相鮫　Centrophorus　（**アブラザメ科**）

東京でアイザメと言ふ。東京附近には三種あつて、是を C. acus *Garman*, C. atromarginatus *Garman*, C. tessellatus *Garman* と云ふが、標品が揃はない爲に私には此各々をまだ識別することが出來ない。何れも胸鰭の内角が延びてゐる爲め、他の鮫類から容易に識別することが出來る。眼には瞬膜が無く噴水孔は大きい。體の各側に五個の鰓孔がある。上顎の齒は三角狀の一突起を具へ、下顎の齒は先端外方へ傾き、其内縁が切縁を作つてゐる。三種共に少ない鮫で、食用ともなるが、其皮膚は物を磨くに用ひる。其品質は種類によつて違ふが、此點はまだ明でない。稍や小い鮫で、胎生である。是等三種とも其分布區域が明でないが、相模灘に産することだけは明である。

ヘ　ラ　ツ　ノ　ザ　メ

ヘラツノザメ　篦角鮫　Acanthidium eglantina *Jordan & Snyder*（**アブラザメ科**）

體は細長く、吻頗る長く、吻と頭とは著く縱扁してゐるので、篦形である。此點はヤケザメに似てゐるが、ヤケザメよりも吻部著く長いのと、二背鰭に棘のあるのとで、ヤケザメから容易に識別せられる。神奈川縣三崎では本種をヘラザメと言ひ、ヤケザメをヤケ

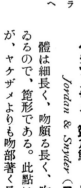

ザメと言つてゐるが、東京市場では兩種ともヘラザメと言ふやうである。眼に瞬膜が無い。噴水孔は大きい。口角に唇褶がある。體の各側に五個の鰓孔がある。歯は三角形で、數個の突起を持ち、是等の歯は直立したのもあり、また多少外方へ傾いたのもある。左程大きくはならないもので、多少の漁獲がある。胎生である。我國には四種位わかつてゐるが、恐らく同一種内のものであらう。他の鮫類と合して蒲鉾原料となるものである。

モ ミ ジ ザ メ

モミジザメ　紅葉鮫　Lepidorhinus foliaceus (*Günther*)(**アブラザメ科**)

アブラザメ科卽ちツノザメ科であるから、二背鰭の各ゝの前端に一棘があるが、ツノザメやアブラザメに於けるほど大きくは無い。眼に瞬膜が無い。噴水孔は大きい。體の各側に五個の鰓孔がある。口角の周圍に唇褶がある。上顎の歯は稍や外方へ傾き、下顎の歯は甚く外方へ傾いてゐる。從つて上顎の歯は捕獲の用に供し、下顎の歯は物を切る用に供する。本屬のものは太平洋にも大西洋にも居る。本種は東京附近で取られるが、稍や深海のものである爲め、其分布區域が明でない。また多く取られるものでもない。モミジザメとは曾て私の命名したもので、稍や大きく成長する。他の鮫類と交ざつて蒲鉾原料に供せられるものである。

ビロオドザメ　天鵞絨鮫　Scymnodon squamulosus (*Günther*) (**アブラザメ科**)

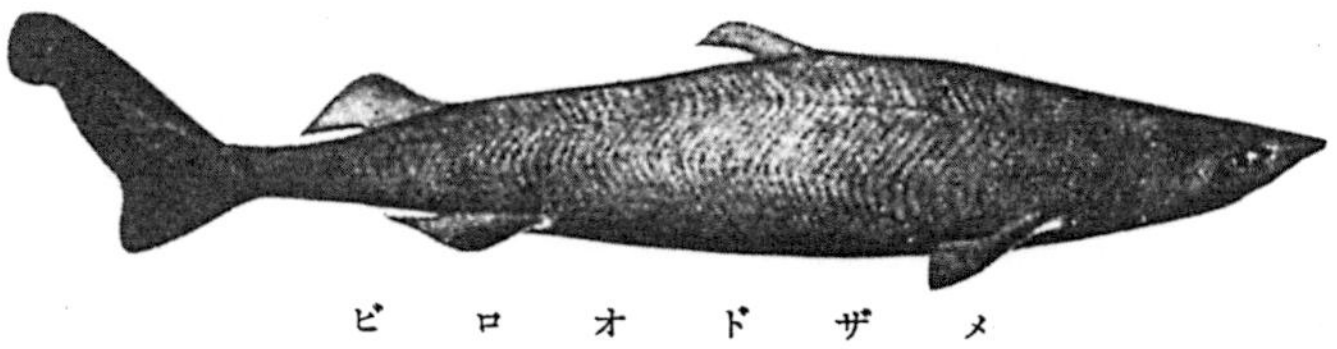

ビ ロ オ ド ザ メ

東京でビロオドザメ又はカラスザメ、靜岡縣でクロコザメと云ふやうである。往々にして、モミジザメやカスミザメと混同して同様に言つてゐることもあるやうである。噴水孔は大きい。體の各側に五個の鰓孔がある。口角に唇褶がある。上顎の歯は直立し、錐狀をなしてゐるが、下顎の歯は稍や外方へ傾き、內緣が切緣を作つてゐる。稍や人形の鮫で、紫黑色である。深海に產するもので、深海延繩で往々漁獲せられる。澤山の漁獲は無いが、大きい鮫である爲め、蒲鉾原料としては多少必要なものである。太平洋と大西洋とに產するものを一緒にすると、凡そ本屬のものは四種ある。

カスミザメ　霞鮫　Centroscyllium ritteri *Jordan & Fowler* (**アブラザメ科**)

カ ス ミ ザ メ

クロコザメとは本種のことか、ビロオドザメのことか、それともモミジザメのことかわからない。多分本種かビロオドザメのことであらう。眼に瞬膜が無い。噴水孔がある。體の各側に五個の鰓孔がある。口角に唇褶がある。歯には三乃至七個の鋭い突起を持つてゐて、他の生物を捕へる用に供する。體色は暗褐色である。稀に漁獲せられるもので、蒲鉾原料となるものである。カスミザメとは曾て私の命名したものである。太平洋と大西洋とに生活する本屬のものは、凡そ五種であるが、何れも漁獲せられる場合が少いので、充分に比較することが出來ない。カスミザメは恐らく深海產のものであらう。

***オンデンザメ　隱田鮫**　Somniosus microcephalus (*Schneider*) (**オンデンザメ科**)

神奈川縣小田原でオンデンザメと云ふ。相當大きい鮫である。眼に瞬膜が無い。噴水孔は中等大である。口角に唇褶がある。體の各側に五個

オンデンザメ

の鰓孔がある。上顎の歯は直立し、尖つてゐる。下顎の歯は先端外方へ向ひ、その內緣が切緣を作つてゐる。腹部は膨れ出してゐるが、ブク〱揺れる爲め一定の形を保たしめることが出來ない。ガルマン Garman は太平洋産と大西洋産とを區別してゐるが、私は同一種のものと思ふ。北氷洋と北溫帶とに産するもので、稀に東京附近に産するが、その分布の南限を我國でまだ知ることが出來ない。胎生であるが、まだ胎兒を見たことが無い。東京附近には稀なものであるから詳いことが知られないのみならず、外國でも此鮫に就いては詳いことがわかつてゐない。食用となるであらうか、それともこれから油を抜き取るだけであるか、まだわからない。

ノコギリザメ　**鋸鮫**　Pristiophorus japonicus *Günther*（**ノコギリザメ科**）

東京でダイギリザメ、大阪でノコブカと云ふ。それ〲の土地で鋸をダイギリ又はノコと云ふ爲である。扁平で且つ長い吻の兩側から鋭い歯の一列が竝んでゐるが、ノコギリエイに存するものとは著く違ふ。且つ本種は鮫類であるが、ノコギリエイはエイの類である。眼に瞬膜がない。噴水孔は稍や大きい。體の各側に五個の鰓孔がある。發達のわるい唇褶が下顎の隅角にある。歯は小くて、多い。稍や小い鮫で、體長は五百五十ミリメエトル（一尺八寸）に達する。胎生で、胎兒數は凡そ十二尾である。上等蒲鉾の原料となる。南日本の鮫である。

ノコギリザメ

キクザメ　**菊鮫**　Echinorhinus brucus (*Bonnaterre*)（**キクザメ科**）

眼に瞬膜が無い。口角に唇褶がある。噴水孔は小い。體の各側に五個の鰓孔がある。兩顎の歯は同様で、先端は外方に傾いて、內緣は切緣を作り、外緣に一乃至二個の缺刻がある。皮膚には瘤狀物を散在してゐる。此瘤狀物の形が多少菊花を上面から見つぶした形に似てゐるので、故波江元吉氏がキクザメと命名したことがある。我國には極めて珍く、從つて特に是に名稱が無い。太平洋と大西洋との熱帶部及び溫帶部に住み、地中海や濠洲にも居る。稍や大きくなるもので、多分胎生のものであらう。食料としての價値は明でない。

キクザメ

ダルマザメ　**達磨鮫**　Isistius brasiliensis (*Quoy & Gaimard*)（**オンデンザメ科**）

東京市場でダルマザメと言ふ。體が細長く、殆ど紡錘形であるから、横斷面は圓形に近い。斯様な形の鮫は他に殆ど類例が無い。眼に瞬膜が無い。噴水孔があ

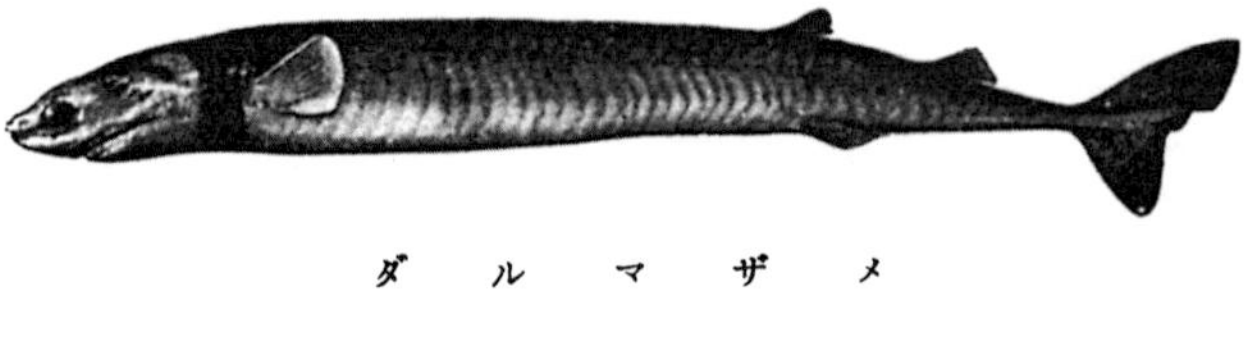

ダルマザメ

る。體の各側に五個の鰓孔がある。上顎の齒は細長い圓錐形で、下顎の齒は側扁した三角形であつて、其邊緣に突起狀の物は無い。口角に唇褶がある。體色は茶褐色で、頸部に暗褐色の一帶がある。太平洋と大西洋との熱帶部及び溫帶部に生活し、左程大きくは成長しない。東京附近では稀に漁獲せられるが、食用としての價値は不明である。關西方面でも稀な種類であらう。

カスザメ　**糟鮫**　Squatina japonica *Bleeker*（**カスザメ科**）

東京でカスザメ、關西で單にサメと云ふ。トロオル漁業者はインバと云ふが、是はインバネスに似てゐる爲である。東京ではコロザメとカスザメとを區別するが、關西では殆ど區別しない。關西にはカスザメはあるが、或はコロザメは著く少ないかも知れない。皮膚は著くザラ〳〵してゐて、體長は一千五百ミリメエトル（五尺）に達する。背中線に大きい鱗が前後に一列に竝んでゐる。體色は茶褐色で、不規則形の斑紋がある。皮を鮫鑢《サメヤスリ》（また皮鑢《カワヤスリ》とも云ふ）とする。胎生で、胎兒數は凡そ十尾である。南日本のもので、其分布の北限は充分に明でないが、東京附近にも稍や多いものである。上等蒲鉾の原料となる。東京では鮫類の小いのをサメ、大きいのをフカ、更に大きいのをワニザメと云ふが、關西では鮫類を一般にフカと言ひ、此地方で稱するサメはカスザメとコロザメとの二種だけである。島根縣のワニは鮫類のことである。

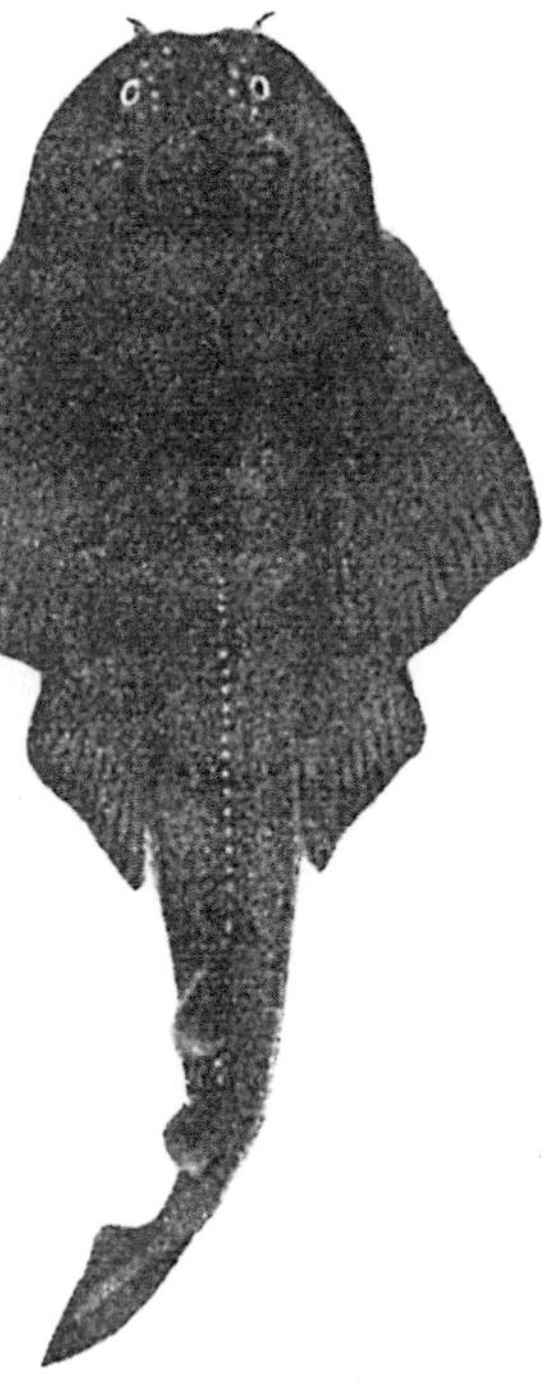

カスザメ

コロザメ　**胡爐鮫**　Squatina nebulosa *Regan*（**カスザメ科**）

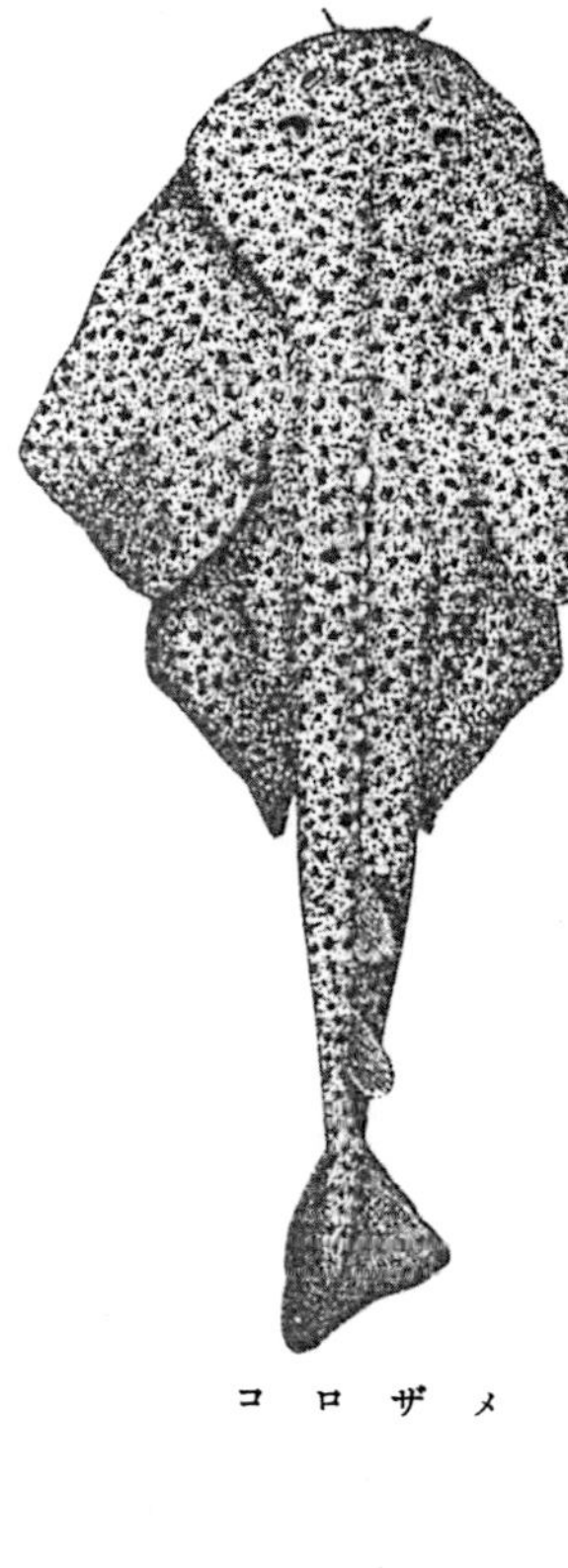

コロザメ

東京でコロザメと云ふ。カスザメに近い爲に往々混同せられる。是等兩者の識別點は胸鰭の外角がカスザメでは直角を僅に超えてゐるが、コロザメでは直角よりも遙に大きい。皮膚はカスザメでは頗るザラ〳〵してゐるが、コロザメではそれ程で無い。體色はカスザメでは茶褐色であるが、コロザメでは青味を帶びてゐる。體はカスザメよりも大きく成長し、一千八百ミリメエトル（六尺）に達する。皮鑢とする場合にはカスザメよりも品質が勝つてゐる。東京でもコロザメはカスザメよりも著く少い。關西でコロザメを見ないのは是が無いと云ふよりも著く少い爲かとも思はれる。

ノコギリエイ　**鋸鱝**　Pristis（**ノコギリエイ科**）

本屬は太平洋と大西洋との熱帶及び亞熱帶に住み、河口を溯つて淡水へも入り込む。世界に產する本屬のものは六種ある。吻頗る長く、其兩側の邊緣に強い齒の一列がある。是等は頭骨から延長した三乃至五個の軟骨質の管で支へられてゐる。日本近海には殆ど居ないものであるが、關

ノコギリエイの一種

西や九州には是れの吻だけが床間の置物になつてゐることがある。

是等は東印度諸島からのものであるか、それとも日本に近い處のものであるか明でない。臺灣にノコギリエイを産するかは不明である。私は曾て一尾の本屬のものを東京市場から得たが、是は何處で取れたものだかわからなかつた。爰には本屬中印度に産する一種 Pristis *zysron* *Day* の畫を擧げることゝする。英語のソオフィシュ sawfish はノコギリザメのことでなく、ノコギリエイのことである。

サカタザメ　坂田鮫　Rhinobatus schlegeli *Müller* & *Henle*（**サカタザメ科**）

東京でトオバ、大阪でサカタ、サカタザメ、スキ又はスキノサキと云ふ。また靜岡縣駿東《スントオ》郡揚原《アゲハラ》村でスキクワザメ、福岡縣福岡でカイメと云ふ。佛家の用ひる塔婆に似てゐる爲めトオバの名稱が出たのである。また農家の用ひる鋤の頭部に似てゐる爲めスキノサキの名稱が出た譯である。鮫の名稱が付いてはゐるが、鰓孔は體の腹面にあるから、寧ろエイの類に屬する、體面殊に上面に斑紋が無いが、往々にして斑紋

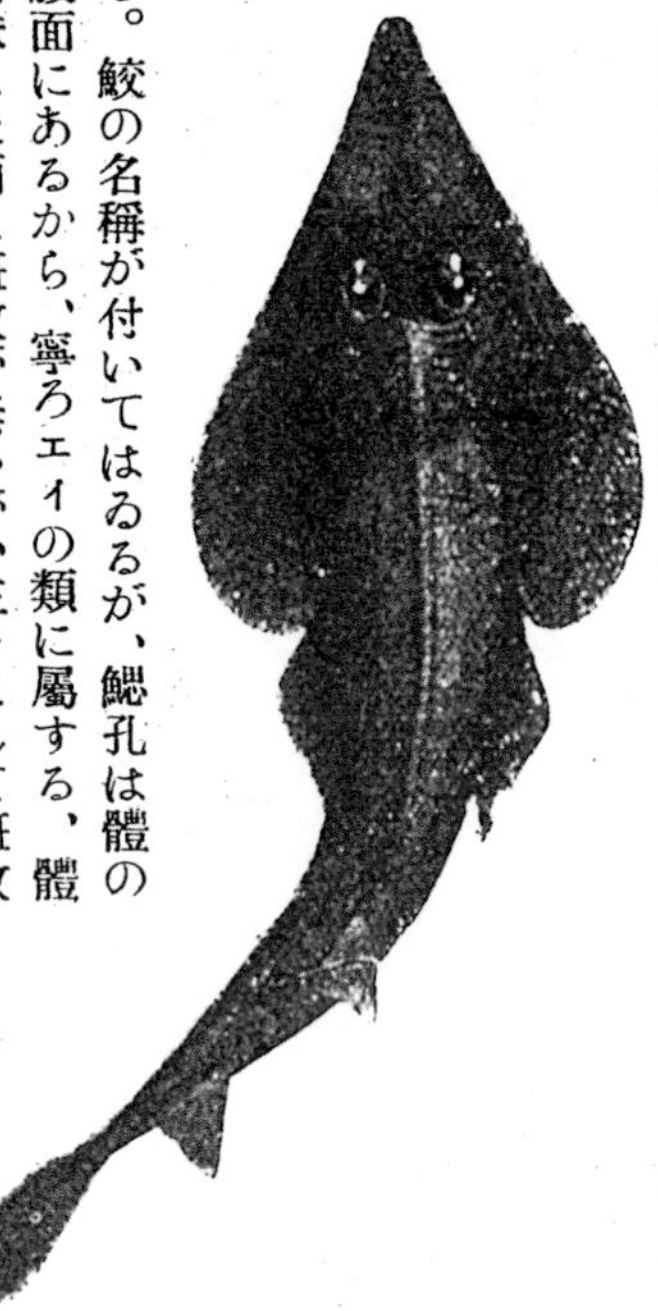

サカタザメ

を持つたものがあつて、是をコモンサカタザメ（此和名は曾て私の命名したものである）Rhinobatus polyophthalmus *Bleeker* と稱し、普通のサカタザメとは別種とせられてゐるが、恐らく同一種のものであらう。コモンサカタザメは九州の西方有明海に多いものである。體長は何れも六百ミリメエトル（二尺）に達する。南日本のもので、關西では割合に多いが、東京附近には稍や少いものである。直接食膳に上ることは少く、蒲鉾原料となることが多い。

トンガリ

トンガリ　尖　Rhynchobatus djiddensis (*Forskål*)（**サカタザメ科**）

トンガリとは何れの地の名稱であるかまだ不明である。稍やサカタザメに似てゐるが、よく見ると區別點が明である。眼の外方や眼の後方に若干個の暗褐色の點がある。是等の點はトンガリには殆ど必ず存在するが、サカタザメやコモンサカタザメには決して無いものである。體長は是等のサカタザメ類と略ぼ同樣である。紅海、亞弗利加、印度、東印度諸島などに居るから、元來熱帶へ分布してゐるものであるが、南日本の内でその南部まで分布してゐる。從つて東京市場では殆ど見られないが、大阪市場では稀に見受けることがある。食用に供せらるゝであらう。

シノヽメサカタザメ　東雲坂田鮫　Rhamphobatus ancylostomus (*Schneider*)（**サカタザメ科**）

シノノメサカタザメ

稍やサカタザメに似てゐるが、サカタザメでは腹鰭が胸鰭に接してゐるが、本種では離れてゐる。此點はトンガリに似てゐるが、後者では吻が長く、先端が尖つてゐるが、シノノメサカタザメでは吻短く幅廣く、且つ先端が圓味を帶びてゐる。亞弗利加、支那、東印度諸島に居るもので、稀に南日本でも取られる。頗る大きく成長するもので、吾々が標品として見ることは頗る少い。胎生であらうが、胎兒又は幼兒を見たことが無い。巨軀に達するのと、極めて稀に漁獲せられる爲に、食用となるか明でないが、多分普通のサカタザメと同様に食用に供せられるであらう。本種には多分和名は無い。シノノメサカタザメは曾て私の命名した名稱である。

シビレエイ　痺鱝　Narke japonica (*Temminck & Schlegel*)（**シビレエイ科**）

東京附近でシビレエイと云ふ。軀幹にある發電器から電氣を發する爲にシビレエイ又は時として電氣エイとも云ふ。此魚の電氣板の腹面の方が陰性で、背面の方が陽性の電氣を持つてゐる。餘り大きいものでないから、其發する電氣量も割合に少い。また頻繁に電氣を發せしめると、勢力消耗して再び休止の後、元氣を恢復するまで電氣を發することが出來ないやうになる。體色は種々で、是れの體面に散在してゐる暗褐色の斑紋も決して一定してゐない。南日本のものである。殆ど食用に供しないことゝ思ふ。此魚は電氣を發するのと、多少得易い地方もある爲め、生理學實驗の好資料となることがある。

シビレエイ

ヤマトシビレエイ　大和痺鱝　Narcacion tokionis (*Tanaka*)（**シビレエイ科**）

此和名は曾て私の命名したものである。此エイはシビレエイに似てゐるが、頗る稀なもので、殊にシビレエイよりも著く大きくなる爲に、其の發する電量は相當强いことゝ思はれる。東京市場へ稀に現れることがあるが、神奈川縣國府津の海岸へも陸揚げせられたことがあるやうである。從つて是れの分布區域は充分にわからない。米國カリホルニヤ州沿岸に産するNarcacion californicus (*Ayres*) と同一種かも知れない。シビレエイ

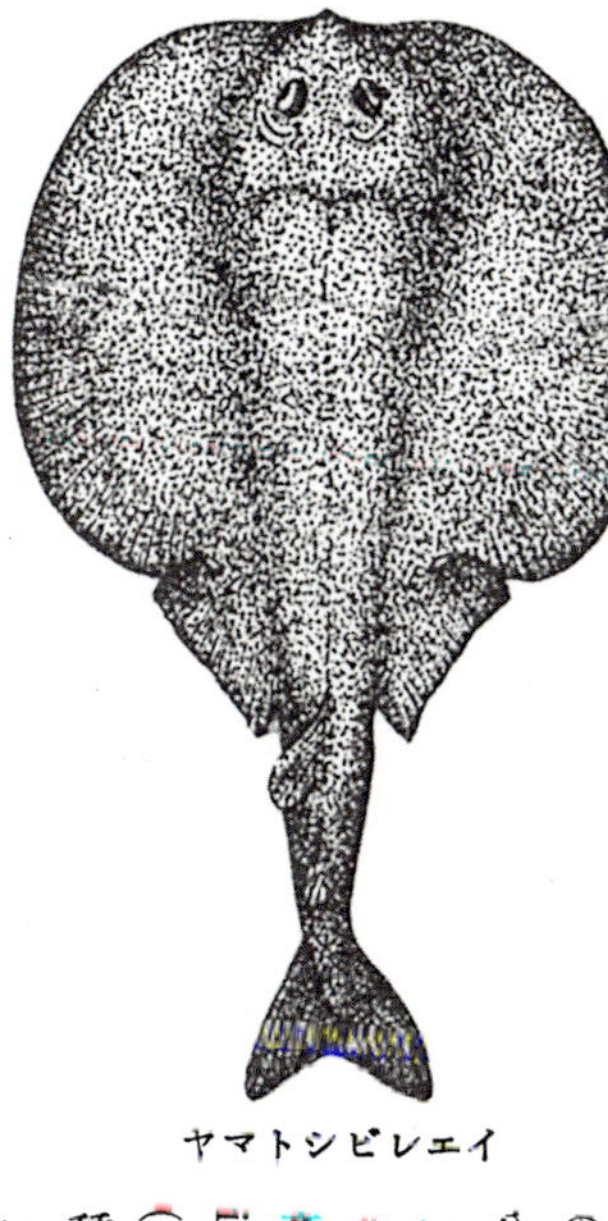

ヤマトシビレエイ

と相違してゐる點を擧げると、シビレエイでは背鰭一基であるが、ヤマトシビレエイでは二基である。シビレエイでは濃褐色の斑點を不規則に散在し、茶褐色の地色のものが多いが、ヤマトシビレエイでは濃紫色の地色で、斑紋が無い。シビレエイと同様に胎生で、シビレエイの胎兒は往々見受けるが、ヤマトシビレエイの胎兒を見たことが無い。是は後者が著く稀である爲である。殆ど食用とはしないであらう。

ウチワザメ　團扇鮫　Discobatus sinensis (*Schneider*)　（**ウチワザメ科**）

ウチワザメとは神奈川縣三崎で稱する名稱であらう。和歌山縣田邊でウチワエイと云ふ。實際鮫ではなくてエイの類である。是を知るのに最も簡易な方法は鰓孔が體の側方になくて、下面にあることを見ることである。交趾支那や南支那でも取られるから、熱帶性の魚であらう。我國では南日本に分布してゐて、東京附近でも取られる。左程大きくならないもので、其形は一種特別で、他に斯様な形のエイ類は居ない。從來、ガンギエイ科に入れられたが、ガルマン Garman は本種を引き離してウチワザメ科を特設した。是は至當のことであらう。ガンギエイ類は卵生であるが、ウチワザメは胎生である。ウチワザメは食料となることもあらうが、充分にはわからない。

ウ　チ　ワ　ザ　メ

ガンギエイ　雁木鱝　Raja kenojei *Müller & Henle*　（**ガンギエイ科**）

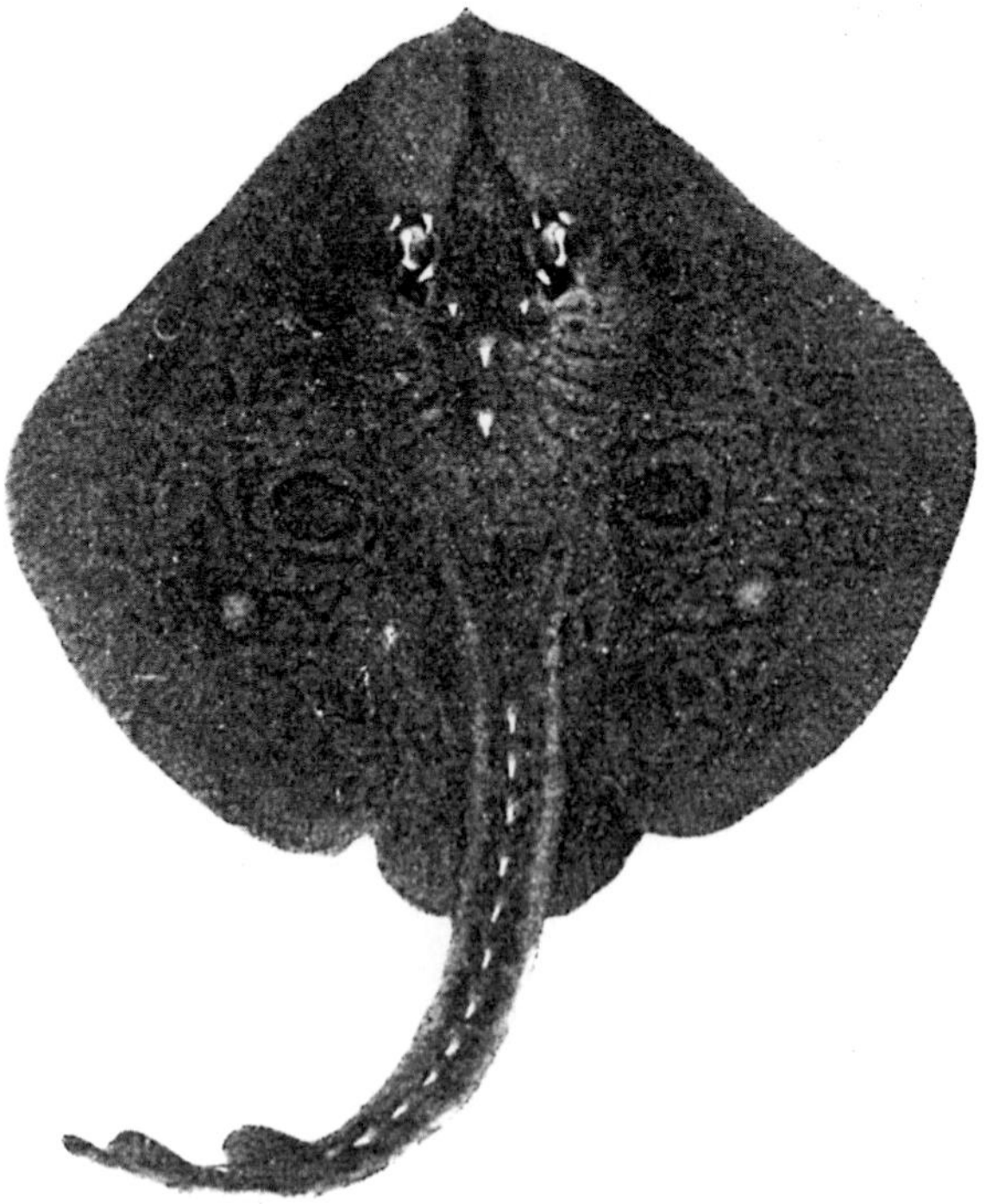
ガ　ン　ギ　エ　イ

東京や神奈川縣三崎でガンギ又はガンギエイ、三重縣鳥羽でザンギ、三重縣二木島でジャギエイ、和歌山縣廣でヌルエイ、高知でチョオアン、大阪でヒエ又はヒエアカエ、千葉縣銚子でカラケイと云ふ。體板の形が多少個體によつて變化し、地色や斑紋も種々である爲め、數種に區別せられるが、何れも同一種のものと見てゐゝ。南日本にも北日本にも居るものである。稍やアカエイに似てゐるが、是れのやうに恐るべき棘は無い。左程大きくなるものでは無い。卵生で、是れの卵殼は一種特別の形をしてゐる。惣菜用の食料となるやうである。地方によつては割合に澤山に漁獲せられる。

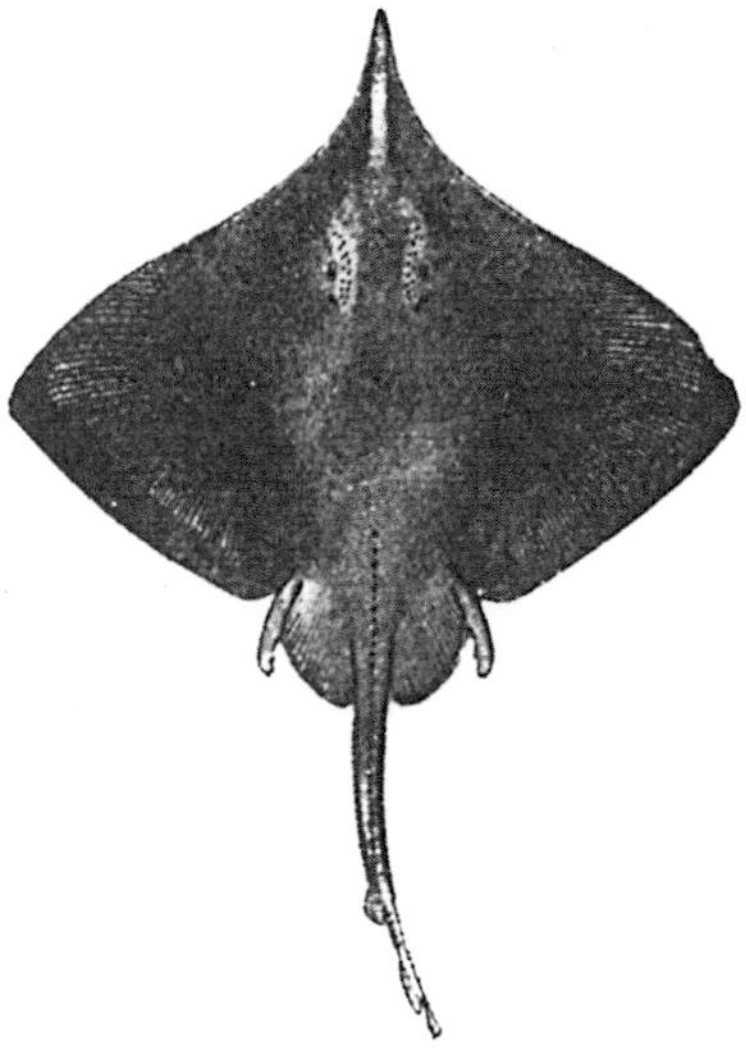

テングカスベ

テングカスベ　天狗糟倍　Raja tengu *Jordan & Fowler*（**ガンギエイ科**）

此エイは北日本のもので、東北地方にはあるが、相模灘からは殆ど得られない。一見して明瞭に他と區別せらるゝ點は吻部の著く前方へ突出したことである。此故に學名も和名も天狗の字を持つてゐる。和名は學名の語原と此魚の實際上の形とから私の嘗て命名したものである。ガンギエイよりも著く大形となる。他のガンギエイ類と共に東北地方では一般にカスベと稱する。大形である爲め、食料として多少の價値はあると思はれるが、左程美味のものでは無からう。體色は稍や赤味を帶びてゐて、殆ど斑紋は無い。北日本には南日本に無い數種のガンギエイを産する。

サメカスベ　鮫糟倍　Raja isotrachys *Günther*（**ガンギエイ科**）

北海道室蘭でサメカスベ又はテンカカスベ、陸前國氣仙でサメカラゲアと云ふ。カラゲアとはガンギエイ（東北地方ではカスベと云ふ）の方言であるから、サメカスベと嘗て私の命名した譯である。稍や大きくなるもので、北日本だけに居て、南日本へは分布してゐない。和名の示す通り、體板全體に亙つて小い粒狀物を以て蔽はれ、鮫肌を呈してゐる。稍や大きい粒狀物は眼の後方に一對あるし、また尾部上面に一列に竝んでゐる。是に近いものにサメカラゲア鮫唐鱝 Raja karagea *Tanaka* があるし、尾部に竝んでゐる大形の粒狀物は矢張り一列をなしてゐるが、更に前方へ擴がり、眼の後方の處へまで達してゐる。氣仙ではサメカスベと共にサケカラゲアと稱し、區別しないが、別種のものであらう。此ガンギエイもサメカスベと同様に大形に成長し、同様に食料に供せられるが、兩種とも左程美味ではないと思はれる。

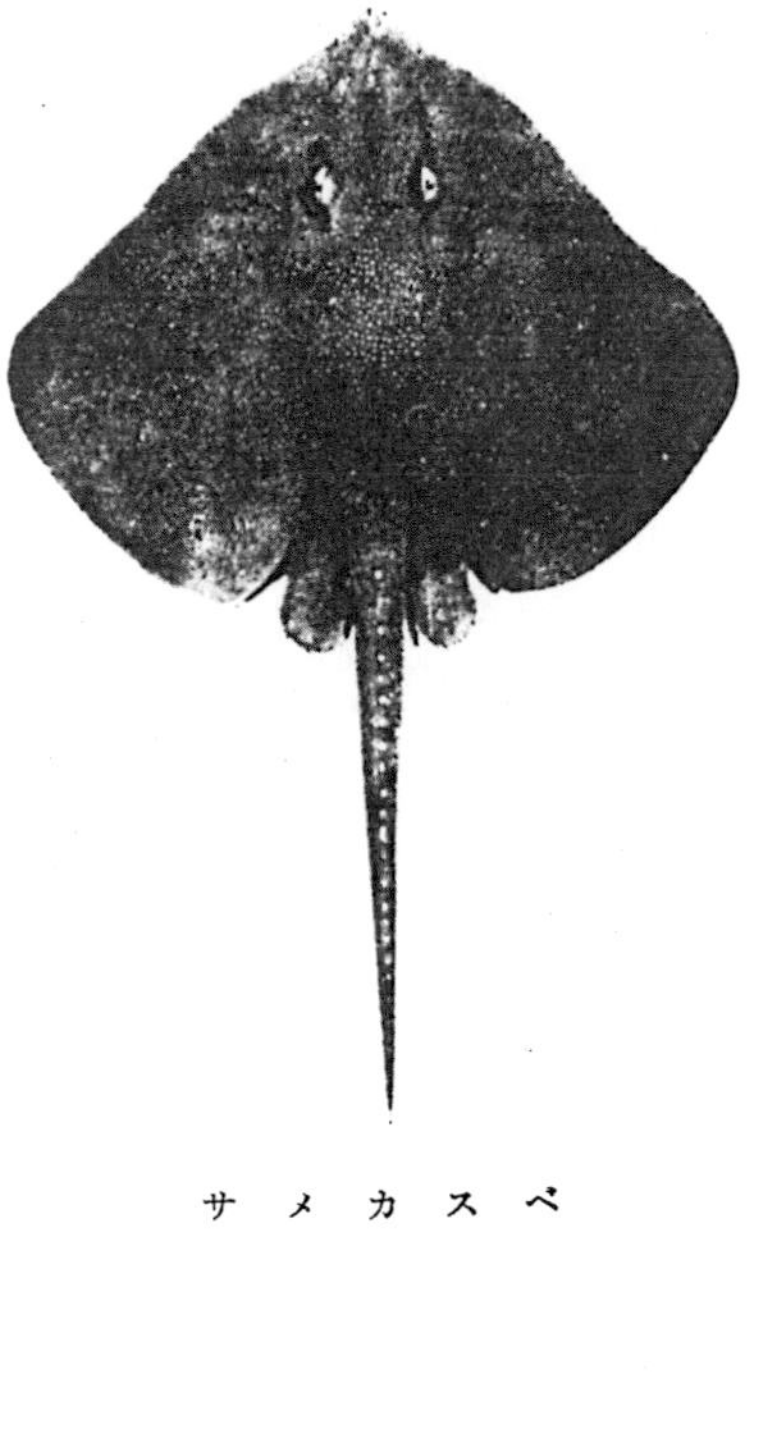

サメカスベ

アカエイ　赤鱝　Dasybatus akajei (*Müller & Henle*)（**アカエイ科**）

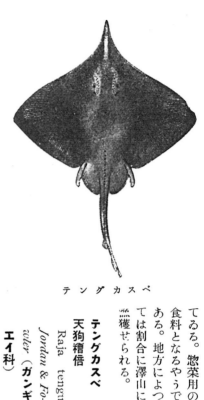

東京でアカエイ、關西でアカエ又は單にエと云ふ。尾部にある棘は頗る恐ろしく、是にさゝれると、その局部は腐ると言はれる。然し此部位に斯様な恐るべき結果を惹き起こす毒腺は無いやうである。近頃多くの學者は毒腺があると言ふけれども、從前の通り毒腺が明瞭でないと考へる方が穩當であらう。此棘は一個であるのが普通であるが、二個又は三個あることがあつて、斯様な場合には同一場所に極めて接近して出來てゐる。また二棘あるものは或一定の地域に頻繁に現れるやうである。南日本のものであるが、函館附近へも分布してゐる。臺灣へも分布してゐる處を見ると、更に南方へ分布してゐると考へられるが、まだ此點が明で

ない。夏頗る美味であるが、冬は不味となるものである。

ズグエイ　數具鱝　Dasybatus zugei (*Müller & Henle*)（**アカエイ科**）

ズグエイとは何處の名稱であるかわからないが、或は長崎方面の稱呼かも知れない。吻部著く前方へ突出してゐることはカンギエイ類中のテングカスベのやうである。然るにテングカスベは北日本のものであるが、ズグエイは南日本のもので、印度方面へも分布してゐる。我國に於ける分布の北限はまだ明でない。相當大形に達するものであるが、澤山に漁獲せられることは無い。食料とするやうであるが、味の程度はわからない。尾部にある棘は普通に一個であるが、稀には二棘であることもある。アカエイもズグエイも胎生である。テングカスベとズグエイとは一見した處では似てゐるが、尾部の強い棘は後種にあるが、前種には全く棘が無い。また前種は卵生であるが、後種は胎生である。

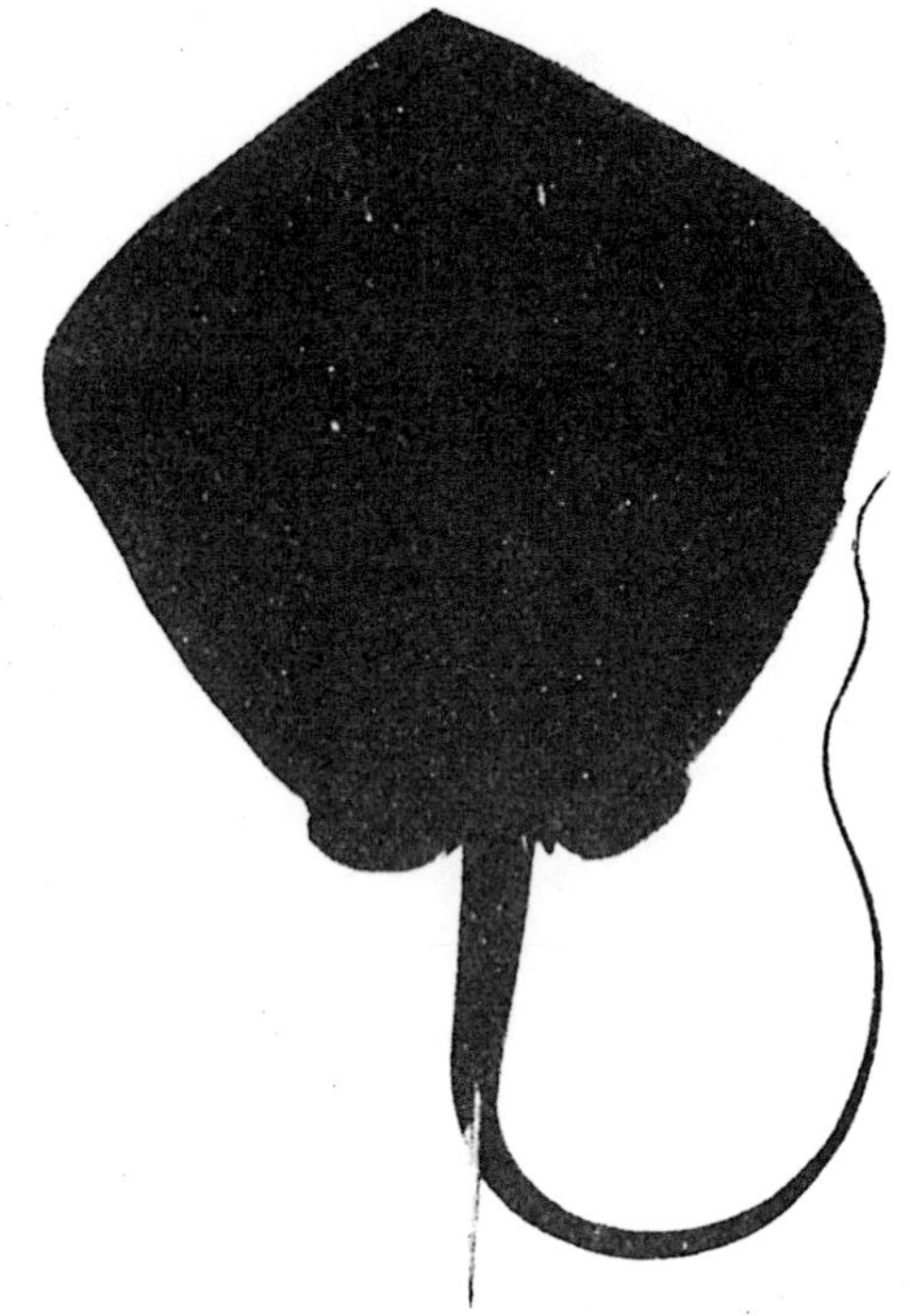

ア　カ　エ　イ

ツバクロエイ　**燕鱝**　Pterоplatea japonica *Temminck & Schlegel*（**アカエイ科**）

ツバクロエイの稱呼地は不明である。和歌山縣田邊でマドフサギ、和歌山でアミガサエイ、高知でトビエイと一所にトビエと云ふ。形の著く扁平な爲にヨコサエイの名稱があるが、是れの稱呼地は不明である。アカエイ科である爲め、尾部に棘があるが、頗る弱小である。また胎生するものである。南日本から南支那へ分布してゐる。割合に少いもので、多少食用に供せられる。左程大きくなら

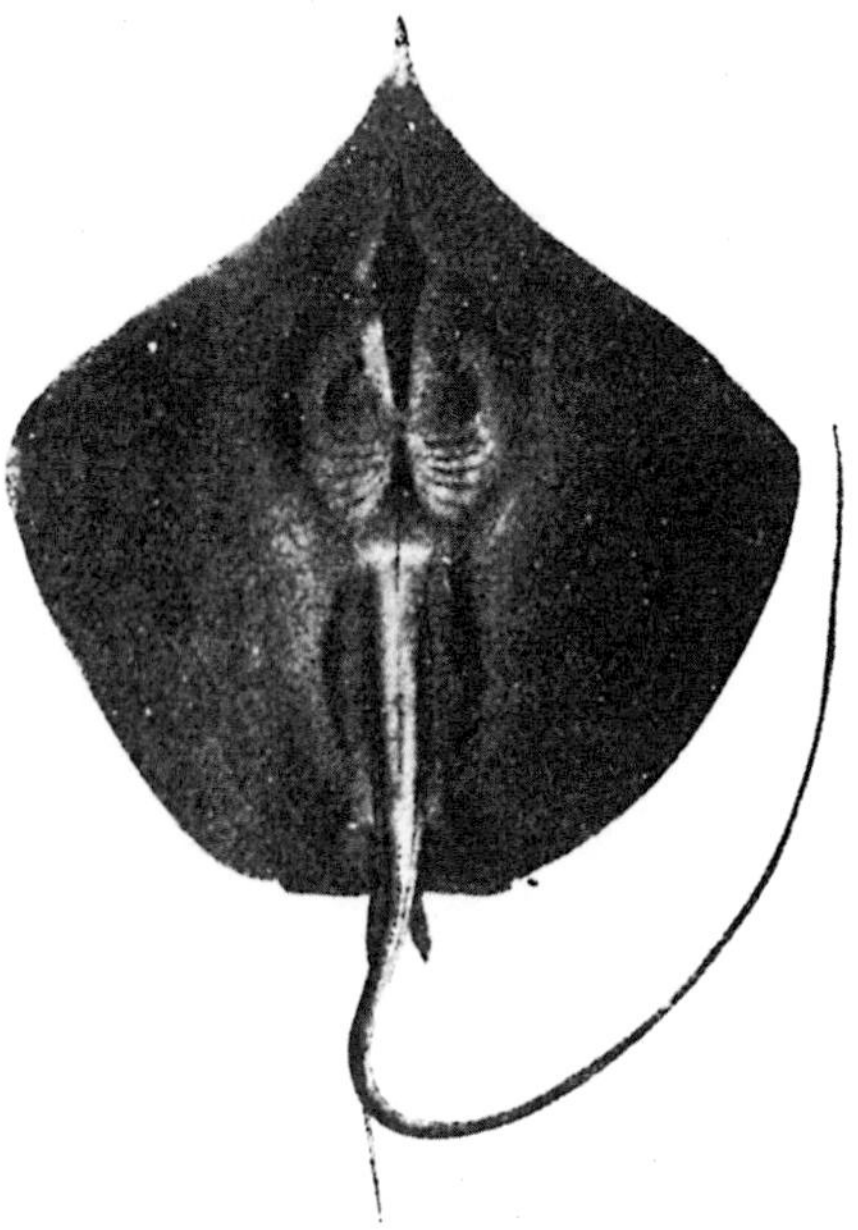

ズ　グ　エ　イ

ツ　バ　ク　ロ　エ　イ

ないが、體板が著く横の方へ擴がつてゐるので、其橫徑は割合に大きい。印度や紅海に類似の別種があるし、また別種であるが、矢張り類似したものがスリナム（南米の蘭領ギアナのことである）やニユウヨオク沖に居るやうであるが、或は是等は同一種のものかも知れない。

ヒラタエイ　扁鱝　Urolophus fuscus *Garman*（**アカエイ**科）

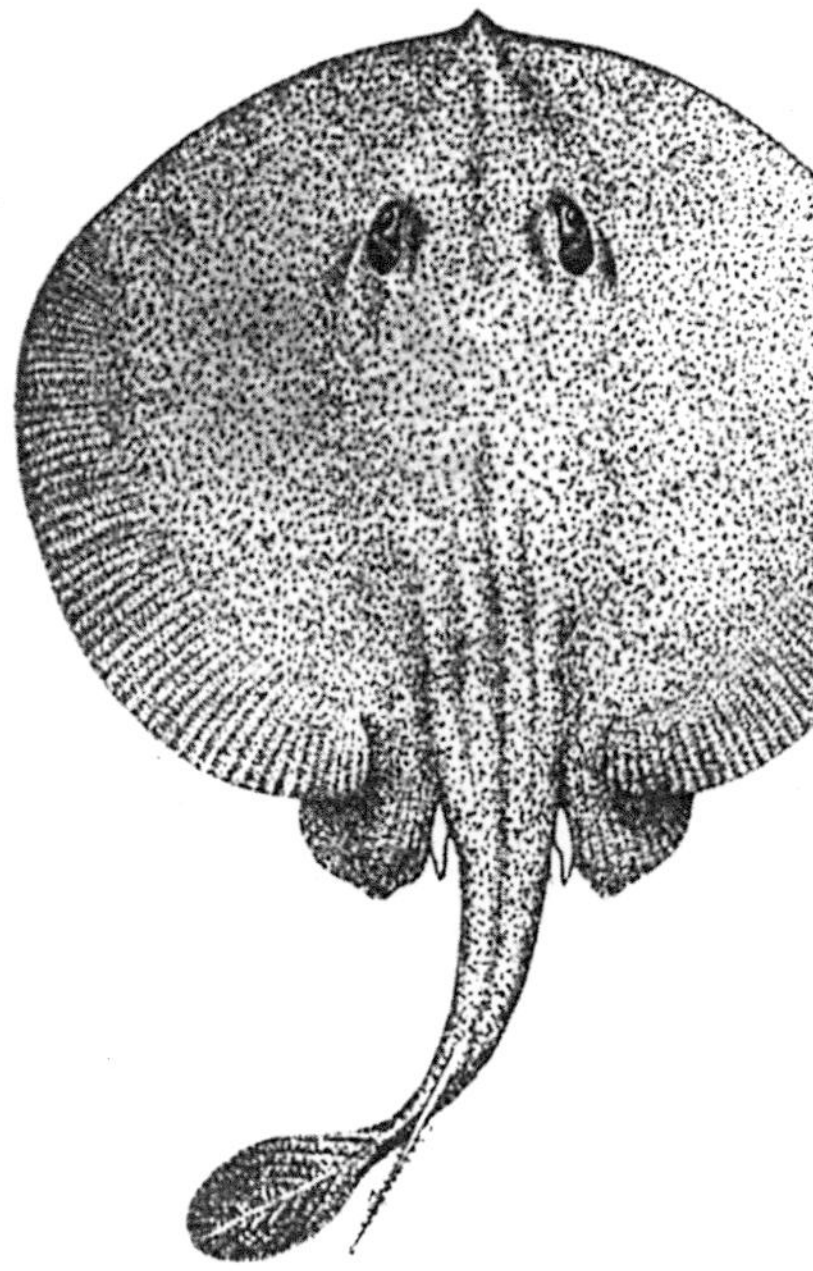

ヒラタエイ

東京でヒラタエイ、神奈川縣三崎でズルクタエイと云ふ。體が粘液に富んでぬら〳〵する爲め、ズルクタの名稱が出たのである。稍やアカエイに近いが、體は小形で、尾部は割合に短くて、尾鰭を持つてゐる。アカエイは頗る尾部は長いが尾鰭が無い。尾部の棘はアカエイと同樣に強大である爲め、恐ろしいもので、是にさゝれないやうに充分に注意するを要する。南日本のものであるが、その分布の南限はまだ明でない。東京附近でも多少漁獲せられるが、著く小形である爲め、食用としては左程注目せられてゐない。また左程美味のものではないであらう。

トビエイ　鳶鱝　Myliobattus tobijei (*Bleeker*)（**トビエイ科**）

東京ではトビエイ又はトンビエイ、和歌山縣各地でツバクロエイ、新潟縣能生でトリエイ、高知ではツバクロエイと一所にトビエと云ふ。稍や形が鳶に似てゐる爲の名稱であるとも云ふし。また此エイは水面を跳ぶから跳鱝の意味を持つてゐるのであらうとも言はれてゐる。此エイが實際水の外へ跳び出すかは私にはわからない。左程大きくならない。形の異常なことを除いては、アカエイ類に近い。尾部の棘は稍や大きい。胎生で、胎兒數は八尾位である。南日本のものであるが、分布の北限はまだわからない。食用とするが、甚く不味と云ふほどでも無い。

トビエイ

マダラトビエイ　斑鳶鱝　Aëtobatus narinari (*Euphrasen*)（**トビエイ科**）

和名は今回創めて私の造つたものである。我國では頗る稀であるから、恐らく何處にも和名は無いと思ふ。大體トビエイに似てゐるが、トビエイでは各顎の齒が三列以上に竝んでゐるが、マダラトビエイではただ一列に竝んでゐるだけである。またトビエイでは體に斑點が無いが、マダラトビエイには數多の蒼白色の點を散在してゐる。地色もトビエイでは茶褐色であるが、マダラトビエイでは濃紫色である。トビエイよりも大きく成長するやうである。太平洋と大西洋との熱帶部及び溫帶部に

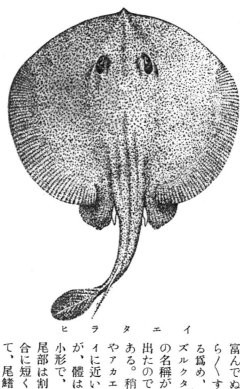

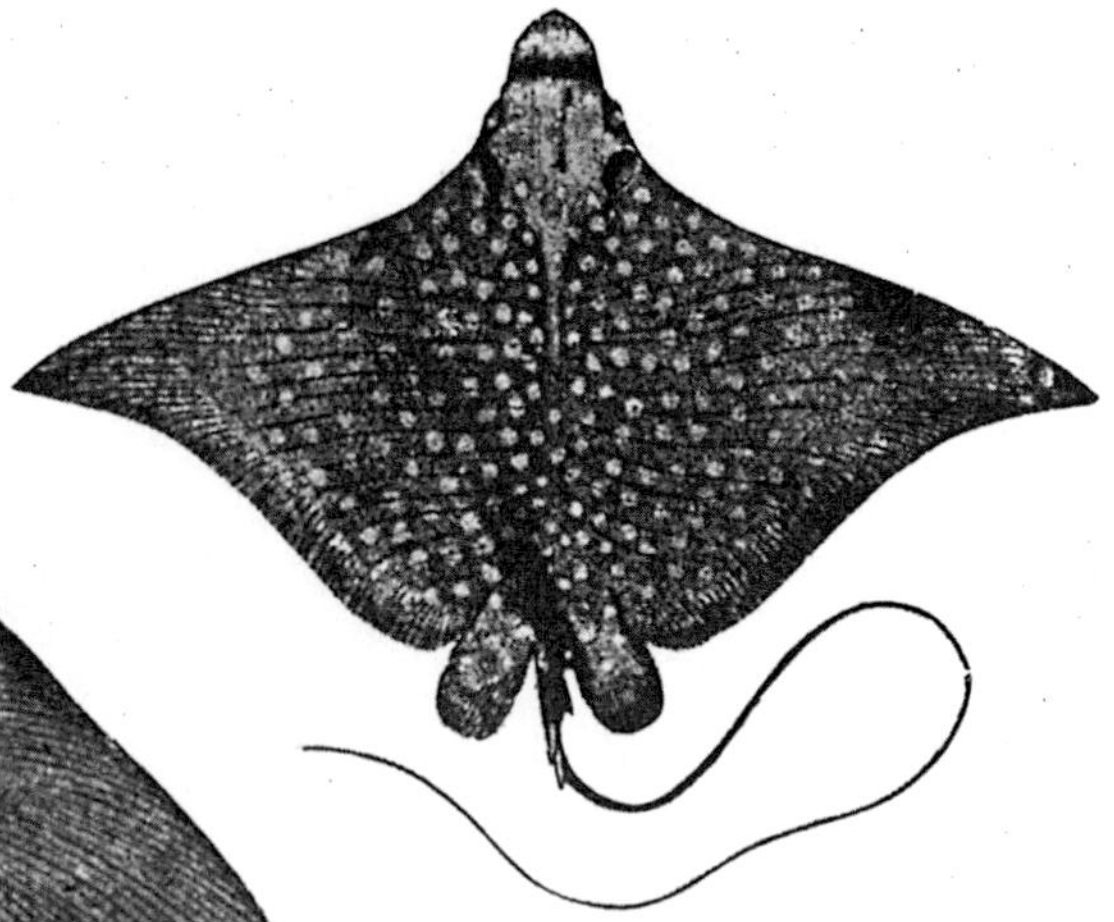

マダラトビエイ

イトマキエイ

産する。下等食品となることであらう。

イトマキエイ　絲巻鱝　Mobula japonica(*Müller & Henle*)（**イトマキエイ科**）

イトマキエイとは東京附近の稱呼であるか不明である。房州や伊豆でギンメ、和歌山縣田邊でギエ又はゲエ、和歌山縣三輪崎や三重縣二木島、同縣木の本ではギメ又はギメサメ、和歌山縣白崎でイソナデ、高知でユルエ又はユエル、高知縣浦戸でヒラと云ふ。稍やトビエイに似てゐるが、是よりも不可思議な形を呈してゐる。南日本のもので、熱帶方面へも分布してゐるであらう。胎生で、胎兒數は八尾以上である。頗る大きくなるもので、體量は五百六十五キログラム（百五十貫）に達する。頗る巨軀であるた爲に、肉よりも肝臓から油を搾り出して販賣する。本種の胎兒を往々入手することが出來る。

ギンザメ　銀鮫　Chimaera ogilbyi *Waite*（**ギンザメ科**）

ギンザメは口内の歯が一種特別で、斯様な形に似たものは化石でも現出する爲め、地質學の時代に此類が現出してゐたことがわかる。卽ち古世代の志留利亞紀或は寧ろその以前に既に地球上に現出してゐる。爰に擧げるものは邦産ギンザメ類中最も多いものではあるが、是が歐洲産の Chimaera monstrosa *Linné* と果してどれだけ違ふかは明でない。邦産のものは學名を Chimaera phantasma Jordan & Snyden と言ひ、標題に擧げた學名のものは濠洲ニュウサウスウエルス沖で取れるものである。是等兩學名に當るもの丶差は phantasma では臀鰭の如きものがあるが、ogilbyi では是が無い。卽ち尾鰭下葉の前部に一つの缺刻部が無い。然るに朝鮮か或は支那東海附近で取られると思ふものは、往々にして ogilbyi の型のものがある。また phantasma と ogilbyi とは前記の區別點以外は殆ど全く同樣で、殊に側線の前部が強く波状を呈してゐることなどは兩者全く同樣であるから、私は全く同一種のものと思つてゐ

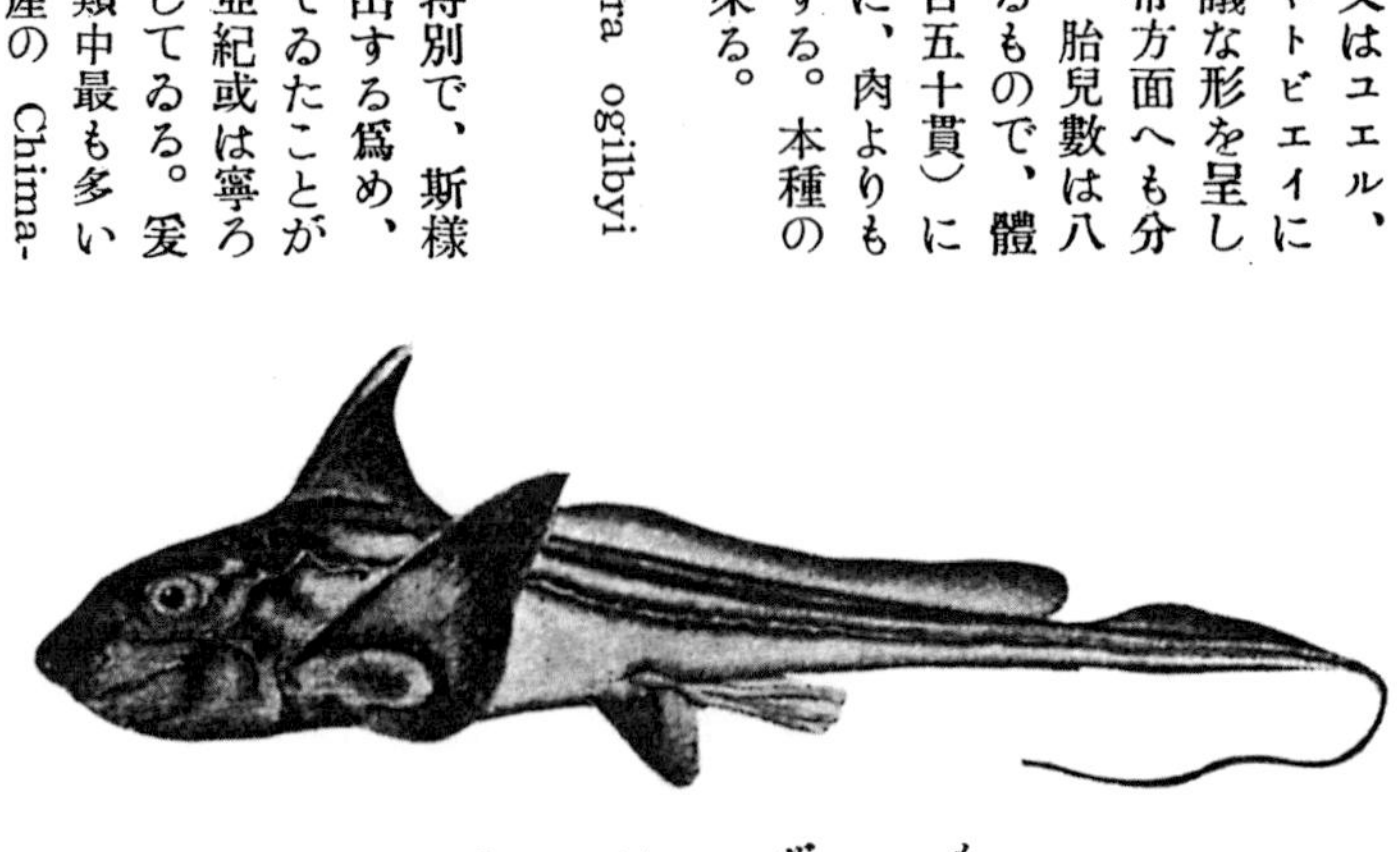

ギンザメ

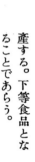

る。従つて學名も標題のやうに改正した次第である。往々にして多少の漁獲があるし、下等の食料品となる。我國では南日本から以北には無い。即ち北日本では全く見られないものである。東京でギンザメ、關西や高知でギンブカと言ふ。

アカギンザメ　赤銀鮫　Chimaera mitsukurii *Dean*（**ギンザメ科**）

ギンザメに較べて著く漁獲數が少い。大さも稍やギンザメより小い。

アカギンザメ

尾鰭から後方へ引いてゐる絲狀部もギンザメよりも長いやうであるが、ギンザメの幼期のものも此部を著く發達してゐることがあるから、此點では兩種を識別することは出來ない。東京附近では稀に取られるが、關西では私はまだ是を見たことが無い。ギンザメと同様に南日本のものである。ギンザメとの相違點を擧げると、體色が茶褐色を帶び、多少の銀光りはあるが、ギンザメのやうに體の上方に縱帶が通つてゐるない。東京で往々にして、本種をアカギンザメと云ふのも道理のあることである。その外の區別點はギンザメでは側線の前部が強く波狀を呈してゐるが、本種では左様なことがなく、僅な屈曲を繰り返して縱走してゐる。

ウサギザメ　兎鮫　Chimaera barbouri *Garman*（**ギンザメ科**）

北日本のものであるから、茨城縣や其以北の沖合に居るものである。茨城縣大津でケツメトダイジン、北海道でウサギザメと云ふ。體がギンザメやアカギンザメよりも肥大してゐるが、體長には左程變はりは無い。體色は紫黑色で、數個の大きい白色の圓點を散在してゐる。其白點の數は大體九個と定まつてゐる爲め、拙著日本産魚類圖說では私がコ、ノホシギンザメと命名して置いたが、我國に上記の通り方言がある爲め、嘗て是れを改名して置いた次第である。左程多いものでは無いが、往々にして本種の若干尾を同時に漁獲することがある。下等食品である。

ウサギザメ

テングギンザメ　天狗銀鮫　Rhinochimaera pacifica (*Mitsukuri*)（**テングギンザメ科**）

體は細長く、吻部著く突出してゐる。テングギンザメとは此特徴から人々の稱するところであるが、民間には名稱が無い。それは頗る珍いもので、若し食用としても下等の食品であらう。顎にある齒はギンザメ類に於けると同様であるが、齒の構造は著く違つてゐる。尾鰭殊に其上葉はギンザメ類とは著く違つてゐるから、此の部位を見ても直に識別が出來る。側線は殆ど直線形で、極めて僅に波狀を呈してゐるに過ぎない。體色は淡灰色又は白つぽい色で、特別に斑紋は無い。體長凡そ一千百五十五ミリメエトル（三尺五寸）に達する。

アズマギンザメ　東銀鮫　Harriotta chaetirhamphus (*Tanaka*)（**テングギンザメ科**）

此鮫はテングギンザメとギンザメ類との稍や中間に

テングギンザメ

ズマギンザメ

位してゐる。尾鰭上葉の割合に發達してゐることはギンザメに近いが、吻部の著く長いことはギンザメよりもテングギンザメに近い。齒の構造はテングギンザメよりもギンザメ類に近い。體長は八百ミリメエトル(二尺六寸)に達する。體色は淡灰色で、不明瞭に所々に濃淡部がある。是に近いものは米國ニウヨオク沖合で數尾漁獲せられてゐるが、我國のものとは別種にせられてゐる。何れも頗る稀である爲に、是等兩種を精細に比較することが出來ない。米國產のものは Harriotta raleighana *Good & Bean* と云ふ學名が付いてゐる。

チョオザメ　鱘魚　Acipenser mikadoi *Hilgendorf*（**チョオザメ科**）

北海道でチョオザメと云ふ。是は體に散在してゐる大きい鱗板を其土地でチョオと云ふ爲である。此鱗が稍や蝶の形に似てゐるから此名稱が出たことゝ思はれる。背鰭三十八軟條、臀鰭三十軟條、背板は背鰭の前方に十個、側板は三十四乃至三十六個である。大きい蝶形の鱗板以外の處は微小鱗を密布してゐるが、是に交ざつて稍や大きい鱗板を散在してゐる。微小鱗と是に交ざつて稍や大きい小鱗を僅數ながら散在してゐることゝが本種の特徵である。北海道の石狩川と天鹽川とには產卵の爲め溯河するが、從來福島縣の請戶濱沖で數囘漁獲せられたこともある。體は細長く、一千二百ミリメエトル(四尺)に達する。是に近いものにセンニンチョオザメ仙人鱘魚 Acipenser multiscutatus Tanaka がある。是はチョオザメよりも大きく成長し、背鰭四十二軟條、臀鰭三十五軟條、背板十五個、側板四十三個で、蝶形の大形鱗板の外には微小鱗があるが、チョオザメに於けるやうな稍や大形の鱗は無い。是は東京の大震災迄は骨董商の店頭に其皮があつたものであるが、さて是が何處で產するものかわからなかつた。然るに昭和六年十二月に新潟縣高田を視察してゐる際に今から二十年前に直江津沖で取れたと云ふ一標品を見たが、是は前記二種の中間型と思はるゝものであつた。今一つキクチチョオザメ菊池鱘魚 Acipenser kikuchii *Jordan & Snyder* と云ふものがあつて、是は背鰭六十以上の軟條を持ち、臀鰭は凡そ四十軟條、背板十一個、側板三十二個で、蝶形の大形鱗以外には全く無鱗である。是はたゞ一囘神奈川縣三崎沖で取れただけである。センニンチョオザメとキクチチョオザメとは恐らく日本海かオホック海の北邊へ注いでゐる川を溯る或二種と同一種かと思はれる。肉は美味で、殊に是れの卵を鹽藏したものはカビヤアと云ふが、珍品であつて頗る高價である。私はハルビンで販賣してゐるものを貰ひ受けたことがあるが、食べ慣れない爲か、まだその滋味がわからない。

チョオザメ

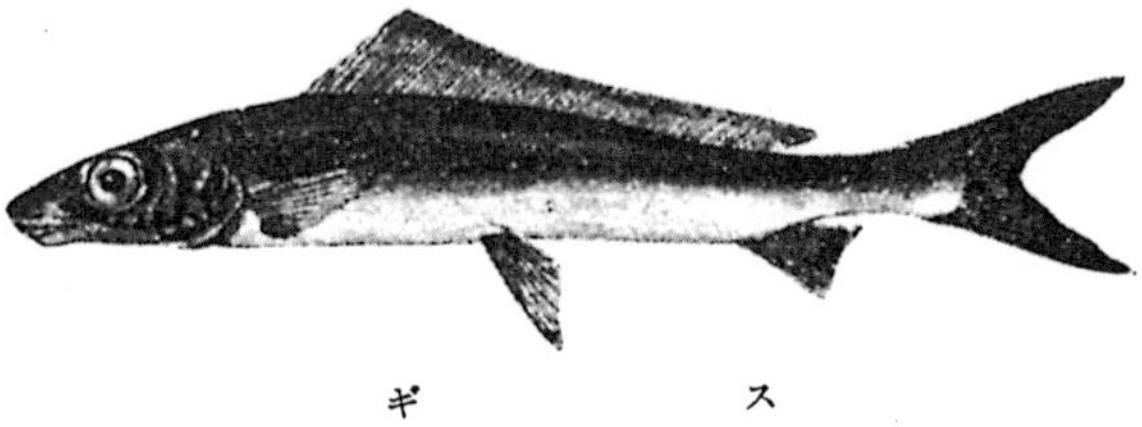

ギス

ギス　義須　Pterothrissus gissu *Hilgendorf*（**ギス科**）

東京でギス、神奈川縣三崎や茨城縣でダボギスと云ふ。三崎のギスはカナガシラのことで、エソ類をエソギスと云ふが、ダボギスとはギス類の內で最も不味で、わるいものであるとの意味である。然し此魚は相當澤山に漁獲せられ、關東地方では蒲鉾原料として頗る重寶なもので、

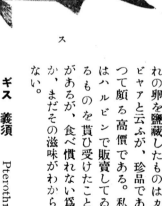

また相當美味な蒲鉾が出來るのである。日本海沿岸、殊に北陸道方面のオキギスは本種でなくて、ニギスのことであるから、從來往々にして、ギスをオキギスと吾々も言つたこともあるが、多少間違ひ易いと思ふから、今回以後は本種に對してオキギスの名稱を廢し、ギスの名稱を用ひることゝする、斯樣な例が他種にも今後多少出てくることゝ思はれるから、注意を要する。背鰭五十七軟條、臀鰭十二軟條、一縱列の鱗數は百個である。鱗は圓鱗で、多少剝離し易い。イワシ類に稍や近いが、側線のあるのが相違點である。背鰭基底の著く長いのを特徴とする。體長は三百ミリメエトル（一尺）を超える。深海に産するもので、神奈川縣、茨城縣などには相當多いものである。拙著日本産魚類圖説第四十四卷第八百四十八頁に日本海沿岸にも産するやうに書いたが、是は是等の土地でオキギスと稱するのはニギスであるが、是をギスと誤つた爲であるから、再調を要するが、是等の土地に産するか明でない。實際ギスとニギスとは稍や形が似てゐるが。ギスはイワシに近い爲に背部に脂鰭が無いが、ニギスは鮭鱒類に近いから、脂鰭がある。

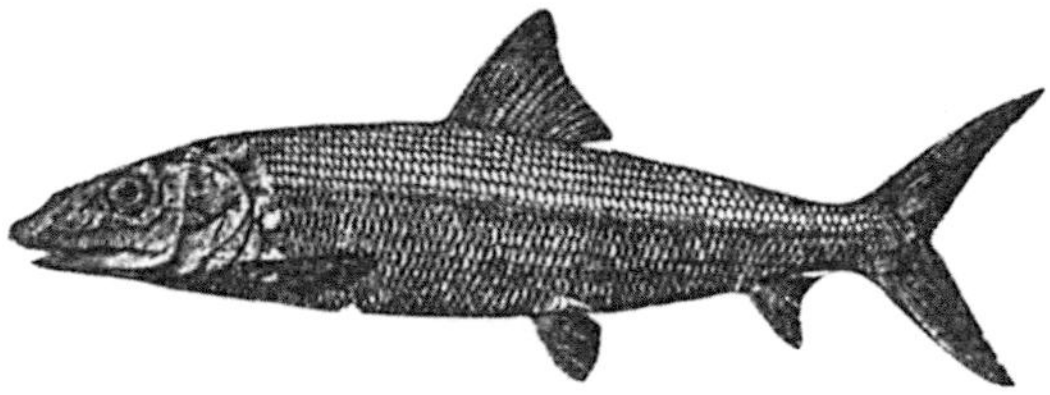

ソトイワシ

ソトイワシ　外鰯　Albula vulpes (*Linné*)

（ソトイワシ科）

稍やイワシに近いが、側線がある。背鰭十五軟條、臀鰭八軟條、一縱列の鰭數七十一個である。鱗は圓鱗で、イワシ類の多くの種類のやうに左程剝離し易くは無い。體色は銀白色で、體長は三百ミリメエトル（一尺）に達する。太平洋と大西洋との熱帶部に産するものであるが、我國では東京附近にも居る。然し東京附近の河口などに居るものは小形で、冬季は凍死するのである。臺灣養殖魚の隨一たる虱目魚《サバヒイ》の害魚であらうと思はれる。面白いことには此魚は變態するもので、幼型は稍や鰻の幼型に似て、白い扁平なものである。然し、鰻の幼型と違つて稍や二叉した尾鰭を持つてゐる。曾て私がソトイワシと命名して置いたものである。

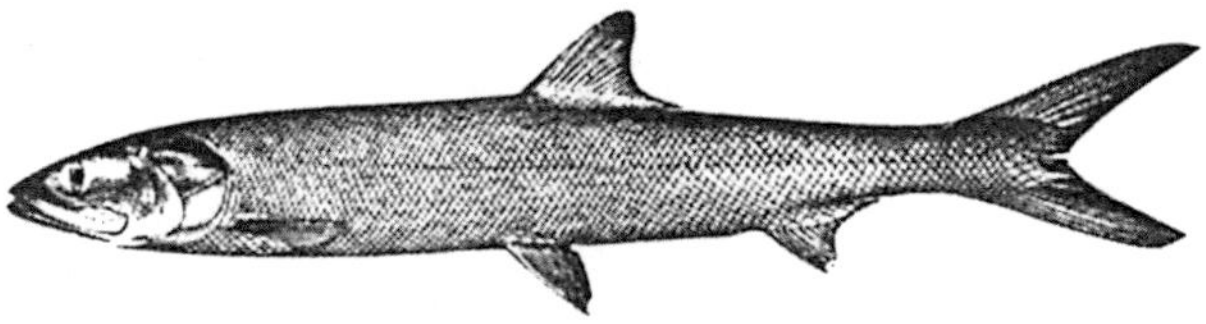

カライワシ

***カライワシ　唐鰯**　Elops saurus *Linné*

（カライワシ科）

體は細長く、鱗は圓鱗で、左程剝離し易くは無い。側線はよく發達してゐる。背鰭二十七軟條、臀鰭十六軟條、一縱列の鱗數は九ー三個である。世界各地の熱帶部に多いもので、我國では南日本まで分布し、千葉縣の海岸へまで達してゐるのであらう。東京附近では極めて少いから、多くの人は珍いものと考へてゐる。曾てリガン Regan は世界のカライワシ類を七種に分けたが、私は同一種内のものと思つてゐる。是には殆ど和名が無い。オキコノシロと云ふ人もあるが、何れの地の稱呼か不明である。私は曾てカライワシの名稱を付けて置いた。食用となることであらう。

ハイレン　海菴　Megalops cyprinoides (*Broussonet*)

（カライワシ科）

稍やイワシに近い。背鰭最後の軟條

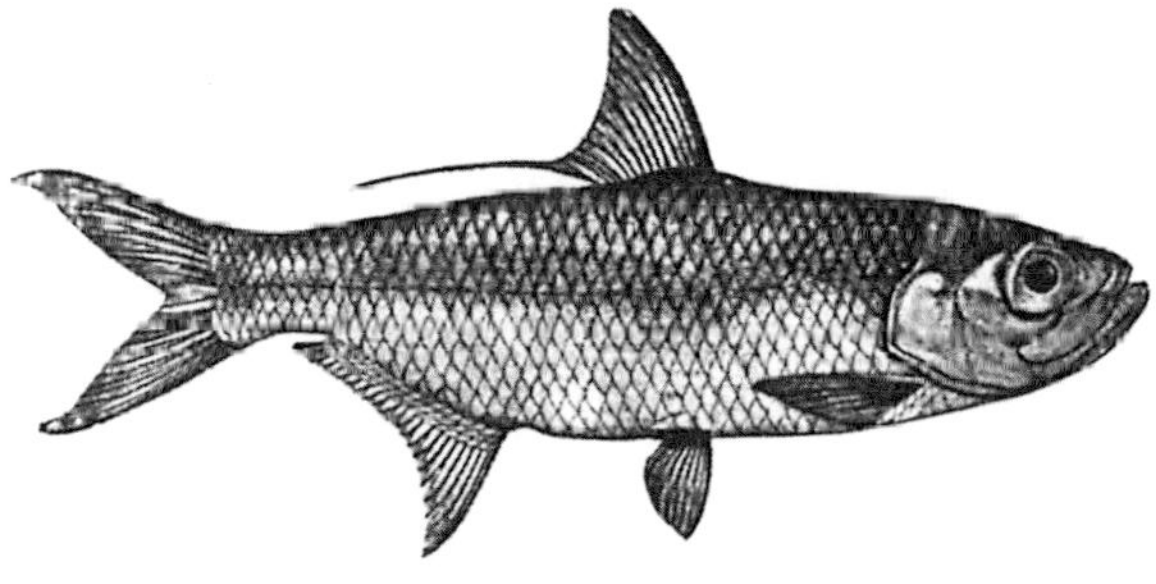

ハイレン

が延長して絲狀を呈してゐることは稍やコノシロ類に近い。側線が完全に發達してゐる。背鰭十七軟條、臀鰭二十三軟條、一縱列の鱗數三十六個である。鱗は大きい圓鱗で、左程剝離し易くは無い。太平、印度兩洋の熱帶部に居るが、我國でも相模灘沿岸へまで分布してゐる。嘗て本種を私はイセゴイと云ひ、靜岡縣濱名湖の稱呼であると思つたが、同地のイセゴイはハイレンのことでなく、メナダのことである（昭和六年一月發行動物學雜誌第四十三卷第五百七號第二十七頁參照）から、今回本種をハイレンと改名することゝした。臺灣では海蓮（ハイレンと發音する）と云ふ爲である。臺灣ではサバヒィの稚魚を貪食する爲め、此方面では害魚としての取扱ひをしてゐるが、食用となることであらう。

サバヒイ　虱目魚　Chanos chanos (*Forskål*)（**サバヒイ科**）

形稍やウグイに近いが、是とは著く違つてゐて、寧ろイワシに近いものである。背鰭十四軟條、臀鰭十一軟條、一縱列の鱗數八十六個である。鱗は圓鱗で、左程剝離し易くは無い。側線はよく發達してゐる。太平、印度兩洋の熱帶部の沿岸に居るもので、臺灣養殖魚の隨一である。昭和五年度の統計によると、臺灣で本種の養殖せられたものは一千二百十七萬五千二百七十八斤、其價格二百萬五百八十八圓、臺灣で養殖の爲め、魚苗として稚魚の際漁獲したものは三千六百四十一萬三千五百六十四斤、其價格二十三萬一千百五圓に達してゐる。臺灣で虱目魚（サバヒィと讀む）と云ふのが普通で、往々麻虱目（マサバと讀む）とも云ふ。本種は臺灣に於ける重要鹹水養殖魚としては唯一のもので、是に四大主要淡水養殖魚（ツアウヒイ、レンヒイ、ケンヒイ、コイ）を加へて、臺灣に於ける五大重要養殖魚とせられてゐる。

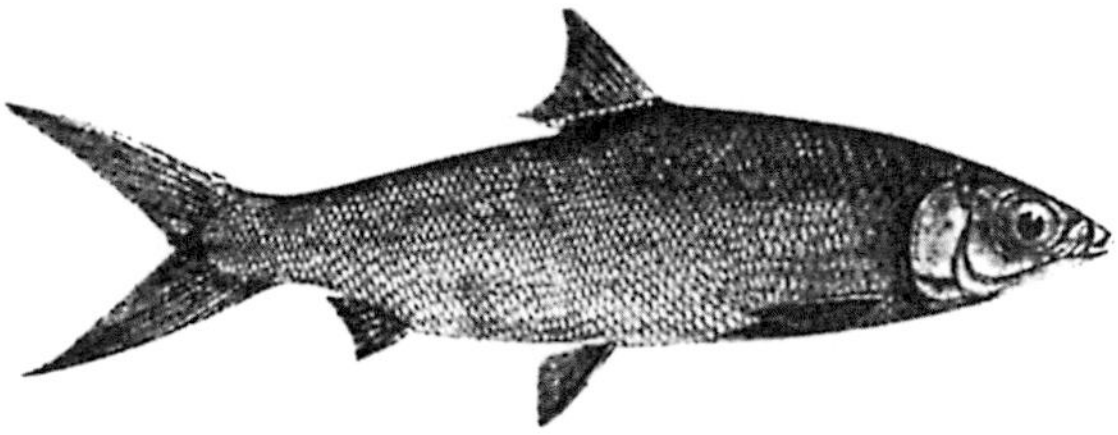

サ　バ　ヒ　イ

サイトオ　西刀　Chirocentrus dorab (*Forskål*)（**サイトオ科**）

和歌山縣田邊で本種をニタリと云ふ。サンマに似てゐるとの意である。稍やサンマに似て延長した體を持つてゐる。背鰭は短く、十六乃至十七軟條であるが、其割合に臀鰭は長く、三十一乃至三十六軟條を持つてゐる。鱗は小く且つ薄い圓鱗で、剝離し易い。紅海、印度、南洋等に居るもので、臺灣でも相當に多く臺灣では重要食用魚の一つで、昭和五年度の臺灣の漁獲統計ではサイトオは十九萬九千七百斤、價格二萬三千九百十一圓だつた。內地では相模灘で極めて稀に取れるやうで、日本海に面した山口縣の萩沖でも往々漁獲せられたことがある。細長い魚であるから、體長五百ミリメエトル（一尺五寸）位のものは度々見受ける。臺灣で西刀（サイトオと讀む）と云ふが、內地では恐らく名稱は無いであらう。

サ　イ　ト　オ

＊コノシロ　鰶　Dorosoma thrissa (*Linné*)（**コノシロ科**）

コ　ノ　シ　ロ

稍やサッパに近いが、是と違ふ點は、背鰭最後の軟條が著く絲狀に延びてゐることで、サッパには斯樣なことは無い。またコノシロ科では胃壁頗る肥厚してゐるが、サッパでは斯樣なことは無い。コノシロは背鰭十六軟條、臀鰭二十軟條、一縱列の鱗數五十五個である。東京では大きいのをコノシロ、中等大のものをコハダ、小いのをジャコ又はシンコと云ふ。關西や九州では大きいのをコノシロ、中等大又は小いのをツナシと云ふ。サッパをツナシと云ふことは無いが、往々にして左樣に言ふ人のあるのはコノシロの中等大のものとサッパの成魚とは同樣の大さで、形も互に似てゐる爲め、誤つて教へらるゝを其儘傳へる爲である。東京ではコノシロの大きいのよりもコハダを喜び、殊にコハダの鮨を珍重するが、地方によつては寧ろ大きいのを誇とする。京都府丹後國久美濱はコノシロの多い部落の一つで、昭和五年に同町地先で取れたコノシロは七十貫、價格七十圓に達する。高知ではコノシロの小いのをドロクイと云ふ。同地でメナガのことをドロクイと云ふと書いた書物もあるが、是は聞き誤りである。體長は二百十ミリメエトル（七寸）に達する。南日本、南支那に居るもので、我國では北は松島灣へ達し、日本海沿岸では福井縣の沿岸へまで達してゐる。

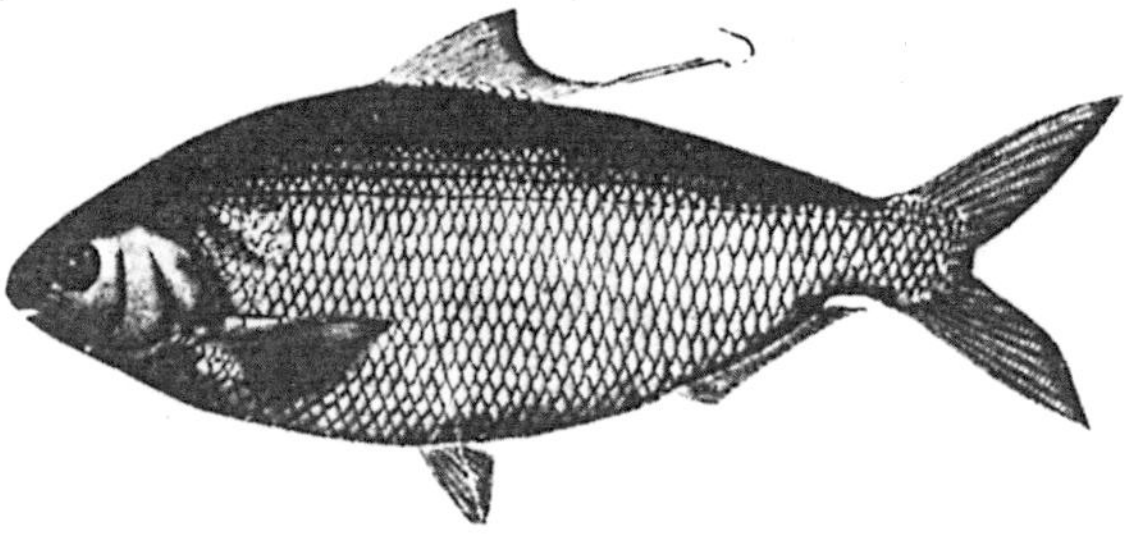

メ　ナ　ガ

メナガ*　眼長　Dorosoma nasus (*Bloch*)（**コノシロ科**）

高知でメナガ、和歌山縣田邊でトサコノシロと云ふ。是れの幼魚を高知でジャコと云ふ時にはコノシロの幼魚と一所にして言ふので、兩種を區別しない。コノシロと頗る似てゐる。是れとの區別點はメナガでは口が頭の全く下面にあるが、コノシロでは先端又は僅に先端よりも後方の下面にある。また體高はコノシロに於けるよりも高い（メナガでは體高は體長の三分の一より稍や高く、コノシロでは三分の一よりも低い）。背鰭十六軟條、臀鰭二十軟條、一縱列の鱗數五十三個である。コノシロよりも熱帶性のもので、高知や和歌山には居るが、東京附近では見受けない。印度や比律賓に居るのはメナガの方で、恐らくコノシロには是等の土地へけ分布してないであらう。

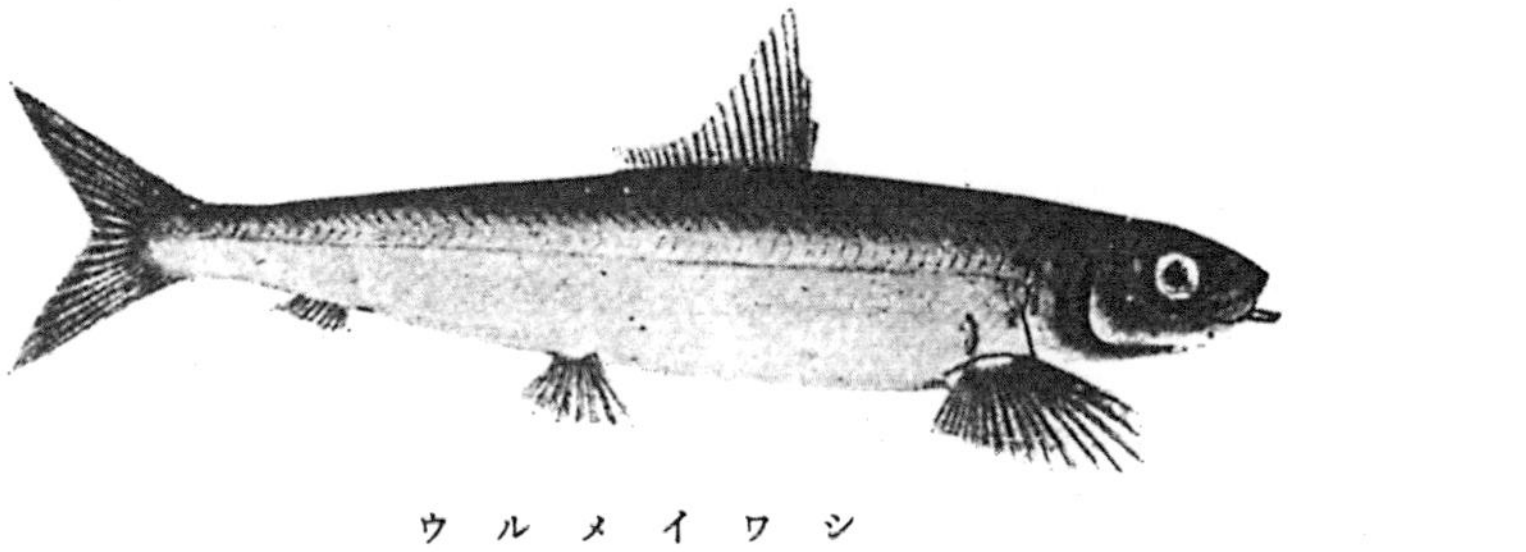

ウ　ル　メ　イ　ワ　シ

ウルメイワシ　潤目鰯　Etrumeus micropus (*Temminck & Schlegel*)（**イワシ科**）

一般にウルメ又はウルメイワシと言ふが、高知ではマウルメと云ふ。それは此土地では往々にしてマイワシをもウルメと云ふ爲である。富山ではドンボ又はミギライワシ、熊本ではウ、メイワシ又はオ、メイワシと云ふ。背鰭十一軟條、臀鰭十三軟條、一縱列の鱗數五十八個である。マイワシに近いが、是よりも圓く、卽ち横斷面は圓形に近い。太平洋の熱帶部に居るが、我國では青森縣沖にまで分布してゐる。元來熱帶性のものであるから、黑潮流域に多く、我國殊に北日本の海岸には少いものである。イワシやカタクチと違つて脂肪が少いから、鮮魚としては美味でないが、乾製品としては却つて上記のものよりも美味である。

キビナゴ　吉備奈仔　Stolephorus japonicus (*Houttuyn*)（**イワシ科**）

和歌山縣や九州でキビナゴ、三重縣尾鷲《オワセ》でキミナゴ、沼津でハマゴイワシと云ふ。細長い小魚で、體長僅に七十ミリメエトル(二寸三分)に達する。體の側方を縦走してゐる銀白色の幅廣い一個の帶はよく人目を惹く。背鰭十一軟條、臀鰭十三軟條を持つてゐる。鱗は大形で、頗る剝離し易い。東印度諸島から南日本へ分布してゐるが、東京附近には居ない。惣菜用で、上等食品には列しないが、是れのまだ生きてゐるのを直ぐ食べると頗る美味で、九州天草などでは相當上等品として斯様な鮮魚を賞味する。鹿兒島市場などでは多少多く見ることもあるが、何分にも小い魚であるから、食品としての價値は少いものである。

マ　イ　ワ　シ

キ　ビ　ナ　ゴ

マイワシ　眞鰯　Sardinops melanosticta (*Temminck & Schlegel*)（**イワシ科**）

一般にイワシ又はマイワシと云ふが、瀬戸内海沿岸、高知、和歌山縣ではヒラゴと云ふ。是はヒラの幼魚の意味では無いから、注意を要する。瀬戸内海沿岸のマイワシは本種でなく、カタクチのことである。東北地方でナ、ツボシと云ふのは、體側にある濃青色の點の數から來たのであるが、是は六個以上九個位まであるし、更に其上に是と平行して若干個の點から成つてゐる一列がある。背鰭十六又は十七軟條、臀鰭十七軟條、一縦列の鱗數四十五個である。鱗は剝離し易い圓鱗である。ウルメイワシに稍や近いが、是よりも著く側扁してゐるのが普通である。東北地方に産するものはよく肥滿してゐて、多少ウルメイワシに近い恰好をしてゐる。是との相違點は臀鰭軟條の數で、ウルメイワシよりも臀鰭軟條の數が多い。東北地方のマイワシは頗る大きく、從つて大さによつて、チュウバ、オ、バと區別することがある。日本重要魚の首位乃至三位で、昭和二十七年の産額は約三十二萬トン（八千五十萬貫）で第三位、昭和二十八年の産額は約三十六萬トン（九千三十萬貫）で第二位であつた。

ヒラ　曹白魚　Ilisha elongata (*Bennett*)（**イワシ科**）

本種は和歌山縣以東には居ない。和歌山縣とその以西で一般にヒラと言ふ。體大きく、體高も高く、且つ頗る側扁した體を持つてゐる。體長は五百ミリメエトル（一尺五寸）以上に達する。背鰭十六軟條、臀鰭五十一軟條、一縦列の鱗數は凡そ五十六個である。臀鰭軟條の頗る長いのは是に近い種類から容易に區別せられる點である。支那では曹白魚（ツアオパユウと讀む）又は鰳魚（レンユウと讀む）と稱し、廣東人は鹽漬にし、更に是を乾物として食用に準備する。支那で最も珍重する鰣魚（スウユウと讀む）はヒラに近いものであるが、是と違ふ。臀鰭の軟條がヒラに較べて著く少ない。鰣魚が五、六月の頃、上海市

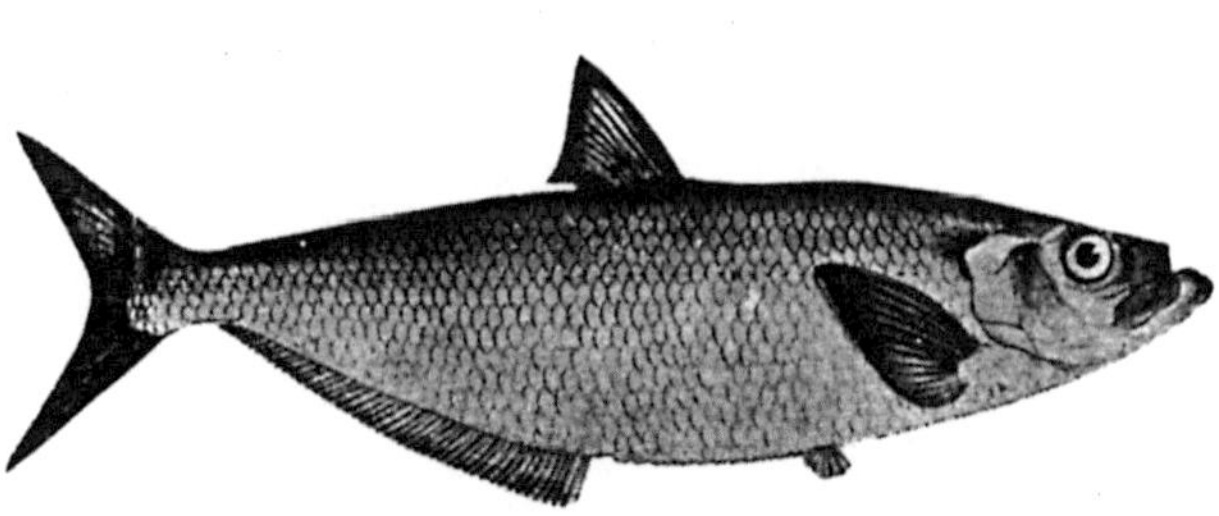

ヒ　　ラ

場に現れた時は頗る高價で、一尾十圓内外にも達する。成田藏己氏によると、是れの切身を椎茸、筍、生姜、ハムなどを入れ、稍や鹽味を強くし、蒸しておつゆとして食べると、頗る美味であるとのことである。

ニ　シ　ン

ニシン　鯡　Clupea harengus *Linné*（**イワシ科**）

ニシンは頗るマイワシに近い。實際ニシンの幼魚とマイワシの成長したものとを識別するのは容易の事ではない。マイワシは日本全般に生活し、北日本の北方には居ないが、ニシンは北日本の北部から更にその北方へ分布してゐる。我國主要魚の首位又は次位で、昭和二十七年の産額は約三十四萬トン（八千五百六十萬貫）で第二位（一位はスルメイカ）昭和二十八年も不漁で約三十萬トン（七千四百六十萬貫）で第三位。背鰭十六軟條、臀鰭十四軟條、一縦列の鱗數五十二個である。從來北大西洋に居るのを Clupea harengus *Linné* 北太平洋に居るのを Clupea pallasi *Cuvier & Valenciennes* と稱し、其區別點としては北大西洋産のものでは腹鰭よりも前方及び後方に於て腹中線に鋸齒狀の鱗があるが、北太平洋のものでは斯樣な鱗は腹鰭よりも後方だけにあるとしてある。然し此鋸齒は頗る弱いもので、設令是れの強い程度のものがあるとしても、是れの存否によつて種別を定め難く思はれることは、たゞにイワシ科ばかりでなく、鯉科のものにもあるやうである。故に私は是等兩種を同一種のものとして爰に學名の改訂を行つた次第である。ニシンは北海道ではカド、カドイワシ又はバカイワシと云ふ。是れの卵塊を乾したのをカズノコと言ひ、我國では稍や上等の食品である。

サッパ　拶双魚　Harengula zunasi *Bleeker*（**イワシ科**）

東京でサッパ、關西や高知でハラカタ、瀬戸内海沿岸でマヽカリ、熊本でハダラと云ふ。是をツナシと云ふことは殆ど無い。ツナシとはコノシロの幼期のことである。稍やコノシロに近いが、背鰭最後軟條はコノシロに於けるが如く決して絲狀に延びることは無い、背鰭十七軟條、臀鰭十九軟條、一縦列の鱗數は四十乃至四十四個である。鱗は圓鱗であるが、左程剝離し易くは無い。

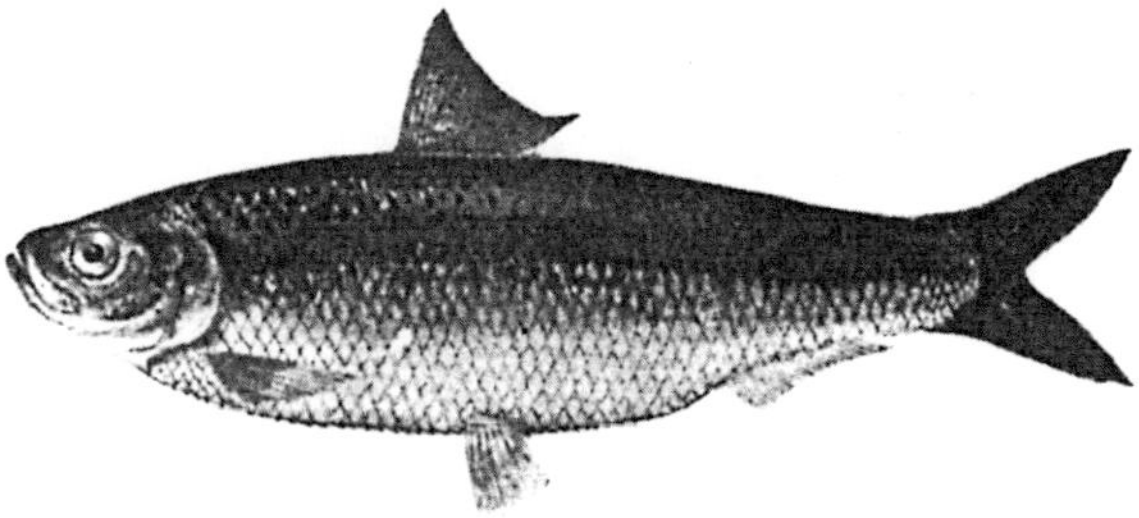

サ　ッ　パ

南日本のものであるが、それでも函館附近へまで分布してゐる。恐らく南方は臺灣へも分布してゐるであらう。高知の浦戸灣では大形のバンド（アオブダイ及びイラの事である）の大きい鱗を擬餌とし、是で釣り上げる。小魚であるが、稍や美味である。

カタクチ　片口　Engraulis japonica *Temminck & Schlegel*（**カタクチ科**）

神奈川縣三崎ではカタクチ又はカタクチイワシと云ふが、東京ではシコ、水戸でヒシコ、瀬戸内海沿岸でマイワシと云ふ。吾々の稱す

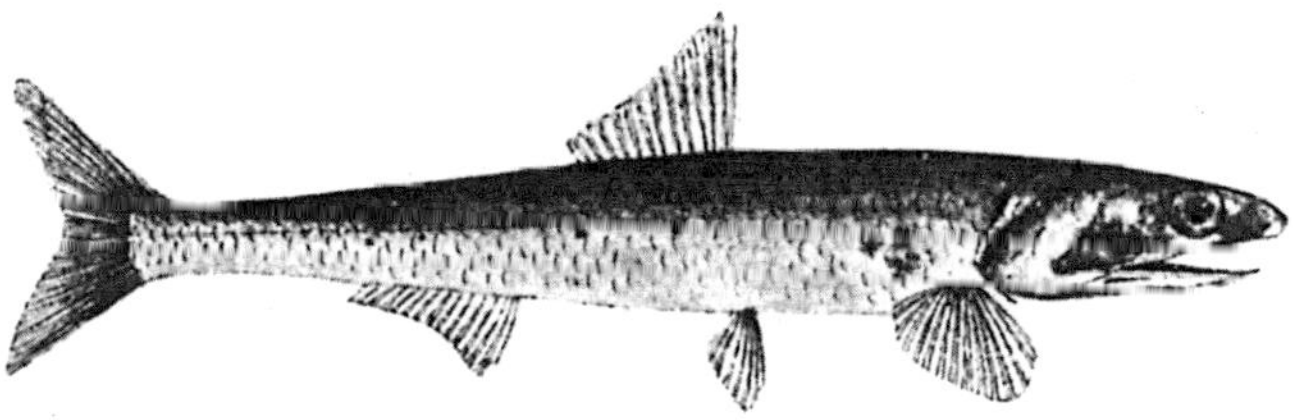

カ　タ　ク　チ

るマイワシと混同するから注意を要する。背鰭十四軟條、臀鰭十八軟條、一縱列の鱗數は凡そ四十二個である。鱗は剝離し易い大きい圓鱗である。マイワシよりも南方のものであるから、カタクチの分布の北限はマイワシの北限には及ばないであらう。カツオの最も好むもので、カツオの群來する期節に當つてマイワシが群來し、カタクチが影を潛めてゐては食餌の關係よりも水溫の關係で、カツオの群來が遲れるやうである。カツオを釣るには色々の魚を使ふが、カタクチの生きたのが最もよい。吾々が食べる時でもカタクチは多少上品な處があつて、往々にしてマイワシの味に勝ることがある。

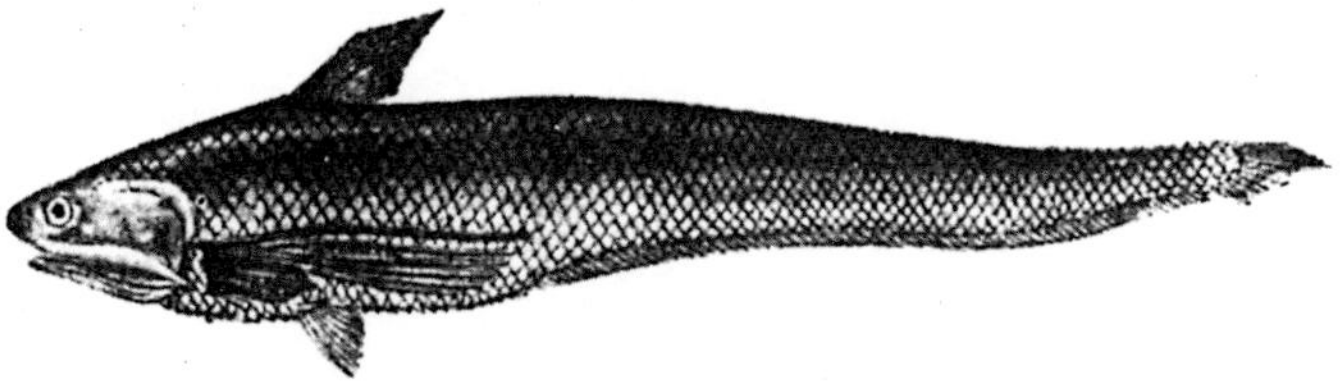

エツ

エツ　鱭魚　Coilia mystus (*Linné*)
（カタクチ科）

九州西部の有明海沿岸で一般にエツと云ふ。我が國では筑後川の下流と是れの流入する有明海とだけに居るもので、其外では朝鮮や支那で、多少有明海に似た地勢の處に居る。背鰭十三軟條、臀鰭九十二條、一縱列の鱗數七十六個である。鱗は中等大の剝離し易い圓鱗である。四月下旬に筑後川を溯り初め、六月下旬から八月に亙つて産卵する。産卵後は川を降り、その際は大に瘠せてゐる。産卵後は體力を恢復しないで、ついに死ぬらしい。是れ以上本種の習性はまだわかつてゐない。印度方面に産するものと同一種であるとすると、相當分布が廣く、且つ熱帶性魚類の一つであることゝなる。久留米や筑後國柳河附近では時期によつて稍や美味のものとしてゐる。

トカゲギス　蜥蜴義須　Halosaurus affinis Günther **（トカゲギス科）**

稍やギスに近い爲に曾て私がトカゲギスと命名して置いたのである。頗る稀なもので、特に名稱は無い。頗る細長い體を持つてゐるのと、臀鰭軟條の數の頗る多いのとが、よく人目を惹く。吻頗る長く、爲に口は頭の上面に位してゐる。頭部には多數の粘液孔を發達してゐる。一列の發光器が體側を縱走し、是は體の下面を走つてゐる粘液孔系（卽ち側線）と關聯して發達してゐる。英國の學術探檢船チャレンジャア號は曾て我國の南部に於て五百六十五尋の處で二尾の標品を得てゐる。私も東京市場へ上つた此標品を二尾位見たことがある。多分深海漁業の漁獲物へ交ざつて取れたことであらう。

トカゲギス

***ベニマス　紅鱒**　Salmo nerka *Walbaum*
（サケ科）

一般にベニマス又はベニザケと云ふ。背鰭十一軟條、臀鰭十四乃至十六軟條、一縱列の鱗數百三十五個である。本科中では相當美味である。我が國には頗る少く、カムチヤツカに多い爲に、此地方への我が出漁船は是を目的として漁獲するのである。米國の西岸にも多いものである。サケは北太平洋に五種あるが、美味の點では本種は第二位である。サケ科通有の性質として産卵の爲め河口を溯るが、他の鮭と違つて河の上流に湖水のある河を好んで溯るものである。北海道阿寒湖に居るカバチェツプはベニマスの陸封せられたもので、明治二十六年當時北海道廳鮭鱒孵化事業主任の藤村信吉氏が膽振國洞爺湖と千歲孵化場とへ其卵粒を收容して孵化生育せしめたのが、此魚の孵化事

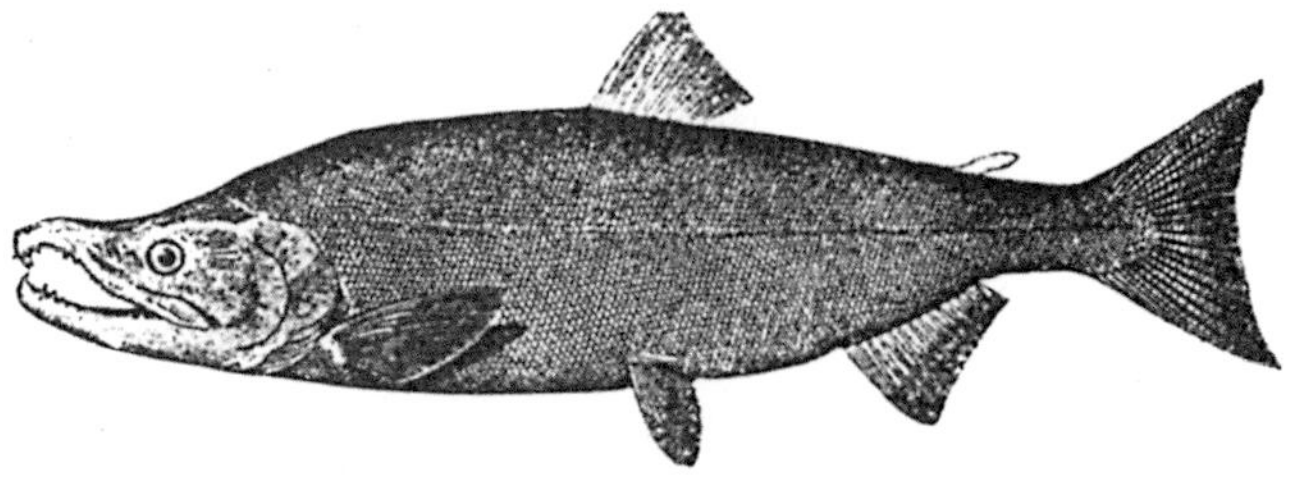

ベニマス

業の初まりで、其翌年には支笏湖へ放流した。明治三十八年に北海道廳の森脇幾茂氏が是に姫鱒の名を與へ、爾後一般にヒメマスと云ふ名稱でカバチェツプを呼ぶことゝなつた。明治三十三年渡島國大沼漁業組合へ分與し、同三十七年秋田縣毛馬内町の和井内貞行氏へ分與し、是を十和田湖へ放流した。爾後、中禪寺湖、蘆の湖、その他の湖水へ放流し、終に九州南部の湖水へも放流せられた。然し元來、寒水性のものであるのと、湖水へ放つ必要がある爲め、ヒメマスの養殖は必ず成功すると云ふ譯にもいかないやうである。日光養魚場の伊藤一郎氏によると、同地に於けるヒメマスの採卵期は十月初旬から約一ケ月で、此魚の活動する適溫は攝氏十度乃至十二度である。

*サケ　鮭　Salmo keta *Walbaum*（サケ科）

東京でシャケ、東北地方から北海道でサケ又はアキアジと云ふ。アキアジとはアイヌ語のアキアチップを轉訛したものである。背鰭九軟條、臀鰭十三又は十四軟條、一縱列の鱗數百五十個である。本種とマスとは往々誤り易く、老巧な漁業者も往々にして判定に苦むことがある。東京市場へ來るものではサケとマスとの中間型、卽ち雜種と覺しいものもあることは恰もコイとフナとの雜種と思はるゝもの、あるのと同樣である。卽ちサケとマスとは頗る近緣のものであることが推定せられる。北太平洋に住むもので、我國では利根川を分布の南限とし、日本海では島根縣の西部を南限とする。米國では本種をドグ dog と稱し、サケ類中最も不味として擯斥するが、我國では相當賞味し、殊に是れの鹽藏したものはマスの鹽藏品に勝つてゐるとする。殊にサケのアラマキと稱するは簡單に鹽藏したもので頗る珍重し、新潟縣村上町で造るものは頗る上等品と言はれてゐる。此魚の頭部で、眼と眼との間にある軟骨質の一小局部はヒズ（氷頭と書くことがあるが、あて字であらう）と稱し、三杯醋で食べると頗る美味である。產卵の爲め河を溯るは新潟縣三面川では九月二十四五日頃より初まり、翌年一月十日頃まで續く。產卵所は河口に近い處で、河底の砂礫を掘つて窪地を作り、是へ產卵する。此窪地をホリと言ひ、肉眼でよく見ることが出來るもので、產卵所に著くを「ホリにツク」と云ふ。

サケ

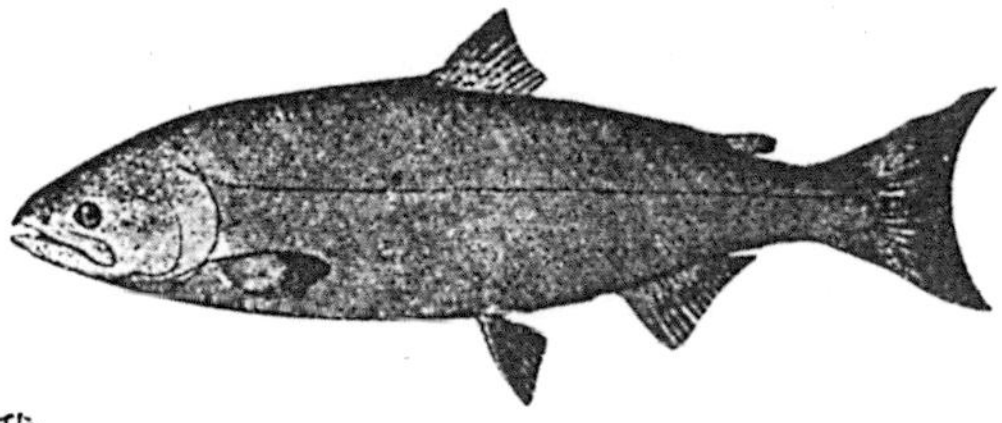

マスノスケ

*マスノスケ　鱒之介　Salmo tschawytscha *Walbaum*（サケ科）

北海道でマスノスケと云ふ。背鰭は十一軟條臀鰭は十六軟條、一縱列の鱗數百四十乃至百五十五個である。是は北太平洋に居るもので、鮭鱒類中、最も美味であるが、惜いことには我國の沿岸には殆ど居ない。稀に北海道や東北地方で取れることがある。カムチヤツカでも左程多くは取れない。マスノスケは鮭鱒類中最も上流へ溯河するもので、從つて溯河の初まりも早く、既に春から溯河するものがある。アラスカのユウコン河では河口から二千二百五十哩の上流へまで溯る。斯様にマスノスケは頗る上流へ溯るもので、それには春期久しい間雪解の水を呑むを好む性質がある。斯様な河が我國に無い爲めマスノスケが我國及びその附近に少いのである。マスノスケは鮭鱒類中最も大きく成長するが、サケに頗る近く、種別の際分類學者を苦めるものである。

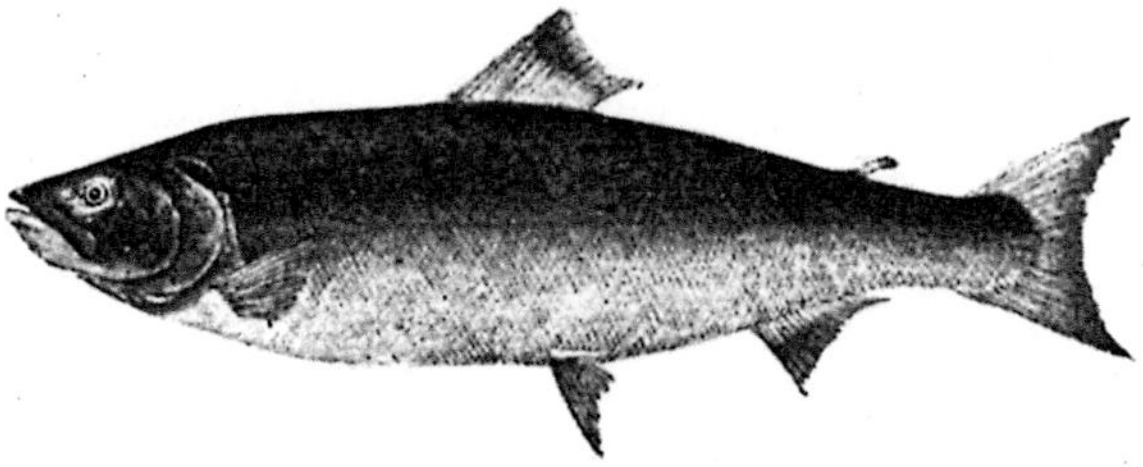

マス　　海に降るもの

***マス　鱒**　Salmo milktschitsch *Walbaum*（**サケ科**）

産卵の際海から河へ溯るものを一般にマスと云ふが、伊勢灣では是をカワマス（河鱒の義）と云ふ。それは海産のマス（マハタ及び近似の種類のこと）が其土地にある爲である。同地のカワマスは吾々の稱するカワマス（brook trout を譯して現今一般に斯様に稱してゐる）とは違つたものである。元來マスは寒帶性のものであるが、それでも分布は稍や南方へ延び、瀬戸内海沿岸へ注ぐ河へも溯る。北海道ではマスをサクラマスと云ふことがあるが、サクラマスの語は他の種類を言つてゐる場合もあるやうである。山間部に居るヤマメ（東京附近でヤマメ、東北地方から北海道へかけてヤマベ、栃木縣でヤモ、東京都の山間部や是に近い處でヤモメ、滋賀縣附近でアマゴ、四國でアメノウオ又はアメゴ、中國でヒラメ又はヒラベ、九州でエノハと云ふ）はマスの陸封せられたもので、多くは海へは降らないで繁殖する。背鰭十三軟條、臀鰭十三軟條、一縱列の鱗數百十八個である。卽ち鮭鱒類中鱗の最も大きいものである。マスの背鰭には多くは大きい一つの黒い斑紋があるが、ヤマメには殆ど全く是が無い。然しヤマメに斯様な黒い斑紋のあるものや、マスに是れのないものもある。ヤマメには體に朱紅色の小點を散在してゐるものと然らざるものとあつて、大體に太平洋岸では相模川を界とし、此川（是れの支流の道志川のものは朱點を持つてゐるとのことである）及び以東の川のものには朱點がなく、以西の川のものには是がある。日本海へ注ぐ川では多くは朱點がないが、鳥取、島根兩縣へ注ぐ河には兩型が交ざる。また身延中學校の中河末義氏によると、太平洋へ注ぐ富士川には矢張り兩型があるが、固より朱點の無い方が少いのである。マスは鹽藏したものよりも鮮魚を料理した方が美味で、その爲め生鱒（ナマ、ス）を珍重する。此點が鹽鮭（シオザケ）と違つてゐる。ヤマメは五月頃最も美味で、産卵の前後たる十一月頃は頗る不味である。マスは北太平洋に居るもので、米國のシルバア silver と同一種である。ただ一般に日本産のものは米國産に較べて體高が著く高いが、米國産の形をしたものも稀には得ることが出來る。

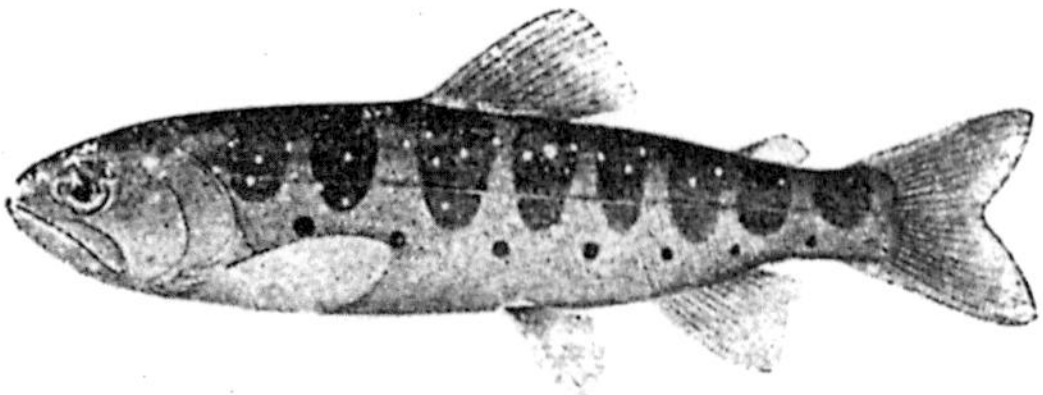

ヤマメ　　河の上流のみに居るもの

***セッパリマス　背張鱒**　Salmo gorbuscha *Walbaum*（**サケ科**）

東京では一般に樺太鱒と云ふ。北海道ではラクダ、セッパリマスなどゝ云ひ、

セッパリマス　雄

北海道の西部のホンマスはマスのことで、其東部のホンマス又は單にマスと云ふのはセッパリマスのことである。それは北海道の東部ではセッパリマスが多く、マスが少いが、西部ではマスが多いのに、セッパリマスは頗る少い爲である。鮭類中では最も小形で、鱗は最も小形である。背鰭十一軟條、臀鰭十五軟條、一縱列の鱗數二百十個である。北太平洋に住むもので、米國では是をピンク pink と言ふ。味はサケに劣る。

ニジマス　虹鱒　*Salmo irideus* *Gibbons*（**サケ科**）

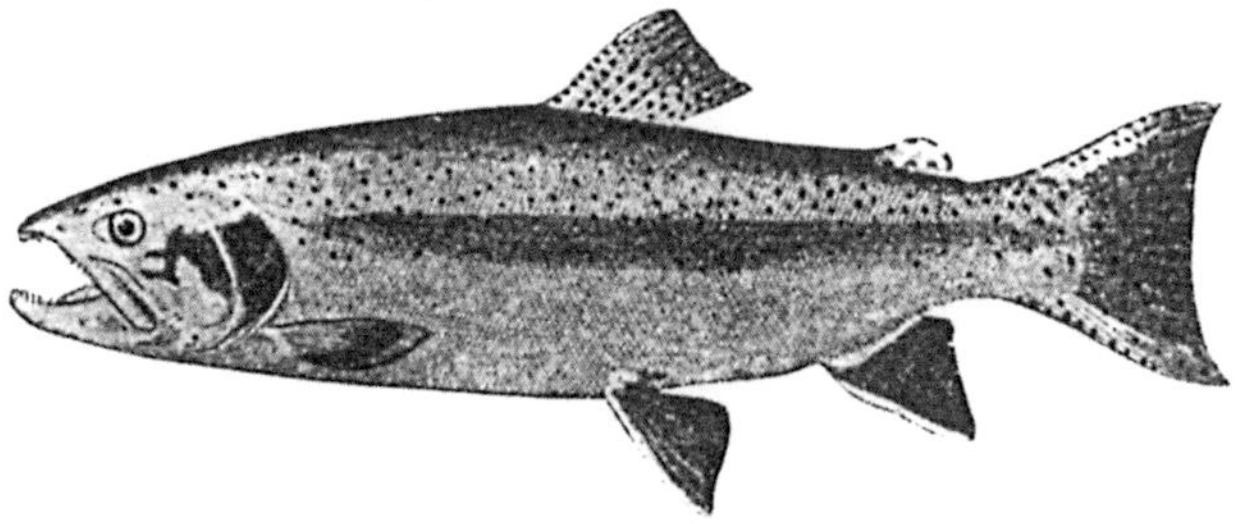
ニジマス

本種は米國カリホルニヤ州を原產地とし、同地ではレエンボオ、ツラウト rainbow trout と云ふ。ニジマスとは是を直譯したものである。我國のニジマスはカリホルニヤ州のものを數回に亙つて輸入したのであるが、原產地は必しも同一場所では無かつたやうである。背鰭十一軟條、臀鰭十軟條、一縱列の鱗數百三十五個である。我國では相當よく繁殖してゐるが、味は左程美味とは言はれない。體側を幅廣く縱走してゐる赤色の一帶と綠色の斑紋とは頗る美く、成長するに從つて其美を增すものである。水產廳所屬日光養魚場では本種の採卵期は一月下旬から三月半迄に達してゐる。サケ類の內では溫水に堪へる爲め、南方へも養殖することが出來る。河へ放つて釣魚家を樂しめるには頗る都合のいゝものである。

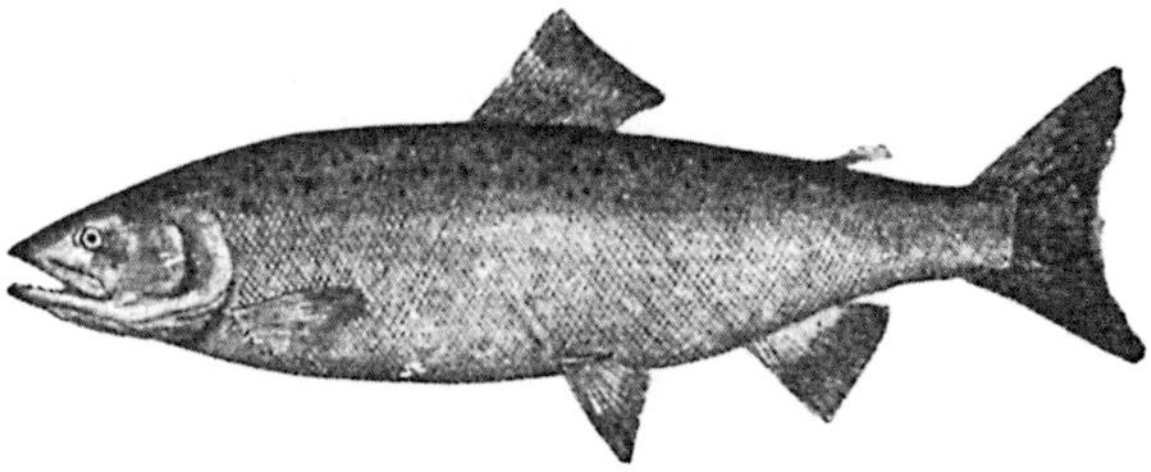
雌セッパリマス

イト　伊富　Hucho blackistoni (*Hilgendorf*)（**サケ科**）

東北地方から、北海道へかけてイト、イトオ又はイドと云ふ。背鰭十軟條、臀鰭九軟條、一縱列の鱗數百九個である。體は濃い桃色を帶び、褐色の不規則形斑點を散在してゐる。相當大きくなるのと、是を釣ると頗る活潑に反抗する爲め、釣魚としては頗る都合のいゝものである。北海道のアイヌは是を索めて谷から谷へと渉り歩くのである。我國では岩手縣と其以北に生活するもので、是より南方には全く居ない。今日まだ青森縣へ注ぐ川には居るが、最早岩手縣下には殆ど居ないやうである。左程美味のものではないが、魚類分布上興味のあるものである。是に近い Hucho hucho (*Linné*) は歐洲の南部を流れてゐるダニュウブ川に居るが、是と殆ど同一種である。設令別種としても頗る近いものであることは爭はれないことであつて、是等近緣のものが我國の岩手縣へまで分布してゐるのであるから、頗る有益な資料となる譯である。

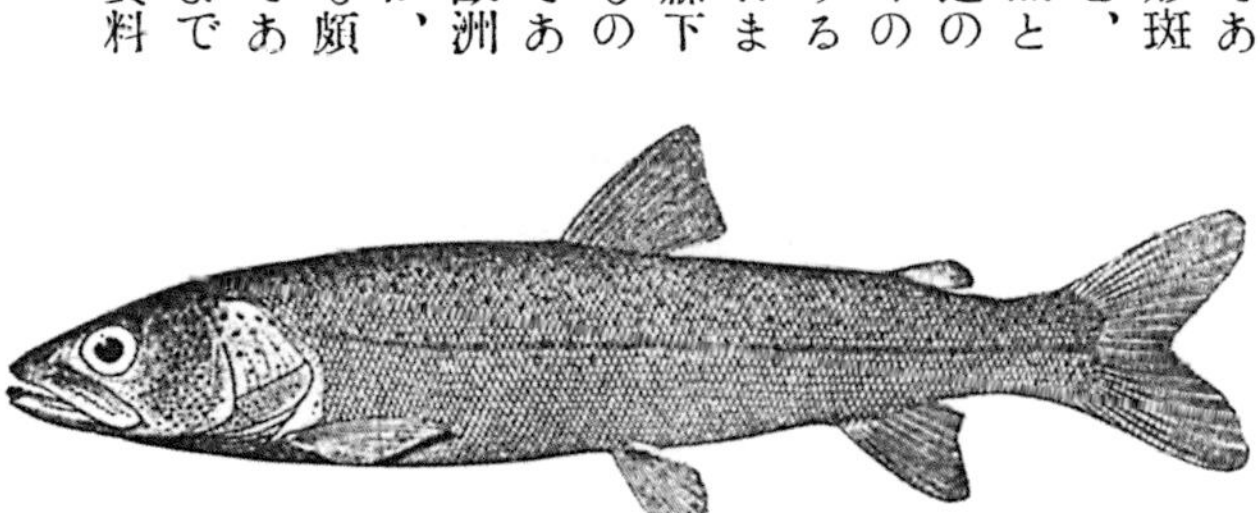
イト

イワナ　嘉魚　Salvelinus malma (*Walbaum*)（**サケ科**）

山間部に居るのを普通にイワナと云ふ。中國ではゴギ又はコギ、紀州や大和でキリクチと云ふ。產卵の爲め海から溯るものは一般にイワナよりも大きく、是をアメマスと云ふ。アメマスは北日本の內でも北部に居

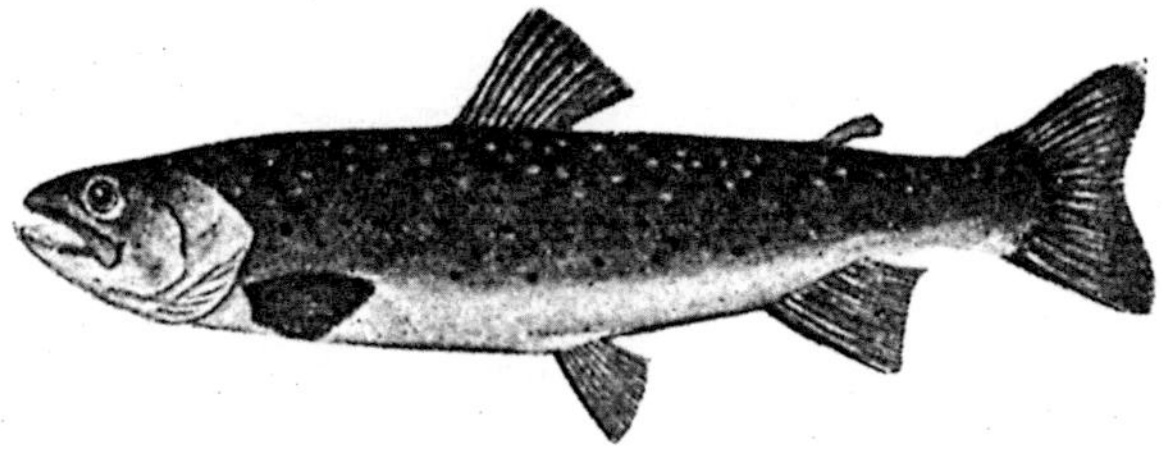

イ　ワ　ナ

て南部に居ないが、イワナは陸封せられたもので、山間に居ること恰もマスに於けるヤマメのやうである。然しヤマメよりも上流に居るか、又は殆ど同一河川に居ても、本流にはマスが多く、其支流にイワナが多いと云ふ場合が多い。イワナの分布の南限は日本海へ注ぐ河では島根縣西部の益田を流れてゐる高津川の支流西見川（地圖には横田川となつてゐることがある）で、瀬戸内海へ注ぐ河では山口縣岩國川の上流である。背鰭十一軟條，臀鰭九軟條，一縱列の鱗數二百四十個である。秋の彼岸から十月終頃迄が產卵期で，此期節が最も不味の時である。從來，イワナを數種に區別したのは同一種のものであるが，種々の異型がある爲である。往々にしてイワナの型とアメマスの型とが同一河川に居ることがあるが，斯様な時には白い斑紋の大さがアメマスの方が遙に大きく，肉色はイワナでは桃色で，アメマスでは白つぽい。味はアメマスよりもイワナの方が勝つてゐるが，是とてもヤマメよりも味が劣る場合が多い。

カワマス　**河鱒**　Salvelinus fontinalis (*Mitchill*)（**サケ科**）

カワマスの原產地は米國の東岸に注いでゐる川で，同地で此の魚をブルク、ツラウト　brook trout　と云ふ。カワマスとは此名稱を直譯したのであるから，伊勢灣沿岸で稱するカワマス（是はマスのことである）のことでは無い。元來は米國のミシシピイ河まで居るもので，其以西には居なかつたが，是等の河へ移殖し，近頃は我國へも移殖し，所々に繁殖してゐる。カワマスの稱のある如く，寒水性の川ではよく成長するものである。背鰭十軟條，臀鰭九軟條，一縱列の鱗數は二百三十個である。

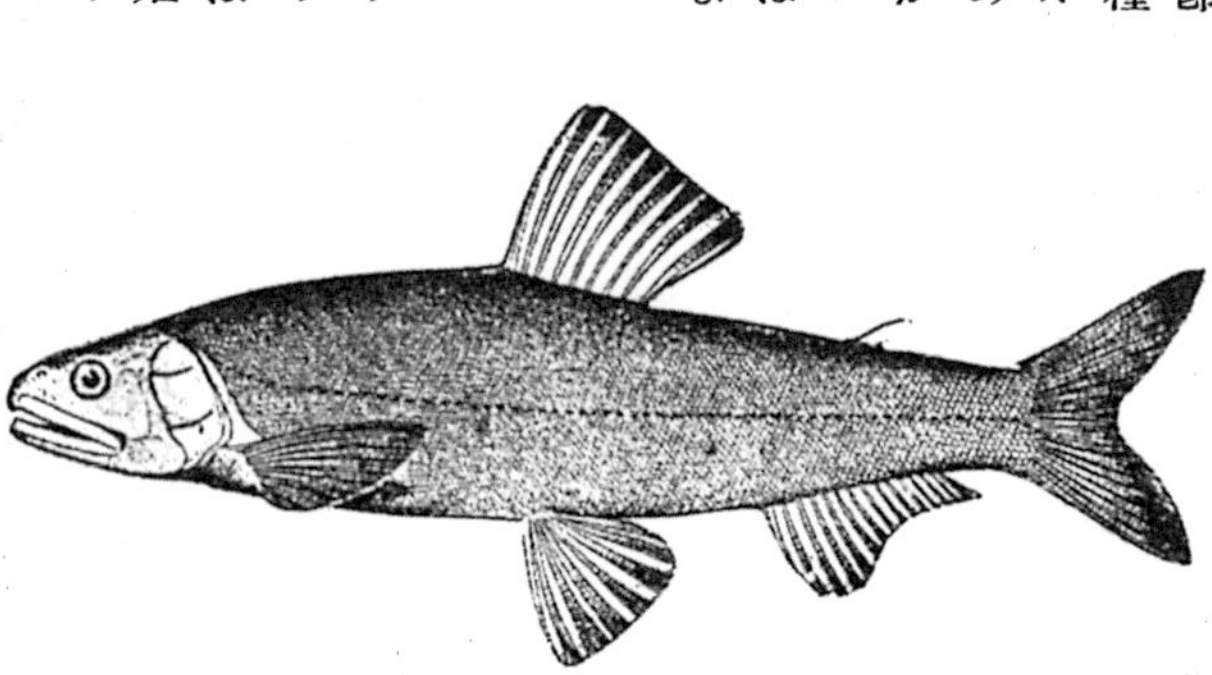

ア　ユ

日光では湯の湖にも是より流れ出てゐる湯川にも居るが，湯川に居る方が釣魚としては遙に成績がよい。何となれば湯の湖に居るものはその棲息場所がわからなくて釣り難い爲である。水產廳所屬日光養魚場での採卵期は十一月初から翌年の三月終までゞある。左程美味では無いが，釣魚用としてはいゝものである。體色頗る美く，一見した處ではイワナとは違ふが，重な特徴や習性は大に是に似てゐる。實際天然に生活してゐるものでも，是等兩者の雜種と覺しいものが屢々見受けられるので，分類學者には好資料を提供するものである。

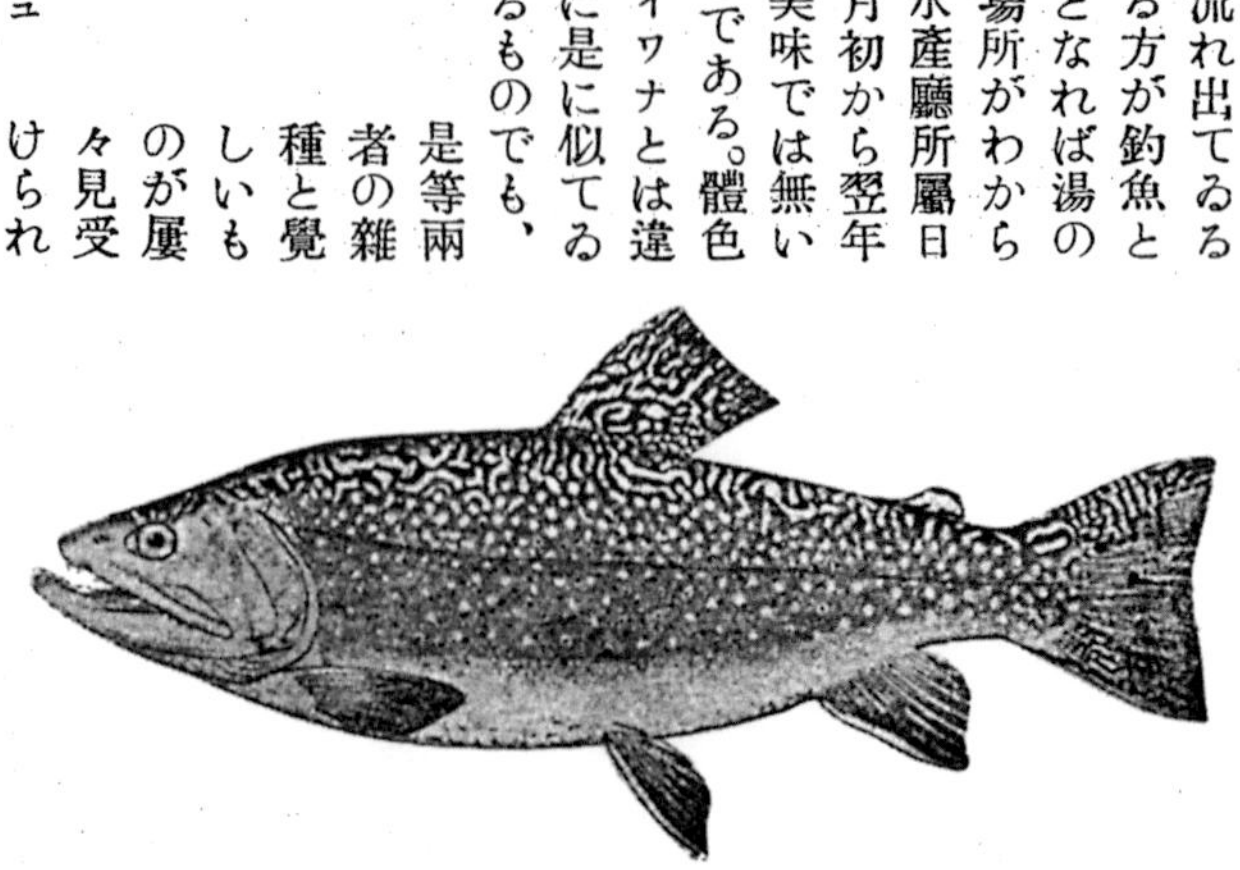

カ　ワ　マ　ス

アユ　**鮎**　Plecoglossus altivelis *Temminck & Schlegel*（**サケ科**）

一般にアイと云ふが，文章としては常にアユと言ふ。日本及び其附近に特有の魚であつて，我國では北海道の南部へまで達し，南は琉球や臺灣にも居る。朝鮮，南滿洲，支那にも居るが　此地方に於ける分布の南限は充分にわからない。背鰭十軟條、臀鰭十五軟條、一縦列の鱗數は百五十六個である。口邊が一種特異の形をしてゐる爲め、容易に他魚から識別せられる。本種は我國川魚の王者で、職漁者も遊漁者も喜ぶものである。遊漁としては蚊鉤（擬餌鉤）で釣るのであるが、蚊鉤の種類は今日では一千種以上となつてゐる。その內でもアミダとかオソメとか云ふ鉤は最も人の喜ぶものである。昭和五年度の內地の統計では三百四十八萬四千九百十六キログラム（九十二萬九千三百十一貫）、價格三百四十一萬一千八百二十一圓で、臺灣での昭和六年度の統計では一萬七千四百二十九斤、價格一萬三千九百十六圓に達してゐた。

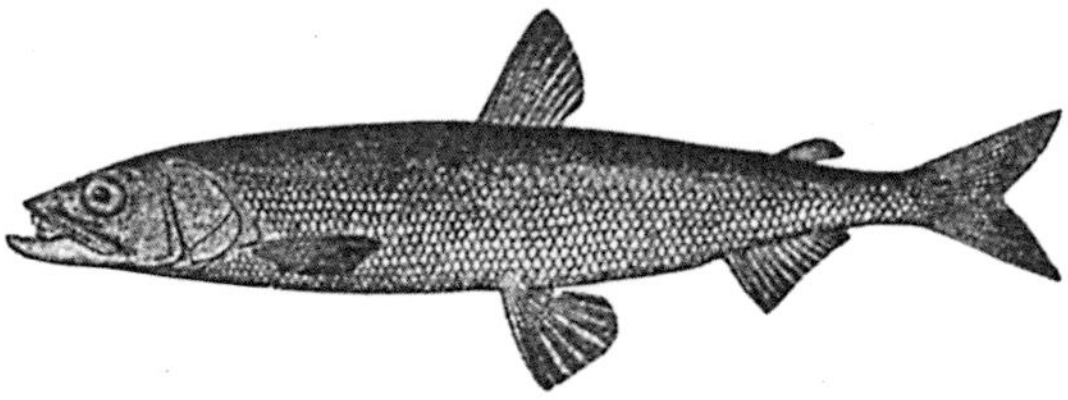

キュウリウオ

キュウリウオ　胡瓜魚　Osmerus dentex *Steindachner*（**ワカサギ科**）

北海道でキュウリウオと云ふ。胡瓜のやうな香がする爲である。背鰭十軟條、臀鰭十五軟條、一縦列の鱗數七十個である。體は細長く、稍やワカサギに似てゐるが、是よりも口裂大きく、且つ口內の齒が著くワカサギに於けるよりも強い。分布はワカサギほど南方へ擴がらないで、北日本の內部にのみ分布してゐる。またワカサギは河湖にも生活するが、キュウリウオは海水でなくては生活しない。歐洲や北米の北部に近似の種類があるが、恐らく同一種のものであらう。海岸へ俄に襲來するのは產卵の爲であらう。味はワカサギに劣るが、漁季には相當の漁獲がある。

ワカサギ　鰙　Hypomesus olidus (*Brevoort*)（**ワカサギ科**）

茨城縣土浦でワカサギ、山陰道でアマサギ、北海道のチカと云ふのとは別種。背鰭九軟條、臀鰭十三軟條、一縦列の鱗數六十五個である。稍やキュウリウオに似てゐるが、種々の點で違ふことは其項で述べて置いた。體長百八十ミリメエトル（六寸）に達する。清楚たる姿で、味も相當によいが、元來泥地に住む爲め、稍や泥臭を帶びてゐるのは惜いことである。海岸に住むものであるが、海岸附近の淡水にもゐるもので、分布としては北日本のみのものではあるが、近頃は琵琶湖その他へも移殖した。琵琶湖へ移殖したものは繁殖が割合にわるいのは水溫の關係か、それとも他に原因があるかわからない。小鰕を貪食する爲め、鰕を主要魚族としてゐる地方へ移殖する場合は相當注意を要する。鮭鱒に近いもの故、個體變化や地理學的變化は多い。世人が土浦（霞浦沿岸）產と東北地方のものと、また山陰道產のものとは互に多少違ふと言ふけれども、學問上からの相違は無いと思はれる。

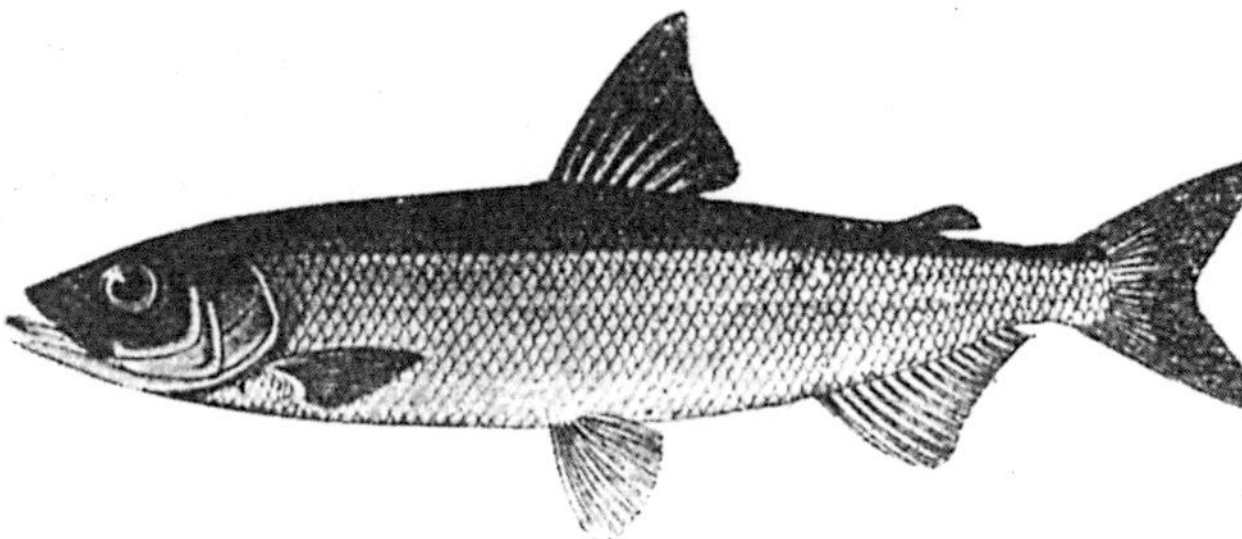

ワカサギ

ニギス　似義須　Argentina kagoshimae *Jordan & Snyder*（**ワカサギ科**）

富山縣魚津でニギス又はミギス、和歌山縣田邊

ニギス

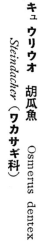

でトンガリ、ケツネエソ、オキノカマス又はオキガマス、新潟縣ではオキヾスと云ふ。形がキスに似てゐるのと、味が稍やキスに似て美味であるから、ニギス又はミギスの名稱が出たであらう。稍や顔が狐に似てゐるからケツネエソの名稱も出るであらう。背鰭十一軟條、臀鰭十一軟條、一縱列の鱗數五十個である。體頗る柔く、鱗は剝離し易い爲め、いゝ標品を得るのに稍や困難である。深海性のものであるが、富山灣は陸を離れて直ぐ深くなつてゐる爲め、此地方ではよく取れてゐる。海岸の淺い處では沖合の深い處で取れる爲め、オキヾスの名稱が出たのである。和歌山縣、高知縣、鹿兒島縣などでも取れるのは深海性のものである爲である。乾物として稍や美味であるが、澤山取れる處では蒲鉾原料ともなる。

シラウオ

シラウオ　白魚　Salanx microdon *Bleeker*
（シラウオ科）

一般にシラウオと云ふ。是に似たシロウオは形が小く、圓筒形であるが、シラウオは稍や大きく、側扁した體を持つてゐる。シラウオには他の方言がないが、シロウオには種々の方言がある。シラウオは鮭鱒に近いから、背部に脂鰭があるが、左右の腹鰭は互に離れてゐる。シロウオはハゼ科のものであるから脂鰭は無く、小いながら左右の腹鰭は癒合し、猪口形をなしてゐる。背鰭十一軟條、臀鰭二十三條である。我國のシラウオを數種に分つ人もあるが、恐らく同一種內の異型であらう。シラウオは今でこそシラウオ科と云ふ獨立科であるが、鮭鱒族のものであるから、個體變化や地理學的變化は相當多いと考へねばならぬ。外卵膜から出來てゐる絲狀體の工合で種別がわかるとする人もあるが、恐らく卵子生熟の程度と浸液へ浸した工合とによつて變化のあるものと思はれる。シラウオはシロウオと同樣に產卵の爲め溯河するが、前者は泥土の處を好み、後者は砂礫の處を好む。それ故河口が泥土の處にはシラウオが溯り、砂礫の處にはシロウオが溯る。泥土と砂礫とのある處では兩種共に溯り、其河底を作る性質に應じて兩種の內何れかゞ多い處もある。味はシロウオに稍や劣るが、死んでも味を俄に落さないといふのが重寶である。シロウオは美味であるが、死後は俄に味を落とすものである。

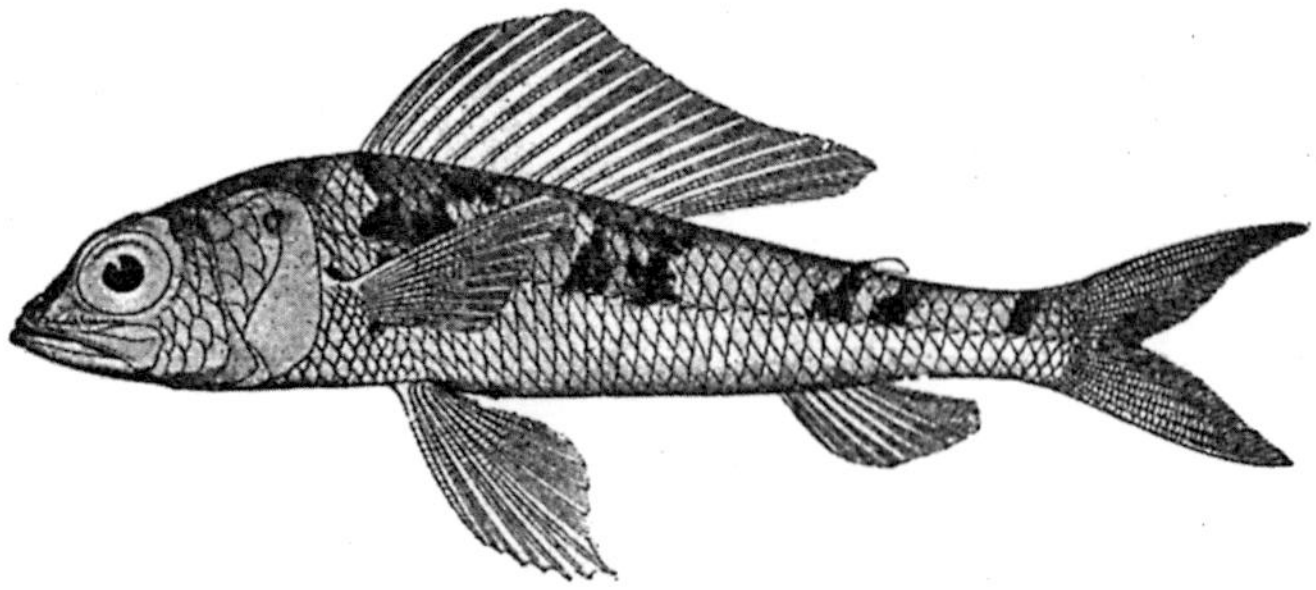

ヒメ

ヒメ　比女　Aulopus japonicus *Günther*（**ヒメ科**）

東京ではヒメジと一所にしてヒメと云ふが、和歌山縣田邊でトンボハゼ、高知でオキハゼ（オキハゼには他の種類をも混稱することがある）と云ふ。背鰭十六軟條、臀鰭九軟條、一縱列の鱗數四十三個である。體色は赤味が多く、赤褐色の斑點を散在してゐる爲め、美く見えるものである。體は左程大きくなく、體長百八十ミリメエトル（六寸）に達する。南日本のものであるが、左程多く取れないのは、多く生活しないと考へるよりも是を特別に取る漁法が無い爲であらう。他魚の漁獲せられる時に是に交ざつて取られるものである。蒲鉾原料となる。

ミズテング　水天狗　Harpodon microchir *Günther*（**エツ科**）

ミズテングとは何地の稱呼がわからない。體は延長してゐて、口裂大

ミズテング

きく、口内の齒は强い。背鰭十四軟條、臀鰭四十軟條、側線は尾鰭中部軟條の先端まで數へて五十八乃至六十個である。鱗は薄く、剝離し易く、體の前部には鱗が無い。我國には是を產すること極めて少く、單に雜魚として取扱はれ、從つて下等食品であるが、是に近い Harpodon nehereus (*Hamilton-Buchanan*) は印度附近に饒產し、是を鮮魚で、または鹽藏して上等食品とする。鹽藏したものはライスカレエへ振りかけて食べるボンベエ、ダク Bombay duck とは是れのことである。

エソ　狗母魚　Saurida argyrophanes *Richardson*（**エソ科**）

一般にエソと云ふが、關東でイソ、和歌山縣田邊でヨソと云ふ。何れもエソの轉訛であらう。神奈川縣三崎ではイソギス又はエソギスと云ふ。恐らくギス（此土地のギスはカナガシラのことである）に似てゐるとの意か、それともギスと同樣に美味であるとの意味であらう。エソ類中最も美味であるから、本種をマエソと稱することもある。細長い魚で、口裂廣く、齒は頗る强い。口内へ絲を通すと、是に觸れて忽ち絲が切れる。背鰭十一軟條、臀鰭十軟條、一縱列の鱗數五十四個である。熱帶魚で、比律賓群島へまで分布し、東京附近には少いもので、左程重要視せられないが、關西では相當多く漁獲せられ、主として上等品の蒲鉾原料となるものである。

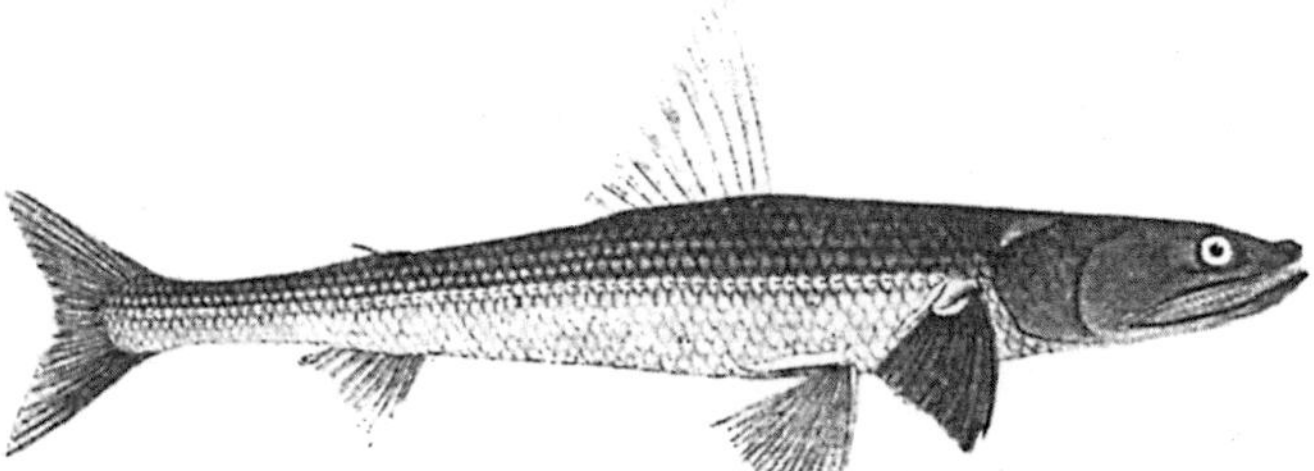

エソ

アカエソ　赤狗母魚　Synodus japonicus (*Houttuyn*)（**エソ科**）

神奈川縣三崎や三重縣志摩國でアカエソ、大阪府堺でイモエソ、和歌山縣田邊でマダヨソ、又はゲンベヨソ、三重縣二木島でトラエソと云ふ。大體エソ卽ちマエソに似てゐるが、吻部が銳く尖つてゐる。背鰭十三軟條、臀鰭八軟條、一縱列の鱗數六十五個である。體色頗る美いが、幼魚は左程美くない。また老幼共に個體變化が多く、殊に體色や斑紋が種々である爲め、種々の種類に分つことがあるが、何れも同一種内のものである。印度方面にも居るもので、熱帶性魚類であるが、我國では南日本へ分布してゐる。從つて東京附近には少いものである。味は著くエソに劣る。

アカエソ

オキエソ　沖狗母魚　Trachinocephalus myops (*Forster*)（**エソ科**）

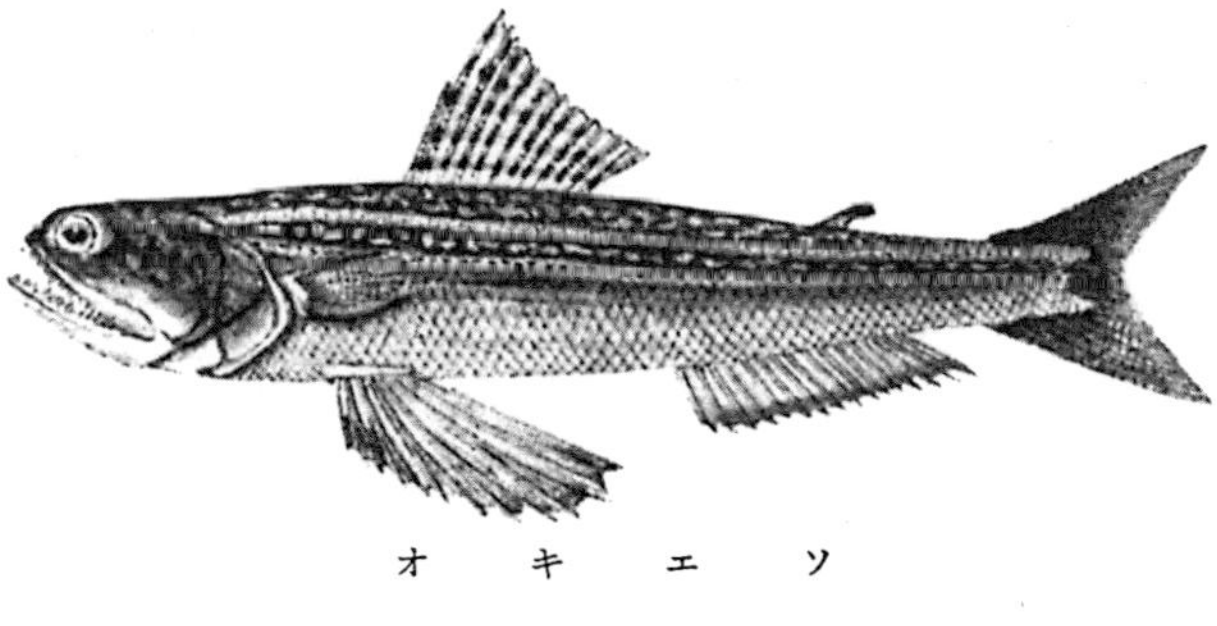

オキエソ

オキエソの稱呼地は不明である。神奈川縣三崎でイソギス、所々でイソエソと云ふ。實際海岸に生活してゐるからオキエソと云ふよりもイソエソの方が適當である。神奈川縣三崎でイソギスと云ふのはエソ類全體のことであるか、オキエソだけのことかまだ不明である。此のイソギスは磯に居るギスのことかそれともエソギスと云つてゐるのか、是もまだ明でない。吻部著く短い爲め、他のエソ類から容易に識別することが出來る。背鰭十三軟條、臀鰭十六軟條、一縱列の鱗數五十五個である。此エソは美い體色と斑紋とを持つてゐるが、全體として青味が強い。熱帶性魚類であるが、我國では南日本へまで分布してゐる。エソ類中では左程美味のものでは無い。また左程多く漁獲せられない。

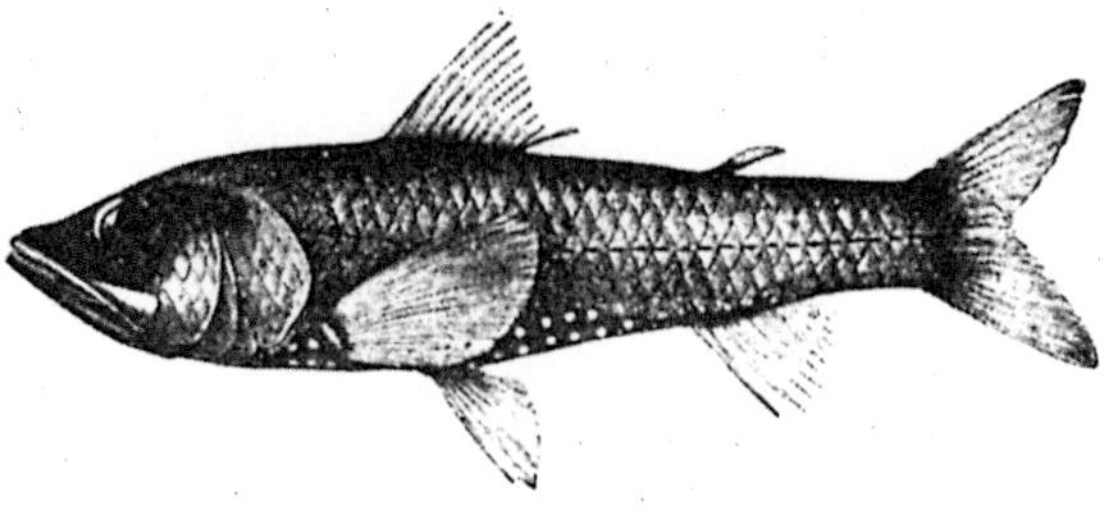
ソトオリイワシ

ソトオリイワシ　衣通鰯　Neoscopelus macrolepidotus *Johnson*（**ハダカイワシ科**）

ソトオリイワシとは曾て私の命名したものである。背鰭十三軟條、臀鰭十二軟條、一縱列の鱗數三十三個である。體は稍や長く、口裂大きく、口は斜に上方に向つてゐる。夜行性である爲め、眼は相當大きい。鱗は稍や大きい圓鱗で、剝離し易い。體長二百ミリメエトル（六寸六分）に達する。大西洋マデイラ群島（北亞弗利加の西方にある島）に產するものと同一種で、多分布哇に產するものと同一種であらう。深海產のものであるが、熱帶性のものであらう。稍や深海に住み、闇夜には稍や上方へ浮游し、活潑に餌を索めるであらう。我國では時々入手の出來るもので、食品としての價値は無い。

イタハダカ　板裸　Myctophum laternatum *Garman*（**ハダカイワシ科**）

イタハダカ

イタハダカとは曾て私の命名したものである。ハダカイワシ類であるが、體側の發光器の數と其排列の工合とに特徵がある。背鰭十一又は十二軟條、臀鰭十五又は十六軟條、一縱列の鱗數三十二乃至三十四個である。鱗は稍や大きい圓鱗であるが、剝離し易い。體色は黑色である。體長二百二十ミリメエトル（七寸三分）に達する。稍や深海性のもので、太平、大西、印度の三洋に普く分布してゐる。大體熱帶性のものである。ハダカイワシほどは澤山に取られないが、往々にして吾々は入手することが出來る。多くはハダカイワシへ交ざつてゐるやうである。

ハダカイワシ　裸鰯　Diaphus coeruleus（*Klunzinger*）（**ハダカイワシ科**）

東京でハダカイワシと云ふ。形稍やイワシに似てゐるのと、鱗があるが頗る剝離し易く、恰も無鱗である如く見える爲である。それでも側線部の鱗だけは大抵殘つてゐる。背鰭十五軟條、臀鰭十五軟條、一縱列の鱗數三十六個ある。體側にある發光器の位置と其數とには特徵があるが、是とても多少の變化のあること

ハダカイワシ

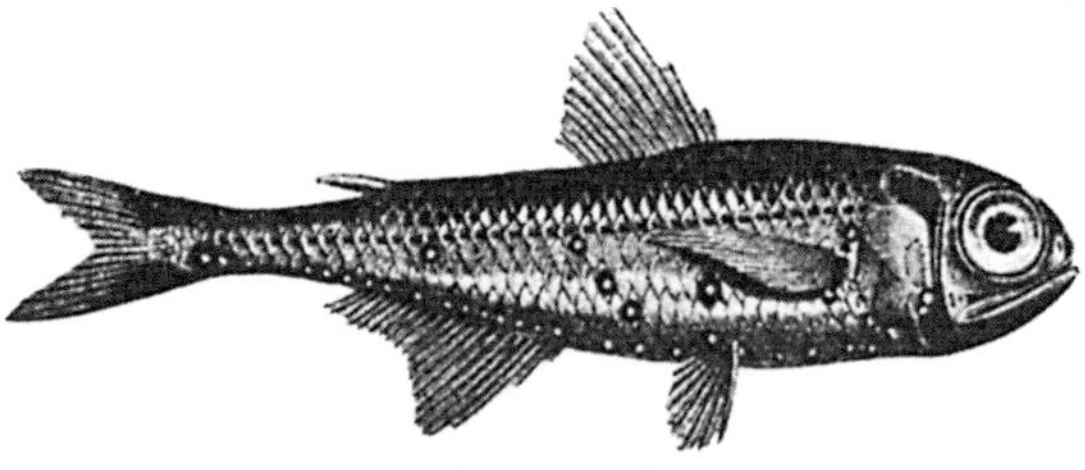

イバラハダカ

を注意しなくてはならぬ。體長は百二十三ミリメエトル(四寸)に達する。稍や深海のものであるが、闇夜淺い處へ出て活潑に食を索める。主に熱帶方面のものであるが、分布の北限はわからない。駿河灣や相模灘でも往々にして多量に漁獲せられ、食用ともなり、時によると肥料にもするやうである。

イバラハダカ　茨裸　Dasyscopelus spinosus (*Steindachner*)(**ハダカイワシ科**)

イバラハダカとは曾て私の命名したものである。ハダカイワシに近いものであるが、鱗がハダカイワシに於けるよりも櫛歯をしてゐる程度が強い。鱗は稍や大きい櫛鱗であるが、他のハダカイワシ類に於て剝離し易きに反して本種ではよく體に密著して剝離しない。背鰭十三軟條、臀鰭十九軟條、一縱列の鱗數四十個である。發光器の數と其排列工合とは特徵を現してゐる。元來、支那、布哇等から出てゐるから、熱帶性のものであるが、深海を好むものである。闇夜には多少上層へ浮游するであらう。稀に漁獲せられるものである。

オヽクチイワシ

オヽクチイワシ　大口鰯　Notoscopeluo japonicum (*Tanaka*)(**ハダカイワシ科**)

オヽクチイワシとは本種の屬名を意譯して曾て私の命名したものであるが、必しも本屬のみが大口を持つてゐるのではなく、是はハダカイワシ類通有の性質である。背鰭二十二軟條、臀鰭十九軟條、一縱列の鱗數四十四個である。鱗は稍や大きく、剝離し易い。發光器の數と其排列とには特徵がある。體も凡ての鰭も濃黑色である。從來、たゞ一尾神奈川縣相模灘沖で取れたことがあるが、注意してゐれば入手することが出來やうと思ふ。體長百三十ミリメエトル(四寸三分)に達する。稍や深海性のものであるが、多く發光器を持つてゐる點から考へると、闇夜に海の表面附近へ浮游すると思はれる。

ネズミギス

ネズミギス　鼠鱚　Gonorhynchus abbreviatus *Temminck & Schlegel*(**ネズミギス科**)

三重縣二木島でネズミギス、和歌山縣田邊でネズミウオと云ふ。體の細長いのは稍やキスに似てゐるが、頭部細長く且つ先端の尖つてゐるのは稍や鼠に似てゐる。背鰭十一軟條、臀鰭八軟條、一縱列の鱗數は百七十五個である。鱗は小い櫛鱗で、よく體へ密著してゐる。體長は三百ミリメエトル(一尺)を超える。熱帶性の魚で、東京附近へまで分布してゐるが、多くは取れないもので、雜魚として取扱はれてゐるのみである。喜望峰に産する Gonorhynchus gonorhynchus (*Gmelin*) も恐らく同一種のものであらう。

*__アオメエソ　青眼狗母魚__　Chlorophthalmus albatrossis *Jordan & Starks*(**アオメエソ科**)

アオメエソとは其屬名の意味を多少加味して曾て私の命名したものである。背鰭十一軟條、臀鰭八軟條、一縱列の鱗數五十三個である。眼の

アオメエソ

稍や大きいのは深海性のものであることを暗示する。下顎は上顎よりも長く、口は斜に上方に向つてゐる。頰と鰓蓋部とにも鱗があつて、側線は無い。體長百五十ミリメエトル（五寸）に達する。稍や深海性のもので、稀に漁獲せられる爲に、其分布は明でないが、恐らく南日本のものであらう。雜魚として他魚と交ざつて稀に入手することの出來るもので、下等食品であらう。

ホオライエソ　**寶萊海狗魚**　Chauliodus emmelas *Jordan & Starks*（**ホオライエソ科**）

頗る細長いが、割合に頭が大きく、口内の齒は强大である。背鰭六軟條、臀鰭十軟條、一縱列の鱗數凡そ六十個である。體色は青味がゝつた黑褐色で、特異の排列をした發光器を體側に持つてゐる。相模灘の百二十乃至二百五十尋の深海に産する。體長は二百十ミリメエトル（七寸）に達する。是に近い Chauliodus sloanei *Bloch & Schneider* は地中海や大西洋の深海に産する。尚他の一種 Chauliodus macouni *Bean* は米國西岸の深海に産する。何れも稀有種で、殆ど食用とはならないが、此科のものには色々の深海性の魚類がある。ホオライエソとは嘗て私の命名したものである。

ホオライエソ

ヨコエソ　**橫狗母魚**　Neostoma gracile (*Günther*)（**ヨコエソ科**）

ヨコエソとは嘗て私の命名したものである。細長い魚で、口裂大きく、口内の齒は强大である。背鰭凡そ十軟條、臀鰭二十六軟條である。體には鱗が無いやうで、下顎は上顎よりも大に長い。體は黑つぽい。稍や深海に住んでゐるが、闇夜には海の表層へ出て、活潑に食を索めるのであらう。是に近いものは大西洋からも取られる。何れも稀有のもので、食品としての價値は無いが、深海動物研究の資料としてはいゝ材料である。深海漁業のある地方の海岸を散歩すると、往々にして是等の珍いものが委棄してあることがある。從つて標品は中々に得られないものである。頭部や體側に發光器を持つてゐる。

ヨコエソ

ホテイエソ　**布袋狗母魚**　Photonectes albipennis (*Döderlein*)（**ホテイエソ科**）

ホテイエソとは嘗て私の命名したものである。背鰭は臀鰭に對在し、體の後部に存する。背鰭十三軟條、臀鰭十五軟條である。體色濃紫黑色で、頭部と體側とに發光器を持つてゐる。體長は三百ミリメエトル（一尺）に達する。深海性のもので、稀に漁獲せられる。從つて食品としての價値は全く無い。また分布工合が不明であるが、從來高知縣安藝沖でも取れてゐるから、多少熱帶性のものかとも思ふ。非常に深い處に居るものでは無く、他の發光動物と同様

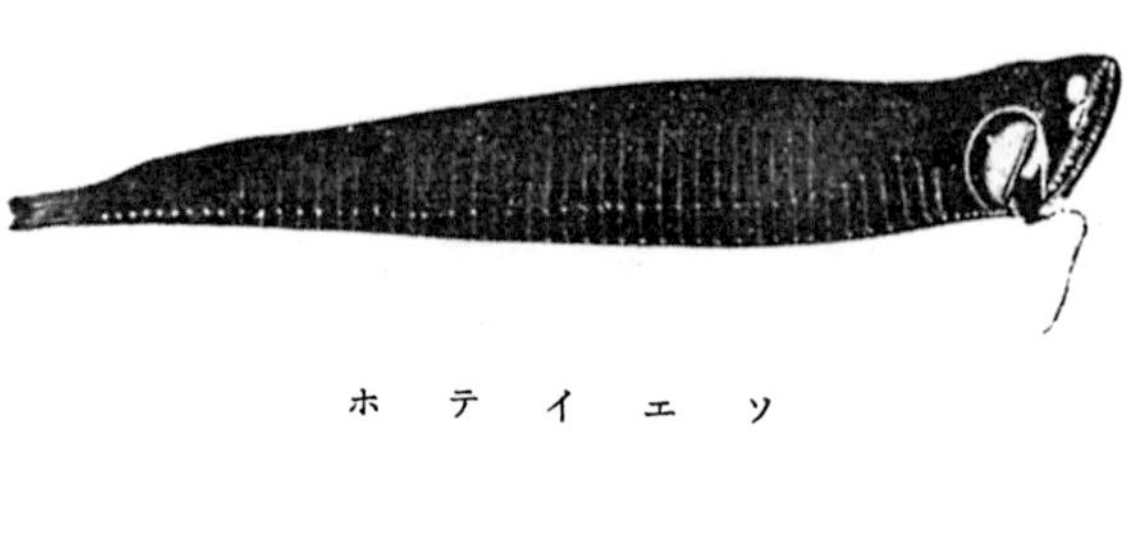

ホテイエソ

に闇夜には海面近く浮び出で、活潑に動作して食物を索むるものであらう。

トカゲハダカ

トカゲハダカ　蜥蜴裸　Astronesthes ijimae *Tanaka*（トカゲハダカ科）

ハダカイワシに近いもので、嘗て私がトカゲハダカと命名したものである。體は細長く、頭は稍や小い。背鰭は十又は十一軟條、臀鰭は十二又は十三軟條で、鱗は無く、側線は見られない。體色は暗褐色で、凡ての鰭は白つぽい、口は大きく、歯は細長い。背鰭の後方に一個の脂鰭がある外に、肛門の前方にも一個の脂鰭があつて、此點は殆ど他の魚に見られない特徴である。頭部や體に多くの發光器がある。また頤から出た一本の長い鬚の先端は膨大して、小さい球狀をしてゐるが、此鬚の絲狀部は體色と同樣に暗褐色である。鬚の先端の球狀部は白つぽくて、多分發光器かと思はれるが、まだ明でない。稍や深海性のもので、闇夜海面附近へ出でゝ活潑に食を索める。多分熱帶性のものかと思はれる。

キュウリエソ

キュウリエソ　胡瓜狗母魚　Maurolicus Japonicus (*Walbaum*)（キュウリエソ科）

富山縣魚津でキュウリと云ふ。胡爪の香臭があること恰もキュウリウオのやうである。是れと誤られ易いかと慮つて、嘗て私がキュウリエソと命名して置いた。背鰭十又は十一軟條、臀鰭二十四軟條、一縱列の鱗數は二十三個である。鱗は薄い大きい圓鱗で、頗る剝離し易い。背部は褐色で、體側と腹面とは銀白色である。發光器は頗る多く、大體一定の排列をしてゐる。體は小く、體長は四十五ミリメエトル（一寸五分）に達する。稍や深海性のもので、闇夜に海面附近へ現れて、活潑に食を索める。歐洲に居るものと同一種であらう。食品としての價値はないやうである。

ホオネンエソ　豐年狗母魚　Polyipnus stereope *Jordan & Starks*（ホオネンエソ科）

ホオネンエソとは嘗て私の命名したものである。體の輪廓は圓形に近く、頭も相當大きい。口は稍や大きく、斜に上方に向ひ、眼も相當に大きい。背鰭十三軟條、臀鰭十五軟條で、大きい鱗を持つてゐる。背部褐色で、體側は白つぽく、腹面は再び褐色を呈してゐる。發光器は多く、其形と排列とは本種の特徴を表してゐる。體は小く、八十三ミリメエトル(二寸八分)の長さを持つてゐる。稍や深海のもので、闇夜海面近くへ現れて、活潑に游泳することゝ思はれる。食料としての價値は無い。此屬のものは太平洋に生活し、恐らく熱帶性のものであらう。從來、太平洋の諸地方から現れ、分つて數種にしてゐるが、或は同一種のものであらう。標品の少い爲に、個體變化や地理學的變化を見られないから、比較研究が充分に出來てゐない。

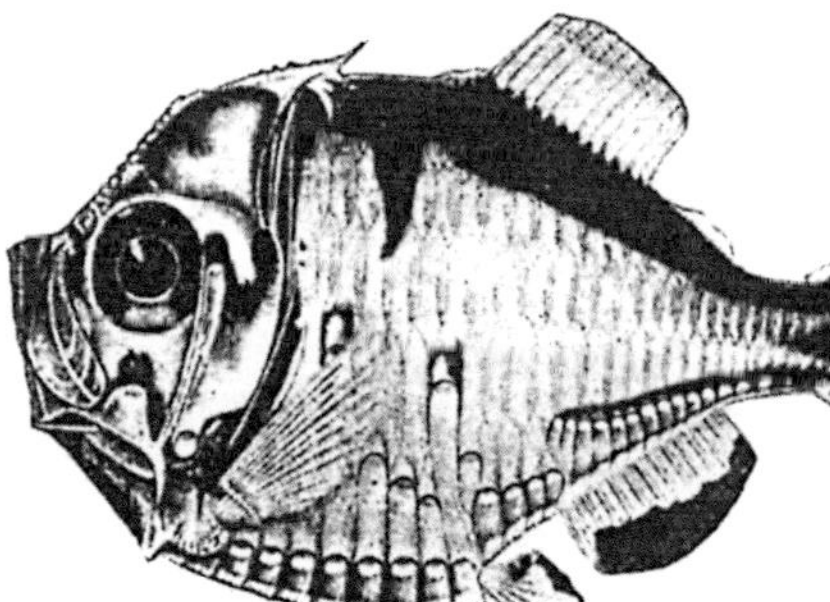

ホオネンエソ

ミズウオ　水魚　Plagiodus ferox (*Lowe*)（ミズウオ科）

ミズウオ

靜岡縣蒲原でミズウォと云ふ。背鰭四十一乃至四十四軟條、臀鰭十四軟條、腹鰭九又は十軟條である。體は延長し、稍や側扁で、鱗が無い、尾鰭は深く二叉してゐる。口裂頗る大きく。口內の齒は大小種々で、頗る銳いから、絲などを觸れると、直ぐ是を切ることが出來る。深海性のもので、肉が柔である。太平洋にも大西洋にも居るもので、海岸へ往々にして打ち上げられてゐることがあつて、其の爲め完全な標品は割合に得難いものである。寒帶にも熱帶にも居るものである。體長は割合に長く、六百ミリメエトル（二尺）位のものは屢々見受けるのである。中澤毅一氏によると、駿河灣では一月から三月まで取れるもので、是が海岸へ打ち上げられると、其後二、三日を經て降雨を見るとのことである。是は低氣壓の爲め海が荒れると、その際海岸へ打ち上げられる爲であらう。食品としての價値は無い。

シャチフリ　鯱振　Ateleopus japonicus *Bleeker*（**シャチフリ科**）

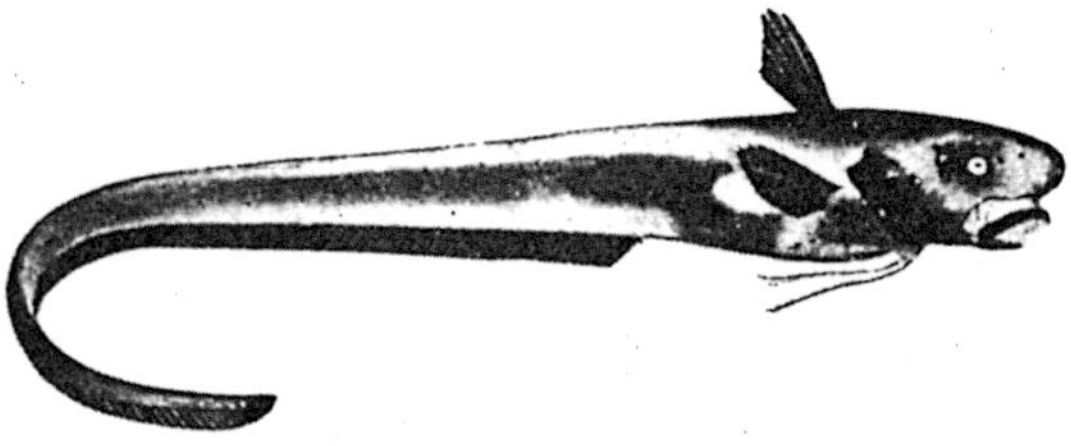
シャチフリ

シャチフリとは何處の稱呼か不明である。體は細長く、且つ頗る柔く、半透明である。背鰭九軟條、臀鰭と尾鰭とは合せて百二十個腹鰭は四軟條である。腹鰭は一見した處では一軟條のやうであるが、解剖してよく見ると二個の軟條と頗る短い二個の軟條とから出來てゐることがわかる。體色は淡紫色である。是れの小いのと大きいのとでは形が多少違つてゐるから、注意を要する。深海性のものであるが、往々にして數尾一時に漁獲せられることもある。大きいのは六百ミリメエトル（二尺）以上に達するが、小いのも往々入手することが出來る。食品としての價値は全く無いであらう。

ゴンズイ　權瑞　Plotosus anguillaris *Lacépède*（**ゴンズイ科**）

神奈川縣三崎でゴンズイ、諸地方でウミギヾ、和歌浦でウグ、高知でググ、長崎縣對馬でギンギヨといふ。胸鰭にある棘と其基底をなしてゐる部分とを擦り合はせて稍や高音を發する爲め、ギヾ、ググなどの名稱が出たであらう。三崎では不味のものとし、東京市場へは持ち出されないとの意味から、此魚をエドミズゴンズイとも云ふ。然し漁業者は是を惣菜用に供してゐる。第一背鰭は一棘五軟條、第二背鰭は八十軟條、臀鰭は六十八軟條、腹鰭は十二軟條である。體に全く鱗が無い。體を縱走せる二個の黃線は、幼魚に於て頗る著く、美觀を呈してゐる。是を水槽へ入れると、多數の幼魚は群をなし、互に同一動作をなし、各個別々に運動しないものである。背鰭の棘と胸鰭の棘とにさゝれると一日間位は甚く疼痛を感ずる。熱帶性のもので、紅海、印度などに饒產し、南日本へも擴がり、三崎などでも相當に多い。體長三百ミリメエトル（一尺）に達する。

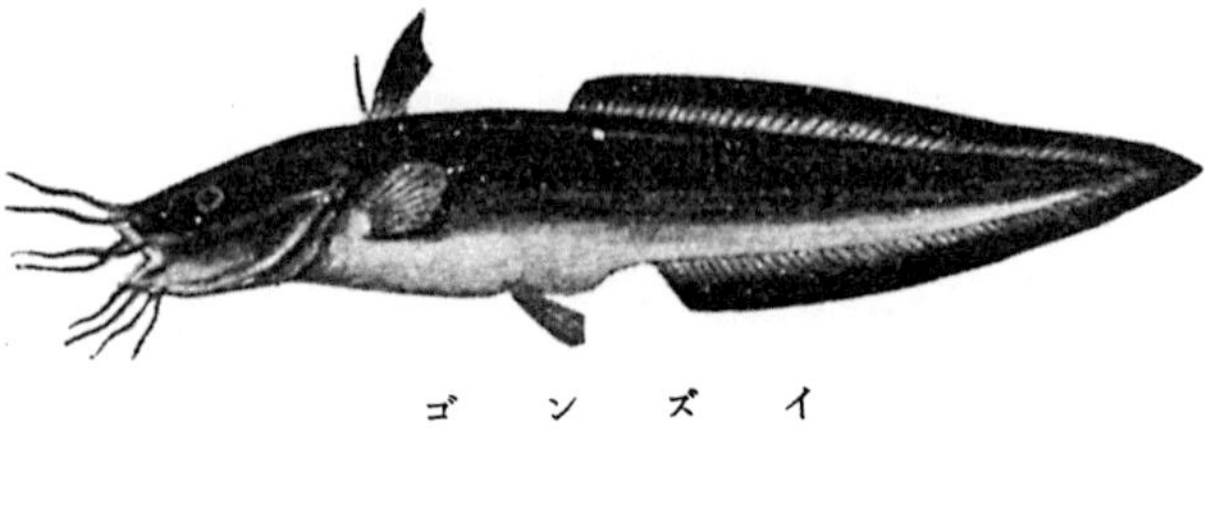
ゴンズイ

ナマズ　鯰　Parasilurus asotus (*Linné*)（**ナマズ科**）

一般にナマズと云ふ。口邊に著い四個の鬚がある。歐州南部のダニユウブ河に居るものは口邊に六個の鬚があつて、學名は Silurus glanis

Linné と言ふが、恐らく前記のものと同一種であらう。背鰭六軟條、臀鰭七十八軟條、腹鰭十二軟條である。體に全く鱗が無い。背鰭の小いのと、臀鰭の軟條數の多いのとは、よく人目を惹く特徴である。體色は暗灰色で、不規則形の斑紋を散在してゐるが、此斑紋は個體によつて色々である。亞細亞の河湖に居るもので、ナマズ釣りは遊漁者の最も喜ぶものゝ一つである。我國では三百ミリメエトル（一尺）を超える位のものとなるが、亞細亞大陸では相當大きいのを見受ける。食用として美味である。

ナ　マ　ズ

ギバチ　義蜂　Pseudobagrus aurantiacus (*Temminck & Schlegel*)（**ナマズ科**）

東京附近でギバチ又はゲバチ、千葉縣印旛沼や水戸でギンギョ、群馬縣佐波郡島村でギョオ、熊本縣阿蘇郡北小國村でギギュウと云ふ。ギョオ、ギギュウなどはゴンズイの方言のやうに胸鰭の棘から出る摩擦音から出た名である。ギバチやゲバチは是にさゝれると疼痛を惹起すことから、蜂を聯想せしめたものである。體は青味を帶びた暗灰色であるが、死する前の時期又は死後には著く黄變する。體長二百十ミリメエトル（七寸）に達する。神奈川縣の馬入川以東の川に居るので、日本海へ注ぐ河にも居る。九州では其西部を流れる川に居る。是等の河の間にある地方にはギバチは無くてギヾが居る。何れも食用として相當美味である。

ギ　チ

ギヾ　義々　Pelteobagrus nudiceps (*Sauvage*)（**ナマズ科**）

琵琶湖沿岸でギヾ、奈良縣五條でギンギ、高知の山間部でグヾと云ふ。神奈川縣馬入川よりも以西から九州東部へまで分布してゐる。大にギバチに似てゐるが、著い相違點は尾鰭後緣の形で、ギヾでは深く二叉してゐるが、ギバチでは殆ど截形である。背鰭一棘七軟條、臀鰭二十軟條、腹鰭六軟條である。死の前後に於て、俄に黄變することも、體の大さもギバチと同樣である。食用としても相當美味である。支那や朝鮮に居る Fluvidraco fulvidraco (*Richardson*) も恐らく本種と同一種であらう。體は暗灰色で、不規則形の暗色斑紋があるし、標品瓶へ入れると其壁に接した處へ暗色帶が現れる。是はナマズやギバチでも同樣である。

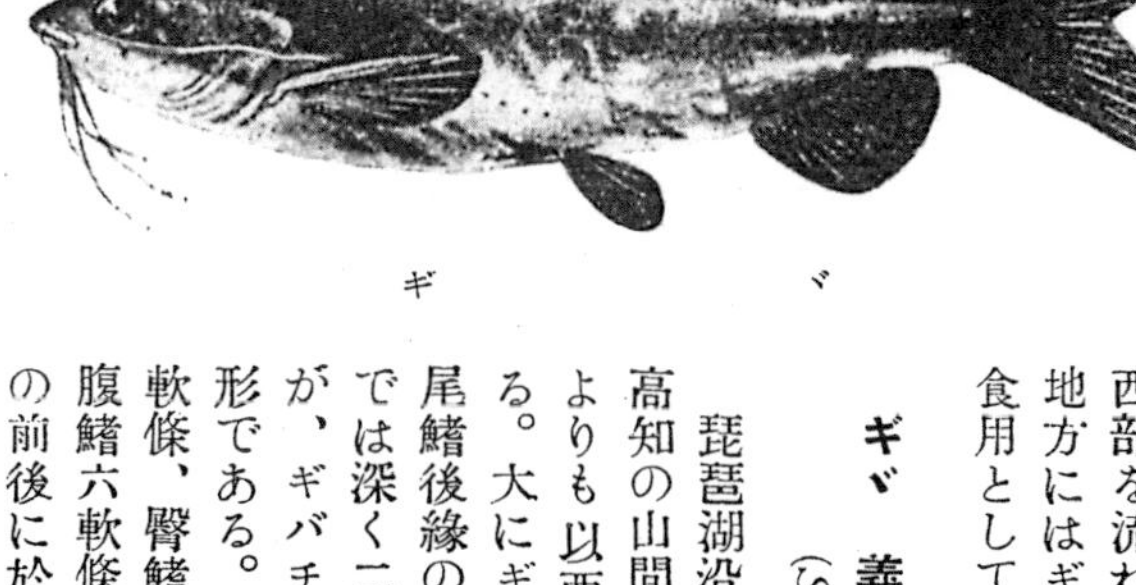

ギ　ヾ

アカザ　赤佐　Liobagrus reini *Hilgendorf*（**ナマズ科**）

岐阜縣郡上郡上保《カミノホ》村でアカザ、山口縣陶でアカ

ア　カ　ザ

ナマズ、琵琶湖でヒナマズ、滋賀縣神崎郡伊庭村でシチミョオジ、長野縣上田でサスリ、岐阜縣飛彈國高山や富山でアカザス、和歌山縣橋本町でアカギヾ、奈良縣五條でネコノマイ、兵庫縣氷上郡柏原《カイバラ》でアカネコ、高知縣北部の山間一帶でオコゼ、徳島縣脇町でオイシャハン、大分縣宇佐郡豐川村でアカジョオチンと云ふ。背鰭一棘六軟條、臀鰭十五軟條、腹鰭六軟條である。胸鰭や背鰭の棘でさゝれると、相當痛みを感ずる。オイシャハンの名稱は是から出るのであらう。體色赤味の強い褐色で、顔は稍や猫の顔に似てゐる。アカナマズ、ヒナマズ、アカネコなどは是から出るであらう。體長百五ミリメエトル（三寸五分）に達する。體は小く、暖い地方では川の上流に生活してゐる。其産地では多少食用にする處もあるらしい。

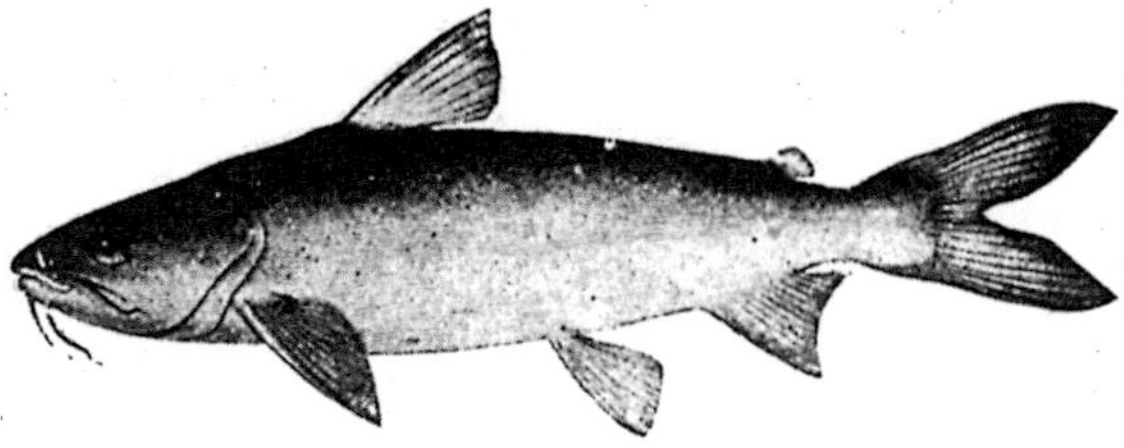

ハマギヾ

ハマギヾ　濱義々　Tachysurus maculatus (*Thunberg*)（**ナマズ科**）

我國のギヾ類は皆川魚であるが、本種は海産であつて、相當大きくなる。南日本の沿岸で稀に取れるだけである故、殆ど何處でも名稱が付いてゐない。こゝに私はハマギヾの名稱を付けることゝした。從來此魚が大阪魚市場や其他の市場へ稀に現れるが、今迄日本近海のものとは思はなかつた。然るに近頃山口縣萩中學校の田中市郎氏からの私報によつて、山口縣下の日本海沿岸で稀に取れることがわかつた。是は南支那から入り込むものと私は思つてゐる。體長は三百七十五ミリメエトル（一尺二寸五分）に達する。食用となることであらうが、味の程度は私にはわからない。

ヒレナマズ　鰭鯰　Clarias fuscus (*Lacépède*)（**ナマズ科**）

臺灣や支那の河に住むものである。臺灣に名稱があるかも知れないが、充分にわからないから、茲にヒレナマズと命名して置いた次第である。背鰭五十九乃至六十五軟條、臀鰭四十三乃至四十七軟條である。稍やナマズに似てゐるが、種々の點で是と違つてゐる。口邊の鬚は長く、八個を數へる。尾鰭は臀鰭と離れ、獨立に發達し、背鰭の軟條の數は頗る多い。體長百三十ミリメエトル（四寸二分）に達する。食用となるか明でない。

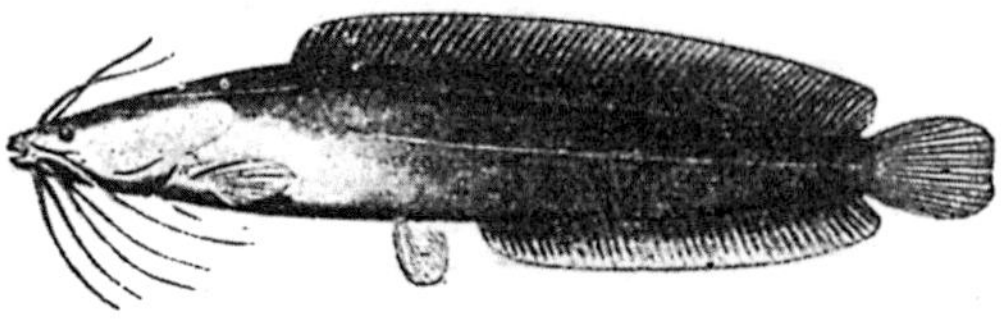

ヒレナマズ

ドジョオ　泥鰌　Misgurnus fossilis (*Linné*)（**ドジョオ科**）

一般にドジョオと云ふ。東京ではオドリコと云ひ、小形のものをヤナギバと云ふ。和歌山縣橋本町でジョジョ、高知ではジョオと云ふものもある。背鰭九軟條、臀鰭八軟條、一縱列の鱗數百五十個餘である。口邊の鬚は十個である。體長百六十五ミリメエトル（五寸五分）に達する。一般に從來は釣魚用の餌としたが、近頃東京や大阪でドジョオ鍋が流行する爲め、各地から是等の土地へ輸入するドジョオの數量は大きいものである。歐洲大陸に産するドジョオは亞細亞殊に日本に産するものとは著く斑紋に於て相違があるが、同一種のものであらう。英國や米國には産しないが、近頃觀賞用として我國から米國へ輸出することがある。

ホトケドジョオ　佛泥鰌　Lefua echigonia *Jordan & Richardson*（**ドジョオ科**）

ドジョオ

ホトケドジョオ

琵琶湖沿岸でホトケドジョオ、東京市に近い多摩川沿岸稲田登戸でオバメドジョオ、東京府西多摩郡多西村でオババアス、千葉縣でシミズドジョオ、栃木縣でスナサビ、舞鶴でヤマニラミ、山形でマグソドジョオと云ふ。背鰭七叉は八軟條・臀鰭八軟條、一縦列の鱗數九十個である。普通のドジョオより小くて、五十五ミリメエトル（一寸八分）に達する。稍や赤味を帯びた體色へ褐色の小點を密布してゐる。我國では本州では殆ど何れの地でも居る。四國では其北部には居るが、九州には或は居ないかと思ふ。是に近いエゾホトケは北海道だけに居るものである。

エゾホトケ　**蝦夷佛**　Lefua nikkonis (*Jordan & Fowler*)（**ドジョオ科**）

北海道の河に居るもので、本州には是が居なくて、ホトケドジョオが居る。本種を北海道で何と言つてゐるかわからないから、私が曾てエゾホトケと命名して置いた次第である。背鰭八軟條　臀鰭七軟條、一縦列の鱗數凡そ五十六個である。口邊の鬚はホトケドジョオと同様に八個である。大體ホトケドジョオと同様であるが、體側の中央を一個の褐色の縦線が通り、尾鰭基底に於て是が濃くなつて、黒褐色の點となつてゐる。ホトケドジョオよりも稍や細長い。是等兩種は殆ど食用に供せられないやうである。稍やドジョオに似てゐるが、是よりも小形である。

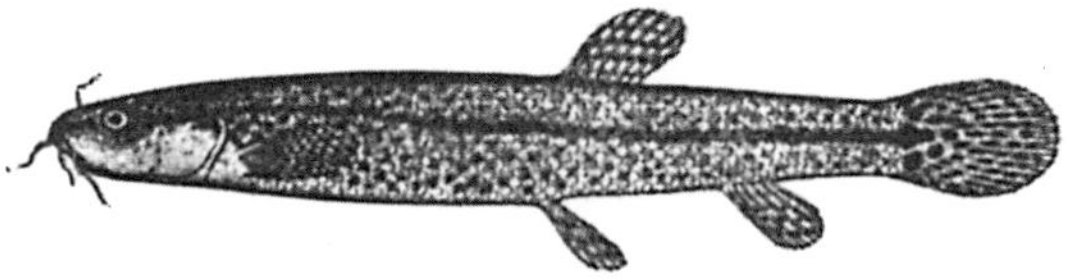

エゾホトケ

フクドジョオ　**福泥鰌**　Barbatula oreas (*Jordan & Fowler*)（**ドジョオ科**）

北海道に居るもので、樺太へも分布してゐるが、本州には居ない。北海道などの河に居るもので、其土地では單にドジョオと言ひ、內地のドジョオとは違つてゐると言つてゐる。實際ドジョオとは屬名も種名も違つたものである。普通のドジョオは北海道には殆ど居ないもので、たゞ其南部へ本州から不知不識の間に移入した形跡があるやうである。背鰭十軟條、臀鰭八軟條で、鱗は頗る小い。口邊の鬚は六個である。稍やドジョオに似てゐるが、口邊の鬚の數の相違でもわかるし、また、體にある斑紋の工合でも識別が出來る。本種では褐色の雲形斑紋を體側に充満してゐる。

フクドジョオ

シマドジョオ　**縞泥鰌**　Cobitis taenia *Linné*（**ドジョオ科**）

琵琶湖や大阪でシマドジョオ、埼玉縣川越でスナムグリ、神奈川縣都築郡でヤナギドジョオ、宇都宮市でスナハビ、栃木縣氏家でスナサビ、千葉縣佐倉、大分縣宇佐郡豐川村でゴマドジョオ、廣島縣加茂郡東志和でスナドジョオ、濱名湖でカンナメドジョオ、高知でサ、ジョオ、兵庫縣龍野、長野縣上田、奈良縣五條、和歌山縣橋本でカワドジョオ、岐阜でムギナ又はアジメと云ふ、背鰭八軟條・臀鰭七軟條で、鱗は頗る小い。口邊の鬚は六個である。岐阜縣郡上郡八幡《ハチマン》、同縣飛驒國高山などではアジメとムギナとを區別し、アジメは美味であるが、ムギナは不

シマドジョオ

味として殆ど食用に供しない。是等二型は體形や斑紋に相違があつて、互に別種のやうに見えるが、同一種内の異型である。棲息所を異にしてゐる爲に、魚自身の味にまで影響するものと見える。

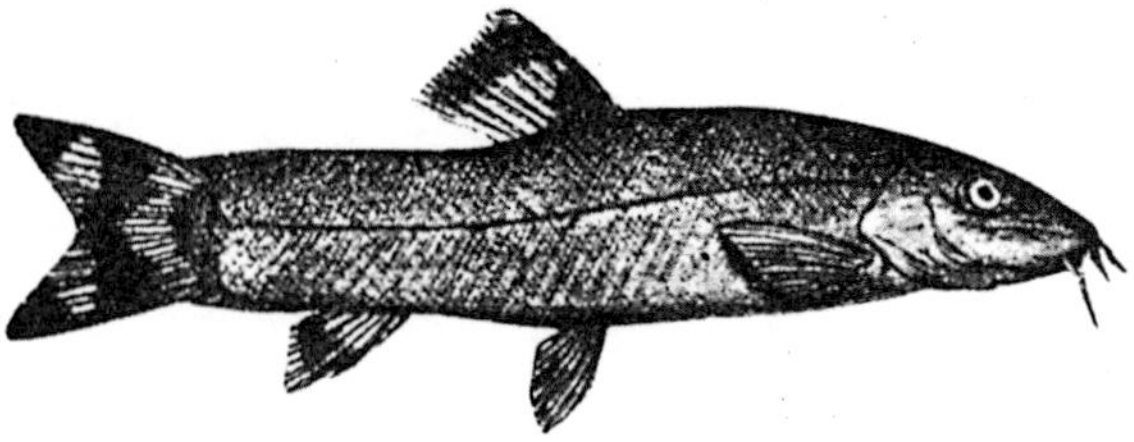
アユモドキ

アユモドキ　鮎擬　Hymenophysa curta (*Temminck & Schlegel*)（**ドジョオ科**）

琵琶湖沿岸、大阪などでアユモドキと云ふ。琵琶湖沿岸ではウミドジョオとも云ふ、背鰭十二軟條、臀鰭九軟條、腹鰭八軟條、一縱列の鱗數百三十個である。幼魚の時には鮮明な斑紋があるが、長ずるに從つて是等の斑紋は稍や不鮮明となる。口邊の鬚は六個である。此魚は分布區域狹く、琵琶湖、大阪、岡山縣などの河に居るが、其他の地方では殆ど見受けない。亞細亞州の所々に居ると思はれるけれども、本種と同一種が居るかは不明である。殆ど食用には供せられないやうである。左程大きくならないものであるが、體高高く、側扁した體を持つてゐる。

ゼニタナゴ　錢鱮　Pseudoperilampus typus *Bleeker*（**コイ科**）

東京ではゼニタナゴ、ベンテンタナゴ、オタフク、オカメタナゴ又はニガブナと云ひ、山形縣庄内ではビッチャタナゴと云ふ。體高著く高いのと、鱗の排列工合とが普通のタナゴ類と違ふ。加ふるに口邊に鬚の無いことも本種の特徴である。背鰭十三軟條、臀鰭十三軟條、腹鰭八軟條、一縱列の鱗數五十五個である。體色は灰色であるが、不明瞭な斑紋を交へてゐて、稍や汚く見える。北日本の河湖に多いもので、南方は馬入川の上流相模川附近まで居る。タナゴは食用に供するが、本種は左程食用にしない。苦味が多い爲であらう。

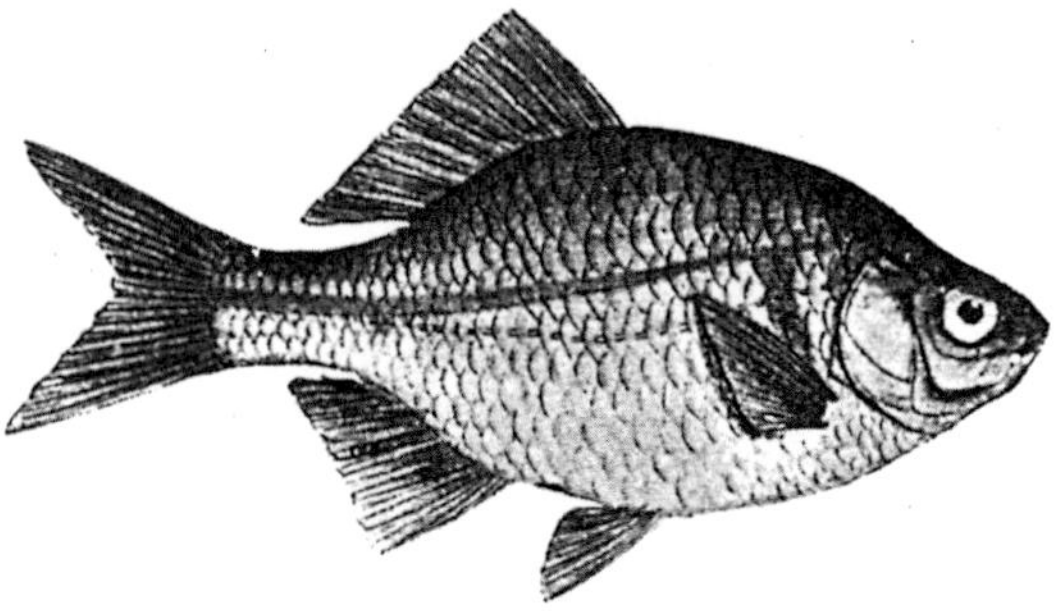
カネヒラ

カネヒラ　金平　Rhodeus rhombeus (*Temminck & Schlegel*)（**コイ科**）

琵琶湖沿岸でカネヒラ、彦根附近の松原ではタイジャコと云ふ。體高高く、稍やタイに似てゐる。背鰭十六軟條、臀鰭十三軟條、腹鰭八軟條、一縱列の鱗數三十七個である。タナゴ類の内では大きくなる方で、稍や美味である。琵琶湖には多少存在する。他地方にも是に類似のものがあるが、形が稍や違つてゐる。是れの成長したものは頭の後方、頂部に於て背外廓が急に曲がつてゐるが、幼魚にも同一の特徴を現してゐるか不明である。何となれば本種と同一形の幼魚を見られない爲である。要するにタナゴの一異型で、別種ではないのであらう。

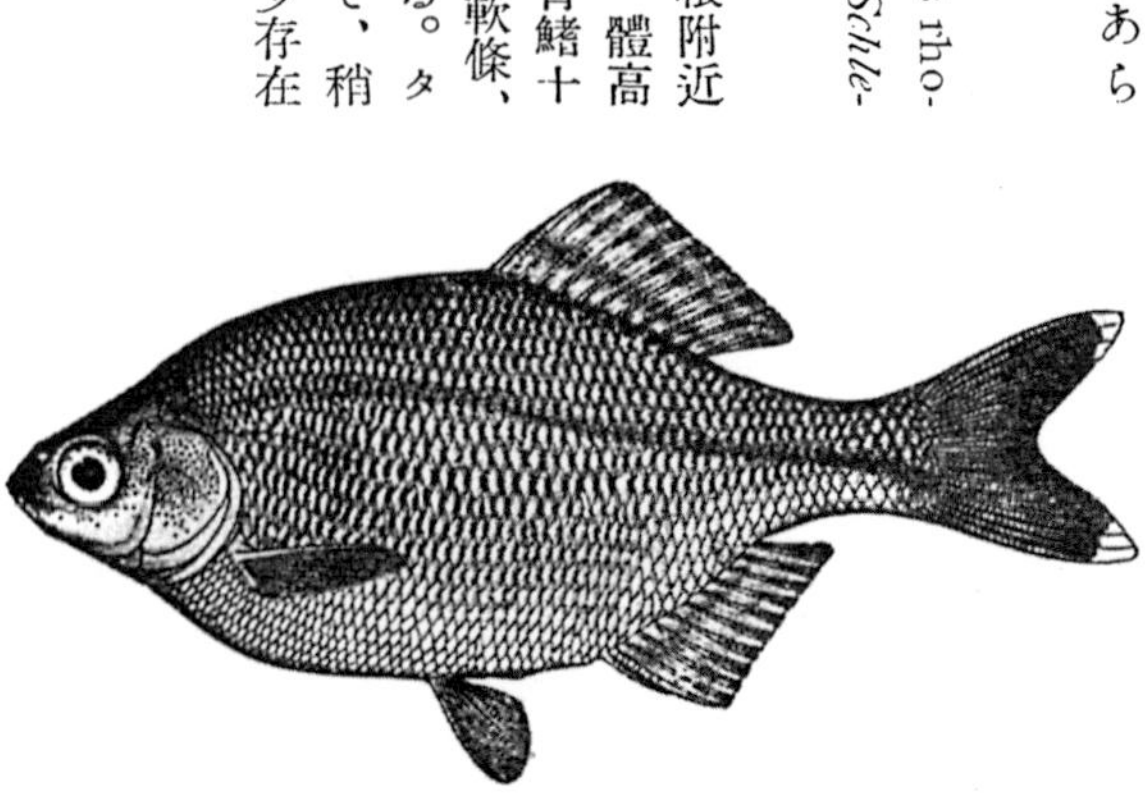
ゼニタナゴ

イタセンパラ　板仙腹　Rhodeus longipinnis (*Regan*)（**コイ科**）

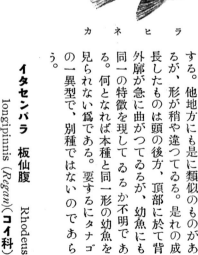

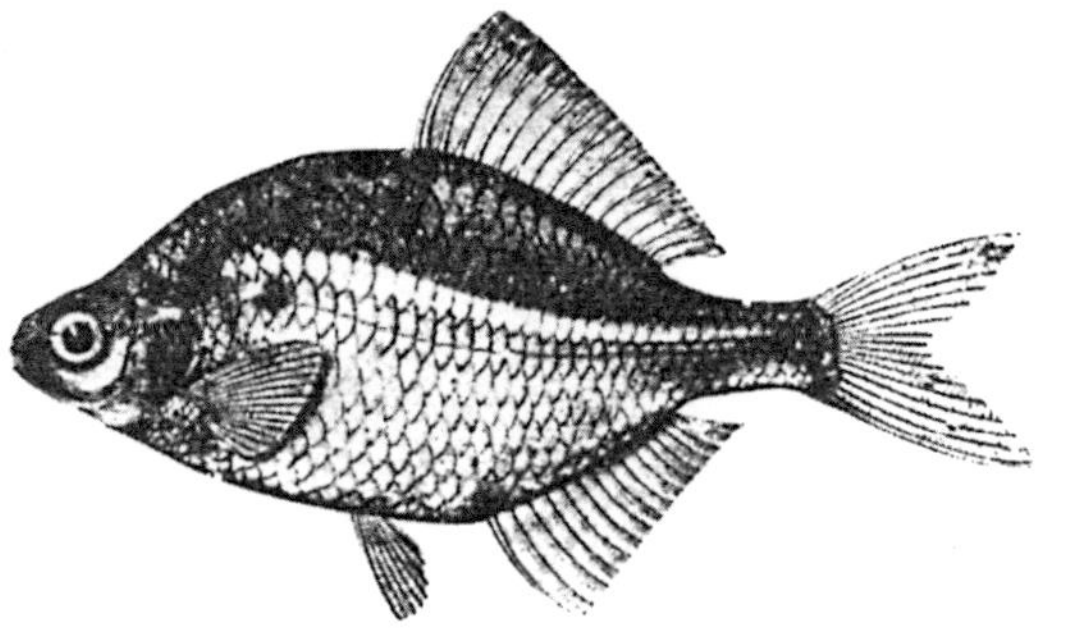

イタセンパラ

岐阜でセンパ又はイタセンパラと云ふ。背鰭十七軟條、臀鰭十六軟條腹鰭八軟條、一縱列の鱗數三十六個である。體高の高いのが稍やゼニタナゴに似てゐるが、その他の點はタナゴに似てゐる。鬚が殆ど無いのと、眼の大きいのと、體側の前部に大抵一個の青黑色の點のあるのとを特徴とする。岐阜や大垣に多いが、琵琶湖、富士川附近、その他諸所から僅少ながら取られる。是は普通のタナゴの一異型には相違ないが、餘程特徴を持つたものである。朝鮮や支那からも類似の型のものを産するが、頗る大形に成長する。

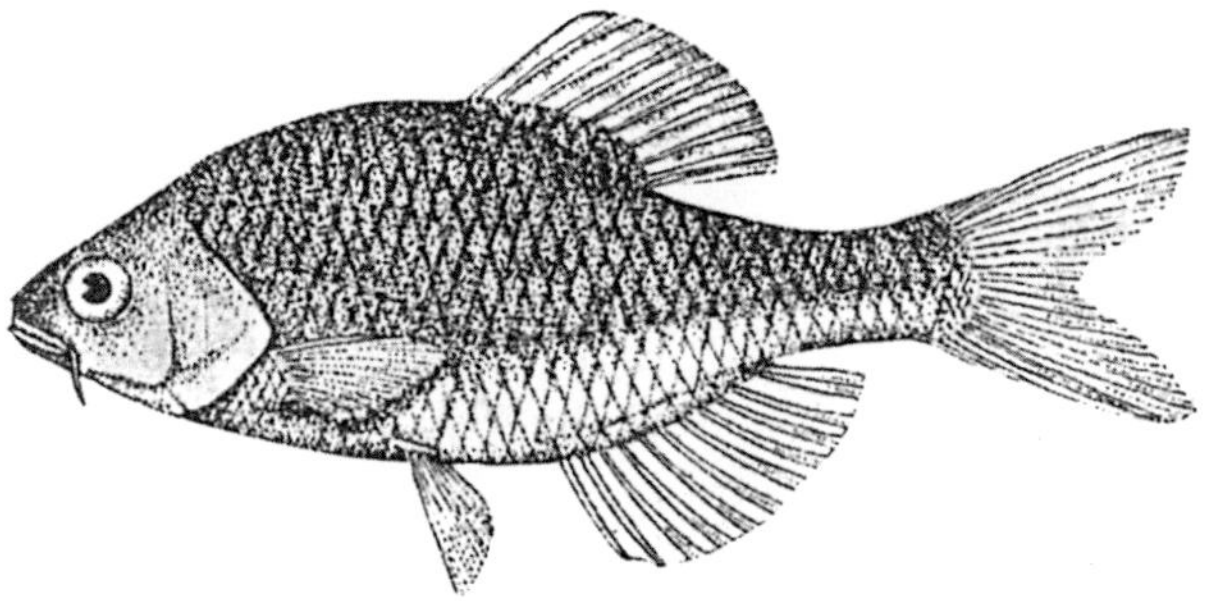

アブラボテ

アブラボテ　**油帆手**　Rhodeus limbatus (*Temminck & Schlegel*)（**コイ科**）

琵琶湖沿岸でアブラボテと云ふ。背鰭十一軟條、臀鰭十二軟條、一縱列の鱗數三十二乃至三十五個である。體高稍や高く、鱗も稍や大きい。特に斑紋は無い。是は他のタナゴに交ざつて所々から現れる。餘り大きいのを見たことは無い。是はタナゴと同一種で、一異型と思はれる。

クルメタナゴ　**久留米鱮**　Rhodeus kurumeus *Jordan & Thompson*（**コイ科**）

種名を直譯して嘗て私がクルメタナゴと命名したものである。本種は主として久留米、福岡縣柳河など筑後川又は其支流に生活するもので、左程大きくはならない。背鰭十二又は十三軟條、臀鰭十二又は十三軟條一縱列の鱗數三十二乃至三十五個である。本種は側線を缺いでゐるを特徴とするが、是は種別にも屬別ともならないもので、フナなどでも側線の不完全なものは往々ある。また本種は鬚が無いが、是れの有無も其長短の相違も種別の標準とならないことはモロコに於てよく見られることである。體長五十三ミリメエトル（一寸八分）に達する。タナゴの一異型と見た方が穩當であらう。

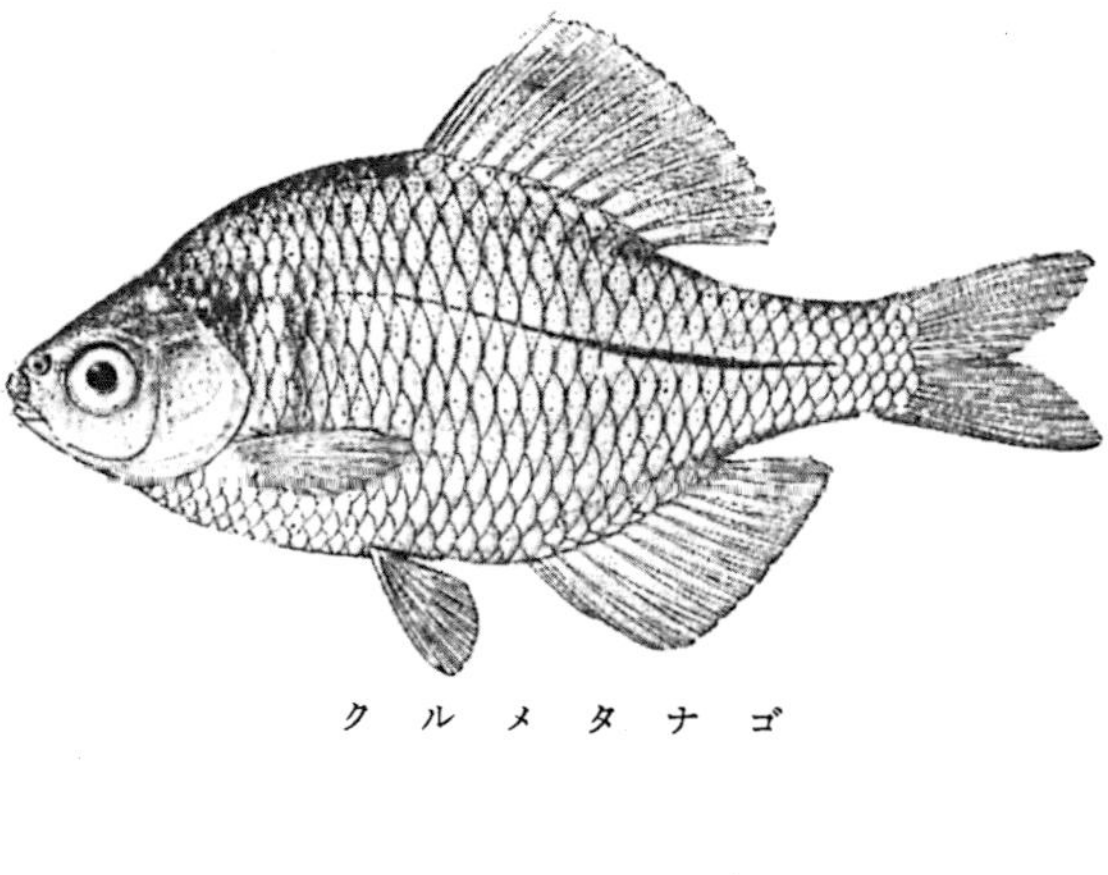

クルメタナゴ

タナゴ　**鱮**　Rhodeus tabira (*Jordan & Thompson*)（**コイ科**）

本種とヤリタナゴとは同一河川に出ることもあり、その何れか一種だけを主として產する河川もある。從つて是等兩種にそれぞれ特別の名稱が付いてゐることも無く、多くの人は同一種として取扱つてゐる。東京でタナゴ、琵琶湖沿岸でボテ、諸地方殊に九州でニガフナと云ふ。背鰭十三軟條、臀鰭十三軟條、腹鰭八軟條、一縱列の鱗數は三十六個である。

口邊の鬚は稍や短い。體色は青味がゝつた淡褐色で、體側、殊に前部を除いた部分に縱に一個の濃綠色の線がある。更に鰓孔の上方に同色の一點がある。食料として稍や美味で、東京では是を嗜み、冬を美味の時期とし、タナゴの雀燒は東京氣分の一端を現したものである。また東京ではタナゴ釣りは頗る流行し、遊漁者の熱心に索むるものである。斯樣な場合は常に本種もヤリタナゴも同樣に取扱はれてゐる。

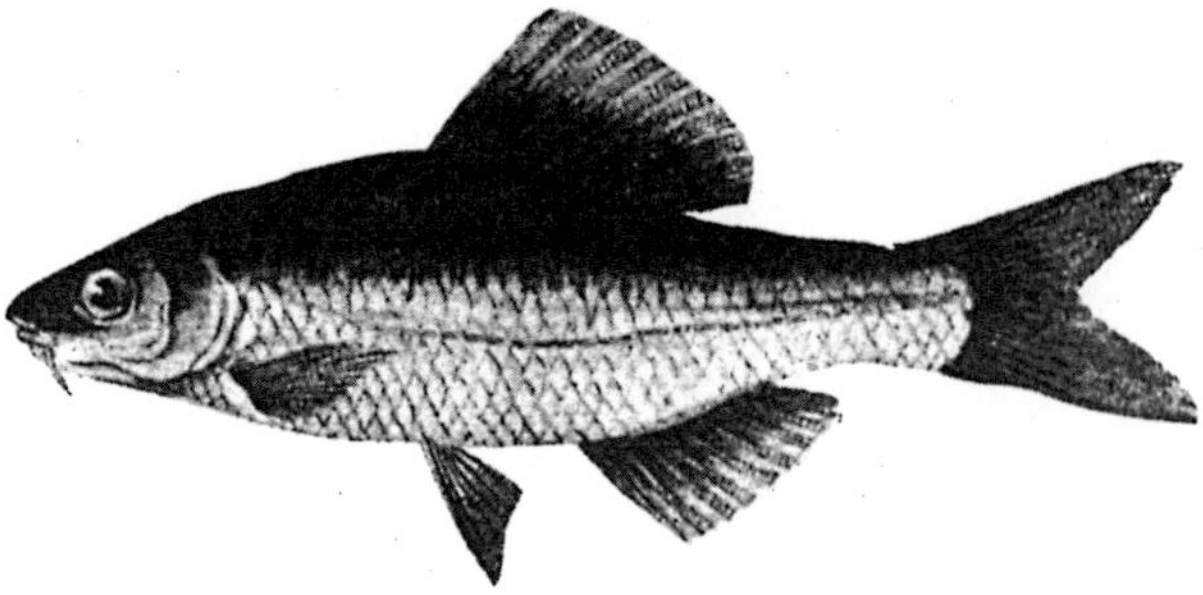

ヤリタナゴ

タナゴ

ヤリタナゴ　**鎗鱮**　Rhodeus intermedius (*Temminck & Schlegel*)（**コイ科**）

ヤリタナゴとは嘗て私の命名したものである。背鰭十二軟條、臀鰭十二軟條、腹鰭八軟條、一縱列の鱗數三十八個である。タナゴに似てゐるが、是と違ふ點は體側に黑點も縱線もなく、口邊の鬚はタナゴに於けるよりも稍や長い。また體高はタナゴに於けるよりも低い爲に細長く見える。殆ど何れの河川にも居るもので、餘り大きくは成長しない。雌の產卵器は頗る長く、是をカラスガイの鰓へさし込んでこゝへ產卵し、その代りにカラスガイの卵を背負ふて游泳する。此の產卵の習性はタナゴ類凡てに通有の性質であらう。

イチモンジタナゴ　**一文子鱮**　Rhodeus cyanostigma (*Jordan & Fowler*)（**コイ科**）

是も特別の名稱は無く、他のタナゴ類と同樣に取扱はれてゐる。體側を走つてゐる一文字の縱線は嘗て私のイチモンジタナゴと命名した理由となるのである。諸地方に居るが、殊に琵琶湖沿岸、大垣等に多いもので、他のタナゴ類（例へばタナゴ、ヤリタナゴなど）と交ざつて生活してゐる。是に近いものが臺灣にも居る。凡そタナゴ類は數種に分けられるが、實際は同一種內の異型と見る方がいゝので、斯樣な研究には頗るいゝ材料である。背鰭十一軟條、臀鰭十一軟條、腹鰭八軟條、一縱列の鱗數三十九個である。

モロコ　**諸子**　Gnathopogon elongatus (*Temminck & Sehlegel*)（**コイ科**）

琵琶湖、其他諸所でモロコと云ふ。背鰭十軟條、臀鰭九軟條、腹鰭八軟條、一縱列の鱗數四十個である。口邊に稍や長い鬚があるが、往々にして是れの頗る短い爲に鬚なしとして別屬別種とせられ、Otakia rasborina *Jordan & Snyder* とせられたものがある。個體變化は京都大學附屬の滋賀縣大津臨湖實驗所で宮地傳三郎教授が發見したものである。此異型は琵琶湖では頗る

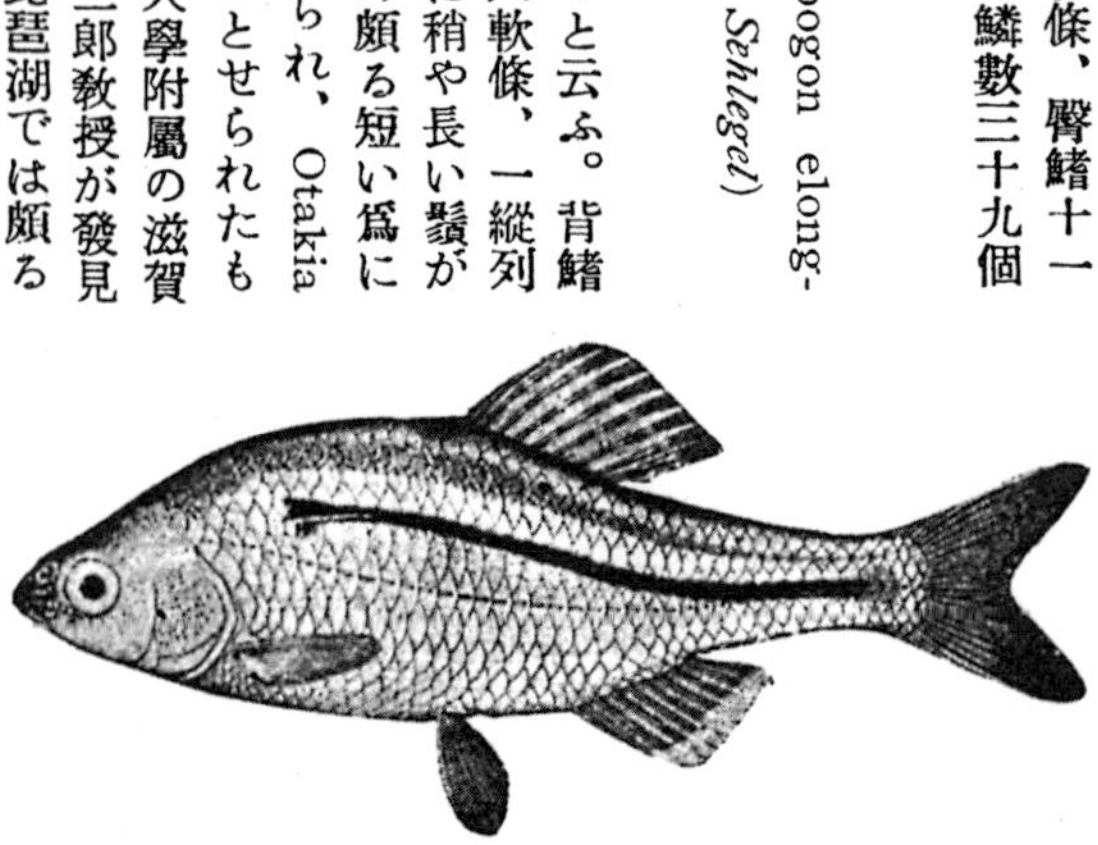

イチモンジタナゴ

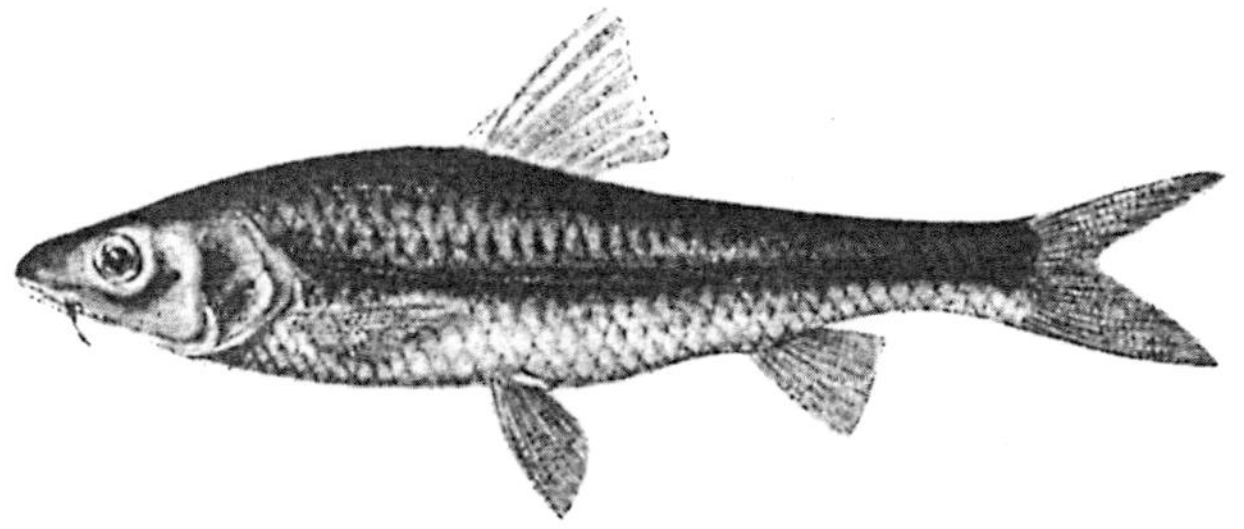

モロコ

稀で、原記載も琵琶湖産のものである。凡そ類似のもので標品の少いものは往々同一種内の異型と見る方が穩當な場合がある。琵琶湖にはホンモロコ、タモロコ、スゴモロコ、ヤナギモロコ（此地方のイシモロコはモツゴのことでモロコ類では無い）の品種を區別し、味もそれ〴〵違つてゐて、ホンモロコを最も美味とする。またジョオダン及びハブス Jordan & Hubbs は我が國産だけで六種を識別してゐるが、恐らく同一種内の異型に過ぎないであらう。モロコは我國の諸所に住んでゐるが、琵琶湖沿岸ほど此魚を賞味する處はないやうである。昭和六年度の滋賀縣の調査によると、モロコは二萬二千九十一貫、價格五萬七千五百六十二圓に達してゐる。主な漁獲期は十月から翌年の六月までゞ、料理としては照燒、味噌燒、佃煮、モロコ鮨などが有名である。

ニゴイ　**似鯉**　Hemibarbus barbus (*Temminck & Schlegel*)（**コイ科**）

琵琶湖沿岸でニゴイ又はミゴイ、彦根でマジカ、東京でサイ又はセエタッポ、長野縣でアラメアイ、大阪でキツネゴイ、奈良縣五條でヒバチゴイ又はヘバチゴイ、新潟縣でマジカ又はミゴと云ふ。背鰭十軟條、臀鰭九軟條、腹鰭九軟條、一縱列の鱗數四十九個である。口邊に一對の鬚がくにの背鰭最前の一軟條は頗る肥厚して、棘狀となつてゐることは我が内地のコイ科では他種に於て見られない特徴である（アジヤ大陸や臺灣には斯様な特徴を持つたものが他の種類にもある）。幼時には體側に褐色の小斑點を僅數ながら散在してゐるが、成長したものでは斯様な斑點を殆ど全く消失する。主に川に住んでゐるが、河口へも降るものである。形が稍やコイに似てゐる爲に、ニゴイの名稱が出たのである。肉が多少コイの肉に似てゐるからミゴイの名稱が出たであらうと云はれるが、コイの肉に較べては著く不味である。

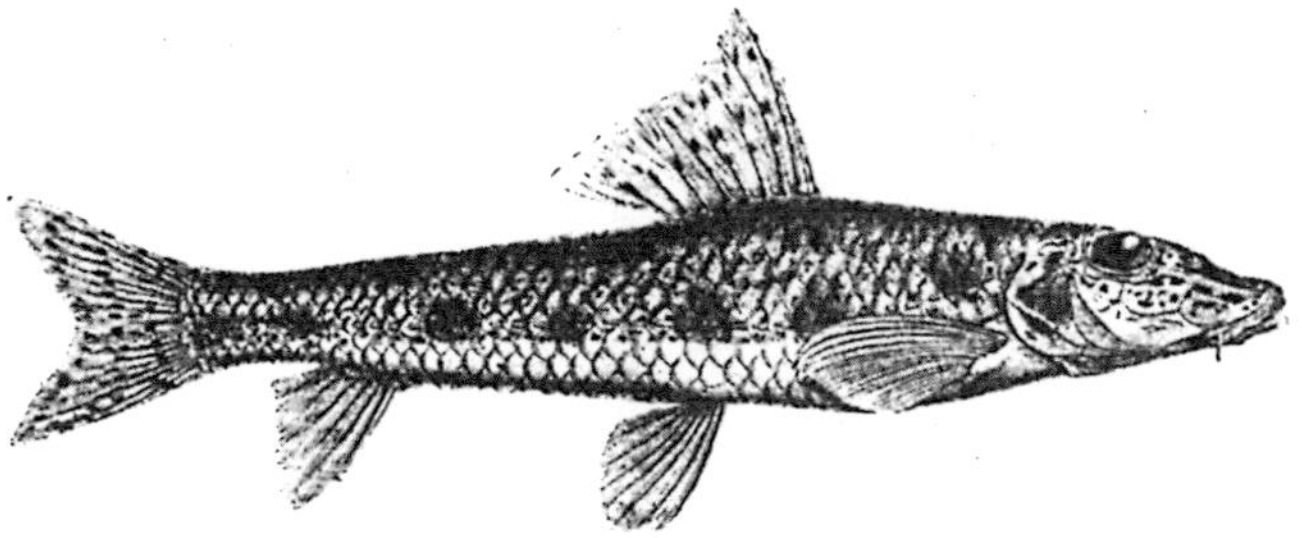

カマツカ

カマツカ　**鎌柄**　Pseudogodio esocinus (*Temminck & Schlegel*)（**コイ科**）

琵琶湖沿岸でカマツカ、大分縣宇佐郡豐川村でカマスカ、高知縣本山町吉野川沿岸でアサガラ、東京府西多摩郡多西村でオコトオ、大阪でカワキス、埼玉縣川越や長野縣大町でキス、兵庫縣揖保川、同縣豐岡でスナセ、リ、岐阜でスナクジリ、大阪府河内郡長野町でスナクライ、長野縣松本でスナムグリ、廣島縣忠海でスナホリ、徳島縣脇町でエッシュウ、和歌山縣橋本でジネホオ、新潟縣寺泊でダンギリボ、栃木縣氏家でバカゾオ、奈良縣五條でネホと云ふ。背鰭十九軟條、臀鰭九軟條、腹鰭八軟條、一縱列の鱗數四十二個である。口邊には一對の鬚がある

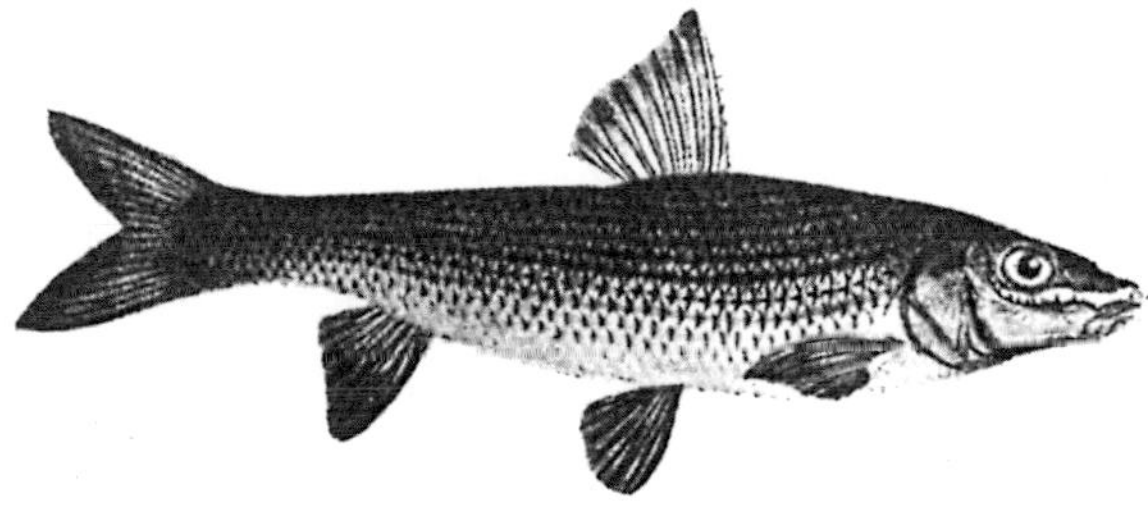

ニゴイ

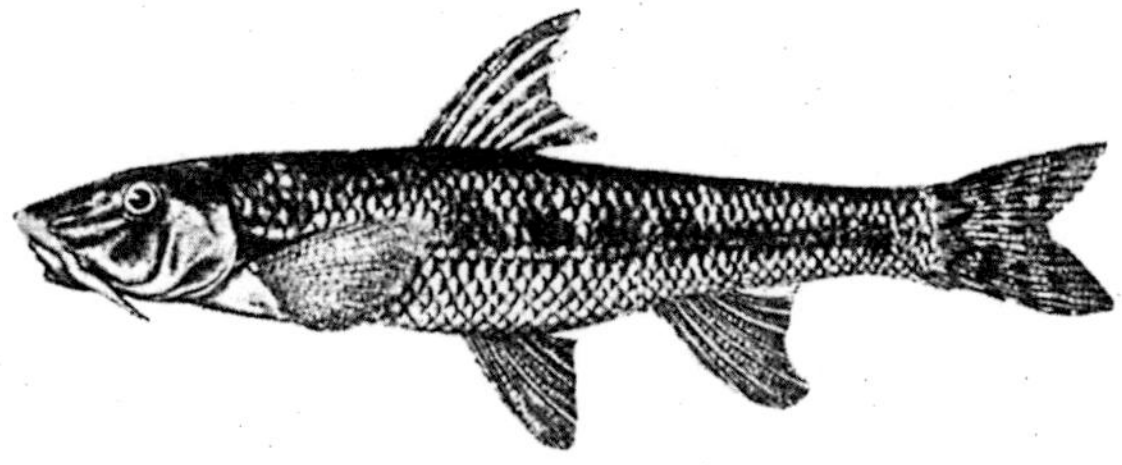
セイヨオカマツカ

し、口唇は肉質突起を以て充滿してゐる。體色は稍や黃味を帶びた灰色で、大小多數の褐色斑を散在してゐる。美味の川魚である。

セイヨオカマツカ　西洋鎌柄　Gobio gobio (*Linné*)（**コイ科**）

背鰭九軟條、臀鰭八軟條、腹鰭八軟條、一縱列の鱗數四十一個である。一對の長い鬚が口邊にある。此魚は歐洲、亞細亞洲に分布してゐるが、我が國には住んでゐない川魚である。朝鮮でも豆滿江や鴨綠江に居る。その外、南滿洲の遼河、黑龍江にも居る。歐洲の外國書にあるもの故、曾て私はセイヨオカマツカと命名して置いた。食用としての價値は私にはわからないが、相當多く生活してゐるものである。

ウキカモ　浮鴨　Belligobio eristigma *Jordan & Hubbs*（**コイ科**）

岡山縣でウキカモ、奈良縣五條でウキネホ、同縣下市でソオリと云ふ。奈良縣五條高等女學校の今西岩太郎氏によると、吉野川では隨分多く、上流の方に多い。ウキネホと云ふが、浮くことは無く、常に砂礫殊に木の葉の沈んでゐるやうな砂地に付いて沈んでゐる。味はカマツカに劣るやうである。背鰭九軟條、臀鰭八軟條、

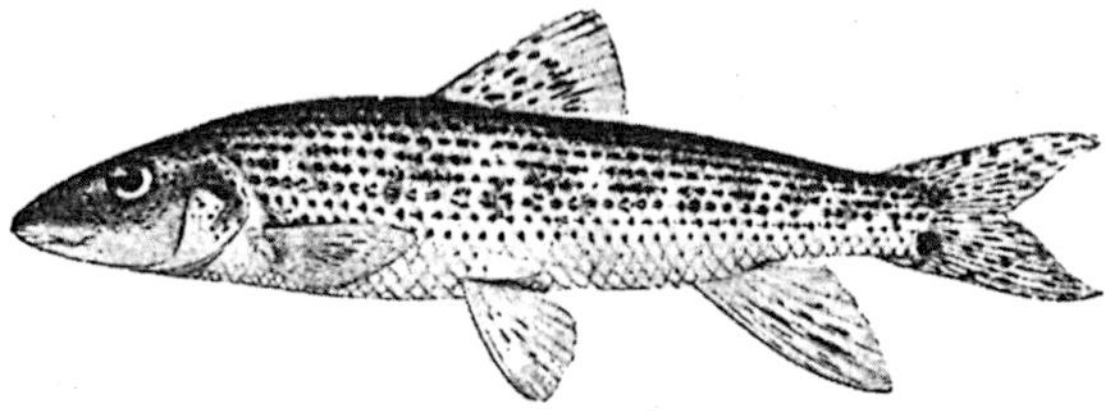
ウキカモ

一縱列の鱗數四十個である。體形稍やニゴイに似てゐて、口邊に一對の鬚がある。體側には褐色の斑點を密布してゐて、此特徴は稍やカマツカに似てゐる。此魚は岡山縣、奈良縣吉野川などに居るが、分布は極めて狹い。然し是に類似のものが亞細亞大陸に居て、是と恐らく同一種であらうと私は思つてゐる。

カワバタモロコ　川端諸子　Hemigrammocypris rasborella *Fowler*（**コイ科**）

曾て私が故川端重五郎氏（前の滋賀縣水產試驗場長）の姓を取つて命名したものである。背鰭八軟條、臀鰭十軟條、腹鰭七軟條、一縱列の鱗數三十一個である。臀鰭と腹鰭との間の腹中線は鋭い隆起線を持ち、是よりも前方の腹中線は緩に圓味を持つてゐる。口邊に鬚は無く、體側中央を縱走してゐる褐色帶がある。體長は短く、六十ミリメエトル（二寸）に達する。稍やタナゴに似てゐる爲め、往々是と誤認せられることがある。分布は狹く、琵琶湖、三重縣津、豐橋などから知られてゐる。小いもので、殆ど食用とはならないであらう。

カワバタモロコ

ヒガイ　鰉　Sarcocheilichthys variegatus (*Temminck & Sehlegel*)（**コイ科**）

琵琶湖沿岸でヒガイ、岐阜でサクラバエ又はメアカ、岡山縣津山でホヤル又はヤナギバイ、豐橋でアカメ又はムギハエ、兵庫縣氷上《ヒガミ》郡柏原《カイバラ》でアブラバエと云ふ。背鰭十一軟條、臀鰭九軟條、腹鰭八軟條、一縱列の

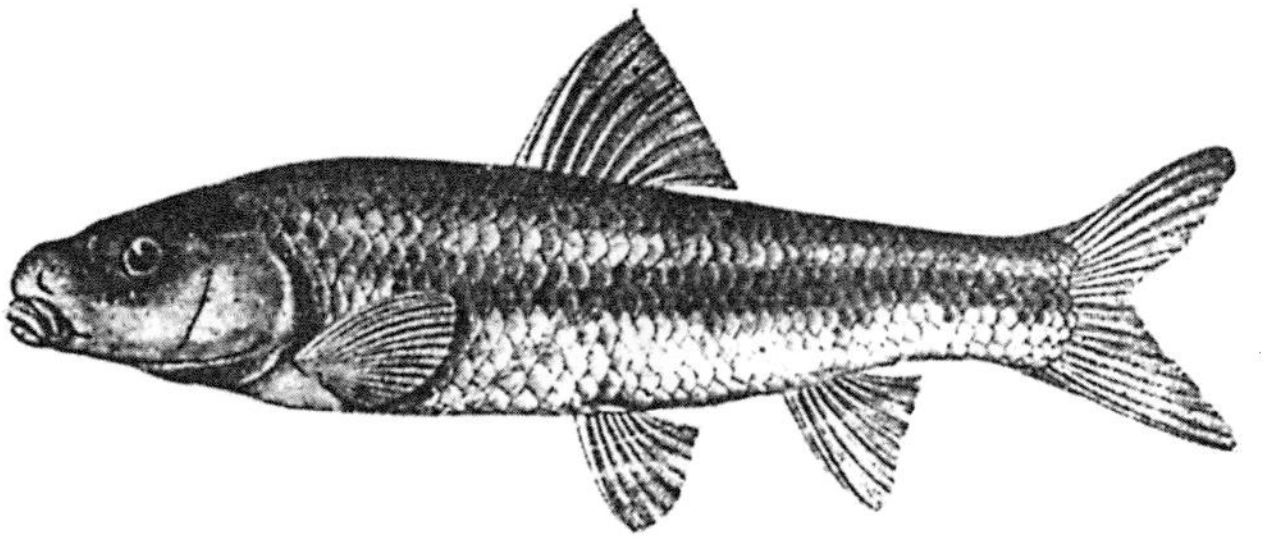

ヒガイ

鱗數四十二個である。口邊の形は本種の特徴を示してゐる。琵琶湖ではトオマル(頭丸)、ツラナガ(頭長)、アブラヒガイの三型を區別し、トオマルを最も美味とする。本種の分布は割合に狹く、山陽道では岡山附近から、東方では愛知縣豐橋まで分布し、信濃川にも從來とても多少居た形跡がある。また大分縣日田を流れる川(筑後川上流)にも居る。然るに近頃は諸所へ移殖し、石川縣今江潟、茨城縣土浦、諏訪湖、是より流出する種々の川、其他にも繁殖してゐる。此魚は産卵器長く、カラスガイの鰓へ産卵する。岐阜や琵琶湖沿岸で大に賞味し、昭和六年度に滋賀縣では其漁獲高四千百四十六貫、價格二萬八千三百二十七圓に達してゐた。此縣で主な漁獲期は三月から五月まで、また九月から十一月までゞある。照燒が最も美味であるが、生きたものをすぐ料理する必要がある。死ぬると俄に味を落とす爲である。此點に於てはモロコには斯様な憂は無く、何時でも食べていゝから重寶である。

スナモロコ　砂諸子　Abbottina psegma *Jordan & Fowler*（**コイ科**）

大阪でスナモロコ、岡山縣後月郡芳井村でウキゴと云ふ。背鰭十軟條臀鰭十軟條、腹鰭八軟條、一縦列の鱗數三十八個である。頭の形や體の斑紋などは稍やカマツカに似てゐるが、背鰭の形は本種の特徴を示してゐる。口邊に一對の鬚がある。此魚は分布が稍や面白くて、諸地方から出るが、何れの川にも居ると云ふ譯では無い。また琵琶湖には殆ど居ないと思はれるが、此附近の川には相當に多いやうである。支那にも居るものである。食用としての價値は頗る少いであらう。

ムギツク　麥突　Pungtungia hilgendorfi (*Ishikawa*)（**コイ科**）

岡山縣津山でムギツク、琵琶湖沿岸でアブラメ、大分縣宇佐郡豐川村でフエフキ、奈良縣五條でトグチ、丹波國でクチボソと云ふ。口の恰好が恰も笛を吹いてゐる場合のやうであると云ふ處からフエフキの名稱が出たであらう。クチボソの名稱もよく口の形を現してゐる。背鰭十軟條、臀鰭九軟條腹鰭八軟條、一縦列の鱗數四十二個である。口邊に一對の鬚がある。體側中央を縦走する幅の廣い褐色の一帶は吻の前端から初まつて、尾鰭中部軟條に達してゐる。奈良縣五條高等女學校の今西岩太郎氏によると、岩石の洞窟に棲み、稍や美味である。

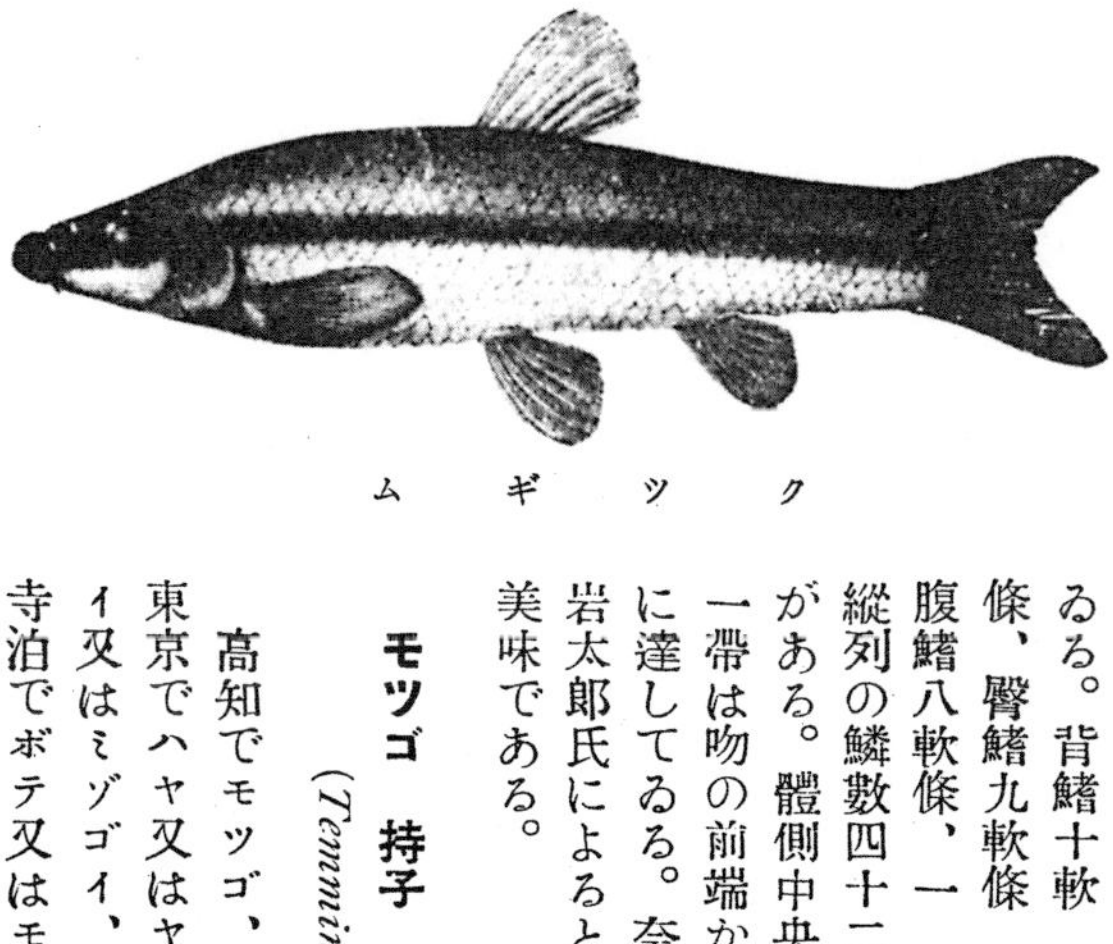

ムギツク

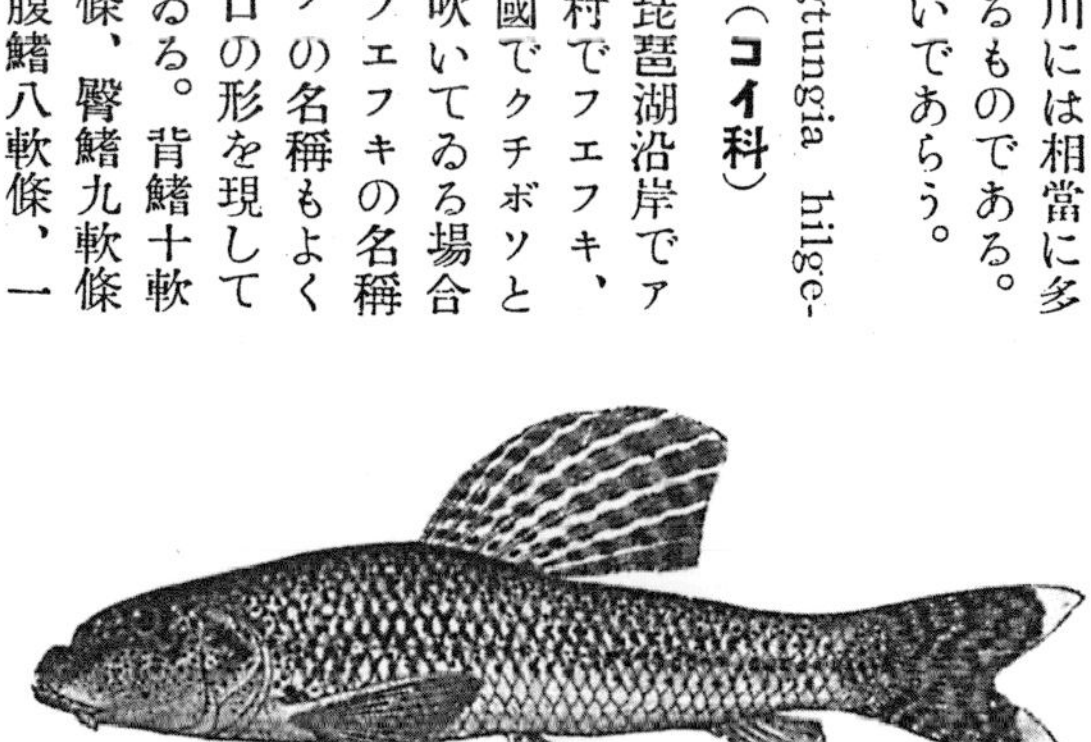

スナモロコ

モツゴ　持子　Pseudorasbora parva (*Temminck & Schlegel*)（**コイ科**）

高知でモツゴ、琵琶湖沿岸でイシモロコ、東京でハヤ又はヤキ、奈良縣五條でヤナギバイ又はミゾゴイ、岐阜でウシモロコ、新潟縣寺泊でボテ又はモロコ、水戸でヤナギザコ、

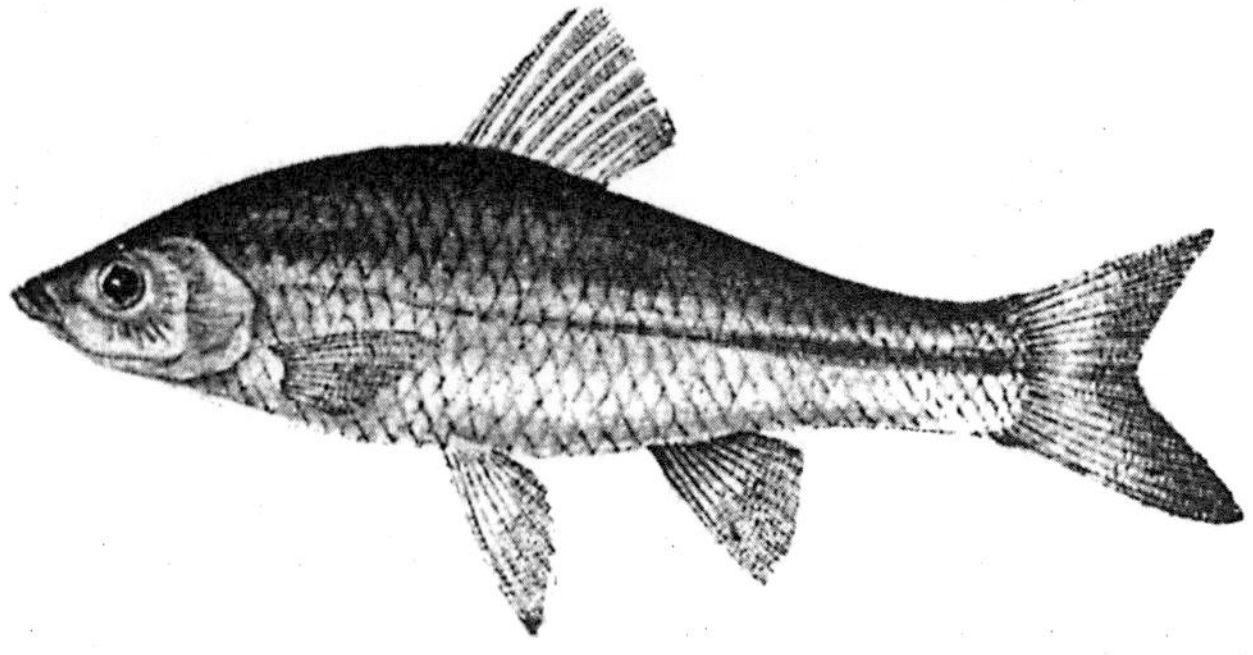

モ　ツ　ゴ

新潟縣新發田でセグロと云ふ。背鰭十軟條、臀鰭八軟條、腹鰭八軟條、一縱列の鱗數三十八個である。口は上方に向つてゐて、口邊に鬚は無い。體側を縱走してゐる褐色の一帶は明なこともあり、稍や不明瞭のこともある。散在してゐる褐色の點も頗る多いこともあり、また極めて少いこともある。是等はその住む場所と水の清澄度とに關係するらしい。小い魚で、體長七十五ミリメエトル(二寸五分)に達する。各地でヤキと稱するが、それは燒いて鷄其他飼鳥の餌とする爲である。從つて是を食用とすることは稀であるが、琵琶湖沿岸では人々が食べてゐる。

ウグイ　鯎　*Leuciscus hakonensis* Günther (**コイ科**)

琵琶湖沿岸、東京などでウグイ、多摩川の河口附近に居るものをマルタ、多摩川の中流以上に居るものをハヤ又はホンバヤ、中國、四國、九州などでイダ、京都府丹後國加佐郡東雲村でユダ、兵庫縣城崎でイス、弘前でオヽガイ、石川縣今江潟でオゴイ、千葉縣流山、栃木縣藤原村、日光、弘前などでアカハラ、長野縣松本、同縣伊那でアカウオ、日光でアイソ、群馬縣佐波郡島村でクキと云ふ。栃木縣の諸所では此魚に限つてザコと云ふことがある。背鰭十軟條、臀鰭十軟條、腹鰭八軟條、一縱列の鱗數七十四個である。邦産のウグイを二種又は三種に分つ人もあるが、個體變化や地理學的變化が多少ある爲めの誤であらうから、一種と見た方がいゝやうである。東京附近を流れてゐる多摩川では河口を五月頃産卵の爲め溯河するものをマルタ、稍や川の上流に居て、マルタよりも小形で、年中海に降らないで産卵するものをウグイ又はハヤ（モツゴやオイカワをハヤと云ふ爲め、本種を特にホンバヤといふこともある）と言つて互に別種と主張する人が學者にもあり、特に遊漁者に多いが、是等は同一種であつて、多少習性を異にしてゐる異型と見たのがいゝ。コイに次いで川魚としては重寶なもので、是れ一つは相當大きく成長する爲である。體長は三百ミリメエトル（一尺）を超える。滋賀縣で昭和六年度の漁獲高は五千七百八十八貫、價格一萬九百八十三圓で、同縣の主な漁獲期は十二月から翌年の六月である。鹽燒、照燒、煮物などにするが、貯藏するには豫め白燒とする。

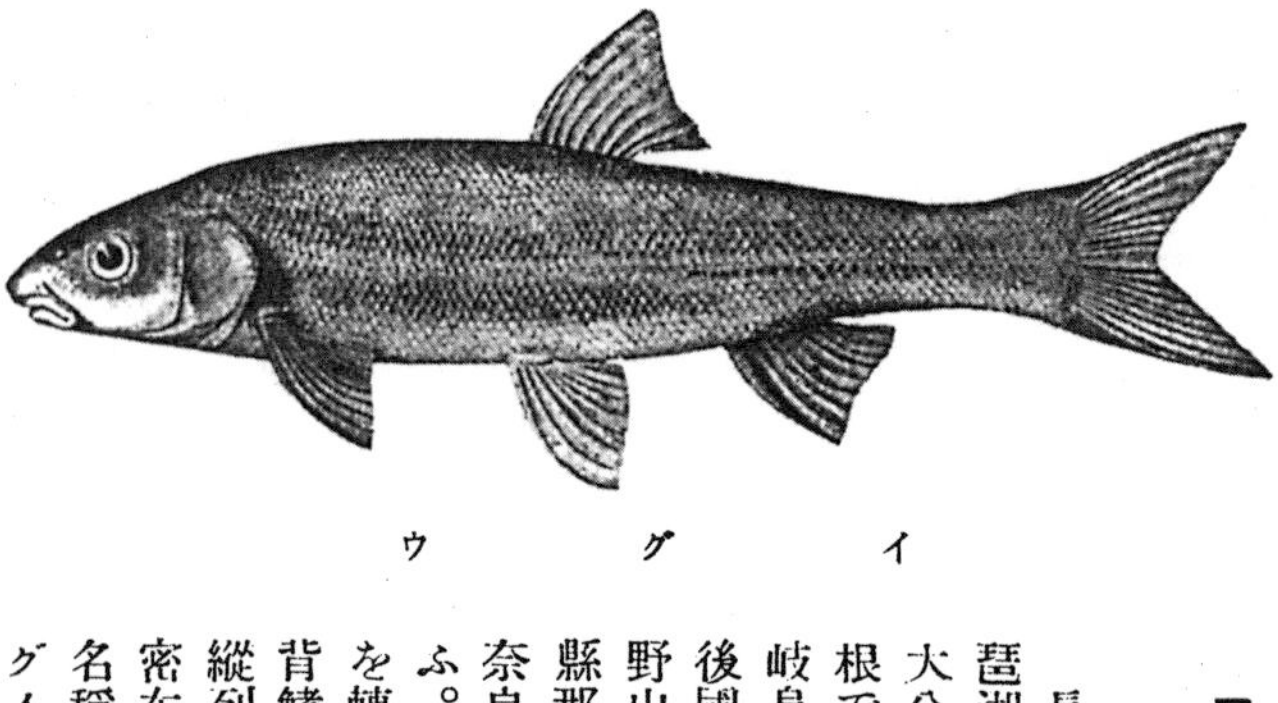

ウ　グ　イ

アブラハヤ　油鮠　*Phoxinus steindachneri* Sauvage（**コイ科**）

長崎縣東彼杵郡竹松村でアブラハエ、琵琶湖沿岸でアブラムツ又はアブラモロコ、大分縣竹田でアブラメ、山形縣南置賜郡關根でアブラバイ、岡山縣津山でドロバエ、岐阜縣郡上郡上保村でクソバエ、京都府丹後國加佐郡高野村でヤマモト、和歌山縣高野山で大師燒串の魚又はノメジャコ、栃木縣那須郡大内村でニガザコ又はニガンベ、奈良縣五條でタニバエ又はクロバエと云ふ。アブラハヤとはアブラハエと云ふ方言を轉訛して嘗て私の命名したものである。背鰭十軟條、臀鰭十軟條、腹鰭九軟條、一縱列の鱗數六十八個である。褐色の斑點を密布して、稍や汚く見える爲めクソバエの名稱も出るが、斑點の少いものでは往々ウグイと誤られることもある。ウグイより

アブラハヤ

も上流に住む爲め、稍や冷水を好むものであらう。味もウグイに劣る。宇井縫藏氏の紀州魚譜によると、「餘り古くよりの傳說では無いやうであるが、高野山の奥の院御廟の前を流れる玉川に棲んでゐる魚は昔弘法大師が串にさゝれて將に燒かれんとした魚を助けて放つたもので、此の川に住んでゐる魚に限り、背中に魚串の痕が殘つてゐると言ひ、是が高野山の一名物になつてゐる。その魚串の痕があるといふ魚は卽ちアブラハヤであつて、生時水中を泳いでゐる時、背鰭が淡黃色の斑點に見え、それが丁度魚串の痕のやうに見えるのである。然し土地によつてはカワムツを弘法大師の助けて逃がした魚と言つてゐるが、此魚の背鰭も亦水中で淡黃色の斑點に見える」。

オイカワ

オイカワ　追河　*Zacco platypus*(*Temminck & Schlegel*)（**コイ科**）

琵琶湖沿岸では幼魚又は雌をハエ、ハイ又はシラハエ、殊に生殖期の雄をオイカワ、東京ではハヤ又はヤマベ（東北地方のヤマベはヤマメのことである）、群馬縣佐波郡島村でアカバラ又はアカンバラ、兵庫縣丹波國竹野島で雌をハヤ、雄をロッカン、德島縣脇町でゴォジバイ、熊本縣北小國村で、雌をハヤ、ハイ又はシラハエ、雄をヤマソバエ又はアサゼ、廣島縣加茂郡東志和でセバエ、雄を特にアカモチ、大阪でハス（吾々の稱するハスを大阪ではケタ又はケタバスと云ふ）、奈良縣五條でハイ、シラハイ、雄を特にアカジ、栃木縣那須郡大内村で雌をイカリ、雄をアカンベ、栃木縣の諸所で雄をガンガラと云ふ。背鰭十軟條、臀鰭十二軟條、腹鰭十軟條、一縱列の鱗數四十三個である。體頗る側扁してゐるのと、臀鰭の前部軟條の頗る延びてゐるのとはよく人目を惹く。但し臀鰭軟條の延長してゐることは成魚殊に雄に於て著いので、幼魚では全く延長してゐない爲に、他種の魚と誤認せられ易いのである。本州、四國、九州に饒產し、臺灣へも分布してゐるが、北海道には居ないやうである。東京附近には頗る多く、ヤマベ（オイカワのこと）釣りは遊漁として最も流行してゐる一つである。死後腐り易いが、料理の方法によつては相當に食べられるやうである。

カワムツ　*Zacco temmincki* (*Temminck & Schlegel*)（**コイ科**）

琵琶湖沿岸でムツ又はモツ、生殖期の雄を特にアカムツ、高知でハエ、雄をアカバエ、京都府丹波國船井郡竹野でモト、雄をアカモト、廣島縣加茂郡東志和でハヤ、雄をゼエモン、山口縣周防國陶でヤマンボオ、雄をアカマツバイ、熊本縣阿蘇郡北小國村でクロハエ、雄をアカブト、和歌山縣田邊でハイ、雄をアカブトと云

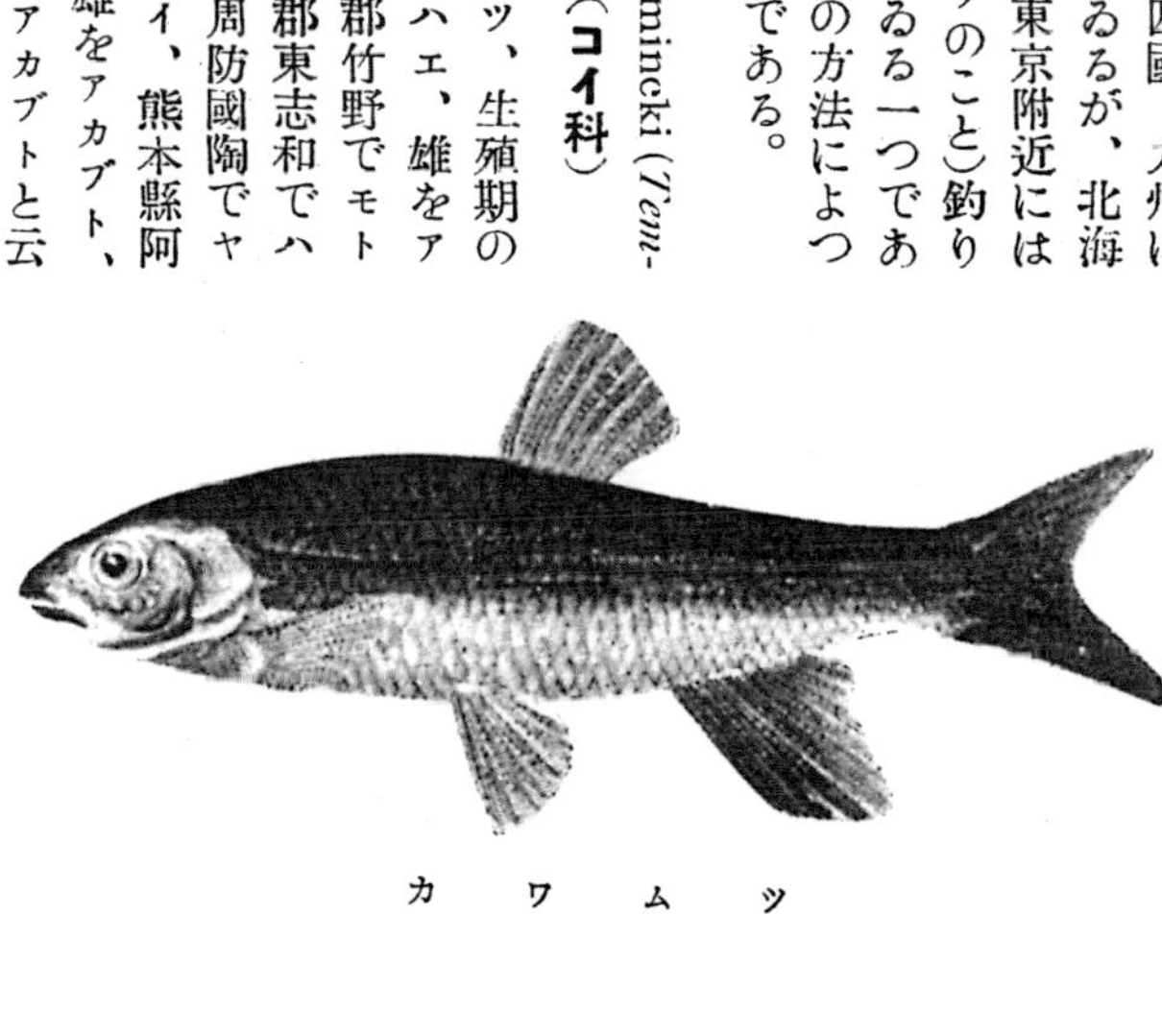

カワムツ

ふ。背鰭十軟條、臀鰭十三軟條、腹鰭九軟條、一縱列の鱗數五十二個である。オイカワよりも體の側扁度少く、オイカワよりも河の下流に居る場合が多く、また東京附近にはオイカワを産するに反して、カワムツは全く居ない。ムツと言ふ爲め（モトはムツの轉訛か、それともモトからムツに轉訛するのか、又は兩語の間に全く連絡が無いのか私にはわからない）、海産のムツと誤り易いから或學者がカワムツと命名したものと思はれる。斯樣な例は他にもある。是と反對に川魚の名から海魚を變名したものもある。例へばウミタナゴは誰も皆タナゴと言つてウミタナゴとは言はないが、河に居るタナゴと誤り易いから、特にウミタナゴと變名して置いたのである。左程美味のものでは無い。高知ではアカバエ（生殖期の雄）を煎じて飲むと、下熱に効あると傳へてゐるが、斯樣な傳說は先づあてにならないものと思つてゐる。

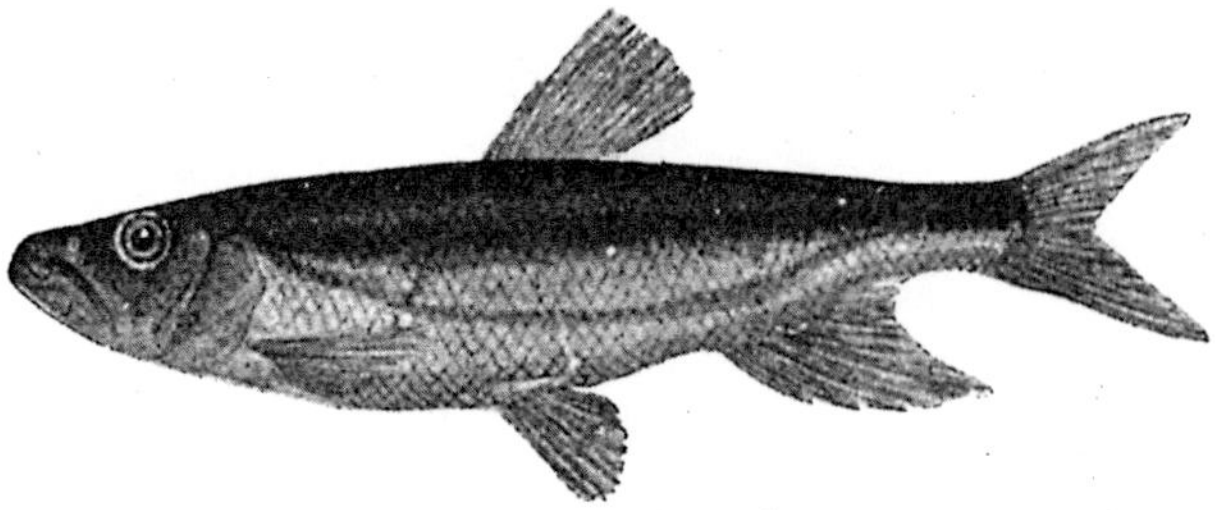

ハ　ス

ハス　鰣　Opsariichthys uncirostris (*Temminck & Schlegel*)（**コイ科**）

琵琶湖沿岸、福井縣若狹國鰣川《ハスガワ》（三方湖に注ぐ附近）でハス、大阪でケタ又はケタバスと云ふ。背鰭十軟條、臀鰭十二軟條、腹鰭九軟條、一縱列の鱗數五十個である。口大きく、上下の兩顎に深い缺刻があつて互によく適合してゐる。體頗る側扁し、且つ臀鰭前部軟條の延長してゐることは稍やオイカワに似てゐるが、顎の形で是等兩種の間に識別が出來る。體は大きく成長し、體長三百ミリメエトル（一尺）を超える。我が國では琵琶湖、是より流出する川や其附近（卽ち大阪附近の川）と福井縣若狹國鰣川と是れの注ぐ三方湖などに饒產するが、他地方には居ないやうである。朝鮮や支那にも居る。稍や美味で、滋賀縣彥根の名物である。昭和六年度の滋賀縣の統計によると、漁獲高二萬五千九百五十七貫、價格三萬三千四百十五圓に達した。此地方では二月から八月までを主な漁期とし、鹽燒、煮物、刺身などゝして食用に供する。此魚は頗る貪食で、他魚をも食する爲め、他地方へ移殖する時にはよく利害の關係を豫め打算してかゝる必要があつて、一旦繁殖すると、若し害の方が多い時に至つて容易に撲滅は出來ないのである。

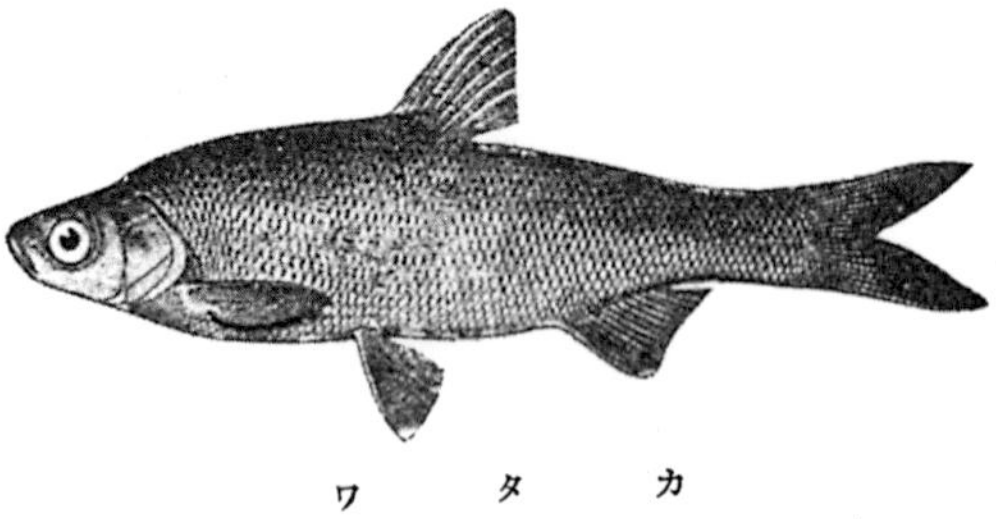

ワ　タ　カ

ワタカ　黃鯝魚　Ischikauia steenackeri (*Sauvage*)

琵琶湖沿岸でワタカ、ワタコ又はウマウオ、小い時を特にセムシ又はゴォナイと云ふ。背鰭十軟條、臀鰭十八軟條、腹鰭九軟條、一縱列の鱗數七十個である。體の上外廓中、項部に於て强い一屈曲部がある。左程大きくはならないもので、體長三百ミリメエトル（一尺）に達する。此魚は我國では琵琶湖だけに居るもので、其附近の池にも是を飼養してゐる處があるやうである。私の見込では朝鮮や支那に居ると思はれるが、まだ明でない。昭和六年度の滋賀縣の統計によると、此魚の漁獲高は二萬四千五百四十七貫、二萬二百四十九圓に達し、主な漁期は七月から翌年の一月までゞ、照燒、煮物、刺身などゝする。刺身の際は必ず醋味噌をつける。左程美味では無いが、琵琶湖の名物である。

フナ　鮒　Cyprinus carassius *Linné*（**コイ科**）

一般にフナと云ふが、大分縣宇佐郡豐川村其他ではマフナと言つてニガフナ（タナゴのことである）と區別し、單にフナとは言はない。支那上海では鯽（チンと發音する）と云ふ。頗る變化性に富み、從つて一樣に述らべれないが、普通に見られる標品では、背鰭は三棘十七軟條、臀鰭三棘五軟條（是等の棘は眞の棘では無く、軟條の硬化したものに過ぎない）、腹鰭八軟條、一縱列の鱗數二十七個である。口邊に全く鬚が無い。稍やコイに似てゐるが、よく見ると體形の違ふのを普通とする。往々にして形や鱗の工合だけではコイかフナかを識別することの出來ない場合がある。愛知縣豐橋にある國立試驗場分場長松井佳一氏は、コイとフナとの雜種を作つて成功してゐられるが、金魚と緋鯉との雜種も出來るのである。斯樣な雜種と近似種との關係は面白い問題である。東京附近ではマルブナとヒラブナとを區別し、時にはキンブナとギンブナとに分けることもある。千葉縣印旛沼に居るフナは、殆ど皆美いキンブナである。潮入りに近い處に居るものはキンブナである。琵琶湖でヘラと云ふのはヒラブナで、是の大きいのを源五郎鮒と云ふ（他地方の源五郎鮒は單に大きくなるのを云ふやうである）。同地でニゴロ（小いのをガンゾと云ふ）と云ふのはマルブナで、ヒワラと云ふのは前記二型の中間の形のものである。兎も角是等は皆フナで、それの異型である。琵琶湖の源五郎鮒は三百ミリメエトル（一尺）、體重二キログラム（五百匁）を超える。滋賀縣昭和六年度の統計によると、フナの漁獲高八萬三千六百六十八貫、價格十四萬五千三百九十四圓に達した。甘露煮、刺身、煮物などゝするが、殊に有名なのは鮒鮨で、是には源五郎鮒を使ふのを最良とし、是は鮨ではなくて、米糀でなれさせたものである。寒鮒《カンブナ》と言つて冬季を最も美味の時期とする。キンギョは人工によつてフナの變生したものであるが、古來我國や支那では觀賞物とし、近年は米國やその他の文明諸國でも觀賞するに至つてゐる。

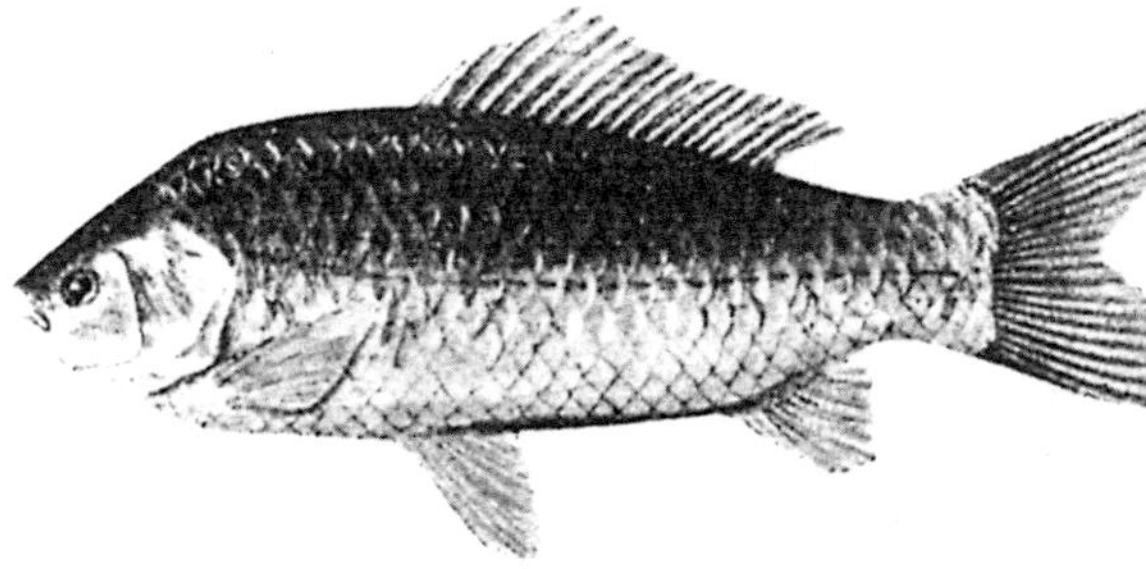

フナ　邦産

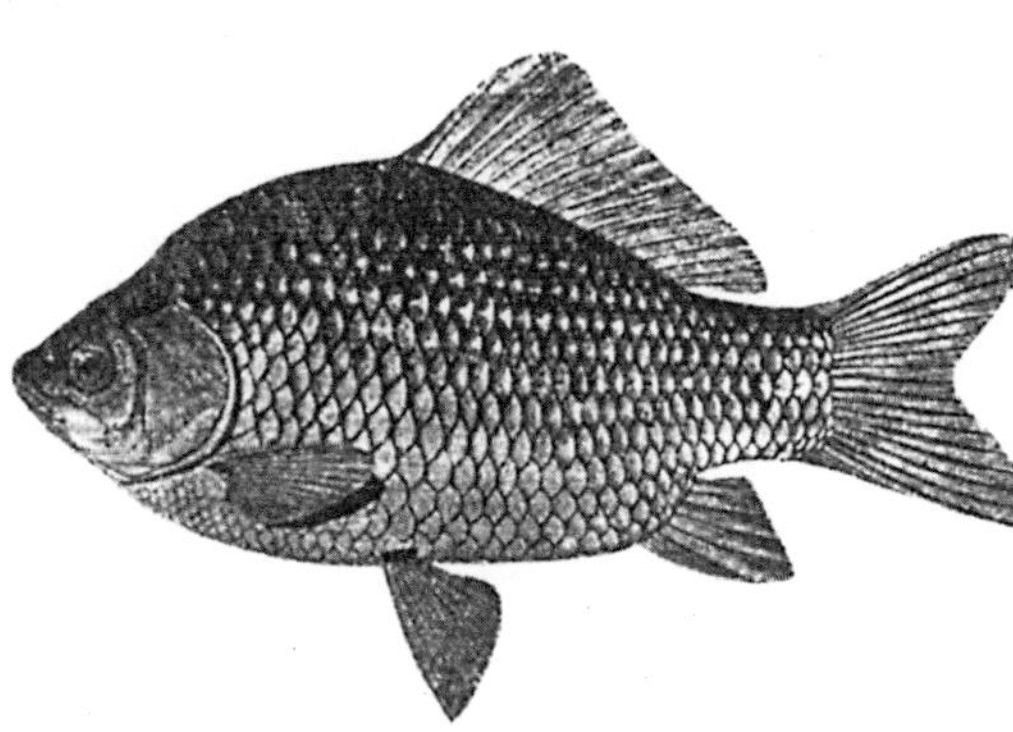

フナ　アジア大陸及び歐州産

テツギョ　鐵魚　Cyprinus carassius (*A variety of*)

（コイ科）

宮城縣加美郡魚取（ウトリと訓む）沼、山形縣北村山郡荒畑沼に居るのを最も有名とし、是等の地方ではテツギョと言つてゐる。野生のもので、普通のフナと混棲してゐる爲め、是等の中間と思はれる形のものもある。金魚に劣つてゐるから鐵魚と言ひ馴らはせたとの説もあるが、充分にはわからない。是は米國で愛翫する彗星 comet と稱する金魚の一種と全く同樣で、我國では野生のフナと金魚との雜種と言ひ傳へてゐるが、私の見た處ではフナと琉金との雜種かと思ふ。鰭の著く長いのと、鼻孔にある褶が長く突出してゐること、また尾鰭がフナ尾で、キンギョの尾のやうに分派してゐないことを特徴とし、色は朱紅色のものもあり、フナのやうに青味がゝつた黒褐色のものもある。元東北大學教授の理學博士朴澤三二氏によると、「鐵魚は漁獲すること困難で、網を以てしても、釣を以てしても容易に得ることが出來ないのである」。鐵魚は私の知つてゐる處では諸地方から稀に入

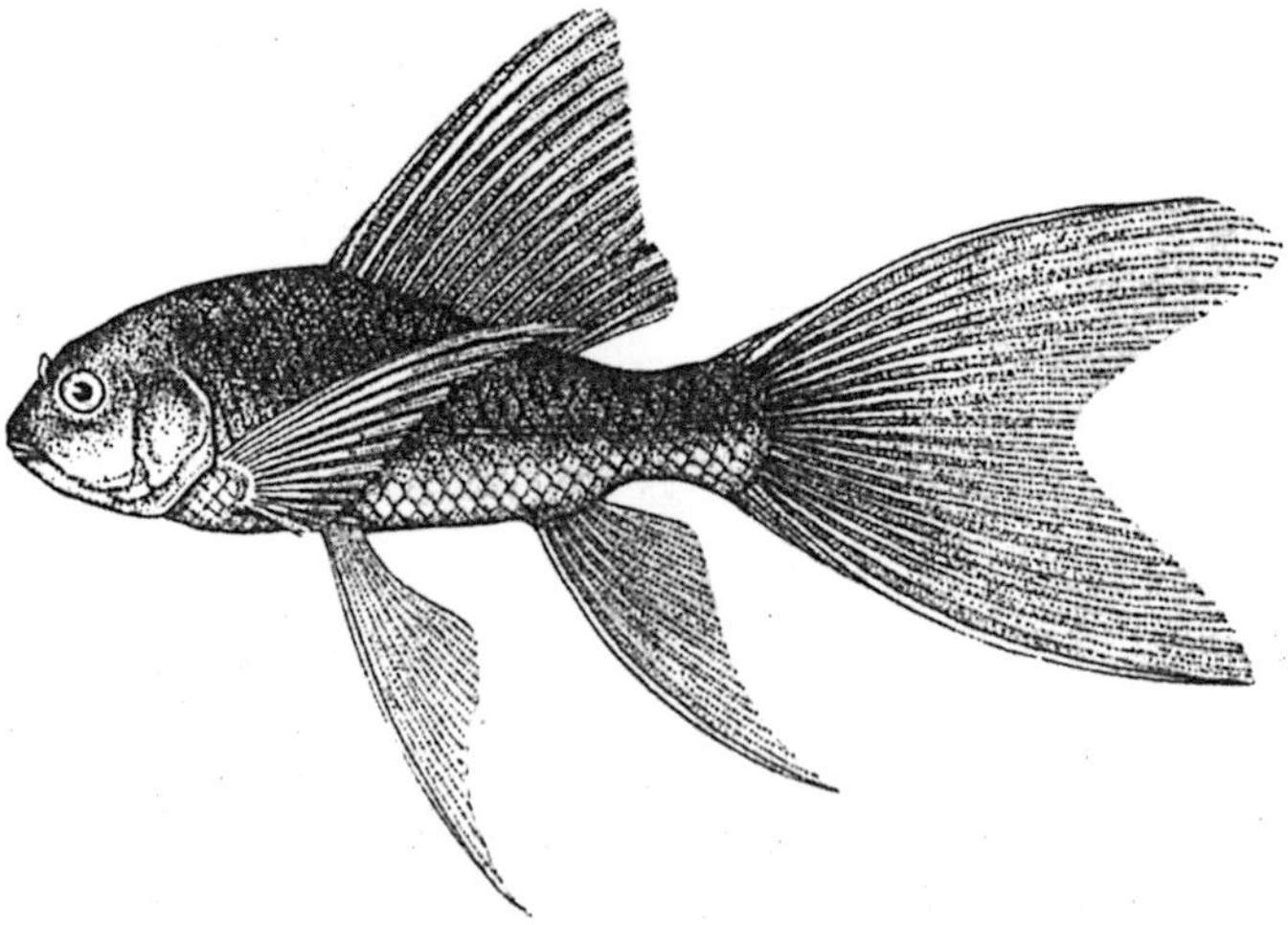

テ　ツ　ギ　ョ

手することの出來るのを見ると、斯樣な雜種が、稍や固定して時々現出するものと思はれる。フナと同樣に食用に供せらる。此魚は前に述べたやうに野生のフナとキンギョとの雜種と思はれるから、キンギョよりも性粗暴で、餘程好事家で無い限りは普通には愛翫用として飼養せられない。

コイ　鯉　Cyprinus carpio *Linné*（**コイ科**）

一般にコイと云ひ、色の付いたものをヒゴイ（緋鯉）と云ふ。臺灣では鯠魚（タイヒイと發音する）、支那上海で鯉魚（リイユウと發音する）と云ふ。ヒゴイの色は朱紅色に近い黄赤色、白色、稍や青味を帶びたもの、靑褐色を種々に取り交ぜたものなどである。ヒゴイは飼養せられてゐるものであるが、往々野川へ出ることがある。また池へマゴイ（普通のコイのこと）と混居せしめると、漸次にマゴイの色に變はるとの說もあるが、まだ是れの眞僞を驗べたことは無い。コイはフナと同樣に個體變化に富むもので、一樣の記載をし難いが、普通のものでは背鰭三棘、二十軟條、臀鰭三棘五軟條（是等の棘はフナに於けると同樣に軟條の硬化したもので、眞正の棘ではない）、腹鰭九軟條、一縦列の鱗數三十三個である。コイは中央亞細亞を原産地とするらしいので、歐洲や米國へは人爲的に移殖したものである。フナよりも潮入りの場所を嫌ひ、またフナよりも冷氣を嫌ふものである。

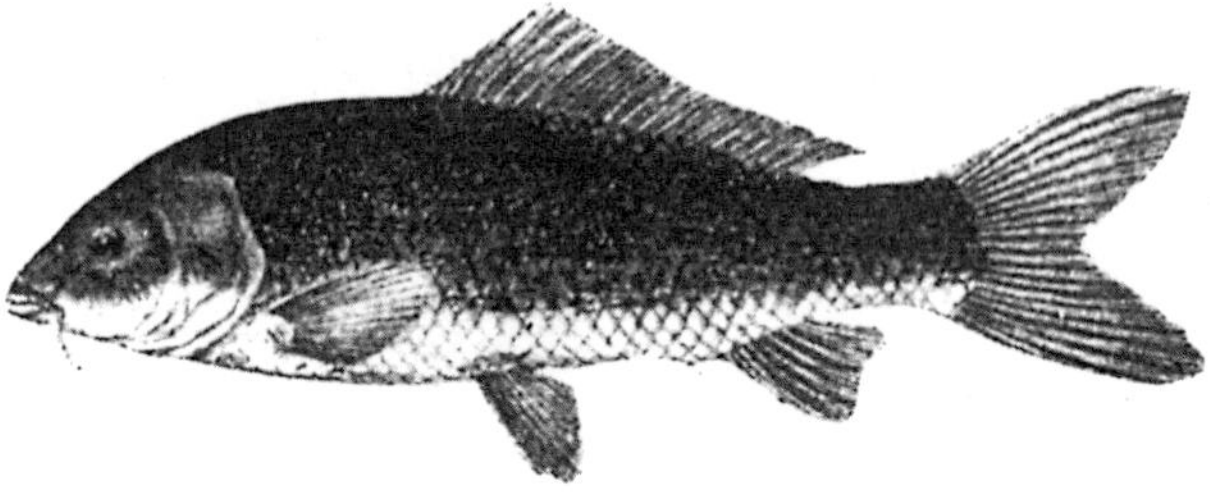

コ　イ

我國では重要魚の一つであるが、歐洲や米國では害魚として取扱ひ、是が撲滅を計るが、いつも成功したことが無い。獨逸には革鯉《カワゴイ》 leather carp と鏡鯉《カヾミゴイ》 mirror carp とある。前者は殆ど鱗のないもの、後者は僅數の大きい鱗のあるもので、何れも野生のコイから變化したものである。昭和五年度の我農林省の統計によると、コイの漁獲高は百三十五萬二千四百七十一キログラム（三十六萬六百五十九貫）、七十三萬九千八百二十四圓に達し、同年度の養殖場數は稻田、養漁池、其他を合して十四萬四千四百九十八箇所に上つてゐた。最もコイを賞味する滋賀縣の昭和六年度の統計では十四萬四千三百十六貫、二十四萬六千九百十圓に達した。刺身、味噌汁、飴煮、煮物などゝする。ヒコイの一品種であるが近頃「變鯉《カワリゴイ》」又は「色鯉《イロゴイ》」と云ふのがあつて、各地で飼養するやうになつた。元來は新潟縣古志郡の内の山間部落で作られたものである。

ツアウヒイ　草魚　Ctenopharyngodon idellus (*Cuvier & Valenciennes*)（**コイ科**）

臺灣でツアウヒイ草魚と云ふ。臺灣淡水養殖に於ける重要魚はツアウヒイ、レンヒイ、ケンヒイ、コイで、是等は多くは混養してゐる。コイ以外のものは産卵期の四月頃、對岸支那庵埔（潮州仙頭を距る六里の地）に行つて稚魚を購入する。魚苗の大さは五ミリメエトル（二分許り）で、全體無色で、僅に眼點のみ黒く見える。此稚魚を捕へるには大雨の後、河水增加し、水が黄濁した時に、上流から流れ來る稚魚を麻布製細網を以て捕獲するのである。臺灣では産卵しないと土地の人々は言つてゐる。

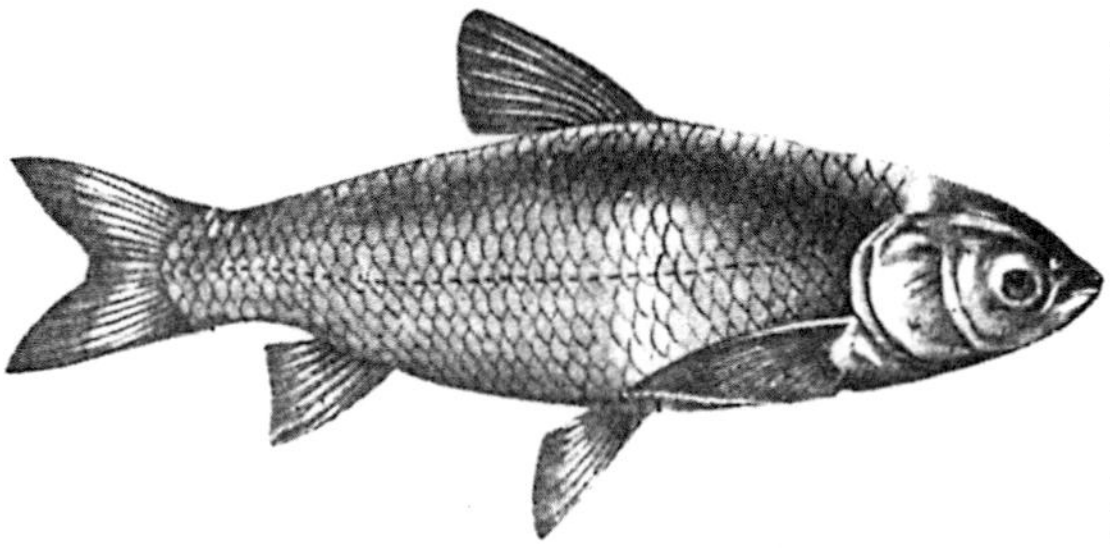

ツアウヒイ

ツアウヒイは背鰭十又は十一軟條、臀鰭十一軟條、腹鰭十軟條、一縱列の鱗數四十乃至四十二個である。昭和五年度臺灣の統計によると、ツアウヒイの養殖高は百十九萬千三百八斤、價格十六萬六千九百九十七圓であつた。

レンヒイ　鰱魚　Hypophthalmichthys moritrix (*Cuvier & Valenciennes*)（**コイ科**）

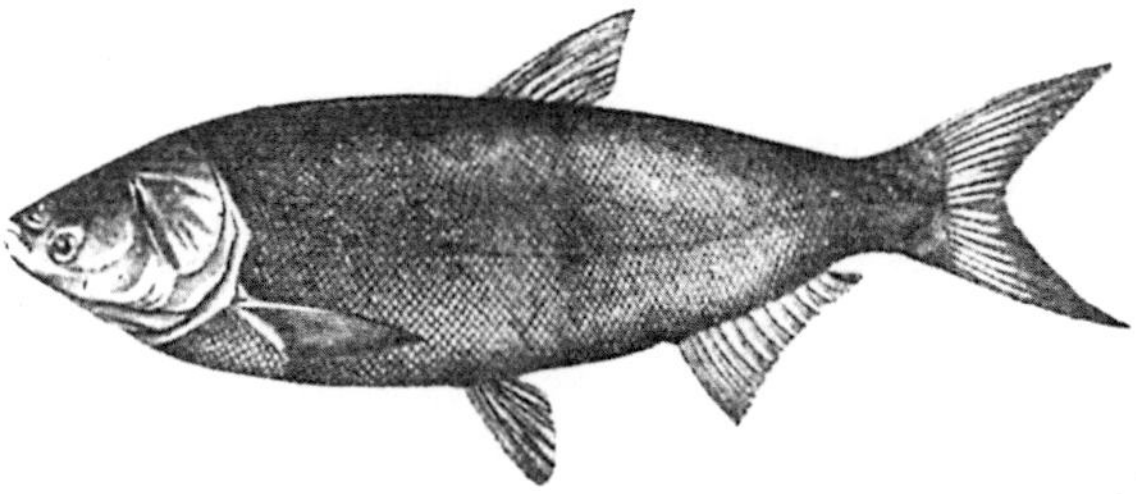

レンヒイ

臺灣でレンヒイ鰱魚と云ふ。背鰭十軟條、臀鰭十七軟條、一縱列の鱗數百十五個である。昭和五年度臺灣の統計によると、此魚の漁獲高は十四萬七千八百一斤、二萬六千六百十一圓で、養殖高は百十八萬六千五百二十三斤、十七萬二千三百二十五圓に達した。

ケンヒイ　鯁魚　Labeo decorus *Peters*（**コイ科**）

臺灣でケンヒイ鯁魚と云ふ。背鰭十五軟條、臀鰭八軟條、一縱列の鱗數四十個である。體高の高いこと、吻が突出して、口が頭の下面にあることを特徴とする。臺灣に於ける四重要淡水養殖魚（ツアウヒイ、レンヒイ、ケンヒイ、コイ）の一つで昭和五年度臺灣の統計によると、ケンヒイの養殖高は十八萬九千五百八十六斤、三萬二千六十九圓に達した。

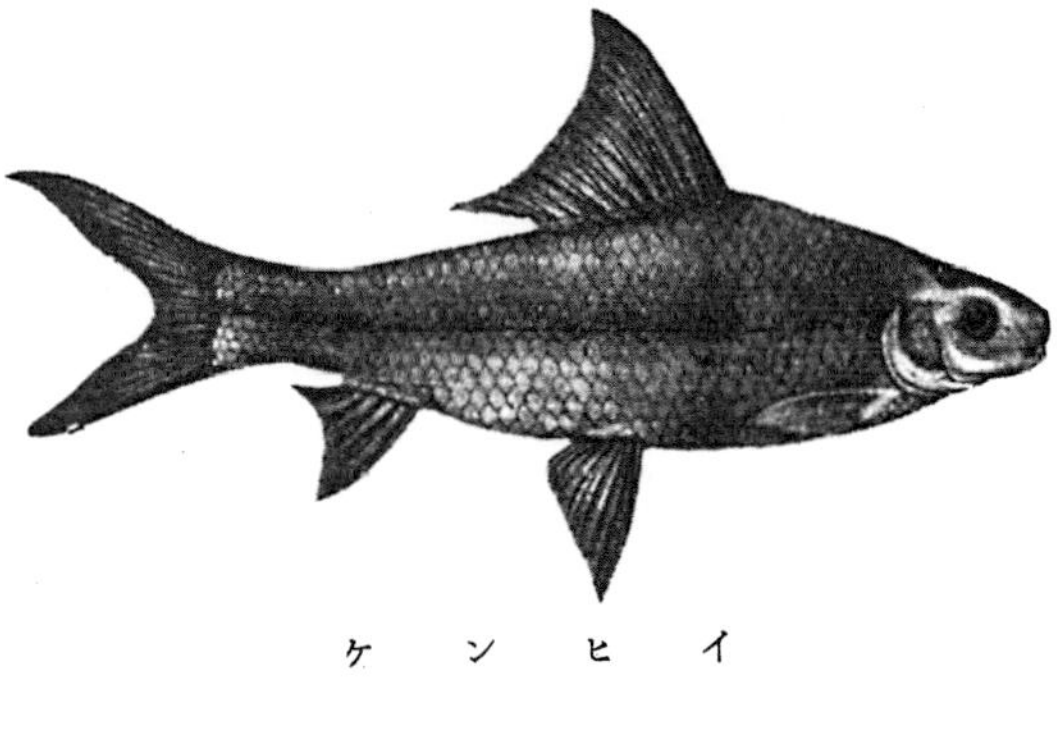

ケンヒイ

カワヘビ　川蛇　Fluta alba (*Zuiew*)（**カワヘビ科**）

東京附近では稀にカワヘビと云ふことがある。實際、形や擧動が稍や蛇に似てゐる。沖繩島ではトオンナジャア又はトオヌギャア、庵美大島でタホ、支那では黄鱔（ワンシャンと訓む）と云ふ。本種を從來タウナギと云ひ慣らはしたのは琉球名を取つたものであるが、タウナギに近い發音で云つてゐるものは本種でなく、實は普通のウナギのことであるから、今回思ひ切つて私はカワヘビと變改して置いた次第である。稍やウナギに近いが、體に鱗がない。またウナギ、アナゴ、ウミヘビ、ウツボなどには上顎前骨が消失してゐるが、是には上顎前骨も、上顎後骨も

カ ワ ヘ ビ

よく發達してゐる。斑紋には個體變化が頗る多く、從つて色々の種名を付けられたが、結局今日では同一種内に包含せられてゐる。大體の色は稍や赤味を帶びた黄色で、それへ褐色の斑點を散在してゐる。東洋の熱帶地方の川に居るものであるが、我國では埼玉縣へまで分布してゐる。東京附近では洪水の際往來へ氾濫した水の中に居ることもあり、夏旱魃の續いた時には乾いた池の底を掘つても數尾一時に跳び出すこともある。また堀割などで遊漁者の釣鉤にかゝり、蛇と誤られて大騷ぎすることもある。支那では食用に供する。

ウナギ 鰻 Anguilla japonica *Temminck & Schlegel*（**ウナギ科**）

一般にウナギと云ふが、北陸道ではマウナギと云ふ。それはヤツメウナギを單にウナギと云ふことがあつて、是と區別する爲である。屋久島でマウナギ、奄美大島でドロウナギ、徳の島でタンチャウナギ、沖繩島でンチャウナギ又はヌチャウナギ、久米島でタアンナギ、宮古島でタアウナギ、石垣島でンタウナィと云ふ。體に微小鱗があるが、肉眼で見られない。それでも鱗の有無だけは、見慣れると、肉眼でもわ

ウ ナ ギ

かるものである。邦產のウナギに近い大西洋產のウナギは、西印度諸島沖のキュバ島の稍や北方で、北緯二十度と三十度との間の深海に產卵するものであらうとは、シュミット Johannes Scnmidt の研究結果である。此推論を擴げると、邦產のウナギは太平洋の沖合と思はれるが、まだ全く產卵所と覺しき場所は見當も付いてゐない。兎に角日本海へ注ぐ河へは太平洋で孵化したものが入り込むので、是等の河に生育するものは極めて少い。殊に北陸道や山形縣、秋田縣などの川にはウナギは頗る少い爲め、太平洋岸のウナギの種魚を常に移殖することを忘れてはならぬ。日本重要魚の一つで、我が國の昭和五年度の統計では三百二十一萬六千二百十八キログラム（八十五萬七千六百五十八貫）、價格二百九十七萬四千二百十九圓に達してゐた。

クロハモ 黒鱧 Synaphobranchus pinnatus (*Gronow*)（**クロハモ科**）

室蘭でクロハモ、釧路でオキハモ、神奈川縣三崎でクロタチ又はクロナダと云ふ。左右の鰓孔は體の腹面に近く、互に接近してゐて、恰も合一して、一個となつたやうな外觀を呈してゐる。體は褐色で、微小鱗を持つてゐる。深海に產するもので、熱帶にも、また稍や寒帶にも居る。また北亞弗利加の西方のマデイラ群島の深海にも產する。多くの漁獲のない爲に、我國に幾種あるか充分にわからない。また食用としての價値も極めて少いことゝ思はれる。

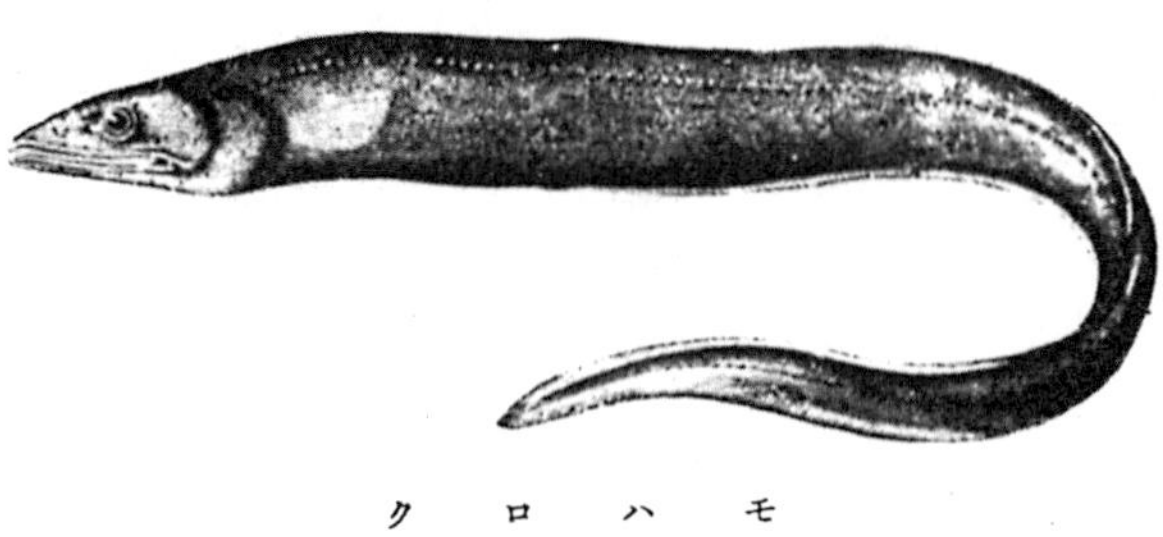

ク ロ ハ モ

マアナゴ 眞穴子 Conger myriaster (*Brevoort*)（**アナゴ科**）

南日本では何處でもアナゴと云ひ、東北地方や北陸道、山陰道ではハ

マ　ア　ナ　ゴ

モと云ふ。然し眞のハモはアナゴ類でないから注意しなくてはならぬ。上記のハモと稱してゐる地方にはマアナゴは多いが、眞のハモは全く居ない。東京では本種をマアナゴ又はハカリメと云ふ。側線部に見える顯著な白點の列が衡器の目盛りに似てゐる爲である。背鰭は胸鰭中部よりも後方の上方に初まる。側線部に顯著な白點の一列のある外、其上方に更に一列の白點がある。また頭部に於て眼の後方に白點の列が錯綜してゐる。日本内地、朝鮮などに饒產し、食用魚としては相當必要品であり、遊漁の目的物ともなる。神奈川縣三崎でタチクラゲ、高知でノレソレと云つて、白色透明な木の葉のやうに扁平なものが、初春四、五月頃に取れる。大さは六十ミリメエトル(二寸)ばかりである。是はウナギの幼形では無いとした方が正しい。若し此說を正しとすると、アナゴ類のものであるが、其内、何れの種のものか明でないが、邦產アナゴ類中、各地に於て最も多いのはマアナゴであるから、是はマアナゴの幼形と見る方がいゝかとも思はれるが、確言することは出來ない。

トオヘエ　**藤平**　Conger japonicus *Bleeker*（**アナゴ科**）

關西でトオヘエと云ふが、東京附近では往々クロアナゴと云ふことがある。東京には本種は稍や少くて、マアナゴの方が多い爲め、トオヘエは左程注目せられてゐないが、關西では相當に多く、且つ大きく成長する爲め、トオヘエと云ふ名稱でよく人々にわかるものである。上下の兩顎殆ど同長で、背鰭起部は胸鰭よりも後方である。小い時は白つぽいが、稍や大きいものは頗る黑つぽい。また眼が著く大きい。此魚はマアナゴや其*

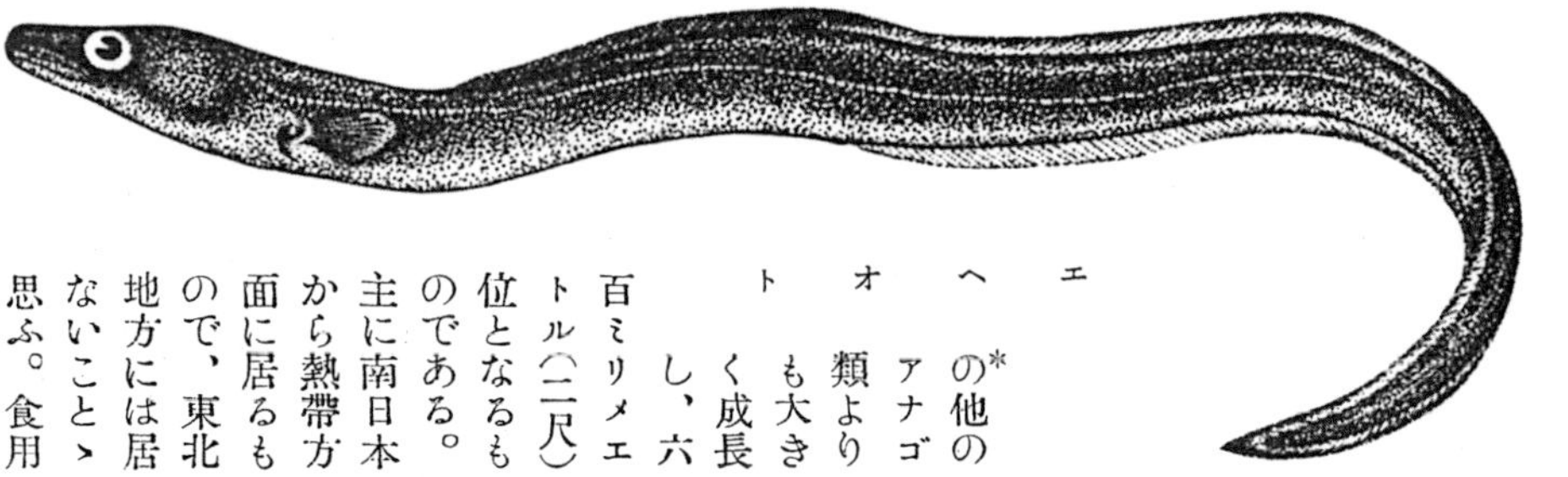

ト　オ　ヘ　エ

*の他のアナゴ類よりも大きく成長し、六百ミリメエトル(二尺)位となるものである。主に南日本から熱帶方面に居るもので、東北地方には居ないことゝ思ふ。食用としては其味はマアナゴに劣るやうである。

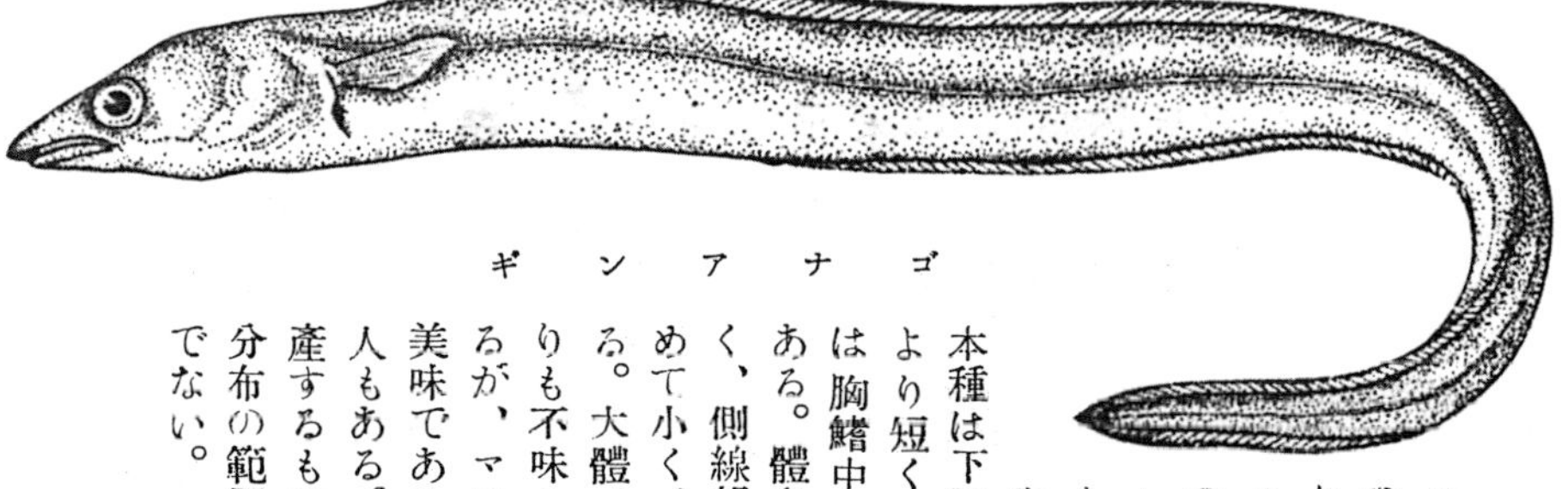

ギ　ン　ア　ナ　ゴ

ギンアナゴ　**銀穴子**　Conger nystromi (*Jordan & Snyder*)（**アナゴ科**）

東京でギンアナゴと云ふのは本種ばかりでなく、トオヘエの幼期のもの、ゴテンアナゴなどをも混稱するやうである。

本種は下顎が著く上顎より短く、背鰭起部は胸鰭中部の上方にある。體色は白つぽく、側線部の白點は極めて小く、不鮮明である。大體、マアナゴよりも不味とせられてゐるが、マアナゴよりも美味であるとしてゐる人もある。東京附近に產するものであるが、分布の範圍が充分に明でない。

ゴテンアナゴ　御殿穴子　Conger anago *Temminck & Schlegel*
（アナゴ科）

ゴテンアナゴ

ゴテンアナゴとは曾て私の命名したものである。眼の後部に褐色の一點がある爲め、昔、御殿に仕へた上﨟の黛を思ひ出させるから、斯樣に命名したのである。上下の兩顎は同長で、頭が割合に肥大してゐる。背鰭起部は胸鰭起部の上方に初まつてゐる。本種には二型あつて、其内の一型では頭部割合に肥大してなく、眼の後方の褐色點も不鮮明である。南日本のものであるが、稍や北日本へも分布してゐるやうである。ギンアナゴと同様に取扱はれ、食用に供せられる。

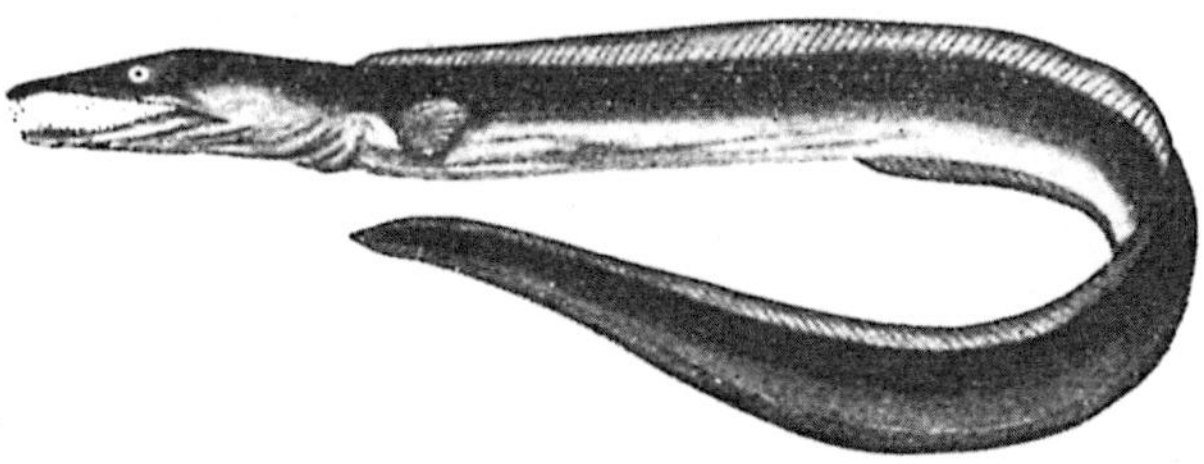

ハ　モ

ハモ　鱧　Muraenesox cinereus (*Forskål*)　**（ハモ科）**

南日本のもので、北日本には居ない。それ故東北地方や山陰道、北陸道などには居ない。一般にハモと云ふ。是れの居ない地方でハモと云ふのは眞のハモでなくて、マアナゴのことである。高知ではハムと云ふ。口内の齒頗る鋭く、他物を噛み易い爲め、ハモ又はハムの名稱が出たのであらう。上下の顎は互によく適合しなくて、口内の齒が口を閉ぢてゐる時でも多少外側から見える。口内の齒は數列に竝び、其の内の一列にある齒は大きい。熱帶性の魚で、紅海、印度へも分布し、我國では南日本に居るが、北日本には居ない。東京附近には割合に少い。關西では澤山の漁獲があつて、ハモ料理を珍重し、夏を其美味の時期とする。

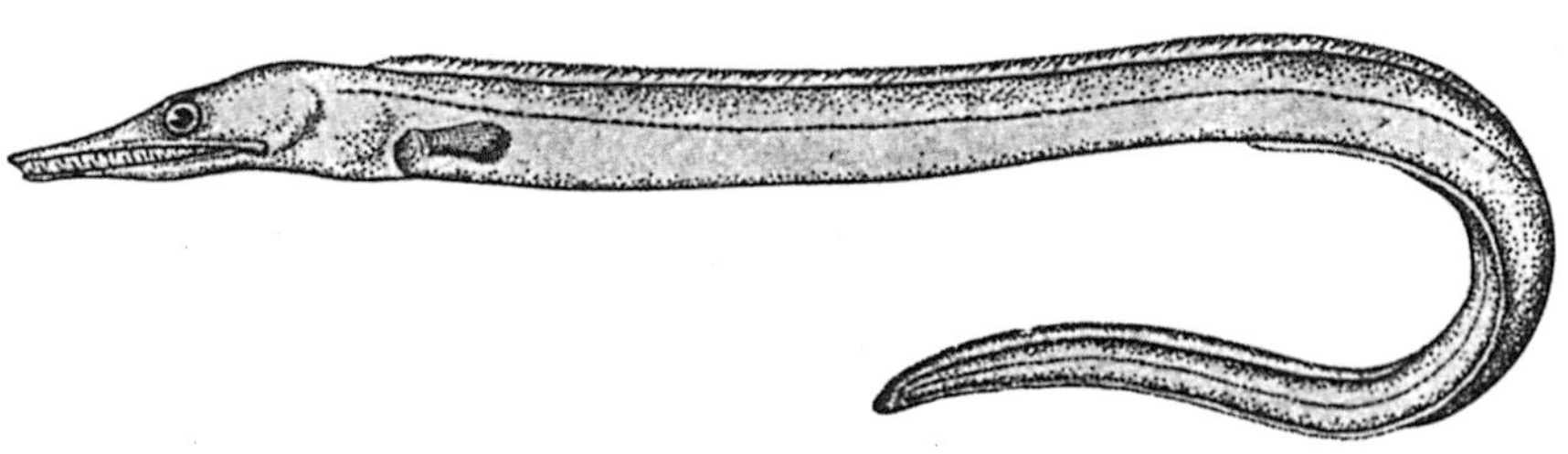

ハシナガアナゴ

ハシナガアナゴ　嘴長穴子　Oxyconger leptognathus (*Bleeker*)（**アナゴ科**）

ハシナガアナゴとは曾て私の命名したものである。吻の頗る長いのが人目を惹く。ウミヘビ科のウミヘビも吻が長いが、尾鰭の有無を以て容易に識別することが出來る。各顎の齒は凡そ三列で、其内で中央の列の齒が細長い。南日本に産するもので、食用としての價値は殆ど無いものであらう。

スソウミヘビ　裾海蛇　Ophichthus urolophus (*Temminck & Schlegel*)（**ウミヘビ科**）

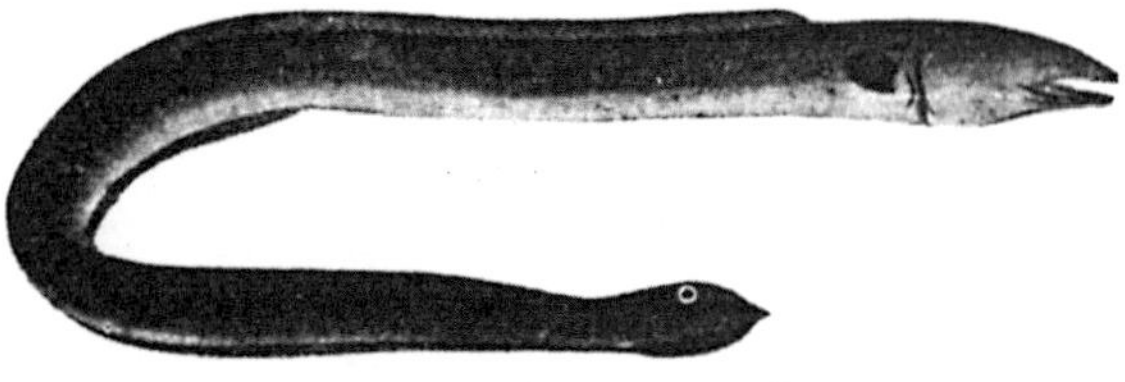

スソウミヘビ

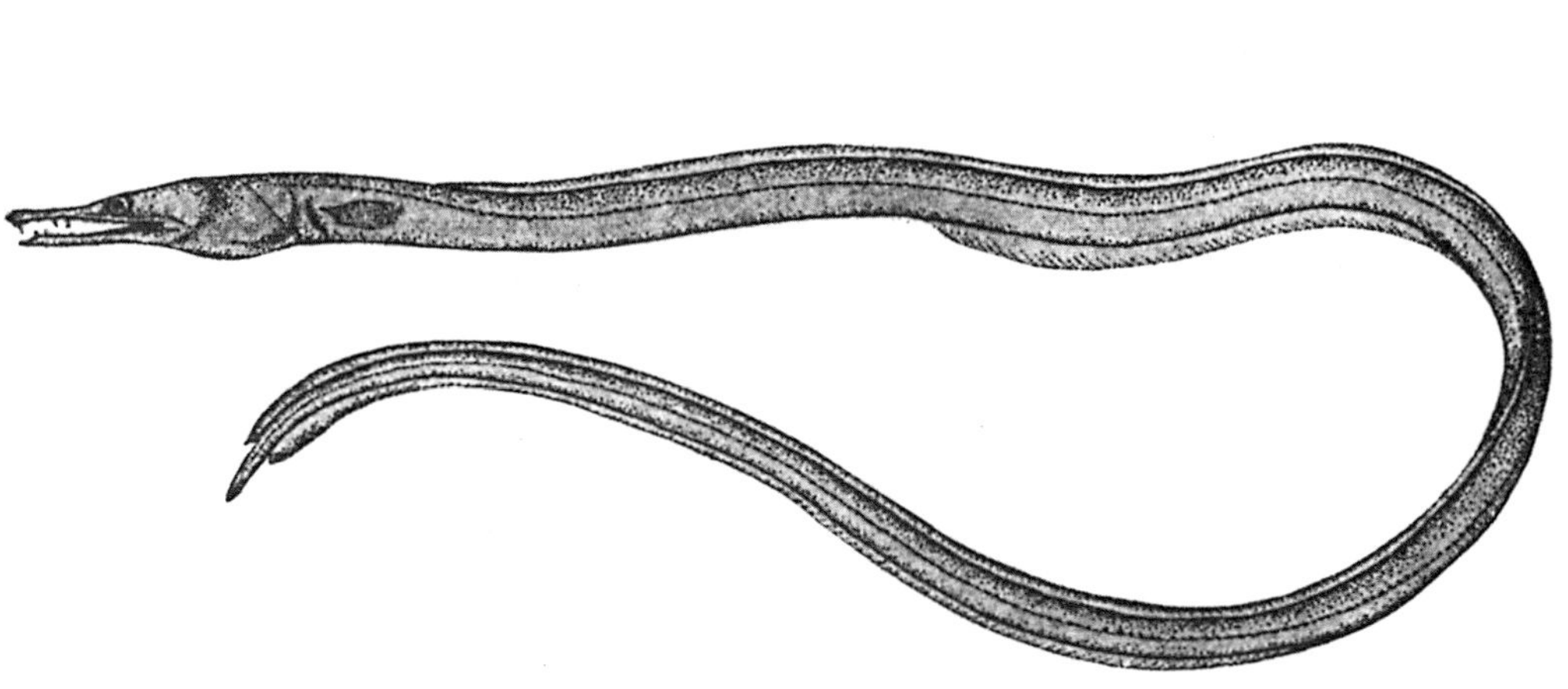

ウ　ミ　ヘ　ビ

スソウミヘビとは私の命名である。もとスソヘビウナギと命名したことがあるが、スソウミヘビと命名しても、眞の海蛇類（爬蟲類中のもの）と間違ふことは無いであらう。尾鰭がない爲め、尾部は上下の垂直鰭を通り抜けて後方へ突出してゐる。內灣に居るもので、往々にして遊漁者などを困らせるものである。南日本へ分布してゐる。食用としての價値は殆ど無いであらう。

ウミヘビ　海蛇　Ophisurus macrorhynchus *Bleeker*（**ウミヘビ科**）

ウミヘビ類を一般にウミヘビと言つて、必ずしも本種だけの名稱ではないが、從來、本種だけをウミヘビと呼ぶことに學者仲間がしてゐる。またウミヘビと言つても爬蟲類中のウミヘビでは無く、アナゴ類に近いウミヘビであることは畫又は標品を見れば大抵わかることゝ思ふ。吻は細長く、背鰭起部は胸鰭後端よりも後方にある。南日本のものである。食用としての價値は殆ど無い。

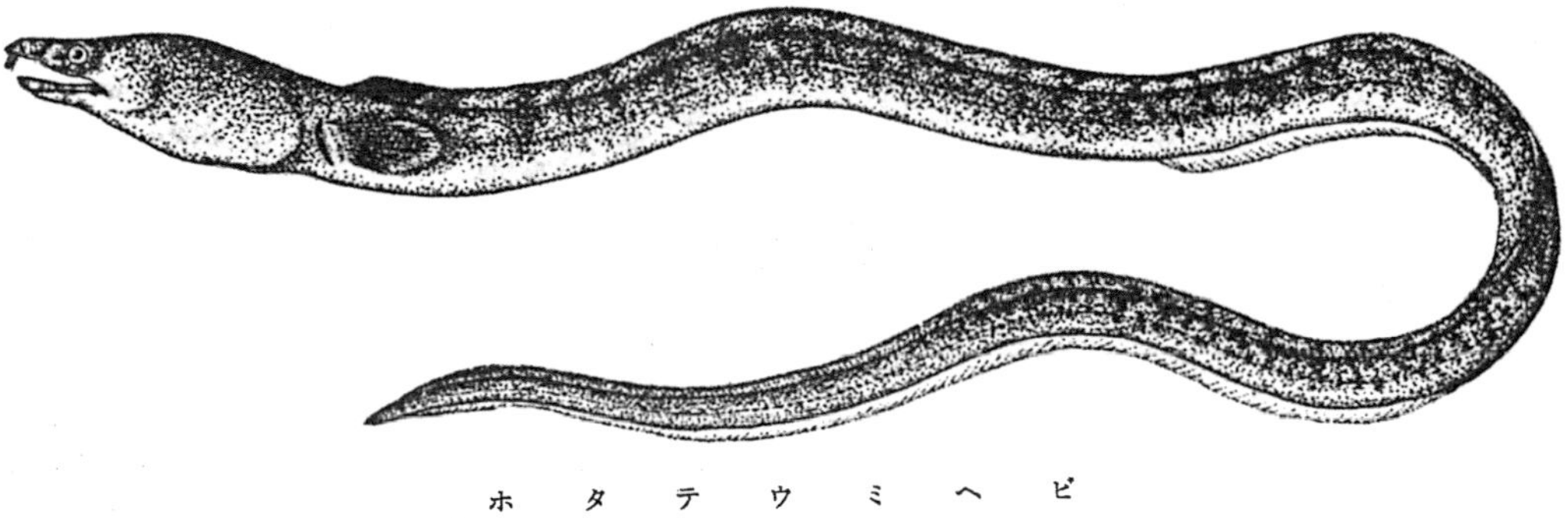

ホ　タ　テ　ウ　ミ　ヘ　ビ

ホタテウミヘビ　帆立海蛇　Pisodontophis cancrivora (*Richardson*)（**ウミヘビ科**）

ホタテウミヘビとは曾て私の命名したものである。背鰭起部は胸鰭の上方にあつて、背鰭の前部は特に黒褐色である。體は一般に黒褐色で、不明瞭な斑紋がある。頭部殊に眼の下方には兩唇附近に若干個の小黑點がある。胸鰭は褐色である。此魚は往々漁獲せらるゝもので、南日本のものである。食用としての價値は殆ど無い。

ボ　オ　ウ　ミ　ヘ　ビ

ボオウミヘビ　棒海蛇　Xyrias revulsus *Jordan & Snyder*（**ウミヘビ科**）

細長い魚で、背鰭起部は小い胸鰭の後端よりも後方である。頭も體も不規則形の褐色點を散在してゐる。美い色合である爲め、水族館などでは多少人氣のある内に屬する。南日本のものである。食用としての價値は殆ど無い。

モンガラドオシ

モンガラドオシ　紋殼通　Microdontophis erabo *Jordan & Snyder*（**ウミヘビ科**）

モンガラドオシは何處の名稱かわからない。東京市場又は神奈川縣三崎で多少斯樣に云ふ人があるかも知れないが、はつきりわからない。胸鰭は小く、其基底の上方に於て背鰭が初まつてゐる。體に大きい褐色斑紋を散在してゐる。頭部にも褐色點を密布してゐるが、體部にあるものに較べて著く小い。單に體形と斑紋とを見たゞけではアキウミヘビに似てゐる。南日本のもので、稀に漁獲せられる。食品としての價値は殆どない。

アキウミヘビ　安藝海蛇　Myrichthys maculosus (*Cuvier*)（**ウミヘビ科**）

嘗て私がアキヘビウナギと命名したものである。ウミヘビ類のもの故アキウミヘビと改名することゝした。斑紋がモンガラドオシに似てゐるが、よく見ると區別が出來る。卽ち斑紋の大さと其排列の工合とが違ふ。熱帶性のものであるが、南日本の内の南部にも居る。高知縣などに居るが、東京附近には殆ど居ない。食用としての經濟價値は殆ど無い。

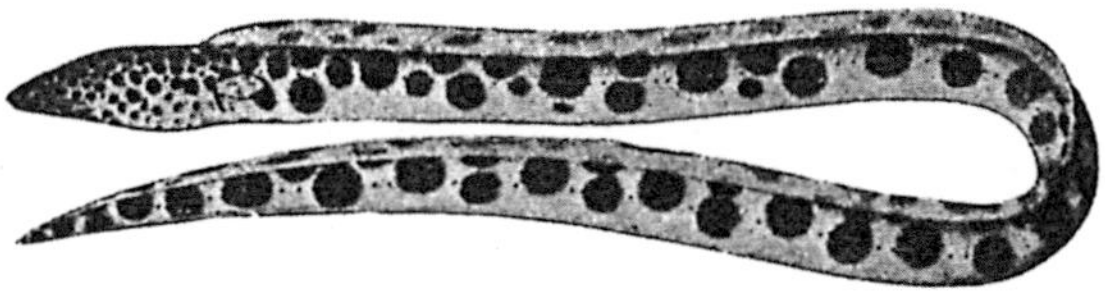

アキウミヘビ

トラウツボ　虎鱓　Muraena pardalis *Temminck & Schlegel*（**ウツボ科**）

トラウツボとは嘗て私の命名したものである。是は本種の學名を意譯したものである。前鼻孔にも後鼻孔にも稍や長い鬚があつて、是を自在に動かすものである。斑紋極めて美い。熱帶方面から南日本へ分布してゐる。種々の水產動物を貪食するから、害魚とも言へるが、またウツボ類通有の性質として、皮膚頗る肥厚してゐるから、是を鞣皮とすることも出來る。しかし何れのウツボ類も非常に澤山に存在するものでないから、少々大量的に漁獲する事となると、激減することゝ思はれる。食用ともなるが、左程食用としての價値のあるものではない。

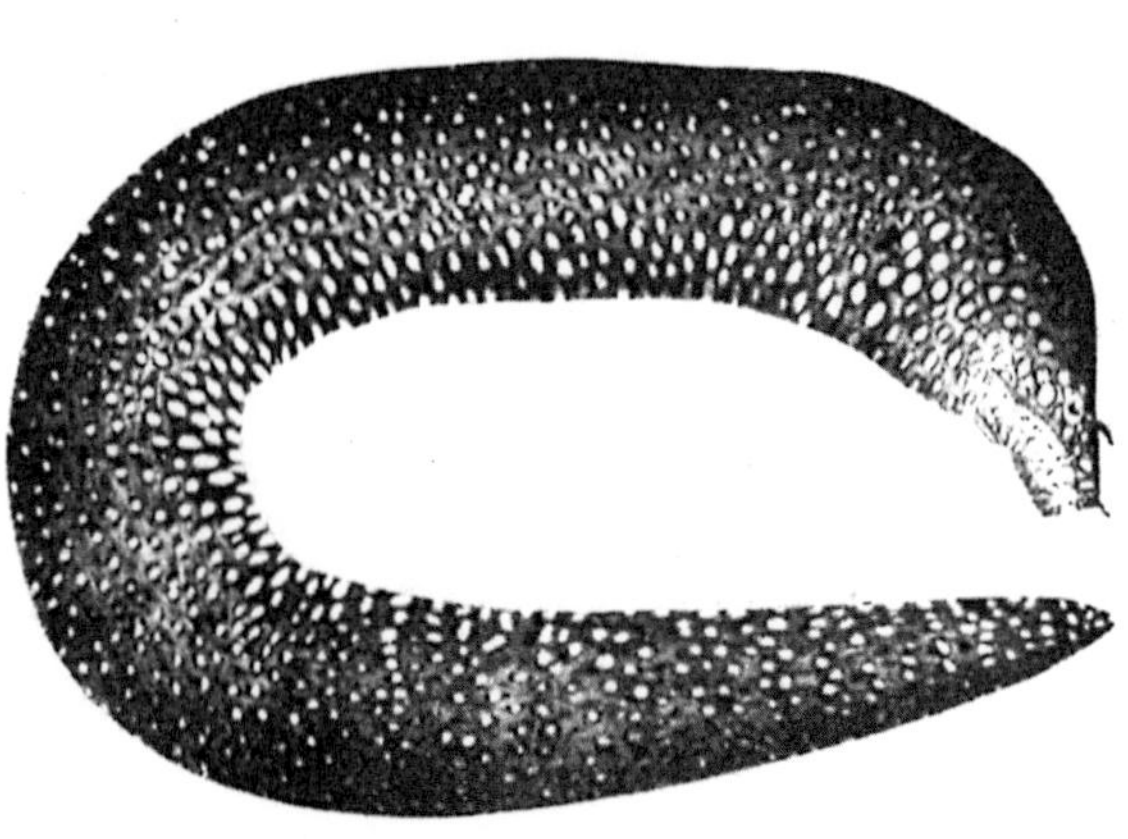

トラウツボ

ウツボ　鱓　Gymnothorax kidako (*Temminck & Schlegel*)（**ウツボ科**）

關西でウツボ、東京でナマダ、神奈川縣三崎でキダコ、山口縣厚狹郡刈屋でナギッチョオと云ふ。ウツボ類の內で最も普通のもので、相當大きくなるものである。全體黃色へ稍や灰色がゝつた色で、褐色の細長い斑紋を散在してゐる。ウツボ類の內で最も多いものであるから、色々の水

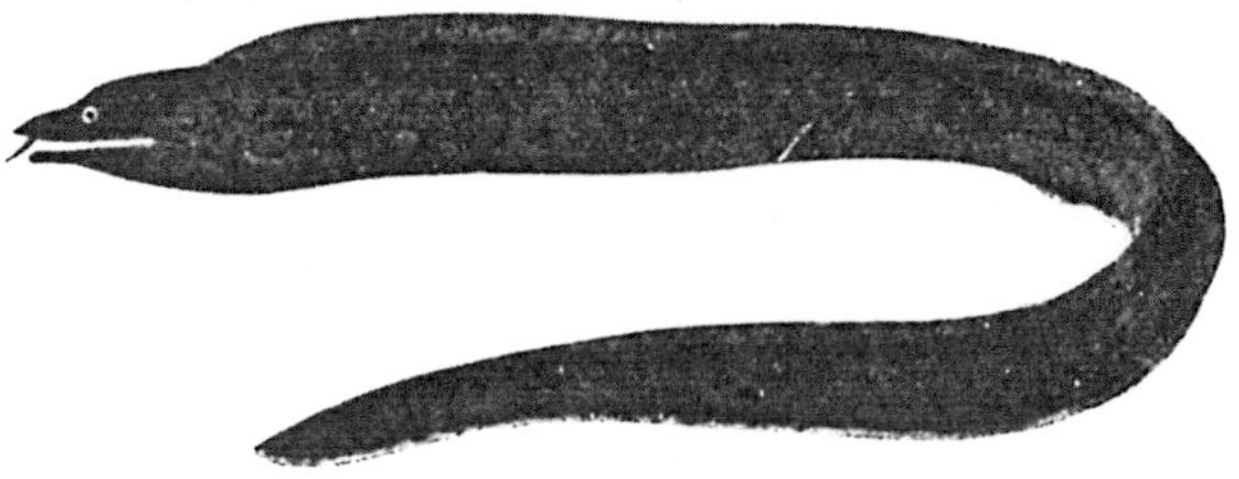

ウ　ツ　ボ

産動物を貪食し、往々にして有害魚として取扱はれる。章魚《タコ》類をも食べる爲め、若しタコが有害動物とすると、ウツボは益魚となる譯である。タコは色々の水産動物を貪食するが、食用ともなるから、タコは寧ろ有益動物と見た方がいゝ場合が多い。ウツボの皮膚は頗る肥厚してゐるから、是を鞣皮とするといいが、大量的に漁獲すると激減する恐があらう。食用ともなるが、主として漁業者が食べるもので、左程美味とは言はれない。南日本に産するものである。

アミウツボ　網鱓　Gymnothorax reticularis *Bloch*（**ウツボ科**）

アミウツボとは學名を直譯して曾て私の命名したものである。ウツボよりは少いもので、また是よりも細長い。斑紋は一種特別であるから、圖を見た方が記載をするよりも早わかりがする。南日本のもので、殆ど食用とはならない。ウツボよりも體高が低いから、鞣皮の原料としては效用が少いと思はれる。

ア　ミ　ウ　ツ　ボ

メタカ　目高　Oryzias latipes (*Temminck & Schlegel*)（**メタカ科**）

東京府下ではメタカ、メダカ又はメザカ、京都府ではウキンタ、オキンチャ又はドンバイゴ、大阪府でコマンジャコ、ミヽンジャコ又はマメンジャコ。兵庫縣でメイタンコ、チョチョメン、チョマメン、コメンタ又はメヽタ、長崎縣でドンボ又はメンダ、新潟縣でメッキョ、ウンゴロビャ又はジョンゴロオバイ、奈良縣でメタンチキ、ゴロキン、ゴメンタ、キ又はゴンバリコ、三重縣でメンパチ、メッバチ、メバイチョ、コバイネ又はジャジャイモ、愛知縣でウキス、メンバコ、ネンパチ又はタンバエ、靜岡縣でコメンコ、メンザ、チンタンコ又はメンチャコ、山梨縣でメザッコ又はウキス、滋賀縣でウキンタ、オキンチョ又はウキジャコ、岐阜縣でウキンチョ、イケスバエ、ハリメンコ又はコンペアス、長野縣でカナメ、メドッコ又はハリメド、岩手縣でメクラザコ、青森縣でウルメ、山形縣でジョンバラコ、メクラザッコ又はヨバランコ、秋田縣でウルズメ又はアサンビザッコ、福井縣でウキスイ、メヽンジャ又はゴンバリ、石川縣でカンタ、（女子の用ひる言葉）、カンチ、グンキョ又はカネタ、富山縣でカネザッコ又はメジャッコ、鳥取縣でネビンチャコ、ネビイ、ネンブウ又はメンバ、島根縣でメンパチ又はタイホオ、岡山縣でチョンバイ、イビツナゴ、ウキンバエ、ウキンゴ、コマイトオ、コメントオ又はミヽン、廣島縣でメエタ、ウキヨ、カンコロオ、カンチャコ又はチンチュウロ、山口縣でネンブウ、メイタゴ又はギンメ、和歌山縣でメヽタンス、アメジャコ又はネンバチゴ、德島縣でメチン、メヽチン、ベヾン、メタンビキ又はベタンジャコ、香川縣でミヽンチャコ、ゴマンジョ又はメヽイタ、愛媛縣でチミンジャコ又はメヽンジャコ、高知縣でアブラコ、アビラコ又はウキノコ、福岡縣でメダコ、タバヤン、メダンチョ又はベンジョコ、大分縣でメヽンダコ、佐賀縣でベエベエダンジョ、ミヽナゴ又はタカンチョ、熊本縣でゾオナメ、ゾオゾオナメ又はシビンタゴ、宮崎縣でザコピン、ズマメ又はズナメ、鹿兒島縣でタカメンチン、タコミン又はタカマメ、奄美大島でタユ、沖繩島でタカミイ、タカヾミ又はタカマミと云ふ。背鰭六軟

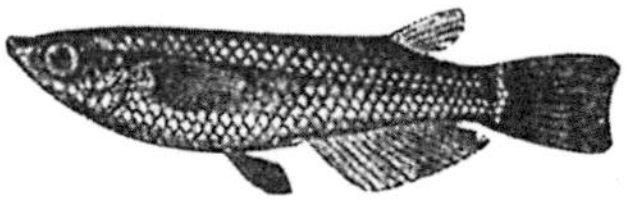

メ　タ　カ

條、臀鰭十七軟條、一縱列の鱗數三十一個である。東洋の淡水に居るもので、其分布の南限はわからない。北限は本州では最北端まで達してゐるが、北海道には多分居ないであらう。朝鮮、支那、臺灣などにも居る。體長僅に三十ミリメエトル（一寸）に過ぎないもので、田溝の間に產し、多少潮入りの處にも居るが、山地淸冽の水には居ない處が多い。多くは食用にしないが、甲府その他若干の地方では卵とぢなどゝして冬季食用に供する。愛玩用としては普通にヒメダカと稱し、野生のメタカから出來たものとせられてゐるが、是には褐色、靑色、緋色（黃赤色のもの）、白色のものなどあり、尙ほ黑斑のある緋色のメタカもある。オ、メタカ大眼高 Fundulichthys virescens（*Temminck & Schlegel*）と云ふものがあるが、斯樣なメタカの種類は無く、是はモツゴの幼魚又はオイカワの幼魚を見誤つて、メタカの一種類と考へたものと推測せられるのである。

タプミノオ　top minnow Gambusia affinis (*Baird & Girard*)（**メタカ科**）

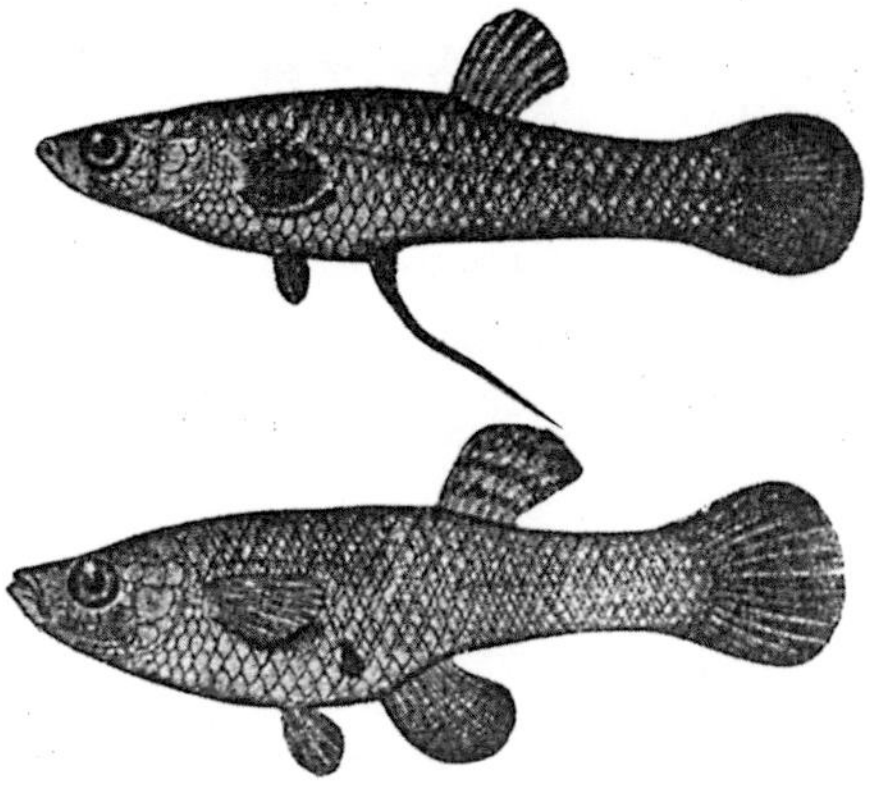

タプミノオ　上圖雄　下圖雌

米國で俗にタプミノオと云ふ。背鰭七乃至九軟條、臀鰭八乃至十軟條、一縱列の鱗數二十九乃至三十二個、體長は五十ミリメエトル（一寸六分）に達する。大西洋岸に注いでゐる川で、メキシコから米國の南部に存する沼地のやうな處に居るものである。よく蚊の幼蟲（ボオフラ）を貪食する爲め、マラリヤを傳播する蚊の幼蟲を撲滅する爲め、我國へも輸入したもので、多少內地にも居るが、臺灣には多少よく繁殖してゐるやうである。然し此魚がマラリヤを傳播する蚊の幼蟲を撲滅に近い程度に有効に働くかは疑問である。是れ暑氣の强い沼澤地では蚊の繁殖力が頗る旺盛である爲である。雌雄の差著く、雄は小くて、體長僅に二十五ミリメエトル（八分）に達し、肛門突起が頗る長い。

ウミテング　**海天狗**　Zalises draconis (*Linné*)（**ウミテング科**）

神奈川縣三崎でウミテングと云ふ。他地方には殆ど是に名稱が無い。體は堅い骨板の癒合によつて包まれ吻著く長く、胸鰭は幅廣く、且つ大きく、側方へ擴大し、稍や蝶の形に似てゐる。背鰭五軟條、臀鰭五軟條、腹鰭二軟條である。東印度諸島から南日本へ分布してゐる。左程珍いものとは思はれないが、其形が一寸風變りで、奇想天外の感じがするし、是を特別に漁獲する漁具もなく、また殆ど應用上の價値が無いから、世人からは頗る珍魚と考へられてゐる。吾々も是れの生活する場所を知らないが、その住所がわかれば多量に取ることが出來ようと思ふ。體長は六十ミリメエトル（二寸）に達する。乾燥して珍いものとして販賣してゐることがある。

ウ　ミ　テ　ン　グ

フウライウオ　**風來魚**　Solenostomus paradoxus (*Pallas*)（**フウライウオ科**）

フウライウオ

フウライウオとは曾て私の命名したものである。第一背鰭五棘、第二背鰭二十一軟條、臀鰭二十二軟條、腹鰭七軟條である。吻の長いことは稍やヤガラに似てゐる。ウミテングやタツノオトシゴに近いが、フウライウオは其體頗る柔である。體は稍や桃色で、長さ百五十ミリメエトル（五寸）に達する。是れの生活する處はわからないが、往々にして海面に浮漂してゐるのを掬ひ上げて取るのである。熱帶性のもので、南日本へ分布し、多少黒潮の影響のある處に居るやうである。全く食用としての價はないが、珍いものとして取扱はれてゐる。雌雄の差相當强い爲め、是等の差を種別の目標にせられたこともある。ヨオジウオ類やタツノオトシゴ類と違つて、雄が其卵を己の育兒囊に入れて孵化する。

ヨオジウオ

ヨオジウオ　揚子魚　Syngnathus schlegeli *Kaup*（**ヨオジウオ科**）

神奈川縣三崎でヨオジウオ、廣島でタケウマと云ふ。體細長く、且つ骨板を以て體を包んでゐる爲め、堅い揚子のやうに見へるのである。本種は著く吻が長い。南日本のものである。普通には珍いものとせられてゐるが、その住所を知れば澤山に取ることが出來る。背鰭は三十五乃至四十一軟條を持つてゐる。雄が己の育兒囊へ入れて卵を孵化するが、其囊は肛門の直後に存する細長い形のものである。此囊は縦に長く割れ目があるので、孵化した幼魚の出入には便利がいゝことゝ思はれる。是を食用に供する處はないであらう。内灣のアジモの中に居るものである。

イシヨオジ　石揚子　Corythroichthys isigakius *Jordan & Snyder*（**ヨオジウオ科**）

イシヨオジとは曾て私の命名したものである。一見した處ではヨオジウオと違はないが、吻が著く短い。鰓蓋の表面には水平に通つた一隆起線がある。此特徴はヨオジウオで見られないことである。背鰭二十七軟條、臀鰭四軟條である。琉球から南日本へ分布してゐる。内地では割合に少い爲に何處にゐるか充分にわからない。ヨオジウオと同樣の習性を持つてゐるものと思はれる。またヨオジウオと同樣に食品としての價値は無いやうである。

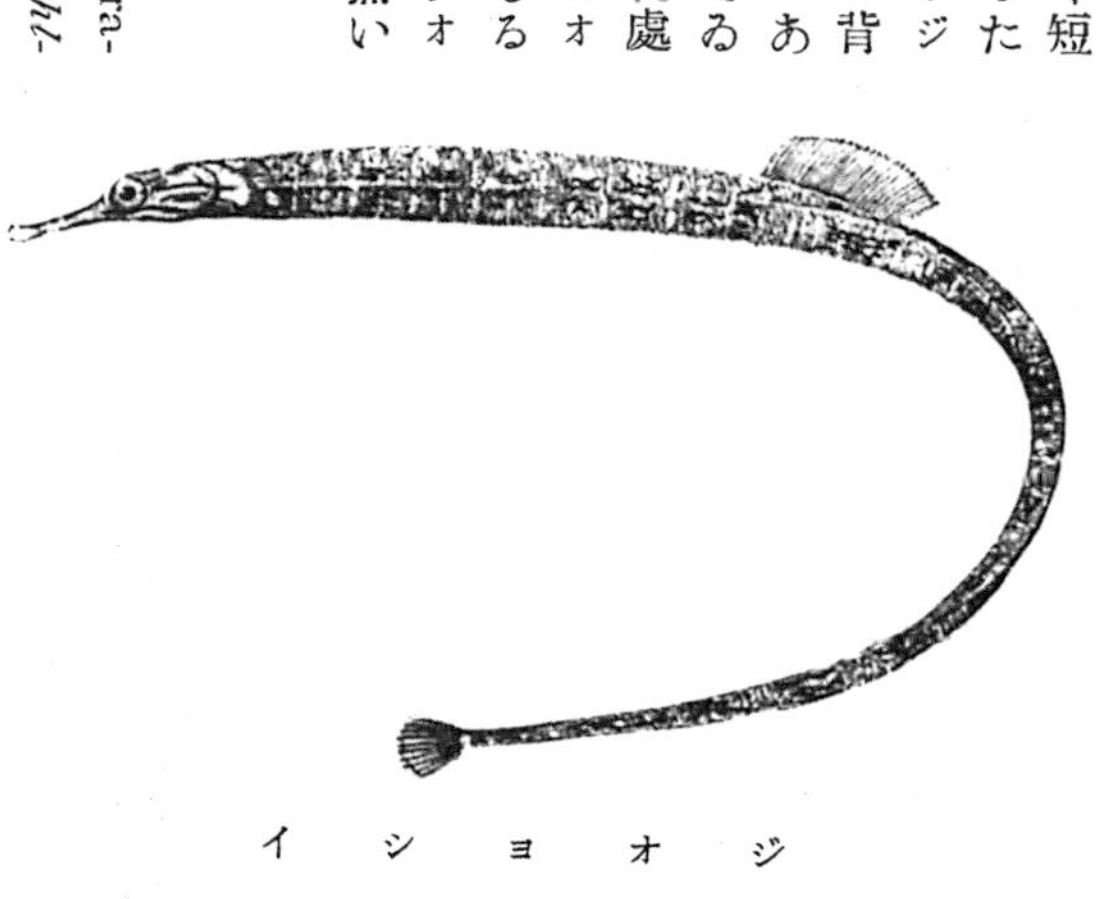

イシヨオジ

ヒフキヨオジ　火吹揚子　Trachyrhamphus serratus (*Temminck & Schlegel*)（**ヨオジウオ科**）

ヒフキヨオジとは曾て私の命名したものである。背鰭は二十六乃至二十八軟條を持つてゐる。ヨオジウオに似てゐるが、吻が割合に短い。吻の上縁が鋸齒となつてゐることが特徴である。南日本や支那へ分布してゐる。習性はヨオジウオに似てゐると思はれる。

ヒフキヨオジ

トゲヨオジ　**棘揚子**　Gasterotokeus biaculeatus (*Bloch*)（**ヨオジウオ科**）

トゲヨオジとは曾て私の命名したものである。普通のヨオジウオよりも著く體が縱扁してゐる。また尾部に鰭がなく、ヨオジウオとは違つて、尾部が他物へ卷き付くことが出來る。背鰭四十乃至四十五軟條、體輪は軀幹に於て十八個、尾部に於て四十五乃至五十五個ある。ヨオジウオよりも大きく成長し、百八十ミリメエトル（六寸）に達する。色は僅に赤味を帶び、美い黄色である。熱帶性のもので、東印度諸島から南日本へ分布してゐる。東京附近には少いものである。殆ど食用には供しないもので、たゞ珍いものとして往々人々の貯藏した標品を見受けるのである。

トゲヨオジ

タカクラタツ　**高倉龍**　Hippocampus takakurae *Tanaka*（**ヨオジウオ科**）

東京文理科大學教授高倉卯三麿氏が千葉縣北條で採集せられた標品により研究した爲め、曾て私が同氏の姓を取りタカクラタツと命名したものである。背鰭二十一軟條、臀鰭四軟條、體輪は軀幹に於て十一個、尾部に於て四十一個ある。體にある棘は凡て低く、頂冠も頗る低い。稍や大きく成長し、普通のタツノオトシゴよりも遙に大きくなる。體長（頭部を除く）百二十ミリメエトル（四寸）に達する。本種は Hippocampus kellogi *Jordan & Snyder* に頗る近いが、タカクラタツに於ては軀幹の背部に近い處に褐色の大きい圓點三個を前後に一列に持つてゐる。東京附近の暖い海に産するが、標品は多く得られない。和歌山縣やその以南へ分布してゐるであらう。

タカクラタツ

ハナタツ　**花龍**　Hippocampus mohnikei *Bleeker*（**ヨオジウオ科**）

小いタツノオトシゴで、體に幅の廣い褐色横帶數個を具へ、體の所々から皮質の絲狀突起が出てゐる爲め、稍や美く見へる。その爲め曾て私がハナタツと命名して置いたものである。背鰭十三又は十四軟條、體輪は軀幹部に於て十個、尾部に於て三十八乃至四十個である。南日本のものであるが、是とサンゴタツとどれだけの種別上の差違かあるか明でない。左程多いものでない。

ハナタツ

サンゴタツ　**珊瑚龍**　Hippocampus japonicus *Kaup*（**ヨオジウオ科**）

曾てキタノウミウマと私の命名したもので、宇井縫藏氏はサンゴタツと命名せられてゐる。此タツノオトシゴは北日本に多いとの考から私がキタノウミウマと命名したが、普通にタツノオトシゴと云ふものと同様に、南日本にも饒產するから、キタノウミウマと云ふ名稱は不適當である。背鰭十六又は十七軟條、體輪は軀幹部に於て十一個、尾部に於て三十九個である。體に存する棘は低く、頭部の頂冠も頗る低い。普通にタツノオトシゴと稱するものと同様、相當多いものであるが、普通に是を漁獲することも無く、特別の漁具も無いから、多少珍品とせられる傾向がある。然し內灣に繁茂してゐるアジモの中を搜すと、澤山に得られる。普通のタツノオトシゴと共に乾燥して神奈川縣江の島のやうな處で販賣してゐる。玩弄物ともなり、安產のお守りとの言ひ傳へもある。但し斯様な言ひ傳へは根據のある事柄ではない。

サンゴタツ

タツノオトシゴ　**龍ノ落子**　Hippocampus coronatus *Temminck & Schlegel*（**ヨオジウオ科**）

普通にタツノオトシゴと云ふが、何れの地で言ひ初めたかはわからない。處々でウミウマと云ふ。英語のシイホオス sea horse と同一の考である。和歌山縣田邊でリュウグウノコマ、同縣鹽屋でウマウオ、同縣串木でウマヒキ、同縣太地でウマ、高知でタツノコ、富山でウマノカオと云ふ。是等の名稱は何れもタツノオトシゴ類全般に通ずる名稱で、殊に普通にはタツノオトシゴとサンゴタツとは區別しないから、是等を混稱してゐるのである。是等の名稱の內でウマノカオと云ふ名稱は最もタツノオトシゴ類の形をよく現したものである。背鰭十三又は十四軟條、體輪は軀幹部に於て十個、尾部に於て三十八乃至四十個である。頭部や體部の棘は顯著で、卽ちよく發達してゐる。頭部の頂冠も大きいが、その發達程度は個體によつて種々である。サンゴタツと同様に多いもので、同様の目的に取扱はれるが、是等二種の居る地方が多少違つてゐて、卽ち同一ケ所に是等兩種は居ないやうである。凡てタツノオトシゴ類は水槽に入れて觀察すると面白い。

タツノオトシゴ

イバラタツ　**茨龍**　Hippocampus hystrix *Kaup*（**ヨオジウオ科**）

是は高知、和歌山兩縣下では屢々見られるが、相模灘で見受けたことはない。東印度諸島、ザンジバアなどから取られるから、熱帶性のものである。此魚は他のタツノオトシゴ類と違つて、各體輪から突出してゐる棘はよく發達してゐる。背鰭十七又は十八軟條を持つてゐる。此特徵から嘗て私がイバラタツと命名して置いたものである。

イバラタツ

クダヤガラ　**管幹魚**　Aulichthys japonicus *Brevoort*

クダヤガラとは嘗て私の命名したものである。稍やヤガラに似てゐるが、背鰭軟條（九軟條から出來てゐる）の前方に二十五個の離れ〳〵の

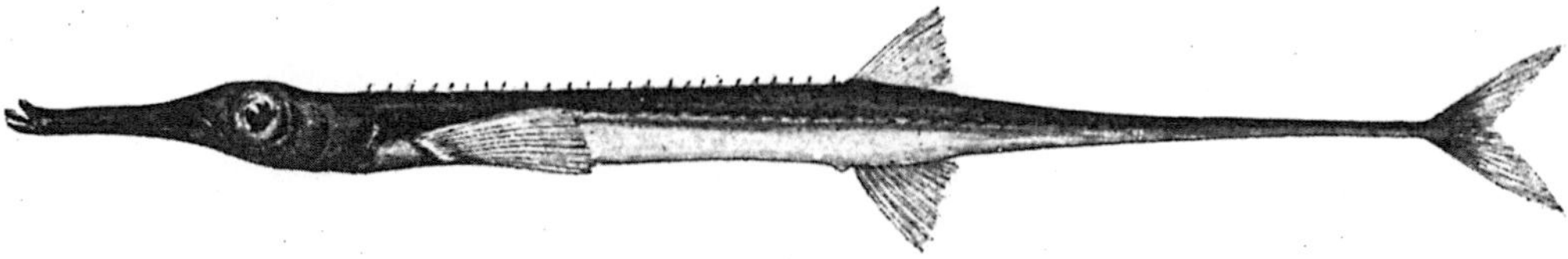

クダヤガラ

小棘があるを特徴とする。臀鰭には一棘十軟條ある。體側の板は五十五個を數へる。小い細長い魚で、體長は九十ミリメエトル(三寸)に過ぎない。是は内灣のアジモの中に多いものであるが、小い魚である爲め、漁業者が漁獲しても殆ど顧ない。南日本に生活するものである。

ヘラヤガラ　篦簳魚　Aulostomus chinensis *Lacépède*（**ヘラヤガラ科**）

體の長い事は、ヤガラに似てゐるが、頗る側扁してゐて、ヤガラのやうに縦扁してゐないから、容易に識別することが出來る。稍や篦のやうであるので、嘗て私がヘラヤガラと命名したものである。背鰭軟條と臀鰭とは對在し、各ゝ二十六軟條を持つてゐる。背鰭軟條の前方に十一個の離れ〱の棘がある。一縦列の鱗は凡そ二百三十個である。下顎は上顎よりも長くて、其先端に一個の鬚がある。體色や斑紋には個體變化があるから注意を要する。熱帶部の大西洋と太平洋とに居るもので、温帶部へも分布してゐるが、温帶部には少い。我國では殆ど食用としないやうであるが、南洋方面では食用とするかも知れない。體の大さ、肉量などはヤガラと同様である。

ヘラヤガラ

アカヤガラ　赤簳魚　Fistularia petimba *Lacépède*（**ヤガラ科**）

普通にヤガラと云ふ。高知ではヤカラと云つてゐる。普通にはアカヤガラとアオヤガラとを區別しないが、前者は體色赤く、大きくなり、且つ沖合に居るもので、後者は體色青灰色で、小く、且つ磯近くに居るものである。然し小いものでアカヤガラがあり、稍や大きいものでアオヤガラがある爲め、多くの分類學者は二種に區別するが、私は同一種のものではないかと思ふ。食用として稍や美味であるが、食用には專らアカヤガラを使ひ、アオヤガラは下等品である。背鰭十六軟條、臀鰭十四軟條である。吻頗る長く、長い管狀をしてゐること〻、尾鰭中央の後端から絲狀部が延長してゐること〻は人目を惹く特徴である。熱帶性のもので、南日本へ分布してゐる。是が薬用となるとの評判は多いが、其眞の價値を學術的に驗べた人はまだ無いやうである。

サギフエ　鷺笛　Macrorhamphosus japonicus (*Günther*)（**サギフエ科**）

神奈川縣三崎でサギフエ、高知市外の浦戸でウグイスと云ふ。頗る不思議な形をしてゐる爲め、他魚と容易に識別することが出來る。殊に吻頗る延長し背鰭の前部にある一棘が頗る延び、此棘の下面に數多の小棘のあるを特徴とする。第一背鰭五棘、第二背鰭十八軟條である。鱗は稍や小く、不規則に排

アカヤガラ

サギフエ

列してゐる爲め、精確に數へることは出來ない。熱帶性のものであるが、南日本以外からはまだ知られてない。食用としての價値は殆ど無い。サギフエには二型あつて、一方は體高低く、小形で、赤褐色で、稍や黒ずんでゐる。他の一型は稍や大きくなり、體高高く、色も赤黄の程度が强い。それ故小形の方は大形の方の幼期にも見へるが、小形の方と思はるゝものにも往々稍や大形のものもあつて、多くの分類學者は二種に區別する傾向が多いが、私は同一種のものと考へてゐる。その他、日本近海に生活するサギフエ類を數種に分けやうとする傾向が多いが、是等は個體變化又は地理學的變化に過ぎないもので、結局は同一種の中へ含めるべきものが多いと私は思つてゐる。

ヘコアユ　兵兒鮎　Aeoliscus strigatus (*Günther*)
（**ヘコアユ科**）

ヘコアユとは何處の名稱であるかわからない。或人は琉球名であらうと言ふが、保證は出來ない。頗る奇妙な形をしてゐて、頗る側扁し、堅甲を以て體を蔽ふてゐるし、肉部の發達が頗るわるい。その爲め、食用に供することは出來ないと思はれる。尾鰭は體の中軸と思はれる部分から著く下方へ曲がつてゐる。是は背部の甲が後方へ發達してゐる爲である。第一背鰭三棘、第二背鰭十軟條、臀鰭十二軟條である。吻頗る長

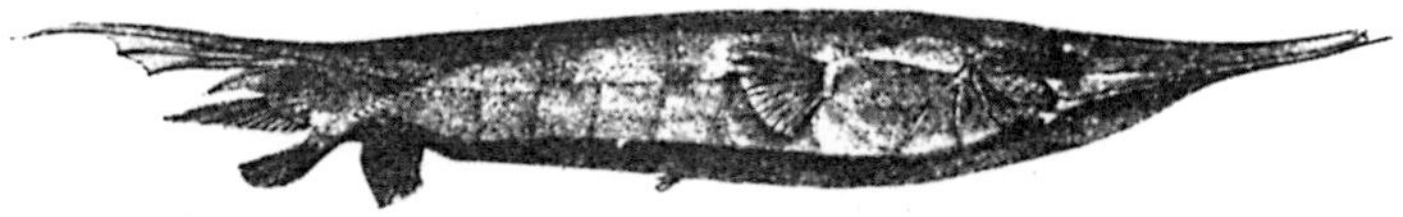

ヘコアユ

いのと、體の末端を作つてゐる棘部の先端に、背鰭第一棘が關節してゐることゝを特徴とする。熱帶性の魚で、琉球などには稍や多い。神奈川縣三崎でも稀に取れるものである。

イトヨ　絲魚　Gasterosteus aculeatus *Linné*（**イトヨ科**）

金澤、新潟、山形縣庄内などでイトヨ、岐阜でハリウオ、滋賀縣膳所でハリンコ、福井縣大野町でハリトヽ、島根縣簸川郡大社でハリタテ、島根縣濱田でタアジと云ふ。イトヨとはイトウオの意味であらう。背鰭は一棘十三軟條を持つてゐる部分を主體とし、其前方に離れ〳〵の棘二個を持つてゐる。臀鰭は一棘十軟條で、側方を縱走してゐる小板は連續した列で、且つ完全な列を作つてゐる。此類はトミヨと同く巣を作り、雄が巣内の卵の世話をするものである。河口に近い田溝の間で初春産卵し、孵化したものは、一旦、海へ降つて成長し、翌春再び河を溯る。産卵したものは殆ど皆死滅する。岐阜、大垣、琵琶湖東岸の小川（池沼のやうになつてゐる處）、三重縣などに居るものは小く、體高高く、側板が無いが、是は海へ降らない爲に起つた變化と云ふことになつてゐる。然るに福井縣大野町本願清水（ホンガンシヨオズと訓む）の湧き水（九頭龍川河口から十三里餘上流）と栃木縣大田原親園村字實取《ミドリ》とにあるイトヨは河口より頗る上流で、是等が成育の爲め河口へ降るとは思はれないが、岐阜などに居る型とは稍や違つて、普通の型に近いやうに見えるのは頗る注目すべきものであ

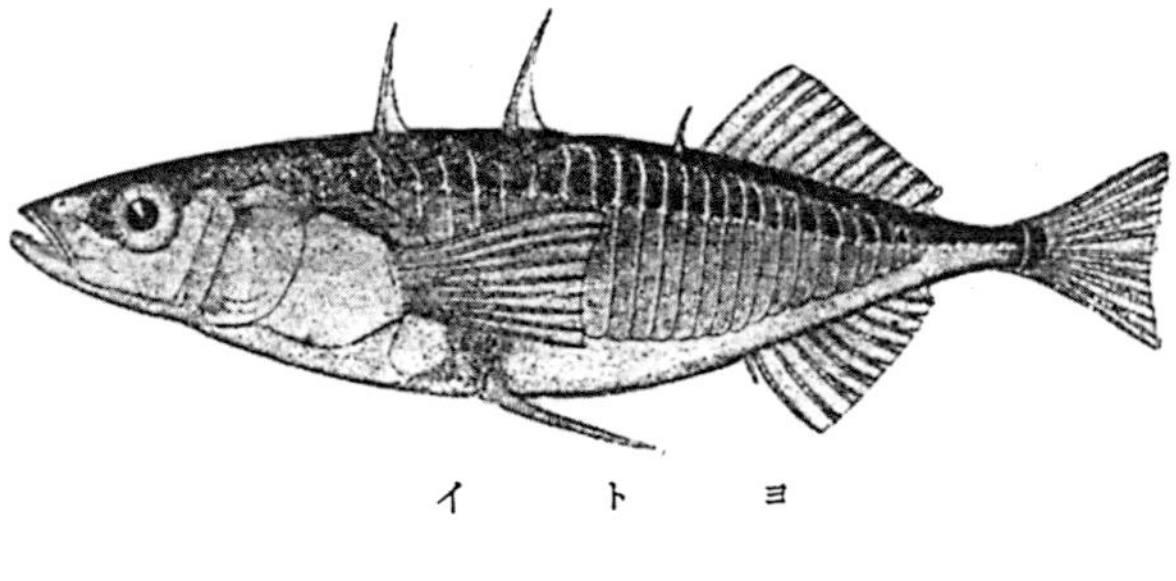

イトヨ

る。河口を溯るものは頗る大群をなして現出する爲め、其型の居る地方では是を取つて食用に供する。相當美味である。大體北日本の河口附近に居るものであるが、岐阜や三重縣に居るものは一般の分布よりも南方へ進出したものである。

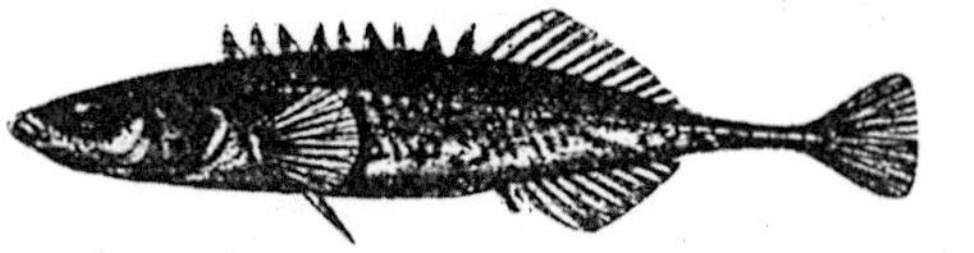
ト　ミ　ヨ

トミヨ　富魚　Pygosteus sinensis (*Guichenot*)（**イトヨ科**）

青森縣弘前でトミヨ、新潟縣新發田でイシャジャ、石川縣金澤でハリサバ、福井縣今立郡新横江村でサバ、埼玉縣川越附近でトゲブナ、兵庫縣柏原でカツォと云ふ。トミヨとイトヨとを合して一般にトゲウォと云ふことになつてゐる。背鰭は十一軟條を持つてゐる部分の前方に八乃至十二個の離れ〲の棘がある。臀鰭は一棘八又は九軟條を持つてゐる。此魚はイトヨよりも稍や南方へ擴がつてゐるが、それでも東京附近の井の頭よりも西方には居ないやうである。此魚は個體變化も地理學的變化も甚く、體高などは種々に變化し、背鰭の棘も一定してゐない。從つて種々の學名が付けられてゐるが、同一種へ含めるべきものと思ふ。是を食用とすることは無いが、學術上の資料としては興味のあるものである。體長は五十ミリメエトル（一寸七分）に達する。

ハマダツ　濱駄津　Tylosurus schismatorhynchus (*Bleeker*)（**ダツ科**）

東京附近でダツ、大阪、和歌山、高知でダス、大阪府岸和田、和歌山縣串本、三重縣木の本でラス、富山でアオダチナゴリ、長崎でナガザヨリ、大分縣の大部分でダイガンジ又はテラ、山口縣小野田町でダイガンジョオと云ふ。本種に近いものは他に三種を産するが、何れも同樣に稱してゐるて、特に區別することは無い。また、その分布區域も殆ど同樣で、熱帯から南日本へ分布してゐる。爰に擧げる種は私が嘗てハマダツと命名したものである。本種の特徵は背鰭軟條の内、後部のものが著く長いことである。背鰭二十四乃至二十七軟條、臀鰭二十五乃至二十七軟條を持つてゐる。體色は上部綠褐色、下部白色であるが、骨も青綠色である。何れの種類も殆ど同一地方で漁獲せられ、漁業者も他の人々も是等の種類を區別しないで、同樣に取扱つてゐる。大分縣では相當の漁獲があつて、食用に供せられる。左程美味とは言はれない。

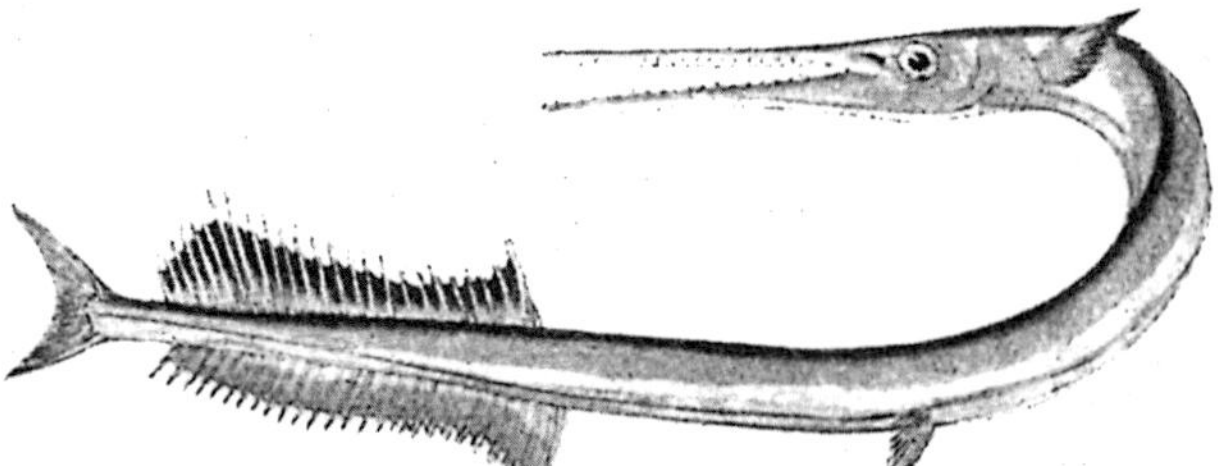
ハ　マ　ダ　ツ

サヨリ　細魚　Hyporhamphus sajori (*Temminck & Schlegel*)（**サヨリ科**）

一般にサヨリと云ふ。和歌山でヤマキリ、和歌山縣田邊でスヾ、東京で大きいのをカンヌキザヨリ、茨城縣土浦でヨド又はサイレンボオと云ふ。下顎頗る長い。また其下面が美く赤いのも人目を惹く特徵である。背鰭十六軟條、臀鰭十七軟條、一縱列の鱗數百六個である。背鰭起部と臀鰭の起部とはよく對在してゐるが、多少一方が前方へ進んでゐることが

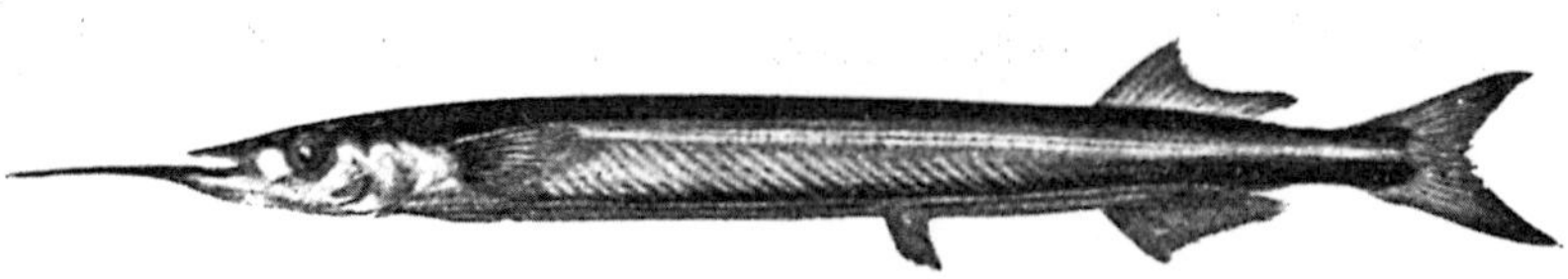
サ　ヨ　リ

ある。是が爲め本種を數種に分つこともあるが、是等は同一種內のものと推定して差支ないと私は思つてゐる。海岸、殊に內灣の表層に群游してゐるが、時によつては中層へ沈下する。また大河或は河口に近い湖水に居ることもある。例へば茨城縣霞浦で潮汐の影響のない處にも居るが、多くは幼魚か又は充分に成長し得ないもので、稀に大きい成魚を見ることがあるのみである。美味のもので、ダツに近緣であるが、遙に美味とせられ、色々の料理法もあるが、多くは吸物種として喜ばれる。

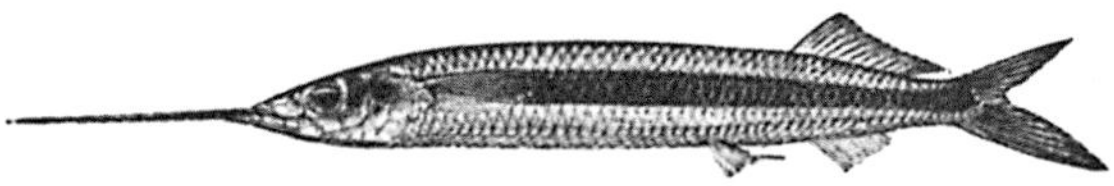

ナンヨオサヨリ

ナンヨオサヨリ　南洋細魚　Hyporhamphus japonicus *Brevoort*

ナンヨオサヨリとは曾て私の命名したものである。普通のサヨリよりも南方に居るもので、恐らく熱帶へも分布してゐると思ふが、此點が全くわからないのは遺憾である。背鰭十四軟條、臀鰭十二軟條、一縱列の鱗數五十三個である。背鰭起部は著く臀鰭起部よりも前方へ進んでゐる。南日本殊に神奈川縣三崎には少いものである。

トオザヨリ

***トオザヨリ　唐細魚**　Euleptorhamphus longirostris (*Cuvier*)（**サヨリ科**）

千葉縣高の島でトオザヨリと云ふ。背鰭二十四軟條、臀鰭二十三軟條、腹鰭六軟條、一縱列の鱗數百十個である。體頗る側扁し、嘴頗る長い。太平洋や印度洋の熱帶部に多いもので、我國では千葉縣まで分布してゐる。此の故に我國では稀に見るものである。食用としての價値は普通のサヨリに劣つてゐると思はれる。

サンマ　秋刀魚　Cololabis saira (*Brevoort*)（**サンマ科**）

一般にサンマと云ふ。和歌山縣各地でサイラ又はサイレ、和歌山でサヨリ（普通のサヨリと間違はないやうに注意を要する）と云ふ。頗る側扁した體を持ち、體側には幅の廣い青味がゝつた銀白色の一縱線がある。上下の顎は頗る短いが、よく見ると稍やサヨリやダツに似てゐる。是は是等と近緣のものである爲である。背鰭は十乃至十二軟條とその後方に五又は六個の離れ〴〵の軟條とを持つてゐる。臀鰭は十二乃至十四軟條と、その後方に六又は七個の離れ〴〵の軟條を持つてゐる。一縱列の鱗數は百二十個である。北日本殊に外房州に秋季群をなして北方から襲來し、是を流刺網で漁獲する。近頃は千葉縣や茨城縣へ來ない前に、晩夏又は初秋に北海道襟裳岬方面へ出動して盛に漁獲する。千葉縣沖を南下するサンマは和歌山縣、四國、九州等へも廻游するやうである。千葉縣や相模灘へ襲來する時に產卵し、其卵を多數に刺網へ產み付ける。惣菜用として美味のもので、千葉縣方面のものを最も美味とするが、相模灘や其以南へ廻游したものは著く不味となるものである。

サンマ

***トビウオ　飛魚**　Cypselurus agoo (*Temminck & Schlegel*)（**トビウオ科**）

一般にトビ又はトビウオと云ふ。東京でトビノウオ、新潟でタチウオ（普通のタチウオと間違はないやうに注意を要する）、山口縣、福岡縣、長崎縣でアゴと云ふ。胸鰭頗る長く、水面上を跳ぶ時、是が落下傘の用を勤める。背鰭十三叉は十四軟條、臀鰭八叉は九軟條、一縱列の鱗數五十二個である。南日本のもので、東北地方には少いが、日本海沿岸の内、西方には多少の漁獲がある。東京では初春伊豆七島中の三宅島方面へ襲來した大形のものを最も美味としてゐる。惣菜としては頗る重寶なものである。是に近いもの凡そ三種を邦産とするが、何れも頗る少いものである。

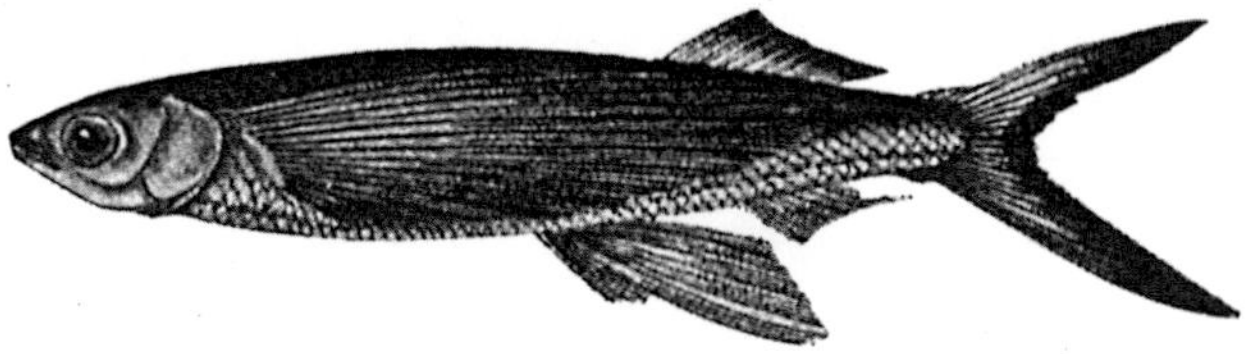
トビウオ

アカカマス　**赤魣**　Sphyraena pinguis *Günther*（**カマス科**）

一般にカマスと云ふ。

是には二種又は三種を區別し得るが、普通には區別しないで取扱つてゐる。爰に擧げる種類は曾て私がアカカマスと命名したものである。我國の所々でアカカマスとアオカマスとを區別するが、その内のアカカマスは爰に擧げる種類に限られてゐるか、まだ充分にわからない。此類は吻が長く、口内の齒頗る強く、取扱上大に注意を要するが、美味の魚である。たゞ水分が多い爲に、多少日乾すると美味の程度を増すものである。本種に於ては、第一背鰭五棘、第二背鰭一棘九軟條、臀鰭二棘八軟條、一縱列の鱗數九十五個である。體色は赤味がゝつた褐色である。

トオゴロイワシ　**頭五郎鰯**　Atherina bleekeri *Günther*（**トオゴロイワシ科**）

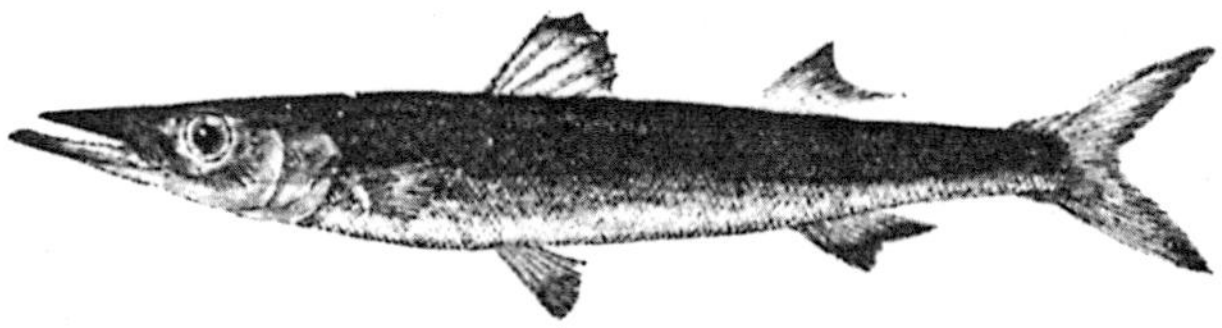
アカカマス

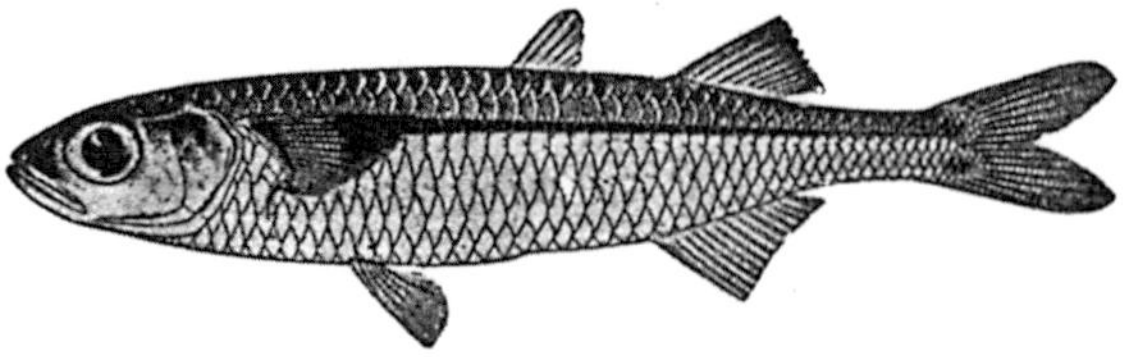
トオゴロイワシ

神奈川縣三崎でトオゴロイワシ、東京でキイワシ、房州根本、兵庫縣淡路國福良、高知でトンゴロオ、濱名湖でカワイワシ、福岡縣柳河でヤマハダラと云ふ。稍やイワシに似てゐるが、鱗が體に密著してゐるを特徴とする。イワシ類の鱗は頗る剝離し易いものである。第一背鰭六棘、第二背鰭一棘十軟條、臀鰭一棘十三軟條、一縱列の鱗數四十五個である。體側に幅の廣い青味がゝつた銀白色の一縱帶がある。邦産には二型あつて、其一つは肛門が左右の腹鰭の間に位し、他の一型では腹鰭後端よりも後方にある。從つて是等二型を各〻別種とするのが普通であるが、私は是等は同一種内の異型と思つてゐる。其理由の一つとしては此類では肛門の位置は幼期から成長するに從つて追々に前進するやうである爲である。下等食品であるが、稀にはカツオの餌料とすることもある。斯様なことは他にいゝ餌料殊にカタクチの無い場合である。

ボラ　**鰡**　Mugil cephalus *Linné*（**ボラ科**）

一般にボラと云ふ、此魚は成長と共に名稱が變はり、その變はり方が地方によつても違ふ爲め、更に複雜となる譯である。東京では一寸から六寸までをオボコ、イナッコ又はス

ボラ

バシリと云ひ、一尺までをイナ、それ以上のものがボラで、最も大きいものをトヾと云ふ。高知では一寸以内をボラコ、二寸以内をイキナゴ又はキンビシコ、五寸内外をコボラ又はイナ、二年魚以上をボラと言ふ。處によつてクロメ又はシロメと云ふのはメナダをアカメと云ふのに對照したものである。普通にボラをマボラと言つて、メナダと區別するが、新潟方面でボラ又はマボラと云つてゐるのはボラとメナダと兩方で、つまり此方面では是等兩種を識別しないのである。第一背鰭四棘、第二背鰭一棘八軟條、臀鰭三棘八軟條、一縱列の鱗數三十八個である。吻はメナダよりも稍や長く、下顎先端の角度は直角であるが、幼魚では鋭角で、大形のものでは稍や鈍角となるものである。我國ではメナダよりも南方に生活してゐるが、それでも東北地方や新潟方面にも居る。然し是等の地方ではボラよりもメナダが多少多い傾向があるやうである。北海道の稍や寒い處ではメナダは少々居るが、ボラは全く居ない。農林省のボラの統計はボラとメナダとを混合して記載したものと思はれるが、昭和五年度の其統計ではボラの漁獲高は八百九十八萬七千三百五十一キログラム(二百三十九萬六千六百二十七貫)、二百九十六萬二千四百五十三圓に達してゐた。左程美味とはせられてゐないが、中等大のものを名古屋方面で特に賞味する傾向がある。カラスミはボラの卵巢を鹽乾したもので、普通にはメナダの卵巢ではない。ボラの卵巢は東京附近の海では、發達しない爲に、長崎、熊本縣、天草、鹿兒島、臺灣等で取れたもので製造するのである。

メナダ　眼奈陀　Liza haematocheila (*Temminck & Schlegel*)（**ボラ科**）

東京でメナダ、濱名湖でイセゴイ、大阪、福岡縣三池でシュクチ（福岡縣三池で小形のものをアカメと云ふ)、和歌山、高知でスクチと云ふ。東京では當才をコスリ、二、三才をトオブシ(投網の網の目から付いた名である)、四才以後をメナダと云ふ。東京の魚商に往々にしてメナダはボラの雌と云つたり、ボラの頗る大きいものと言ふことがあるが、是は間違ひである。第一背鰭四棘、第二背鰭一棘八軟條、臀鰭三棘八軟條、一縱列の鱗數三十七個である。吻はボラよりも短く、口唇は稍や赤味を帶びてゐる。下顎の先端は鈍角であるが、幼魚では直角に近づく爲め、ボラと誤り易い。ボラの上顎後骨は眞直ぐに後方に延びてゐて、頭の下面から見えないが、メナダの上顎後骨の後部は下方へ曲がつてゐる爲め、口を閉ぢた時に頭の下面から僅ながら其骨の後部を明に見ることが出來る。ボラよりも北へ分布してゐるもので、北海道にはボラは少いが、メナダは相當多い。東北地方、新潟、北海道ではボラとメナダとを區別しないで、ボラ又はマボラと言つてゐるから注意を要する。ボラは東京附近では卵巢を發達しないが、メナダではよく發達する。從つてボラの卵巢のない地方ではメナダの卵巢からカラスミを作るやうに聞き込んでゐるが、實地を見ないから此點を充分に調査する必要がある。

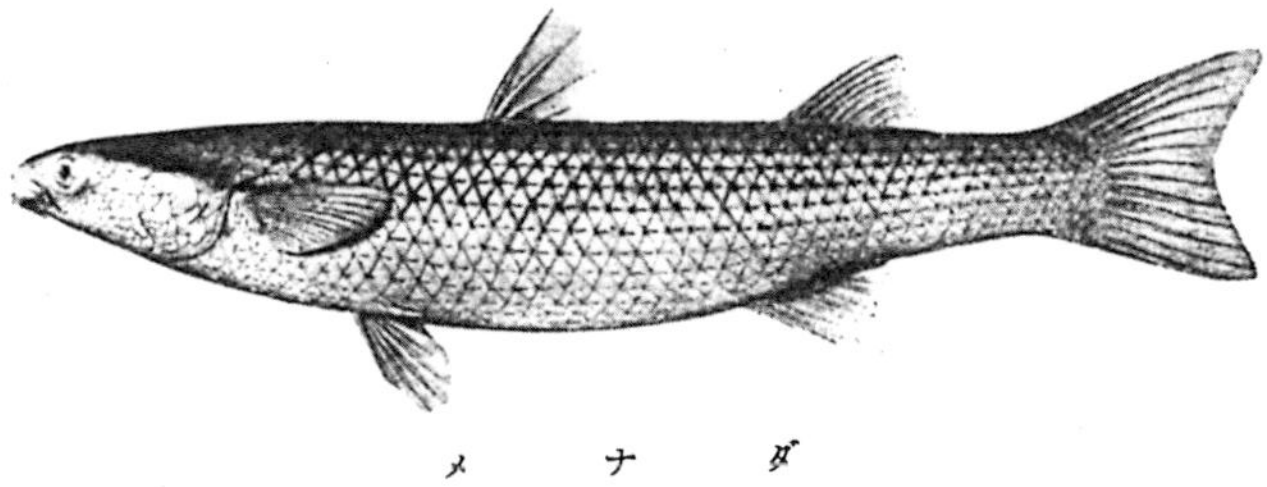

メ　ナ　ダ

キンメダイ　金眼鯛　Beryx splendens *Lowe*（**キンメダイ科**）

神奈川縣三崎、東京などでキンメ又はキンメダイと云ふ。背鰭四棘十三軟條、臀鰭四棘二十七乃至二十九軟條、腹鰭一棘九又は十軟條、一縱列の鱗數七十四個である。本種に近いものにナンヨオキンメ（此和名は曾て私の命名したものである）Beryx decadactylus *Cuvier & Valenciennes*がある。是等兩種は殆ど同處に於て同時期に取れるものであるが、體高がキンメダイよりもナンヨオキンメの方が高い。然し此頃の私の分類法で考へると、是等兩種と思はれてゐるものは同一種内のものかも知れない。是等兩種はホルトガル沖や北亞弗利加西方のマディラ群島附

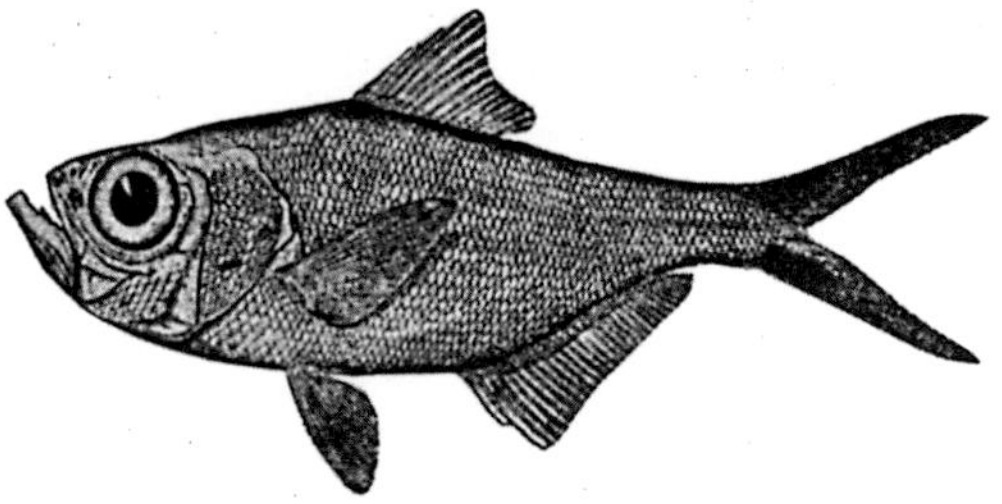

キンメダイ

近でも取られるもので、深海に産するものである。我國では相模灘で冬季相當の漁獲のあるのは、此地方に冬季に深海漁業が行はれる爲である。若し此漁法が他地方でも行はれるならば、南方でも漁獲せられることゝ思はれる。是等兩種共に眼大きく、虹彩が金色で、恰も猫の眼を見るやうである。稍や美味の魚である。

カノコウオ　**鹿子魚**　Holocentrus spinosissimus *Temminck & Schlegel*（**グソクダイ科**）

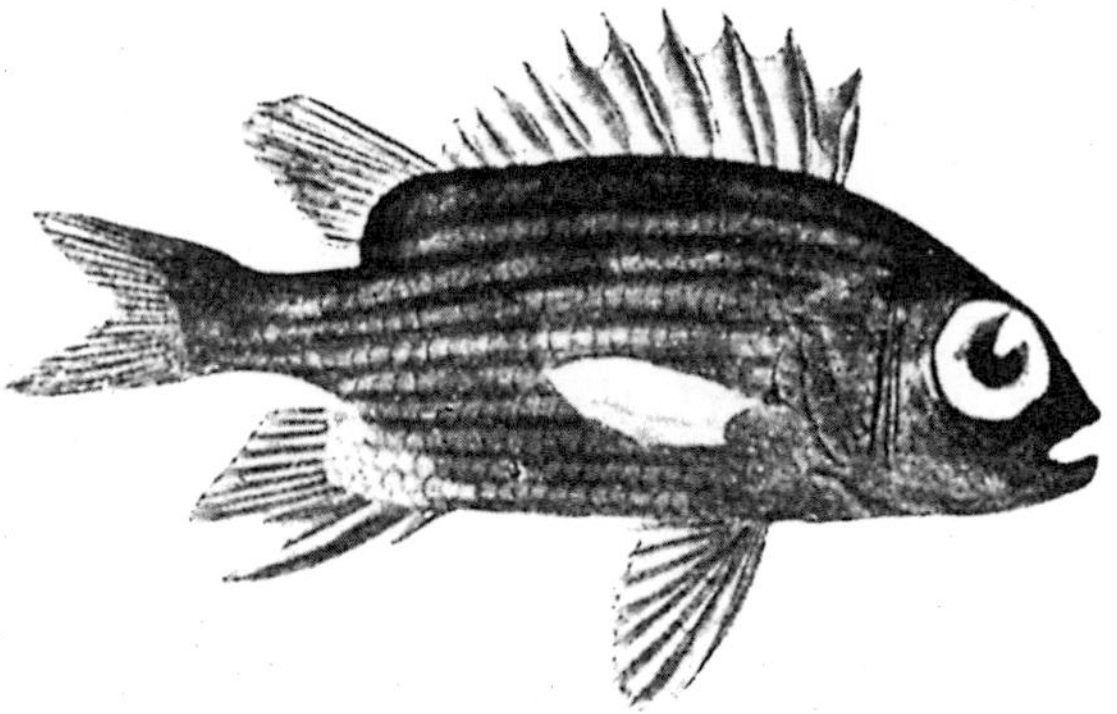

カノコウオ

和歌山縣田邊でカノコウオ、和歌浦でコンペントと云ふ。東京附近では此魚に名稱のないのは多く取れないのと此魚を左程注目しない爲である。背鰭一棘十三軟條、臀鰭四棘九軟條、腹鰭一棘七軟條、一縱列の鱗數三十七又は三十八個である。鰓蓋前骨の隅角から強い一棘が後方へ突出してゐる。赤い美い色で、各鱗に大きい白い圓點一個を具へてゐる。此魚が死なうとする時には是等の圓點が明滅するので更に美く見えるものである。和歌山縣では多少の漁獲があつて、美味とせられてゐる。東京では見慣れない魚であるのと、餘りに赤く美い爲め、普通の人は此魚を食べるに逡巡するが、稀には食する人があるかも知れない。水族館の水槽へ入れると人氣を博することが出來る。南日本のものである。體長は二百四十五ミリメエトル（八寸）に達する。

テリエビス　**照夷**　Holocentrus ruber (*Forskål*)（**グソクダイ科**）

テリエビスとは嘗て私の命名したものである。背鰭十一棘十四軟條、臀鰭四棘十一棘條、腹鰭一棘七軟條、一縱列の鱗數四十八個である。鰓蓋前骨隅角から後方へ突出してゐる棘は一個で、相當強大である。また臀鰭第三棘が強大である。背鰭前部に黑褐色の一帶があるが、其鮮明度は個體によつて違ふ。本種は南日本、琉球、臺灣等へ分布してゐるもので、神奈川縣三崎では極めて少いものである。また印度方面に住んでゐるものとは背鰭の黑褐色の部分が稍や違つてゐるが、此差違を生ずるのは私は同一種内の地理學的變化に基くものと推定する。此考を誤なしとすると本種は紅海、印度へも分布してゐる。

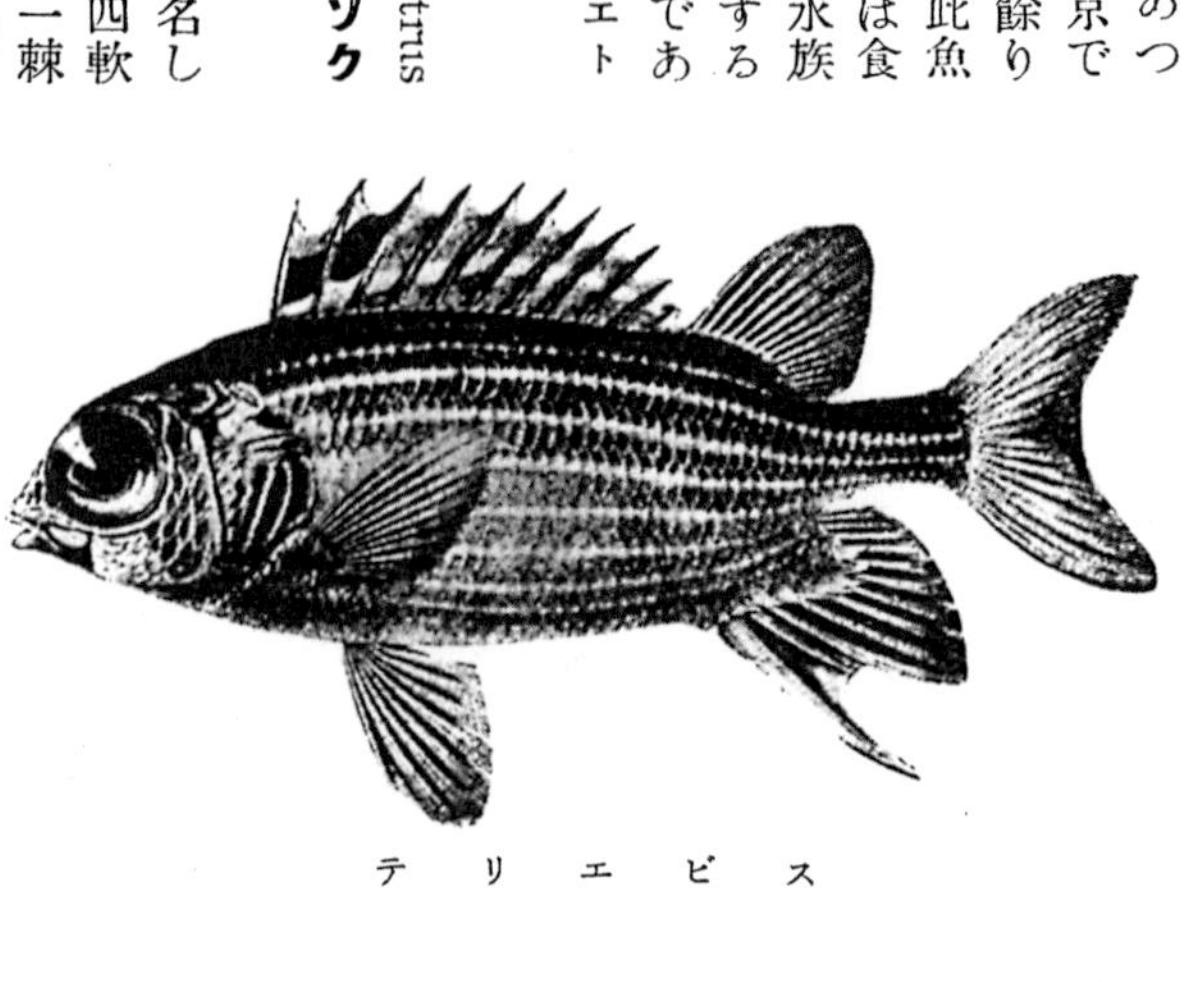

テリエビス

アカマツカサ　**赤松毬**　Myripristis murdjan (*Forskål*)（**グソクダイ科**）

長崎でアカマツカサと云ふ。第一背鰭十棘、第二背鰭一棘十四軟條、

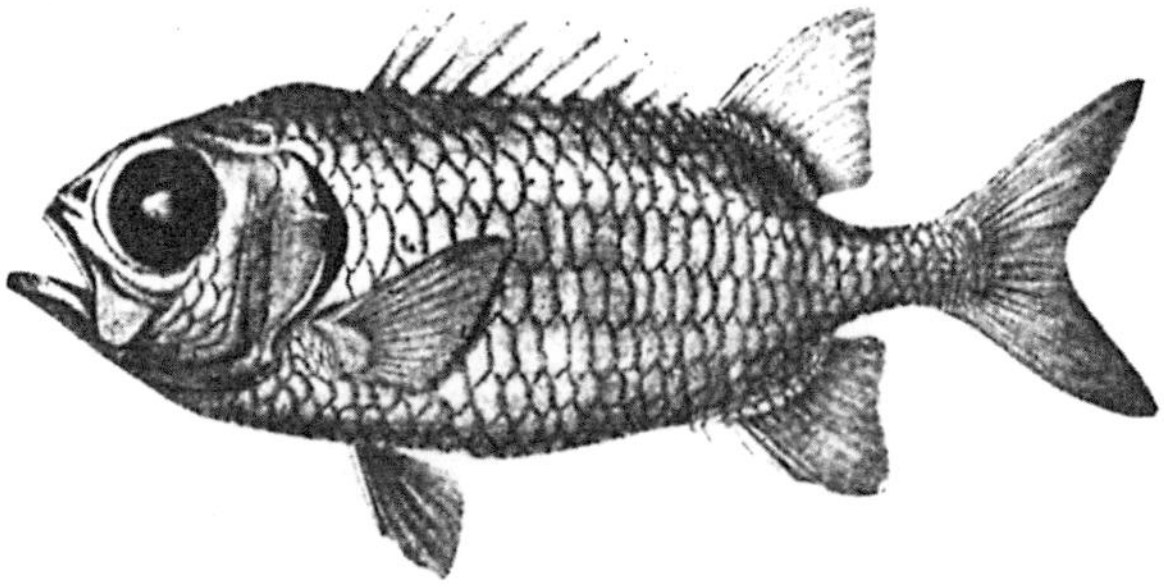

アカマツカサ

臀鰭四棘十二軟條、腹鰭一棘七軟條、一縱列の鱗數二十七個である。稍や黄味を帶びた美い赤色で、鰓蓋皮褶の上部と胸鰭の腋部とが褐色である。體長二百四十ミリメエトル(八寸)に達する。東洋の熱帶部に居るもので、南日本へまで分布してゐる。東京附近には少いが、和歌山縣、高知縣などには多少の漁獲がある。多少美味のものであらう。カノコウォに近いもので、よく是に似てゐるが、鰓蓋の隅角に強い棘が無い。布哇では是を食用の爲め漁獲するが、是を取るには生きた一尾を囮《をとり》に使ひ、此種類の住んでゐると思はるゝ岩陰の前へ下ろすと、岩の中に潜んでゐるものが是に挑戰の爲め岩の外へ出る處を釣鉤へ引つかけて取るのである。次いで此元氣のいゝ新しいものと付け替へて是を囮とし、順次に他のものを誘き寄せて取り上げるのである。

グソクダイ　**具足鯛**　Ostichthys japonicus (*Cuvier & Valenciennes*)（**グソクダイ科**）

高知でグソクダイ、和歌山縣田邊でカネヒラ、鹿兒島縣志布志でヨロイデ（ヨロイダイの訛り）と云ふ。背鰭十二棘十三軟條、臀鰭四棘十一軟條、腹鰭一棘七軟條、一縱列の鱗數二十八個である。鰓蓋前骨隅角に強い棘が無い。體色は美い赤色で、體長は三百ミリメエトル(一尺)に達する。南日本のもので、印度方面へも分布してゐるであらう。本種はカノコウォに近いが、著く體高が高い。本種に近いものに Ostichthys pilwaxi (*Steindachner*) がある。是は體高低く、外觀はカノコウォによく似てゐるが、鰓蓋前骨隅角に棘のないことで是と區別する事が出來る。此體高の低い方は布哇で稀に取られるが、增田繁男氏は東京附近の海から取られたことがある。是等兩種は或は同一種内の異型と見た方がいゝと私は思つてゐる。グソクダイは鹿兒島縣志布志で多少の漁獲があつて、相當美味とせられてゐる。體の外面を蔽ふてゐる堅い鱗は此魚を煮又は燒けば容易に剝脱せしめることが出來る。

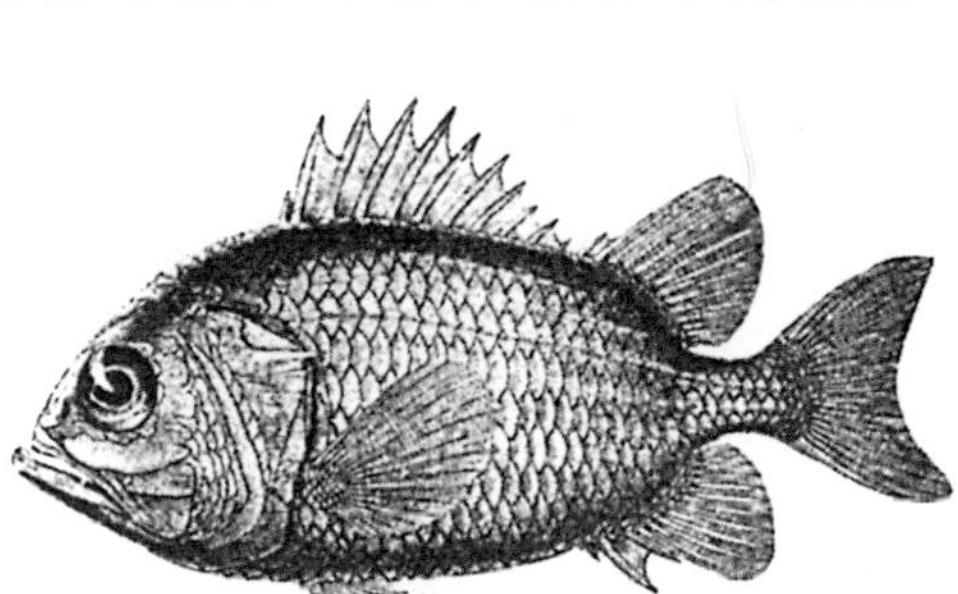

グソクダイ

ギンメ　**銀眼**　Polymixia nobilis Lowe（**ギンメ科**）

此魚をアゴナシと言ふ處は多い。神奈川縣三崎ではアゴナシ又はギンメと云ふ。眼の虹彩が金色でなく、銀白色であるのと、體形が多少キンメに似てゐる爲め、キンメと對照してギンメの名稱が出たであらう。背鰭五棘三十三軟條、腹鰭一棘六軟條、臀鰭四棘十五又は十六軟條、一縱列の鱗數六十個である。頤に一對の鬚がある。體色は上部褐色で、下部は銀白色である。尾鰭兩葉の先端部と背鰭軟條部前部の先端とは濃褐色であ

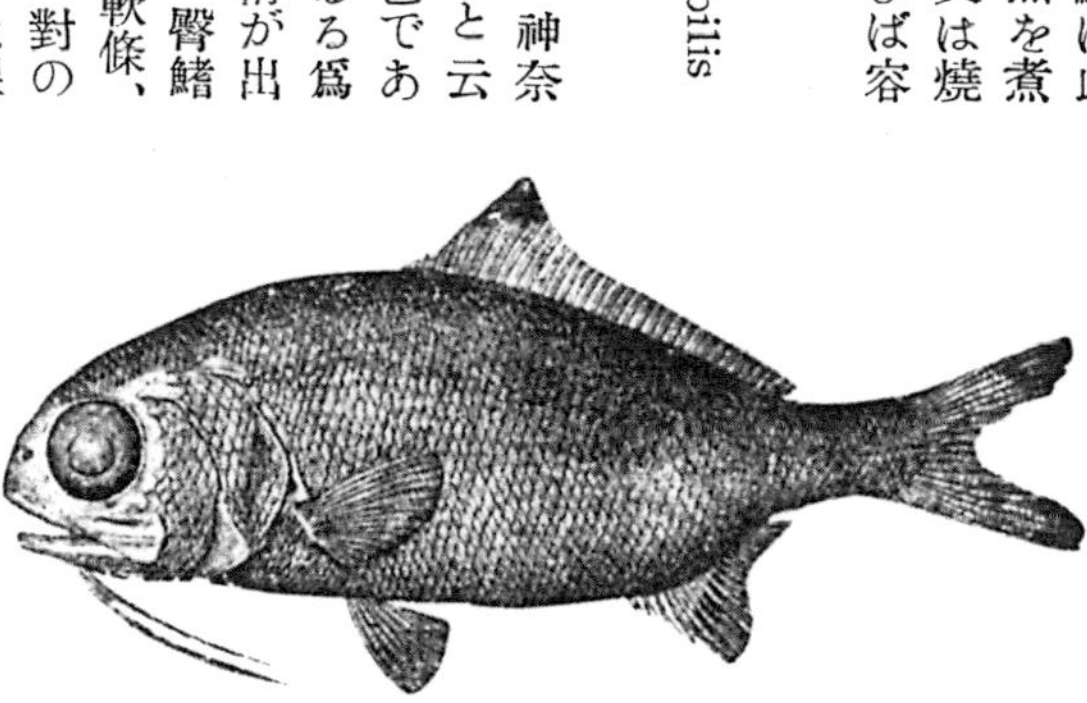

ギンメ

る。體長は三百ミリメエトル（一尺）に達する。南日本から熱帶方面へ分布してゐるもので、太西洋のマデイラ群島（北亞弗利加の西方にある）にも產する。左程美味のものではないと思ふ。

マツカサウオ　松毬魚　Monocentris japonica (*Houttuyn*)（**マツカサウオ科**）

マツカサウオとは何れの地の稱呼か不明である。兵庫縣但馬國豐岡でシャチホコ、高知でヨロイウオ、熊本でイシガキウオと云ふ。背鰭五又は六棘十一又は十二軟條、臀鰭十軟條、腹鰭一棘三軟條、一縱列の鱗數十二乃至十四個である。鱗は頗る堅く且つ大きい。背鰭棘部の排列が特徴である。腹鰭の棘は其基底部と摩擦せしめて、一種の摩擦音を發することが出來る。頤の先端に一對の發光器があるが、其色は黑い。此發光器へ無數の發光バクテリヤを宿し、是によつて夜間に強い螢光を發する。體長僅に百五ミリメエトル（三寸五分）に達する。稍や深い處又は岩窟の間に住み、闇夜には多少浮び出て、活潑に餌を索める。支那東海に多く、味も相當美味であるから、蒲鉾原料ともなるものである。南日本に產する。

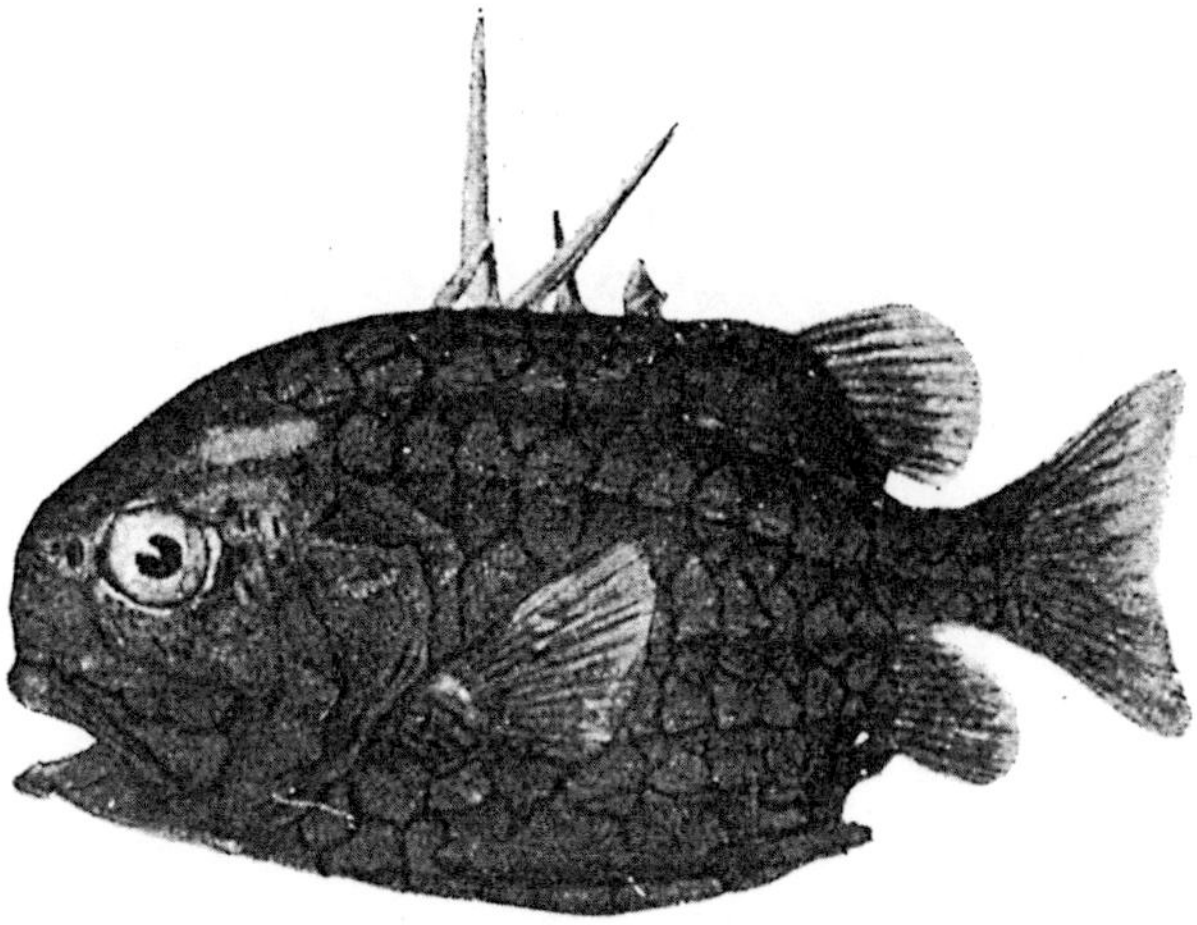

マツカサウオ

サバ　鯖　Scomber japonicus *Houttuyn*（**サバ科**）

一般にサバと云ふ。第一背鰭九棘乃至十二棘、第二背鰭一棘十一軟條、離れ〳〵の軟條五個、臀鰭一離棘の後方に一棘十一軟條、その後方に離れ〳〵の軟條五個ある。一縱列の鱗數凡そ二百個を數へることが出來る。是に二型あつて、一をホンサバ（又はヒラサバとも云ふ）、他の一をゴマサバ（マルサバとも云ふ）と云ふ。東北地方でマルサバと言ふのはゴマサバでなく、ヒラサバの肥大したものである。是等二型を各〻別種とする人もあるが、同一種中の異型と見た方がいゝと私は思ふ。然し兩型は習性住所を異にしてゐるから、是等と種別の標準との關係を研究するには最も都合がいゝ。神奈川縣三崎の東京帝國大學附屬臨海實驗所の青木熊吉氏の言ふ處によると「ホンサバは海岸附近を游泳しゴマサバは沖合を游泳する。また產卵期は三崎ではホンサバは四月頃、ゴマサバは七月頃である」とのことである。北日本にはホンサバのみで、ゴマサバは無い。南日本には兩型共にある。普通にはホンサバの方がゴマサバよりも美味である。秋鯖と言つて、秋を最も美味の

サバ　ゴマサバ型

サバ　ホンサバ型

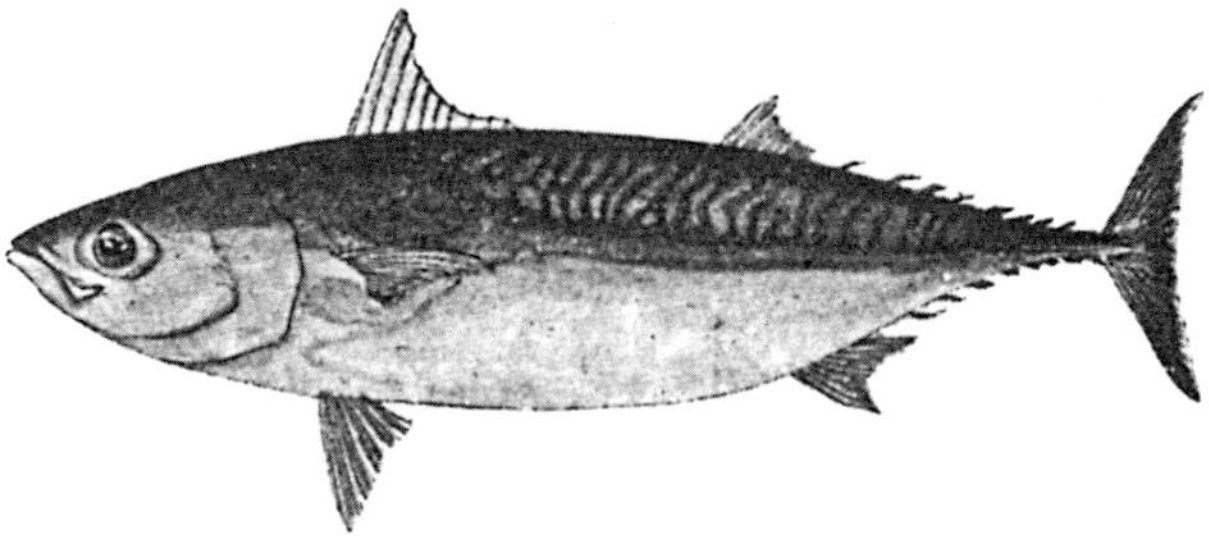

ソオダガツオ　ヒラソオダ型

時期とする。昭和二十七年の産額は三十萬六千トン（七千六百萬貫）、昭和二十八年は二十三萬トン（五千八百萬貫）である。

ソオダガツオ　宗太鰹　Auxis thazard (*Lacépède*)（**サバ科**）

東京ではソオダ又はソオダガツオ、關西ではメジカと云ふ。是には二型あつて吾々はマルソオダとヒラソオダとに區別するが、ヒラソオダを靜岡でシブワ、和歌山でスマ（吾々の稱するスマとは別種である）と云ひ、マルソオダを大磯でマンダラ、靜岡でウズワ、富山でマガツオ（普通にマガツオと云ふはカツオのことであつて本種では無い）と云ふ。第一背鰭九乃至十一棘、第二背鰭十一又は十二軟條、其後方に離れ離れの軟條八個、臀鰭十三軟條、その後方に離れ〱の軟條七個ある。マルソオダは體に丸味が強く、ヒラソオダは側扁度が強いが、斯様な差違は單に肥瘠の相違によつても起こる現象であるから注

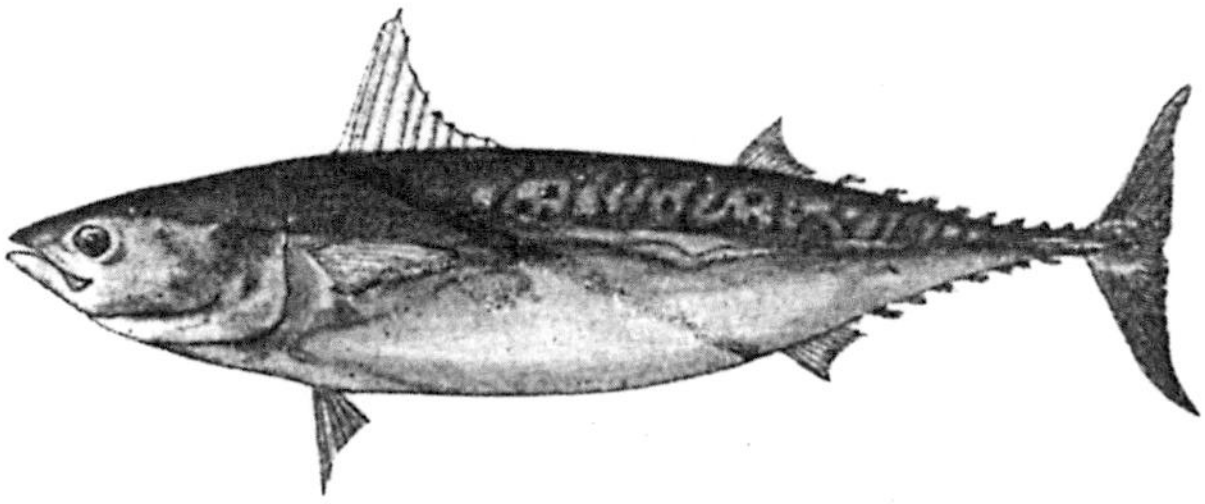

ソオダガツオ　マルソオダ型

意を要する。ヒラソオダでは側線後部を取り圍んでゐる有鱗部の幅がマルソオダに於けるよりも狹く、魚の性質はマルソオダは頗る躁狂であるが、ヒラソオダは稍や落ち着きがある。美味の程度はヒラソオダの方がマルソオダよりも美味である。是れ一つは血合がマルソオダの方が多い爲であらう。斯様に相違を認めるが、同一種内の異型と見た方がいゝかも知れない。普通にコガツオと云ふのはカツオの小形のものでなく、ソオダガツオのことである。

カツオ　鰹　Euthynnus pelamys (*Linné*)（**サバ科**）

一般にカツオと云ふ。北陸道でマンダラ、東京、長崎、高知などでカツオ又はマガツオと云ふ。第一背鰭十五棘、第二背鰭二棘十三軟條、その後方に離れ〱の軟條八個、臀鰭二棘十三軟條、其後方に離れ〱の軟條七個ある。體の下半は銀白色で、是に縦線があるが、其數は幼魚の時に多く、成長するに從つて減少する。體長八百ミリメエトル（二尺七寸）に達する。太平洋、印度洋、大西洋の熱帶部を其本據とするが、廻游性強く、夏季に黒潮の勢力旺盛の時には北海道へまで廻游する。重要食用魚であるが、鮮魚ばかりでなく、鰹節としても重寶なものである。昭和五年度農林省の統計によると、カツオの漁獲は一千百十二萬六千三百二十九キログラム（二百九十六萬七千二十一貫）、昭和二十七年度の産額は九萬二千トン（二千二百九十萬貫）、昭和二十八年の産額は七萬六千トン（一千九百萬貫）で、漁獲量は我

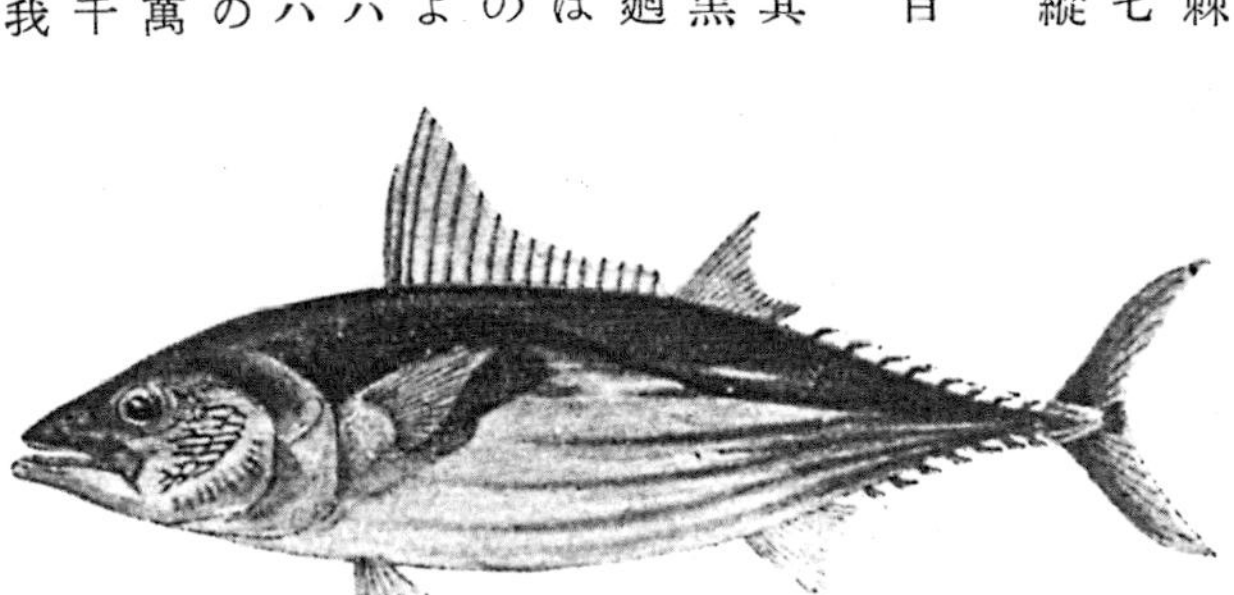

カ　ツ　オ

が國重要水族中の十位前後になつた。鰹節の製造高は昭和五年度の農林省の統計によると、六百七十三萬九百八十四キログラム（百七十九萬四千九百二十九貫）であつた。普通にコガツオと云ふのはカツオの小形のものを言ふのではなく、ソオダガツオのことである。

メバチ　眼撥　Parathynnus sibi (*Temminck & Schlegel*)（**サバ科**）

東京でバチ又はメバチ、三重縣でダルマシビ、宮崎でヒラシビ又はメブトと云ふ。第一背鰭十四又は十五棘、第二背鰭十三軟條、其後方に離れ〳〵の軟條九個、臀鰭十三軟條、其後方に離れ〳〵の軟條九個ある。眼が稍や大きいから、メバチ又はメブトと云ふとなつてゐるが、眼だけでは識別が出來ない。胸鰭が長いが、ビンナガには及ばない。南日本のもので、我國へは春と秋とに廻游し、此時期のみに美味である。恐らく熱帶方面を其本據としてゐるであらう。また本種は地中海にも産するものと思はれるが、何分にも此點が明でないのは遺憾である。

メ　バ　チ

ビンナガ　鬢長　Thynnus alalunga (*Gmelin*)（**サバ科**）

東京でビンナガ又はビンチョオ、關西でトンボ又はトンボシビ、三重縣でカンタロオと云ふ。第一背鰭十四棘、第二背鰭十四軟條、其後方に離れ〳〵の軟條八個、臀鰭十四軟條、其後方に離れ〳〵の軟條八個、一縱列の鱗數凡そ二百十個ある。胸鰭頗る長く、其形がメバチやキワダと違つて、長い長方形である。熱帶性魚類で、我國では沖合へ廻游することが多い。それ故海岸から遠くの沖合へ出漁すると澤山の漁獲がある。我國ではマグロ類中では最も不味のものとしてゐるが、それでも相當の美味を持つてゐる。澤山に漁獲し、米國へ多量に輸出する。

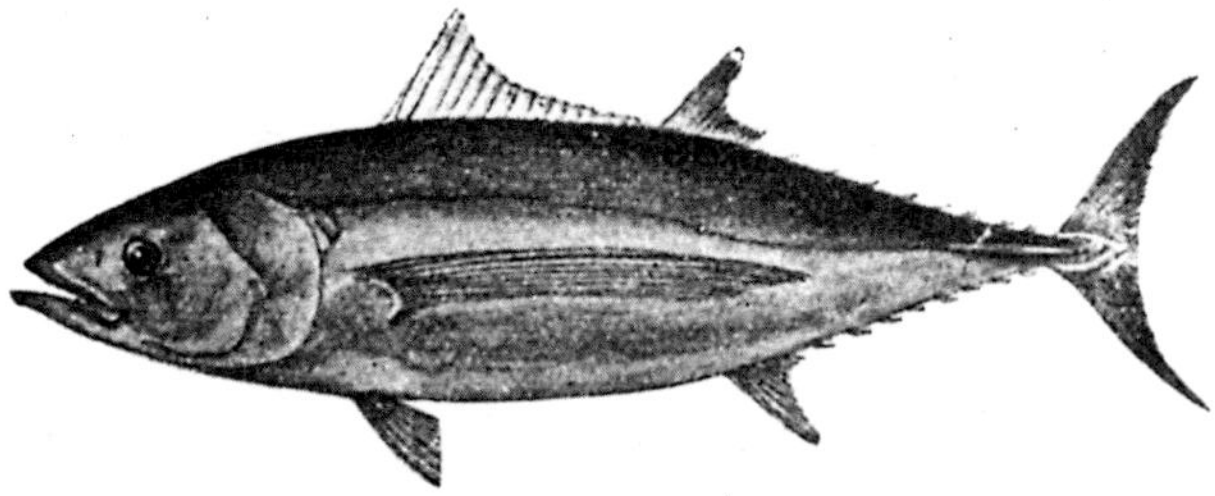

ビ　ン　ナ　ガ

キワダ　黃肌　Germo macropterus (*Temminck & Schlegel*)（**サバ科**）

東京でキワダ又はキワダマグロ、三重縣や宮崎でイトシビ、高知でシビ又はマシビ、高知、愛媛縣宇和島でハツ又はホンバツ、靜岡でゲスナガ、宮崎でキンヒレと云ふ。第一背鰭十三棘、第二背鰭十四軟條、其後方に離れ〳〵の軟條九個、臀鰭十四又は十五軟條、其後方に離れ〳〵の軟條八又は九個、一縱列の鱗數凡そ二百七十個である。此魚は熱帶性のもので、我國へは夏秋の候に廻游して來る。從つて是等の時季を美味の時期とする。關西ではマグロよりもキワダを喜ぶものが多い。然し近頃は關西でもマグロを喜ぶ人が增加する傾向がある。

キ　ワ　ダ

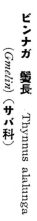

マグロ　鮪　Thynnus thynnus (*Linné*)（**サバ科**）

東京でマグロ又はホンマグロ、高知でマグロ（同地ではホンマグロの言葉は殆ど無い。同地でホンシビ、マシビ又は單にシビと云ふはキワダのことである）、宮崎縣でゴトオシビと云ふ。神奈川縣浦賀で五寸乃至一尺の稚魚をカキノタネと云ひ、東京で中成魚をメジと云ふ。第一背鰭十三乃至十五棘、第二背鰭十四軟條、其後方に八又は九個の離れ〴〵の軟條、臀鰭十三乃至十五軟條、其後方に七又は八個の離れ〴〵の軟條、一縱列の鱗數二百三十個である。大體稍や寒い處を好むが、南日本へも分布し、また大西洋にも居る。胸鰭頗る短い爲に、他の類似のマグロ類から容易に識別することが出來る。幼魚の時には幅の廣い黑褐色の横帶と幅の狹い白色の横帶とが交互に竝んでゐるが、成長すると斯樣な斑紋は殆ど消失する。隨分大きくなるもので、嘗て三百七十五キログラム（百貫）に達したものを得たことがあるが、斯樣な場合は極めて少く、普通は百五十キログラム（四十貫）位のものを大きい內へ入れる。老成のものは冬美味で、溫くなると俄に味を落とす。中等大のメジ時代のものは冬は割合に不味であるが、春には左程不味でなくて割合に美味である。東京ではマグロを賞味するが、關西では左程賞味しない。それでも近頃は關西でも賞味するやうになつて來た。關西では從前はマグロよりもキワダを賞味したが、それでも東京でマグロを賞味する程度まではいかなかつた。

マ　グ　ロ

キツネガツオ　狐鰹　Sarda chilensis (*Cuvier & Valenciennes*)（**サバ科**）

キ　ツ　ネ　ガ　ツ　オ

東京でキツネ又はキツネガツオ、神奈川でトオザン、千葉でホオサン、關西でハガツオ長崎でサバガツオと云ふ。第一背鰭十九棘、第二背鰭十五軟條、其後方に八個の離れ〴〵の軟條、臀鰭十五軟條、其後方に離れ〴〵の軟條五又は六個である。顎にある齒が稍や强い爲め、ハガツオの名稱が出たのである。體の上部に數個の縱走線がある。體長は一メエトル內外（三尺强）に達する。肉は左程美味ではない。熱帶方面に居るもので、太平洋へ分布してゐる。南日本に居るもので、東京附近には少いものである。

***サワラ　鰆**　Scomberomorus chinensis (*Cuvier & Valenciennes*)（**サバ科**）

一般にサワラと云ふ。東京では大きいのをサワラ、小いのをサゴチと云ふ。和歌山、四國、九州では大小に拘らず一般にサゴシと云ふ。體は細長く、且つ側扁してゐる爲に、體形の割合に體重は少いものである。第一背鰭十九棘、第二背鰭十五軟條、其後方に離れ〴〵の軟條九個、臀鰭十五乃至十七軟條、その後方に離れ〴〵の軟條八個ある。體の上面に數多の青褐色の斑紋を散在してゐる。體長は一メエトル內外(三尺强)に達する。肉美味

サ　ワ　ラ

で、殊に寒鰆（カンザワラ）と言つて、冬を最も美味の時期とする。南日本のものであるが、殊に瀬戸内海沿岸に多く、また此地方に産するものを最も美味とする。昭和五年度農林省の統計では其沿岸漁獲高三百七十二萬九千三百三十六キログラム（九十九萬四千五百三貫）、二百五十一萬三千四百十六圓に達すた。

オキザワラ

＊オキザワラ　沖鰆　Scomberomorus chinensis (*Cuvier & Valenciennes*)（**サバ科**）

東京や九州でオキザワラ、神奈川でハザワラ又はクサモチ、和歌山でウケ、長門でウシサワラ、長崎でイヌサワラ、秋田でホテイサワラ、相模でハザワラと云ふ。第一背鰭十六棘、第二背鰭十五軟條、其後方に離れ〲の軟條八個、臀鰭十六軟條、其後方に離れ〲の軟條七個ある。普通のサワラよりも遙に大きくなり、體長二メエトル（六尺六寸）、體重八十キログラム（二十一貫）に達するものもある。サワラよりも沖合に住み、分布もサワラよりも廣いやうである。味は沖合に住む關係もあつて、サワラに劣つてゐるが、それでも相當に食べられるものである。

ヨコジマザワラ　横縞鰆　Scomberomorus commersoni (*Lacépède*)（**サバ科**）

是には名稱が無い。ヨコジマザワラとは曾て岸上鎌吉博士の命名したものである。體は細長く、横斷面は殆ど圓い。第一背鰭十七棘、第二背鰭十五軟條、其後方に離れ〲の軟條九個、臀鰭十四軟條、其後方に離れ〲の軟條九個である。體側に凡そ六十個の横帶がある。是は印度洋及び太平洋の熱帶方面に多く、ニュウギニヤ、東印度諸島、印度、紅海、喜望峯、サモア、濠洲等からも取れる。以前は臺灣で多く取れ、我が國に於ても日本海にのぞんだ山口縣下で鰤大敷網や鰤刺網で漁獲せられるが、此地方では大群をなしてゐない爲に、一回に二、三尾位漁獲せらるゝのみである。味は相當美味である。

ヨコジマザワラ

カマスサワラ　魣鰆　Acanthocybium sara (*Lay & Bennett*)（**サバ科**）

長崎でオ、カマス、宮崎、鹿兒島、小笠原島でサワラ、神奈川でオキザワラ、千葉でトオジンサワラと云ふ。カマスサワラの名稱は岸上鎌吉博士の命名である。第一背鰭二十六棘、第二背鰭十一軟條、其後方に離れ〲の軟條九個、臀鰭十一軟條、其後方に離れ〲の軟條九個ある。細長い魚で、數多の横帶を持つてゐる。體長二メエトル（七尺）内外、體重三十八キログラム（十貫）に達する。太平洋の熱帶部に多いもので、琉球、比律賓群島へも分布してゐる。我が國では太平洋岸では千葉縣、日本海沿岸では島根縣を分布の北限としてゐる。相當美味で、小笠原島では節に製造する。

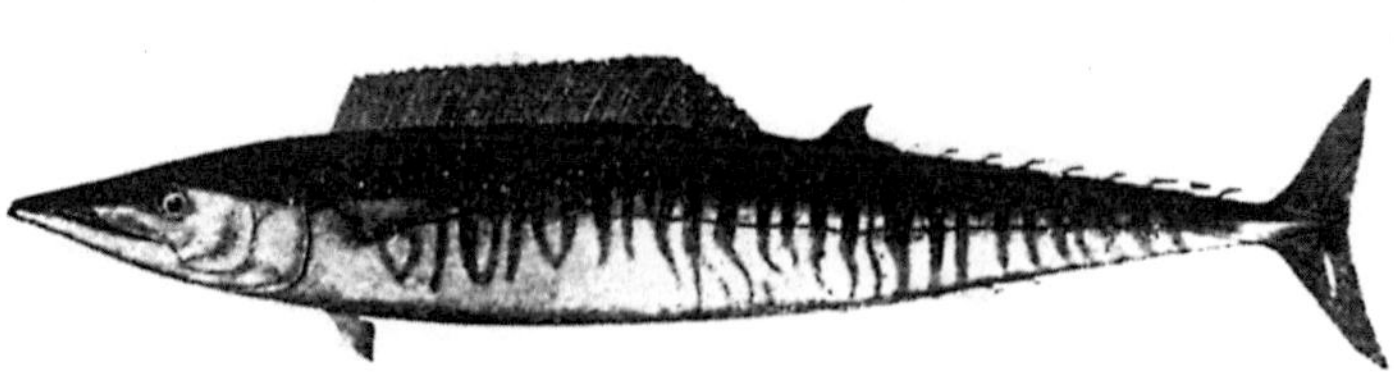

カマスサワラ

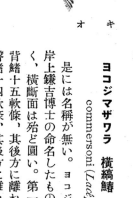

スミヤキ　炭燒　Prometheichthys prometheus (*Cuvier & Valenciennes*)（**スミヤキ科**）

スミヤキ

小田原でスミヤキと云ふ。第一背鰭十九棘、第二背鰭一棘十九軟條、其後方に二軟條から成つた小鰭がある。臀鰭二棘十七軟條、其後方に二棘から成つた小鰭がある。體は頗る細長く、よく側扁してゐる。鱗は小く且つ薄く、剝離し易い。側線は大部分は體側の中央を縱走してゐるが、其前部は體の背部に近い處を走り、背鰭棘部の前部の下方に於て俄に下方へ曲がつてゐる。體色は黑褐色で、多少光澤を持つてゐる。體長は三百ミリメエトル（一尺）に達する。是は大西洋にも居るもので、熱帶及び溫帶の深海に產する。小田原では相當の漁獲のある時期があつて、蒲鉾の原料としてゐる。

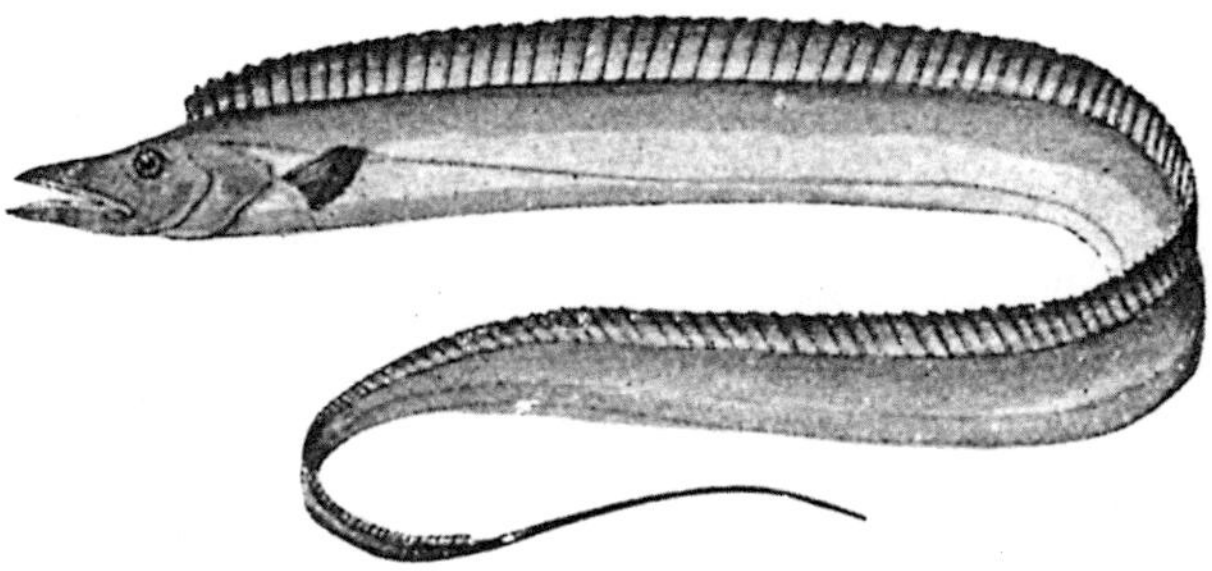

タチウオ

タチウオ　太刀魚　Trichiurus japonicus (*Temminck & Schlegel*)（**タチウオ科**）

東京ではタチノウオ、關西や九州ではタチウオと云ふ。然し一般に略してタチと云ふこともある。體頗る長く、且つ頗る側扁してゐる爲に、扁平な長い紐の樣である。體は漸次に後方は小くなり、終に一點に終つてゐる爲め、尾鰭は無い。腹鰭は殆ど全く是を消失してゐる。顎の齒は頗る强い。體長一千二百ミリメエトル（四尺）に達する。此魚は東京附近にも居るが、關西、四國などに多い。水溫や日光の關係で、多少移動するものであるが、職漁ばかりでなく、遊漁としても面白いものである。それは釣技の巧拙なしに澤山に釣り上げられる爲である。瀨戸內海沿岸では八月から十一月までを好釣期とし、釣る時間は朝夕の薄暗い時がいゝ。東京附近では稍や下等食料であるが、關西では稍や上等食品に列してゐる。

タチモドキ　太刀擬　Lepidopus tenuis *Günther*（**タチモドキ科**）

體形や色合はよくタチウオに似てゐる。是れが爲め曾て私はタチモドキと命名して置いた。此魚に特別に名稱を附けてゐる地方はないやうである。タチウオと違ふのは尾鰭のあることである。背鰭百二十六軟條、臀鰭七十一軟條である。體に鱗はない。我國には少いものであるが、タチウオよりは稍や深い處に住むものである。大體熱帶と溫帶とに居るものであらうが、青森方面でも漁獲せられることがある。頗る稀なもので、食用とするか充分に明でないが、それでも取れた時は賣買せられるのである。

バショオカジキ　芭蕉梶木　Histiophorus orientalis *Temminck & Schlegel*（**カジキ科**）

東京でバショオカジキ、長崎や對州でハウオと云ふ。第一背鰭四十四棘、第二背鰭六軟條、第一臀鰭十軟條、第二臀鰭七軟條、腹鰭

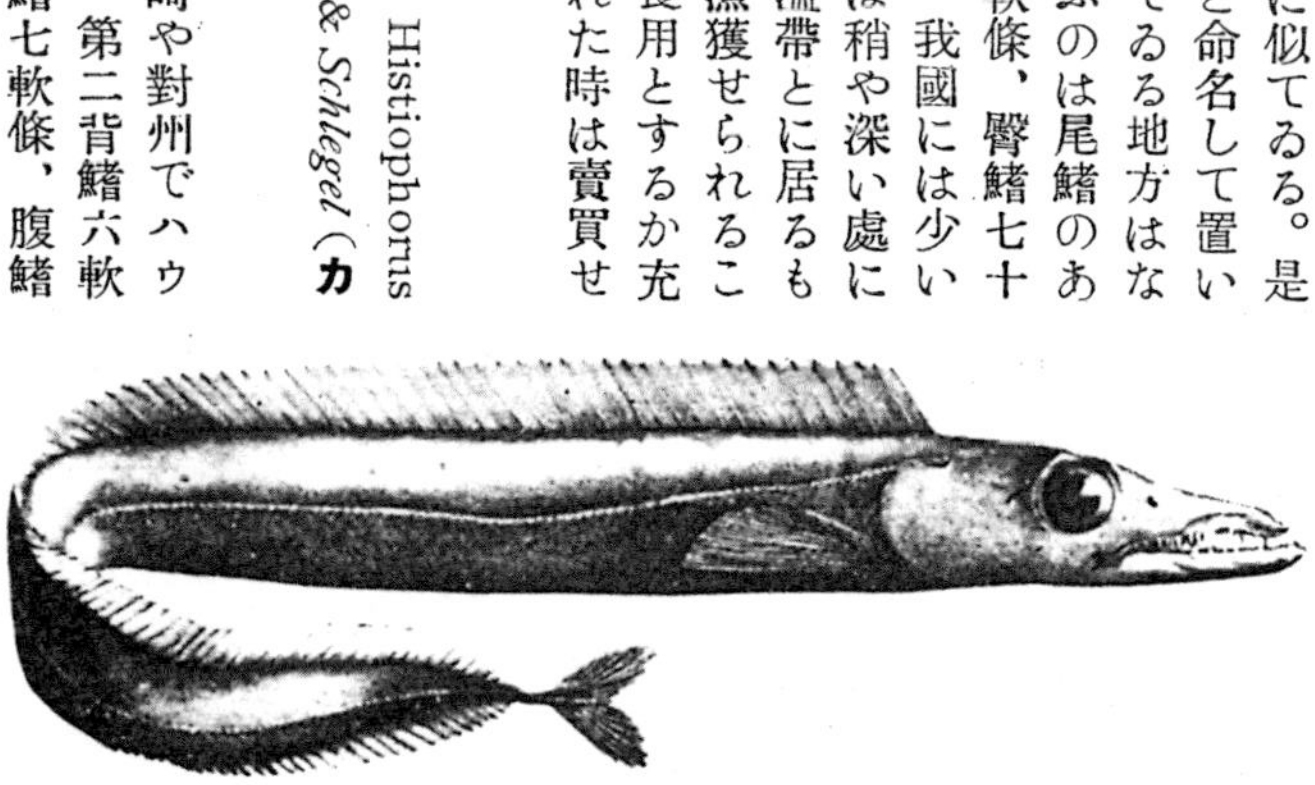

タチモドキ

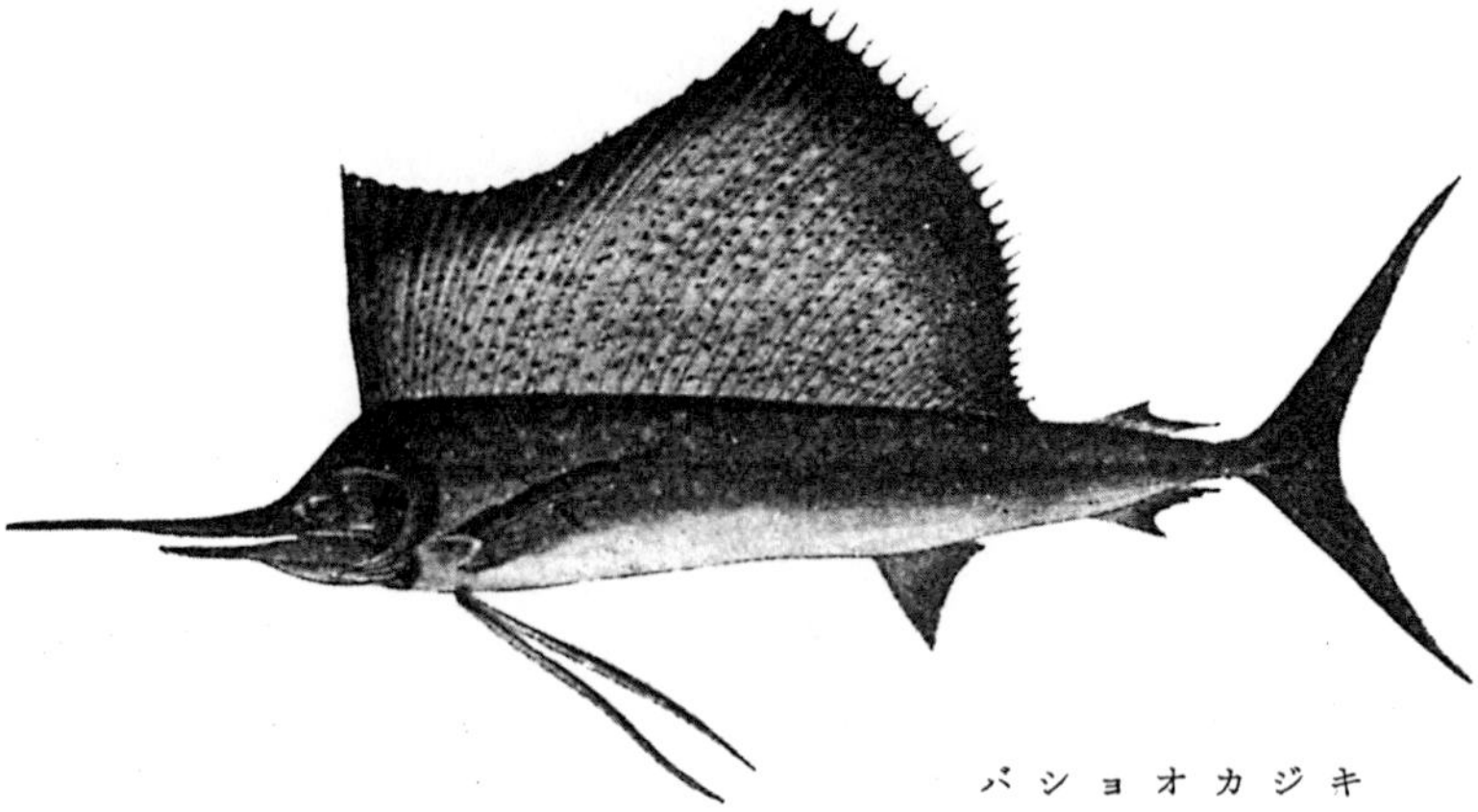

バショオカジキ

二軟條である。第一背鰭頗る長大で、此鰭に濃青色の美い斑紋を密布してゐる。體長二メエトル（六尺）、體重五十六キログラム（十五貫）に達する。美味の魚である。

マカジキ

マカジキ　眞梶木　Tetrapturus mitsukurii *Jordan* & *Snyder*（**カジキ科**）

神奈川縣三崎でマカジキ、東京でカジキ、甲府でオカジキ（メカジキに對した言葉である）、高知でナイラゲ、和歌山縣でナイラギ又はノオラギと云ふ。第一背鰭三十七又は三十八棘、第二背鰭六軟條、第一臀鰭十四軟條、第二臀鰭七軟條である。第一臀鰭の形は著くバショオカジキと違つてゐる。本種に近いもので、東京でクロカジキ又はシロカジキと云ふものがあるが、是等兩種は別種か又は同一種内の異型であるか明でない。マカジキは相當多いもので、體長二メエトル（六尺）、體重百十三キログラム（三十貫）に達する。美味の魚である。多くは其水面に浮んでゐる處を發見して、銛で突いて捕へる。此漁業をつきんぼお漁業と云ふ。

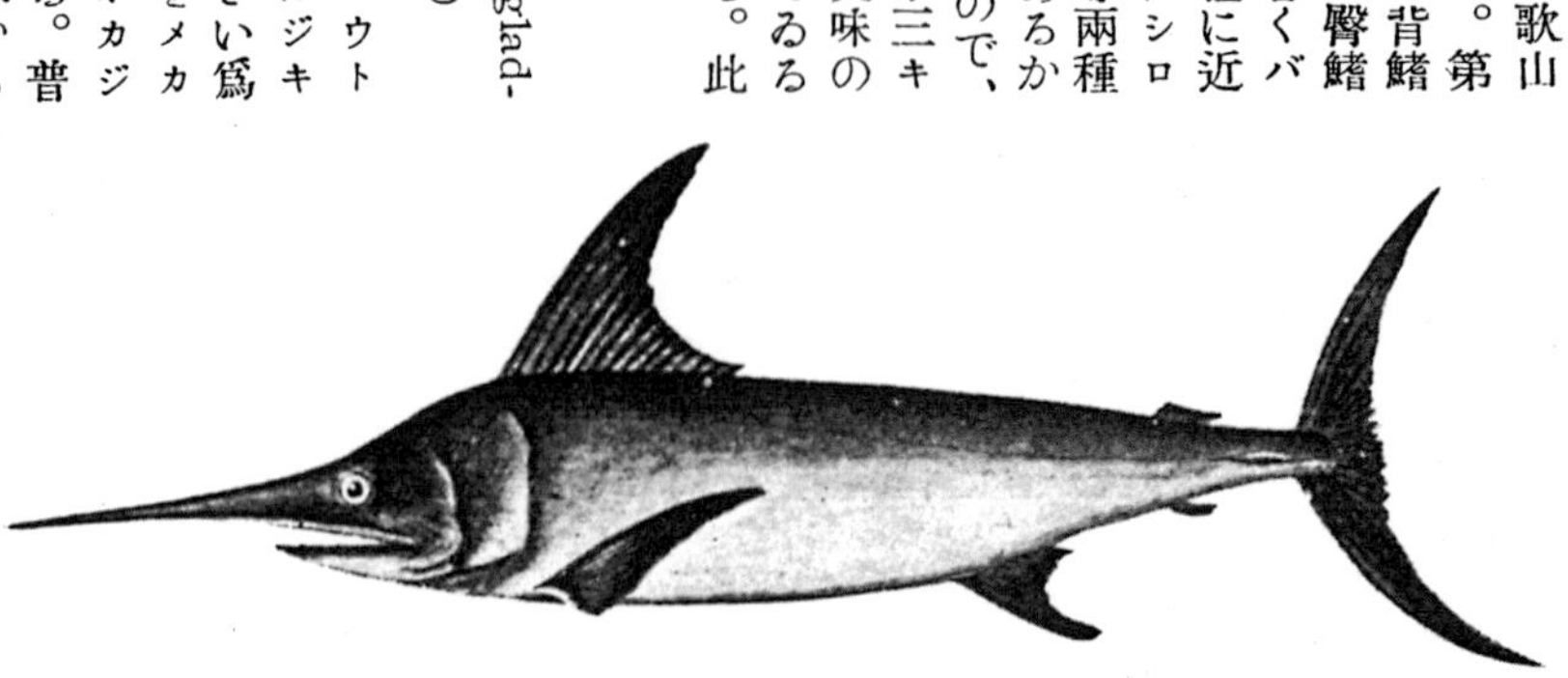

メカジキ

メカジキ　眼梶木　Xiphias gladius *Linné*（**メカジキ科**）

東京でメカジキ、和歌山でシュウトメ、高知でカジキトオシと云ふ。メカジキとは普通のカジキよりも眼の大きい爲の稱呼と思はれるが、甲府で是をメカジキト云ふのは普通のカジキをオカジキと云ふのに對照した言葉である。普通のカジキには各腹鰭が長い一棘から成つてゐるが、メカジキには全く腹鰭が無い。此點から雌雄の相違では無いかと往昔考へた人があるかも知れない。第一背鰭四十棘、第二背鰭四軟條、第一臀鰭十八軟條、第二臀鰭四軟條である。皮膚は普通のカジキ類と違つてゐる。體色も大に相違してゐて、カジキ類は青黑色を呈してゐるが、メカジキは茶褐色である。體長は三、六米（一丈二尺）、體重

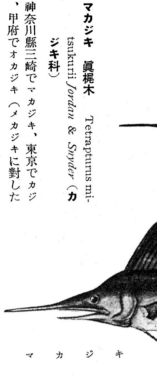

三百キログラム（八十貫）に達する。カジキ類よりも不味であるが、相當に美味である。熱帶性の魚類で、太平洋、印度洋、大西洋に生活してゐる。是れの幼魚は度々見ることが出來るが、マカジキの幼魚は中々見られない。バショオカジキの幼魚も度々見受けるものである。

ブリモドキ　Naucrates ductor (*Linné*)（**アジ科**）

此魚には殆ど何れの地でも名稱がないと思ふ。是れ一つは澤山に取れないのと、我國の人々に殆ど顧られない爲である。然るに歐米ではパイロット、フィシュ pilot fish と云ひ、是は案内魚と云ふ意味である。それは此魚は大きい鮫や船と一所に泳ぐ爲め、古來の傳説として、此魚は鮫などを食物のある處へ案内して、その報酬として己の恐れる食肉魚を威赫して貰ひ、相互に利益を得ると云ふのである。己の伴つてゐる大きい鮫の排泄物を食するものであらう。歐米でも少いものである。是はブリに近いもの故、私はブリモドキと命名して置いた次第である。背鰭は離れ〴〵の小棘四個の後方に一棘二十六軟條を持つた第二背鰭がある。第一臀鰭二棘、第二臀鰭一棘十六軟條である。體長は六百ミリメエトル（二尺）に達する。我國で食用とするか不明である。分布としては世界の熱帶及び溫帶部で、寒帶部には住まないと思ふ。

ブリモドキ

ブリ　**鰤**　Seriola quinqueradiata *Temminck & Schlegel*（**アジ科**）

一般にブリと云ふが、老幼によつて名稱が違ふ。また其の違ひ方が地方によつて大に違つてゐる。是は老幼によつて習性が違ひ、是が爲の漁具にも相違がある爲である。小いものから成長するに從つて名稱の違つていく實例を擧げると、東京では最も小い時をワカシ、次でイナダとなり、ワラサとなり、終にブリとなる。富山ではツバエソ、次いでコヅクラ、フクラゲ、ニマイズル、サンカ、コブリの名稱を經てオ、ブリとなる。高知ではモジャコ、ハマチ、ブリの時代を經てオ、イオとなり、九州福岡ではワカナゴ、ヤズ、コブリを經て、ブリとなる。岩手縣ではショノコ、イナダ、ニサイブリ、アオの時代を經てブリとなる。第一背鰭六棘、第二背鰭一棘三十乃至三十四軟條、第一臀鰭二棘、第二臀鰭一棘十七乃至二十軟條、一縱列の鱗數凡そ二百個である。我國の沿岸に產し、廻游性に富んでゐる。釣又は大敷網で漁獲するが、此網で半日の内に數萬尾を漁獲することがある。然し今日では斯樣な豐漁のある時は極めて少いが、豐漁の年にはよく數ケ月も豐漁を續けることがある。丹後方面のブリを以て最も美味とする。またカンブリと言つて大形のものは寒中を美味とし、少しにても暖くなると著く味を落とすが、中成大のものは多少暖くなつても俄に其味を落とさない。昭和五年度農林省の統計では沿岸に於ける漁獲高は二千五百四十八萬八千四十九キログラム（六百七十九萬六千八百十三貫）、七百八十六萬五千九百二十四圓に達してゐた。最も美味の時期には中流又は上流家庭の消費物として大切であり、他の時期には惣菜用として大切である。

ブリ

ヒラマサ　**平政**　Seriola aureovittata *Temminck & Schlegel*（**アジ科**）

東京でヒラマサ、大阪、高知、九州でヒラス、島根縣でヒラソと云ふ。第一背鰭七棘、第二背鰭一棘三十四乃至三十六軟條、第一臀鰭二棘、第二臀鰭一棘二十乃至二十二軟條、一縱列の鱗數凡そ二百個である。一見した處はブリと違はないが、ヒラマサの名稱が示す通り、稍や體の側扁度が強い。また上顎後骨後緣の上角がブリでは角《かど》張《は》つてゐるが、ヒラマサでは圓味を帶びてゐる。生きてゐる時には體側の中央を縱走してゐる黃色の一帶はヒラマサに於ては相當濃く、ブリでは頗る淡い。然しブリでも勢力の弱くなつてゐるものはヒラマサに於けるやうに濃い黃帶を持つてゐる。ヒラマサはブリよりも温い海を好むもので、我國へ廻游する數は著く少い。春と初夏とには相當美味である。

ヒラマサ

カンパチ　**間八**　Seriola purpurascens *Temminck & Schlegel*（**アジ科**）

東京でカンパチ、關西、高知、九州でアカバナ、香川縣高松でアカバネと云ふ。第一背鰭七棘、第二背鰭一棘三十二又は三十三軟條、第一臀鰭二棘、第二臀鰭一棘十九乃至二十二軟條、一縱列の鱗數百五十個である。ヒラマサと同樣に熱帶性のもので、我國には少く、從つて春と初夏とに美味のものである。上顎後骨後緣の上角は圓味を帶びてゐることはヒラマサと同樣である。地色は綠色から黃色へ傾いてゐる。

カンパチ

オニアジ　**鬼鰺**　Megalaspis cordyla (*Linné*)（**アジ科**）

臺灣高雄でオニアジと云ふ。第一背鰭八棘第二背鰭一棘十軟條、其後方に離れ〳〵の軟條九又は十個、第一臀鰭二棘、第二臀鰭一棘十軟條、其後方に離れ〳〵の軟條六個、一縱列の鱗數五十個である。側線直線部にある楯鱗は頗る大きい。熱帶性のもので、東京附近には殆ど無いが、和歌山縣、高知縣などでは多少の漁獲がある。食用となることであらうが、美味の程度はよくわからない。

オニアジ

＊**マルアジ**　**丸鰺**　Decapterus maruadsi (*Temminck & Schlegel*)（**アジ科**）

長崎でマルアジ、高知でアオアジと云ふ。第一背鰭八棘、第二背鰭一棘三十二乃至三十三條、其後方に離れた一軟條、第一臀鰭二棘、第二臀鰭一棘二十八又は二十九軟條、其後方に離れた一軟條、側線直線部の楯鱗三十

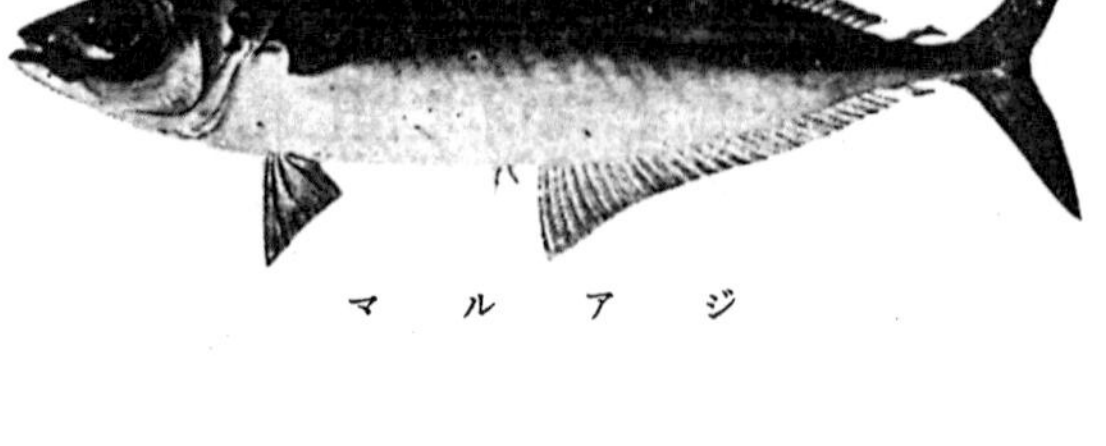
マルアジ

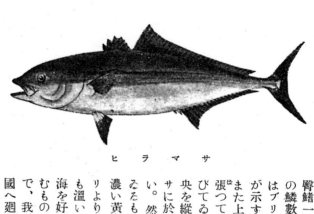

五又は三十六個である。南日本に居るもので、普通のムロアジによく似てゐる。或は同一種中の異型かも知れない。ムロアジと同様に乾物として食膳に上ぼせる場合が多い。

***ムロアジ**　鰘　Decapterus muroadsi (*Temminck & Schlegel*)（**アジ科**）

一般にムロアジと云ふ。第一背鰭八棘、第二背鰭一棘三十一乃至三十三軟條，其後方に軟條一個、第一臀鰭二棘、第二臀鰭一棘二十六乃至二十八軟條，其後方に離れた軟條一個、側線の直線部にある楯鱗三十三個である。マルアジに似てゐるが、是よりも多いやうである。マルアジと同様に南日本に多く、乾物として食用に供する場合が多い。

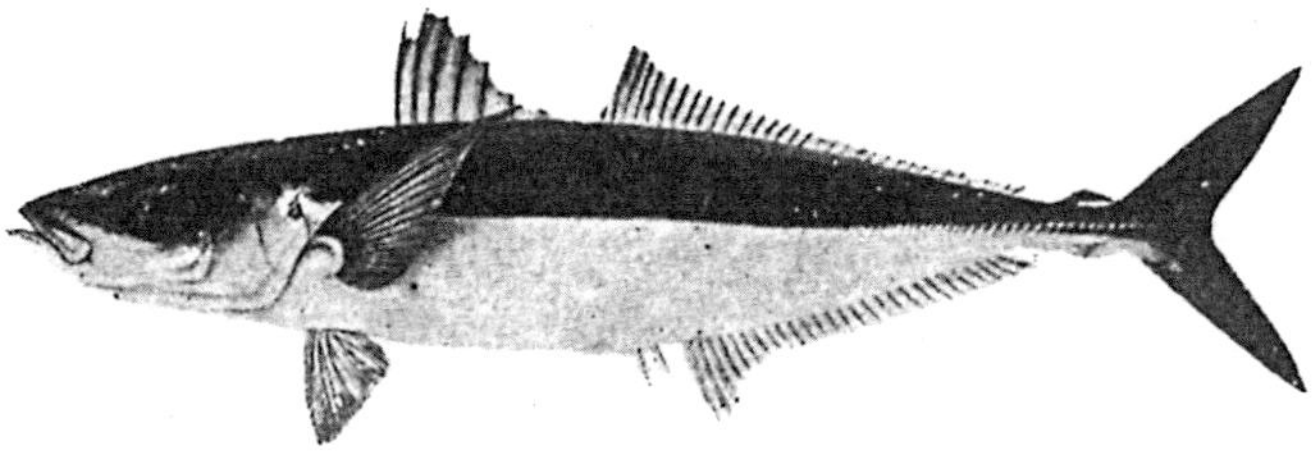

ムロアジ

マアジ　眞鰺　Trachurus trachurus *Linné*（**アジ科**）

一般にマアジ又はアジと云ふ。故に單にアジと云ふ時にはムロアジ、その他のアジ類のことでなく、殆どいつでもマアジのみを指してゐるのである。またヒラアジと云ふ言葉は大阪ではマアジのことで、カイワリのことではないが、北陸道でヒラアジと云ふのはマアジのことでなく、カイワリのことである（北陸道でも單にアジと云ふとマアジのことで、此アジを特にマアジとは言はない）。第一背鰭八棘、第二背鰭三十一乃至三十三軟條、第一臀鰭二棘、第二臀鰭一棘二十七乃至二十九軟條である。側線全體に亘つて大きい楯鱗があつて、其數は半圓部に於て三十五乃至四十個、直線部に於て三十四乃至三十六個である。此魚は太平洋、印度洋、大西洋の温帯部や熱帯部に住み、我國に於ても澤山に漁獲せられ、職漁としても、遊漁としても頗る人氣のあるものである。鮮魚として、また乾物としても頗る美味である。農林省の統計にアジの項があるが、是にはマアジの外にムロアジが合算せられてゐるのかわからないが、我國情から言ふと、單にアジと云ふと、マアジのことで、ムロアジでない場合が多いから、此統計を以てマアジだけだと考へると、昭和五年度に於けるアジの沿岸漁獲高は一千九百七十萬八千三百八十キログラム（五百二十五萬五千五百六十八貫）、四百九萬九千百二十一圓に達してゐた。是には固より遊漁からの漁獲高は合算せられてない。

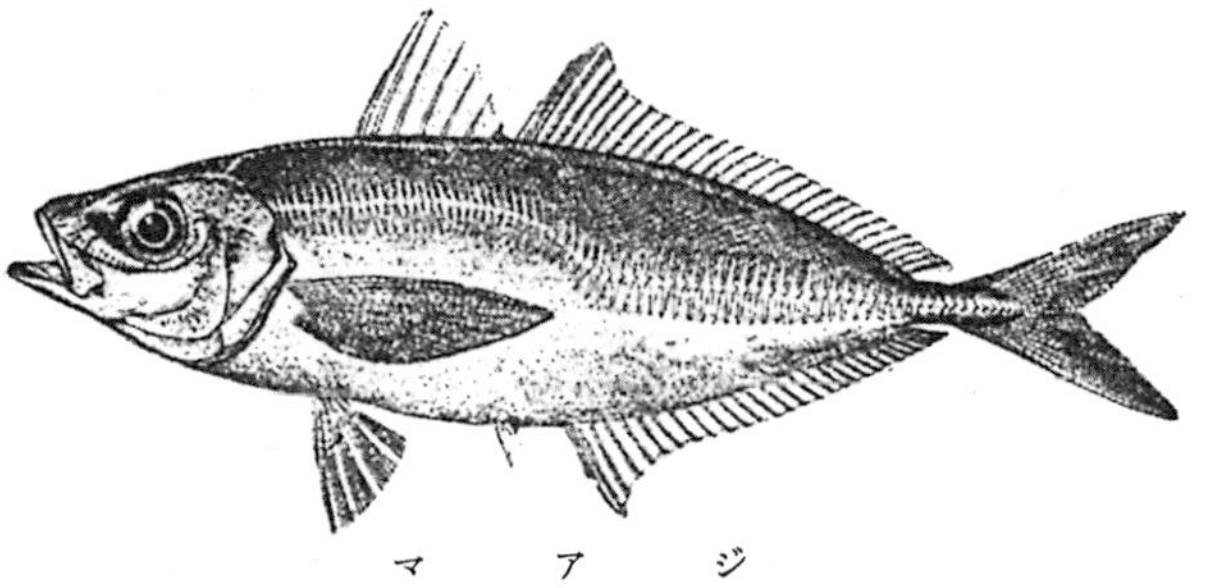

マアジ

メアジ　眼鰺　Trachurops crumenophthalma (*Bloch*)（**アジ科**）

東京でメアジ、愛媛縣宇和島、高知でトッパクと云ふ。第一背鰭八棘、第二背鰭一棘二十五乃至二十七軟條，第一臀鰭二棘、第二臀鰭一棘二十二又は二十三軟條、側線直線部の楯鱗三十四乃至三十八個である。眼が他のアジ類よりも大きい爲にメアジの名稱が出たのである。太平

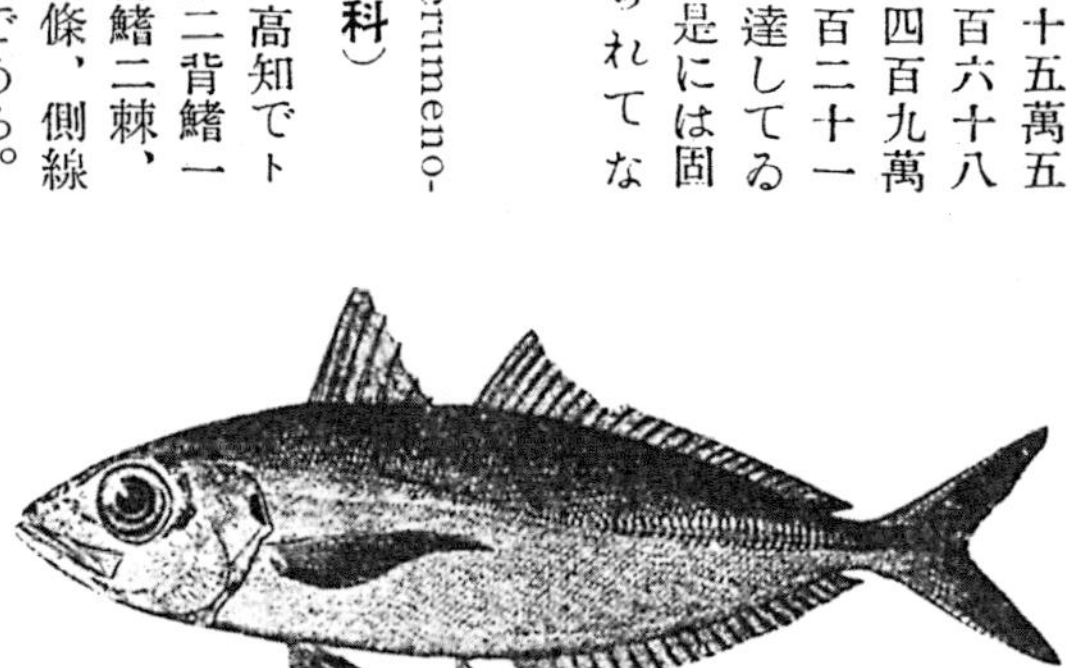

メアジ

洋、印度洋、大西洋の熱帶部を主產地とし、多少溫帶部へも擴がつてゐる。東京附近では平常は稀で、秋季に多少多く廻游し來るものである。相當美味である。

カイワリ　**貝割**　Caranx equula *Temminck & Schlegel*（**アジ科**）

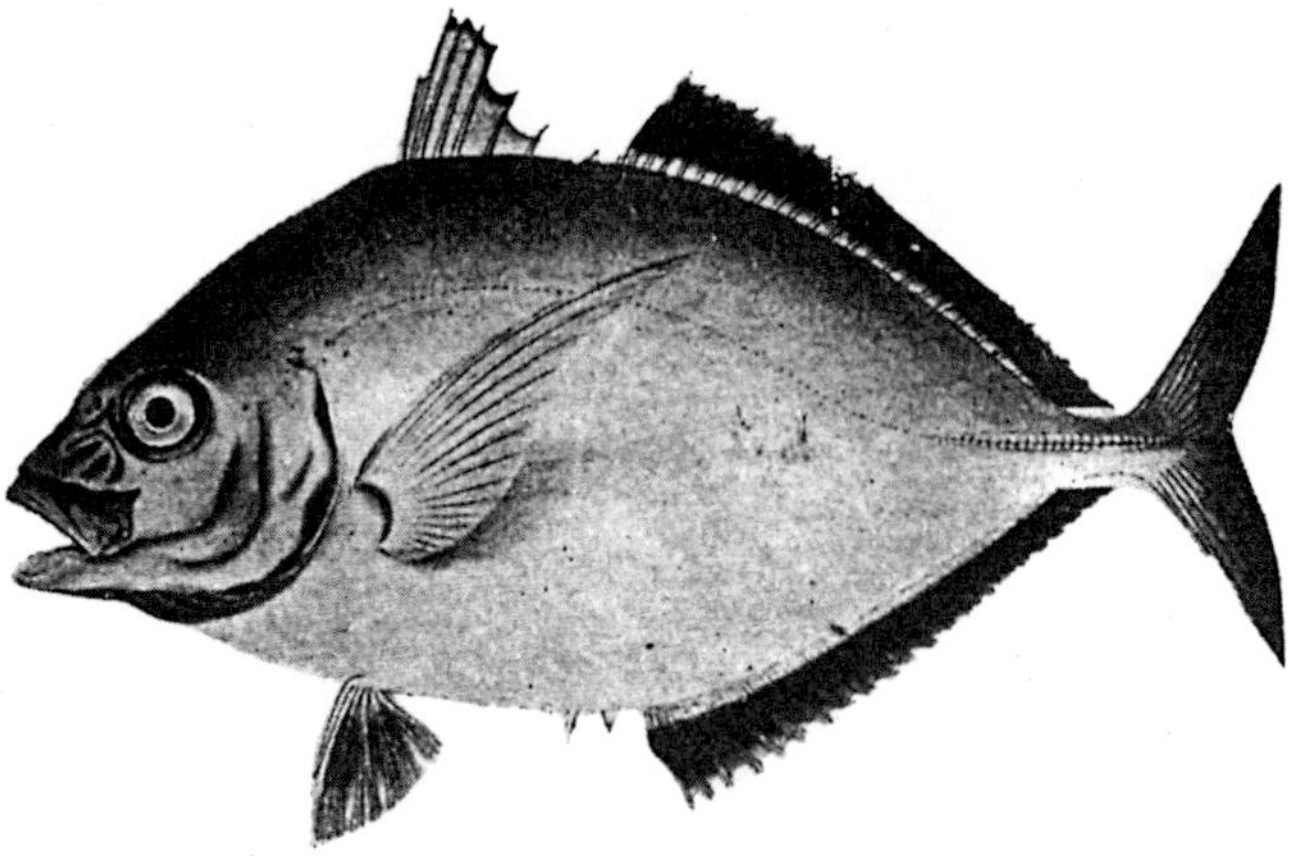

カ　イ　ワ　リ

東京でカイワリ、和歌浦でメッキ、大阪や高知でメイキ、高知ではベイケンとも云ふ。北陸道でヒラアジと云ふ。第一背鰭八棘、第二背鰭一棘二十五軟條、第一臀鰭二棘、第二臀鰭二棘二十三軟條、側線直線部の楯鱗二十八個である。體高著く高いことゝ、第二背鰭と第二臀鰭との邊緣に近く幅の廣い一個の褐色帶のあることゝは人目を惹く。南日本のもので、東京附近でも多少の漁獲を見ることが出來る。美味の魚である。

シマアジ　**縞鰺**　Caranx mertensi *Cuvier & Valenciennes*（**アジ科**）

東京や高知、其他でシマアジ、高知ではコセアジとも云ふ。然しシマアジと云ふ名稱で指してゐるものは爰に擧げる種類ばかりでなく、他の種類をも混稱してゐるやうである。第一背鰭八棘、第二背鰭一棘二十四乃至二十七軟條、第一臀鰭二棘、第二臀鰭一棘二十一又は二十二軟條、側線直線部の楯鰭二十六乃至三十個である。本種は熱帶部を主產地とし、南日本殊に其北邊の東京附近には少いが、頗る美味のものとせられてゐる。大西洋には產しない。

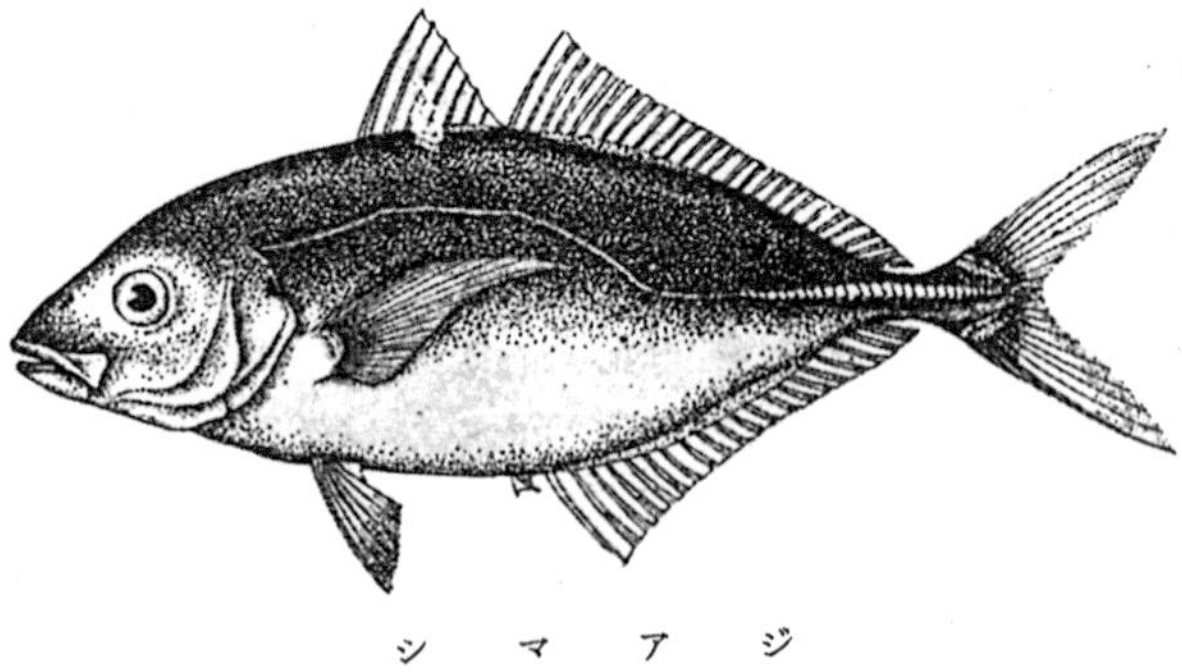

シ　マ　ア　ジ

ナガエバ　**長江場**　Caranx sexfasciatus *Quoy & Gaimard*（**アジ科**）

高知でナガエバ、長崎でギンガメアジと云ふ。第一背鰭八棘、第二背鰭一棘二十又は二十一軟條、第一臀鰭二棘、第二臀鰭一棘十六又は十七軟條、側線の直線部の楯鱗三十個である。體高高く、幼魚の時は體側に（眼を通過してゐるものを除き）褐色の橫帶六個を見るが、成長したものは全く是を消失してゐる。此變化のある爲め、從來、成魚と幼魚とが別種と考へられた時代がある。相當美味のもので、內灣にも侵入する。南日本に產し、太平洋や印度洋の熱帶部へも分布してゐる。

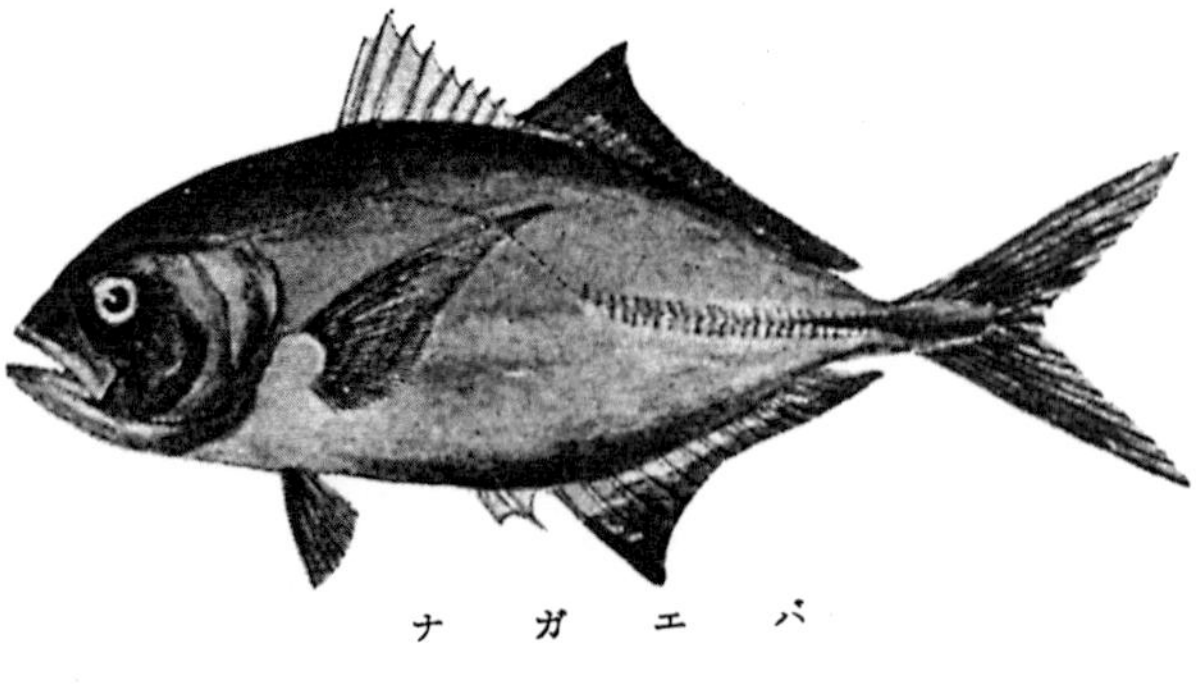

ナ　ガ　エ　バ

マルエバ　丸江場　Caranx ignobilis (*Forskål*)（**アジ科**）

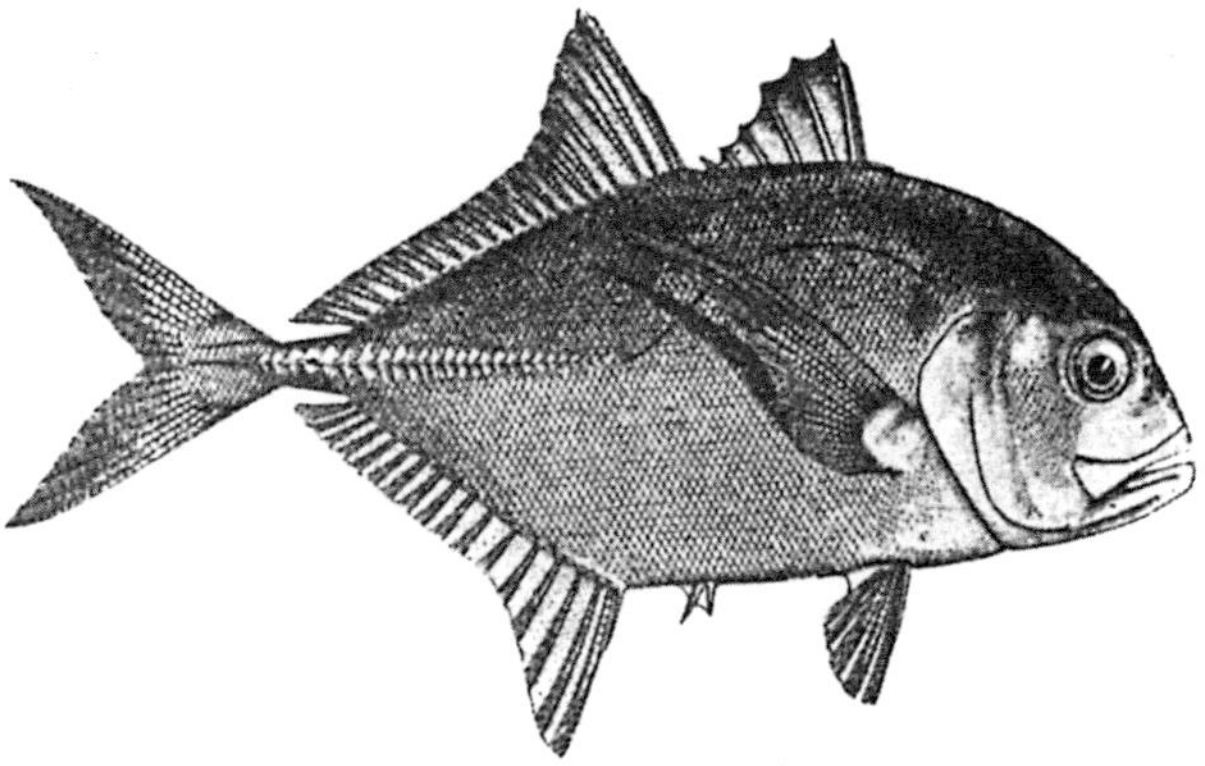

マ　ル　エ　バ

高知でマルエバと云ふ。第一背鰭八棘、第二背鰭一棘二十軟條、第一臀鰭二棘、第二臀鰭一棘十六又は十七軟條、側線直線部の楯鱗三十個である。ナガエバに似てゐる爲に、往々混同せられるが、ナガエバでは胸部に鱗を密布してゐるが、マルエバでは其部に鱗はなく、たゞ僅に腹鰭起部の直前に於て有鱗の一小面積があるのである。熱帶性の魚類で、東京附近には殆どなく、和歌山、高知などの暖い縣には稍や多く産する。ナガエバと共に相當美味である。

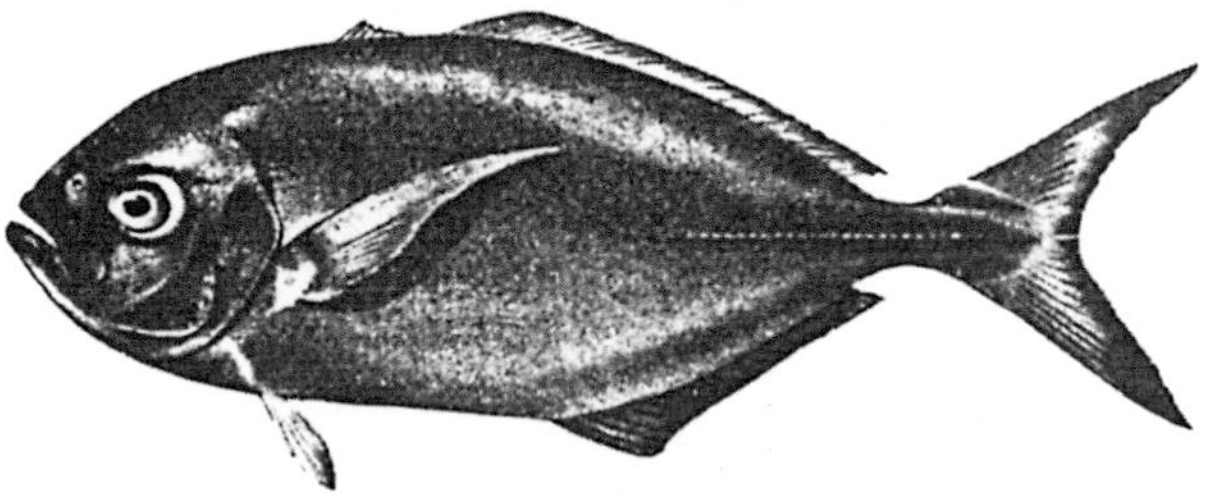

オ　キ　ア　ジ

オキアジ　沖鰺　Carax helvolus (*Forster*)（**アジ科**）

オキアジと云ふ名種は何地の稱呼かまだわからない。第一背鰭八棘、第二背鰭一棘二十七乃至二十九軟條、第一臀鰭一棘（又は無い）、第二臀鰭一棘二十一又は二十二軟條、側線直線部の楯鱗三十三乃至三十七個である。凡そアジ類は老幼によつて相當變化するものであるが、オキアジは殊に甚く、第二背鰭の外廓は幼い時は外側へ張り出した圓味を持つてゐるが、長じて後は是と反對に内側へ凹んだ輪廓を呈するに至るものである。熱帶部に産するもので、南日本へまで分布し、東京附近にも多少存在する。側線直線部の楯鱗は他の近似種に較べて著く強大である。相當美味であらうと思はれるが、試食したことは無い。

ヨロイアジ　鎧鰺　Caranx armatus (*Forskål*)（**アジ科**）

ヨロイアジとは、茲に創めて私の命名したものである。第一背鰭八棘、第二背鰭一棘二十一軟條、第一臀鰭二棘、第二臀鰭一棘十七軟條、側線直線部の楯鱗二十個である。第二背鰭前部の軟條著く延びて絲狀を呈してゐること、體側に幅の廣い褐色の横帶六個（眼を通つてゐる横帶を除いて）あることゝは人目を惹く特徴である。然し是等の特徴は他の近似種に持つてゐるものもある。熱帶性のものであるが、南日本へも分布してゐる。東京附近では殆ど見られない。

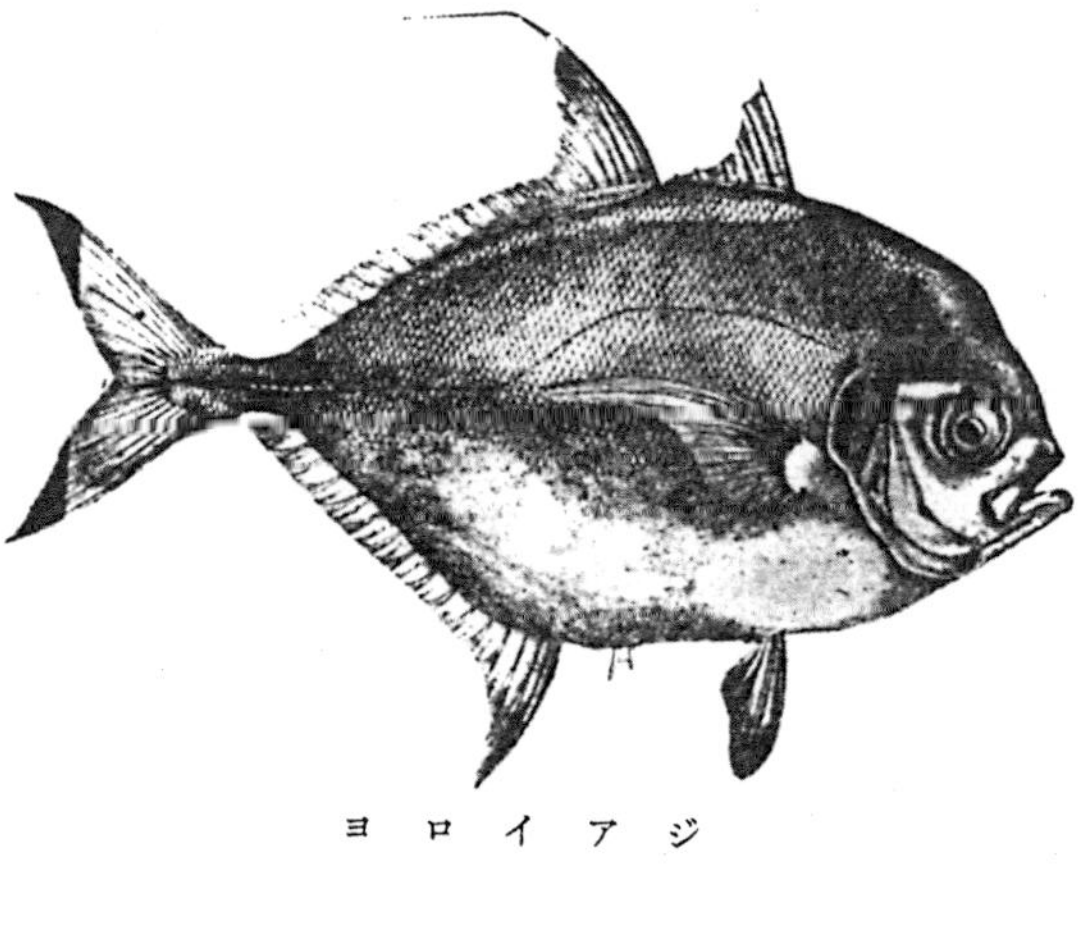

ヨ　ロ　イ　ア　ジ

イトヒキアジ　絲引鰺　*Alectis ciliaris* (*Bloch*)（**アジ科**）

神奈川縣三崎でイトヒキアジ又はカンザシダイ、高知でカヾミウォ、（高知ではギンカヾミやカヾミダイをもカヾミウォと云ふ）と云ふ。第一背鰭五棘、第二背鰭一棘十九軟條、第一臀鰭二棘、第二臀鰭一棘十六軟條，側線直線部の楯鱗十二乃至十五個である。體形、鰭等頗る特徴を持つてゐて、殊に鰭は頗る長く、多くの標品として貯藏せられてゐるものは實際の長さの半分に過ぎない。是は其頗る長い絲狀部がこんぐらがつて、終に切れる爲である。此魚の生きてゐる時は其頗る長い絲狀部を巧に動かして、決してこんぐらがせることは無い。側線直線部の楯鱗は頗る小い。アジ類は老幼によつて頗る變化が多いが、イトヒキアジは殊に甚い。また腹鰭も相當長いが、往々にして頗る短いものがあつて、是は切斷した結果とも見られないし、また畸形とも速斷せられない爲に、特に一種を作つてゐると思ふ人もあるが、個體變化を研究してゐる私が見ると、斯樣な例は他の種類にもあることで、決して是が爲に特別の一種が出來てゐる譯ではないと思ふ。熱帶から南日本へ分布してゐるもので、我國の北限は千葉縣又は茨城縣であらう。內灣に居るもので、殆ど一般人の食用にはならない。臺灣、小笠原島、印度等へ分布してゐる *Alectis indicus* (*Cuvier* & *Valenciennes*) は頭部著くイトヒキアジと違つてゐる爲め、別種かとも思はれるが、まだ斷言が出來ない。

イトヒキアジ

コバンアジ　小判鰺　*Trachynotus ovatus* (*Linné*)（**アジ科**）

何處にも是には名稱が無いやうで、嘗て私がコバンアジと付けて置いたものである。第一背鰭六棘、第二背鰭一棘十八乃至二十一軟條、第一臀鰭二棘、第二臀鰭一棘十六乃至十九軟條である。第二背鰭及び第二臀鰭の輪廓が強く鎌狀を呈してゐることは人目を惹く特徴である。體側中線を前後に亘つて一列に二、三個の黑點のあるのを普通とするが、是等の點の殆ど全く無いこともある。熱帶性のもので、南日本へも分布し、東京附近の海でも取られる。食用としての價値はわからない。

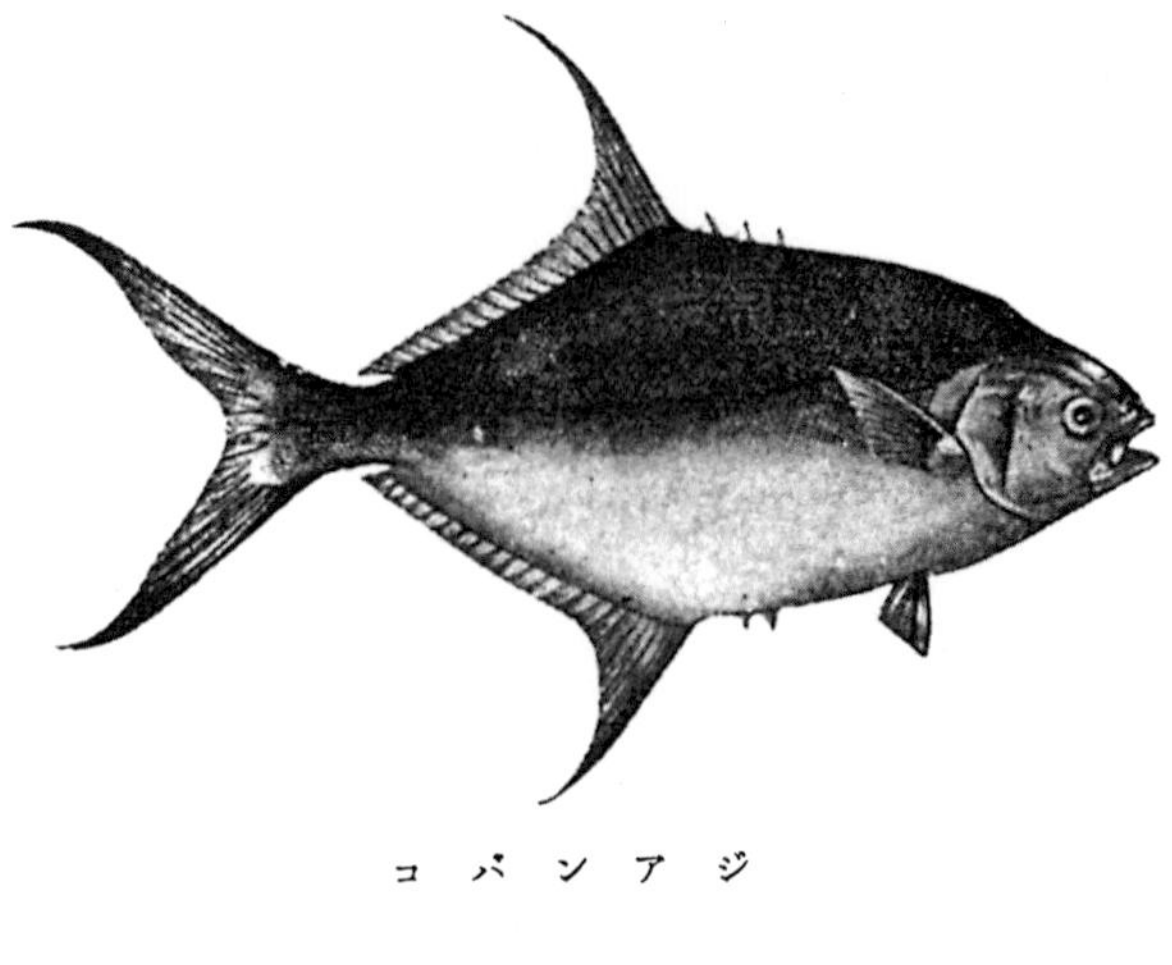

コバンアジ

スギ　須義　*Rachycentron canadum* (*Linné*)（**スギ科**）

此魚を何地でスギと云ふかは明でない。或は他種の魚類の幼魚をスギと稱する地方があるやうであるから、是と本種とを見誤つて漁業者から教へられた爲かも知れない。斯樣な例は他に色々あるが、最も著い例は

スギ

シロウォを從來シラスと云つてゐる地方は何地にも無いと思ふ。シラス（神奈川縣沿岸）とかシラサ（高知縣沿岸）とか云ふのはイワシ類の稚魚を言ふのが本體で、其外にウナギの稚魚を東海道沿岸ではシラスウナギと云ふ。爰に擧げる魚は稍やコバンザメに似てゐる爲に本種からコバンザメが出來るものと推測してゐる學者もあるが、恐らく是は單に推測に留まることゝ思はれるが、よく見ると實際是等兩類には形の似た點が多い。第一背鰭に當る處は八個の單獨に互に遊離した棘から成り、第二背鰭は二十八乃至三十五軟條、臀鰭は二十五乃至二十七軟條である、體は細長い紡錘形で、頭は著く縦扁し、頗る小い鱗を體面に持つてゐる。體の上面は淡褐色で、各側に淡色の一縦帶がある。體長は七百五十ミリメエトル（二尺五寸）に達する。太平洋、印度洋、大西洋の暖い處に生活するもので、我國では南日本に居るのであるが、それでも福島縣沖などでも稀に取られる。南日本にも多くないもので、經濟上の價値は頗る少いものである。本科に對しては從來數種を發表せられたが、皆同一種へ包含せらるべきもので、結局たゞ一種だけで代表せられるべきものであらう。本種はアジ類に相當近いやうに思はれる。此魚がたゞ稀に漁獲せられるのは此魚が頗る少いと考へるよりも、此魚を漁獲する特別の方法も無く、また此魚が普通の漁具に入り込まない爲めと考へるのが至當であらう。實際此魚は美味のものでは無いもので、つまり此魚を漁獲しやうと考へない爲である。斯樣に普通の漁具に入り込まない爲に、珍い魚と考へられてはゐるが、スギと同樣に左程珍いものではなからうと推測せられるものが他に色々ある。例へばクサビマンボオ、ソトオリイワシ、アオメエソなどである。ソトオリイワシやアオメエソは愛知縣寶飯《ホイ》郡三谷《ミヤ》町へ陸揚げする底曳漁獲物では相當多量に見受けることが出來る。斯樣に考へると、スギやクサビマンボオなども、其住所と習性とをよく究明することが出來て、適宜の漁法を用ひるならば必ず相當多量に漁獲することが出來るかも知れないものである。

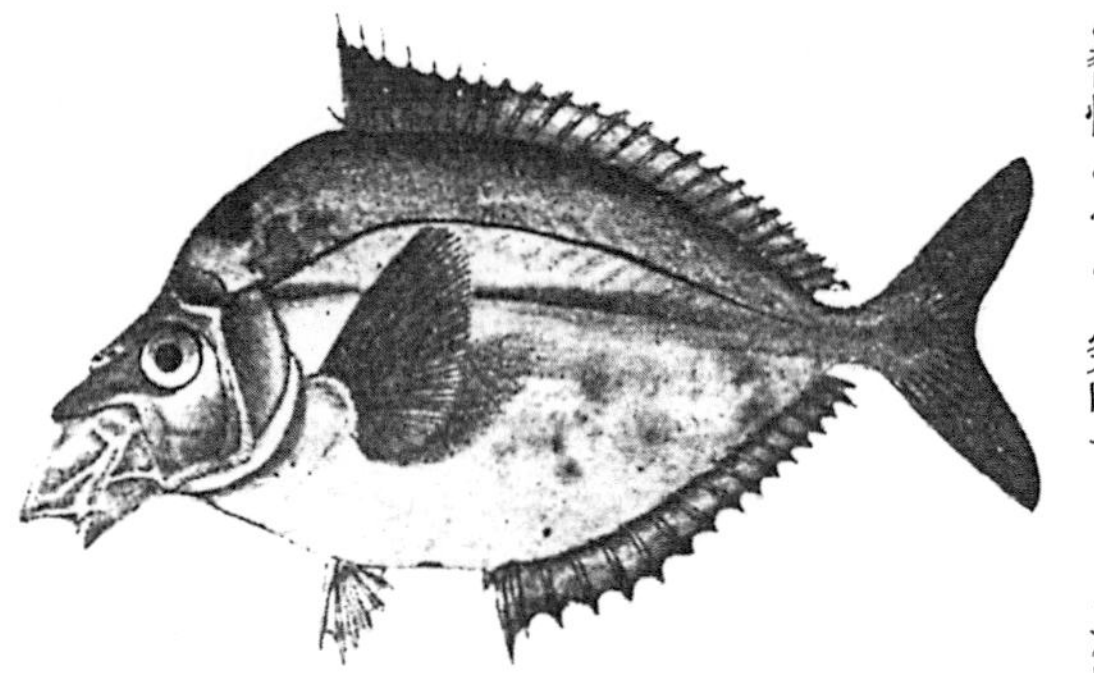

ヒイラギ

ヒイラギ　柊　Leiognathus argentea *Lacépède*（**ヒイラギ科**）

長崎でヒイラギ、東京でギチ又はゲドォ（遊漁者が東京でゲドォと云ふのは己の欲しない魚を一般に言つてゐるが、特に本種を指してゐることが多い）、高知でニロギ、和歌浦で一イラギ、濱名湖でネコナカセ、靜岡縣田方郡でネコゴロシと云ふ。背鰭八棘十六軟條、臀鰭三棘十四軟條ある。ヒイラギ類は細鱗を有し、口吻を前方へ突出せしめることが出來、是を釣り上げると、上顎前骨の後部と額骨とを摩擦せしめて强い音聲を發せしめることが出來る。體高の高いのと、頭の直後項部に褐色の大きい一斑點のあること、背鰭棘部の上緣が褐色帶をなしてゐることなどを特徴とする。小い魚で、體長僅に九十ミリメエトル（三寸）に達する。熱帶性のもので、南日本へ分布してゐる。東京では左程賞味しないが、高知、その他諸地方では頗る賞味する。たゞ小形であるのと、鰭の棘が小い割合に鋭いから、食する際に面倒である。ネコナカセ、ネコゞロシなどの名稱の出たのは此の性質を言つたものであらう。普通に燒いて食べるが、三杯醋へ少時間浸して置くと、頭も骨も食べられる。多少廻游する性質がある。內灣に饒產する。

オキヒイラギ　沖柊　Leiognathus rivulata (*Temminck & Schlegel*)（**ヒイラギ科**）

高知でオキニロギ、和歌山縣田邊でギラ、同縣串本でギラギラと云ふ

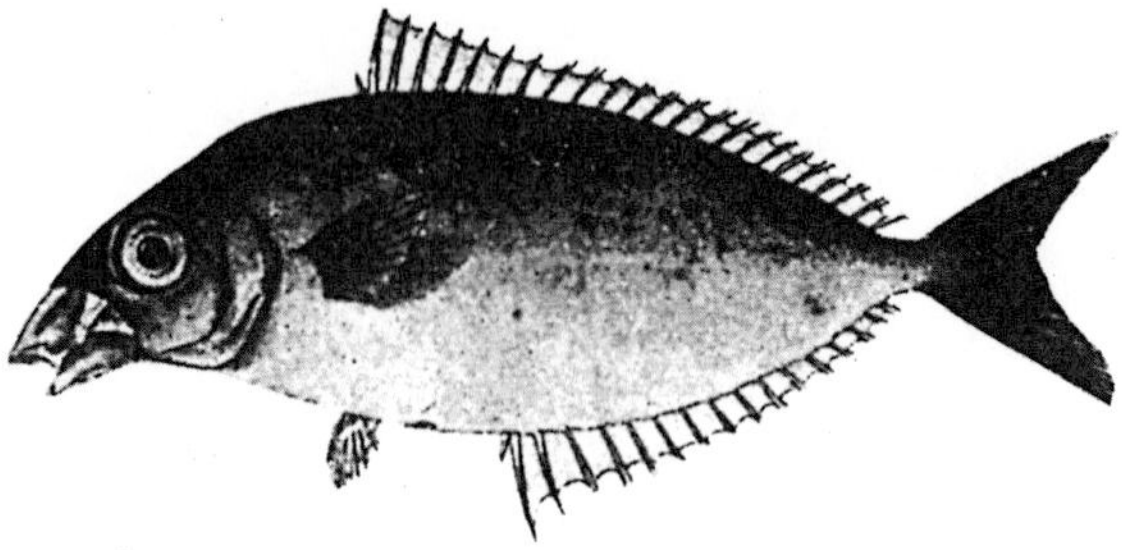

オキヒイラギ

オキヒイラギとは曾て私の命名したものである。背鰭八棘十六軟條、臀鰭三棘十四軟條ある。ヒイラギに較べて稍や小形であるが、殊に體高が著く低い。體側に青褐色の波狀斑紋を多數に持つてゐる。高知市の臨んでゐる浦戸灣では、ヒイラギは殆ど年中住まつてゐるが、オキヒイラギは沖から或季節に侵入することがよく見える。我國の各地を驗べると、ヒイラギの多く居る内灣とオキヒイラギの多く居る内灣とは違つてゐる場合が多い。一般には下等食品である。南日本に居るものであるが、熱帶部へも分布してゐるであらう。

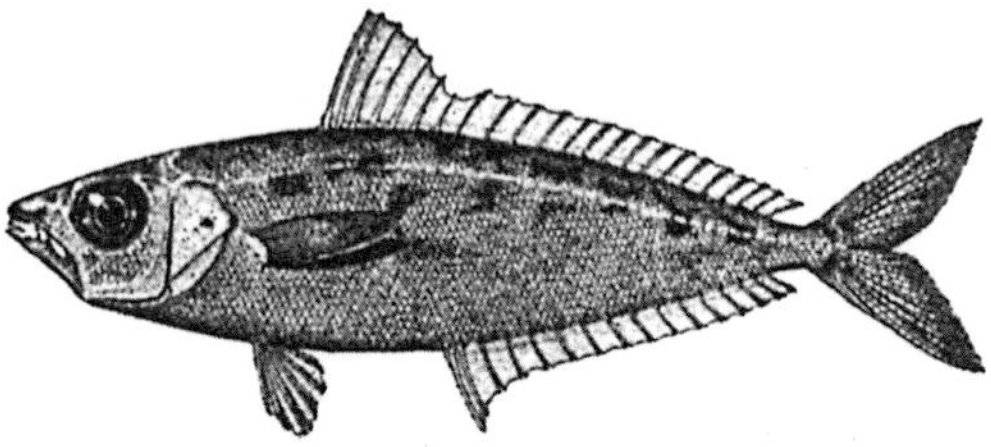

ヒメヒイラギ

ヒメヒイラギ　姫柊　Leiognathus elongata *Smith & Pope*（**ヒイラギ科**）

ヒメヒイラギとは曾て私の命名したものである。背鰭八棘十六軟條、臀鰭三棘十四軟條である。體高の低いのはオキヒイラギのやうであるが、是とは違つた體形である。色合は淡褐色で、黑褐色の斑點を體の上部に散在してゐる。鹿兒島、相模灘で取られ、殊に相模灘の鰤大謀網へ入り込むのを見ると、熱帶部へも分布してゐると思はれる。稀に取られるのと、小形である爲に、食用として殆ど顧られない。

ギンカヾミ　銀鏡　Mene maculata (*Bloch & Schneider*)（**ギンカヾミ科**）

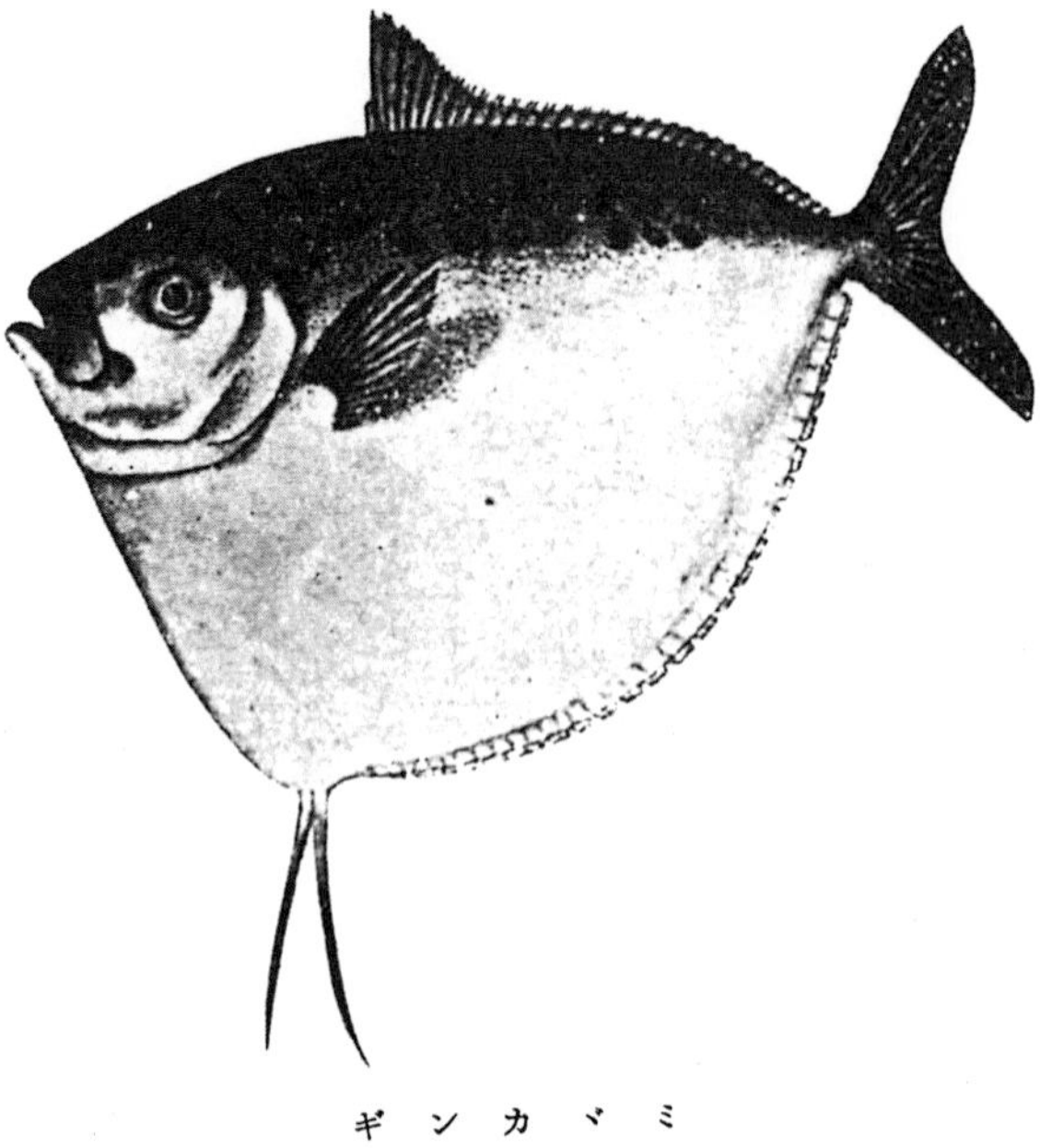

ギンカヾミ

高知ではイトヒキアジ、カヾミダイと共にカヾミウオと云ふ。ギンカヾミとは何地の稱呼か不明である。背鰭三叉は四棘四十又は四十一軟條、臀鰭三十乃至三十二軟條である。體高頗る高く、背後の兩外廓共に強く曲がつてゐるが、腹外廓の方が更に強く曲がつてゐる。體側上方に凡そ二列の黑點がある。體長百五十ミリメエトル（五寸）に達する。印度方面から南日本へ分布してゐるが、相模灘には少いものである。稍や大形となるものであるが、少い爲にまだ食物としての價値はわかつてゐない。

シイラ　鱰　Coryphaena hippurus *Linné*（**シイラ科**）

一般にシイラと云ふ。神奈川縣三崎でトオヒャク、關西や高知でトオヒャク、熊本でマンビキ、關西ではクマビキと云ふ地方もある。高知でクマビキと云ふのは主として此魚の鹽乾品である。背鰭五十八乃至六十軟條、臀鰭二十五乃至二十七軟條である。體は細長く、頗る側扁し、頭部は多少をでこ形を呈してゐる。殊に老成の雄に於ては甚い異形を呈する。美い紺青色で、生きてゐる時は數多の美い斑點があるが、死すると是を消失する。體長九百ミリメエトル（三尺）に達する。太平、印度、大西三洋の熱帶部と溫帶部とに分布し、多少水面に近い處を群游する。是を釣獲するには竿釣、延繩などもあるが、シイラ漬漁業と云ふ面白く且つ澤山に漁獲の出來る漁業がある。シイラ漬漁業は新潟縣下で初まつたものであるが、殊に同縣出雲崎や筒石で相當盛大に行はれてゐる。是はシイラの習性を利用したもので、シイラは性頗る陰になつた處を好む故に、豫め澤山の大竹を束ね、是を海中に定置し、人工的に日光を遮つて陰を作つて置くと、其下方へ澤山のシイラが集まるのである。是を適宜に釣るのであるが、成績のいゝ時には七人乘一艘で一日間に百五十尾も釣り上げることが出來る。我國沿岸では太平洋よりも日本海沿岸に多い。稍や水つぽい魚である、鹽乾品として重寶されてゐる。殊に山間部では人氣のいゝ食品である。

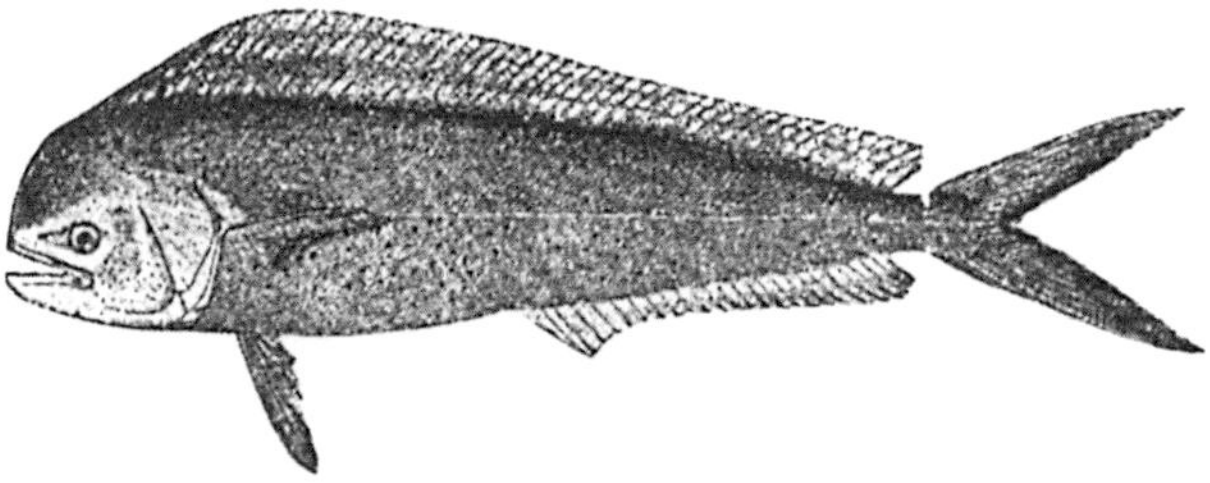

シイラ

マンダイ　萬鯛　Lampris regia (*Bonnaterre*)（**マンダイ科**）

東京でマンダイ又はアカマンボオと云ふ。稍やマンボオに似てゐるが、是とは頗る遠緣のものである。背鰭五十三乃至五十五軟條、臀鰭三十八乃至四十一軟條である。體高頗る高く、側扁してゐるが、割合に肉量が多い。美味の魚で、上等食品である。太平、印度、大西三洋の熱帶及び溫帶部に居る。我國沿岸では左程多く漁獲せられない。

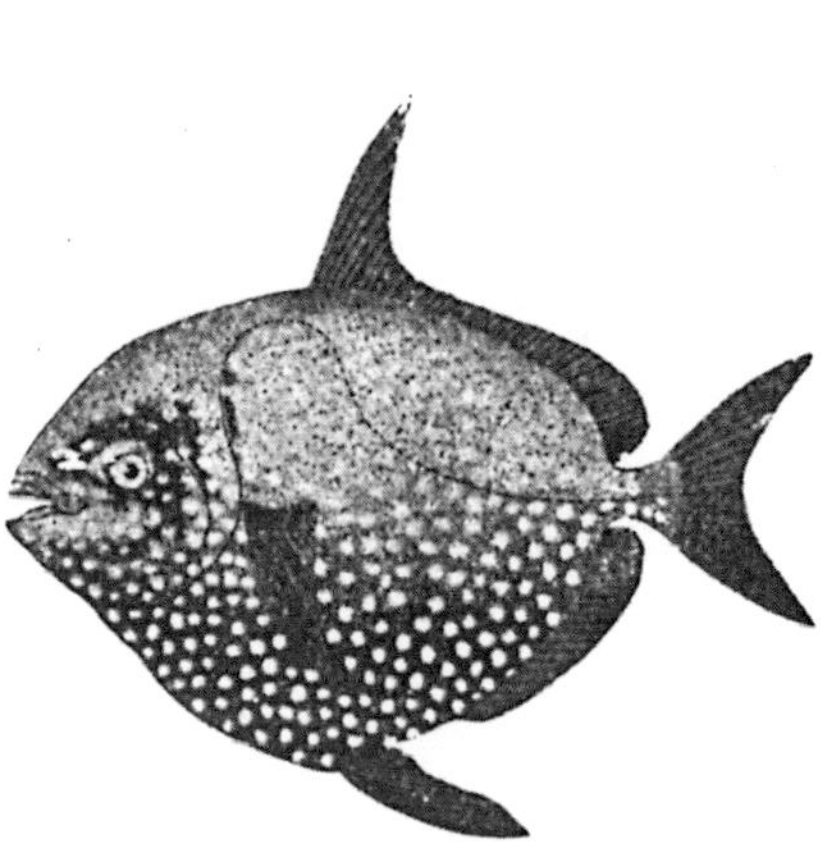

マンダイ

ベンテンウオ　辨天魚　Pteraclis aesticola (*Jordan & Snyder*)（**ベンテンウオ科**）

此魚は曾てベンテニア屬 Bentenia であつた爲め、是から直譯して私がベンテンウオと命名して置いたものである。背鰭凡そ五十棘、臀鰭凡そ四十三棘、腹鰭五軟條である。體頗る扁平で、殆ど肉が無い。背鰭や臀鰭の棘は頗る細長く、絲狀を呈してゐる。腹鰭は頗る小く、殆ど見られないほどであるが、胸鰭よりも遙に前方に位してゐる。體色は稍や灰色を帶びた銀白色で、背鰭と臀鰭とは濃黑色

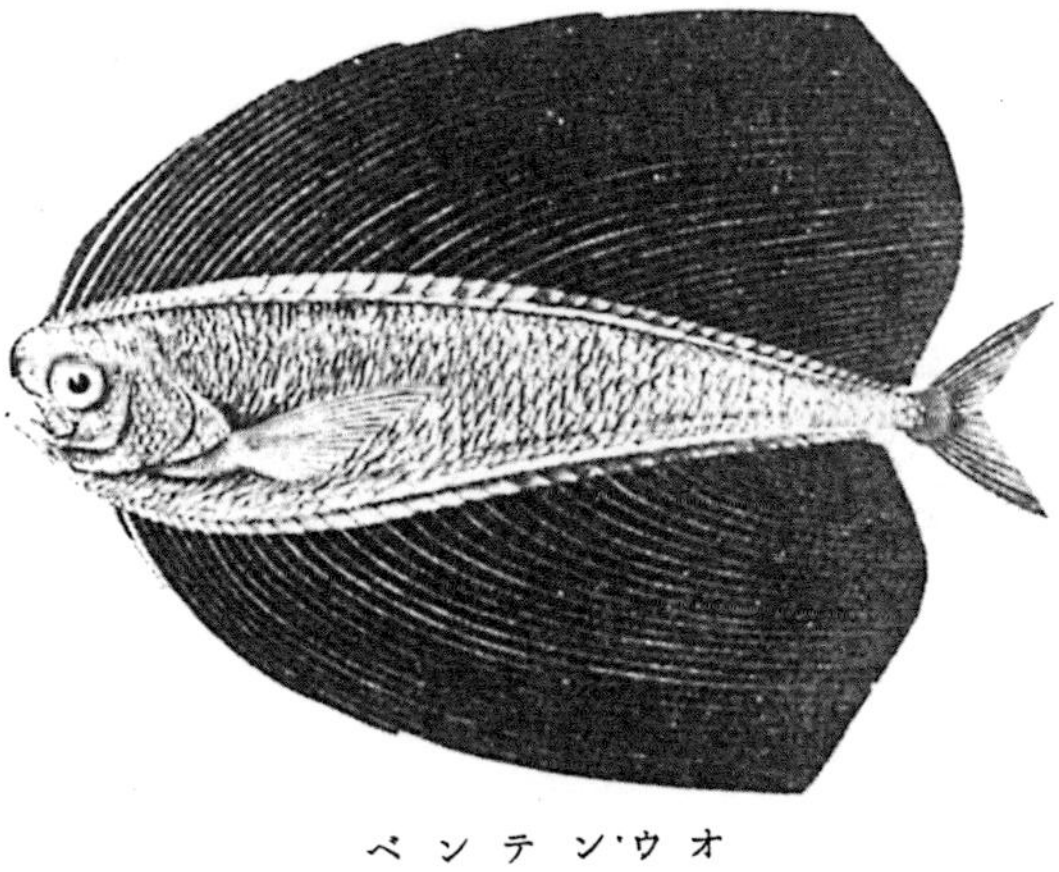

ベンテンウオ

である。頗る稀なもので、食用とはならぬであらう。

クロアジモドキ　**黒鰺擬**　Apolectus niger (*Bloch*)

クロアジモドキとは曾て私の命名したものである。背鰭五棘四十二乃至四十四軟條、臀鰭三棘三十五乃至三十七軟條である。腹鰭は幼魚の時には喉位にあるが、成長すると全く是を消失する。東印度

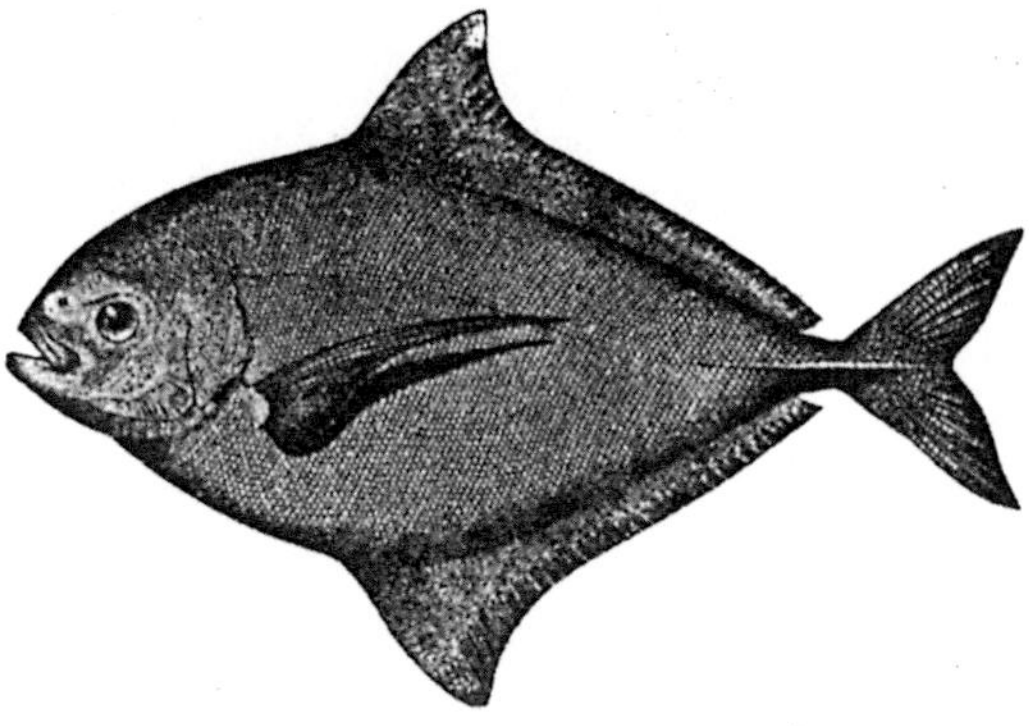

クロアジモドキ

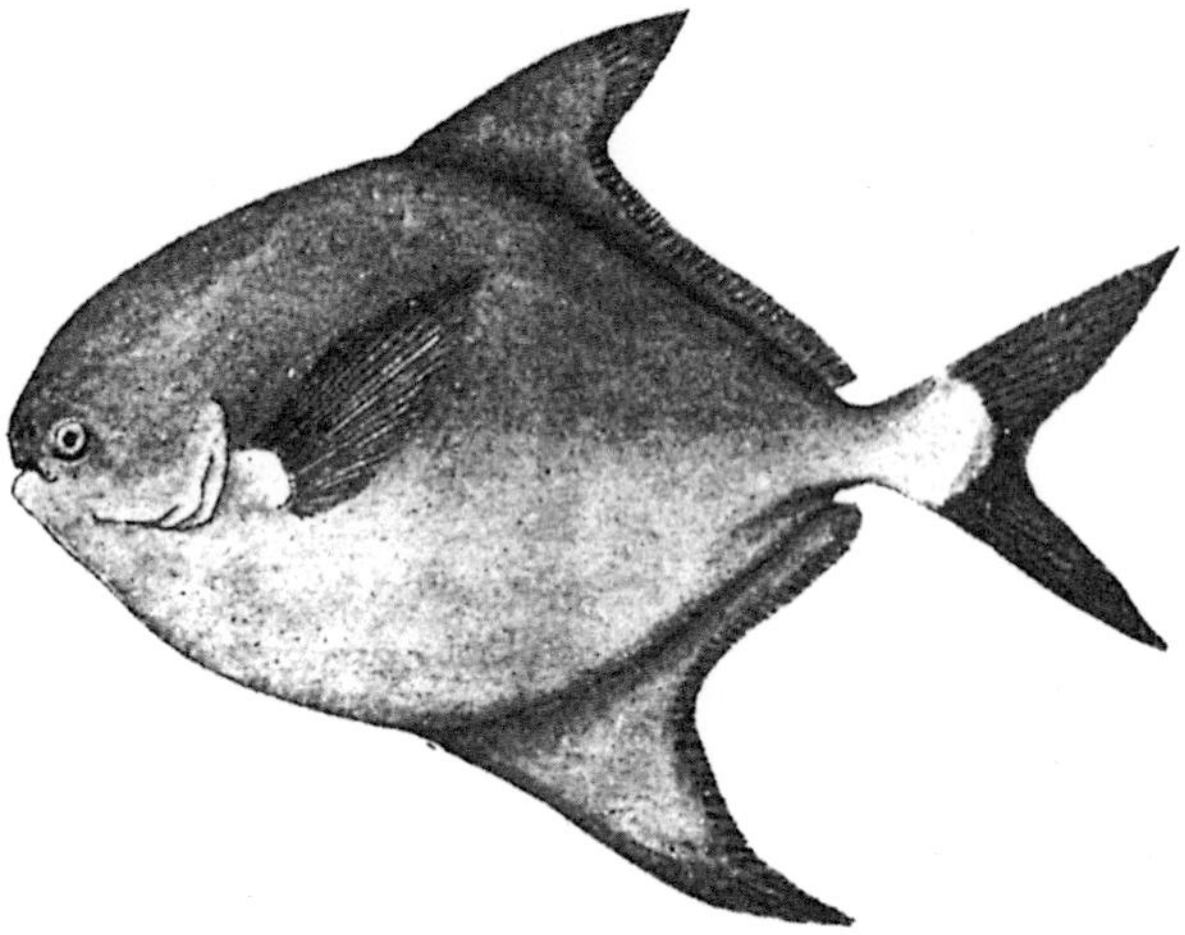

マナガツオ

諸島に居るもので、南日本へも分布してゐる。我國では頗る少く、單に雜魚として取扱はれてゐるに過ぎない。

マナガツヲ　**鯧**　Stromateoides argenteus (*Euphrasen*)(**マナガツオ科**)

關西でマナガツォ又はマナと云ふ。第一背鰭九棘、第二背鰭一棘三十九乃至四十三軟條、第一臀鰭六棘、第二臀鰭一棘三十四乃至三十八軟條である。腹鰭は無い。鱗は頗る小い。體長四百五十ミリメエトル（一尺五寸）に達する。體は青色を帶びた灰色である。東印度諸島から南日本へ分布してゐる爲め、元來は熱帶性の魚であらう。東京附近には頗る少いものである。和歌山縣、瀨戸内海、支那東海には相當に多く、關西では頗る美味とし、高價に取引せられる。刺身ともなるが、味噌漬にもせられる。

イボダイ　**疣鯛**　Psenopsis anomala (*Temminck & Schlegel*)

（**マナガツオ科**）

東京でイボダイ（訛つてエボダイと云ふ事が多い）、大阪でウボゼ、廣島縣でクラゲウオ（此魚の幼者は海月《クラゲ》の傘下によく泳いでゐる）、高知でバカ、舞鶴でヨ、シと云ふ。背鰭六棘二十九軟條、臀鰭三棘二十六軟條、一縱列の鱗數五十五個である。南日本に居るもので、分布の北限は千葉縣である。支那東海にも多いが、何處まで西方へ分布してゐるかわからない。味は稍やマナガツオには劣るが、頗る美味である。然し地方によつては餘り是を好まない處がある。例へば千葉縣も其の一つで、此地方では皆東京へ移出する。體長百八十ミリメエトル（六寸）に達する。

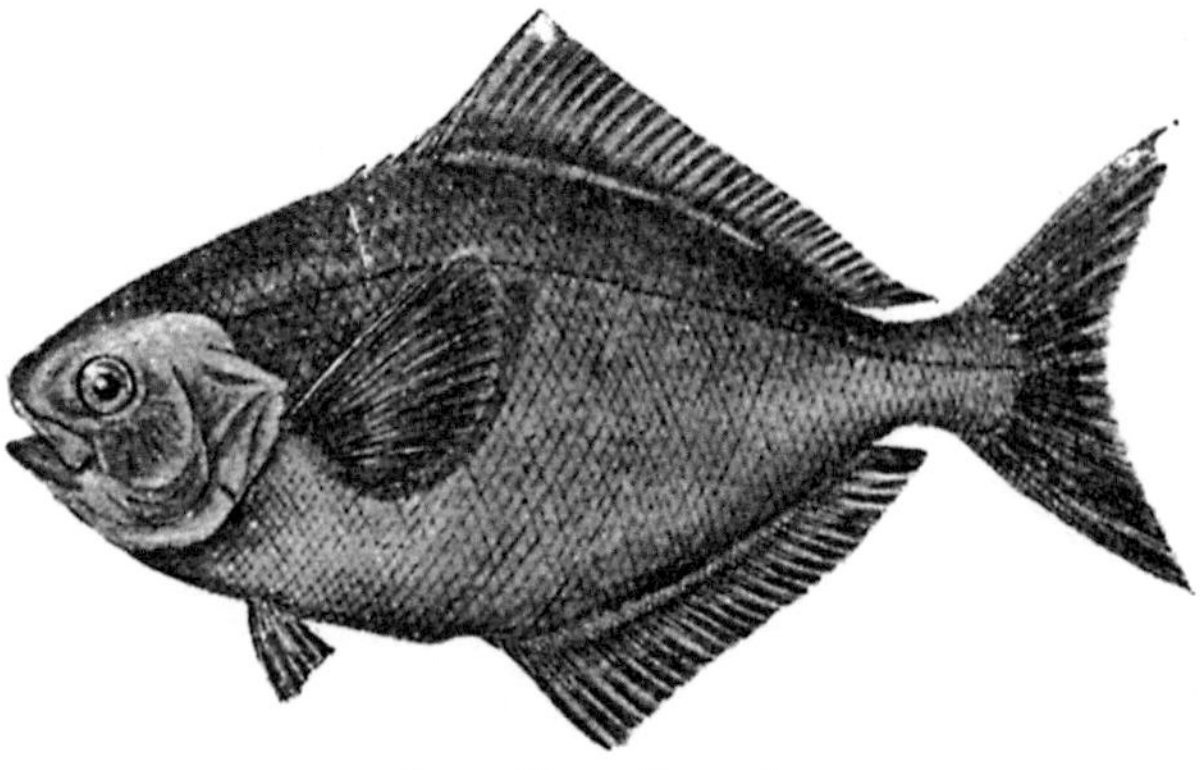

イボダイ

メダイ　**眼鯛**　Centrolophus japonicus *Döderlein*（**マナガツオ科**）

東京ではメダイと云ふ。背鰭八棘二十二軟條，臀鰭三棘十九軟條，一縦列の鱗數凡そ百個である。體長九百ミリメエトル（三尺）に達する。稍や黄味を帶びた紫色である。南日本のものであるが，割合に少いものである。美味の魚である。

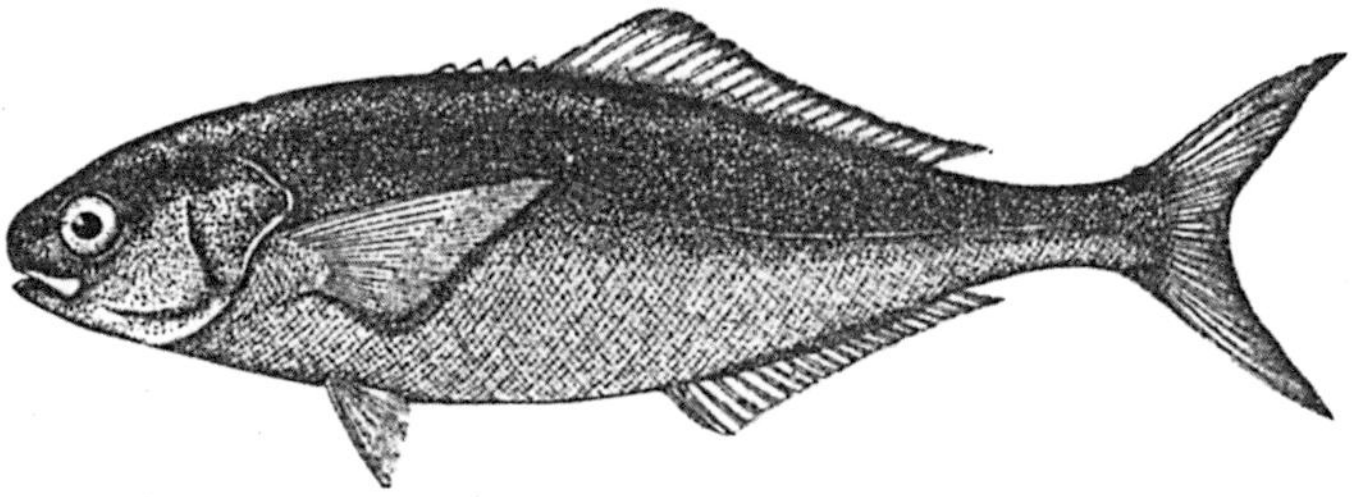

メ　ダ　イ

タカベ　**鰞**　Labracoglossa argentiventris *Peters*（**マナガツオ科**）

一般にタカベといふ。背鰭十棘二十六又は二十七軟條，臀鰭三棘二十三又は二十四軟條，一縦列の鱗數七十五個である。體色は青褐色で，背部に近く一個の濃黄色の縦帶がある。また背鰭，臀鰭及び尾鰭も黄味が多い。體長は二百十ミリメエトル（七寸）に達する。南日本のものであるが，分布區域がまだ充分にわからない。左程美味ではないが，夏は稍や美味である。

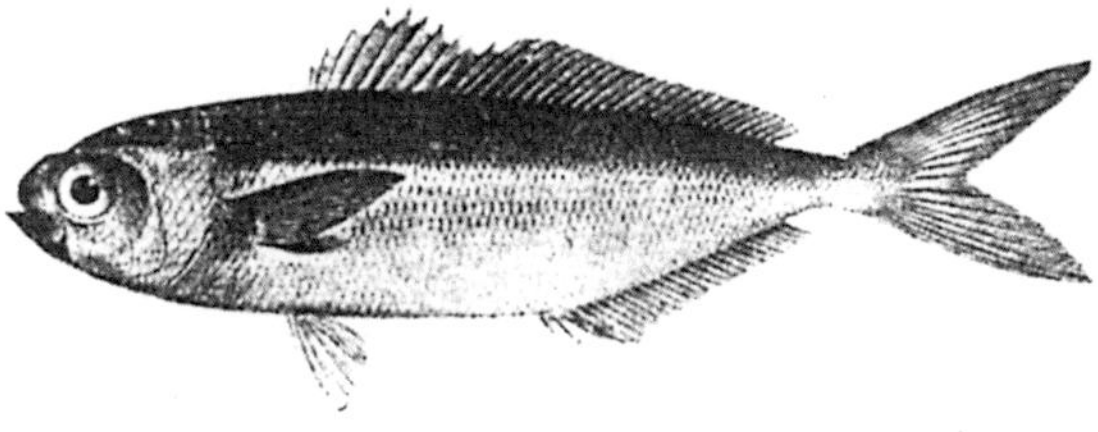

タ　カ　ベ

マトオテンジクダイ　**的天竺鯛**　Apogonichthys carinatus (*Cuvier & Valenciennes*)（**テンジクダイ科**）

第二背鰭に大きい一個の眼狀斑點あるが爲め，嘗て私がマトオテンジクダイと命名したものである。浦戸ではオキフナと云ふ。ウミブナに稍や體形が似てゐる爲であらう。多くの土地には特に此魚に名稱が無い。第一背鰭七棘，第二背鰭一棘九軟條，臀鰭二棘八軟條，一縦列の鱗數二十五個である。第二背鰭に眼狀點のある爲め，よく人目を惹くものである。また臀鰭外縁も濃褐色である。南日本に産するものであるが，澤山の漁獲はない。小い魚で，體長百五ミリメエトル（三寸五分）に達する。下等食品である。

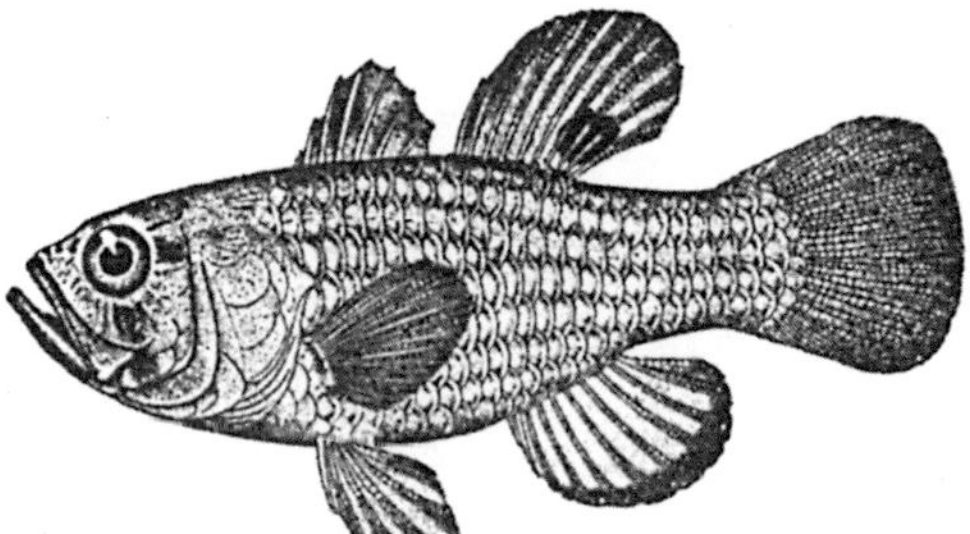

マトオテンジクダイ

テンジクダイ　Apogon lineatus *Temminck & Schlegel*（**テンジクダイ科**）

東京都羽田，横濱などでナミノコ，神奈川縣三崎でモチウオ，高知でイシモチ，高知縣須崎でゲンナイ，熊本でブウブウザッコと言ふ。是等の名稱は啻にテンジクダイばかりでなく，ネンブツダイ，其他の近似種などをも混稱することがある。ネンブツダイとは何地の稱呼か不明である。第一背鰭

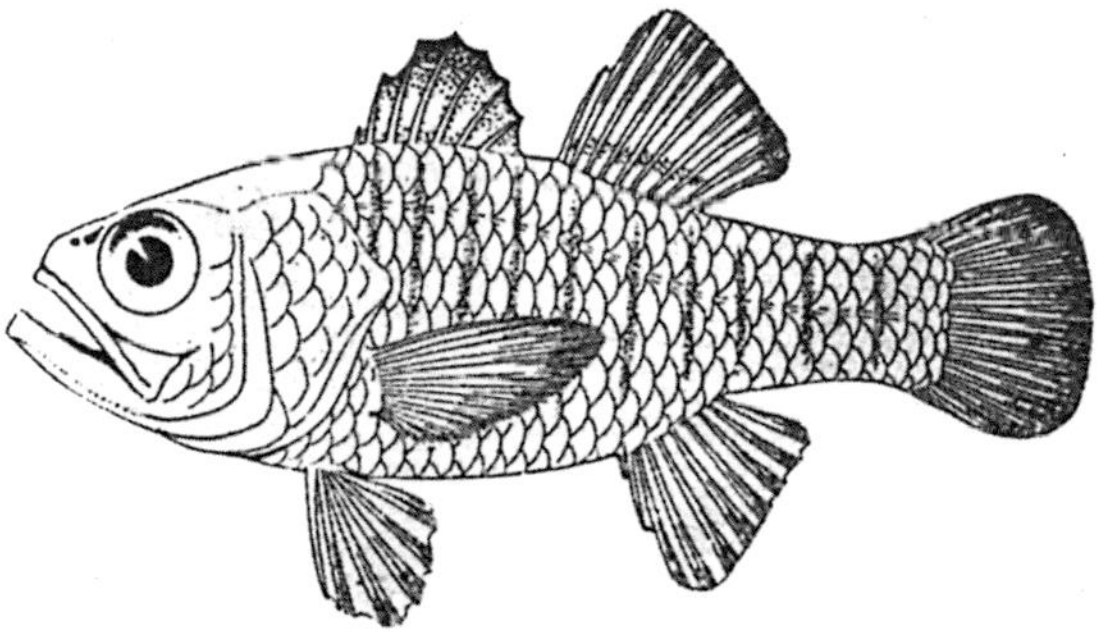

マトオテンジクダイ

七棘、第二背鰭一棘九軟條、臀鰭二棘八軟條、一縱列の鱗數二十五個である。體色は淡灰色で、寧ろ白つぽい感を與へる。凡そ十個許りの淡褐色の横帶がある。此魚は卵塊を口に含んで育てるのであるが、從來、その役を勤めるものは雄だとも、また雌だとも云はれたが、結局雌雄共に卵を口内で孵化するものであらう。此の習性はネンブツダイでも見られるが、他の近似種でも見られることであらう。兎も角此性質は最もよくテンジクダイで見ることが出來る。體長九十ミリメエトル（三寸）に達する。南日本の魚である。食用としては下等品であるが、三重縣宇治山田市の魚市場などでは是を串刺とし、燒いて販賣してゐる。稍や美味である。

ネンブツダイ　念佛鯛　Apogon semilineatus *Temminck & Schlegel*（**テンジクダイ科**）

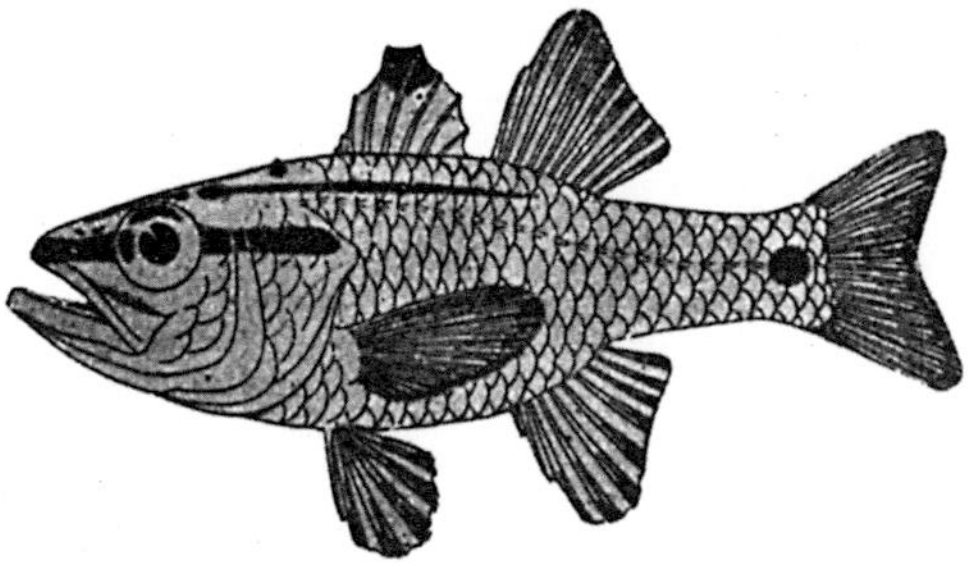

ネンブツダイ

多くはテンジクダイと同一の名稱で言つてゐる。ネンブツダイとは何地の稱呼か不明である。第一背鰭七棘、第二背鰭一棘九軟條、臀鰭二棘八軟條、一縱列の鱗數二十五個である。斑紋は著くテンジクダイとは違ふが、是に加ふるに、體色が白つぽくなく、強く赤味を帶びて美い。體長はテンジクダイと同樣である。ネンブツダイと同く、分布も亦此魚と同樣である。ネンブツダイよりも少いと思ふが、曾て高知縣須崎の魚市場で、此魚ばかりを相當多量に漁業者が陸揚げしてゐるのを見たことがある。

クロテンジクダイ　黑天竺鯛　Apogon niger *Döderlein*

高知でクロゲンナイ又はクロイシモチと云ふ。クロテンジクダイとは曾て私の命名したものである。第一背鰭七棘、第二背鰭一棘九軟條、臀鰭二棘八軟條、一縱列の鱗數二十五個である。體色濃灰色で、稍や濃いが、然し不明瞭な若干の横帶を認めることが出來る。二背鰭及び臀鰭の外緣は濃褐色である。テンジクダイと同大であるが、割合に少いものである。南日本に產する。

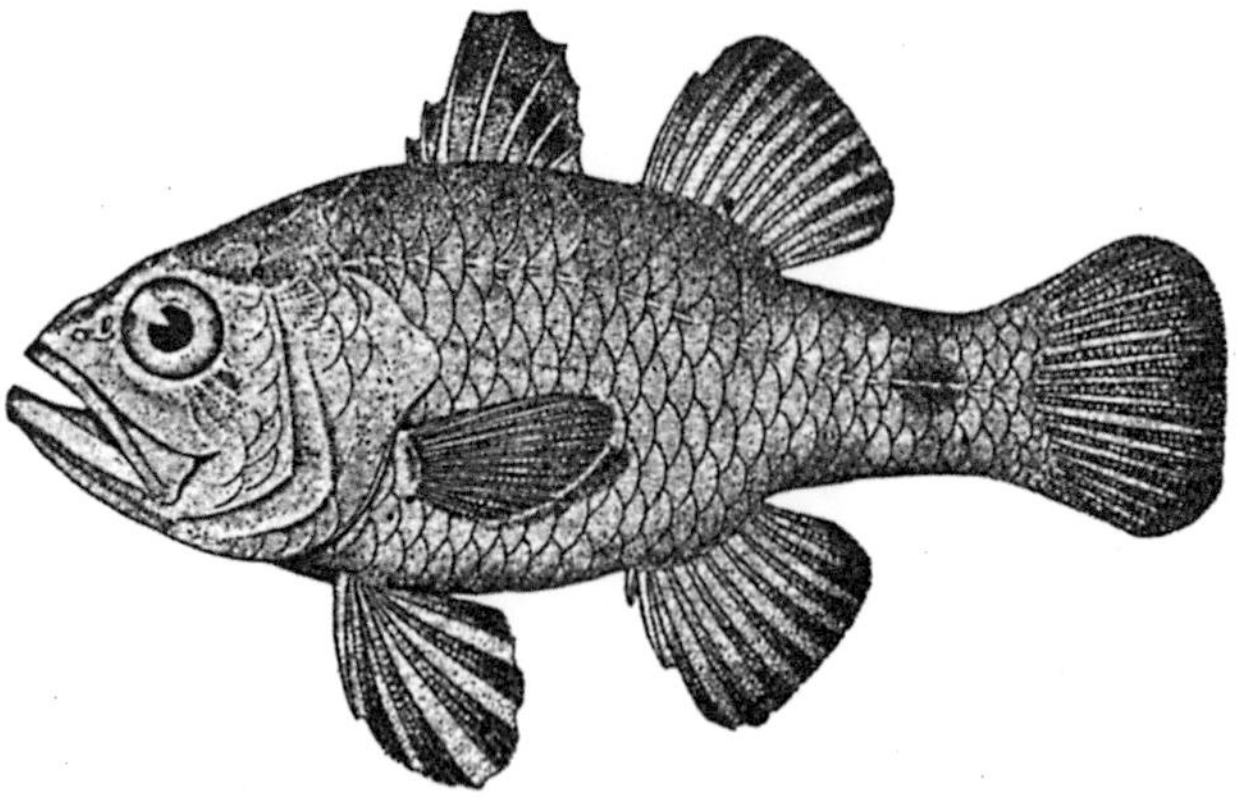

クロテンジクダイ

コスジテンジクダイ　小條天竺鯛　Apogon schlegeli *Bleeker*（**テンジクダイ科**）

コスジテンジクイとは曾て私の命名したものである。靜岡縣靜浦でブンコォ又はイシブンコォと云ふ。第一背鰭七棘、第二背鰭一棘九軟條、臀鰭九軟條、一縱列の鱗數二十五個である。稍やネンブツダイに似てゐるが、斑紋は大に違つてゐる。南日本のものであるが、多量には取れない。

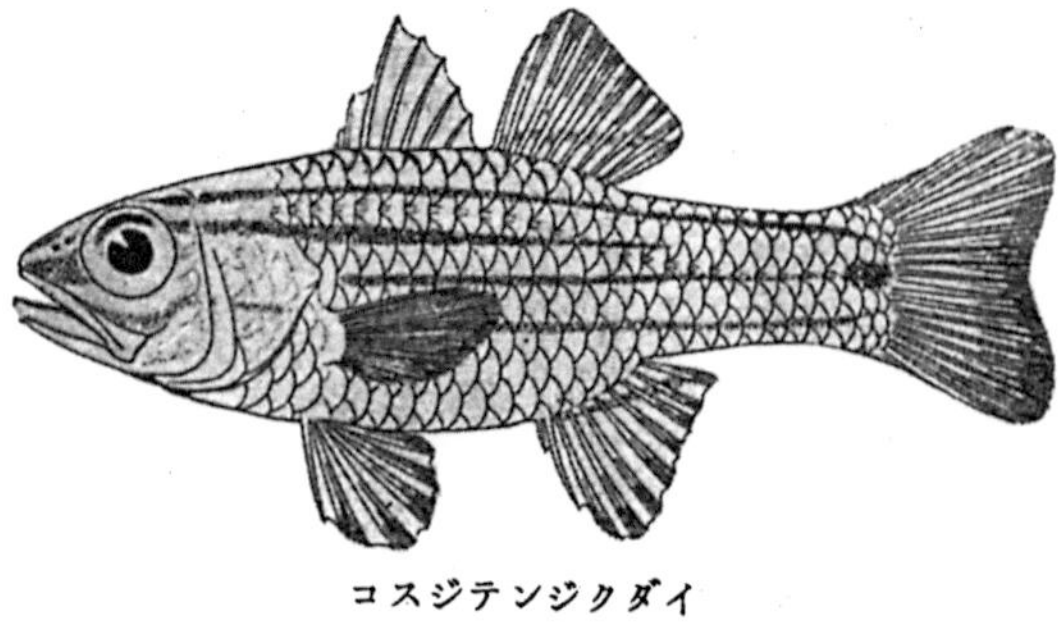

コスジテンジクダイ

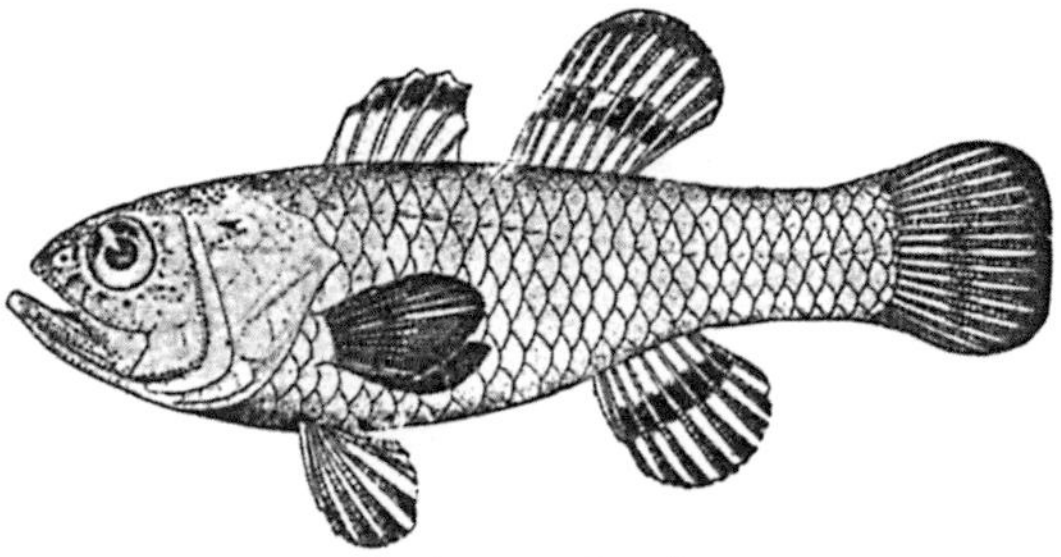

ツマグロテンジクダイ

ツマグロテンジクダイ　**褄黒天竺鯛**　Apogon marginatus *Döderlein*（**テンジクダイ科**）

此和名は曾て私の命名したものである。南日本のものであるが、稀有種であるから、何處でも殆ど名稱が付いてゐない。第一背鰭七棘、第二背鰭一棘九軟條、臀鰭二棘八軟條、一縱列の鱗數二十五個である。體には斑紋無く、鰭には特有の斑紋がある。印度や東印度諸島にも居るかも知れないが、まだ其記錄が無い。

オヽスジテンジクダイ　**大條天竺鯛**　Apogon döderleini *Jordan & Snyder*（**テンジクダイ科**）

此和名は曾て私の命名したものである。第一背鰭七棘、第二背鰭一棘九軟條　臀鰭二棘八軟條、一縱列の鱗數二十五個である。稍やコスジテンジクダイに似てゐるが、縱線の大さや數に相違がある。南日本のものであるが、稀に取られるだけである。

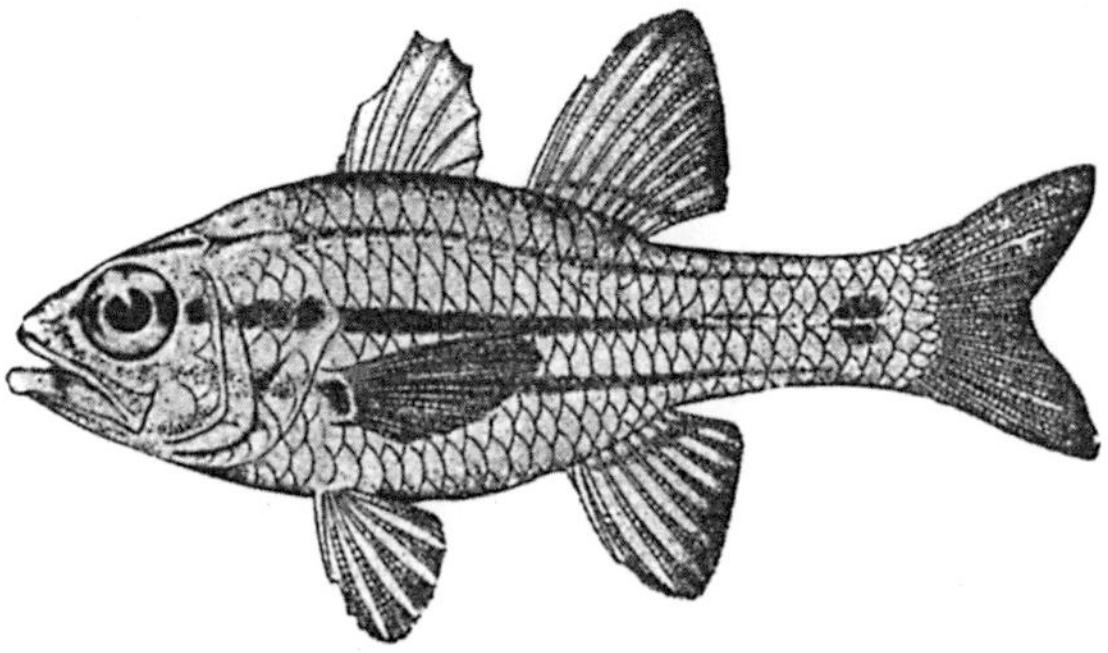

オヽスジテンジクダイ

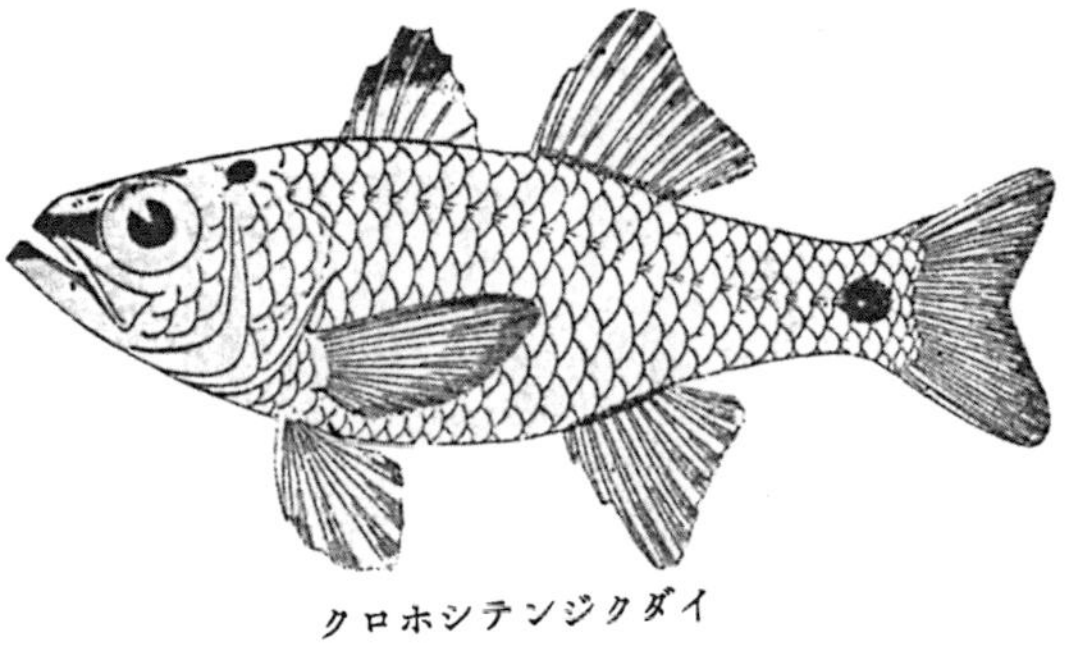

クロホシテンジクダイ

クロホシテンジクダイ　Apogon notatus (*Houttuyn*)（**テンジクダイ科**）

クロホシフエダイとは曾て私の命名したものである。第一背鰭七棘、第二背鰭一棘九軟條、臀鰭二棘八軟條、一縱列の鱗數二十五個である。眼の後方と尾鰭とに各〻一黒點のあるを特徴とする。東印度諸島から南日本へ分布してゐる。我國では稀有種である。

テッポオテンジクダイ　**鐵砲天竺鯛**　Apogon quadrifasciatus *Cuvier & Valenciennes*（**テンジクダイ科**）

此和名は曾て私の命名したものである。第一背鰭六棘、第二背鰭一棘九軟條臀鰭二棘八軟條、一縱列の鱗數二十五個である。細長い魚で、體側に二個の褐色線が縱走してゐる。南日本から東印度諸島へ分布してゐる。我國殊に相模灘には少いが、和歌山縣や其以南には稍や多いものである。

テッポオテンジクダイ

ムツ　鯥　Scombrops boöps (*Houttuyn*)（テンジクダイ科）

ム　ツ

一般にムツと云ふ。仙臺でロクノウォと云ふのは舊藩主伊達家が陸奥守であつたので、是を遠慮した爲だと傳へられてゐる。小田原でムツメ、高知でモツと云ふ。第一背鰭八棘、第二背鰭一棘十三軟條、臀鰭三棘十三軟條、一縦列の鱗數五十三個である。口内の歯は鋭く、犬歯狀である。體色は稍や赤味を帯びた黒紫色である。體長は六百ミリメエトル（二尺）、體重六キログラム（一貫五百匁）に達する。住所は春は最も淺く、水深二百尋乃至二百五十尋の處に棲息し、夏は降つて四百尋以上の深所へ入り込む。初春産卵する爲め、其前の時期が頗る美味で、殊に未だ熟してゐない時期の卵巣を最も美味とする。體色は黒紫色である。幼魚は稍や赤味を帯び、水深十尋乃至二十尋の淺處に住み、此幼魚を神奈川縣三崎でヒムツ、横濱附近ではオンシラズと云ふ。鈴木新氏の調査によると、神奈川縣三崎ではツノクチ、メダカ、キンムツの三型を分ち、ツノクチは口が尖つて、頭が小く、體に平みがあつて丸い。メダカは口が圓く、頭大きく、體は細長く、目が大きい。キンムツは體形メダカに似て、色は白みがゝつた銀色を帯び、味は良好で且つ最も淺所に棲息するが、數量は多くない。ツノクチとメダカとは同様に黒色であるが、ツノクチの方が稍や大きく、數量も多く味も良い。此兩者はほゞ同一場所に棲息してゐるが、メダカの方が稍や深所に棲息する。是等の三型は同一種内の異型であらうと思はれるが、何故に同一種内に斯様に異型があつて、多少住所やその習性に相違があるかはまだ説明せられない。たゞ是と同様に異型の現れることは他の種類に於て其例が乏しくないと云ふことを言ひ得るのである。

ホタルジャコ　螢囃喉　Acropoma japonicum *Günther*（ホタルジャコ科）

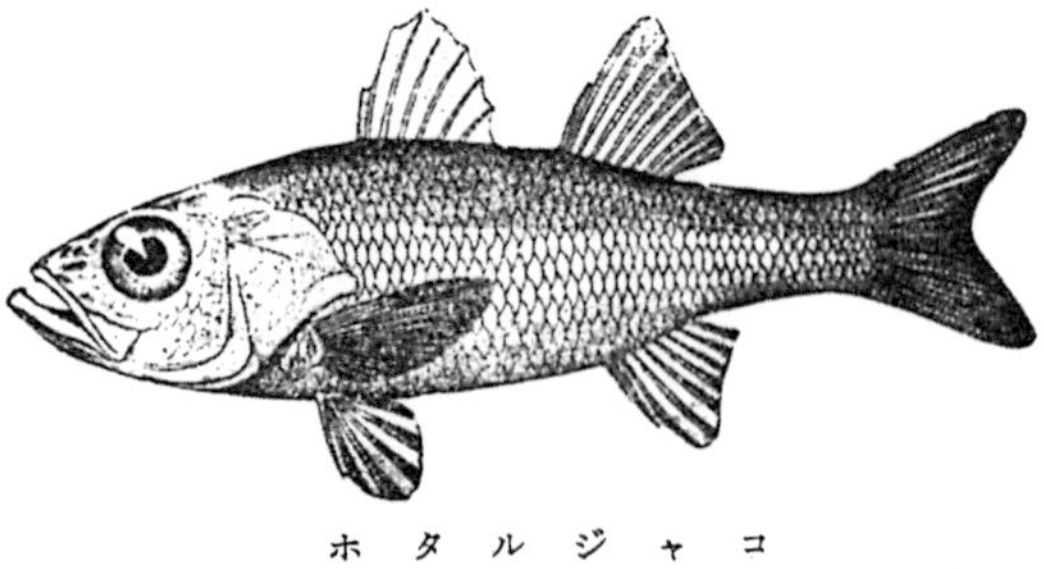

ホ　タ　ル　ジ　ャ　コ

高知でホタルジャコ、靜岡縣靜浦でゴソと云ふ。第一背鰭七棘、第二背鰭一棘十軟條、臀鰭三棘七軟條、一縦列の鱗數四十九個である。體の腹面に微小の黒點を密布し、恰も發光器のやうに見えるが、恐らくさうではないであらう。鹿兒島縣志布志では本種が夜發光すると云ふことを聞いたが、或は此魚には發光バクテリヤの繁殖がよい爲かとも思ふ。體長百五ミリメエトル（三寸五分）に達する。黒田長禮博士によると、靜浦では夜間の手繰網へ多量に入り込むものである。雜魚として取扱はれるから上等食品ではない。

ユゴイ　湯鯉　Kuhlia rupestris (*Lacépède*)（ユゴイ科）

伊豆伊東でユゴイ、種子島でミコ、奄美

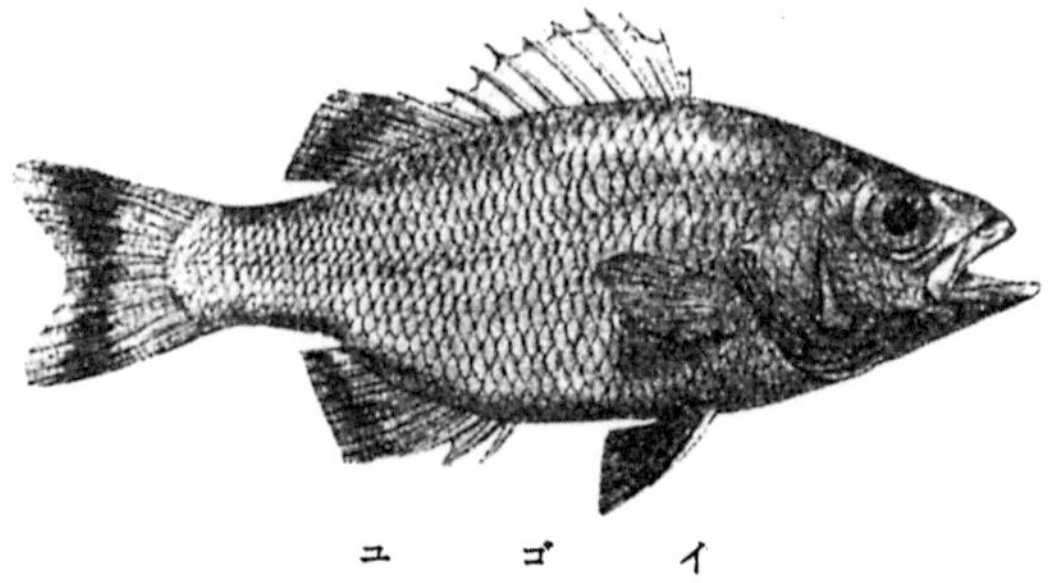

ユ　ゴ　イ

大島、沖縄島でミキユウ、久米島でミツウ、宮古島でタアズ、石垣島でカアラミイヒカリ、與那國島でミサダと云ふ。背鰭十棘十一軟條、臀鰭三棘十一軟條、一縱列の鱗數四十二個である。背鰭軟條部、臀鰭及び尾鰭に幅の廣い褐色の帶がある。此斑紋は雌雄によつて著く違つてゐる爲に、從來別種とせられたものである。熱帶方面に多いもので、南日本へ分布してゐるが、東京附近には殆ど居ない。此魚はギンユゴイに近いものであるが、此方は全く海產であるのに、ユゴイは淡水と海水との交じる池沼に居ることが多い。伊豆淨の池は溫泉湧出して、水溫が高いが、是に饒產する。體長百二十ミリメエトル（四寸）に達する。食用としての價値はわからないが、種子島やその以南には多いから、是等の地方では或は食用とすることかと思はれる。

ギンユゴイ　**銀湯鯉**　Safole taeniura (*Cuvier* & *Valenciennes*)
（ユゴイ科）

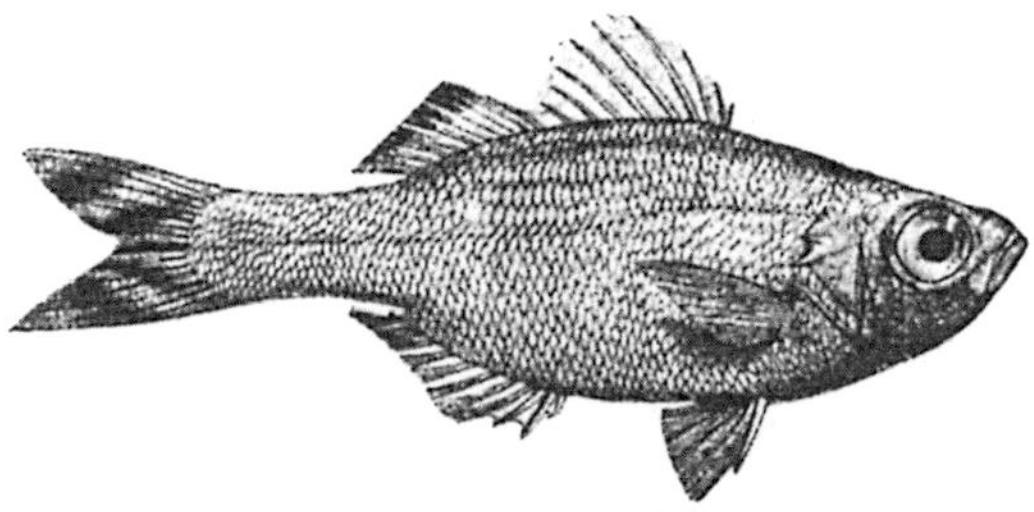

ギンユゴイ

伊豆伊東のドクギョはユゴイのことでないことがわかつた爲め、曾て私がギンドクギョと命名して置いたものは今回ギンユゴイと命名することゝした。背鰭十棘十軟條、臀鱗三棘十一軟條、一縱列の鱗數五十三個である。體はユゴイよりも著く側扁してゐる。體長は大體ユゴイと同じである。ユゴイは淡水と海水との交じる海岸地方に居るが、ギンユゴイは全く海水の中に居る。熱帶地方のもので、南日本へも分布してゐる。相模灘には此魚の稚魚は屢ゝ見られるが、大きいものは割合に少いやうである。食品としての價値はわからない。

キントキダイ　**金時鯛**　Priacanthus hamrur (*Forskål*) **（キントキダイ科）**

キントキダイ

和歌山縣田邊でキントキ、同縣湯淺でカゲキヨ、高知でカネヒラ（クルマダイも同様に稱する）又はキントオジ、福岡でウマヌスットと云ふ。東京で普通のキンメと共にキンメと云ふから、注意を要する。是等の方言はキントキダイ類、時としてはクルマダイをも混稱して居る場合が多い。貝原益軒の大和本草に「今筑紫の方言に馬ヌス人と云ふ魚あり、形、狀紅鬃魚（タイのこと）の如く長五寸許鯛の類に非ず、其首メバルの如し、口と目と大なり。色は甚赤くして朱の如し」と出てゐる。大和本草の出版せられたのは寶永六年（一千七百九年）であるから、今から約二百五十年前である。福岡では二百餘年前と同様に今日もウマヌスットと云ふ名稱で言つてゐる魚があつて、それが爰に言ふキントキダイ又は之に近い數種の混稱で、よく大和本草の記述と符合するのも面白いことである。紅海、印度などの熱帶部に居るもので、南日本にも分布してゐる。東京附近には少いもので、下等魚となつてゐるが、大和本草の附圖には美味であると載せてある。背鰭十棘十三軟條、臀鰭三棘十四軟條、一縱列の鱗數は百個である。體頗る赤くて美い。體長は三百ミリメエトル（一尺）に達する。

チカメキントキ　**近眼金時**　Priacanthus japonicus *Cuvier* & *Valenciennes* **（キントキダイ科）**

チカメキントキとは曾て私の命名したものである。背鰭十棘十二軟條、臀鰭三棘十二軟條、一縱列の鱗數九十個である。大體普通のキント

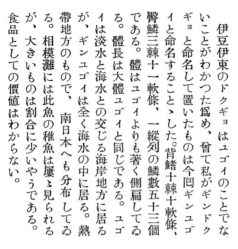

チカメキントキ

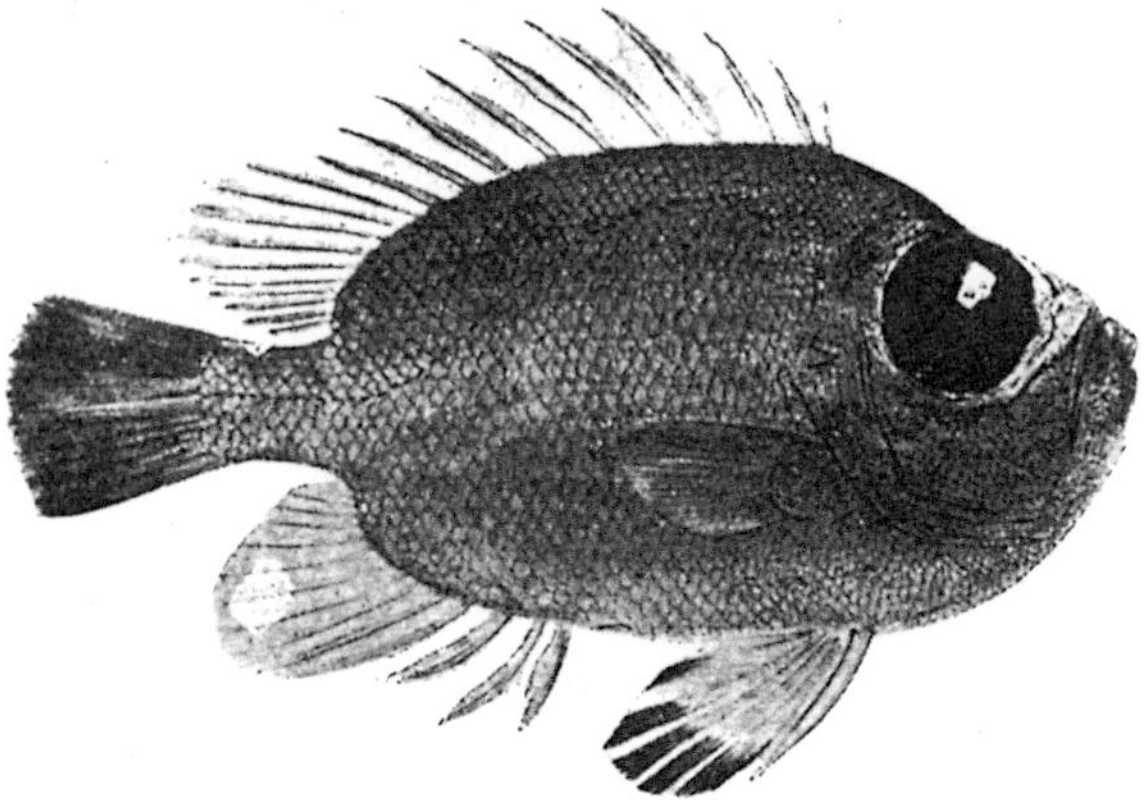

クルマダイ

キダイに似てゐるが、體高が高い。從つて背部から側線に至る一横列の鱗數が多く、キントキダイでは十個内外であるが、チカメキントキでは二十個以上に達する。體長もキントキダイと同樣である。南日本のものであるが、日本以南の地方へも分布してゐるであらう。

クルマダイ　**車鯛**　Pseudopriacanthus niphonius (*Cuvier & Valenciennes*)（**キントキダイ科**）

各地の方言はキントキダイ類と殆ど同樣である。クルマダイの名稱は何地の稱呼か不明である。背鰭十棘十一又は十二軟條、臀鰭三棘十又は十一軟條、一縱列の鱗數六十個である。體高高く鱗稍や大きい。體長二百四十ミリメエトル（八寸）に達する。南日本のもので、東印度諸島へも分布してゐるやうである。食品としての價値は不明である。

クロマス　**黒鱒**　Micropterus salmoides (*Lacépède*)（**クロマス科**）

米國でブラクバス black bass と云ふ。十年前に是を米國から取り寄せて箱根蘆の湖へ放つて繁殖した。箱根ではバスをもじつてマスとし、此魚を黒鱒と言つてゐるが、眞の鱒類とは違つたものである。背鰭十棘十二又は十三軟條、臀鰭三棘十又は十一軟條、一縱列の鱗數六十五乃至七十個である。四百三十五ミリメエトル（一尺四寸五分）以上に成長する。色は上部暗綠色で、側方と下部とは綠がゝつた銀白色である。幼魚では一個の黒みがゝつた縱帶があつて、是は鰓蓋から尾鰭中部へ迄擴がつてゐる。原産地は米國で、合衆國の北部から、メキシコへ迄分布してゐる。クロマスには大口 large-mouthed と小口 small-mouthed とあるが、箱根蘆の湖で成長したものは其中間で、多少大口の黒鱒に近いものである。是は大小の口を持つた二型を入れた爲か、それとも一方だけを入れて斯樣に變化したのか、兎も角學術上面白い現象である。美味ではあるが、釣り難い。それは其棲息場所が充分にわからない爲である。性貪食である爲に、他の有用魚を暴食する。此點から考へると、我國には色々な川魚があるから、黒鱒は害魚と考ふべきものである。

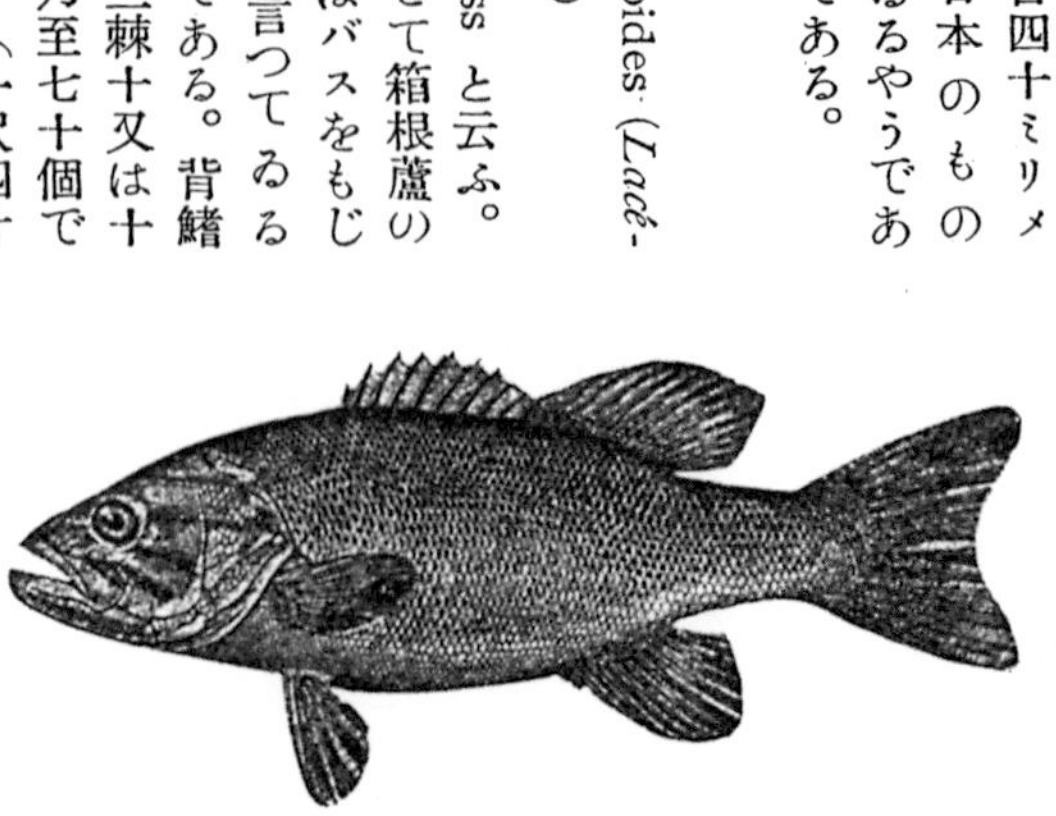

クロマス

ウミブナ　**海鮒**　Malakichthys griseus *Döderlein*（**ハタ科**）

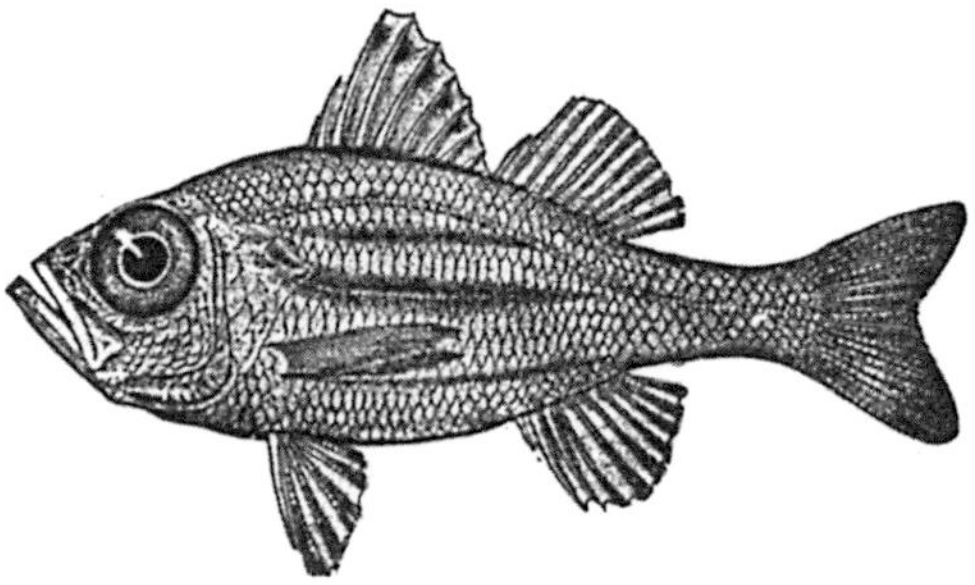

ウミブナ

高知でフナと云ふから、嘗て私がウミブナと命名して置いたものである。背鰭十棘十軟條、臀鰭三棘七軟條、一縱列の鱗數四十個である。體は青褐色で、稍や銀光つてゐる。體側に數個の不明瞭な縱線がある。體長百五ミリメエトル（三寸五分）に達する。南日本のもので、惣菜用として多少使用せられる。

キハッソク 木八束 Diploprion bifasciatus *Kuhl & Van Hasselt*（**ハタ科**）

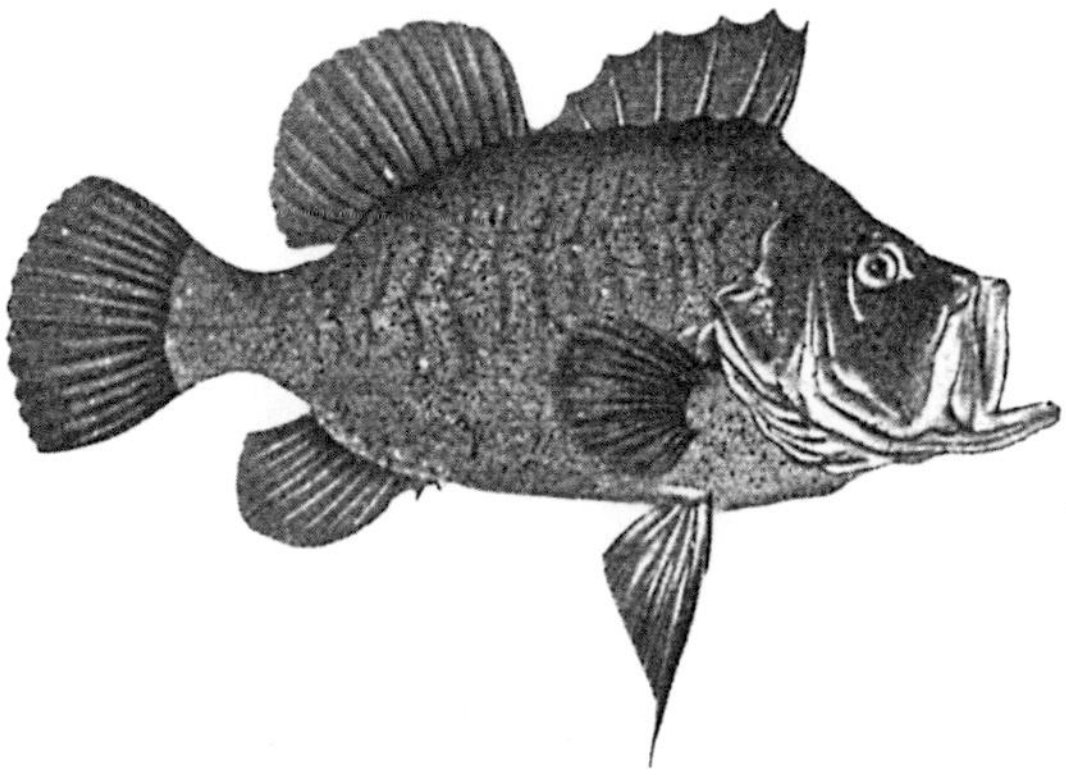

キハッソク

和歌山縣田邊でキハッソク、同縣湯淺でキハッチョオ、和歌浦でナベコサゲ、同縣三輪崎でシュウリキと云ふ。此魚は煮へ難く、木八束を要すると云ふ意から、キハッソクの名稱が出たのである。此魚の取れる時、他の魚が取れない故に、漁業者は鍋を洗ひ、食することが出來ないとの意からナベコサゲの名稱が出たのである。背鰭八棘十五軟條、臀鰭三棘十三軟條、一縱列の鱗數百十五個である。體高高く、著く側扁してゐる。美い黄色で、幅の廣い褐色横帶二個が斜に通つてゐる。體長百六十五ミリメエトル（五寸五分）に達する。印度方面から南日本へ分布してゐるが、東京附近では殆ど見られない。不味の魚である。

スヾキ Lateolabrax japonicus (*Cuvier & Valenciennes*)（**ハタ科**）

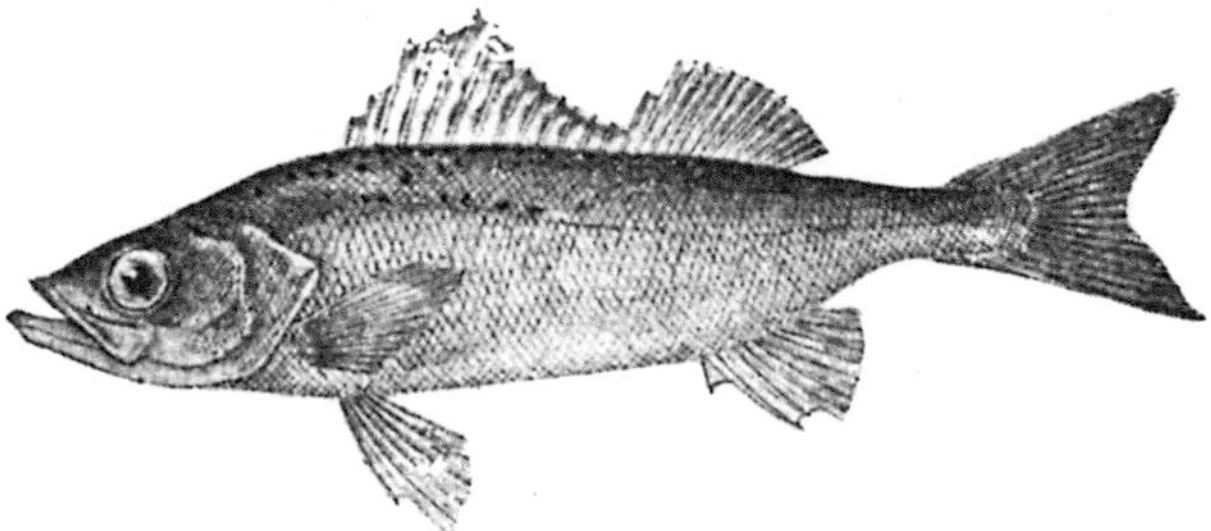

スヾキ〔カバー内側折返しのカラー図参照〕

一般にスヾキと言ひ、小い時を一般にセイゴと云ふ。セイゴよりも稍や長じて半中成のものを東京で、フッコ、三重縣でマタカと云ふ。背鰭十三叉は十四棘十二軟條、臀鰭三棘八軟條、一縱列の鱗數百五個である。河口を多少溯るものと全く是を溯らないものとあるが、同一種中の異型である。南日本の魚である。體長一メエトル餘(三尺五寸)、體重七キログラム半(二貫)に達する。職漁としても遊漁としても必要な魚である。

アラ 鯇 Niphon spinosus *Cuvier & Valenciennes*（**ハタ科**）

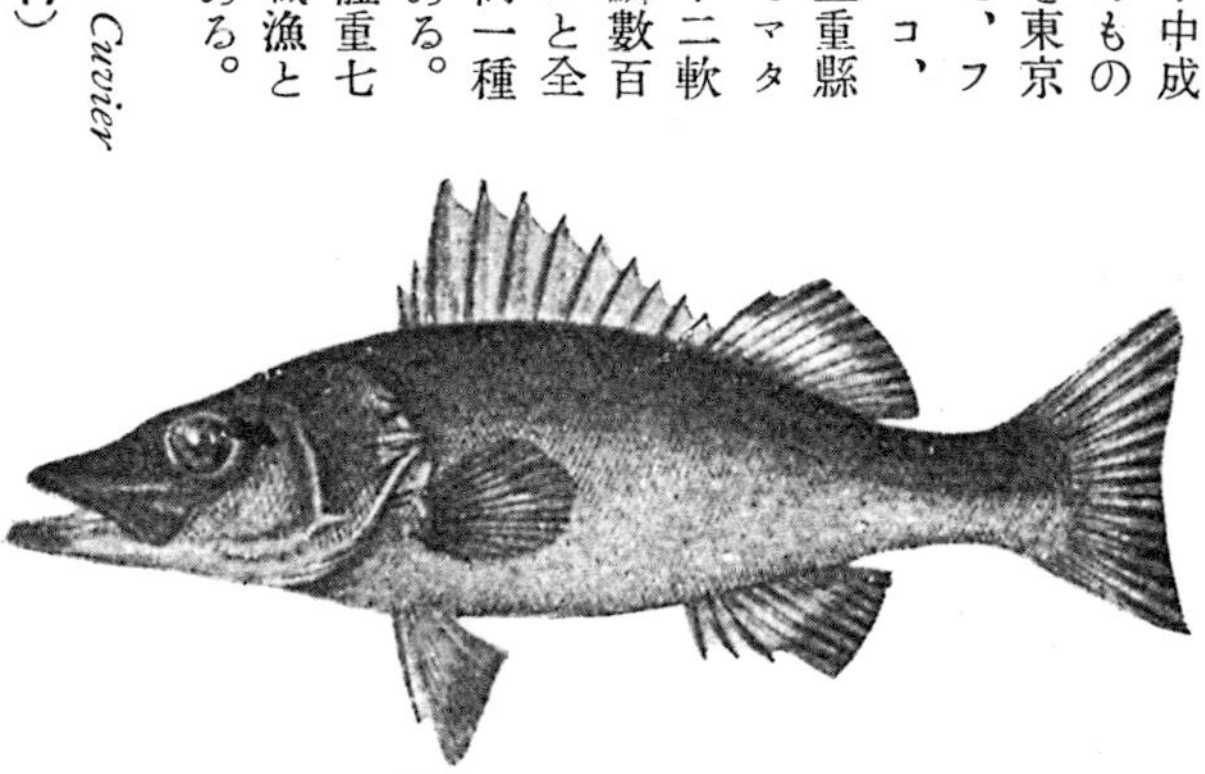

アラ

東京、名古屋、新潟などでアラ、大阪でホタ、高知でオキスヾキ、山陰道、山口縣でイカケ、長崎でタラ又はスケソオ、鹿児島でオキノスヾキと云ふ。背鰭十三棘十軟條、臀鰭三棘七軟條、一縱列の鱗數百六十個である。體長一メエトル餘（三尺五寸）に達する。スヾキに近いが、此魚は海岸に居ないで、稍や沖合の深い處に住んでゐる。此魚は漁獲直後よりも稍や時を經て美味となる。新潟縣下で取れたアラが長野へ移入せられて味がよくなるのは其の爲である。

アカメ　赤眼　Psammoperca waigiensis (*Cuvier & Valenciennes*)
（ハタ科）

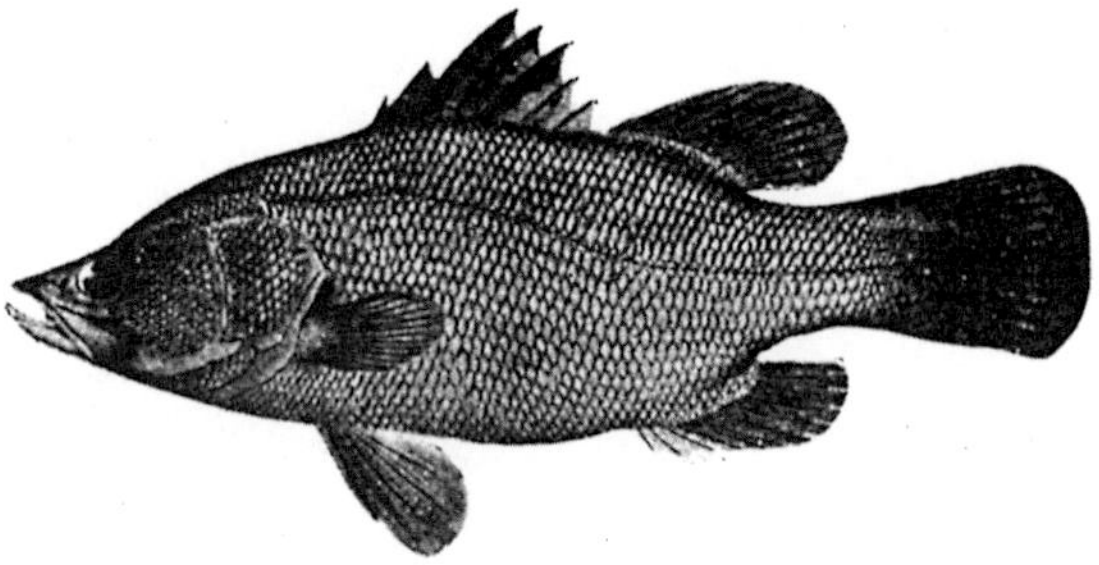

アカメ

高知でアカメ、高知縣幡多郡下田村でミノウオ、宮崎でマルカと云ふ。背鰭八棘十一軟條、臀鰭三棘八軟條、一縱列の鱗數六十個である。體長三百ミリメエトル（一尺）を超える。熱帯方面から南日本へ分布してゐるが、東京附近には居ない。是は河口を溯るもので、アカメ漁は遊漁として相當勇壯なものである。美味の魚である。

オヤニラミ　親睨　Bryttosus kawamebari (*Temminck & Schlegel*)
（ハタ科）

岡山縣津山でオヤニラミ、山口縣長門國豊浦郡でオヤネラミ、山口附近でネラミ、福岡市でヨツメ、兵庫縣丹波國氷上郡柏原《カイバラ》でミコウオ、ミコテン又はオサジヤコ、同縣但馬國出石郡出石町でオサカケ、同縣丹波國多紀郡南河内村でミヨコテン、長崎でカワメバル、福岡縣筑後國柳河でセエベエ、肥後國でミツクリセエベエと云ふ。背鰭十二棘十二軟條、臀鰭三棘九軟條、一縱列の鱗數三十八個である。小い川魚で、體長僅に百五十ミリメエトル（五寸）を超えない。褐色の地色へ赤色の線を持つてゐる爲め美い。南日本と朝鮮とに産する。我國に於ける分布の東限は太平洋岸では淀川の上流保津川（龜岡）で、日本海沿岸では由良川の上流音無瀬川（福知山）であつて、是より西方では山陰道にも山陽道にも、香川縣にも九州の東部及び西部にも居るもので、頗る豐富に産する。我國では河の稍や上流に居る場合が多く、處によつては下流にも居る。食品としての價値はないが、小兒遊漁の人氣者である。

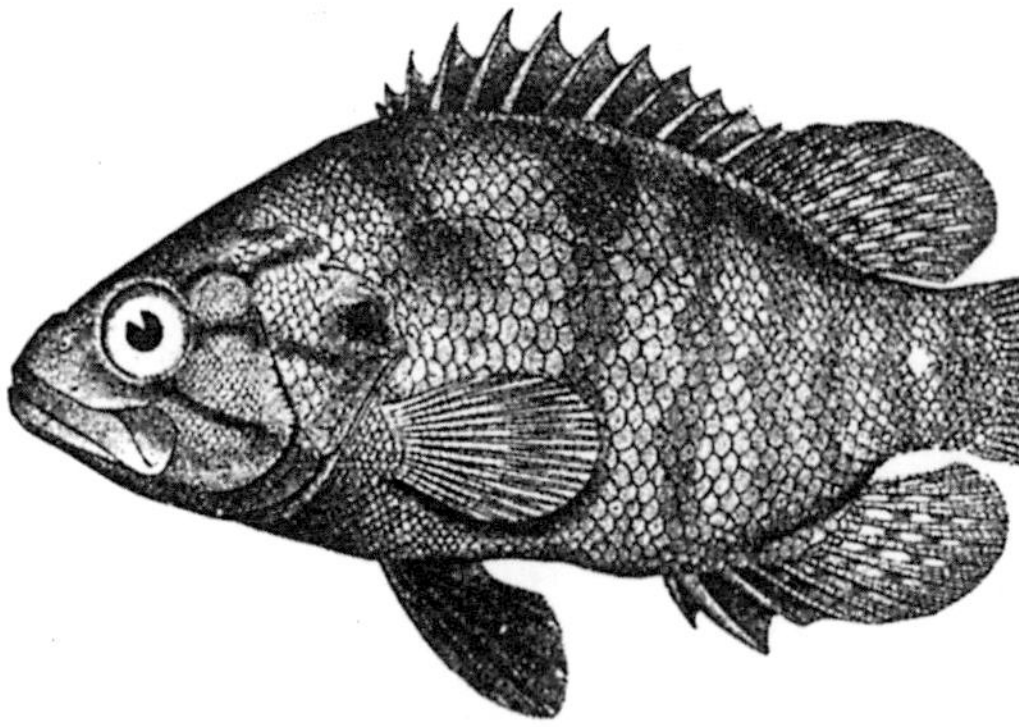

オヤニラミ

イシナギ　石投　Stereolepis ischinagi (*Hilgendorf*) **（ハタ科）**

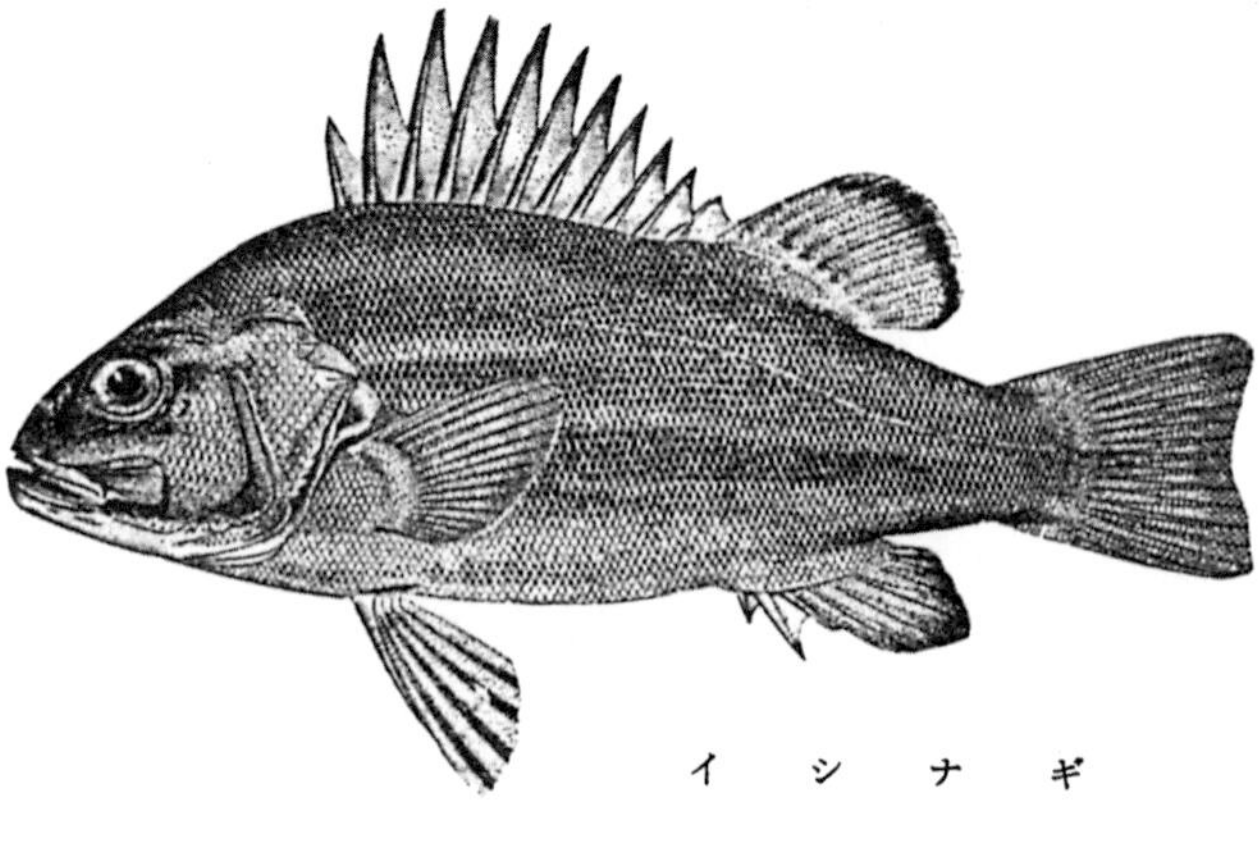

イシナギ

一般にイシナギと云ふ。富山でオヽイオ、和歌山縣和深でオヽナ又はダイシウオと云ふ。背鰭十二棘十一軟條、臀鰭三棘七軟條、一縱列の鱗數八十七個である。日本の各地に居るものであり、其他の地方にも居るが不明である。體長二千百ミリメエトル（七尺）、體重二千二百五十五キログラム（六百貫）に達する。オヽイオの名稱は是から出たのである。相當美味であるが、往々中毒するとのことが新聞に出てゐることがある。

ルリハタ

ルリハタ　瑠璃羽太　Aulacocephalus temmincki *Bleeker*（**ハタ科**）

東京でルリハタ、和歌山縣田邊でアブラウオと云ふ。背鰭九棘十二軟條、臀鰭三棘八軟條、一縱列の鱗數八十五個である。全體紫色で、背部に近い處に幅の廣い黄色の一帶が縱走してゐる。南日本のものであるが、熱帶部へも分布してゐる。體長三百ミリメエトル（一尺）に達する。不味のものである。

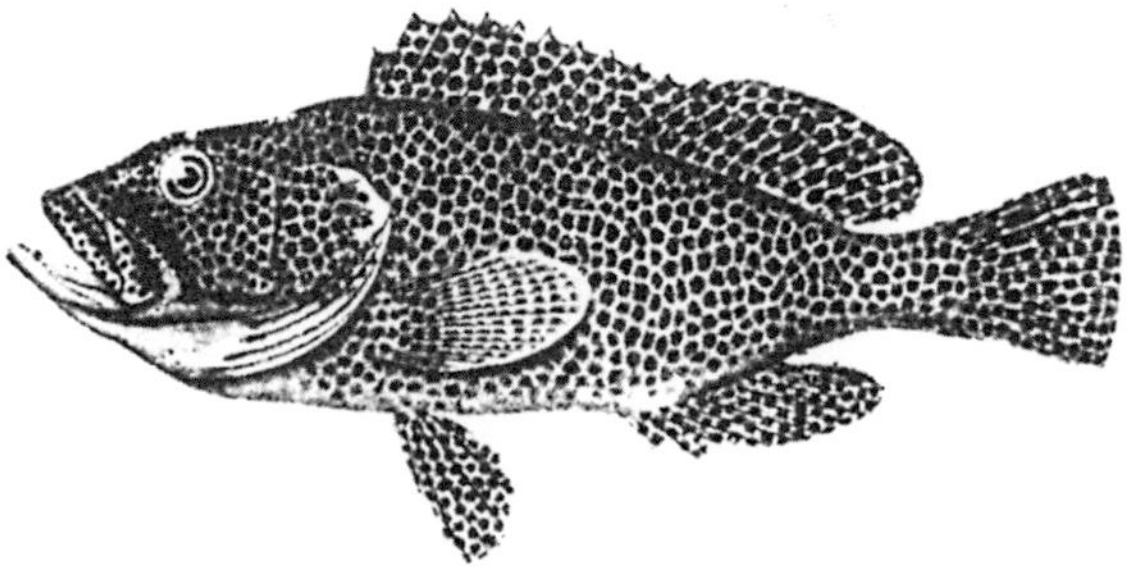
ホオセキハタ

ホオセキハタ　寶石羽太　Epinephelus chlorostigma (*Cuvier* & *Valenciennes*)（**ハタ科**）

和歌山縣田邊でモウオ又はコメマス、和歌浦でアク、三重縣木の本でイギス、同縣二木島でイゲスといふ。是等の方言は往々他の類似種へも通用せられる。背鰭十一棘十七又は十八軟條、臀鰭三棘八軟條、一縱列の鱗數百十個である。體も鰭も褐色で、濃褐色の斑點を密布してゐる。ハタ類の内では大きく成長する種類の一つで、體長九百ミリメエトル（三尺）に達する。普通に夏を美味の時期とするが、長崎では本種及び類似の諸種をアラと稱し、殊に本種を冬季に賞味する。熱帶部から南日本へ分布してゐる。ホオセキハタとは曾て私の命名したものである。

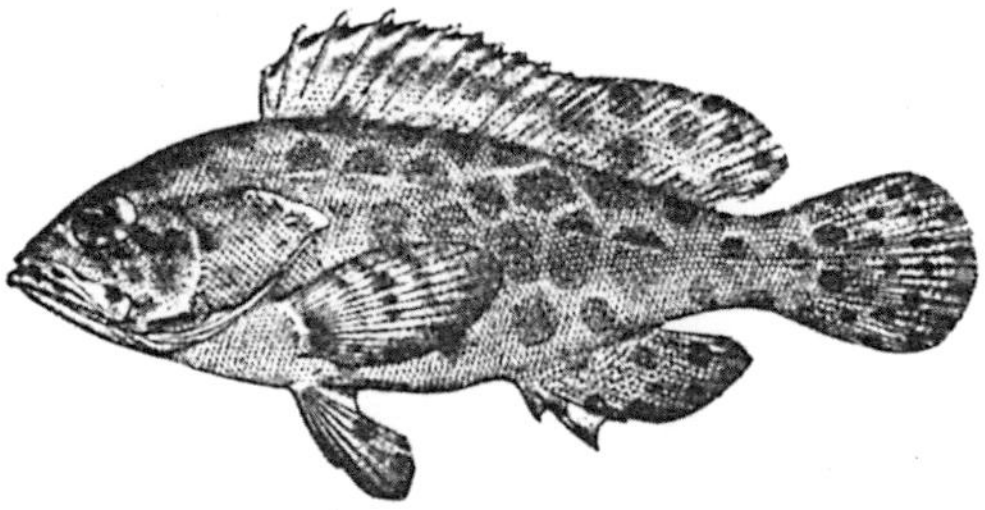
モヨオハタ

モヨオハタ　模樣羽太　Epinephelus megachir (*Richardson*)（**ハタ科**）

モヨオハタとは曾て私の命名したものである。背鰭十一棘十七軟條、臀鰭三棘八軟條、一縱列の鱗數は百個である。體側の褐色斑紋は割合に大きい。琉球、南日本、臺灣等に産するから、熱帶方面へも分布してゐるであらう。相模灘には極めて少い。左程大きくならないものと思ふ。

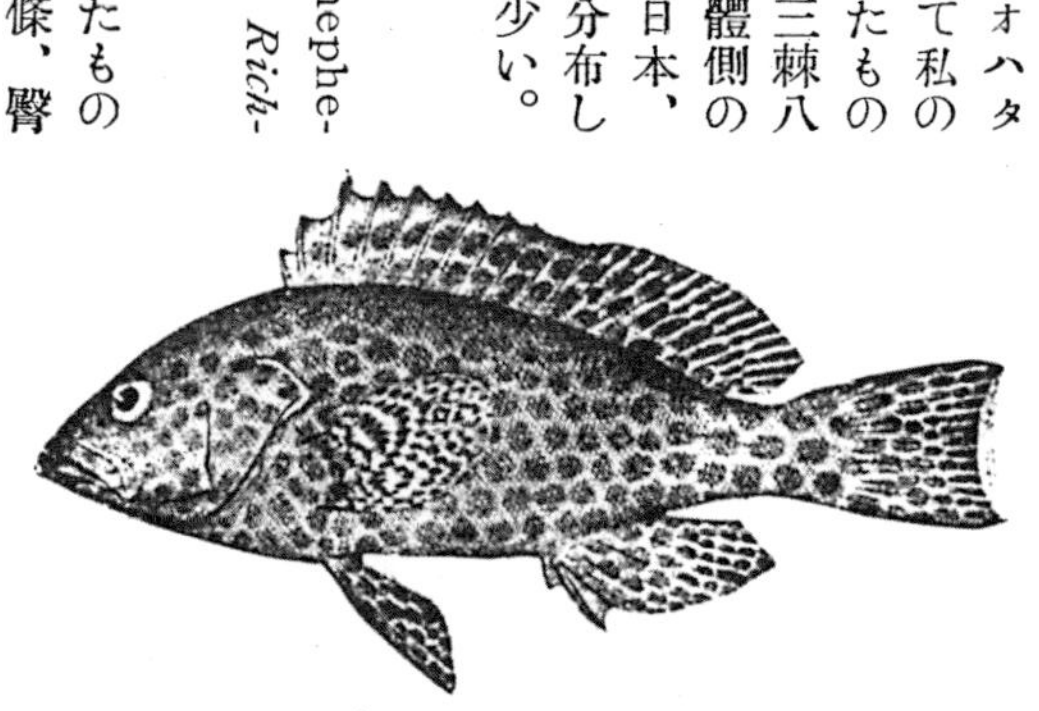
オヽモンハタ

オヽモンハタ　大紋羽太　Epinephelus craspedurus *Jordan* & *Richardson*（**ハタ科**）

オヽモンハタとは曾て私の命名したものである。背鰭十一棘十六又は十七軟條、臀鰭三棘八軟條、一縱列の鱗數は百十五個である。本種はモヨォハタに似てゐるが、是と違つてゐるのは體の斑紋が稍や小いこと、尾鰭後緣が幅狹く無紋の白色部を持つてゐることなどである。南日本のもので、恐らく印度方面へも分布してゐるであらう。

ノミノクチ　蚤之口　Epinephelus fario (*Thunberg*)（**ハタ科**）

長崎でノミノクチ、和歌山縣田邊でアコォ（此名稱は他の類似種へも適用する）、同縣串本でアクシロ、同縣御坊、鹽屋、田邊、和深などでキヨオモドリ、三重縣木の本でウキイギスと云ふ。此魚は鮮魚の時にはキジハタに似てゐるが、此魚よりも赤味少く、赤い斑紋もキジハタの如く美くなく、赤褐色である爲め、恰も蚤にくわれた痕のやうに見える。此の爲めノミノクチの名稱が出るのである。和歌山縣鹽屋の漁業者は「容貌がよいので京へ送られたがうまくないので戾された」と言ひ、御坊の漁業者は「アコォ（キジハタのこと）と言つて京へ送つたが違ふと言つて戾された」と言つてゐる。京戾りの名稱は是から出るのである。實際キジハタに鮮魚の時には外觀が似てゐるが、味は是に劣るものである。フォルマリンへ浸し置くとキジハタとは著く違つた斑紋となるものである。背鰭十一棘十六又は十七軟條、臀鰭三棘八軟條、一縱列の鱗數百個である。南日本と南支那とへ分布してゐる。左程大きくは成長しない。

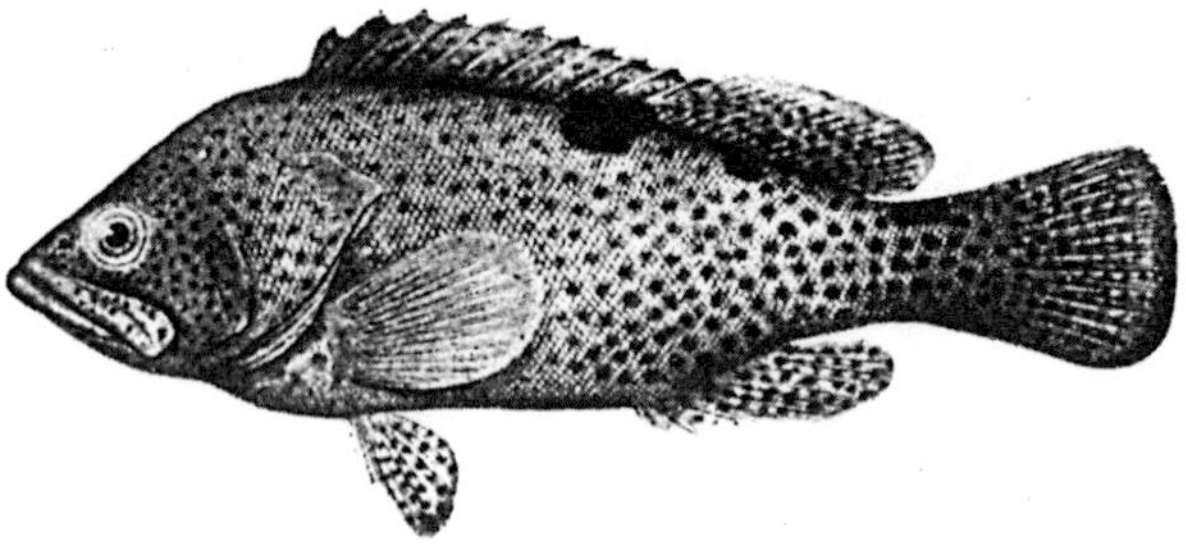
ノミノクチ

オヽスジハタ　大條羽太　Epinephelus latifasciatus (*Temminck & Schlegel*)（**ハタ科**）

オヽスジハタとは曾て私の命名したものである。背鰭十一棘十二軟條、臀鰭三棘八軟條、一縱列の鱗數八十個である。體側には幅の廣い淡褐色帶と褐色帶とが交互に縱に走つてゐる。南日本から印度へ分布してゐるもので、相模灘には少い、左程大きく成長しない。

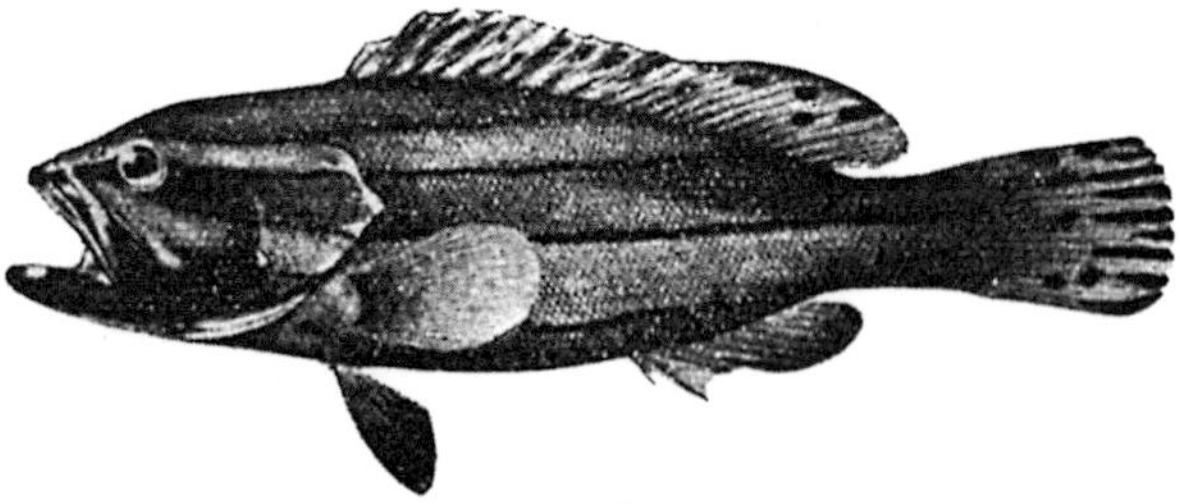
オヽスジハタ

コモンハタ　小紋羽太　Epinephelus epistictus (*Temminck & Schlegel*)（**ハタ科**）

コモンハタとは曾て私の命名したものである。背鰭十一棘十五軟條、臀鰭三棘八軟條、一縱列の鱗數は百十個である。體の上半と多くの鰭とに小形の褐色斑紋を散在してゐる。體側中央を前後に竝んだ一列の斑點の間には多少褐色線が所々にあつて、數珠狀に一列に是等の斑點を連結せんとする形跡がある。南日本のものである。

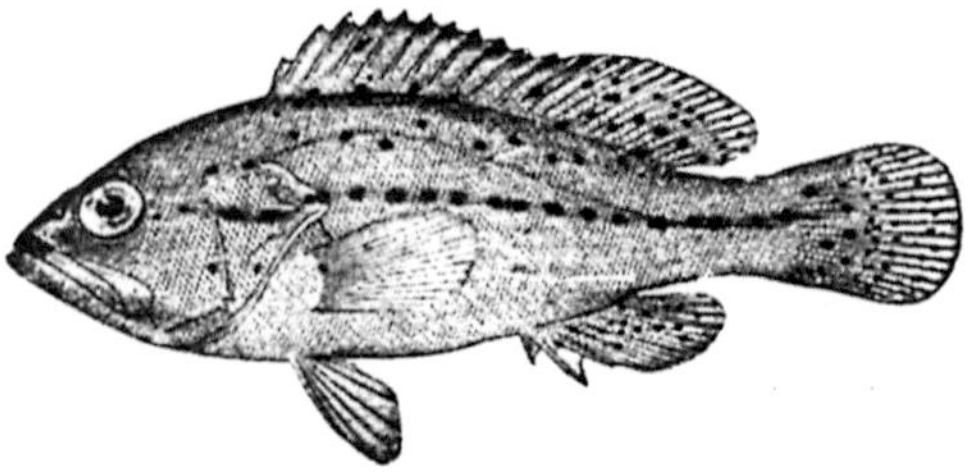
コモンハタ

アオナ　青菜　Epinephelus poecilonotus (*Temminck & Schlegel*)（**ハタ科**）

和歌山縣田邊、同縣鹽屋でアォナと云ふ（高知ではクエその他類似種の五寸内外の小魚をアォナと云ふ）。背鰭十一棘十五軟條、臀鰭三棘八軟條、一縱列の鱗數は百二十五個である。體の斑紋は特有のもので、是によつて他種と容易に識別せられる。南日本のものである。

タケアラ　多計阿良　Epinephelus döderleini (*Franz*)（**ハタ科**）

和歌山縣田邊でタケアラ、奄美大島でトラネバリと云ふ。背鰭十一棘十五軟條、臀鰭三棘八軟條、一縱列の鱗數は百十個である。體

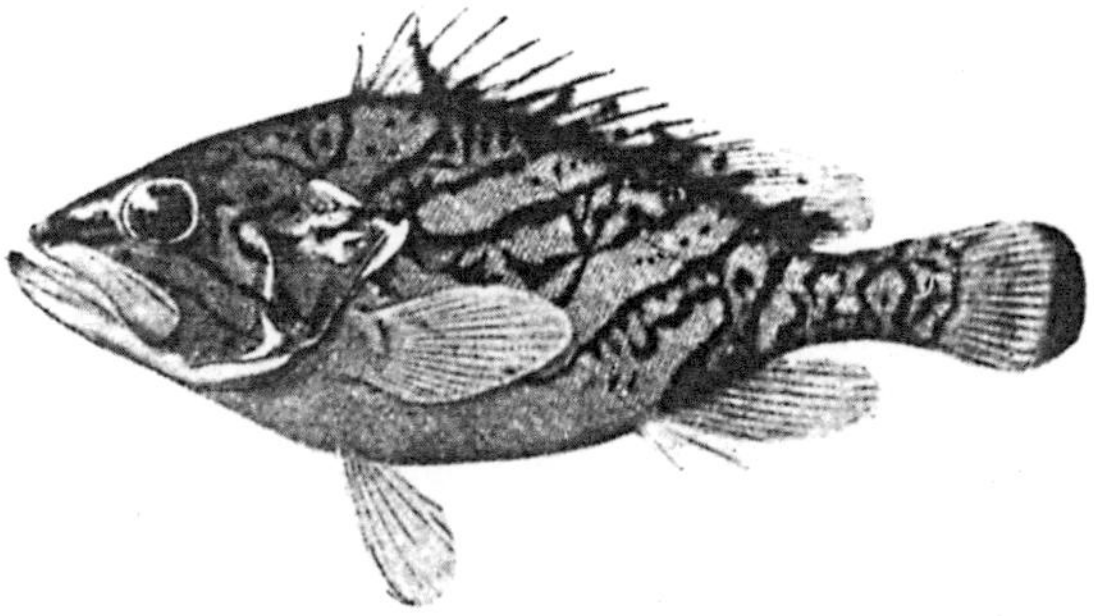

タケアラ

アオナ

にある斑紋は本種特有のもので、近似の他種と容易に識別せられる。南日本のものである。

クエ　九繪　Epinephelus moara (*Temminck & Schlegel*)（**ハタ科**）

高知、大阪、和歌山縣でクエ、三重縣二木島でクエマスと言ふ。クエ又は近似種の五寸許りの小魚

クエ

を高知でアオナと云ふ。背鰭十一棘十四軟條、臀鰭三棘八軟條、一縱列の鱗數は百十五個である。幼形及び中成大のものは特有の斑紋を持つてゐるが、老成のものでは殆ど全く是を消失する爲め、マハタと區別しがたくなる、然しマハタは鰭殊に尾鰭の後緣が幅狹く白色である。クエは相當大きくなるもので、ハタ類中では頗る美味のものである。南日本に產する。

アオハタ　青羽太　Epinephelus diacanthus (*Cuvier & Valenciennes*)（**ハタ科**）

京都府丹後國宮津でタカバ（マハタも同樣の名稱で言つてゐる）、舞鶴でモウオ又はイネズ（マハタはイネズの一種と言つてゐる）と云ふ。アオハタとは曾て私の命名したものである。背鰭十一棘十六軟條、臀鰭三棘八軟條、一縱列の鱗數九十五個である。生きてゐる時は稍や黃味がゝつた地色へ黃色の小い斑點を散在し、背鰭軟條部、臀鰭及び尾鰭の外緣が黃色である。フォルマリンへ浸して置くと是等の地色や斑紋を消失し、淡褐色の地色へ五個の幅の廣い褐色橫帶を現すに至るのである。是が爲め稍やマハタに

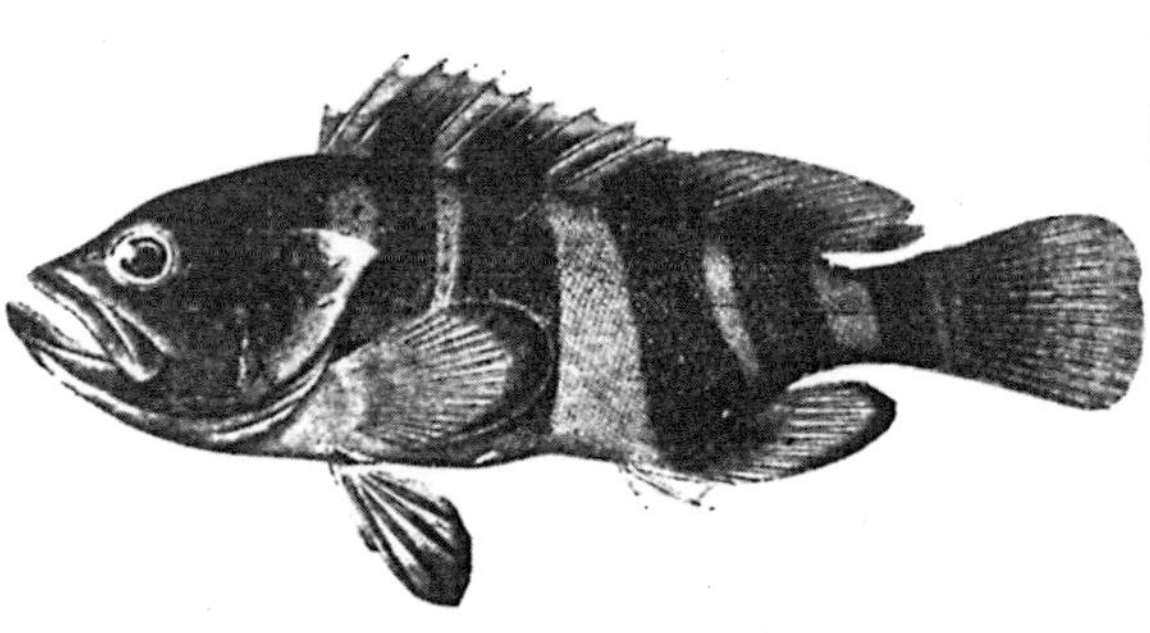

アオハタ

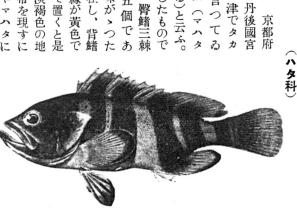

似るやうになるが、横帯の數がマハタよりも少い。熱帯部から南日本へ分布してゐるもので、日本海沿岸の宮津や舞鶴ではマハタよりも多く取れる。美味の程度は明でない。

キジハタ　雉子羽太　Epinephelus akaara (*Temminck & Schlegel*)（**ハタ科**）

東京でキジハタ、大阪や福岡縣早良《サワラ》でアコ、和歌山縣各地でアコォ、同縣田邊でアズキアコォ、同縣周參見でコオラギ、和歌浦でアク、長崎でアカアラと云ふ。背鰭十一棘十五又は十六軟條、臀鰭三棘八軟條、一縱列の鱗數は百五個である。生きてゐる時は稍や赤味がゝつた地色へ朱紅色の小點を散在してゐて、頗る美いが、フォルマリンへ浸すと、此の朱紅色の點は變じて褐色點となる。ハタ類中では頗る美味で、大阪のアコ料理は有名である。南日本に産する。

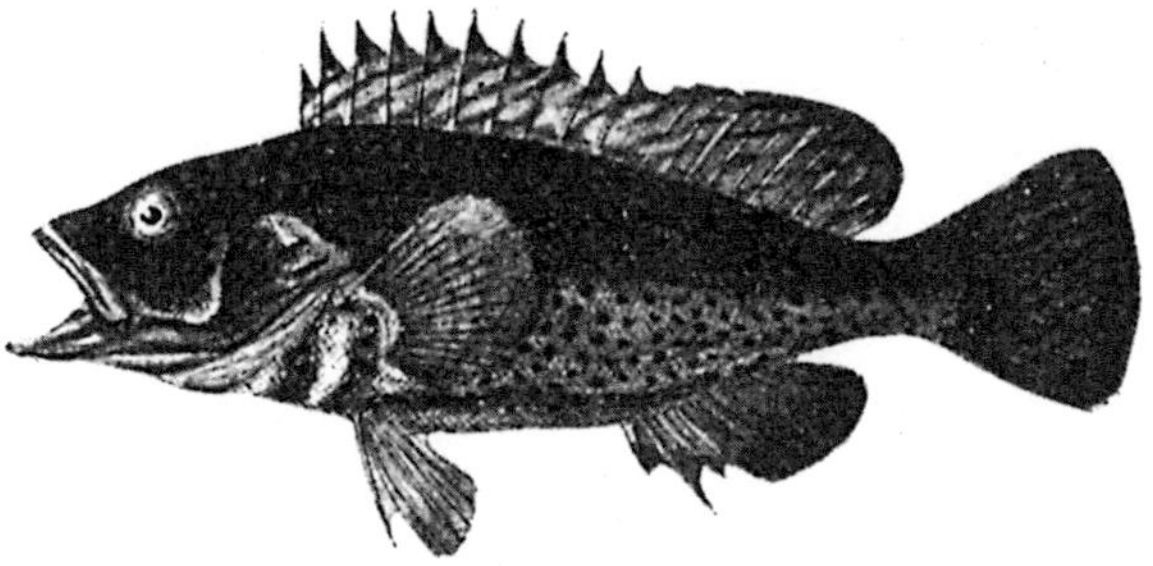

キジハタ

マハタ　眞羽太　Epinephelus septemfasciatus (*Thunberg*)（**ハタ科**）

東京でマハタ、大阪でマス、高知でハタジロ、和歌山でシマアク、スジアク又はアマアラ、和歌山縣湯淺や白崎でキョオモドリ、同縣湯淺でイトガモドリ、三重縣二木島でホンマス又はハタマスと云ふ。イトガモドリとは死ににくいと云ふ意である。それは絲我とは湯淺に近い地名である爲である。マハタと云ふのはハタ類中最も美味又は最も多いことを示したものであるが、關西ではマハタよりもクエやキジハタを賞味する。背鰭十一棘十四又は十五軟條、臀鰭三棘九軟條、一縱列の鱗數は百十個である。體は稍や赤味を帶びた灰褐色で、七個の幅の廣い褐色横帯を持つてゐる。成長すると是等の斑紋を殆ど全く消失するが、鰭の外縁が幅狹く白色である。ハタジロとは是から出た名であらうか、何となればハタとは鰭のことを云ふことがある爲である。南日本に多いものである。日本海沿岸の宮津や舞鶴ではマハタよりもアオハタ（熱帯性の魚である）が多く、從つてアオハタへは名稱が付いてゐて、マハタへは特に名稱が付いてゐない。

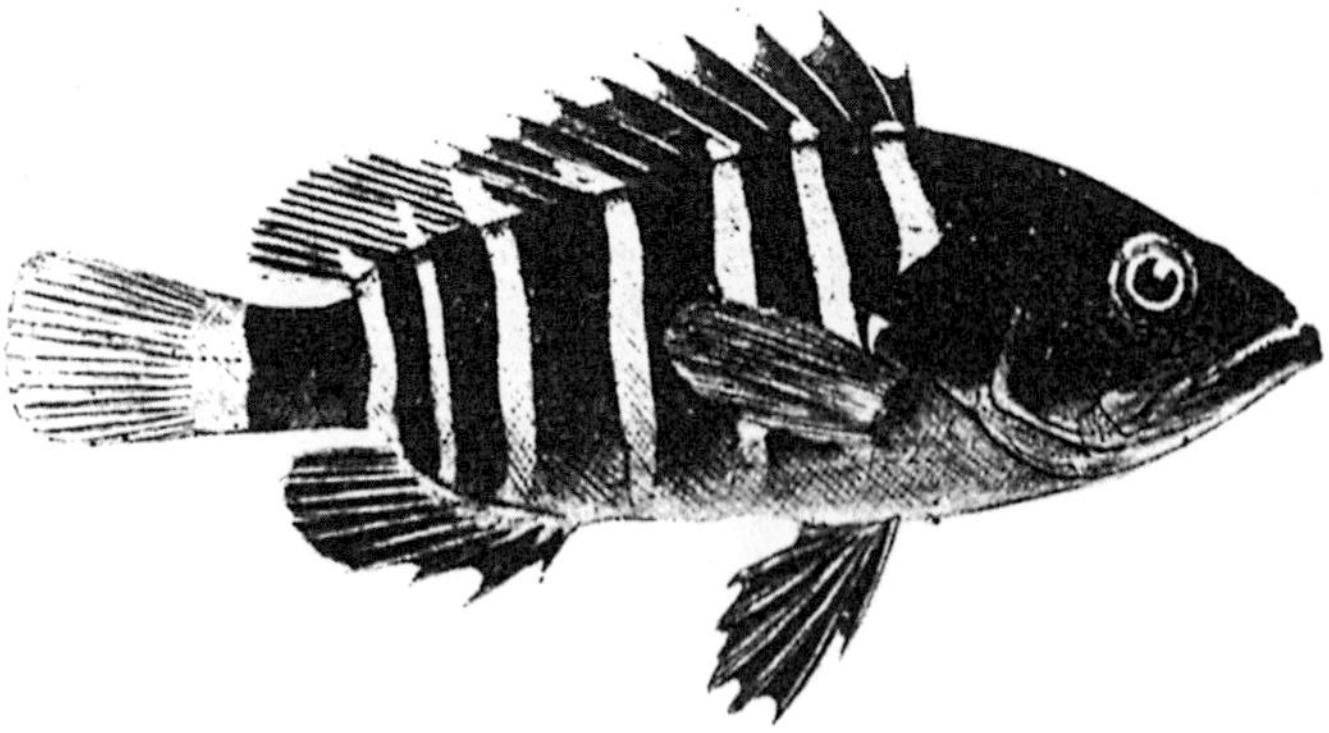

マハタ

アカハタ　赤羽太　Epinephelus fasciatus (*Forskål*)（**ハタ科**）

東京や神奈川縣三崎でアカハダ、高

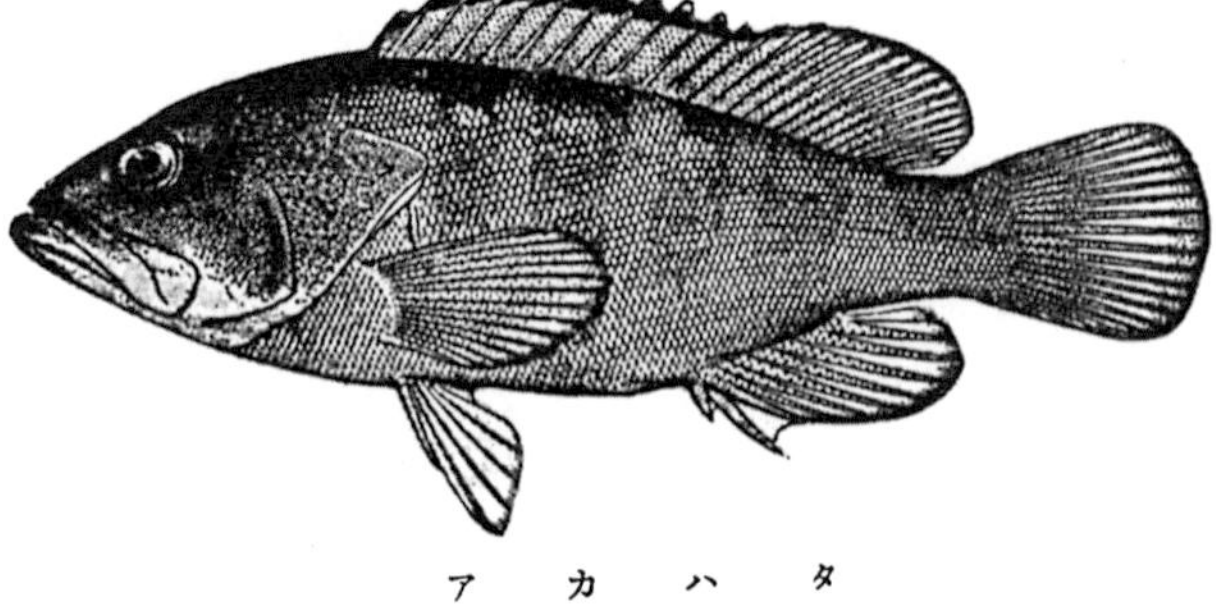

アカハタ

知、八丈島、小笠原島でアカバ、大阪や和歌山で、アカンボ、アカンボオ、アカッボ又はアカッペ、長崎でアカアコ又はアカウオ、鹿児島縣奄美大島でハンデトメバルと云ふ。背鰭十一棘十五又は十六軟條、臀鰭三棘八軟條、一縦列の鱗數百十個である。體は美い朱紅色で、稍や濃い横帶若干を認め、往々にして白色の大きい點を散在することがある。背鰭棘部の外縁は濃褐色である。フォルマリンへ浸して置くと美い赤い地色を失ひ、淡褐色の地色となる。左程大きくならないもので、ハタ類中では不味である。熱帶部から南日本へ分布してゐる。東京附近の海にも相當多く産する。

ツチホゼリ　土堀 Epinephelus flavocaeruleus (*Lacépède*)(口繪參照)(**ハタ科**)

大分縣佐伯でツチホゼリと云ふ。背鰭十一棘十六軟條、臀鰭三棘八軟條、一縦列の鱗數百二十五個である。體色は青みがゝつた紫色で、體の下部は青味又は黄味が強い。暗褐色の小い斑點を密布してゐる。小魚では稍や色彩を異にしてゐるが、それでも本種特有の斑紋がある。たゞ斑紋の多寡によつて變化がある。體長は二百七十ミリメエトル(九寸)に達する。印度洋と西太平洋との熱帶部に産するものであるが、我國でも神奈川縣三崎附近で稀に幼魚が取られる。恐く伊豆大島以南に居るものであらう。割合に美いもので、多少毒々しくは見えるが、ハタ類であるから多少美味かと思はれる。

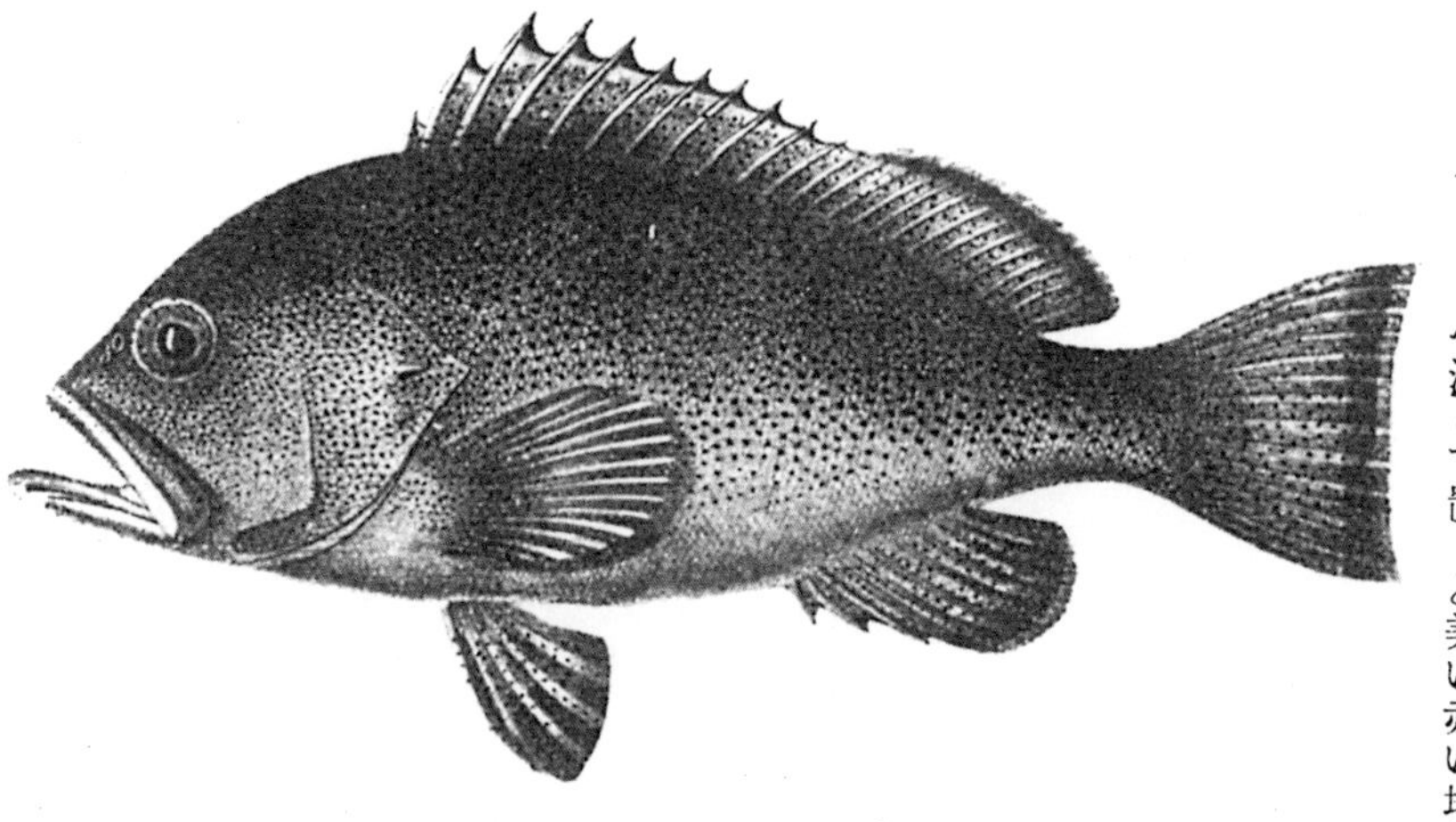

ツチホゼリの成魚

ツチホゼリの幼魚

ヒメコダイ　姫小鯛 Chelidoperca hirundinacea (*Cuvier & Valenciennes*)(**ハタ科**)

高知でエレ、ンス、静岡縣静浦でイワシガンジイと云ふ。ヒメコダイとは何地の稱呼か不明である。背鰭十棘十軟條、臀鰭三棘六軟條、一縦列の鱗數四十七個である。細長い小魚で、體長は百八十ミリメエトル(六寸)位のものである。地色は朱紅色で、體の中部を一個の幅の廣い横帶が通つてゐる。南日本のものである。食品としての價値はわからない。

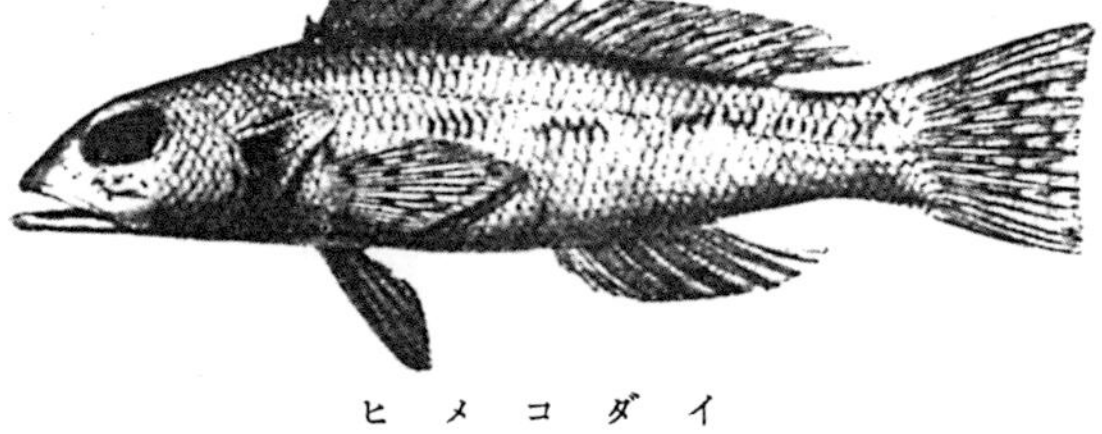

ヒメコダイ

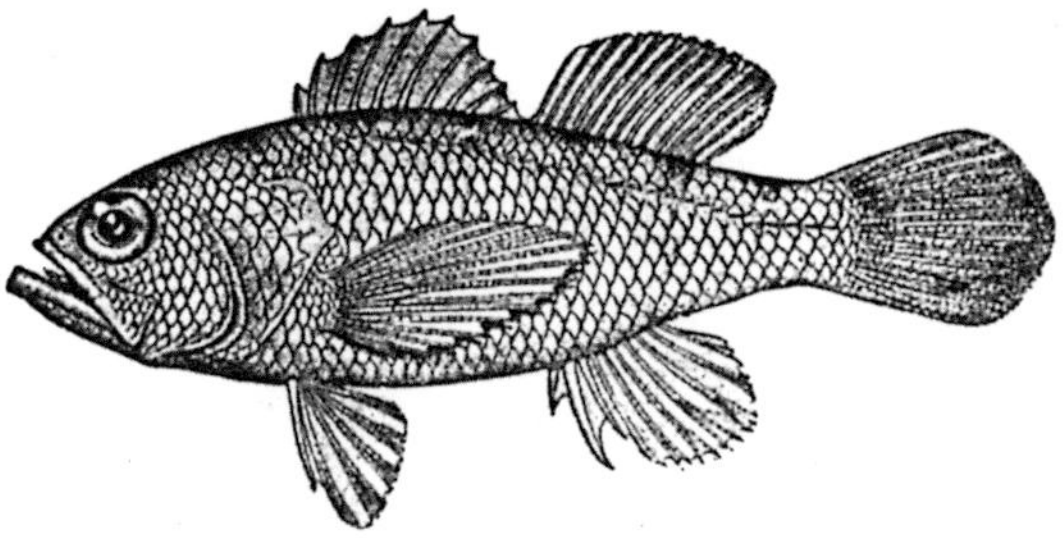

カスミサクラダイ

カスミサクラダイ　**霞櫻鯛**　Sayonara satsumae *Jordan* & *Seale*（**ハタ科**）

カスミサクラダイとは曾て私の命名したものである。背鰭十棘十五軟條、臀鰭三棘七軟條、一縦列の鱗數三十三個である。體長百三十五ミリメエトル（四寸五分）に達する小魚で、赤い美いものである。南日本のものであるが、相模灘には少い。鹿兒島市外の谷山の漁村では相當多量に陸揚げせられ、販賣してゐる。美味の程度はわからない。

アカイサギ　**赤伊佐幾**　Caprodon schlegeli (*Günther*)（**ハタ科**）

神奈川縣三崎でアカイサギ、靜岡縣靜浦でアカゴオシタメ（コシタメはイサキのことである）、和歌山縣田邊でアカタルミ、高知でアカイセギ（イセギとはイサキのことである）と云ふ。背鰭十棘十九又は二十軟條、臀鰭三棘八又は九軟條、一縦列の鱗數六十五個である。赤い美い魚で、體長三百九十ミリメエトル（一尺三寸）に達する。南日本のもので、相當美味である。

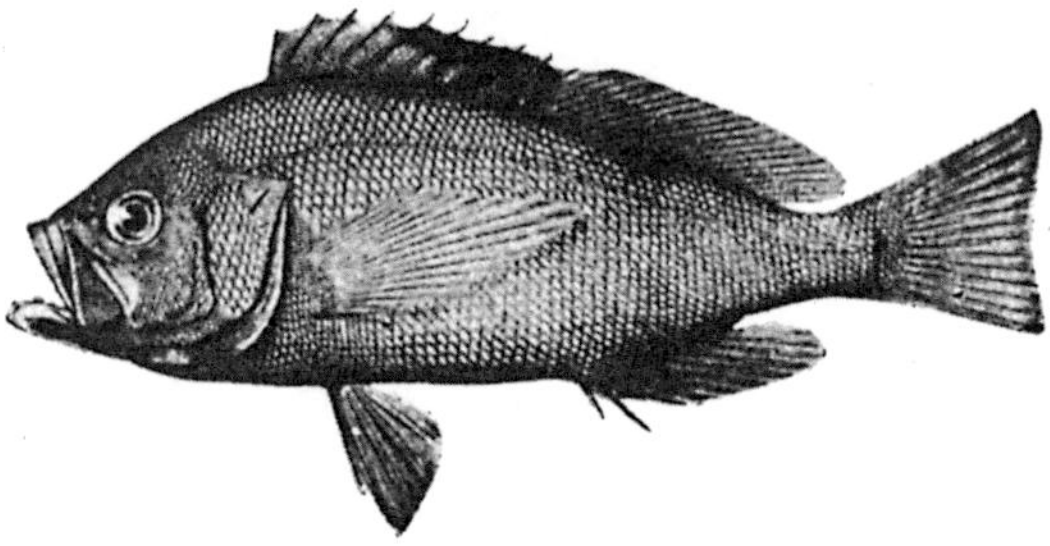

アカイサギ

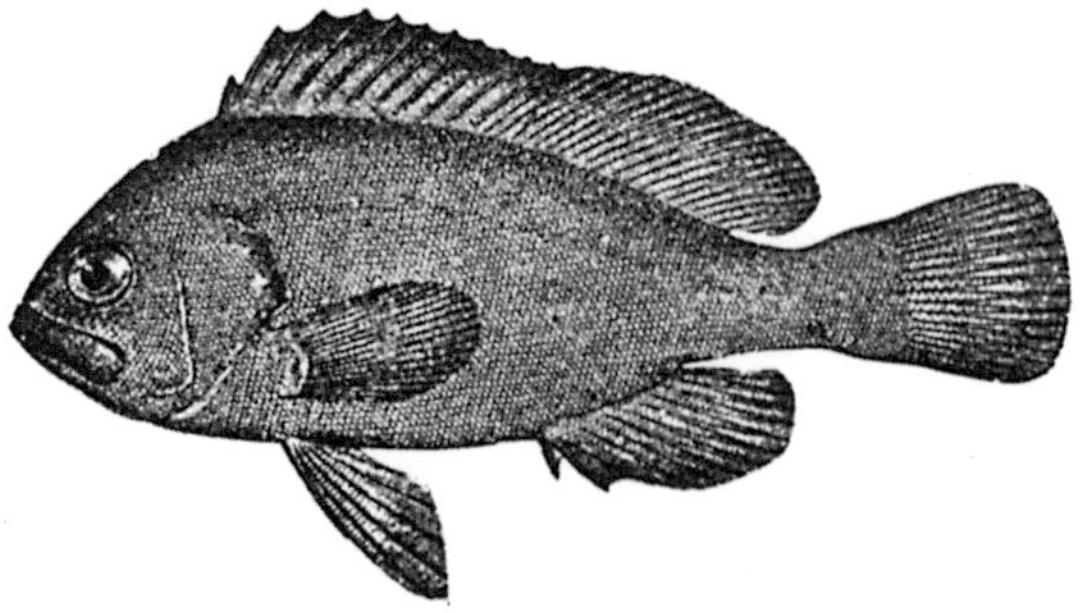

トビハタ

トビハタ　**鳶羽太**　Trisotropis dermoptera (*Temminck* & *Schlegel*)（**ハタ科**）

和歌山縣田邊でマスバカと云ふ。トビハタとは曾て私の命名したものである。背鰭十一棘二十一軟條、臀鰭三棘十軟條、一縦列の鱗數は百四十個である。全體紫黒色で、鰓蓋後部が黒い。體長二百十三ミリメエトル（七寸）に達する。南日本のものであるが、少い。分布の範圍は充分にわからない。食用としての價値もわからない。

スミツキハナダイ　**墨附花鯛**　Selenanthias analis *Tanaka*（**ハタ科**）

スミツキハナダイとは曾て私の命名したものである。臀鰭外縁に近く大きい一つの黒褐色の斑紋がある。和名は此特徴から命名したのである。背鰭十棘十七軟條、臀鰭三棘七軟條、一縦列の鱗數三十二個である。大體赤い色を現してゐる。體長は百四十ミリメエトル（四寸七分）に達

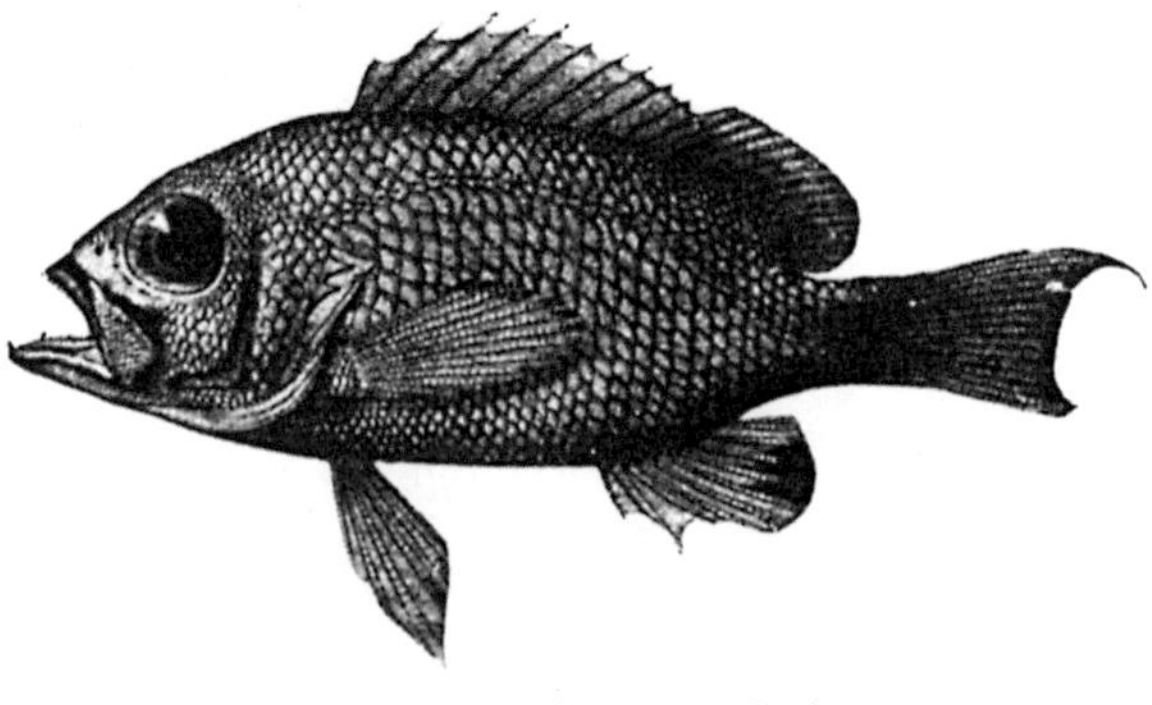

スミツキハナダイ

する。南日本のものであるが、極めて少い。食用としての價値はわからない。

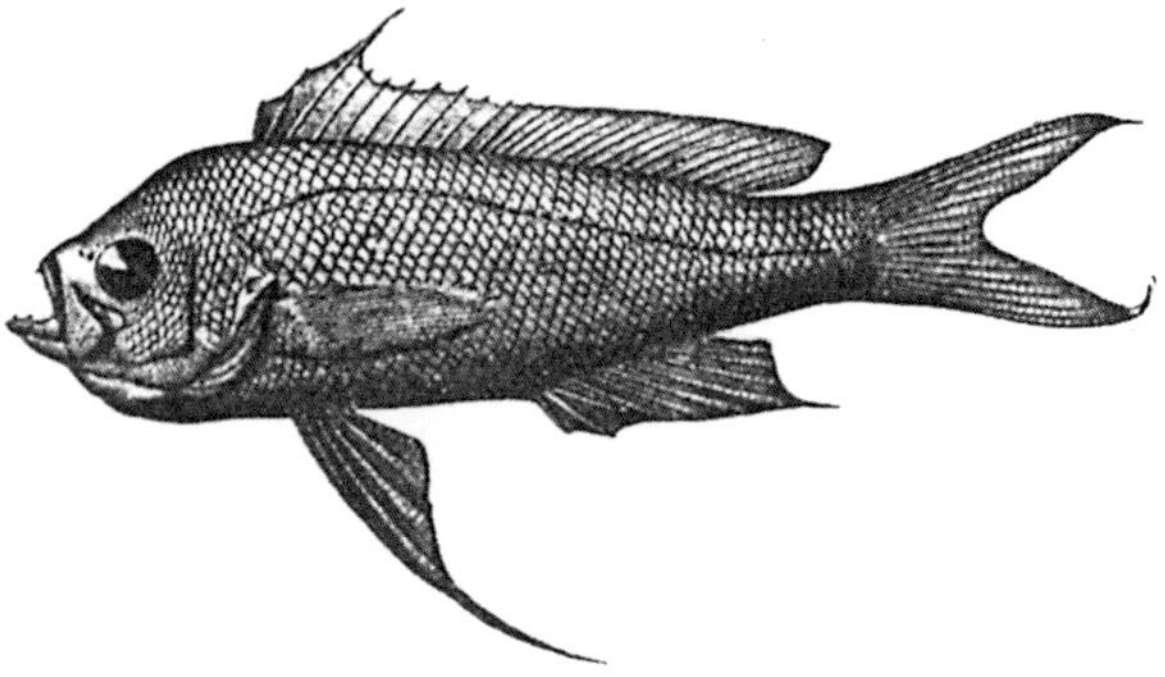

ウキハナダイ

ウキハナダイ　浮花鯛　Rosanthias amoenus *Tanaka*（**ハタ科**）

ウキハナダイとは私の命名したものである。靜岡縣靜浦でヒメコダイと云ふ。背鰭十棘十七軟條、臀鰭三棘七軟條、一縱列の鱗數四十一個である。背鰭第三棘、腹鰭第二軟條、尾鰭上下の兩葉は延びて絲狀を呈してゐる。赤い美い魚である。體長百六十五ミリメエトル（五寸五分）に達する。南日本のものであるが、分布は今少々廣いと思はれる。食用としての價値はわからない。

ヒメハナダイ　姫花鯛　Tosana niwae *Smith & Pope*（**ハタ科**）

ヒメハナダイとは嘗て私の命名したものである。背鰭十棘十四軟條、臀鰭三棘七軟條、一縱列の鱗數三十七個である。腹鰭第二軟條、臀鰭中部の一軟條、尾鰭前後兩葉は延びて絲狀を呈してゐる。殊に尾鰭の延びてゐることは甚い。背鰭第三棘も僅に延びてゐるが、甚く延びてはゐない。體は美い朱紅色である。體長百六十ミリメエトル（四寸八分）に達する。南日本に産する。食用としての價値は殆ど無いであらう。

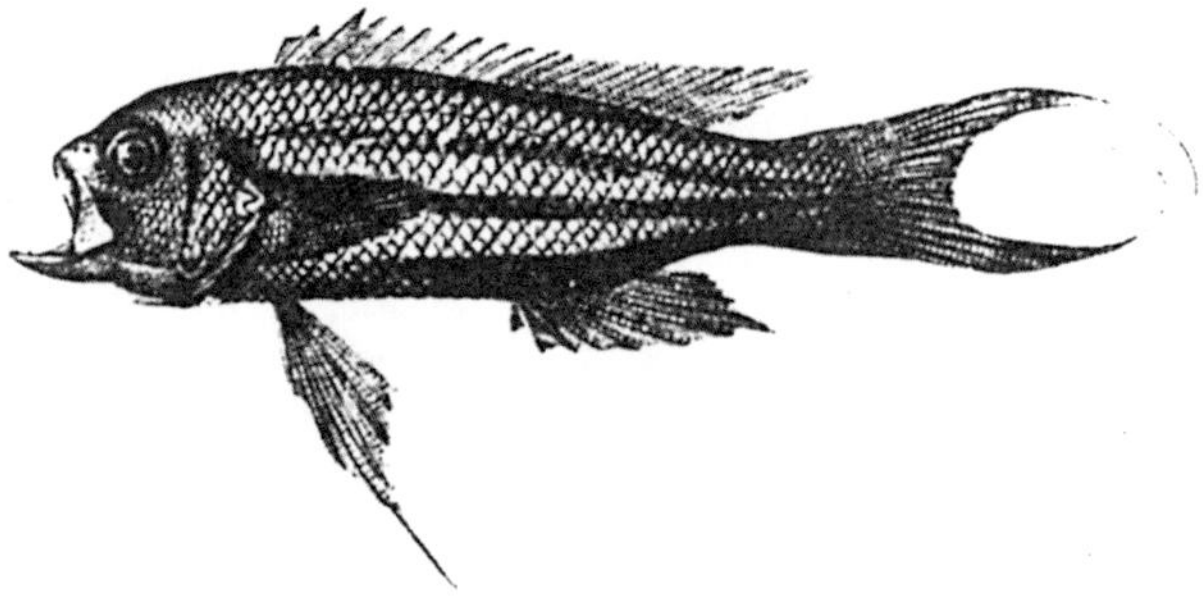

ヒメハナダイ

シキシマハナダイ　敷島花鯛　Percanthias japonicus (*Franz*)（**ハタ科**）

シキシマハナダイとは嘗て私の命名したものである體形細長く、尾鰭後緣は凹形を呈してゐるが、其上下兩緣の軟條は頗る延長してゐる。背鰭十一棘十一軟條、臀鰭三棘十一軟條、一縱列の鱗數四十五個である。體色は赤味の强い紫色で頗る美いが、種々の斑紋は無い。體長は三百ミリメエトル（一尺）を超える爲め、他のハナダイ類と違つて多少の食品價値を持つてゐる。南日本のもので、神奈川縣三崎やその以西に於て多少の漁獲がある。本種に近いものに濠洲産の一種があるが、どうも同一種のものと思はれる。

キンギョハナダイ　金魚花鯛　Franzia squamipinnis (*Peters*)（**ハタ科**）

キンギョハナダイとは嘗て私の命名したものである。背鰭十棘十六軟條、臀鰭三棘七軟條、一縱列の鱗數三十八個である。頗る美い爲め著く人目を惹く。左程大きくはない。南日本に産する。稍や個體變化に富ん

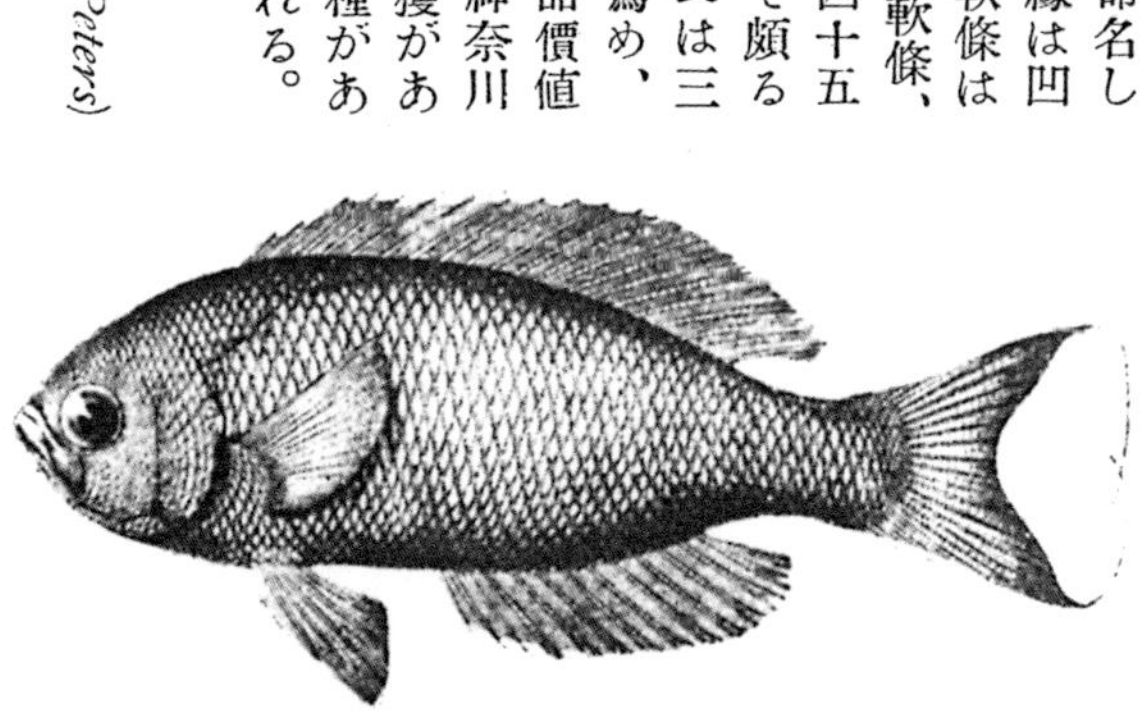

シキシマハナダイ

だものである。

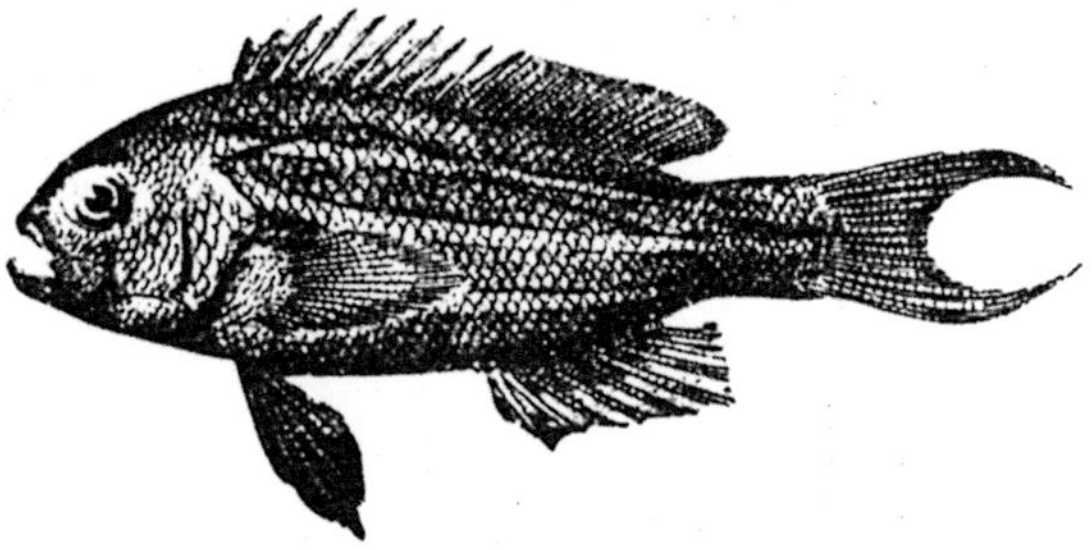

キンギョハナダイ

サクラダイ　**櫻鯛**　Sacura margaritacea (*Hilgendorf*)（**ハタ科**）

サクラダイとは何地の稱呼かわからない。靜岡縣靜浦でアカラサン又はキンギョと云ふ。背鰭十棘十七軟條、臀鰭三棘七軟條、一縱列の鱗數四十二個である。體の上面に眞珠狀の白色斑點數個あるものと全く是が無くて背鰭棘部の後方に大きい黑褐色の一斑點あるものとある。黑田長禮博士によれば「前者が雄で、後者が雌である。尚、前者は色彩紅色に富んでゐるが、後者は黃色に富んでゐる」。體長百四十五ミリメエトル（四寸八分）に達する。南日本のもので、食用としての價値は少いと思ふが、曾て宮崎縣で一漁業者が船の生簀《いけす》へ入れて海岸へ取つて來てゐるのを見たことがある。是は美くて珍い爲に態々生かして取つて來たのか、それとも食用の爲に大切にして持つて來たのか問ふことを忘れたが、或は食用の爲であつたかも知れない。

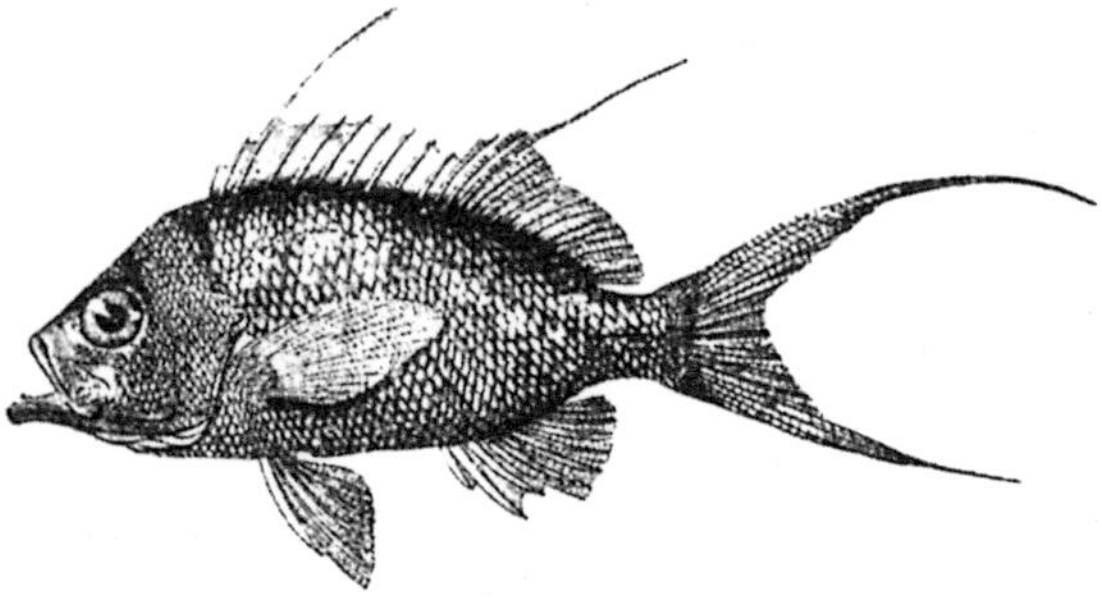

サクラダイ

ベンテンハナダイ　**辨天花鯛**　Mustelichthys gracilis (*Franz*)（**ハタ科**）

ベンテンハナダイとは曾て私の命名したものである。背鰭十棘十四軟條、臀鰭三棘七軟條、一縱列の鱗數三十七個である。背鰭第三棘、臀鰭中部軟條、腹鰭第二軟條、尾鰭上下の兩葉は延びて絲狀を呈してゐる。是等の內で背鰭第三棘の延び方は少い。頗る美い赤い魚である。體長百六十ミリメエトル（五寸二分）に達する。南日本のものであるが、食用としての價値はわからない。

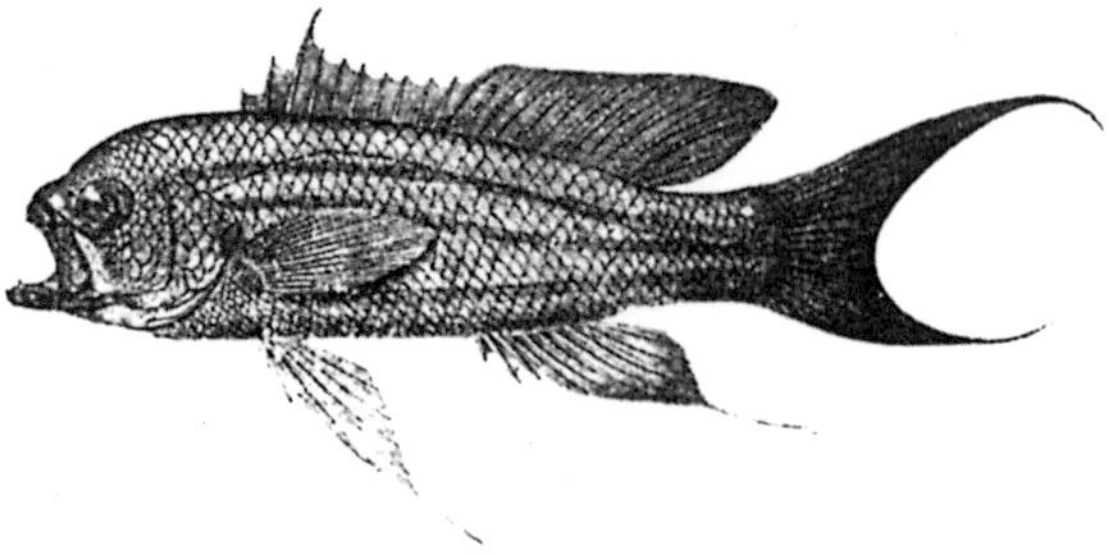

ベンテンハナダイ

ナガハナダイ　**長花鯛**　Pseudanthias elongatus (*Franz*)（**ハタ科**）

ナガハナダイとは種名を譯して曾て私の命名したものである。背鰭十棘十六軟條、臀鰭三棘七軟條、一縱列の鱗數四十五個である。背鰭第三棘、臀鰭中部軟條、腹鰭第二軟條、尾鰭上下兩葉の延びてゐる工合は著くベンテン

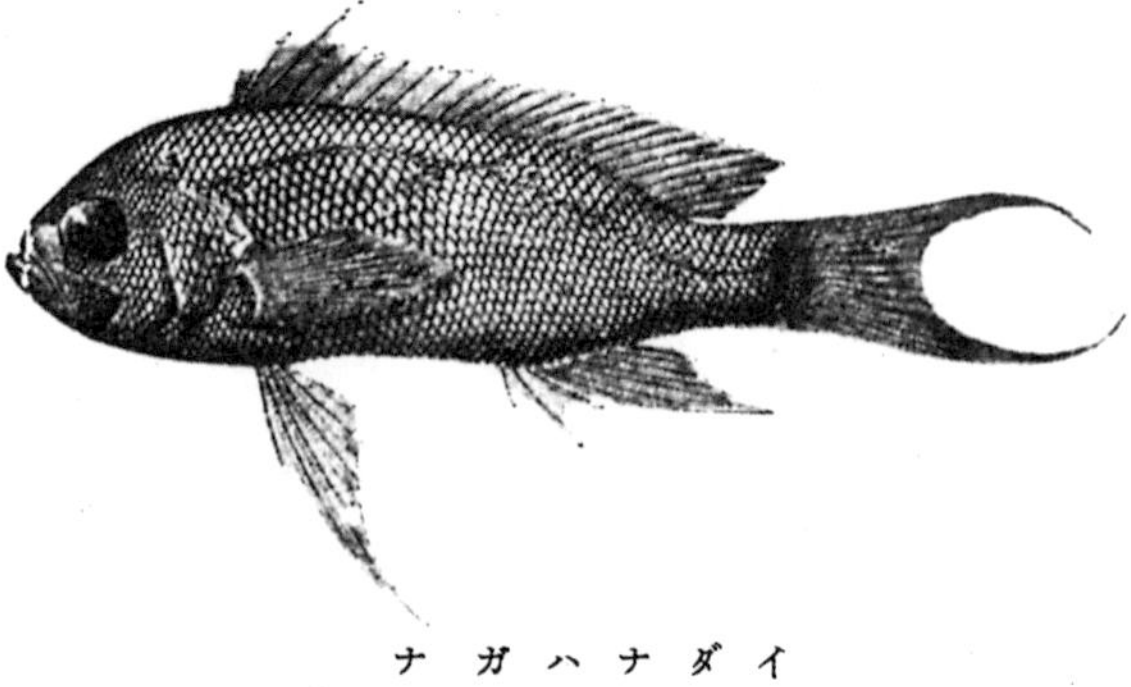

ナガハナダイ

ハナダイに似てゐるが、是と異なる點は體形と鱗の小い（卽ち鱗の多い）點とである。南日本のもので、食用としての價値はわからない。體長は百四十ミリメエトル（四寸六分）に達する。

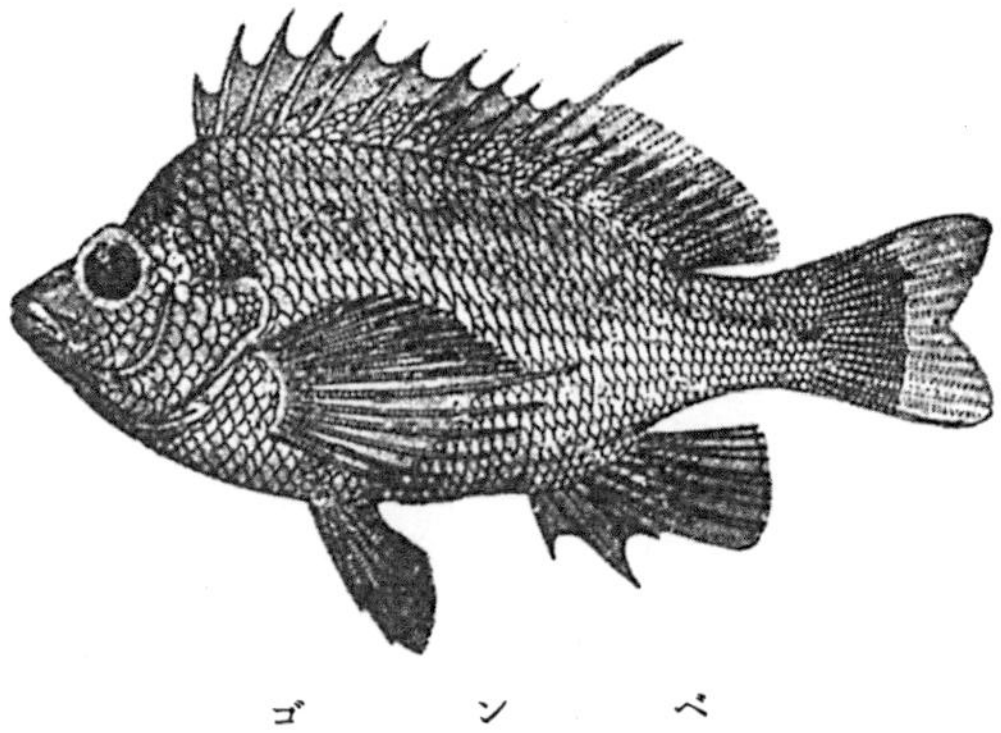

ゴンベ

ゴンベ　**好爺**　Cirrhitichthys aureus (*Temminck & Schlegel*)（**ゴンベ科**）

ゴンベとは何地の稱呼か不明である。和歌山縣田邊でコンペイトオ、靜岡縣靜浦でシマッタイと云ふ。背鰭十棘十軟條、臀鰭三棘六軟條、一縱列の鱗數四十二個である。頭の輪廓の特異な點、胸鰭下部の軟條が稍や延び且つ肉質となつて分枝してゐないことが人目を惹く。體色は赤味のある濃黃色である。體長百二十ミリメエトル（四寸）に達する。南日本のもので、食用としての價値はわからない。

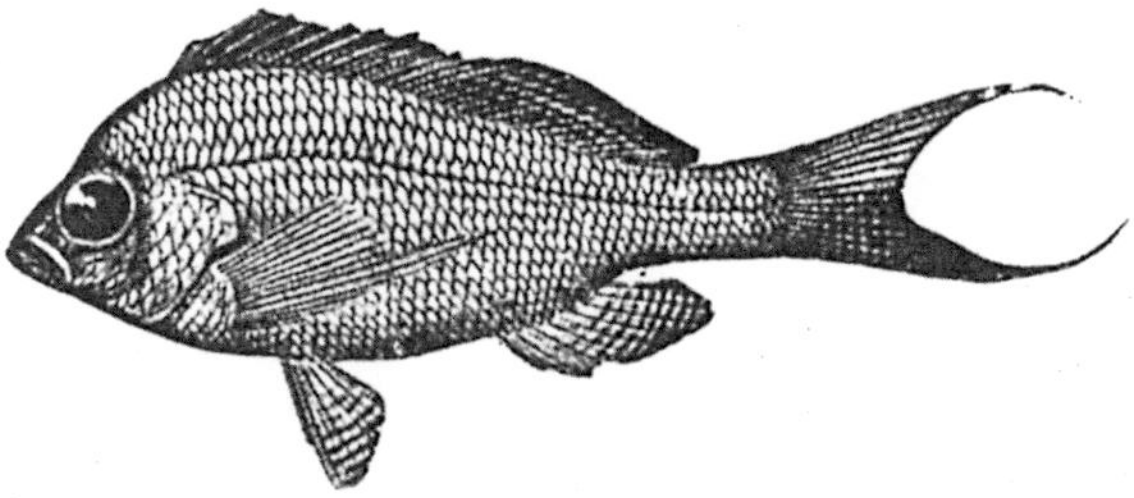

ハマゴンベ

ハマゴンベ　**濱好爺**　Cyprinocirrhites ui *Tanaka*（**ゴンベ科**）

嘗て私がウイゴンベと命名して置いたが、如何にも可笑しく聞へるので今回ハマゴンベと改名することゝした。種名に宇井とあるのは紀州魚譜を著した宇井縫藏氏を記念したものである。背鰭十棘十六軟條、臀鰭三棘六軟條、一縱列の鱗數四十五個である。大體ゴンベに近いが、尾鰭上下の兩葉著く延びて絲狀を呈し、爲に尾鰭後緣は深く凹んでゐる。體長百ミリメエトル（三寸三分）に達する。南日本のものであるが、稀である。食用としての價値は無いことゝ思はれる。

アカムツ　**赤鯥**　Döderleinia berycoides (*Hilgendorf*)（**ハタ科**）

東京でアカムツ、北海道、北陸道、山陰道でノドグロ、高知でアカウオ又はキンメと云ふ。口内の後部の皮膜が濃褐色である爲めノドグロの名稱が出たであらう。背鰭九棘十軟條、臀鰭三棘八軟條、一縱列の鱗數五十個である。體は細長く、美い朱紅色で、特に斑紋は無い。四百五十ミリメエトル（一尺五寸）に達する。南日本の稍や深海に產するが、太平洋岸よりも日本海沿岸に多く、北陸道や山陰道の沖合で多く取られる。食用として相當の價値がある。シイボルドのフワウナ、ヤボニカ Fauna Japonica に「長崎でオンブツと稱するものがあつて、是は Serranus oculatus *Cuvier & Valenciennes* である」と書いてあるが、此書に出てゐるものはアカムツである。

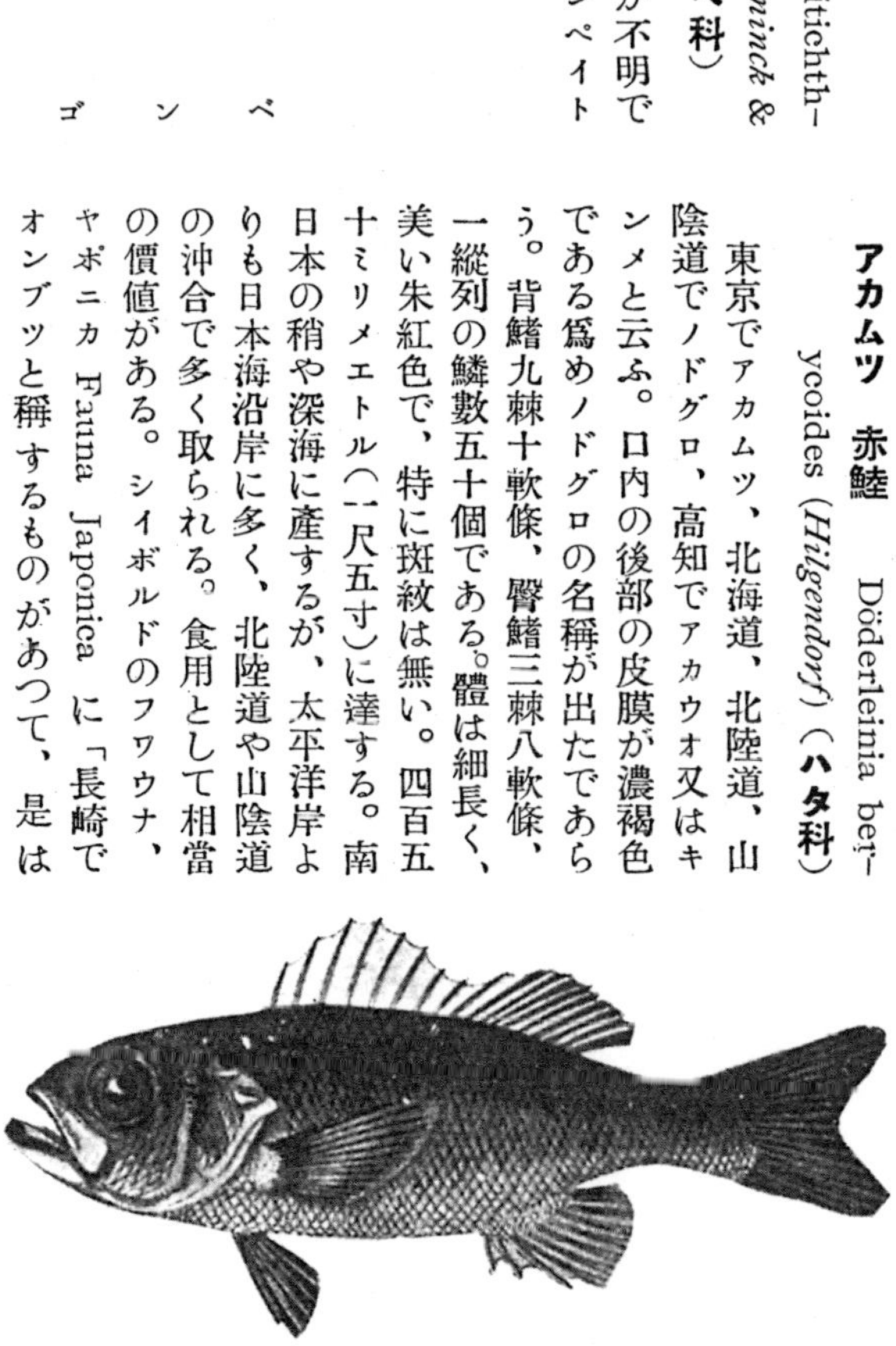

アカムツ

アオバダイ　**青葉鯛**　Glaucosoma bürgeri *Richardson*（**ハタ科**）

アオバダイとは何地の稱呼か不明である。背鰭八棘十二軟條、臀鰭三棘十軟條、一縱列の鱗數五十二個である。體高稍や高く、背鰭の棘は强いが短い。體色は灰色で稍や青味がゝつてゐる。體長四百五十ミリメエ

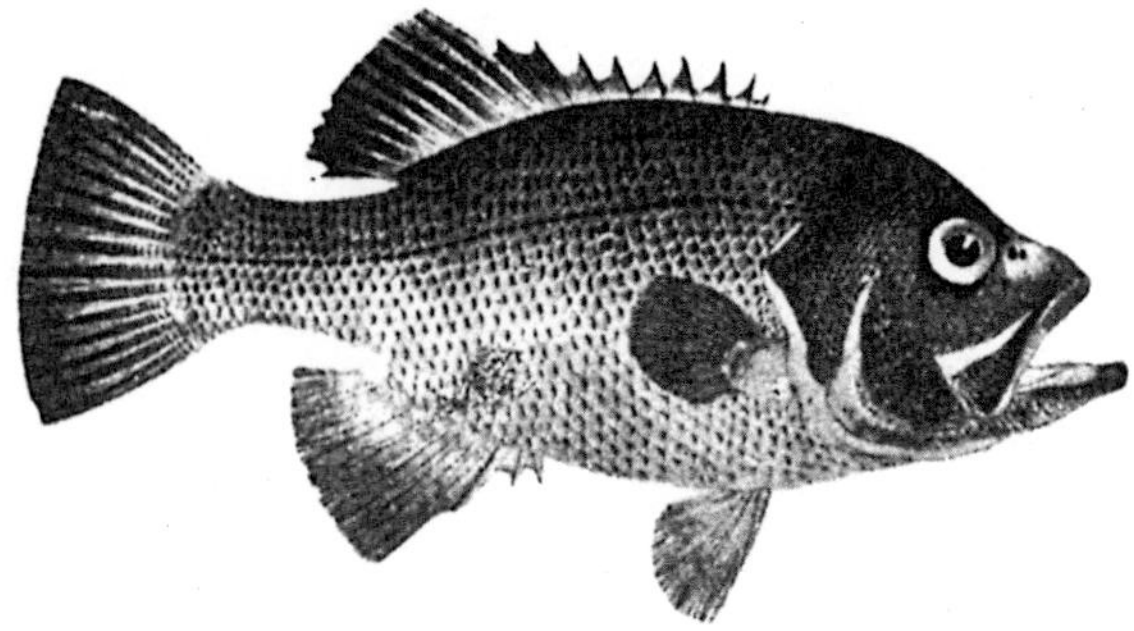

アオバダイ

トル（一尺五寸）に達する。南日本の南部に分布してゐる爲め、東京附近では殆ど見られない。臺灣やタイ方面にも居るもの故、熱帯へも分布してゐるであらう。稍や大形となる爲め、澤山に取れる地方では重要な食品の一つである。

マツダイ　**松鯛**　Lobotes surinamensis (*Bloch*)（**マツダイ科**）

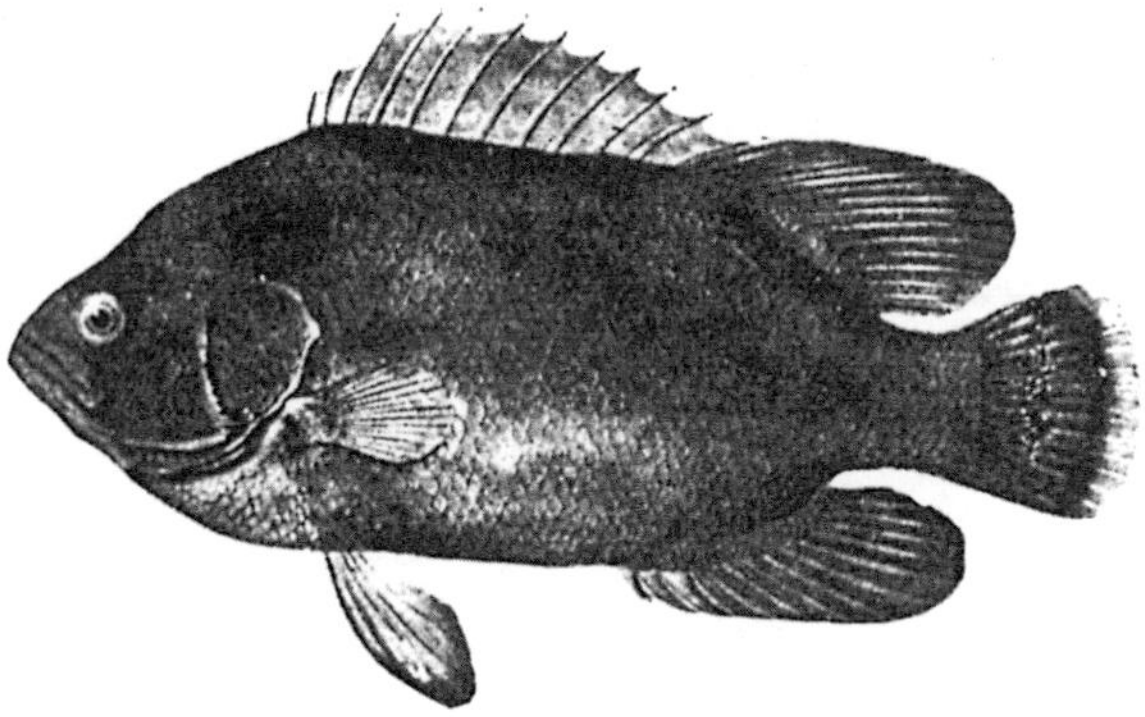

マツダイ

マツダイとは何地の名稱か不明である。背鰭十二棘十五軟條、臀鰭三棘十一軟條、一縦列の鱗數四十五個である。體高が高く、體色は緑がゝつた褐色で、特に斑紋がなく、たゞ尾鰭後縁が白つぽい。幼魚では體に斑紋を散在してゐる。體長四百五十ミリメエトル（一尺五寸）に達する。南日本のものであるが、福島縣沖からも稀には取られる。我國では多く取れない爲に殆ど名稱のないものである。分布は頗る廣く、太平、印度、大西三洋の熱帯部へも擴がつてゐる。食用とするが、其味の程度はわかつてゐない。

スジタルミ　**筋樽見**　Lutianus kasmira (*Forskål*)（**タルミ科**）

體側に四個の縦帶が通つてゐる。此の帶は美しい青い色で、其上下の縁は濃褐色の線をなしてゐる。是等の縦帶のある爲め、今回スジタルミと命名することゝした。背鰭十棘十五軟條、臀鰭三棘八軟條、一縦列の鱗數七十八個である。斑紋以外の部分の地色は美しい黄色である。體長は三百ミリメエトル（一尺）を超える。南日本の南部に居る。

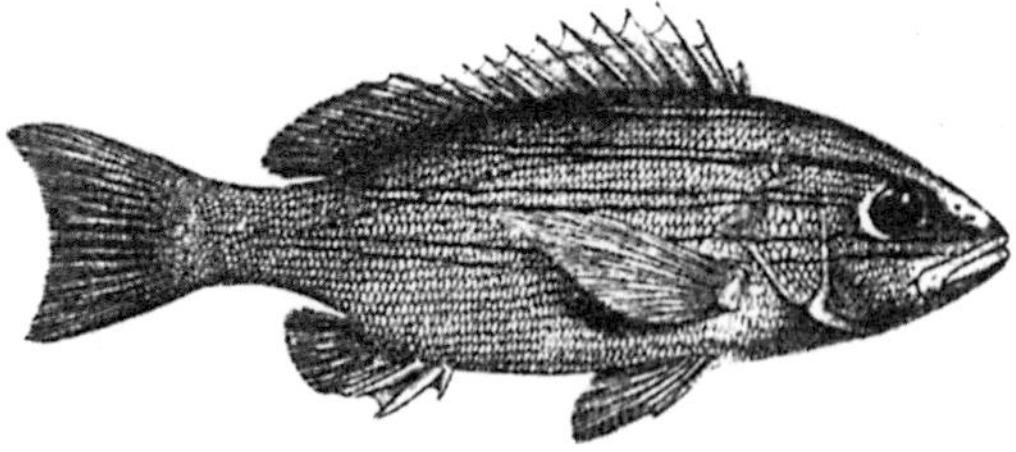

スジタルミ

東京附近には稀であるが、幼魚は時々採集が出來る。東印度諸島へも分布し鹿兒島方面にも相當居るものである。食用となるやうであるが、其味の程度はわからない。

モンツキ　**紋付**　Lutianus russelli (*Bleeker*)（**タルミ科**）

高知でモンツキ、靜岡縣靜浦でタニクサ、クサンダイ又はショクカンダイ、和歌山縣田邊でメンタルミと云ふ。側線中央に近く大きい一つの黒褐色の圓點がある爲めモンツキの名稱が出たのである。背鰭十棘十四又は十五軟條、

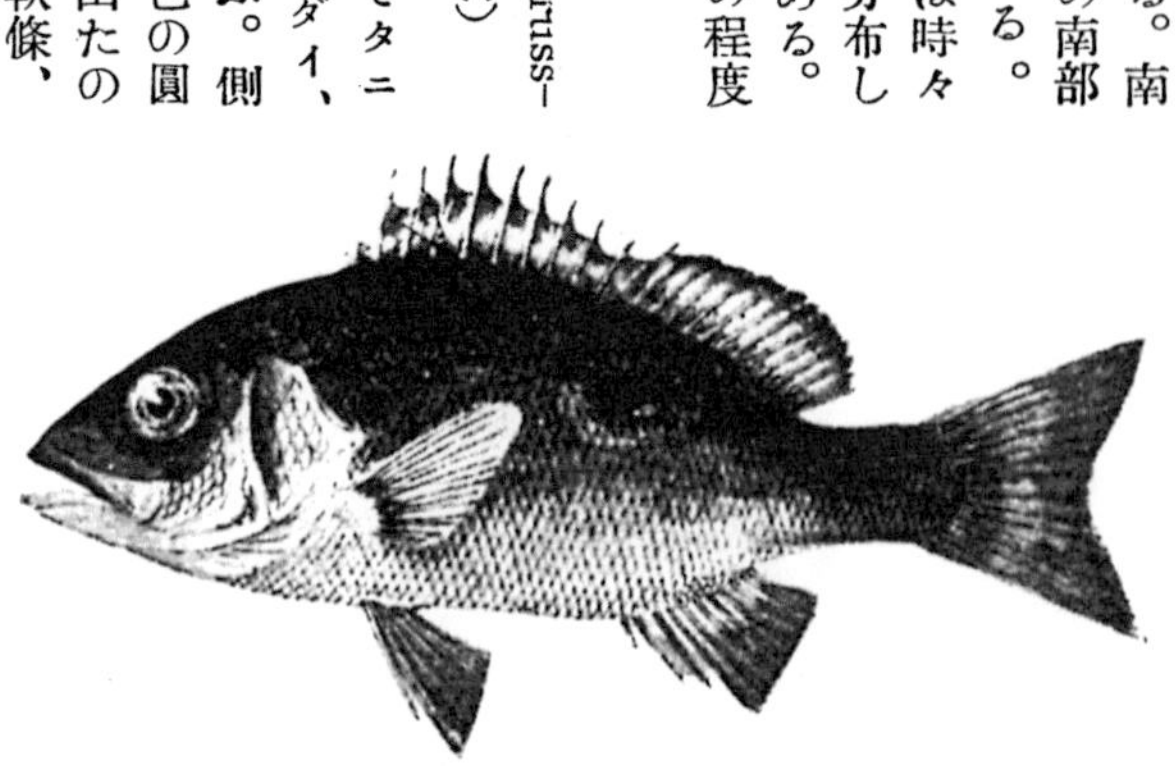

モンツキ

臀鰭三棘八叉は九軟條、一縱列の鱗數六十個である。體色は赤味を帶びた紫褐色である。體長三百ミリメエトル（一尺）を超える。東印度諸島から南日本へ分布し、東京附近でも往々取られる。高知の浦戸灣では本種の稚魚が相當多い時期のある處を見ると、幼魚は內灣で育つものと見える。南日本では食用として多少注目せられてゐる。南洋方面ではタルミ類に食用として中毒するものがあるが、まだ我國からは中毒した種類があることを聞かない。

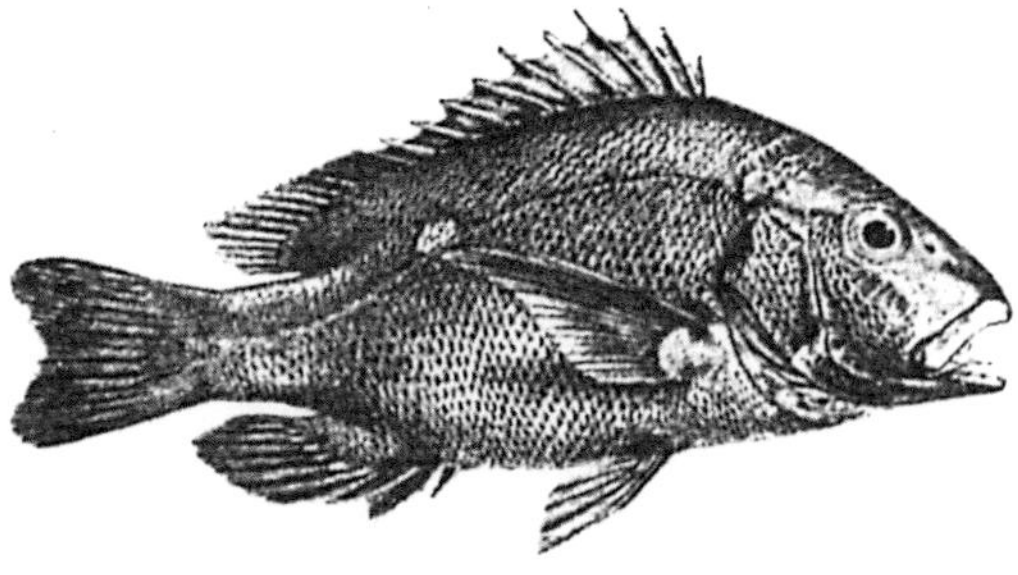

ホシタルミ

ホシタルミ　**星樽見**　Lutianus rivulatus (*Cuvier & Valenciennes*)（**タルミ科**）

ホシタルミとは體側にある斑紋から今回命名したものである。背鰭十棘十五軟條、臀鰭三棘八軟條、一縱列の鱗數六十個である。側線中央部に近く、側線の上方に眞珠狀白色の一つの圓點がある。體長は大體他のタルミ類と同樣である。東印度諸島から南日本の南部へ分布してゐる。東京附近では殆ど見られない。體長は他のタルミ類と同樣で、食用として美味である。

ドクギョ　**毒魚**　Lutianus vaigiensis (*Quoy & Gaimard*)（**タルミ科**）

靜岡縣伊豆國伊東淨の池でドクギョと云ふ。多くの人はユゴイを誤つてドクギョと云ふが、ドクギョの指す魚は本種である。何故にドクギョと云ふかは不明であるが、南洋方面にはタルミ類の內に食して中毒するものがある。此事實と多少關係してゐるやうにも見えるが、爰には斷言を避けることゝする。背鰭十棘十三叉は十四軟條、臀鰭三棘八叉は九軟條一縱列の鱗數六十個である。體色は青味がゝつた褐色で、特に斑紋は無い。體長は他のタルミ類と同樣である。東印度諸島から南日本の南部に產する。東京附近では殆ど見られないが、伊豆伊東の淨の池に居ると云ふことが多少有名である。此土地でドクギョと云ふけれども、食しても差支ないと思ふ。私は曾て試食したことは無いが、タルミ類は熱帶方面のもので、其產地では食してゐるのである。

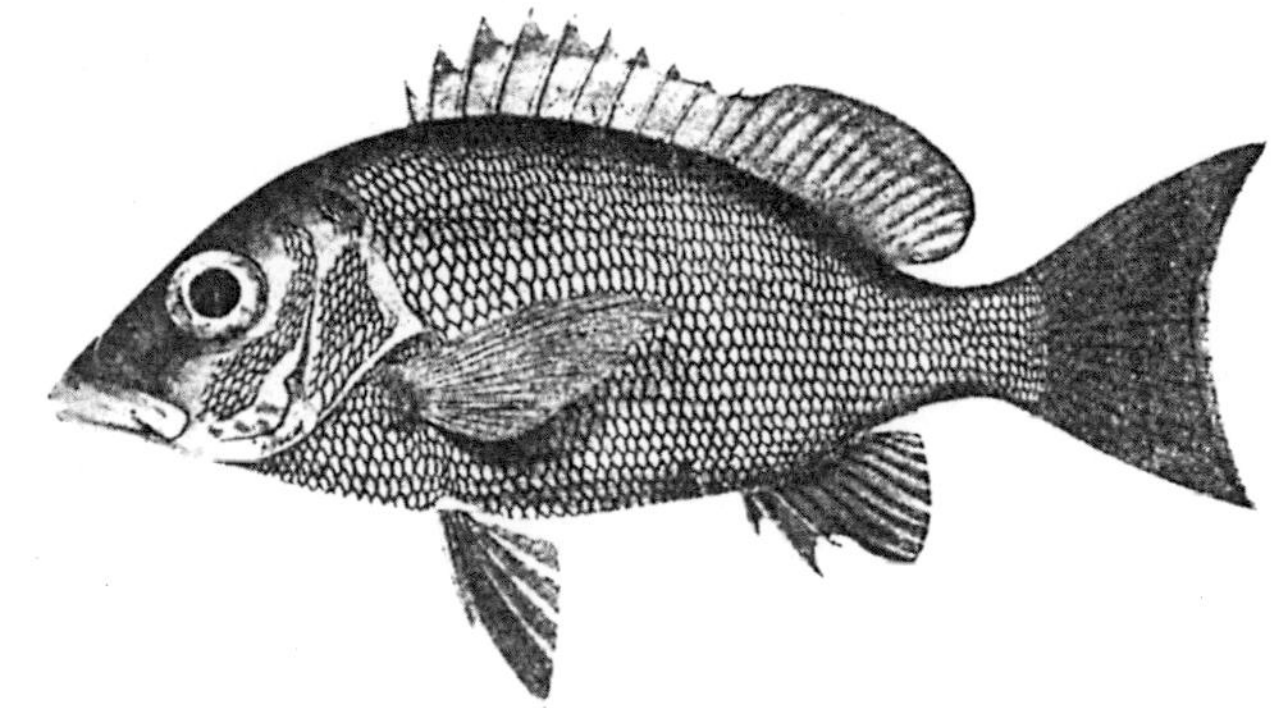

ドクギョ

タルミ　**樽見**　Lutianus vitta (*Quoy & Gaimard*)（**タルミ科**）

和歌浦、湯淺、白崎、鹽屋、田邊、周參見、串本（以上皆和歌山縣）でタルミ、高知でアカイセギ（アカイサギも同樣に稱する）と云ふ。背鰭十棘十三軟條、臀鰭三棘八軟條、一縱列の鱗數五十三個である。體側中央を口の先端から側線の中部迄縱走してゐる褐色の一帶は人目を惹く特徵である。體長は三百ミリメエトル

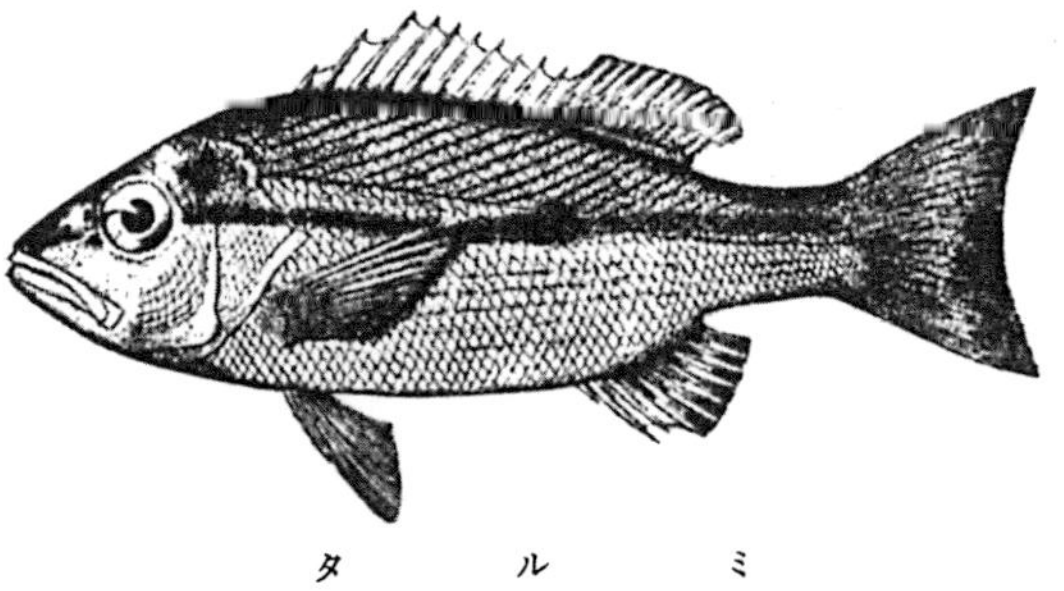

タルミ

(一尺)を超える。東印度諸島から南日本へ分布してゐる。東京附近には少い爲め名稱がない。食用として美味である。

センネンダイ　千年鯛　Lutianus sebae (*Cuvier & Valenciennes*)
(**タルミ科**)(口繪參照)

和歌山縣田邊でセンネンダイと云ふが、此地方でも稀である。元來熱帶性のもので、紅海から、印度及び東印度諸島に分布してゐるものであるが、私はまだ和歌山縣以外に產することを知らない。然し高知縣や鹿兒島縣の南部では恐らく存在することと思ふ。背鰭十一棘十五又は十六軟條、臀鰭三棘九乃至十一軟條、一縱列の鱗數五十乃至五十五個である。體は美い赤色で、三個の濃赤色の不規則形横帶がある。體長は百五十ミリメエトル(五寸)に達する。海岸に生活するもので、眞に熱帶性魚類の標準となるものである。和歌山縣でも稀なもので、食用としての價値は頗る少いこと〻思ふ。

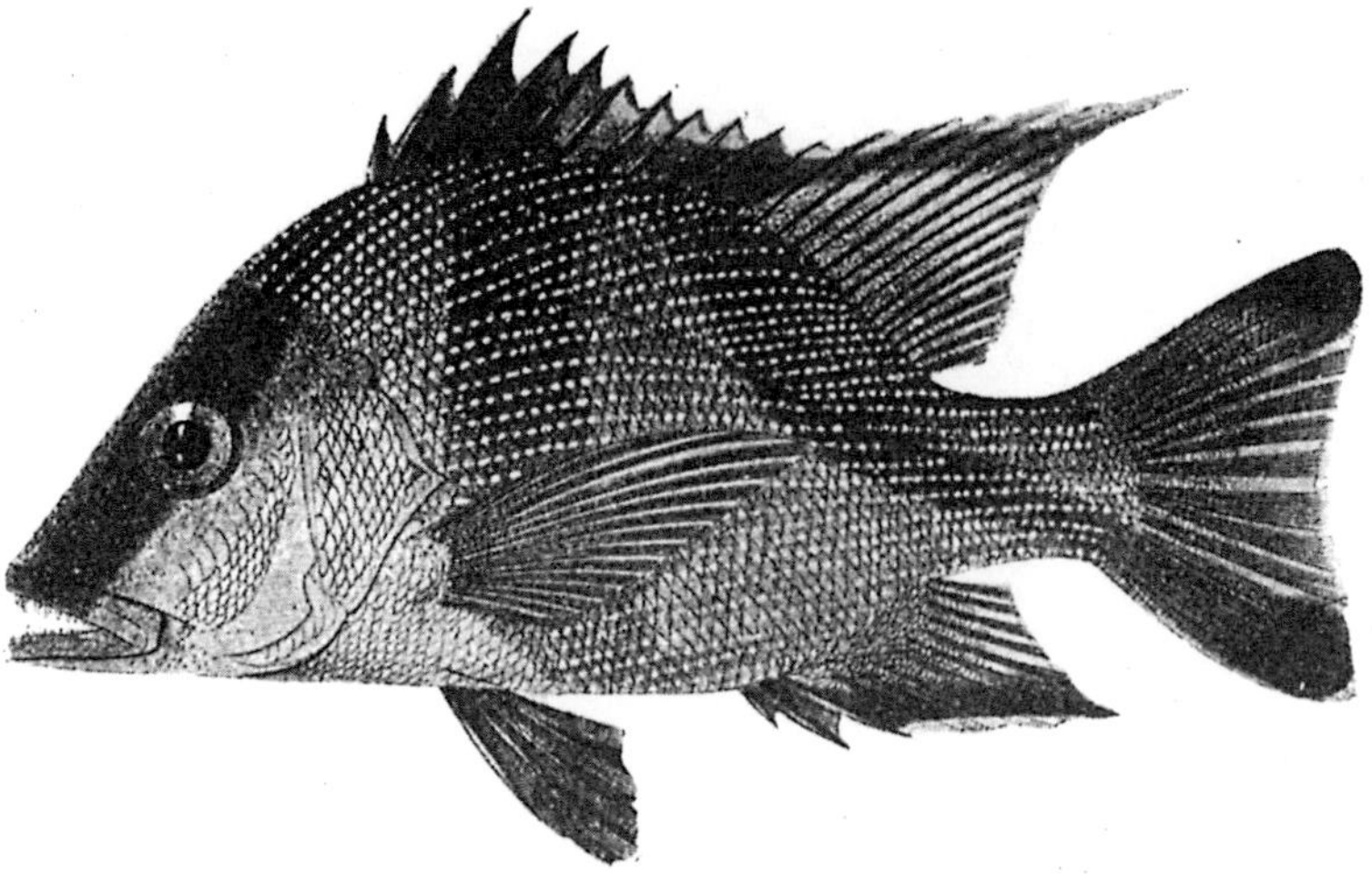
センネンダイ

チビキモドキ　血引擬　Pristipomoides oculatus (*Cuvier & Valenciennes*)(**タルミ科**)

從來私がカネコフエダイと命名したものである。よく驗べると、チビキに近いもの故、今回チビキモドキと改名すること〻した。背鰭十棘十一軟條、臀鰭三棘八軟條、一縱列の鱗數六十個である。體の上部は美しい薔薇色の赤色である。體長は三百ミリメエトル(一尺)に達する。熱帶方面から南日本へ分布してゐる。また西印度諸島にも產する。味はチビキに近いものかと想像せられる。

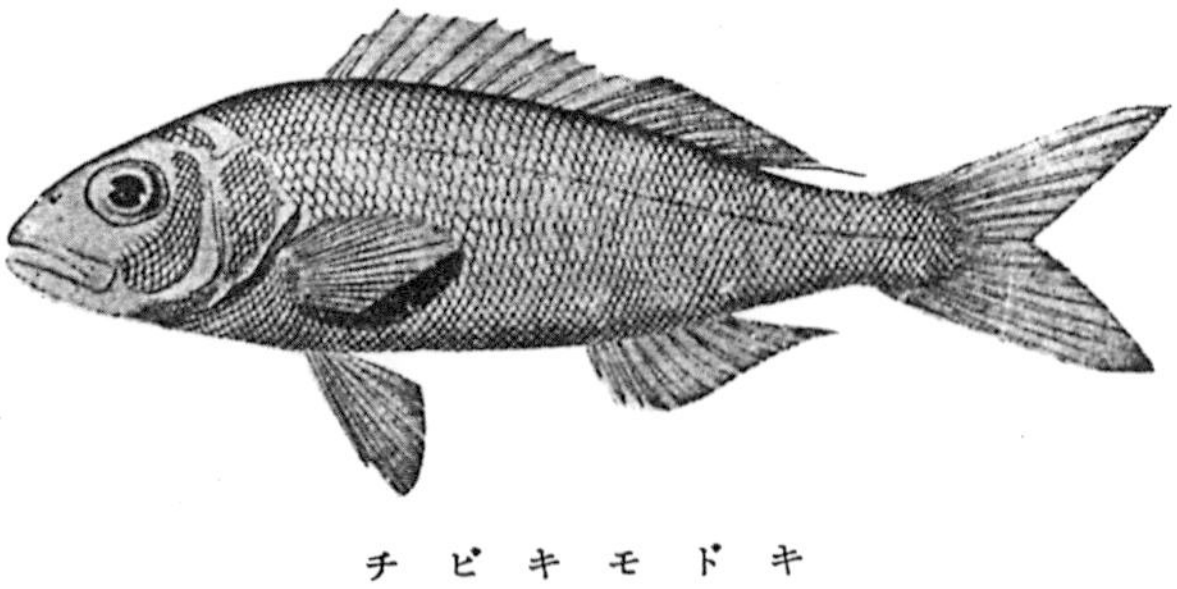
チビキモドキ

チビキ　血引　Pristipomoides sieboldi (*Bleeker*)(**タルミ科**)

和歌山縣田邊でチビキ又はホンチビキ、同縣三輪崎でチビキ、高知でチイキ、靜岡縣伊豆でアカトンボと云ふ。背鰭十棘十軟條、臀鰭三棘八軟條、一縱列の鱗數七十二個である。美い紫がゝつた赤色で、チビキモドキに似てゐるが、是よりも鱗が小い。布哇から南日本へ分布し、東京には少いが、和歌山縣や高知縣では相當多く、美味の魚である。體長三百ミリメエトル(一尺)を超える。

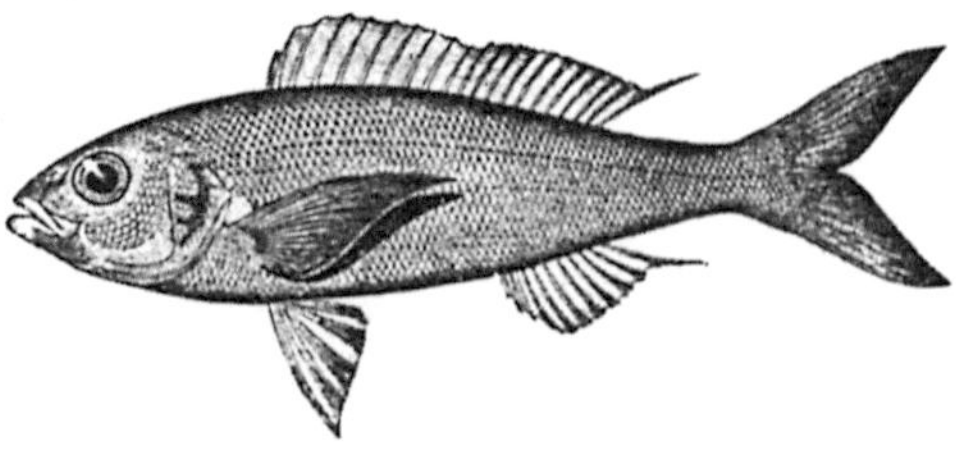
チビキ

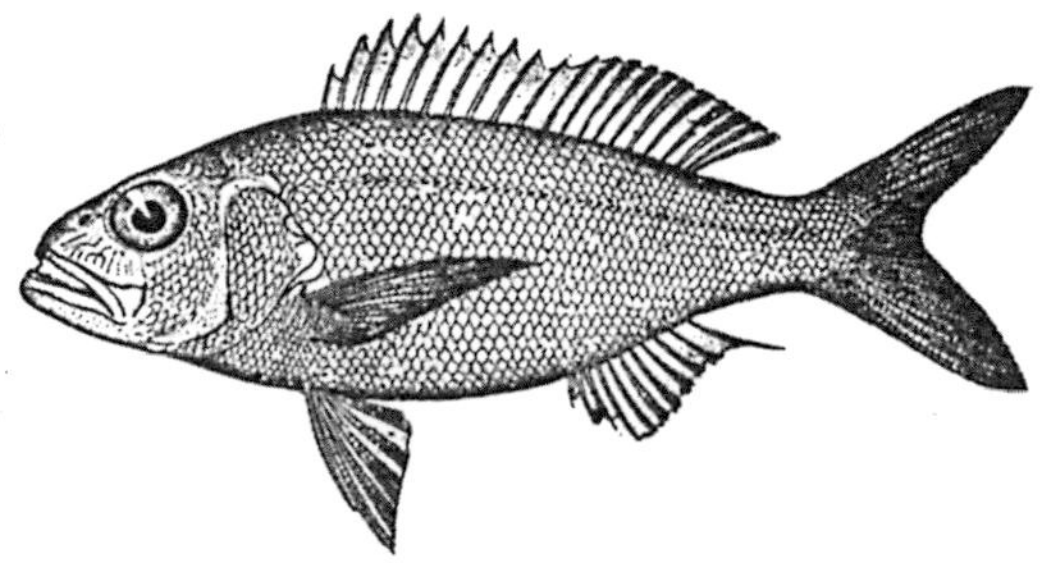

ナ　ガ　サ　キ　チ　ビ　キ

ナガサキチビキ　**長崎血引**　Pristipomoides spurus (*Temminck & Schlegel*)（**タルミ科**）

從來私がナガサキフエダイと言つてゐたものである。フエダイと稱する地方が殆どないやうで、チビキと云ふ名稱がある爲め、爰にナガサキチビキと改名することゝした。背鰭十棘十一軟條、臀鰭三棘八軟條、一縱列の鱗數五十個である。チビキに稍や似てゐるが、是よりも著く體高が高い。臺灣、南日本の南部から知られてゐるものである。體長は三百ミリメエトル（一尺）内外である。食用としての價値はわからない。チビキ類には類似種が多く、從來實際以上に多くの種類が發表せられてゐるが、よく比較研究すると、種類の數は激減することゝ思はれる。

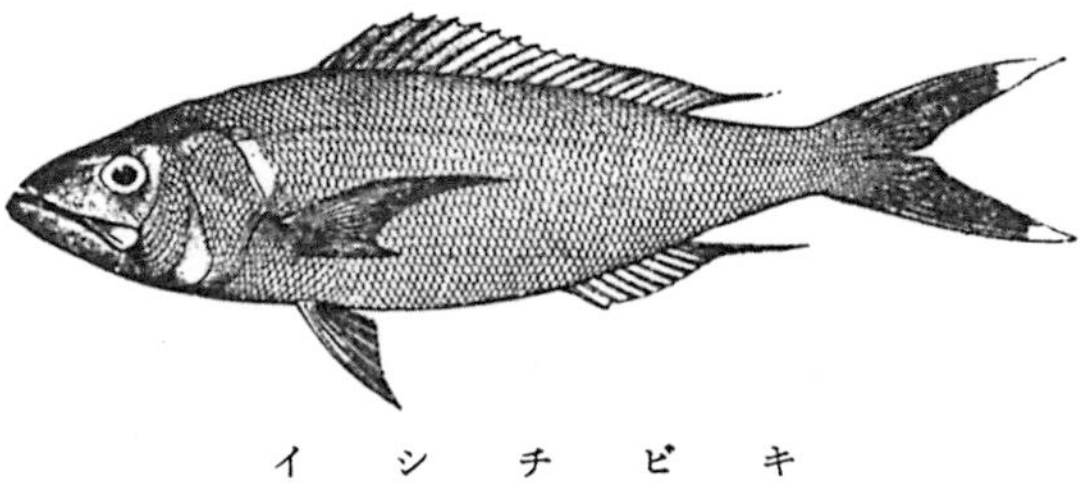

イ　シ　チ　ビ　キ

イシチビキ　**石血引**　Aphareus furcatus (*Lacépède*)（**タルミ科**）

曾て私がイシフエダイと命名して置いたものである。著くチビキに近い爲に今回イシチビキと改名することゝした。背鰭十棘十一軟條、臀鰭三棘八軟條、一縱列の鱗數七十二個である。紅海、亞弗利加の東岸から、南日本へ分布してゐるが、東京附近には極めて少い。體長六百ミリメエトル（二尺）に達する。

食用となると思ふが、まだ其味を知らない。

シマイサギ　**縞伊佐幾**　Therapon oxyrhynchus *Temminck & Schlegel*（**シマイサギ科**）

東京、神奈川縣三崎でシマイサギ、三重縣、大分でスミヤキ、高知でスミヒキ又はトオトオ、舞鶴でウトタ又はウタウタイ、和歌山でホラフキ、和歌浦でシャミセン、熊本でシマイッサキ、愛知縣三河國福江でフエと云ふ。背鰭十二棘十軟條、臀鰭三棘八軟條、一縱列の鱗數七十二個である。本種と是に近いコトヒキの居る處へ潜つていつて見ると、其群は急に興奮して音聲を發するとの事である。ウタウタイ、ウトタの名稱は此習性から出たであらう。斑紋が顯著である爲めスミヒキの名稱が出るであらう。また、斑紋と地色との爲め稍や汚なく見える爲め、スミヤキの名稱が出るであらう。體長二百十ミリメエトル（七寸）に達する。南日本のものであるが、東京以北へも分布してゐる。左程美味ではない。

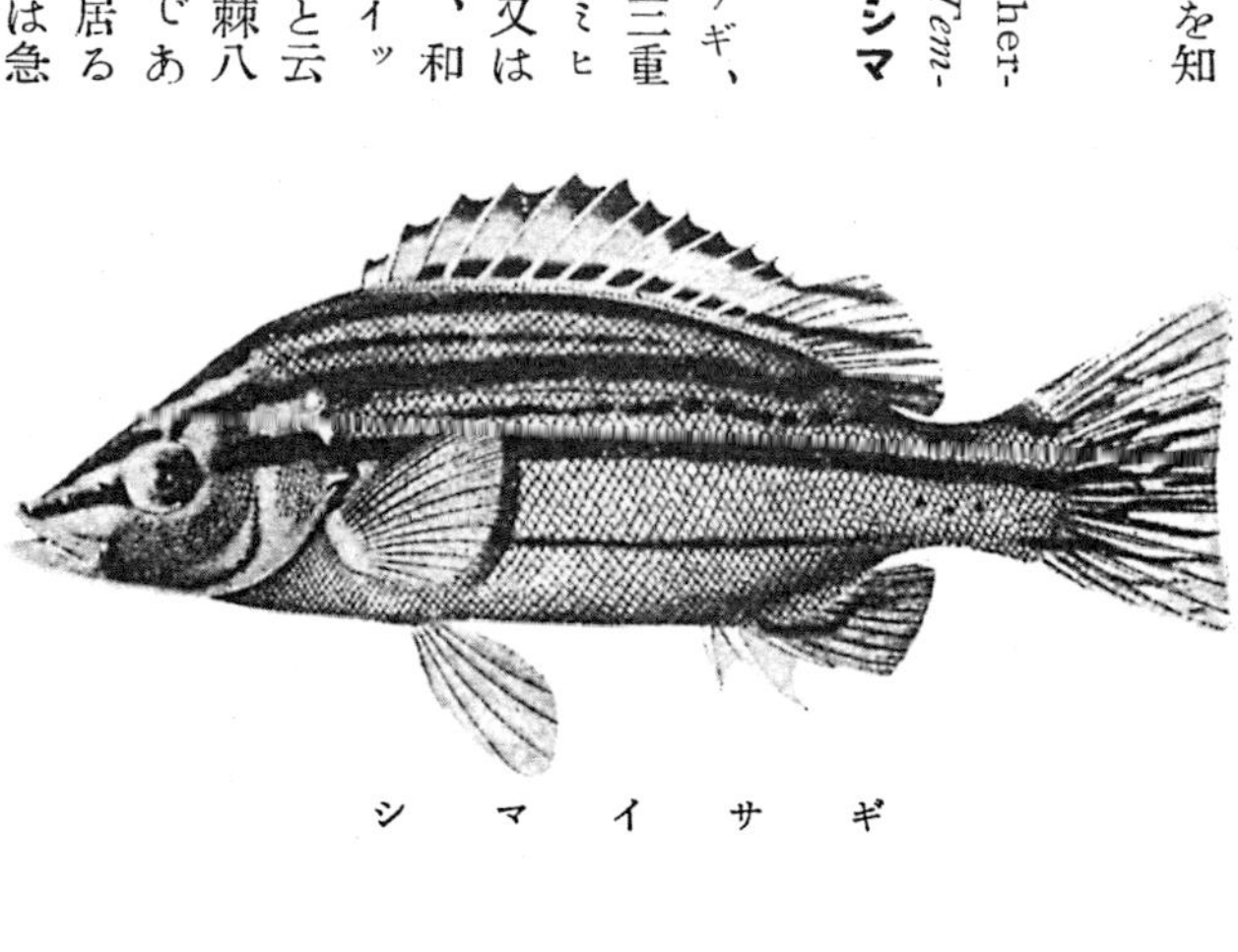

シ　マ　イ　サ　ギ

コトヒキ　**琴引**　Therapon servus (*Bloch*)

高知でコトヒキ、伊豆伊東でジンナラ、和歌山縣田邊でスミシロ、同縣廣でタルコと云ふ。背鰭十一又は十二棘十軟條、臀鰭三棘八又は九軟條、一縱列の鱗數百五個である。稍やシマイサギに似てゐるが、斑紋が著く違ふ。體長もシマイサギと同樣である。分布はシマイサギよりも

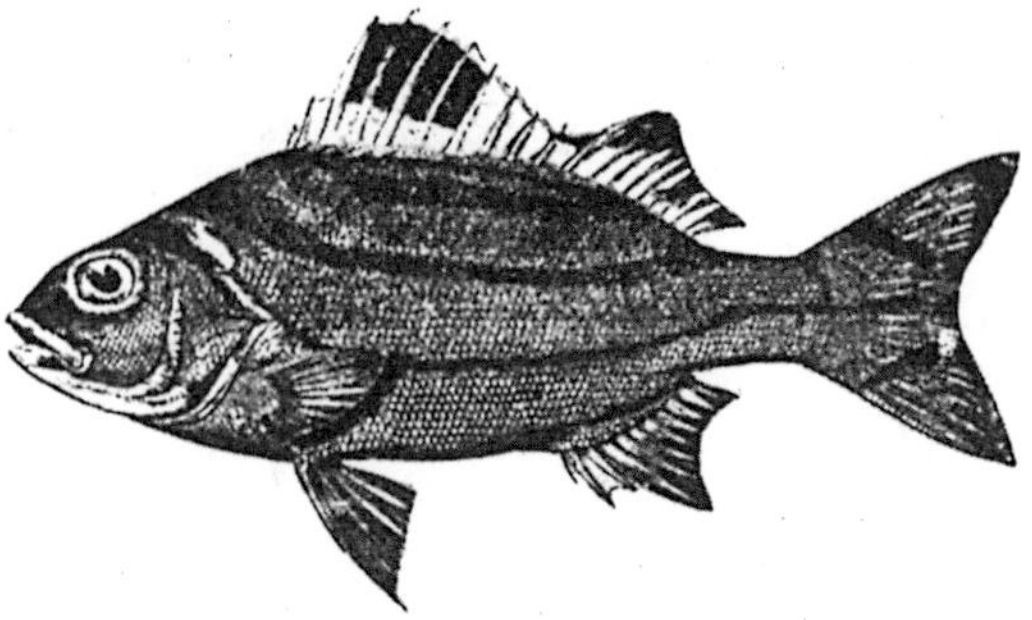

コトヒキ

稍や南部へ偏し、其北限は相模灘か千葉沖で、シマイサギのやうに北へ達してゐない。其代りにシマイサギは多分印度へまでは分布してゐないと思はれるが、コトヒキは印度へまで分布してゐる。味はシマイサギと同様であらう。

チョオセンバカマ　朝鮮袴　Banjos banjos (*Richardson*)（**チョオセンバカマ科**）

長崎でチョオセンバカマと云ふ。背鰭十棘十二軟條、臀鰭三棘七軟條、一縦列の鱗數七十個である。體長三百ミリメエトル（一尺）に達する。南日本、南支那へ分布してゐるが、我國では一般に多く取れない爲に、是に名稱のない場合が多い。雜魚として取扱はれ、下等食品である。

チョオセンバカマ

イサキ

イサキ　伊佐幾　Parapristipoma trilineatum (*Thunberg*)（**イサキ科**）

東京でイサキ又はイサギ、靜岡縣靜浦でコシタメ、高知でイセギ、長崎、熊本、鹿兒島でイッサキ、宮崎でハンサコ、和歌山縣白崎、同縣田邊でカジヤコロシ（骨堅く、是がさゝると疼痛甚い爲である）、同縣田邊、同縣日置でムギワライサギ、和歌浦でウドンブシと云ふ。是れの幼魚を白崎、鹽屋、田邊、周參見（以上皆和歌山縣）でウズムシと云ふ。背鰭十四棘十七軟條、臀鰭三棘八軟條、一縦列の鱗數百十個である。南日本のもので三百六十ミリメエトル（一尺二寸）に達する。磯魚で、夏美味である。成長したものには殆ど斑紋が無いが、幼魚には褐色線が縦走してゐて、稍やシマイサギに似てゐる。何處の浦の漁業者でも、イサキの幼者とシマイサギとを混同することがあるから注意を要する。從つてイサキの幼者をシマイサギと言つて敎へられて、後とでそれが誤であることを知ることがある。

コロダイ　胡廬鯛　Plectorhynchus pictus (*Thunberg*)（**イサキ科**）

和歌浦、湯淺、周參見、和深、太地(以上皆和歌山縣)でコロダイ、和歌浦、鹽屋(以上皆和歌山縣)でイソゴロ、三重縣二木島でキョオモドリ(鯛と言つて京へ送つたが、違つてゐると言つて戻された意である)、高知、瀬戸内海沿岸でコタイ（コダイではない）と云ふ。背鰭九又は十棘

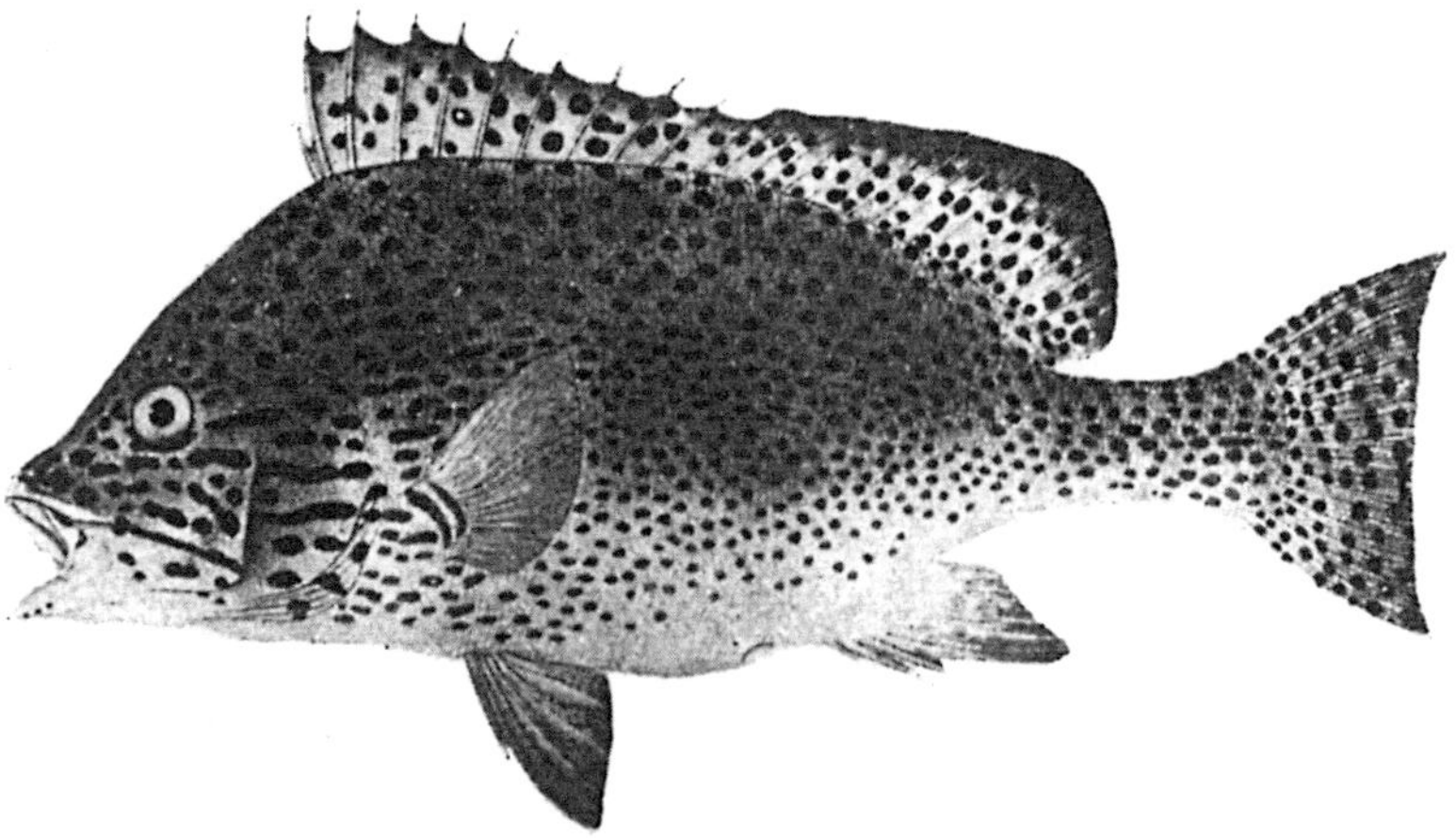

コロダイ　成魚

コロダイ　幼魚

二十一乃至二十三軟條、臀鰭三棘六又は七軟條、一縱列の鱗數百二十個である。體長三百ミリメエトル（一尺）を超える。地色は青味を帶びた灰色であつて、黃色の小斑點を密布し、是等の點は鰭へも擴がつてゐる。然るに幼魚は著く地色や斑紋が違つてゐて、青味がゝつた灰色の地色へ幅の廣い褐色縱帶數個を持つてゐる。和歌山縣田邊では最も幼なる者をメンダコ、稍や長じたものをシマカイグレ、成魚をミッチャカイグレと云ひ、二、三百匁以下のものをマチマワリと云ふことがある。是は不味で賣れない爲に町を賣り廻はる意である。熱帶方面から南日本の南部へ分布し、東京附近には少いものである。尤も相模灘でも幼魚は相當多い。幼魚は不味であるが、成魚は美味である。

コショオダイ　胡椒鯛　Plectorhynchus cinctus (*Temminck & Schlegel*)（イサキ科）

神奈川縣三崎、和歌浦、和歌山縣湯淺、同縣白崎でコショオダイ、濱名湖でエゴダイ、大阪、明石でコロダイ、和歌山縣田邊、三重縣二木島でカイグレ、和歌山縣串木、和歌山でコロダイ（コロダイの方をコロダイと言つてゐる地方もある）、和歌山縣鹽屋でホンゴロ、神戸、高知でコタイ（コロダイと同一の名稱で呼んでゐる）、金澤でコンモリタイ、新潟縣寺泊でナマラ、大分縣佐伯でコン、宮崎でトモ、リと云ふ。背鰭十二棘十五軟條、臀鰭三棘七軟條、一縱列の鱗數九十五個である。體形はコロダイに似てゐるが、斑紋は著く是と違ふ。幼魚と成魚とは地色や斑紋が著く違ひ、幼魚も成魚もヒゲダイに似てゐる。是と異なる點は鱗の小いこと、口邊に肉質の鬚のないことである。幼魚は全く紫黑色で、尾鰭だけ白つぽい。それ故是れが磯端に泳いでゐる時はよく人目を惹くものである。體長三

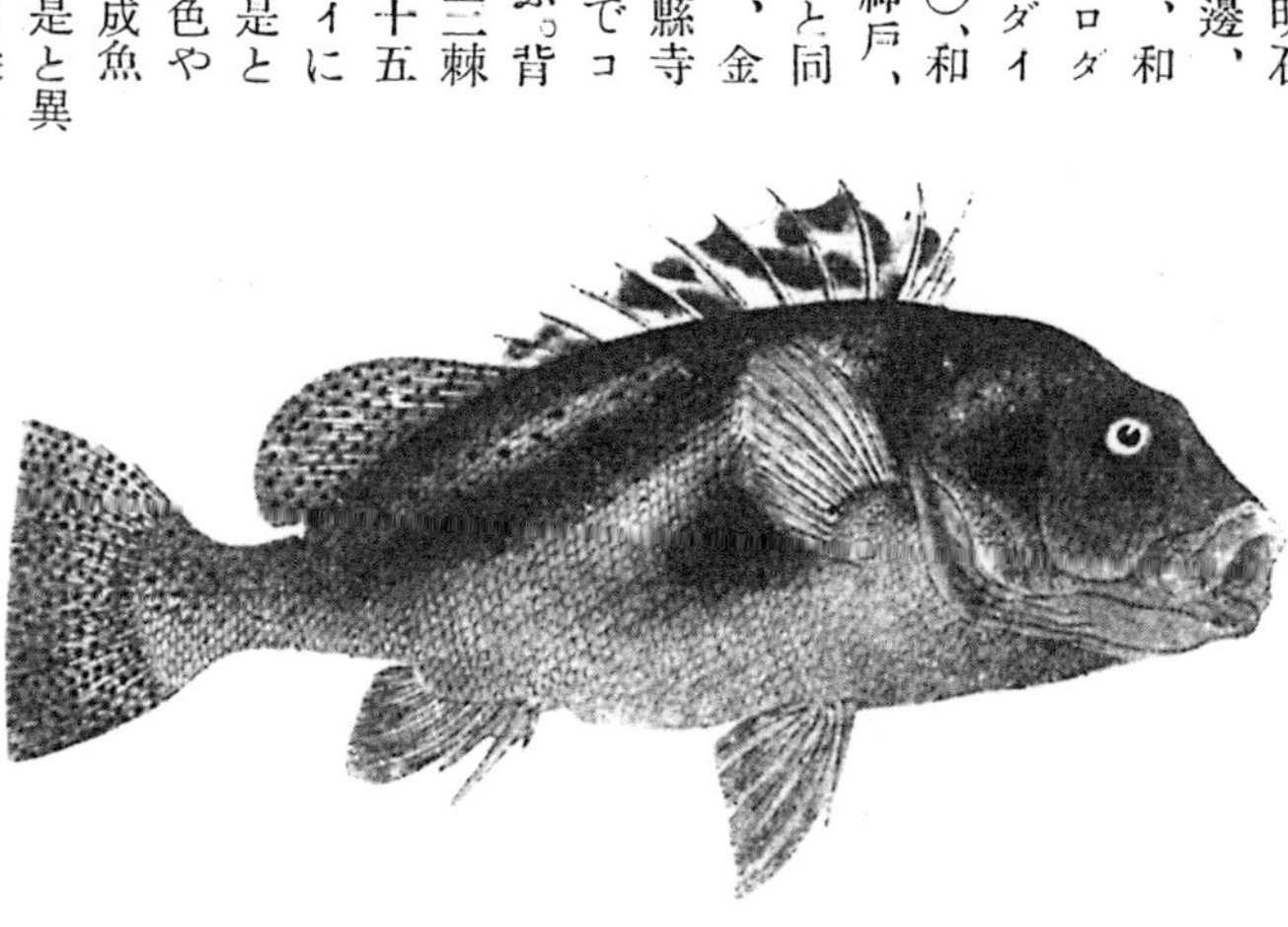

コショオダイ

百ミリメエトル（一尺）を超える。南日本のものであるが、稍や北部へも擴がつてゐる。美味な魚である。

ヒゲダイ　鬚鯛　Hapalogenys nigripinnis (*Temminck & Schlegel*)（**イサキ科**）

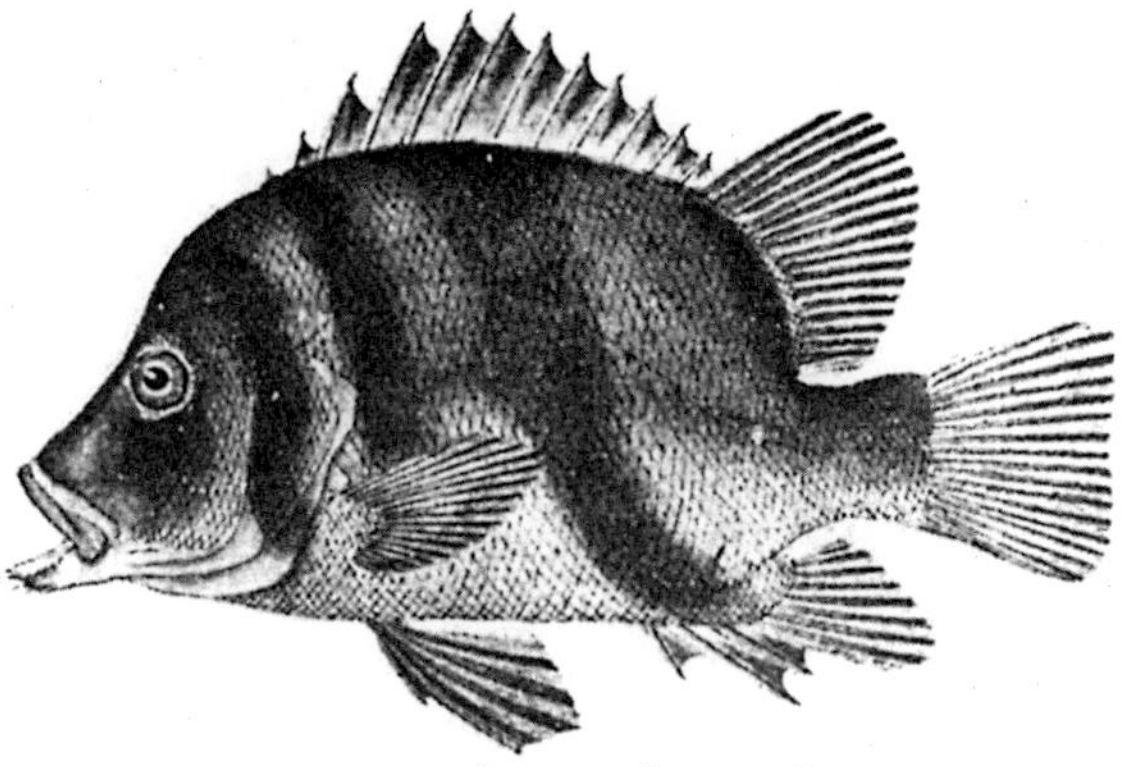

ヒ　ゲ　ダ　イ

神奈川縣三崎でヒゲダイ、靜岡縣靜浦でナベワリ、和歌山、高知でトモヽリ、和歌山縣串本、同縣和深でトモシゲ、新潟縣寺泊でカヤカリと言ふ。背鰭十一棘十五軟條、臀鰭三棘九軟條一縱列の鱗數六十五個である。口邊の肉質皮褶はよく發達し、ヒゲダイ類中最も著い。尤も幼魚では其發達が割合にわるい。是にはコショオダイに近いが、口邊に肉質皮褶が無い。新潟縣寺泊では夏に刺身とし、美味のものとしてゐる。南日本のもので、南支那へも分布してゐる。體長五百ミリメエトル（一尺七寸）に達する。

タモリ　太母里　Hapalogenys mucronatus (*Eydoux & Souleyet*)（**イサキ科**）

廣島縣忠海でタモリ、大阪、廣島でコロダイ、和歌山縣田邊でシギウオ、和歌山縣鹽屋、和歌山でコショオダイ、高知でトモヽリと云ふ。背鰭十一棘十五軟條、臀鰭三棘十軟條、一縱列の鱗數六十七個である。口邊に肉質の鬚があるが、ヒゲダイほど甚く發達してゐない。尾鰭の後緣、背鰭軟條部、臀鰭が褐色である。體側に幅の廣い褐色橫帶四個（眼を通つてゐるものを除いて）を數へる。體長三百ミリメエトル（一尺）に達する。南日本と南支那とに居るものであるが、支那東海に稍や多い。食料としては上等品ではない。

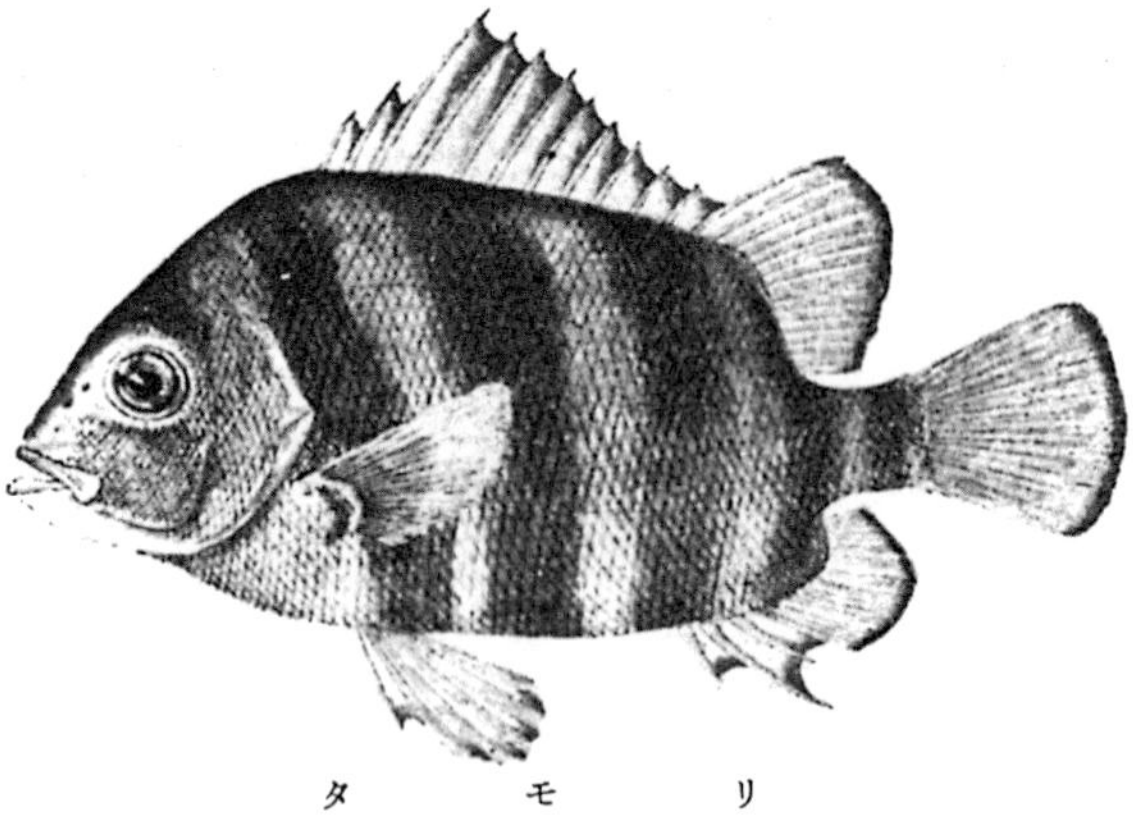

タ　モ　リ

タカサゴ　高砂　Caesio chrysozona *Kuhl & Van Hasselt*（**イサキ科**）

東京、小田原でタカサゴ、田邊、周參見、和深、串本（以上皆和歌山縣）、三重縣二木島、高知でアカムロ、和歌山縣田邊、長崎、筑後柳河でハナムロ（曾て長崎の醫士金子一狼氏は本種へハナムロと命名し、此名稱が長崎、柳河その他へ擴がつたが、田邊では從來既に其土地でハナムロと言つてゐたのである。偶然の暗合で、一寸面白く感ずる）、三重縣木の本でチャムロ、沖繩でグルグンと云ふ。白崎、串本、太地（以上皆和歌山縣）で幼魚をメンタイ又はアカメンタイと云ふ。背鰭十棘十四軟條、臀鰭三棘十二又は十三軟條、一縱列の鱗數六十三個である。

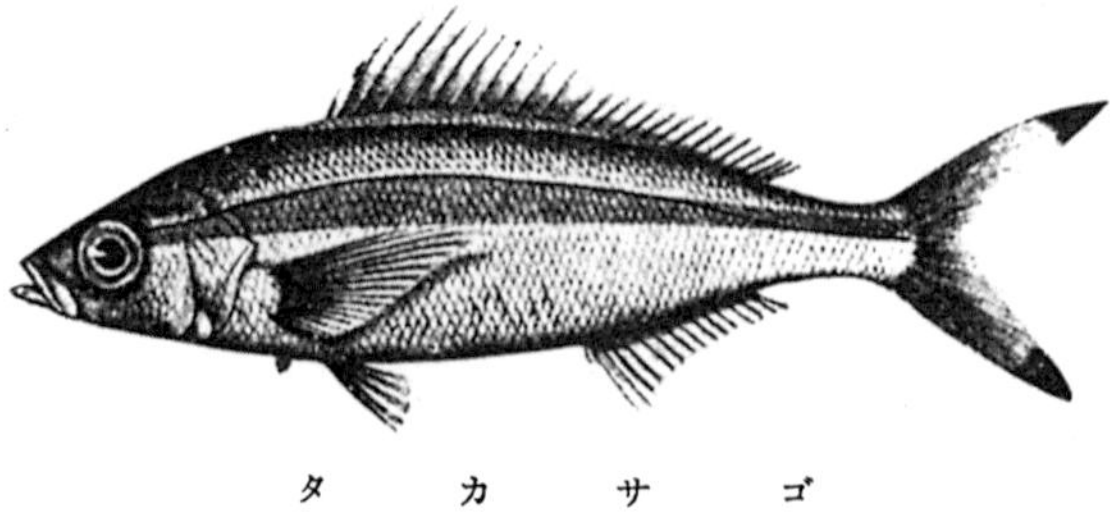

タ　カ　サ　ゴ

細長い魚で、尾鰭兩葉の先端が黒褐色である。體長三百ミリメエトル（一尺）を超える。印度から南日本の南部へ分布してゐる。東京附近には少く、伊豆大島以南には多いものである。左程美味ではないが、蒲鉾原料となる。

ウメイロ　**梅色**　Caesio erythrogaster *Kuhl & Van Hasselt*（**イサキ科**）

和歌山縣串本でウメイロ又はウグイス、高知でウメイロ、田邊、和深、白崎（以上皆和歌山縣）、三重縣二木島でウメノ又はウメロと云ふ。紀州藩人畔田翠山の水族志（一千八百三十九年、天保十年發行）ムメロの項に、「五月黄梅の熟するの節多く捕る故に名く。漁人海中に魚多きを色と云ふ。此魚梅熟の頃多き故にムメロと云ふ。ロは色也。一説此魚梅熟の色をなす故に名くと云ふ」とある。背鰭十棘十五乃至十七軟條、臀鰭三棘十一又は十二軟條、一縱列の鱗數六十個である。體は一樣に黄味が強く、頭の上部は青みがゝつた紫色である。體長三百ミリメエトル（一尺）に達する。印度から南日本の南部へ分布してゐる。相模灘には殆ど無いものであるが伊豆大島以南、和歌山、高知などには稍や多い。不味であるが、主に蒲鉾原料となる。

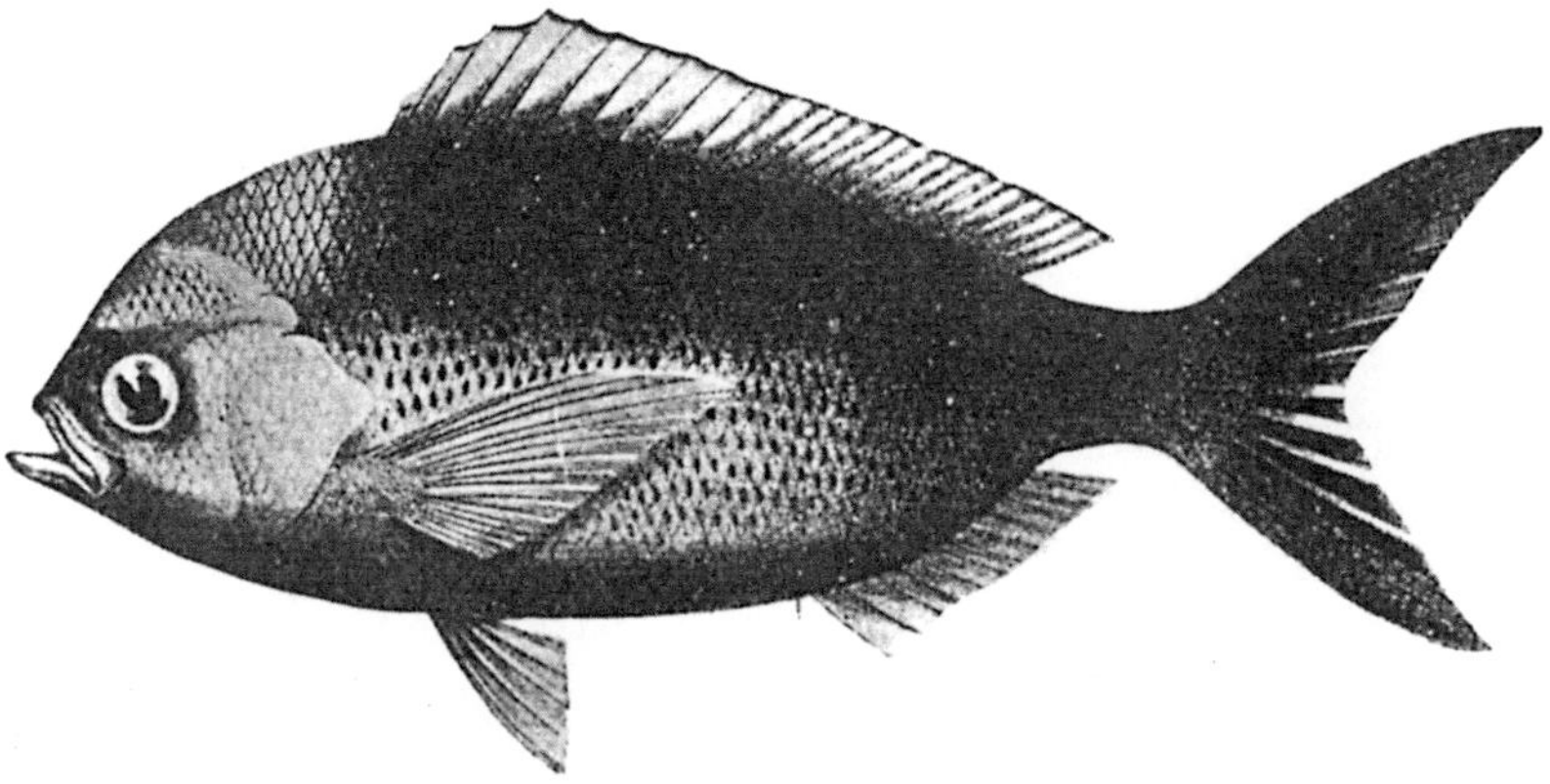

ウ　メ　イ　ロ

タマガシラ　**玉頭**　Scolopsis vosmeri (*Bloch*)（**イサキ科**）

和歌山縣田邊でヒョオタンウオ、大阪でムギメシ、三重縣志摩國御座村でウミフナ、靜岡縣沼津でフナと云ふ。タマガシラとは何處の呼稱かわからない。背鰭十棘九軟條、臀鰭三棘七軟條、一縱列の鱗數三十四個である。體の地色は桃色で、稍や濃い紅色の斜横帯七個を數へることが出來る。是等の紅色又は桃色の色合はフォルマリンへ浸して置くと全く消失する。體長三百ミリメエトル（一尺）に達する。紅海、印度から南日本へ分布してゐる。東京附近には少いが、和歌山縣や高知縣には稍や多い。下等の食品である。

タ　マ　ガ　シ　ラ

イトヨリ　**絲縒**　Euthyopteroma virgatum (*Houttuyn*)（**タイ科**）

一般にイトヨリ、瀬戸内海沿岸でイトヨリダイ、和歌山縣田邊でボチョ、舞鶴でイトヒキ又はイトヨリと云ふ。和歌浦で幼魚をテレ

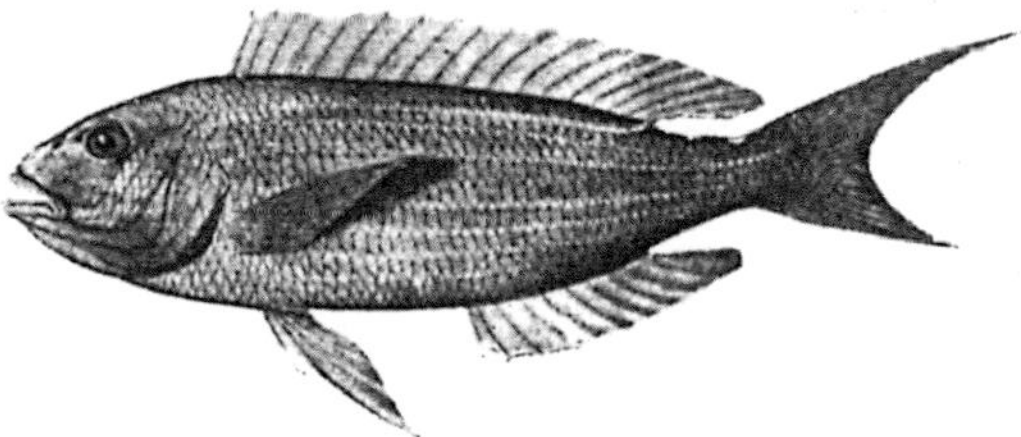

イ　ト　ヨ　リ

ンコ、和歌山縣白崎で大形魚をアバイトヨリと云ふ。背鰭十棘九軟條、臀鰭三棘八軟條、一縱列の鱗數四十五個である。南日本、臺灣、南支那に產する。體長四百ミリメエトル（一尺三寸）に達する。我國では千葉縣以北には居ない。日本海殊に其西部には種々の熱帶性の魚類が居るが、此魚は居ないやうである。是は果して居ないのか、漁場と漁具とがない爲か、わからないが、寧ろ居ないと思はれる。體側を縱走してゐる黃色の數個の色帶の內で、側線直下にある一色帶は殊に濃くて本種の特徵を現してゐる。また鰓孔上端の直後で、側線起部の直下に濃赤の小點三個が前後に一列に竝んでゐる。是も近似種と區別すべき特徵である。美味の魚で、今でも江戸料理にはよく是を使用する。

キイトヨリ　黃絲縒　Euthyopteroma bathybium (*Snyder*)　**（タイ科）**

高知、高知縣安藝でキイトヨリ、和歌山縣田邊でハラボチョ、鹿兒島でアカナと云ふ。背鰭十棘九軟條、臀鰭三棘七軟條、一縱列の鱗數四十五個である。イトヨリに似てゐるが、鮮魚の時はよく區別することが出來る。全體としてイトヨリよりも赤味が少く、黃味がゝつてゐる。キイトヨリの名稱は是から出るのである。イトヨリの持つてゐる特徵はなく、側線直下の一縱帶は著く幅廣く且つ綠色で、腹面を縱走してゐる一色帶も頗る綠色が強い。南日本のものであるが、東京附近には極めて少く、和歌山縣や其以西に多い。體長は大體イトヨリと同じである。イトヨリよりも稍や不味である。分布が充分にわからないが、印度方面へも分布してゐることゝ思はれる。

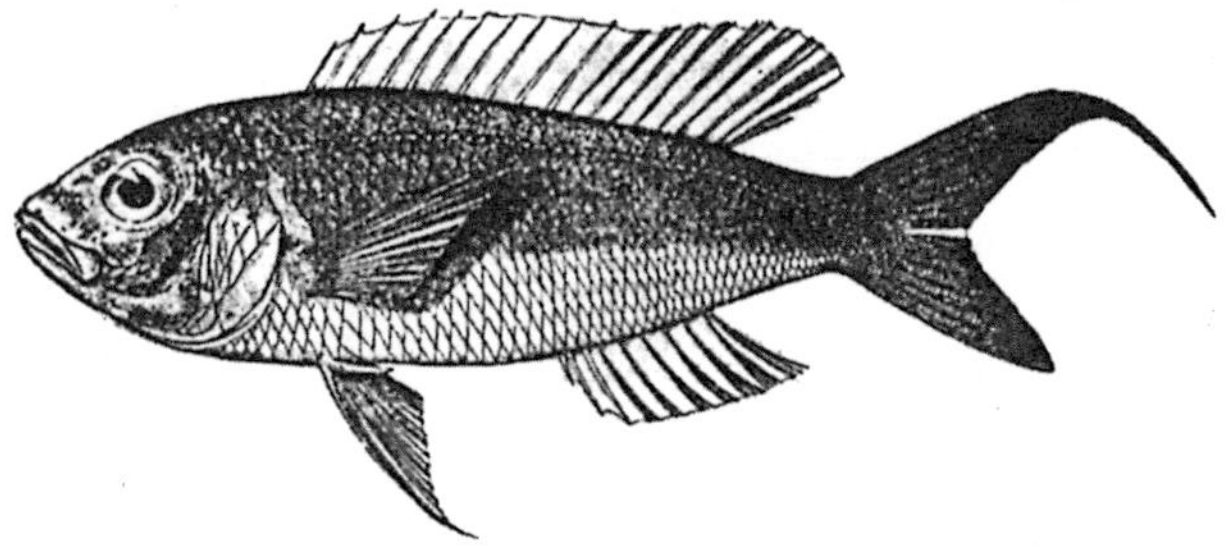

キ　イ　ト　ヨ　リ

メイチダイ　眼一鯛　Gymnocranius griseus (*Temminck & Schlegel*)　**（タイ科）**

東京や大阪でメイチ又はメイチダイ、和歌浦でメダイ、和歌山縣太地でイチ、三重縣尾鷲《オワセ》でメイチャと云ふ。幼魚の時には左右の眼の間に褐色の一帶がある。メイチダイの名稱は是から出るのである。成長すると此色帶は殆ど全く消失する。背鰭十棘十軟條、臀鰭三棘十軟條、一縱列の鱗數五十個である。南日本のもので、タイへも分布してゐる。稍やマダイに似てゐるが是よりも體色が紫がゝつてゐる。體長三百六十ミリメエトル（一尺二寸）に達する。夏期美味の魚である。

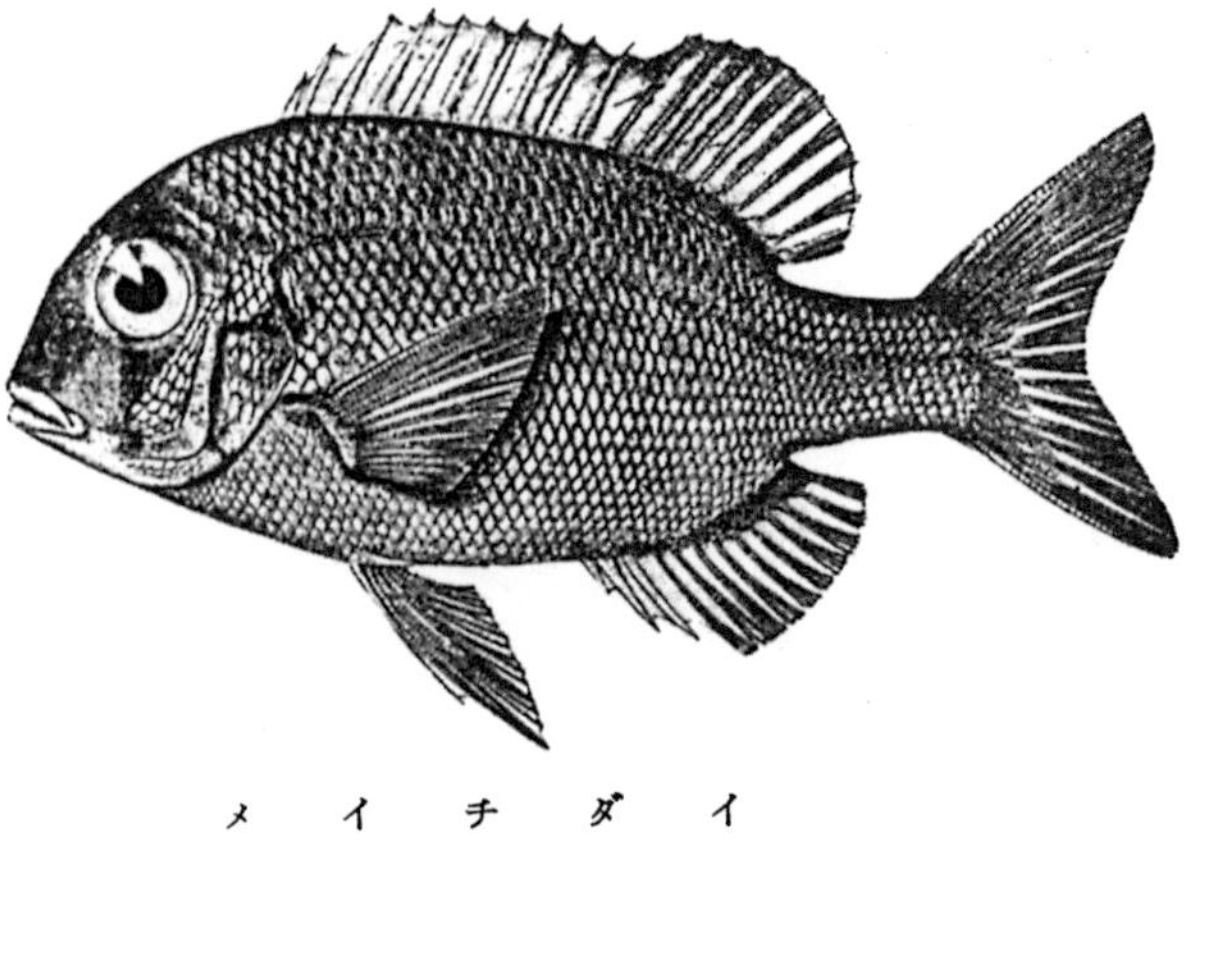

メ　イ　チ　ダ　イ

ヘダイ　平鯛　Sparus aries (*Temminck & Schlegel*)　**（タイ科）**

大阪、和歌山縣でヘダイ、高知でヒョオダイ、京都府久美濱でギンダイ、靜岡縣靜浦でシラッタイ、和歌山縣湯淺でヘヂヌ、田邊、周參見、太地、鹽屋、白崎（以上皆和歌山縣）でシラタイ、太地、三輪崎（以上皆和歌山縣）でマナゼ又はマナジと云ふ。背鰭十一又は十二棘十三軟條、臀鰭三棘十一軟條、一縱列の鱗數六十個である。稍やクロダイに近いが、頭の前方が著く圓味を帶び、體側に數多の綠黃色の縱帶がある。

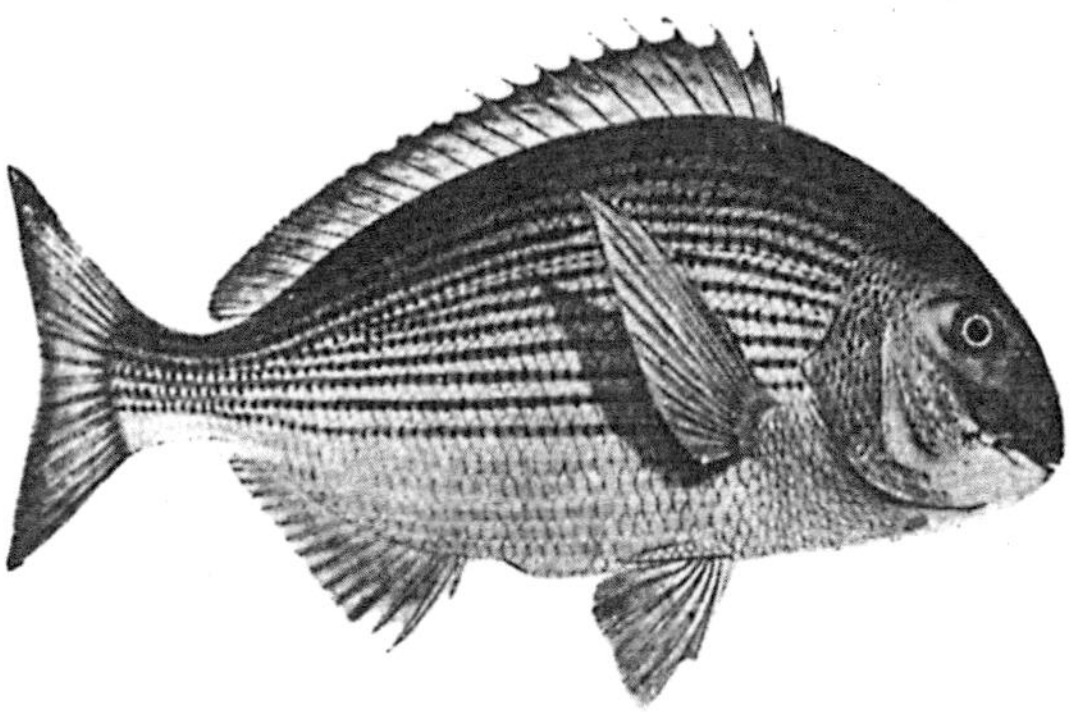

ヘダイ

頭で海底を掘り、中に居る蠕蟲類を取つて食べる。體長四百ミリメエトル（一尺三寸）に達する。南日本、南支那へ分布してゐる。東京附近には少いもので、殆ど名稱がない。千葉縣ではクロダイと一緒にクロダイと云つてゐる。美味の魚である。

クロダイ　**黒鯛**　Sparus longispinis (*Temminck & Schlegel*)（**タイ科**）

東京、名古屋、和歌山縣、新潟でクロダイ、大阪、高知、和歌山縣でチヌ、高知、和歌山縣田邊でクロヂヌ、大阪でホンチヌ（高知のホンチヌはキビレのことである）、九州でチンと云ふ。東京では小い時をチンチン、チンチンカイズ又はチンチンケイズ、稍や大きいのをケイズ又はカイズ、充分大きくなつたものをクロダイと云ふ。背鰭十一棘十一又は十二軟條、臀鰭三棘八軟條、一縦列の鱗數五十三個ある。南日本のものであるが、臺灣、支那へも分布してゐる。體長四百ミリメエトル（一尺三寸）に達する。此魚は夏期美味である。農林省のクロダイの統計は本種とキビレとを含んだものであらうと思ふが、昭和五年度の其沿岸漁獲高は三百六十八萬九百九十六キログラム（九十八萬一千五百九十貫）、二百二萬四千六百二十九圓に達した。職漁として必要な魚であるのみならず、遊漁の目的物としても頗る人氣のあるものである。

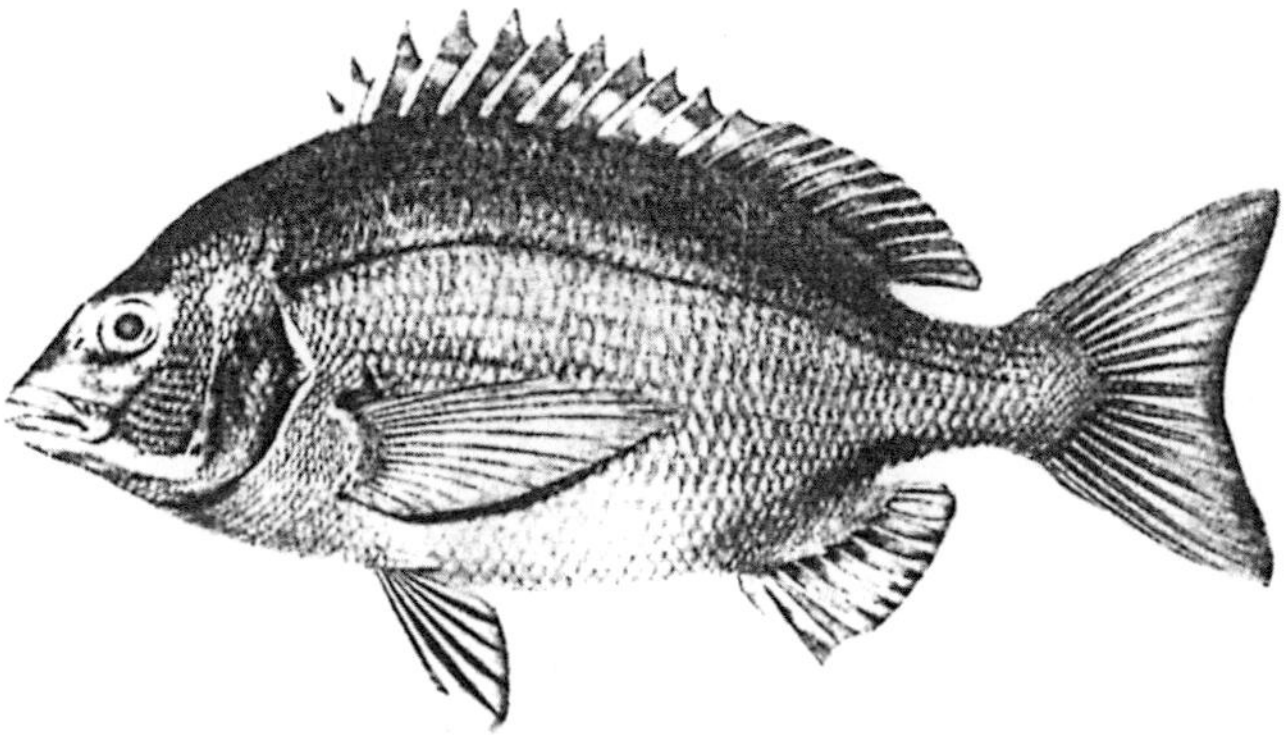

クロダイ

キビレ　**黄鰭**　Sparus hasta *Bloch & Schneider*（**タイ科**）

大阪でチヌ又はキビレ、東京でシラタイ、高知でホンチヌ（大阪のホンチヌはクロダイのことである）又はヒレアカと云ふ。背鰭十一棘十一軟條、臀鰭三棘八軟條、一縦列の鱗數四十二個である。クロダイに似てゐるが、是よりも鱗が大きい。またクロダイよりも白つぽい爲に、シラタイの名稱もあるが、クロダイにも白つぽいもの（殊に幼魚に於て）があるから、色合だけでは識別が出來ない。南日本から印度へ分布してゐるもので、熱帶性のものである。東京附近にはクロダイは多いが、キビレは頗る少い。然るに和歌山縣及び其以西ではクロダイよりも多く取れる。體長はクロダイと同様である。クロダイよりも側扁度が強い爲め、投網へ入り込むと、體を横にして網外へ逸することがあるが、釣の場合にはクロダイほど賢くないとのことである。美味の魚である。

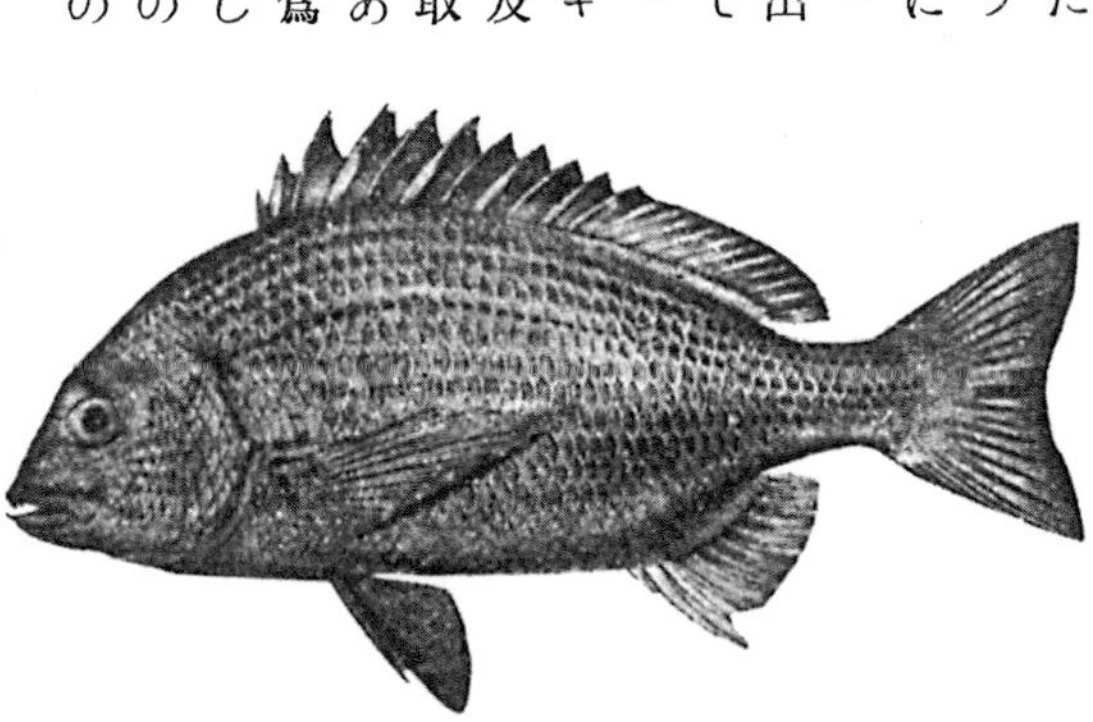

キビレ

タマミ　**玉見**　Lethrinus haematopterus (*Temminck & Schlegel*)

（タイ科）

宮崎、關西でタマミ、關西、熊本でクチビ、高知でクチミ又はクチビダイ、和歌山縣でクチビ又はクチビダイ、田邊、切目、鹽屋（以上皆和歌山縣）でタバミ、周参見、串本（以上皆和歌山縣）でタバメ、串本、三輪崎（以上皆和歌山縣）でタマメ、神奈川縣三崎、靜岡縣靜浦でフエフキダイと云ふ。背鰭十棘九軟條、臀鰭三棘八軟條、一縱列の鱗數四十九個、側線と背鰭との間の一横列の鱗數五個である。體長五百二十ミリメエトル（一尺七寸）に達する。南日本から印度へ分布してゐる。東京附近には殆どないが、和歌山縣やその以西には多く、相當美味で、祝儀の時の宴會に用ひる。刺身に往々是を代用することがある。口中が美い紅色を呈してゐる爲にクチミ又はクチビの名稱が出たのである。是に近いものにクチビロ火 Lethrinus choerorhynchus (*Bloch & Schneider*) がある。是は宮崎でクチビ、熊本でタマミと云ふ爲め、是等兩地ではタマミとクチビとの示す種類が反對になつてゐる。然しタマミの方が遙にクチビより美味であるから、宮崎や熊本では吾々の稱するタマミの方が高價である。クチビもタマミと同樣に南日本から臺灣へ分布してゐるから、印度方面にも分布してゐるであらう。クチビはタマミと同樣の大さに達する。口內の紅色の程度はタマミよりも濃くて、頗る美く見える。

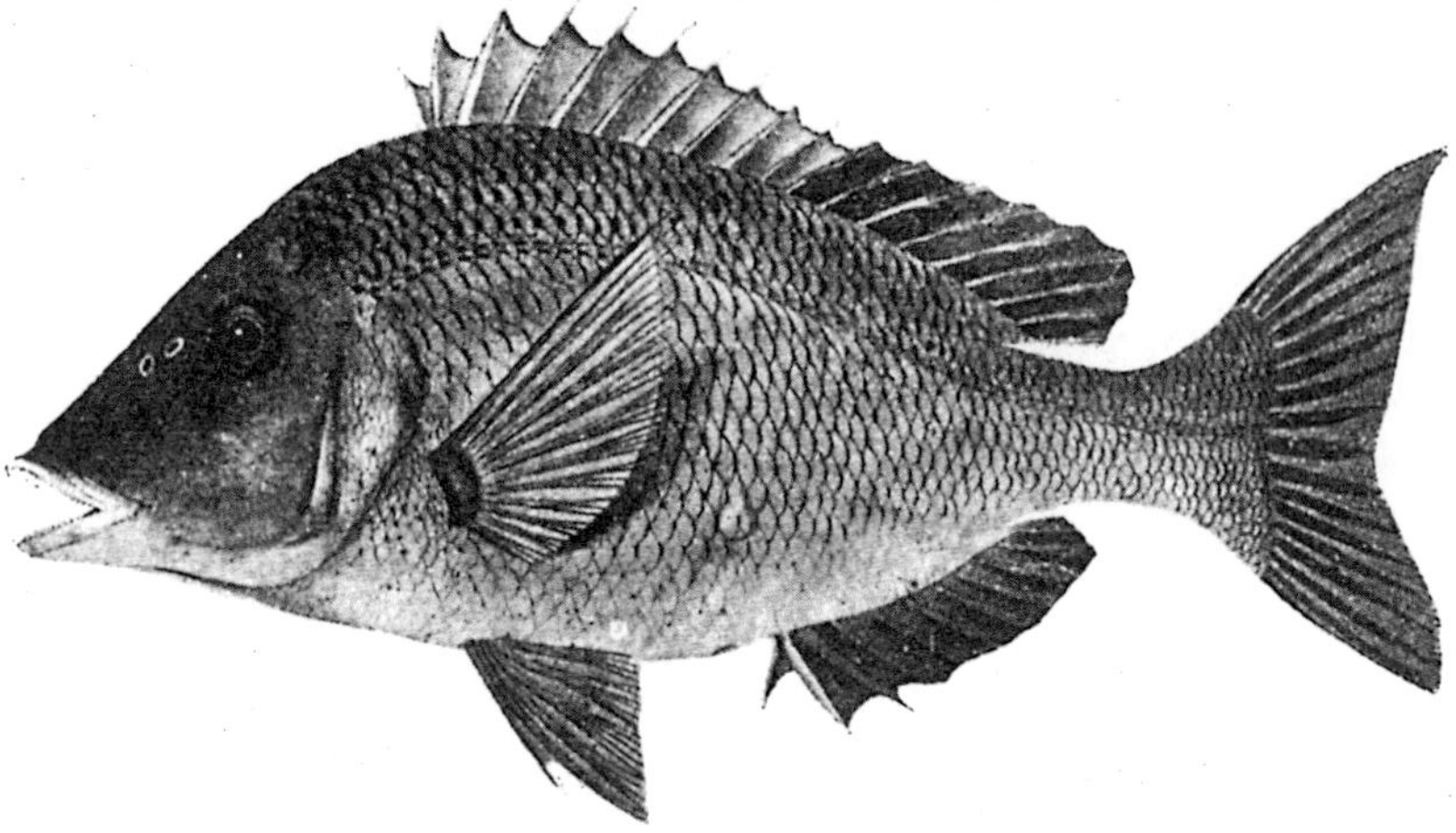

タ　マ　ミ

マダイ　**眞鯛**　Pagrosomus unicolor (*Quoy & Gaimard*)

（タイ科）

單にタイと云ふ時には本種のみを指す時と、マダイ、チダイ、チコダイの三種を指す時と、更に是等に加ふるに、キダイを指すこともある。然しキダイを指してゐる場合は少い。東京附近でマダイ、關西でホンタイと云ふことが多い。舞鶴では大形のをタイ、中等大のをコダイと云ふ（宮崎方面でコダイと云ふのは大小に拘らずキダイのことで、マダイを指さない）。東京では小いのをベン、中等大のをカスゴ（ベンとカスゴとはチダイの幼魚を指すこともあり、カスゴにはチダイの成魚をも言ふことがある）、大きいのをオオダイと云ふ。高知では五、六寸の幼魚をタイゴと云ひ、此地のコダイはマダイでなくて、キダイとチダイとのことである。背鰭十二棘十軟條、臀鰭三棘八軟條、一縱列の鱗數六十個である。近似種たるチダイ及びキダイよりも遙に大きく成長し、體長一千百四十ミリメエトル（三尺八寸）に達する。尾鰭後緣黑褐色であること、眼よりも上方に濃藍色の一帶あ

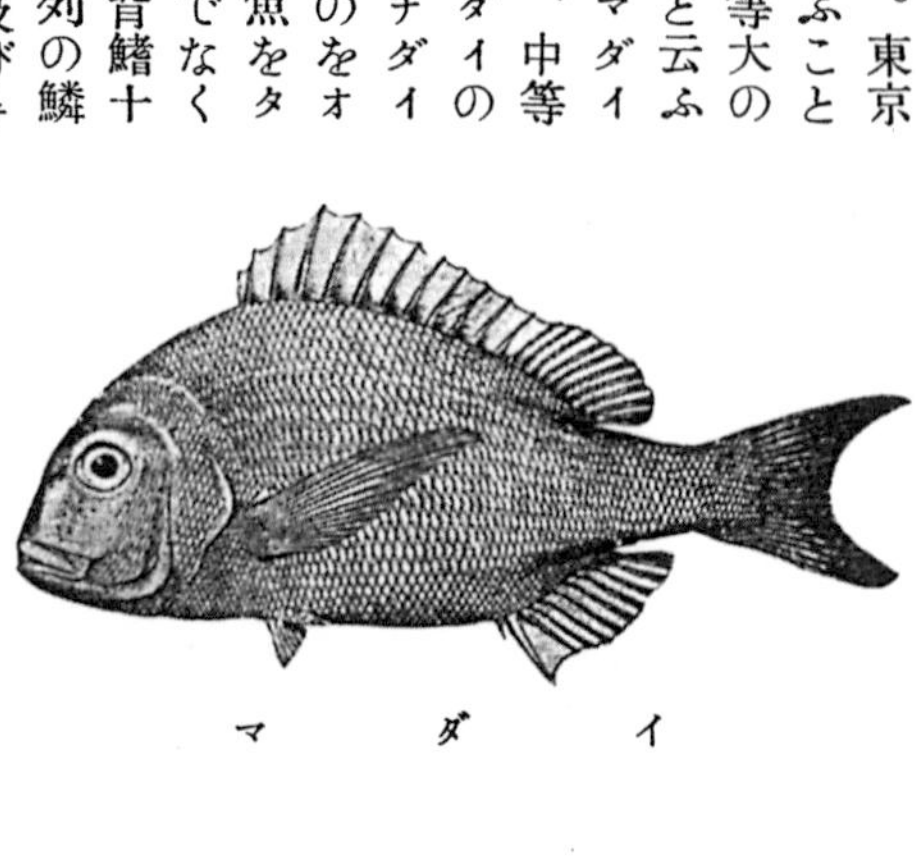

マ　ダ　イ

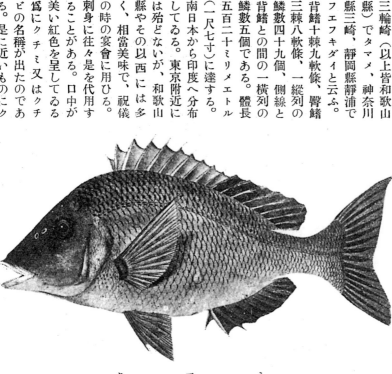

ること、幼魚及び中等大のものには體側に綠色の小點を散在してゐるが、老成魚には全く是を消失することなどを特徴とする。わが國の北海道の南部から臺灣へも分布し、朝鮮、北支那の沿岸にも產する。我國では祝儀の時には缺くべからざるもので、東京では是に頗る近いチダイを以て代用することも嫌ふことがある。最も多く產するは瀨戶內海で、初春產卵の爲め、外洋から此內海に入り來る個數は頗る夥い。此時期をウオジマと云ふ。我國のタイの總計にはキダイを入れてないと思ふが、チダイが是に含まれてゐるかも知れない。兎も角も農林省昭和五年度の統計に於けるタイの沿岸漁獲高は一千二百二十九萬六千六百十四キログラム(三百二十七萬九千九十七貫)、一千二十三萬二千百六十一圓、內地沖合遠洋漁獲高は一千六百六十三萬四千百三十四キログラム(四百四十三萬五千七百六十九貫)、七百二十一萬八千四百八十二圓、昭和五年度臺灣に於ける漁獲高は百七十六萬八千四百六十二斤、四十二萬七千五百七十七圓、昭和五年度朝鮮に於ける統計では百十四萬八百八十三貫、百八十五萬九千五百三十圓、昭和五年度關東廳の統計では十五萬一千五百六十貫、二十八萬六千百四十一圓だつた。マダイは何地のものが最も美味かと云ふことは六かしいが、瀨戶內海沿岸と日本海の西部とが最もいゝと私は思つてゐる。たゞ其美味の性質と肉の堅柔の程度と、卽ち風味に各〻の特徴がある。濠洲に產するマダイに近いものは是とは別種であると云ふ人もあるが、また同一種であるとする學者もある。私は後說を支持する一人である。

チダイ　血鯛　Evynnis japonica *Tanaka*（タイ科）

一般にチダイと云ふ。東京では特に本種に名稱がなく、カスゴと云ふ時にはマダイの中成魚か本種かを指してゐて、特に兩種を區別してゐないのは不思議である。然るに祝儀用としてはマダイとチダイとを區別しない地方も多いが、東京では是等を區別し、マダイを用ひることに努める。高知ではキダイと共にコダイと云ひ、本種のみを指す時にはチコ又はチコダイと云ふが、高知縣安藝町ではチダイと言つてゐる。高知ではキダイと共に三寸內外の幼魚をシバコダイ又はカスコ(高知に近い浦戶ではタイジャコと云ふ)、五六寸のものをコダイと云ひ(大きいものもコダイと云ふことは前に述べてある)、タイゴと云ふ時はマダイの五六寸のものを指してゐる。熊本ではハナオレダイと云ふ。キダイをハナオレと書いてある書物もあるがキダイを言ふ處は殆どないやうである。殊に諸地方でハナオレと云ふ時には特にチダイの雄で、額部の突出してゐるものを指すことがある。またコダイは高知ばかりでなく諸地方でチダイとキダイとを指してゐることがあるが、また處によつてはマダイの幼魚を指してゐる地方があるし、キダイのみを指してゐる地方もあることは他の處で述べて置いた。背鰭十二棘十軟條、臀鰭三棘九軟條、一縱列の鱗數六十個である。背鰭第三棘と第四棘とが稍や長く、殊に幼魚に於てよく見ることが出來る。マダイほど北部へ分布してゐないし、また是よりも西部へも分布してないやうである。濠洲に本種又は本種に近いものがあらうと思はれるが、斯樣なものがまだ見られないのは不思議である。マダイよりも少く、三百五十ミリメエトル(一尺二寸)に達する。從來本種の學名を Evynnis cardinalis として置いたが、此學名はヒレコダイへ適用すべきものであらう。マダイよりも稍や不味であるが、殆ど同樣に取扱はれ、多くの人は兩種の區別を知らない。

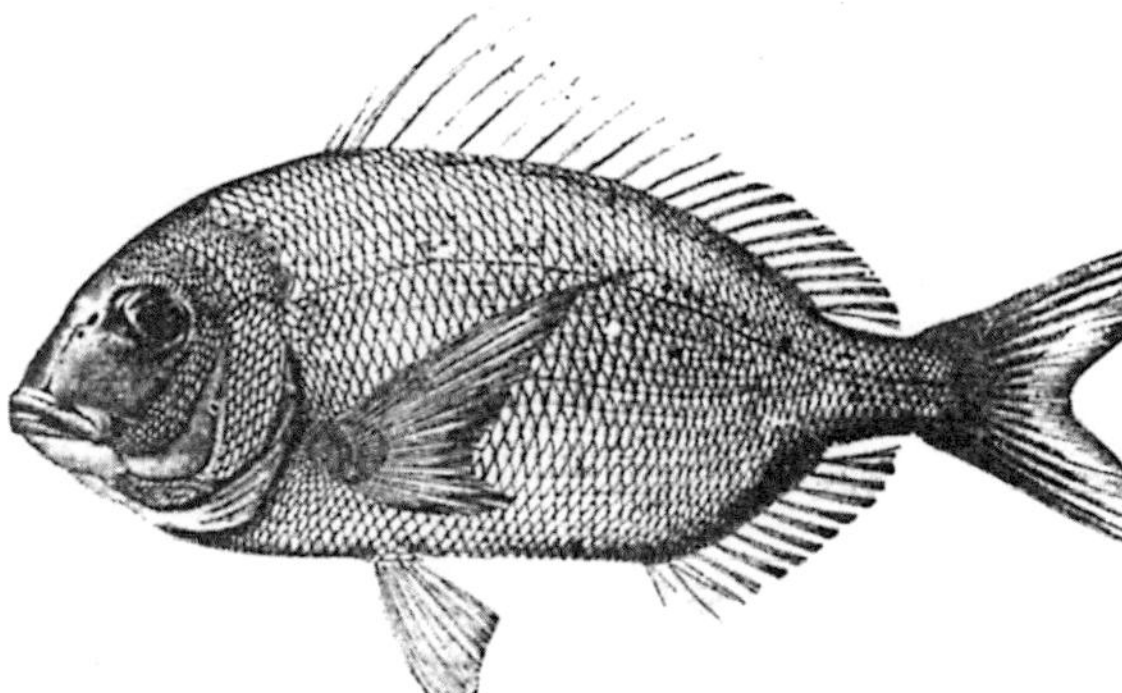

チ　ダ　イ

ヒレコダイ　鰭小鯛　Evynnis cardinalis (*Lacépède*) (**タイ科**)

東京でチコ、大阪、廣島でエビスダイと云ふ。ヒレコダイとは嘗て私の命名したものである。背鰭十二棘十軟條、臀鰭三棘八軟條、一縦列の鱗數六十個である。チダイに似てゐるが、體形が違つてゐるし、殊に體高が稍や高く、背鰭第三棘と第四棘、時には第五棘も頗る延長し、絲狀となつてゐる。體長三百五十ミリメエトル(一尺二寸)に達する。支那東海で操業するトロオル船ではヒレコダイは取れるが、チダイは取れないやうで、ヒレコダイは更に臺灣からタイ方面へも分布してゐるやうである。東京へヒレコダイが澤山に入荷するが、是はチダイと味が違はないのみならず、是よりも甘味に富んでゐると云ふ人もあるのに、形が見慣れない爲に、取引上からは稍や安價であるのは致し方のないことである。從來本種の學名を Evynnis edita (*Tanaka*) として置いたが、此學名は取り止めた方がいゝと思ふ。

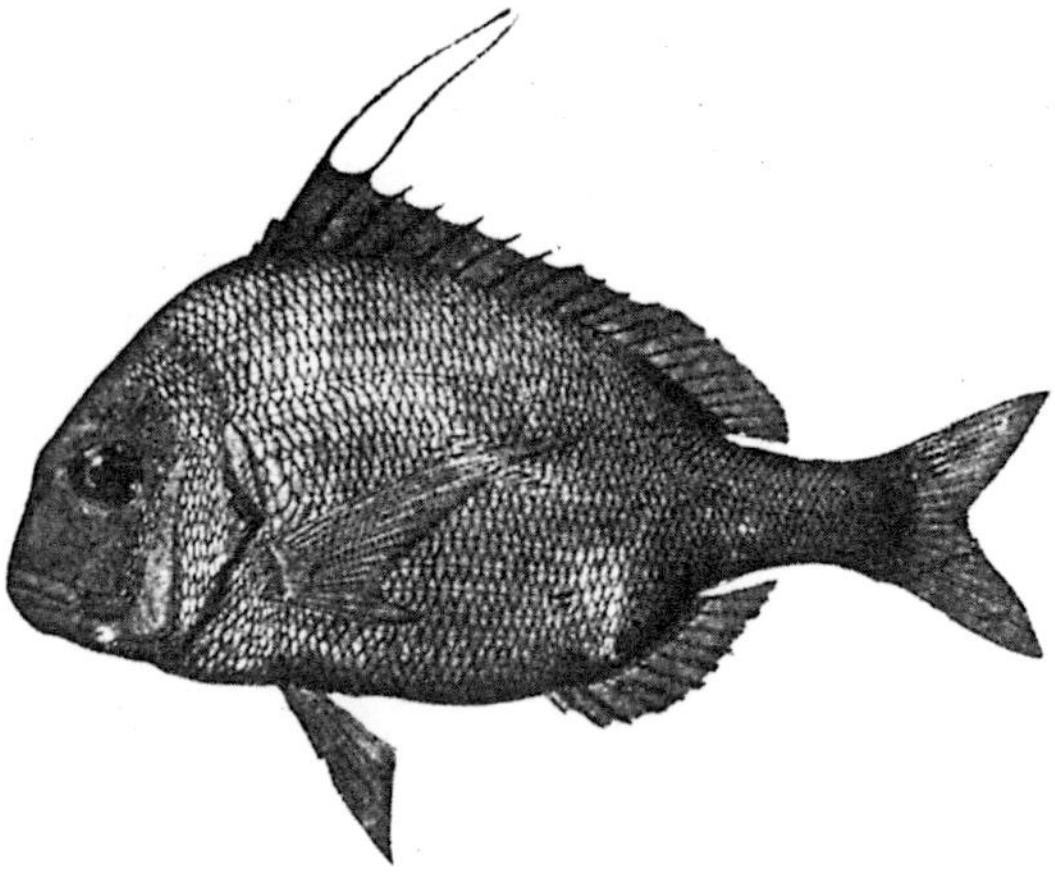

ヒレコダイ

キダイ　黃鯛　Taius tumifrons (*Temminck & Schlegel*) (**タイ科**)

東京でキダイ、關西でレンコ(幼魚をシバレンコ)、山口縣仙崎でバンジロ、同縣小野田町でバジロ又はバジロダイ、高知でコダイ又はマコダイ、宮崎でコダイ(チダイとマダイとは其幼魚でも成魚でも此地方では決してコダイと言はない)、舞鶴でアカメ、新潟でオキノメコダイと云ふ。背鰭十二棘十軟條、臀鰭三棘八軟條、一縱列の鱗數五十個である。マダイ、チダイ、ヒレコダイは著く赤味を帶びてゐるが、キダイは黃味が多い。キダイの名稱は是から出るのである。體長三百五十ミリメエトル(一尺二寸)に達する。熱帶に近い深海に居るもので、我國の太平洋岸では千葉縣以北には無く、日本海沿岸では新潟附近から以北には居ない。また瀬戸内海には殆ど全く居ない。南方は臺灣にも居るが、その以南に居るか不明である。マダイ、チダイ、ヒレコダイよりも不味であるが、往々是等のタイ類の代用物となる。小いものは主に蒲鉾原料となる。

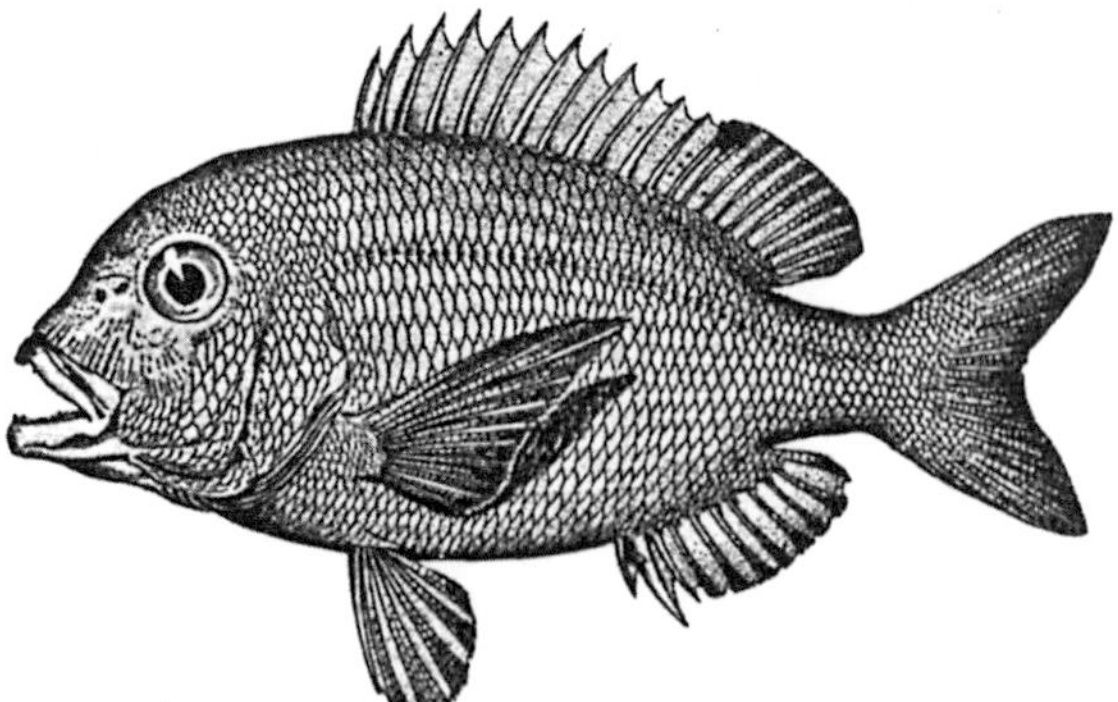

キダイ

メジナ　眼仁奈　Girella punctata *Gray* (**メジナ科**)

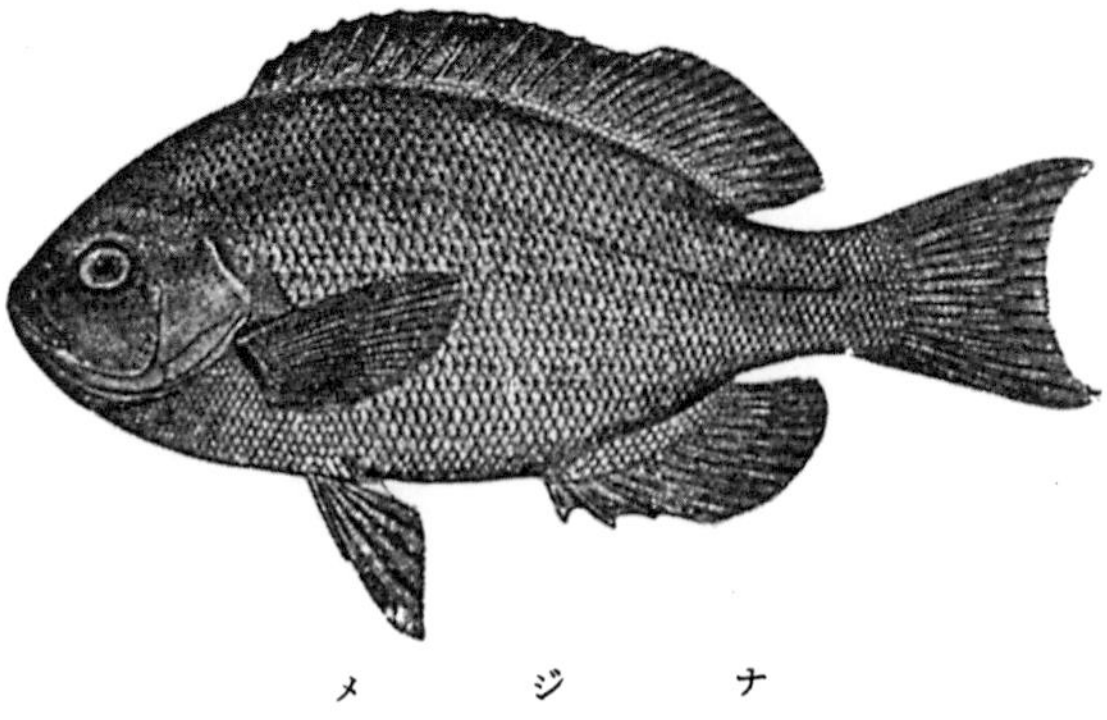

メジナ

東京でメジナ、和歌山、高知でグレ、高知縣柏島でマギリメ（幼時をキツウオと云ふ）、靜岡縣靜浦でクシロ、大阪でブレ、和歌山縣和深でグロエ、和歌山湯淺でボン、長崎、大分でクロウオ又はクロイオ、大分縣佐伯、鹿兒島縣志布志でクロダイ、三重縣でヒシ、舞鶴でツカヤ又はクロヤ、丹後國宮津でツカエと云ふ。和歌山縣田邊では本種の大きいものを特にクロダイと云ふが、普通にはグレと云ふ。背鰭十三棘十五軟條、臀鰭三棘十二軟條、一縱列の鱗數五十五個である。南支那と支那とに產する。體長二百七十ミリメエトル（九寸）に達する。不味の魚である。

オキナメジナ　翁眼仁奈　Girella mezina *Jordan & Starks*（**メジナ科**）

オキナメジナとは曾て私の命名したものである。背鰭十四棘十四軟條、臀鰭三棘十一軟條、一縱列の鱗數五十個である。メジナに近いが、鰓蓋下骨の上にも鱗を密布し、體側に幅の廣い褐色の一橫帶のあるのを特徴とする。メジナよりも南方へ分布してゐる爲め、神奈川縣三崎などには少く、琉球、臺灣、八丈島などには多い。メジナと同長に成長する。食品としての價値はメジナと同樣であらう。

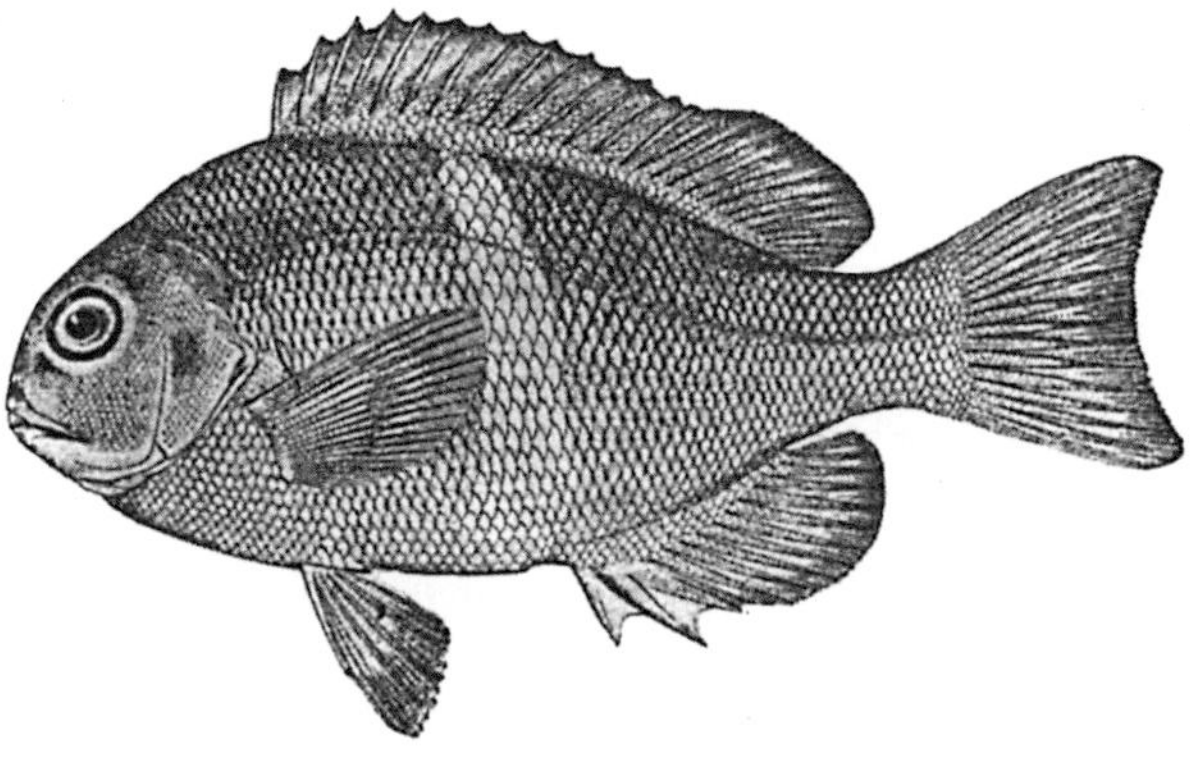

オキナメジナ

イズスミ　伊壽墨　Kyphosus lembus (*Cuvier & Valenciennes*)（**メジナ科**）

和歌山附近、伊豆でイズスミ、和歌山縣太地でイスルミ、同縣新宮でエスズミ、同縣瀨戸でギッチョ、三重縣木の本でワサビ又はワサベ、高知でキツオ、高知縣柏島でタカウオと云ふ。和歌山縣串本、同縣和深で五寸以下の幼魚をキットオと云ふ。背鰭十棘十四軟條、臀鰭三棘十三軟條一縱列の鱗數七十個である。體長二百七十ミリメエトル（九寸）に達する。稍やメジナに近いが、地色が黑つぽくなく、灰色で、多數の黃色縱帶がある。熱帶方面から南日本へ分布してゐる。我國では左程珍重しないが、八丈島では相當美味の魚と考へてゐる。

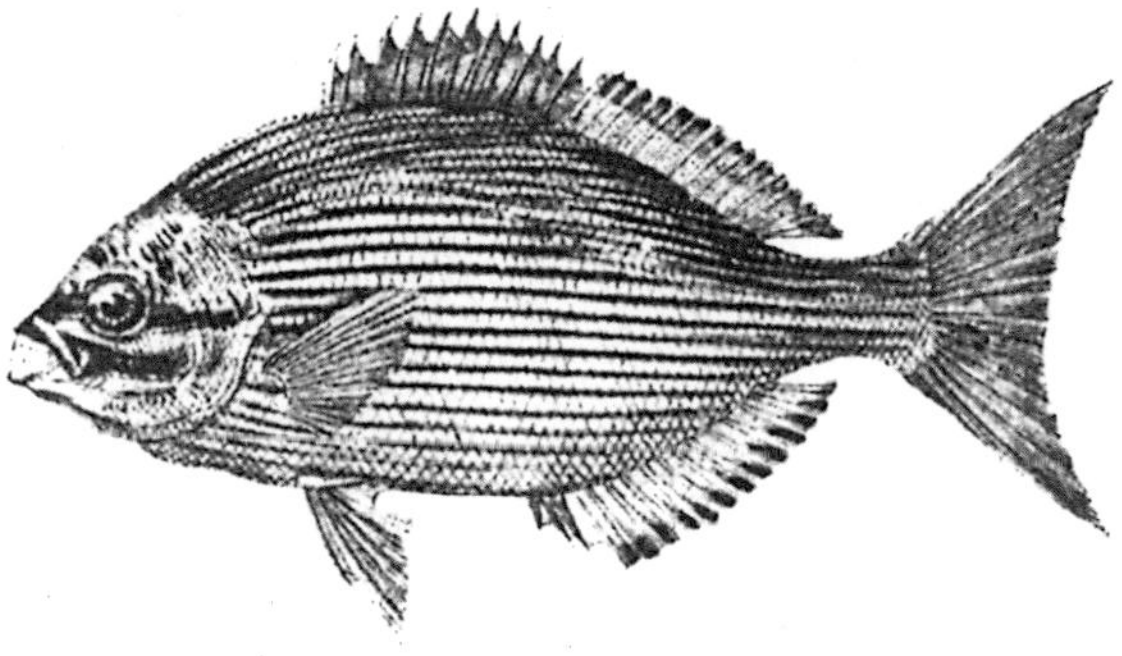

イズスミ

アマギ　阿麻義　Gerreomorpha erythroura (*Bloch*)（**アマギ科**）

高知でアマギ、和歌浦でムギメシウオ、田邊、周參見（以上皆和歌山縣）でタナゴ、太地、田邊（以上皆和歌山縣）、三重縣二木島でマキ、高知縣柏島でネバリ、靜岡縣靜浦でアブラッタイと云ふ。背鰭九棘十軟條、臀鰭三棘八軟條、一縱列の鱗數四十五個である。鱗は剝離し易い。琉球から南日本へ分布してゐる。東京には少いが、和歌

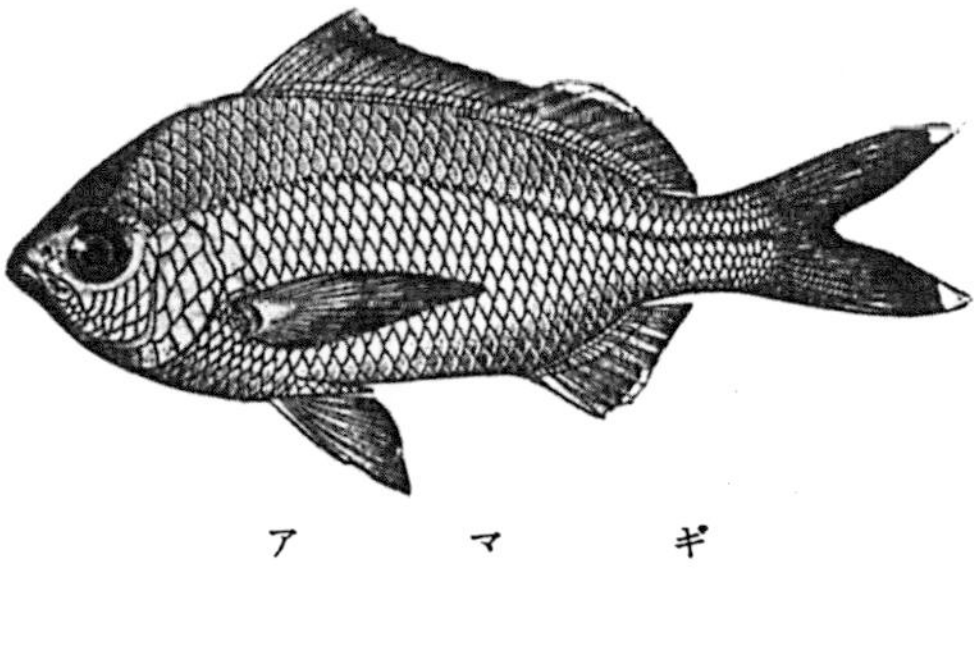

アマギ

山縣や、高知縣には稍や多い。體長二百五十ミリメエトル(八寸)に達する。相當美味であるが、是れの骨が喉へさゝると取れ難いとて恐れる地方がある。南日本のものであるが、東京附近には少く、西部では稍や多いものである。

ニベ　鮸　Sciaena albiflora (*Richardson*)(**ニベ科**)

東京、和歌山縣田邊、三重縣二木島でニベ、和歌山でコイチ、靜岡縣靜浦、高知でグチと云ふ。和歌山縣新宮、三重縣二木島で幼魚をイシモチと云ふ。背鰭十一棘二十七乃至三十一軟條、臀鰭二棘七軟條、一縱列の鱗數六十個である。臀鰭第二棘頗る長く且つ強い。體は銀光れる淡灰色で、數多の淡褐色の斜線を持つてゐる。體長四百十ミリメエトル(一尺四寸)に達する。南日本と支那とのものであるが、東北地方へも分布してゐる。稍や美味で、蒲鉾原料となる。

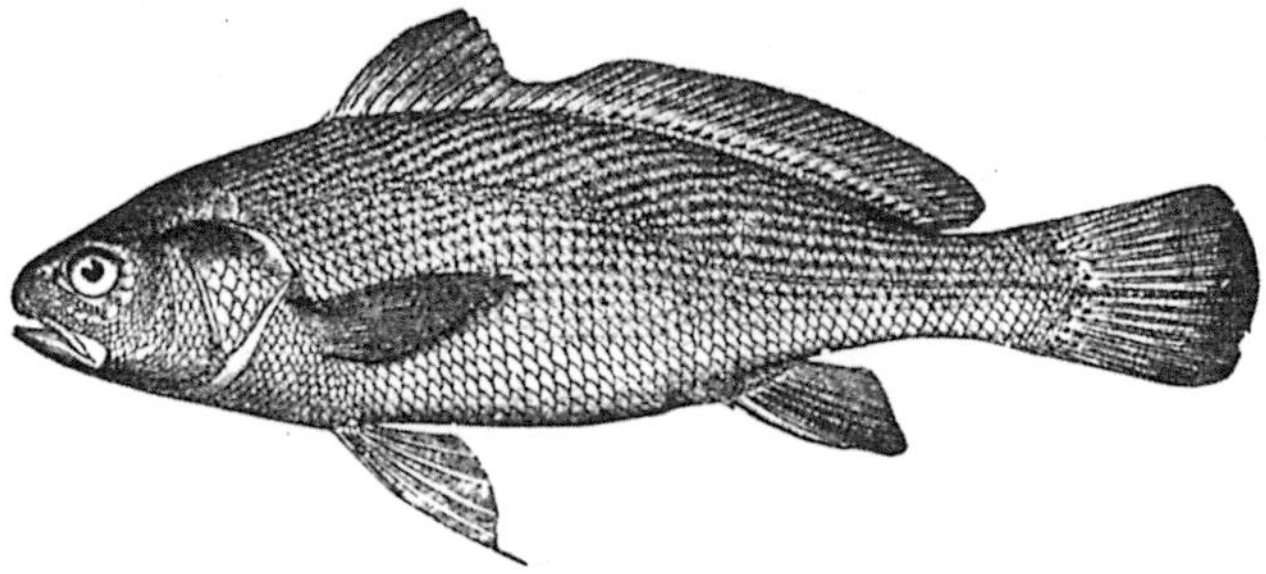

ニ　ベ

イシモチ　石持　Sciaena schlegeli (*Bleeker*)(**ニベ科**)

東京、新潟でイシモチ、大阪附近でクチ又はグチ、和歌山縣鹽屋でシラクチ、高知でシラブと云ふ。背鰭十一棘二十五乃至二十七軟條、臀鰭二棘七又は八軟條、一縱列の鱗數五十個である。ニベに近いものであるが、臀鰭第二棘が是に較べて、著く弱く且つ短い。體色は銀光つた淡灰色で、殆ど斑紋が無い。大體南日本のものであるが、多少東北地方へも擴がつてゐる。體長三百ミリメエトル(一尺)に達する。惣菜ともなるが、また蒲鉾原料ともなる。

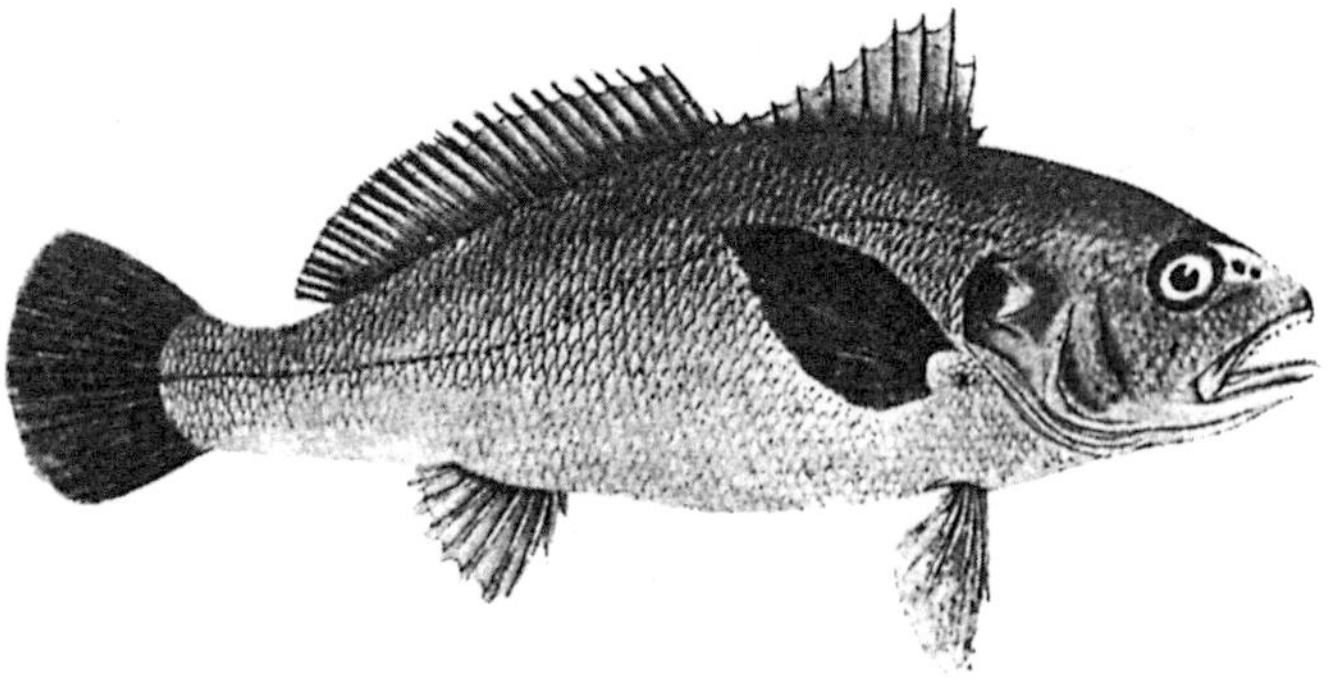

イ　シ　モ　チ

ハチビキ　葉血引　Erythrichthys schlegeli (*Bleeker*)(**ハチビキ科**)

和歌山縣田邊でハチビキ又はニセチビキ、同縣太地でレンヤ、同縣鹽屋でチイキ、靜岡縣靜浦でアカサバ、高知でチィキと云ふ。從來本種をチビキと言つたことがあるが、チビキ又はチイキなどゝ稱する方言はチビキやハチビキを混稱し、和歌山縣田邊では本書で稱するチビキをホンチビキと言ひ、ハチビキをニセチビキと云ふ爲め、チビキの名稱を前種へ轉ずる必要が出來たのである。背鰭十一棘十一軟條、臀鰭三棘十軟條、一縱列の鱗數七十個である。細長い魚で、朱紅色を呈してゐる。體長三百ミリメエトル(一尺)に達する。南日本から布哇へ分布してゐる。煮又は燒いて食するが、チビキよりも不味である。多く取れる處では蒲鉾原料となる。

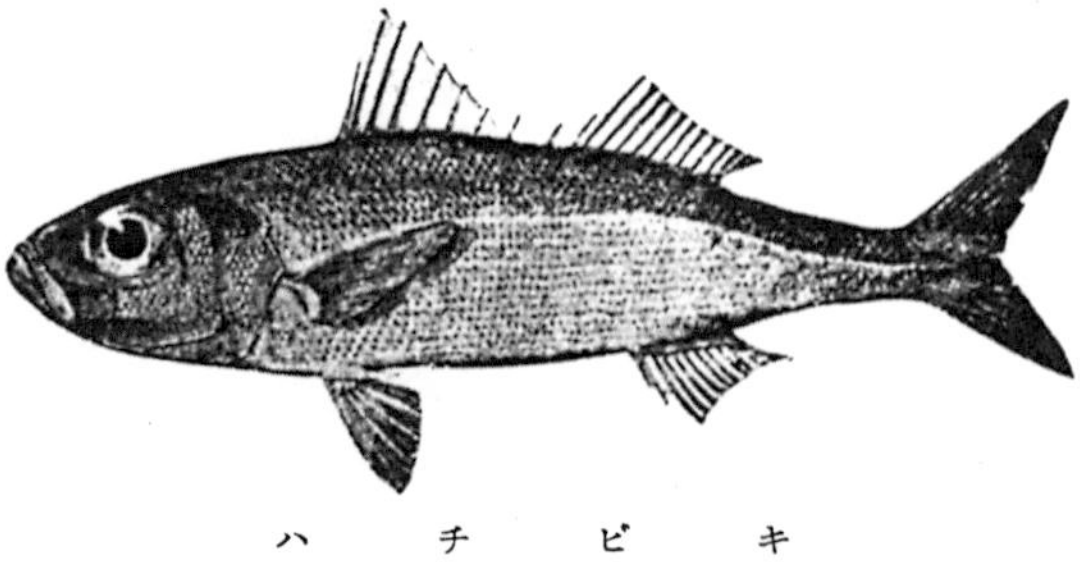

ハ　チ　ビ　キ

イシダイ　石鯛　Hoplognatus fasciatus (*Temminck & Schlegel*)
(イシダイ科)

東京でイシダイ、諸地方でシマダイ、和歌山縣田邊でワサナベ、大阪、和歌山でハス、高知でコオロオ、山口縣室積でアラコオ、同縣小野田町でクログチと云ふ。靜岡縣靜浦で幼魚の時をシチノジと云ふ。幼魚の時は體側の斑紋頗る明瞭で、七條の黑褐色の横帶がある。シチノジの方言は是れから出るであらう。成長したものでは體側の横帶は不明瞭となり、口邊が頗る黑くなる。クログチの名稱は是から出るのであらう。背鰭十一又は十二棘十七又は十八軟條、臀鰭三棘十二又は十三軟條、一縱列の鱗數九十五個である。イシダイ類は顎の骨は是にある齒と癒合し、嘴狀をなしてゐる。此點に於てアオブダイ類の齒に頗るよく似てゐる。體長三百ミリメエトル(一尺)を超える。我國には相當多いが、南支那にも居る。美味の魚である。

イ　シ　ダ　イ

イシガキダイ　石垣鯛　Hoplognathus punctatus (*Temminck & Schlegel*) **(イシダイ科)**

イシガキダイとは何地の稱呼か不明である。神奈川縣三崎でサ、ラダイ、靜岡縣靜浦でナベワリ、和歌山縣田邊でモンワサナベ、和歌山縣白崎でモンバス、和歌山縣白崎でコモンバス、同縣太地、三重縣二木島でコメカミ、高知でモンコオロオ、高知縣柏島でエノミゴオロオと云ふ。背鰭十二棘十五軟條、臀鰭三棘十三軟條、一縱列の鱗數百十個である。體に稍や大きい褐色斑點を密布してゐる。體長は三百ミリメエトル(一尺)に達する。我國に普通で、支那へも分布してゐる。イシダイと同樣に美味である。

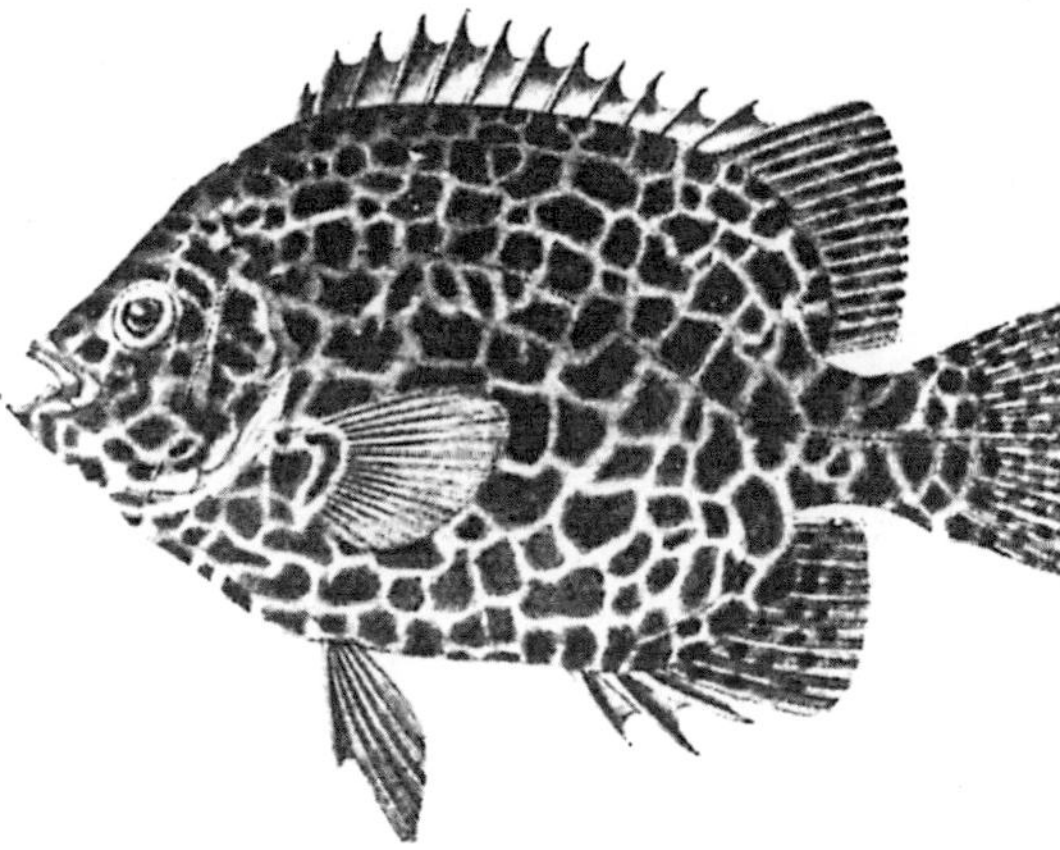

イ　シ　ガ　キ　ダ　イ

テングダイ　天狗鯛　Evistias acutirostris (*Temminck & Schlegel*) **(テングダイ科)**

神奈川縣三崎でテングダイ、和歌山縣田邊でアブラウオ、ヨコジマ又はシモワ

テ　ン　グ　ダ　イ

サナベと云ふ。背鰭四棘二十九軟條、臀鰭三棘十三軟條、一縱列の鱗數六十二個である。體高高く、灰色の地色へ黒褐色の六個の横帶がある。體長六百ミリメエトル（二尺）を超える。南日本に產する。相當美味の食品である。

カワビシャ　河比車　Histiopterus typus *Temminck & Schlegel*（**テングダイ科**）

カワビシャとは何地の稱呼か不明である。背鰭四棘二十八軟條、臀鰭三棘十軟條、一縱列の鱗數六十個である。體高高く、吻は突出してゐる。體色は暗灰色で、凡そ四個の青白い横帶がある。南日本に產する。體長は三百ミリメエトル（一尺）である。稍や稀なもので、食用としての價値は充分にわからない。

カワビシャ

ツボダイ　壺鯛　Quinquarius japonicus（*Döderlein*）（**テングダイ科**）

ツボダイとは何地の稱呼か不明である。背鰭十一棘十四軟條、臀鰭五棘九軟條、一縱列の鱗數五十個である。體長三百ミリメエトル（一尺）に達する。南日本のものである。稀に取られる爲に食用としての價値はわからない。

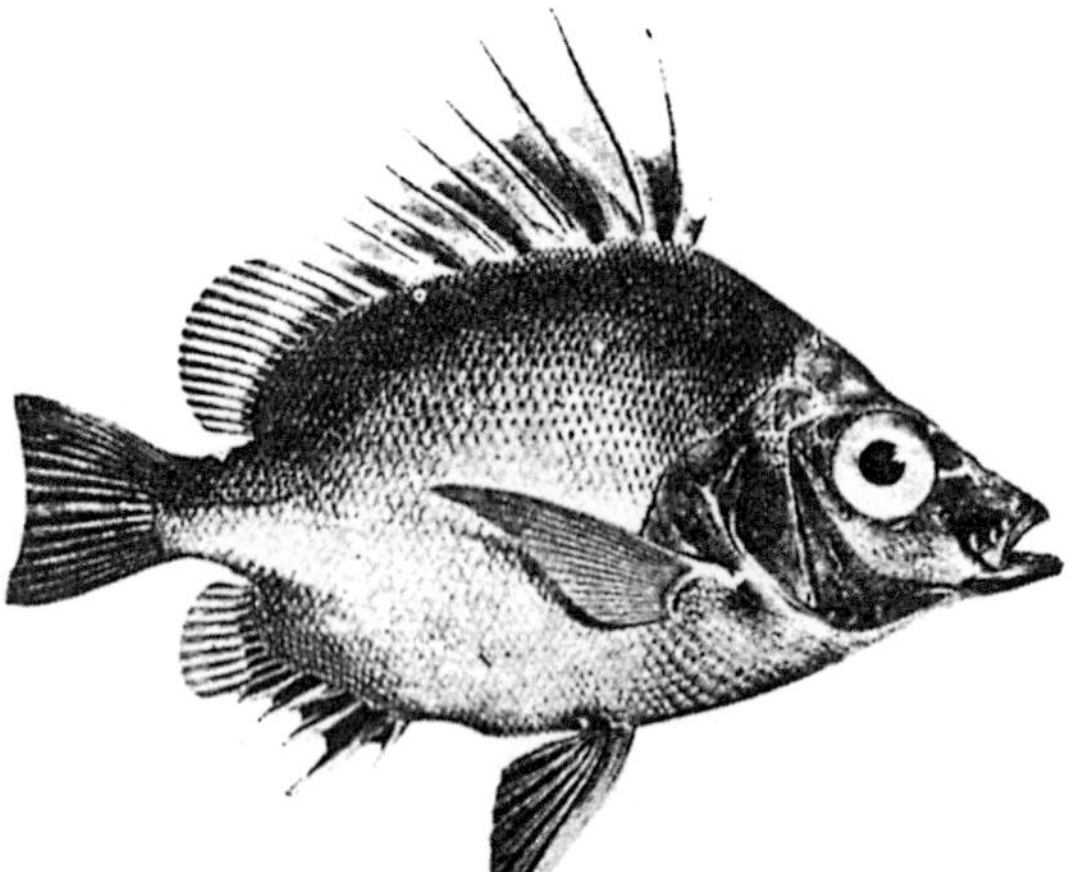
ツボダイ

ヒメジ　比賣知　Upeneoides bensasi（*Temminck & Schlegel*）（**ヒメジ科**）

東京でヒメ（ヒメと一所に斯樣に言ふ）、神奈川縣藤澤でヒメジ、同縣三崎でヒメギス、靜岡縣靜浦、關西、四國などで一般にヒメイチ、和歌山縣で一般にヒメチ又はヒメジャコ、同縣太地、宮崎縣でメンドリ、山口縣三田尻、同縣大海でキンタロオ、京都府丹後國宮津でイトクリ、舞鶴でヒトモシ、新潟縣能生でトチウオと云ふ。口邊の黄色の長い一對の鬚を殆ど直線的に前方へ突き出し、是を前後に自在に振り動かす處を見ると、眞に絲繰りの名に背かない。第一背鰭七棘、第二背鰭九軟條、臀鰭七軟條、一縱列の鱗數三十個である。體は褐色を帶びた赤色で、尾鰭上葉に數個の褐色斜走帶がある。體長は百五十ミリメエトル（五寸）に達する。南日本の

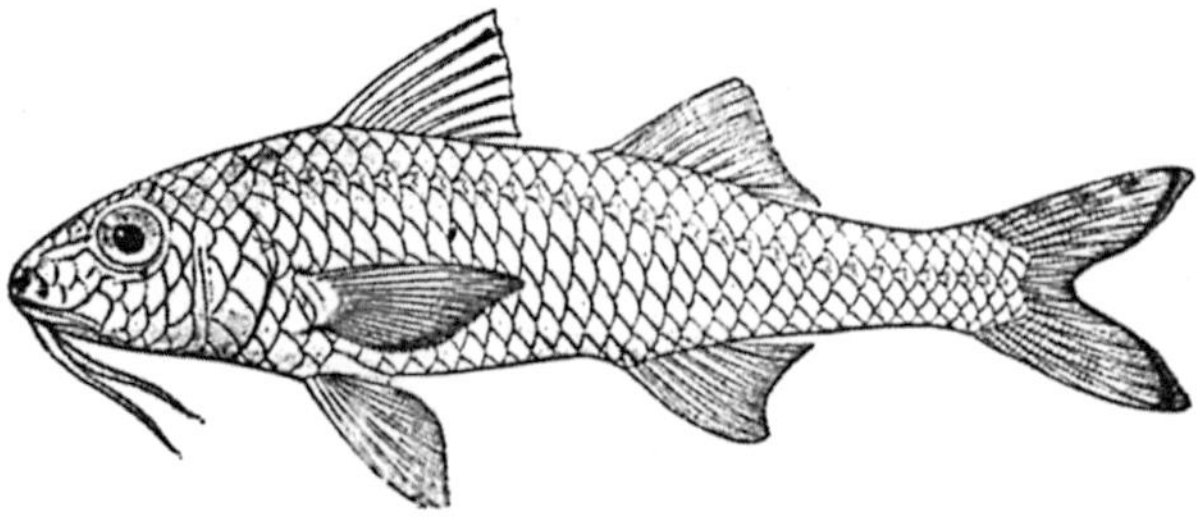
ヒメジ

ものであるが、新潟でも取られる。近頃新潟縣の寺泊に近い彌彦山の下にある角田村で澤山に取れ初めた爲め、此土地の人はヤヒコヤマと言つてゐる。惣菜用又は蒲鉾原料となるが、新鮮なものは美味である爲め、海岸地方では多少珍重する處もある。ローマ帝國の時代には貴族が是に近い種類の生きたのを皿の上へ載せ、又は生かしながら燒くと、其紅色の程度が頗る鮮麗なので、是を喜び、一尾實に數千圓を投じて買ひ求めたものである。今日では斯樣なことは無いが、それでも英國などではタイを嫌ふに拘らずヒメジに近い種類のものを大に賞味する。

ウミヒゴイ　海緋鯉　Upeneus chrysopleuron *Temminck & Schlegel*（**ヒメジ科**）

東京でウミヒゴイ又はウミゴイ、和歌山縣田邊でウミヒゴイ、和歌山縣各地でメンドリ、宮崎でセメンドリ又はメンドリ、高知縣沖の島でヒゲイチと云ふ。第一背鰭八棘、第二背鰭九軟條、臀鰭七軟條、一縱列の鱗數二十八個である。色合は稍や黃味を帶びた赤色で殆ど斑紋は無い。體長三百ミリメエトル（一尺）を超える。南日本のもので、美味の魚である。

オキナヒメジ　翁比賣知　Upeneus spilurus *Bleeker*（**ヒメジ科**）

オキナヒメジとは曾て私の命名したものである。何れの地方でもウミヒゴイと同樣に取扱はれてゐる。

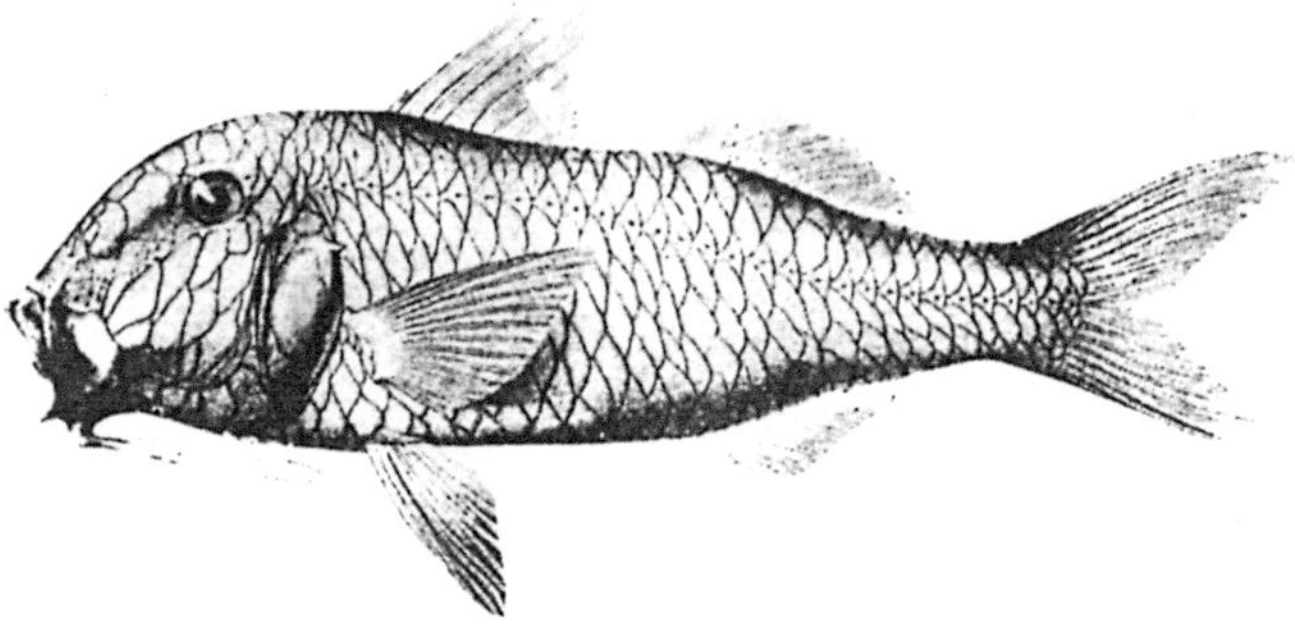

ウ　ミ　ヒ　ゴ　イ

從つて是と同樣に美味である。第一背鰭八棘、第二背鰭九軟條、臀鰭一棘七軟條、一縱列の鱗數二十九個である。色合は紅色で、幅の廣い淡褐色の縱帶二個ある。また體の上部だけに稍や不明瞭な幅の廣い淡褐色の横帶四個あるが、最後のものは頗る濃く、左右のものが合して鞍狀斑紋を形成してゐる。ウミヒゴイと同樣にヒメジよりも遙に大きく成長する。南日本に產する。

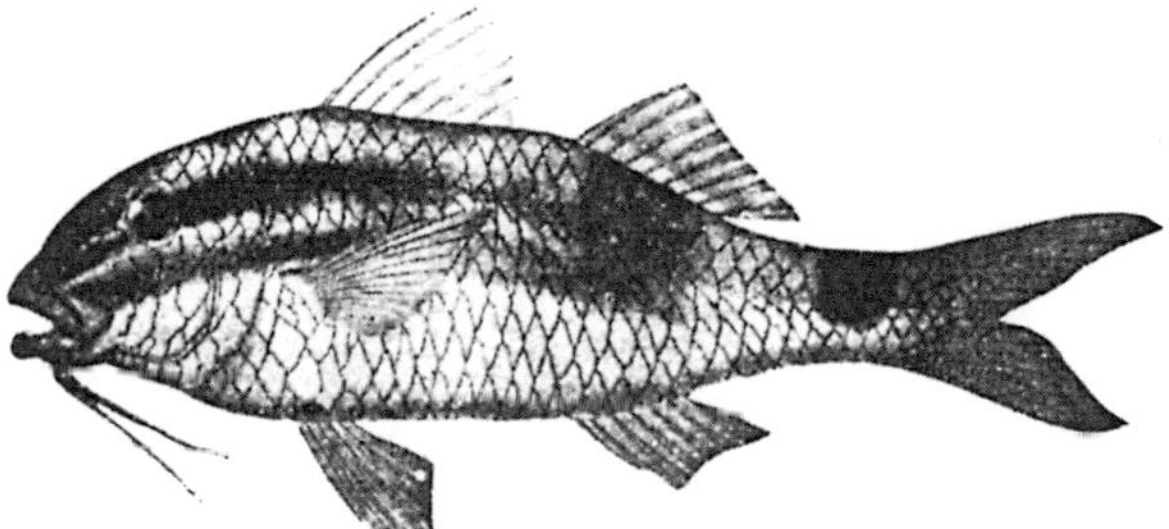

オ　キ　ナ　ヒ　メ　ジ

オジイサン　老翁　Upeneus multifasciatus (*Quoy & Gaimard*)（**ヒメジ科**）

小笠原島でオジイサンと云ふ。第一背鰭八棘、第二背鰭九軟條、臀鰭七軟條、一縱列の鱗數二十九個である。體の上部に幅の廣い然も短い褐色帶四個あるが、其濃淡が個體によつて相違する爲め、從來同一種のものを數種に分つた時代があつた。其色帶の內第三横帶は第二背鰭の下半に擴がつてゐる。其外、眼を通過してゐる短い褐色帶一個ある。熱

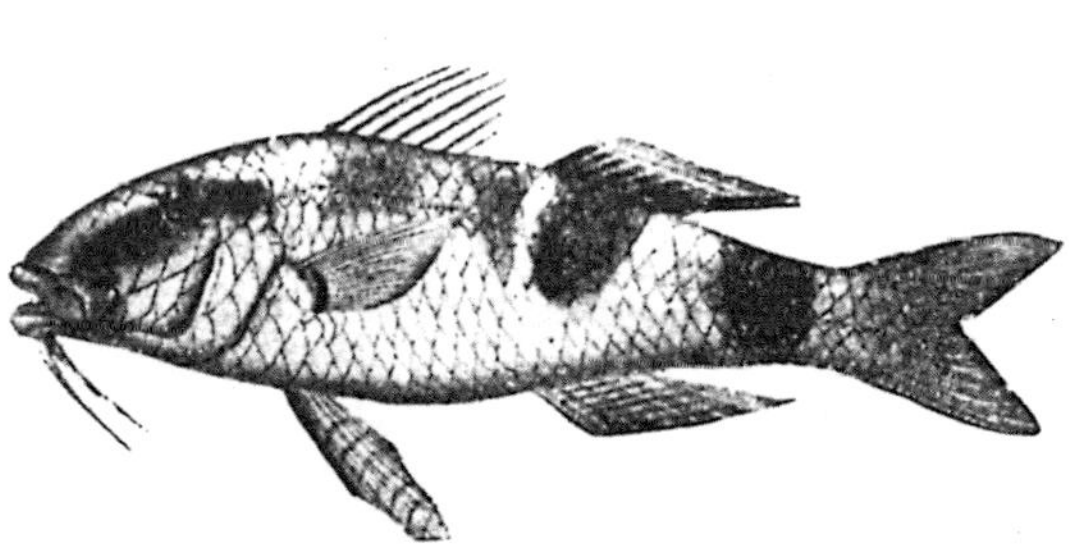

オ　ジ　イ　サ　ン

帶方面から南日本の南部へ分布してゐる爲め、東京では殆ど見られないが、美味の魚であらう。體長はウミヒゴイと同様である。

トラヒメジ　虎比賣知　Upeneus tragula *Richardson*（**ヒメジ科**）

和歌山縣田邊でメンヒメチ、高知縣柏島でオカヒメイチと云ふ。トラヒメジとは曾て私の命名したものである。第一背鰭八棘、第二背鰭九軟條、一縦列の鱗數三十個である。體側の側線附近を一個の褐色縦帶が通つてゐる。其他に體に褐色の小圓點を散在し、多くの鰭にも特有の斑紋を持つてゐる。是が爲めヒメジ類に通有の赤色の地色は少く、寧ろ灰色がゝつてゐるが、斑紋が多い爲め美く見える。ヒメジよりは大きく成長する。東印度諸島から南日本に分布してゐる。東京附近には少い爲め、食料としての價値はないが、多少美味であらうと想像せられる。

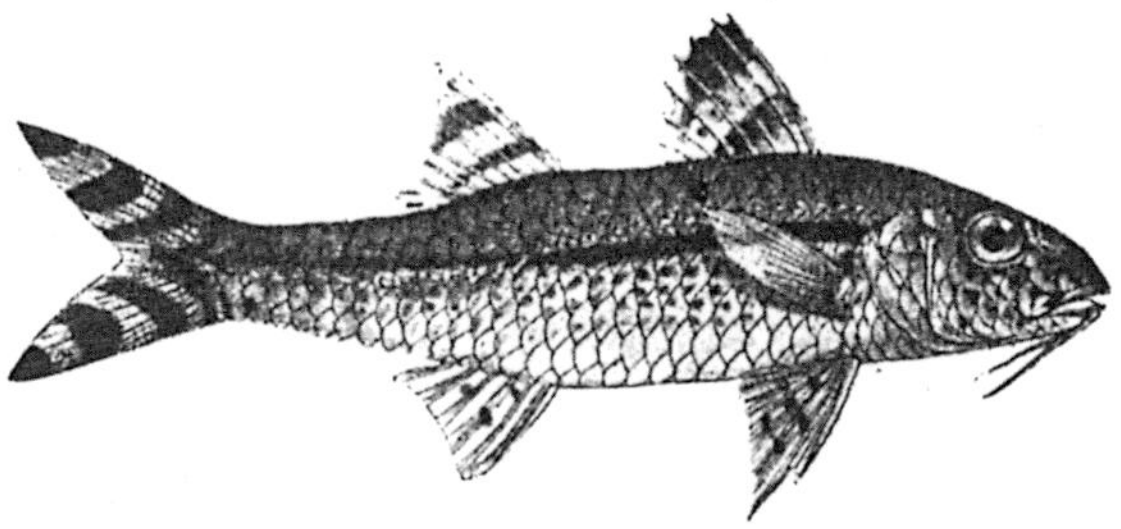

トラヒメジ

ライギョ（カムルチー）　**Canna argus** *Cantor*（**ライギョ科**）

一般にタイワンドジョオと混稱してライギョ（雷魚）と云ふ。朝鮮で黑魚（カムルチー）と云ひ、臺灣の鱧魚（ライヒイと讀む）とは別種であるが、我國には此二種類とも移入されて繁殖してゐる。ライヒイは北方系のもので、シベリア・滿洲・朝鮮から揚子江迄分布し、我國では關東地方・滋賀縣・石川縣等に繁殖してゐる。タイワンドジョオの方は南方系で臺灣や華南に分布し、我國に移入されたものは奈良縣と兵庫縣に繁殖してゐる。背鰭四十五―五十三條、臀鰭三十一―三十五條、一縦列の鱗數五十九―六十九個である。タイワンドジョウ **Channa maculata** (*Lacépède*) では、背鰭四十―四十四條、臀鰭二十六―二十八條、一縦列の鱗數五十六―五十七個である。共に繁殖力強く強健であり、暴食で魚や蛙等を食べる。一度繁殖すると、容易に驅除出來ない。フナ等は相當の害を受ける。夏產卵し、水草を集めて巣を作り、浮游性卵を產む。鰓腔に迷器と稱する特殊の附屬呼吸器官を持ち、空氣呼吸もする。全長三百五十ミリメエトルを超える。肉量も多く、味もよいので近頃では市場にも普通に見られる。肉は靑みがゝつた白色である。朝鮮では相當高價なものである。タイワンドジョオも臺灣では重要食用魚の一つである。昭和五年の臺灣の統計では、其漁獲高は一萬六千餘斤であつた。上記兩種とも蛙の小形のもの等を餌として、絶えず竿を動かして生きてゐる蛙の如くに見せかけて釣る。

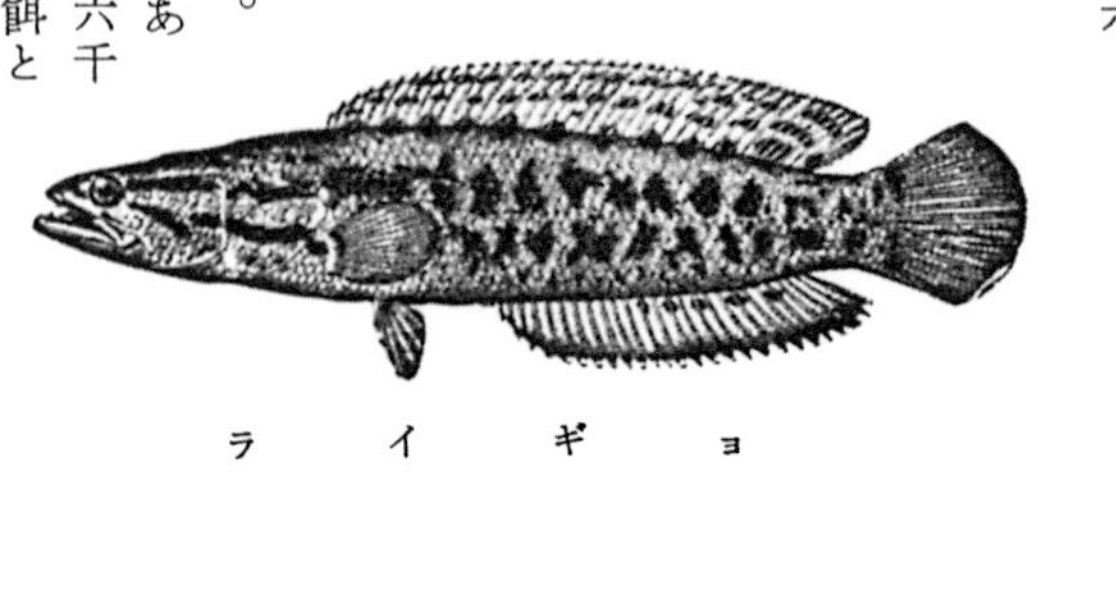

ライギョ

トオユウ　唐魚　Macropus opercularis (*Linné*)（**トオユウ科**）

琉球でトオユウ、我國で臺灣金魚又は朝鮮金魚、神奈川縣の川崎市に近い日吉村でジシンブナと云ふ。大正十二年の震災後、其土地の川へ激增した爲に付けられた名稱である。背鰭十三乃至十七棘六乃至八軟條、臀鰭十七乃至二十棘十一乃至十五軟條、一縦列の鱗數二十八乃至三十個である。體長八十ミリメエトル（二寸七分）に達する。支那、交趾支那、臺灣、琉球に產するが、近年は我國でも繁殖し、東京附近の溝にも居る。琉球に多いのは人爲的に他から移入したものであらう。雄は其口中から分泌した液と空氣泡とで巣を作り、是れで卵を育てる。此魚は種々に變化せしめ、殊に鰭を長くし、且つ體色を鮮麗にせしめることが出來る。是によつて恰も金魚を愛翫するやうに廣東方面では飼養する。雄は多少爭鬪性を持つてゐるので、我國では鬪魚（トオギョと訓む）

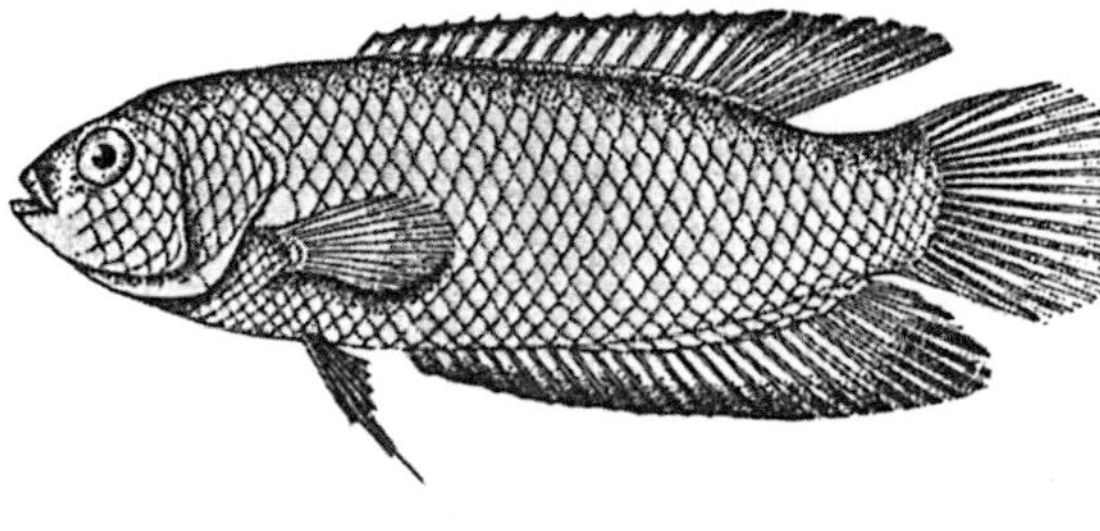

トオユウ

と云ふ。然しタイで争闘に用ふる喧嘩魚は本種に近いが別種で、是れは Betta pugnax (*Cantor*) である。琉球でトォユウと云ふのは闘魚の意味でなく、支那から輸入した意味ではないかとも考へられてゐる。然し琉球では如何なる漢字に當てはめてゐるかわからないが、爰には唐魚の字を當てはめて置いた次第である。或人の談では支那ではトォユウの雄を争闘せしめるが、それには訓練を要すること恰も闘犬のやうであるとのことである。形が小いのと肉量の少い爲に食用とはならないこと、思はれる。金魚と一所に入れて置くと是を斃すのを見ると、野生のものは鮒に害を與へてゐると思はれるが、是等兩者は稍や住所が相違してゐるから、左程フナに害を與へないであらう。然し決してフナに無害又は有益のものとは思はれない。

タカノハ　鷹之羽　Goniistius zonatus (*Cuvier* & *Valenciennes*)
（タカノハ科）

東京でタカノハ、タカノハダイ又はタカッパ、静岡縣靜浦でキサンショ、タカッパ又はフトンジマ、高知でヒダリマキ、高知縣柏島でオカシカウォ、和歌山縣太地でショガミと云ふ。背鰭十七棘三十二軟條、臀鰭三棘八軟條、一縱列の鱗數六十個である。項部著く高いこと、胸鰭軟條中、下半のものは肉質に肥大し、分枝しないこと、是等の肥大軟條中、上部のものは他の軟條よりも長いこと等はタカノハ類通有の特徴であるが、斑紋は特有で、是によつて容易に本種であると云ふことがわかる。體長は三百九十ミリメエトル（一尺三寸）に達する。臺灣から南日本へ分布してゐるもので、タカノハ類中、最も普通のものである。是れの幼魚は海岸の岩礁間に群游してゐる。左程美味ではない。東京市場では古來、是をシマダイと云ふことがあるが、多くの地方でシマダイと稱するものは本種でなく、イシダイのことである。

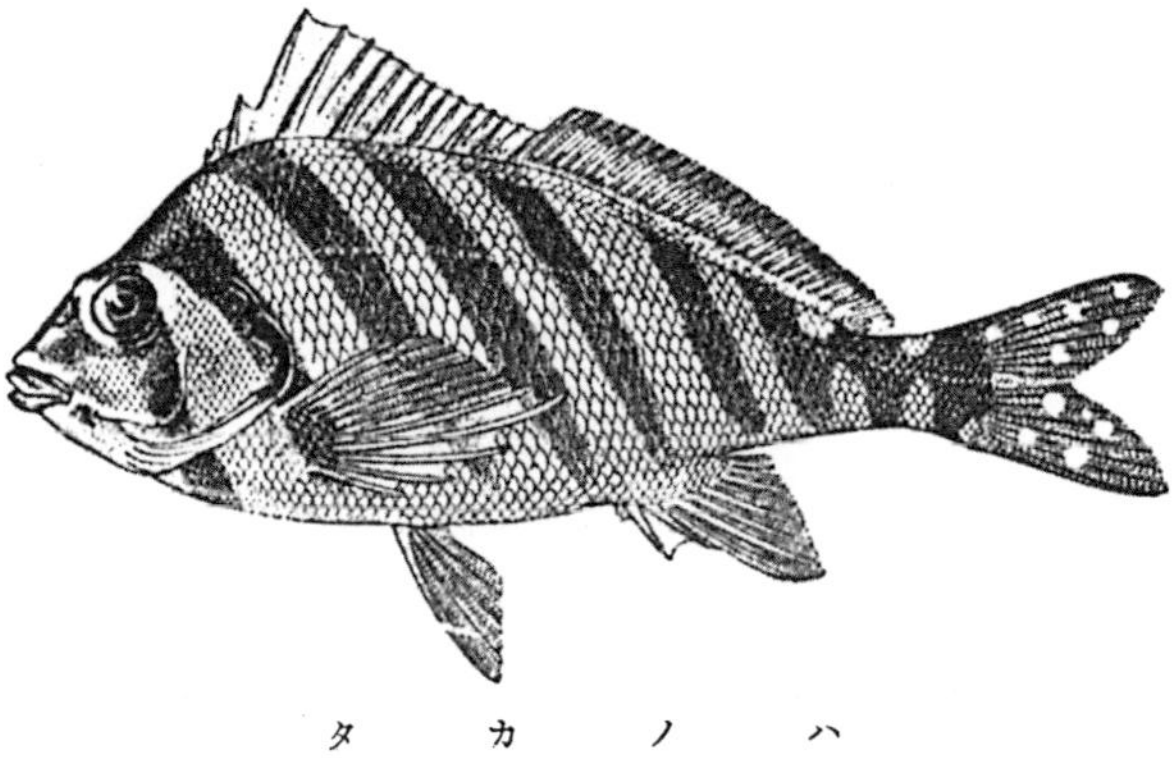

タカノハ

ミギマキ　右巻　Goniistius zebra (*Döderlein*)（**タカノハ科**）

高知でミギマキ、和歌山縣各地でタカノハ、同縣田邊でミコチヨ、同縣白崎でシロタカノハ、同縣周參見でシオブロ又はオケイサンと云ふ。昔おけいと云ふ女があつて、此魚の色彩の鮮明なやうに常に濃艶な裝をして居た爲め、オケイサンの名稱が出たのである。背鰭十七棘三十三軟條、

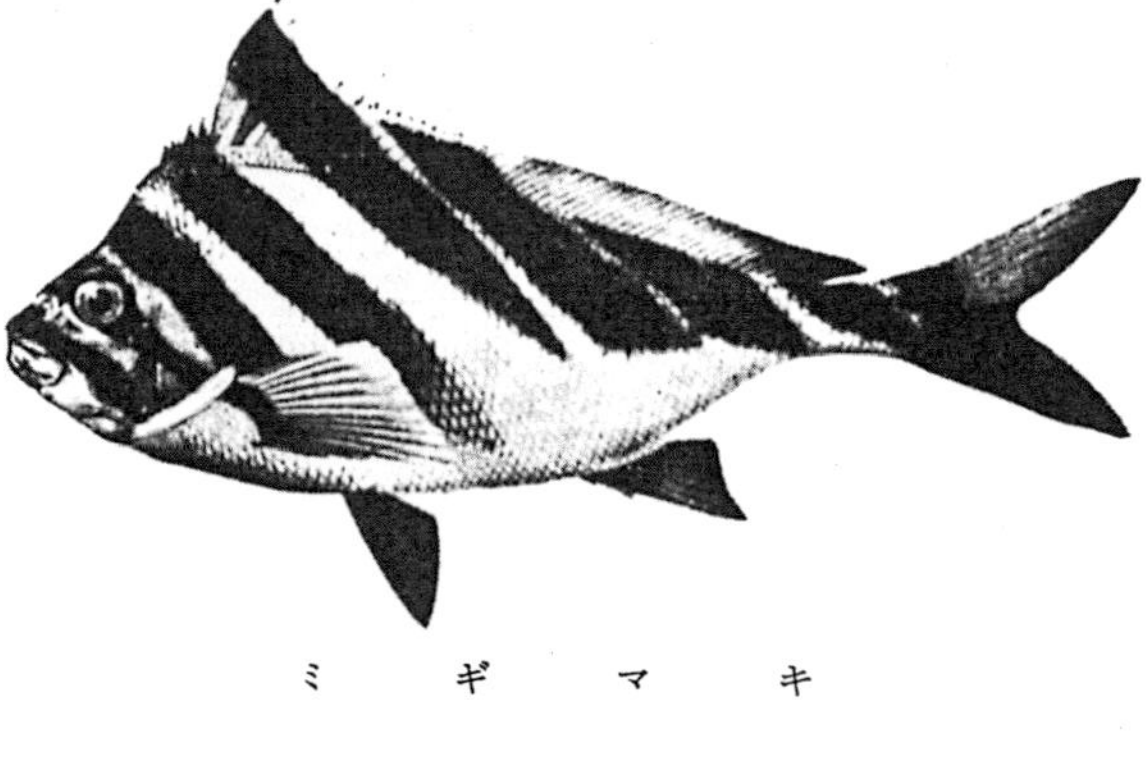

ミギマキ

臀鰭三棘八軟條、一縱列の鱗數六十五個である。地色は白つぽく、口唇が赤い。體長三百四十五ミリメエトル（一尺一寸五分）に達する。南日本のものであるが、沖合の深海に産する爲め、左程多くは取れない。食用としての價はわからない。

ユウダチタカノハ　夕立鷹之羽　Goniistius quadricornis (*Günther*)（タカノハ科）

ユウダチタカノハとは私の嘗て命名したものである。和歌山ではタカノハと區別しないでタカノハと云ひ、高知でもタカノハと同様にヒダリマキと云ふ。背鰭十七棘二十八軟條、臀鰭三棘九軟條、一縱列の鱗數五十九個である。體色と斑紋とは類種のタカノハ、ミギマキと違つてゐる。尤も多少ミギマキに近いが、よく見ると容易に識別することが出來る。體長はタカノハと同様である。此魚と同様に海岸のものであらうが、是に較べて著く少い。それでも和歌山や高知では相當に多く見ることが出來る。分布に就いてはまだ詳細にわからない。食用としての價値もわからない。

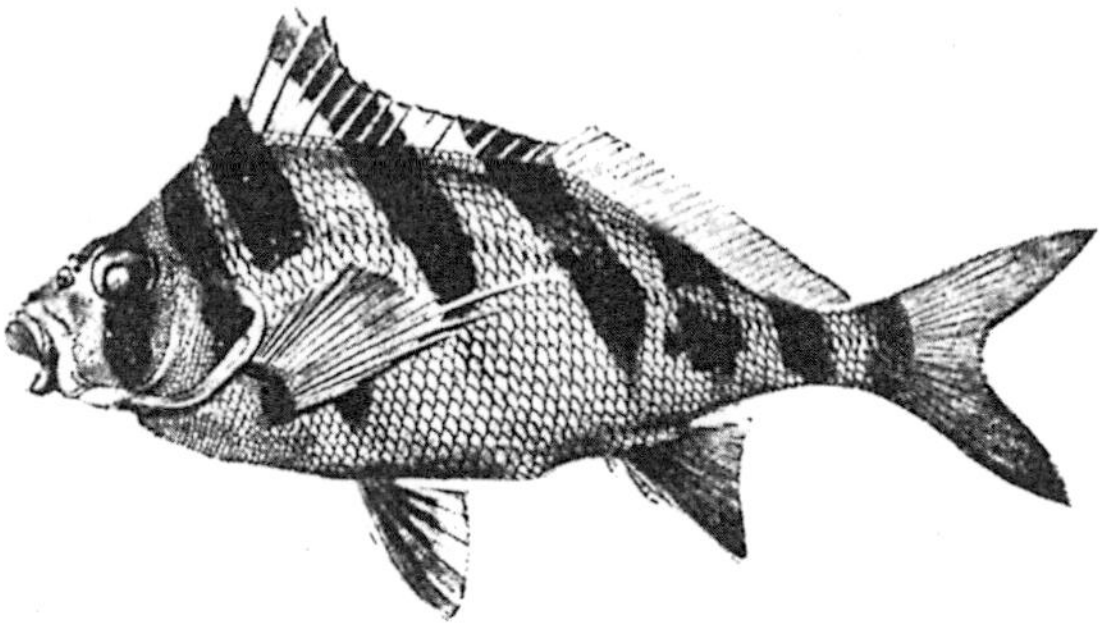

ユウダチタカノハ

ツバメコノシロ　燕鰶　Polynemus plebeius (*Broussonet*)

神奈川縣三崎でアゴナシ又はツバメコノシロ、高知ではアギナシ又はアゴナシと云ふ。アゴナシと云ふ名稱の示す魚は同一地方でも數種に跨ることがあるし、地方によつては本種とは別種のこともある。第一背鰭八棘、第二背鰭一棘十三軟條、臀鰭三棘十二軟條、一縱列の鱗數六十八個である。胸鰭の軟條中、最下の五個は離れ離れの長い絲狀附屬物となつてゐる。南日本から臺灣へ分布してゐるものである。體長二百四十ミリメエトル（八寸）に達する。稀なもので、食品としての價値はわからない。

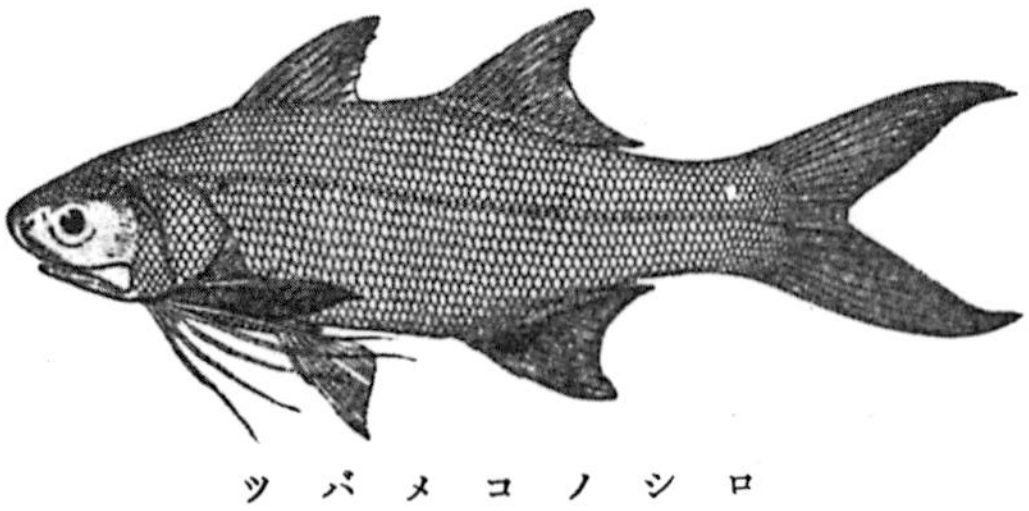

ツバメコノシロ

キス　鱚　Sillago sihama (*Forskål*)（キス科）

東京でキス、關西、四國、九州でキスゴと云ふ。東京では類種と區別する爲に往々シラギス又はマギスと云ふことがある。第一背鰭十一棘、第二背鰭一棘二十軟條、臀鰭二棘二十三軟條、一縱列の鱗數七十個である。體長二百五十ミリメエトル（八寸）に達する。東京灣にも多い。紅海、印度から南日本へ分布し、上等食品である。

アオギス　青鱚　Sillago parvisquamis *Gill*（キス科）

東京で普通大のものをアオギス、小いのをヤギスと云ふ。第一背鰭十二棘、第二背鰭一棘二十二軟條、臀鰭二棘二十三軟條、一縱列の鱗數八十二個である。名稱の示す通り、キスよりも青味を帶びてゐる。東京灣で名物のキスの脚立《きゃたつ》釣《つり》はキスでなく、アオギスを狙ふのである。それはキスよりも敏捷である爲め、船釣りでは側

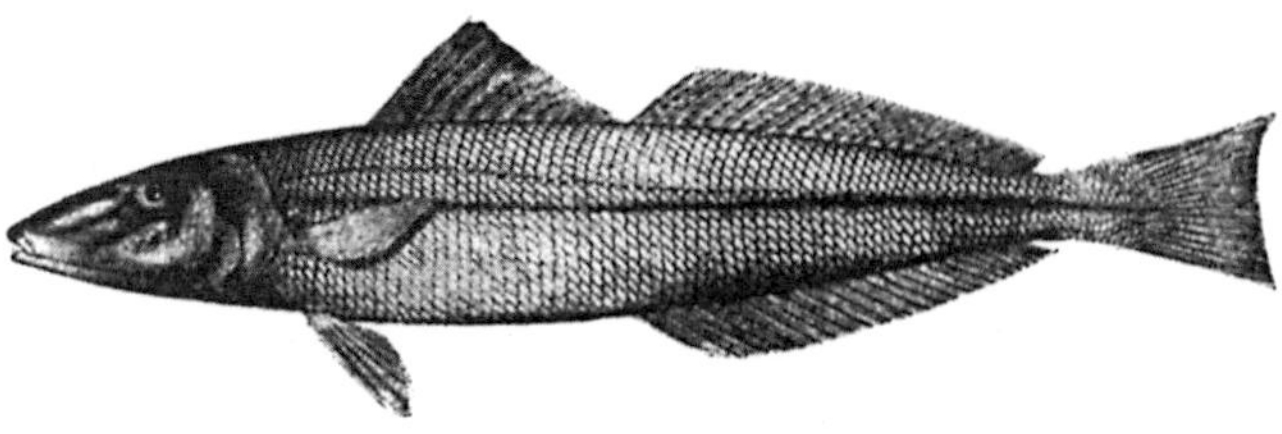

キス

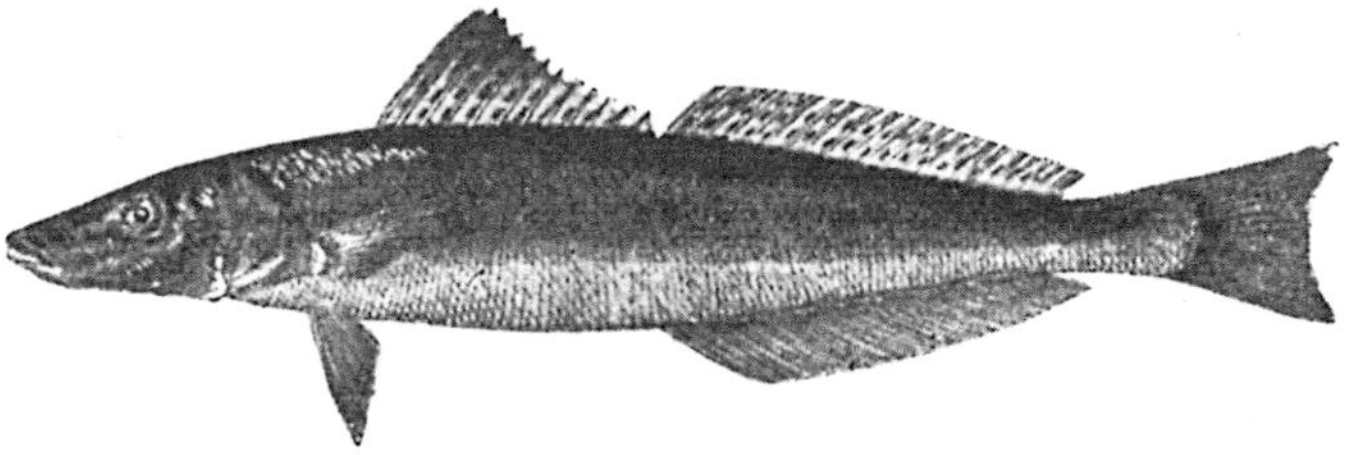

アオギス

へ寄つて來ない爲で、干潮の際淺い處へ脚立（關西のクラカケのことである）を立て、その上へたゞ一人乘つかゝつて釣るのである。東京での遊漁ではキスよりもアオギスの方が面白いのである。遊漁者仲間では此魚の年齡に應じて二年ヒネ、四年ヒネ、五年ヒネ、六年ヒネ（又はボラギス）と云ふ。體長は四百八十ミリメエトル（一尺六寸）に達する。キスよりも稍や臭氣があつて、上等の食品としては使はない。本種は東京灣特產と云ふことになつてゐるが、地方にも必ず居ることであらう。たゞ釣り方が困難である爲に容易に地方では取れないのである。それでも時々所々からアオギスの取れたと云ふ報告を耳にする。

アマダイ　甘鯛　Branchiostegus japonicus (*Houttuyn*)（**アマダイ科**）

東京其他一般にアマダイと云ふ。京都、舞鶴でグジ、大阪でクズナ、宮崎でコズナと云ふ。背鰭二十一軟條、臀鰭十四軟條、一縱列の鱗數七十個である。本種はアカ、シラカワ、キアマ（以上東京の稱呼）の三型に區別せられ、是を高知ではそれ〴〵アマダイ、シラ、キアマと云ふ。アカは地色赤味が強く、眼の

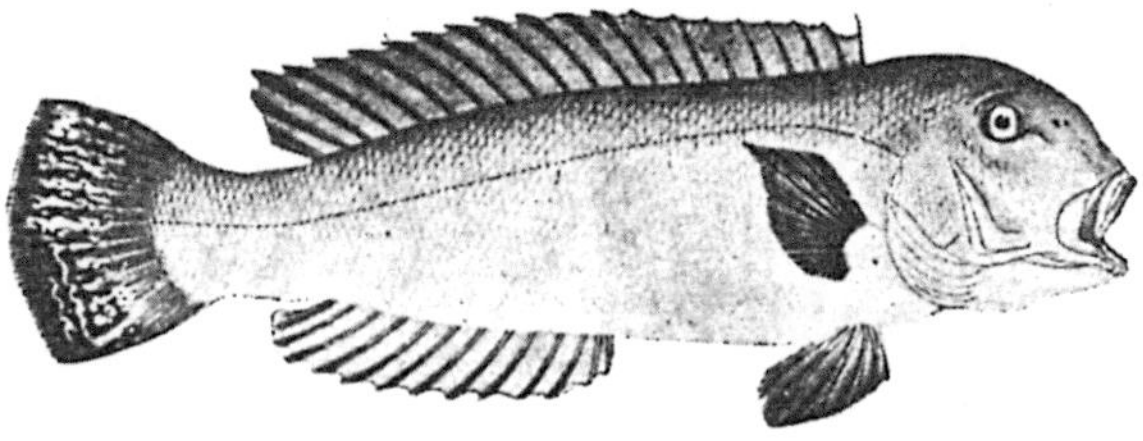

アマダイ

後方に銀白色の倒三角形の斑點一個を持つてゐる。シラカワは地色白つぽく、特別に記すべき斑紋が無い。キアマは黃色の強い地色で、眼の前下部から斜に前下方へ走つてゐる銀白色の一線がある。上記三型の內、最も普通なのはアカで、シロは是に次ぎ、キアマは少い場合が多い。シロは三型中最も淺い處に居て、海岸に近く住み、三型中最も美味で、高價に取引せられる。キアマは三型中最も深い處に居て、また三型中最も不味である。卽ちシラカワが最も脂肪分多く、キアマは脂肪分最も少い。オキツダイとはアマダイの鹽乾品であるが、靜岡縣興津方面に多い爲め此名が出たとも、また昔德川家康へおきつと云ふ婦人が是れの鹽乾品を時々差出して感謝せられた爲め、此の名が出たとも傳へてゐる。體長四百五十ミリメエトル（一尺五寸）に達する。南支那と南日本とへ分布してゐるが、日本海沿岸にはシラカワもキアマもなく、專らアカだけが取られるが、其量は相當多い。江戶料理にはよくアマダイを使ふ。また古來京都でも最も是を賞味するが、四國や九州の人は水つぽいと言つて多少是を擯斥する。一日位乾して水分を除去すると、相當美味となる。今日では東京、京都、大阪などで此魚を賞味する爲め、各地方に於ても追々注目するやうになつた。アマダイの味噌漬は有名な美味なものである。

アカタチ　赤太刀　Acanthocepola krusensterni (*Temminck & Schlegel*)（**アカタチ科**）

神奈川縣三崎でアカタチと云ふ。アカタチウオの意である。大阪府岸和田でチガタナ、舞鶴でアカヒモ、和歌山縣田邊でナガタナ、和歌浦、和歌山縣白崎でカタナウオ、高知でアカヘエジ、高知縣柏島でアカシ、愛媛縣八幡濱でミコ、山口縣周

アカタチ

防國熊毛郡牛島でミコノオビ、長崎でシャケノウォと云ふ。邦産のアカタチ類は三種あるが、何處でも識別することなく、一所にして云つてゐる。頗る細長い赤い魚で、稍やタチウォに似てゐるが、是れと近縁のものでは無い。背鰭八十軟條、臀鰭七十六軟條、一縦列の鱗數百六十五個である。體長三百ミリメエトル(一尺)を超える。南日本のものである。稍や美味であるが、雜魚として稀に取られる爲め、魚市場へ出ることは殆どなく、設令市場へ出ても食法を知らないが、漁業者自身は喜んで食べてゐる。

イッテンアカタチ　一點赤太刀　Acanthocepola limbata (*Cuvier & Valenciennes*)（**アカタチ科**）

イッテンアカタチとは嘗て私の命名したものである。背鰭前部に稍や大きい褐色の一斑點がある爲め、此名稱を付けたのである。背鰭百四軟條、臀鰭百五軟條、一縦列の鱗數三百個である。體長はアカタチと同樣である。臺灣から南日本へ分布してゐる。

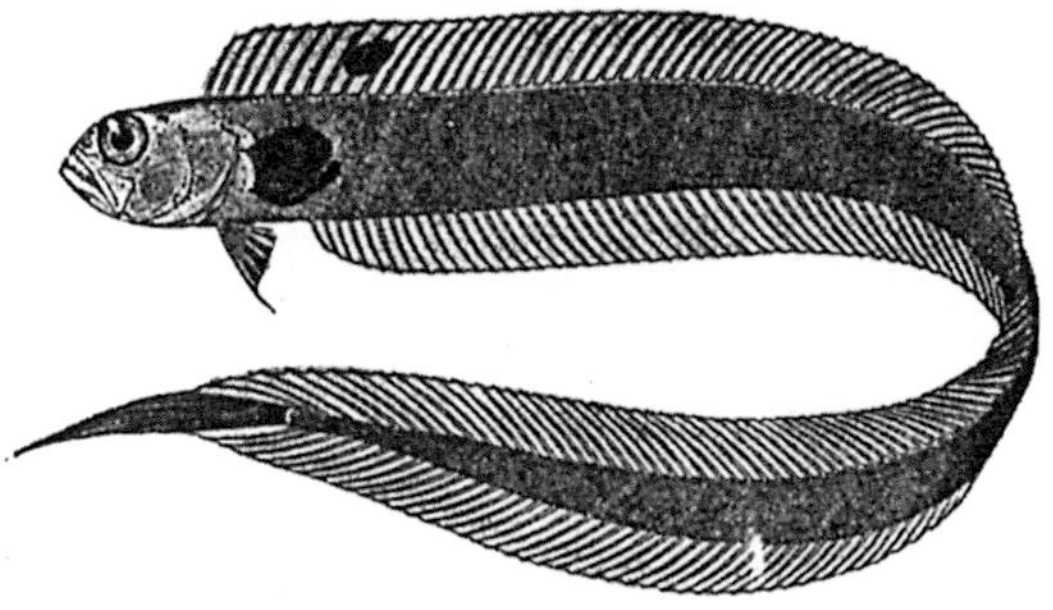

イッテンアカタチ

スミツキアカタチ　黒附赤太刀　Cepola schlegeli (*Bleeker*)（**アカタチ科**）

上顎前骨と上顎後骨との間の膜に黒褐色の一點がある爲め、スミツキアカタチと嘗て私の命名したものである。背鰭七十軟條、臀鰭六十軟條、一縦列の鱗數三百個である。南日本のものであるが、日本海沿岸、殊に舞鶴、新潟縣能生などでは他のアカタチ類がなくて、本種のみが多少漁獲せられるやうである。體長はアカタチと同樣である。

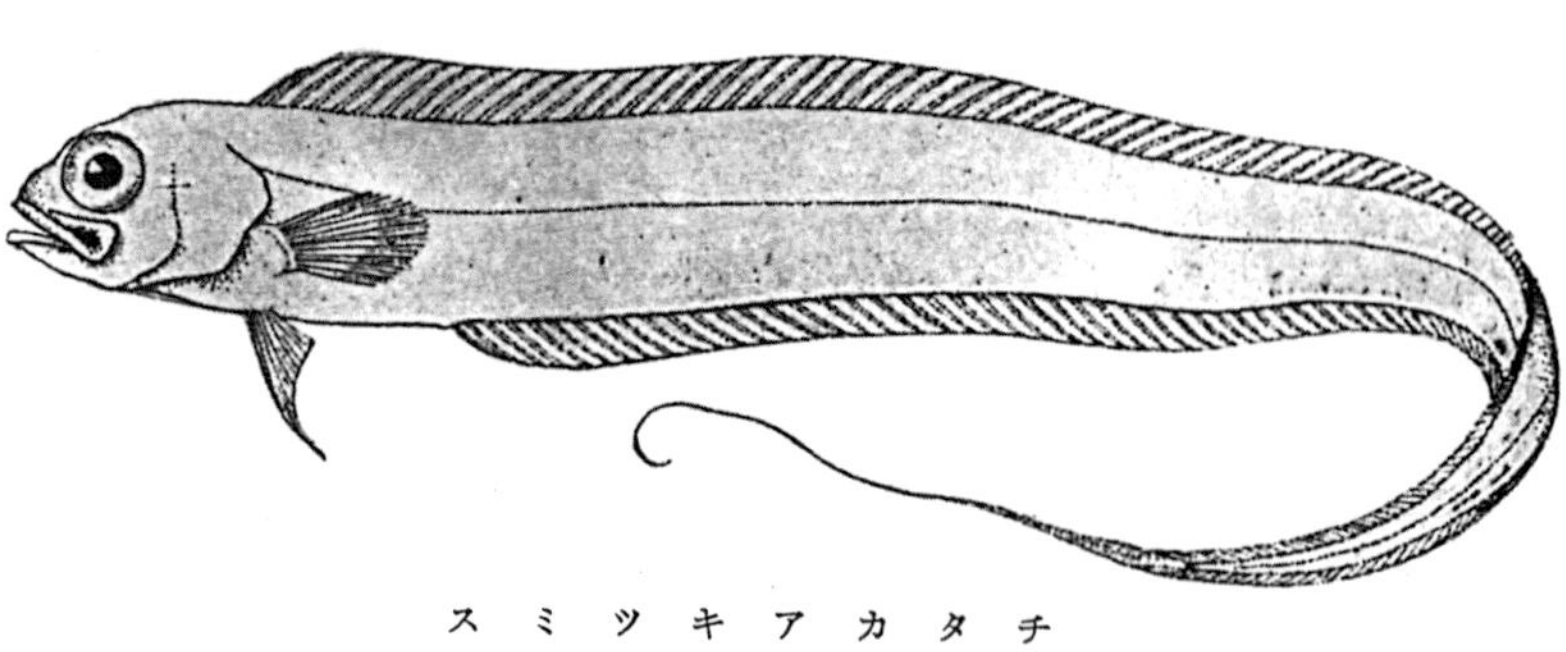

スミツキアカタチ

ソコアマダイ　底甘鯛　Owstonia totomiensis *Tanaka*（**ソコアマダイ科**）

ソコアマダイとは嘗て私の命名したものである。高知でオキアマダイと云ふ。外觀稍やアマダイに似てゐるが、アマダイよりも遙に大きく、背鰭、臀鰭、殊に尾鰭の軟條が長く、絲狀を呈してゐる。背鰭三棘二十一軟條、臀鰭一棘十三軟條、一縦列の鱗數六十個である。體は美い赤色であるが、フォルマリンへ浸して置くと、變じて白つぽくなる。體長五百ミリメエトル（一尺六寸五分）を超える。從來知られたる産地は靜岡縣濱松沖、高知などである。極めて稀なものであるが、食料となることゝ思はれる。

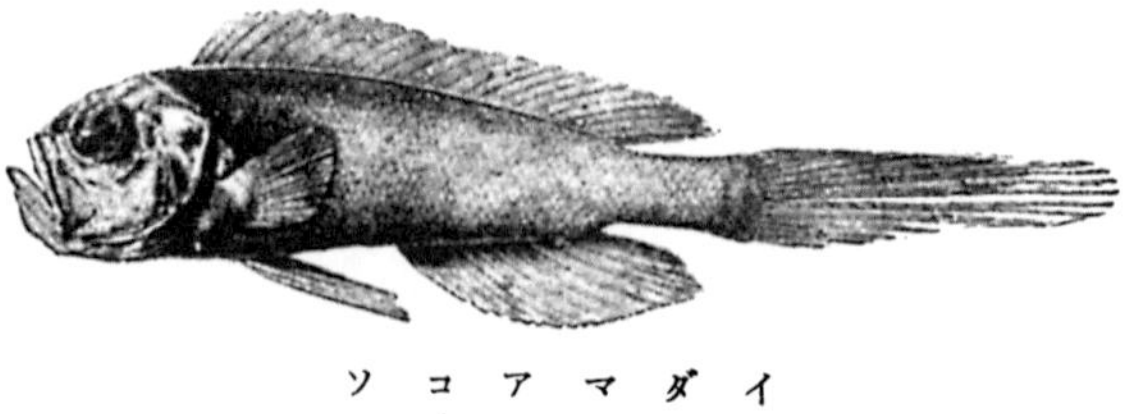

ソコアマダイ

ウミタナゴ　海鰤　Ditrema temmincki *Bleeker*（**ウミタナゴ科**）

一般にタナゴと言つてウミタナゴとは言はない

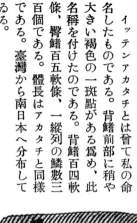

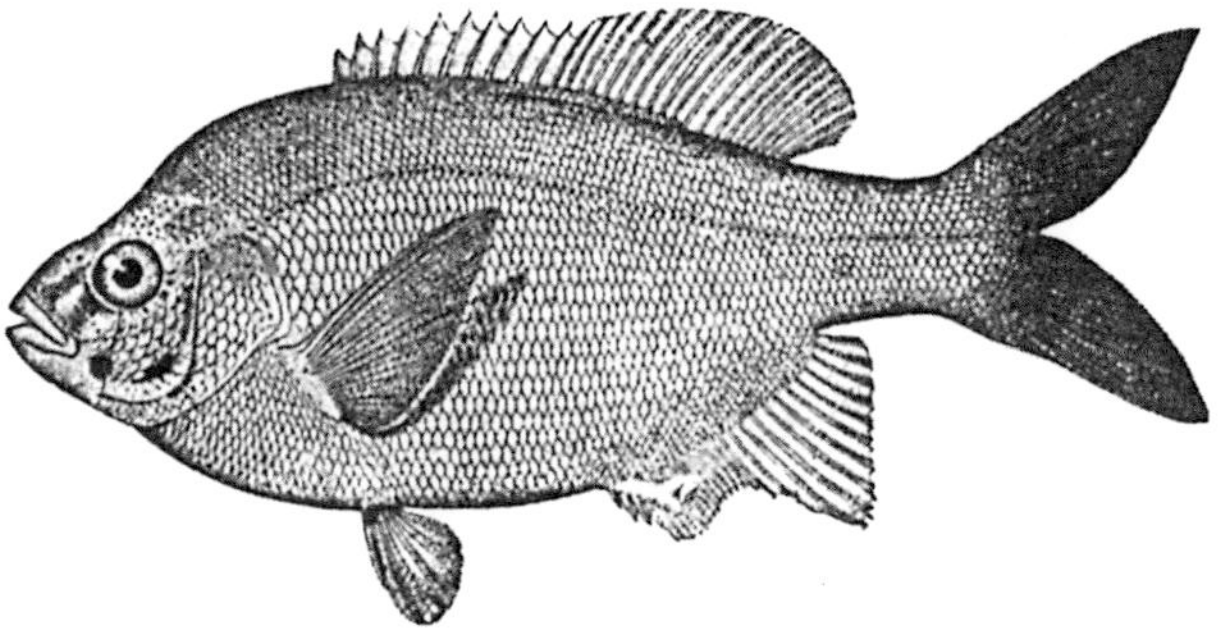

ウミタナゴ

が、淡水産のタナゴ類を東京附近でタナゴと稱する爲め、是と間違はない爲に、昔誰かゞウミタナゴと命名して置いたものである。背鰭十棘二十一軟條、臀鰭三棘二十六軟條、一縦列の鱗數七十五個である。硬骨魚類では胎生するものは少いが、その内でもウミタナゴ類は最も著いもので、胎兒は二十五尾内外を持つてゐる。四月から七月頃まで胎兒が母體内にあるのを見ることが出來る。胎兒は頗る側扁した體を持つてゐる爲め、親魚と同一種でないと思ふことがある。體長二百十ミリメエトル（七寸）に達する。我國の海岸に居るもので、函館附近へも分布してゐる。美味の魚で、東北地方では產婦の食料として珍重するが、島根縣では逆兒を持つた魚であるとして妊婦に食せしめるを嫌ふ風習がある。

オキタナゴ　沖鰂　Neoditrema ransonneti *Steindachaner* （**ウミタナゴ科**）

神奈川縣三崎でオキタナゴ、隠岐國でネと云ふ。ウミタナゴよりも少く、實際ウミタナゴは夜間は小い内灣へ入り込むが、オキタナゴは海岸附近には居ないと思ふ。背鰭六乃至八棘、二十乃至二十二軟條、臀鰭三棘二十六又は二十七軟條、一縦列の鱗數七十個である。ウミタナゴよりも體高が低い。日本の所々から取られるが、寧ろ稀であるやうである。食品としての價値はわからない。體長は略ぼウミタナゴと同樣である。

クマノミ　熊之實　Amphiprion polymnus (*Linné*)

クマノミとは何地の稱呼か不明である。和歌山縣田邊でトンボダイ、高知市外浦戸でハチマキ、高知縣柏島でチンチクリと云ふ。背鰭十棘十軟條、臀鰭二棘十四又は十五軟條、一縦列の鱗數四十個である。美い斑紋を持つてゐる。體長百五十ミリメエトル（五寸）に達する。印度から南日本の南部へ分布してゐる。東京附近には極めて少い。殆ど食用とはならないと思ふ。

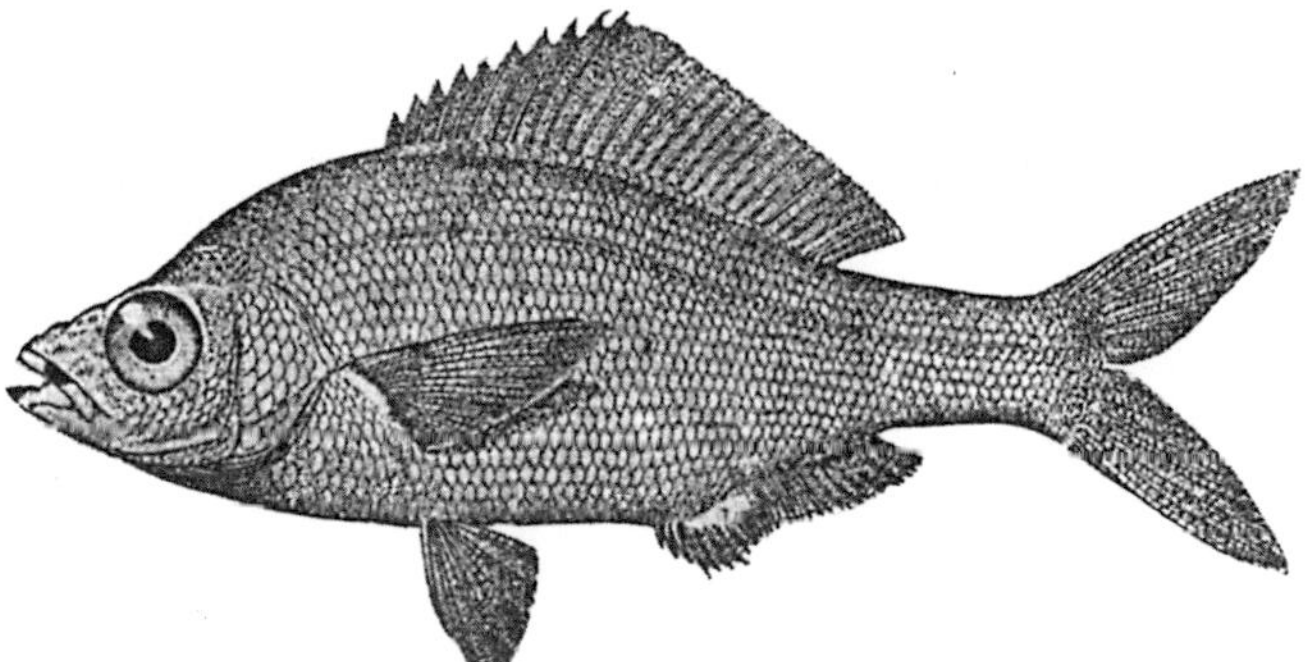

オキタナゴ

スヾメダイ　雀鯛　Chromis notata (*Temminck & Schlegel*)
（**スヾメダイ科**）

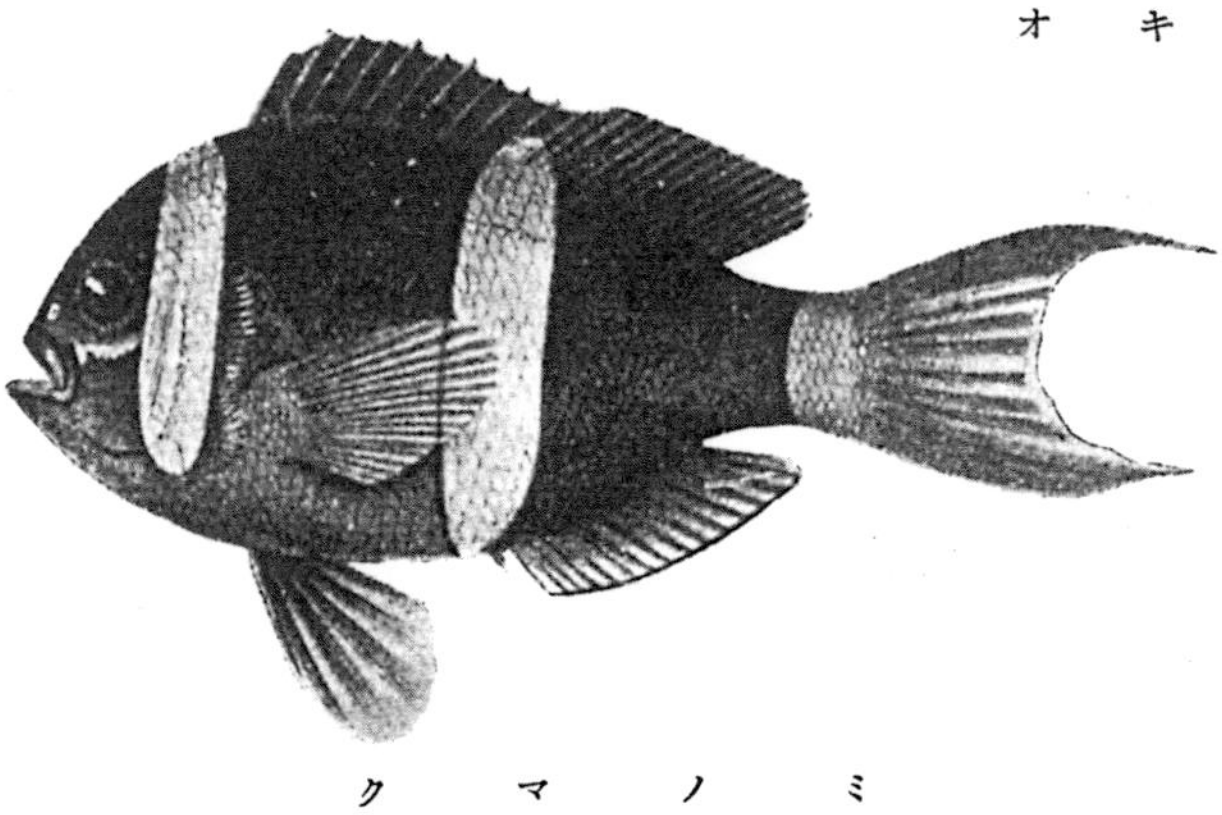

クマノミ

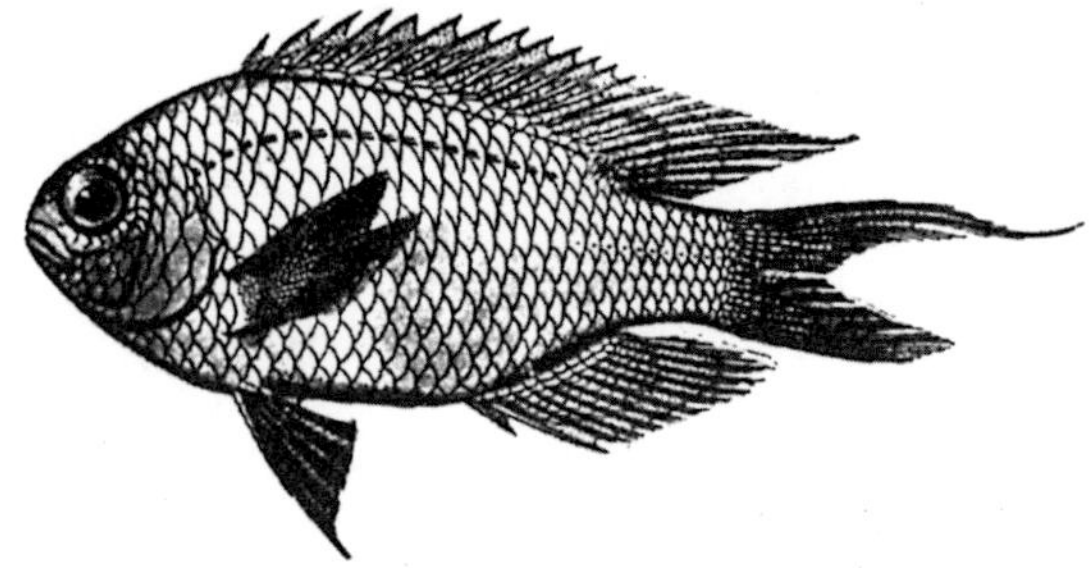
スヾメダイ

スヾメダイとは何地の稱呼かわからない。神奈川縣三崎でゴンゴロォ、靜岡縣靜浦でガンモォ、和歌山縣田邊、同縣湯淺でヤハギ、同縣周參見でナベトリ、同縣白崎でヤエダ、同縣和深でナベコサゲ、和歌浦、湯淺、白崎、鹽屋、切目、田邊(以上皆和歌山縣)でォセンコロシ、高知縣柏島でスミヤキ、舞鶴でモヽセ、博多でカザキリと云ふ。一千八百三十九年(天保十年)に紀州畔田翠山の著した水族志に「足代浦漁人云おせんと云ふ女此魚を食し骨硬し、咽腫れて死す、故に名づく、此魚硬ければなり」とある。背鰭十三棘十二軟條、臀鰭二棘十軟條、一縱列の鱗數二十五個である。體色紫黒色で、背鰭最後軟條基部に近い體側に稍や大きい眞珠狀白色の一斑紋がある。此魚が泳いでゐる時にはよく是を他のものに見せるやうにするのは何樣言ふ譯であらう。臆斷は動物學では禁物故、根據のない推測は妄に避けることゝする。體長百八十ミリメエトル(六寸)に達する。南日本の海岸に居るもので、食用としては殆ど顧られない。博多や久留米で是れの鹽乾品をアブッテカモと云ふ。炙つて食するの義である。福岡の名産で、此地での漁期は二月から四月である。此鹽乾品は左程美味のものではない。

ロクセンスヾメダイ　六線雀鯛　Abudefduf sexfasciatus (*Lacépède*)(**スヽメダイ科**)

體側に六個の褐色横帯があるので、嘗て私がロクセンスヾメダイと命名して置いたものである。背鰭十三棘十二軟條、臀鰭二棘十二軟條、一縱列の鱗數二十七個である。體側にある褐色横帯はよく人目を惹くが、別種のものに近似の横帯を持つたものがあるから注意を要する。體長二百十ミリメエトル(七寸)に達する。紅海、印度から南日本の南部へ分布してゐる。神奈川縣三崎では稍や稀である。食用としての價値はわからない。

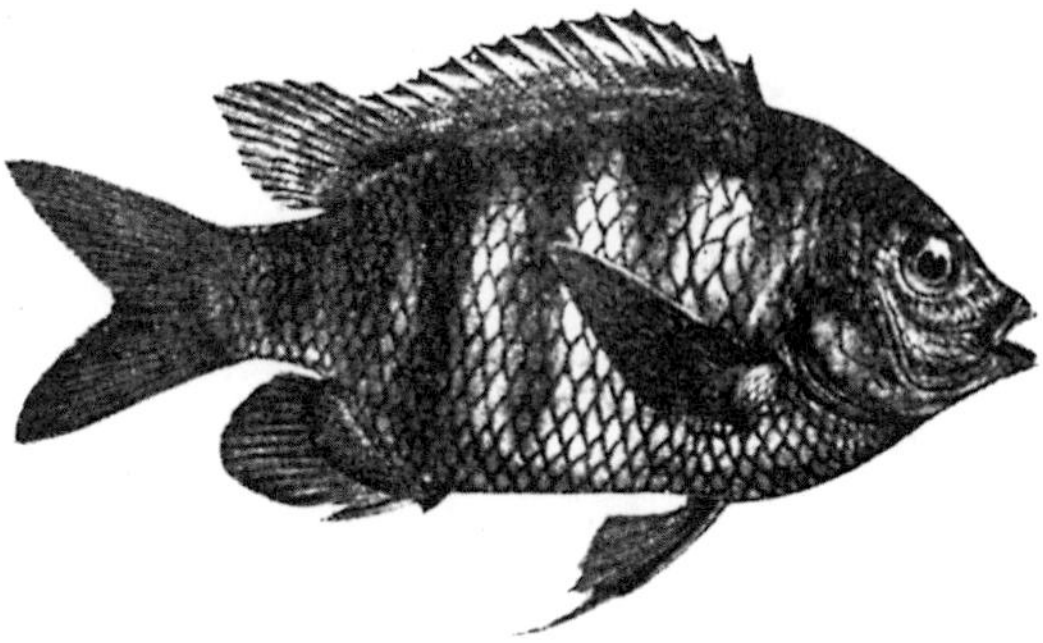
ロクセンスヾメダイ

イラ　伊良　Choerodon azurio *Jordan & Snyder*(**ベラ科**)

和歌山縣田邊、同縣串本でイラ、同縣堅田でイダ、同縣周參見、同縣和深でイザ、同縣田邊でオキノアマダイ、和歌山でイソアマダイ、和歌山縣太地でアマ、同縣鹽屋、同縣切目でアマダイ、同縣白崎、同縣鹽屋、和歌浦、三重縣二木島でテス、高知でバンドと云ふ。東京ではカンダイと混稱し、靜岡縣靜浦ではブダイと混稱し、和歌山縣や三重縣ではテンスダイと混稱し、高知ではアオブダイと混稱するやうである。背鰭十三棘七軟條、臀鰭三棘十軟條、一縱列の鱗數二十四個である。體高高く、額部が稍や突出してゐる。體長三百ミリメエトル(一尺)を超え

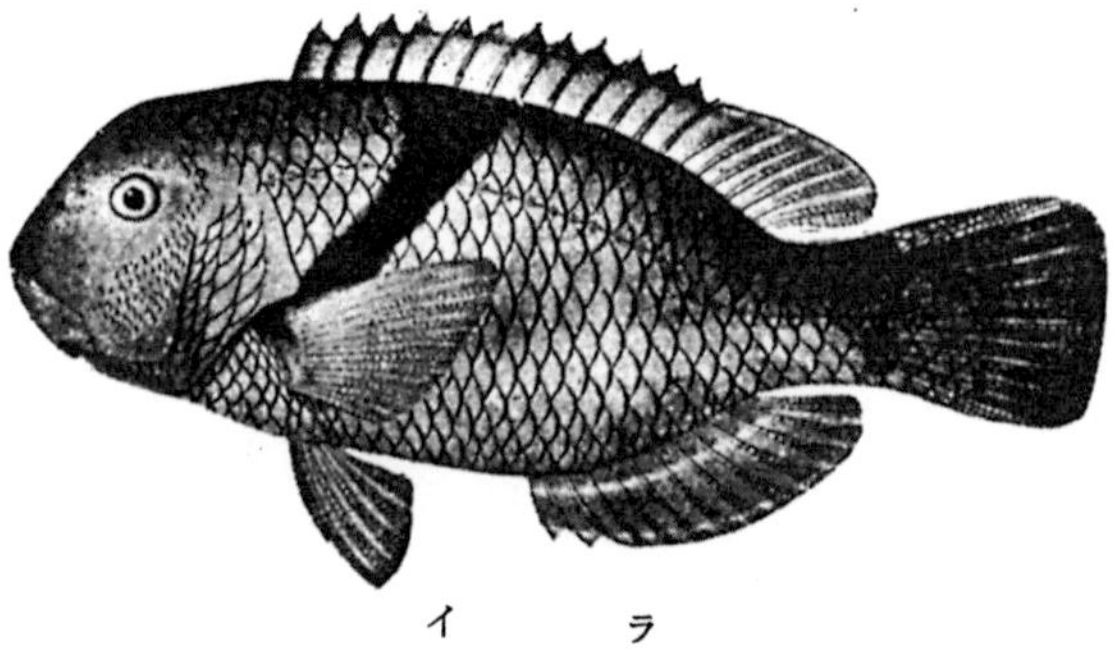
イラ

る。臺灣から南日本へ分布してゐる。左程美味ではないが、大きく成長する爲め食料となることであらう。

カンダイ　**寒鯛**　Semicossyphus reticulatus (*Cuvier* & *Valenciennes*)（**ベラ科**）

東京でカンダイ、和歌山縣各地でモムシ又はモブシ、同縣白崎でコブ、同縣廣でコベダイ、同縣太地でカンノンダイと云ふ。

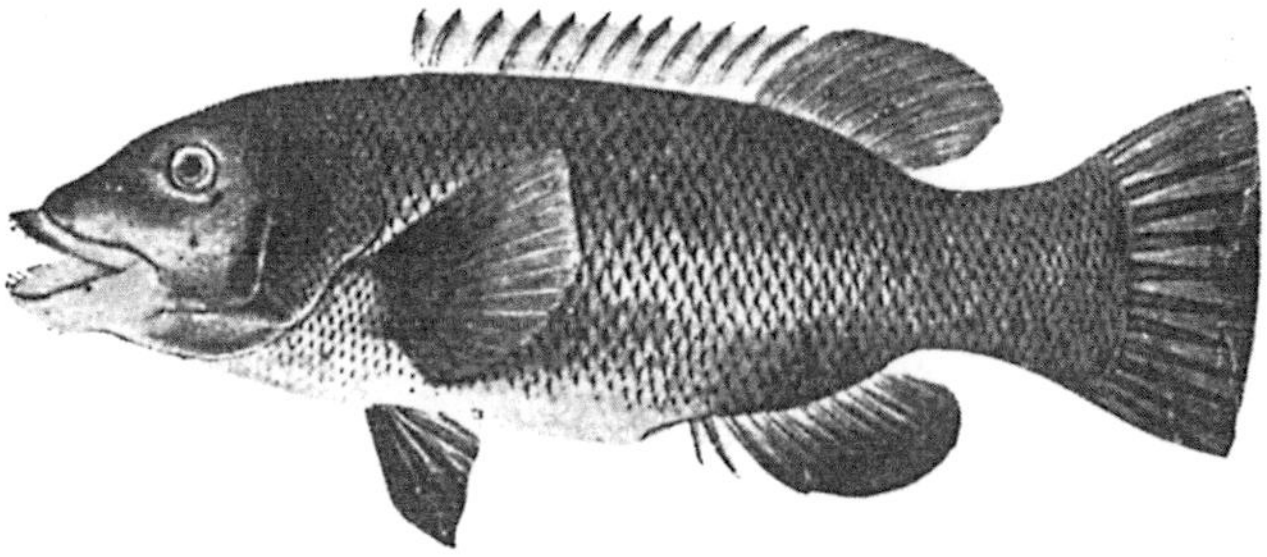

カンダイ　雌

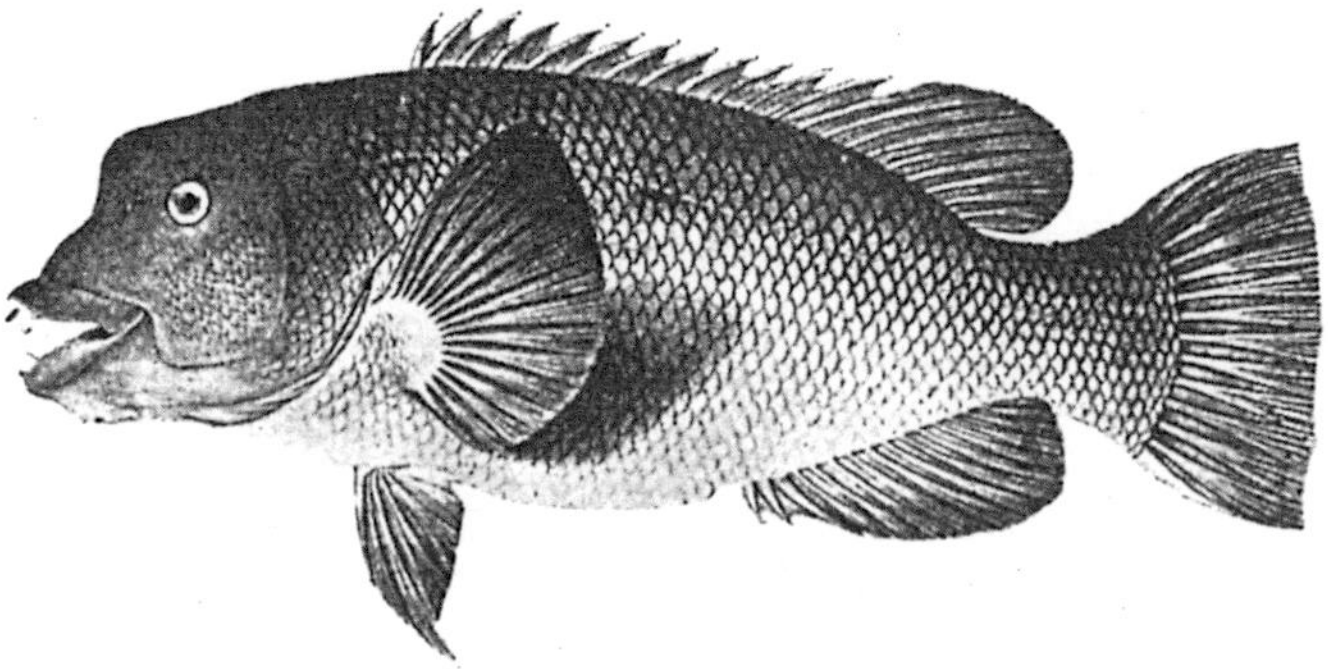

カンダイ　雄

背鰭十二棘十軟條、臀鰭三棘十二軟條、一縦列の鱗數三十七個である。體長四百五十ミリメエトル（一尺五寸）に達する。幼魚の時には體側中央に白色の一縦線があるし、また多くの鰭に大きい褐色の點があるが、成長するに從つて是等の斑紋は凡て消失し、赤みがゝつた紫色の魚となる。成長すると雌雄の形が著く違つて、雄は額部頗る突出するに至る。

南日本のもので、夏稍や美味である。

タキベラ　**瀧倍良**　Lepidaplois perditio (*Quoy* & *Gaimard*)（**ベラ科**）

タキベラとは曾て私の命名したものである。背鰭十二棘十軟條、臀鰭三棘十二軟條、一縦列の鱗數二十七個である。斑紋稍や美く、體の上半に白色の一横帶があつて、稍や瀧水の落ちてゐるやうに見える爲め、タキベラと命名した次第である。體長三百ミリメエトル（一尺）に達する。

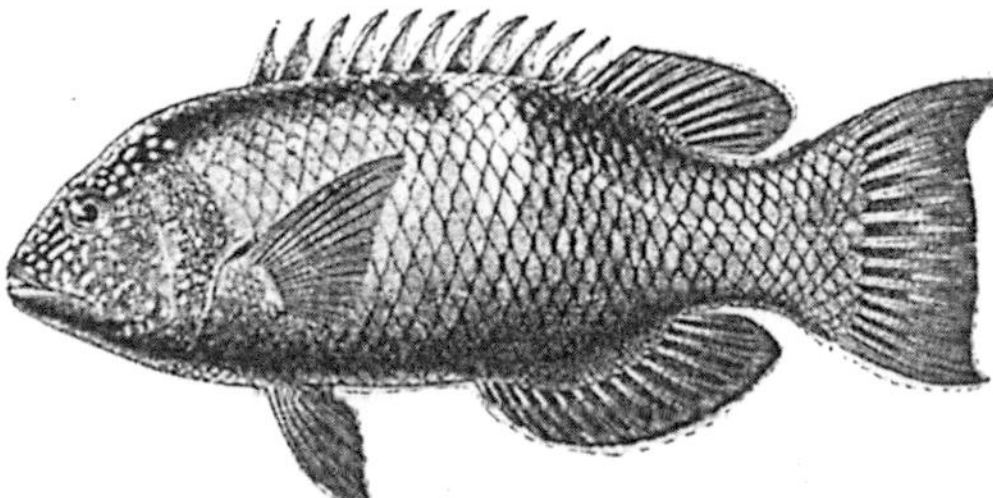

タキベラ

熱帶方面から南日本の南部へ分布してゐる。相模灘では殆ど見られない。

キツネベラ　**狐倍良**　Verreo oxycephalus (*Bleeker*)（**ベラ科**）

神奈川縣三崎でイノシヽ、和歌山縣田邊でキツネタルミ又はオテルベロと云ふ。キツネベラとは從來キツネダイとなつてゐたのを今回私が改名したものである。キツネダイとは何地の稱呼かわからない。背鰭十二棘十一軟條、臀鰭三棘十二軟條、一縦列の鱗數三十

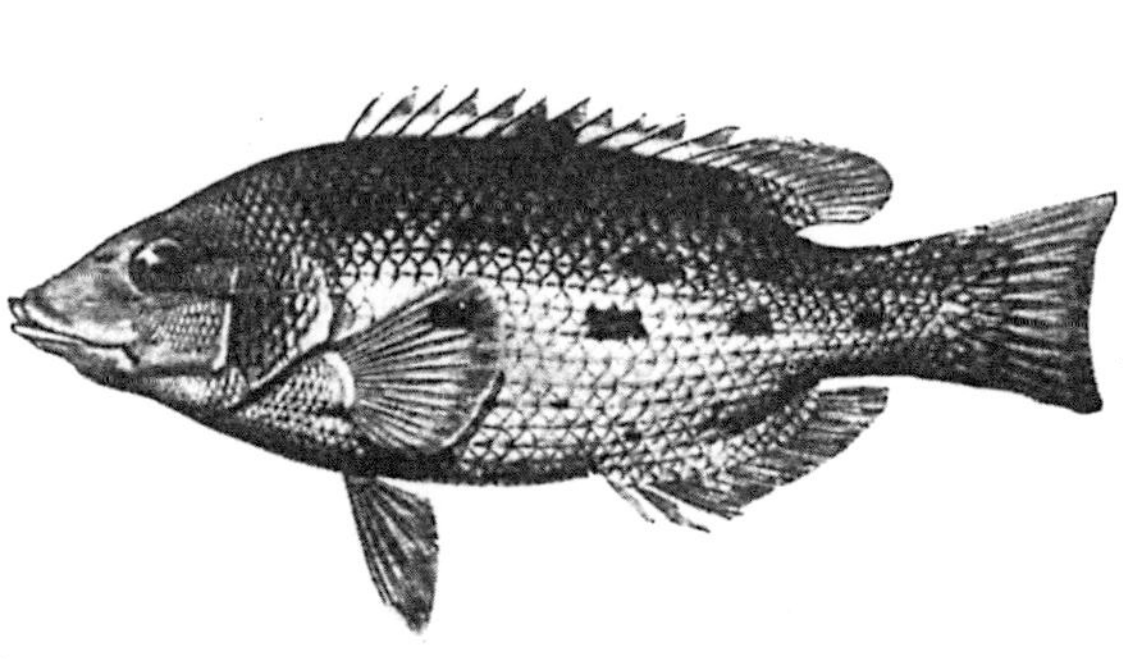

キツネベラ

四個である。體長三百ミリメエトル(一尺)を超える。南日本に居るものであるが、熱帶方面へも分布してゐるであらう。食料としての價値はわからない。

サヽノハベラ　笹之葉倍良　Pseudolabrus japonicus (*Houttuyn*)（**ベラ科**）

サヽノハベラとは何地の稱呼かわからない。神奈川縣三崎でアカベラ、靜岡縣靜浦、和歌山縣各地でアオベロ又はアカベロ（色によつて名稱が違ふであらう。是は雌雄の相違に基くのである)、和歌山縣でベラ又はベロ（他の類種をも混稱する)、周參見、和深、串本、古座(以上皆和歌山縣)でゴマンジョオ、和歌浦でエベスベラ、高知縣沖の島でムギタネ、兵庫縣但馬國香住でグンジロ、同國竹野でグンジと云ふ。背鰭九棘十軟條、臀鰭三棘十軟條、一縱列の鱗數二十三個である。斑紋頗る美いが、地色に赤味の強いのと青味の強いのとある。前者は雌で、後者は雄である。また斑紋の相違はたゞに雌雄の差によるのみならず、個體變化に富んでゐる爲であるし、體長百八十ミリメエトル（六寸）に達する。南日本に頗る普通のベラであるが、キュウセンほど漁獲が多くなく、また是よりも稍や不味である。

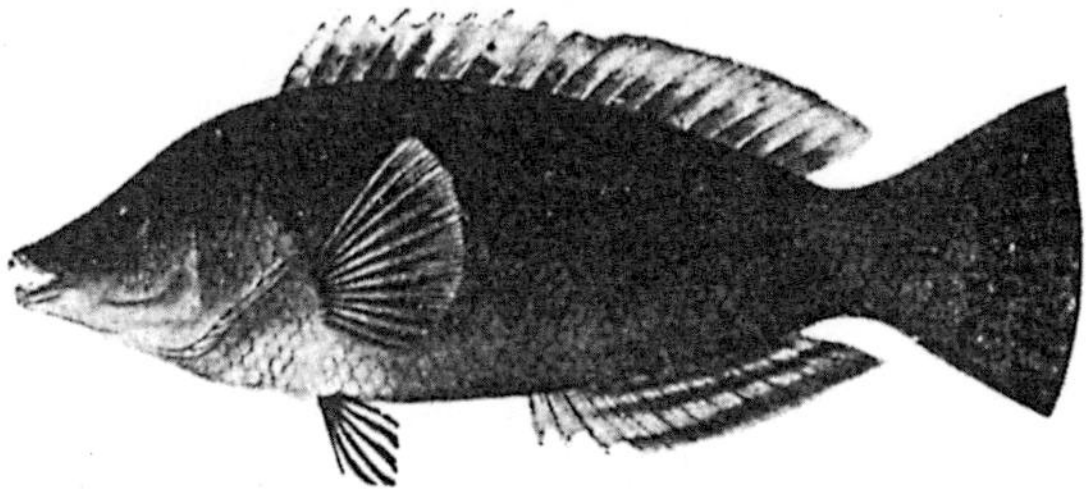

サヽノハベラ

イトベラ　絲倍良　Pseudolabrus gracilis (*Steindachner*)（**ベラ科**）

イトベラとは嘗て私の命名したものである。サヽノハベラに近いものであるが、外觀は大に違つてゐる。また此ベラよりも少い。背鰭九棘十一軟條、臀鰭三棘十軟條、一縱列の鱗數二十三個である。體長はサヽノハベラと同樣であるが、體高が低く、體の側扁度強い爲に、小形に見える。食料としての價値は少いであらう。

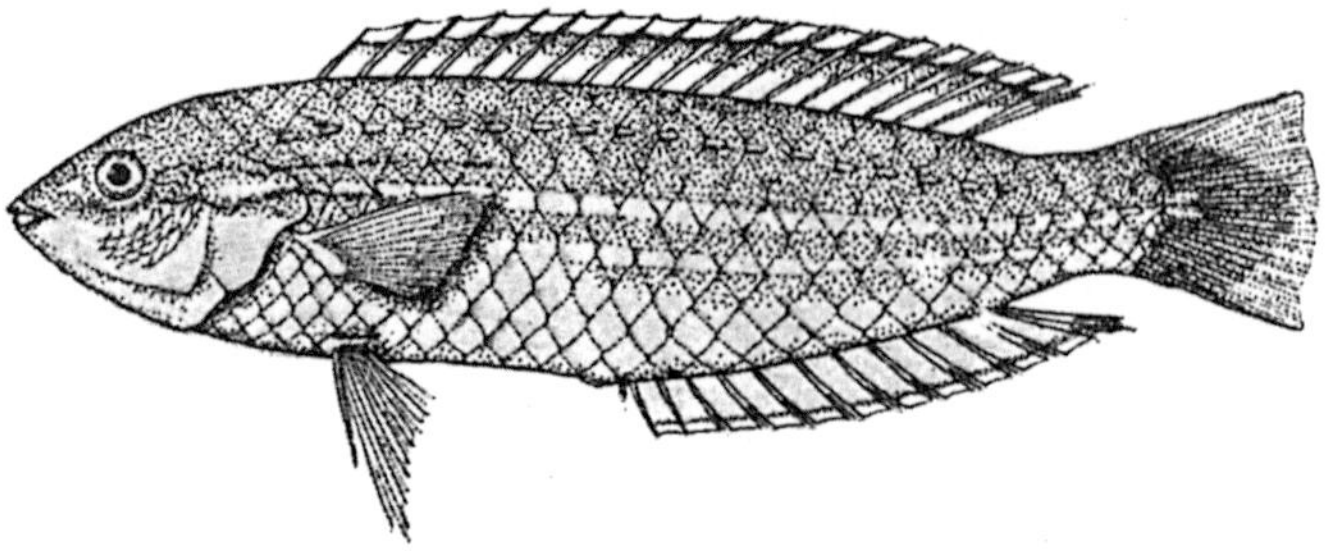

イトベラ

オハグロベラ　御齒黑倍良　Duymaeria flagellifera (*Cuvier & Valenciennes*)（**ベラ科**）

神奈川縣三崎でオハグロベラ又はテンジョオベラ、東京でクソベラ、高知縣柏島でイソツグと云ふ。背鰭九棘十一軟條、臀鰭三棘九軟條、一縱列の鱗數二十二個である。斑紋は頗る複雜してゐるが、地色は紫がゝつてゐる。その内に赤味の強い（雌）のと青味の強い(雄)のとある。體長は百八十ミリメエトル（六寸）に達する。南日本のものであるが、熱帶方面へも分布してゐるであらう。神奈川縣三崎にも相當多いが、食品としては下等である。

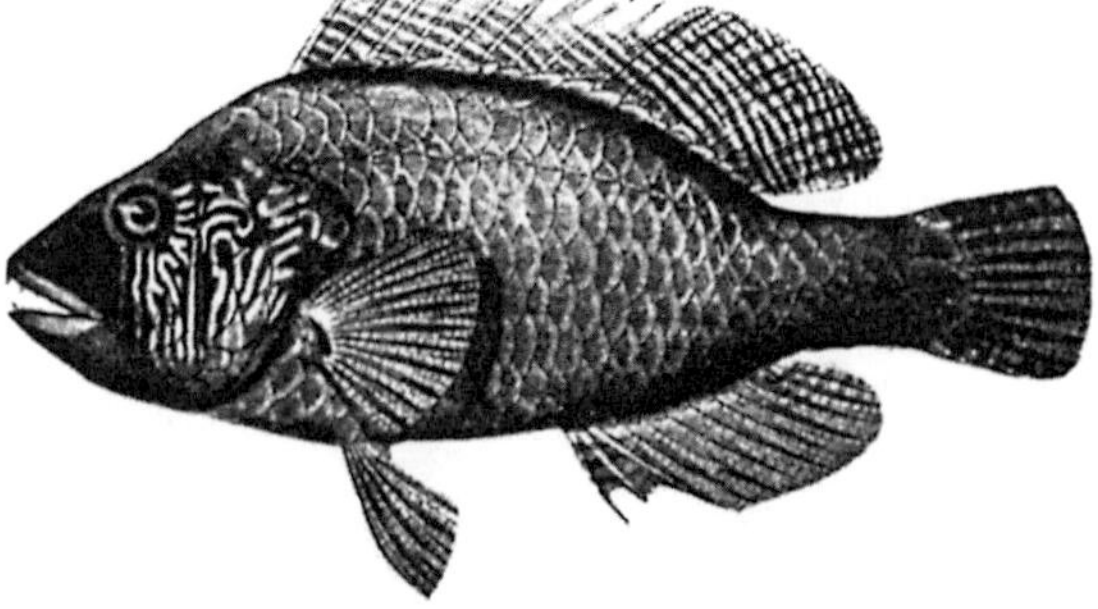

オハグロベラ

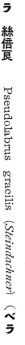

ス丶キベラ　薄倍良　Anampses cuvieri *Quoy & Gaimard*（**ベラ科**）

スヽキベラとは嘗て私の命名したものである。高知縣柏島でオキモミスと云ふ。背鰭九棘十二軟條、臀鰭三棘十二軟條、一縱列の鱗數二十九個である。斑紋頗る美く、雌雄によつて斑紋が相違するのみならず、個體變化も多く、爲に從來數種に分けられたものである。各鱗に

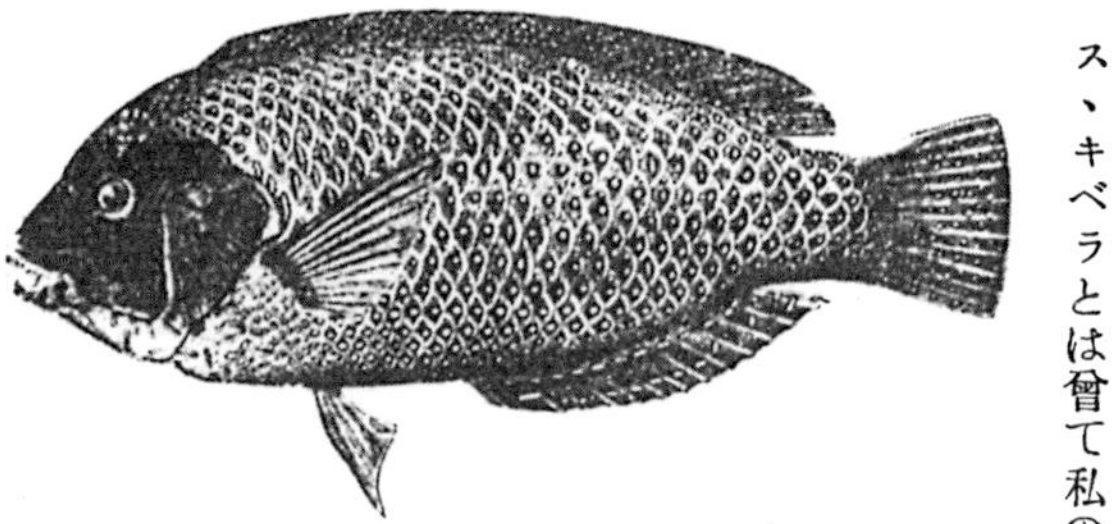

スヽキベラ　雌　一型

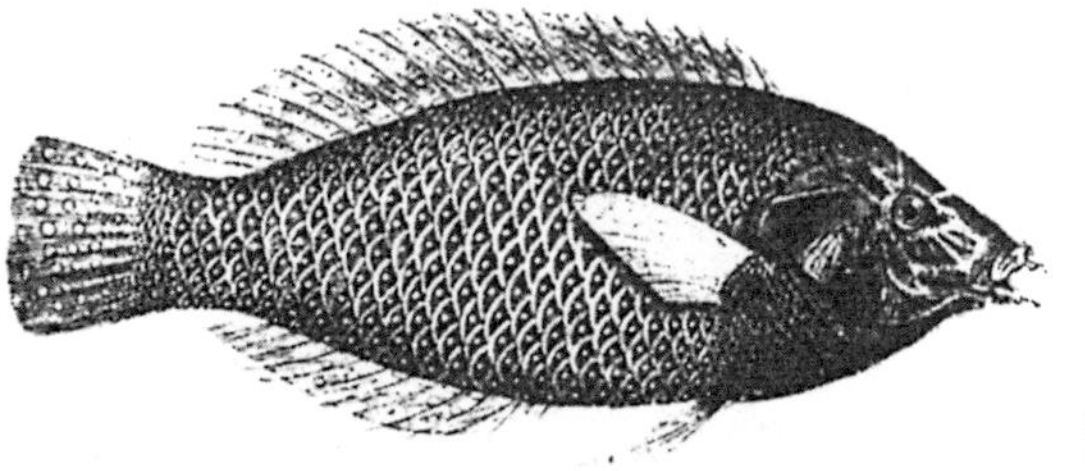

スヽキベラ　雌

細長い線狀の斑紋一個を持つてゐるのが雄で、各鱗に稍や圓味の強い青點のあるのが雌のやうである。紅海、印度から南日本の南部に分布してゐる。神奈川縣三崎には少い。體長三百ミリメエトル（一尺）を超える（上圖は雌であるが其頭部の直後にある僅數の斑紋は雄の斑紋である）。

カミナリベラ　雷倍良　Stethojulis kalasoma *Bleeker*（**ベラ科**）

體側に稍や電光形に似た一斑紋があるので、嘗て私がカミナリベラと命名して置いたものである。背鰭九棘十一軟條、臀鰭三棘十一軟條、一縱列の鱗數二十五個である。體長百五十ミリメエトル(五寸)に達する。印度から南日本へ分布してゐるもので我國では少い方である。美い斑紋を持つたもので、食用とすることもある。

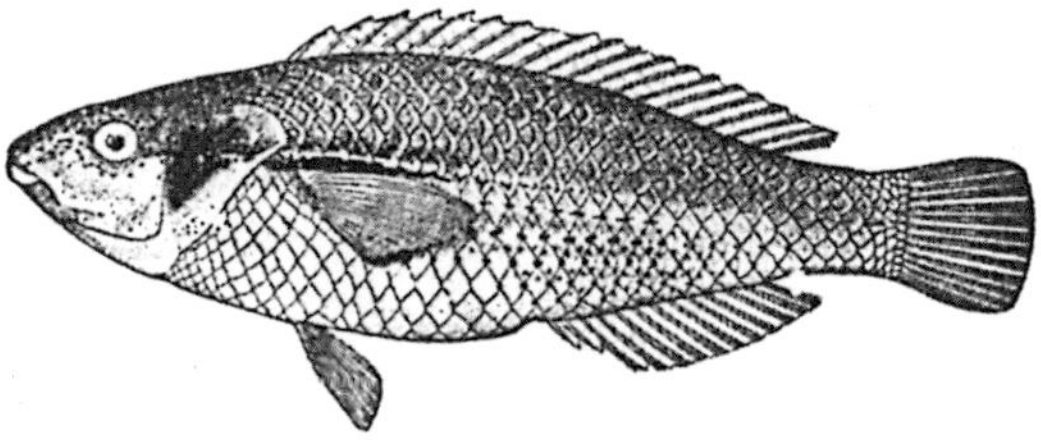

カミナリベラ

ニジベラ　虹倍良　Stethojulis hekadopleura *Bleeker*（**ベラ科**）

頗る美いベラ類の一つで、嘗て私がニジベラと命名して置いたものである。背鰭九棘十一軟條、臀鰭三棘十一軟條、一縱列の鱗數二十六個である。體長は五十ミリメエトル（五寸）に達する。印度から南日本へ分布してゐるが、神奈川縣三崎などには少いものである。食料とはなるが、美味のベラ類と同列には考へられてない。

キュウセン　求仙　Halichoeres poecilopterus (*Temminck & Schlegel*)（**ベラ科**）

一般にベラと云ふが、斯樣に言ふ時にはベラ類の多くを混稱してゐる。神奈川縣三崎で雌をキュウセン、雄をアオベラと云ふ。大阪附近でギザミ、青森縣でシマメグリ、舞鶴でヤギ(雄をアオヤギ、雌をアカヤギ)と云ふ。背鰭九棘十四軟條、臀鰭三棘十四軟條、一縱列の鱗數二十六個である。體長二百四十ミリメエトル（八寸）に達する。雄は青味が強く、胸鰭の直上に當る體側に濃藍色の一斑點がある。雌は赤味が強いが、濃藍色の斑點は無い。雌は

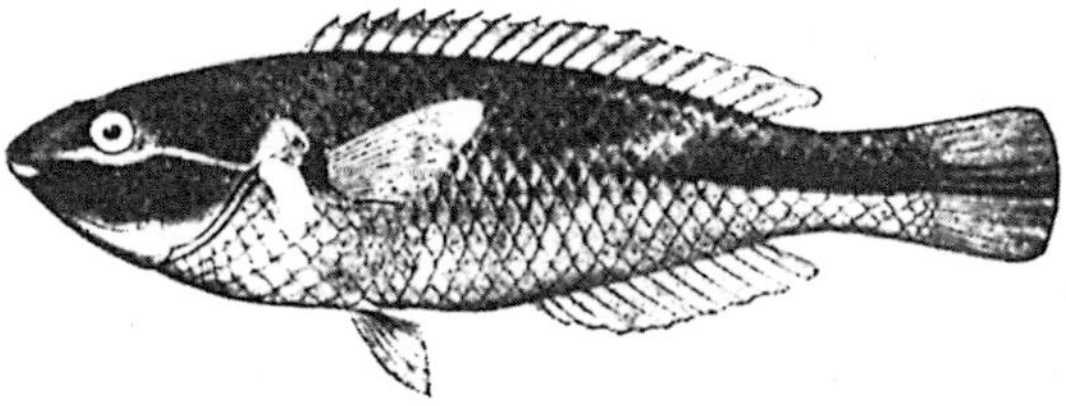

ニジベラ

雄よりも稍や小いやうである。我國では極めて普通のもので、且つベラ類中最も美味のものである。殊に瀬戸内海沿岸に多く、大阪料理にはベラの南蠻漬は有名である。また大阪方面では遊漁としても多少人氣のあるものである。

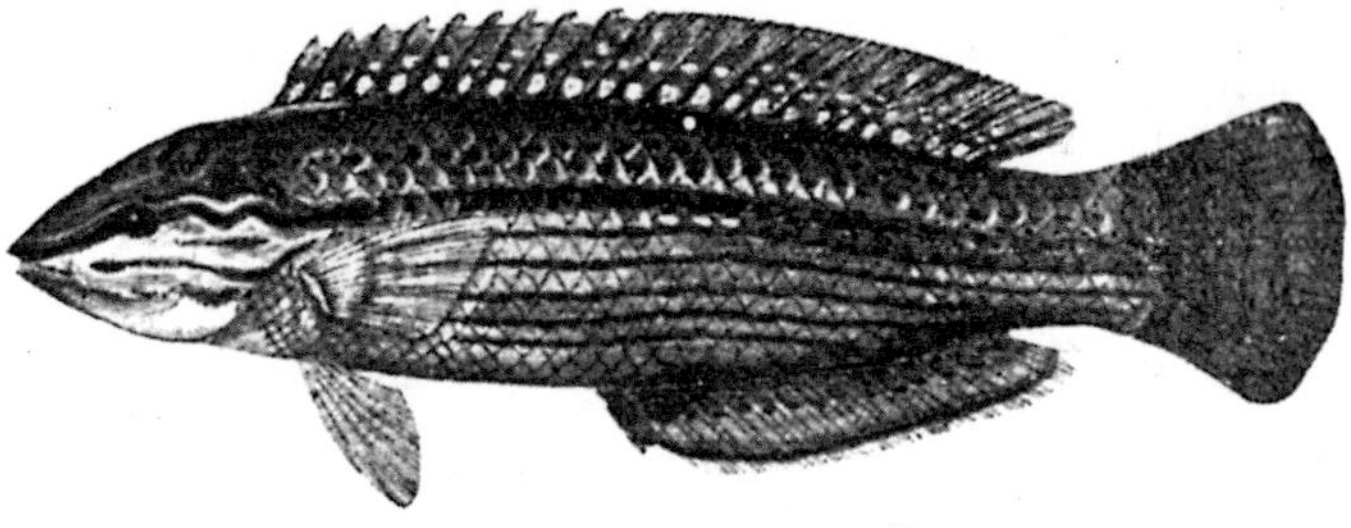

キュウセン　雌

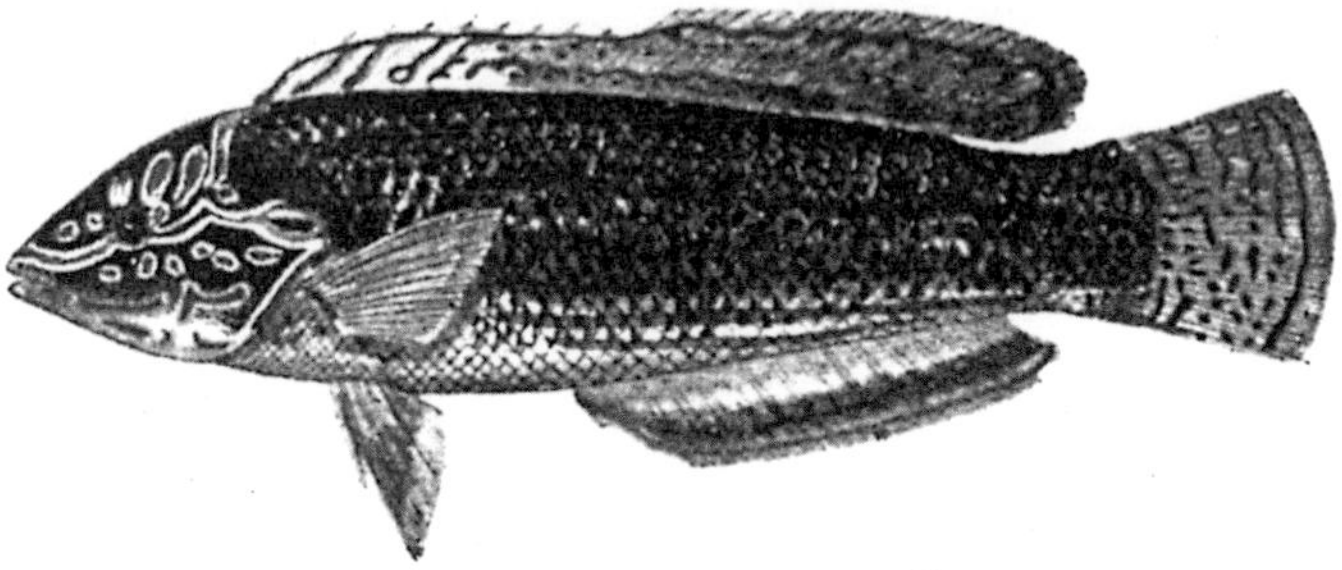

キュウセン　雄

ヤナギベラ　柳倍良　Halichoeres bleekeri (*Steindachner* & *Döderlein*)（**ベラ科**）

従來本種をホンベラとしてあつたが、恐らく是は誤であつて、本種には特別に名稱がないと思はれるから、今回ヤナギベラと改稱することゝした。高知でもベラと云ふこともあるが、またベリベリ又はベリと云ふ。背鰭九棘十二軟條、臀鰭三棘十二軟條、一縱列の鱗數二十五個である。體長はキュウセンよりは短く、また是よりも少い。南日本のものであるが、更に南方へ分布してゐると思はれる。下等食品である。

セトベラ　瀬戸倍良　Halichoeres tremebundus *Jordan* & *Snyder*（**ベラ科**）

セトベラとは何地の稱呼かわからない。背鰭九棘十二軟條、臀鰭三棘十二軟條、一縱列の鱗數二十五個である。體長はヤナギベラと同様である。南日本のものである。ベラ類中では少いもので、且つ不味である。

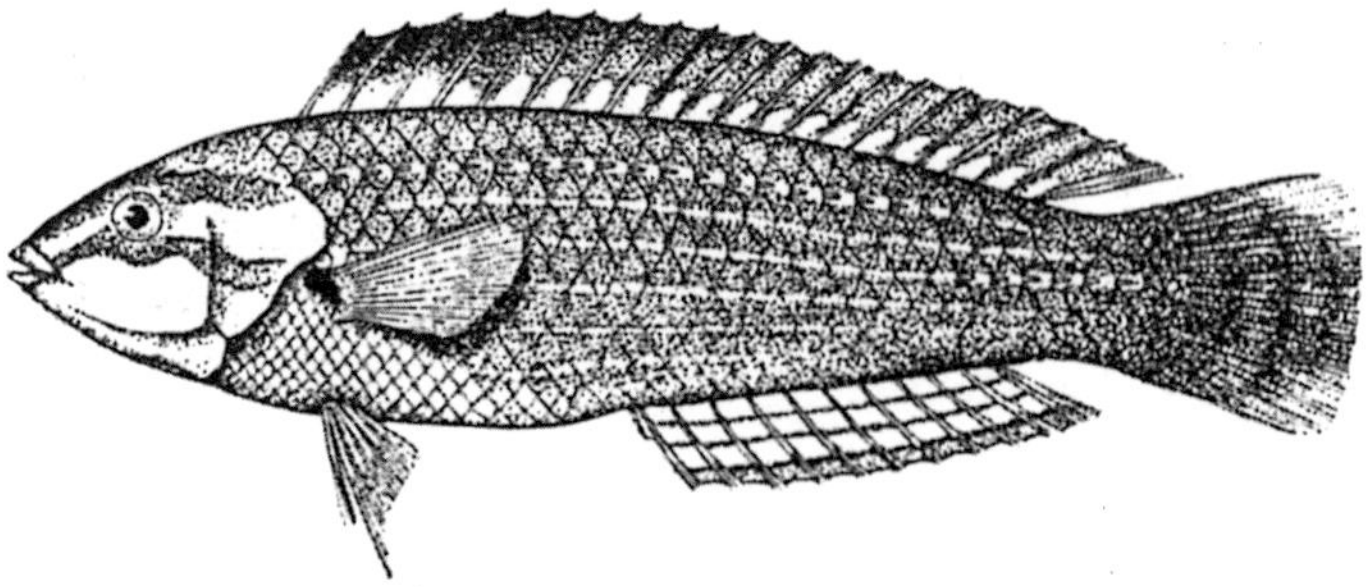

ヤナギベラ

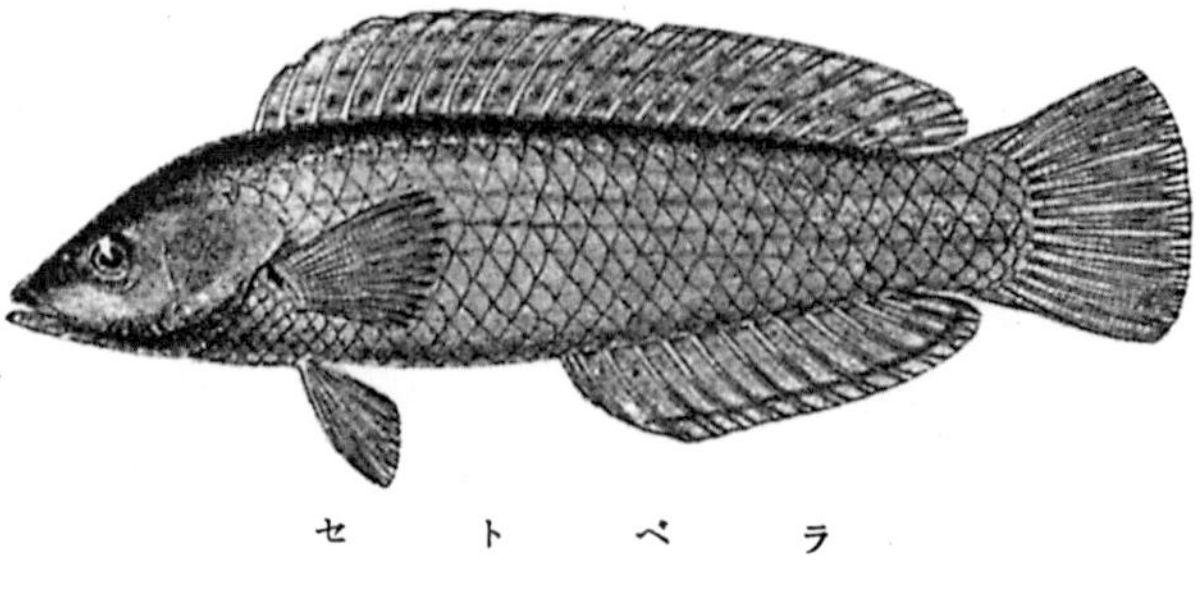

セトベラ

ムスメベラ　娘倍良　Coris picta (Bloch & *Schneider*)（**ベラ科**）

本種は曾て Julis musume *Jordan* & *Snyder* とせられた爲め、其種名を直譯して私がムスメベラと命名して置いたものである。背鰭九棘十二軟條、臀鰭三棘十二軟條、一縱列の鱗數七十個である。體長二百十ミリメエトル（七寸）に達する。南日本の南部に居て、相模灘には少い。濠

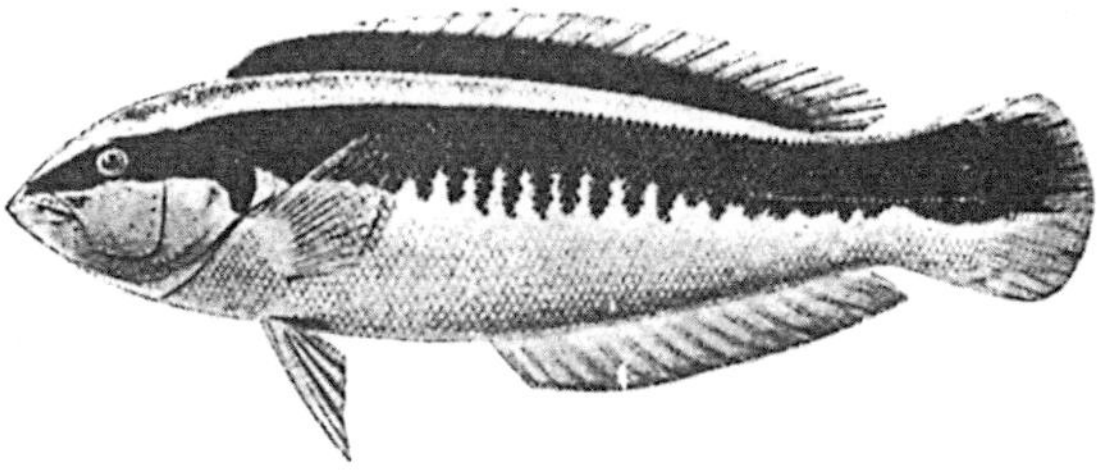

ムスメベラ

洲へも分布してゐるが、熱帯方面に居るかは不明である。食用としての價値はわからない。

キヌベラ　絹倍良　Thalassoma umbrostigma (*Rüppell*)

神奈川縣三崎でキヌベラ、靜岡縣靜浦、和歌山縣各地でアオベロ、和歌山縣各地でアオベラ、同縣堅田でアオタベロ、同縣田邊でチンダイベロ、和歌浦でキンベラ、三重縣二木島でハナウオ、高知縣柏島でモミスと云ふ。從來ニシキウオと言はれたが、是れは何地の稱呼かわからない。背鰭八棘十三軟條、臀鰭三棘十一軟條、一縱列の鱗數二十五個である。頗る美い色彩のもので、南日本に分布し、亞弗利加東岸、印度、濠洲へも分布してゐる。神奈川縣三崎の磯端の海草の中によく遊泳してゐる。體長百八十ミリメエトル（六寸）に達する。キュウセンに較べて著く不味である。

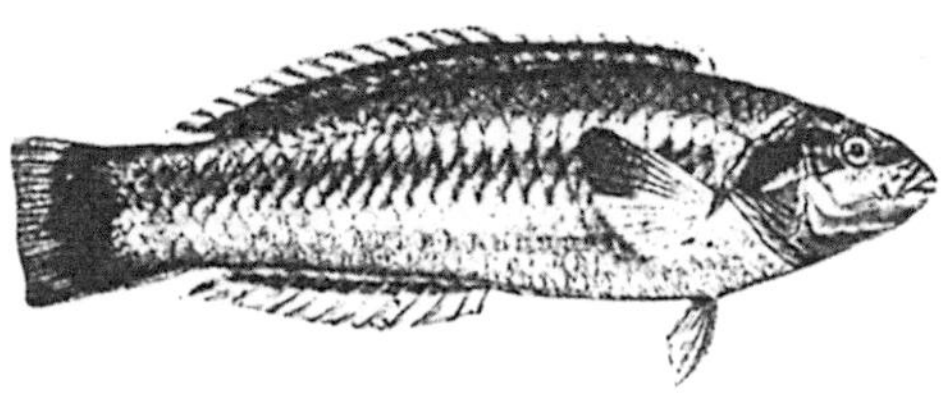

キヌベラ

ヤマブキベラ　山吹倍良　Thalassoma lutescens (*Solander*)（**ベラ科**）

ヤマブキベラとは曾て私の命名したものである。背鰭八棘十三軟條、臀鰭三棘十一軟條、一縱列の鱗數二十六個である。胸鰭後半部に於て斜に走つてゐる黒褐色の一帶は人目を惹くものである。體長二百十ミリメエトル（七寸）に達する。濠洲、布哇、琉球、南日本の南部などへ分布してゐる。神奈川縣三崎では頗る稀である。食用としての價値はわからない。

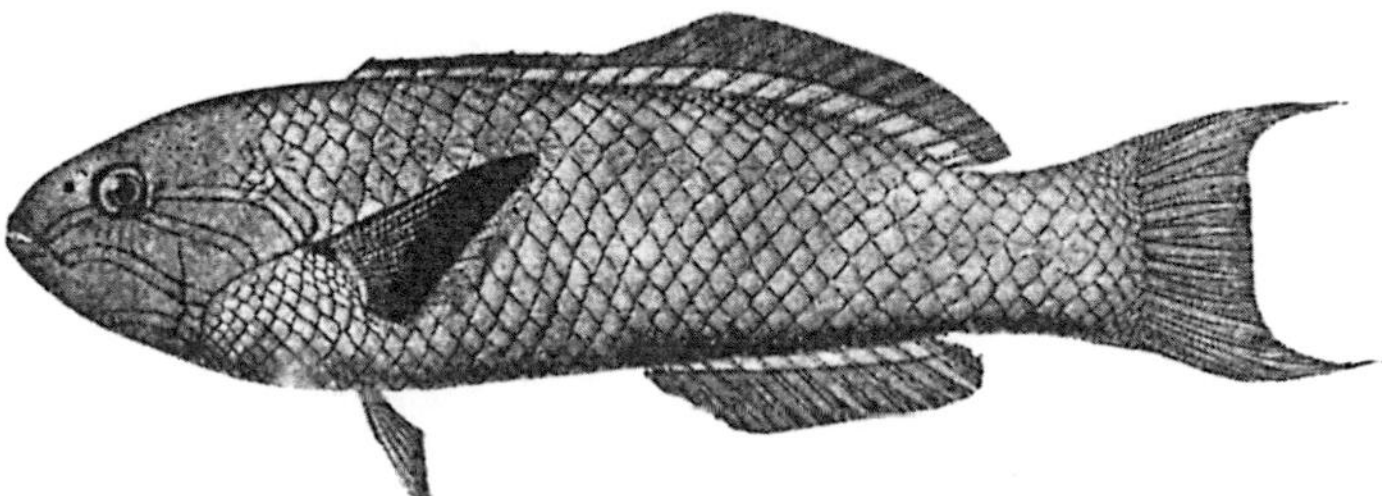

ヤマブキベラ

オトメベラ　乙女倍良　Thalassoma lunare (*Linné*)（**ベラ科**）

オトメベラとは曾て私の命名したものである。背鰭八棘十三軟條、臀鰭三棘十一軟條、一縱列の鱗數二十六個である。生きてゐる時はヤマブキベラと著く違ふが、フォルマリンへ浸したものはよく似てゐる爲に、從來兩者を混同し又は同一種のものと考へたこともある。最も注意すべき且つ間違ひ易き特徴は胸鰭上にある黒褐色の一帶であるが、ヤマブキベラでは此色帶が胸鰭の後半部のみに存し、オトメベラでは胸鰭の上縁に近く存し、且つ前後兩半へ跨つてゐる。體長はヤマブキベラと同様で、分布も殆ど同様である。ニュウギニヤ、東印度諸島、南日本の南部へ分布してゐる。食用としての價値

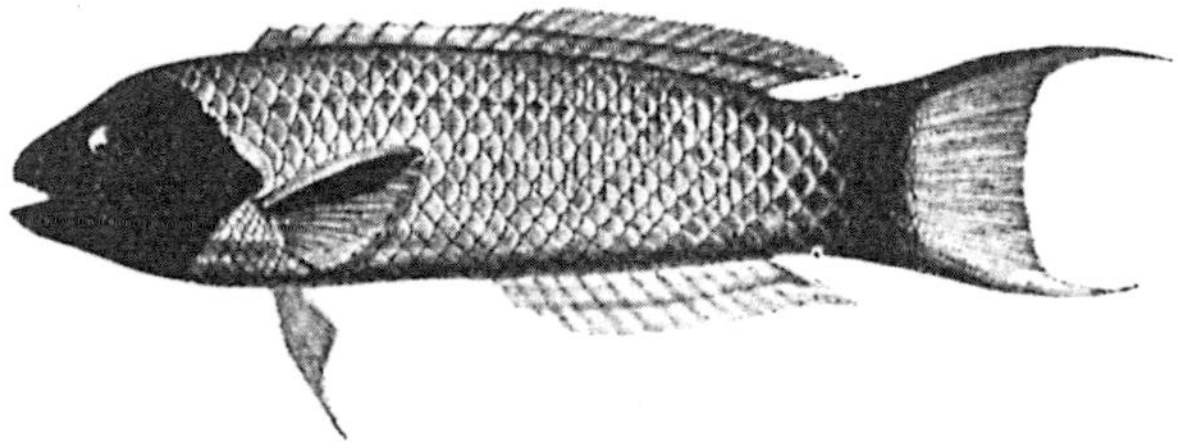

オトメベラ

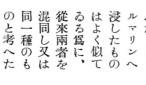

はわからない。

セナスジベラ　**背筋倍良**　Thalassoma hardwickei (*Bennett*)（**ベラ科**）

セナスジベラとは曾て私の命名したものである。背鰭八棘十三軟條、臀鰭三棘十一軟條、一縦列の鱗數二十九個である。體上の斑紋は本種特有のもので、美しいベラである。體長百八十ミリメエトル（六寸）に達する。印度から南日本へ分布してゐる。相模灘には頗る少く、食用としての價値はわからない。

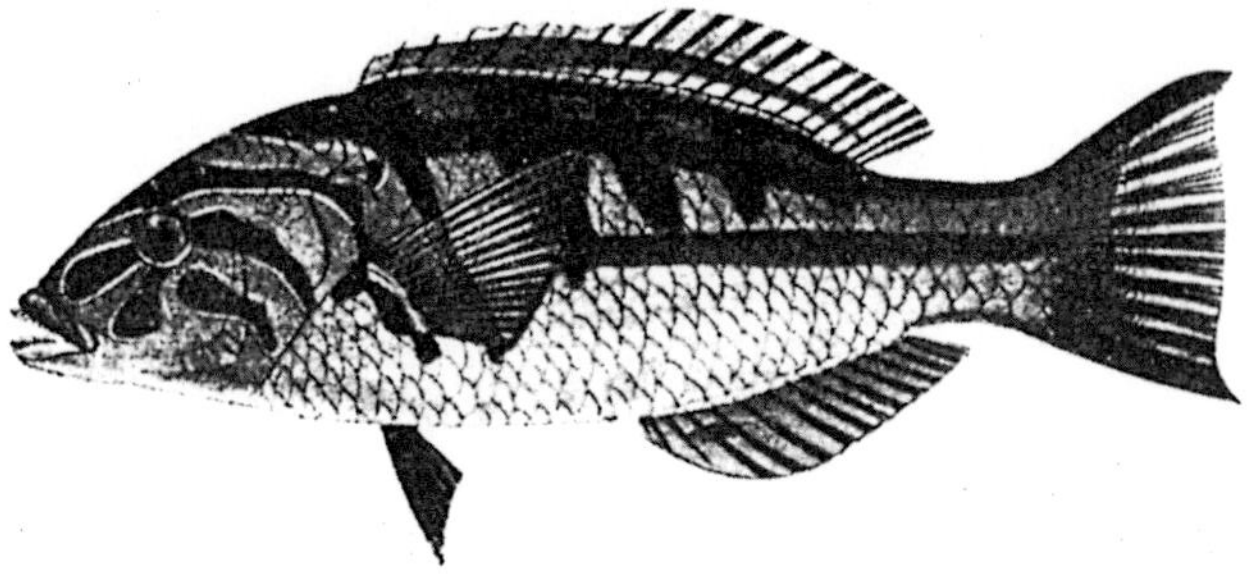

セナスジベラ

タコベラ　**紙鳶倍良**　Cheilinus ceramensis (*Bleeker*)（**ベラ科**）（**口繪參照**）

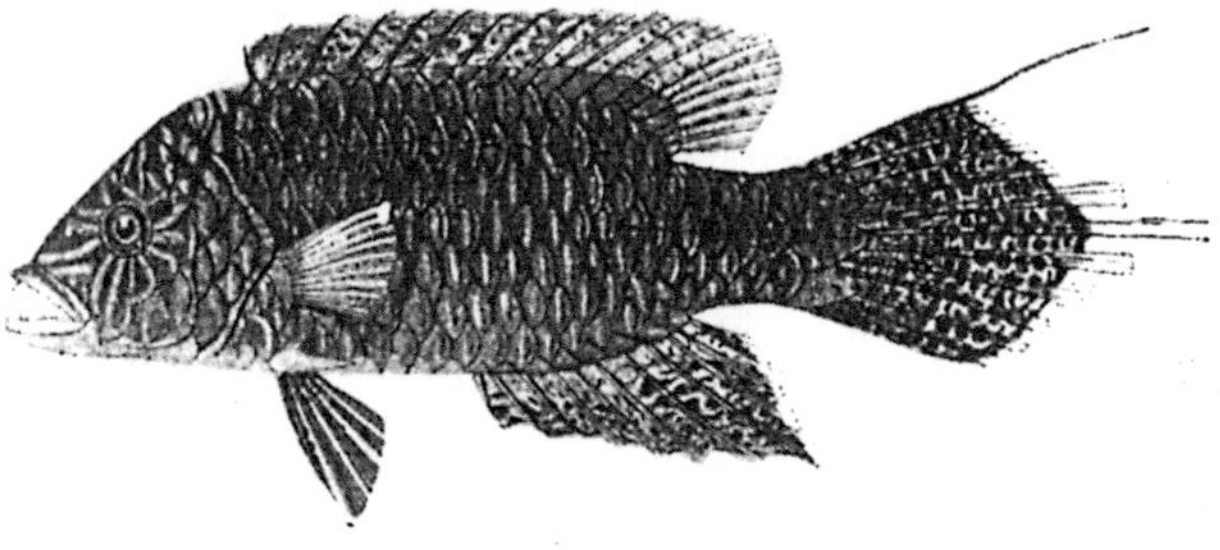

タコベラ

尾鰭の所々の鰭が絲狀に延長して、多少後方へ曳きずつてゐて、紙鳶へ尾を付けたやうに考へられる爲め、タコベラと命名することゝした。背鰭九棘十乃至十一軟條、臀鰭三棘八又は九軟條、一縦列の鱗數二十二個である。頗る美い斑紋を持つたもので、體長百五十ミリメエトル（四寸五分）に達する。印度から南日本の南部へ分布してゐる。神奈川縣三崎では殆ど見られない。食用となるか不明である。

カマスベラ　**魣倍良**　Cheilio inermis (*Forskål*)

琉球でカマスベラと云ふ。背鰭九棘十三軟條、臀鰭三棘十二軟條、一縦列の鱗數四十六個である。體細長く、吻部突出して、頭が稍やカマスに似てゐる。體側中央を縦走してゐる一褐色帶がある。體長三百四十ミリメエトル（一尺一寸五分）に達する。地色に青味（雄）の強いのと赤味（雌）の強いのとある。是は全く雌雄の相違に基くものである。紅海、印度から南日本の南部へ分布してゐる。相模灘には殆ど產しない。食品としての價値はわからい。

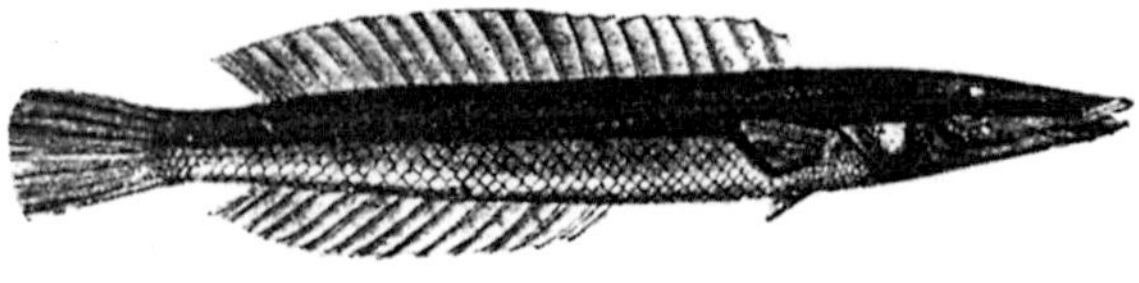

カマスベラ

クギベラ　**釘倍良**　Gomphosus longirostris (*Sevastianov*)（**ベラ科**）

クギベラとは曾て私の命名したものである。背鰭八棘十三軟條、臀鰭三棘十一軟條、一縦列の鱗數二十五個である。體高稍や低く、吻は長い。大體地色の青味の強いもの（雄）と赤味の強いもの（雌）とあるが、此相違は雌雄の相違に基くものである。此の外に色帶、斑點など種々で、頗る變化に富み、從つて多數の種名が出來たが、皆何れも同一種内のものである。體長百八十ミリメエトル（六寸）に達する。印

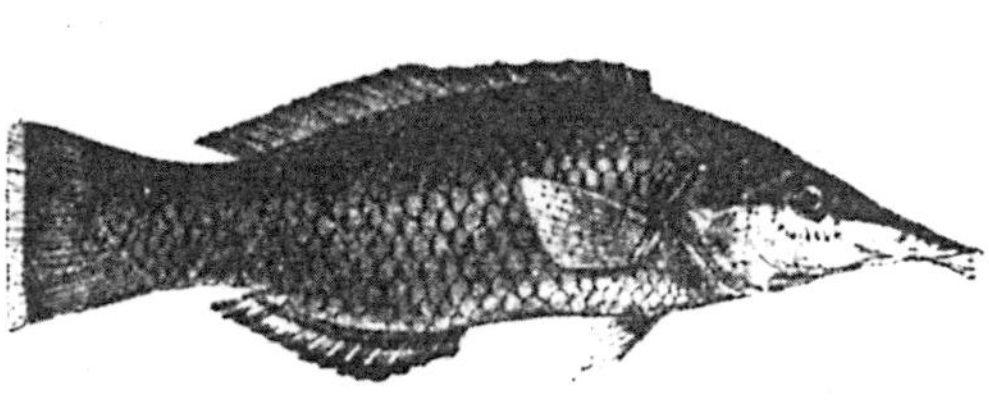

クギベラ

度、濠洲、南日本の南部へ分布してゐる。食品としての價値はわからない。

イトヒキベラ絲引倍良 Cirrhilabrus temmincki *Bleeker* （**ベラ科**）

イトヒキベラとは何地の稱呼かわからない。和歌山縣廣でオハナベラと云ふ。背鰭十一棘九軟條、臀鰭三棘九軟條、一縱列の鱗數二十三個である。腹鰭の軟條が頗る長く、絲狀をなしてゐるが、其長さは個體によつて長短の差著い。多分雄雌の差に基くであらう。體は左程大きくはない。南日本に產するが、多くは取れない。他地方への分布はわかつてゐない。

テンス　天須 Iniistius dea (*Temminck & Schlegel*) （**ベラ科**）

神奈川縣三崎でテンス、關西、四國でテス、靜岡縣靜浦でベロ（他のベラ類も同樣に言ふ）、和歌山縣田邊でニゴイラ、同縣白崎でエベスダイ、同縣串本でアマダイと云ふ。第一背鰭二棘、第二背鰭七棘十二軟條、臀鰭三棘十一軟條、一縱列の鱗數二十三個である。體頗る側扁せること〻、背鰭棘部の前部が其鰭の殘部から殆ど分れてゐることを特徴とする。胸鰭の上方に於て背部に近い體側に、濃藍色の一點あるものと、全く是のないものとある。是れは雌雄の差に基くであらう。往々にして其藍色の點が不完全に出來てゐるものもある。南日本のもので、稍や多く取れる。左程美味ではない。體長は三百ミリメエトル（一尺）を超える。

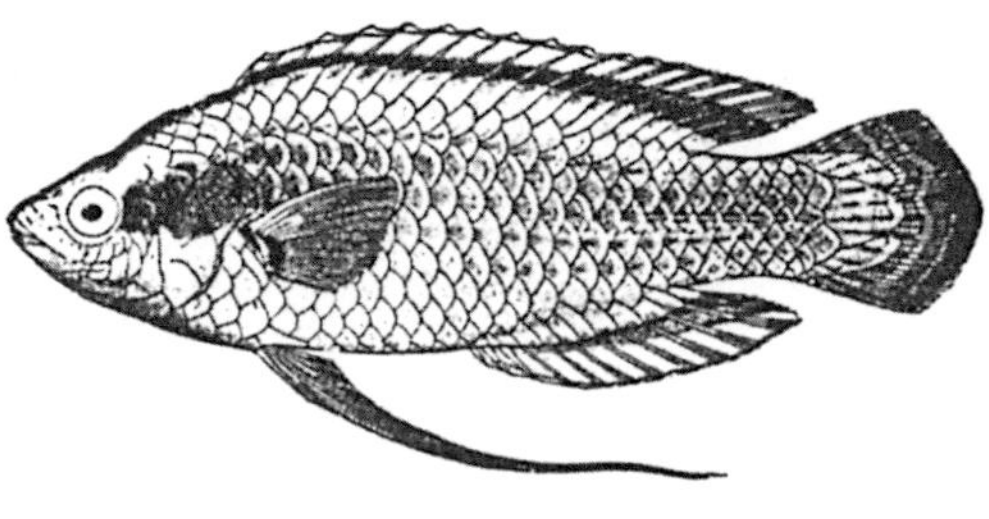

イトヒキベラ

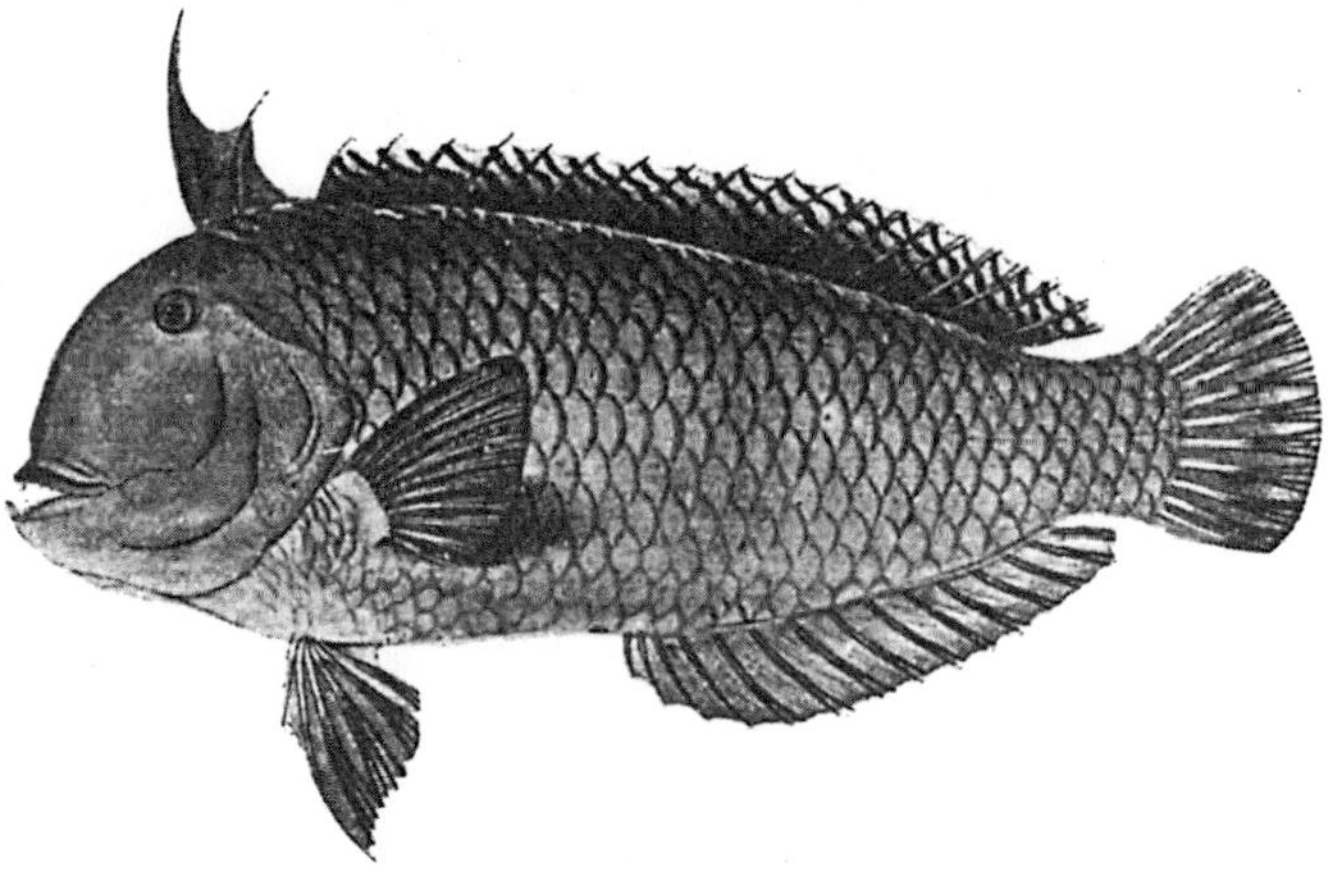

テンス

テンスモドキ　天須擬 Novaculichthys woodi *Jenkins* （**ベラ科**）

外見稍やテンスに似てゐる爲め、テンスモドキと命名すること〻した。テンスと違ふのは背鰭の形で、是れがテンスのやうに二背鰭に分れんとする傾向全くなく、普通のベラ類に於けると同樣である。體頗る側扁してゐる爲め、肉量は少い。背鰭九棘十二軟條、臀鰭三棘十二軟條、一縱列の鱗數二十五個である。背鰭棘部に藍青色の斑點が一列に竝んでゐるが、是れが全く無いことのあるのは雌雄の相違に基くであらう。體長

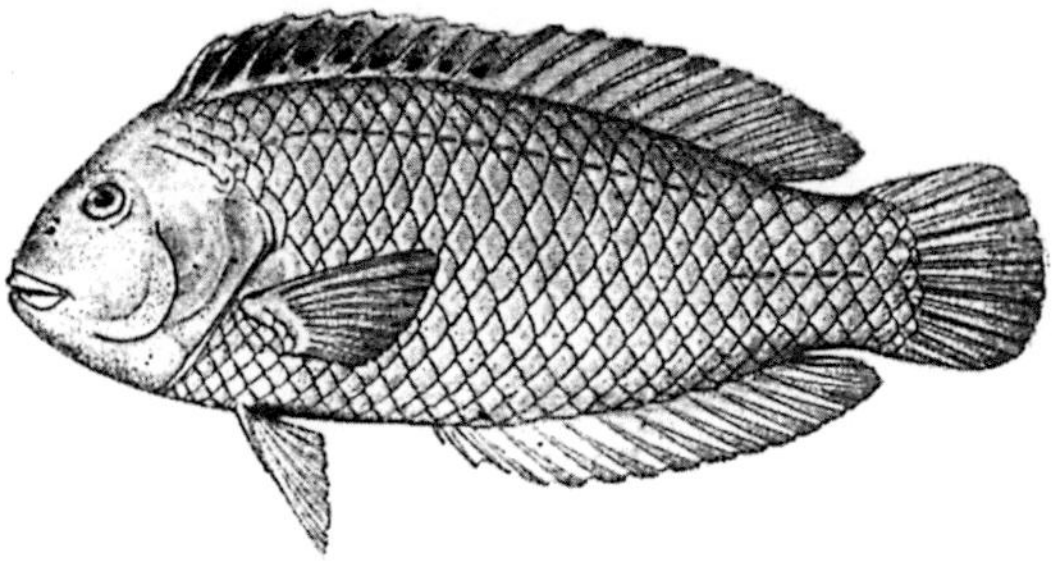

テンスモドキ

百八十ミリメエトル（六寸）に達する。布哇から南日本へ分布してゐるもので、神奈川縣三崎では少い。食料としての價値はわからない。

ブダイ　部鯛　Leptoscarus japonicus (*Cuvier* & *Valenciennes*)（**ブダイ科**）

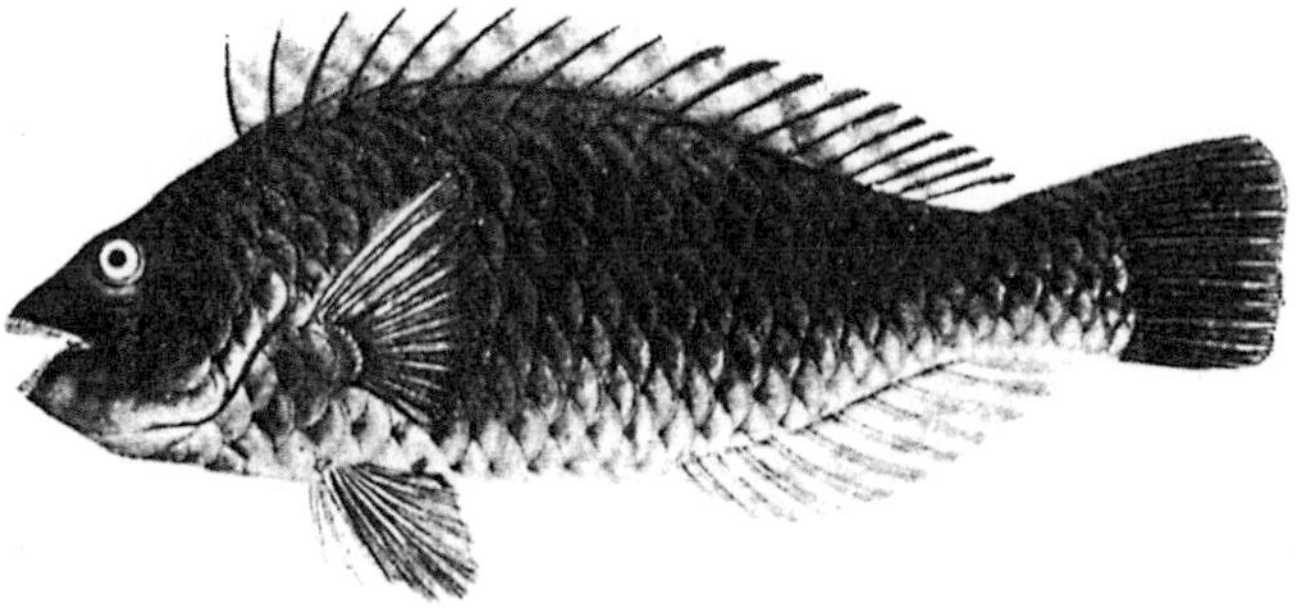

ブダイ

東京附近でブダイ、大阪、高知でイガミ、高知縣柏島でエガミと云ふ。背鰭九棘十軟條、臀鰭三棘九軟條、一縱列の鱗數二十一個である。鱗の大きいこと、齒の多いことはベラ類やアオブダイ類と相違した點である。赤味の強いの（雌）と青味の強いの（雄）とあるのは雌雄の相違に基くものである。體長三百ミリメエトル（一尺）に達する。左程美味では無い。南日本のものである。

アオブダイ　青部鯛　Calliodon ovifrons (*Temminck* & *Schlegel*)（**ブダイ科**）

アオブダイ

アオブダイとは何地の稱呼か不明である。鹿兒島縣甑島でハッチィと云ふ。背鰭九棘十軟條、臀鰭三棘九軟條、一縱列の鱗數二十三個である。齒は癒合し各顎に大きい嘴狀の齒一對を形成してゐる。體色は青味がゝつた濃褐色で、各鱗の邊緣は幅廣く濃青色である。齒は青みがゝつた濃綠色である。背鰭、尾鰭及び臀鰭は淡黑色で、邊緣は幅廣く美い青綠色である。胸鰭は淡黑色である。體長四百五十ミリメエトル（一尺五寸）に達する。南日本のもので、食料とはなるが、左程美味ではないやうである。

マトオダイ　的鯛　Zeus faber *Linné*（**マトオダイ科**）

神奈川縣三崎でマト、マトオ又はマトオダイ、東京ではカヾミ（カヾミダイと一緒に斯様に言ふ）、舞鶴でバト又はカネタ・キ、新潟縣出雲崎でクルマダイ、湯淺、鹽屋、田邊、周參見（以上和歌山縣）、三重縣木の本でマトハゲ、和歌山縣串本でマトハギ、和歌山縣太地、三重縣二木島でマトウオと云ふ。背鰭十棘二十三軟條臀鰭四棘二十二軟條である。鱗は皮下に埋沒し、隣接のものと重疊した部分がない。是を數へると一縱列に凡そ百十個ある。體側に一つの大きい青黑色の點がある。是は其周圍を白色の輪を以て圍んでゐる。體長三百ミリメエトル（一尺）を超える。太平洋と大西洋とのマトオダイは別種となつてゐるが、私は同一種と思ふから、學名も改正して置いた次第である。

マトオダイ

ガヾミダイ　Zenopsis nebulosa（*Temminck & Schlegel*）（**マトオダイ科**）

東京ではマトオダイと一緒にカヾミと云ふ。小田原、和歌山縣田邊でギンマト、靜岡縣靜浦でギンマテ、高知でカヾミウオと云ふ。背鰭九又は十棘二十七軟條、臀鰭三棘二十五軟條である。稍やマトオダイに似てゐる爲め、是等を區別しない地方もあるが、マトオダイよりも稍や不味である。マトオダイには背鰭棘部に楯板を持たないが、カヾミダイには是を持つてゐる。體側にマトオダイのやうな大きい斑紋はないが、幼魚では兩種を混同し易い。何となればカガミダイの幼魚もマトオダイの幼魚も體側に數多の黑い小斑紋を散在してゐる爲である。體長はマトオダイと同樣である。南日本ばかりでなく、稍や北日本へも分布してゐる。

カヾミダイ

ツバメウオ　燕魚　Platax teira（*Forskål*）（**ツバメウオ科**）

和歌山縣田邊でツバメダイ又はヒコオキウオ、同縣田邊、同縣白崎でトモ、リと云ふ。ツバメウオとは何地の稱呼か不明である。背鰭五棘三十二軟條、臀鰭三棘二十六軟條、一縱列の鱗數七十五個である。尾鰭と胸鰭とを除き、他の鰭には頗る長い軟條を持つてゐる。體は頗る側扁し、淡褐色の地色へ、數個の褐色横帶を持つてゐる。體長は三百ミリメエトル（一尺）を超える。南日本から熱帯へ分布してゐる。殆ど食用とはならないものと思はれる。

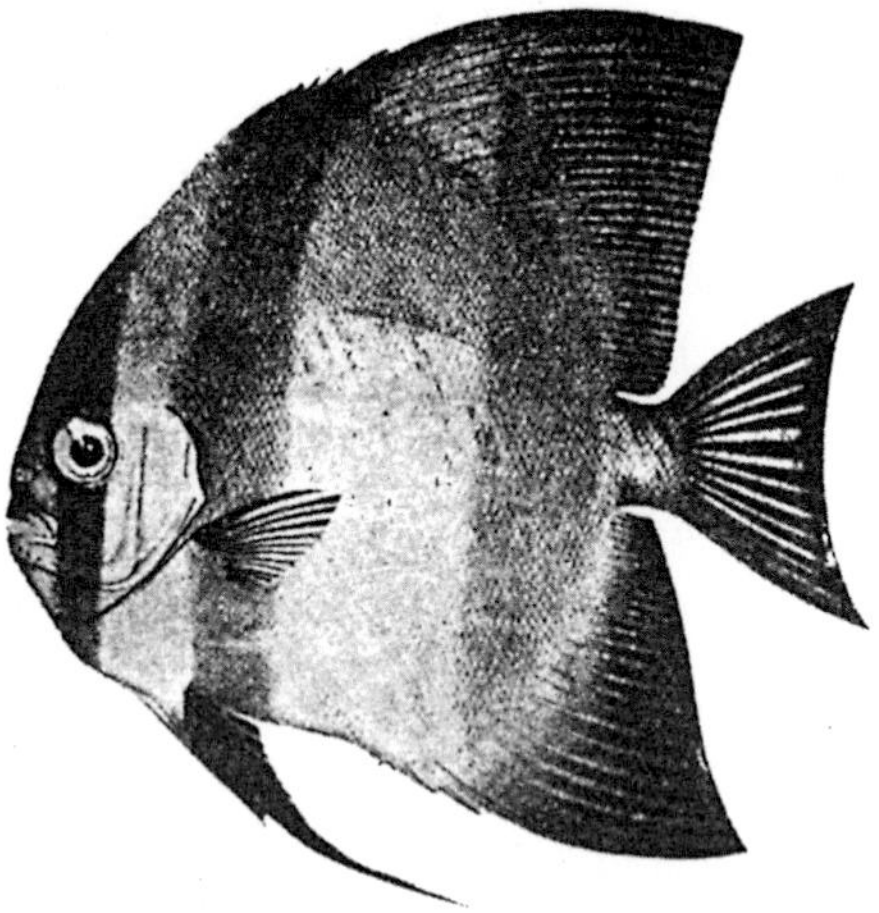

ツバメウオ

ヒシダイ　菱鯛　Antigonia rubescens (*Günther*)（**ヒシダイ科**）

ヒシダイとは何地の名稱か不明である。和歌山縣田邊でタバコイレ（和歌山縣の或地方ではチョオチョオウオの類を斯様に云ふ）と云ふ。背鰭九棘二十六乃至二十八軟條、臀鰭三棘二十六軟條、一縦列の鱗數六十個である。體色は稍や褐色を帶びた美い赤色である。體長二百十ミリメエトル（七寸）に達する。南日本から布哇へ分布してゐる。我國では澤山に取れないもので、殆ど食用としないやうである。

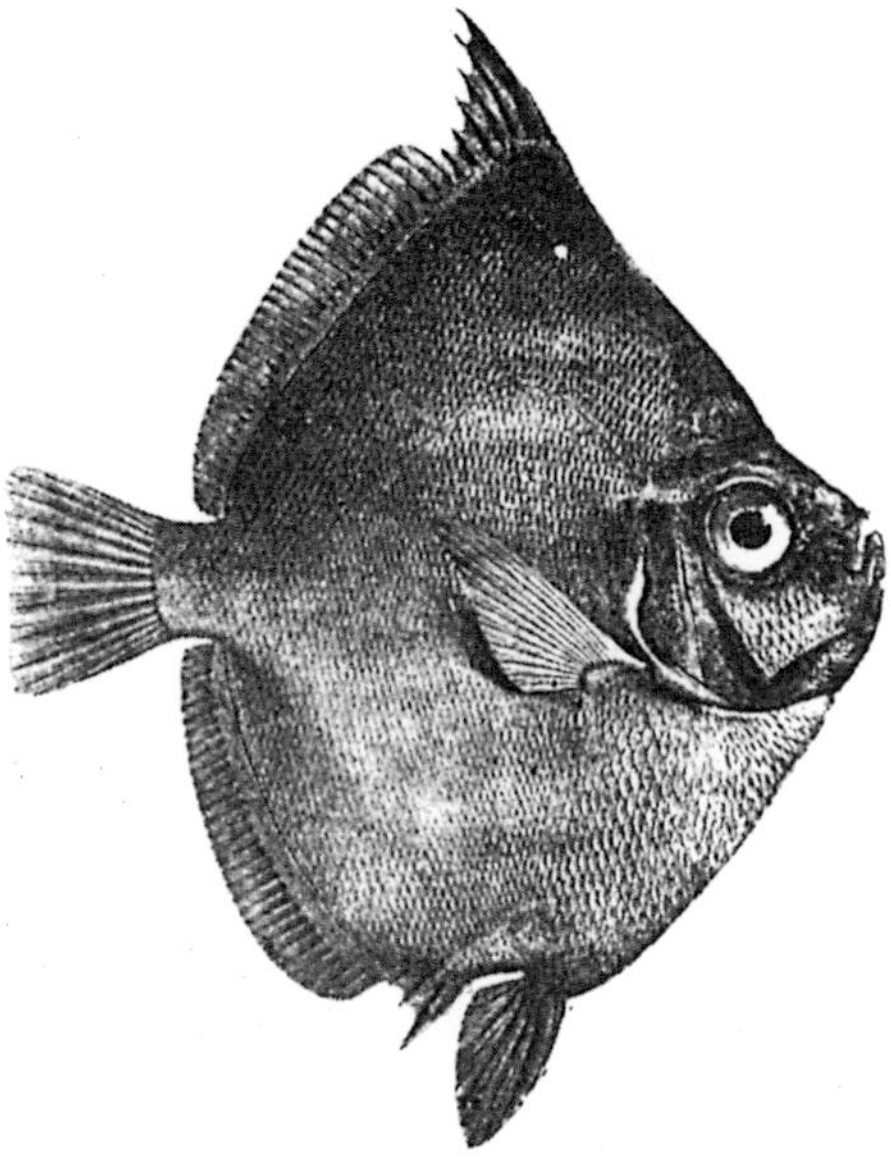

ヒシダイ

チョオチョオウオ　蝶々魚　Chaetodon collaris *Bloch*（**チョオチョオウオ科**）

高知縣柏島でカゞミウオと云ふ。チョオチョオウオとは何地の稱呼か不明である。英語で此類をバタフライフィシュ butterfly-fish と云ふから、或は是れから直譯せられたものかも知れない。背鰭十二棘二十三軟條、臀鰭三棘二十軟條、一縦列の鱗數四十五個である。頗る美い斑紋は顯著で、容易に他種と識別し得られる。體長百三十五ミリメエトル（四寸五分）に達する。南日本から琉球へ分布する。食用とはならないが、水族館へ入れると人氣者である。

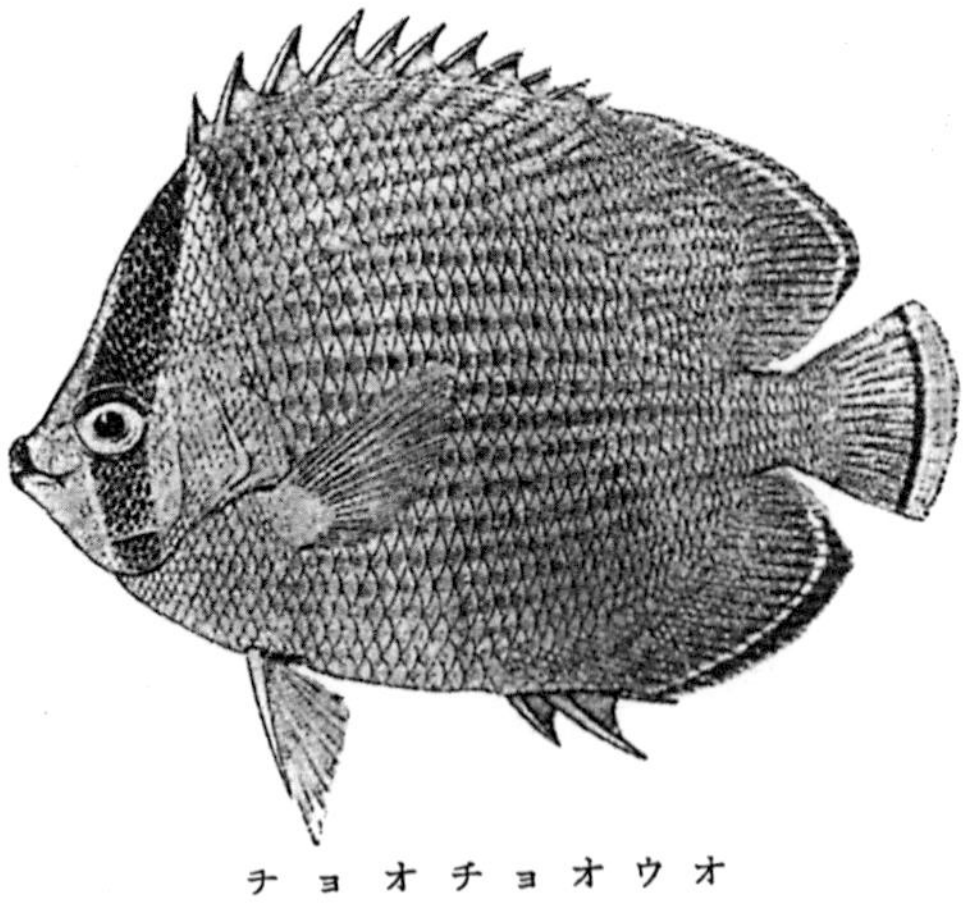

チョオチョオウオ

トゲチョオチョオウオ　棘蝶々魚　Chaetodon setifer *Bloch*（**チョオチョオウオ科**）

トゲチョオチョオウオとは學名を翻案して嘗て私の命名したものである。背鰭十二又は十三棘二十三乃至二十六軟條、臀鰭三棘二十一軟條、一縦列の鱗數四十五個である。斑紋頗る美い。紅海、布哇、南洋、南日本の南部に居る。神奈川縣三崎附近では往々幼魚を見るが、成魚は頗る稀である。食用とはならないであらう。體長百七十ミリメエトル（五寸

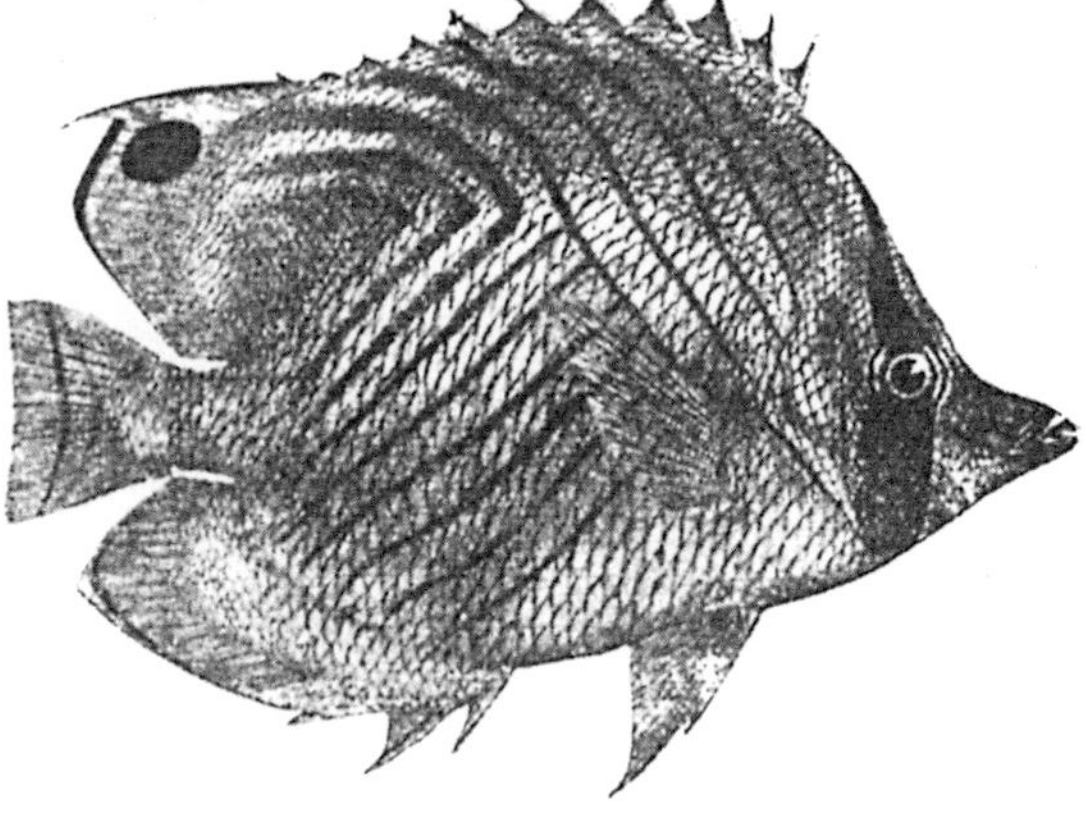

トゲチョオチョオウオ

五分）に達する。

フウライチョオチョオウオ　風來蝶々魚

Chaetodon vagabundus *Linné*（**チョオチョオウオ科**）

フウライチョオチョオウオとは曾て私の命名したものである。背鰭十三棘二十五軟條、臀鰭三棘二十軟條、一縱列の鱗數四十五個である。斑紋は持有のもので、他種と殆ど混同することはない。體長百三十五ミリメエトル（四寸五分）に達する。紅海、印度から、琉球へ分布してゐる。南日本の南部にもゐるであらう。

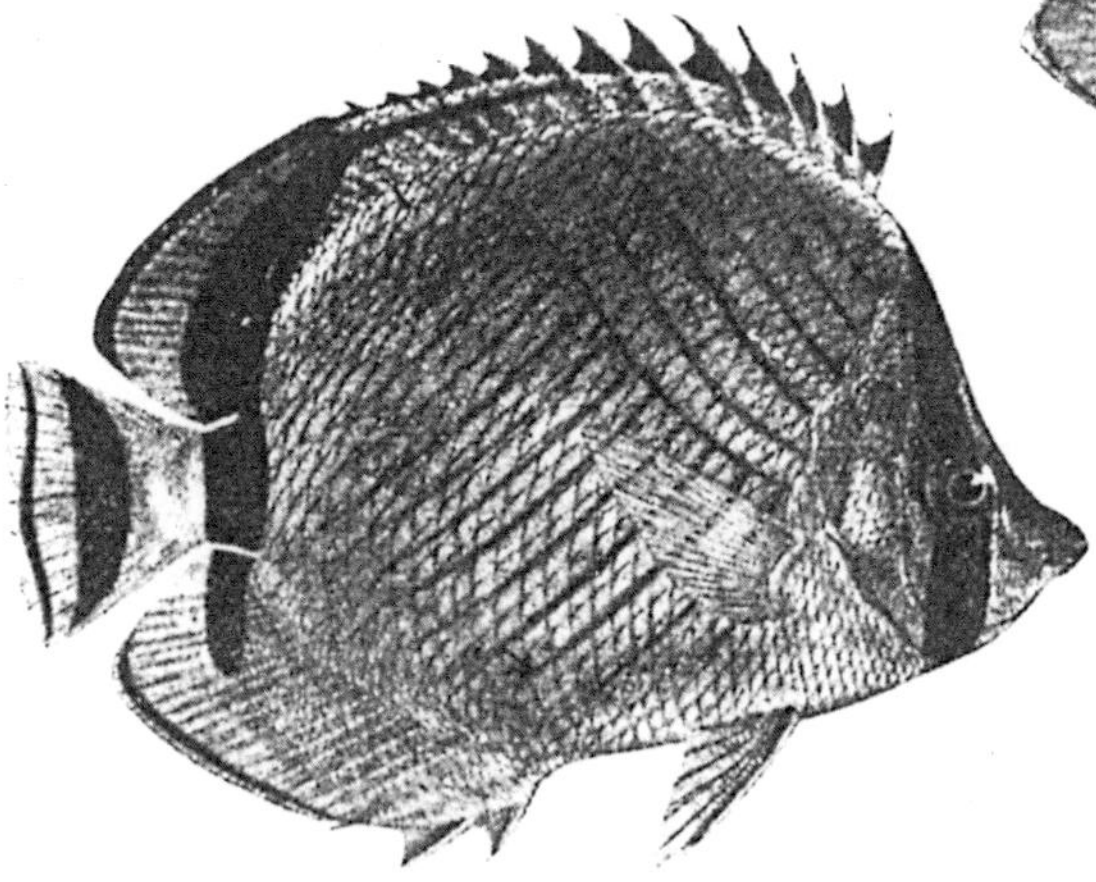

フウライチョオチョオウオ

チョオハン　長範

Chaetodon lunula (*Lacépède*)（**チョオチョオウオ科**）（口繪參照）

チョオハンとは今回初めて私が命名したものである。背鰭十二棘十六軟條、臀鰭三棘十九軟條、一縱列の鱗數三十三個である。地色や斑紋は特有であるが、幼魚と成魚とが著く斑紋を異にし、幼魚では背鰭軟條部の前部に一個の大きい黒褐色の斑紋があつて、此斑紋の周圍を白つぽい輪狀帶を以て圍んでゐる。熱帶方面のものであるが、千葉縣の海岸でも幼魚を往々見受けるこ

チョオハン　成魚

チョオハン　幼魚

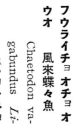

とがある。食用とはならないが、水族館へ入れると美く見えるものである。體長百八十ミリメエトル(六寸)に達する。

シラコダイ　**白子鯛**　Chaetodon nippon *Döderlein* (**チョオチョオウオ科**)

シラコダイ

シラコダイとは何地の稱呼か不明である。背鰭十三棘二十軟條、臀鰭三棘十七軟條、一縦列の鱗數五十個である。本種の特徴は特異であつて、殊に斑紋は他種のものと容易に識別することが出來るが、幼魚は稍や趣を異にし、背鰭軟條部に眼狀の斑紋のあることチョオハンと同樣である。從つて是等の成魚は識別頗る容易であるに拘らず、幼魚は大に混同し易い。體長百七十ミリメエトル(五寸五分)に達する。南日本のものであるが、他の暖い地方へ分布してゐるか不明である。食用としての價値は無いであらう。

ゲンロクダイ　**元祿鯛**　Coradion modestum (*Temminck & Schlegel*) (**チョオチョオウオ科**)

ゲンロクダイとは曾て私の命名したものである。背鰭十一棘十六乃至二十二軟條、臀鰭三棘十六乃至十八軟條、一縦列の鱗數六十個である。地色と斑紋とは頗る顯著である。南日本のものであるが、暖い南方へ分布してゐることであらう。體長百五十ミリメエトル(五寸)に達する。體頗る側扁し、肉量少い爲め食用となることはないと思はれる。

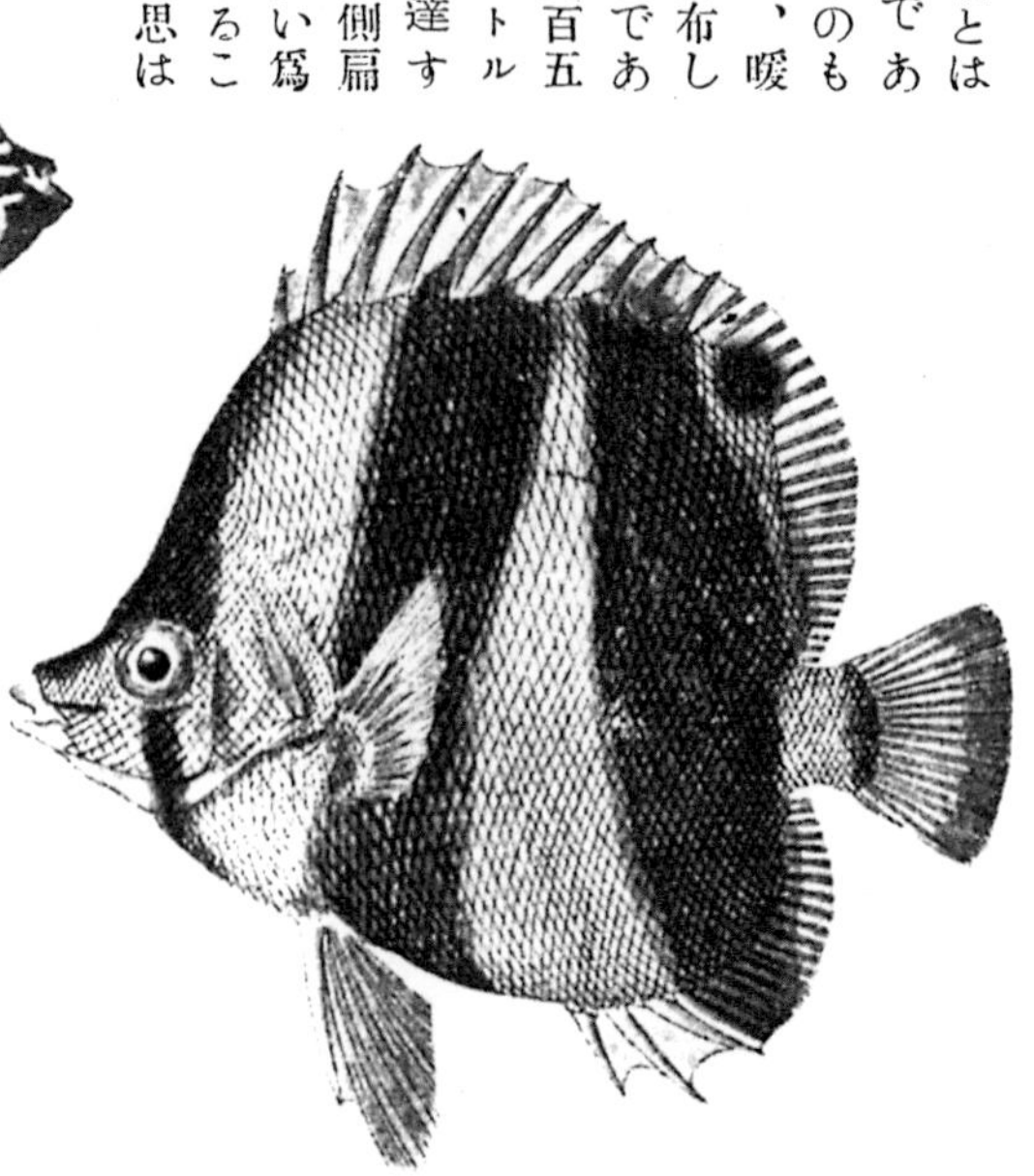

ゲンロクダイ

キンチャクダイ

キンチャクダイ　**巾著鯛**　Holacanthus septentrionalis *Temminck & Schlegel* (**チョオチョオウオ科**)

キンチャクダイとは何地の稱呼か不明である。高知市外の浦戸でマブシ(他の近似種をも混稱する)、高知縣柏島でカゞミウオ(他の近似種をも混稱する)と云ふ。背鰭十三棘十八軟條、臀鰭三棘十九軟條である。鱗は小い。體の斑紋は頗る特徴を持つてゐるが、よく見ると個體變化が多い。殊に幼魚は多少成魚とは其斑紋を異にする。體長百五十ミリメエトル(五寸)に達する。南日本に産するが、更に南方へ分布してゐるであらう。我國では稍や多いが、食用とは殆どならない。水族館へ入れると人氣を博するものである。

ハタタテダイ　旗立鯛　Heniochus acuminatus (*Linné*) (**チョオチョオウオ科**)

ハタタテダイとは何地の稱呼が不明である。和歌山縣田邊でノボリダイ又はチョオゲンバト、湯淺、白崎、鹽屋(以上皆和歌山縣)でキョオゲンバカマ、島根縣濱田でサンバソオ、長崎でハタタテ又はホタテと云ふ。

ハタタテダイ

背鰭十二棘二十三軟條、臀鰭三棘十七軟條、一縱列の鱗數四十五個である。背鰭第四棘頗る長く、絲狀をなして延びてゐる。其延び方の程度が雌雄によつて違ふかと思はれるが、此の點がまだ明でない。地色と斑紋とは特異である。體長百五ミリメエトル(三寸五分)に達する。印度から南日本へ分布してゐる。食用としての價値は全くないが、水族館へ入れると美く面白いものである。

カゴカキダイ　籠舁鯛　Micracanthus strigatus (*Cuvier* & *Valenciennes*) (**チョオチョオウオ科**)

カゴカキダイとは何地の稱呼が不明である。和歌山縣田邊でチョオゲン(他の近似種をも同樣に稱する)湯淺、周參見、白崎(以上皆和歌山縣)でキョオゲンバカマ(ハタタテダイをも同樣に稱する)と云ふ。背鰭十一棘十六軟條、臀鰭三棘十六軟條、一縱列の鱗數六十個である。地色及び斑紋は特異で、體長百八十ミリメエトル(六寸)に達する。南日本のものであるが更に南方へ分布してゐるであらう。食用とはならないが、水族館へ入れると美く見えるものである。

カゴカキダイ

ツノダシ　角出　Zanclus canescens (*Linné*) (**ツノダシ科**)

ツノダシとは何

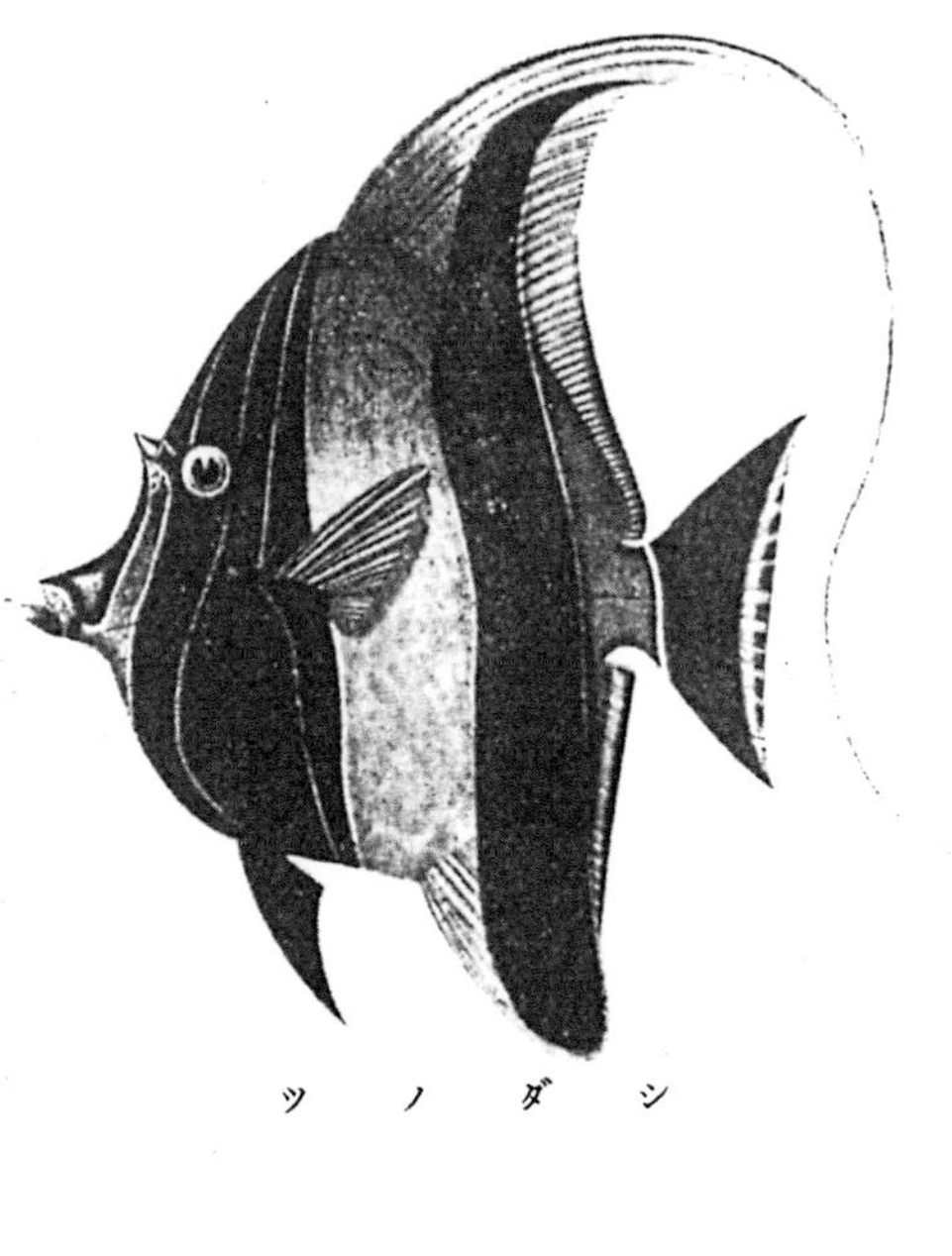

ツノダシ

地の稱呼がわからない。高知縣手結《テイ》でタカマツ、同縣柏島でシマウォ、同縣和歌山縣田邊でアミガサウォ又はスミシロ、同縣太地でイトマキ、同縣瀬戸でノボリタテと云ふ。背鰭九棘三十八軟條、臀鰭三棘三十三軟條である。鱗は微小形である。背鰭第三棘は頗る延びて絲狀を呈してゐる。地色と斑紋とは特異である。體長百五十ミリメエトル(五寸)に達する。印度から南日本へ分布する。食用とはならない。

スダレダイ　**簾鯛**　Drepane punctata (*Gmelin*)(**スダレダイ科**)

スダレダイとは曾て私の命名したものである。背鰭八棘二十一軟條、臀鰭三棘十八軟條，一縱列の鱗數は五十個である。體高頗る高く、頗る側扁してゐる。背鰭の直前に一個の前向棘がある。體形はチョオチョオウオ科に近いが、胸鰭の頗る長いのはアジ科のやうである。體側に褐色の橫帶十個を認めるが、印度に產するものは是等の線が一列の點から成つてゐる傾向がある。然し是等兩者は全く同一種のものと私は思ふ。南日本に多少產するもので、東京附近には殆どゐないものである。つまり此魚は熱帶性の魚で、印度附近へも分布してゐる。體長は二百十ミリメエトル(七寸)以上に達すると思はれる。是が往々にして日本海沿岸で取れるのを見ると、此方面へ熱帶性魚類の入り込む著き例と考へることが出來る。我國では殆ど食用としないものであらう。

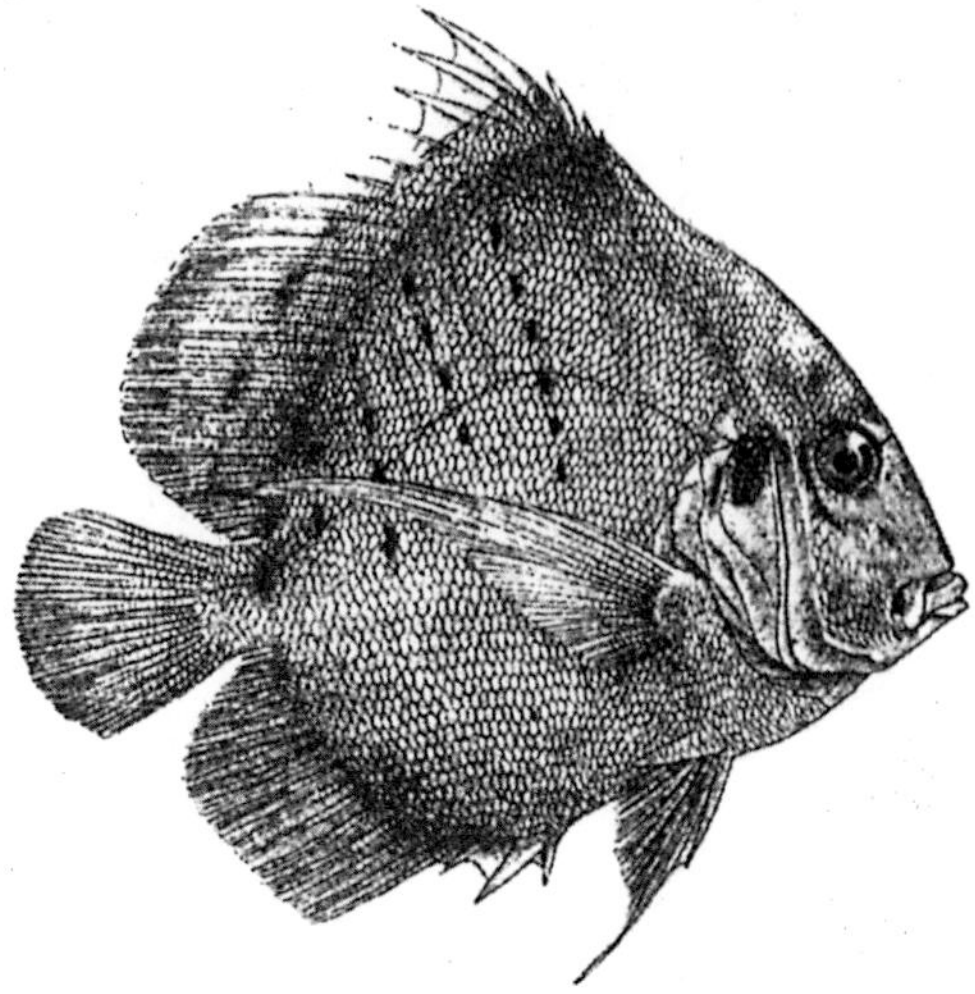

スダレダイ

テングハギ　**天狗剝**　Monoceros unicornis (*Forskål*)(**ニザダイ科**)

テングハギとは何地の稱呼か不明である。眼の前方に前方へ突出した大きい一個の角狀物のあること、尾鰭後緣が外方へ張り出して丸味を帶び、且つ此鰭の上下兩葉が著く延びて絲狀を呈してゐることを特徵とする。背鰭五棘二十九軟條、臀鰭二棘二十八軟條を持つてゐる。體には小い粗雜な鱗があるし、尾柄の處には各側に二個の骨質板があつて、前後に竝んでゐる。體は黑褐色で、腹面は稍や淡い。體長は六百ミリメエトル(二尺)を遙に超え、東印度諸島に多く、熱帶性の魚であるが、南日本の內の南部には多少產出し、我國では殆ど食用に供しないが、往々乾燥品となつて骨董品視せられることがある。神奈川縣三崎では頗る少いが、其幼魚は割合に多く見受けられ、是は成魚とは種々の點に於て著く相違してゐる爲め、別屬別種と考へられた場合が多い。幼魚は體形も違つてゐるし、鱗形も違つてゐるが、殊に、眼前の角狀突起は全くなく、尾柄に存すべき骨質板もなく、尾鰭の形も違ふし、更に地色が黑褐色でなくて、銀光つた灰色である。此魚は老幼によつて形の著く違ふ一好例と考へられるもので、また熱帶性の魚類の內で南日本の北限に殆ど達しない種類でも其幼魚は割合に斯樣な地方で見られるものであることを示したものである。斯樣な現象は果して

テングハギ

何を指すであらうか。幼魚は洋流によつて南日本の北限に近づき得るとして、成魚となると再び南下するのであらうか、それとも死滅する場合の多いことを示したものであらうか。更に考へて見ると、海岸よりも稍や沖合の稍や深い處へ行つて冷水に曝露せられないやうにしてゐるのであらうか、まだ斯様な點が全くわかつてゐないのである。

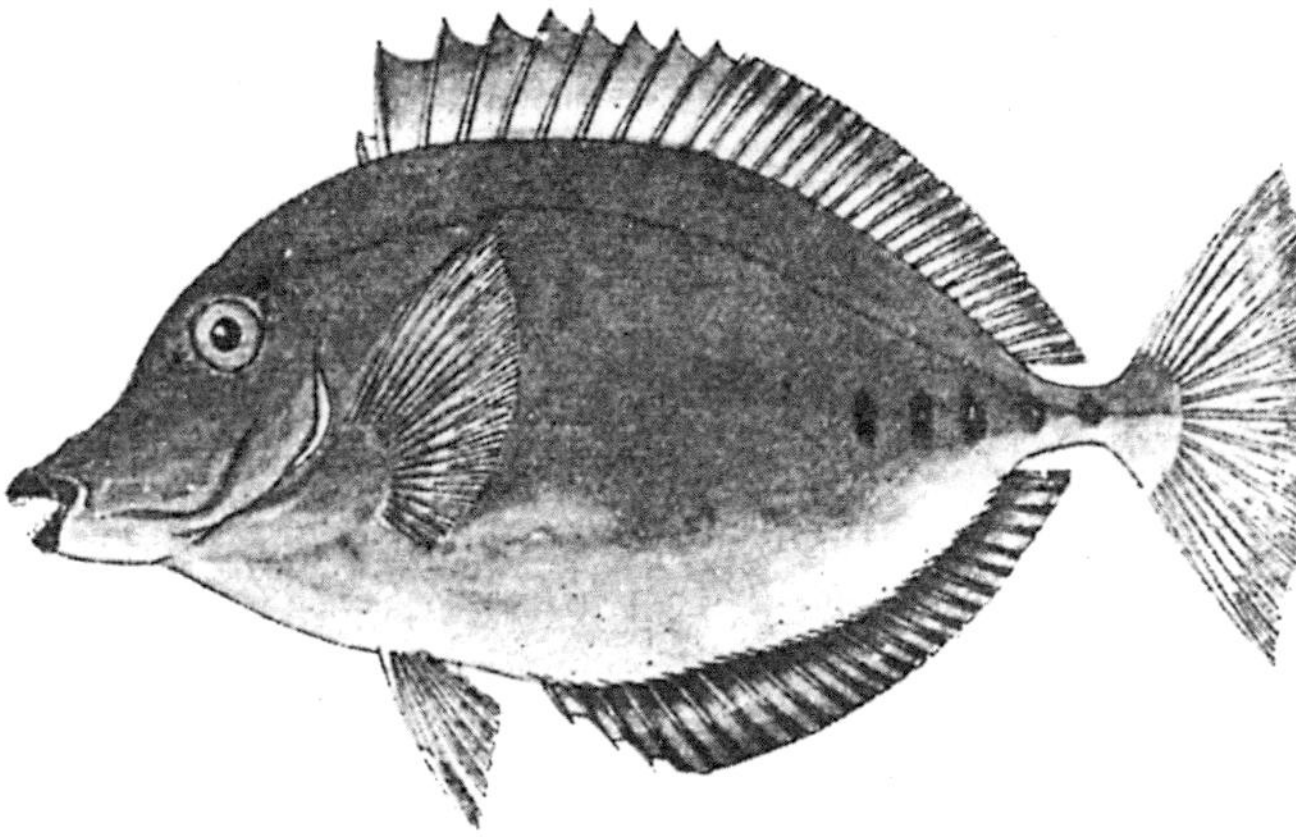

ニ　ザ　タ　イ

ニザダイ　**仁座鯛**　Xesurus scalprum (*Cuvier* & *Valenciennes*)
（**ニザダイ科**）

神奈川縣三崎でニザダイ、サンノジ又はサンノジダイと云ふ。千葉縣高島でシゲジロオ又はクサンボオ、三重縣濱島でサンハゲ、大阪でカッパハゲ、高知でクロハゲ、廣島でオキハゲ、熊本縣三《ミ》角《スミ》でスコベと云ふ。サンノジ又はサンハゲと云ふのは尾根の部分に黒色の點が一列に竝び、是が大體三個である爲である。然し此點は普通に四個又は五個で、三個であることは滅多にないが、三と云ふ數字が呼び易い爲であらう。稍やカワハギに似てゐるが、是は海岸や內灣にも居るが、ニザダイは稍や沖合に生活してゐる。オキハゲの名稱は此性質から出たものである。背鰭九棘二十二軟條、臀鰭三棘二十一軟條を持つてゐる。體には微小な鱗があつて、細かな天鵞絨狀の感覺を與へる。體色著く黒紫色である爲め、クロハゲの名稱が出たのである。體長三百ミリメエトル（一尺）を超える。南日本の魚で、稍や美味であるが、ハゲの名稱の示す通り、料理の際に皮を剝《む》いて是を棄てる必要がある。

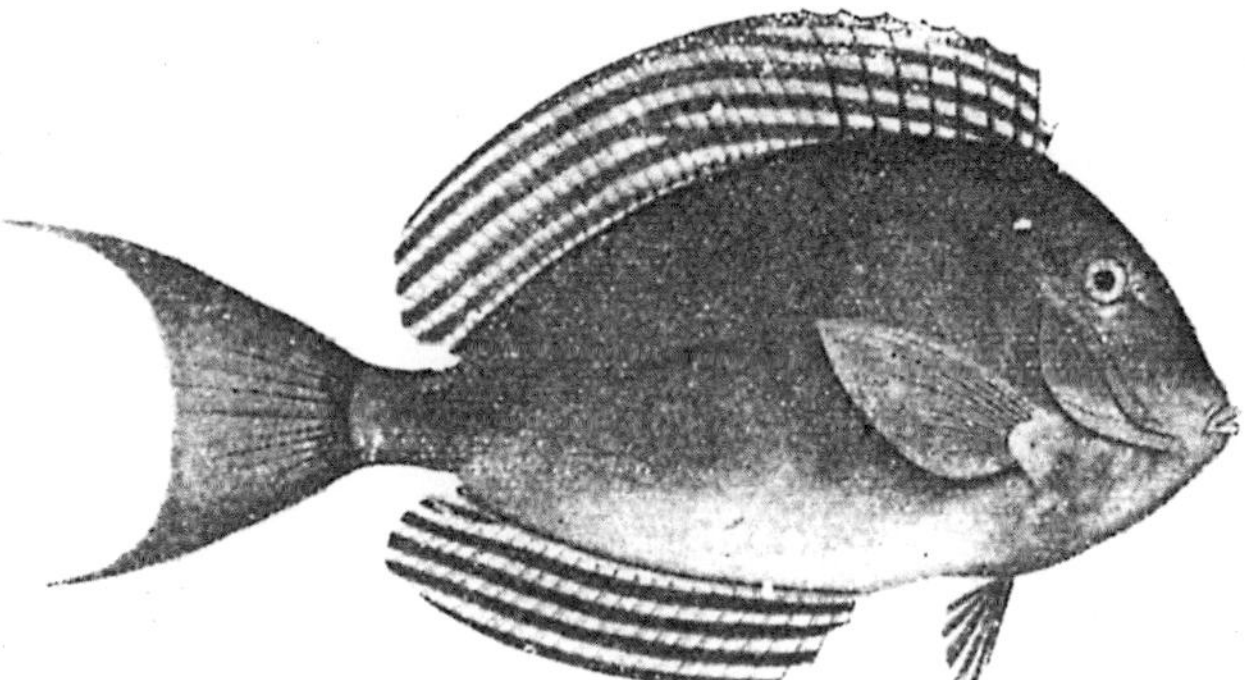

ク　ロ　ハ　ギ

クロハギ　**黒剝**　Hepatus argenteus (*Quoy* & *Gaimard*)（**ニザダイ科**）

クロハギとは曾て私の命名したものである。元來熱帯性の海魚であるが、南日本にも多少產する。我國では何れの地でも名稱かなく、殆ど食用とせられないものであるが、是を多產する處では食用とするかも知れない。大さも我國では九十ミリメエトル（三寸）位のものが多く、是は割合に海岸近くに產するのであるが、百二十ミリメエトル(四寸)に達するものは殆ど見られない。然し熱帯方面へ近づくと、是以上の大さのものがある見込である。背鰭九棘二十六軟條、臀鰭三棘二十四軟條を持つてゐて、體には微小の鱗を持つてゐる。體は黒紫色で、殆ど斑紋は無い。此魚も個體變化著く、從つて種々の種名が發表せられてゐるが、同一種のものと見るのが隱當であらう。

カンランハギ　**橄欖剝**　Hepatus bariene (*Lesson*)（**ニザダイ科**）

カンランハギとは曾て私の命名したものである。背鰭九棘二十六軟條臀鰭三棘二十五軟條を持つてゐる。體高く、相當によく側扁してゐる。尾柄の各側には强き逆向の一棘が溝中にあつて、是を溝の内外へ隱現せしめることが出來る。鱗は小い櫛鱗で、是に觸れると粗雜の感覺を受ける。體色は紫褐色で、體側には數多の暗色の縱走線があり、是と同様の線が頭にも存在する。尾柄にある棘は淡紅色で、黑褐色の斑紋は更に是を圍んでゐる。鰓孔の邊緣は淡黑色である。背鰭と臀鰭とは淡褐色で、遊離緣に近づくに從ひ淡色となつてゐるが、黑色の色帶が是等の鰭の基底と邊緣とに存在する。體長は三百九十ミリメエトル（一尺三寸）以上に達する。熱帶性魚類であるが、神奈川縣三崎でも稀には見ることが出來る。相當大きくなる爲にカワハギと多少同様に食品として取扱はれること、思ふが、何分にも吾々の見る場合が少いから、實際食料となるかは不明である。兎も角も見慣れないものであるのと左程美味とは思はれないから、寧ろ下等食品であらうと考へられる。

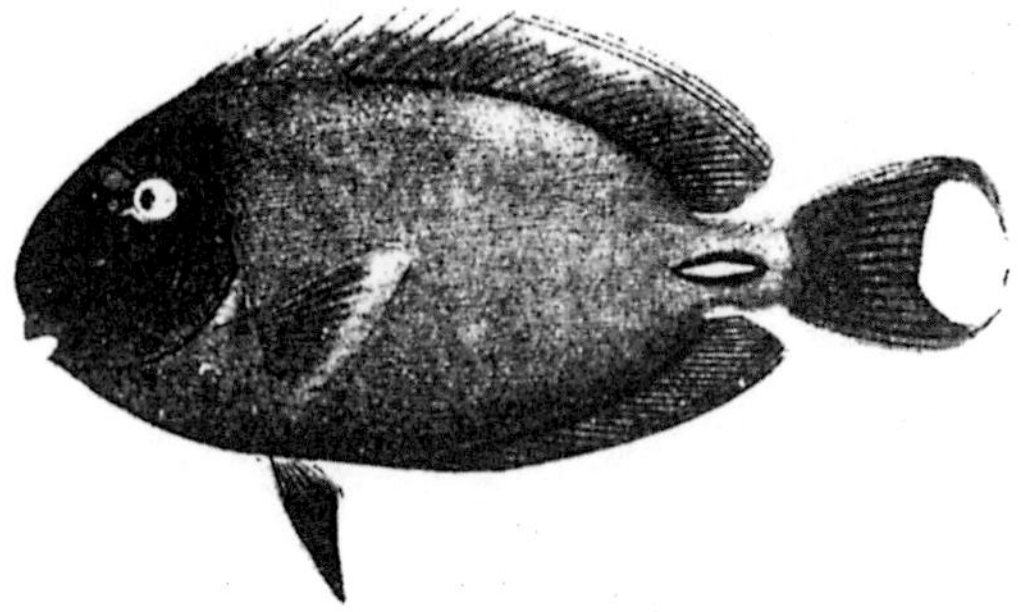

カンランハギ

アイゴ　**阿乙呉**　Teuthis fuscescens (*Houttuyn*)（**アイゴ科**）

東京でアイゴ、濱名湖でシャク、和歌山縣や三重縣伊勢國でアイ、高知でアエ、福岡縣筑前國でエ、ノウオ、イバリ又はバリ、長崎でヤアノウオ、京都府久美濱でカラクチ、宮崎でウミアイと云ふ。ウミアイとは河に居るアユに對して付けられた名稱であらう。背鰭十三又は十四棘十軟條、臀鰭七棘九軟條で、體には頗る微小の圓鱗を持つてゐるから、一見したゞけでは無鱗のやうに思はれる。背鰭棘部の前方に逆に前向してゐる一棘がある。腹鰭は三軟條ある外、其兩側に各一棘を具へてゐるのが特徴で、斯樣な腹鰭を持つてゐるものはアイゴ類以外の魚には無い。背鰭及び腹鰭に存する棘は頗る鋭く、是に螫されると一日位は疼痛を感ずる。體色と斑紋とは非常に變はり易く、釣り上げて見ると種々に變はるのが特に人目を惹くのであつて、實際海中に生活してゐる時は果して如何なる色を呈してゐるかは充分にわからないのみならず、生活時でも時々變化し、愉快な氣持の時や、恐怖の時又は病態などで著く變化すること、思はれる。標品となつたものでも著く黃色を帶びたものもある。體長は二百四十五ミリメエトル（八寸）位に達する。磯魚で、植物質のものも食するが、兎も角相當暴食性に富んでゐるやうで、小い内は多少臭味があるが、大きくなると美味となる。南日本の魚であるが、京都府久美濱灣（日本海沿岸で、丹後國の西部にある）では特に澤山の漁獲がある。

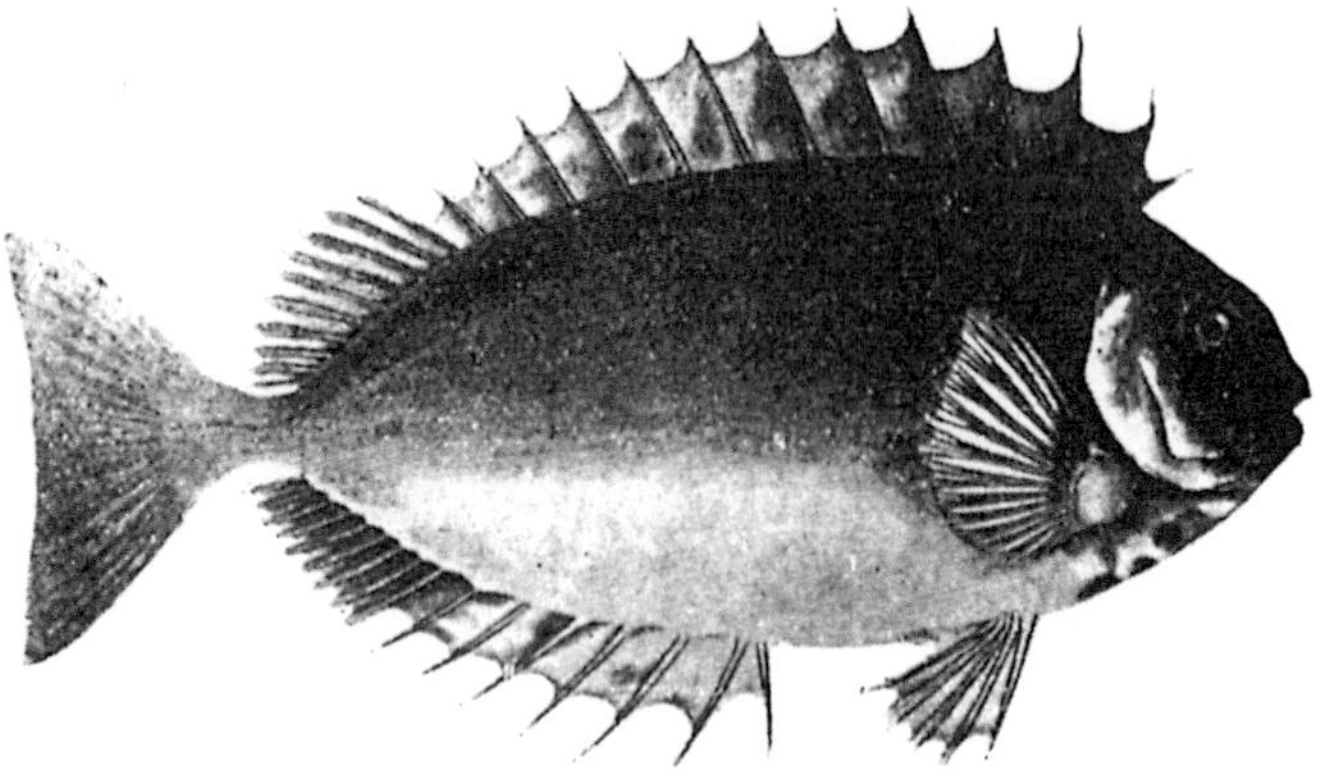

アイゴ

ベニカワムキ　**紅皮剝**　Triacanthodes anomalus (*Temminck & Schlegel*)（**ベニカワムキ科**）

ベニカワムキとは曾て私の命名したものである。南日本のもので、體長僅に百十ミリメエトル（三寸七分）に達し、極めて僅かの漁獲があるので、殆ど食用とはならないし、從つて何處でも名稱を持つてゐない。體色は紅色であるから稍や深い海に産するものであらう。第一背鰭四乃至六棘、第二背鰭十四乃至十六軟條臀鰭十二叉は十三軟條、腹鰭一棘二軟條を持つてゐる。鱗は小い棘質で、是に觸れると著く粗雜の感覺を受ける。顎には十八乃至二十個の小齒が一列に竝んでゐる。背鰭と腹鰭との棘は强く、其基底部二分の一は頗る粗雜である。吻は稍や長く其先端に小い口を開いてゐる。體の大部分は美い紅色で、腹部は淡色である。

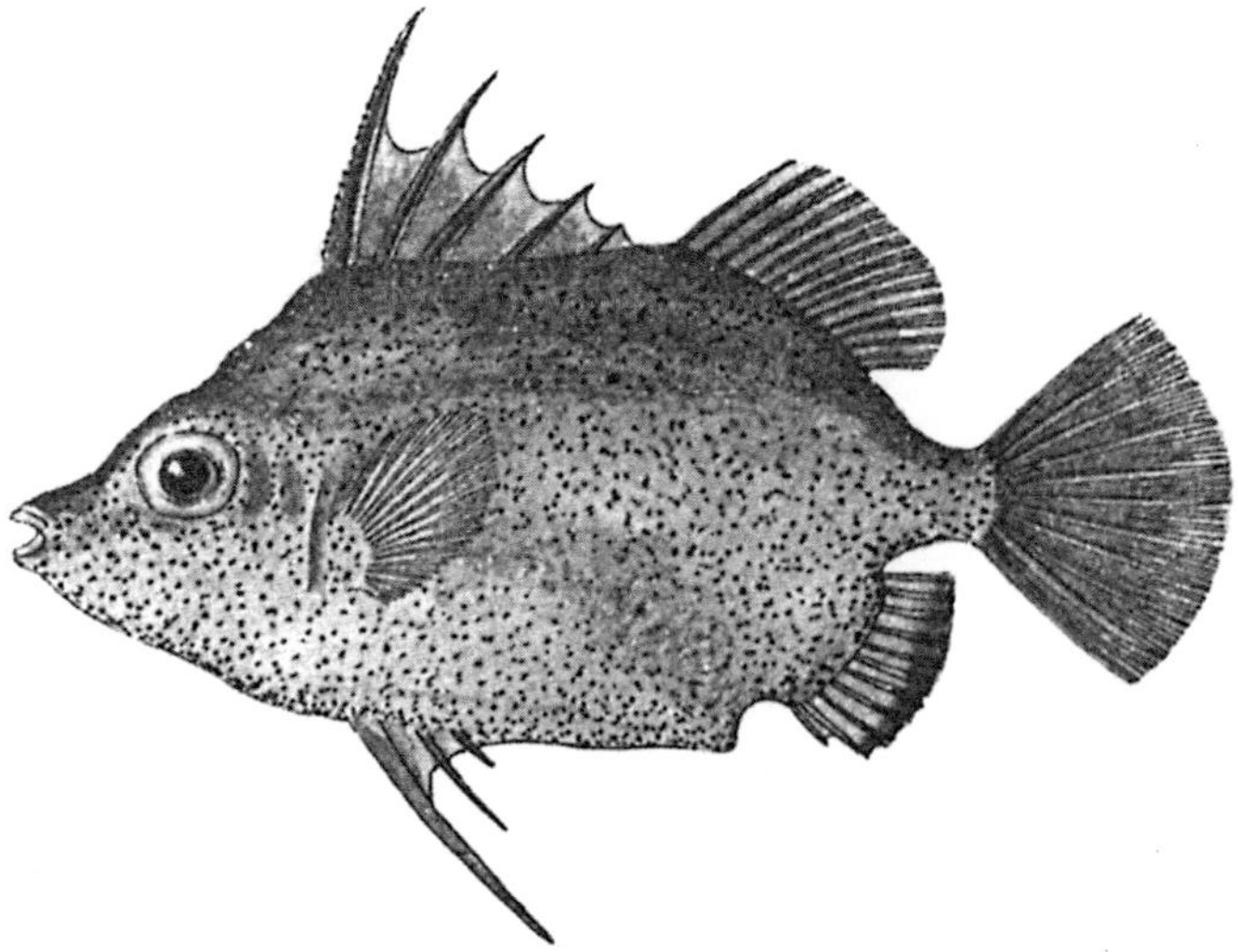

ベニカワムキ

ギマ　義萬　Triacanthus brevirostris *Temminck* & *Schlegel*
（**ギマ科**）

濱名湖でギマと云ふが、東京附近やその他の地方では餘り名稱がない。それは云ふ迄もなく、漁獲が少いのと此魚に對して食用上から餘り關心を持たない爲である。濱名湖沿岸殊に入出《イリデ》村では古來特に是を賞味するので、此附近の鷲津などからも大に入荷することがある。それかと言つてそれ程美味のものではない。體長は二百ミリメエトル（六寸五分）に達する。南日本のものである。第一背鰭五棘、第二背鰭二十二乃至二十五軟條、臀鰭十七乃至二十軟條、體の各側にある腹鰭は强い一棘のみを持つてゐる。體は微小な粗雜な鱗を以て蔽はれてゐる。稍やカワハギに似てゐるが、尾鰭が深く二叉し、稍やサバの尾鰭に似てゐる。第一背鰭基底部に近い體側に黒褐色の一點がある。

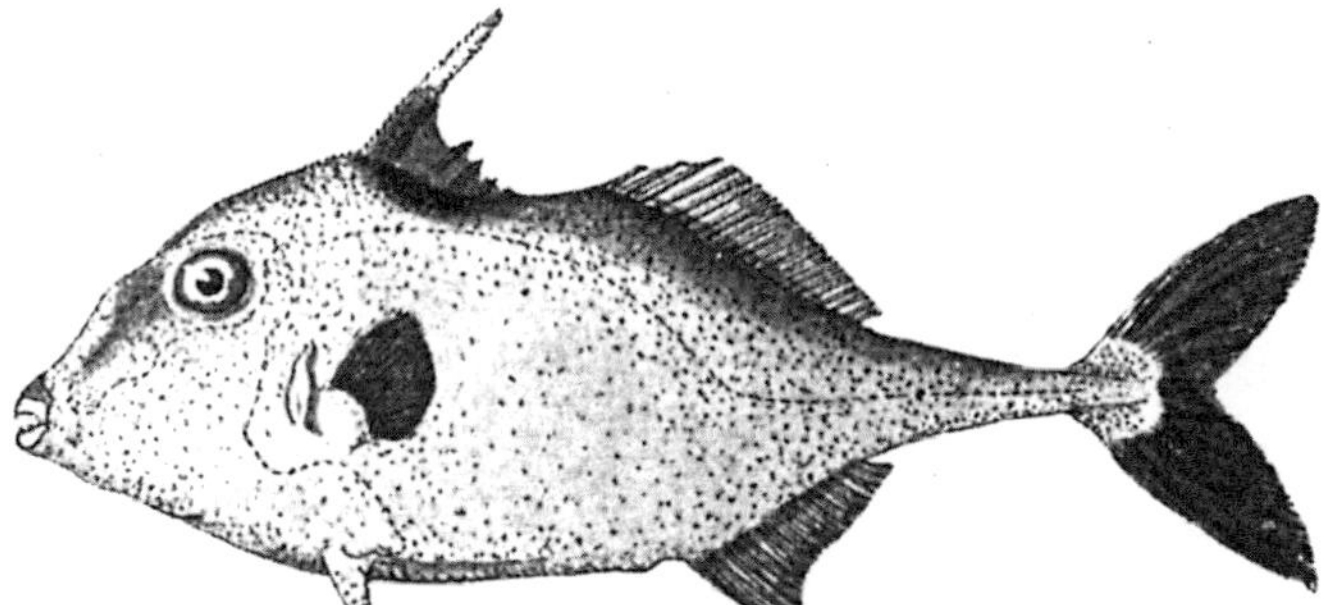

ギマ

アミモンガラ　網紋殼　Canthidermis rotundata (*Procé*)（**モンガラカワハギ科**）

アミモンガラとは曾て私の命名したものである。和歌山縣田邊でジュウタハゲと云ふ。第一背鰭三棘、第二背鱗二十六叉は二十七軟條、臀鰭二十四叉は二十五軟條、腹鰭は無い。鱗は粗雜且つ粒狀物を有するも、棘質を呈することは無い。一縦列の鱗數は四十六乃至五十五個である。體は紫黒色で、數多の淡色の斑點を散在してゐるが、時として此淡色斑

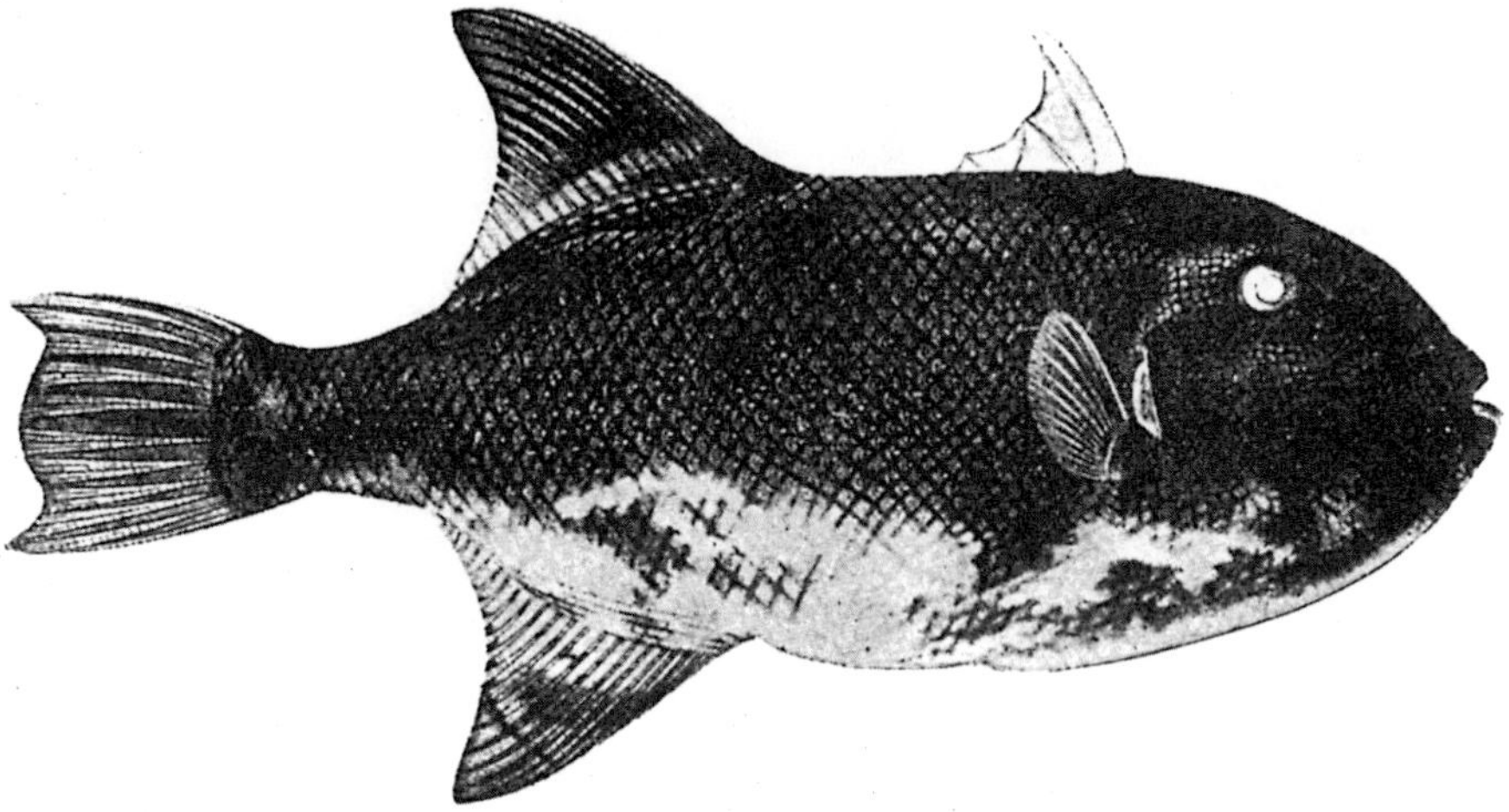

アミモンガラ

點の全く見えないこともある。體長は三百ミリメエトル（一尺）を超える。熱帶性の魚で、南日本に居るものであるが、神奈川縣三崎にも多少の漁獲がある。日本海沿岸で山形縣の沿岸へ或年の冬期に大群の襲來したことがある。左程美味ではないやうであるが、多少食用に供する。體の表面にある堅い鱗は煮又は燒くと容易に除くことが出來る。

モンガラカワハギ　紋殼皮剝 Balistes niger *Park* （**モンガラカワハギ科**）

モンガラカワハギ又は是に類似の名稱を持つてゐる本種に斯樣な名稱があるけれども、何地の稱呼かわからない。第一背鰭三棘、第二背鰭二十五軟條、臀鰭二十二軟條、一縱列の鱗數四十二個である。地色は暗褐色又は褐色へ赤味又は青味を帶びてゐるが、體の下方に淡青色の大きい數個の圓い斑紋を持つてゐるし、口邊の赤黄色や尾鰭の色合なども取り合はせると頗る美いもので、他の類種から容易に識別せられるものである。體長は三百ミリメエトル（一尺）に達する。熱帶方面に屬する印度洋や西太平洋に產するものであるが、南日本にも分布し、伊豆大島などでも多少產するものである。多分食用とはならないものと思はれる。是を乾燥して床間の飾物としてゐるを往々見受けることがある。

クマドリ　隈取 Balistes undulatus (*Park*) （**モンガラカワハギ科**）（口繪參照）

體面に茶褐色の數多の色帶があつて、恰も顔は隈取りをしてゐるやうであるから、私が爰にクマドリと命名した次第である。印度洋と太平洋との熱帶部に居るものであるが、曾て高知高等學校教授蒲原稔治氏が高知縣で採集したことがある。第一背鰭三棘、第二背鰭二十七軟條、臀鰭二十四軟條、一縱列の鱗數四十一個である。斑紋は頗る特異であるから一見したゞけで他種と誤ることは無い。體長二百四十五ミリメエトル（八寸）に達する。恐らく食用とはならないが、乾

モンガラカワハギ

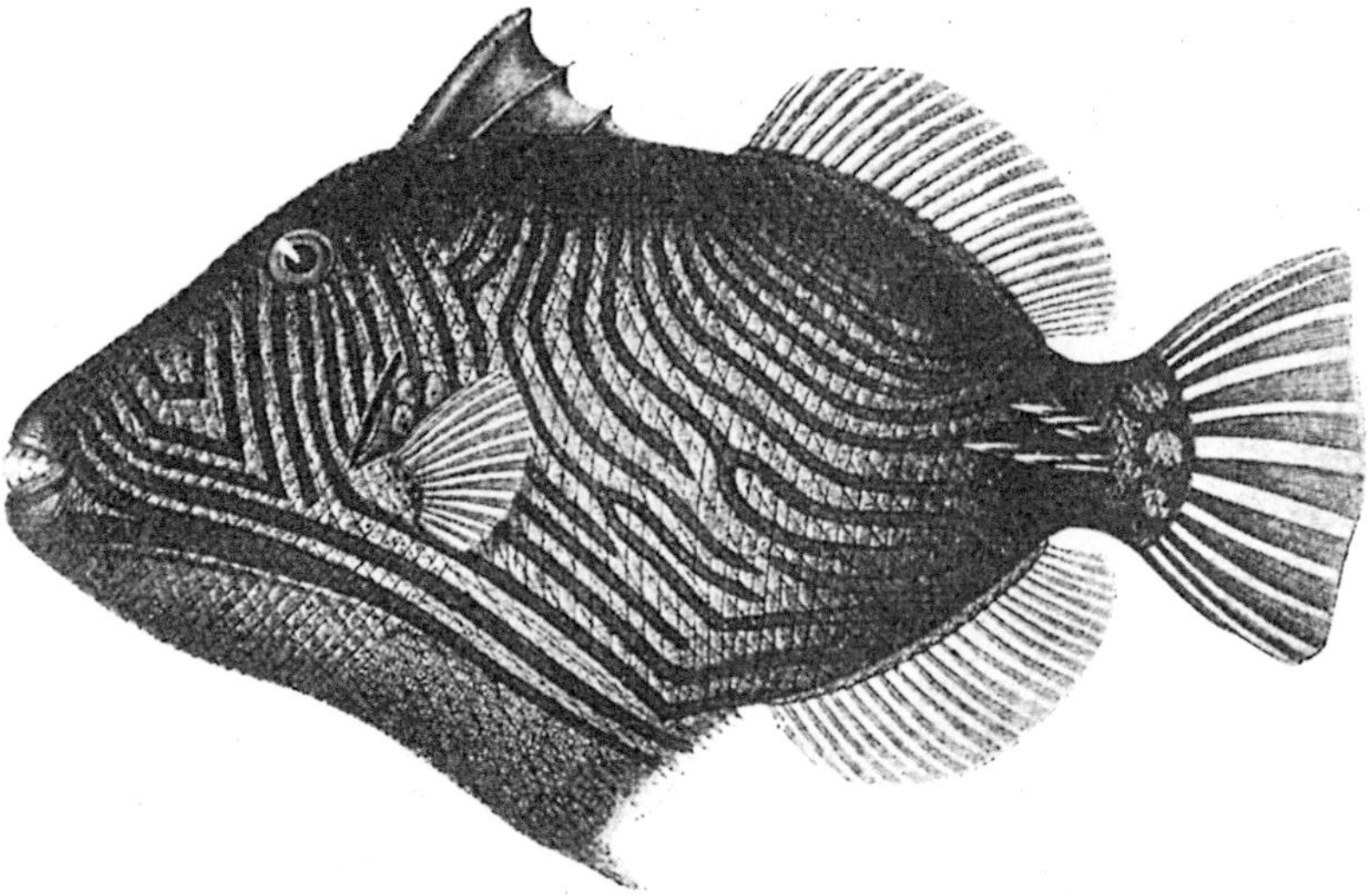

ク　マ　ド　リ

燥せしめると床間の飾物となるものである。

カワハギ　皮剝　Monacanthus cirrhifer *Temminck & Schlegel*（**カワハギ科**）

東京や神奈川縣三崎でカワハギ、山形縣鶴岡でコグリ又はウシズラ、舞鶴でカクコグリ、新潟縣能生でコオモリ、靜岡縣伊豆國でバクチ、明石でマルハゲ、大阪府岸和田でコオベ又はハゲコオべ、高知でハゲ、高知市外の浦戸でツノギ、山口縣熊毛郡室積町牛島《ウシヾマ》でモチハゲ、福岡縣筑前國でコオムキ又はカワムキ、熊本でコンノオ、鹿兒島でツノコ、宮崎でハギと云ふ。第一背鰭一棘、第二背鰭三十四軟條、臀鰭三十三軟條を持つてゐる。左右の腹鰭は縮少し、たゞ一個の小棘があるのみであるが、是が基底の骨の上にあつて自在に多少動くのである。第二背鰭の第二軟條は往々にして著く延びて絲狀を呈してゐることがあるし、米國産のカワハギでは第一軟條が延びてゐることがあつて、その爲に種別の特徴の一つと見られてゐるが、是だけならば左程種別の特徴とは言はれないと思ふ。此絲狀に延びた軟條は多くは延びてゐないのであつて、その爲め絲狀に發達してゐると否とによつて雌雄の區別とはならないと思ふが、此の點は將來研究して見る價値がある。體色は灰色で、青味を帶びてゐるのが普通であるが、往々にして赤味を帶びたのがあるのはどうした譯か、まだ充分にわからない。内灣にも居るが、斯樣なものは小形で、大きいものは稍や海岸を離れた大海に居る。體長は百九十五ミリメエトル（六寸五分）に達する。南日本に饒産する。相當美味で、殊に是をチリ料理にすると一種言ふべからざる滋味を覺える。皮を剝《む》いて料理する爲め、カワハギ、ハゲ又はハギなどの名稱が出た譯である。

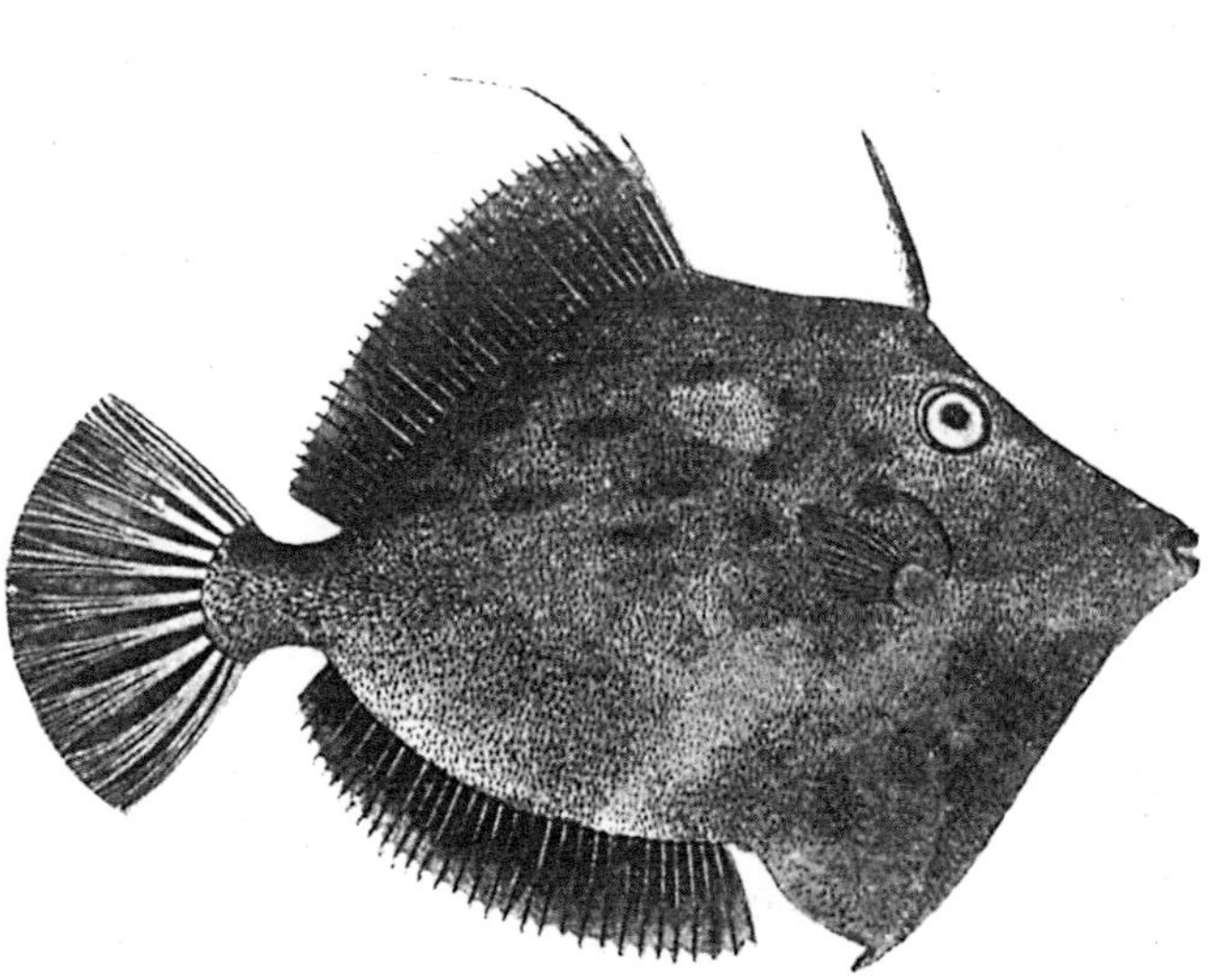

カ　ワ　ハ　ギ

ウマズラ　馬面　Cantherines unicornu(*Basilewsky*)（**カワハギ科**）

神奈川縣三崎でウマズラ、大分縣佐伯でオキハゲ、和歌山縣田邊でナガハゲ、同縣鹽屋でダイナンハゲと云ふ。一般にカワハギやニザダイと共に混稱して區別しない。またオキハゲの名稱もニザダイと混稱することが多い。第一背鰭一棘、第二背鰭三十六乃至三十八軟條、臀鰭三十四乃至三十六軟條を持つてゐる。腹鰭は不動性の一小棘を以て代表してゐる。體には微小の鱗があつて、是に觸れると天鵞絨の如き感覺を受ける。體色は青味を帶びた黑褐色で、凡ての鰭は青味が強い。體長は二百四十ミリメエトル(八寸)に達する。南日本のもので、相當美味である。料理の仕方はカワハギやニザダイと同樣である。

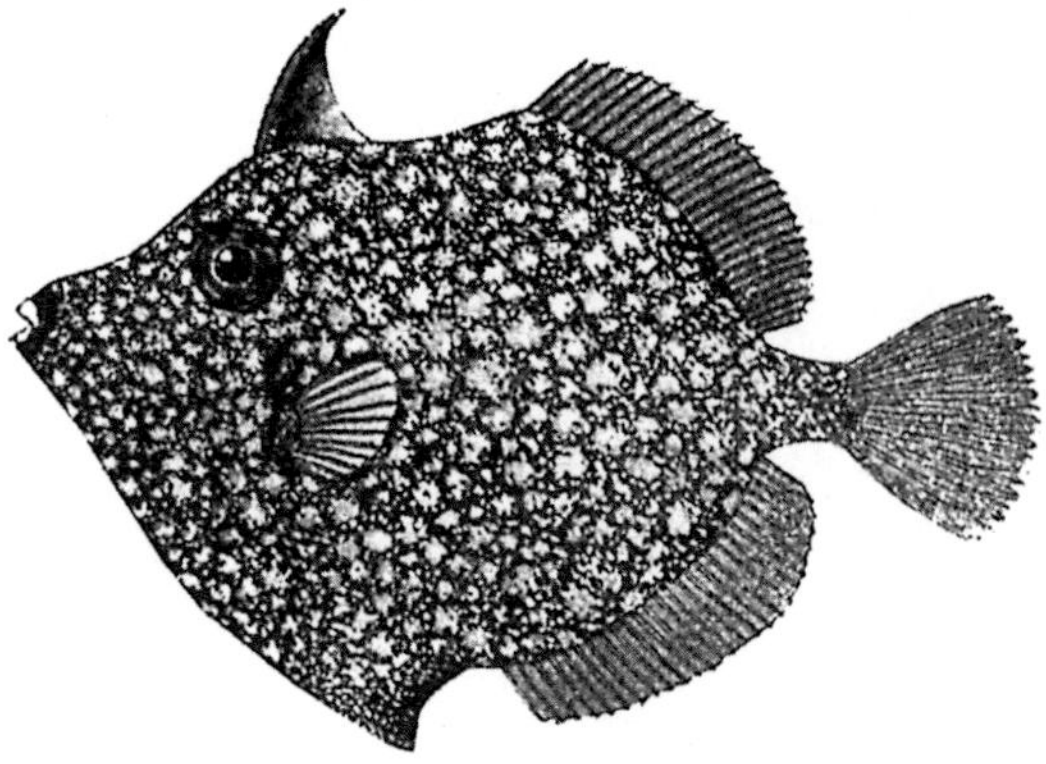

センマイハギ

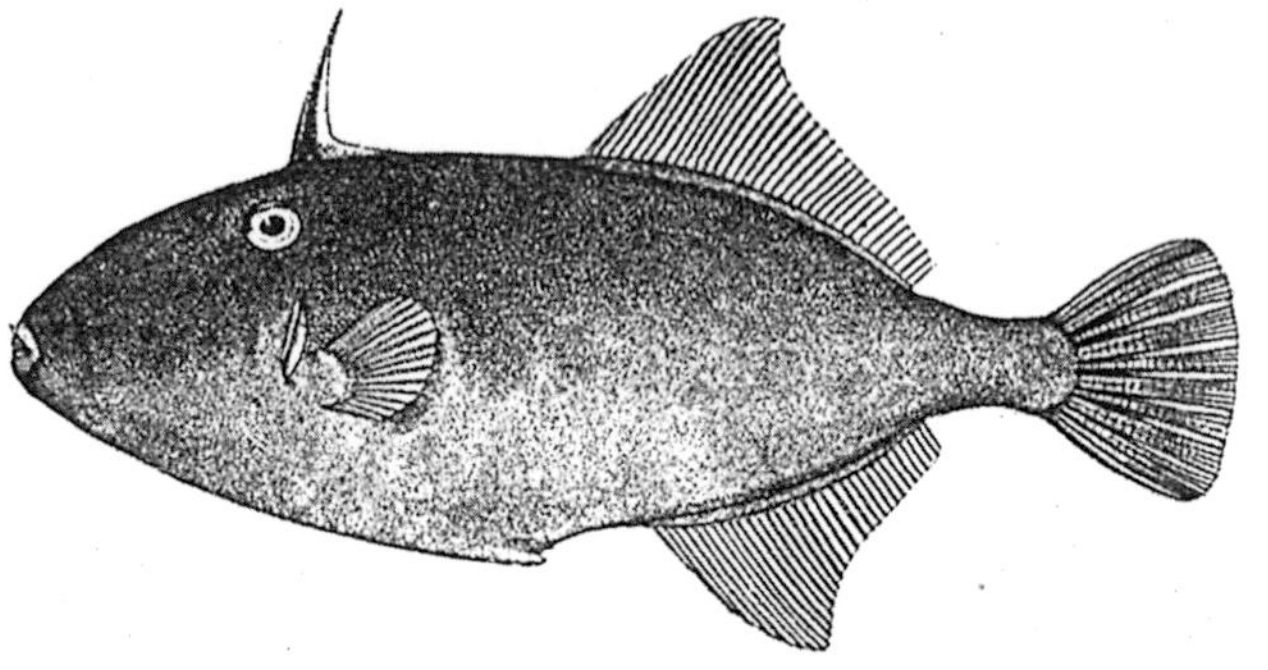

ウマズラ

センマイハギ　千枚剝　Rudarius ercodes *Jordan & Fowler*（**カワハギ科**）

神奈川縣三崎でセンマイハギ（是を訛つてセンメハギと言つてゐる)、靜岡縣靜浦でハズと云ふ。體の厚みが薄いから千枚も集めなくては普通のカワハギのやうでないとの意味であらうが、實際は左程體の厚みが淡いのではなく、カワハギよりも著く小いのである。第一背鰭一棘、第二背鰭二十五又は二十六軟條、臀鰭二十四又は二十五軟條である。腹鰭を代表してゐる一小棘はカワハギに於けると異にして、不可動性である。此點をよく注意すると、カワハギの幼魚と識別することが出來る。體色は淡褐色で、大きい淡色の斑紋がある爲め、地色は幅の狹い網狀斑紋となつてゐる。小魚で、僅に六十ミリメエトル（二寸）に達するだけで、往々にして斑紋の不明瞭な時にはカワハギと間違ひ易い。殊に此魚は內灣に饒產する爲め、益々カワハギの幼魚と誤認することがあるが、腹鰭棘が動くか動かないかと云ふ點を見極めると、是等兩種を容易に識別することが出來る。小魚である爲め殆ど食用とならないが、それでも漁業者は食用とするかも知れない。何れにしても味は頗る劣つてゐることゝ思はれる。

ウスバハギ　薄葉剝　Alutera monoceros (*Osbeck*)（**カワハギ科**）

曾てナガサキイッカクハギと命名して置いたものであるが、色々の點から不都合を感ずる爲め、今回、ウスバハギと名稱を變へることゝした。名稱の示す通り頗る側扁したものであるが、カワハギ類としては大きくなるもので、三百六十ミリメエトル（一尺二寸）に達する。從つて頗る美味で、上等料理の材料となるが、東京附近には少いものである。熱帶性の魚で、布哇、東印度諸島へも分布してゐる。第一背鰭一棘、第二背鰭四十九軟條、臀鰭五十一軟條を持つてゐる。體

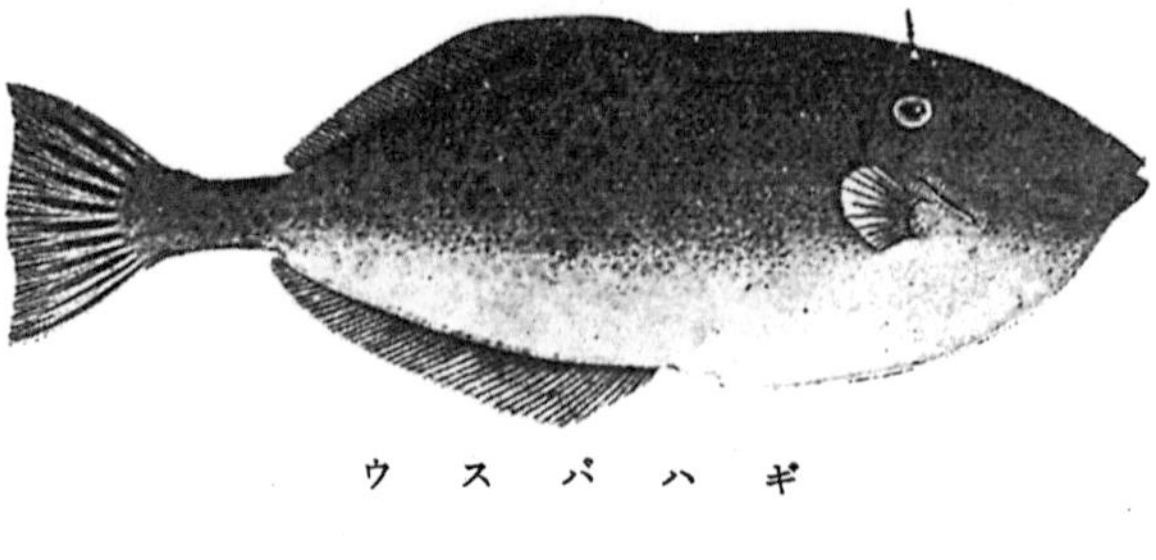

ウスパハギ

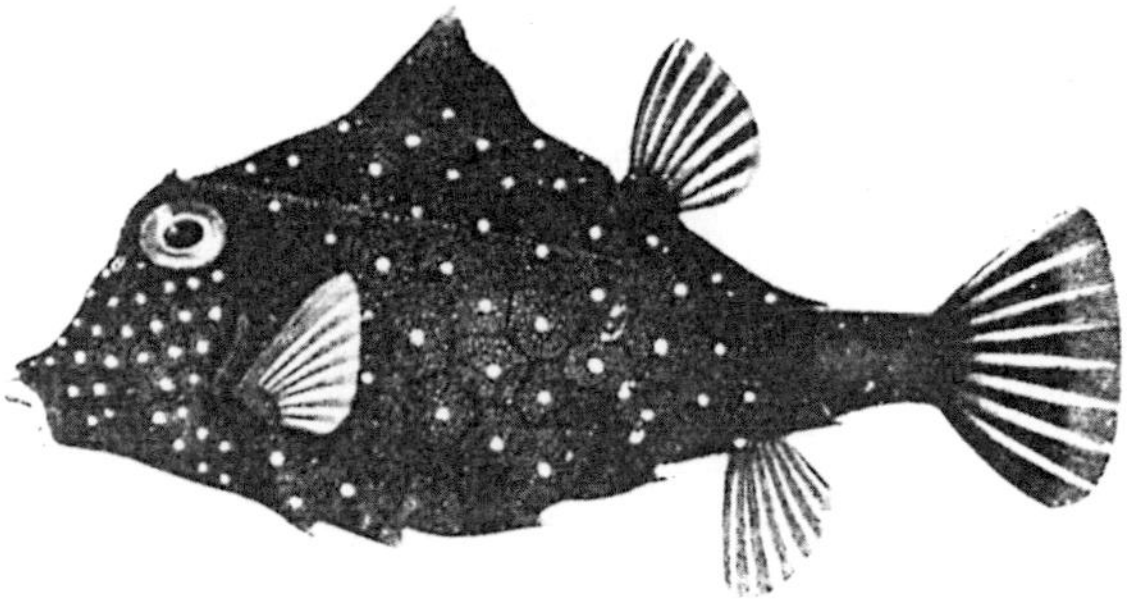

ラクダハコフグ

は恰好のいゝ長楕圓形で、是をなでると細かな天鵞絨狀の感覺を持つてゐる。第一背鰭を代表する一棘は割合に短く、眼の直上に位する。體色は灰色で、稍や濃い斑紋を持つてゐる。鰭は淡色で、全く斑紋を持たない。

ラクダハコフグ　駱駝箱河豚 Ostracion gibbosum *Linné*（**ハコフグ科**）

殼の横斷面は五角形で、背中線に高い一棘を具へてゐる爲め、駱駝の背に稍や似て背輪廓が突出してゐる。それ故嘗て私がラクダハコフグと命名して置いたものである。ハコフグ類の内では最も少く、從つて特に是だけで名稱を付けた地方は無い。背鰭九軟條、臀鰭九軟條、一縱列の鱗板は九個である。體色は黄味の强い淡褐色で、特に斑紋が無い。老幼によつて體にある棘の數や其發達程度に相違がある。體長は百二十ミリメエトル（四寸）に達する。熱帶性の魚で、南日本へも分布してゐるが、神奈川縣三崎では幼魚は見られるが、成魚を見ることは至つて少い。食用とはならぬこともないやうであるが、殆ど顧るものが無い。

ウミスヾメ　海雀 Ostracion diaphanum *Bloch & Schneider*（**ハコフグ科**）

ハコフグ類はウミスヾメでも、またハコフグでも、その他類似の種類でも是を別々に見分けて名稱を付けてゐる地方は殆ど無く、何れの地でも是等の種類を混稱して或はハコフグ（東京附近）とか、ウミスヾメ（神奈川縣三崎）とか、シュウリ（和歌山縣串本、三重縣南牟婁郡木ノ本町）とか、コゞウォ（和歌山縣田邊）などゝ云つてゐる。背鰭九軟條、臀鰭九軟條、一縱列の鱗數は十個である。體の横斷面は四角形で、諸所から棘を發達してゐる。一對の額棘は前方に向つてゐるが割合に短い。背面は稍や外方へ突出し中央に近い背中線に短い一棘がある。その外、腹面を作つてゐる部分の外側に數個の棘があるが、是は老幼によつて其數と發達の程度とが違つてゐる。體色は黄味の强い褐色である。體長は百二十ミリメエトル（四寸）に達する。熱帶性の魚で、南日本へも分布してゐる。殆ど

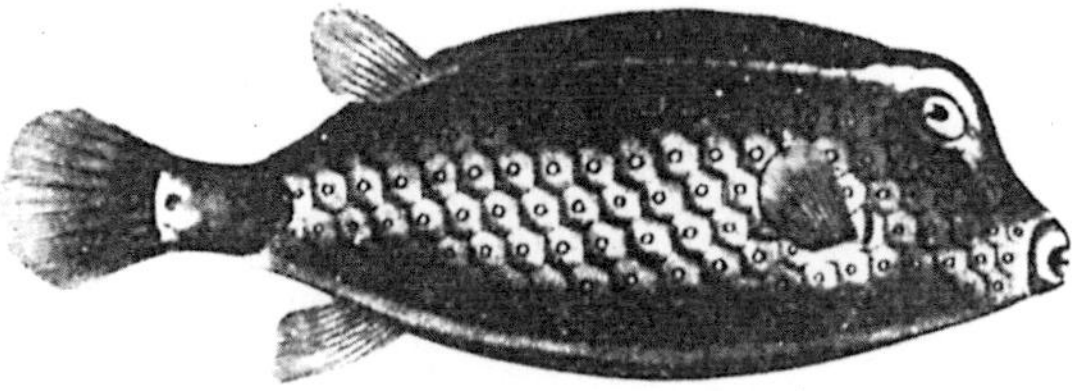

ハコフグ

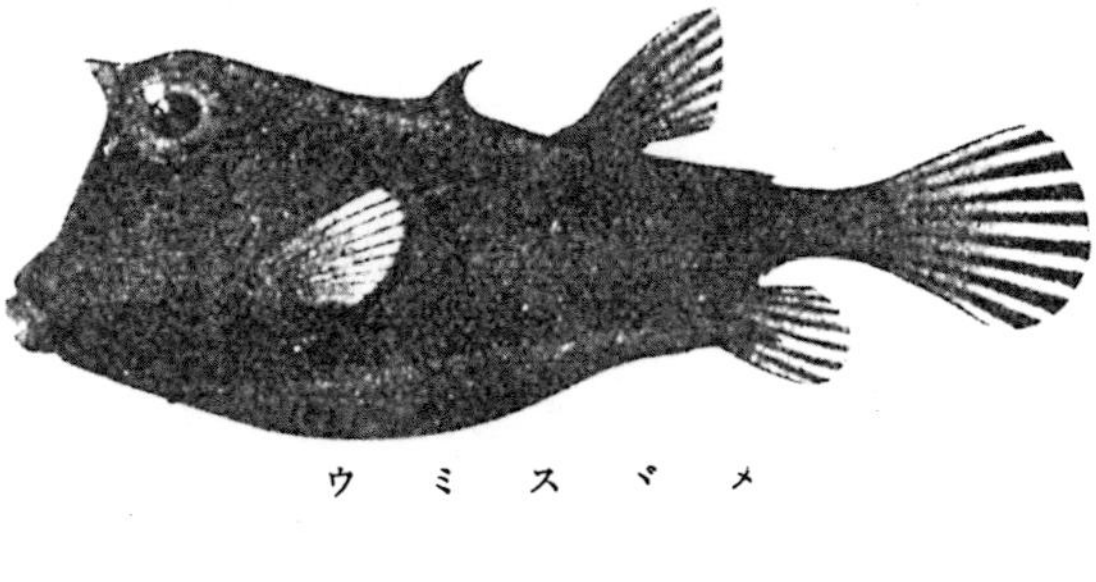

ウミスヾメ

食用とはならないが、奇形に見える爲め、是れの乾燥品が海濱の玩具商の店頭に竝べられてゐることもある。

ハコフグ　箱海豚 Ostracion tuberculatum *Linné*（**ハコフグ科**）

是れの名稱のことに就いてはウミスヾメの項を參照せられ度い。背鰭九軟條、臀鰭九軟條、一縱列の鱗數十一個である。他のハコフグ類と違つて毫も棘を發達してないが、老幼によつて形を著く異にし、長ずるに從ひ、細長くなるものである。また斑紋も個體變化とあつて、その爲め種別の鑑定上相當に困難があり、從つて色々の種類が

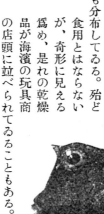

出來上がつてゐるが、同一種内のものと考へるのが穩當であらう。體長百五十ミリメエトル（五寸）に達し、熱帶性のもので、南日本へ分布してゐる。海岸に饒產するが、殆ど食用とならない。たゞ房州の漁業者は是を多少美味のものとしてゐるやうである。殼を去るのは案外容易で、燒いても煮ても此の目的を達し易い。

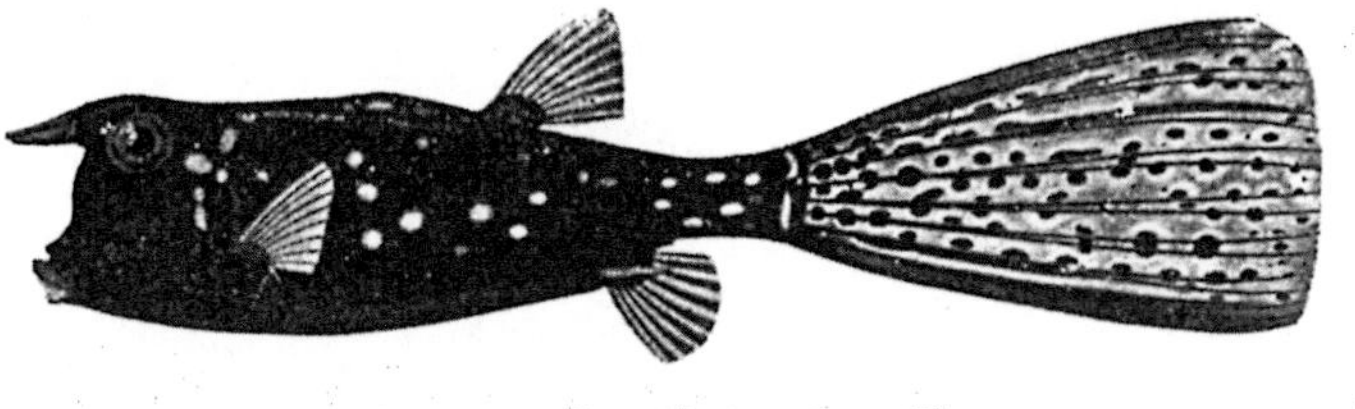

コンゴオフグ

コンゴオフグ　金剛河豚　Ostracion cornutum *Linné*（**ハコフグ科**）

コンゴオフグとは何地かの名稱であるが、此名稱も本種に限つた名稱ではなく、ハコフグ類の多數を總稱したものである。斯樣な事情が最初和名を付ける際にわからなかつた爲に、ハコフグ、ウミスヾメ、コンゴオフグなどの名稱が夫れ〴〵別種へ付けられるやうになつたのである。背鰭九軟條、臀鰭九軟條、一縱列の鱗板九又は十個である。體形は稍やウミスヾメに似てゐるが、是よりも細長く長ずるに從つて益〻細長くなる。また額棘と尾鰭との發達も老成魚では頗る顯著であるが、幼魚では左程でなく、多少ウミスヾメと誤認せられ易いが、よく注意して見ると、是等の發達の程度が多少顯著であることを覗はれる。體色は黃味の強い淡褐色で、特に斑紋が無い場合もあるが、斑紋の著い場合もある。體長は二百十ミリメエトル（七寸）に達する。熱帶性の魚で、南日本へも分布し、神奈川縣三崎でも幼魚は稍や普通に見られるが、成魚は稀で、ハコフグやウミスヾメなどよりも稀である。殆ど食用とはならない。此魚も他のハコフグ類と同樣に乾燥せられて、玩具商や骨董商の店頭に竝べられてゐることがある。

イトマキフグ　絲卷河豚　Aracana aculeata (*Houttuyn*)（**ハコフグ科**）

神奈川縣三崎でイトマキフグと云ふ。背鰭十又は十一軟條、臀鰭十軟條、一縱列の鱗板八又は九個である。體には六個の縱走稜があつて、是等の隆起縁に棘を具へてゐる。體色は青味を帶びた褐色で、各鱗板に

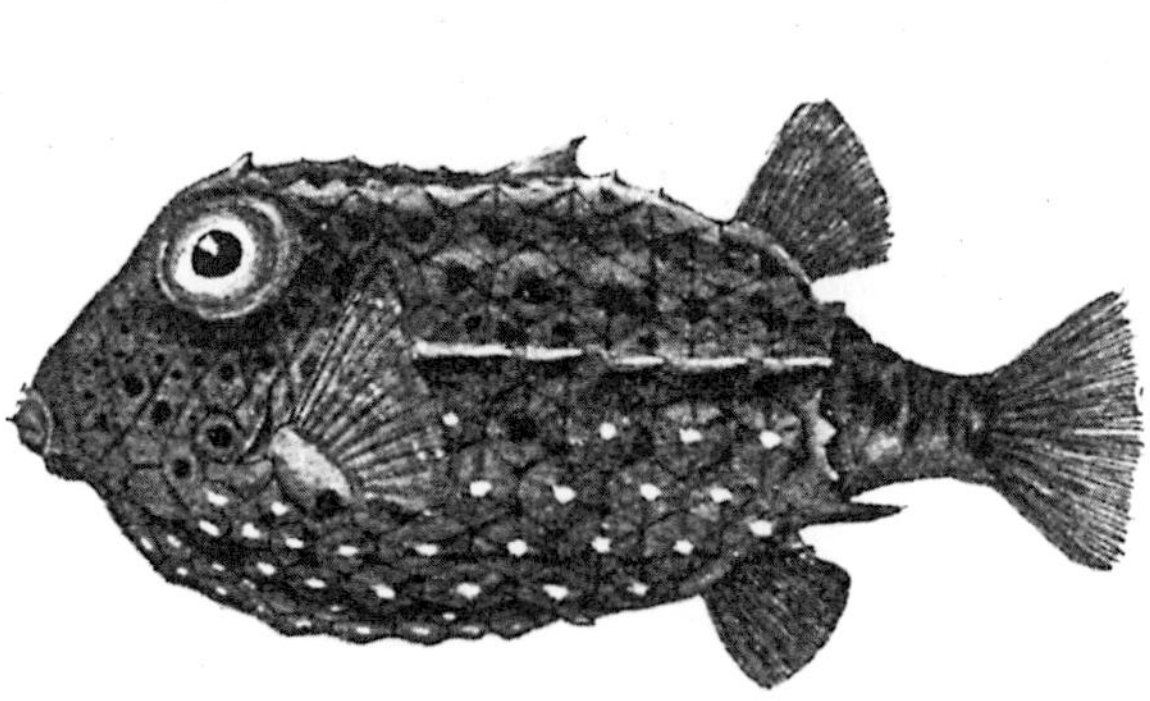

イトマキフグ

赤褐色の大きい一點がある。南日本のものである。體長は百五ミリメエトル（三寸五分）に達する。殆ど食用とはならない。

ウチワフグ　團扇河豚　Triodon bursarius *Reinwardt*（**ウチワフグ科**）

神奈川縣三崎でウチワフグと云ふ。體は骨質且つ鱗狀の小い鱗を有し、是等の鱗は多少重なり合つてゐる。腹面は著く膨らまし得て、

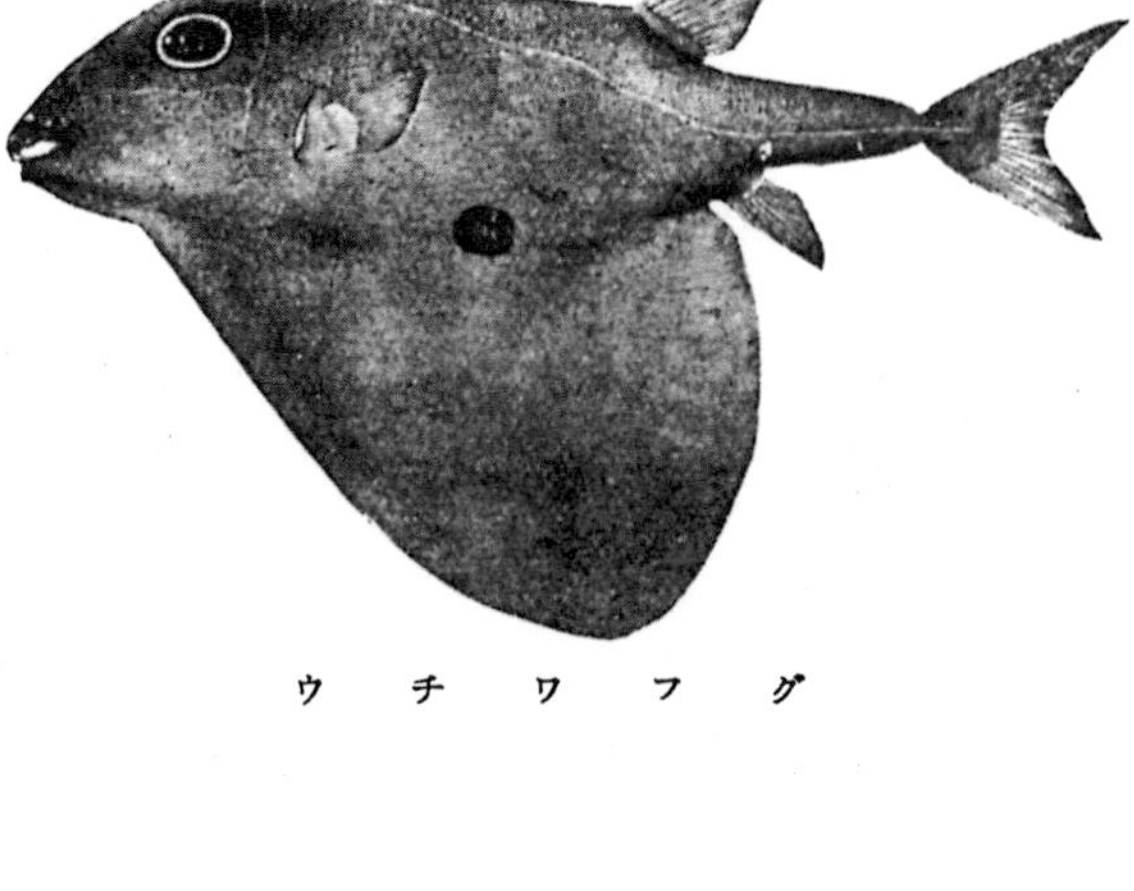

ウチワフグ

大きい一つの垂下した嚢を作つてゐる。フグ類中で此魚の殊に著い點は齒で、顎と癒合した齒板は上顎に二個、下顎に一個ある。背鰭十軟條、臀鰭九軟條を持つてゐる。體色は褐色で、腹嚢の基底の各側に大きい一つの眼狀斑紋がある。此紋は黑色で淡青色の輪を以て是を圍んでゐる。體長は三百ミリメエトル（一尺）を超える。熱帶性の魚で、南日本の內の南部へも分布してゐるが、神奈川縣三崎では殆ど見られない。伊豆の大島以南では是を見ることが出來る。從つて是れが食用となるかは疑問であるし、普通のフグ類のやうに有毒であるかと云ふことも充分にわかつてゐない。

***カナフグ　加奈河豚**　Sphoeroides inermis (*Temminck & Schlegel*)（**マフグ科**）

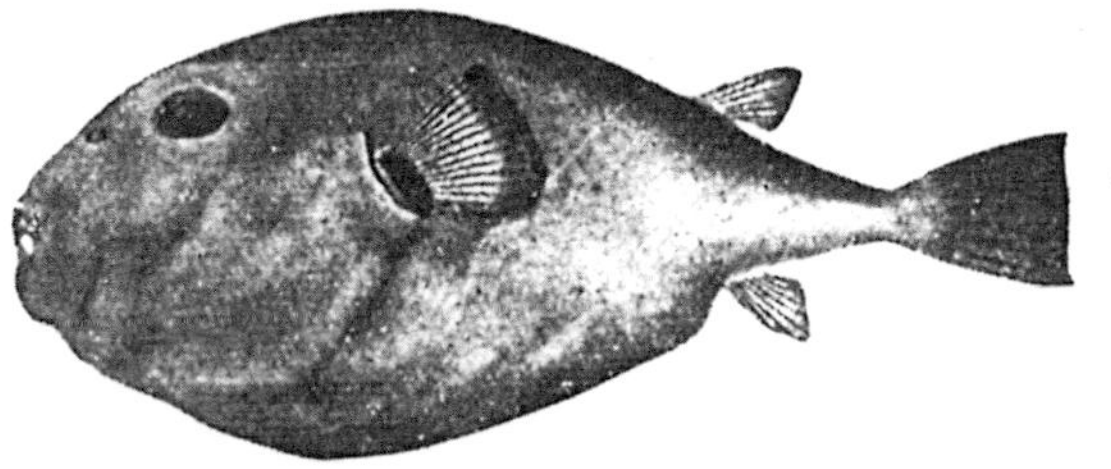

カナフグ

カナフグ又はカナブクと稱する地方は何地であるか不明である。マフグ類であるから、上顎と下顎とに各ゝ二個の齒板がある。背鰭十二軟條、臀鰭十二軟條を持つてゐる。體は肥大し、汚白色で、毫も斑點がない。稍やサバフグに似てゐるが、是よりも肥强した體を持つてゐること、體が柔く、一定の形を保たしめ得られないことなどを特徴とする。南日本のもので、我が國以外の地方にも居ると思はれるが、此點がまだ充分明でない。我國でも澤山の漁獲のないもので、たゞ稀に漁獲せられるだけである。マフグ類中では最も有毒なものとして世人には恐れられてゐるが、眞僞はわかつてゐない。體長は三百ミリメエトル（一尺）に達する。

***サバフグ　鯖河豚**　Sphoeroides spadiceus (*Richardson*)（**マフグ科**）

長崎や和歌山縣各地でサバフグ、東京や神奈川縣三崎でギンフグ、福井や熊本縣三角《ミスミ》でキンフグと云ふ。マフグ類であるから、各顎に二個の齒板がある。背鰭十二軟條、臀鰭十二軟條を持つてゐる。稍やカナフグに似てゐるが、體が痩形であること、カナフグよりも青褐色の程度が稍や强いこと、腹面の棘の工合がカナフグと違ふこと、背面に特別の棘のあることなどで識別することが出來る。斑紋は持つてゐない。體長は百五十ミリメエトル（五寸）に達する。熱帶性の魚類で南日本へ分布してゐる。左程美味ではないが、有毒性は少いやうである。高橋、猪子兩氏の研究に Tetrodon cutaneus は無毒としてあるが、是に當るものはカナフグでなくてサバフグのことかと思ふ。石川縣金澤には本種の粕漬がある。

センニンフグ

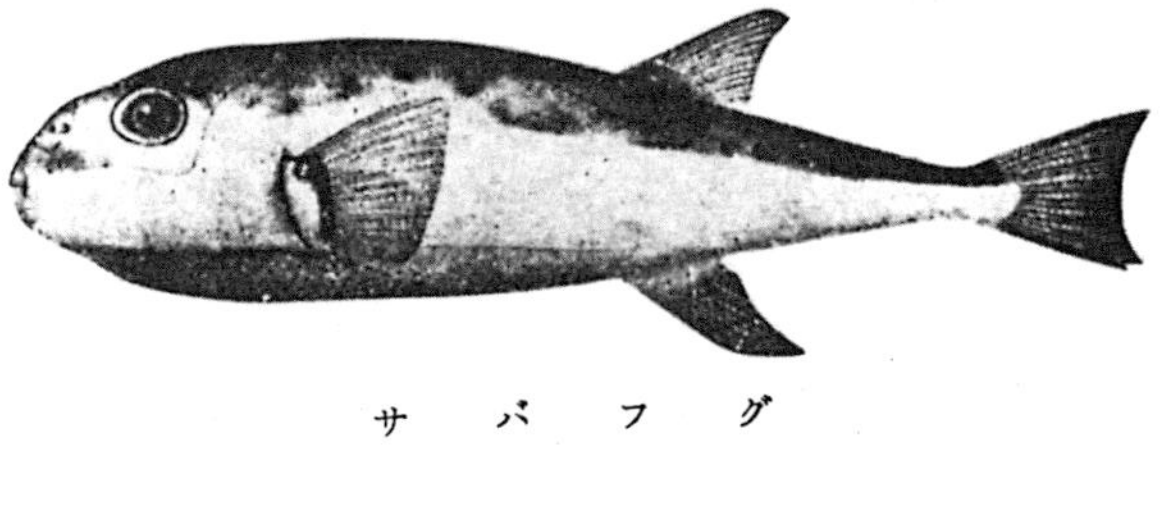

サバフグ

***センニンフグ　仙人河豚**　Sphoeroides sceleratus (*Forster*)（**マフグ科**）

センニンフグとは曾て私の命名したものである。熱帶性魚類で、南日本へも分布してゐるが、內地では割合に少く、從つて本種へ特別に付けた名稱はないやうである。背鰭十二軟條、臀鰭十二軟條を持つてゐる。背面は細かな鮫肌を呈し、腹面には三根を持つた小棘を持ち、側面には全く是等を持つてゐない。體の上面は青味がゝつた淡褐色で、黒褐色の斑點を散在し、腹面は白つぽい。體側の下方に幅の廣い稍や銀白色の一縦走帶がある。細長い體を持ち、稍や大きく成長し、體長は三百ミリメエトル（一尺）を超える。我國に少い爲め、食用としての價値はわからない。また有毒の程度もわかつてゐない。

***コモンフグ　小紋河豚**　Sphoeroides alboplumbeus (*Richardson*)
（マフグ科）

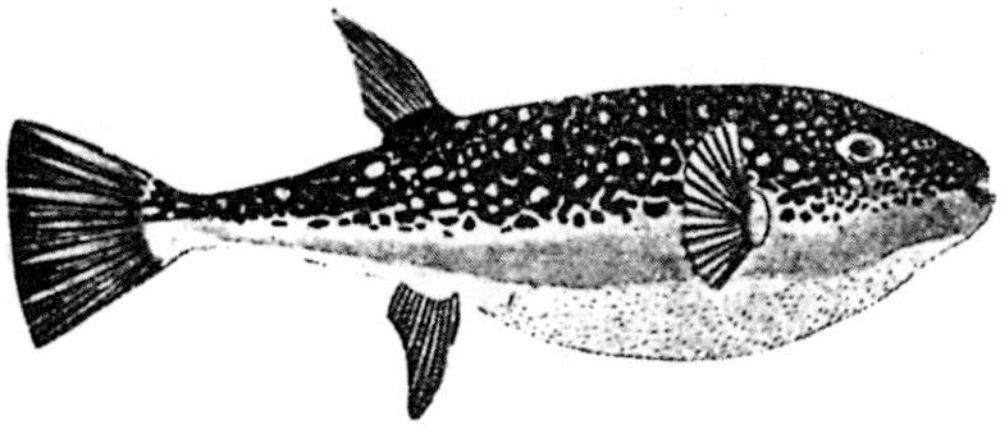

コモンフグ

コモンフグとは何地の稱呼か不明である。多くの場合にショオサイフグと混同してゐることゝ思ふ。背鰭十二軟條、臀鰭十一軟條を持つてゐる。體は細長く、背面と腹面とには小棘を密布してゐる場合が多いが、是が不明瞭な場合もある。マフグ類であるから、兩顎の各ゝに二枚の齒板がある。體の上面は灰黒色で、數多の淡白い圓點を持つてゐる。胸鰭の後方と背鰭基底とに各ゝ一個の黒色斑紋がある。體長は百五十ミリメエトル（五寸）に達する。日本全國に殆ど行き亙つて分布してゐるが、北海道の北部にはゐない。高橋、猪子兩氏の研究では最も有毒なフグ類の中に編入せられてゐるが、注意して料理して食用としてゐる人もあることゝ思はれる。

***トラフグ　虎河豚**　Sphoeroides rubripes (*Temminck & Schlegel*)
（マフグ科）

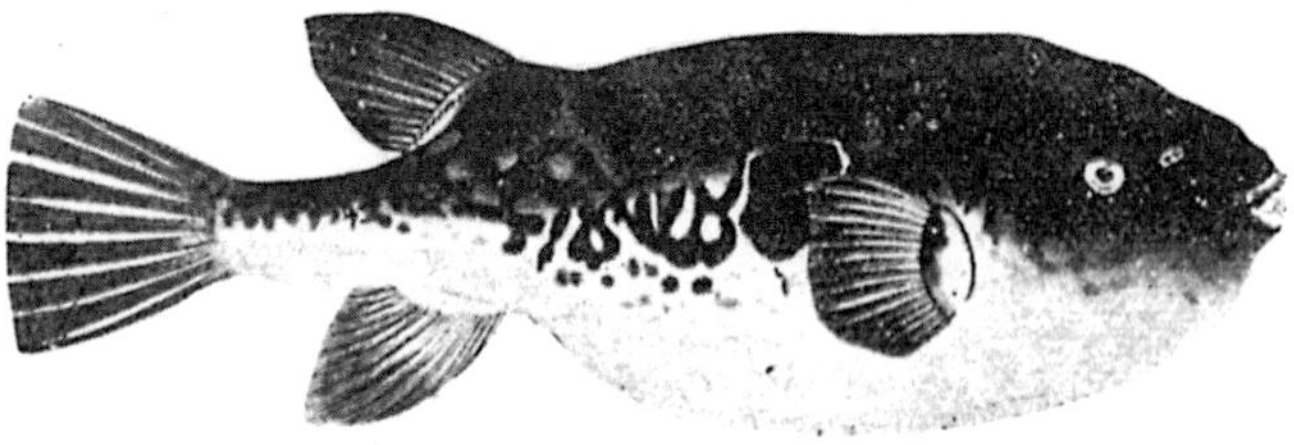

トラフグ

神奈川縣三崎、和歌山縣周參見、同縣串本でトラフグ、下關でマフグ（神奈川縣三崎のマフグはナメラフグのことである）、福岡縣柳河でドジラブク、和歌山縣和歌浦でオヤマフグ、香川縣木多郡庵治でオ、ブク、大分縣長洲でゲンカイフグと云ふ。背鰭十四軟條、臀鰭十三軟條を持つてゐる。マフグ類であるから、兩顎の各ゝに二個の齒板がある。體の上面と下面とには強い棘を密布してゐる。體色は暗褐色で、胸鰭の後方と背鰭基底部とに各ゝ大きい一個の黒色の眼狀點がある。是等の眼狀點は蒼白色の輪を以て圍まれてゐるが、背鰭基底部にあるものは不規則形をなしてゐることが多い。胸鰭の眼狀點の後方に數個の小斑點を散在してゐることがある。幼魚では胸鰭後方の眼狀點は顯著であるが、背鰭基底に存すべきものは不明瞭なことが多く、その代りに背面に淡白い斑紋を散在してゐることがある。體長は三百ミリメエトル（一尺）を超える。下關や廣島の河豚料理では此フグを最も美味としてゐるが、東京附近では是よりもナメラフグを食し、トラフグは羽田や穴守の河豚提燈の材料となる。是は東京方面ではトラフグに密布してゐる強い棘を除く方法を知らない爲で、下關方面では此棘を除くことをよく知つてゐるのである。南日本に多いものであるが、その以外に産するか否かはまだ吾々は知らない。相當澤山に漁獲せれる。高橋、猪子兩氏の研究ではマフグ類中多少毒性のあるものとなつてゐる。冬期を美味の時期とし、春は産卵期に近づく爲め、是を食用とすることを避けるのである。

***シマフグ　縞河豚**　Sphoeroides xanthopterus (*Temminck & Schlegel*)(**マフグ科**)

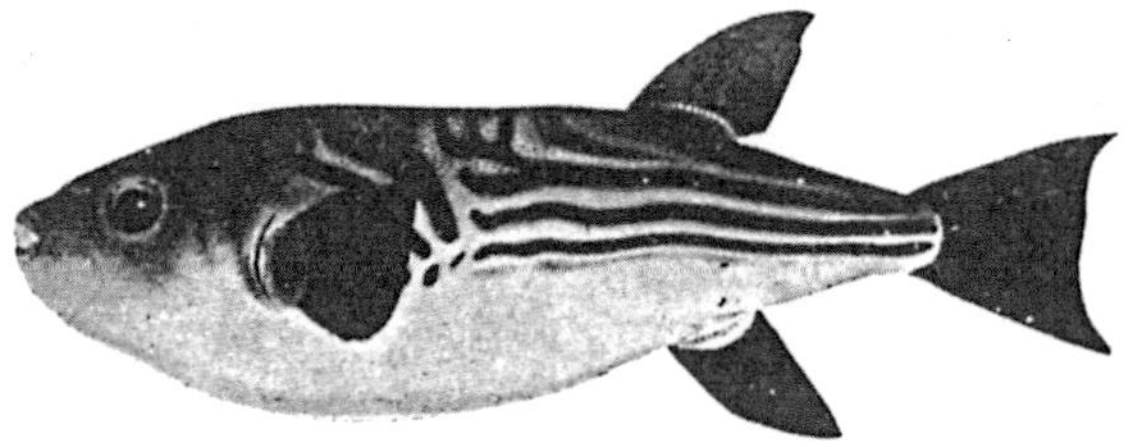
シ　マ　フ　グ

シマフグとは何地の稱呼か不明である。福岡縣柳河でトラフグと云ふ。マフグ類であるから兩顎の各〻に二枚の齒枚がある。背鰭十六軟條、臀鰭十三軟條を持つてゐる。背面と腹面とに棘があるが、側面には全く是が無い。體の上面は暗灰色で、黒褐色の線狀斑紋を持つてゐる。腹面は白つぽく、全く斑紋がない。幼魚の時には多少斑紋が違つてゐる。體長二百四十五ミリメエトル(八寸)に達する。南日本のものであるが、他地方から發見せられない。九州西部の有明海に割合に多いが、多分食料ともなることゝ思はれる。鰭が濃黄色であること、體の背面に縱横に通つた線狀紋のあることなどで、頗る美く見えるフグである。

***ショオサイフグ　潮際河豚**　Sphoeroides vermicularis (*Temminck & Schlegel*)(**マフグ科**)

一般にショオサイフグと云ふが、此の稱呼で指すものは必しも本種ばかりでないことがある。またアカメフグのことでなく、此魚、時によるとクサフグなどをもアカメフグと云ふ地方がある。それは眼の紅彩が赤黃色である爲である。福岡縣柳河でスヾメフグと云ふ。背鰭十二軟條、臀鰭十二軟條を持つてゐる。兩顎に各〻二個の齒板がある。皮膚は滑で、棘が無い。體の地色は暗褐色で、是へ不規則形の青味がゝつた斑點を持ち、是が所々で癒合して、地色の形を不規則形にする。是に近いものにオキナコモンフグ翁小紋河豚 Sphoeroides abbotti *Jordan & Snyder*(オキナコモンフグとは曾て私の命名したものである)と云ふものがあるが、是はショオサイフグの大きいものであらうと私は思ふ。體の大きい爲にショオサイフグとは稍や斑紋が違つて、即ち稍や大きい數多の黒點の周圍へ、網狀の蒼白部を認めるが、是は魚體の成長と共に斑紋も亦相違した結果であらう。普通にショオサイフグは百八十ミリメエトル(六寸)に達するが、所謂オキナコモンフグは三百二十五ミリメエトル(一尺一寸)に達する。高橋、猪子兩氏によるとショオサイフグは頗る有毒なフグ類に編入せられてゐる。我國では是を食する處もあるやうであるが、またこれを食するを恐れる(他のフグ類を食ふ習慣のある處で)地方もある。南日本に產し、他地方からは產出しないやうである。

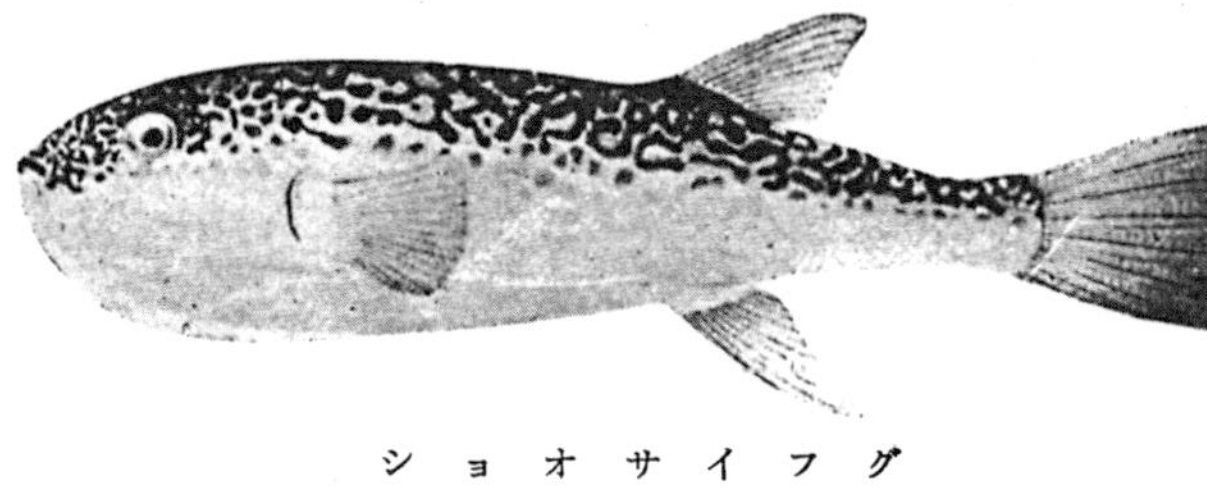
シ　ョ　オ　サ　イ　フ　グ

***ゴマフグ　胡麻河豚**　Sphoeroides stictonotus (*Temminck & Schlegel*)(**マフグ科**)

ゴマフグとは何地の稱呼か不明である。東北地方でサフグと云ふ。マフグ類であるから、兩顎に各〻二枚の齒枚を持つてゐる。背鰭十六軟條、臀鰭十四軟條を持つてゐる。體は細長く、

ゴ　マ　フ　グ

前部の上面に小棘を持つてゐる。地色は青味がゝつた褐色で、是へ黒色の小點を密布し、相當美く見える。體は大きく成長し、四百八十ミリメエトル（一尺六寸）に達する。殆ど日本全國に生活してゐるが、餘り多くの漁獲はなく、是を食する地方のあることをまだ私は知らない。高橋、猪子兩氏によると、頗る有毒ではないマフグ類である。往々にして體面に密布してゐる黒點が著くなつてゐることがある。

ヒ　ガ　ン　フ　グ

＊ヒガンフグ　彼岸河豚　Sphoeroides pardalis (*Temminck & Schlegel*)（**マフグ科**）

下關や福岡縣柳河でヒガンフグ、神奈川縣三崎でナゴヤフグと云ふ。此魚は春の彼岸に著く美味となる爲め、ヒガンフグの名稱を得たのである。マフグ類であるから、兩顎の各々に二枚の齒板がある。背鰭十又は十一軟條、臀鰭八又は九軟條を持つてゐる。體は左程細長くなく、棘は無いが、皮膚が膨起して數多の疣狀物を作つてゐる。體の地色は暗褐色で、是へ濃褐色の圓點を散在してゐるが、其數が個體によつて不定であるのみならず、排列の仕方も不規則で、決して對稱的に竝んでゐない。體長は百三十五ミリメエトル（四寸五分）に達し、左程大きくはならない。日本全般に生活してゐるが、其他の地方からは產出しないやうである。

＊クサフグ　草河豚　Sphoeroides niphobles (*Jordan & Snyder*)（**マフグ科**）

クサフグとは神奈川縣の三崎での名稱であるが、果して本種のことかは明でない。つまり同地で稱するクサフグとナゴヤフグとの區別が充分でないと思ふが、兎も角私は本種へクサフグの和名を與へて置いたのである。マフグ類であるから、上下の兩顎に各々二枚の齒板がある。背鰭十二軟條、臀鰭十軟條を持つてゐる。體の上面は青灰色で、極めて輪廓の明な淡黄色の斑點を散在し、下面は淡白い。眼の虹彩が赤黄色であるから、生きたのを見ると相當に美い。體長は百五ミリメエトル（三寸五分）に達し、南日本の內灣に多いものである。

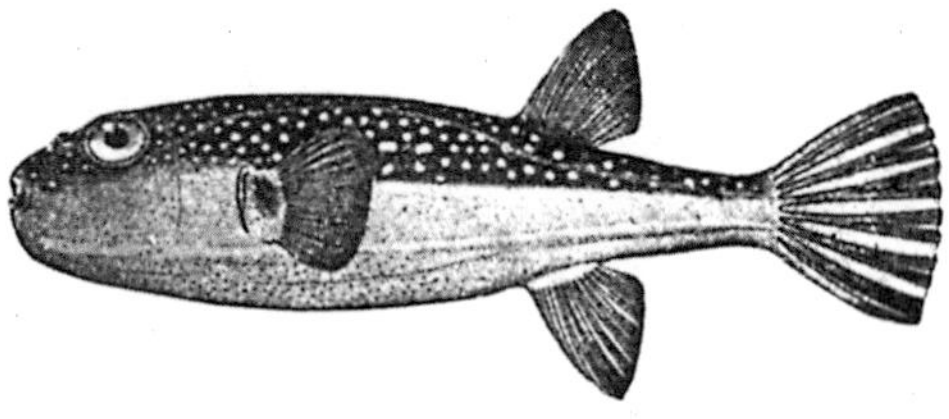

ク　サ　フ　グ

マフグ類の內でも小い爲に殆ど食用として顧られないから、是れの多い處へ食料の廢棄物を投げると大群が集まつてくる。此フグは稍やショオサイフグに似てゐるが、斑點の輪廓が頗る明瞭なこと、體面殊に背面に棘のあること（稀には是れの長いこともある）によつて後者と識別せられるが、ショオサイフグにも背面に棘のあるものもあるし、またオキナコモンフグがショオサイフグの老成したものだとすると、クサフグはショオサイフグの幼魚を指したものと考へられる。フグ類に限つたことでは無いが、棘の有無や斑紋の異同だけで種別を認めるのは危險であつて、また眞に種類を認識することが分類學上頗る大切であるから、是等のフグ類の標品を澤山に集めて比較研究するには誠に好都合のものである。

＊ナメラフグ　滑河豚　Sphoeroides porphyreus (*Temminck & Schlegel*)（**マフグ科**）

下關でナメラフグ、神奈川縣三崎でマフグと云ふ。三崎や東京では食用としてはナメラフグを好み、トラフグを殆ど好まないから、マフグの名稱は東京ではナメラフグへ、下關ではトラフグへ付いてゐるのである。更によく考へると、河豚料理の仕方が關東と關西とで違つてゐて、東京では單に煮て食する爲に皮付きの肉を喜び、その皮の味を賞味する爲め、トラフグのやうに皮膚面に强い棘のあるのを嫌つた爲である。下關や廣島ではトラフグの皮膚面にある棘を除き、一寸湯がいて、皮だけを料理し、その特有の固い舌觸りを喜ぶのであるから、ナメラフグの方は却てトラフグよりも不味とし、上等の河豚料理には是を用ひない。マフグ類であるから上下の兩顎に各ゝ二枚の齒板がある。背鰭十四軟條、臀鰭十二軟條を持つてゐる。體の上面は紫がゝつた褐色で、多少淡白い斑點を持つてゐることがある。下面は淡白くて毫も斑點は無い。ナメラフグの名稱の示す通り、皮面には全く棘が無い。體は相當大きくなり、體長は三百ミリメエトル（一尺）を超える。南日本のものであるが、他地方では見られないやうである。胸鰭の後方に大きい一つの黑點があるから、多少トラフグと間違ふこともあるが、よく見ると識別が出來る。殊に生きてゐるものは體色が著く相違してゐる。相當多いやうであるが、それでもトラフグよりも稍や少いやうに思はれる。

ナメラフグ

***アカメフグ　赤眼河豚**　Shpoeroides chrysops (*Hilgendorf*)（**マフグ科**）

神奈川縣三崎でアカメフグと云ふが、他地方では本種に殆ど名稱がない。處々でアカメフグと云ふのは本種でなく、ショオサクフグ、クサフグ、時によるとヒガンフグなどの割合に小いマフグ類を云つてゐる。斯樣に本種に名稱のないのは食料として價値がないた爲か、又は割合に漁獲の無い爲である。然し神奈川縣三崎では相當の漁獲があるし、此地方では他のマフグ類は食し得るも、本種だけは激毒があつて恐れる爲め、却て名稱を持つてゐるのである。マフグ類であるから、上下の兩顎に各ゝ二枚の齒板を持つてゐる。背鰭十軟條、臀鰭九軟條を持つてゐる。體の上面は赤味の强い黃褐色で、暗褐色の小圓點を僅數に且つ不對稱式不規則に排列してゐる。眼の虹彩は美い赤黃色である。南日本のもので、他地方で産出することを聞かない。體長は二百十ミリメエトル（七寸）に達し、左程大きくはならない。高橋，猪子兩氏によると、マフグ類中激毒のあるものに屬する。多くの地方で本種を食用とすることを嫌ふが、是をも料理の方法によつて食し得ると云ふ人もある。殊に本種の卵巣は激毒ありとして恐れるのであるが、是をも食し得ると云ふ人もある。先年神奈川縣三崎で本種の卵巣を樽詰とし、大仕掛けに或地方へ移出してゐたことがあるが、是は其毒素を抽出し、藥用に供するものかと想像せられたが、近頃は斯樣な事は見られないやうである。

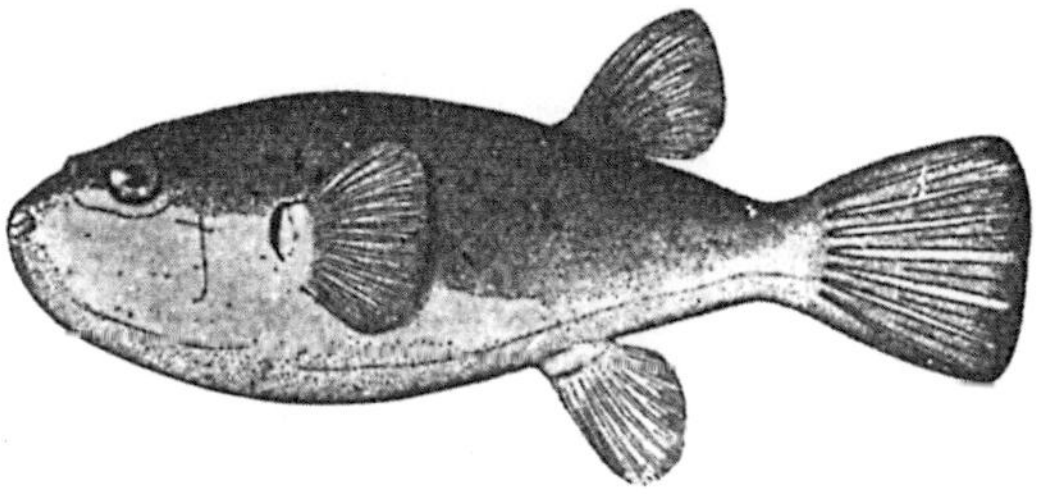
アカメフグ

***ムシフグ**　Sphoeroides exascurus (*Jordon & Snyder*)（**マフグ科**）

ムシフグとは曾て私の命名したものである。マフグ類であるから、上下の兩顎に各〻二個の齒板がある。背鰭十二軟條，臀鰭十二軟條を持つてゐる。細長い體を有し，殆ど棘は無いが，たゞ胸と腹面とに僅數の小棘を隱在してゐる。體は暗灰色で波狀をなした細長い暗褐色の斑紋が地色と交錯し，恰も蟲ばんだやうな斑紋を呈してゐる。體長は二百四十ミリメエトル（八寸）に達する。南日本のものであるが，多く產出することはない。食料として毒素の有無又は毒力の强弱等は全くわかつてゐない。

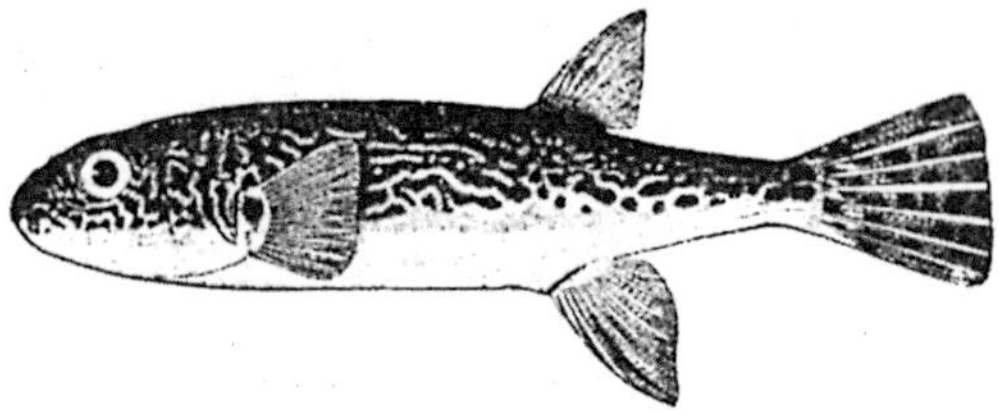

ムシフグ

＊クマサカフグ　熊坂河豚　Sphoeroides oceanicus (*Jordan & Evermann*)（**マフグ科**）

クマサカフグとは私の嘗て命名したものである。マフグ類であるから，上下の兩顎に各〻二枚の齒板がある。背鰭十五軟條，臀鰭十三軟條を持つてゐる。著く細長い體形で，腹面は肛門の僅に前方から眼前部を通して引いた垂線上に至る迄稍や鈍形の棘を持つてゐて，其他の皮膚は全く棘が無い。體色は灰褐色で，黑褐色の小點を散在し，腹面は淡白く，全く斑點が無い。本種の特徴は細長い體形，背鰭及び臀鰭の形狀などにもよることが出來るが，殊に胸鰭の上半部が暗褐色で，下半部が蒼白色であるのは著く人目を惹く。體長は三百ミリメエトル（一尺）に達する。布哇に產し，南日本からも稀に取られる。普通に魚市場で見られないものであるから，食用としての價値はわからないし，毒素の有無もわかつてゐない。

クマサカフグ

＊ホシフグ　星河豚　Tetraodon firmamentum (*Temminck & Schlegel*)（**マフグ科**）

ホシフグとは嘗て私の命名したものである。マフグ類であるから上下の兩顎に各〻二個の齒板がある。背鰭十一軟條，臀鰭十一又は十二軟條を持つてゐる。體の殆ど全面に二根を持つた棘を密布してゐて，僅に尾柄の後部と吻とに棘が無い。體の上面は暗灰色で，下面は淡白い。體の全面に卵形の白點を散在してゐる。小いものでは著く斑紋を異にし，體の上面は暗褐色で，往々不顯著な青色點を散在し，腹面には黑褐色の色線數個を持つてゐる爲め，サヾナミフグ漣河豚 Tetraodon sazanami *Tanaka* と稱するものがあるが，是は全く本種の幼魚である。體長は三百ミリメエトル（一尺）を超える。熱帶性のもので，南日本にも稀に存在するが，大きいのは少く，六十ミリメエトル（二寸）位のものを澤山に見受けるのである。我國では好奇心も手傳つて色々のフグを食べるが，恐く此フグを食べる人は頗る少いと思ふ。それは世界的の人情として見慣れないものは食べないと云ふ傾向がある爲である。此フグが毒を持つてゐるか，否か，また食べられ

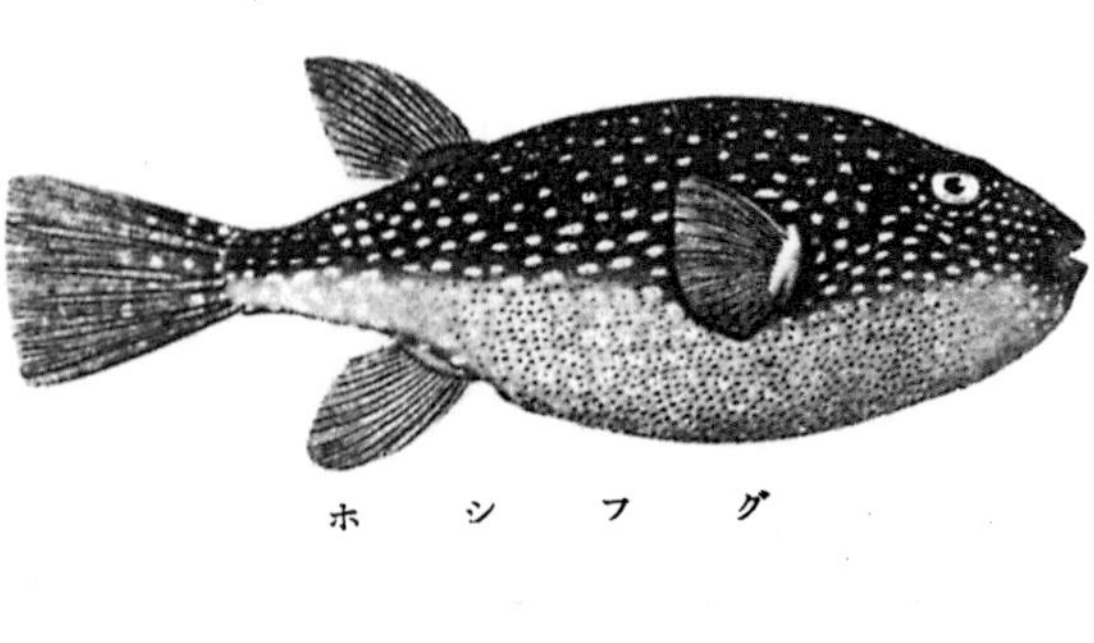

ホシフグ

るとしても美味であるか、否か、斯様なことは全くわかつてゐない。

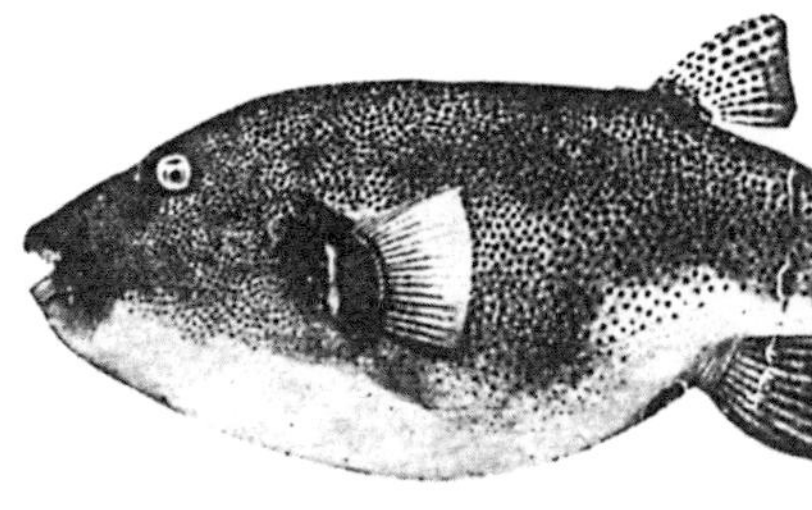

シロアミフグ

シロアミフグ　白網河豚　Tetraodon alboreticulatus *Tanaka*（**マフグ科**）

シロアミフグとは曾て私の命名したものである。マフグ類であるから、上下兩顎に各〻二枚の歯板がある。背鰭十一軟條、臀鰭十一軟條を持つてゐる。背面と腹面とに強い棘を密布してゐる。體には全面に數多の圓い黒點を密布し、その爲め地色は灰色の網狀斑紋を形成してゐる。頗る大きくなるもので、體長は六百ミリメエトル（二尺）に達する。南日本のものであるが、我國には稀である。多分熱帯方面へ分布してゐるものであらう。

＊モヨオフグ　模樣河豚　Tetraodon aerostaticus (*Jenyns*)（**マフグ科**）

神奈川縣三崎でモヨオフグと云ふ。マフグ類であるから兩顎の各〻に二枚の歯板がある。背鰭十軟條，臀鰭十軟條を持つてゐる。體は球形に近く、怒ると他のフグ類と同様以上によく膨れる。體の大部に棘がある。體色は暗褐色で、種々の大さの濃黒色の點を密布してゐる。腹面は幅の廣い黒色の帯があつて、是が所々で結合し、爲に地色は淡白い點となつてゐる處もある。肛門は黒く、胸鰭や臀鰭の基底に黒色の點があるし、尾鰭にも黒點を散在してゐる。小いフグ類で、體長僅に九十ミリメエトル（三寸）に達する。東印度諸島に産するものであるが、南日本へも分布してゐる。左程多く取れないのと、一見した時に美味にも見えないから食用とするものは殆ど無いと思ふ。毒素の有無もわかつてゐない。

キタマクラ　北枕　Canthigaster rivulata (*Temminck & Schlegel*)（**マフグ科**）

キタマクラ

神奈川縣三崎でキタマクラ又はオマンブフグと云ふ。オマンブとは巾著のことである。形稍や巾著に似てゐる爲め此名稱がある。マフグ類であるから上下兩顎に各〻二枚の歯板がある。背鰭十軟條、臀鰭十軟條を持つてゐる。體は肥大し、輪廓は所々で多少角張《かどは》つてゐる。皮膚には殆ど棘が無い。體色は暗褐色で、幅の狹い美青色の線が諸方面に走つてゐる。腹面には青色の點を散在してゐる。此魚は小い時は形が違つてゐて、地色や斑紋も著く相違し、地色は暗灰色で、暗褐色の線を持つてゐる。その爲め別種とせられたこともある

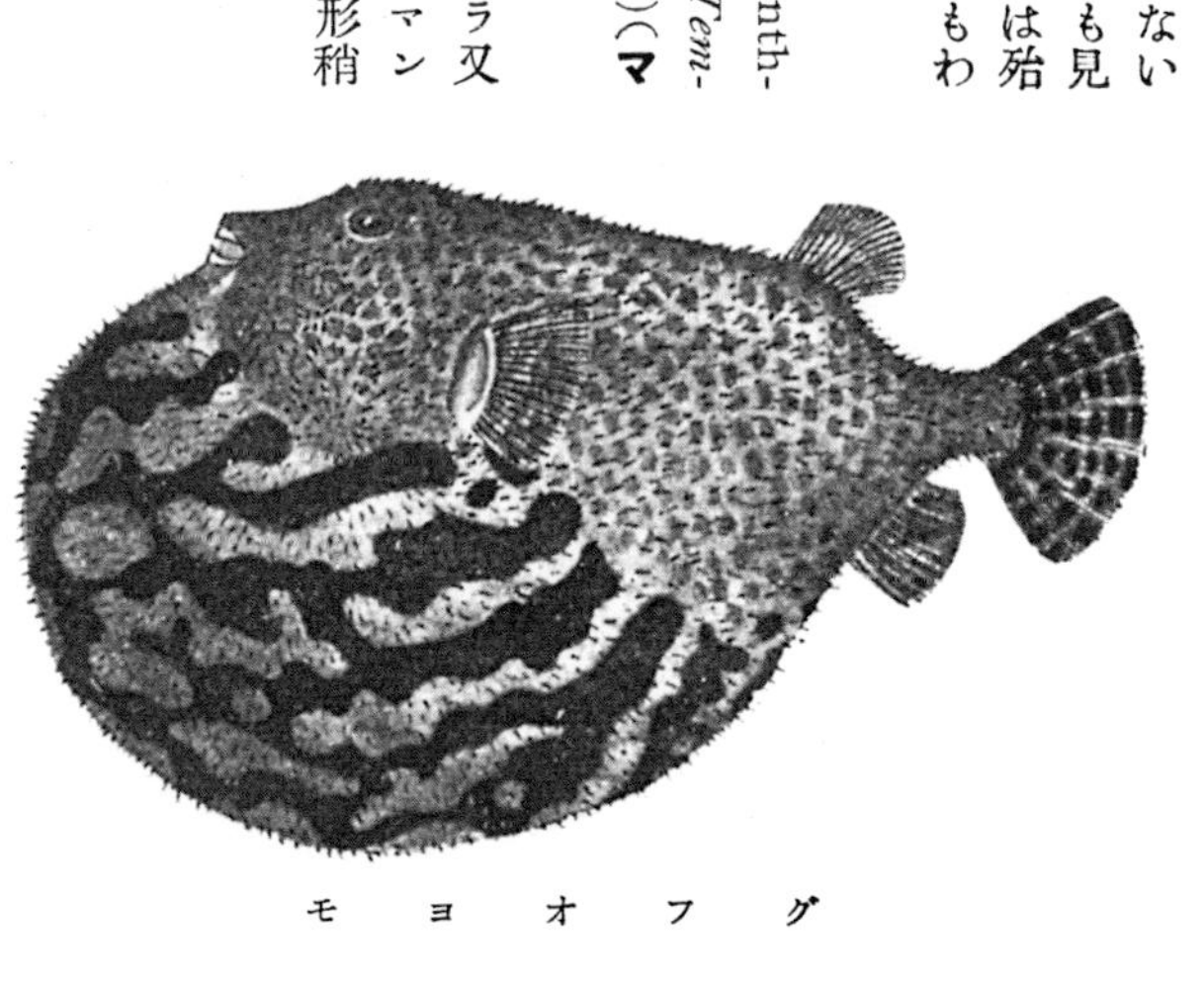

モヨオフグ

が、全く同一種内のものである。體長百五ミリメエトル（三寸五分）に達する。南日本のものである。キタマクラと云ふ名稱は緣起のわるいことを暗指してゐるが、高橋、猪子兩氏によると、マフグ類中毒素の少い部類に屬する。食用とする場合は少いやうである。

ハリセンボン　**針千本**　Diodon holacanthus *Linné*　（**ハリセンボン科**）

神奈川縣三崎でハリセンボン、千葉縣高島でバラフグ、茨城縣大津でハリフグ、福井縣高濱でスヾメフグと云ふ。上下の顎に各ゝ大きい一枚の齒板がある。背鰭十二軟條、臀鰭十二軟條を持つてゐる。體の全面に二根を持つた長い棘を密布してゐる。體には黑い斑紋を持つてゐる。大きい時と小い時とで形や斑紋に相違かあるし、また個體變化に富んでゐる爲に、諸種類に區別せられたこともあるが、同一種内のものであらう。體長二百十ミリメエトル（七寸）に達する。熱帶性魚類であつて、南日本へ分布してゐるが、神奈川縣三崎では頗る少いものである。福井縣高濱では嚴寒の候是れの大群が沿岸へ襲來するのを常例とし、時によると時期外れに襲來することもあるとのことである。此地方では美味のものとして食用に供する。

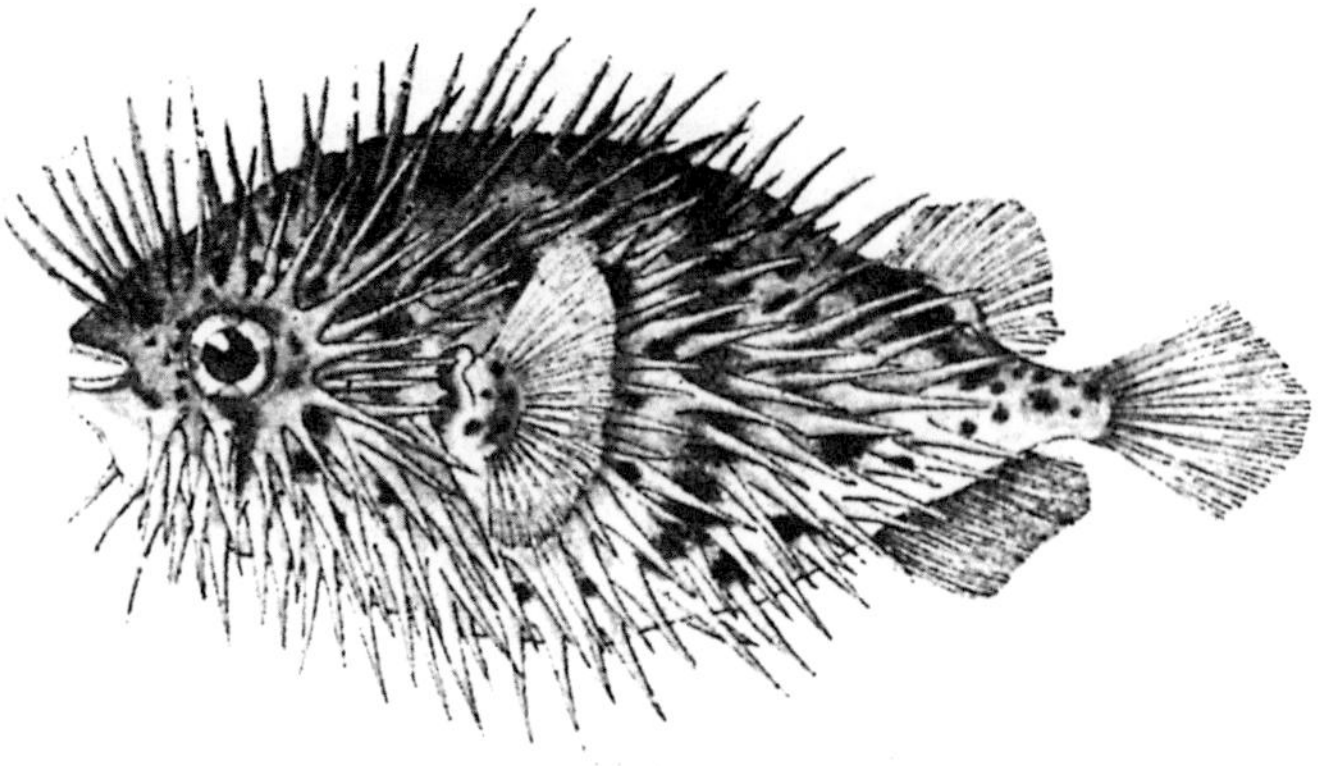

ハリセンボン

イシガキフグ　**石垣河豚**　Chilomycterus affinis *Günther*　（**ハリセンボン科**）

神奈川縣三崎でイシガキフグと云ふ。ハリセンボン科であるから、兩顎に各ゝ一枚の大きい齒板がある。背鰭十二軟條、臀鰭十一軟條を持つてゐる。體に散在してゐる棘は強いが割合に短く、三根又は四根を持つてゐる爲め、ハリセンボンの棘のやうに自在に動かすことは出來ないが、それでも多少は動かし得ることゝ思はれる。體の上面は褐色で、下方は淡白い。幅の廣い垂直の褐色帶五個を持つてゐる。稍や大きくなるもので、體長は三百ミリメエトル（一尺）に達する。熱帶方面のもので、南日本へも分布してゐる。食用とするか否か充分にわからない。

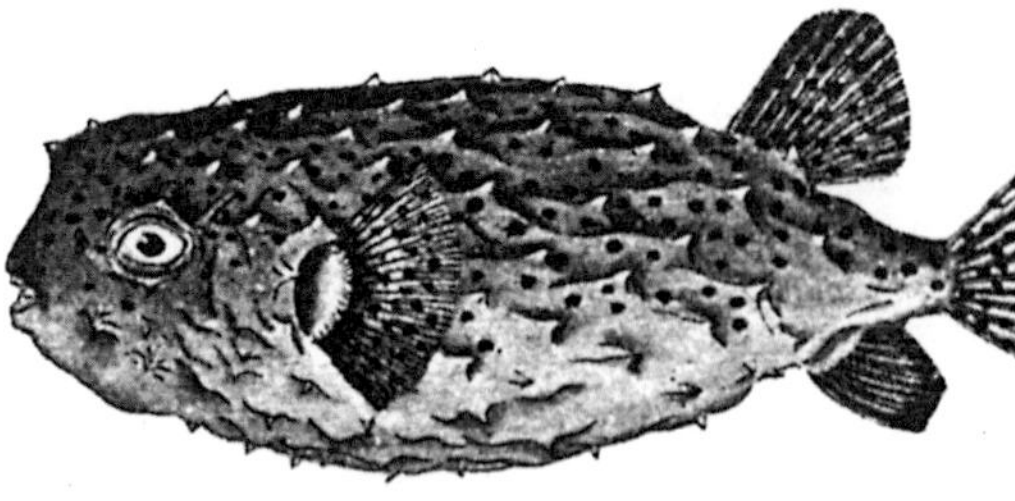

イシガキフグ

マンボオ　**飜車魚**　Mola mola (*Linné*)（**マンボオ科**）

一般にマンボオと云ふが、東北地方ではウキヾと云ふ。背鰭十七軟條、臀鰭十六軟條を持つてゐる。體は卵形で、頗る側扁し、厚い鞣皮《なめしがわ》のやうな皮膚を持つてゐるが、棘は全く無い。背鰭、臀鰭及び尾鰭の工合が特異である爲め、恰も頭だけの魚のやうに見える。體は大きく、體重實に八百十キログラム（二百十六貫）に達する。地中海にも太平洋にも產し、また割合に暖い處にもゐるが、多くは漁獲せられない。靜隱の日には大洋上に背鰭を出して浮んでゐるが、固より中層へ沈んでゐることが多いと思はれる。普通には海岸近くへは來ないもので、主として大洋に生活してゐるのと、是に對する漁法もなく、是を特別に得やうとするのでもないから、稀に漁獲せられるのであらう。海月《クラゲ》類《ルイ》を食つてゐるが、他のものを食つてゐる場合を見ない。肉は美い白色で、脂肪なく、頗る淡白な味を持つてゐる。是れの幼魚は著く成魚と形を異にし、成魚では體は滑で、殆ど棘狀突起は無いが、幼魚では數多の長い突起を持つてゐる。また幼魚は普通に入手せられないが、マグロ類の胃を開くと往々にして此幼魚を採集することが出來る。是を以て見ると、マンボオは相當多いもので、大洋の中層を游泳してゐるものと思はれる。

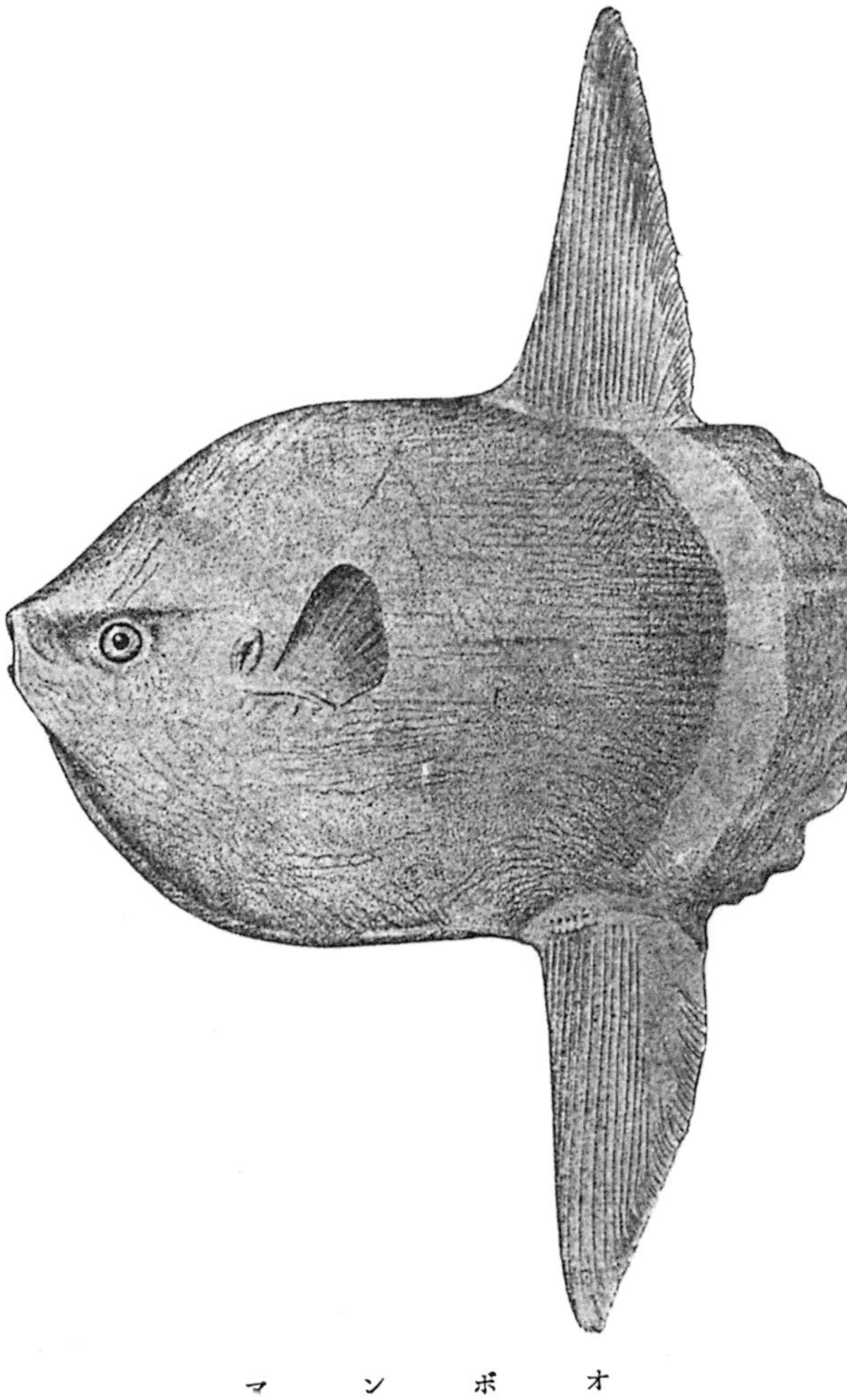

マ　ン　ボ　オ

クサビフグ　楔河豚　Ranzania truncata (*Retzius*)（**マンボオ科**）

クサビフグとは曾て私の命名したものである。背鰭十七軟條、臀鰭十八軟條を持つてゐる。體は細長く、著く側扁し、全形楔形を呈してゐる。六角形の小板が敷石上に竝び、多少皮下に埋沒してゐる。稍やマンボオに似てゐるが、背鰭と臀鰭とは基底狹く、其軟條の長さは著く長い。體の上面は暗色で、下方は蒼白色である。體側には若干の色帶があるが、殊に眼下には銀白色の色帶若干を持つてゐる。體長は四百十ミリメエトル（一尺三寸五分）に達する。布哇、南日本などに居るが、それでも稍や北日本へも分布してゐることゝ思はれる。年齡によつて著く形態と斑紋とを異にするもので、米國の東岸卽ち北大西洋でも往々取られるものである。習性は大體マンボオと同様であらうが極めて稀なものである。稀であると云ふのはマンボオと同様に大洋の中層に游泳してゐる爲め、漁業者の注目するものとならない爲であらう。食用としての價値は全くわからない。

ク　サ　ビ　フ　グ

キチジ　喜知次　Sebastolobus macrochir (*Günther*)（**メバル科**）

水戸でキチジ、神奈川縣三崎でアスナロ、茨城縣久慈でアカジ(其小いものを同地でコアカジ)、北海道膽振及び日高でキンキン（北海道釧路でキンキンと稱するはオ、サガのことである)、釧路でメイメイセンと云ふ。背鰭十五棘六軟條、臀鰭三棘五軟條、一縱列の鱗數凡そ四十五個である。眼頗る大きく、吻よりも遙に大きい。體は細長いが稍や肥大し、兩眼間の間隔は扁平で、無鱗である。背鰭の棘數の多いので、他のカサゴ類やメバル類と容易に識別せられるが、また背鰭棘部の中央の上方に黑褐色の大きい一點のあるのも人目を惹くに足りる。體長は二百十ミリメエトル（七寸）に達し、主として北日本に多く、東北から北海道の底曳機船手繰に相當の漁獲があるが、南日本に屬する相模灘の稍や深い處からも少數ながら漁獲せられる。美い薔薇色で、體の下面は稍や淡い。冬季水戸の夜市には是が澤山に竝べられて、頗る美觀を呈する。左程美味ではないが、それでも食品として相當の價値がある。小いものは蒲鉾材料となることが多い。

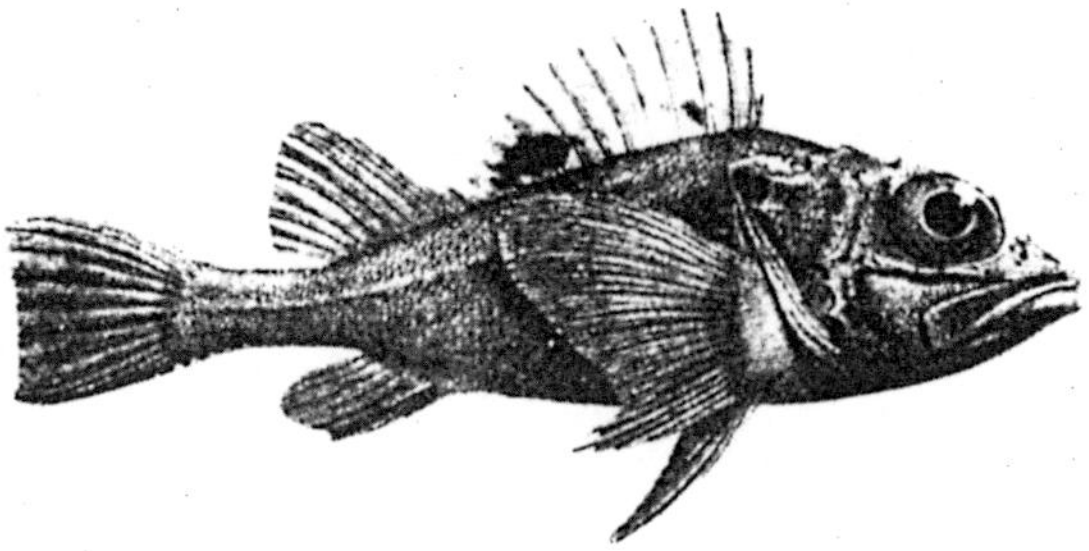

キ　チ　ジ

アコオ　阿候　Sebastodes matsubarae (*Hilgendorf*)（**メバル科**）

神奈川縣三崎でアコオと云ふ。背鰭十三棘十三軟條、臀鰭三棘七軟條一縱列の鱗數五十五個である。吻長は眼徑の二倍で、兩眼間の間隔は割合に廣く、深く凹形を呈してゐる。頭上の諸棘は普通の發達で、眼上棘も存在してゐる。鰓耙は長く、瘠形で、眼徑の三分の一の長さを持つてゐる。體長は四百五十ミリメエトル（一尺五寸）に達する。相模灘の深海に産するが、他地方からは餘り知られてゐない。深海漁業で取れるもの故、多少冬季に漁獲はあるが、他の時期には殆ど見られない。體色は濃い美い赤色で、殆ど斑紋は無い。左程美味ではないが、相當大きく成長する爲め、惣菜用としては重寶なものである。

ア　コ　オ

メバル　眼張　Sebastodes inermis (*Cuvier & Valenciennes*)（**メバル科**）

我國一般にメバルと云ふ。眼が大きい爲め、目を大きく見張つてゐるとの意味である。富山ではモヨと共にモバチメと稱する。背鰭十三棘十四軟條、臀鰭三棘八軟條、一縱列の鱗數四十三個である。眼徑は吻長よりも大きく、兩眼間の間隔は幅稍や狹く、凸形である。頭に存すべき隆起縁は發達頗るわるく、僅に皮膚外へ突出してゐる。

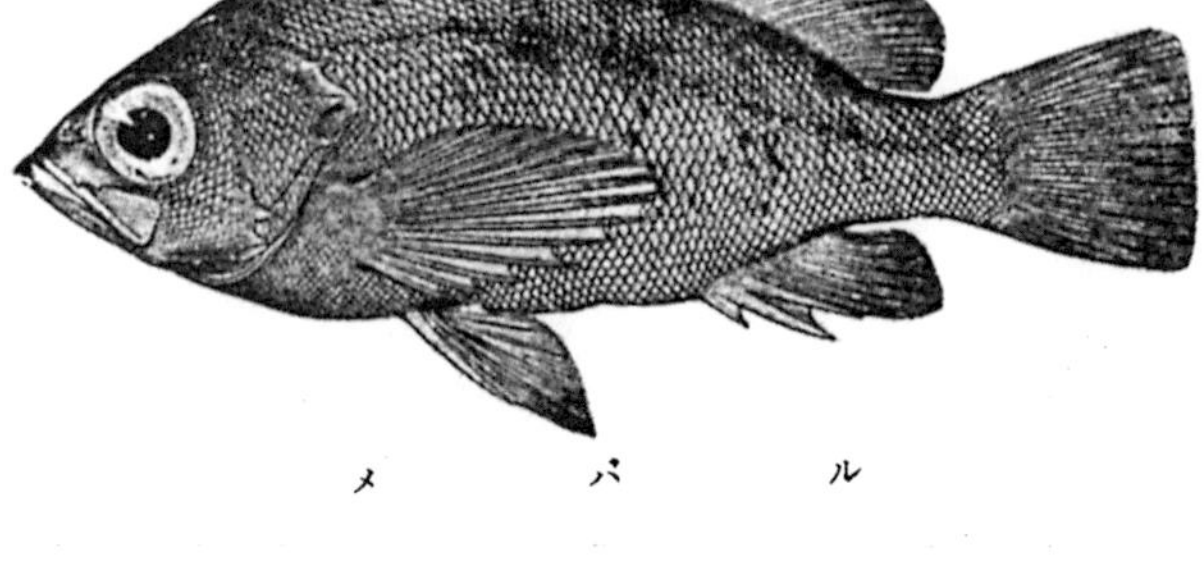

メ　バ　ル

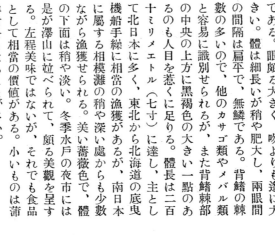

ものがあるに過ぎない。それでも多くの頭棘はあるが、後頭棘は無い。體長は二百十ミリメエトル（七寸）に達する。我内地に普通の魚類で、北は小樽附近へまで分布してゐる。相當美味の魚である。胎生魚であるが、成育しつゝある卵は餘り多く發達しない内に體外へ放出せられる爲に、體内に包藏せられる卵數は相當多い。海岸附近で繁殖する爲め内灣にも饒産するが、成長したものは稍や沖合へ出る。此魚は種々の色を有し、その爲めアカメバル、クロメバル、キンメバルなどゝ區別せられ是等は多少住所が違つてゐる爲に、各ゝを別種とする學者もあるが、是等は同一種内の異型と見るべきものである。

トゴットメバル　戸毎眼張　Sebastodes joyneri (*Günther*)（**メバル科**）

神奈川縣三崎でトゴットメバルと云ふ。背鰭十三棘十四又は十五軟條、臀鰭三棘七軟條、一縦列の鱗數五十個である。下顎には縫際部に一個の突起があつて、且つ上顎よりも長い爲に、口は斜に上方に向つてゐる。上顎後骨は眼の中央の下方へまでは達しない。兩眼間の間隔は幅廣く、扁平で、隆起縁は無い。腹腔膜は白色である。體色は灰色がゝつた桃色で、稍や赤味がゝつた暗褐色の斑紋數個を持つてゐる。此斑紋は多少個體變化を現すが本種特有の形と排列とをなしてゐる。體長は百八十ミリメエトル（六寸）に達する。南日本のものであるが、他地方からは産出しない。相模灘や千葉縣沖には多少の漁獲はあるが、東北地方や新潟縣などに居るものは本種で無くて是に近いツズノメバチメである。本種は左程美味のものではない。

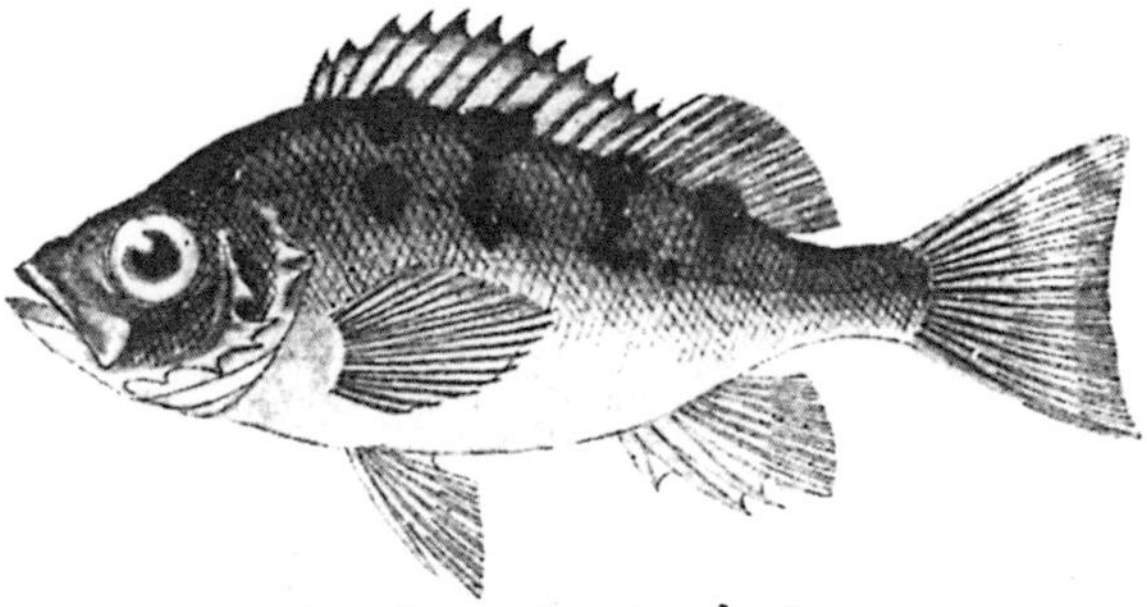

トゴットメバル

サンゴメヌケ　珊瑚目拔　Sebastodes flammeus *Jordan & Starks*（**メバル科**）

仙臺でサンゴメヌケ、鹽竈でマメヌケ、岩手縣でヒカリサガ、北海道でサンコオメヌク、北海道釧路でムロランサガと云ふ。背鰭十三棘十四軟條、臀鰭三棘八軟條、一縦列の鱗數三十三個ある。下顎の縫際部に大きい一個の瘤狀物があり、且つ上顎よりも著く長い。上顎後骨は眼の瞳孔の後縁の下方に達する。上顎には幅の狹い齒帶を持ち、下顎も前部では齒帶を作つてゐるが、側方では一列である。鋤骨には幅の狹い齒帶を持ち、口蓋骨には一列の齒がある。赤味の强い美い體色で、體長は四百ミリメエトル（一尺三寸五分）に達する。北日本のもので、相模灘では僅に是を産するやうである。二百尋位の礫質の海底に住むものである。アコオ類中最も美味のものである。

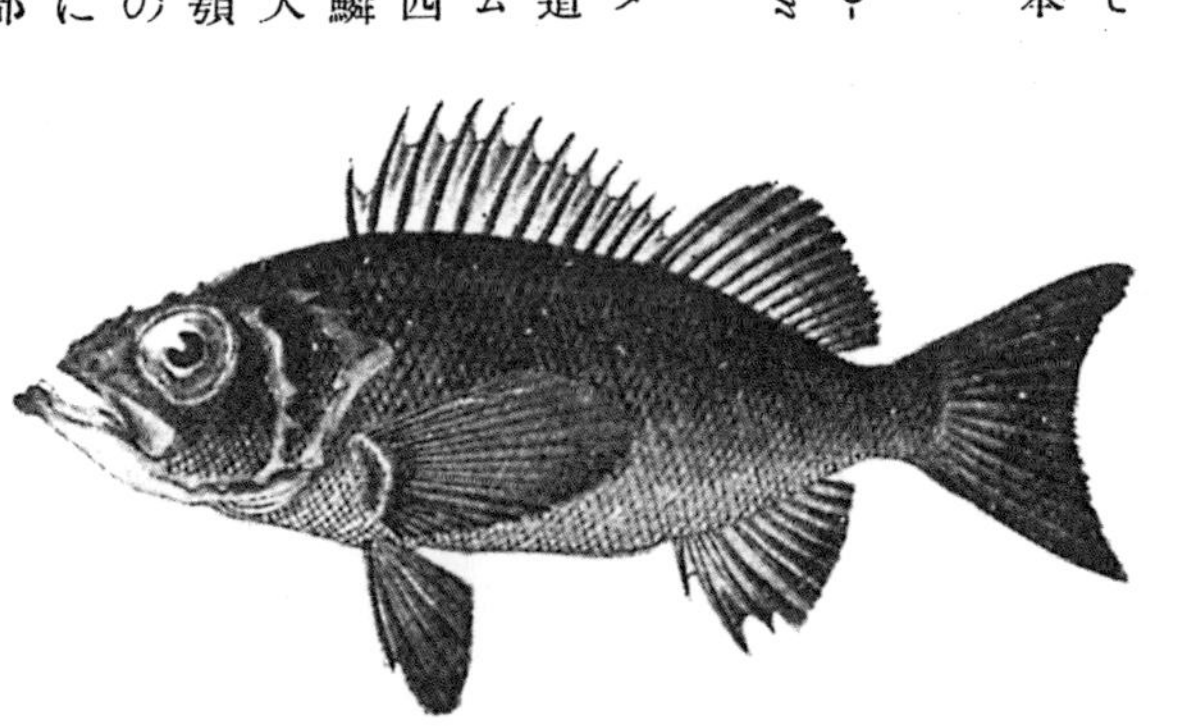

サンゴメヌケ

オゝサガ　大佐賀　Sebastodes iracundus *Jordan & Starks*（**メバル科**）

北海道膽振及び日高でオゝサガ、鹽竈でコオジンメヌケ、岩手縣でマエブカ、北海道釧路でキンキン（膽振や日高のキンキンはキチジのことである）と云ふ。背鰭十三棘十三軟條、臀鰭三棘八軟條、一縦列の鱗數三十個である。下顎には縫際部に一個の大きい瘤狀物を具へ、且つ上顎よりも著く長い。兩眼間の間隔は稍や幅廣く、扁平である。數對の頭棘は發達稍やわるい、また眼上棘を缺いでゐる。鼻棘、眼前棘、眼後棘顳顬棘、壁棘、項棘を具へてゐる。體色は強い赤い色で、腹腔壁と鰓蓋内面とは黑つぽい。體面に一個又は數個の黑褐色の點のあることもあるが、是は不規則に散在し、是等のない場合が多い。體大きく、四百八十ミリメエトル（一尺六寸）に達する。北日本の北部に居るものであるから、岩手縣沿岸では稀である。アコォ類中左程美味とは思はれないものであるが、大きく成長する爲め相當經濟價値は高い魚である。

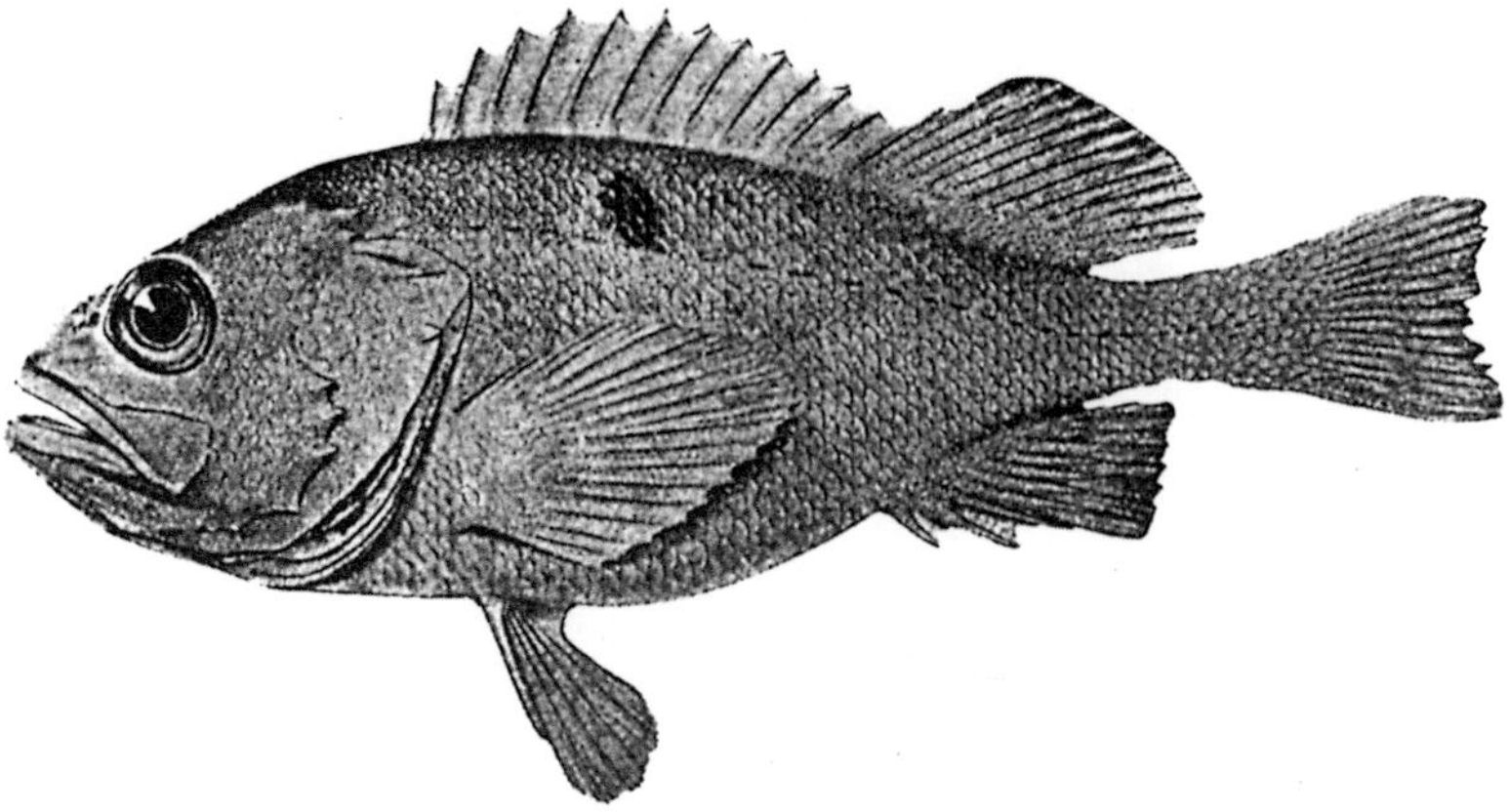

オ ヽ サ カ

キツネメバル　狐目張 Sebastodes vulpes (*Steindachner* & *Döderlein*)（**メバル科**）

キツネメバルとは曾て私の命名したものである。横濱でガラと云ふのは本種かと思ふが、まだ是を決するに足るだけの標品數を充分に入手しない。背鰭十三棘十三軟條、臀鰭三棘七軟條一縱列の鱗數三十二個である。上顎後骨は眼窩後縁の下方に達する。下顎縫際部に在るべき突起は不顯著で、且つ下顎は上顎よりも甚く長くない。鼻棘、眼前棘、眼後棘、顳顬棘、壁棘は適當の程度に發達してゐる。兩眼間の間隔は殆ど扁平で、是に存する隆起線は弱い。鰓耙は瘠形で、長く、第一鰓弓の下枝は二十一個ある。體や多くの鰭は赤みがゝつた褐色の地色へ白色の斑紋を密布してゐる。腹腔壁は白色である。體長は三百ミリメエトル（一尺）を超える。主として北日本に居るが、南日本にも多少の漁獲はある。左程美味のものでは無い。

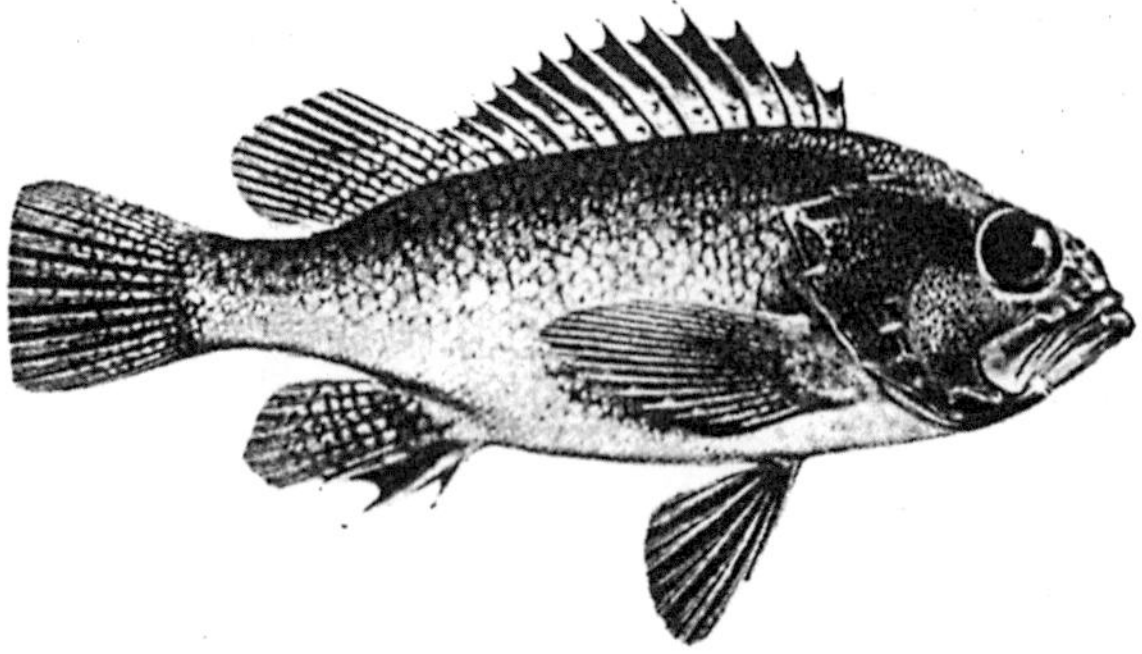

キ ツ ネ メ バ ル

ツズノメバチメ津頭之目鉢眼 Sebastodes thompsoni *Jordan* & *Hubbs*（**メバル科**）

新潟縣出雲崎でツズノメバチメ、同縣能生でセイカイと云ふ。背鰭十三棘十四軟條、臀鰭三棘七軟條、一縱列の鱗數五十三個である。兩眼間の間隔は僅に凸形である。下顎は上顎よりも長い。鰓耙は稍や長く、瘠形で、第一鰓弓の下枝に二十七個ある。體色は灰色がゝつた淡桃色

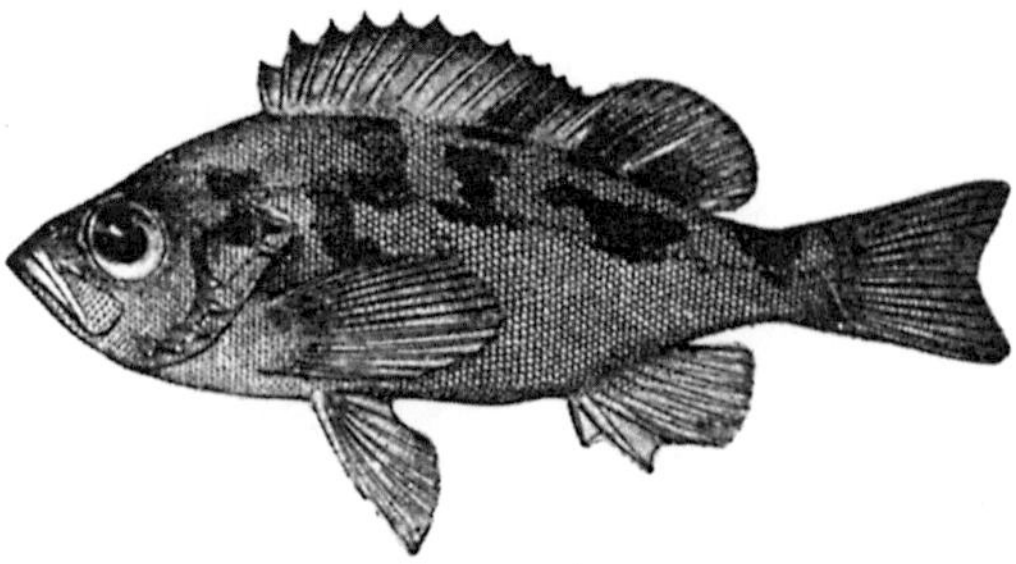

ツ ズ ノ メ バ チ メ

で極めて淡い褐色の斑點がある。體色、殊に斑點は稍やトゴットメバルに似てゐるが、濃度が著く淡いのみならず、よく見るとトゴットメバルの斑點と違つてゐる。北日本のもので、南日本に居ない爲に、神奈川縣三崎ではトゴットメバルが多少多いのに拘らず、本種は全く見られない。また東北地方や新潟縣、富山縣などではトゴットメバルはなくて本種を多少多く見ることが出來る。體長は二百ミリメエトル(六寸五分)に達する。食料としては左程美味ではないやうである。

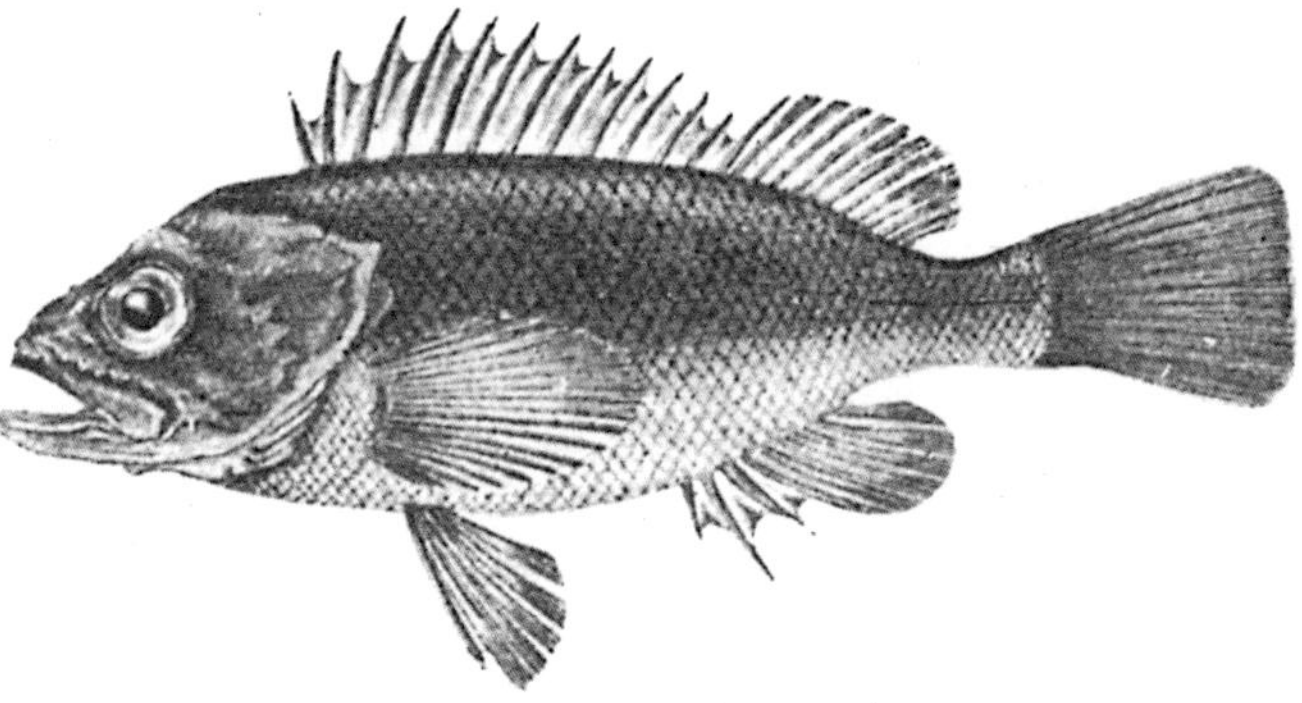

クロゾイ

クロゾイ　黒曹以　Sebastodes schlegeli (*Hilgendorf*)（**メバル科**）

北海道でクロゾイ、富山でクロカラ、愛知縣熱田でワガと云ふ。背鰭十三棘十二軟條、臀鰭三棘七軟條、一縱列の鱗數五十四個である。上顎後骨は眼窩後緣の下方に達する。兩眼間の間隔は僅に凸形で、是に存する隆起緣は頗る低い。鰓耙は稍や長く、第一鰓弓の下枝に十七個ある。頭棘は何れも發達弱く、鼻棘、眼前棘、眼後棘、顳顬棘は微小であるが、鋭く尖つてゐる。眼前骨の邊緣に三個の扁平な鋭い棘がある。體色は暗灰色で、體の上面に不規則形の暗色斑紋がある。體長は三百ミリメエトル(一尺)に達する。日本の各地に產するものであるが、多くの漁獲はない。然し相當美味のものである。

モヨ　模輿　Sebastichthys elegans (*Steindachner & Döderlein*)（**メバル科**）

東京でモヨ、神奈川縣三崎でキミカサゴ、高知でギット、長崎でモアラカブ、富山ではメバルと共にモバチメと云ふ。背鰭十三叉は十四棘十二軟條、臀鰭三棘七軟條、一縱列の鱗數五十四個である。上顎後骨は眼の後緣の下方に達する。下顎は上顎と同長で、下顎の縫際部に瘤狀突起は無い。兩眼間の間隔は深く凹形を呈し、眼上緣は隆起してゐる。頭部の隆起緣と棘とはよく發達し、鼻棘、眼前棘、眼後棘、顳顬棘、壁棘がある。眼前骨には二個の鋭い角張《かどば》つた部分があるも、棘とはなつてゐない。鰓耙は頗る短く、鈍形で、第一鰓弓の下枝に十四個ある。體色は灰色で、暗色と淡桃色との斑紋を錯綜し、鰭にも數多の斑紋があつて美い色を呈してゐる。左程大きくならないもので、百八十ミリメエトル（六寸）に達する。南日本のもので、東京附近では美味のものとせられ、多少の漁獲がある。

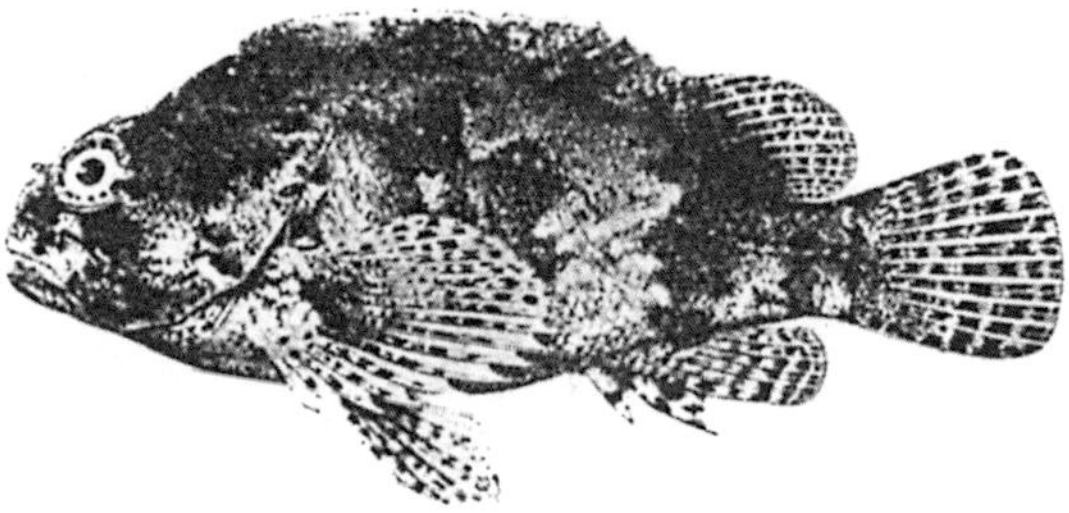

モヨ

タケノコメバル　筍目張　Sebastichthys oblongus (*Günther*)
（**メバル科**）

大阪や神戸でタケノコメバルと云ふ。背鰭十三棘十二乃至十四軟條、臀鰭三棘七軟條、一縱列の鱗數四十三個である。上顎後骨は眼の後方の下方に達し、下顎は上顎よりも僅に長く、下顎縫際部にある瘤狀突起は極めて僅に發達してゐる。頭棘は凡て低く、後頭棘最もよく發達してゐる。鼻棘、眼後棘、顳顬棘、壁棘がある。眼前骨には圓みを帶びた僅に發達した葉狀部はあるが、棘は無い。鰓耙は頗る短く、鈍形で、第一鰓弓の下枝に十二又は十三個を持つてゐる。背鰭の棘は其軟條よりも長く、臀鰭第二棘は第三棘よりも强いが、同長である。體色は暗灰色で、暗褐色の斑紋がある。是れの爲め多少明瞭な四、五條の横帶を作つてゐる。腹腔壁は白つぽい。體長は二百七十ミリメエトル（七寸）に達する。南日本のものであるが、殊に關西に多い。大阪方面では筍の現出する時分に頗る美味となるとも稱し、また美味の時には筍よりも美味だと言つてゐる。

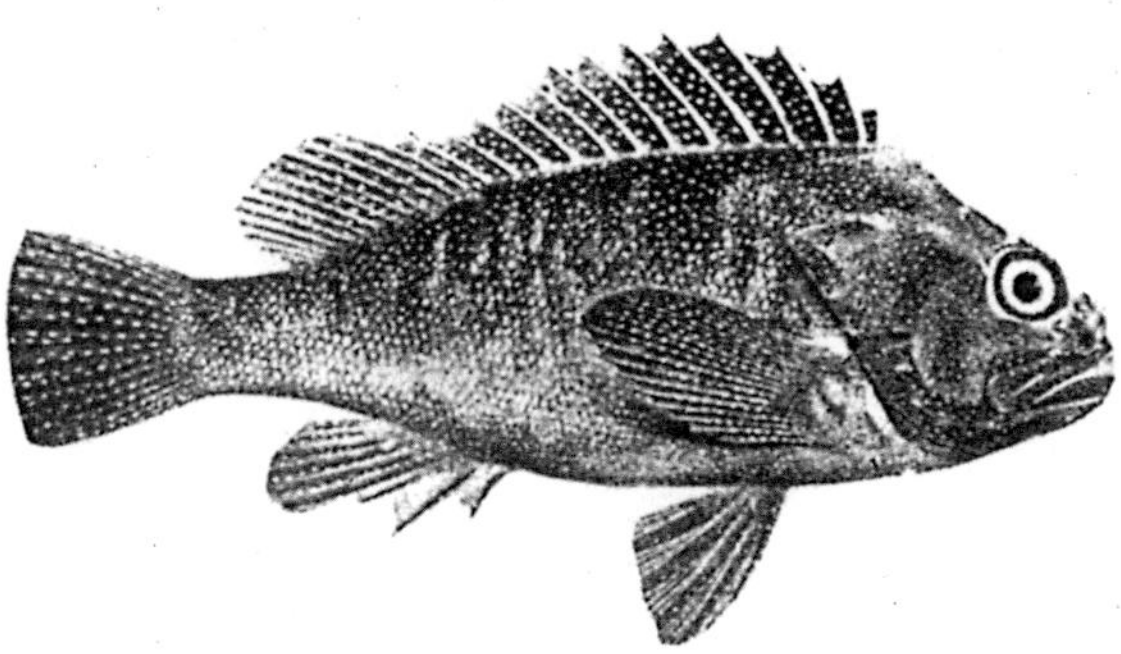

ゴ　マ　ゾ　イ

ゴマゾイ　胡麻曹以　Sebastichthys nivosus (*Hilgendorf*)（**メバル科**）

北海道室蘭でゴマゾイと云ふ。背鰭十三棘十二軟條、臀鰭三棘七軟條、一縱列の鱗數三十六個である。頭部の隆起縁と頭棘とはよく發達し、鼻棘、眼前棘、眼後棘、顳顬棘、壁棘がある。上顎後骨は眼窩後縁の下方に

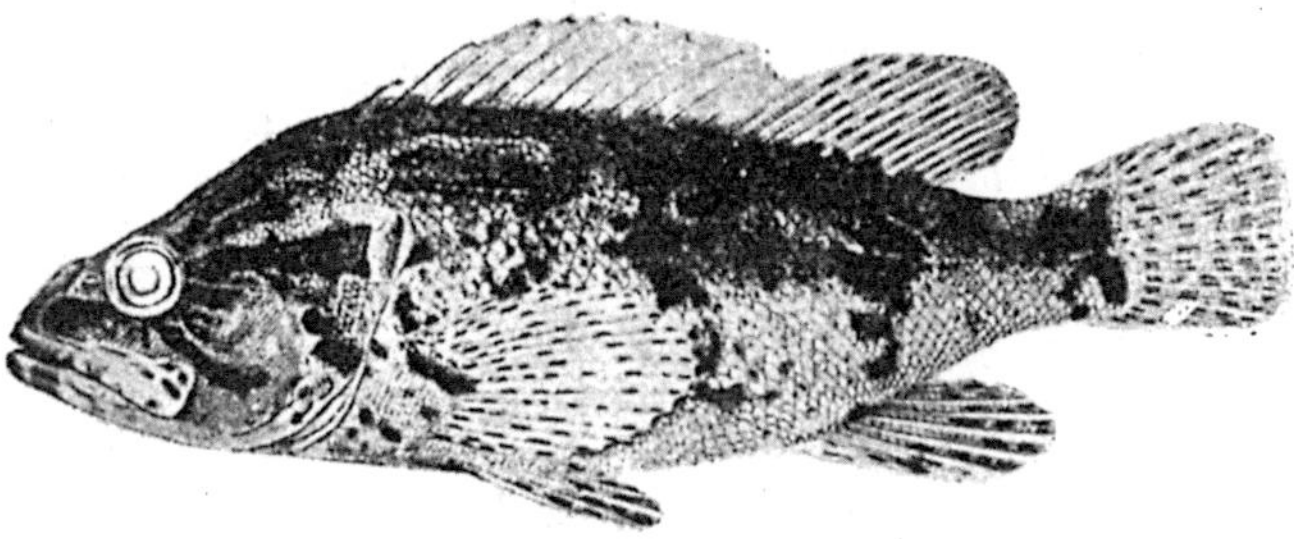

タ　ケ　ノ　コ　メ　バ　ル

達する。眼上縁はよく發達してゐるが、兩眼間の間隔の凹形度は弱い。鰓耙の長さは左程短くないが、第一鰓弓の下枝に十六個ある。體色は紫黑色で、白つぽい小點を密布し、頗る美く見える。體長は三百ミリメエトル（一尺）を超える。澤山の漁獲もなく、左程美味のものでもない。

シマゾイ　縞曹以　Sebastichthys trivittatus (*Hilgendorf*)（**メバル科**）

北海道でシマゾイ、キゾイ又はムラゾイと云ふ。背鰭十三棘十四軟條、臀鰭三棘七軟條、一縱列の鱗數三十七個である。上顎後骨は眼の後縁の下方に達し、下顎は上顎よりも僅に短い。下顎縫際にある瘤狀突起は頗る小い。兩眼間の間隔は凹形である。頭部隆起縁と頭棘とは强く、鼻棘、眼前棘、眼後棘、顳顬棘、壁棘がある。眼前骨の邊縁は圓味のある葉狀部と角張《かどは》つた葉狀部とを具へ、棘はない。鰓耙は左程短くはなく、第一鰓弓の下枝に十六個ある。體は黄味が强く、稍や褐色を呈した三條の縱走帶がある。體長は三百ミリメエトル（一尺）に達する。北日本のもので、左程の産額には達しない。また左程美味のものでもない。

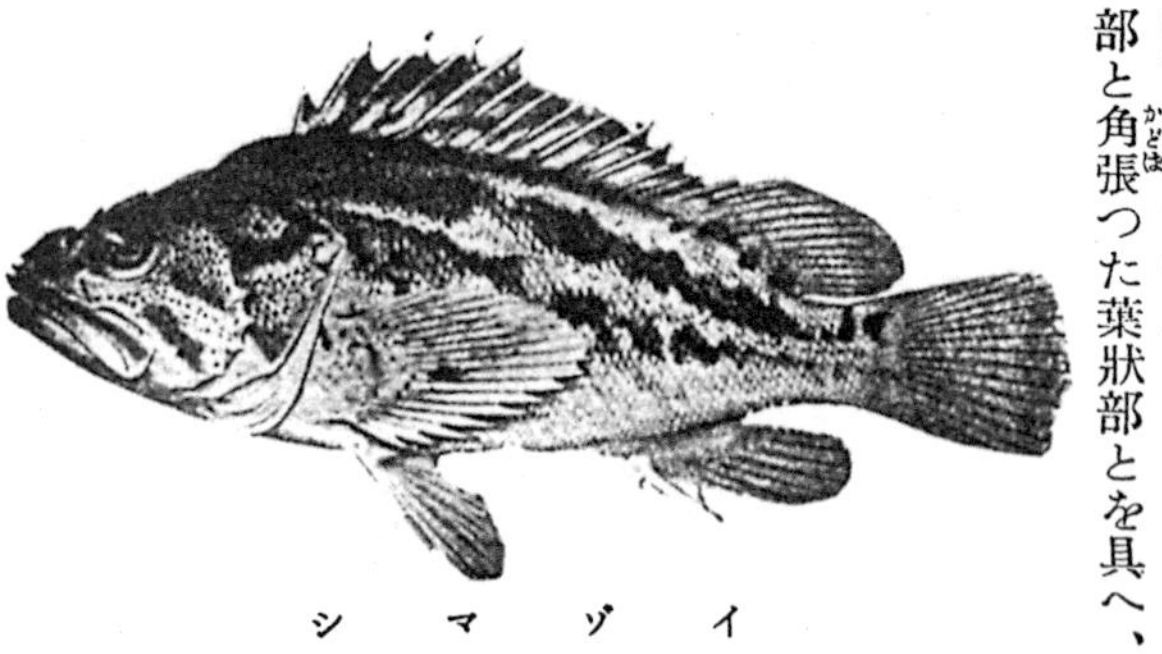

シ　マ　ゾ　イ

ヒレナガメバル　鰭長目張　Sebastosemus entaxis (*Jordan & Starks*)（**メバル科**）

ヒレナガメバルとは曾て私の命名したものである。背鰭十三棘九軟條、臀鰭三棘五軟條、一縱列の鱗數三十一個である。上顎後骨は眼の中央の下方に達し、下顎は僅に上顎より長い。下顎縫際部の瘤狀突起は發達してゐる。兩

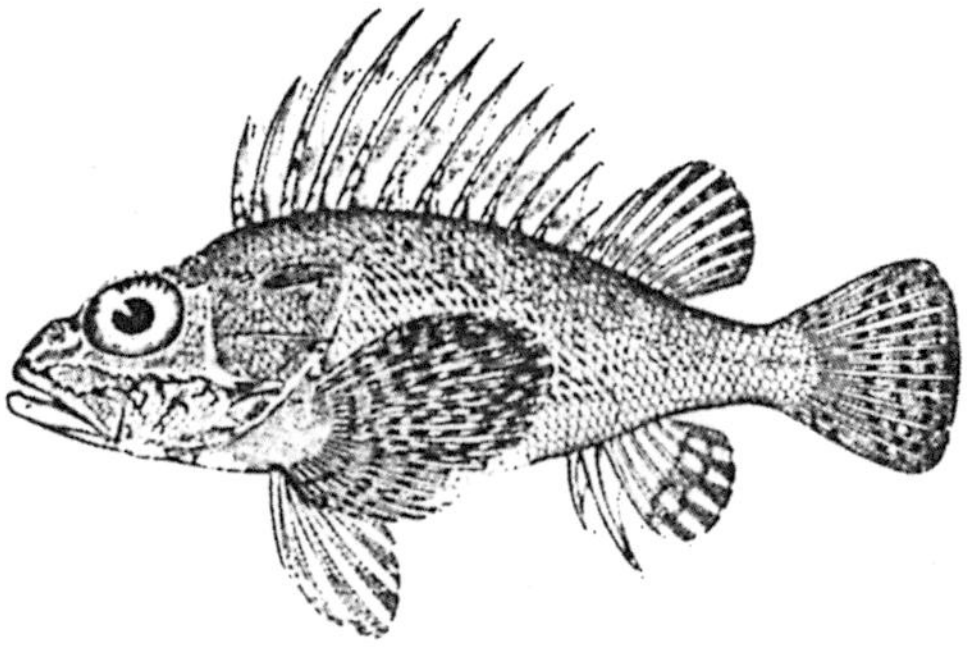

ヒレナガメバル

眼間の間隔は凹形である。眼前骨の邊縁には各側に一對の小棘があり、眼上縁には頗る鋭い五、六個の小棘がある。眼前骨、眼下骨の邊縁にも數個の鋭い棘が發達してゐる。背鰭棘中の多數は頗る長く、一見したゞけでも本種であることがわかる。第一鰓弓の下枝には八個の鰓耙がある。體色は暗灰色で、不規則形の褐色斑紋を散在してゐる。體長は二百十ミリメエトル（七寸）に達する。南日本に産するもので、寧ろ稀に漁獲せられるに過ぎないから、食用としての價値は頗る貧弱である。

アヤメカサゴ　文目笠子　Sebastiscus albofasciatus (*Lacépède*)（**メバル科**）

神奈川縣三崎でアヤメカサゴと云ふ。背鰭十二棘十二軟條、臀鰭三棘五軟條、一縱列の鱗數四十八個である。稍やカサゴに似てゐるが、是よりも深海に産するもので、頭棘は鋭い。眼下支持骨の上縁で、眼下の下縁に當る處に鋭い一棘を持つてゐる。カサゴには此棘が無い。體長は百八十ミリメエトル（六寸）に達する。南日本の稍や深海に産するもので、從つて地色は赤色へ稍や黄味を加へてゐるし、赤黄色の斑點や線狀紋などを散在してゐる。左程美味のものではない。

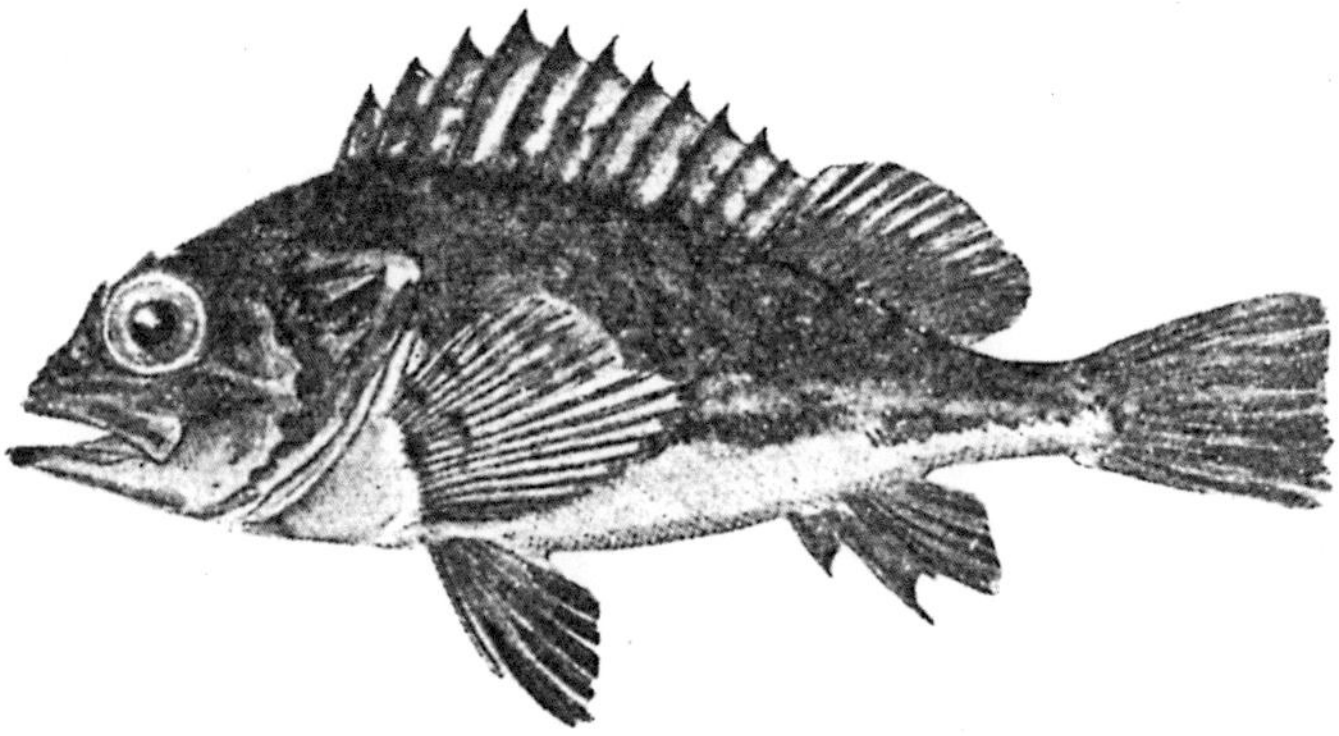

アヤメカサゴ

カサゴ　笠子　Sebastiscus marmoratus (*Cuvier & Valenciennes*)（**メバル科**）

東京でカサゴ、大阪府堺、和歌山、神戸、兵庫縣淡路國福良でガシラ、三重縣濱島でガラ、神戸駒ケ林、兵庫縣御影、明石でアカメバル、高知でガヾニ、廣島、愛媛縣八幡濱、鹿兒島縣枕崎でホゴ、富山でハチメ、長崎縣島原でアラカブ、熊本でガラカブと云ふ。背鰭十二棘十二軟條、臀鰭三棘五軟條、一縱列の鱗數四十六個である。下顎後骨は眼の後縁の下方に達する。頭棘は高く且つ鋭く尖つてゐる。鼻棘、眼前棘、眼上棘、眼後棘、顳顬棘、頂棘、壁棘、項棘がある。就中頂棘は一對の顳顬棘を連ねる線の直前に於て終つてゐる。兩眼間の間隔は深く凹形を呈する。眼前骨には其後下縁に一棘、其前方に頗る低き葉狀體二個を具へる。體色は頗る美い黄赤色で、淡褐色又は黄味の強い斑紋を持つてゐる。普通に多

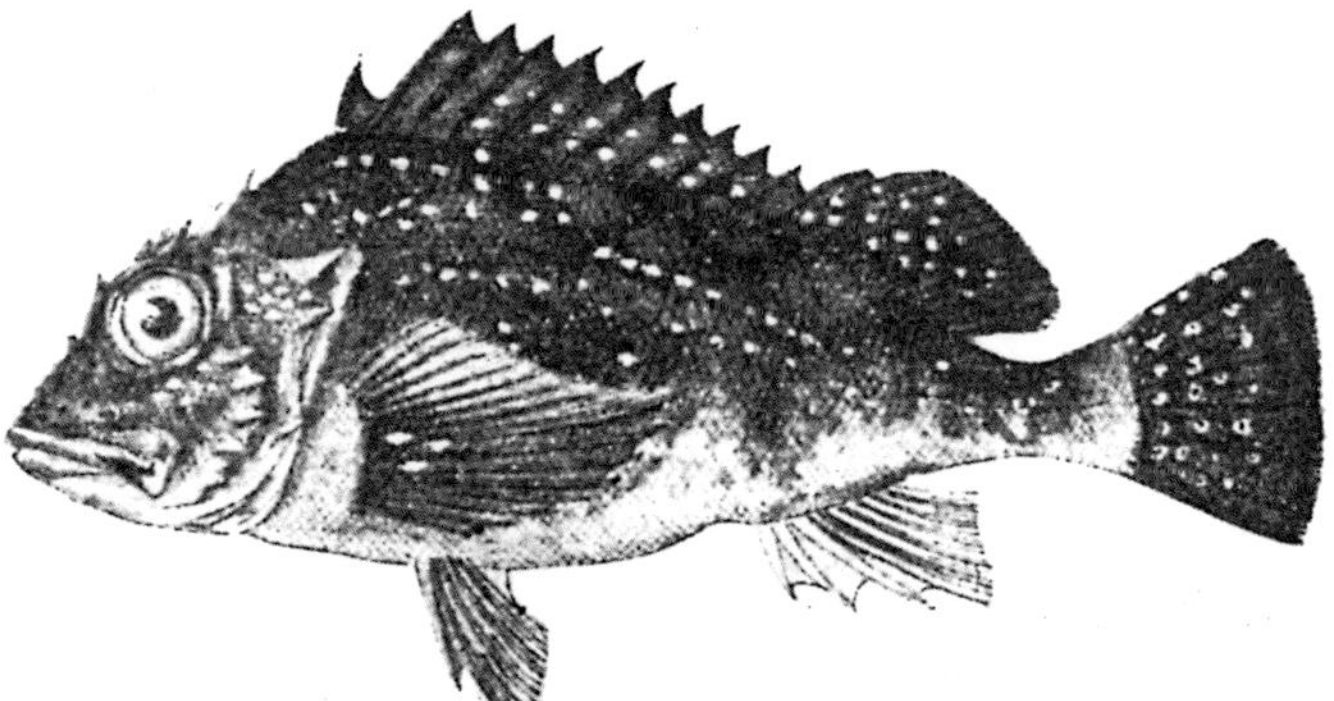

カサゴ

少深い沖合に住んでゐて、左程美味でないが、海岸に近い處に居るものは暗褐色の程度強く、稍や汚く見える爲め、神奈川縣三崎でツラアラワズと云ふ。洗はないやうな汚ない顔だとの意味である。味に於ては却て此方が美味である。體長百八十ミリメエトル（六寸）に達し、日本の何れの處にも居るが、我國以外へは分布してゐないやうである。本種はアヤメカサゴに近く、或は同一種のもので、アヤメカサゴの方が遙に深い處に住むものかも知れないが、カサゴには眼下骨に外方へ露出した一棘がないのに、アヤメカサゴには明に是を持つてゐる。

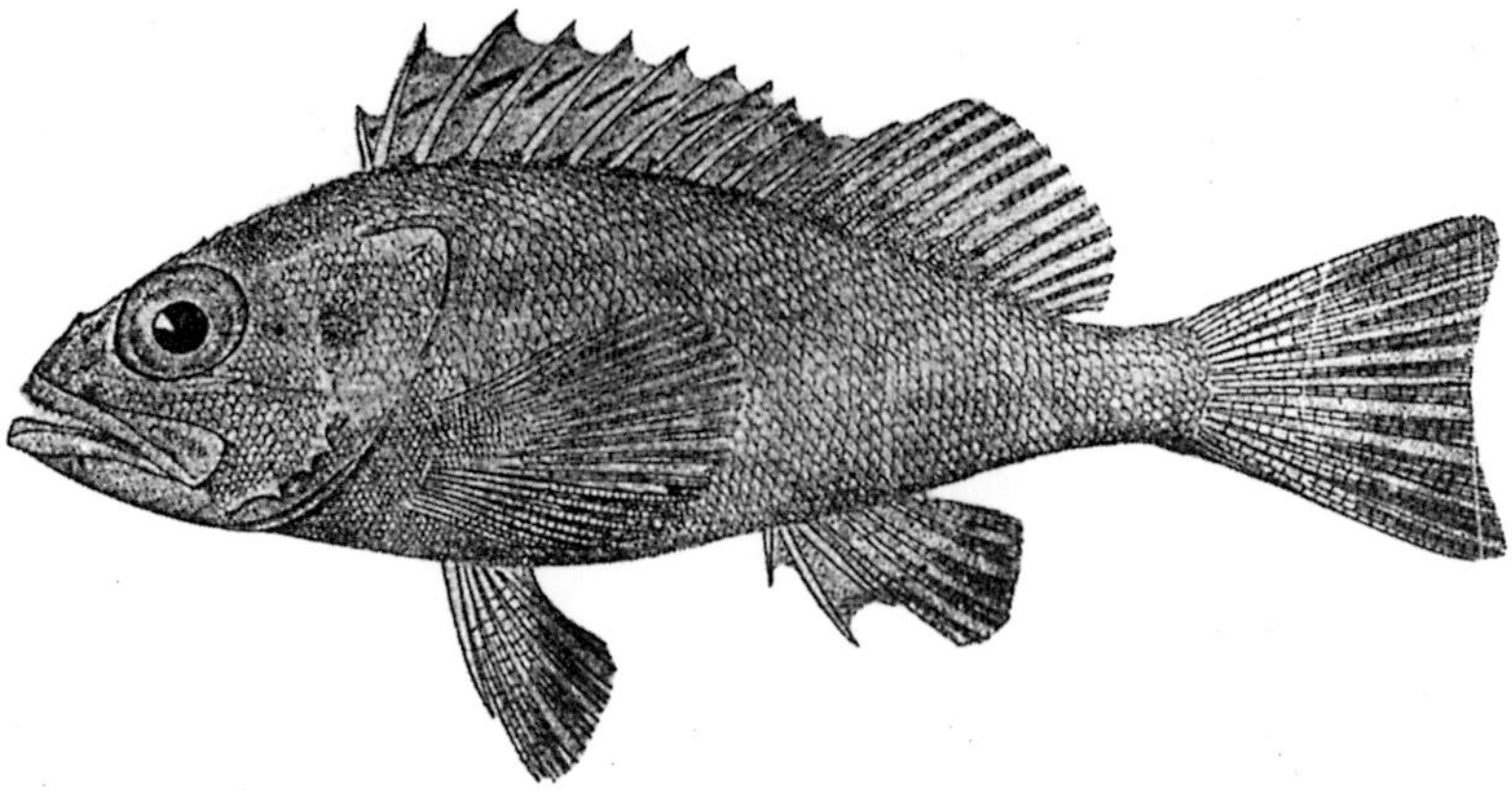

ユ　メ　カ　サ　ゴ

ユメカサゴ　**夢笠子**　Helicolenus dactylopterus(*De La Roche*)（**メバル科**）

ユメカサゴとは嘗て私の命名したものである。背鰭十二棘十二軟條、臀鰭三棘五軟條、一縦列の鱗數四十個である。上顎後骨は眼の後縁の下方に達し、下顎は上顎よりも僅に長い。下顎縫際部の瘤狀突起は小いが、鋭く尖つてゐる。兩眼間の間隔は幅頗る狹く且つ深く凹んでゐる。頭棘は小いが、鋭く尖り、鼻棘、眼前棘、眼上棘、眼後棘、顳顬棘、壁棘、項棘がある。眼下骨邊縁には僅に發達した棘がある。眼前骨には二、三個の頗る低い葉狀體があるが、角張《かどは》つた處も棘もない。鰓耙は小く、第一鰓弓の下枝に十六個ある。體色は黄味の强い赤色で、暗褐色の小點を密布してゐる。體長百九十五ミリメエトル（六寸五分）に達する。本種は太平洋にも大西洋にも稍や深海に産するもので、我國では南日本に多く、神奈川縣三崎にも多少の漁獲はあるが、濱松市附近の魚商店頭には可なり多く見受ける。是は此市の沖合へ出動する機船手操網で漁獲せられるものである。まだ試食した經驗はないが、左程美味ではないと思はれる。それでも店頭に多く竝べられてゐる處を見ると惣菜用として可なり重寶なものであらう。

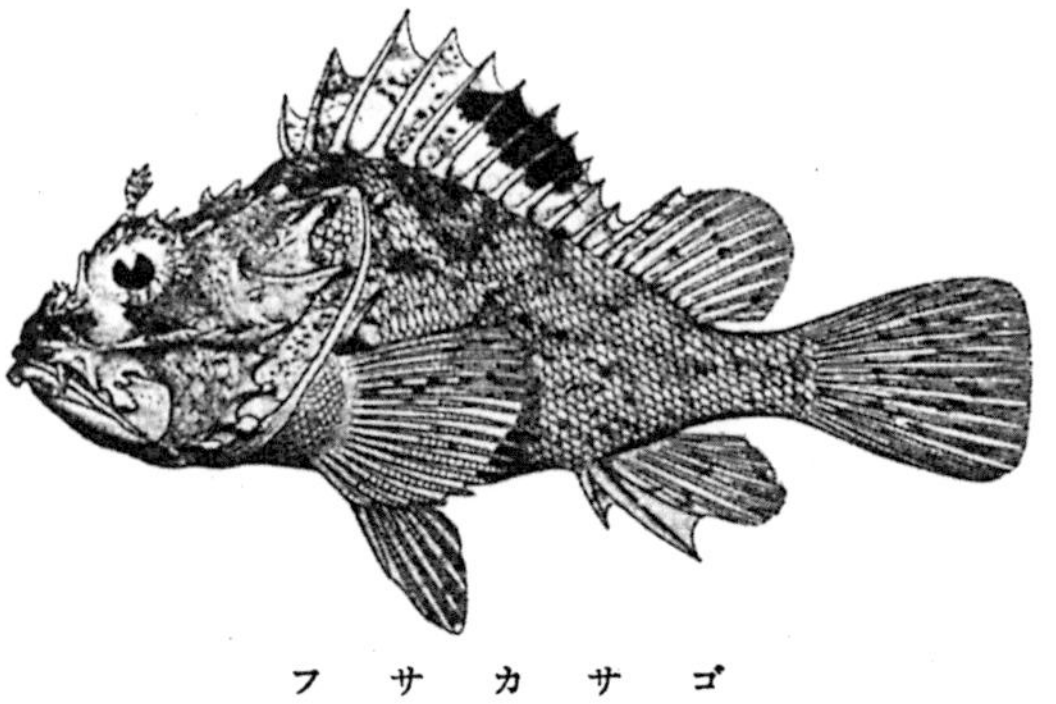

フ　サ　カ　サ　ゴ

フサカサゴ　**總笠子**　Scorpaena fimbriata *Steindachner & Döderlein*（**メバル科**）

フサカサゴとは嘗て私の命名したものである。背鰭十二棘九軟條、臀鰭三棘五軟條、一縦列の鱗數三十個である。上顎後骨は眼の後縁の下方に達し、上下の兩顎は同長である。下顎縫際部にある瘤狀突起はよく突出してゐる。兩眼間の間隔は深く凹形を呈し、鰓耙は短く、鈍形で、是には小い鋭い棘を密布してゐる。第一鰓弓の下枝に九個、上枝に五個ある。稍や赤味がゝつた褐色で、所々に褐色の斑紋、斑點を持つてゐる。また背鰭棘部に大きい黒褐色の一斑點を持つてゐる。體長は百五十ミリメエトル（五寸）に達する。南日本のもので、稍やオニカサゴに近いが、是と異なる點はフサカサゴには口蓋骨に齒があるが、オニカサゴには全く是が無い。其他體形、體色等に於ても兩者に著い相違があるばかりでなく、オニカサゴは相當大きく成長するが、フサカサゴは左程大きくならないものである。且つ漁獲高も少い爲め、經濟價値は頗る少いものである。

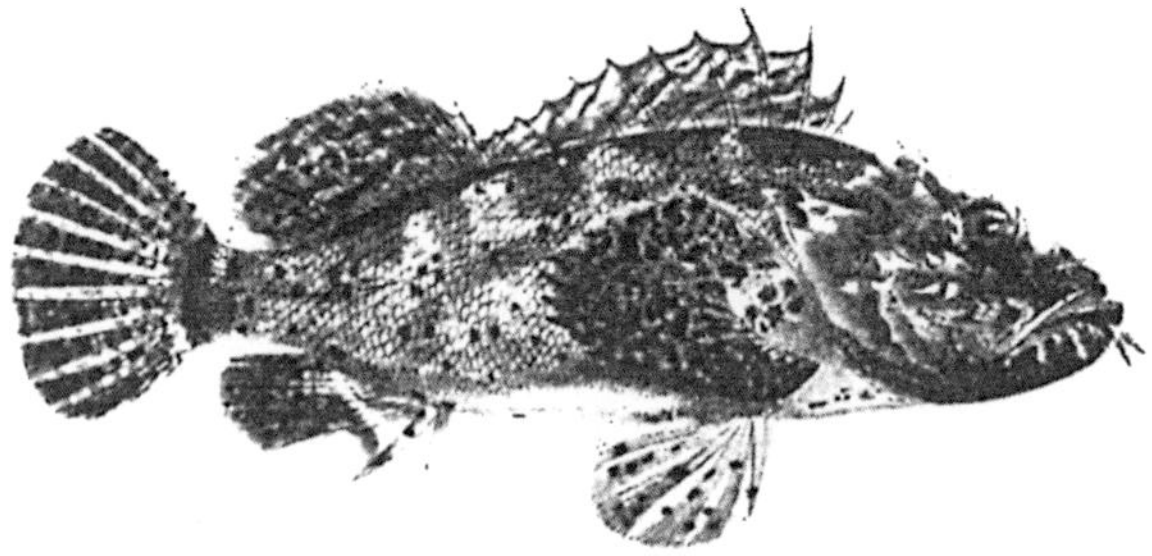

オニカサゴ

オニカサゴ　鬼笠子　Scorpaenopsis cirrhosa (*Thunberg*)（**メバル科**）

神奈川縣三崎でオニカサゴ、石川縣宇出津でキジンバチメ、新潟縣能生でシャニン又はシャニンバチメ、舞鶴でシャチモイオ、和歌山縣田邊でオキガシラと云ふ。背鰭十二棘十軟條、臀鰭三棘六軟條、一縱列の鱗數二十三個である。下顎は上顎よりも長く、其縫際部に瘤狀突起が無い。上顎後骨は眼の後縁の下方に達する。兩眼間の間隔は深く凹形を呈する。頭棘は大きく、鼻棘、眼前棘、眼上棘、眼後棘、顳顬棘、壁棘、項棘がある。鰓耙は頗る短く、第一鰓弓の下枝に十一個ある。鱗殊に側線部のものは皮質薄葉を附屬してゐる。顎と鋤骨とに絨毛齒の齒帶があるが、口蓋骨には全く齒が無い。體色は紫がゝつた赤い色で、諸所に暗褐色の斑紋を散在する。稍や大きく成長し、二百十ミリメエトル（七寸）に達する。南日本のもので、左程美味ではない。

サツマカサゴ　薩摩笠子　Scorpaenopsis kagoshimana (*Steindachner & Döderlein*)

サツマカサゴとは曾て私の命名したものである。背鰭十二棘十軟條、臀鰭三棘五軟條、一縱列の鱗數四十五個である。上顎後骨は眼の中部の下方に達する。頭部の隆起縁及び棘は分れた數多の小棘となつてゐる。兩眼間の間隔は深く凹める溝となつてゐる。體色は暗灰色で、幅の廣い暗色の横帶若干を持つてゐる。體長は九十ミリメエトル（三寸）に達する。本種は多少オニカサゴの特徴がある爲に口蓋骨に齒が無い。然し體の大さや體形、色彩等によつてオニカサゴと識別することが出來る。また稍やフサカサゴに似てゐるが、フサカサゴには口蓋骨に齒があるし、背鰭棘部に大きい一つの黑い斑紋がある。南日本のもので、經濟上からは全く價値のないものである。

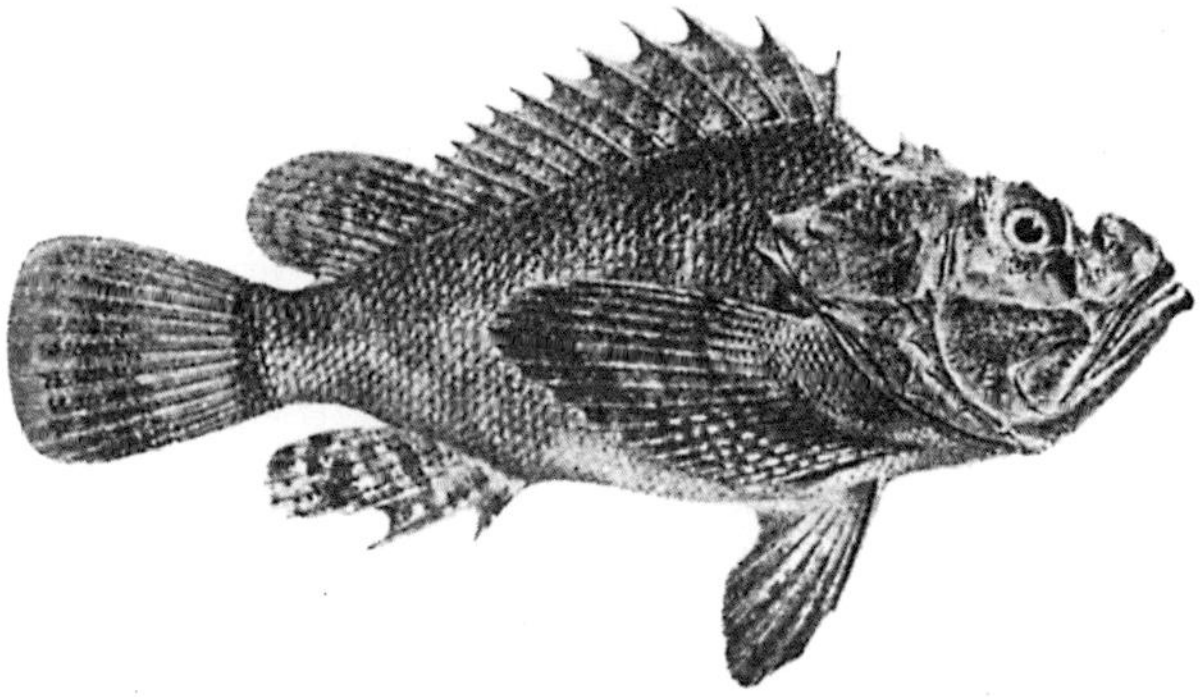

サツマカサゴ

ミノカサゴ　簑笠子　Pterois lunulata *Temminck & Schlegel*（**メバル科**）

神奈川縣三崎でミノカサゴ又はヤマノカミ（九州方面でヤマノカミと云つてゐる地方が多い）、三重縣濱島でマテシバシ、和歌山縣湯淺、三重縣木の本、愛媛縣八幡濱でハナオコゼ、大阪附近でヒメオコゼ、對馬國でミノウオと云ふ。背鰭十三棘十二軟條、臀鰭三棘八軟條、一縱列の鱗數

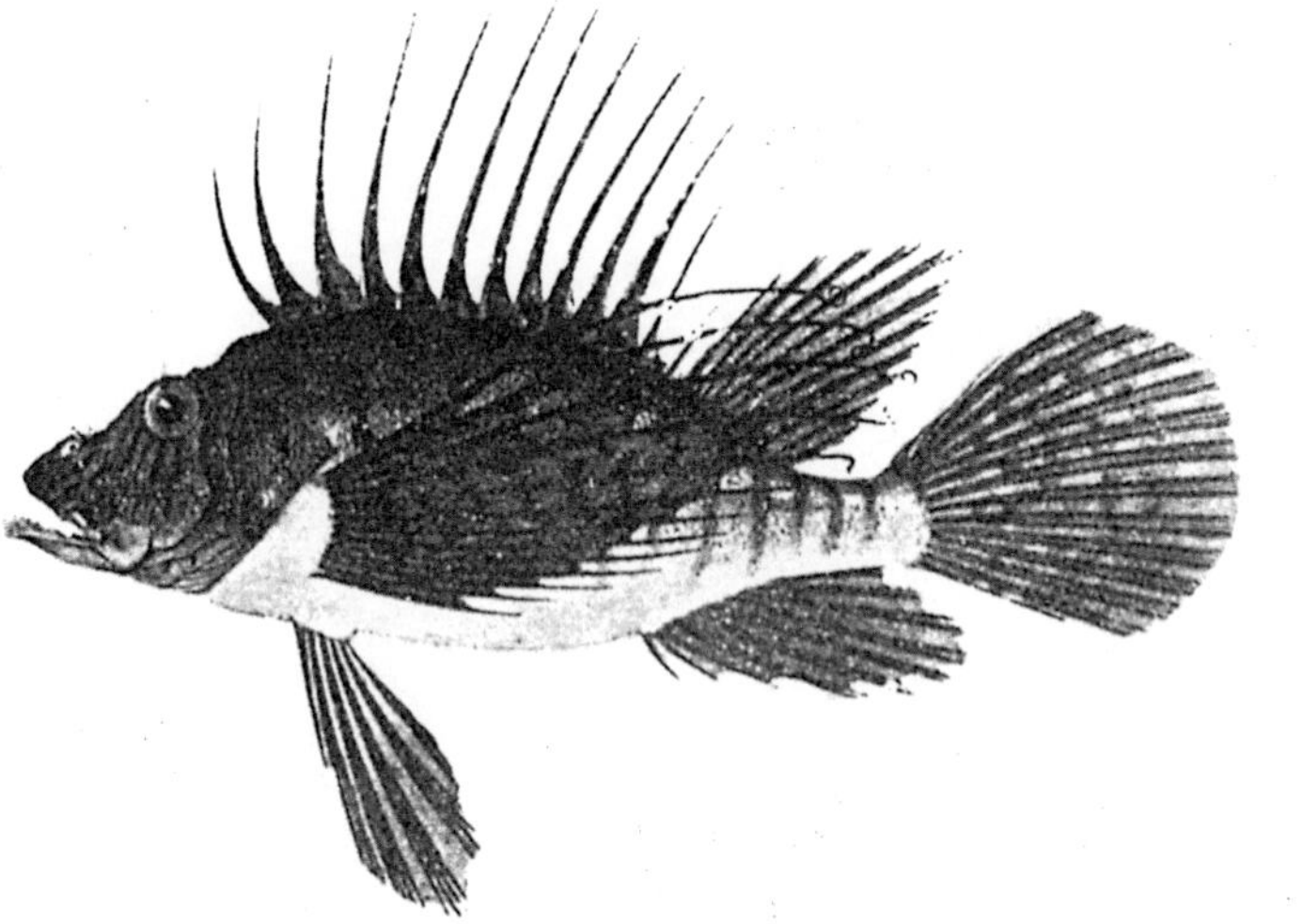

ミ　ノ　カ　サ　ゴ

三十九個である。下顎は上顎よりも長くはなく、下顎縫際部の瘤狀突起はよく發達してゐる。顎と鋤骨とに齒を持つてゐるが、口蓋骨には齒がない。鼻棘は小いが鋭く、眼前棘は頗る小いか或は全く是を缺いでゐる。眼前棘の直後に骨質の小突起があつて、是に眼上部の絲狀體が附著してゐる。眼後棘、壁棘、項棘もある。鰓蓋前骨に四棘がある。兩眼間の間隔は頗る深く凹んでゐる。第一鰓弓の鰓耙は頗る小く、其鰓弓の下枝に十個ある。背鰭棘と其軟條と胸鰭軟條とは頗る長い。背鰭棘を連ねる皮膜は其基底部のみに存在する。體色は赤味の強い暗褐色で、數多の濃褐色の横帶がある。體長は二百七十ミリメエトル(九寸)に達する。南日本のもので、左程多くの漁獲は無い。從つて經濟上の價値は乏いものである。鰭の棘は鋭く、是にさゝれると甚く疼痛を感ずる。マテシバシの方言は斯樣な危險を警戒せしめる爲の名稱であらう。派手な色合である爲め、食するを躊躇するが、案外に稍や美味である。

エボシカサゴ　烏帽子笠子　Ebosia bleekeri (*Steindachner* & *Döderlein*)（**メバル科**）

エボシカサゴとは曾て私の命名したものである。背鰭十三棘九軟條、臀鰭三棘七軟條を持つてゐる。大體ミノカサゴに似てゐるが、是よりも瘠形で、胸鰭は長いが、ミノカサゴよりも短い。また胸鰭軟條を連ねてゐる皮膜がミノカサゴでは其先端まで達してゐないが、本種では先端まで達してゐる。また項部から發してゐる角張《かどは》つた骨が薄片となり、多少サアベルのやうになつてゐるから、稍や烏帽子を戴いてゐるやうにも見える。上顎後骨は眼の中部の下方に達し、眼上緣は不規則形に鋸齒を呈してゐる。眼上部、前鼻孔部、眼前骨、鰓蓋前骨に短い觸手狀附屬器がある。體色は赤味の強い褐色で、數多の暗褐色横帶のある爲め、大にミノカサゴに似てゐる。體長は百八十ミリメエトル（六寸）に達する。南日本のもので、漁獲は頗る少い。食用としての價値は頗る少い。

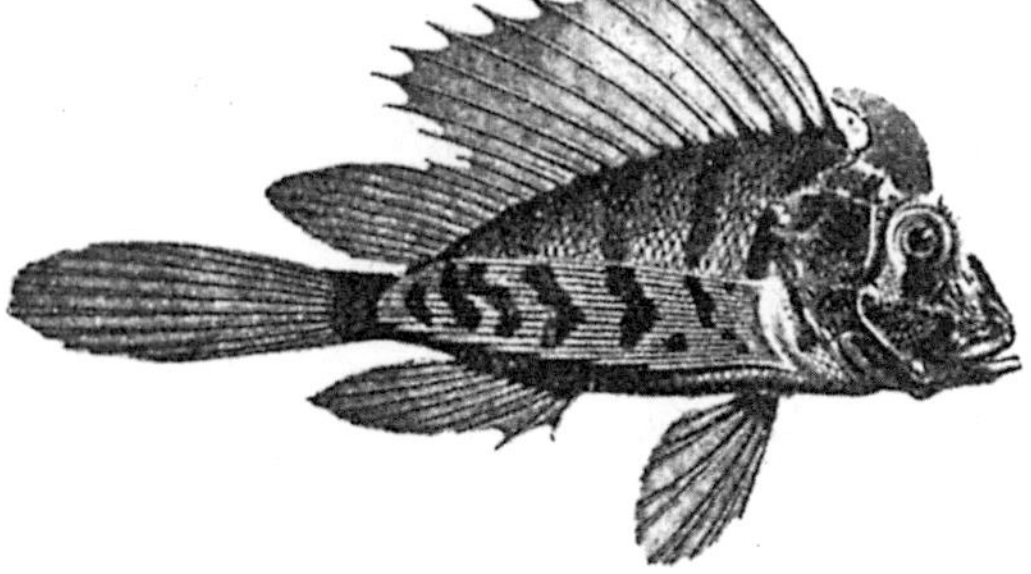

エ　ボ　シ　カ　サ　ゴ

ハチ　**蜂**　Apistus evolans *Jordan* & *Starks*（**メバル科**）

ハチとは神奈川縣三崎の臨海實驗所雇青木熊吉氏の命名したものである。是れの鰭にある棘にさゝれると甚く疼痛を感ずる爲である。背鰭十五棘九軟條、臀鰭三棘八軟條、一縱列の鱗數七十二個である。下顎は上顎よりも長く、下顎縫際部の瘤狀突起はよく發達してゐる。上顎後骨は眼の瞳孔の前緣へも達しない。兩顎、鋤骨、口蓋骨に齒がある。兩眼間の間隔は凹形を呈してゐる。眼下骨は幅廣く、其表面は放射してゐる隆起緣の爲め粗雜である。鰓蓋前骨は一個の長い鋭棘を有し、其下方に鈍い四棘がある。眼前骨には其後端に長い一棘があつて、其棘の後端は、上顎後骨の後端に達してゐる。下顎の各側に長い一個の觸手狀附屬器がある。背鰭棘、其軟條、臀鰭軟條は長いが、殊に胸鰭は長い。體色は暗灰色で、下方は淡白い。鰭には多くの斑點があるが、背鰭棘部の後部に一個の大きい濃褐色の斑點がある。體長は百三十五ミリメエトル（四寸五分）に達し、南日本のものである。多く漁獲せられないもので、下等食品である。

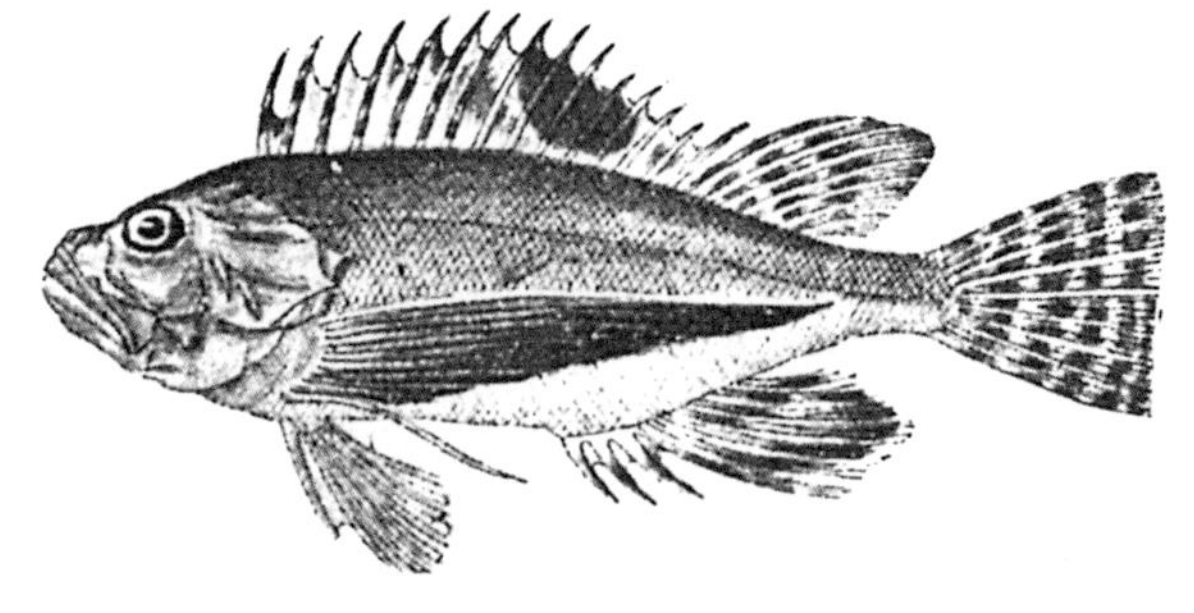
ハチ

ハオコゼ　葉鰧　Hypodytes rubripinnis (*Temminck & Schlegel*)（**メバル科**）

神奈川縣三崎でハオコゼ、房州でイッツンと云ふ。多くの土地では單にオコゼと言つてオコゼと區別しない名稱で呼んでゐる。たゞオニオコゼは上等食品であるが、ハオコゼは全く食用に供しないもので、南日本の水族館では澤山に是を入れて、恰も紅雀の群集してゐるやうに觀賞するのには誠に重寶である。體長九十ミリメエトル（三寸）に達する。南日本の海岸では處によつて饒産するものである。北日本には全く無いものであるから、北日本の水族館では吾々はいつも物足りない感じを惹起こすのは止むを得ないことである。背鰭十四棘七軟條、臀鰭三棘四叉は五軟條、腹鰭一棘四軟條である。上顎後骨は眼の中部の下方に達する。上下の兩顎は同長で、下顎縫際部に僅に發達した一個の瘤狀突起がある。顎、鋤骨、口蓋骨に幅の廣い絨毛齒帶がある。兩眼間の間隔は稍や狭い。眼前骨の後緣に一個の長い鋭棘がある。第一鰓弓の鰓耙は頗る短く且つ鈍形で、下枝に八叉は九個を持つてゐる。背鰭棘の內、前方のものは長く且つ鋭く、是を互に連ねる膜は基底部のみに擴がつてゐる。體は殆ど無鱗であるが、廓大鏡でよく見ると體の後部に微小鱗の隱在してゐるのを見ることが出來る。稍や黃味を帶びた赤色で、黑色の斑點と白色の斑點とを不規則に散在してゐる。海岸のアジモの中に住んでゐるが、內灣には少く、稍や荒海に近い處に饒産する。是れの鰭の棘にさゝれると甚く疼痛を感ずる。

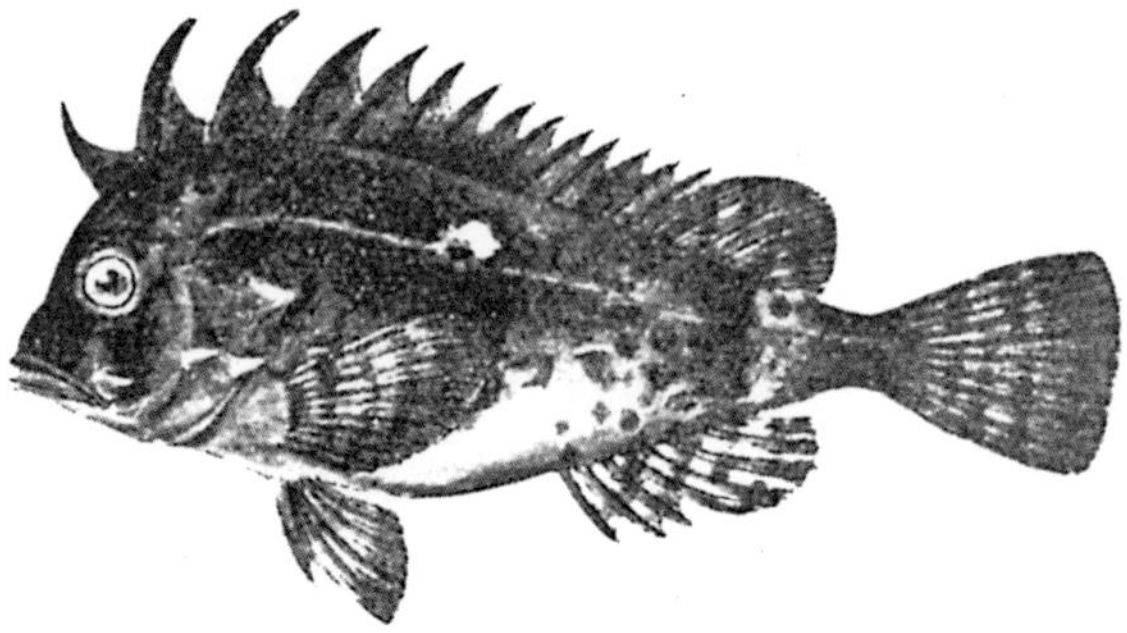
ハオコゼ

オニオコゼ　鬼鰧　Inimicus japonicus (*Cuvier & Valenciennes*)（**メバル科**）

此魚は何處でも單にオコゼと云ふ。オニオコゼの名稱は誰か或學者が他のオコゼ類と區別する爲に付けたものと思はれ

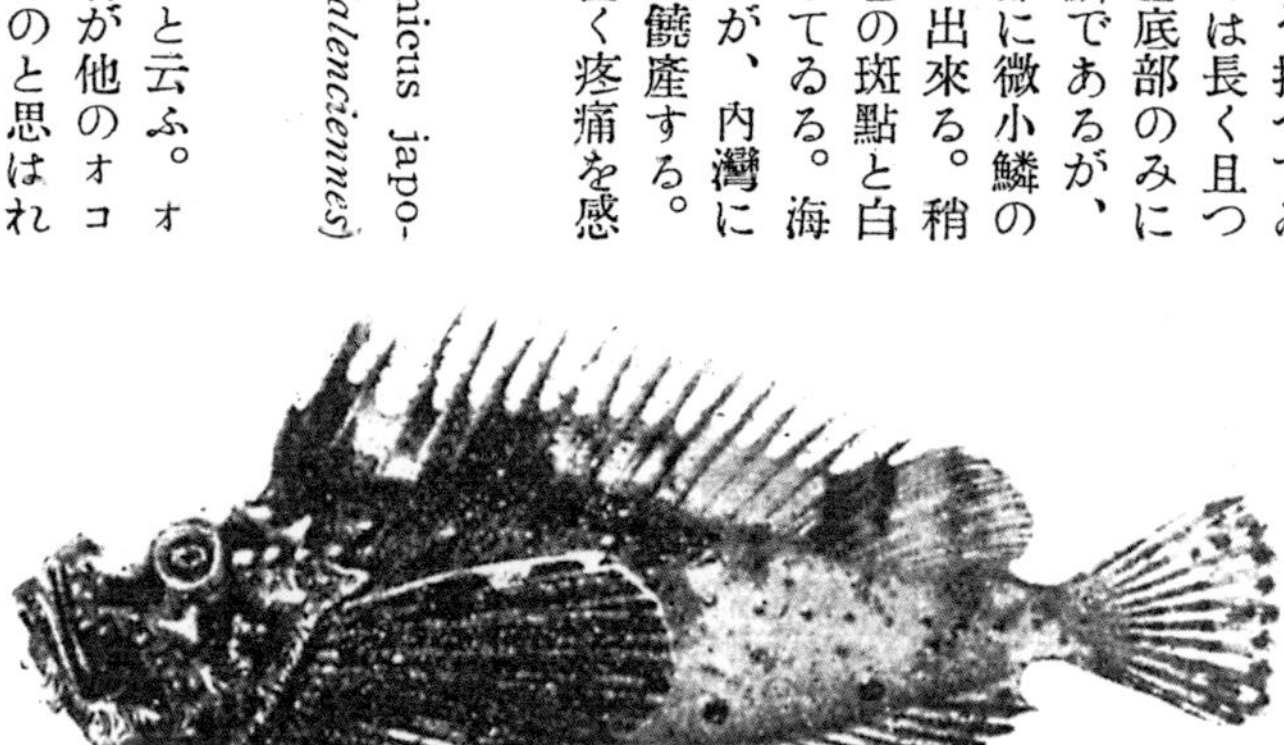
オニオコゼ

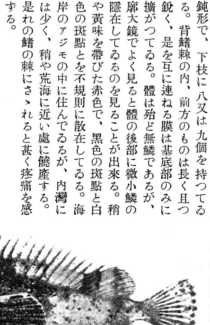

る。背鰭十七棘七軟條、臀鰭二棘九軟條を持つてゐる。體は細長く、頭は縱扁し、奇妙な形を呈してゐる。體に鱗なく、體、頭、鰭に皮質薄片を散在してゐる。口は小く、殆ど垂直である。顎と鋤骨とに齒があるが、口蓋骨には是が無い。背鰭棘は銳いが、瘠形で、是を連ねる皮膜は僅に基底部のみに存する。兩眼間の間隔と眼前骨とは深く窪んでゐる。體色は種々で、從つて種々の種名があるが、同一種内のものである。海岸に居るものは濃黑色であるし、稍や沖合の藻類の間に生活してゐるものは赤紫色で、褐色の斑紋がある。深海に居るものは黃味が多く、甚いものになると殆ど全體が黃色で、僅に褐色斑紋を少々持つてゐるものもある。背鰭の棘は恐ろしく、是にさゝれると甚く疼痛を感ずる。食品としては頗る美味のものである。體長は二百十ミリメエトル（七寸）に達する。南日本のものである。

ダルマオコゼ　達磨鰧　Erosa erosa (*Langsdorf*)（**メバル科**）

ダルマオコゼとは何地の稱呼か不明である。神奈川縣三崎でシ、オコゼ、東京でゲンコツ、大分縣佐伯でツチオコゼと云ふ。背鰭十四棘七軟條、臀鰭三棘六軟條、側線上の孔は十一個である。體形頗る奇妙で、頭は頗る大きく、隆起緣や突起の多い骨を有し、口は殆ど垂直の位置を取つてゐる。體は短く、厚く、無鱗で、皮質の薄片附屬物を散在してゐる。齒は顎と鋤骨とにあるが、口蓋骨には無い。眼上緣は突起多く粗雜の感を與へる。體色と斑紋とは種々で一定しないが、赤味のあるもの、紫色がゝれるもの、褐色に富むもの など ある。暗褐色の 斑紋がある

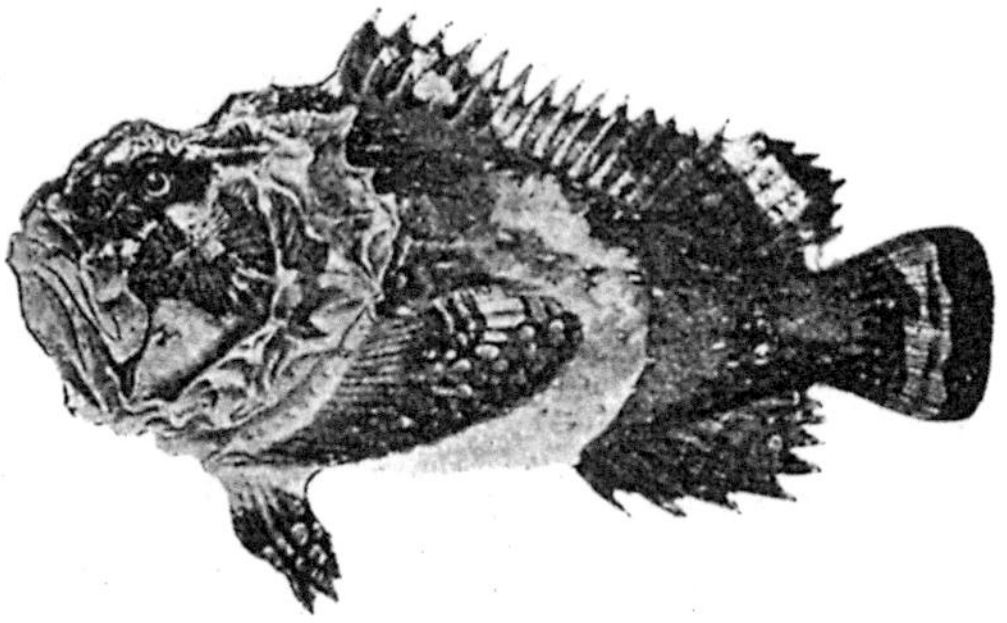

ダルマオコゼ

が、その外に體側に淡灰色の幅の廣い橫帶のあるのを普通とする。體長は九十ミリメエトル（三寸）を僅に超える。南日本のものであるが、澤山には見られない。全く食用に供しないが、往々にして乾燥して骨董品扱ひをせられるものである。

ヒメオコゼ　姬鰧　Minous adamsi *Richardson*（**メバル科**）

ヒメオコゼとは曾て私の命名したものである。背鰭十棘十一軟條、臀鰭十一叉は十二軟條を持つてゐる。體には鱗なく、短大な形を持つてゐる。頭頂は粗雜で、眼前骨に二棘がある。鰓蓋前骨には四叉は五棘を、鰓蓋骨には二棘を持つてゐる。上顎後骨は眼の瞳孔の前緣の下方に達し、兩眼間の間隔は幅廣く、凹形である。背鰭棘部を結べる皮膜は基底部のみにある。顎と鋤骨とに齒を持ち、口蓋骨には齒がない。鰓耙は頗る小く、鈍く、第一鰓弓の下枝に九叉は十個ある。體色は淡褐色で、淡色の斑紋があり、下面は白つぽい。體長は百五ミリメエトル(三寸五分)に達する。南日本のものであるが、稍や北日本へも擴がつてゐる。多くの漁獲はないもので、殆ど食用としない。

ヒメオコゼ

アブオコゼ　虻鰧　Erisphex potti (*Steindachner*)（**メバル科**）

アブオコゼとは曾て私の命名したものである。背鰭十一棘十三軟條、臀鰭三棘十軟條、腹鰭一棘二軟條である。體は細長く、側扁し、無鱗であるが、絨毛狀の皮質突起を以て蔽はれてゐる。頭部には突起なく、滑で、眼前骨に二棘を具へてゐる。齒は顎と鋤骨とにあるが、口蓋骨には無い。下顎は上顎よりも長い。兩眼間の間隔は僅に凹形を呈してゐる。鰓蓋前骨に四棘を具へ、眼の上後緣に鈍い一棘がある。更に二棘は眼の後

ア　ブ　オ　コ　ゼ

方にある。上顎後骨は眼の中央の下方に達する。背鰭の前部に存する三棘は是に次いで存する深い缺刻の爲に別基底に存在せんとする傾向がある。體色は暗灰色で、暗褐色の斑點を散在してゐる。主として南日本のものであるが、多少北日本へも擴がつてゐる。體長八十五ミリメエトル(二寸八分)に達する。殆ど食用には供しない。

イボオコゼ　疣鱵　Aploactis aspera *Richardson*（**メバル科**）

イボオコゼとは曾て私の命名したものである。背鰭十四棘十二軟條、臀鰭十三軟條腹鰭一棘二軟條ある。頭及び體には小形の皮質突起を密布してゐる。頭の諸骨には鈍形の突起があるが、眼前骨には齒が無い。顎と鋤骨とに齒があるが、口蓋骨には齒が無い。上顎後骨は眼の瞳孔の前緣の下方に達する。下顎は上顎よりも長い。兩眼間の間隔には一對の隆起線があつて、其間は深く凹んでゐる。眼下骨には後方に向へる鈍い一棘がある。眼前骨には其後部に頗る鈍い短棘一對と其骨の前部に同樣の一棘とある。鰓蓋前骨には鈍い棘五個を具へ、鰓蓋骨には鈍い二棘がある。體色は暗灰色で、暗褐色の點を散在してゐる。鰭は皆黑色である。小形の魚で、體長僅に九十五ミリメエトル

イ　ボ　オ　コ　ゼ

(三寸二分)に達する。南日本のもので、稀に入手することの出來るものである。殆ど食用には供しない。

クジメ　久慈目　Agrammus agrammus (*Temminck & Schlegel*)
（**アイナメ科**）

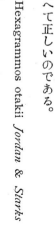

神奈川縣三崎や關西でクジメ（東京附近の子安ではアイナメの幼魚をクジメと云ふ）、東京附近でモロコシアイナメ、山口縣周防でオツムギ、新潟縣寺泊でアブラメ（關西のアブラメはアイナメのことである）と云ふ。背鰭十七又は十八棘二十一又は二十二軟條、臀鰭十九軟條、一縱列の鱗數八十六個である。體は細長く、頭は尖つてゐる。上顎後骨は眼の前緣を僅に超えた處の下方に達する。顎と鋤骨とに齒があるが、口蓋骨には是が無い。側線は體の各側に一個である。體色は黃味を帶びた褐色で、暗褐色の不規則形斑紋がある。項部の側方に暗色の一點がある。體長は二百七十ミリメエトル（九寸）に達する。我國の溫帶部には何處でも生活してゐる。往々アイナメと誤られるが、漁業者はよく識別する。それはクジメの方がアイナメよりも稍や不味である爲である。然し小い時はアイナメの同大のものよりも美味である。小い時は中々アイナメと識別し難い。それはアイナメには體の各側に五條の側線があるが、幼魚には是を認め難い爲である。然し項部の側方に褐色の大きい一點があれば是をクジメと考へて正しいのである。

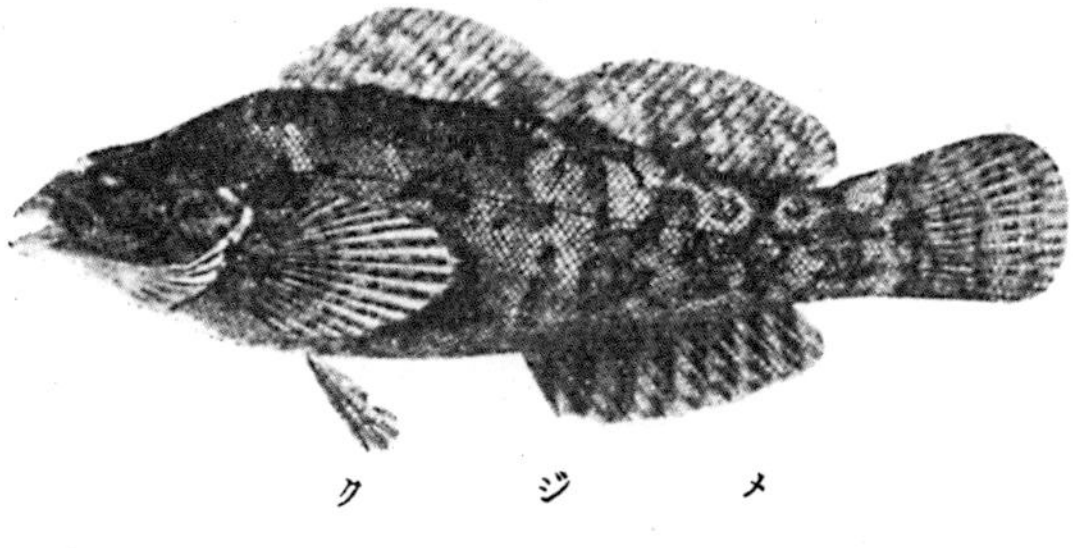

ク　ジ　メ

アイナメ　相嘗　Hexagrammos otakii *Jordan & Starks*
（**アイナメ科**）

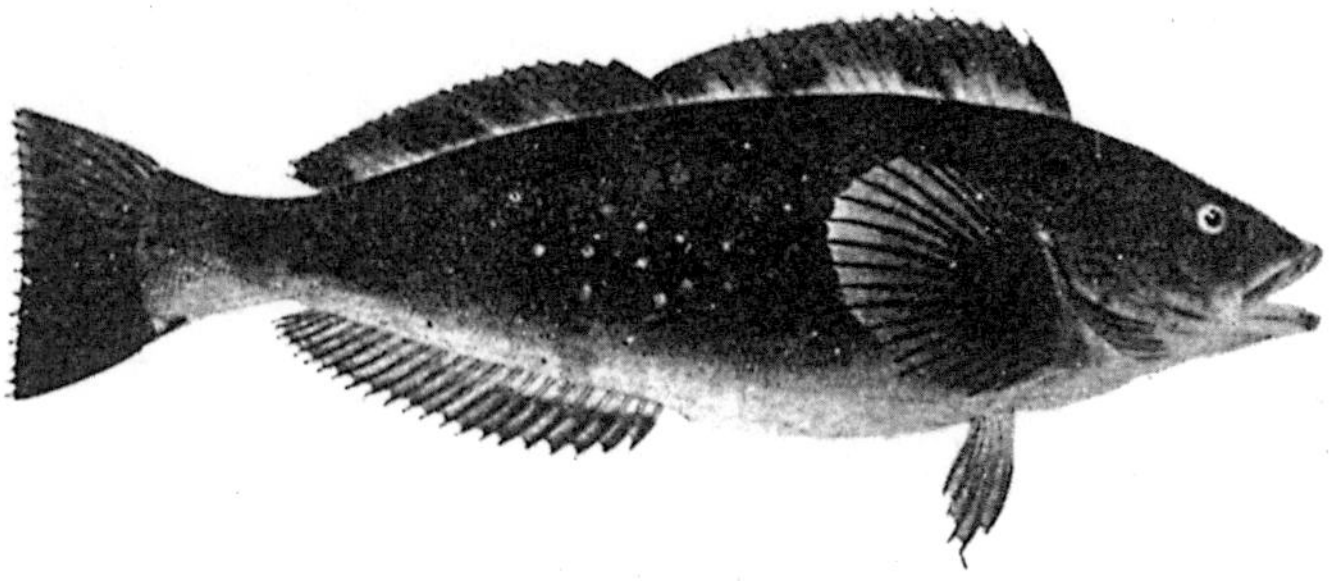

アイナメ

東京附近では一般にアイナメ、東京附近の子安ではアイナメの幼魚をクジメ（同地方ではクジメをモロコシと云つてゐる）、關西でアブラメ（新潟縣各地のアイナメはクジメのことである）、新潟縣各地でシジュウ、山形縣庄内、北海道東南部でアブラコ（日高のアブラコはハゴトコである）、東北地方でネウ、長崎でヤスリと云ふ。背鰭十九又は二十棘二十二軟條、臀鰭二十一乃至二十三軟條、一縱列の鱗數は百十個である。一見した處はクジメに似てゐる爲め、漁業者か魚商以外では往々兩種を混同することが多い。アイナメの特徴としては體の各側に五個の側線があるが、是は成魚では相當見易いが、幼魚では全く側線のないやうに思ふことがあつて、その爲めクジメと誤られることがある。斯様な場合には漁業者でも誤ることがある。また鱗に觸れて見ると、クジメの方がアイナメよりも粗雜の感を受けることが多いが、是は單に手に觸れる感覺である爲に種名鑑定には餘りあてにならない。體の上部から數へて第四の側線と第五の側線とには個體變化が往々あつて、種名檢定上誤に陷ることもあるが、大體に第四側線が二叉することはなく、また腹鰭後端よりも後方に達しない。第五側線は胸部に於ては對側のものと合し、體の腹中線に達してゐる。體長は三百ミリメエトル（一尺）を超える。日本國中殆ど何れの處にも海岸附近の岩礁の間に生活し、春を最も美味の時期とするが、それでも殆ど年中美味である。赤味の無い爲め、一見しただけでは美く見えないが、斑紋は頗る複雜してゐて、爲によく見ると美いものである。つまり風化した岩石の破砕物が澤山に海岸に存在する處に居て、是等の色合と殆ど同様である爲め、此魚の存否がわからないことがある。南日本の水族館では是よりも美い魚が多くある爲め、左程見榮へがしないが、東北地方の水族館ではなくてはならぬものである。たゞ底魚で、活潑に動かない點が觀賞用として缺點のあることである。

ハゴトコ　葉吾床　Hexagrammos octogrammus (*Pallas*)
（アイナメ科）

北海道室蘭でハゴトコ、日高でアブラコと云ふ。北海道西南部例へば室蘭ではアイナメをアブラコと云ふのに、何故日高ではハゴトコをアブラコと云ふのであらうか。それはアイナメは日本全國に亙つて生活してゐるものであるが、ハゴトコは北日本でも更に北部だけに限られて多いものである。それ故アイナメは室蘭附近までは分布してゐるが、それよりも以東には頗る少いものである。然るにアイナメは相當美味であるから、ハゴトコの味は是に及ばないとしても形態や色彩が著く是に近い爲め、アイナメの無い地方へ移住した内地人がハゴトコをアブラコと命名したものと思はれる。斯様な例は他種にも時々見受けることである。ハゴトコは背鰭十九棘二十四軟條、臀鰭二十五軟條、一縱列の鱗數八十六乃至九十五個である。體側に於て上部から數へて第四の側線が腹鰭の前方に於て二叉し、其内の上枝は腹鰭の先端へまで達してゐない。一見した處ではアイナメに似てゐる爲め、アイナメを産しない北海道東部例へば日高や釧路の漁業者では今日でもアイナメとハゴトコとの識別が出來

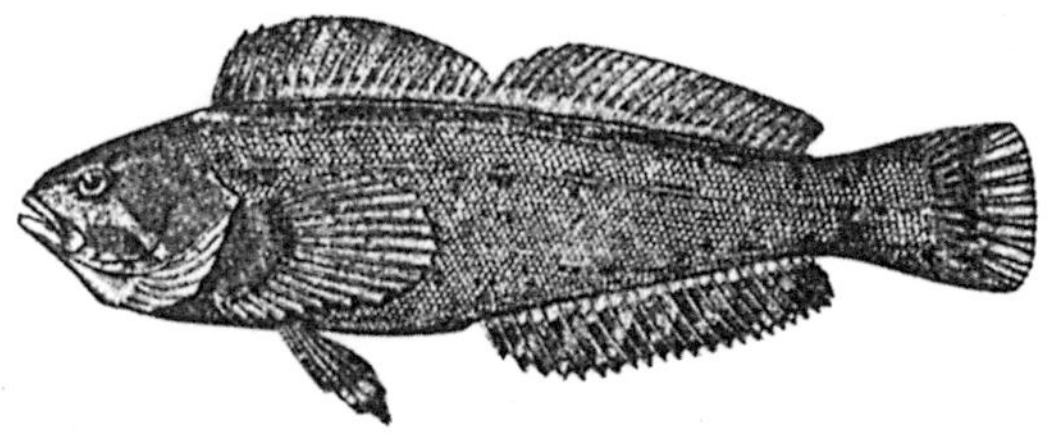

ハゴトコ

ないであらう。是等兩種を産する室蘭ではハゴトコの味は著くアイナメに劣つてゐると思つてゐる。東北地方には少いもので、函館、室蘭附近から多くなり、千島列島、樺太、アリュウシャン列島、ウンアラスカなどには相當多い。本種に近いものにウサギアイナメ兎相嘗Hexagrammos lagocephalus (*Pallas*) がある。ウサギアイナメとは種名から多少變化せしめて嘗て私が命名したものである。日高國浦河町では是をもアブラコと稱する故、此地方ではハゴトコと識別しないやうである。實際にハゴトコに頗る似てゐるが、第四側線が、臀鰭中部の上方へまで達してゐる。是はハゴトコと殆ど同樣の分布をしてゐるが、恐らく是よりも冷水を好むものかと想像せられる。北海道水産試驗場室蘭支場の勝木重太郎氏によると、「方言でアブラコと稱するものは室蘭地方から津輕海峽沿岸及び北海道西海岸（註、西海岸とは西南隅の海岸のことである）にて稱するものは味がいゝが、日高方面に至れば著く不味となり、好んで食しないほどである」とのことである。是を以て見ても日高方面のアブラコはハゴトコを主とし、稀にウサギアイナメを交へることかと思はれる。

ホッケ　𩸽　Pleurogrammus monopterygius (*Pallas*)（**アイナメ科**）

東北地方から北海道でホッケと言ふ、室蘭ではタラバホッケと稱するものは大形で、ロオソクホッケと稱するものは三百ミリメエトル（一尺）以下の小魚である。背鰭二十一棘二十九軟條、臀鰭二十七軟條、一縱列の鱗數は百八十個である。體は細長く、尾鰭の後緣は深く二叉してゐる。體色は灰色で、稍や不明瞭な淡褐色の横走斑紋若干を認めることが出來る。アリュウシャン群島附近に多いものであるが、北日本の北部にも相當多い。北日本の内の南部からは殆ど見られない。北海道水産試驗場室蘭支場の勝木重太郎によると、タラバホッケは最もよく成長したものであつて、俗に鱈場《タラバ》（鱈《タラ》の産する場所）と稱する漁場に棲息するもので、大形のものは四百二十ミリメエトル（一尺四寸）に達する。ロオソクホッケは體長普通に二百十ミリメエトル（七寸）で、體重は百八十グラム（五十匁内外）のものである。此名稱は寧ろ稀に用ひられるだけである。チュウホッケと云ふのは上記二型の中間に位するもので、北海道松前方面では十一月中旬から十二月中旬頃までの期間には、産卵の爲め淺い所へ來つて、主として岩礁附近及び石等のある處へ群游する。利尻島や禮文島方面では九月中旬から來游し、十二月上旬に退去する。松前郡では十二月以降は深所へ去り、七、八十尋附近に棲息し、六月頃まで其漁獲をする。産卵期には群集し、魚群の密度が濃いが、其他の時期には比較的疎となり、決して群游して浮き上がることがないと稱せられる。然し、試驗船にて嘗て六、七月の頃日本海方面に於て流網で漁獲したこともあるとのことである。ロオソクホッケは松前郡方面では三月下旬から來游し、五月下旬には終漁する。卽ち四月下旬から五月初旬に至る期間を盛漁期とする。タラバホッケのやうに沿岸近くに群游する事は稀であつて、主として沖合に棲息するが、浮き上がつて、群游する。左程美味の魚ではない。北海道の調査報告には𩸽の字を以て此魚を表はすことゝしてある。

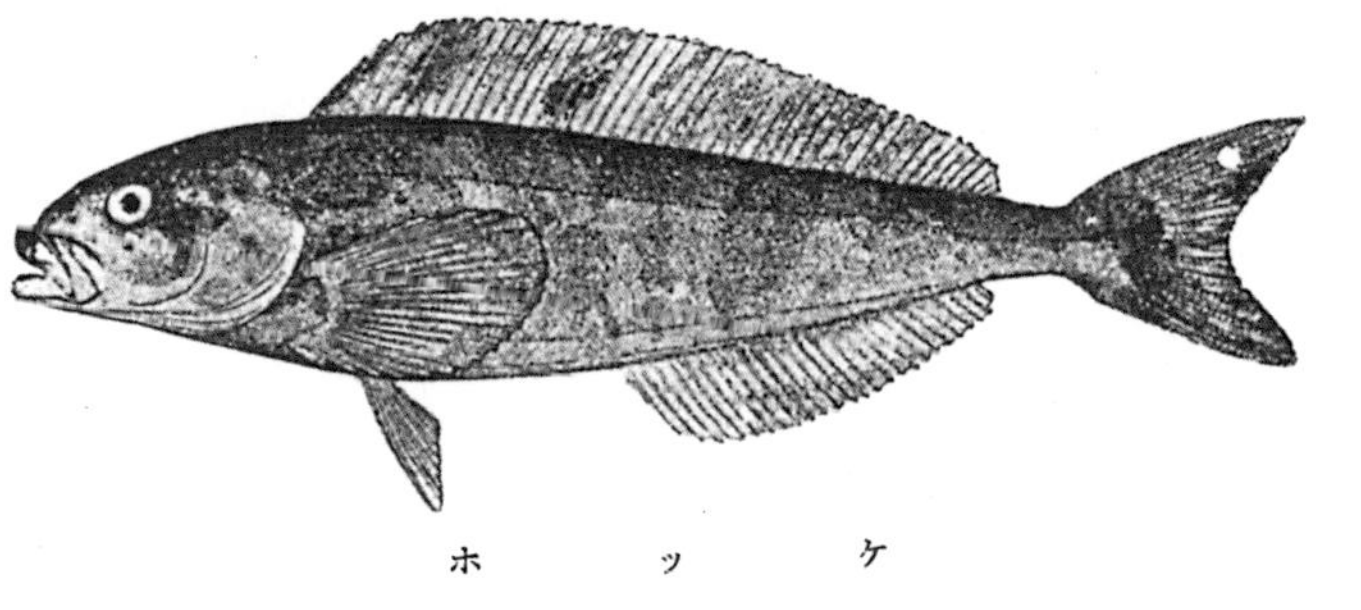

ホ　ッ　ケ

アブラボオズ　油坊主　Erilepis zonifer (*Lockington*)（**アブラボオズ科**）

神奈川縣三崎でアブラボオズと云ふ。第一背鰭十二棘、第二背鰭十六軟條、臀鰭三棘十二軟條、一縱列の鱗數は百二十二個である。體は肥大し、頭は短大で、其上外廓は恰好よく凸形をなし、下顎は上顎よりも僅

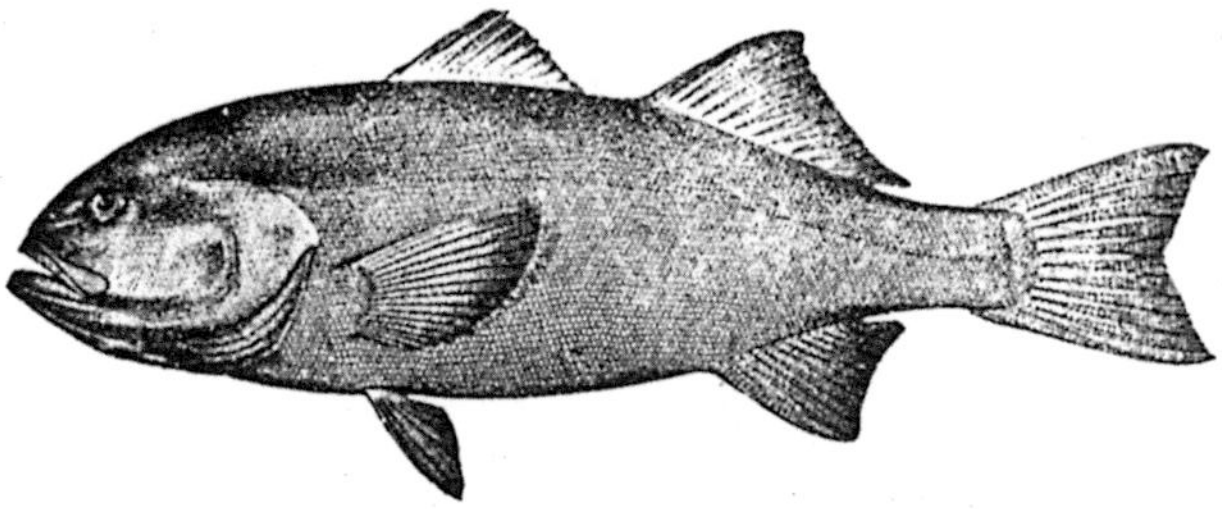
アブラボオズ

に長い。體長は八百四十ミリメエトル（二尺四寸）に達する。成長したものは黒褐色で、殆ど斑紋が無いが、幼魚では斑紋が顯著である。北米では米國カリホルニヤ州モンテリイ方面でも取られたことがあるが、我國では神奈川縣三崎や其以南にもあるし、また北海道の室蘭方面にも産する。何れも稀に漁獲せられるものである。脂肪に富んでゐる爲に、稍や美味であるが、是を食すると、肛門から其脂肪が不知不識の間に流れ出すこと、恰も蓖麻子油を飲んだ時のやうである。本種は何類に屬するかは充分にわからないが、ハタ類に近いやうにも思はれる。

クシカジカ　櫛杜父魚　Stlengis osensis *Jordan & Starks*（**カジカ科**）

鰓蓋前骨邊緣の上端に長い棘があつて是は鰓蓋の邊緣にまで達し、此棘の上緣には五個の强い突起が竝んでゐる。是が爲め多少櫛の形を思ひ出させる爲め、嘗て私がクシカジカと命名して置いたものである。第一背鰭七棘、第二背鰭十四軟條、臀鰭十三軟條で、體は三列の縱走した骨質板を有し、各骨板の後緣は鋭齒を具へてゐる。また體は殆ど側扁すること無く、顎、鋤骨及び口蓋骨には絨毛齒を具へてゐる。眼は相當大きく、兩眼間の間隔は幅狹い。腹面には骨板が無い。腹鰭は一棘二軟條から成り、其先端は殆ど臀鰭に達せんとしてゐる。體色は淡褐色で、殆ど斑紋は無い。第一背鰭の後部に一個の大きい黒點がある。嘗て駿河灣で取れたことがあるが、寧ろ珍しいもので、食用としての價値は頗る少い。體の大さは頗る小いが、どれだけ成長するかは明でない。

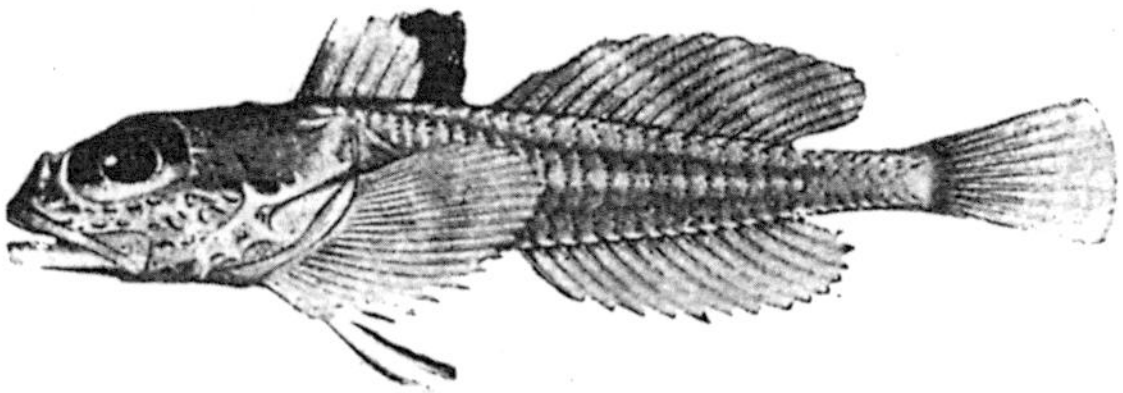
クシカジカ

ウロコカジカ　鱗杜父魚　Schmidtina misakia *Jordan & Starks*（**カジカ科**）

體側中央を縱走した一列の大きい骨板は著く人目を惹く。是が爲め嘗て私がウロコカジカと命名して置いたものである。上記の骨板の一列の外には體には骨板は無い。鰓蓋前骨邊緣上部から後上方へ突出した一個の長い突起には其上緣に强い突起若干を具へてゐる。第一背鰭九棘、第二背鰭十六軟條、臀鰭十二軟條、體側の骨板列の骨板の數は三十五個である。稍やクシカジカに似てゐるが、是よりも細い體を持ち、體側の鱗の數などに著く相違した點がある。腹鰭は隱在してゐる一棘と、よく發達してゐる二棘とから成る。體の上面は一樣に淡褐色で、下方は蒼白色である。體側の骨板よりも下方に褐色の不規則形斑紋が一列に縱走してゐる。第一背鰭の後上部に一個の大きい黒點があるが、往々にして是を缺いでゐることもある。相模灘の稍や深海（百六十尋位）に産するもので、從つて珍いものである。頗る小形のもので、食用としての價値は頗る少い。

ウロコカジカ

ハネカジカ　羽杜父魚　Archistes plumarius *Jordan & Gilbert*（**カジカ科**）

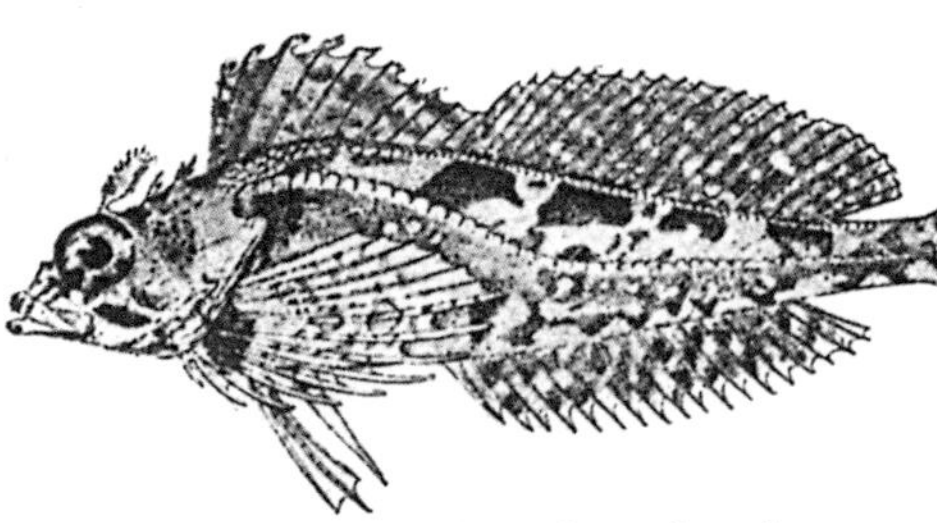

ハ　ネ　カ　ジ　カ

ハネカジカとは種名を直譯して曾て私の命名したものである。第一背鰭十棘、第二背鰭二十三軟條、臀鰭十八軟條、腹鰭一棘三軟條である。鰓蓋前骨邊縁には僅に上方に曲がれる一個の棘があるが、是は二叉することもなく、また突起をも持つてゐない。側線部に縱走した小骨板から成つた一列があり、背鰭基底に更に小なる骨板の一列がある。側線部の骨板の數は四十四個である。是等の骨板の外に僅數の骨板を持つてゐるが、その他の體部は全く無鱗で、骨板も無い。皮質突起は頭部の諸所に發達してゐる。顎、鋤骨及び口蓋骨に齒がある。背鰭は二基に分れんとしてゐるが、それでもよく連絡し、一背鰭となつてゐる。雄には肛門突起が長く發達してゐる。體は淡褐色で、側線よりも上方に大きい褐色斑紋若干を持ち、側線よりも下方にも不明瞭な褐色斑紋若干がある。小形の海産カジカ類で、ベエリング海、千島などから取られてゐるから、北海道の大部分にも生活してゐることゝ思ふ。食用としての價値は頗る少いことと思はれる。

ダルマカジカ　達磨杜父魚　Daruma sagamia *Jordan & Starks*
（カジカ科）

ダルマカジカとは此魚の屬名から直譯したものである。第一背鰭八棘第二背鰭十二軟條、臀鰭九軟條、腹鰭一棘二軟條を持つてゐる。體は稍や肥強し、其上部には粗雜な鱗を密布してゐるが、一定の骨板の列をなしてゐるのではない。背鰭の基底には骨板は無い。背鰭の直下又は此鰭の前方に無鱗部は無い。鰓蓋前骨の邊縁の上部に長い二叉した一棘がある。顎、鋤骨及び口蓋骨に齒がある。背鰭は僅に分れて二基とならんとする傾向がある。體色は上部は淡褐色で、下部は蒼白色である。體側に幅の廣い數個の褐色帶があつて、腹面附近に達し、前部の色帶は背鰭棘部の前部に擴がつてゐる。腹鰭軟條の頗る長いのも人目を惹く特徴である。小い海産カジカ類で、相模灣で曾て取れたことがあるが、珍いものである。食用としての價値は頗る少い。

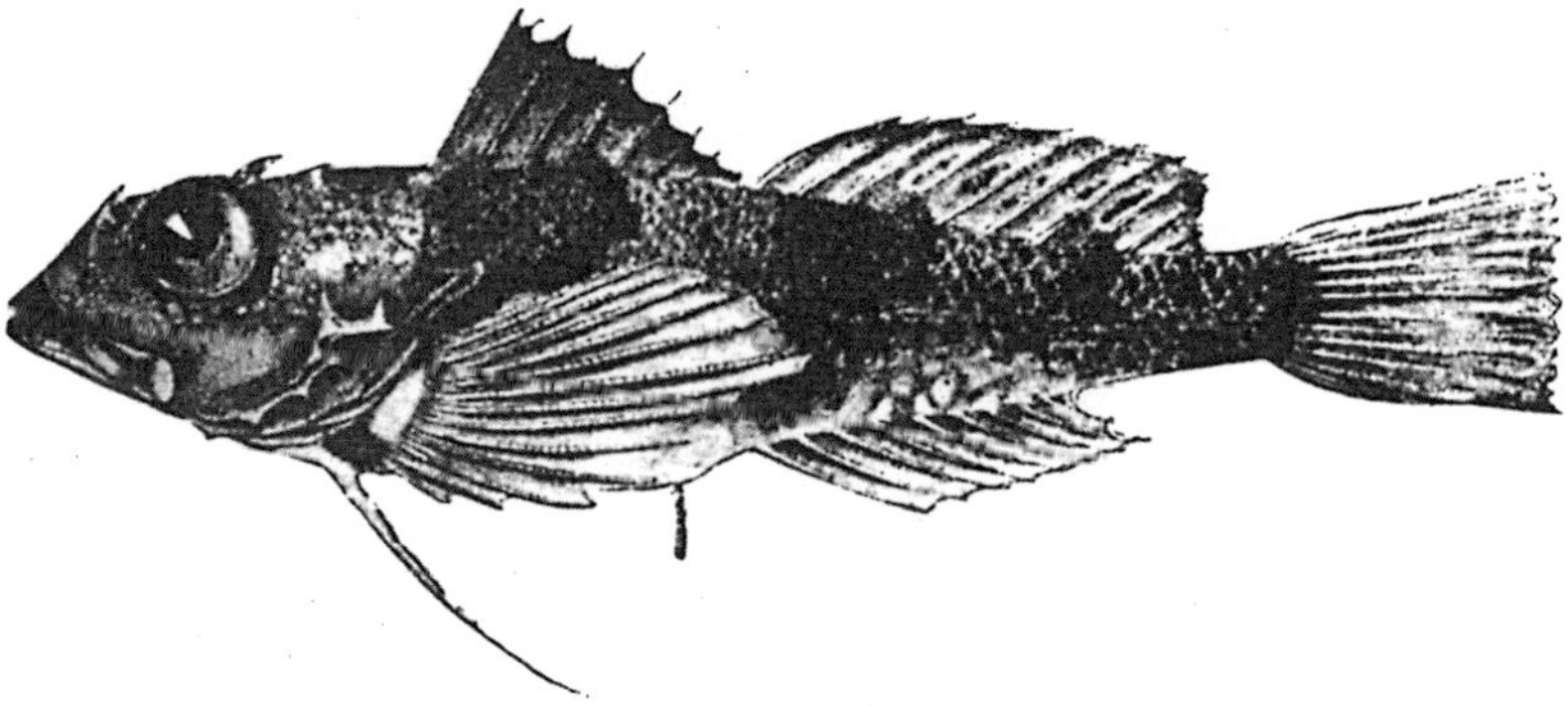

ダ　ル　マ　カ　ジ　カ

マツカジカ　松杜父魚　Riczenius pinetorum *Jordan & Starks*
（カジカ科）

本種は宮城縣金華山沖で取れたもので、此地方を松島灣の一部と誤つて、學名の命名者は「松」の意味の字を種名としたのである。是が爲め、曾て私は此種名を直譯してマツカジカと命名して置いたのである。第一背鰭九棘、第二背鰭十五軟條、臀鰭十二軟條、腹鰭一棘二軟條である。頭部と體部とは僅に側扁し、粗雜な鱗を以て蔽はれてゐる。側線部に沿ふて稍や大形の骨板がある。鰓蓋前骨邊縁に四棘があつて、就中、最も上部の棘は他の棘よりも大きくはなく、其邊縁に突起も無く、短くて、上方に簡單に曲がつてゐる。顎、鋤骨及び口蓋骨に絨毛齒がある。背鰭は二基に分れてゐるが、頗る接近してゐる。腹鰭の棘は皮下に隱在してゐる。體色は褐色で、數個の幅の廣い濃褐色の斑紋が横走してゐる。小い海產カジカ類で、宮城縣沖から取れてゐるが、珍いものである。食用としての價値は頗る少い。

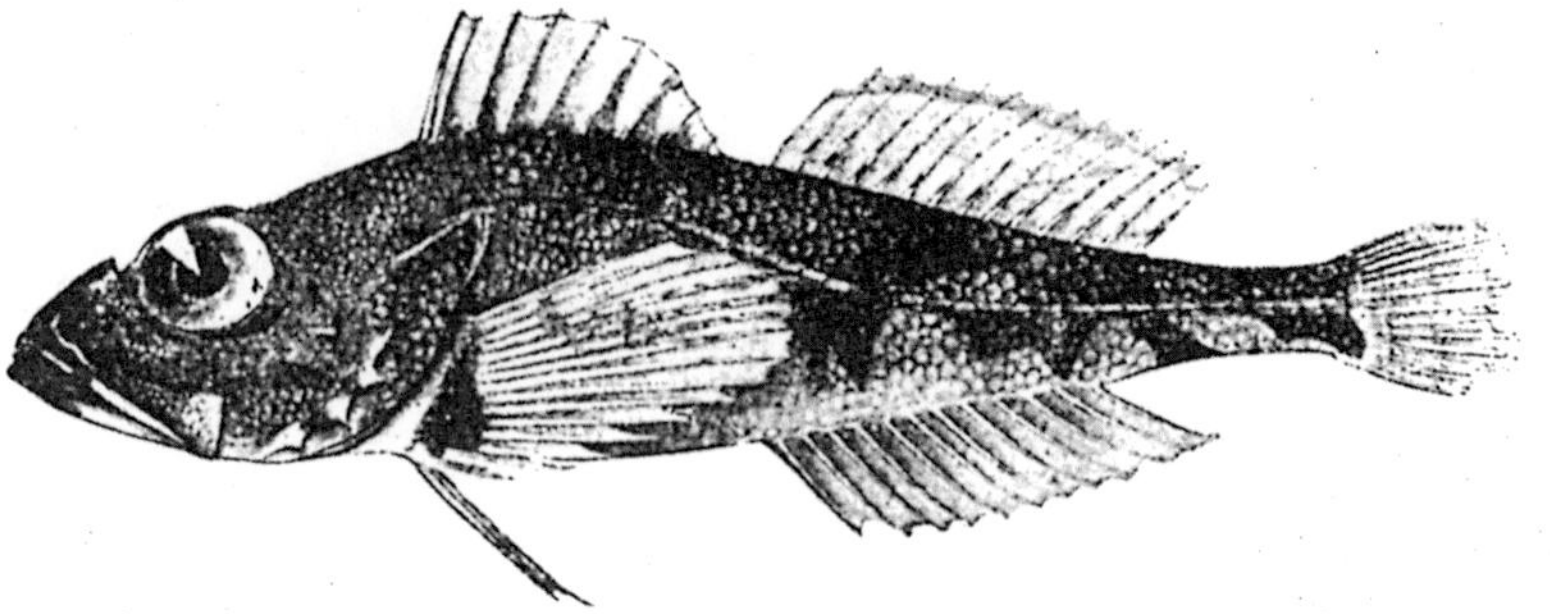

マ　ツ　カ　ジ　カ

コオリカジカ　氷杜父魚　Icelus spiniger *Gilbert*（カジカ科）

コオリカジカとは曾て私の命名したものである。大正四年十二月の動物學雜誌にオモダカカジカ面高杜父魚 Icelus omodakae *Tanaka*（當時の島根縣水產試驗場長面高慶之助氏の姓を取つて種名としたもの）を發表して置いたが、爰に擧げる種名のものと同一種と思はれる。第一背鰭九棘、第二背鰭二十一軟條、臀鰭十六軟條、腹鰭一棘三軟條である。二背鰭は分れてゐるが、頗る接近してゐる。體は細長く、從つて頭は大きい割合に小く見えるのである。顎、鋤骨及び口蓋骨に絨毛齒がある。

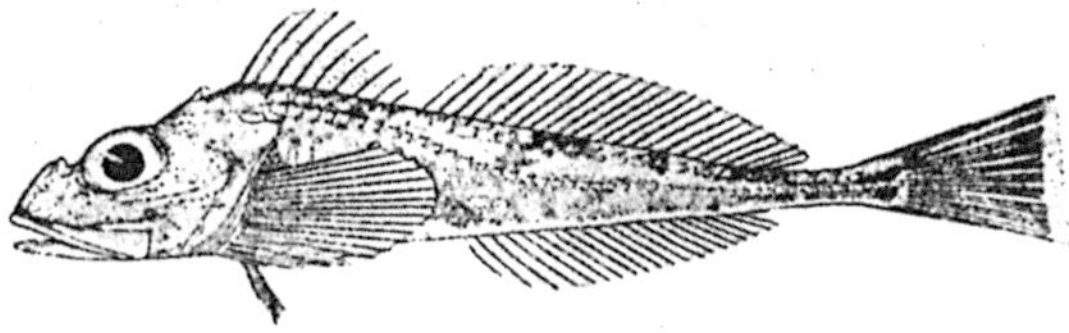

コ　オ　リ　カ　ジ　カ

鰓蓋前骨邊緣には四棘があつて、就中、最も上部の棘は深く二叉してゐる。側線部と其上方とに各〻一列の骨板が縱に竝んでゐる。腹鰭は割合に短い。體色は稍や赤味を帶びた灰色で、下方は更に白味が強い。背部には四個の褐色部があるし、側線の下方に不明瞭な褐色部の一列がある。第一背鰭には二ヶ所に褐色點があるし、第二背鰭、胸鰭及び尾鰭には數列の褐色點がある。體長は百八十ミリメエトル（六寸）以上に達し、島根縣及び以東の日本海に多く、ウンァラスカにも分布してゐる。山口縣の日本海沿岸は南日本に屬してゐるから、此方面に分布してゐることは殆どないであらう。下等食品であらうと思はれる。

オットセイカジカ　膃肭臍杜父魚　Stelgistrum stejnegeri *Jordan & Gilbert*（カジカ科）

オットセイの生活してゐる極寒の地を主產地としてゐる爲め、曾て私がオットセイカジカと命名して置いたものである。第一背鰭九棘、第二背鰭十七軟條、臀鰭十三軟條、腹鰭一棘三軟條である。二背鰭は頗る接近してゐる。顎と鋤骨とには齒があるが、口蓋骨には齒が無い。側板に沿ふて一列の骨板があり、其他、背部に若干の小形骨板があり、頭の

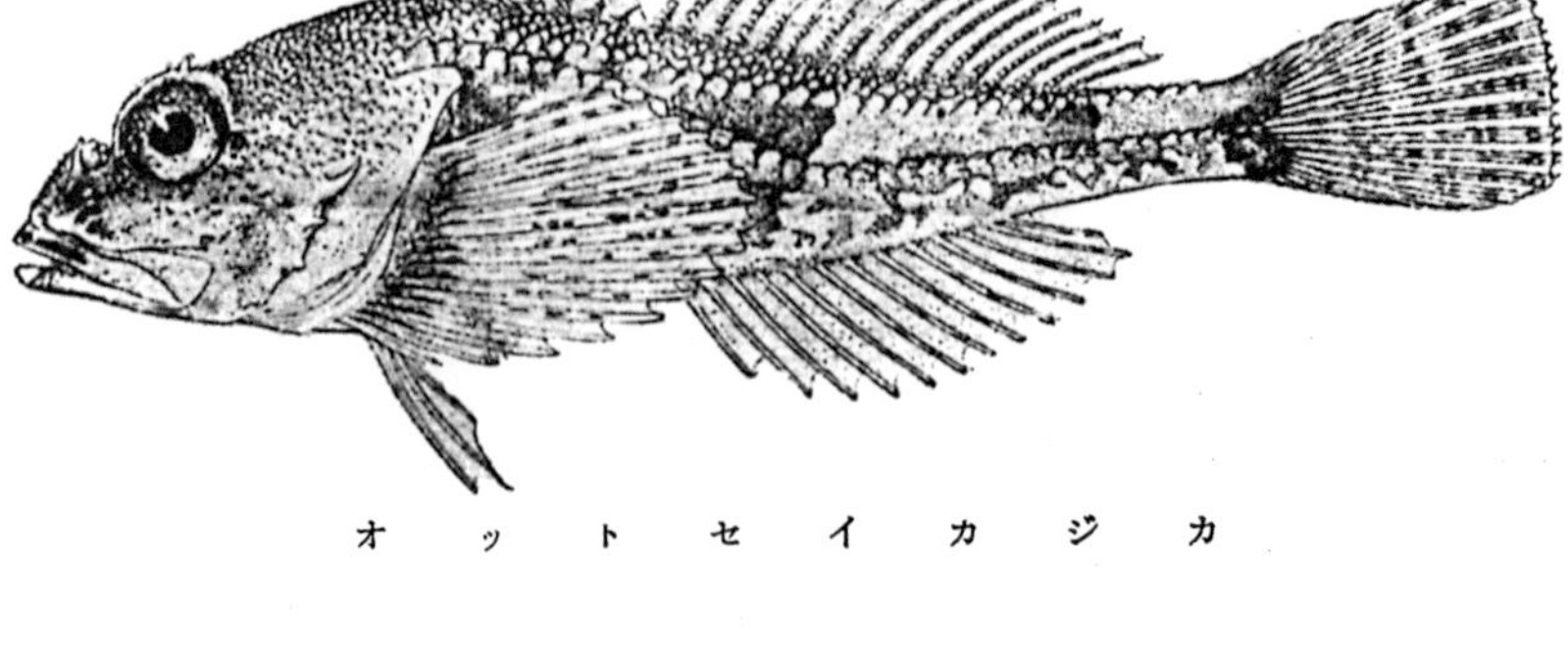

オ　ッ　ト　セ　イ　カ　ジ　カ

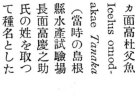

上部にも擴がつてゐるが、骨板も鱗も無い體部も相當に廣い。鰓蓋前骨邊緣には四棘を持つてゐる。就中、最も上部の一棘は僅に上方に曲がつてゐるが、突起は無い。體色は暗灰色で、僅數の幅の廣い褐色帶が斜に橫に走つてゐる。腹鰭は割合に短い。海豹島から取られたことがあるが樺太亞庭灣からも取られたことがある。北日本の內の北部へは分布してゐるであらう。小い海產カジカ類で、食用としての價値は頗る少いであらう。

メダマカジカ　眼玉杜父魚　Triglops beani *Gilbert*（**カジカ科**）

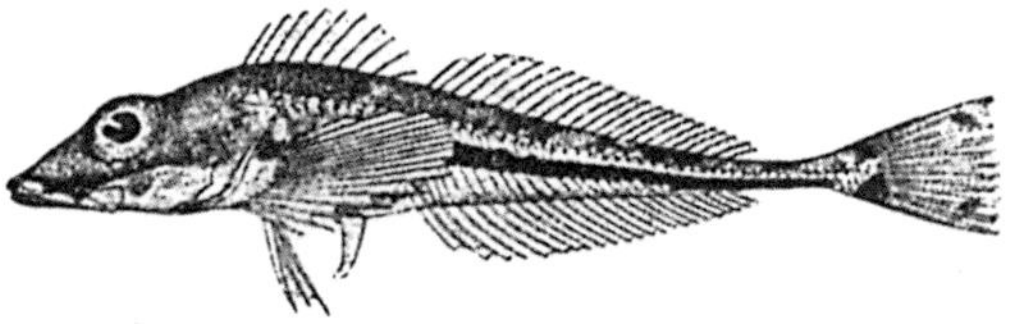

メダマカジカ

北海道岩内町でメダマカジカと云ふ。ヒラメやカレイの類にメダマと云ふのがあるから、混同しないやうに注意するを要する。細長い魚で、體側中央を稍や幅の廣い黑色の一帶が縱走してゐるのを特徵とする。第一背鰭十又は十一棘、第二背鰭二十三乃至二十六軟條、臀鰭二十四乃至二十六軟條、腹鰭一棘三軟條、側線部の骨板四十八乃至五十個である。背鰭は二基であるが、頗る接近してゐる。顎と鋤骨とに絨毛齒があるが、口蓋骨には齒が無い。鰓蓋前骨邊緣の棘は四個で、何れも小く、簡單な形である。腹鰭は割合に短い。背鰭直下にも一列の骨板がある。體の下半には皮褶が橫走し、特有の形質を持つてゐる。肛門突起は顯著である。體色は上部は淡褐色で、下部は蒼白色である。體の上部には褐色の四個の鞍狀斑紋があつて、是は雄に於て特に著い。體側にある一黑帶のことは既に述べたが、是は前方へ延びて、眼の下方を前方へ進み、上唇にまで達してゐる。尾鰭基底及び尾鰭後緣にも褐色斑紋がある。體長は百四十ミリメエトル（四寸五分）に達する。北米西岸の北部、海豹島、西比利亞、北海道などへ分布してゐるから、島根縣沿岸まで分布してゐるであらう。食用としての價値は少い。

カラフトカジカ　樺太杜父魚　Prionistius jordani (*Schmidt*)（**カジカ科**）

カラフトカジカとは曾て私の命名したものである。第一背鰭九棘、第二背鰭二十七軟條、臀鰭二十七軟條、腹鰭一棘三軟條、側線部の骨板二十七個である。背鰭は二基に分れてゐるが、互に頗る接近してゐる。腹鰭は割合に短い。大にメダマカジカに似てゐるが、背鰭基底の直下に骨板の無いこと、體の細長くて、メダマカジカとは違つた形を持つてゐること、尾鰭後緣が截形でなくて、深く二叉してゐることなどを特徵とする。顎と鋤骨とに齒を持つてゐるが、口蓋骨には是が無い。鰓蓋前骨の邊緣には三棘があるが、何れも左程大きくはなく、其內の最も上部の棘は僅に上方に傾いてゐる。體色は上部に於て灰色で、下部に於て蒼白色である。背部に四、五個の暗色橫帶があり、側線よりも下方に大きい不規則形の暗色點數個を持つてゐる。胸鰭の上部に不明瞭な若干個の褐色帶がある。體長は七十ミリメエトル（二寸三分）內外である。ウラジオストック、樺太、北海道へ分布してゐる。食用としての價値は頗る少い。

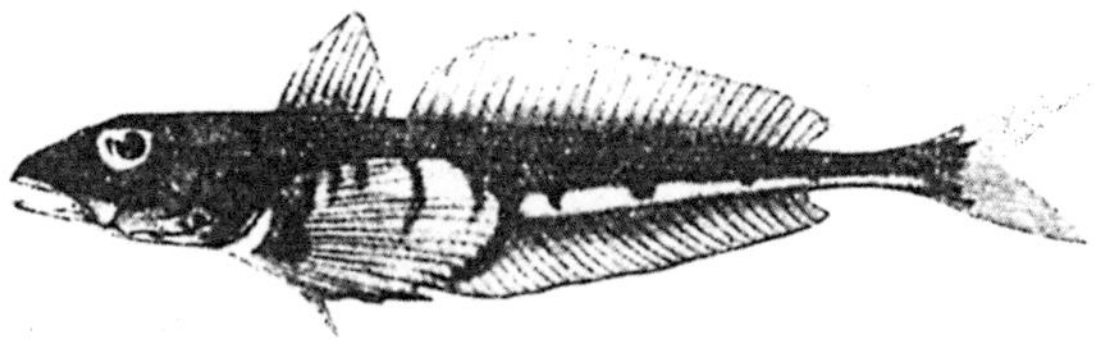

カラフトカジ

ヨコスジカジカ　橫條杜父魚　Hemilepidotus gilberti *Jordan & Starks*（**カジカ科**）

ヨコスジカジカとは曾て私の命名したものである。背鰭は一基であるが、三棘、八棘、二十二又は二十三軟條と數へることが出來る。卽ち前部の三棘は是に續いてゐる棘部とは皮膜で連絡してゐるが、稍や離れてゐる。臀鰭十九軟條、腹鰭一棘四軟條、側線部の骨板七十七個である。

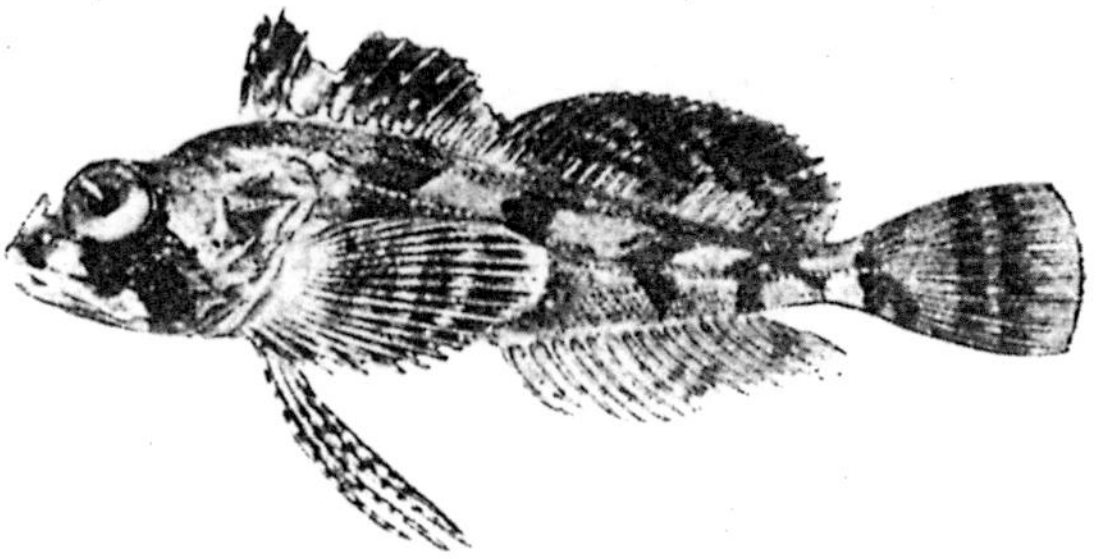

ヨコスジカジカ

顎、鋤骨及び口蓋骨に絨毛歯がある。腹鰭は頗る長く、遙に臀鰭起部を超えてゐる。胸鰭も割合に長い。體側には鱗狀骨板から成つてゐる幅の廣い縱走列二個ある。他の體部は全く無鱗である。鰓蓋前骨邊緣には四棘があつて、就中最も上部の二棘が大きい。體色は上部に於て灰色で下方は白色である。凡そ六個の褐色横帶が斜に前下方に向いて走つてゐる。眼の直下に幅の廣い黑色の一横帶があつて、斜に後下方に向ひ、また眼の前方から斜に前下方に向つて一個の褐色帶がある。凡ての鰭にも褐色の斑紋があるから、相當美く見えるが、灰色と淡桃色とだけの交錯である故、一見したゞけでは割合に地味な色合に見える。體長は三百ミリメエトル（一尺）內外に達するから、設令不味としても多少の經濟價値があるやうである。樺太、北海道などに居るから、北陸道方面でも多少の漁獲があらうと思はれる。

コビキカジカ

コビキカジカ　木挽杜父魚　Cerat-ocottus namiyei *Jordan* & *Starks*（**カジカ科**）

北海道水產試驗場室蘭支場の勝木重太郎氏によると、北海道砂村でコビキカジカ、オコゼカジカ又はノコギリカジカ、膽振、日高、十勝、釧路などでオイランカジカ又はツノカジカ、釧路でガノジカジカ、北海道伊達村でオニカジカ、室蘭でヤマノカミと云ふ。第一背鰭七棘、第二背鰭十三軟條、臀鰭十一軟條、腹鰭一棘三軟條である。背鰭は明に二基に分れ、腹鰭は左程長くはない。肛門突起はよく發達してゐる。鰓蓋前骨邊緣の棘は四個で、就中、最も上部のものは頗る長く、其上緣に六、七個の強い突起を具へてゐる。是が爲め種々の方言が出たのである。顎及び鋤骨に歯があるが、口蓋骨には是が無い。胸鰭よりも下方の皮膚には小形の鋭い棘を散在して一小面積を作り、體側、背部に近い處に縱に竝んでゐる骨板の數は三十二個である。體色は灰色で、大小種々の暗褐色の斑點を密在してゐる。其他に四個の横帶があつて、暗褐色であるが、稍や不明瞭である。體長は凡そ三百ミリメエトル（一尺）に達する。東北地方から其以北へ分布してゐるが、北日本の內の南部へまでは分布してないやうである。北日本でも多少の漁獲があるが左程美味ではないやうである。

＊ガンコ　雁鼓　Dasycottus setiger *Bean*（**カジカ科**）

富山縣でガンコ、北海道幌別、室蘭、法華村などで、アンコオカジカ又はアンコカジカと云ふ。第一背鰭十一棘、第二背鰭十四軟條、臀鰭十四軟條、腹鰭一棘三軟條である。背鰭は多少二基に分れんとする傾向がある。體は細長く、縱扁してゐる。顎と鋤骨とには絨毛歯があるが、口蓋骨には歯が無い。鰓蓋前骨の邊緣には四棘があるが、就中、最も上部の二棘は最大で、眞直ゞに後方に向つてゐる。皮膚は弛緩し、ブリブリしてゐて、多少蒟蒻を思ひ起こさせる。從つて鱗も骨板も無い。項部の側部には僅數の小瘤があるし、更に是よりも小形の瘤狀物は第一

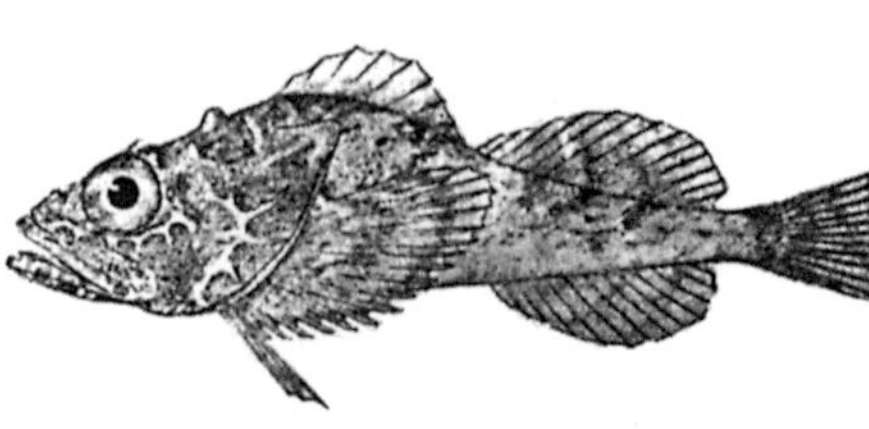

ガンコ

背鰭の基底に沿ふて一列に竝び、側線は一列の孔にて代表せられ、其數は十二個である。頭部には多くの粘液孔を持ち、口邊に竝んでゐる粘液孔は裂狀である。鬚は體の諸所にあつて、殊に頬部、上顎後骨、下顎骨、鰓蓋前骨、鰓蓋骨に存するものは顯著である。體色は稍や赤味を帶びた淡褐色で、體の下部は淡い色である。側線の上方に於て第一背鰭と第二背鰭との下方には稍や不明瞭な不規則形の斑點がある。體長は凡そ三百ミリメエトル（一尺）に達する。北日本から北太平洋に産するもので、左程美味ではないと思はれる。食用としての價値も少く、産額も少いものである。

ヤ　マ　ノ　カ　ミ

ヤマノカミ　山之神　Trachydermus fasciatus *Heckel*（**カジカ科**）

福岡縣柳河でヤマノカミ、同地及び佐賀でヤマンカミ、佐賀ではカンカンジョオとも云ふ。背鰭九棘十九軟條、臀鰭十七軟條、腹鰭一棘四軟條である。頭部は著く縦扁してゐる。背鰭は一基であるが、其棘部と軟條部との境界は深く缺刻してゐる。顎、鋤骨及び口蓋骨に齒がある。鰓蓋前骨の棘は四個で、最も上方のものが最も大きく、且つ上方へ曲がつてゐる。體色は稍や黄赤色を帶びた淡褐色で、四個の暗色横帶がある。頭部には赤味の強い朱紅色で、一寸美く見える色帶がある。體長は百五十ミリメエトル（五寸）に達し、河の下流、河口、河口に近い海岸に居る。我國では筑後川と其附近だけに居る爲め、福岡縣久留米の河でも見ることが出來る。朝鮮や支那にも居る。比律賓に居るとの記録があるが、果して此地に居るかは疑はしい。食用としての價値は少いであらう。産地では遊漁の目的物となることもある。

カジカ　杜父魚　Cottus pollux *Günther*（**カジカ科**）

東京でカジカ、石川縣金澤でマゴリ、和歌山縣橋本町でタカノハ、滋賀縣琵琶湖沿岸でフグ又はオコゼ、岐阜でカブと云ふ。東北地方のカジカは本種の外に淡水産のハゼ類をも混稱する。それ故ハゼ類の方をチョコカジカと云ふ。それは左右の腹鰭が癒合して吸盤となり、猪口形を呈してゐる爲である。石川縣金澤では本種の外にハゼ類をもゴリと稱し、本種を最も美味のものとしてマゴリの名稱を與へてゐる。實際金澤ではゴリ料理と稱する名物がある。第一背鰭八又は九棘十六乃至十八軟條、臀鰭十一乃至十三軟條、腹鰭一棘四軟條である。二背鰭は頗る接近してゐる。顎と鋤骨とに齒があるが、口蓋骨には齒はない。鰓蓋前骨はたゞ一個の上方に曲がつた小棘がある。體色は稍や黄赤色を帶びた灰色で、

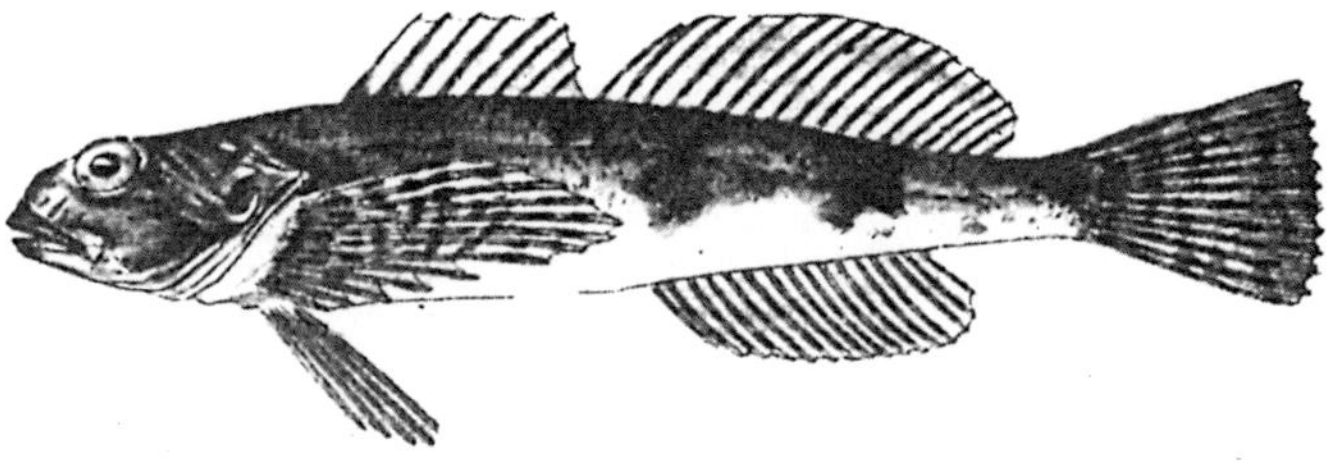

カ　ジ　カ

褐色の斑點又は斑紋を持つてゐる。居所によつて大に地色や斑紋を異にするが、何れも派手な色合ではなく、地味な色合である。體長は百五十ミリメエトル（五寸）に達するが、水量の少い處に居るものは大抵七十五ミリメエトル（二寸五分）乃至九十ミリメエトル（三寸）である。日本全國に産する川魚で、美味であるが、殊に東北地方では賞味する。川の下流よりも稍や上流に産する。是に近いものにハナカジカ花杜父魚 Cottus nozawae *Snyder* がある。是は北海道の川魚であるが、カジカとカマキリとの中間の性質を持つてゐる。大體の形はよくカジカに似てゐるが、鰓蓋前骨に三棘がある。然し口蓋骨には齒がない。私は是はカ

ジカの一異型かと思つてゐる。

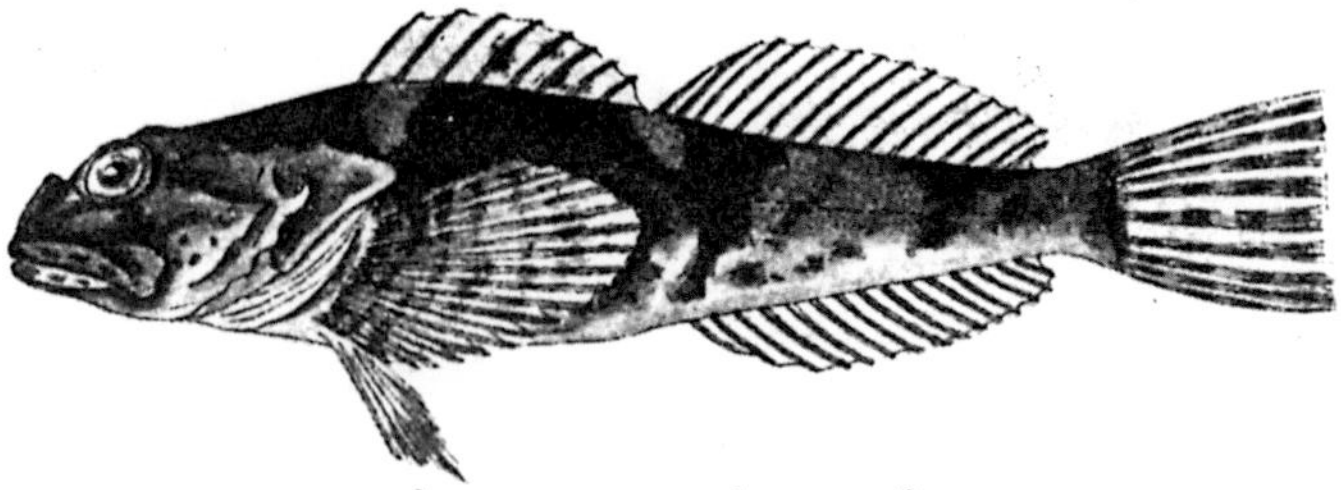
カ　マ　キ　リ

カマキリ　鎌切　Cottus kazika *Jordan & Starks*（**カジカ科**）

高知でカマキリ、福井縣でアラレガコ、アラレガコオ又はガクブツ（單にガコとも云ふ）、諸地方でアイカケと云ふ。此魚は頗るカジカに似てゐるが、是よりも性兇暴らしく、アユを鰓蓋前骨の棘で引つ掛けて是を食するとのことで、是からアイカケの名稱が出たのである。福井縣九頭龍川沿岸では「毎年十一月下旬から翌年二月下旬に亙り、流に從つて河を降り、その際腹面を上方にし、流水に浮び降るのである。尙ほ此時期に降《ふ》る霰に腹面を打たせる爲め、アラレガコオの名稱が出るのである。此降河は産卵の爲め移動するもので、下流の淡鹹兩水の交はる處で産卵し、孵化した稚魚は爰で成育し、翌春に溯河して成長するものらしい」（昭和五年六月三十日發行、福井縣史蹟名勝天然記念物調査報告第四輯による）。此溯河の性質はカジカでも見られるが、カマキリほど下流へ降らないと思ふ。從來 Rheopresbe fujiyamae *Jordan & Starks* と稱した種類は神奈川縣小田原の海岸でも取られ、昨年は私自身に福井縣三國港で取れたものを見たが、是は全くカマキリの産卵後、衰弱したものであるから、カマキリと同一種とすべきものである。普通のものは百二十ミリメエトル（四寸）に達する位のものであるが、九頭龍川では福井縣大野郡富田村花房地先から下流の吉田郡中藤島村舟橋新地先までの中流流域に棲息し、此川では二百五十ミリメエトル（八寸三分）以上に達する。毎年此川で漁獲する高は七千尾、約數十萬圓に達する。初冬に美味であるが、福井縣大野町から二里位下流の勝山（加賀の白山への登山口の一つ）はアラレガコオ料理の有名な町である。第一背鰭八棘、第二背鰭十四乃至十六軟條、臀鰭十三乃至十五軟條、腹鰭一棘四軟條である。カジカに似てゐるが、よく見ると形が多少相違する。また齒は顎、鋤骨及び口蓋骨にある。鰓蓋前骨邊緣には四棘があつて、就中最も上部の棘は強く且つ上方へ曲がつてゐる。體色は暗灰色で、數個の褐色斑紋が斜に横走してゐる。此魚は我が國には多いが、北海道には恐らく居ないと思はれる。また不思議なことにはカジカの居る處には多くは居ないし、カマキリの居る處にはカジカの居ないのが普通であるが、是等兩種を持つてゐる川も諸所にある。

モカジカ　藻杜父魚　Myoxocephalus stelleri *Tilesius*（**カジカ科**）

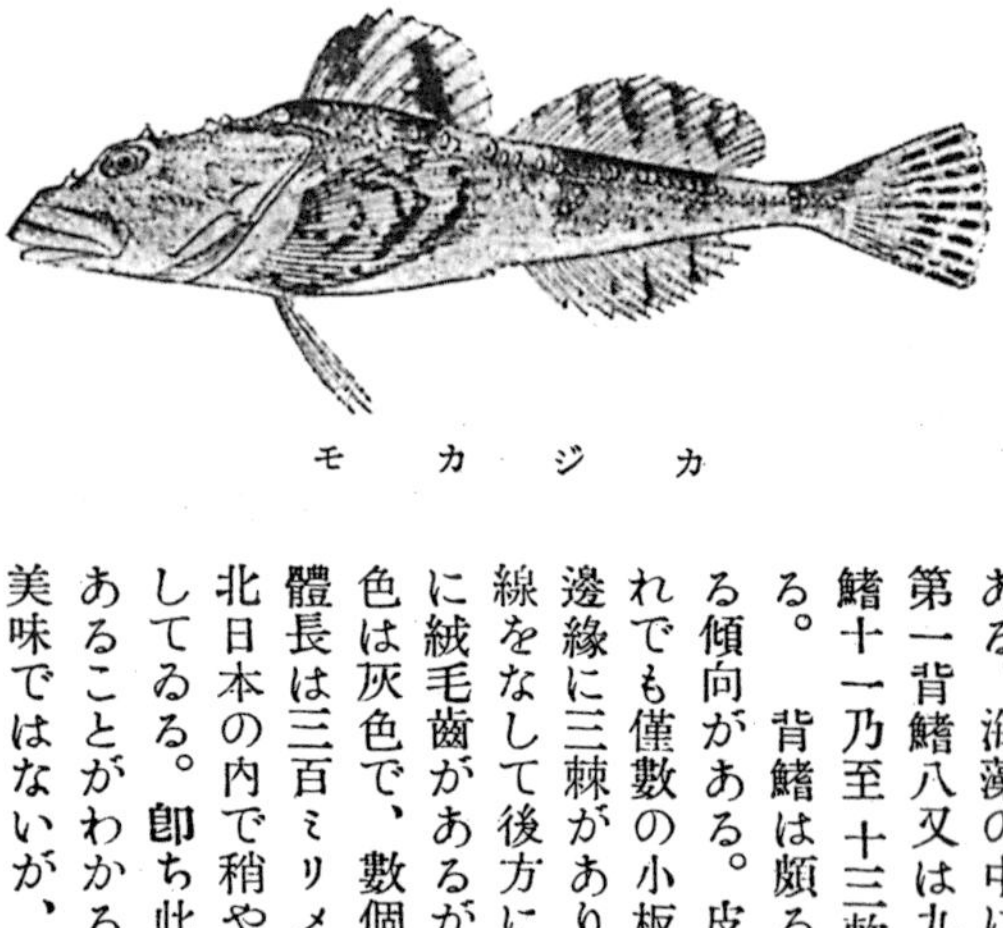
モ　カ　ジ　カ

北海道室蘭でモカジカと云ふ。尤もアオカジカも同名稱で呼ぶことがある。海藻の中に居るから、此名稱がある。第一背鰭八又は九棘、第二背鰭十五軟條、臀鰭十一乃至十三軟條、腹鰭一棘三軟條である。背鰭は頗る接近して多少連絡せんとする傾向がある。皮膚は殆ど無鱗であるが、それでも僅數の小板を散在してゐる。鰓蓋前骨邊緣に三棘があり、就中、最も上部の棘は直線をなして後方に向かつてゐる。顎と鋤骨とに絨毛齒があるが、口蓋骨には齒が無い。體色は灰色で、數個の褐色斑紋を持つてゐる。體長は三百ミリメエトル（一尺）を超える。北日本の内で稍や北部及び其以北の海へ分布してゐる。**即ち**此魚が居れば北日本の地域であることがわかる。稍や大形に達するから、美味ではないが、多少の食用價値はある。從來本種の學名を Myoxocephalus polyacanthocephalus (*Pallas*) としたのは誤である。

アオカジカ　青杜父魚　Myoxocephalus nivosus (*Herzenstein*)（**カジカ科**）

アオカジカ

北海道室蘭でモカジカ、アオカジカ又はアカカジカ、北海道茅部郡森町でギスカジカと云ふ。室蘭方面から虻田郡辨邊村方面に至る間では一般にモカジカと云ふ。棲息場の色彩に應じて體色が赤く又は青味を帶びる爲め、是等を夫れ〴〵アカカジカ又はアオカジカと云ふ。味はナベコワシに似てゐる爲め、美味で、普通に味噌汁とする。北海道水産成驗場室蘭支場の勝木重太郎氏によると、室蘭市では體色の赤い方(アカカジカ)が美味であるとして、價が高い。第一背鰭九棘、第二背鰭十五軟條、臀鰭十二軟條、腹鰭一棘三軟條である。二背鰭は頗る接近してゐる。顎と鋤骨とに歯があるが、口蓋骨には無い。鰓蓋前骨邊緣には三棘があるが、何れも短い。地色は前に述べたが、白色の小點を密布してゐる。然し斯樣な斑紋以外はよくゴモカジカに似てゐる爲め、是と同一種との說がある。私も此說に贊成するものである。北日本から其以北へ分布してゐるもので、體長は二百四十三ミリメエトル（八寸）を超える。

ゴモカジカ　吾藻杜父魚　Myoxocephalus raninus *Jordan* & *Starks*（**カジカ科**）

膽振國でゴモカジカ、日高國方面及び膽振國でイソカジカと云ふ。是等の名稱は凡てアオカジカにも往々混用せられる。ゴモ（北海道ではスガモ類をゴモと云ふ）の繁茂してゐる海中に棲息し、また海藻の繁茂してゐる磯にのみ棲息するから、ゴモカジカ又はイソカジカの名稱が出るのである。第一背鰭九棘、第二背鰭十三軟條、臀鰭十一軟條、腹鰭一棘三軟條である。二背鰭は頗る接近してゐる。顎と鋤骨とに絨毛歯があるが、口蓋骨には歯がない。鰓蓋前骨邊緣に三棘あつて、就中、最も上部の棘は後方に直走してゐる。上顎よりも下顎の方が短い。皮膚には全く鱗も骨板もない。體色は稍や赤味を帶びた褐色で、濃褐色の帶數個を體の上方に持つてゐる。體の下面には大きい白色の斑紋若干がある。體長は三百ミリメエトル（一尺）内外である。北日本の内で稍や北部に住み、それから尚北方へも分布してゐることゝ思はれる。

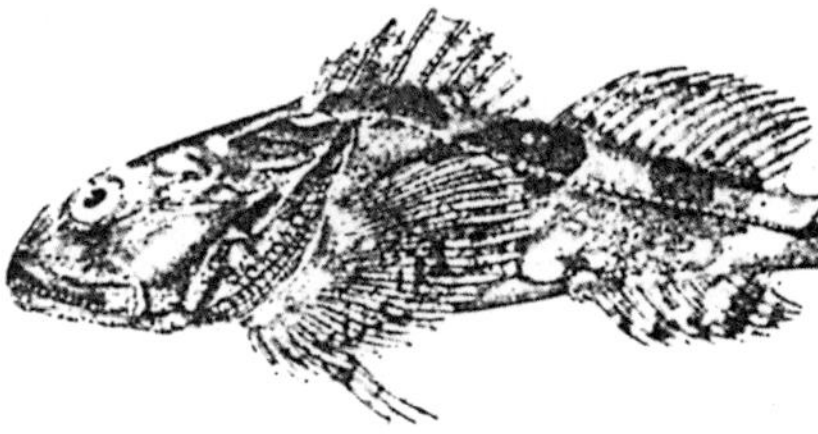

ゴモカジカ

オジギカジガ　御辭儀杜父母　Megalocottus platycephalus (*Pallas*)（**カジカ科**）

オジギカジカとは曾て私の命名したものである。第一背鰭八棘、第二背鰭十三軟條、臀鰭十二軟條、腹鰭一棘三軟條である。二背鰭は頗る接近してゐる。下顎は上顎よりも稍や長い。鰓蓋前骨邊緣には四棘あつて、就中、最も上部のものは上後方に向いてゐるが、直走

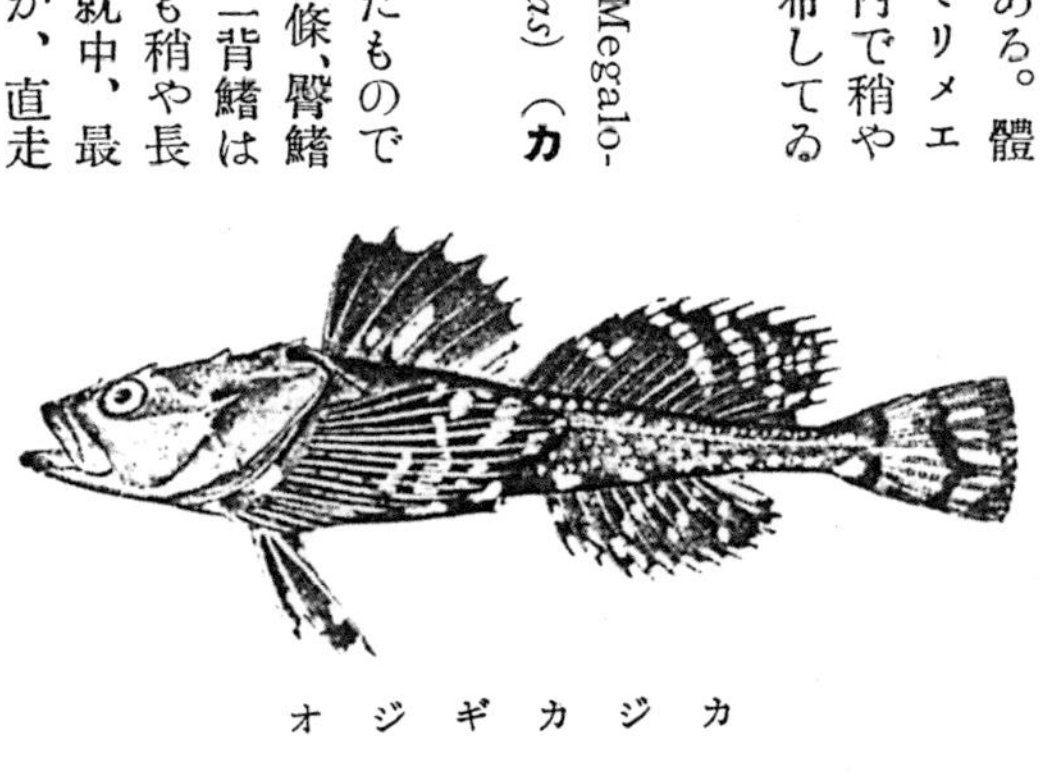

オジギカジカ

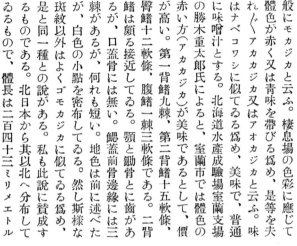

してゐる。體側には數多の圓形の骨板があり、此骨枚には棘を具へてゐる。鰭は尾鰭を除いて他のものは長い鰭條を具へてゐる。體色は暗灰色で、喉、腹部の腹面、鰓條を連ねてゐる膜には多くの黑色の點がある。體の後部殊に尾部の腹面には僅數の大きい白色の斑點がある。體長は百七十ミリメエトル(五寸六分)を超える。日本海の北部、オホツク海に產するもので、ウラジオストック海にも居る。多分北日本の內の北部からも取られる時期が來るであらう。

ナ ベ コ ワ シ

ナベコワシ　鍋破　Ainocottus ensiger *Jordan & Starks*（**カジカ科**）

室蘭でナベコワシカジカ又は單にナベコワシと云ふ。北海道水產試驗場室蘭支場勝木重太郎氏によると、「十二月から翌年一月頃に主として產卵するやうで、此時期に主として延繩で漁獲され、味も此時期に於て最も宜しい。此カジカは北海道に產する海產カジカ類中味最もよく、普通に味噌汁として食せらる。先づ鍋で昆布の煮汁を作り、串に味噌を通して、遠火で程よく焙りたるものを以て、(斯く味噌を燒くと一層其風味を增す)味噌汁を造り、此汁の中へ輪切りにしたカジカを入れ、煮沸して後に食する。嚴冬の候香味馥郁たる此カジカ汁を吸ふならば何人も數椀を重ね、遂に一滴も餘さないやうに、鍋底を敲きて、是を破るの思があるであらう」。ナベコワシの名稱は是から出たのである。第一背鰭十棘、第二背鰭十四軟條、臀鰭十二軟條、腹鰭一棘三軟條である。二背鰭は多少互に離れてゐる。下顎は上顎よりも僅に短い。鰓蓋前骨邊緣に四棘あつて、就中、最も上部の棘は頗る長いが、後方へ直走し、決して曲がつてゐない。顎と鋤骨とに齒があるが、口蓋骨には無い。體色は青味を帶びた暗褐色で、下部は白色である。頭部や體部に多少の斑紋がある。體長は三百ミリメエトル（一尺）を超える。北海道に稍や多いものであるから、北日本の內の北部へ分布してゐるものである。

イトヒキカジカ　絲引杜父魚　Argyrocottus zanderi *Herzenstein*
（**カジカ科**）

腹鰭が頗る長い爲に私が曾てイトヒキカジカと命名して置いたものである。然し腹鰭の此性質は本種の雌雄共に同樣に持つてゐるものか、それとも一方の性のもの（多分斯樣な時は雄だけに持つた性質であらう）だけが持つてゐるのか俄に是を判定し難い。第一背鰭八棘、第二背鰭十五軟條、臀鰭十三軟條、腹鰭一棘三軟條である。二背鰭は接近してゐるが、連結してゐない。下顎は上顎よりも稍や長い。顎及び鋤骨に齒があるが口蓋骨に齒がない。鰓蓋前骨に三棘あるが、就中、最も上部の棘は後上方へ曲がつてゐる。體色は淡褐色で、數多の銀白色の點を散在してゐる。此白點は其周圍を黑ばんだ輪で圍んである。其外に體の上部に黑褐色の橫帶若干を具へ、尙ほ凡ての鰭は多くの黑色の斑點を持つてゐる。從來知られたものは皆小形であるが、左程大きくはならないやうである。樺太や千島から知られてゐるが、北海道本道にも居ること〻思はれる。食用としての價値は殆ど無いであらう。

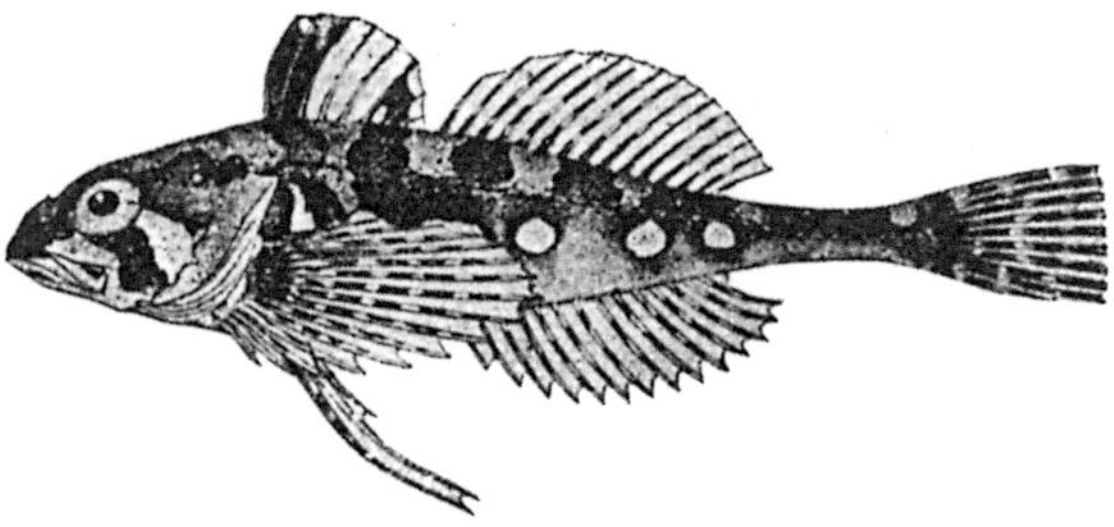

イ ト ヒ キ カ ジ カ

アカドンコ　赤鈍甲　Cottunculus brephocephalus *Jordan & Starks*（**カジカ科**）

北海道砂原村でアカドンコ、同道白老

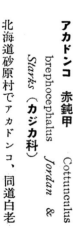

アカドンコ

村でフケカジカと言ふ。背鰭六棘十九軟條、臀鰭十三軟條、腹鰭一棘三軟條である。皮膚は滑で、柔く、ブリ〳〵してゐるから、此魚を動かすと皮膚が搖《ゆ》れる。鱗も瘤もないから、蒟蒻の様な皮膚である。是が爲め背鰭の前部は一見したゞけでは見られない。卽ち外面から見ると、軟條のみから出來てゐるやうであるが、皮膚を破つて精驗すると、棘部が軟條部の前方にあることがわかる。腹鰭も亦同様に外部から一見したゞけでは見極められないので、皮膚を破つて見る必要がある。下顎は上顎よりも僅に短く、齒は顎と鋤骨とにあつて、口蓋骨には無い。側線は稍や不明瞭で、體の中部を背部外廓に平行して走つてゐる一列の若干孔を以て代表する。頭部には棘なく、頭上の孔はよく發達してゐる。體色は僅に赤味を帶びた淡灰色で、稍や不明瞭な數個の縱走色帶を認めることが出來る。體長は四百二十ミリメエトル（一尺四寸）に達する。往々駿河灣や相模灘でも取れるが、北海道や北陸道でも取れる處を見ると、元來北日本の魚であるが、南日本の一部では稍や深海に產するものかと思はれる。食用となるかは疑はしい。

チヽビツカジカ　知々櫃杜父魚　Gymnocanthus pistilliger (*Pallas*)(**カジカ科**)

北海道日高でチヽビツ又はチヽビツカジカ、室蘭、函館、小樽などでギス又はギスカジカと云ふ。第一背鰭九乃至十一棘、第二背鰭十四乃至十七軟條、腹鰭一棘三軟條である。二背鰭は接近してゐるが、僅に離れてゐる。下顎は上顎よりも短い。齒は顎及び鋤骨にあるが、口蓋骨には無い。鰓蓋前骨邊緣には四棘ある。就中、最も上部の一棘は頗る强く、其上緣に二乃至五個の突起がある。皮膚には棘に富める鱗板又は星狀の瘤板を往々持つてゐるが、眞の鱗は無い。頭の後部に於て其上部に骨質板を密布し、此狀態は眼と眼との間にまで擴がつてゐる。稍や青味を帶びた朱紅色で、美い斑點を散在してゐる。北日本のもので、富山縣などでも多少の漁獲がある。多少美味である。體長は二百四十ミリメエトル（八寸）に達する。從來、本屬のものは我國でも三種内外を識別してゐるが、同一種内の變異に基くであらう。殊に腹鰭の著く長いのは雄魚の特徵であると思はれる。

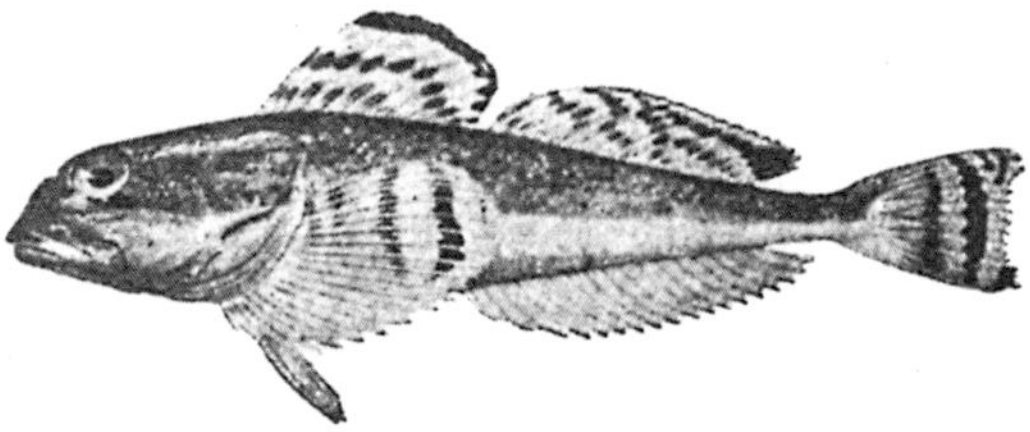

チヽビツカジカ

フサカケカジカ　總掛杜父魚　Crossias allisi *Jordan & Starks*（**カジカ科**）

屬名から飜案して曾て私がフサカケカジカと命名したものである。第一背鰭七棘、第二背鰭十六又は十七軟條、臀鰭十三軟條、腹鰭一棘三軟條を持つてゐる。二背鰭は互に接してゐるが、連絡してはゐない。上顎は下顎よりも長い。齒は顎と鋤骨とにあるが、口蓋骨には無い。鰓蓋前骨邊緣には四棘があつて、就中、最も上部の一棘は左程長くはなく上方へ曲がつてゐる。皮膚は滑で、毫も鱗狀物は無い。頭部には其上部に僅數の觸手狀皮質突起があるし、第一背鰭の各棘の先端は五、六個の觸手狀皮質突起がある。體色は淡灰色で、下部は白つぽい。體の上部には幅の廣い褐色斑紋若干を有し、側線の下方では淡灰色の斑點を持つてゐる

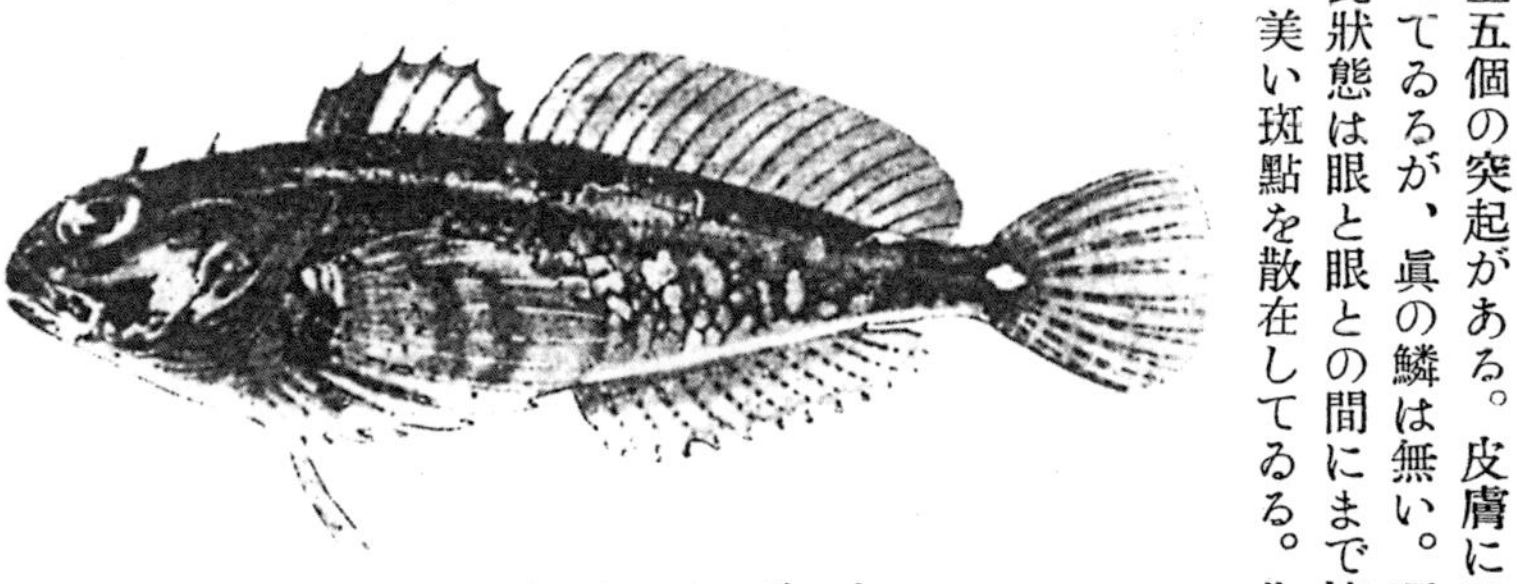

フサカケカジカ

る。小い海産カジカ類で、北日本に生活する。左程多くはない爲め、食用としての價値は殆ど無いことゝ思はれる。

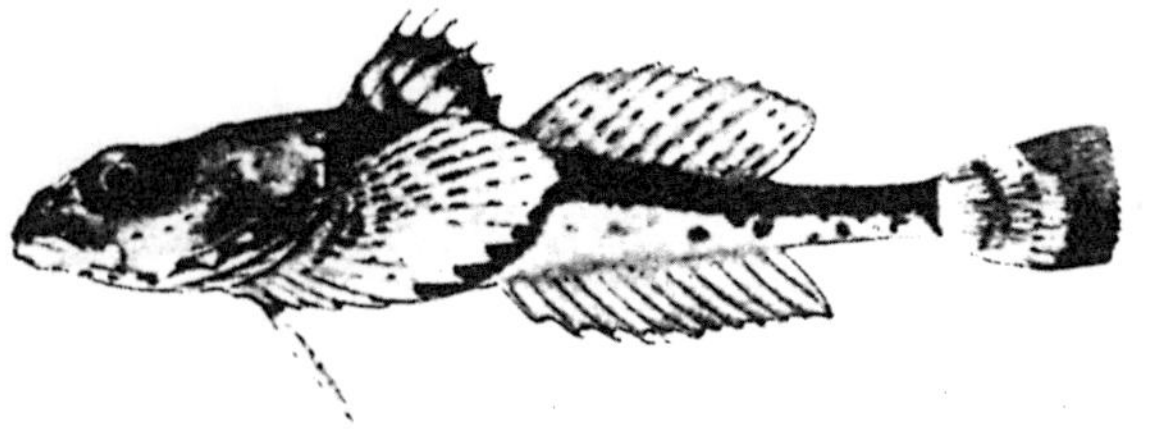

オ　キ　ヒ　メ　カ　ジ　カ

オキヒメカジカ　沖姫杜父魚　Cottiusculus gonez *Schmidt*（**カジカ科**）

オキヒメカジカとは曾て私の命名したものである。第一背鰭七棘、第二背鰭十二軟條、臀鰭十三軟條、腹鰭一棘三軟條である。二背鰭は接近してゐるが、連結してはゐない。下顎は上顎よりも僅に短い。顎、鋤骨及び口蓋骨に絨毛齒がある。頭と體の前部とは縱扁してゐるが、側扁した局部は無い。鰓蓋前骨邊緣に四棘がある。就中、最も上部の棘は長く、且つ肥强してゐて、其上緣に僅數の突起がある。體色は上部に於て淡褐色で、下部は白つぽい。若干の不規則形暗色の斑點が體側にある。體の上部には三個の黑つぽい横帶がある。二背鰭、尾鰭及び胸鰭には斑點があるが、殊に第一背鰭の上緣は幅廣く黑つぽい。小形の海産カジカ類で、南樺太やウラジオストックで取られたことがあるから、北海道方面からも將來取れることゝ思はれる。

キンカジカ　金杜父魚　Cottiusculus schmidti *Jordan* & *Starks*（**カジカ科**）

キンカジカとは曾て私の命名したものである。第一背鰭七棘、第二背鰭十三軟條、臀鰭十二軟條、腹鰭一棘三軟條を持つてゐる。二背鰭は接近してゐるが、互に離れてゐる。體部の前部と頭部とは縱扁し、體の後部は圓味を持つてゐるが、決して側扁してはゐない。下顎は上顎よりも短い。齒は顎、鋤骨及び口蓋骨にある。鰓蓋前骨邊緣には四棘あつて、就中、最も上部のものは其上緣に二、三個の鋭い突起を持つてゐる。眼の直上に雄には一個の大きい箇單形の觸手狀皮質突起があるが、雌には全く是が無い。體色は側線よりも上方は褐色で、稍や淡色の小點を散在してゐる。體の下部は白つぽい。側線の直下に稍や大きい褐色點の一列が縱に竝んでゐる。二背鰭、胸鰭、尾鰭には斑點があるが、他の鰭には殆ど無い。稍や美く見え、多少地色は淡桃色かとも思はれるが、此點は不明である。兎も角も美いとしても派手な色合には見えなくて、多少地味な色だとの感があるが、それでもよく見ると、隨分複雜した色取りとなつてゐる。從來取れたものは九十二ミリメエトル(三寸)を最長とするが是よりも稍や大きく成長するであらう。宮城縣金華山から取れてゐるから、北日本のものである。珍いもので、食用としての價値は殆ど無い。

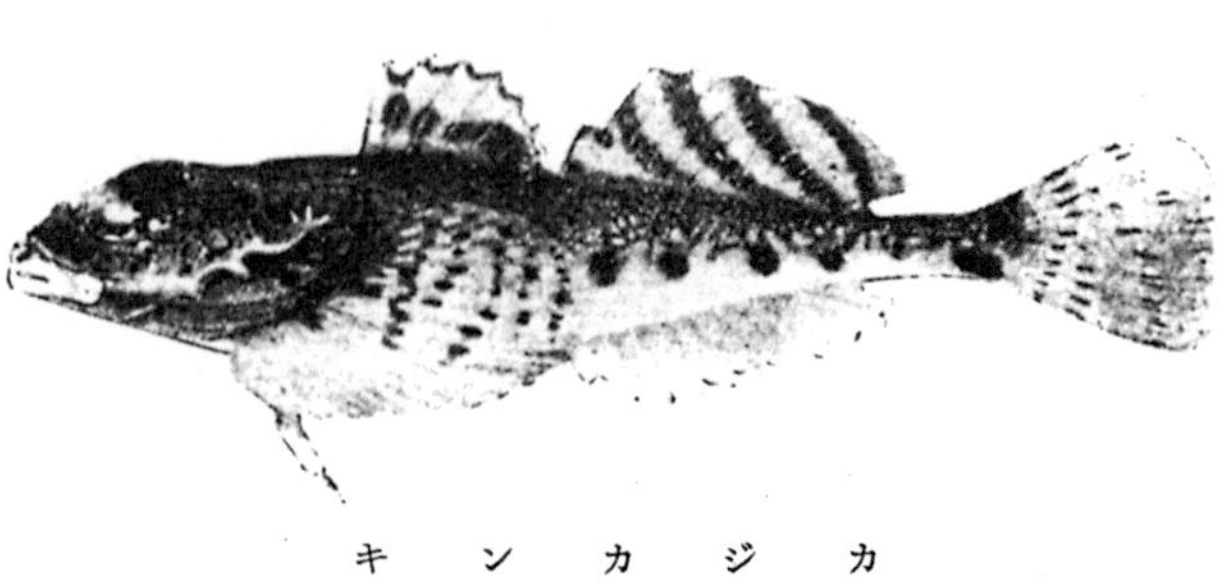

キ　ン　カ　ジ　カ

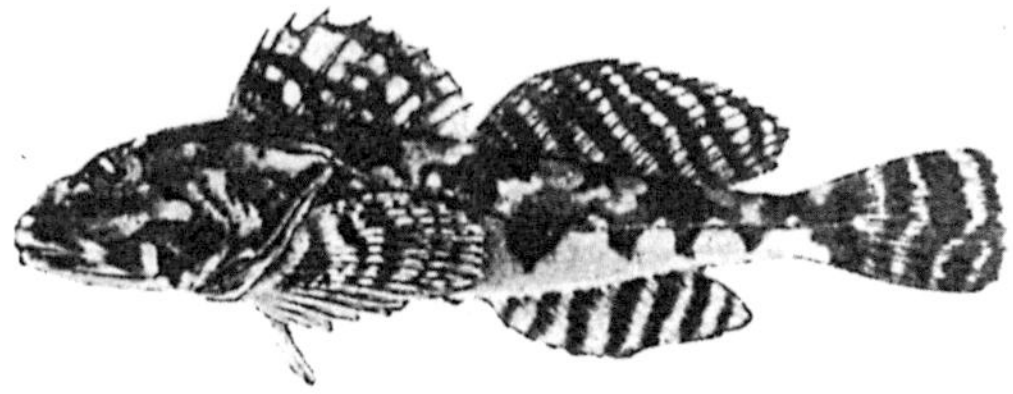

ノ　ロ　カ　ジ　カ

ノロカジカ　野呂杜父魚　Alcichthys alcicornis (*Herzenstein*)（**カジカ科**）

北海道虻田郡虻田村でノロカジカ又はベロベロカジカ、同道有珠郡伊達村でヌルヌルカジカ函館でベロカジカと云ふ。北海道では四、五月頃産卵し、此期節に沿岸に群集してくるが、味不良で食するものはない。富山でも多少の漁獲がある。第一背鰭十棘、第二背鰭十七軟條、臀鰭十三軟條、腹鰭一棘二軟條を持つてゐる。二背鰭は頗るよく接近してゐる。齒は顎、鋤骨及び口蓋骨にある。鰓蓋前骨邊緣に四棘あつて、就中、最も上部の棘は扁平で、幅廣く、先端は三乃至六個の突起に分れてゐる。側線は小い埋沒した骨質板を有し、胸鰭腋部の後方に僅數の骨板を散在してゐる。其他の體部は全く無鱗である。體色は上部に於て淡褐色で、稍や赤味を帶び、褐色の斑點を散在し、體の下部は白つぽい。體側には幅の廣い褐色横帶若干個が斜に走つてゐる。體長は二百六十ミリメエトル（八寸六分）内外である。北日本へ分布してゐる。一見した處ではチヽビツカジカに似てゐるが、是よりも違つてゐる點が所々にある。即ち富山附近ではチヽビツカジカと識別してゐるものもあり、然らざるものもある。然し味はチヽビツカジカの方が勝つてゐる。

キ　ヌ　カ　ジ　カ

キヌカジカ　絹杜父魚　Furcina osimae *Jordan* & *Starks*（**カジカ科**）

キヌカジカとは曾て私の命名したものである。第一背鰭十棘、第二背鰭十七又は十八軟條、臀鰭十四又は十五軟條、腹鰭一棘二軟條を持つてゐる。二背鰭はよく接近し、多少連絡せんとしてゐる。下顎は上顎よりも短い。齒は顎、鋤骨及び口蓋骨にある。鰓蓋前骨邊緣には二棘があつて、就中、上部のものは上方へ曲がり、先端には二突起を持つてゐる。下部のものは簡單形で、後方へ直走してゐる。頭の上部及び下顎の後端に觸手狀皮質突起がある。體色は上部は淡褐色で、幅の廣い僅數の濃褐色横帶がある。體の下部は淡灰色で、淡色の斑紋と暗色の網狀斑紋とが交錯してゐる。尾鰭を除いて凡ての鰭には數多の斑紋がある。是等の色彩の爲め、頗る複雜した色取りであつて、相當美い類であるが赤味が無い爲め、寧ろ地味に見える。體長は七十五ミリメエトル（二寸五分）位であるから小形の海產カジカ類に屬する。日本の中部に生活してゐるものであらうが、多少北日本のものかと思はれる。食用としての價値はないが、水槽へ入れて觀賞するのには多少好都合かと思はれる。然し、赤味の無いので人目を著く刺戟するには足りないものと思はれる。

イ　ダ　テ　ン　カ　ジ　カ

イダテンカジカ　韋駄天杜父魚　Ocynectes maschalis *Jordan* & *Starks*（**カジカ科**）

イダテンカジカとは曾て私の命名したものである。第一背鰭九棘、第二背鰭十三又は十四軟條、臀鰭十軟條、腹鰭一棘二軟條を持つてゐる。二背鰭は接近し、殆ど連絡せんとしてゐる。下顎は上顎よりも短い。齒は顎、鋤骨及び口蓋骨にある。鰓蓋前骨邊緣の上部に短く且つ鈍い一小棘があつて、上方へ曲がつてゐる。此棘の下方に二個の骨質の瘤狀突起がある。側線は孔を以て代表し、就中、前部のものは各孔に一個の小い觸手狀皮質突起を具へてゐる。是等の側線を代表する孔は合計三十四個を數へることが出來る。頭部の上部には先端の數個に分れた皮質突起を持つてゐる。體色は稍や青味を帶びた褐色で、幅の廣い褐色斑紋と幅の

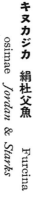

狭い波状に屈曲した斑紋とを交錯してゐる。體の腹面は白つぽい。腹鰭と臀鰭とを除き他の鰭は凡て斑紋を密布してゐる。體長五十五ミリメエトル（一寸九分）位で、頗る小い海産カジカ類である。我國の海岸に居るもので、漁法の無い爲め、頗る珍いものとせられてゐる。從つて食用としての價値は全く無い。

ムツカジカ　陸奧杜父魚　Ocynectes modestus *Snyder*（**カジカ科**）

最初に青森縣陸奧國鮫で取れた爲め、私が嘗てムツカジカと命名して置いたものである。第一背鰭九棘、第二背鰭十四軟條、臀鰭十一軟條、腹鰭一棘二軟條を持つてゐる。二背鰭は僅に連絡せんとしてゐる。下顎は上顎よりも短い。歯は顎、鋤骨及び口蓋骨にある。鰓蓋前骨邊縁の上部にある一棘は簡單形で、長く、上方へ曲がつてゐる。體色は灰色で、殆ど斑紋がない。體長は六十ミリメエトル（二寸）に達する。從來、青森縣鮫から二尾取れただけであるが、よく探せば固より入手の出來ること丶思ふ。是は北日本ばかりでなく、或は南日本の内の北部、例へば相模灘や駿河灣からも取られる見込があらう。食用としての價値は無い。稍やイダテンカジカに似てゐるが、後頭骨に觸手狀皮質突起の無いこと、殊に色彩の極めて簡單なことを特徴とする。

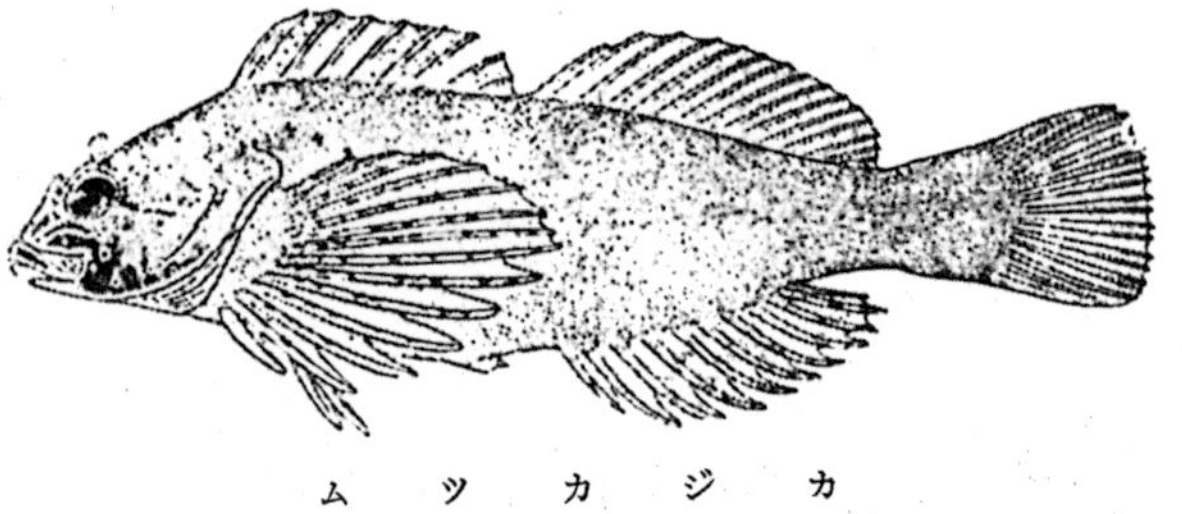

ム　ツ　カ　ジ　カ

アナハゼ　穴沙魚　Pseudoblennius percoides *Günther*（**カジカ科**）

アナハゼ類は邦産のものは五種あるが、何れの地方でも是を識別することは無い。然し、體形、地色、斑紋などは相當著く違ふ爲め、數種に識別せられる。然しよく見ると、是等は同一種内の變化性に基くかも知れない。斯様な點から見ると、貴重な資料である。海岸の岩窟の間、淺い處に居る爲め、何時とはなしにアナハゼと云ふ名稱が出たのである。海岸を散歩してゐると、極めて淺い岩の上に靜居してゐるのをよく見受けるものである。此魚には方言は少いやうであるが、所々に種々の可笑しい名稱が付いてゐる。それは肛門の直後の肛門突起と稱するものが著く突出してゐる爲である。第一背鰭九棘、第二背鰭十八軟條、臀鰭十七軟條、腹鰭一棘二軟條を持つてゐる。二背鰭は僅に連絡してゐる。下顎は上顎よりも短い。歯は顎、鋤骨及び口蓋骨にある。鰓蓋前骨邊線の上部にある一棘は小いが、鋭い。其下方は滑で突起を見ないが、鰓蓋前骨邊縁の前下方に小い二棘がある。其内、前部のものは寧ろ瘤狀突起で、皮下に隱れ下方へ曲がつてゐる。體の上部は銹赤色を帶びた褐色で、下部は青味の強い白色である。斑紋は少いが、體側中央に稍や大きい褐色點の列がある。體長は百五十ミリメエトル（五寸）内外である。日本の何れの地にも生活するが、左程多くはない。一つは是を取る漁具が無い爲であらう。稀に下等食品となることがある。

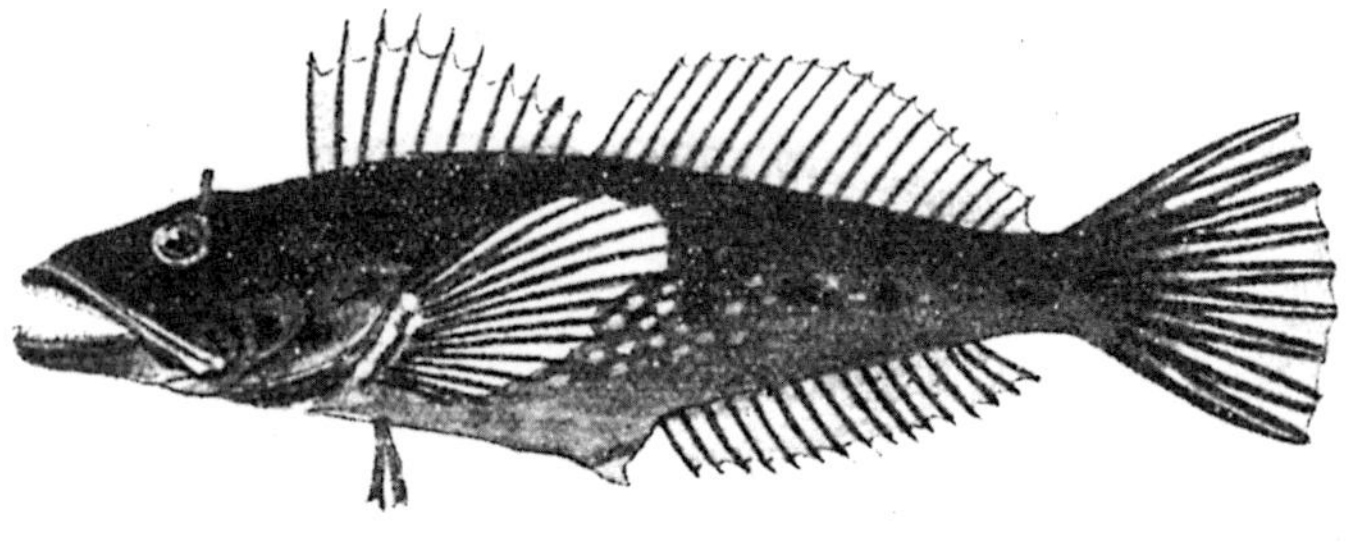

ア　ナ　ハ　ゼ

オビアナハゼ　帶穴沙魚　Pseudoblennius zonostigma *Jordan &Starks*（**カジカ科**）

オビアナハゼとは嘗て私の命名したものである。第一背鰭十棘、第二背鰭十九軟條、臀鰭十七軟條、腹鰭一棘二軟條を持つてゐる。二背鰭は殆ど連絡せんとし

オビアナハゼ

てゐる。下顎は上顎よりも僅に短い。齒は顎、鋤骨及び口蓋骨にある。鰓蓋前骨邊緣の上部に一個の鋭い小棘がある。また此骨の邊緣の前下方に下方へ向いた頗る小い一棘がある。體の上部は淡褐色で、下部は白つぽい。褐色の點の列が對をなして體側を橫に竝んでゐる。尾鰭と腹鰭との他の鰭は皆數多の斑紋を持つてゐる。第一背鰭の前上部と後部とに大きい一つの濃褐色の斑紋がある。體長は百五十ミリメエトル（五寸）に達する。普通のアナハゼと同樣に相當多いものである、アナハゼやオビアナハゼに近いもので、アサヒアナハゼ旭穴沙魚 Pseudoblennius cottoides (*Richardson*)（アサヒアナハゼとは曾て私の命名したものである）と云ふものがある。是も相當多く我が沿岸に產し、支那沿岸にも生活する。是はアナハゼやオビハゼと著く異にして、體は濃褐色で、大きい淡い斑紋を散在してゐる。此の爲に此種はアナハゼやオビアナハゼよりも美く見え、體の形も稍や違つて見えるが、私は同一種內のものではないかと思つてゐる。凡てアハナゼ類は殆ど食用としないものである。

ベロ　倍呂　Bero elegans (*Steindachner*)（**カジカ科**）

北日本で是等の類（必しも本種だけではない）をベロと云つてゐるやうであるが、まだ明でない。第一背鰭十棘、第二背鰭十六軟條、臀鰭十四軟條、腹鰭一棘二軟條を持つてゐる。二背鰭は互に連結せんとする傾向がある。齒は顎、鋤骨及び口蓋骨にある。鰓蓋前骨の邊緣には四棘あつて最も上部のものは強く曲がつた鋭い棘である。頭の上部には數個の觸手狀皮質突起があつて、其各〻の先端は更に數突起に分れてゐる。肛門突起も顯著である。體色は淡褐色で、濃褐色の斑紋と淡色の斑紋とを交錯し、相當複雜した色取りであるが、赤味の無い爲め、寧ろ地味な色合である。北日本のものである。體長は百五十ミリメエトル（五寸）に達する。稍やアナハゼ類に近いものであるが、肛門突起がアナハゼでは先端が三つに分れてゐるが、本種では決して分られてゐない。また頭部の觸手狀皮質突起は本種では先端が數個の突起に分れてゐるが、アナハゼ類では分れてゐない。食用としての價値は殆どない。

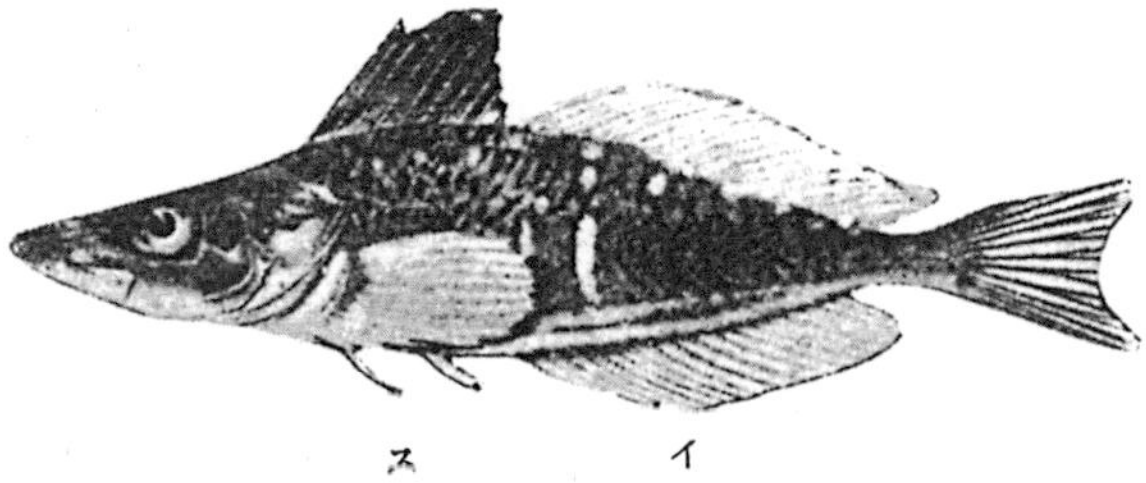

ス　イ

スイ　須伊　Vellitor centropomus (*Richardson*)（**カジカ科**）

スイとは何地の稱呼かわからない。第一背鰭十棘、第二背鰭二十軟條、臀鰭十九軟條、腹鰭一棘二軟條を持つてゐる。二背鰭は僅に互に離れてゐる。下顎は大に上顎よりも長い。齒は顎、鋤骨及び口蓋骨にある。鰓蓋前骨邊緣には其上部に短い鋭い一棘があつて、是は後方に直走するか又は僅に上方へ曲がつてゐるが、其屈曲度は他の類似種よりも弱い。吻部は割合に長く、鋭く尖つた先端を持つてゐる。體色は稍や黄色を帶びた淡褐色で、波狀をなした長い褐色線を持つてゐる。體長は百二十ミリメエトル（四寸）に達する。海岸の海藻の中に饒產するが、殆ど食用とならない。南日本に居るもので、多少北日本の內の南部へも分布してゐると思はれる。

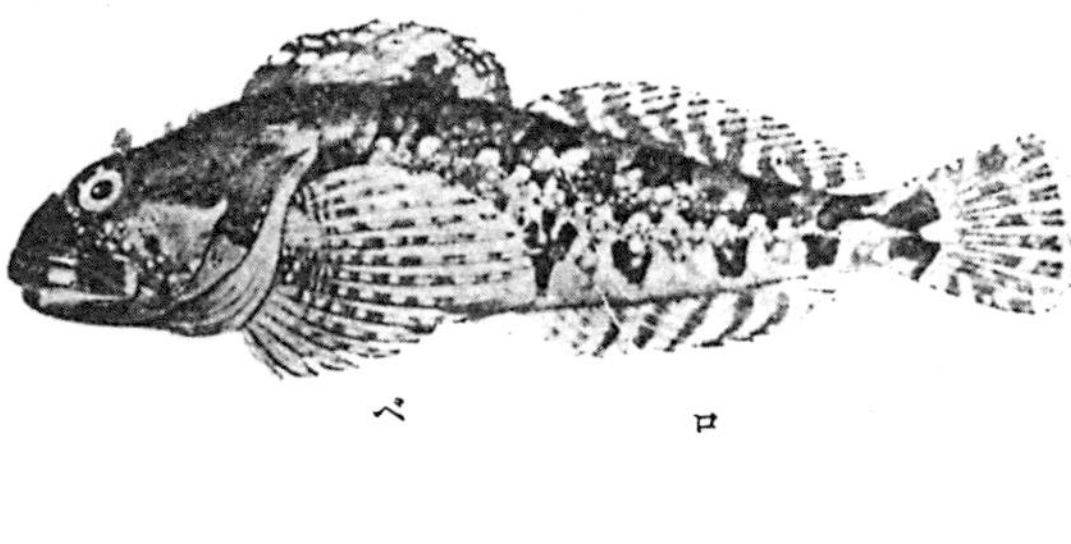

ベ　ロ

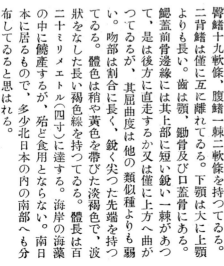

ホカケアナハゼ　帆掛穴沙魚　Histiocottus bilobus (*Cuvier & Valenciennes*)（**カジカ科**）

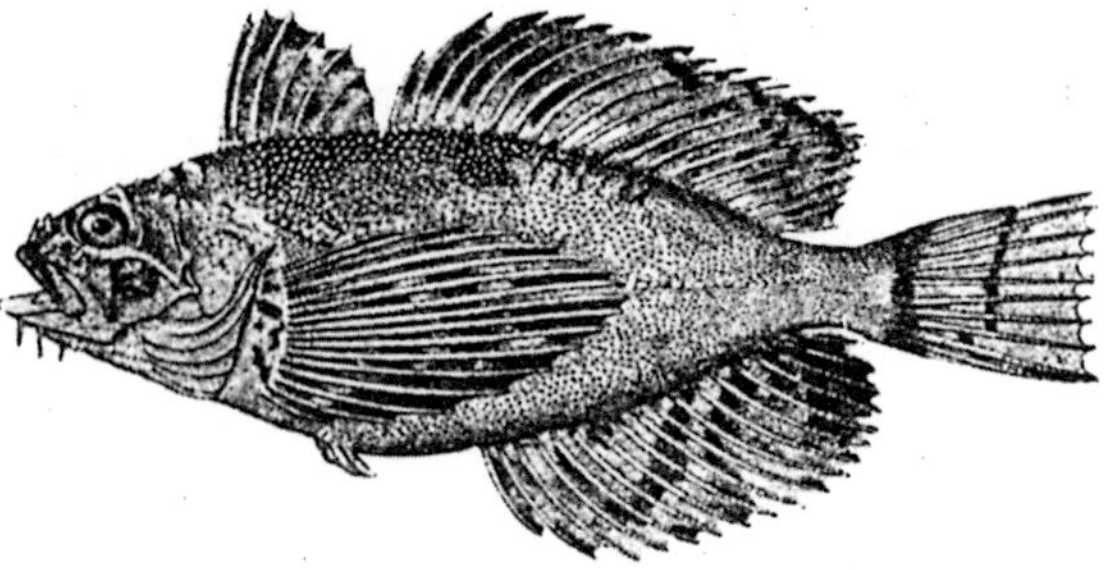

ホ カ ケ ア ナ ハ ゼ

ホカケアナハゼとは曾て私の命名したものである。第一背鰭九棘、第二背鰭二十一軟條、臀鰭十八軟條、腹鰭一棘三軟條を持つてゐる。二背鰭は殆ど互に離れんとしてゐる。歯は顎、鋤骨及び口蓋骨にある。鰓蓋前骨邊縁には二個の短い先端の鈍い棘がある。下顎には鬚がある。頭部と體部とには小棘を密布し、尾柄部も同様の棘を有してゐる。體色は暗灰色で、體の上部には四、五個の黒色の横帯があつて、是等は多少背鰭へまで侵入してゐる。體長は百五十ミリメエトル（五寸）以上に達する。アラスカ附近に居るものであるが、ウラジオストックからも得られたことがある。北日本の内の北部へも分布してゐると思はれる。

ミゾレカジカ　霙杜父魚　Nautiscus pribilovius (*Jordan & Gilbert*)（**カジカ科**）

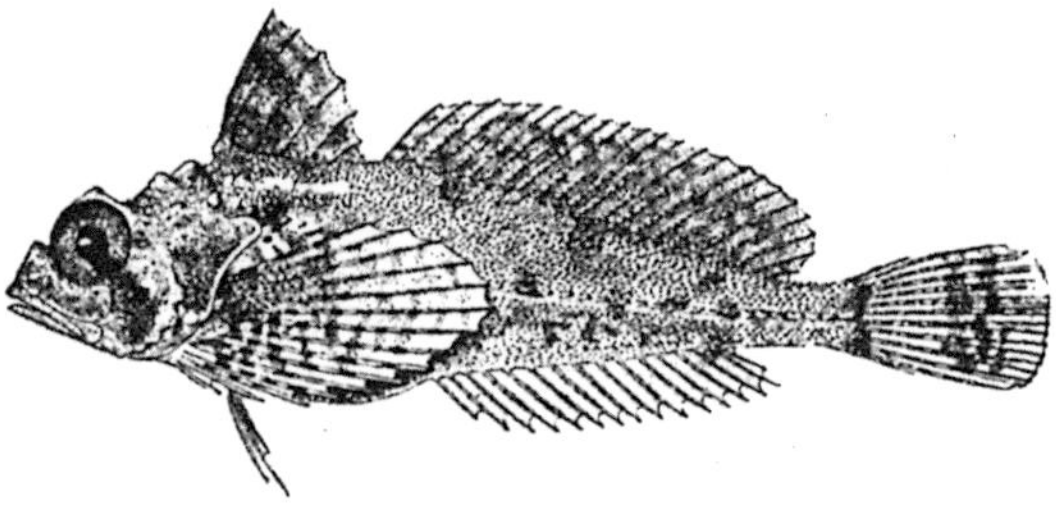

ミ ゾ レ カ ジ カ

ミゾレカジカとは創めて爰に命名したものである。第一背鰭八棘、第二背鰭二十三軟條、臀鰭十五軟條を持つてゐる。二背鰭は頗る接近してゐる。下顎は上顎よりも短い。歯は顎、鋤骨及び口蓋骨にある。鰓蓋前骨邊縁には四棘があつて、就中、最も上部のものは稍や長いが、それでも著く長くはない。頭部は割合に短く、眼の上方に一個の皮質突起がある。眼と眼との間は幅狹く、深く凹形を呈してゐる。項部の隆起縁には鈍くて短い瘤狀物一個を持つてゐる。體色は暗灰色で、稍や濃い斑紋の外に、三、四個の暗色の横帯がある。側線部には七個の暗褐色斑點がある。側線は骨板を以て代表してゐる。皮膚は天鵞絨狀の小棘を密布し、是等の小棘の間に多少大きい棘を散在してゐる。樺太附近に生活するもので、恐らく北日本の内の北部へ分布してゐるであらう。

サチコ　沙知鼓　Blepsias draciscus *Jordan & Starks*（**カジカ科**）

サチコとは何地の名稱かわからない。背鰭九棘二十四軟條、臀鰭二十軟條、腹鰭一棘三軟條を持つてゐる。背鰭は其前部に於て二缺刻を有し、僅に多少三基に分れんとする傾向がある。歯は顎、鋤骨及び口蓋骨にある。鰓蓋前骨邊縁に四棘あつて、上部より數へて第二棘が最も長い。頭部の上部に數個の觸手狀皮質突起がある。皮膚は小棘を密布し、たゞ尾柄部に小棘の無い部分があつて、滑である。體色は上部は暗褐色で、數個の褐色横帯がある。下部は淡色で、尾柄部の滑な部分も淡色である。體長は百九十ミリメエトル（六寸四分）に達する。北日本の海岸に生活するもので、食用としての價値はないと思はれる。

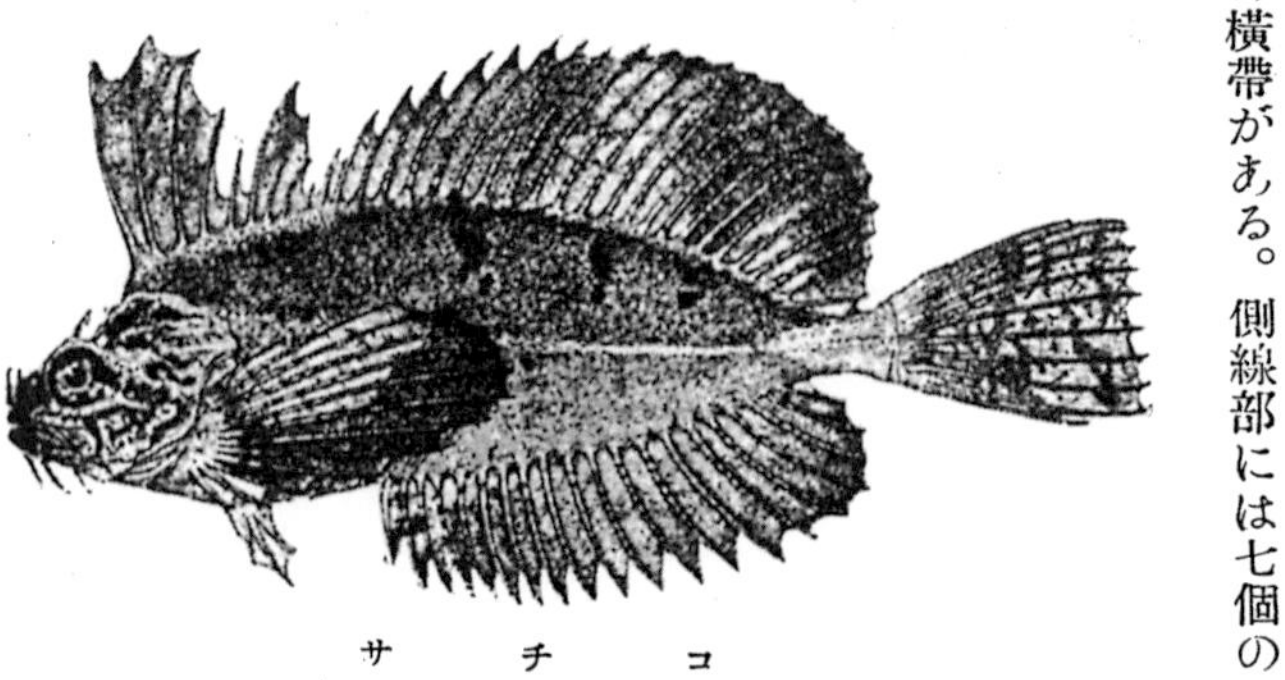

サ チ コ

トオベツカジカ　當別杜父魚　Hemitripterus villosus (*Pallas*)

（カジカ科）

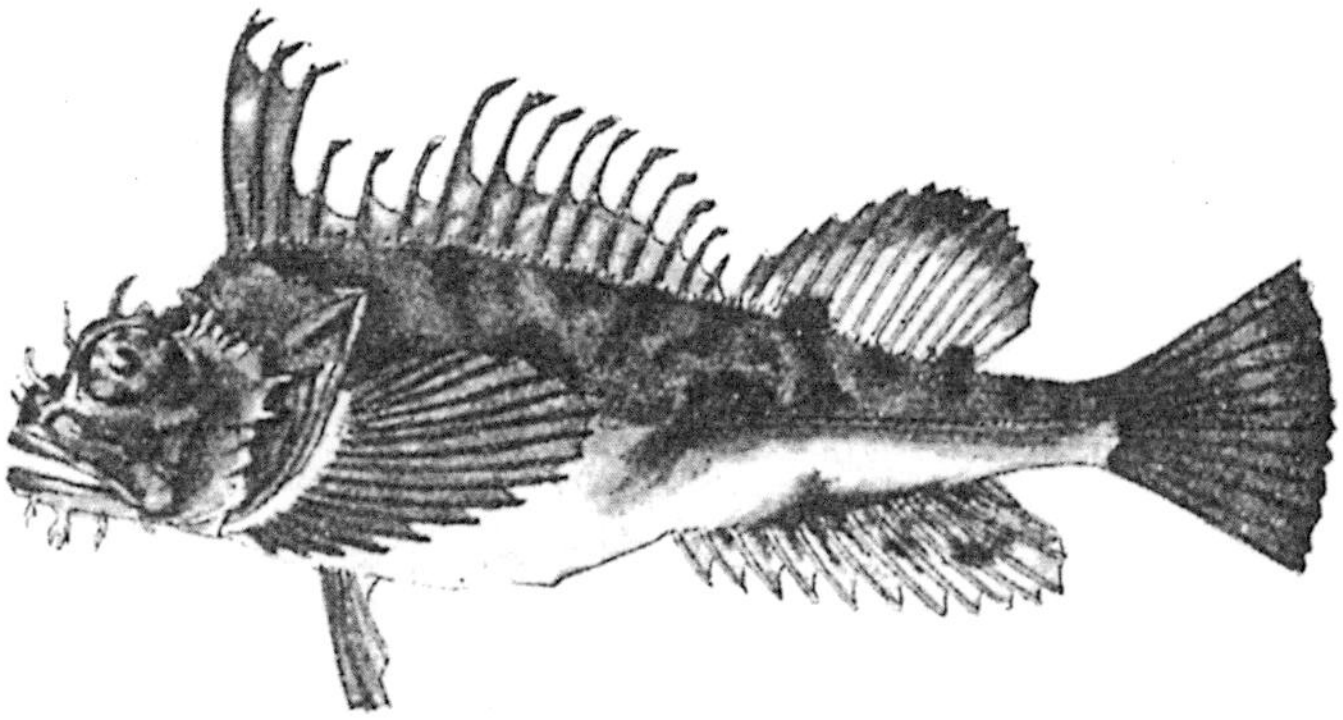

トオベツカジカ

北海道水産試驗場室蘭支場勝木重太郎氏によると、「一般に北海道でトオベツカジカ（札幌で稀にカワムキカジカとも云ふ）、北海道虻田郡方面のアイヌ語でナヌウエン（顔の醜なるの義）、同道伊達村でエビスウオ（伊達村には宮城縣人多く、此方言も宮城縣で使用せらるゝものであるとのことである。エビスウオとは諧謔的に言つたものである）と言ふ。此カジカは北海道上磯郡當別村沖合に最も多く産する爲め、此地名を冠したものであらうとの説もある。十一月、十二月頃淺海へ來つて産卵する。其味も産卵期によいが、頗る美味のナベコワしの味には遙に劣る。此魚を調理するには皮を剝いたものを味噌汁とする（カワムキカジカの方言は是から出るのである）。トオベツカジカの最も優れた調理法はカジカ鮨《ずし》と稱するもので、孕卵せるカジカを材料とし、先づ皮を剝き骨を去りたるものを薄く切り、水に浸漬して幾回も血抜きをする。卵は別に是を煮沸せる湯の中で煮て、人蔘、大根などを短冊形に切りたるものと混合し、米飯と共に前記の肉を整然と樽に竝べ容れ（此際鹽を適當に混ず）、後、重い石を此上に載せて置く。斯くて月餘の後に至ると醱酵して特殊の味を生ずるに至るを良しとする」。第一背鰭十七又は十八棘、第二背鰭十三軟條、臀鰭十四軟條、腹鰭一棘三軟條である。二背鰭は互に連結せんとしてゐる。第一背鰭の内で、最初の三棘は後部の棘部より多少離れんとする傾向を示してゐる。然し、それは是等三棘が互に密接してゐる爲で是を結べる皮膜が深く缺刻してゐる爲ではない。第一背鰭の第一及び第二棘は他の棘よりも頗る長い。最前の三棘を除いて、他の棘部を連結する皮膜は深く缺刻してゐる。下顎は上顎よりも長い。齒は顎、鋤骨及び口蓋骨にある。鰓蓋前骨邊緣には鈍く尖れる四棘がある。皮膚は種々の形及び大さの小棘を密布し、頭には數多の骨質隆起物がある。體色は暗灰色で、不規則形の大きい黒點を散在してゐる。アイヌ人の言ふ通り、見掛けは頗る醜であるが、案外美味のものである。北日本及び其北部へ分布してゐる。體長は三百ミリエトル（一尺）に達する。

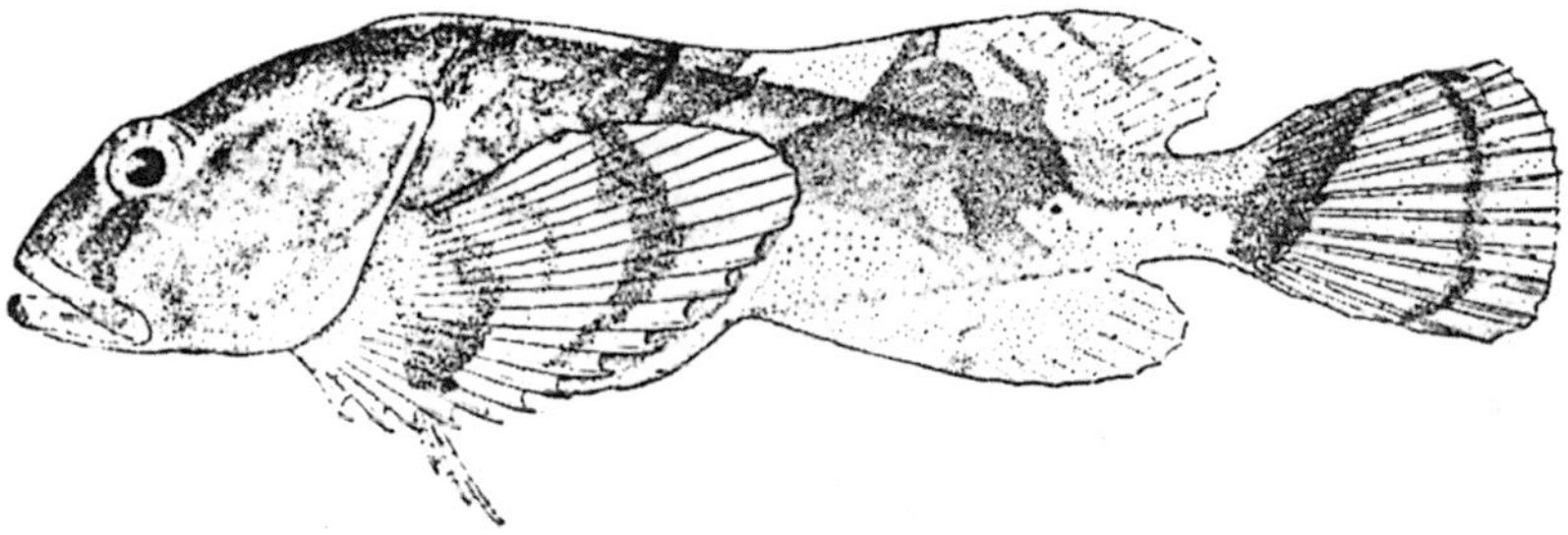

ウラナイカジカ

ウラナイカジカ　占杜父魚　Psychrolutes paradoxus *Günther*

（カジカ科）

ウラナイカジカとは曾て私の命名したものである。背鰭九棘十五乃至十七軟條臀鰭十二乃至十三軟條、腹鰭一棘三軟條を持つてゐる。皮膚は頗る緩く、無鱗で蒟蒻のやうにブリ〳〵してゐる。故に背鰭棘部と軟條部の前部とは皮膚を破らないと見ることは出來ない。頭が大きくて體は後方に至るに從ひ、急に細くなつてゐる爲に、多少蝌斗《オタマジャクシ》に似てゐる。顎に絨毛齒を持つてゐるが、鋤骨及び口蓋骨には齒が無い。體色は稍や赤味を帶びた黑褐色で、體の下部は白つぽい。體の上部には微小の暗褐色點を散在し、其外に頗る不規則な幅の廣い暗褐色横帶三個を持つてゐる。小形の海産カジカ類で、北太平洋に居るものである。北日本にも生活してゐるが、少いもので、殆ど食用とはならないものである。

トリカジカ　鳥杜父魚　Ereunias grallator *Jordan & Snyder*
（カジカ科）

トリカジカとは曾て私の命名したものである。第一背鰭十棘、第二背鰭一棘十二軟條、臀鰭十二軟條である。二背鰭は頗る接近してゐる。下顎は上顎よりも短い。齒は顎、鋤骨及び口蓋骨にある。頭は頗る大きく、體は細長く、殊に其後部は俄に細くなつてゐる爲に、餘程不思議な形を

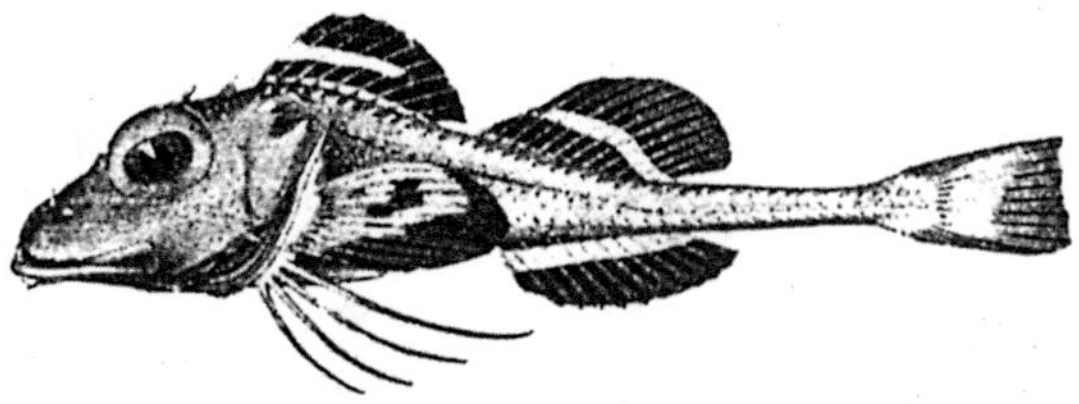

ト　リ　カ　ジ　カ

現してゐる。頭部では眼前部頗る幅廣く、相當に口裂も廣いから、大きい口を現してゐる。胸鰭は二部に分れ、其上部は十一軟條を持ち、普通の形をしてゐるが、下部のものは四軟條で、是等は皆肉質に富み、互に離れ、其間を連ねる皮膜は無い。皮膚は小棘を密布してゐる。全く腹鰭を缺いでゐる。體色は黑褐色で、體腔を緣取る皮膜は淡褐色である。二背鰭及び臀鰭は黑色で、各〻白つぽい一個の縱走帶がある。胸鰭の邊緣は黑つぽく、中部に近く黑色の斑紋がある。體長は三百ミリメエトル（一尺）内外である。本種の最初に取れた標品は二個で、何れも神奈川縣三崎沖二百九十尋の深海に産するものである。私は北陸道沿岸でも見たから、主として北日本に産するもので、南日本では稍や深海に産するものかと思ふ。食用としての價値は殆ど無いやうである。

コチ　鯒　Platycephalus indicus *Linné*
（コチ科）

普通にコチ又はマゴチと云ふ。コチに近いイネゴチ類やノドクサリ類を東京や神奈川縣三崎でメゴチ又は單にコチと云ふ爲め、マゴチの名稱が出たのである。本種は眼が小いが、メゴチと稱する類は著く眼が大きい。第一背鰭八棘、第二背鰭十三軟條、臀鰭十三軟條、一縱列の鱗數百二十個である。頭は棘狀突起少く、寧ろ滑に近い。體色は淡褐色で、體の上部に八、九個の暗褐色帶がある。福岡縣水産試驗場からの報告によると、豐前海ではクロゴチとシロゴチとを區別し、前者は黑味勝ちなもので、後者は黄色を帶びた黑色で、卽ち白味を帶びたものを

コ　チ

云ふ。クロゴチの方がシロゴチよりも美味で、兩者とも五、六、七月を漁期とし、クロゴチの方がシロゴチよりも大きくなるやうである。是等兩者は同一種内の異型であらう。夏季美味で、夏は洗ひとして嗜食するものである。體長は三百ミリメエトル（一尺）を超える。太平洋及び印度洋の熱帶部に多く、南日本へも分布してゐる。

オニゴチ　鬼鯒　Thysanophrys spinosus (*Temminck & Schlegel*)
（コチ科）

オニゴチとは何地の名稱がわからない。高知市外浦戸でオキゴチと云ふ。體長僅に百二十ミリメエトル（四寸）であるから、和名とは似付かないものである。然し頭部には棘を發達し、側線部前半の鱗には鋭い短棘を具へてゐる。第一背鱗八棘、第二背鰭十一又は十二軟條、臀鰭十二

軟條、一縱列の鱗數は四十個である。體は小いが鱗の著く大きいことが人目を惹く特徴である。體色は上部に於て暗灰色で、下部は白つぽい。四乃至六個の暗褐色の幅の廣い横帶がある。南日本のもので、澤山の漁獲はなく、また小形である爲め、經濟上の價値は極めて少い。

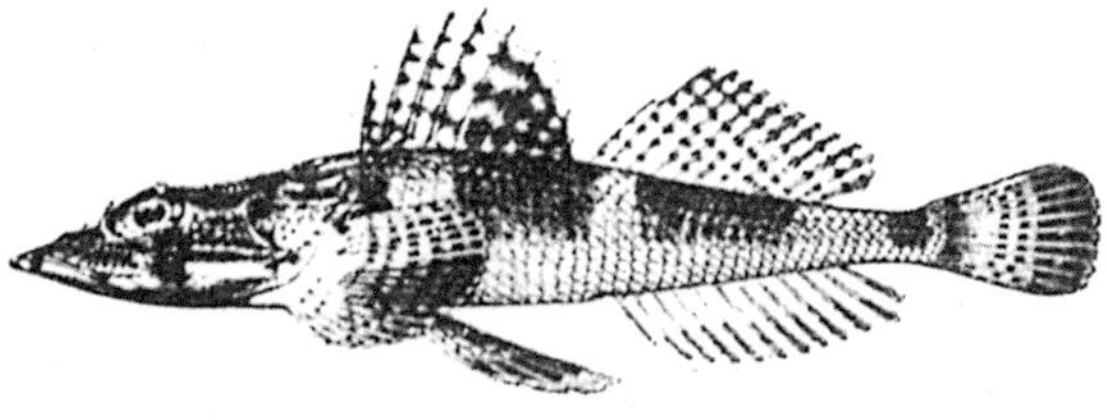

オ ニ ゴ チ

アネサゴチ 姉佐鯒 Thysanophrys macrolepis (*Bleeker*) (**コチ科**)

アネサゴチとは何地の名稱かわからない。第一背鰭八棘、第二背鰭十一又は十二軟條、臀鰭十二軟條、一縱列の鱗數三十八乃至四十個である。側線部の鱗には全く棘が無い爲め滑である。是が著くオニゴチと相違する點である。體色は上部暗褐色で、下部は白つぽい。四、五個の褐色横帶がある。體長は百五ミリメエトル(三寸五分)に達する。南日本のものである。オニゴチと同様に小形である爲め食用としては全く重要なものでない。

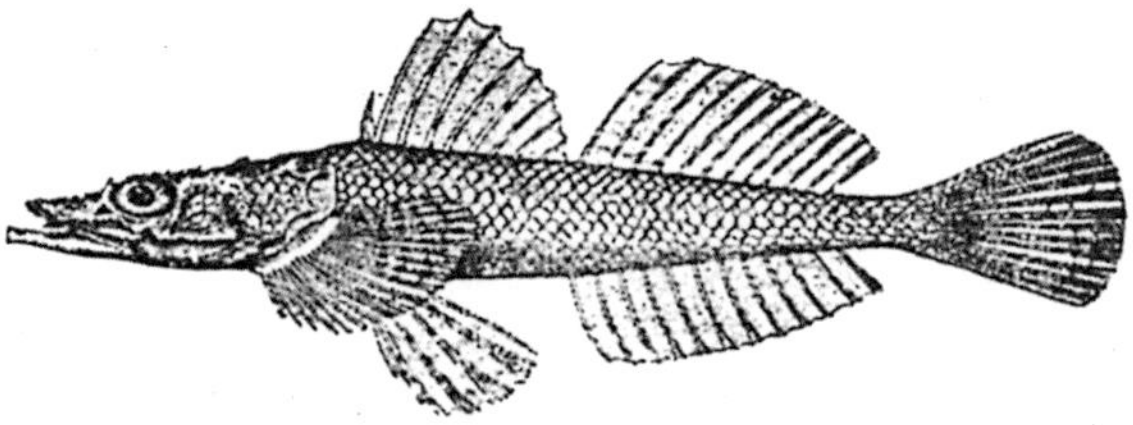

ア ネ サ ゴ チ

トカゲゴチ 蜥蜴鯒 Thysanophrys japonicus (*Tilesius*) (**コチ科**)

トカゲゴチとは曾て私の命名したものである。普通にはコチ又はメゴチと云つて、類種と識別せられない。第一背鰭八棘、第二背鰭十二軟條、臀鰭十二軟條、一縱列の鱗數は七十又は八十個である。鰓蓋前骨に二棘(時によつて頗る小い一棘が更に加はつてゐる)あるが、何れも短い。鰓蓋の膜の邊緣には一個の鋭い缺刻が深く陷入し、是は鰓蓋前骨の棘の直下にある。上記の缺刻の直前の膜は長く延びて、舌狀をしてゐる。體色は上部は淡褐色で、下部は白つぽい。暗褐色の六個の不明な横帶がある。體長は百五十ミリメエトル(五寸)に達する。南日本のもので、雜魚として取扱はれてゐる。

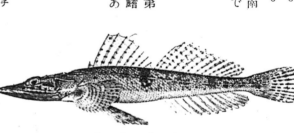

ト カ ゲ ゴ チ

イネゴチ 稻鯒 Thysanophrys crocodilus (*Tilesius*) (**コチ科**)

イネゴチとは何地の名稱かわからない。普通には類種と共に東京や神奈川縣三崎でメゴチと云ひ、是に含まれる各種を識別しない。第一背鰭七又は八棘、第二背鰭十一軟條、臀鰭十一軟條、一縱列の鱗數九十個である。側線部の鱗には棘が無く、爲に滑である。鰓蓋前骨に二棘がある。鰓蓋膜に缺刻なき爲め、鰓蓋前骨隅角の下方に於て皮褶を具へない。體色は赤味がゝつた褐色で、多少紫色に傾いてゐる。下部は白つぽい。體の上部や頭部に圓い黒點を密布してゐる。第二背鰭、臀鰭及び尾鰭には黒點がある。

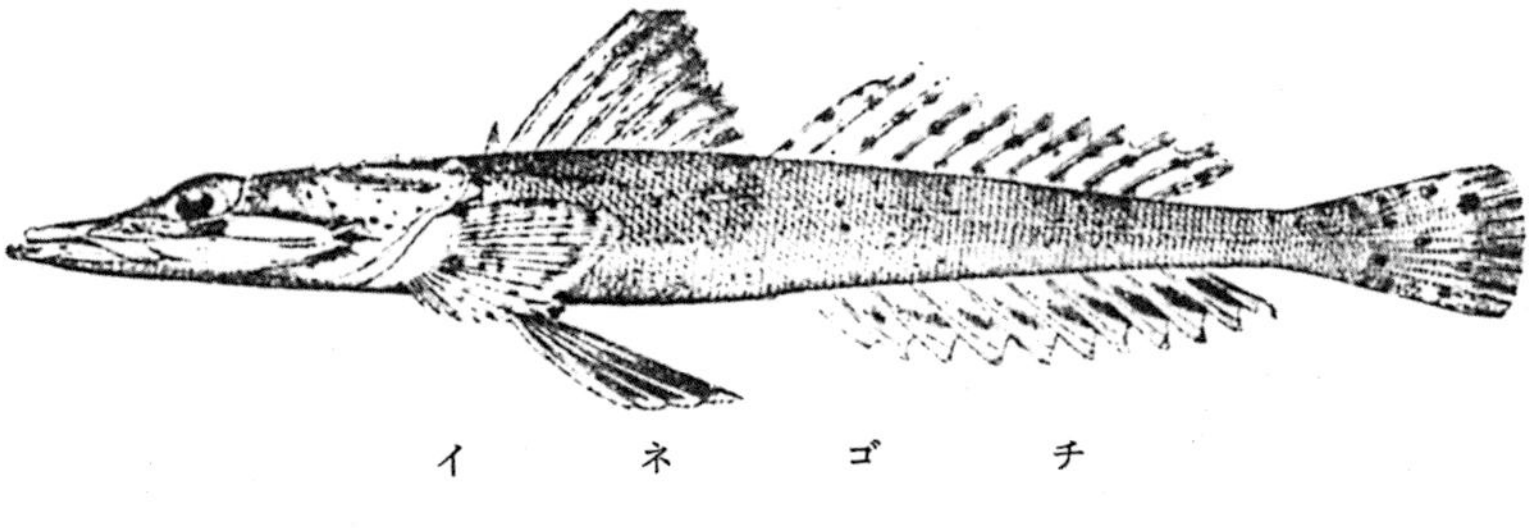

イ ネ ゴ チ

第一背鰭は黒ずんでゐるが殆ど斑點は無い。體長は二百四十ミリメエトル（八寸）に達する。東印度諸島から南日本へ分布してゐる。雜魚として取扱れるもので、美味の魚ではない。

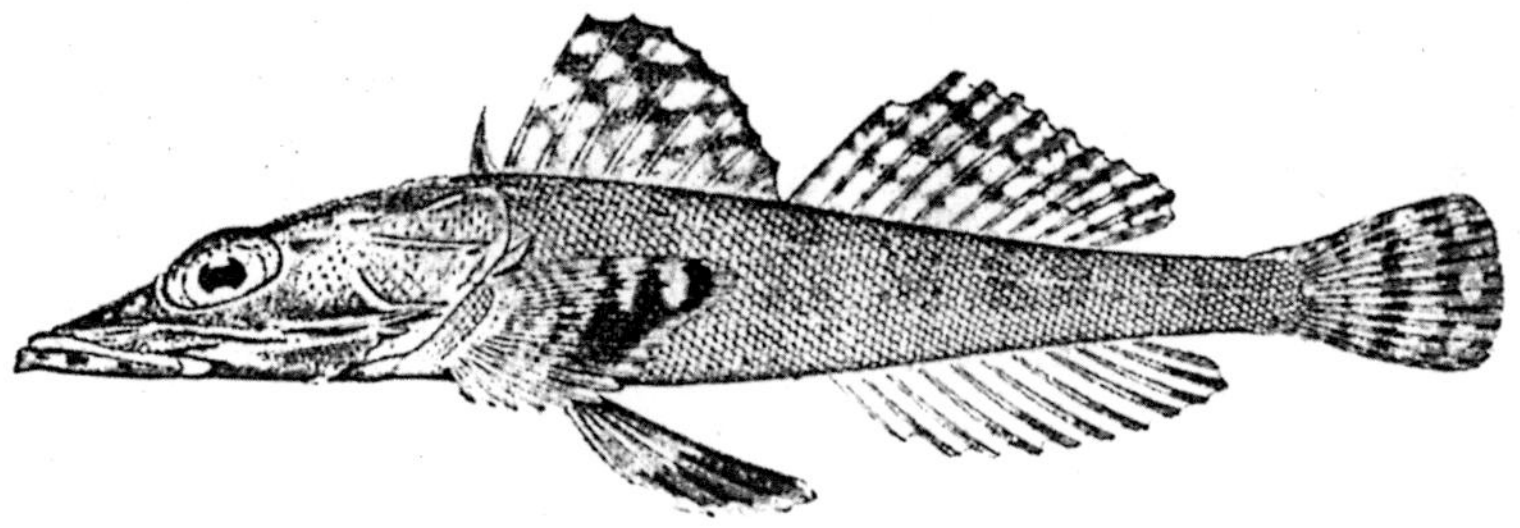

マツバゴチ

マツバゴチ　**松葉鯒**　Rogadius asper (*Cuvier* & *Valenciennes*)（**コチ科**）

マツバゴチとは何地の名稱かわからない。第一背鰭八棘、第二背鰭十一軟條、臀鰭十一軟條、一縱列の鱗數五十四個である。側線最前部の二、三個の鱗に短棘を具へてゐる。頭部は粗雜で、よく角張《かどは》つてゐる。眼上及び眼下の邊緣は細かく鋸齒をしてゐる。各眼窩の前部に一個の強い棘がある。鰓蓋前骨の後部に三棘があつて、就中、最も上部のものが強く、鰓蓋邊緣に達する。鰓蓋膜は鰓蓋前骨の棘の直下に於て、缺刻が無い。體色は暗褐色で、下部は白つぽい。體の上部には不明瞭な褐色横帶がある。體長は百五十ミリメエトル（五寸）に達する。南日本と南支那とへ分布する。美味のものではない。

アカゴチ　**赤鯒**　Bembras japonicus *Cuvier* & *Valenciennes*（**コチ科**）

東京附近、高知などで稀にアカゴチと云ふやうであるが、多くは一定の名稱がない。澤山に漁獲せられないし、小形のもので、不味なものであるから、人々から注目せられない爲である。第一背鰭十一棘、第二背鰭十二軟條、臀鰭十四軟條、一縱列の鱗數五十五個である。眼下骨の邊緣には四個の小棘があつて、是等は皆後方へ向いてゐる。體色は赤味の強い朱紅色で、二背鰭には綠褐色の斑點がある。體は細長く、コチ類ではあるが、稍やコチの形とは違つてゐる。體長百八十ミリメエトル（六寸）に達する。南日本のものであるが、食用としての價値は無い。

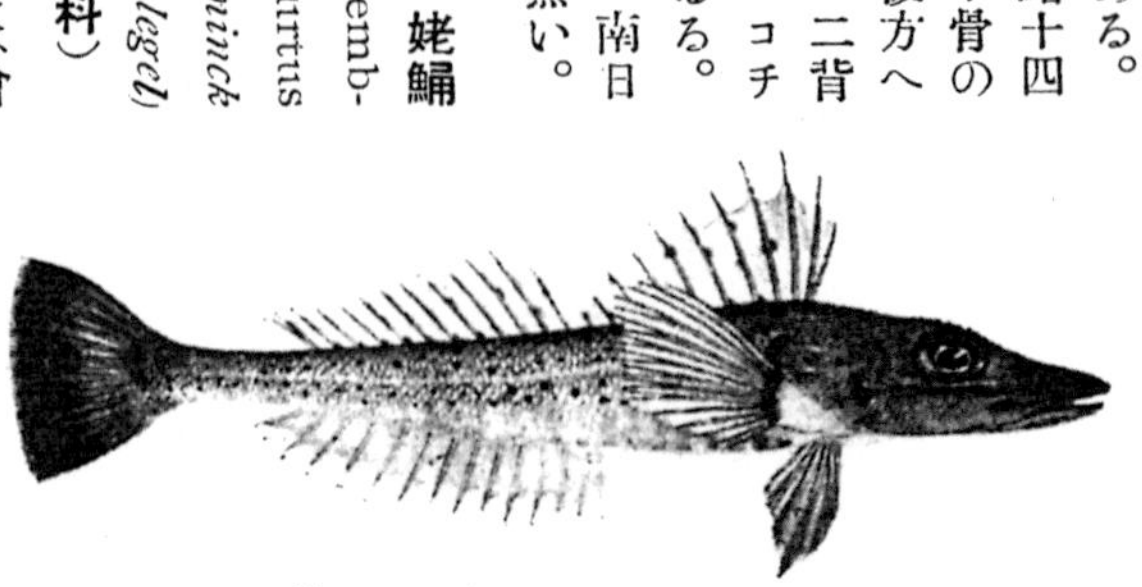

アカゴチ

ウバゴチ　**姥鯒**　Parabembras curtus (*Temminck* & *Schlegel*)（**コチ科**）

ウバゴチとは嘗て私の命名したものである。第一背鰭八又は九棘、第二背鰭九軟條、臀鰭八軟條、一縱列の鱗數四十七個である。頭大きく、眼も割合に大きく、下顎は上顎よりも著く長い。體色は朱色で、下部は淡色である。體長は三百ミリメエトル（一尺）に達する。南日本のもので、從來は稀種であつたが、トロオル漁業や機船底曳漁業が發達して俄に此魚の漁獲を増加した。即ち多少深海の海底に居るものである。食用としての價値は頗る少い。

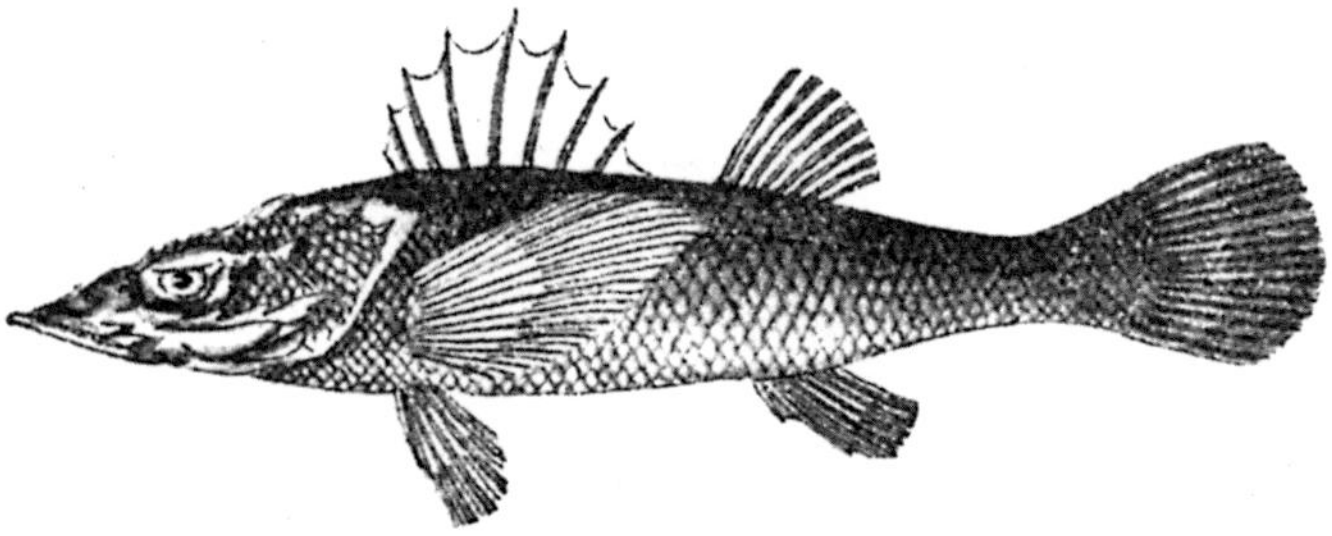

ウバゴチ

ハリゴチ　針鯒　Hoplichthys langsdorfi *Cuvier & Valenciennes*（**ハリゴチ科**）

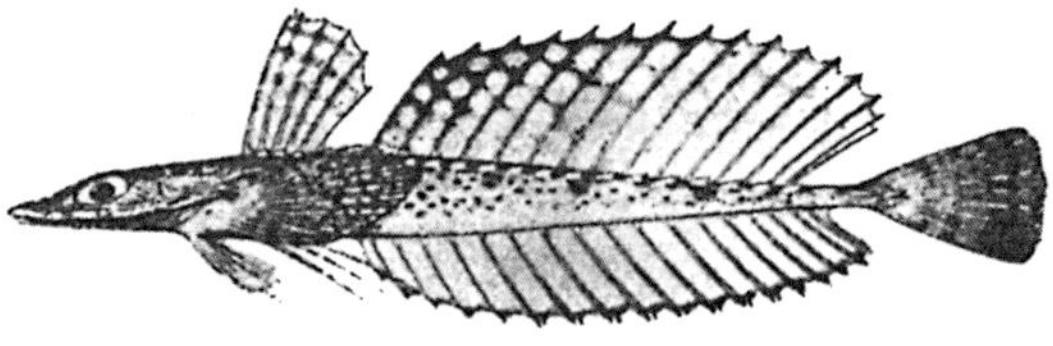

ハリゴチ

神奈川縣三崎でハリゴチ、高知でヤスリ、和歌山縣でヤスリゴチ又はノコギリゴチと云ふ。頭部及び體部に頗る小棘が發達してゐる爲に、ヤスリゴチとかノコギリゴチなどの名稱が出たのである。第一背鰭六棘、第二背鰭十五軟條、臀鰭十六軟條側線部の鱗板二十八個である。體には上部と側部とに骨板を發達し、腹面は全く是等がなく裸出してゐる。頭は幅廣く、縱扁し、其上面と側面とは僅數の短棘と鋸齒狀をした邊緣とを持つてゐる爲に粗雜の感を與へる。體色は暗灰色で、下部は白つぽい。體の上部には四個の不明瞭な暗色横帶がある。體長は二百四十ミリメエトル（八寸）に達する。南日本のもので、蒲鉾材料に供せられる。邦産の本屬は二種を識別せられてゐるが、恐らく同一種内のものであらう。

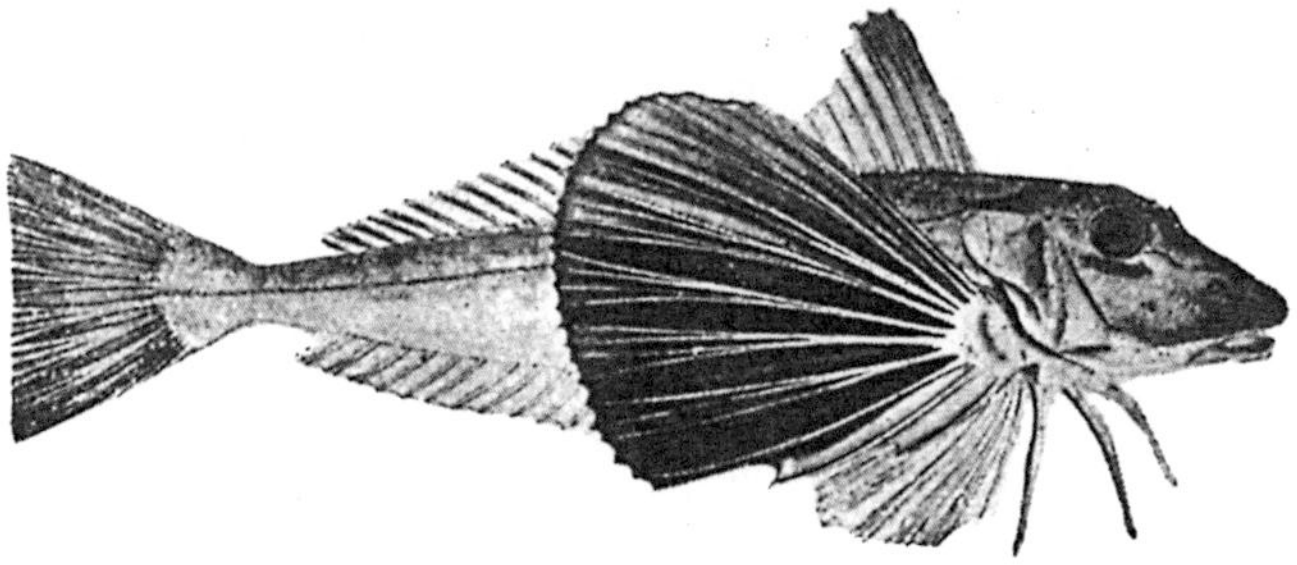

ホオボオ

ホオボオ　魴鮄　Chelidonichthys kumu (*Lesson & Garnot*)（**ホオボオ科**）

何れの地でも大低ホオボオと云ふが富山縣ではホオホオと清音にして言ふ。新潟でキミヨと云ふのは此土地では此魚を珍重し、上流社會の食膳に供せられるものであるとの意味を含んでゐる。實際我國一般に珍重することは是に近いカナガシラに遙に勝り、普通には吸物種とする。秋田ではホオボオをドコと云ひ、カナガシラの方をキミヨと言つて、新潟のキミヨとは違つてゐるから注意を要する。恰も熊本と宮崎とでタマミとクチビとの示す魚が正反對になつてゐるのに多少似てゐる。第一背鰭九棘、第二背鰭十六軟條、臀鰭十五又は十六軟條、一縱列の鱗數凡そ百八十個である。それ故體側の鱗は頗る小く、一見した時は無鱗のやうに思はれる。此の點に於てカナガシラ類と容易に識別することが出來る。體色は美い朱紅色で、胸鰭頗る長く、其内面は濃藍色で美い。體長は三百ミリメエトル（一尺）を超える。我が國には廣く分布し、濠洲へも分布してゐる。我國では上等食品で、カナガシラよりも高價である。

ソコホオボオ　底魴鮄　Pterygotrigla hemisticta (*Temminck & Schlegel*)（**ホオボオ科**）

ソコホオボオとは曾て私の命名したものである。第一背鰭八棘、第二背鰭十軟條、臀鰭一棘十又は十一軟條、一縱列の鱗數凡そ百個である。吻の先端の兩側に各〻一個の一突起がある爲め多少イゴダカホデリに似てゐる。體色は赤味を帶びてゐる。第一背鰭に黑褐色の大きい一つの斑紋がある。體長は三百ミリメエトル（一尺）に達する。深海に產する稀種で、食用としての價値は無い。

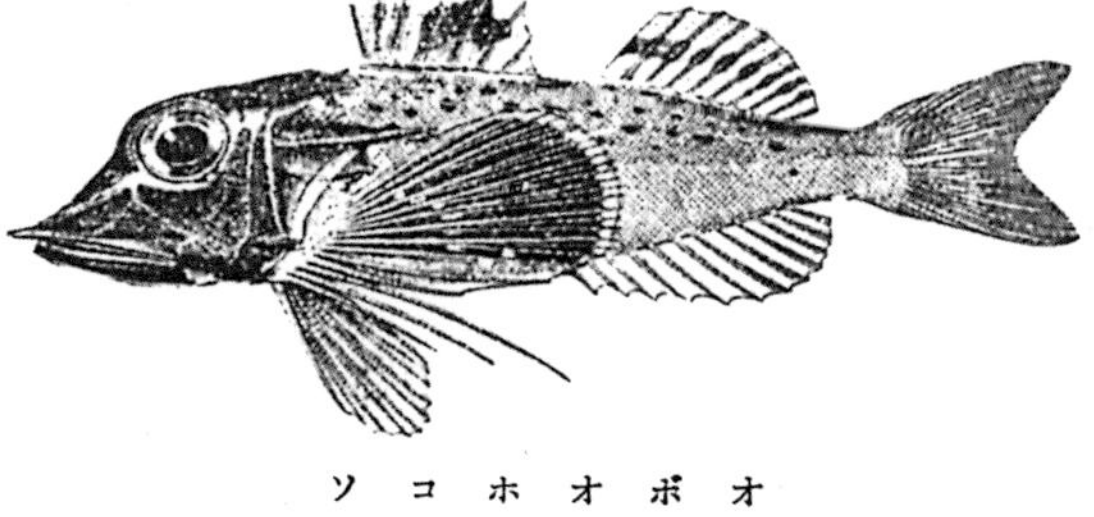

ソコホオボオ

カナガシラ　金頭　Lepidotrigla microptera *Günther*（**ホオボオ科**）

殆ど何れの地でもカナガシラと云ふ。秋田ではキミヨと云ひ、新潟のキミヨ（ホオボォである）と種類が違つてゐるから注意を要する。また處によつてはホオボォと云ふ名稱がなくカナガシラの名稱だけある處もある。斯樣な處でもカナガシラ類だけで、ホオボォを產しないではないやうである。また靜岡縣靜浦では本種をカナドォと云つて、カナガシラの名稱は全く用ひないやうである。高知でカナンド、高知市外浦戸でガラ、愛知縣三谷町でゴォジ、福岡でガシラと云ふ。第一背鰭八叉は九棘、第二背鰭十五乃至十七軟條、臀鰭十五乃至十七軟條、一縱列の鱗數凡そ六十五個である。胸鰭は第二背鰭第五軟條の基底より引いた垂線に達する。胸鰭遊離軟條中、最も上部のものは腹鰭の先端に達しない。體色は朱紅色で、第一背鰭には大きい一つの濃紅色の斑紋があつて、是はフォルマリン漬にすると、黑つぽい斑紋に變はる。此斑紋はカナガシラに特有のもので、他のカナガシラ類にもホオボオにも缺いでゐるものであるが、カナガシラでも此斑紋の無いものもある。またカナドに往々にして此斑紋のあるものもある。體長は三百ミリメエトル（一尺）に達するが、稍やホオボオよりも小形である。兎も角もカナガシラ類中では最も大きく、ホオボォと殆ど同大ではあるが、美味の點に於てはホオボォに劣る。それでも相當大きいから、食用としての價値は相當にある。個體變化が多く、また地理學的の變化もあるやうである。南日本から支那方面へ分布し、我國でも函館附近へまで分布してゐる。

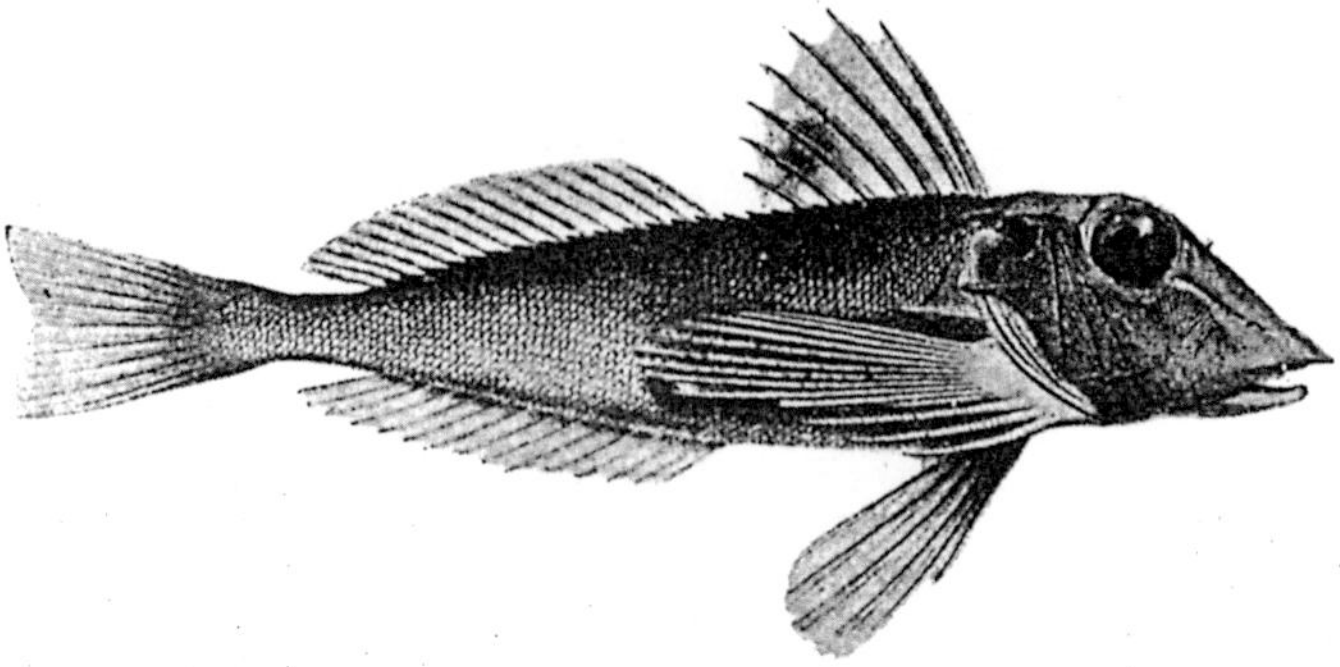
カ　ナ　ガ　シ　ラ

イゴダカホデリ　伊吾高火照　Lepidotrigla alata (*Houttuyn*)（**ホオボオ科**）

長崎でイゴダカホデリと云ふ。同地方でカナガシラ類をホデリと云ひ、鱗をイゴと云ふ。イゴダカとは鱗が高く見えるとの意である。本種だけに他地方では多くは特別の名稱は無いが、高知市外浦戸でツノガラと云ふ。第一背鰭九棘、第二背鰭十六叉は十七軟條、臀鰭十六軟條、一縱列の鱗數六十三個である。吻には一對の長い棘が前方へ突出してゐる爲め、人目を惹くものである。此棘は基底の幅廣き爲め、長三角形を呈してゐる。他のカナガシラ類には斯樣な棘を持つたものは無い。胸鰭は臀鰭の起部を超えて稍や後方へ達してゐる。體は美い赤色で、稍や朱色に傾いてゐる。胸鰭は綠がゝつた赤黃色である。體長は百八十ミリメエトル（六寸）に達する。南日本に產するものである。多少の漁獲はあるが、カナガシラよりも安價であつて、寧ろ雜魚として取扱はれてゐる。

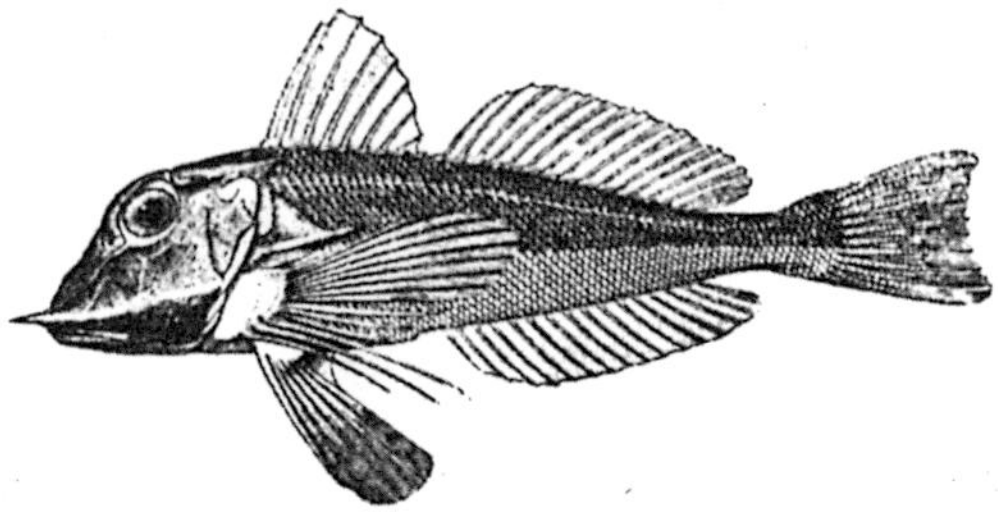
イ　ゴ　ダ　カ　ホ　デ　リ

カナド　金戸　Lepidotrigla güntheri (*Hilgendorf*)（**ホオボオ科**）

神奈川縣三崎でカナド又はカナドォ、高知でカナンド、高知市外浦戸

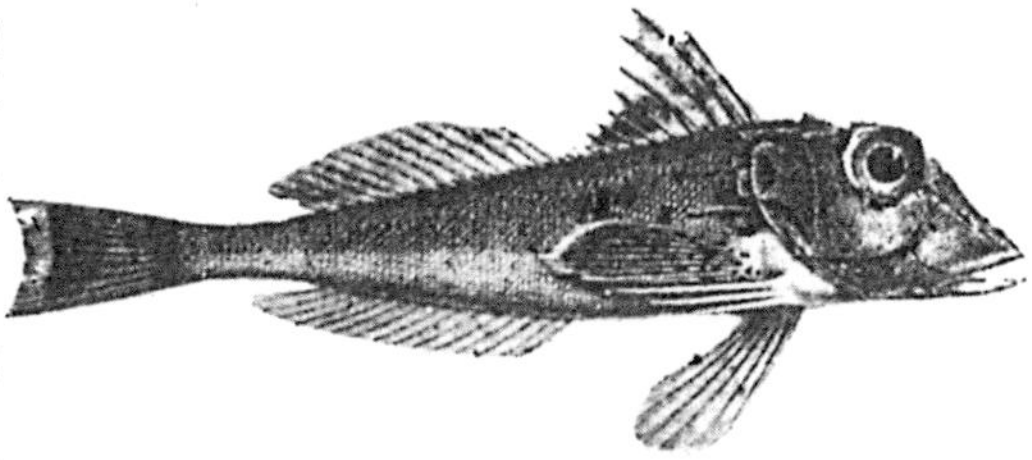

カ　ナ　ド

でウグィガラと云ふ。第一背鰭八棘、第二背鰭十五又は十六軟條、臀鰭十五又は十六軟條、一縱列の鱗數凡そ五十七、八個である吻の前端にある一對の突起は幅廣いが、短く、其先端は不平等に鋸齒を呈してゐる。第一背鰭第二棘は他の棘よりも著く長く、且つ其先端部は直線形でなく、稍や波狀に曲がつてゐる。胸鰭は第二背鰭の第四棘基底に達する。鱗は稍や不規則に排列し、他のカナガシラ類の鱗の排列とは一見しただけでも違つてゐる。體色は朱色を帶びた赤色で、第一背鰭には普通に大きい一つの赤い斑紋は無いが　澤山の標品の内には稀に是れのあるのもあるやうである。相當の漁獲があるが、カナガシラよりも著く小形である爲め、單に惣菜用として消費せられるのみである。體長は百八十ミリメエトル（六寸）に達する。主として南日本に居るものであるが、東北地方や北陸道でも相當の漁獲がある。稍や深い海の底に居るものであらう。

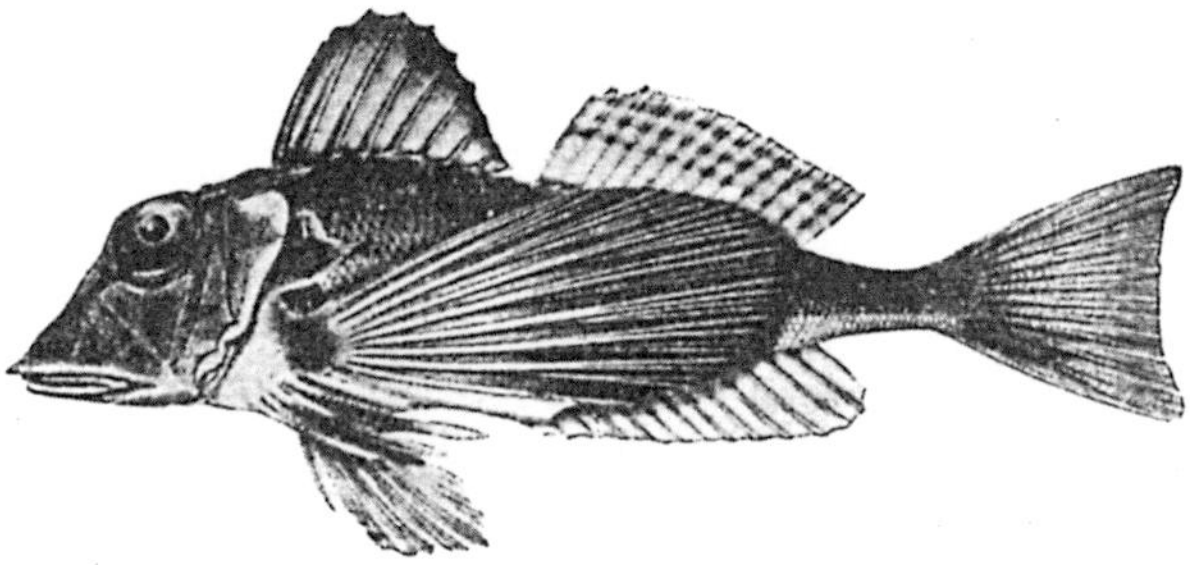

ト　ゲ　カ　ナ　ガ　シ　ラ

トゲカナガシラ　**棘金頭**　Lepidotrigla japonica (*Bleeker*)（**ホオボオ科**）

トゲカナガシラとは曾て私の命名したものである。第一背鰭九棘、第二背鰭十五軟條、臀鰭十四軟條、一縱列の鱗數五十七個である。吻の先端にある一對の突起は基部は幅が廣いが、頗る短く、其先端は不等大の鋸齒を持つてゐる。胸鰭は頗る長く、第二背鰭第十一又は第十二軟條の基底より引いた垂線上に達する。此の爲め多少ホオボオに似てゐるが、種々の點に於て是と違つてゐる。殊に鱗がホオボオに於けるよりも著く大きい。體色は朱色を帶びた赤色である。體長は百五ミリメエトル（三寸五分）位で、小形のカナガシラ類である。大體南日本のもので、カナガシラ類中では稍や少いものであるが、北陸道では稍や多いのを見ると、稍や深海に產するものかと思はれる。形が小い爲に單に雜魚として取扱はれるのである。

ソコカナガシラ　**底金頭**　Lepidotrigla abyssalis *Jordan* & *Starks*（**ホオボオ科**）

ソコカナガシラとは曾て種名を譯して私の命名したものである。第一背鰭八棘、第二背鰭十五軟條、臀鰭十五軟條、一縱列の鱗數五十六個である。稍やカナガシラに近いが、胸鰭の遊離軟條中、最も

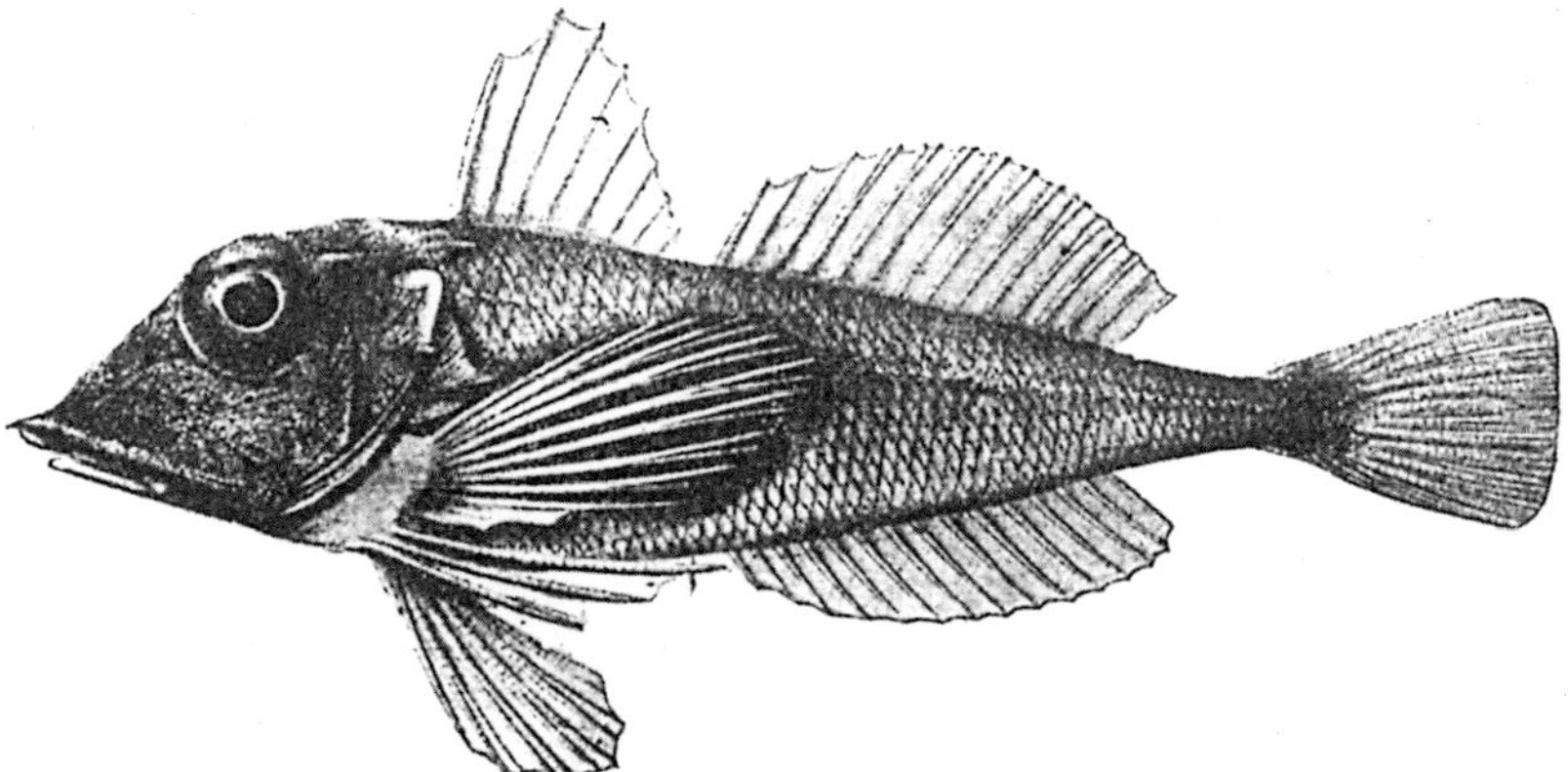

ソ　コ　カ　ナ　ガ　シ　ラ

上部のものが腹鰭の先端に殆ど達せんとしてゐるのを特徴とする。またカナガシラには第一背鰭に朱紅色の大きい一つの斑紋があるが、本種には是が無い。體長は百五十ミリメエトル（五寸）内外である。私はカナガシラの幼型かと思つてゐる。主として南日本の稍や深海に産するものである。

キホオボオ　黄魴鮄　Peristedion orientale *Temminck & Schlegel*
（キホオボオ科）

神奈川縣三崎でキホオボオ又はツノカナガシラと云ふ。第一背鰭八棘、第二背鰭二十軟條、臀鰭二十軟條、一縦列の骨板數凡そ三十五個である。二背鰭は頗る接近してゐる。各側の眼前骨は一個の扁平な長い突起物を前方へ出してゐる。口内には全く歯がない。下顎には數多の小鬚を具へてゐる。胸鰭は短く、遊離の軟條は二個である。體色は赤味を帶びた黄色で、茶褐色の斑紋を密布してゐる。體長は二百十ミリメエトル（七寸）に達する。南日本の稍や深海に産する。多少の漁獲はあるが、肉量頗る少い爲め、殆ど食用には供しない。

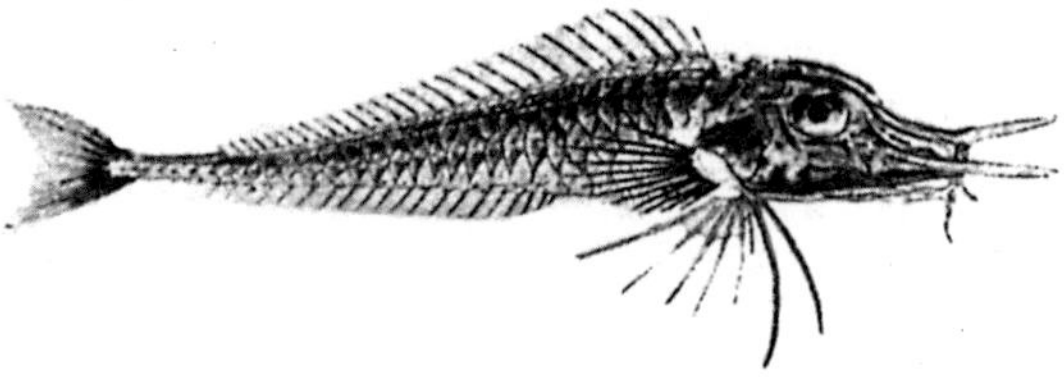

キホオボオ

ヒゲキホオボオ　鬚黄魴鮄　Peristedion amiscus *Jordan & Starks*（**キホオボオ科**）

ヒゲキホオボオとは嘗て私の命名したものである。第一背鰭六棘、第二背鰭二十軟條、臀鰭二十二軟條、一縦列の骨板數三十六個である。稍やキホオボオに似てゐるが、著く違つた點が多い。頭は頗る幅廣く、縦扁し、其邊縁は側方へ張り出してゐる。下顎に數多の鬚があるが、其最外方のもの、卽ち口角に近いものは頗る強大で、其邊縁に更に小鬚を持つてゐる。眼前骨から前方へ突出してゐる一個の突起は短いが太くて、稍や三角形を呈する。體色は黄味を帶びた淡赤色である。體長は三百ミリメエトル（一尺）に達する。相模灘の深海に産する。食用としての價値は無い。是に近いものにイソキホオボオ磯黄魴鮄 Peristedion riefleli (*Kaup*)（イソキホオボオとは嘗て私の命名したものである）がある。名稱には磯の字を付けてあるが、深海に産するものである。第一背鰭六棘、第二背鰭十九軟條、臀鰭十七軟條、一縦列の骨板數は三十二個である。大體の形はヒゲキホオボオに似てゐるが、眼前骨より前方へ出てゐる突起は頗る長く、其長も形もキホオボオにあるものに似てゐる。眼前の背中線に一個の小棘があるが是はヒゲキホオボオには無い。イソキホオボオは南日本から支那へ分布してゐる。寧ろ稀種であつて、食用としての價値は無い。

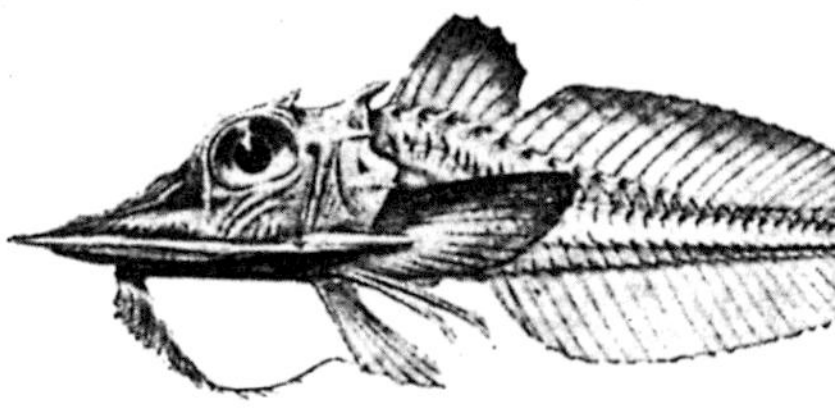

ヒゲキホオボオ

セミホオボオ　蟬魴鮄　Dactyloptena orientale (*Cuvier & Valenciennes*)（**セミホオボオ科**）

神奈川縣三崎でセミホオボオと云ふが、他地方には餘り名稱のあることを聞かない。靜岡縣靜浦、高知縣須崎ではツバクロ、高知でセミと云ふ。第一背鰭一棘、第二背鰭一棘、第三背鰭五棘、第四背鰭一棘、第五背鰭八軟條、臀鰭七軟條、一縦列の鱗板四十七個である。胸鰭頗る長く且つ稍や黒ずんだ黄金色の斑點を持つて美い。體色は上部朱紅色で美く、下部は白つぽい。體の上部や頭頂に橙黄色の斑點を密布してゐる。體長は三百ミリメエトル（一尺）を超えるが、殆ど食用に供するものはない。南日本から印度方面へ分布してゐる。其長大な胸鰭を落下傘の用

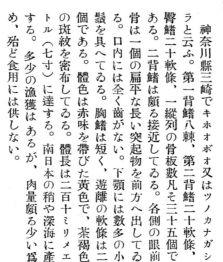

を勤めしめて海上を跳ぶことが出來る。

ホシセミホオボオ　星蟬魴鮄　*Daicocus peterseni* (*Nyström*)（**セミホオボオ科**）

ホシセミホオボオとは嘗て私の命名したものである。第一背鰭一棘、第二背鰭に當る處は全くない。第三背鰭五棘、第四背鰭一棘、第五背鰭八軟條、臀鰭六軟條、一縱列の鱗板數四十六個である。體は灰色を帶びた赤色で、褐色の斑點を散在してゐる。胸鰭の内面は頗る美い。本種とセミホオボオとはどれほど違ふかは明でない。たゞ第二背鰭の有無が最も著く見える相違點である。左程多いものではないが、其の捕獲せられる度數、住所などはセミホオボオと全く大差はない。

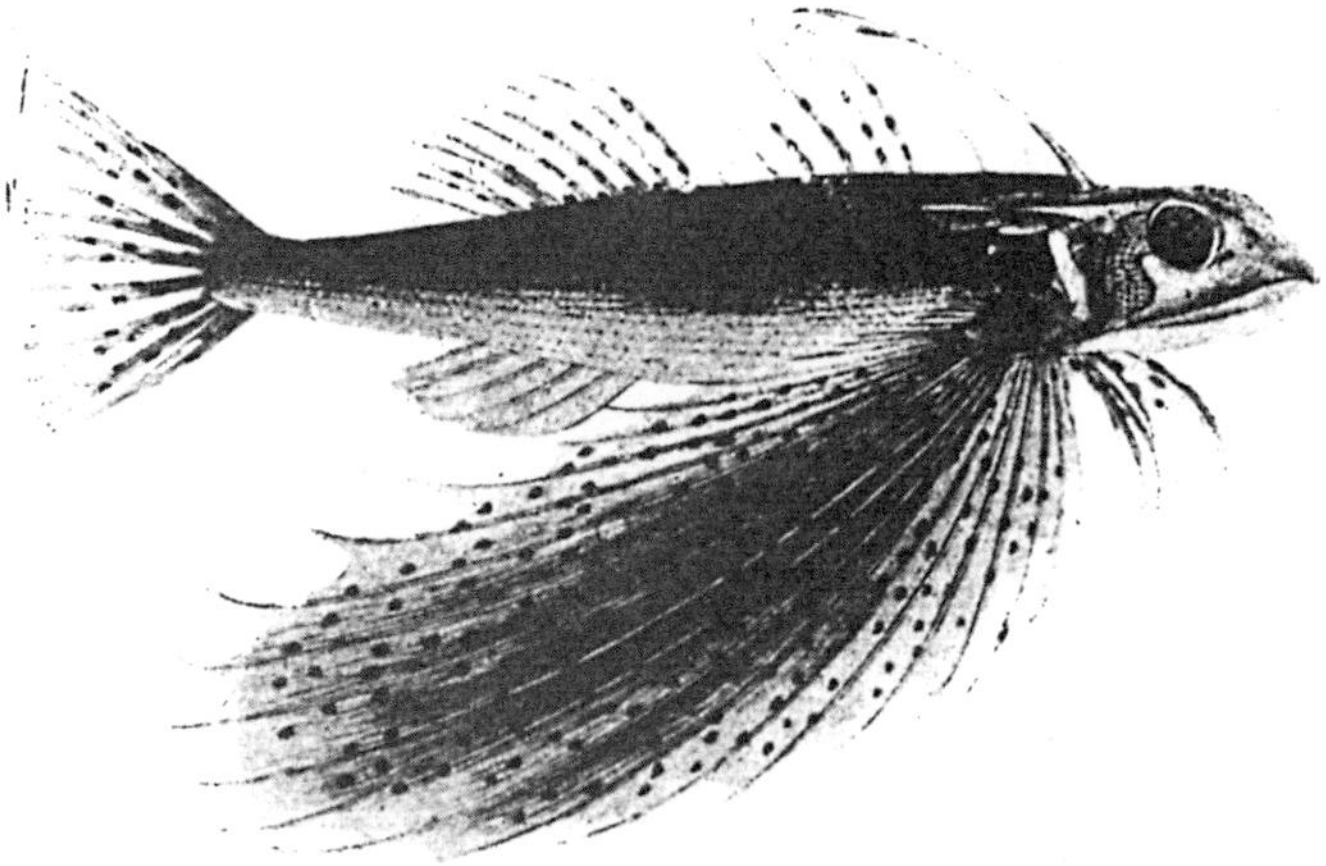
セミホオボオ

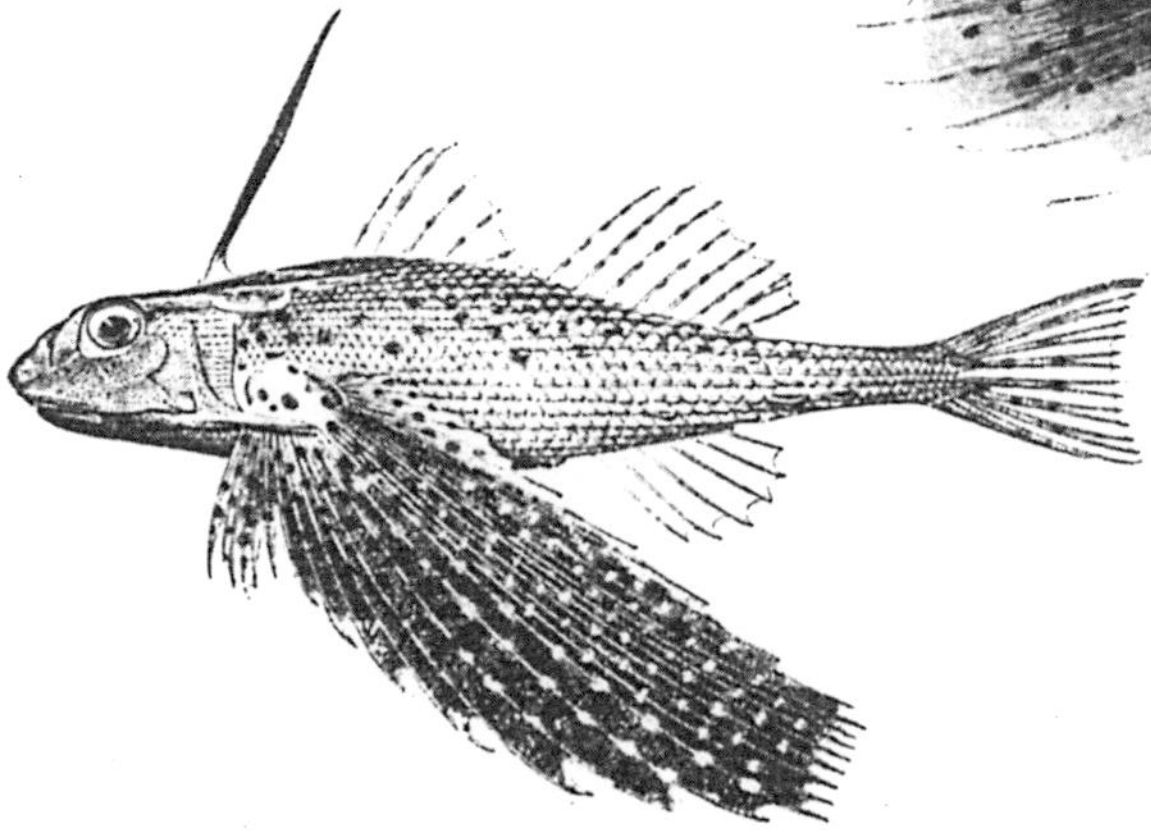
ホシセミホオボオ

オニシャチウオ　鬼鯱魚　*Tilesina gibbosa Schmidt*（**クマガエウオ科**）

オニシャチウオとは嘗て私の命名したものである。體は細長く、體高は體長の略ぼ九分の一である。第一背鰭と臀鰭との鰭條の數が頗る多い。第一背鰭十八又は十九棘、第二背鰭七又は八軟條、臀鰭二十三乃至二十六軟條、一縱列の鱗數四十九又は五十個である。體は灰褐色で、殆ど斑紋はないが、二背鰭、胸鰭及び尾鰭に褐色の斑紋を散布してゐる。體長は三百六十ミリメエトル（一尺二寸）に達する。北日本の北部に居るもので、カムチャッカ方面にも居ること〻思はれる。食用となるかはまだ不明である。

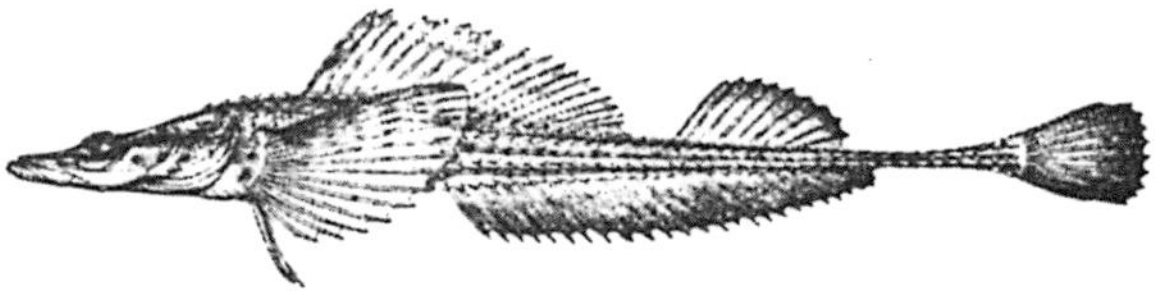
オニシャチウオ

イヌゴチ　犬鯒　*Percis japonica* (*Pallas*)（**クマガエウオ科**）

イヌゴチとは嘗て私の命名したものである。體は細長く、背部は項部の後方に於て昂起してゐる。各側に於て體の長軸に沿ふて、曲がつた强い棘の二列があるが、他の棘は是等の棘よりも小い。第一背鰭六棘、第二背鰭六又は七軟條、臀鰭八軟條、腹鰭一棘二軟條、一縱列の鱗數凡そ四十個である。第一背鰭は項部の後方に初ま

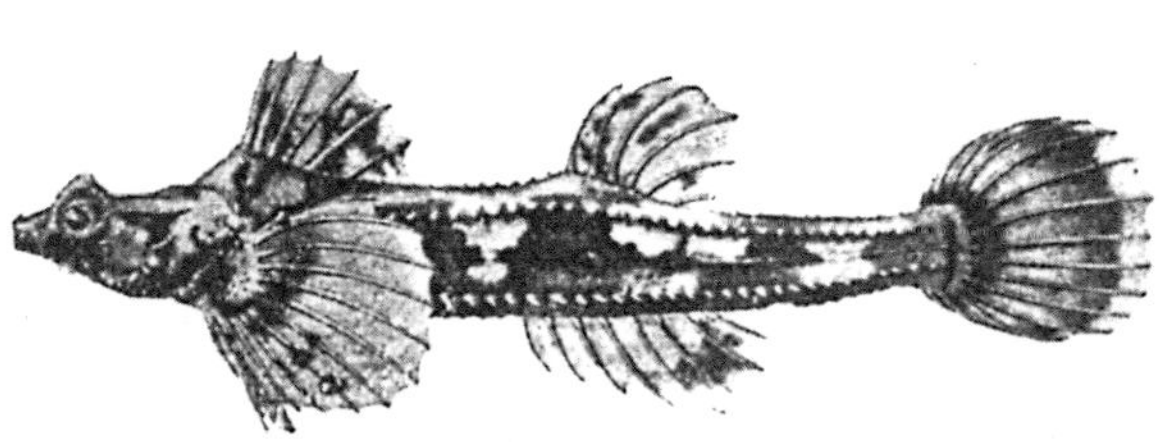
イヌゴチ

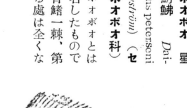

つてゐる。肛門は腹鰭基底よりも遙に後方に位する。地色は明でないがフォルマリ漬では淡黄灰色で、下方は淡色である。體側に六個の幅の廣い淡褐色の斑紋があり、更に後頭骨に幅の廣い淡褐色の一斑點がある。其他所々に僅數の斑點がある。體長は三百五十ミリメエトル（一尺一寸五分）に達する。寒帶性のもので、オホツク海に居るものであるが、日本海でも稀には得られる。食用としての價値は恐らくないことゝ思はれるが、肉少く、脂肪分も少い爲め、乾燥品となつて床間の飾物となつてゐるのを時々見受けることがある。

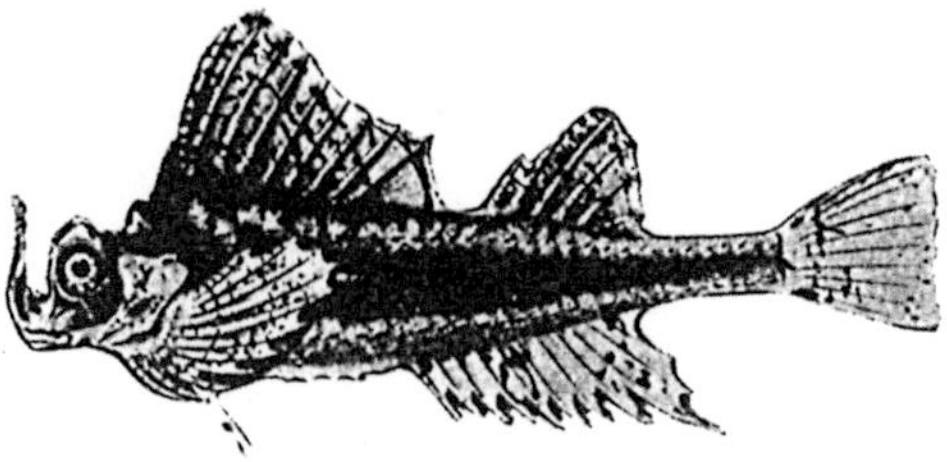

アカシゲトク

アカシゲトク　**赤繁德**　Agonomalus proboscidalis (*Valenciennes*)（**クマガエウオ科**）

北海道茅部郡一帶でアカシゲトクと云ふ。頭部も體部も強く側扁し、體部には骨質の角《かど》張《は》つた板を以て蔽ふてゐる。第一背鰭九棘、第二背鰭六軟條、臀鰭十一軟條、腹鰭一棘二軟條、一縦列の鱗數は二十七個である。齒は兩顎にては頗る小く、鋤骨及び口蓋骨には齒がない。一個の長い鬚が吻の先端にある。體色は淡桃色で、鰭は白つぽい。所々に黑色の斑點を散在し、是等は凡ての鰭にもある。體長は百五十ミリメエトル（五寸）に達する。オホツク海や日本海に產し、北日本や其以北のものである。食用とはしないが、乾製品となつて床の置物に据ゑられてゐることがある。

クマガエウオ　**熊谷魚**　Agonomalus jordani *Schmidt*（**クマガエウオ科**）

北海道茅部郡では一帶にシゲトク、同道有珠郡伊達村ではクマガイ又はオニギボと云ふ。第一背鰭九棘、第二背鰭七軟條、臀鰭十三又は十四軟條、腹鰭一棘二軟條、一縦列の鱗數二十五個である。體形頗るアカシゲトクに似てゐるが、斑紋に於て著く是と違つてゐる。地色は褐色で、體側中央に一個の黑線が縦走してゐる。その他に幅の廣い淡褐色の横帶數個を認める。二背鰭、臀鰭及び尾鰭の邊緣には黑色の一帶がある。體長は百五十ミリメエトル（五寸）位で、北日本から寒帶部へ擴がつてゐるものである。食用としては全く價値がなく、往々にして乾製品となつて、床間の飾物とせられる。

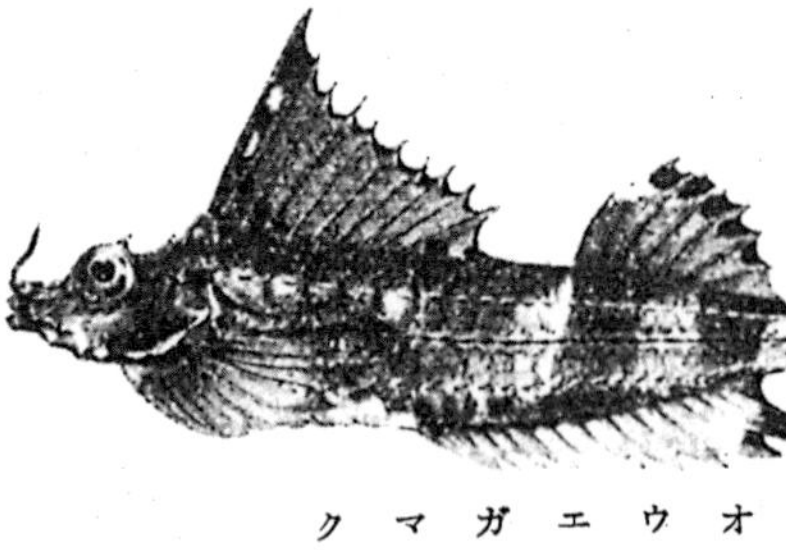

クマガエウオ

ツノシャチウオ　**角鯱魚**　Hypsagonus quadricornis (*Cuvier & Valenciennes*)（**クマガエウオ科**）

ツノシャチウオとは曾て私の命名したものである。體は側扁し、背部は昂起してゐて、體高は頭長よりも高い。頭は稍や小い。吻の先端に一個の長い鬚がある。第一背鰭九乃至十一棘、第二背鰭六又は七軟條、臀鰭九又は十軟條、腹鰭一棘二軟條、一縦列の鱗數二十八乃至三十個である。體色は灰色で、數個の幅の廣い褐色帶がある。鰭にも若干の斑點がある。尾鰭後緣は幅廣く黑線となつて存在する。體長は九十ミリメエトル（三寸）に達する。アリュウシャン群島、オホツク海に產するものであるが、多少日本海にも居ることゝ思はれる。食用とはならないが、乾燥し、飾物として貯へるこ

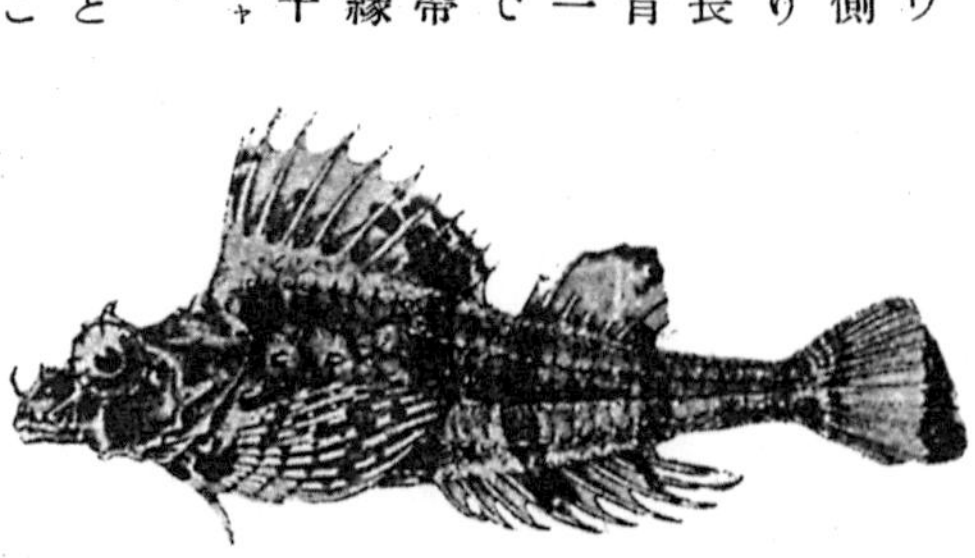

ツノシャチウオ

とが出來る。

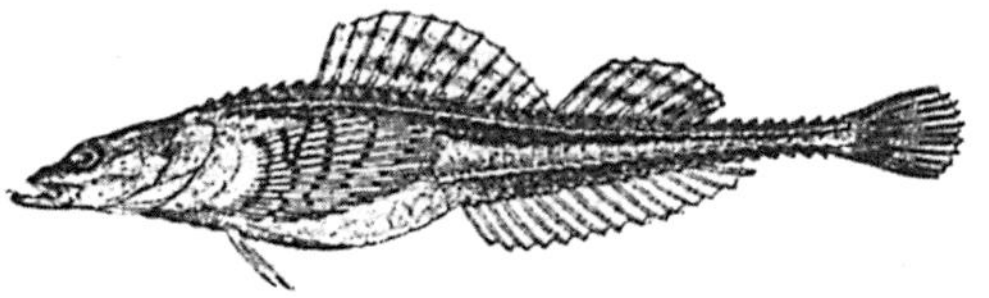

サブロオ

サブロオ　三郎　Occa iburria *Jordan & Starks*（**クマガエウオ科**）

青森縣でサブロオ、宮城縣でオクジ、茨城縣大津でトヽキ、新潟縣寺泊でトントコトン、北海道虻田郡虻田村でセンダイオクジと云ふ。細長いもので、頭は小く、吻も著く短い。第一背鰭十二棘、第二背鰭八又は九軟條、臀鰭十六軟條、腹鰭一棘二軟條、一縱列の鱗數四十三個である。體長は二百ミリメエトル（六寸五分）に達する。北日本に產するものであるが、東北地方では多少美味のものとしてゐる。是に近いものにカムトシャチウオ兜鯱魚　Occa dodecaedron (*Tilesius*)（カムトシャチウオとは曾て私の命名したものである）がある。アラスカ、カムチャッカ、千島列島などに產するもので、體形殊に頭形がサブロオとは違ふやうにも見えるが或は同一種とすべきものかも知れない。

シチロオウオ　七郎魚　Brachyopsis rostrata (*Tilesius*)（**クマガエウオ科**）

シチロオウオとは曾て私の命名したものである。體は細長く、稍やオニシャチウオに似てゐるが、第一背鰭と臀鰭とが是よりも小い。第一背鰭八又は九棘、第二背鰭八軟條、臀鰭十三又は十四軟條、腹鰭一棘二軟條、一縱列の鱗數四十三乃至四十五個である。胸鰭は長い。體色は淡褐色で、小い黑點と黑線とを散在してゐる。二背鰭には小い黑點を密布してゐる。樺太、北海道などに生活する。體長は三百ミリメエトル（一尺）內外であらう。食用とはならぬもので、乾燥すれば飾物となる。

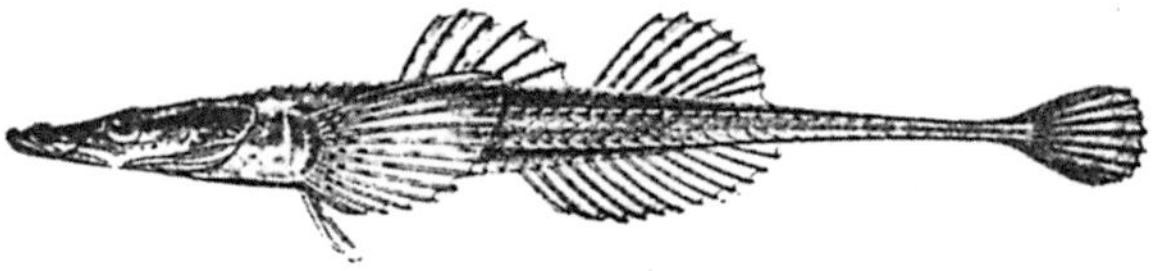

シチロオウオ

ヤギウオ　山羊魚　Pallasina barbata (*Steindachner*)（**クマガエウオ科**）

ヤギウオとは曾て私の命名したものである。富山縣滑川でシバノボオと云ふ。體頗る細長く、稍やヨオジウオに似てゐるから、一見して類似の他種と識別することが出來る。第一背鰭六棘、第二背鰭八軟條、臀鰭十軟條、腹鰭一棘二軟條、一縱列の鱗數五十個である。吻は長く管狀を呈してゐる。下顎は上顎よりも長く、先端に於て上方に向つてゐる。下顎縫際部に一個の鬚がある。顎、鋤骨及び口蓋骨に齒がある。腹鰭は頗る短い。北日本のもので、體長は百五十ミリメエトル（五寸）に達する。肉量は頗る少く、食用としては價値の無いものであるが、地理學的變化の著いもので有益な資料である。卽ち新潟縣で取れるものでは下顎先端の鬚は頗る長く、其の長さ體長の殆ど半に達す。然るにアラスカ北部で取れるものでは極めて短く、地方によつて稍や長くなつてゐるものもあるが是等はそれにしても極めて短いもので、前記の長い鬚のものとは著く其の長さを異にしてゐる故、別種のやうに思はれるが是等は何れも同一種のものである。

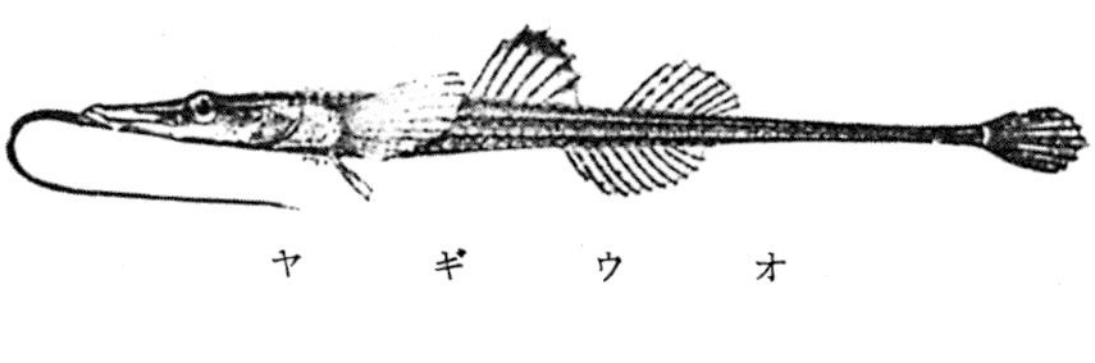

ヤギウオ

ワカマツ　若松　Podothecus sachi (*Jordan & Snyder*)（**クマガエウオ科**）

北海道ではワカマツ又はハッカク、新潟でマツオ、富山縣滑川でヒグランと稱する。然るに本種は雌雄によつて鰭の大さを大に異にする爲め、それぞ〳〵に別の名稱が付いてゐる。從來の學者でも是等を別種のものと考へてゐたものである。鰭の大きい方が雄で、然らざるものが雌で

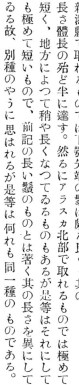

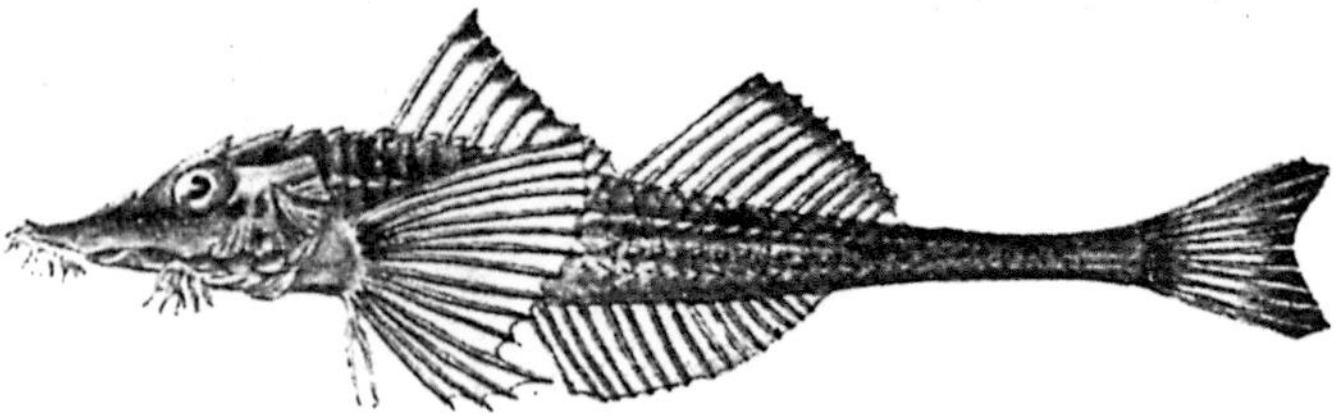

ワカマツ　雌

ある。北海道茅部郡砂原村では雄をカクヨ、雌をソビヨ、膽振、日高、十勝、釧路などでは雄をトビヨ、雌をハッカク、北海道幌別郡などでは雄をワカマツ、雌をマツヨ、同道岩内町では雌をガヾラミ、新潟縣能生で雄をワカマツ、雌をセワカマツと云ふ。第一背鰭八棘、第二背鰭十三又は十四軟條、臀鰭十五又は十六軟條、腹鰭一棘二軟條、一縦列の鱗數四十個である。口邊に數多の鬚を持つてゐる。

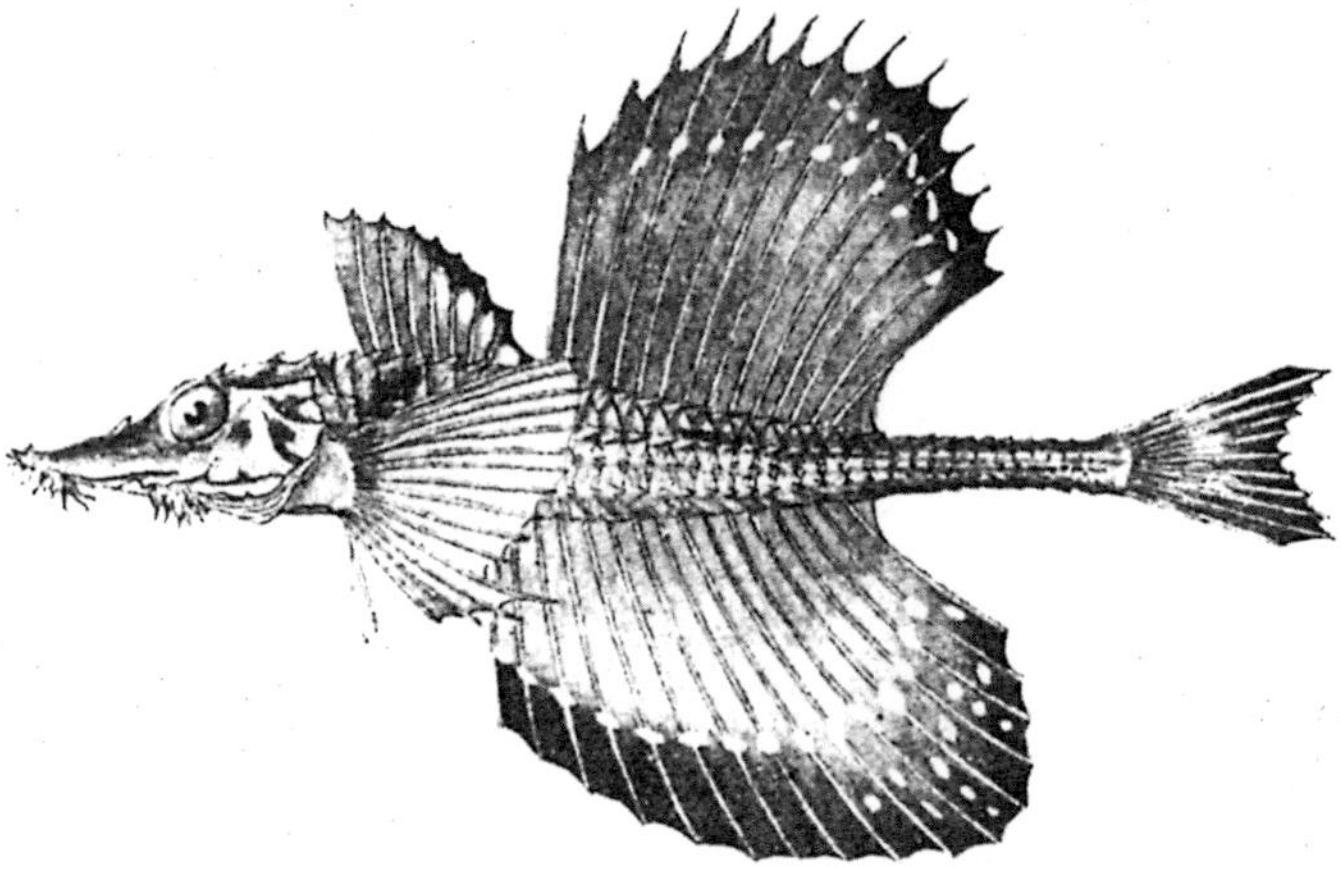

ワカマツ　雄

雄の背鰭、臀鰭、尾鰭などには斑紋があつて稍や美いが、何分にも地色が地味であるから、見榮《みば》えのしないものである。雄は海上を多少跳ぶとの説があるが、眞僞は保證しがたい。體長は三百九十ミリメエトル（一尺三寸）に達する。北日本に産するもので、稍や美味である。

ダンゴウオ　團子魚　Lethotremus awae *Jordan & Snyder*　（**コンペイトオ科**）

ダンゴウオとは曾て私の命名したものである。球形に近いもので、體には骨質板なく、また頭側や體側に孔も側線もない。皮膚は滑で、堅さが稍や蒟蒻狀である。第一背鰭六棘、第二背鰭八軟條、臀鰭七軟條である。腹鰭は吸盤となつてゐる。體色は暗褐色で、殆ど斑紋はない。體長は三十ミリメエトル（一寸）で、海岸に居るものである。房州附近に居るものであるが、分布はわからない。恐らく南日本にも北日本にも居るかと思はれる。食用とはならない。

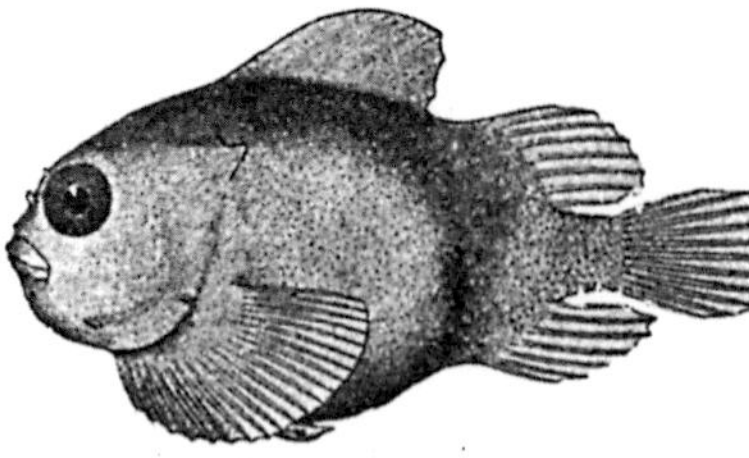

ダンゴウオ

ヨキヨ　與木魚　Cycloptrichthys ventricosus (*Pallas*)(**コンペイトオ科**)

新潟でヨキヨ、新潟縣寺泊でイワスエと云ふ。體は球形に近く、稍や蒻蒟のやうな柔か味がある。その爲め體形多少不定で、標品とすると正しくないと思はれる形となる。皮膚は滑で、鱗も棘もない。背鰭九軟條、臀鰭七軟條、腹鰭は吸盤を作つてゐる。イワスエ（岩吸ひの義）の方言の出來たのは吸盤となつた腹鰭で海底の岩へ吸著して生活してゐる爲であらう。體長は三百ミリメエトル（一尺）内外である。北日本のものであるが、食用と

ヨキヨ

はならないことゝ思はれる。

フウセンウオ　風船魚　Eumicrotremus pacificus *Schmidt*（**コンペイトオ科**）

フウセンウオとは曾て私の命名したものである。第一背鰭七棘、第二背鰭九又は十軟條、臀鰭九又は十軟條を持つてゐる。腹鰭は左右のものが互に合して吸盤の用をする。體の前部と頭の後部とに大きい骨質鱗を持つてゐる。體の後部には僅に少數の極めて小い骨質鱗があるだけである。小形のもので、オホツク海、樺太などに産する。是に近いものが北太平洋に居て、千島列島からも取られる。然し新潟縣などには全く居ないと思はれる。食用とはならないものである。

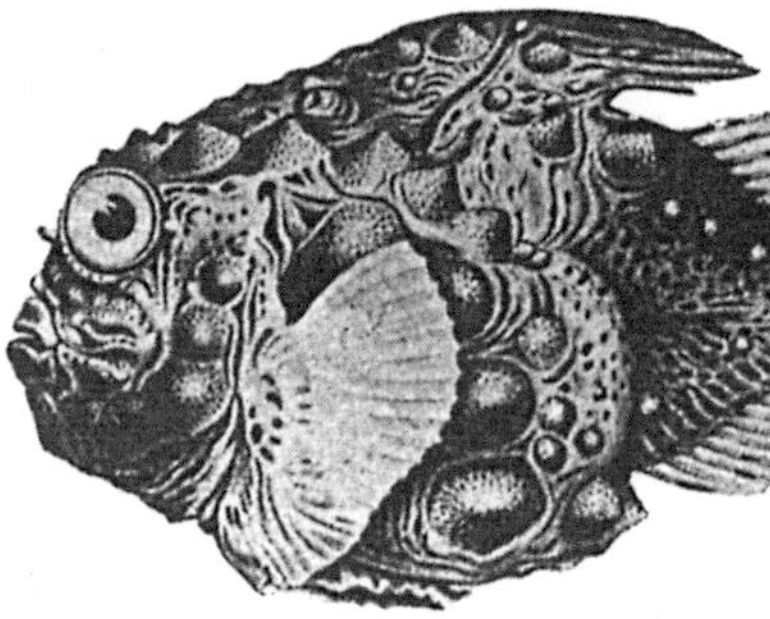

フウセンウオ

コンペイトオ　金米糖　Eumicrotremus asperrimus (*Tanaka*)（**コンペイトオ科**）

コンペイトオとは曾て私の命名したものである。フウセンウオに頗る似てゐるが、頭部と體部とを大きい骨質板で全く蔽ふてゐるのを特徴とする。第一背鰭七棘、第二背鰭十軟條、臀鰭九軟條、腹鰭は吸盤を作つてゐる。稍や赤味のある淡青色で、體長は九十五ミリメエトル（三寸二分）に達する。富山縣や新潟縣に多いものであるから、北日本のものであつて、今少々日本海の西部へも分布してゐるであらう。新潟などでは是を賣つてゐるものもあるから、食用となるであらうが、不味のものであらう。本種は骨質板の多い爲め、フウセンウオとは別種かと思はれるが、フウセンウオのやうに體の全部を骨質板で蔽ふてゐないものでは體部や頭部で骨質板の無い部分が種々であつて一定しないもので、その爲め數種類に分けられてゐるから是等とコンペイトオとは凡て同一種内のもので、北方のものは骨質板が少く、新潟縣方面ではコンペイトオ型のみが取れるものと解釋したのがいゝと思はれる。卽ち個體變化や地理學的變化を研究するにはよい資料となるものである。千島列島ではフウセンウオに近い型は取られるが、コンペイトオの型は居ないやうである。

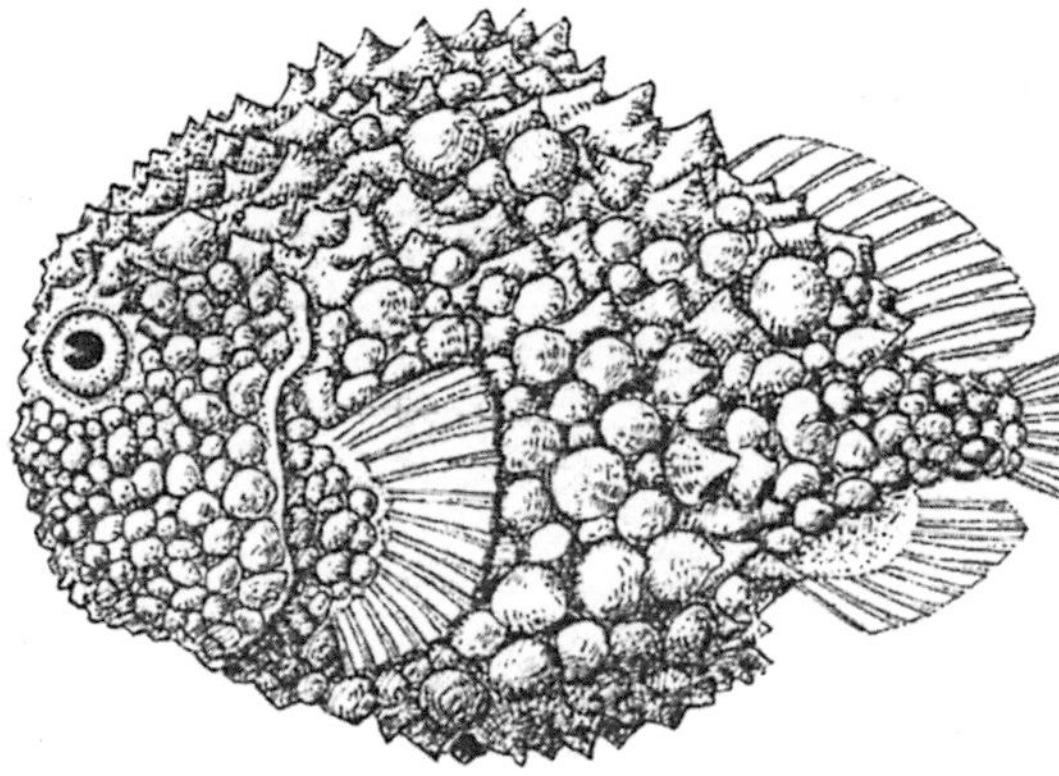

コンペイトオ

クサウオ　草魚　Cyclogaster owstoni (*Jordan & Snyder*)（**クサウオ科**）

石川縣宇出津でクサウオ、富山縣滑川でクサベ、舞鶴でキツネ（キツネダラも同様に言ふのであらうか）、福岡でカンテンウオ（福岡縣水産試驗場所藏のものは朝鮮濟州島沖十五哩で取つたもので此の方言は便宜上同場々員の命名したものかも知れない）と言ふ。背鰭四十三軟條、臀鰭三十六軟條、腹鰭は吸盤を作つてゐる。體は柔く、蒟蒻狀で、一定の形を保たしめられない。また背鰭も一部分は皮膚內に埋沒し、其鰭條を正確に數へるには皮膚を破る必要がある。體が柔い爲め、頭形も多少不規則となり、また體に小鱗を埋沒してゐるものと然らざるものとあるが

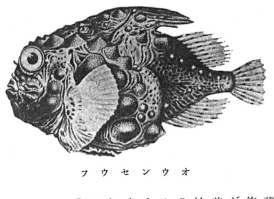

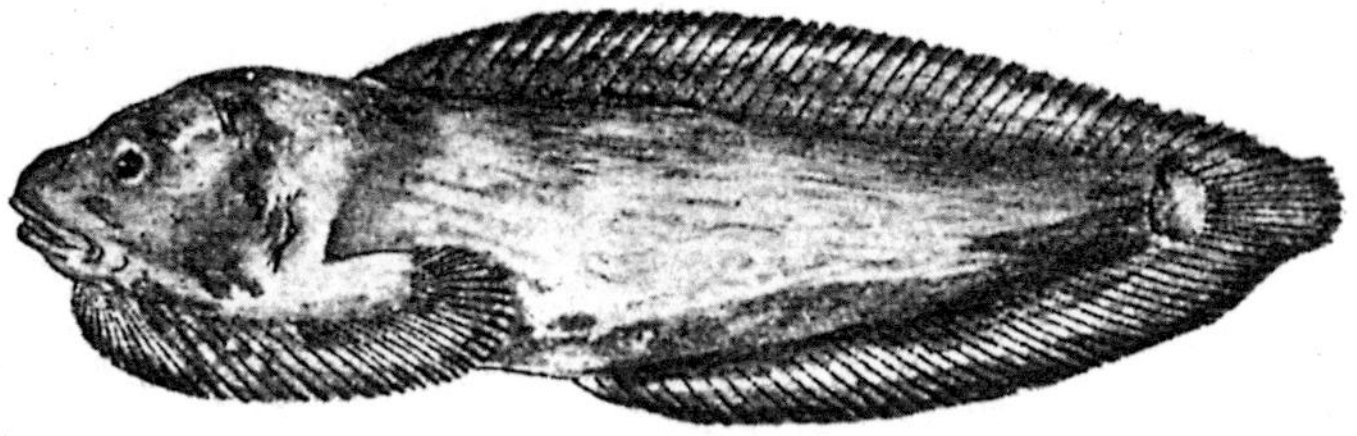

クサウオ

無鱗と思はれるものもよく顯微鏡下で驗べると小鱗を持つてゐることゝ思はれる。是等の事情のため、本種は多くの種に分けられてゐるが、全く同一種のものである。多くは日本に産するが、南日本からも取れ、殊に幼魚は南日本の海岸にも居るやうである。南日本の海岸で取れる幼魚と思はるゝもので、別種となつてゐるものは本種の幼魚かと思はれる。體長は三百六十ミリメエトル（一尺二寸）に達する。殆ど食用とはならないが、或は肥料にするのではないかと思はれる。

ビクニン 美區忍 Cyclogaster tessellatus *Gilbert* & *Burke*（**クサウオ科**）

新潟縣能生でビクニンと云ふ。背鰭四十八軟條、臀鰭三十七軟條である。體は頗る柔く蒟蒻狀である爲め、是に觸れると一定の形を保たしめられない。左右の腹鰭は合して吸盤を作つてゐる。體は稍や半透明で、淡黃色を帶びた淡靑褐色で、褐色の斑紋を多少網目狀に排列してゐる。殊に體の後部は褐色斑紋に富んでゐる。體長は百五十八ミリメエトル（五寸二分）に達する。北日本のもので、稍や深海に產する。日本海沿岸にも多少の漁獲があつて、新潟縣能生でも往々見受ける。殆ど食用には供しないことゝ思はれる。

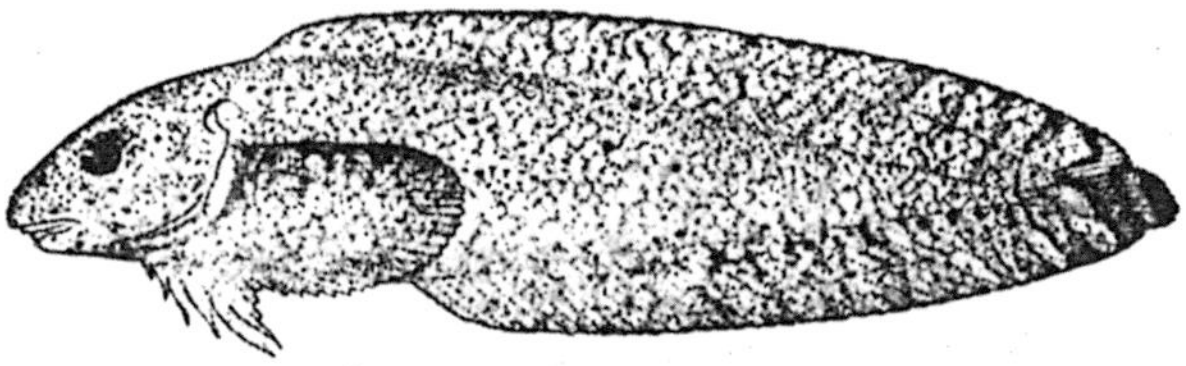

ビクニン

アバチャン 阿葉茶 Crystallias matsushimae *Jordan* & *Snyder*（**クサウオ科**）

新潟縣能生でアバチャン、富山縣滑川でクサベ（クサウオに對する方言と同樣に稱する）と云ふ。背鰭五十八軟條、臀鰭五十一軟條、腹鰭は吸盤を作つてゐる。體頗る柔く魚市場へ來てゐる死んだものでは、眞の形を見ることは到底出來ない。體は半透明で、多少すきとほつてゐる。兩顎の周圍に僅數の小い鬚がある。體長は百二十ミリメエトル（四寸）に達する。北日本のもので、殆ど食用とはならない。

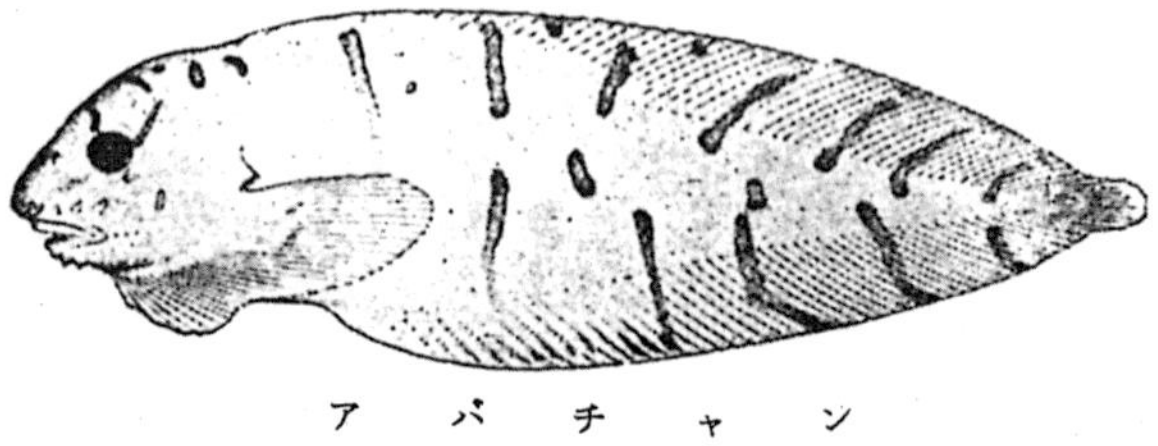

アバチャン

コバンザメ 小判鮫 Echeneis naucrates *Linné*（**コバンザメ科**）

東京附近でコバンザメと云ふのは形が多少鮫に似てゐる爲である。此魚は鮫類とは著く違つてゐる爲に、態々《わざ〳〵》コバンイタヾキと云ふ名稱を付けたのは教科書を作つた學者達である。然し私はコバンザメと言つた方が如何にもいゝやうに感ずる。相當智識のある人ならば此魚を鮫と思ふ人はない故、そんな取越苦勞は不要である。是に類似したことが他の動物にもあるが、徒に不器用な改名は私は採らないのである。コバンザメ類は各地に數種あるが、何れも世界各地に產するもので、我國でも外國でもコバンザメ類全體に對する俗名はあるが、各種を識別

コバンザメ

するやうに、各種毎に特別の名稱がある譯ではない。爰に擧げる種類が太平洋にも大西洋にも多いから、本種をコバンザメと云ひ、他の種類へは別稱を與へて區別することゝしてゐる。本種が多いのは是が他種より多い譯ではなく、是が最も吾々の入手し易い爲である。言ひ換ふれば他種は人に取られる前に今迄吸著してゐた大きいコバンザメ類が、漁船から離れて逃げるのである。是等の事情で爰にはコバンザメ類全體の方言を擧げることゝすると、舞鶴でコバンウオ、富山縣滑川でフナドメ、新潟縣絲魚《イトイ》川《ガワ》でフナスイツキ、同縣能生でフナスリ、高知でヤスナ、高知縣須崎でヤスダ、同縣柏島でスイツキ、長崎でソロバンウオと言ふ。是れから本種だけに就いて述べることゝする。第一背鰭（頭部の小判形のものは背鰭の變形したものである故、是にある隆起線を數へるのである）二十一乃至二十八軟條、第二背鰭三十二乃至四十一軟條、臀鰭三十一乃至三十八軟條である。體は細長く、體高は體長の十二分の一である。體は背部淡褐色で、腹面は暗色である。體側中央を一つの幅の廣い暗色帶が縱走してゐるが、其帶の上下兩緣は白つぽい線で緣取つてゐる。體長は三百ミリメエトル（一尺）を超える。多少美味だと云ふ人もある。

シロコバン

シロコバン　白小判　Echeneis albescens Temminck & Schlegel（コバンザメ科）

シロコバンとは曾て私の命名したものである。體色著く白つぽく、コバンザメ類中最も色の白いものである。第一背鰭十二棘、第二背鰭十五軟條、臀鰭二十軟條である。コバンザメ類中で第一背鰭の棘の少いことは本種を以て最とし、最も多いのは前記のコバンザメである。體長は百五十ミリメエトル（五寸）内外で、餘り大きくはならない。吾々の入手することの少いものである。

ヒシコバン

ヒシコバン　菱小判　Echeneis megalodiscus Franz（コバンザメ科）

ヒシコバンとは曾て私の命名したものである。第一背鰭十七棘、第二背鰭二十三軟條、臀鰭二十四軟條である。細長いものであるが、コバンザメよりも稍や肥大し、また頭部の小判が頗る大きい。體色は紫色で、胸鰭は幅狹く白色緣を持つてゐる。此鰭は他のコバンザメに於けるよりも堅く、手で觸れて容易に是を曲げることが出來ないほどである。體長は三百ミリメエトル（一尺）を超える。從來我國だけに産することゝなつてゐるけれども、恐らく大西洋にも是と同一種のものがあらうと思はれる。

ホシダルマガレイ　星達磨鰈　Platophrys myriaster (Temminck & Schlegel)（ヒラメ科）

ホシダルマガレイとは曾て私の命名したものである。背鰭九十四軟條、臀鰭七十一軟條、一縱列の鱗數百四個である。眼側は體の左側である。兩眼間隔頗る廣く、且つ凹形である。上眼は著く下眼よりも後方に位する。背鰭起部は吻の直上で、下眼よりも前方である。胸鰭を作る軟條中、上部のものは著く延び、是を後

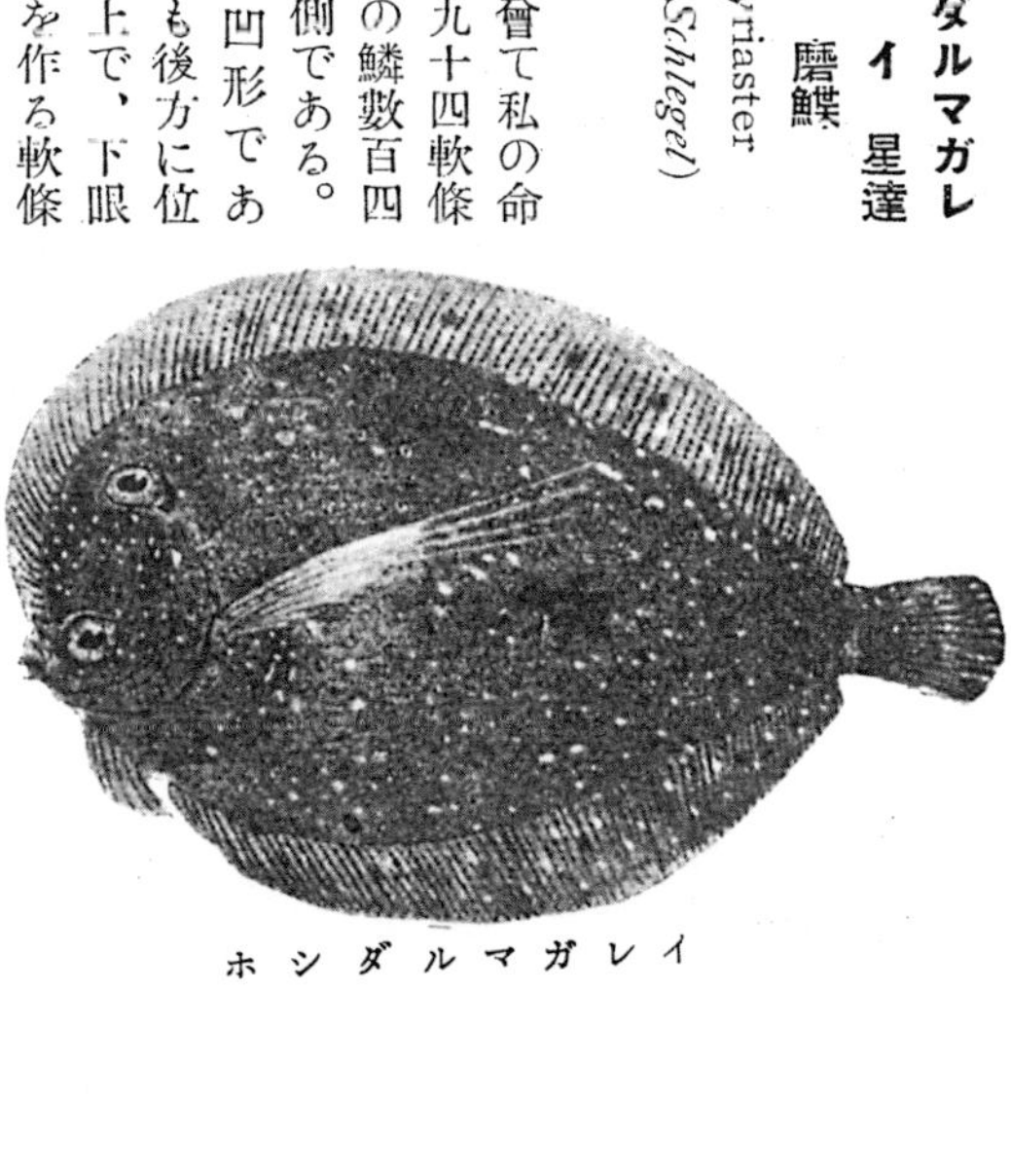

ホシダルマガレイ

方へ押し付けると臀鰭基底部の初めの三分の二以上に達する。體色は淡褐色で、頭と體部とに小い褐色點を持ち、また淡青色の斑點をも持つてゐる。側線前部をなす屈曲部の直後に大きい一つの褐色斑紋がある。尙ほ側線部の中部にも一つの褐色斑紋がある。背鰭と臀鰭とにも體と同様に褐色及び淡青色の斑紋がある。體長は百六十ミリメエトル(五寸三分)に達する。南日本から東印度諸島へ分布してゐる。我が國には頗る少いもので、雜魚として取扱はれてゐるに過ぎないものである。

ダルマガレイ　達磨鰈　Scaeops grandisquama (*Temminck* & *Schlegel*)（**ヒラメ科**）

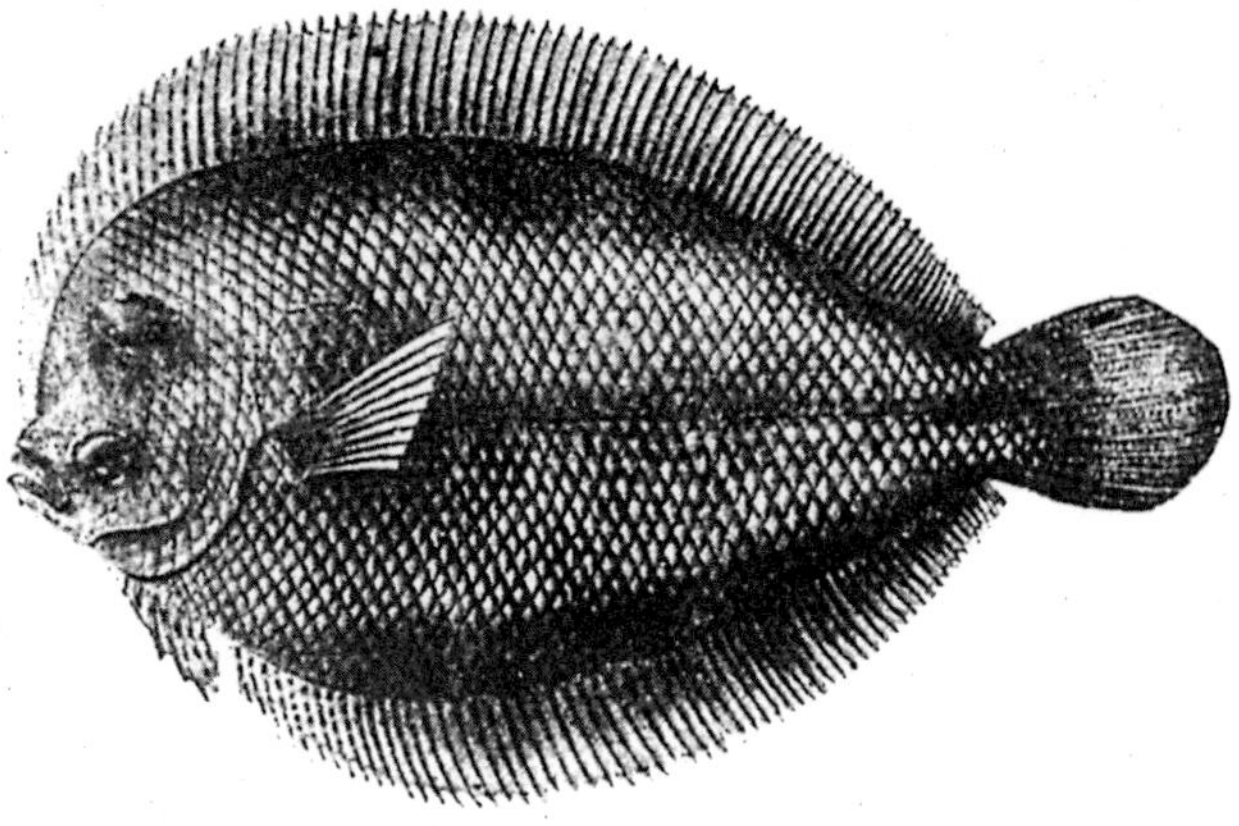

ダルマガレイ

本種及び是に類似の種類でダルマガレイ又はマルタガレイと云ふ名稱が付いてゐるが、何地の稱呼か不明である。本種及び是に類する種類は小形で、寧ろ稀なものであるから、殆ど食用として顧られないので、特別の名稱は無いやうである。嘗て房州で取れた本種へ方言としてガンゾォとして私へ贈られた人があるが、是はガンゾォビラメの幼魚又は是に近いものとして此名稱を報告せられたのであつて、特に本種に此名稱がある譯ではない。背鰭七十九軟條、臀鰭六十軟條、一縱列の鱗數三十六個である。眼隔頗る廣く、且つ凹形で、上眼は下眼よりも後方である。大體ホシダルマガレイに似てゐるが、鱗が著く大きいこと、胸鰭が普通形で、決して絲狀をなして長く伸びてゐないこと、體及び鰭に斑紋のないことなどを特徴とする。殊に尾鰭上下兩縁の中部に濃褐色の大きい一斑紋のあるのは人目を惹く點である。體長は百二十ミリメエトル(四寸)に達する。南日本のものである。食用としての價値は殆どない。

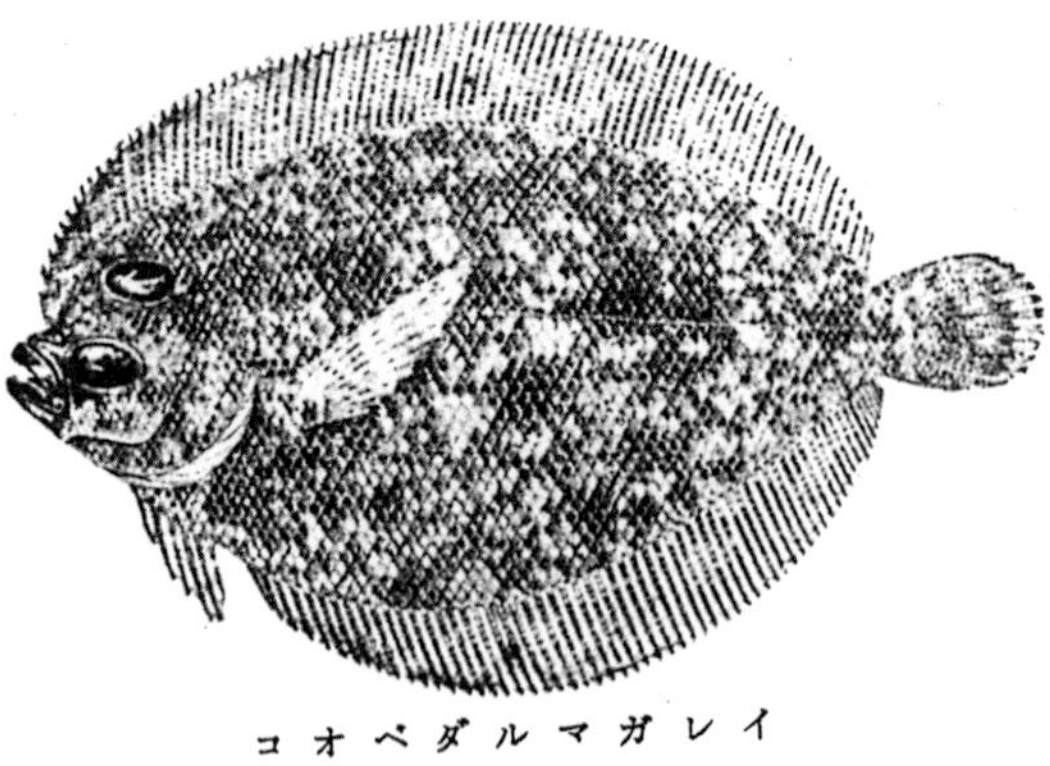

コオベダルマガレイ

コオベダルマガレイ　神戸達磨鰈　Scaeops kobensis *Jordan* & *Starks*（**ヒラメ科**）

コオベダルマガレイとは嘗て私の命名したものである。背鰭八十軟條、臀鰭六十三軟條、一縱列の鱗數四十五個である。頗るダルマガレイに似てゐるが尾鰭に全く斑紋がない。體長は九十ミリメエトル(三寸)に達する。南日本のもので、ダルマガレイと殆ど住所が同じかと思はれる。食用としての價値は殆どない。

ヤリガレイ　槍鰈　Laeops lanceolata *Franz*（**ヒラメ科**）

ヤリガレイとは種名を直譯し、嘗て私の命名したものである。背鰭百十乃至百十五軟條

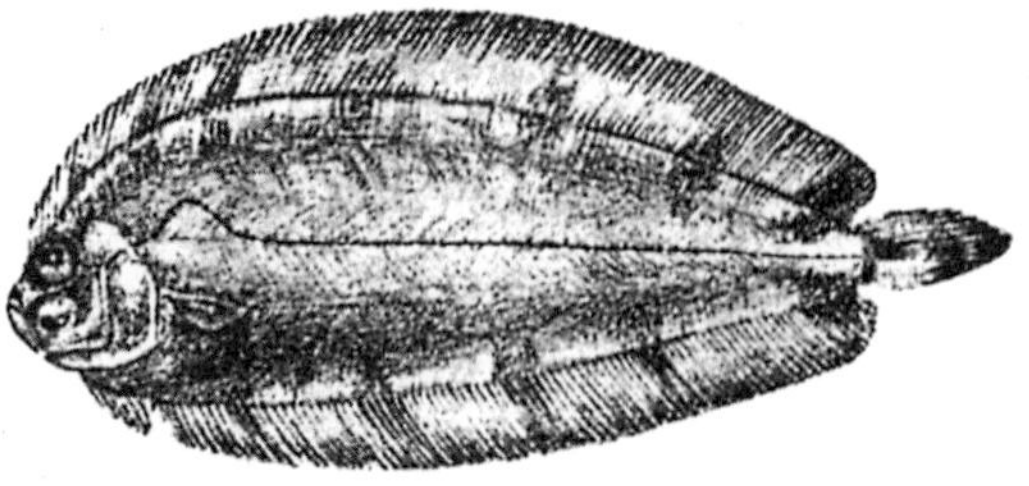

ヤリガレイ

臀鰭九十乃至九十五軟條、一縱列の鱗數は凡そ二十個である。細長い極めて側扁した體を持つてゐる爲め、頗る薄いものである。眼側は體の左側で、口は稍や大きく、カレイ類とヒラメ類との中間のものである。側線初部は強く半圓形をしてゐる。體長百ミリメエトル(三寸四分)で、稀に取られる爲に、食用としての價値はない。南日本のものである。

ガンゾオビラメ　雁雜鮃　Pseudorhombus cinnamoneus (*Temminck & Schlegel*) (**ヒラメ科**)

東京でガンゾオビラメ又はガンゾオ、關西でガンゾオガレイ、愛知縣三谷《ミヤ》町でバンソオガレイ、神戸でウスバ、舞鶴でオバガレイ、新潟でフナベタ、新潟縣寺泊でゴンゾガレ又はホンバンゴ、同縣西頸城郡浦本村でヒダッガレイ、ヘタッコ又はヘダツコ（上記三名とも左鰈の義）、同郡梶屋敷でベタアサバ、福井縣三國町でバンゴガレイ、兵庫縣城崎郡香住、富山縣滑川町でヒダリガレイと云ふ。上記の名稱の内でガンゾオ又はガンゾと稱する名稱が最も廣く行はれてゐる。背鰭七十九軟條、臀鰭六十一軟條、一縱列の鱗數八十個である。眼側は體の左側で、口は廣く裂けてゐる故ヒラメ科中ヒラメ類に屬する。稍やヒラメに近いが、是よりも體高が高く、體高は體長の凡そ二分の一である。體には數多の淡白色斑紋があるが、是等の斑紋は皆褐色輪を以て圍んでゐる。側線直線部の初部にある斑紋は頗る明瞭で、他の斑紋は稍や明瞭な個體と相當不明瞭な個體とあつて、數種に分けられたこともあるが、同一種内のものである。側線初部は強く半圓形を呈してゐる。體長は三百ミリメエトル(一尺)を超える。南日本と支那とへ分布してゐる。ヒラメほど多くは取れないものである。

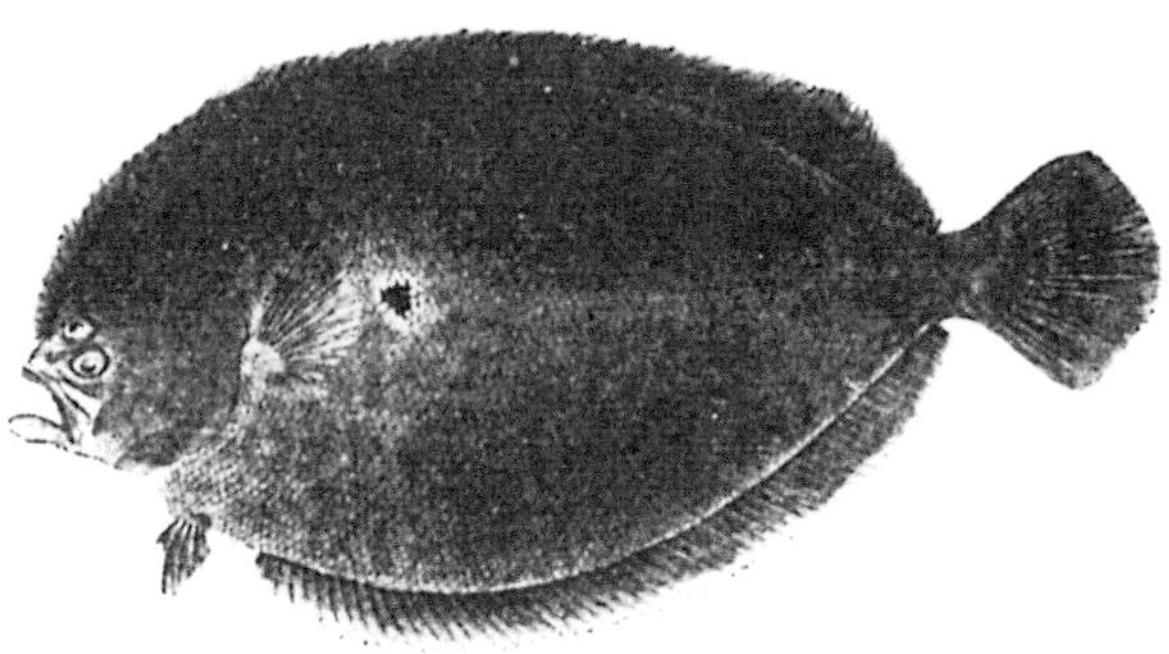

カンゾオビラ

ナツガレイ　夏鰈　Lambdopsetta kitaharae *Smith & Pope* (**ヒラメ科**)

ナツガレイとは曾て私の命名したものである。背鰭百三軟條、臀鰭七十六軟條一縱列の鱗數は百個である。體は頗る側扁し、薄い爲に、體肉は極めて少い。眼側は體の左側で、口は頗る小い故カレイ類である。側線初部の屈曲部は強く半圓形を呈してゐる。殆ど斑紋はなく、白つぽい體色である。體長は百十ミリメエトル(三寸六分)に達する。南日本のものであるが、僅に漁獲せられるので、食用としての價値は全くない。

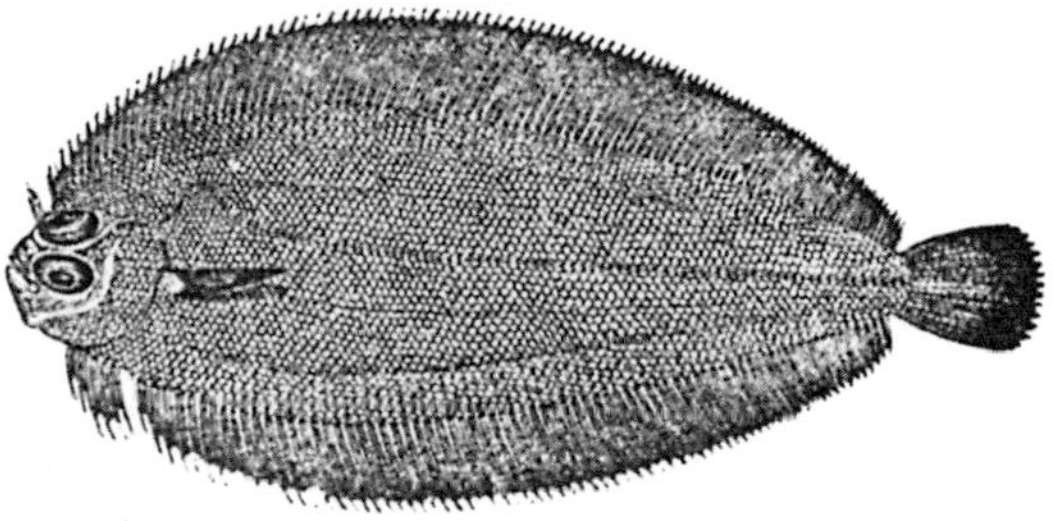

ナツガレイ

ヒラメ　鮃　Paralichthys olivaceus (*Temminck & Schlegel*) (**ヒラメ科**)

東京及び其附近ではヒラメと云ふが、日本全國に亘つて驗べて見ると、ヒラメの言葉を使ふ地方は他に殆どなく、何れの地でもカレイ又はカレと言つてゐる。富山縣滑川でミビキ、關西でオヽクチカレイ、福岡縣柳河でカルワ、北海道でテックイと云ふ。東京の俗言に「左《ひだり》ヒラメの右《みぎ》カレイ」と云ふのがあつて、是は固より眼側が體の左側にあるをヒラメとし、右側にあるをカレイとすると云ふ意味であらうが、是は全く適用が出來ない。例へばナツガレイやカワガレイは眼が體の左側にあるに拘らず明にカレイ類である。上記の俗言は口調よく多少語呂合はせに出たものか、それとも東京ではヒラメ類はたゞヒラメ一種だけで、カレイ類は幸にも體の右側に眼のある種類のみが從前は見られた（今日では體の左側に眼のあるカレイ類や是と反對に體の右側に眼のあるヒラメ類が東京市魚市場へ入荷するやうになつた）爲めであらう。何れにしても前に述べたやうな俗言を學術方面へ適用しやうと試みるのは愚の至りである。つまりヒラメ類中には大體三通りあつて、口の大きいのがヒラメ類、それの小いのがカレイ類、兩眼を連ねた線が體の縱軸に略ぼ直角に且つ垂直（ヒラメ科のものを自然に生活してゐる位置とすれば水平）になつてゐないで、著く鋭角をなしてゐるものがダルマガレイ類である。ヒラメは口大きく眼側は體の左側で、背鰭七十二軟條、臀鰭五十七軟條、一縱列の鱗數百二十個である。側線初部の屈曲部は強い半圓形である。體の上面は淡褐色で、褐色及び淡色の斑紋を持つてゐる。風化した花崗岩の小礫の沈積してゐる海では體の斑紋は顯著な黑と白との斑紋、殊に白つぽい斑紋が目立つて美いが是を保護色と思つてはいけない。是は日光の光線が海中で其魚に反映して、其の住んでゐる處と同一の色合に同化させるのである。固より保護色の用を努めるのであらうが、肉食動物、殊に此魚を好む動物が保護色位に迷はされて、己れの好物の魚を見逃がす筈はない。保護色と稱するものゝ多く（凡てゞはないが）は人間が極めて簡單な推理で言ふだけ

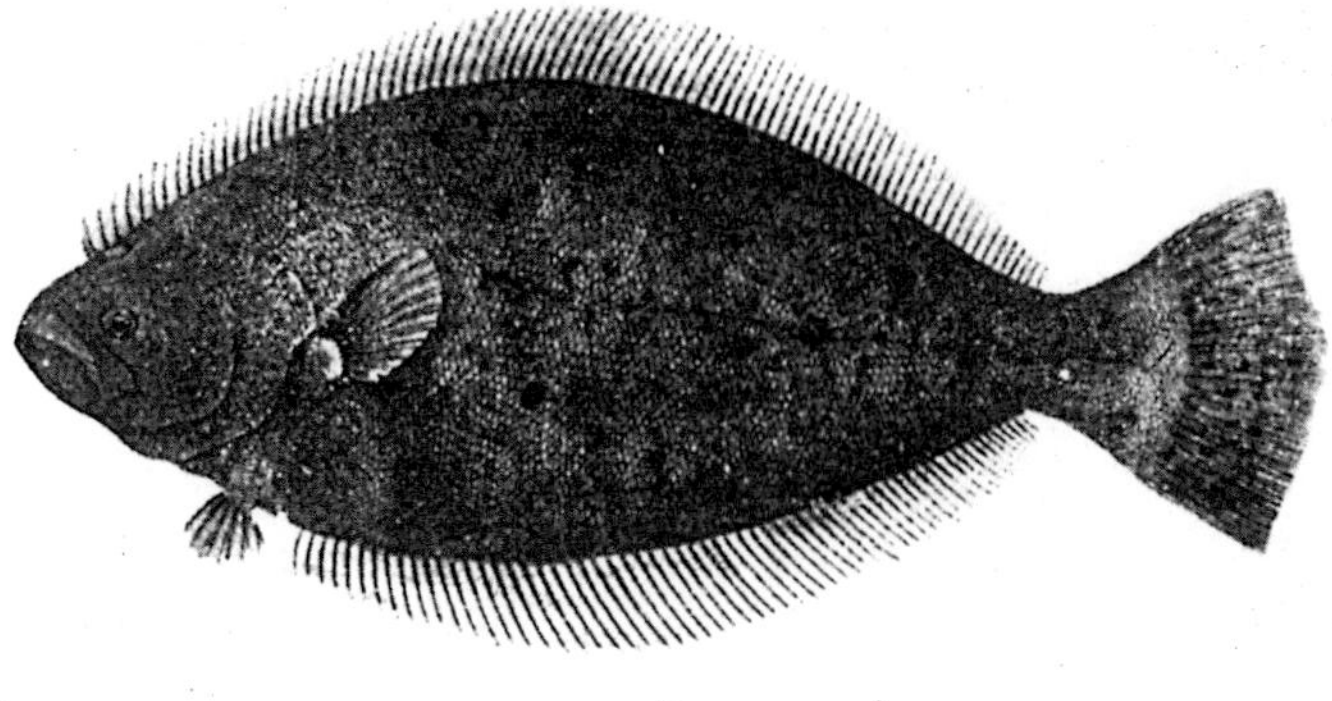

ヒ　ラ　メ

で、實際の現象とは大に離れてゐることゝ思はれる。ヒラメはガンゾオビラメに似てゐるが、體高低く、體長の半よりも低い。日本全體に居るもので、體は六百ミリメエトル（二尺）に達する。我國の重要魚で、統計には單にカレイとし又はヒラメとカレイとを合計してあることもあるが、多くは大きいヒラメで、小いヒラメの大部分やカレイ類の大部分は是に含んでゐないと思はれる。昭和五年度農林省統計ではカレイとヒラメの沿岸で漁獲せられた高は二千四百五萬八千九百六十五キログラム（六百四十一萬五千七百二十四貫）、四百十九萬二千四百七十九圓、内地沖合遠洋漁業の漁獲高は五千二百八十八萬四千八百六キログラム（一千四百十萬二千六百十五貫）、五百六十五萬十六圓で、同年度臺灣での漁獲高は六萬八千八百五十七斤、一萬六千七百七十一圓、同年度朝鮮に於ける漁獲高は七十八萬八千九百九十貫、六十萬一千五百八十一圓、同年度關東廳での漁獲高は百四十萬四千七百二十三貫、四十二萬一千三百五十三圓、昭和六年度樺太廳での漁獲高は七十三萬一千五百三十一貫、五萬二千六百三十四圓であつた。

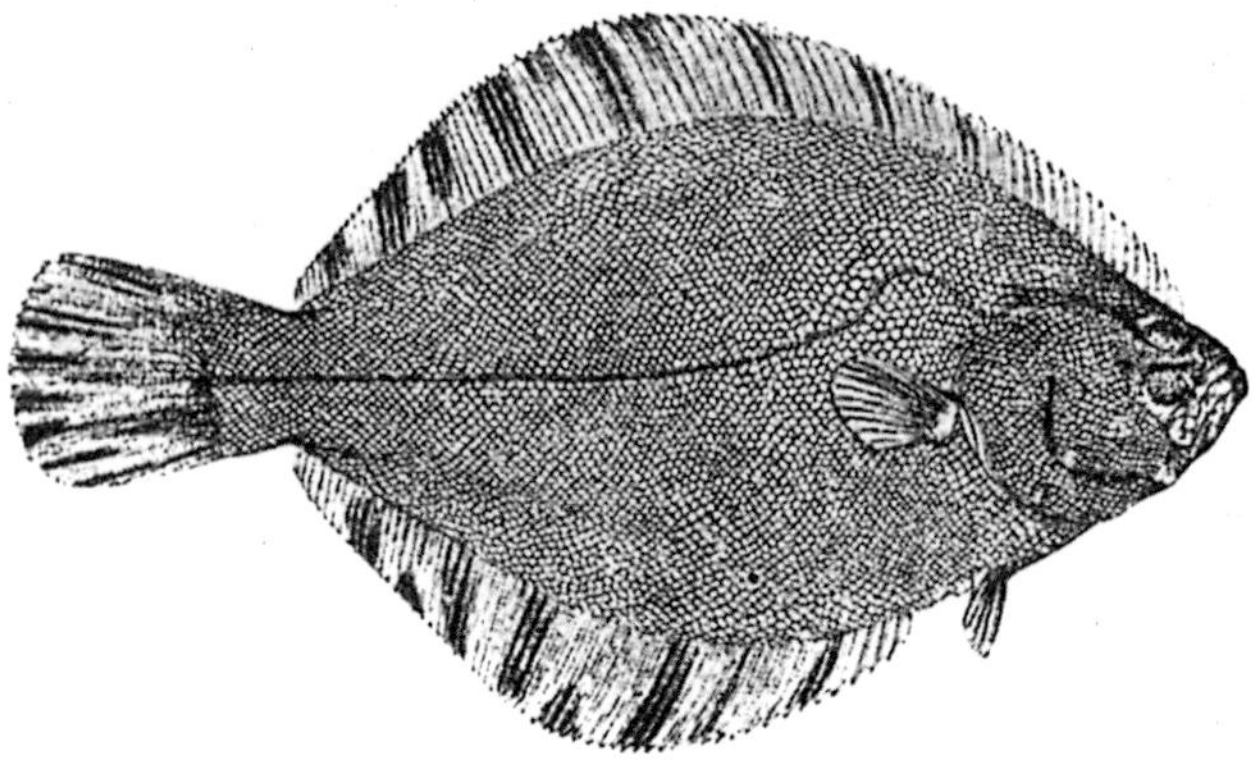

マ　ツ　カ　ワ

マツカワ　松皮　Verasper moseri *Jordan* & *Gilbert*（**ヒラメ科**）

茨城縣でマツカワ（横濱のマツカはホシガレイである）、北海道各地でタカノハガレイ又はヤマブシガレイ、北海道膽振でタンタカ又はカンタカ、室蘭でタカガレイと云ふ。背鰭八十二軟

條、臀鰭五十八軟條、一縱列の鱗數八十四個である。頗るホシガレイに似てゐるが、是は南日本のもので、マツカワは北日本のものである。何れも相當美味である。マツカワでは背鰭、臀鰭及び尾鰭にある斑紋は褐色の幅廣い帶狀で、決して圓い斑紋をしてゐない。また無眼側は雄では赤味を帶びた濃黄色で、雌は白つぽい。本種は雄は美味であるが雌は不味である故、東京へ入荷するものは殆ど皆雄である。體長は六百ミリメエトル(二尺)を超え、肉頗る厚い故、一尾の重量は相當重いものである。

ホシガレイ 星鰈　Verasper variegatus (*Temminck & Schlegel*)
（**ヒラメ科**）

關西でホシガレイ、神戸でヘエジガレ、明石でヤイトガレ、福岡縣豐前海沿岸でヤマブシガレイ（北海道で本種に近いマツカワをヤマブシガレイと云ふことを參照すると、つまりよく似てゐる爲め、誰れか初めに内地から北海道へ移住した人が本種の居ない處で、是に近く、また是と同様に美味のマツカワへヤマブシガレイと命名したものかも知れない。斯様な例は外國にも往々あることである）、横濱でマツカと云ふ。背鰭八十軟條、臀鰭六十一軟條、一縱列の鱗數九十五個である。眼側は體の右側で口は小く、カレイ類である。體色は眼側は暗褐色で斑紋はないが、無眼側には若干の大きい褐色斑紋を持つてゐる。背鰭と臀鰭とに若干の大きい黒褐色斑紋を持つてゐる。體長は三百九十ミリメエトル（一尺三寸）に達する。南日本のものである。

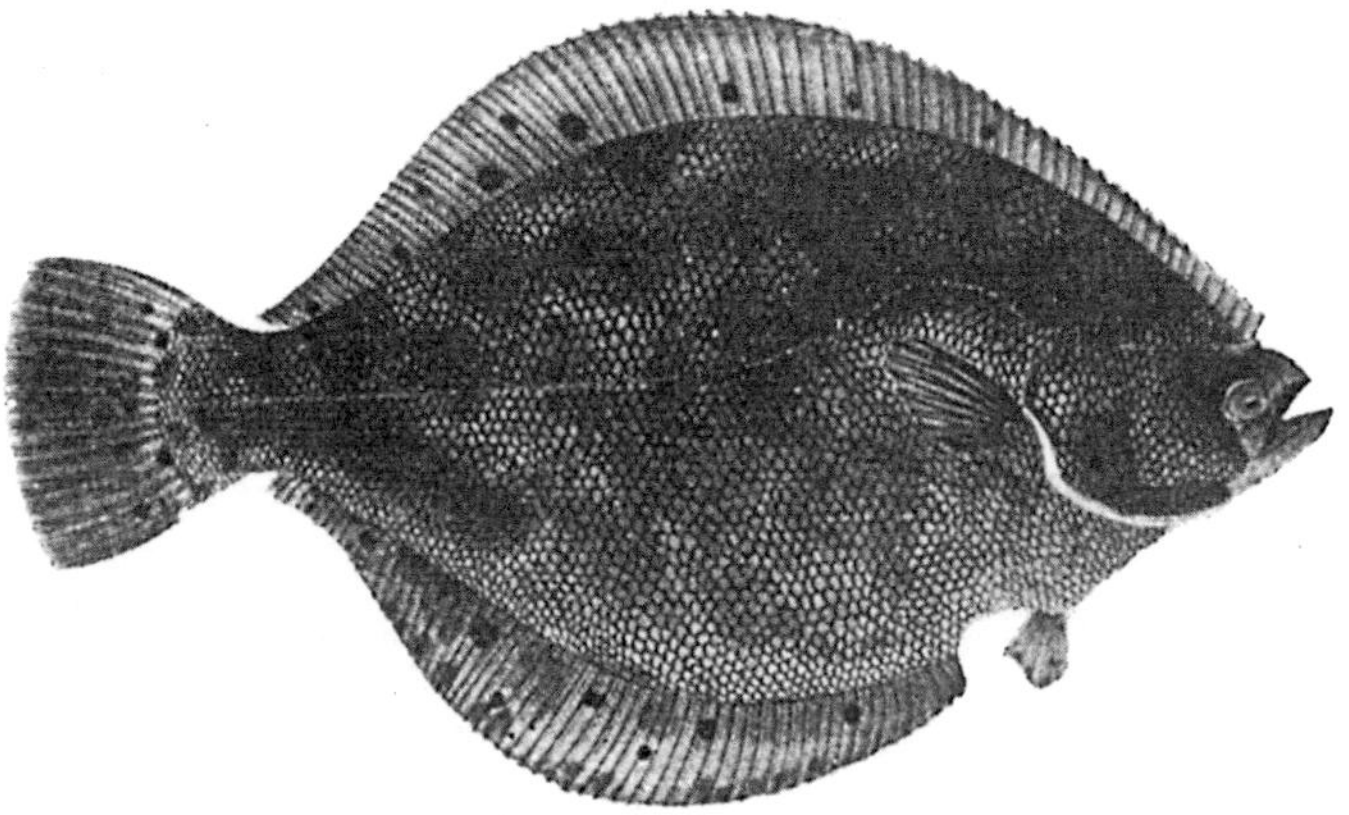

ホ　シ　ガ　レ　イ

ムシガレイ 蟲鰈　Xystrias grigorjewi (*Herzenstein*)
（**ヒラメ科**）

東京や神奈川縣三崎でムシガレイ、京都、京都府久美濱、舞鶴などでミズガレイ、久美濱でヤマガレイ、富山縣滑川町でベチャガレエ、新潟、新潟縣出雲崎でミズアサバ、出雲崎でタイナガレ又はキクナガレイ、新潟縣寺泊でタイカレイ、兵庫縣城崎郡津居山でイソガレイ又はモンガレイと云ふ。背鰭八十六軟條、臀鰭六十八軟條、一縱列の鱗數九十二個である。眼側は體の右側で、口は稍や大きい爲め、カレイ類とするよりも寧ろヒラメ類とすべきものであらう。大小種々の淡褐色の輪狀紋がある。此斑紋の中部は淡色であるが、此の斑紋の中に更に淡褐色の斑紋を藏し、複雜した斑紋を作つてゐる。日本國中何れの地にも居るもので、體長は三百ミリメエトル（一尺）を超える。關西では頗る美味のものとしてゐるが、日本海沿岸では寧ろ不味のものとしてゐる。

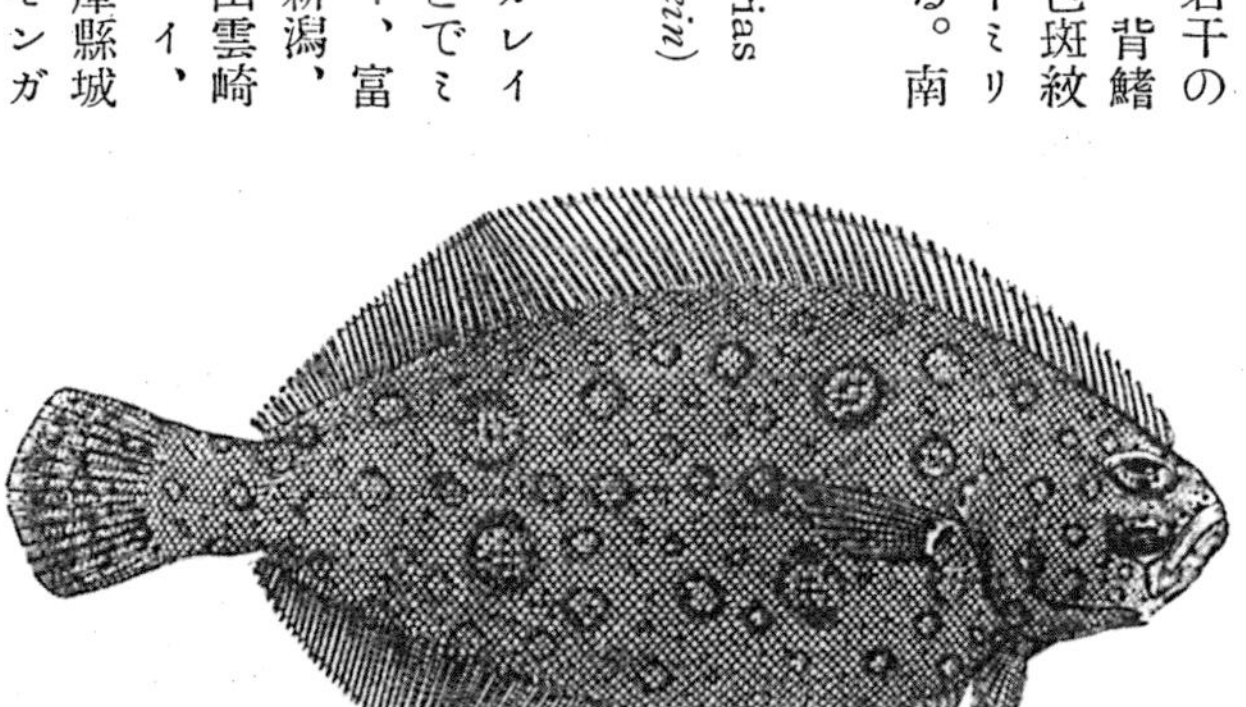

ム　シ　ガ　レ　イ

アカガレイ 赤鰈　Hippoglossoides elassodon *Jordan & Gilbert*
（**ヒラメ科**）

新潟縣ではアカガレイ又はアカアサバ、北海道でアカガレイと云ふ舞鶴でマガレイと云ふのは吾々の稱するマガレイのことではなくて、本種を指してゐるやうである。背鰭七十七乃至八十七軟條、臀鰭五十九乃至六十七軟條、一縱列の鱗數は百個である。眼側は體の右側で、口は大きく、ヒラメ類である。アブラガレイに似てゐるが、是よりも稍や美味で、側線部初部に僅に凸形曲線を畫いてゐる。殆ど斑紋はない。北日本のもので、體長三百ミリメエトル(一尺)を超える。

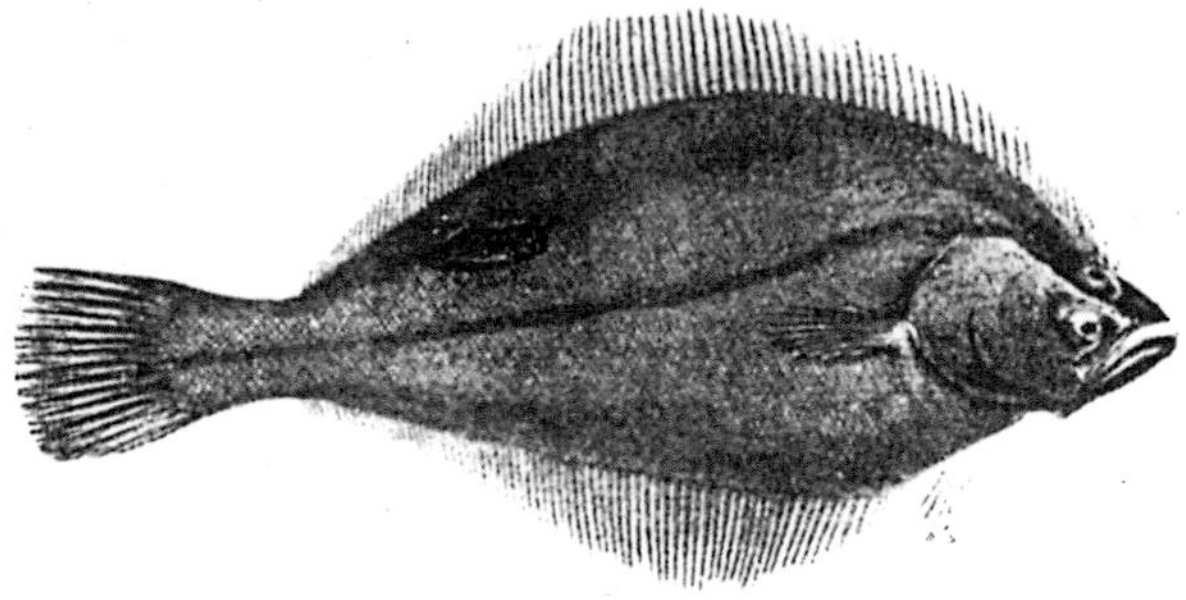

ア カ ガ レ イ

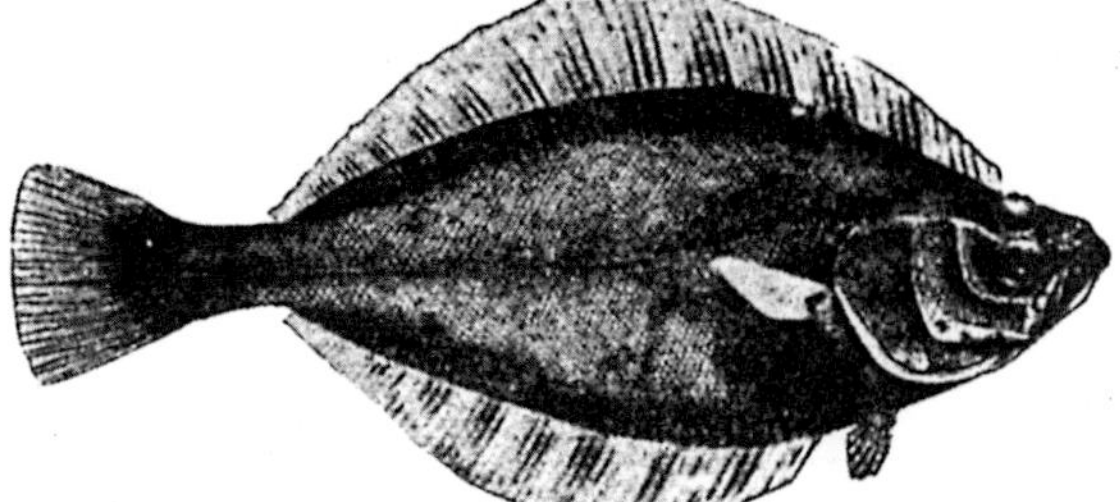

ソ オ ハ チ

ソオハチ　宗八　Cleisthenes pinetorum *Jordan & Starks*
（**ヒラメ科**）

東京、北海道でソォハチ、銚子、茨城縣多賀郡平潟、福島縣相馬郡請戸などでカラス、兵庫縣香住、京都府舞鶴,同久美濱でエテガレイ、新潟縣でシロアサバ又はシロガレ、高田市でミトアサワと云ふ。背鰭七十六軟條、臀鰭五十六軟條、一縱列の鱗數八十個である。眼側は體の右側で、口は大きく、ヒラメ類である。本種が他種と違つてゐる處は上方の眼が全く體の右側へ來ないで、多少左側に跨つてゐる爲め、此の眼が背中線に存在することである。細長い體を持ち體高は體長の三分の一に近い。北日本のもので、さほど美味ではないが、乾鰈とすると多少美味である。體長は三百ミリメエトル（一尺）に達する。

***アブラガレイ　油鰈**　Reinhardtius matsuurae *Jordan & Snyder*
（**ヒラメ科**）

茨城縣久慈、北海道でアブラガレイ、久慈ではエンキリとも云ふ。不味の爲め、二度とは食べないとの意味である。背鰭百十四軟條、臀鰭九十四軟條、一縱列の鱗數百九個である。眼側は體の右側で、口裂頗る廣く、ヒラメ類である。體色は一樣に紫がゝつた青黑色で、毫も斑紋はない。體長は三百ミリメエトル（一尺）を超え、北日本のものである。澤山に漁獲せられ、不味なものであるが、今日ではその皮を剝いて、切身とし、多數の人の集まる處に供給せらるゝやうになつた。

オヒョオ　大鮃　Hippoglossus hippoglossus (*Linné*)（**ヒラメ科**）

北海道でオヒョオと云ひ、大鮃と書く、實際ヒラメに頗る似てゐるが、眼側が體の左側でなくて、右側である。口は頗る大きい爲め、ヒラメ類に屬する。背鰭九十五軟條、臀鰭七十四軟條、一縱列の鱗數百五十個である。北日本から、寒帶の海に產し、北大西洋にも

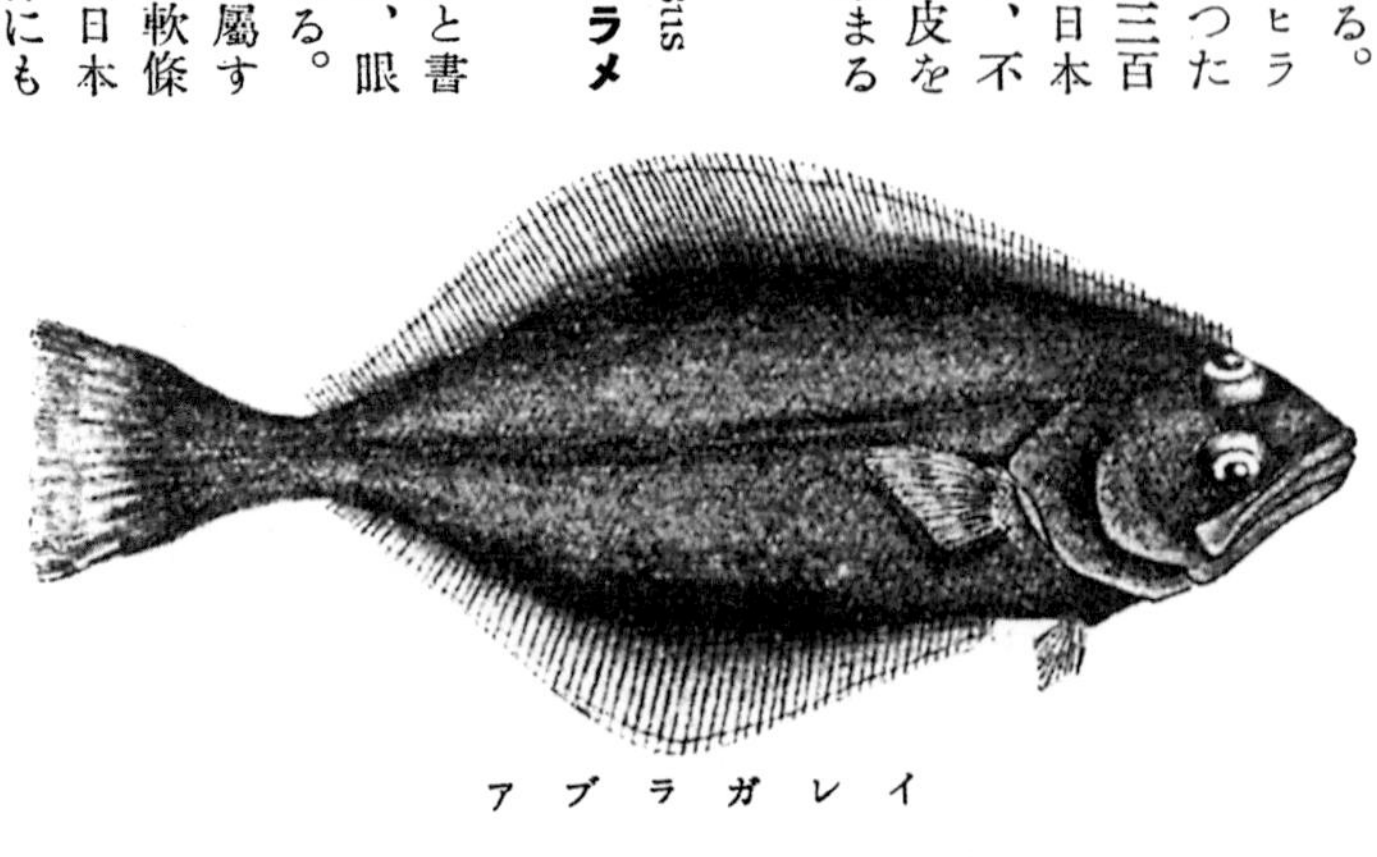

ア ブ ラ ガ レ イ

生活する。頗る大きいヒラメ類で、體重百八十キログラム（四十八貫）に達する。北海道には相當多いもので、數十尋の海底へ延繩を延べて釣獲するが、時によつては四百尋位の深い處でも取れ、また春には僅に十尋位の淺い處でも取れる。産卵期は五月から六月初旬のやうである。北海道ではヒラメよりも珍重するが、餘り大きいものは不味である。北陸道でも取れるもので、下越後方面ではサ、ガレイ、上越後方面ではオガレイ、宮城縣名取郡ではマスガレイと云ふ。

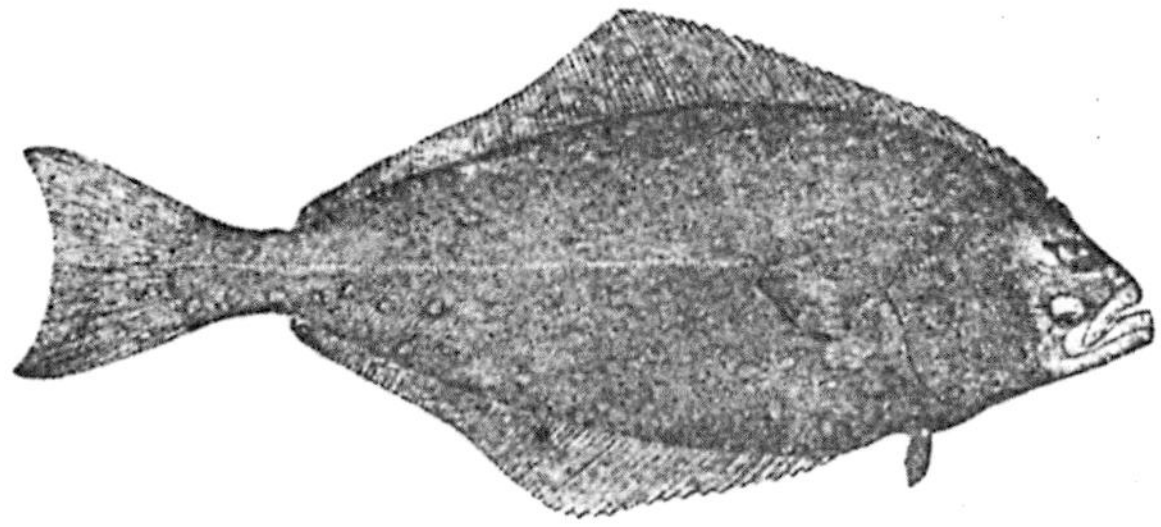

オヒョオ

メダマガレイ　**眼玉鰈**　Dexistes rikuzenius *Jordan* & *Starks*（**ヒラメ科**）

北海道函館でメダマガレイ、京都でダルマガレイと云ふ。背鰭七十三軟條臀鰭五十九軟條、一縱列の鱗數六十四個である。眼側は體の右側で、口は小く、カレイ類である。側線初部は殆ど直線形である。體長は百八十ミリメエトル（六寸）に達する。北日本のものである。多く取れないのと小形であるとの爲にさほど重要な魚類ではない。

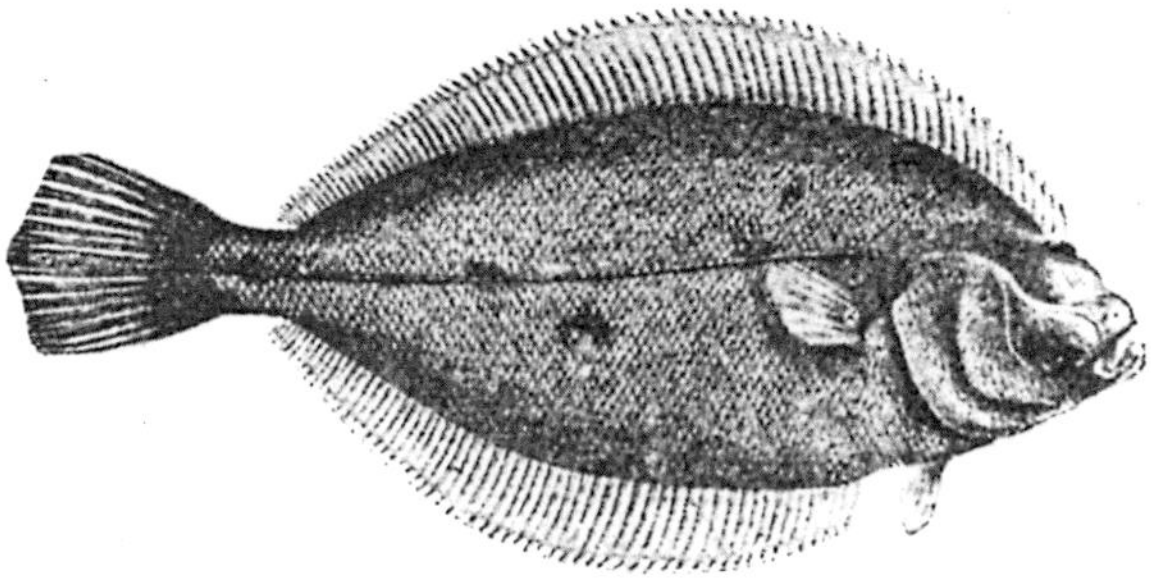

メダマガレイ

メイタガレイ　**眼板鰈**　Pleuronichthys cornutus (*Temminck* & *Schlegel*)（**ヒラメ科**）

東京や附近でメイタ又はメイタガレイ、關西や東北地方でメダカガレ、岡山縣笠岡でツボクチ、愛知縣三谷町でコオソガレイ、靜岡縣靜浦でデメガレイ、兵庫縣香住でマツバ、京都府久美濱でマツクサ、舞鶴でマツバガレ又はマツガレ、富山縣滑川町でタバコガレエ、新潟縣西頸城郡浦本村でメクジリ、新潟でミ、ガレイ、新潟縣出雲崎、同縣岩瀬でチクラガレイと云ふ。背鰭七十乃至七十六軟條、臀鰭五十二乃至五十四軟條、一縱列の鱗數八十個である。眼は體の右側にあつて、口は小く、カレイ類である。一つの強い隆起線が眼隔にある。特別の形を呈してゐる上に、體色がまた特異である。卽ち淡褐色の地色へ數多の暗褐色の斑紋を密布してゐる。體長は三百ミリメエトル（一尺）に達する。相當美味であるが、松葉の臭味《くさみ》があると云ふ。是は背鰭の付け根に殊に臭氣を持つてゐる譯である。我が國の殆ど何處でも取れるものである。

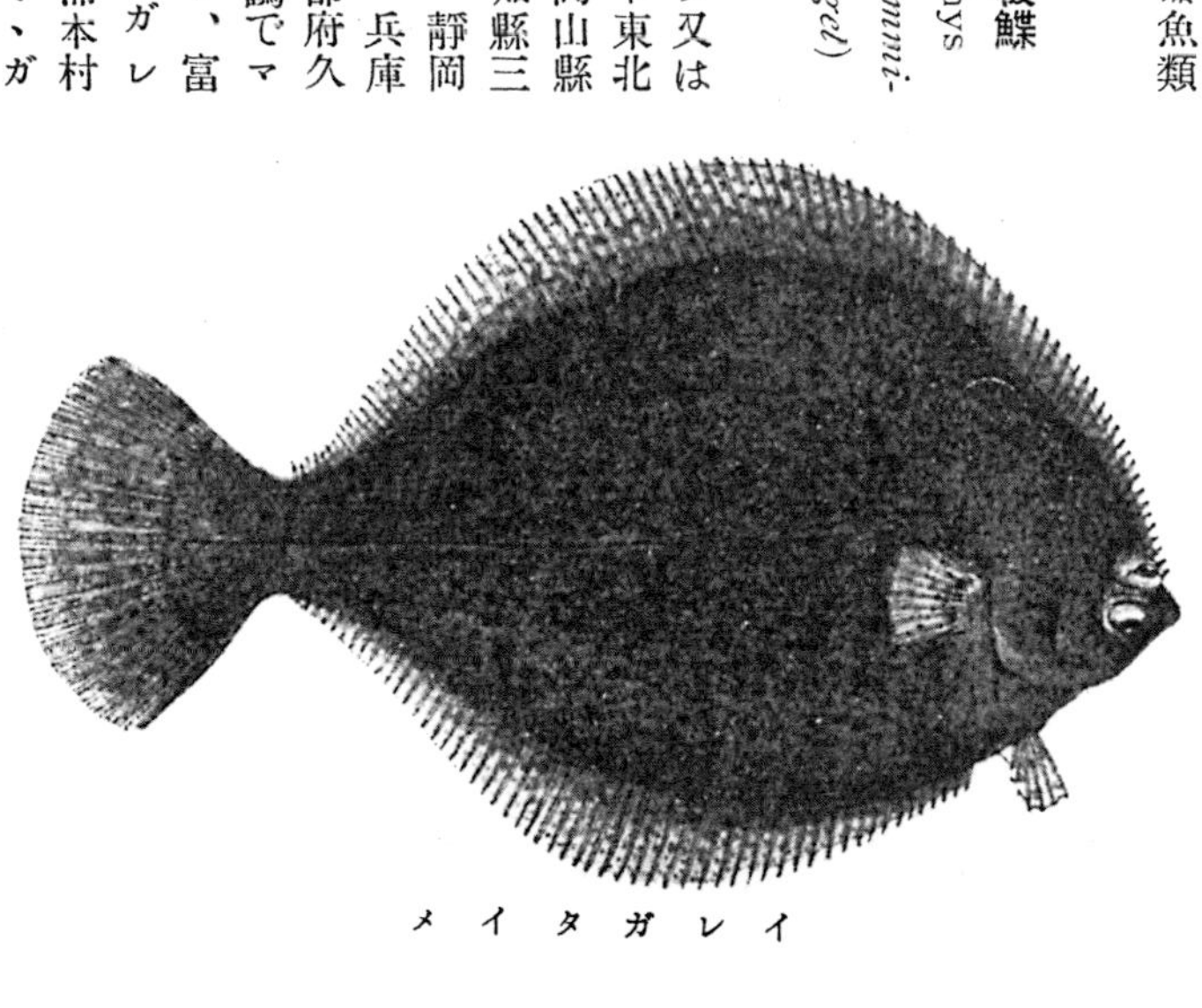

メイタガレイ

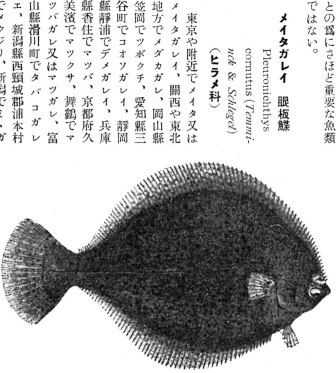

アサバ　淺場　Lepidopsetta bilineata (*Ayres*)（**ヒラメ科**）

東京でアサバ、北海道稚内《ワッカナイ》方面でロスケガレイと云ふ。背鰭八十軟條、臀鰭六十軟條、一縦列の鱗數八十五個である。體高高く、體高は體長の半より僅に低い。眼側は體の右側で、口は小く、カレイ類である。體色は稍や紫がゝれる褐色で、殆ど斑紋はない。側線初部に強き半圓形の屈曲部がある。尚ほ上方へ一枝を分派し、背鰭基底の前部へ走つてゐる。體長は三百ミリメエトル（一尺）を超える。北日本の内の北部へ分布し、尚ほベエリング海、朝鮮へ分布し、米國の西岸ではモンテリイまで分布してゐる。さほど美味ではないが、相當大きい故、食用としての價値は多少ある。

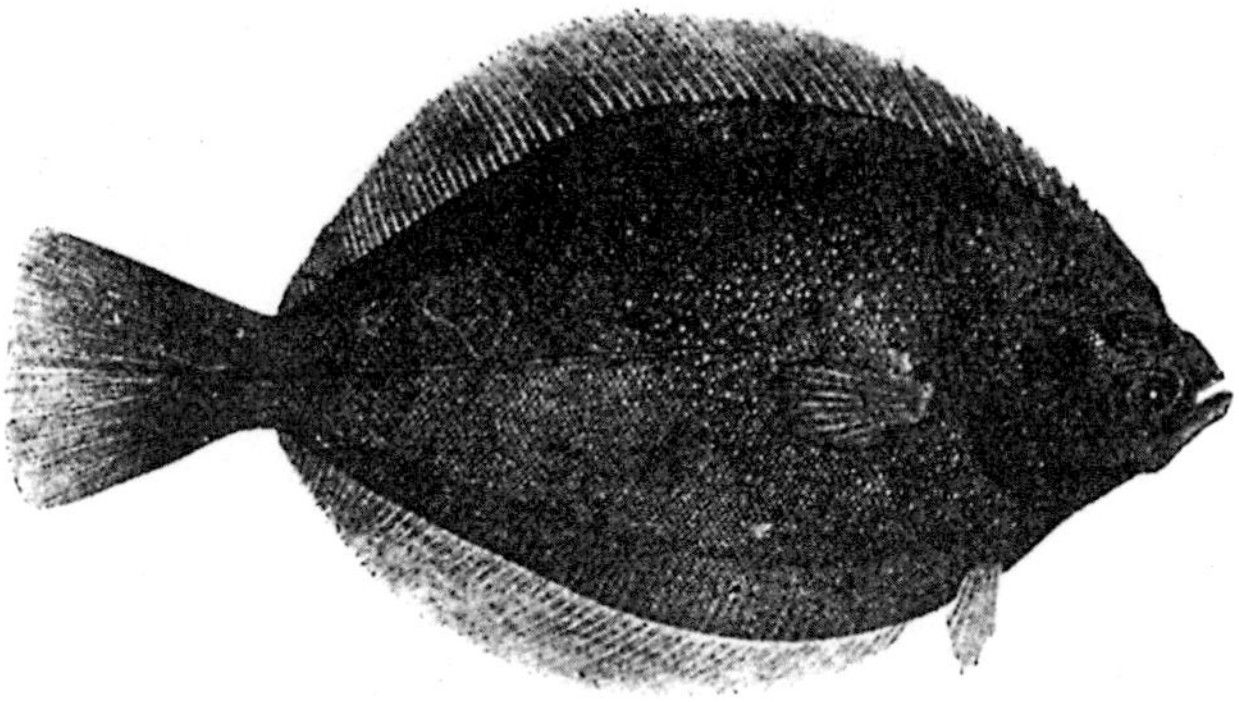

アサバ

マガレイ　眞鰈　Limanda angustirostris *Kitahara*（**ヒラメ科**）

東京や北海道各地でマガレイ函館でオタルマガレイと云ふ。新潟のクチボソは本種で、新潟縣出雲崎のクチボソはマコガレイである。それは出雲崎の漁村ではマコガレイを取り、殆どマガレイを取らないが、新潟魚市場へはその北方からマガレイが多く入荷する爲であらう。背鰭六十八乃至七十四軟條、臀鰭五十二乃至五十五軟條、一縦列の鱗數七十四乃至七十八個である。眼側は體の右側で、口は小く、カレイ類である。眼側の體は淡褐色で、斑紋はなく、無眼側は白色で、背鰭及び臀鰭に接した體部が稍や幅廣く淡黄色の帶をなしてゐる。體長は三百ミリメエトル（一尺）で、北日本の内の北部に多いものである。相當美味である。

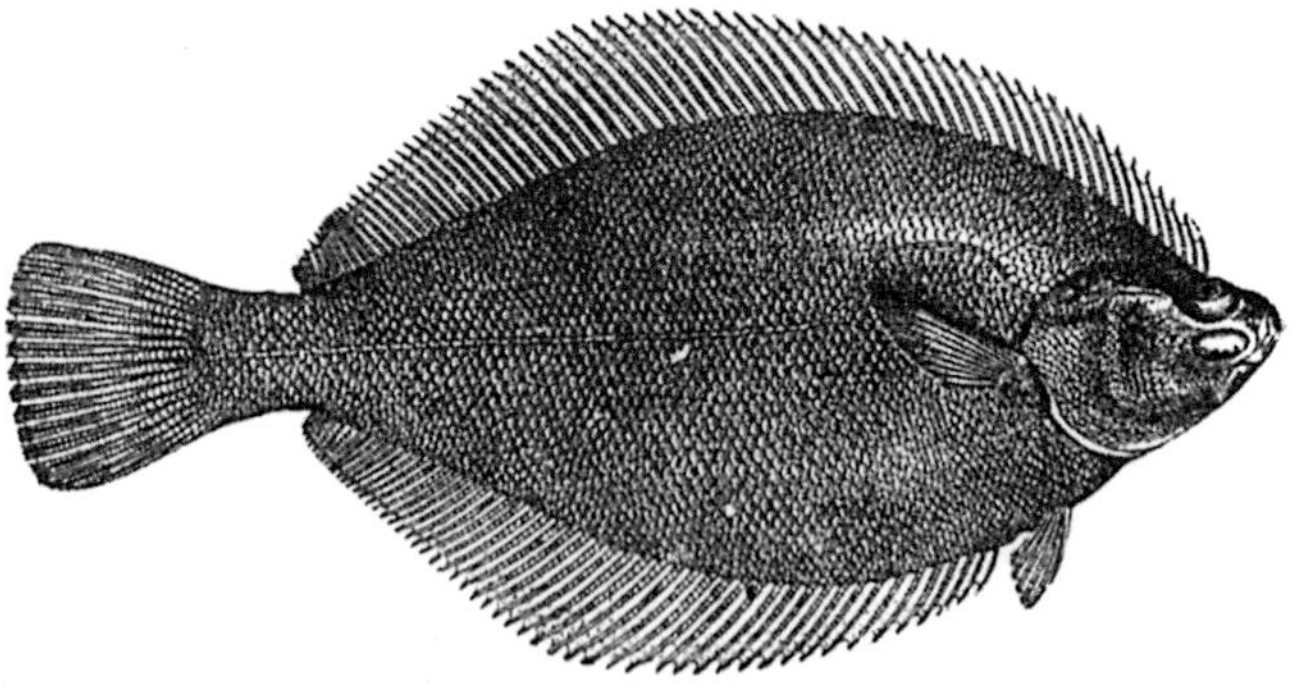

マガレイ

マコガレイ　眞子鰈　Limanda yokohamae (*Günther*)（**ヒラメ科**）

東京及び附近でマコ又はマコガレイ、福島縣小名濱でマコ、濱名湖、愛知縣三谷《ミヤ》町《マチ》、新潟縣出雲崎でモガレイ、大阪、明石、兵庫縣香住でマガレ（吾々の稱するマガレイではない）、兵庫縣御影、神戸でアブラガレ（吾々の稱するアブラガレイではない）、京都府久美濱でカタガレ、舞鶴でホソクチ、新潟縣出雲崎でクチボソ、同縣能生でメジカ、メジカアサバ、コマガレイ、ホチ、又はホチアサバ、福井縣三國町でヒワクガレイ、新潟でモク、明石、兵庫縣網干でアマガレ、大分縣日出でシロシタガレイと云ふ。背鰭六十五乃至七十軟條、臀鰭五十乃至五十三軟條、一縦列の鱗數七十七乃至八十個である。眼側は體の右側で、口は小く、カレイ類である。體色は茶褐色で、不明瞭な褐色斑紋を散在してゐる。頗るマガレイに近い爲め、是と方言が混同する場合が多い。マコガレイは無眼側に全く黄色帶がなく、南日本から北日本へも分布してゐるが、北日本の北部で、是れの少くなる地方からマガレイが多くなる。それ故是等兩者の生活する處か又は兩種の澤山に入荷する魚市場では是等兩種を識別してゐるが、マコガレイだけ多く、マガレイの殆どない地方（例へば新潟縣出雲崎）では他地方に於けるマガレイに對する方言と同様の名稱でマコガレイを呼んでゐる。然し斯様な方言の混雜は他種にも諸地方で行はれ、外國にもあることであるが、是をつまらないとして放擲しては却つて複雜するから、矢張り調査して置く必要がある。體長は三百ミリメエトル（一尺）に達し、美味の魚であるが、北日本では不味のカレイ類に列せしめてゐる。

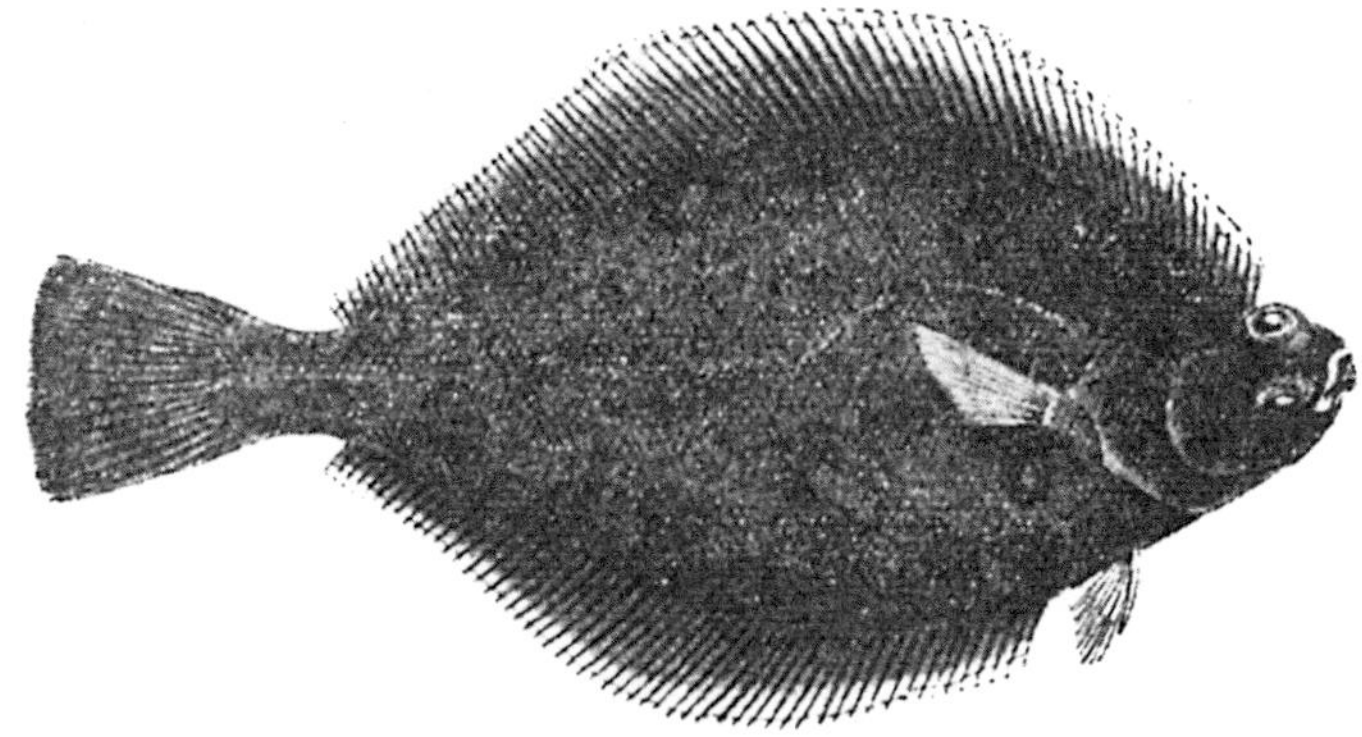

マコガレイ

スナガレイ 砂鰈 Limanda punctatissima (*Steindachner*)（**ヒラメ科**）

北海道でスナガレイと云ふ。稍やマガレイに近いが、是よりも吻長く、且つ其先端が尖つてゐる。背鰭五十七乃至六十三軟條、臀鰭四十四乃至四十六軟條、一縱列の鱗數六十六乃至七十二個である。頭の上外廓は頗る凹形である。眼側は體の右側で、口は小く、カレイ類である。眼側の體色は青黑色で、小い褐色斑紋を密布してゐる。無眼側は白つほく、背鰭、尾鰭及び臀鰭の基底に沿へる體部に於て幅廣く一つの濃黄色帶がある。此色帶はマガレイに存するものよりも著く濃く、マガレイに存するものは其黄色が魚商の店頭に竝べられたものでは極めて薄いが、スナガレイでは依然として頗る濃く、此點だけでよく見別けが付くのである。體長は三百ミリメエトル（一尺）に達する。北日本の内の北部から寒帶部に生活する。北海道にはマガレイは多いが、それでも函館方面にはまだスナガレイは極めて少く、釧路方面で多く取れるものである。不味のものである。

カワガレイ 川鰈 Platichthys stellatus (*Pallas*)（**ヒラメ科**）

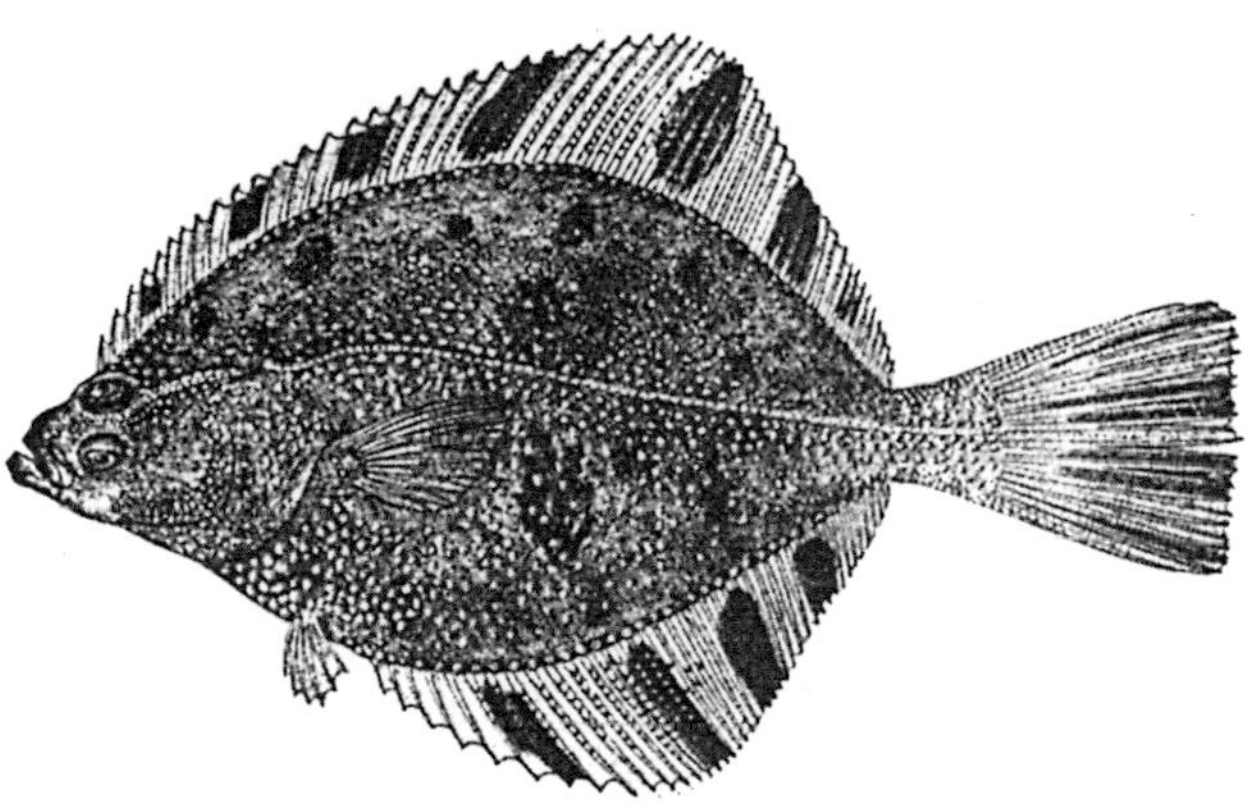

カワガレイ

北海道でカワガレイ、新潟縣寺泊でタカノハ、富山縣滑川町でツキリガレエと云ふ。河口又は河口に近い鹽分の少い湖水に多いもので、是れからカワガレイの名稱が出ること丶思はれる。茨城縣土浦でイシガレイと云ふのは稍やイシガレイに近い（眼側が是とは違ふけれども）のと、此附近の海には殆どカワガレイが居ない爲め、イシガレイと混同せしめてゐること丶思ふ。斯様な例は他の魚にも往々あるこ

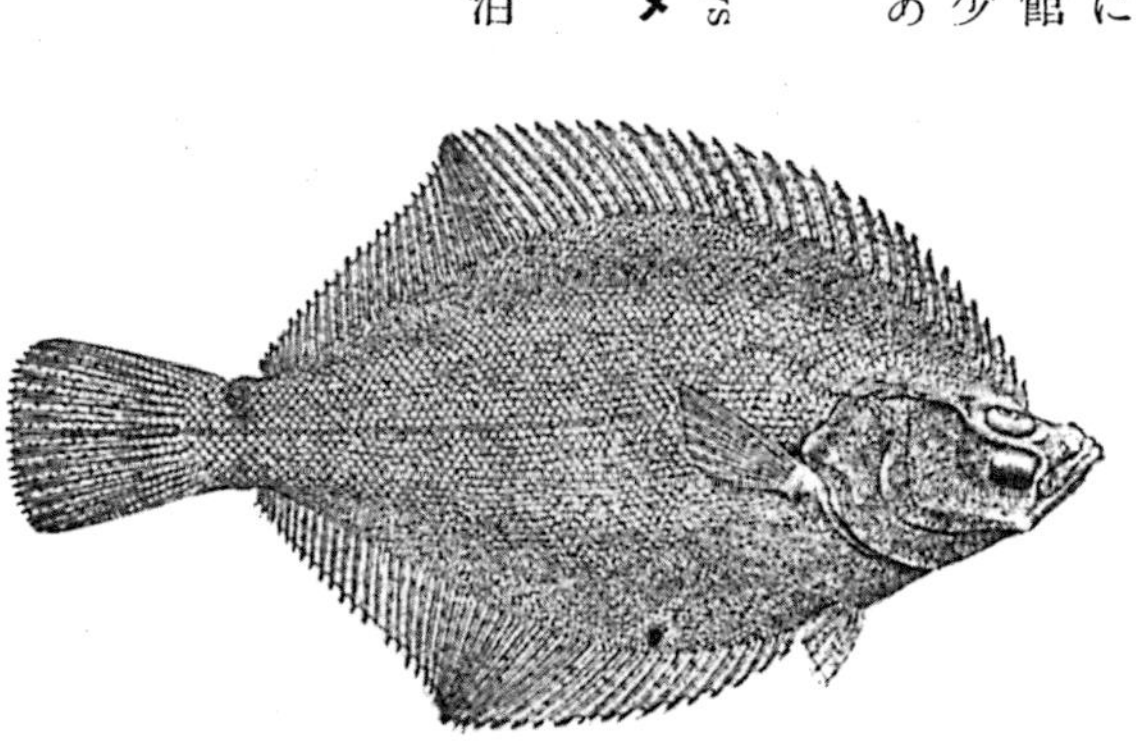

スナガレイ

とである。背鰭五十八軟條、臀鰭四十二軟條ある。眼側は體の左側で、口は小く、カレイ類である。鱗は星狀突起を持つた瘤狀物となり、然も體面に散在してゐる。體色は青褐色で、體面に大きい濃褐色の斑紋を散在し、背鰭と臀鰭とにあるものは細長い斑紋となり、尾鰭にあるものは幅の廣い帶狀を呈してゐる。體長は三百ミリメエトル（一尺）を超える。北日本から北氷洋へまで分布してゐる。不味のものである。

イ　シ　ガ　レ　イ

イシガレイ　石鰈　Kareius bicoloratus (*Basilewsky*)（**ヒラメ科**）

一般にイシガレイと云ふ。富山縣滑川町でエシガレエ（エシのエはイの訛《なま》りである）、九州でイシモチ又はイシモチガレ、根室でゴソガレイと云ふ。背鰭六十九軟條、臀鰭五十軟條である。眼側は體の右側で、口は小く、カレイ類である。幼時には全く無鱗であるが、成長するに從つて、體の上面に數個の大きい鱗板を發達する。是れが稍や石のやうである爲にイシガレイ又はイシモチガレイの名稱が出るのである。日本國中殆ど何れの處にも居るもので、内灣にも生活する。東京では東京灣内で取れたものをカレイ類中最も美味とし、東京で單にカレイと云ふと、イシガレイの事であるほどまでに此のカレイには關心を持つてゐる。然るに他地方殊に東北地方や北陸道では此カレイをカレイ類中頗る不味のものとしてゐる處を見ると、生活場所によつて著く其味を變化すること、思はれる。是れ一つは海岸に住む魚に多く見られる性質である。體長は三百ミリメエトル（一尺）に達する。

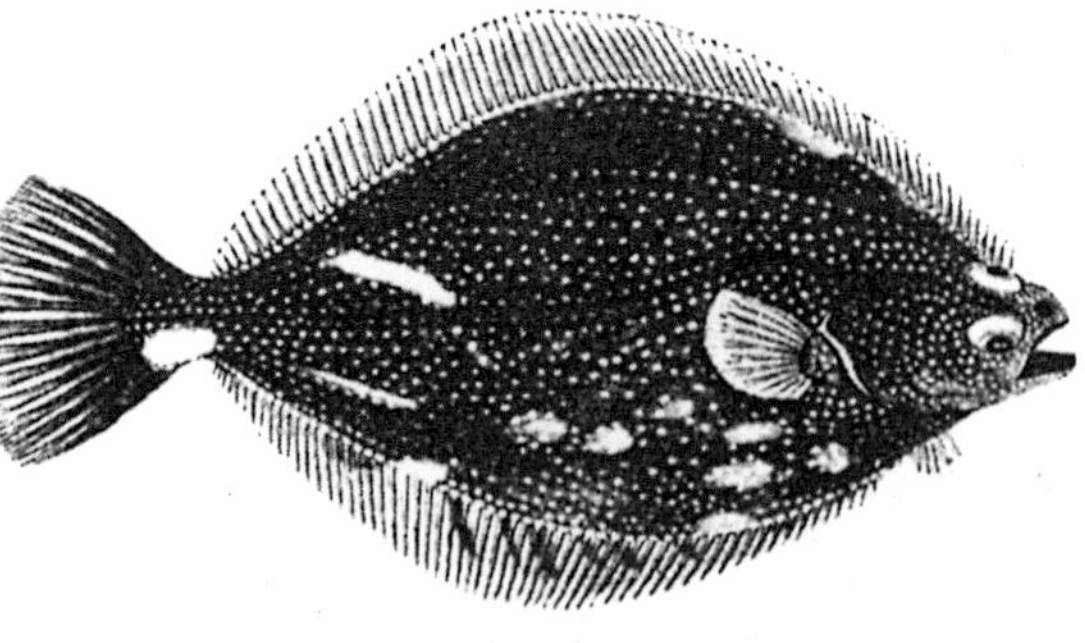
サ　メ　ガ　レ　イ

サメガレイ　鮫鰈　Clidoderma asperrimum (*Temminck & Schlegel*)（**ヒラメ科**）

東京でサメガレイ、新潟縣能生でトンビホチと云ふ背鰭九十軟條、臀鰭六十五軟條である眼側は體の右側で、口は稍や大きい方でカレイ類とするよりもヒラメ類へ入れた方がよいと思はれる。體高く、體高は體長の半よりも稍や高い。體は頭部と共に骨質板を密布し、粗雜な鮫肌を呈してゐるからサメガレイの名稱を持つてゐるのである。體色は暗褐色で、濃い不定形の斑紋を散在してゐる。體長は四百ミリメエトル（一尺三寸三分）に達する。南日本にも北日本にも居るが、殊に後者に頗る多く取れるのは北日本には美味の魚種が少い爲に此サメをも大に漁獲せんと努める爲であらう。美味のものではないが、皮を剝いて大量的に惣菜用原料とする。

＊バヾガレイ　婆々鰈　Microstomus stelleri *Schmidt*

北海道でバヾガレイ、宮城縣鹽竈でナメタ、東京でウバ、ダルマ又はクロガレイ、千葉縣銚子でダラリ、舞鶴でビタガレイ、新潟縣魚沼郡でボサツ、新潟でヤマブシ、神戸駒ケ林でシャボンと云ふ。駒ケ林は上等食品の集まる處故輕蔑して斯様な名稱を付けたものであらう。背鰭九十二軟條、臀鰭七十六軟條、一縦列の鱗數は百十二個である。眼側は體の右側で、口小く、カレイ類である。稍やヤナギムシガレイに近いが、眼と眼との間の幅稍や廣く、體の肉には厚味が相當にある。體色は稍や赤味のある褐色で、不明瞭な斑紋を持つてゐる。體長は三百ミリメエトル（一尺）を超える。北日本のものである。稍や不味であるが、東北地方では是を用ひて竹輪を作るのである。

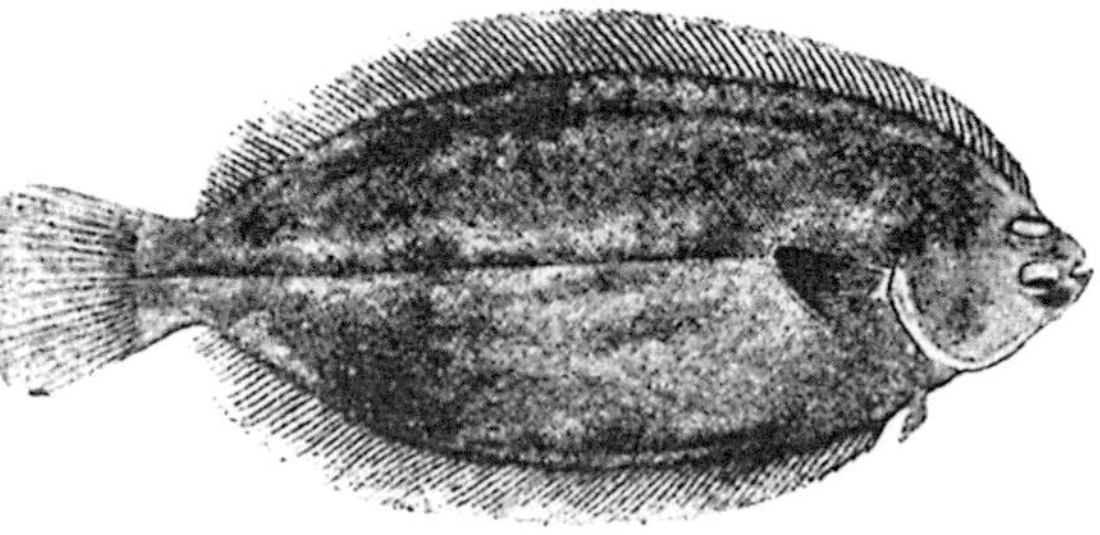

バヾガレイ

＊ヤナギムシガレイ　柳蟲鰈　Microstomus kitaharae *Jordan* & *Starks*（**ヒラメ科**）

東京でヤナギ、ヤナギムシ、又はヤナギムシガレイ、靜岡縣靜浦でユズリハムシ、新潟縣能生でコメ、兵庫縣香住でホオレン、香住、京都府久美濱、舞鶴、新潟縣能生でサヽガレイと云ふ。背鰭九十一乃至九十六軟條、臀鰭七十五乃至八十三軟條、一縦列の鱗數八十七乃至九十六個である。眼側は體の右側で、口は小く、カレイ類である。稍やバヾガレイに似てゐるが、是れが不味であるに反してヤナギムシガレイは頗る美味である。眼と眼との間頗る狹く、殆ど互に接してゐる。體高は低く、體長の三分の一よりも低い。體は殆ど一様に

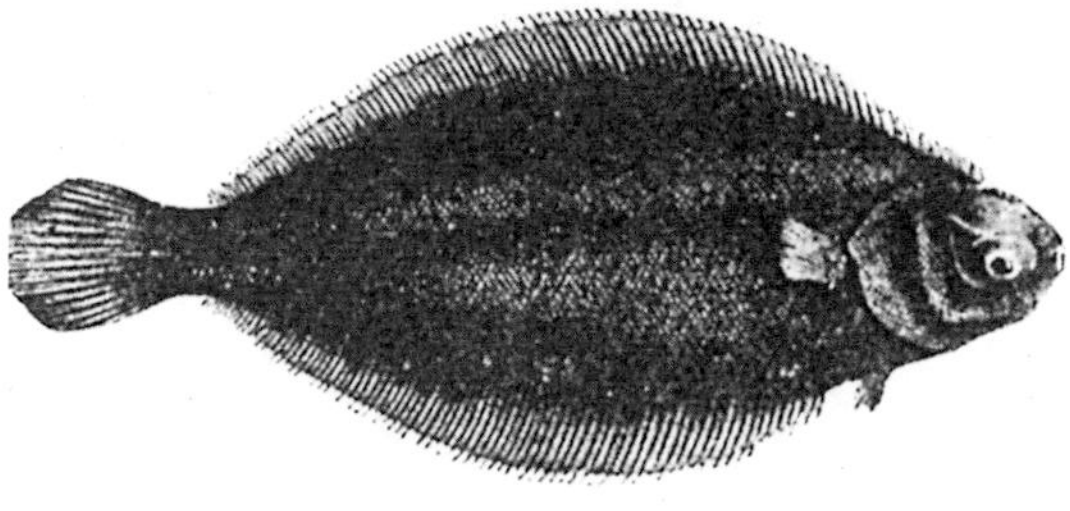

ヤナギムシガレイ

青褐色で、殆ど斑紋はない。體長は二百十ミリメエトル（七寸）に達する。北日本に多いものであるが、多少南日本へも分布してゐるやうに思はれる。

＊ヒレグロ　鰭黒　Microstomus hireguro *Tanaka*（**ヒラメ科**）

福井縣小濱でヒレグロ、大阪、舞鶴でクロガレ、兵庫縣香住でヤマガレ又はホオインガレイ、大阪でヤマブシガレイ、兵庫縣濱坂でベランス、京都府久美濱でミヽグロ、新潟縣能生、高田市でミズアサバ又はミズアサワと云ふ。背鰭九十二軟條、臀鰭八十軟條、一縦列の鱗數は百八個である。眼側は體の右側で、口は小く、カレイ類である。眼と眼との間の頗る狹いこと、その他の點に於て頗るよくヤナギムシガレイに似てゐるが、是れが頗る美味であるのに、ヒレグロは不味である。體長は三百五十ミリメエトル（一尺二寸）に達する。北日本のものである。外國の學者の内にはヤナギムシガレイと同一種であらうと考へてゐる人があるが、私も近頃は是と同様の考を持つてゐて、ヤナギムシガレイは幼時のもの、ヒレグロは成長期のものであるやうである。また前者は稍や淺い處に、後者は稍や深い處に住んでゐる。

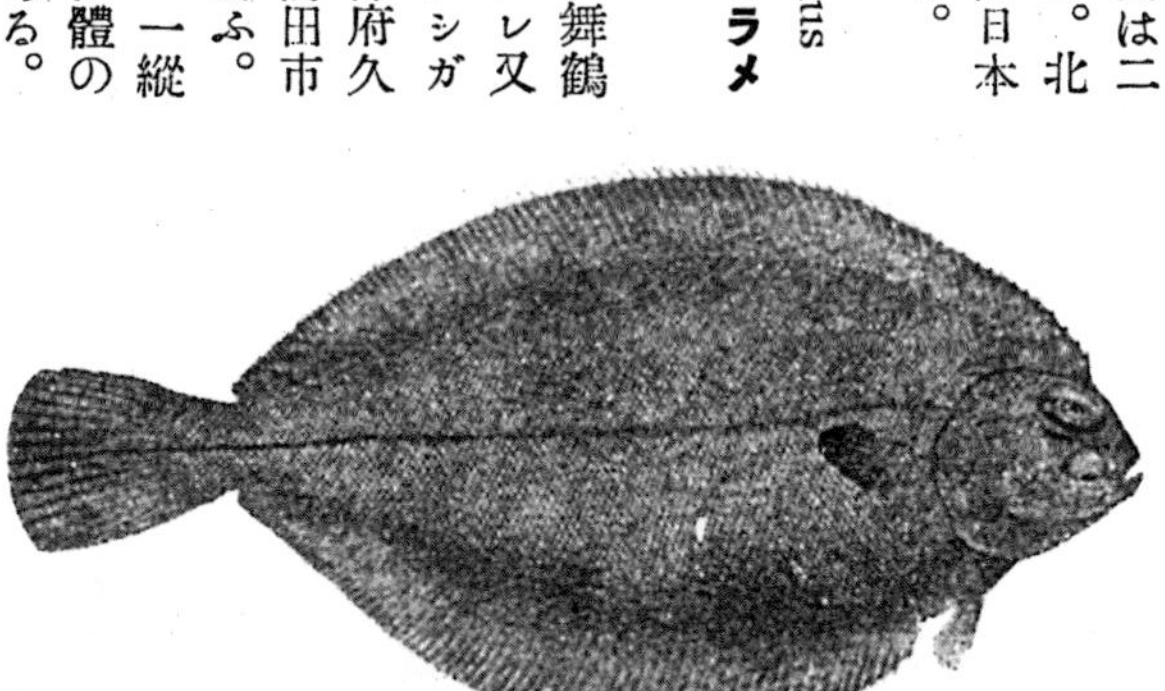

ヒレグロ

サヽウシノシタ　笹牛之舌　Amate japonica (*Temminck* & *Schlegel*)（**ウシノシタ科**）

サヽウシノシタとは曾て私の命名したものである。靜岡縣靜浦でマガリと云ふ。背鰭八十四軟條、臀鰭五十五軟條、一縦列の鱗數七十二個で

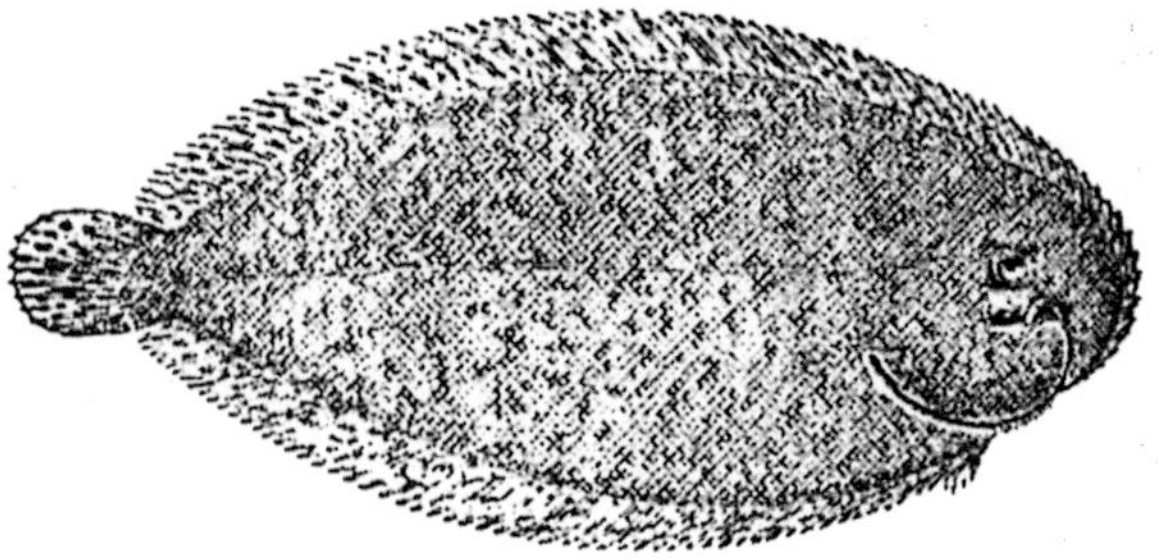

サヽウシノシタ

ある。眼側は體の右側である。暗灰色の地色へ褐色の斑紋を密布してゐる。南日本から東印度諸島へ分布してゐる。體長百四十ミリメエトル（四寸七分）に達する。僅に漁獲せられる小魚で、肉量極めて乏い爲に食用としての價値はない。

ツルマキ　蔓巻　Zebrias zebrinus (*Temminck & Schlegel*)（**ウシノシタ科**）

神奈川縣三崎でツルマキ、東京でシマシタビラメ、愛知縣三谷町でホオシノタマ、和歌山縣田邊でシマガレイ又はウマノシタ、同縣白崎でゼンマイ、富山でケムシガレイ、新潟縣でシマセキダガレイ、和歌山縣加太町でタマシタ、福岡縣柳河でシマクチゾコと云ふ。背鰭七十二乃至七十六軟條，臀鰭六十三乃至六十六軟條，一縱列の鱗數八十九乃至九十六個である。眼側は體の右側である。體面には美く褐色横帶があり，尾鰭には若干の圓い黄色斑紋がある。體長は三百ミリメエトル（一尺）に達する。日本國中何れの地にも居るが，さほど美味でない爲に特に是を取る漁法がない爲か，割合に少いものである。是に近いものにセトウシノシタ瀬戸牛之舌 Zebrias japonicus (*Bleeker*)（セトウシノシタとは曾て私の命名したものである）がある。ツルマキと異なる點は尾鰭に黄色點の無いこと，背鰭と臀鰭とが各ゝ尾鰭に連なる處に一つの缺刻あること（ツルマキでは缺刻なく，自然に尾鰭と連絡し，其界が一見しただけではわからない）などである。是も南日本のもので，ツルマキと殆ど同長に達する。矢張り食用としての價値も少く，また多く取れないものである。

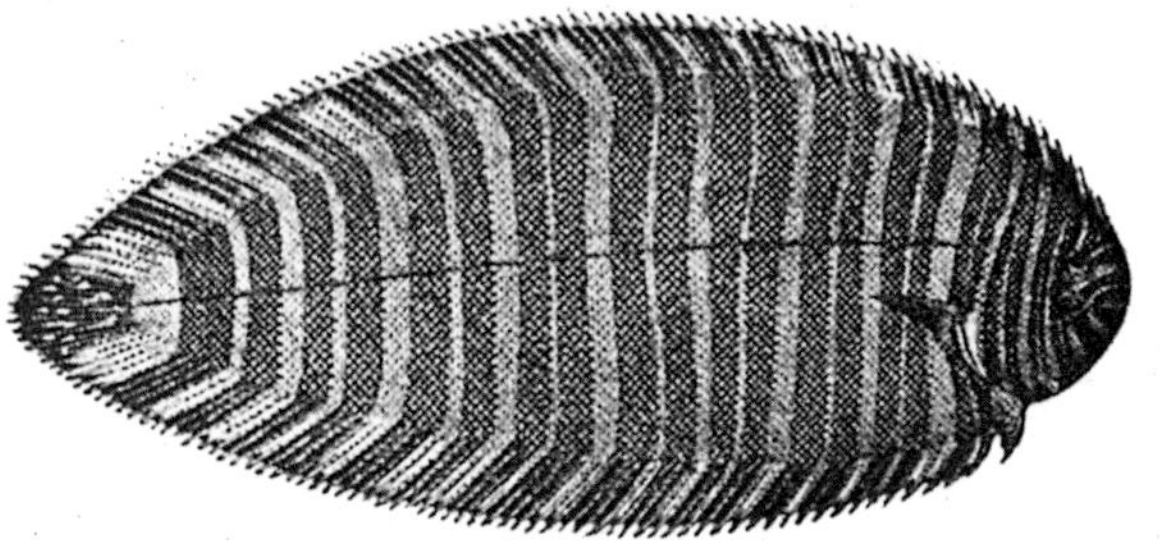

ツルマキ

クロウシノシタ　黑牛之舌　Rhinoplagusia japonica (*Temminck & Schlegel*)

（**ウシノシタ科**）

從來，本種へウシノシタと云ふ名稱を與へてあつたが，是はウシノシタ類全體を稱する名稱で，本種だけを稱するものとしては都合がわるい。殊に本種はウシノシタ類中で必しも多く取れるものでもなく，さほど美味でなく，他に本種よりも遙に美味であるウシノシタ類があるので，私は今回思ひ切つてクロウシノシタと改名すること丶した。ウシノシタ類一般の名稱としては東京，愛知縣三谷町，舞鶴でウシノシタ，福井縣，新潟縣能生でネズリ，ネズラ，又はネズレ，新潟でセキダガレイ，福岡縣柳河でクチゾコ，高知でシタ，ウシノシタ又はベタ，靜岡縣靜浦でナガト又はナガトビラメと云ひ，本種を福井縣三國町でクロネズリ，富山縣滑川町でマジリガレエ，高知でクロベタと云ふ。背鰭百四乃至百十軟條，臀鰭八十三乃至八十六軟條，一縱列の鱗數九十二乃至九十六軟條である。眼は體の左側に付いてゐる。眼側の口唇には數多の觸手狀突起を持つてゐる。體長は三百ミリメエトル（一尺）に達する。眼側の體色は紫がゝつた青黑色である。日本國中何れの地にも居るが，九州

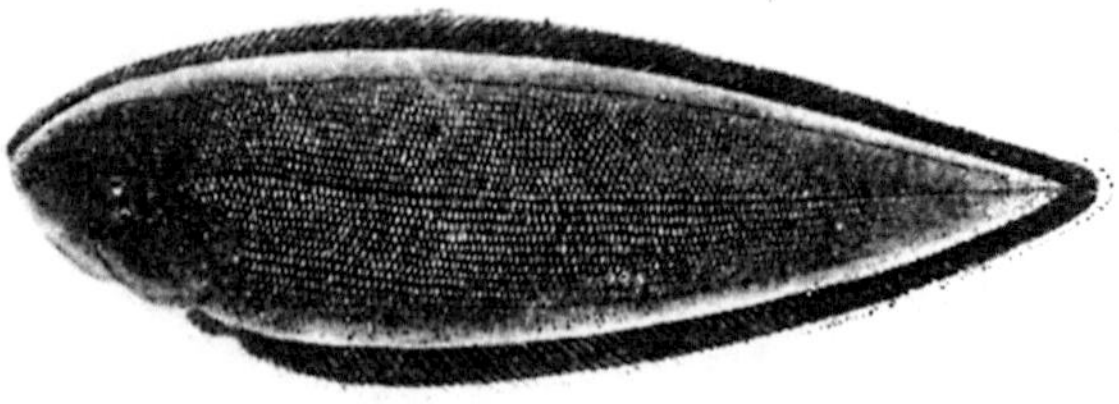

クロウシノシタ

西部の有明海には居ない。是に近いものにイシワリ石割 Areliscus purpureomaculatus (*Regan*)（福岡縣柳河でイシワリ、イシワリクチゾコ、又はクロクチゾコと云ふ）がある。背鰭百二十八軟條、臀鰭百四軟條、一縱列の鱗數は百二十個である。此種では口邊に全く觸手がない。南日本にも居るが、有明海に頗る多い。殆どクロウシノシタと同樣である。有明海沿岸では相當美味のものとしてゐる。

アカシタビラメ　赤舌鮃　Areliscus joyneri (*Günther*)（**ウシノシタ科**）

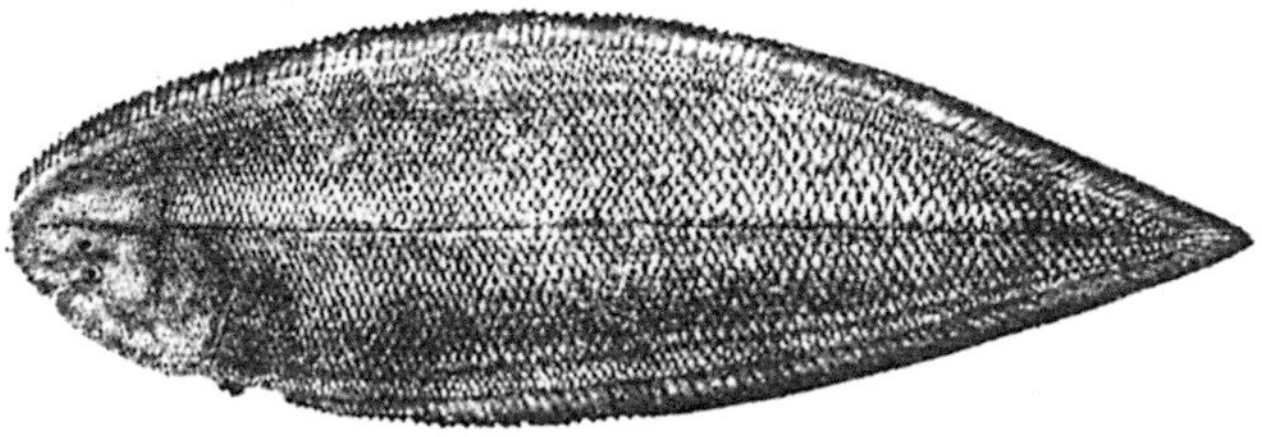

アカシタビラメ

東京や所々でアカ、アカシタ又はアカシタビラメ、福井縣三國町、高田市でアカネズリ、福岡縣柳河でアカクチゾコ、高知市外浦戸でアカベタと云ふ。背鰭百六乃至百十二軟條、臀鰭八十三乃至八十六軟條、一縱列の鱗數七十乃至七十五個である。眼側は體の左側で、口唇に全く觸鬚が無い。著く赤味のあるのと、鱗が大きく且つ是れが剝離し易いこととを特徵とする。體長は三百ミリメエトル（一尺）に達する。南日本に多いものであるが、多少北日本へも分布してゐる。ウシノシタ類中最も美味で、西洋料理のフライとして最も適當で、西洋人の最も好む魚種の一つである。何れの地でも多く、また漁業者の索める魚種であるが、福岡縣柳河にも多い。此地方でデンベエと云ふのは本種と違ふやうにも思はれるが、私は寧ろ本種と同一種で、たゞ幼魚又は中成魚のことゝ思つてゐる。

ハナハゼ　花沙魚　Vireosa hanae *Jordan* & *Snyder*（**ハゼ科**）

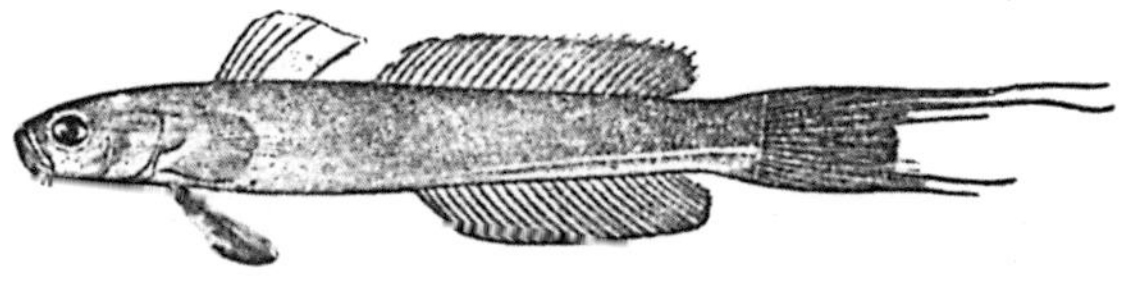

ハナハゼ

ハナハゼとは種名を直譯して私の曾て命名したものであるが、種名のハナと云ふのは故理學博士箕作《みつくり》佳吉先生の令孃花子さんの名を取つたものである。第一背鰭六棘、第二背鰭二十五軟條、臀鰭二十五軟條腹鰭一棘四軟條である。左右の腹鰭は離れ、吸盤を作つてゐない。體は頗る細長く、體高は體長の六分の一よりも低い。微小の圓鱗を持つてゐる。下顎は突出し、爲に口は稍や垂直に上方に向つてゐる。頤には一つの小い突起がある。尾鰭は稍や長く、殊に其上緣に近い軟條と下緣に近いものとは長く線狀に延びてゐる。體色は頗る美しく、體の上部は青藍色で、下部は桃色である。鰭も頗る美いが、フォルマリンへ浸すと、全く白つぽくなる。南日本の海岸に住んでゐるもので、體長は僅に百五十ミリメエトル（五寸）に達する。全く食用とはならないもので、稀に漁獲せられるものである。海岸へ建てた大謀網へ折々入り込むものである。

イソハゼ　磯沙魚　Eviota abax *Jordan* & *Snyder*（**ハゼ科**）

イソハゼとは曾て私の命名したものである。第一背鰭六棘、第二背鰭十一軟條、臀鰭九軟條、腹鰭一棘五軟條、一縱列の鱗數は二

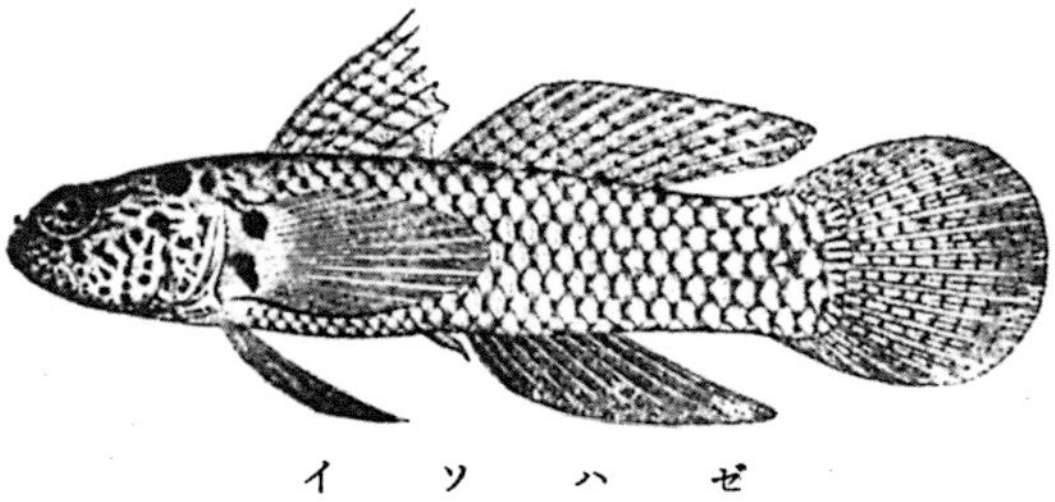

イソハゼ

十三個である。體は稍や長く、鱗は體の小いのに較べて頗る大きい。左右の腹鰭は互に離れ、吸盤を作らない。口は稍や上方に向つてゐる。顎に鬚は無い。頭には全く鱗が無い。體長僅に十五ミリメエトル（五分）で、南日本の海岸に住んでゐる。邦産ハゼ類中、最も小形のもので、魚市場で見ることは殆どないから、是を取るには干潮の際、岩の間に溜つてゐる海水を汲み出して丹念に探すのであるが、案外に澤山に採集することが出來る。地色は茶褐色で、頭部、胸鰭の基底、項部などに濃褐色の斑紋がある。フォルマリンへ浸すと、地色は淡黄色に變ずる。殆ど利用の途もなく、是を採集するのは特別に是を探す外に方法がない。

クロイトハゼ（**ハゼ科**） **黒絲沙魚** Eleotriodes helsdingeni *Bleeker*

クロイトハゼとは曾て私の命名したものである。第一背鰭六棘、第二背鰭十二又は十三軟條、臀鰭十二軟條、一縱列の鱗數凡そ百三十個である。腹鰭は一棘五軟條で、左右のものが結合しないで吸盤を作つてゐない。鱗は櫛鱗で、頗る細かい。尾鰭中部に近い軟條は延長して、長く線狀となつてゐる。體色は綠がゝつた薔薇色で、二個の褐色縱帶がある。第一背鰭には濃い菫色の大きい一斑紋があつて、此斑紋は白つぽい輪を以て圍まれてゐる。南日本から熱帶方面の海に居るものであるが、我國には極めて少い。體長は百二十ミリメエトル（四寸）に達する。全く食用としての價値はない。

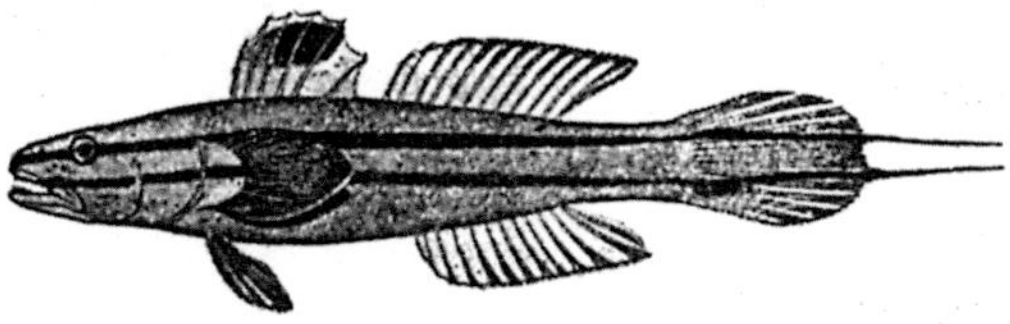

クロイトハゼ

ドンコ **鈍甲** Mogurnda obscura (*Temminck & Schlegel*)（**ハゼ科**）

凡そ川魚には方言の多いものがあるが、本種にも頗る方言が多い。最も通用の多いものはドンコ（琵琶湖沿岸、岐阜、大阪、兵庫縣加古郡山田村、愛媛縣松山市、山口縣長門國伊佐、熊本縣阿蘇郡北小國村、大分縣直入郡長湯村、同縣同郡竹田町）で、琵琶湖でドロボオ、ドマン又はチ、ムコ、京都府丹後國加佐郡丸八江村でゴニヨ又はゴニヨッパチ、同國加佐郡東雲村でドボクロ又はデクロボオ、和歌山縣那賀郡岩出町でゴロビシャ、同縣海草郡貴志村でカブロ、同縣同郡野崎村でノッコ、奈良縣宇智郡五條町でグス、福井縣大野郡大野町でドロビシ、同縣南條郡今莊でドンブシ、敦賀でテンクロオ、兵庫縣城崎郡豐岡でドマグロ、岡山、岐阜、山口縣都濃郡富田村でドンコツ、石川縣今江潟でグズ又はガンボオグズ、廣島縣安佐郡でゴッボオ、同縣加茂郡東志和でゴッパツ、高知でゴオソ、高知附近の五臺山でチ、コ、長崎でドンボ、ドンボッ又はカワドンボ、福岡縣豐前國中津でドンクロ、熊本縣阿蘇郡北小國村、大分縣宇佐郡豐川村、同縣直入郡長湯村、福岡縣豐前國中津でドンカチ、宮崎縣でドンコロと云ふ。東京附近では本種は全く見受けないやうである。第一背鰭七棘、第二背鰭九軟條、臀鰭八軟條、腹鰭一棘五軟條、一縱列の鱗數三十六個である。左右の腹鰭は互に離れ、吸盤を作つてゐない。體は肥大し、殊に頭は短大で、頰部はよく膨れ、外方へ張り出してゐる。體は紫がゝつた黑色で、殆ど斑紋はないが、第二背鰭と臀鰭とには數多の暗褐色斑紋がある。體長は百五十ミリメエトル（五寸）に達する。南日本の川魚で、美味のものである。此魚を盥の中へ入れ、種々の色の切地《きれぢ》で蔽ふと、其色が變はるので面白い實驗が出來る。

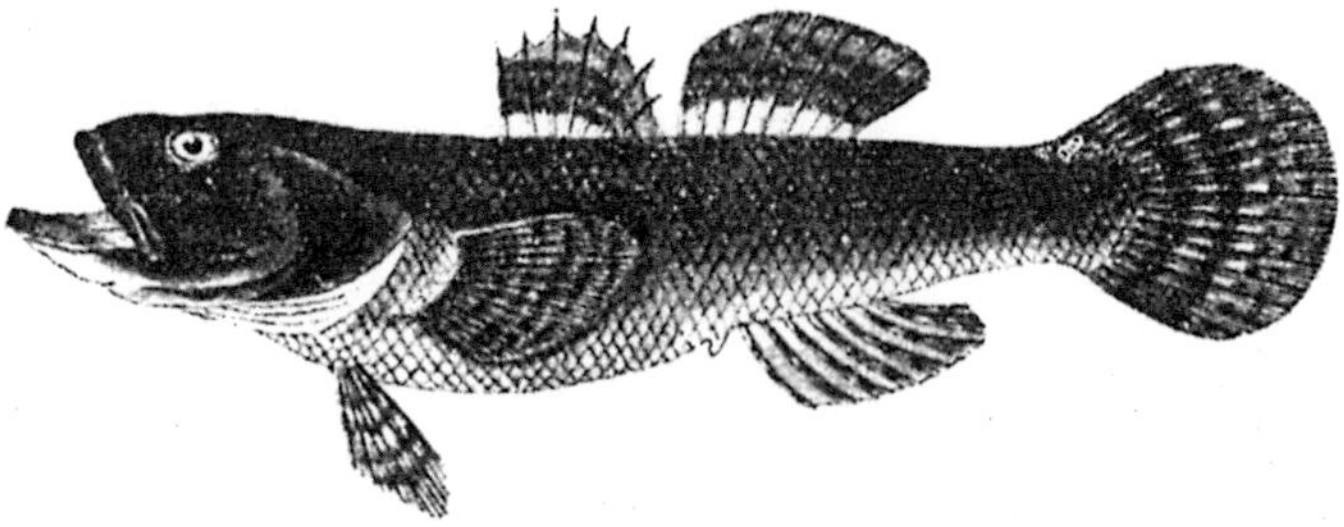

ドンコ

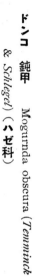

カワアナゴオ　**川穴子**　Eleotris fusca (*Schneider*)（**ハゼ科**）

高知市でアナゴオ、高知市の東部でサ、アナゴオ、同市外の五臺山村でイシモチ、岐阜市でパン、岐阜縣安八郡墨俣《スノマタ》村でアブラドンコ、和歌山縣海草郡でドマ又はドマグロ、同縣那賀郡岩手町でタガネ又はウシヌスット、同縣西牟婁郡田邊でカワグエと云ふ。第一背鰭五棘、第二背鰭九軟條、臀鰭九軟條　腹鰭一棘五軟條　一縱列の鱗數五十個である。稍やドンコに似てゐるが、是よりも細長く、頭も細長い。鰓蓋前骨に一個の小棘を隱在し、此棘の先端は前方へ曲がつてゐる。此小棘は皮膚を破らないと見えないものであるが、ドンコには全く是がない。左右の腹鰭は離れ、吸盤を作つてゐない。體色はドンコよりも稍や淡く、背中線に黃味を帶びた幅の廣い一色帶を持つてゐる。體長は百二十ミリメエトル（四寸）に達し、南日本の川魚である。左程美味ではない。本種もドンコと同樣に周圍の明暗又は色工合によつて體色を變化するが、是よりも鋭敏であるやうである。此魚の面白いことは分布で、南洋諸島に居るものは一縱列の鱗數六十個位で、體も短大であるが、是等の島に居るものは變化性に富み、日本產のものゝやうに鱗の少いものもあるが、邦產のものでは鱗數は略ぼ一定してゐる。本種は川ばかりでなく、鹽分の少い入江にも居るから、海洋中の島々へも分布し得られるかと思はれる。ドンコは分布の廣いものであるが、本種は南日本の内の南部へ局限せられ、東京、琵琶湖などには全くなく、千葉縣、福岡縣柳河などではたゞ極めて稀に得られ、從つて此地方では特別の名稱がない。

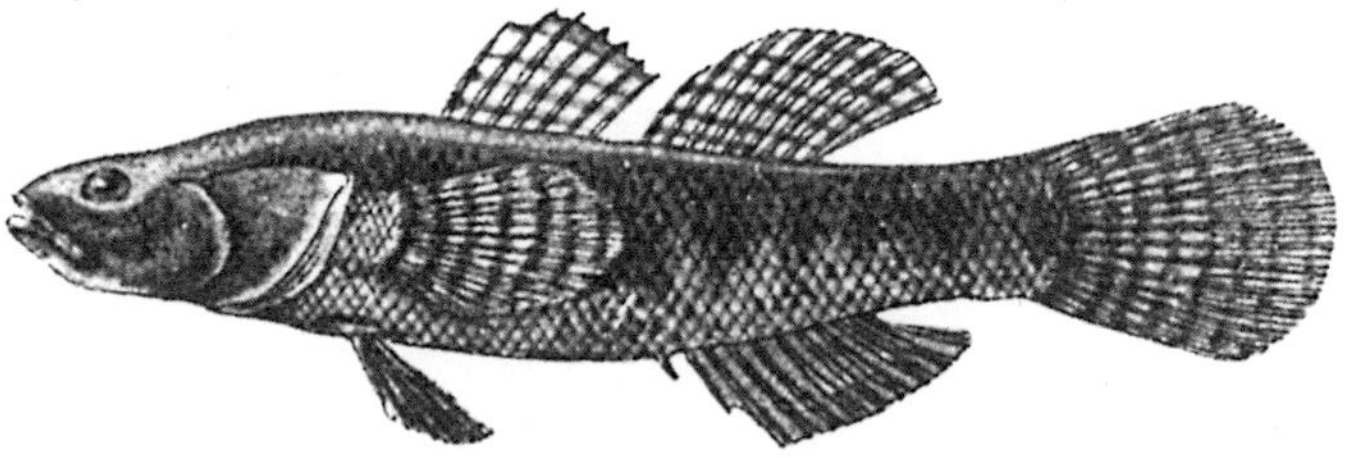

カワアナゴオ

ムツゴロオ　**鯥五郎**　Apocryptes pectinirostris (*Gmelin*)（**ハゼ科**）

福岡縣山門郡柳河や佐賀でムツ、ムツゴロオ又はホンムツと云ふ。此地方ではトビハゼもムツと云ふから注意を要する。第一背鰭五棘、第二背鰭二十五軟條臀鰭二十五軟條、腹鰭一棘五軟條である。左右の腹鰭は相合して吸盤を作つてゐる。體は細長く、第一背鰭を作つてゐる棘は細長い。鱗は頗る小い。胸鰭は其基部肉質に富み、且つ小鱗を以て蔽ふてゐる。此鰭を以て干潟となつた時、泥土の上を步行するのである。體色は青藍色で、淡色の小點を散在してゐる。體長はトビハゼよりも大きく、百八十ミリメエトル（六寸）に達する。臺灣、朝鮮、南支那、東印度諸島の入江に居る魚で、我が國では九州の西部有明海だけに饒產するが、他地方には全くないものである。有明海では長崎、佐賀、福岡、熊本の四縣に跨つて分布區域を持つてゐるが、本種を好んで食べるは佐賀縣で、錨鉤《いかりはり》でムツゴロオを引つかけて取る漁法は佐賀縣人の最も得意とする處で、また佐賀市のみならず、佐賀縣の山奥では此魚を養ひ置き、客の求める每に料理するのである。肉は柔いが、脂肪が多く、美味である。是を乾すと蠟燭の代用とすることも出來る。

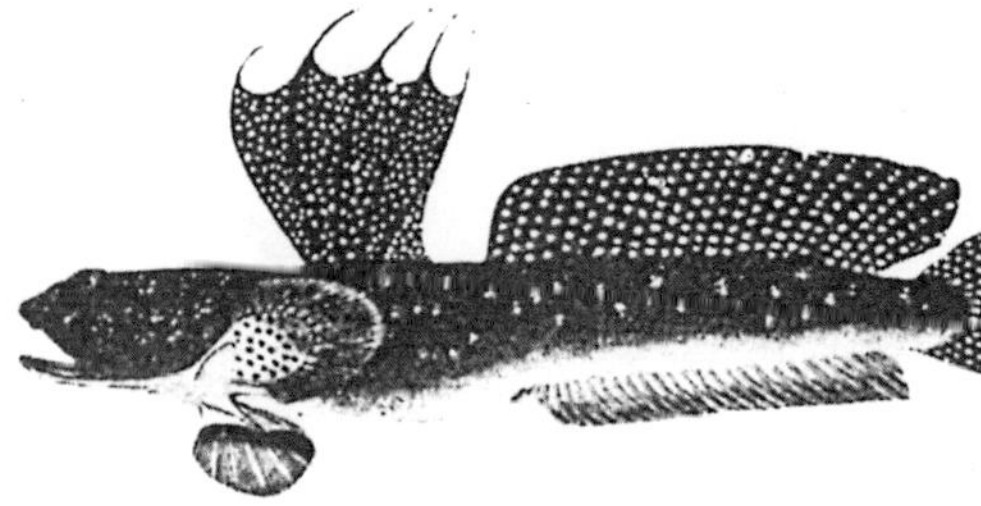

ムツゴロオ

トビハゼ　**跳沙魚**　Periophthalmus cantonensis (*Osbeck*)（**ハゼ科**）

東京でトビハゼ、福岡縣山門郡柳河でカナムツ、佐賀でカッチャムツ

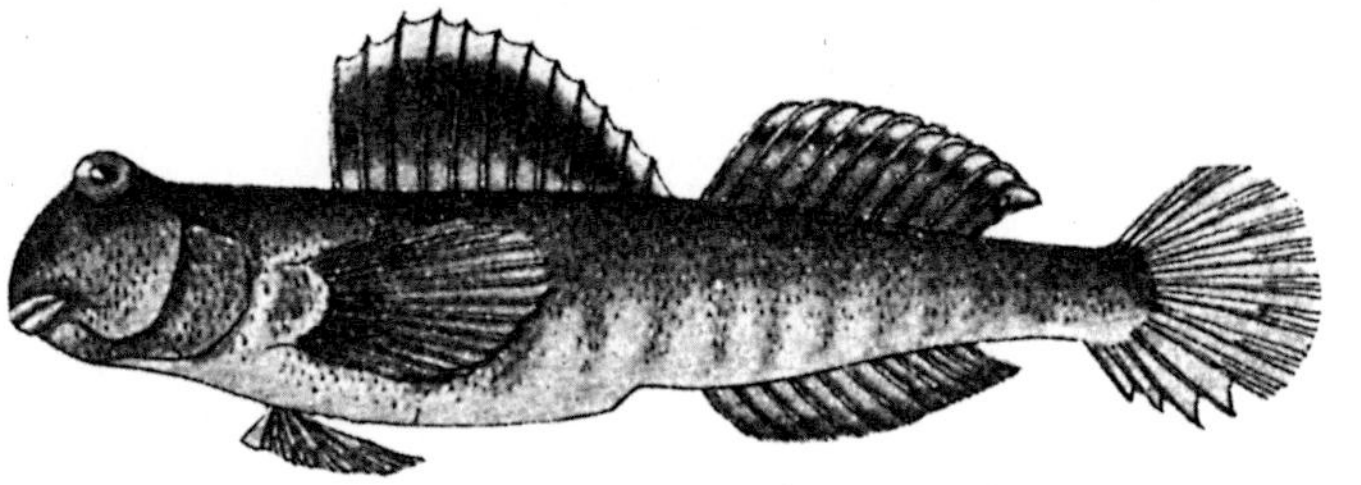

ト　ビ　ハ　ゼ

又はカッチャンと云ふ。第一背鰭十四棘、第二背鰭十二軟條、臀鰭十二軟條、腹鰭一棘五軟條、一縱列の鱗數七十五個である。左右の腹鰭は結合し、吸盤を作つてゐる。ムツゴロオよりも小形で、胸鰭の基底は肉質に富み、是に小鱗を密布し、是れで干潟となつた泥地を歩行する。體の上部は青藍色で、下部は白つぽいが、全體として多少赤味を帶びてゐる。二背鰭共に一つの暗褐色帶がある。體長は六十ミリメエトル（二寸）に達する。南日本のもので、支那へも分布し、東京深川の海岸の泥地にも澤山に生活してゐる。九州有明海ではムツゴロオと共に澤山に生活してゐるが、ムツゴロオを取るのに反し殆ど是を顧ない爲め、ムツゴロオが人を恐れること頗る强いのに反し、本種は左程人を恐れない。それでも其土地では本種を以て田麩《でんぶ》を作ることがある。

ヨシノボリ　葦登　Rhinogobius similis *Gill*（**ハゼ科**）

長野縣でヨシノボリ、ヨナ、ヨナッペ、ヤアランボ又はスイツキ、埼玉縣南埼玉郡大山村でアハラ、茨城縣土浦でトラゴロ、栃木縣下都賀郡絹村でオボスコ、同縣鹽谷郡蓮川町でヘビカジカ、石川縣でカワラゴリ（大形のもの）、ツユゴリ（小形のもの）又はノメサ、福井縣三方湖でウル、ミ、岐阜でビンガ、琵琶湖でイシビシショ、イシモチ又はゴリ、京都府加佐郡丸八江村でイシモチ、大阪府茨木川でゴリモチ、丹波竹野でゴリン、奈良縣五條町でゴリキ、大阪府南河内郡長野町、高知、山口縣玖珂郡本郷村でゴリ、靜岡縣川津川でボチ、徳島縣美馬郡脇町でジンゾク、岡山縣後月郡芳井村小田井でイシナシゴ、廣島縣安佐郡でセフグ、大分縣直入郡長湯村でセドンコ、又はセドンカチと云ふ。第一背鰭六棘、第二背鰭九軟條、臀鰭九軟條、腹鰭一棘五軟條、一縱列の鱗數三十一個である。左右の腹鰭は合して吸盤を作つてゐる。生きてゐるものでは赤や青の色彩があつて、美く見えるが、それでもよく見ないと美いと云ふことがわからない位であるから、派手な色彩とは言へない。フォルマリンへ浸すと、淡褐色の地色へ、褐色の斑紋を散在してゐるに過ぎないものとなる。體長は七十五ミリメエトル（二寸五分）に達する。我國の川魚の内では頗る多いものであるが、何分にも小い爲に人々の注目することもなく、殆ど食用ともしないが、それでも春に十ミリメエトル（三分）許りの小魚が川下から大群をなして川上へ溯るのを取つて味噌汁へ入れて食べると野趣頗る横溢で、一種の滋味を覺える。近頃は繁殖保護が八釜しくなつて是等の稚魚を取らせないこと丶してゐるが、その主旨自體はよいやうに見えるけれども、此のために本種が激增したと云ふことも聞かない。魚の激減は稚魚の濫獲ばかりによるのではなく、主として大量的の一般濫獲、水源地の山林荒廢、從つて山崩れの多いこと、川岸へ工場頻出のため汚水を流出することなどによるのであるから、是等の傾向と如何に協調して水族を繁殖せしめるかと云ふことが大問題で、單に稚魚を保護した位で水族の增加するのは僅數の特例だけに過ぎないこと丶思はれる。

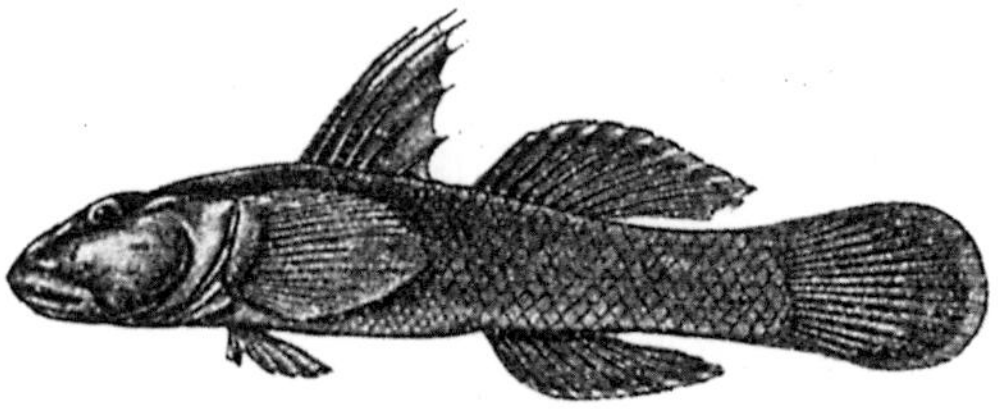

ヨ　シ　ノ　ボ　リ

ゴクラクハゼ　極樂沙魚　Rhinogobius giurinus (*Rutter*)（**ハゼ科**）

ゴクラクハゼとは曾て私の命名したものである。南日本に居る川魚であるが、本種に特に名稱を付けた何れの地方もないやうである。第一

ゴクラクハゼ

背鰭六棘、第二背鰭九軟條、臀鰭九軟條、腹鰭一棘五軟條、一縱列の鱗數二十八個である。左右の腹鰭は合して吸盤を作つてゐる。頭部殊に吻部稍や長く項部に鱗を密布してゐる。地色は淡灰色で、數個の大きい褐色斑紋が體側中央を縱軸に沿ふて一列に竝び、其の上方にも若干の同色斑紋がある。體長は九十ミリメエトル(三寸)に達する。南日本のもので、沖縄島や南支那にも居るが、内地で太平洋岸では茨城縣、日本海沿岸では兵庫縣まで分布してゐる。

ヒメハゼ　姫沙魚　Rhinogobius gymnauchen (*Bleeker*)（**ハゼ科**）

ヒメハゼとは嘗て私の命名したものである。南日本の海岸に居るもので

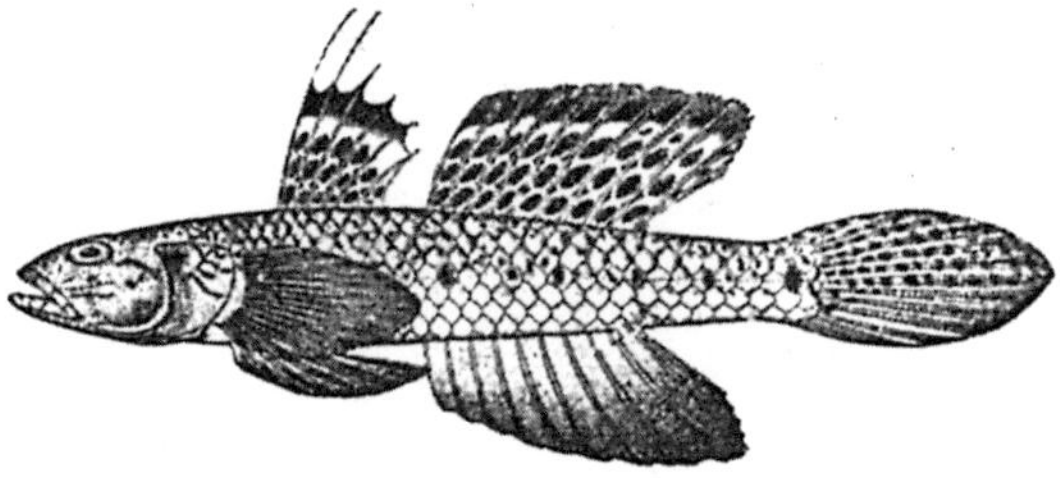

ヒメハゼ

あるが、是へ特別に名稱を付けてゐる何れの地方もない。第一背鰭六棘、第二背鰭十軟條、臀鰭十軟條、腹鰭一棘五軟條、一縱列の鱗數二十六個である。左右の腹鰭は結合し、吸盤を作つてゐる。細長い體を持ち頭も細長く、吻はよく尖つてゐる。第一背鰭の前部を作つてゐる棘は稍や長く絲狀となつてゐる。體は稍や褐色で、褐色の斑紋が體側中線を一列に竝んでゐる。二背鰭には斑紋多く、其邊緣は暗褐色である。臀鰭も邊緣に近い大部分は暗褐色である。體長は七十五ミリメエトル（二寸五分）に達し左程多くないから、稀に佃煮材料の一部分をなすものであらう。

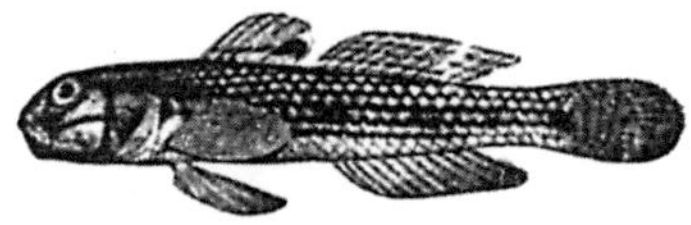

スジハゼ

スジハゼ　條沙魚　Rhinogobius pflaumi (*Bleeker*)（**ハゼ科**）

スジハゼとは嘗て私の命名したものである。第一背鰭六棘、第二背鰭十一軟條、臀鰭十一軟條、腹鰭一棘五軟條、一縱列の鱗數二十六個である。左右の腹鰭は相合して吸盤を作つてゐる。體は稍や長く、頭は稍や短く、其高さ割合に高く、吻短く、其先端は鈍く尖つてゐる。舌の先端は缺刻してゐる。胸鰭の上部には絹狀に細かい鰭條が別に離れて存在することはない。體色は淡灰色で、數條の褐色縱走帶があつて、是等は互に横條で連絡し、網狀斑紋を作つてゐる。第一背鰭の後部に一つの大きい褐色斑紋がある。體長は六十五ミリメエトル(二寸二分)に達する。我國の沿岸に存在するもので、往々佃煮の原料となることがある。

アベハゼ　阿部沙魚　Rhinogobius abei (*Jordan & Snyder*)（**ハゼ科**）

アベハゼとは種名から嘗て私の命名したものである。第一背鰭六棘、第二背鰭九軟條、臀鰭九軟條、腹鰭一棘五軟條、一縱列の鱗數三十六個である。左右の腹鰭は結合し、吸盤を作つてゐる。胸鰭には其上部に絹狀の細かい絲狀部を分派してゐない。體色は暗灰色で、前部には褐色の横帶があり、後部には二條の縱帶がある。第一背鰭の後部に一つの大きい暗褐色の斑紋がある。體長は三十五ミリメエトル（一寸二分）に達する。南日本の海岸に居るものであるが少い。本種は頗る小形のハゼ類であるが、或はスジハゼの幼魚かも知れ

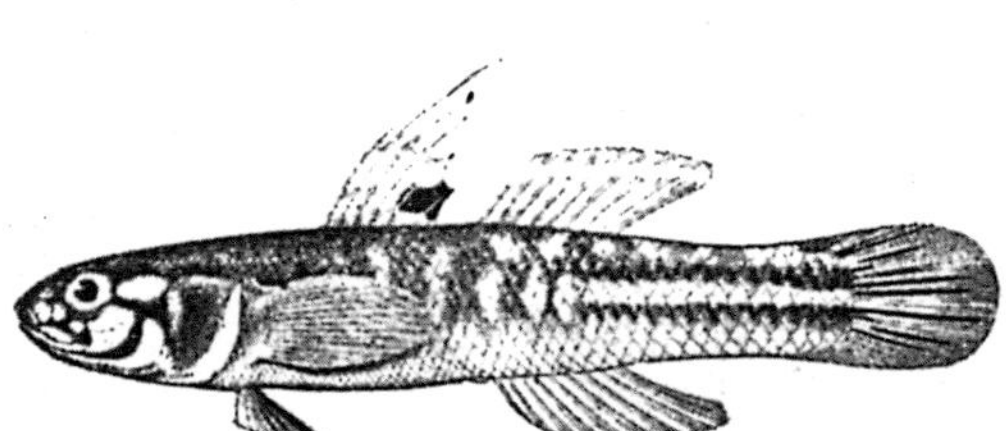

アベハゼ

ない。殆ど利用の途はない。

クモハゼ　**雲沙魚**　Mapo poecilichthys (*Jordan & Snyder*)（**ハゼ科**）

クモハゼとは曾て私の命名したものである。第一背鰭六棘、第二背鰭十軟條、臀鰭九軟條、腹鰭一棘五軟條、一縱列の鱗數三十七個である。左右の腹鰭は結合し、吸盤を作つてゐる。頭は稍や短く、其高さが割合に高い。胸鰭には其上部に絹狀鰭條が分派してゐる。體色は暗灰色で、暗褐色の大きい斑紋を有し、其内の前部のものは延びて第一背鰭の中部にまで擴がつてゐる。體長は五十ミリメエトル（一寸七分）に達する。南日本の沿岸に居るものであるが、吾々の入手する數は少いものである。殆ど食用には供しない。

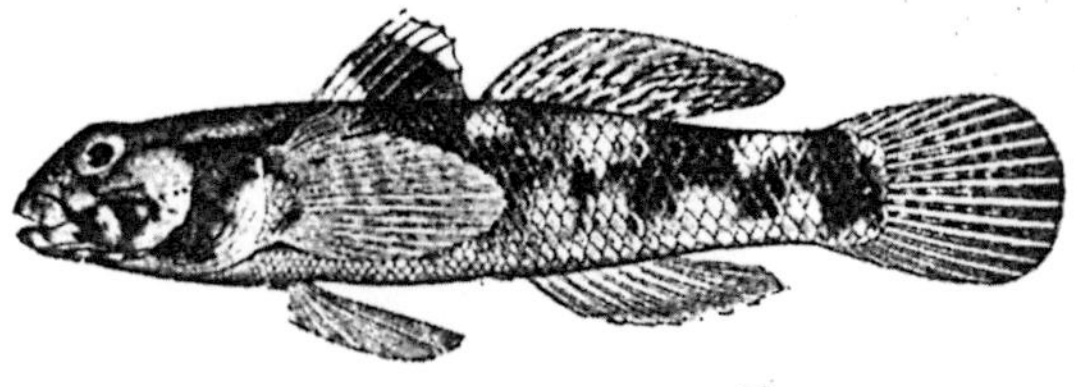
ク　モ　ハ　ゼ

アシシロハゼ　**足白沙魚**　Aboma lactipes (*Hilgendorf*)（**ハゼ科**）

アシシロハゼとは種名を直譯して曾て私の命名したものである。第一背鰭八棘、第二背鰭十一軟條、臀鰭十一軟條、腹鰭一棘五軟條、一縱列の鱗數三十六個である。左右の腹鰭は合して吸盤を作つてゐる。細長い體を持ち、頭も割合に細長い。二背鰭及び鰭條は長いが殊に第一背鰭のものは著く長い。胸鰭には分派した絹狀の鰭條はない。體色は灰色で、體側中央に一列の暗褐色斑點がある。體長は七十五ミリメエトル（二寸五分）に達する。北日本の內灣のものであるが神奈川縣江の島（南日本の中に入れるべき地區）からも取れたことがある。少いもので、食用としての價値はない。

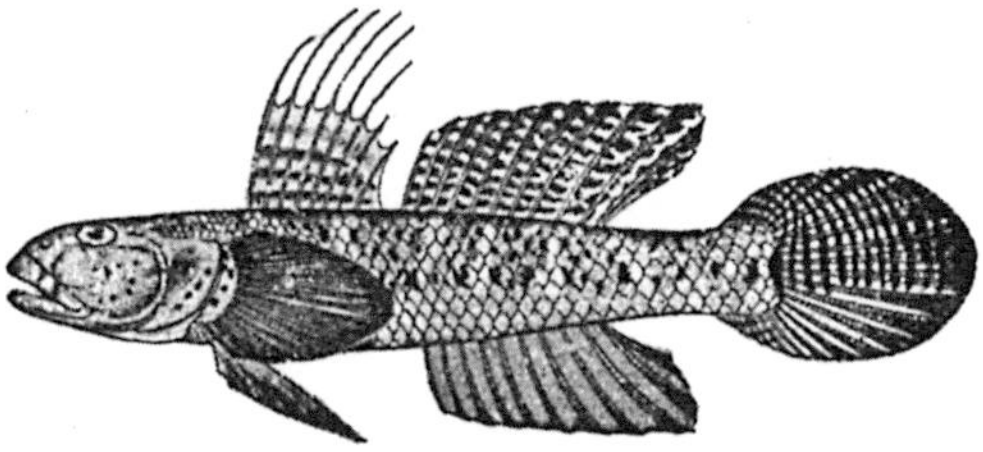
ア　シ　シ　ロ　ハ　ゼ

イトヒキハゼ　**絲引沙魚**　Cryptocentrus filifer (*Cuvier & Valenciennes*)（**ハゼ科**）

イトヒキハゼとは何地の稱呼か不明である。恐らく第一背鰭の形から數十年前の學者が便宜上命名したものであらう。伊勢灣でナメハゼ、岡山縣邑久郡鹿沼村でネコハゼ又はトビツキハゼ、佐世保でゴベ、熊本でトビハゼ、愛媛縣でテカミと云ふ。第一背鰭六棘、第二背鰭十一軟條、臀鰭十軟條、腹鰭一棘五軟條、一縱列の鱗數九十五個である。左右の腹鰭は合して吸盤を作つてゐる。胸鰭には是より分派した絹狀の鰭條部はない。細長い體を持ち、頭も細長く、口が大きい。是に觸れると嚙み付くからテカミの名稱が出たであらう。トビハゼの名稱は凡そ斯樣な小魚は干潮の際是を捕へんとすると、チョロ〳〵と跳びながら遁げる故、俄か作りの名稱で、必しも本種だけに付いた名稱ではなからうと思ふ。體は灰色で、褐色の横帶があり、殊に第一背鰭第一と第二棘との間の皮膜の基底に近く、大きい長楕圓形の斑紋一個を持つてゐる。此の斑紋は青黑色で、其周曲を淡色の輪を以て圍んでゐる。第一背鰭をなす鰭條は大部分長いが、其長さは多少雌雄によつて相違することゝ思はれるが、まだ此點を精査した人がないやうである。南日本及び支那へ分布してゐる。體長は百二十ミリメエトル（四寸）に達する。左程多くはないが、食用としての價値は殆どないものである。

イ　ト　ヒ　キ　ハ　ゼ

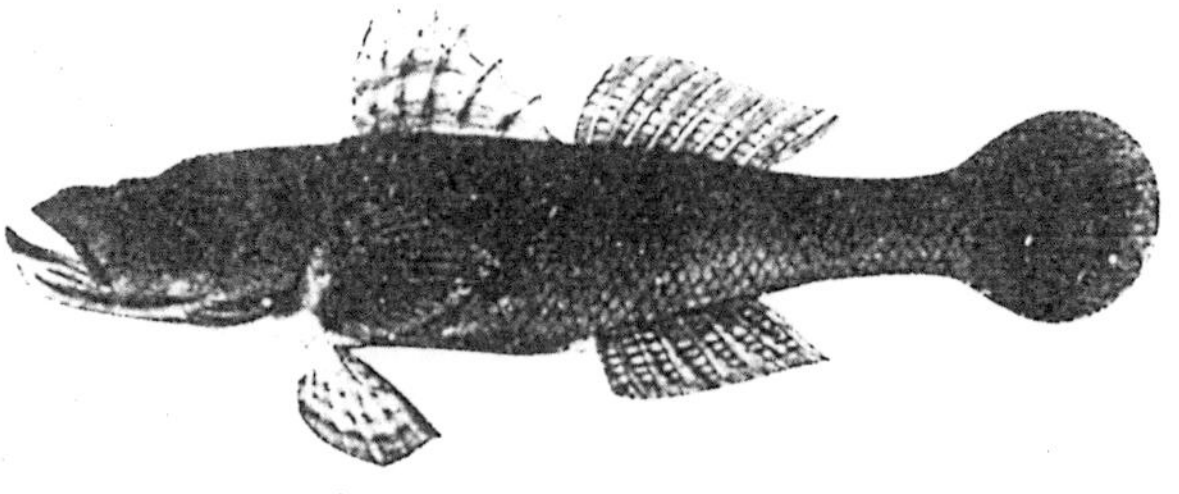

ウ　ロ　ハ　ゼ

ウロハゼ　洞沙魚　Glossogobius brunneus (*Temminck & Schlegel*)（**ハゼ科**）

舞鶴附近でウロハゼ、京都府久美濱でウログズ又はヌレ、高知でユルハゼ又はゴォソ（高知市西部のゴォソはドンコであるが、高知市東部葛島《カツラシマ》では本種をゴォソと云ふ）と云ふ。第一背鰭六棘、第二背鰭十軟條、臀鰭九軟條、腹鰭一棘五軟條、一縱列の鱗數三十個である。左右の腹鰭は合して吸盤を作つてゐる。胸鰭には分派した絹狀鰭條部はない。體色は黃味を帶びた褐色で、體側中央に數個の褐色斑紋が縱に竝んでゐる。體長は百四十ミリメエトル（四寸五分）に達する。南日本の入江に居るもので、川の下流へも侵入する。臺灣や支那へも分布してゐる。マハゼほどは美味でないが、相當多量に取れ、燒沙魚《やきはぜ》として販賣せられることがある。高知市で燒沙魚として市内を賣り歩くハゼと稱するものは全く本種である。

ウキゴリ　浮吾里　Chaenogobius macrognathos (*Bleeker*)（**ハゼ科**）

石川縣金澤でウキゴリ、オヽバゴリ又はシマゴリ、新潟縣新發田でタグズ又はアナグズ、栃木縣安蘇郡越名沼でゴロ又はバイラ、茨城縣土浦でヤナギッパ又はヤナギゴロ、琵琶湖、京都府丹後國加佐郡丸八江村でハゼ、琵琶湖でイシブシ、ウシヌスビト又はチヽカブリ、新潟縣村上でノッペ、同縣能生でカジカ、兵庫縣加古郡神野村でトラハゼ、福岡縣三《ミツ》瀦《マ》郡《グン》侍島《サムラヒジマ》でイシゴと云ふ。第一背鰭六棘、第二背鰭十二軟條、臀鰭十一軟條、腹鰭一棘五軟條、一縱列の鱗數七十個である。口頗る廣く、吻は長く且つ先端が鈍く尖つてゐる。左右の腹鰭は合して吸盤を作つてゐる。胸鰭には分派した絹狀の鰭條部はない。體色は黃味を帶びた青灰色で、不明瞭な淡褐色の斑紋を散在してゐる。二背鰭及び尾鰭には褐色の斑紋を散在してゐるが、第一背鰭後部の先端に大きい一つの黑つぽい斑紋がある。此斑紋は本種の特徴であるが往々にして此斑紋のない時もある。琵琶湖に產するイサザは此斑紋が無く、體色は餘程白つぽいが、本種の一異型と見た方がよいように思はれる。本種以外のものでも稀に第一背鰭後部に大きい顯著な一斑紋を持つてゐる標品がある。體長は九十ミリメエトル（三寸）に達する。我國に普通のハゼ類であるが、殆ど食用とはならぬ。琵琶湖のイサザは滋賀縣の川魚としては重要魚の一つで、昭和六年度の同縣統計によると、イサザの漁獲高は三萬一千三百一貫、四萬六千九百六十五圓で、九月から翌年三月までを漁期とし、飴煮や佃煮とする。

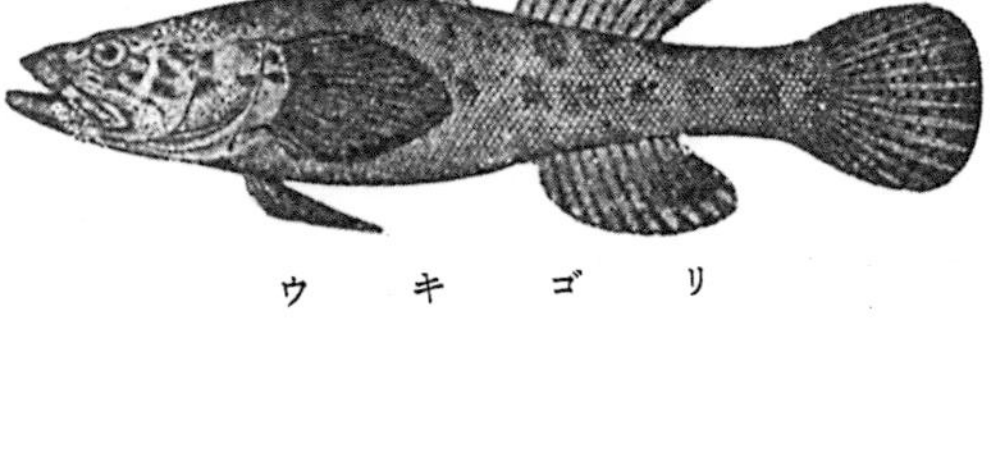

ウ　キ　ゴ　リ

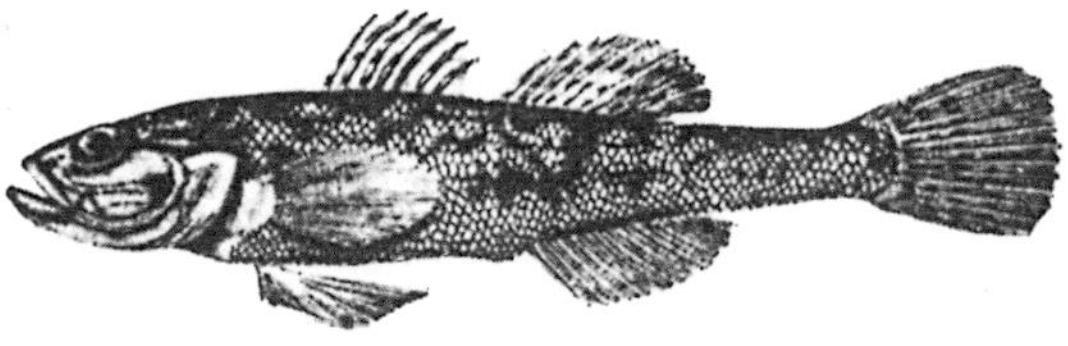

ビ　リ　ン　ゴ

ビリンゴ　微倫吾　Chloea castanea (*O'Shaughnessy*)（**ハゼ科**）

福岡縣博多でビリンゴ又はハラジロと云ふ。第一背鰭七棘、第二背鰭十一軟條、臀鰭十一又は十二軟條、腹鰭一棘五軟條、一縱列の鱗數六十七個である。左右の腹鰭は合して吸盤を作つてゐる。胸鰭の上部には分派した絹狀の細かい鰭條部はな

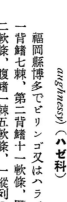

い。體は稍や短く、僅に側扁してゐる。舌は先端に於て缺刻してゐる。體色は淡褐色で、體の上部に褐色の斑紋を持つてゐる。體長は六十ミリメエトル（二寸）に達する。我國の川口に澤山群集するもので淡水にも海岸にも居るものである。左程多くは取れないもので、殆ど食用に供することはないが、多少多く取れる處では佃煮原料となることであらう。

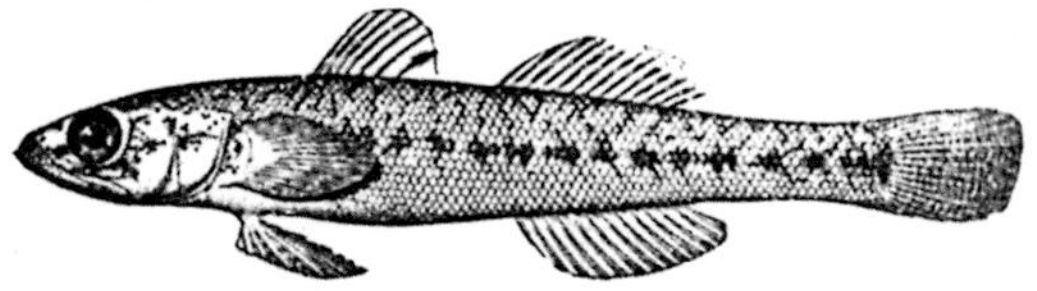
ニ　ク　ハ　ゼ

ニクハゼ　**肉沙魚**　Chloea sarchynnis *Jordan & Snyder*（**ハゼ科**）

ニクハゼとは種名の一部分から飜案して私の嘗て命名したものである。第一背鰭七棘、第二背鰭十三軟條、臀鰭十三軟條、腹鰭一棘五軟條、一縱列の鱗數七十個である。左右の腹鰭は合して吸盤を作り、胸鰭には分派した絹狀の鰭條部がない。頗る細長い體で、體高は體長の五分の一よりも低い。體色は灰色で、褐色の斑紋を持つてゐる。口裂は頗る廣い。體長は四十ミリメエトル（一寸三分）に達する。南日本の海岸に住んでゐるもので、多く取れる處では佃煮材料とする。

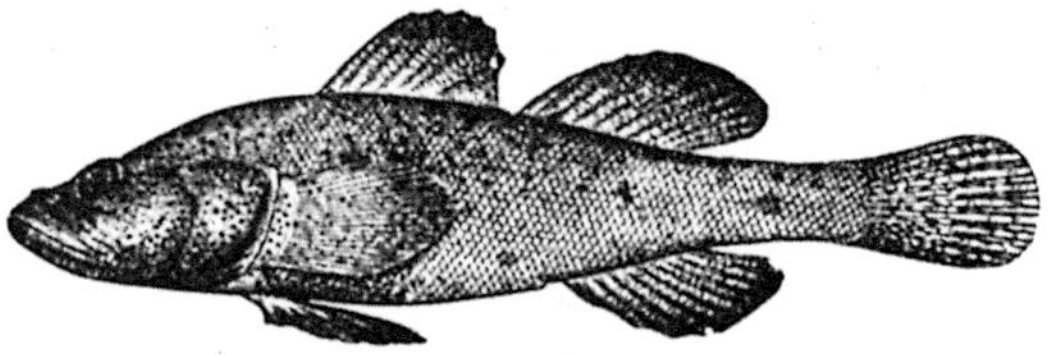
セ　ン　バ　ハ　ゼ

センバハゼ　**仙波沙魚**　Chloea nakamurae *Jordan & Richardson*（**ハゼ科**）

センバハゼとは嘗て私の命名したもので、水戸市の仙波湖（今は埋立てゝ其形を見られなくなつた）に多いものであつた。水戸では是をゴロと言つてゐる。第一背鰭七棘、第二背鰭十一軟條、臀鰭十一軟條、腹鰭一棘五軟條、一縱列の鱗數七十個である。左右の腹鰭は合して吸盤を作り、胸鰭の上部には絹狀の細かい鰭條部を分派してない。細長い體で、頭の後部に於て急に背外廓は昂起してゐる。頭は稍や大きく吻は細長く其先端は尖つてゐる。體色は褐色で生きてゐる時には淡黄色の横帶數個を持つてゐる。雄は繁殖期に著しく黒くなる。是を水戸でオシャラクドンカと云ふ。オシャラクとは華美を好む婦人のことである。體長は七十ミリメエトル（二寸四分）に達する。北日本の川に居るものであるが、多少潮入りの處へも分布してゐると思はれる。茨城縣霞ケ浦や秋田縣八郎潟では佃煮材料の内の一種である。

アゴハゼ　**顎沙魚**　Chasmichthys dolichognathus (*Hilgendorf*)（**ハゼ科**）

アゴハゼとは嘗て私の命名したものである。第一背鰭六棘、第二背鰭十一軟條、臀鰭十軟條、腹鰭一棘五軟條、一縱列の鱗數五十八個である。左右の腹鰭は合して吸盤を作り、胸鰭上部の鰭條は各個互に離れ、波狀に曲がり、絹の毛立つたやうになつてゐる。頭は稍や大きく、口裂頗る廣い。體色は灰色で、幅の廣い褐色横帶を持ち、二背鰭及び尾鰭には數多の褐色斑紋を持つてゐる。尾鰭基底に一つの大きい濃褐色斑紋を持つてゐる。體長は六十ミリメエトル（二寸）に達し、南日本の海岸殊に川口に往々饒産することがある。本種はドロメよりも鱗は大きいが、此種の幼魚ではないかと思はれる。食用としての價値はない。

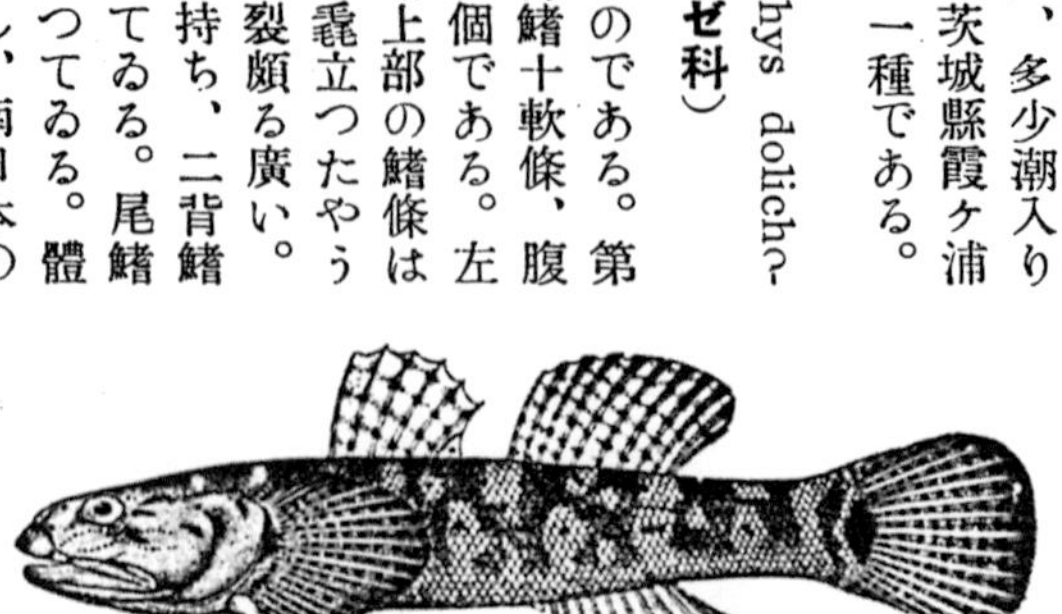
ア　ゴ　ハ　ゼ

ドロメ　**泥目**　Chasmichthys gulosus (*Gnichenot*)（**ハゼ科**）

神奈川縣三崎の城ケ島でドロメ、靜岡縣靜浦でカンジイと云ふ。第一背鰭六棘、第二背鰭十一軟條、臀鰭十軟條、腹鰭一棘五軟條、一縱列の鱗數八十九個である。左右の腹鰭は合して吸盤を作り、胸鰭上部の鰭條は

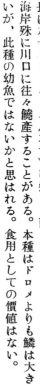

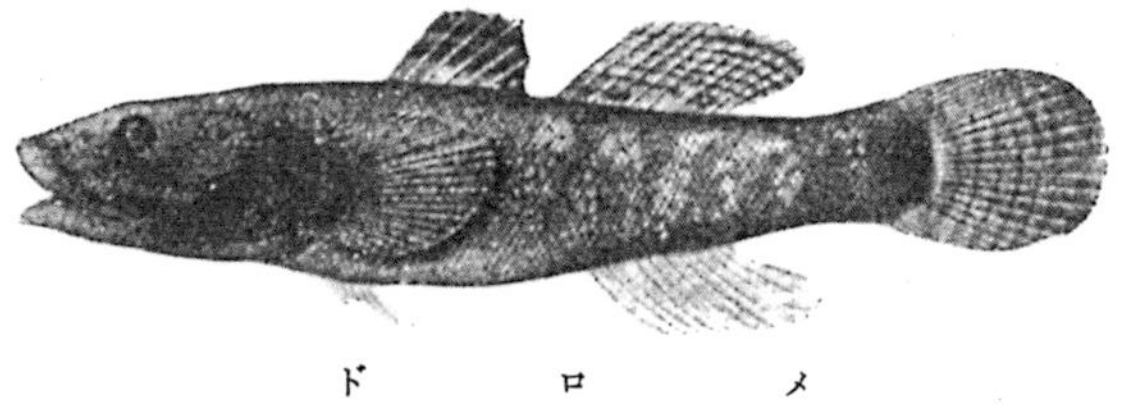

ドロメ

他部と離れて、各個離れ〳〵となり、波狀に曲がり、絹絲を毳立てたやうになつてゐる。舌は幅廣く、先端に於て僅に缺刻してゐる。頭は大きく、口裂は頗る廣い。體色は青味を帶びた灰色の地色へ、青味の強い斑點を散在してゐる。第二背鰭、臀鰭及び尾鰭の邊緣は白つぽい。體長は百二十ミリメエトル（四寸）に達する。南日本の海岸に多いものであるが、誰も殆ど食用とはしない。アゴハゼに近いが、是よりも鱗の小いこと、鰭の邊緣に白つぽい部分を持つてゐること、體色の特異なことによつて區別せられるが、恐く同一種と見るべきものであらう。見方によつては爰にも疑問種の一好例がある譯である。

ニシキハゼ　錦沙魚　Pterogobius virgo (*Temminck & Schlegel*)（**ハゼ科**）

ニシキハゼとは何地の稱呼か不明である。廣島でショオノフエと云ふ。第一背鰭八棘、第二背鰭二十八軟條、臀鰭二十七軟條、腹鰭一棘五軟條、一縱列の鱗數百三十三個である。左右の腹鰭は合して吸盤を作り、胸鰭は上部に於て毳立《けばだ》つて波狀に曲がつた絹狀鰭條部を持つてゐる。舌は幅廣く、先端に於て僅に凹形を呈してゐる。體は細長く、赤褐色と青色との縱走帶を交互に排列し、頗る美いものである。體長は百七十ミリメエトル（五寸七分）に達する。南日本の海岸に住むものであるが、漁獲高は極めて少く、食用とすることはないやうである。

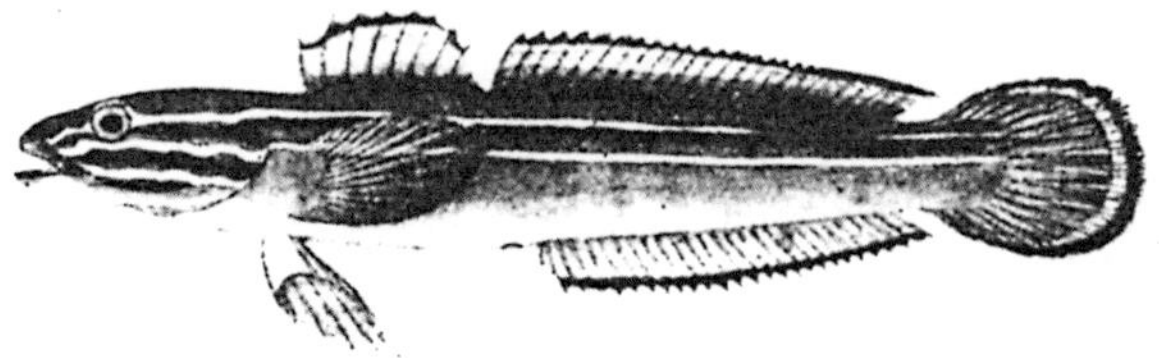

ニシキハゼ

キヌバリ　絹張　Pterogobius elapoides (*Günther*)（**ハゼ科**）

神奈川縣三崎町でキノバル（キヌバリの訛りで、餘り美いから斯樣に命名せられたものである）、山口縣熊毛郡室積町牛島でエンボオ、和歌山縣日高郡白崎村でゴンヂ、兵庫縣淡路國洲本でソコナデ、山形縣西田川郡でナヽツキザミ、新潟縣岩船郡粟島でギョオゼンと云ふ。第一背鰭八棘、第二背鰭二十二軟條、臀鰭二十二軟條、腹鰭一棘五軟條、一縱列の鱗數七十八個である。左右の腹鰭は合して吸盤を作り、胸鰭上部には分派した絹狀鰭條を持つてゐる。稍や赤味のある地色で、體側には六又は七條の褐色橫帶があつて、是等の各橫帶の前後は淡黃色の帶を以て緣取つてゐる。面白いことには相模灘から瀨戸內海東部までは橫帶は六條で、九州西部、東北地方では七條を有し、瀨戸內海中部及び西部では最後の一帶は小くなつて、一點、二點又は三點となり、それが同一個體でも兩側のもの必しも同樣でない。また日本海沿岸のものも瀨戸內海中部に產するものに似てゐるものが多い。斯樣な硏究には本種は頗る貴い資料を提供するものである。體長百五ミリメエトル（三寸五分）に達し、我國の沿岸殆ど何れの處にも居るが、殊に內灣のアジモの中に多い。殆ど食用にしないものである。

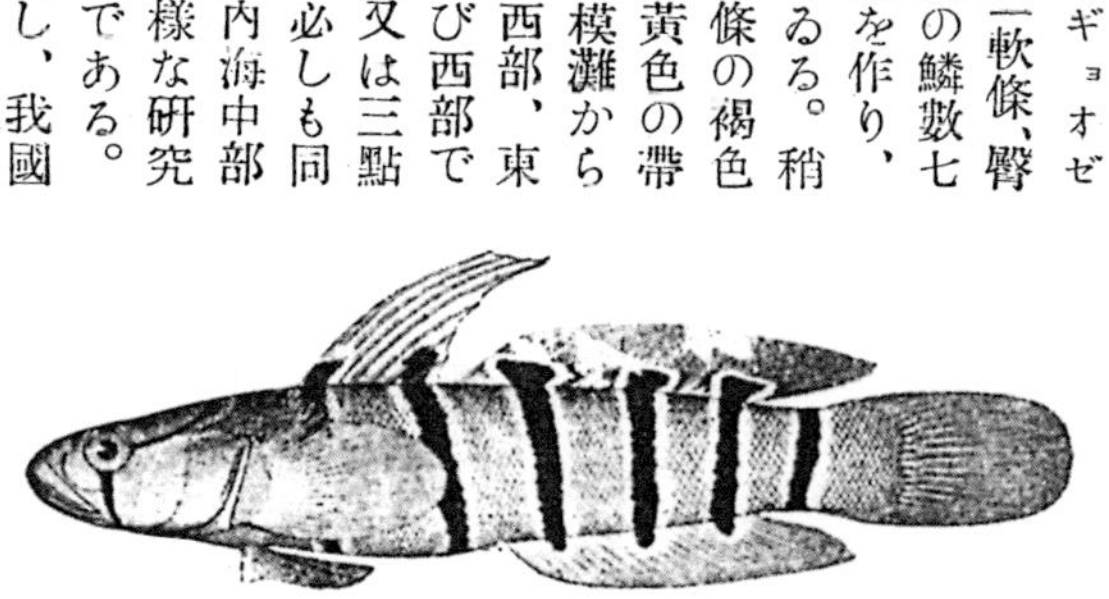

キヌバリ

リュウグウハゼ　龍宮沙魚　Pterogobius zacalles *Jordan & Snyder*（**ハゼ科**）

リュウグウハゼとは曾て私の命名したものである。第一背鰭八棘、第二背鰭二十六軟條、腹鰭一棘五軟條、一縱列の鱗數九十六個である。左右の腹鰭は合して吸盤を作り、胸鰭上部には分派した絹状の鰭條を持つてゐる。體色は淡褐色で、四個の幅廣い褐色横帶を持つてゐる。體長は百ミリメエトル(三寸三分)に達する。我國の海岸に居るものであるが、キヌバリよりも沖合に居るかと思ふ。吾々が是を稀に入手することが出來るのは是に對する漁法もなく、從つて此魚の住所が充分にわかつてゐない爲であらう。殆ど食用に供しない。

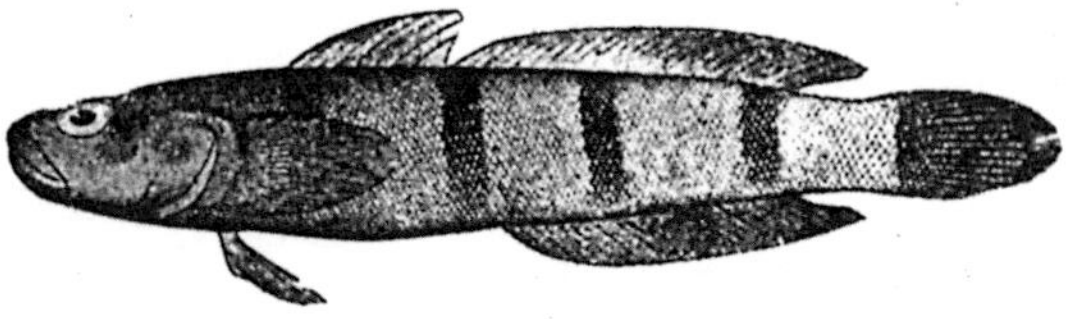

リウグウハゼ

チャガラ　茶殼　Pterogobius zonoleucus *Jordan & Snyder* (**ハゼ科**)

富山縣でチャガラ、同縣滑川町でアカマ、と云ふ。第一背鰭八棘、第二背鰭二十軟條、臀鰭十九軟條、腹鰭一棘五軟條、一縱列の鱗數六十六個である。左右の腹鰭は合して吸盤を作り、胸鰭上部には絹状の鰭條部が他部と離れて波狀をなして存在する。體色は淡褐色で、八條の淡色横帶がある體長は七十五ミリメエトル(二寸五分)に達し我國の海岸に居るもので食用には供しないが富山縣下の或地方では是れを生かし、生餌としてツバエソ(百五十ミリメエトル位の小い鰤《ブリ》)を釣るが、同縣滑川町ではチャガラを用ひないで十五ミリメエトル(五分)位の鮒を用ひて小形の鰤を釣る。

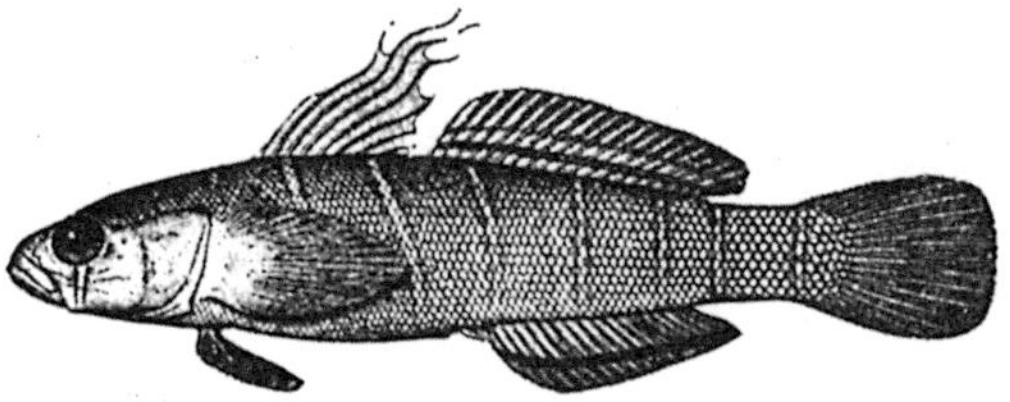

チャガラ

マハゼ　眞沙魚　Acanthogobius flavimanus (*Temminck & Schlegel*) (**ハゼ科**)

普通には單にハゼと言ひ、マハゼ又はホンハゼと云ふ場合は極めて少い。たゞ他種のハゼ類を單にハゼと云ふ場合が多いから混同しないように注意を要する。第一背鰭八棘、第二背鰭十四軟條、臀鰭十二軟條、腹鰭一棘五軟條、一縱列の鱗數四十八個である。左右の腹鰭は合して吸盤を作つてゐる。舌の先端は僅に缺刻してゐる。體色は稍や赤味を帶びた青灰色で、體側には五個の頗る不明瞭な斑紋を持つてゐる。體長は二百十ミリメエトル(七寸)に達する。我國の沿岸又は河口に頗る多く、美味の重要魚である。職漁ばかりでなく、遊漁の目的物としても大に人氣のあるのは性頗る貪食で、釣り易く、多く取れる爲である。是れの卵を鹽辛とするが、それには寧ろアカハゼの卵を用ひた方がいゝ。我國に頗る多い本種は九州西部の有明海には全く其跡を絶ち、是に代はつてハゼクチと稱するマハゼに似て是よりも大きい一種のハゼを饒產する。

マハゼ

ハゼクチ　沙魚口　Acanthogobius hasta (*Temminck & Schlegel*) (**ハゼ科**)

福岡縣山門郡柳河町でハゼクチ、佐賀でハシクイと云ふ。第一背鰭九棘、第二背鰭二十一軟條、臀鰭十八軟條、腹鰭一棘五軟條、一縱列の鱗數は六十個である。體は稍やマハゼに似てゐるが、是よりも體高低く(體高は體長の十分の一である、マハゼの體高は其體長の六分の一より稍や高い)、成長したものはマハゼよりも大きくなるが、幼魚で

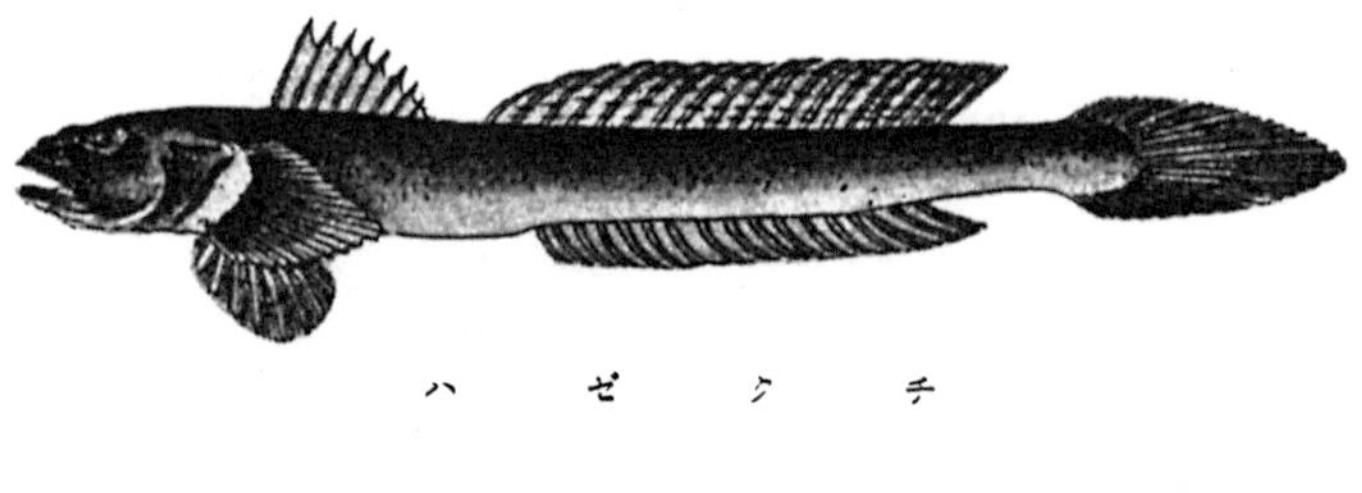

ハゼクチ

はマハゼの幼魚に似てゐる爲め、往々誤認せられること丶思はれる。左右の腹鰭は合して吸盤を作つてゐる。體長は三百九十ミリメエトル（一尺三寸）に達する。體色は淡灰色である。九州西部の有明海ではハゼクチを饒産するがマハゼは全く居ない。有明海が外海へ通ずる附近にはハゼクチは全く無くて、マハゼが多くなる。福岡縣筑後國柳河では他地方のマハゼと同樣にハゼクチを遊漁の目的物とする。マハゼよりも稍や不味であるが、頗る大きくなる爲め、是れの乾物を土產物として携へ歸る人もある。

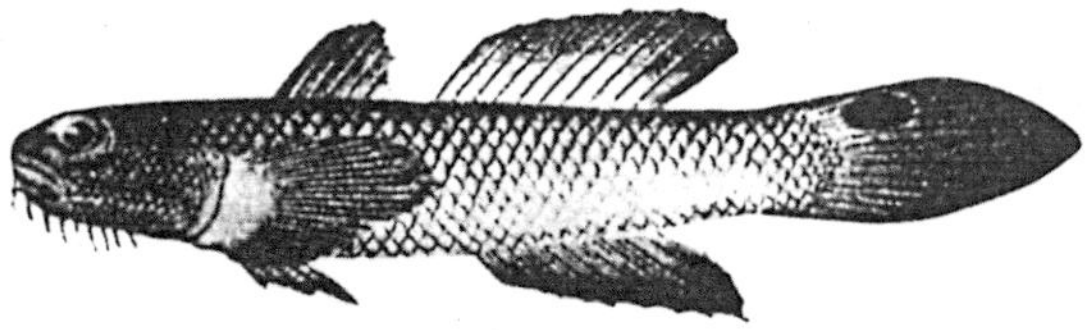
ヒ　ゲ　ハ　ゼ

ヒゲハゼ　鬚沙魚　Parachaeturichthys polynemus (*Bleeker*)（**ハゼ科**）

ヒゲハゼとは曾て私の命名したものである。第一背鰭六棘、第二背鰭十一軟條、臀鰭十軟條、腹鰭一棘五軟條、一縦列の鱗數二十八個である。左右の腹鰭は合して吸盤を作つてゐる。胸鰭上部には絹狀の鰭條部はない。舌は先端圓味を帶びてゐる。頰部は左程外方へ膨出してゐない。下顎と鰓膜とに若干の鬚を持つてゐる。體色は暗灰色で尾鰭の上半に黑色の卵形斑紋一個を持つてゐる。此斑紋は淡色輪を以て其周圍を取り卷いてゐる。體長は百ミリメエトル（三寸）に達する。南日本のものであるが、左程多くない爲め、食用としての價値は少い。然るに九州西部の有明海には可なり多いから、此地方では多少食用に供することであらう。

アカハゼ　赤沙魚　Chaeturichthys hexanemus *Bleeker*（**ハゼ科**）

東京でアカハゼ又はガリハゼ、新潟縣出雲崎でトランブグズ、同縣西頸城郡梶屋敷でダボグズと云ふ。第一背鰭八棘、第二背鰭十七軟條、臀鰭十四軟條、腹鰭一棘五軟條、一縦列の鱗數三十九個である。左右の腹鰭は合して吸盤を作り、胸鰭上部には分派した絹狀鰭條部はない。舌は先端截形である。下顎の各側に三個の鬚がある。體色は青灰色へ僅に赤味を帶び、體側に五個の暗點が縦軸に沿ふて一列に竝んでゐる。體長は百三十五ミリメエトル（四寸五分）に達する。我國の沿岸所々で取れるものであるが、マハゼよりは稍や沖合に住んでゐる爲に是れのやうに河口へまで侵入することは無い。從つてマハゼよりも稍や不味で、東京ではアカハゼは殆ど顧ない。然るに三重縣四日市市では多少本種を注目し、殊に其卵はマハゼの卵よりもよいとしてゐる。

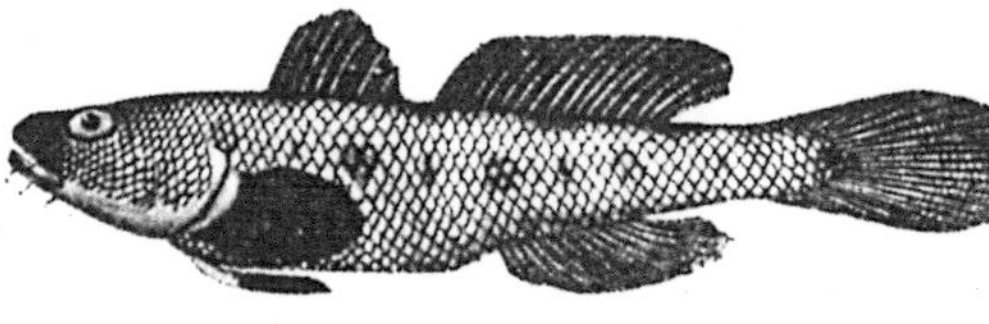
ア　カ　ハ　ゼ

コモチジャコ　子持雜子　Chaeturichthys sciistius *Jordan* & *Snyder*（**ハゼ科**）

大分縣別府でコモチジャコ、同縣日出でハラブトジャコ、三重縣四日市市でハラミジャコと云ふ。第一背鰭八棘、第二背鰭十五軟條、臀鰭十二軟條、腹鰭一棘五軟條、一縦列の鱗數三十二個である。左右の腹鰭は合して吸盤を作り、胸鰭の上部には分派した絹狀鰭條部はない。下顎の各側に三個の鬚がある。體色は淡黃青色で、五、六個の不明瞭な斑紋がある。第一背鰭後部に一つの大きい黑色斑紋がある。體長は七十ミリメエトル（二寸三分）で、頗る小形のものである。我國の所々の沿岸に產するが、三重縣四日市市や大分縣別府附近では春に孕卵したものを澤山に漁獲する。

コ　モ　チ　ジ　ャ　コ

ショオキハゼ

ショオキハゼ　鍾馗沙魚　Triaenopogon barbatus (*Günther*)（ハゼ科）

ショオキハゼとは曾て私の命名したものである。福岡縣柳河町ではドンコと云ふ。第一背鰭六棘、第二背鰭十一軟條、臀鰭十軟條、腹鰭一棘五軟條、一縱列の鱗數三十六個である。左右の腹鰭は合して吸盤を作り、胸鰭上部には一、二個の波狀をなした鰭條が殘部から離れて存在する。舌は幅廣く、其先端は圓味を帶びてゐる。鬚頗る多く、啻に下顎のみならず、眼下骨、眼前骨、鰓蓋前骨、其他の邊緣にも存在する。體色は暗灰色で、四、五個の幅廣い褐色横帶があるが、是等は寧ろ不明瞭な程度である。體長は九十ミリメエトル(三寸)に達し、南日本に居るものであるが、九州西部の有明海には殊に多く、從つて此地では食用に供することであらう。

ボオズゴリ　坊主吾里　Sicyopterus japonicus (*Tanaka*)（ハゼ科）

高知でボォズゴリ、高知縣安藝町でミ、ナシ和歌山縣岩出町でネコクワズ又はデコキチ（デコとは人形のことである）、同縣明神でナンベラハゼ又はナンベラボォズ、同縣田邊でボォズハゼ、同縣日高川筋でウマノクビ、奈良縣五條町でハゼと云ふ。第一背鰭六棘、第二背鰭十一軟條、臀鰭十一軟條、腹鰭一棘五軟條、一縱列の鱗數五十九個である。左右の腹鰭は合して稍や小い圓形の吸盤を作つてゐる。胸鰭上部には絹狀の鰭條部を分派してない。吻は前方へ張り出してゐるが先端は鈍く圓味を持ち、口は頭の下面にある。體色は稍や赤味を帶びた灰色で、凡そ十個の褐色横帶がある。體長は百二十ミリメエトル（四寸）に達する。南日本から臺灣に分布してゐる川魚であるが、北日本の内に入れるべき茨城縣の那珂川にも產する。普通には食用としないが、稀に食用とする時もある。

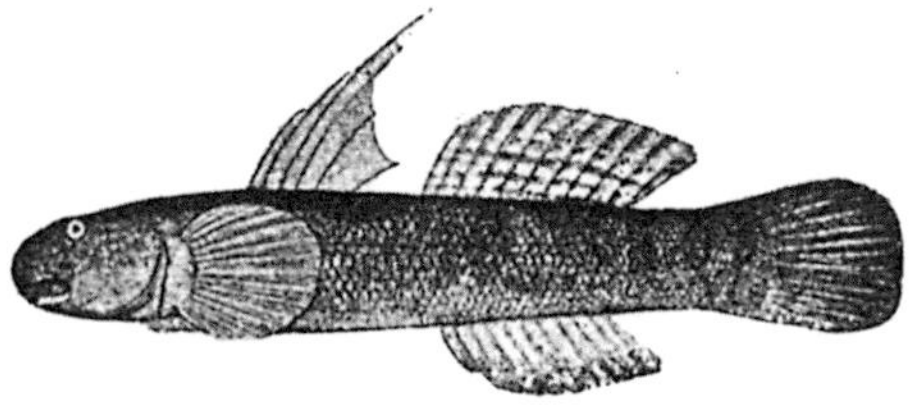

ボオズゴリ

チヽブ　知々武　Tridentiger obscurus (*Temminck & Schlegel*)（ハゼ科）

高知でチヽブ、高知市潮江《ウシオエ》でゴリ、東京や濱名湖でダボハゼ、茨城縣土浦でゴロ（淡色のもの）又はクロゴロ（黑色の程度の強いもの）、京都府丹後國加佐郡東雲村でカワドボクロ、石川縣今江潟でダンクロ、同縣金澤でイモゴリ、福井縣三方湖でボテ、是に注ぐ鰣川《ハスカワ》でシロゴイル、岐阜でヌメ奈良縣五條町でタンバゴリキ、愛媛縣松山でドンコ、福岡縣早良《サウラ》でドンク、鹿兒島縣帳佐村別府川でゴモと云ふ。第一背鰭六棘、第二背鰭十二軟條、臀鰭十一軟條、腹鰭一棘五軟條、一縱列の鱗數三十四個である。左右の腹鰭は合して吸盤を作り、胸鰭は幅廣く、其先端は圓味を持つてゐる。本種の齒は簡單でなく、三突起を持つてゐる。體色は黑味の強いのと淡色のものとあるが、是は必しも雌雄の差に基くではない。胸鰭基底には淡黃色の一帶がある。體長は八十ミリメエトル（二寸八分）に達する。我國の海岸に產するものであるが、淡水にも生活する。佃煮原料として重寶なものであるが、また潮入りの處で育つた肥へたものは燒魚とすると相當美味である。

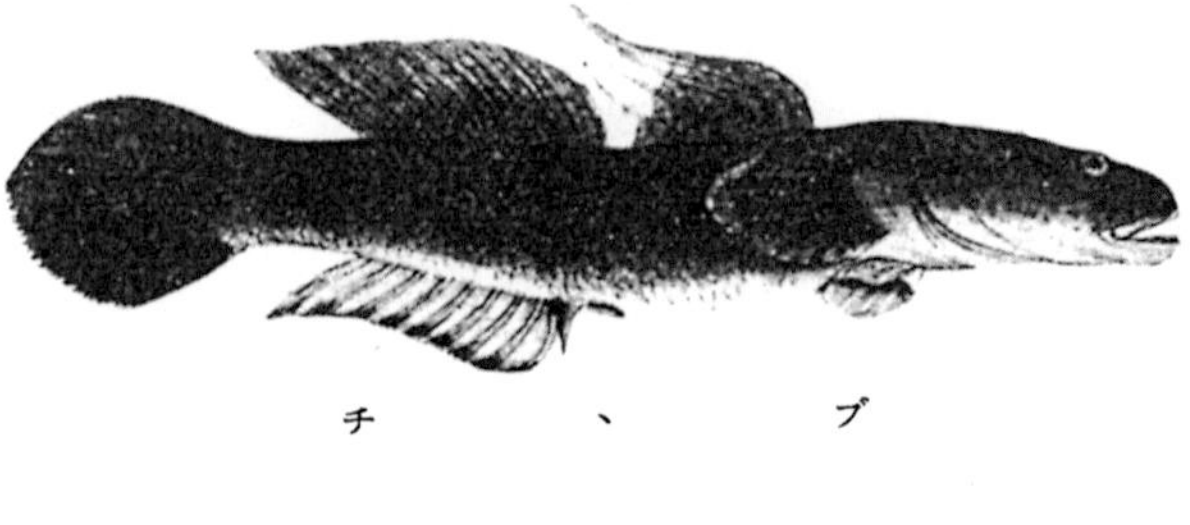

チ　ヽ　ブ

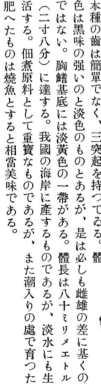

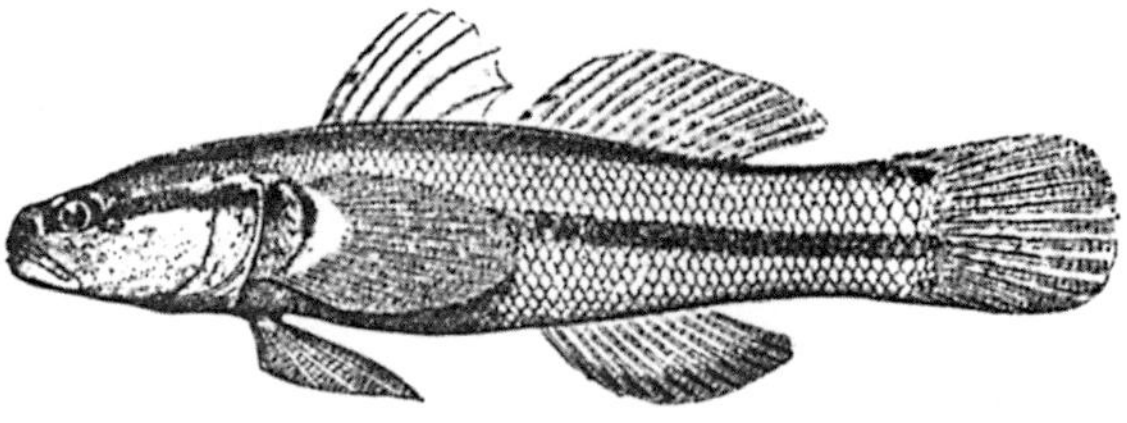

シマハゼ

シマハゼ　**縞沙魚**　Tridentiger bifasciatus *Steindrchner*（**ハゼ科**）

シマハゼとは曾て私の命名したものである。第一背鰭六棘、第二背鰭十三軟條、臀鰭十一軟條、腹鰭一棘五軟條、一縦列の鱗數五十四個である。左右の腹鰭は合して吸盤を作り、胸鰭の上部の鰭條は殘部から離れてゐない。齒は三個の突起を持ち、舌の先端は圓味を持つてゐる。體色は青味を帶びた淡褐色で、褐色の二縦帶がある。體長は百十ミリメエトル（三寸七分）に達する。大きいものは頰部頗る外方へ脹り出し、可笑しい形をしてゐるが、小いものでは斯様なことはなく、普通のハゼ類の頭形である。我國の海岸に居るもので、多少河の下流へも入り込むものである。ウラジオストック附近にも生活する。我國では殆ど食用に供しない。

シロクラハゼ　**白鞍沙魚**　Astrabe lactisella *Jordan & Snyder*（**ハゼ科**）

シロクラハゼとは種名を直譯して曾て私の命名したものである。第一背鰭三棘、第二背鰭十一軟條、臀鰭十軟條、腹鰭一棘五軟條である。左右の腹鰭は合して吸盤を作つてゐる。胸鰭の上部軟條は先端に於て殘部から離れてゐる。鱗は小くて、腹面と背面及び頭部には鱗がない。體色は青味を帶びた黑色で、白つぽい斑紋を持つてゐる。三十五ミリメエトル

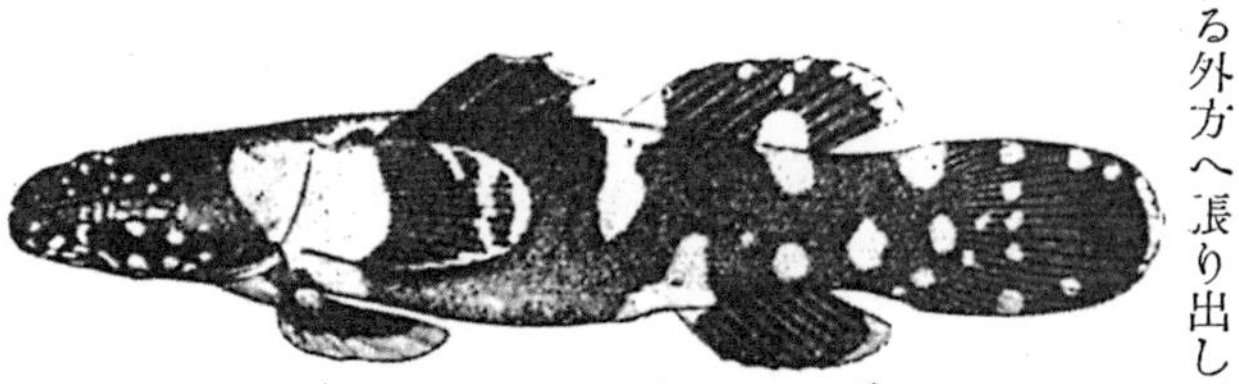

シロクラハゼ

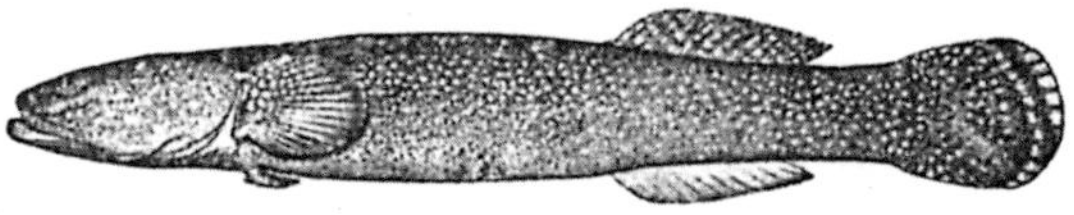

ミヽズハゼ

（一寸二分）位の小魚で、南日本の海岸に産する。食用としては全く價値が無い。

ミヽズハゼ　**蚯蚓沙魚**　Luciogobius guttatus *Gill*（**ハゼ科**）

ミヽズハゼとは曾て私の命名したものである。背鰭十三軟條、臀鰭十二軟條、腹鰭一棘五軟條である。左右の腹鰭は合して吸盤を作つてゐるが、頗る小形である。胸鰭の上部には絹狀の鰭條部はない。頭と體とは全く無鱗で吻の皮膚は皺を持つてゐる。體長は五十五ミリメエトル（一寸九分）に達する。我國の海岸に産するもので、春四月頃、産卵の爲め河口を多少川上へ溯る性がある。往々にして井戸の中から出ることがある。殆ど食用とはしないやうである。

シロウオ　**素魚**　Leucopsarion petersi *Hilgendorf*（**ハゼ科**）

千葉縣小櫃川　同縣小絲川、同縣湊川、和歌山縣、高知、愛媛縣宇和島、宮崎縣南部、對島國、大隅國でシロウオ、三重縣四日市でギャフ、舞鶴でイサヾ、徳島でヒウオ、兵庫縣網干でイサダと云ふ。背鰭十三軟條、臀鰭十七軟條である。左右の腹鰭は合して小い吸盤を作つてゐるが、各腹鰭は多分一棘五軟條から出來てゐるであらう。胸鰭には上部に絹狀の鰭條部はない。皮膚には鱗はない。生きてゐる時は稍や黄味を帶びた地色で、體の下部に赤い小點を持つてゐる。死ぬと忽ち變色し、白堊狀の白色となる。體長は四十ミリメエトル（一寸三分）に達する。

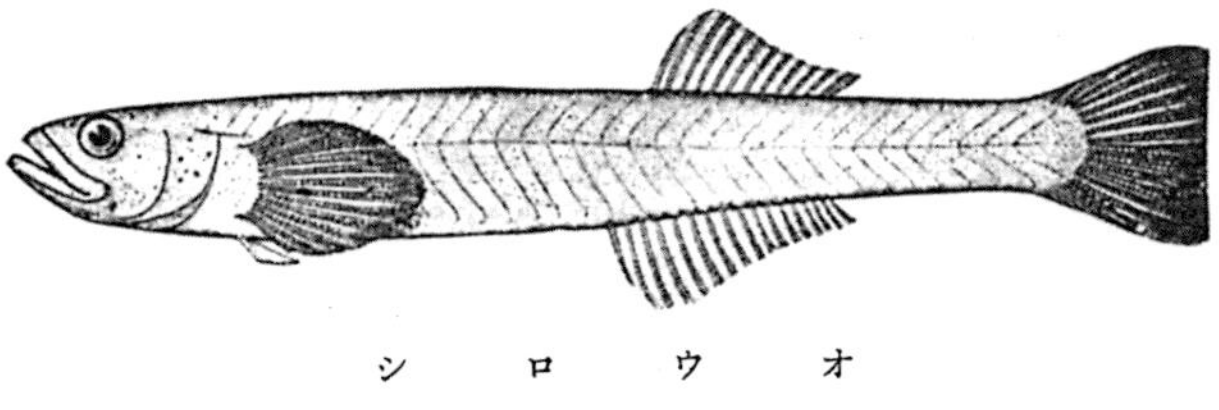

シロウオ

我國の所々の海岸に產するもので、春四月には產卵の爲め、礫のある川口を撰んで稍や河を溯り、小石の下面へ產卵する。それ故小石のない處には此魚は溯らないでシラウォが溯る。若し泥と小石とが適宜にある處ならば、是等兩種が溯るのである。シロウォは生きてゐる時はシラウォよりも美味であるが、死ぬるとシラウォと違つて俄に其味を落とすから、シロウォの死んだものは賣ることが出來ないのである。舞鶴にはシロウォの水煮の鑵詰があつて、不時の際の料理に用ひるのに誠に重寶である。

アカウオ　赤魚　Trypauchen wakae *Jordan & Snyder*（**ハゼ科**）

岡山縣兒島灣でアカウォ、福岡縣山門郡柳河町でチワラスボ（ワラスボの一型も同樣にチワラスボと言つて、普通に食用とする型のワラスボと名稱を異にし、斯樣なものを嫌つて食しない）と云ふ。背鰭六棘五十二軟條、臀鰭四十六軟條、腹鰭一棘四軟條、一縱列の鱗數五十五個である。左右の腹鰭は合して小い吸盤を作り、胸鰭は頗る小く、其下部の軟條は殘部よりも甚く短い。眼は頗る小い。體色は赤味を帶びた黃色である。體長は百五ミリメエトル（三寸五分）に達する。南日本の海岸のもので、泥地又は堤防の中へ潛つてゐて、堤防を害するものである。全く食用とはならないものであらう。

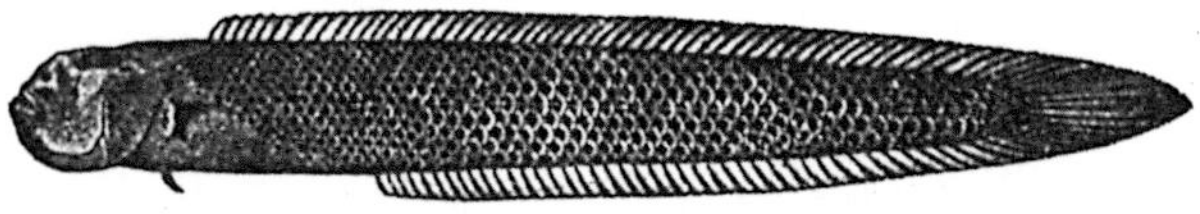

アカウオ

ワラスボ　藁素坊　Taenioides lacepedi (*Temminck & Schlegel*)（**ハゼ科**）

福岡縣柳河でワラスボ、佐賀でジンキチと云ふ。背鰭六棘四十六軟條、臀鰭四十四軟條、腹鰭一棘五軟條である。左右の腹鰭は合して吸盤を作り、胸鰭は頗る小い。頭にも體部にも鱗なく、體側には微小の孔の群凡そ二十七個が一列に竝んで、側線を代表してゐる。是等の穴の群は各ゝ垂直の線をなして竝んでゐる。口内の齒は二組に竝び、就中、內組は絨毛齒帶をなし、外組は細長い牙狀の長い齒の一列である。眼は小く、皮下に隱れてゐる。體色は稍や紫色を帶びた靑黑色である。體長は百八十ミリメエトル（六寸）に達する。南日本の泥地に潛つて住むもので、海岸の堤防を破壞する爲め有害魚であるが、九州西部の有明海では是を饒產し、美味の魚として食用に供する。有明海に臨んでゐる柳河町ではワラスボに二型があつて、食用に供するものは單にワラスボと稱し、少しも血赤色を帶びてゐないが、食用にしない方のものはアカウォと共にチワラスボと稱し、是は著く血のやうに赤味を帶びてゐる。是等兩型は全く同一種中のものである。

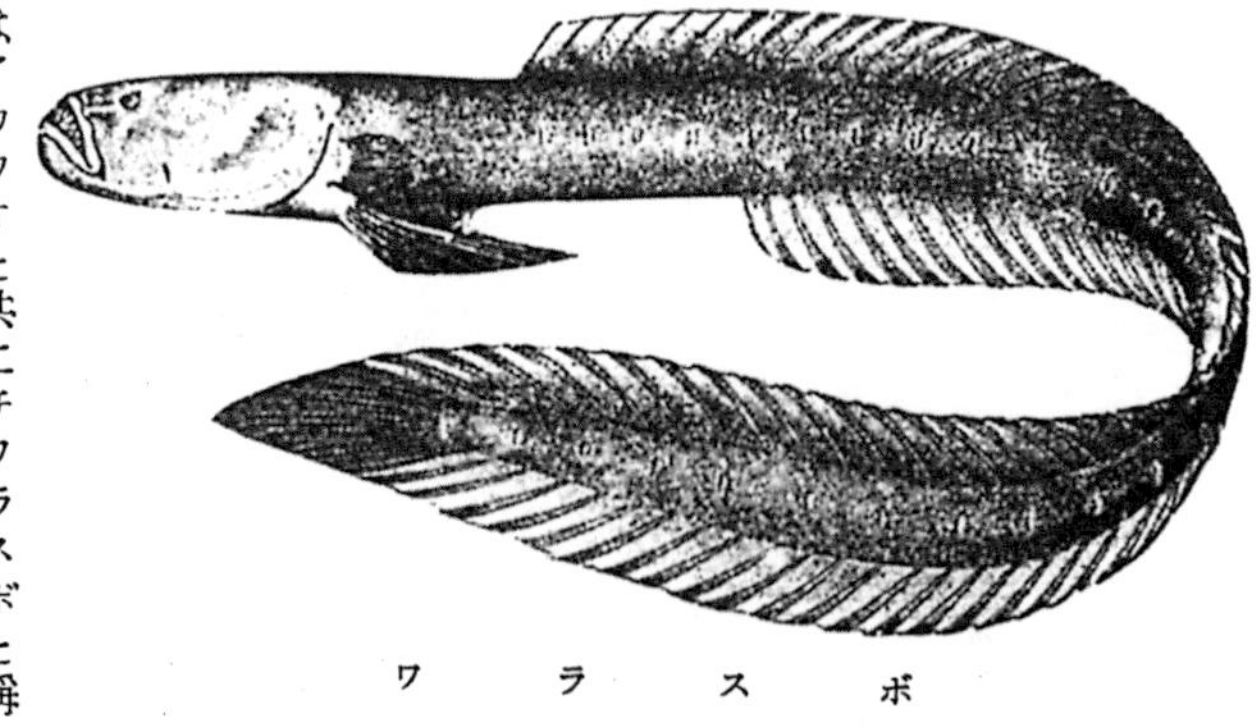

ワラスボ

トラギス　虎鱚　Parapercis pulchella (*Temminck & Schlegel*)（**トラギス科**）

トラギス科のものには各種毎に特別の名稱はなく、總稱だけがある。時によると他類までも混稱することがある。それ故爰にはそのつもりで各地の名稱を擧げることゝする。東京や附近ではトラギス、關西でトラハゼ、高知、高知市外浦戸で

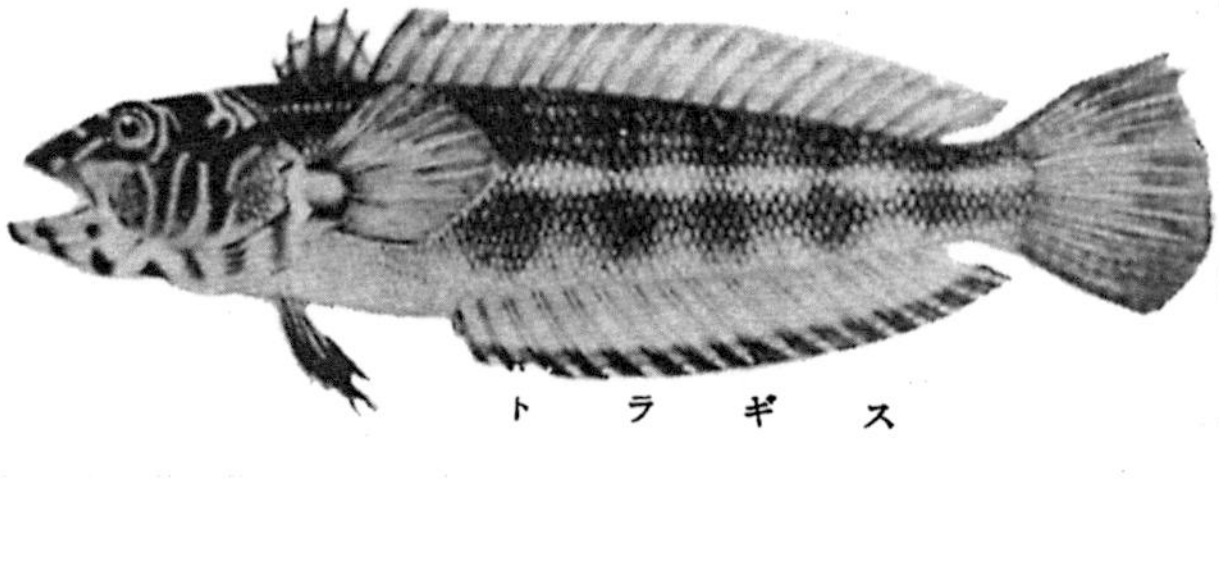

トラギス

オキハゼ又はアカハゼ、高知縣幡多郡柏島でハシアガリ、同縣須崎でハゼ、靜岡縣靜浦でオテツカンジイと云ふ。背鰭五棘二十一軟條、臀鰭十八軟條、一縦列の鱗數六十二個。口と鋤骨とに齒があるが、口蓋骨にはない。體は稍や赤味を帶びた暗褐色で體側に白つぽい一つの横帶がある。體長は百二十ミリメエトル（四寸）に達する。南日本の海岸に生活する。トラギス類の内では多くないものである。

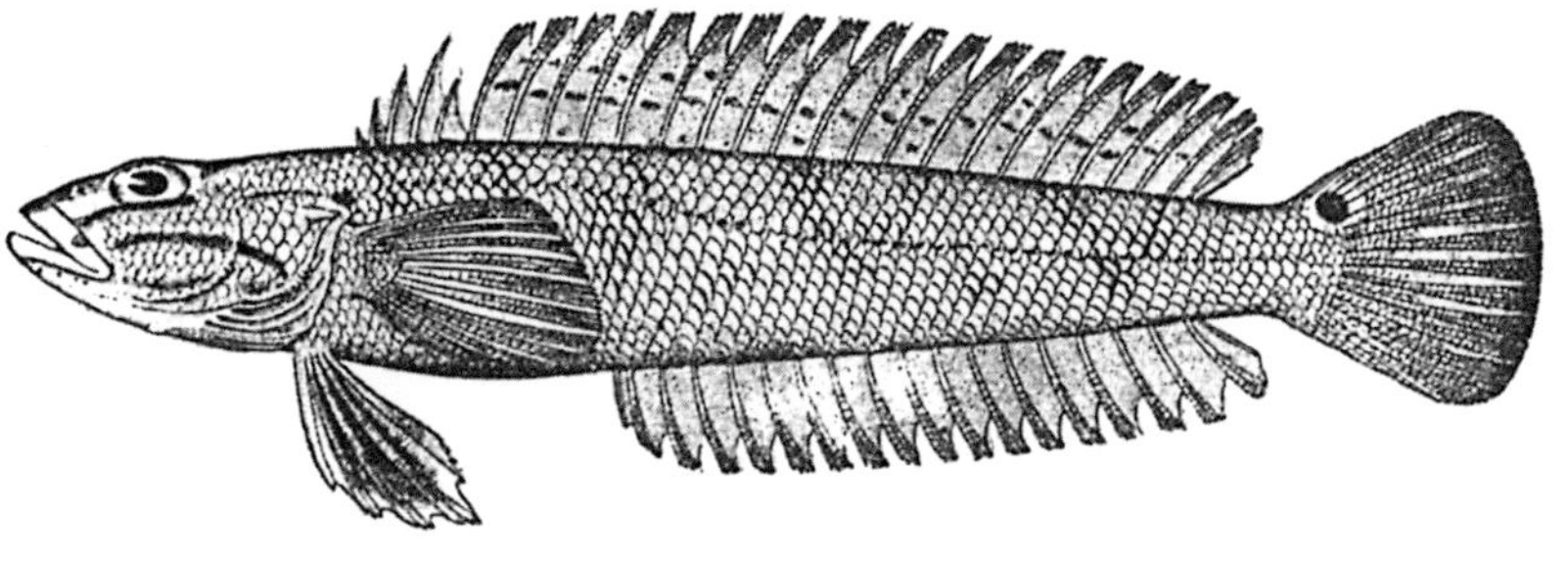

マトオギス

マトオギス　的鱚　Parapercis ommatura *Jordan & Snyder*
（**トラギス科**）

尾鰭基底の上部に一つの眼狀斑紋がある爲め、種名が出來てゐるが、是を意譯して曾て私がマトオギスと命名したものである。背鰭五棘二十二軟條、臀鰭十九軟條、一縦列の鱗數五十八個である。顎と鋤骨とに齒があるが、口蓋骨には無い。體色は暗灰色で、二、三個の不明瞭な淡褐色のV字形斑紋がある。體の下部には前記の斑紋の間の下方に不明瞭な淡褐色斑紋がある。頭部には三個の褐色横帶がある。尾鰭にある眼狀斑紋は濃褐色で、其外周を淡色の輪を以て圍んでゐる。それ故是れが一種の眼狀斑紋となつてゐるのである、體長は七十五ミリメエトル（二寸五分）に達する。南日本の海岸に居るものであるが、寧ろ稀に取られるだけである。

コオライトラギス　高麗虎鱚　Parapercis snyderi *Jordan & Starks*（**トラギス科**）

コオライトラギスとは曾て私が命名したものである。背鰭五棘二十一軟條、臀鰭十七軟條、一縦列の鱗數四十個である。口と鋤骨とに齒があるが口蓋骨には無い。體色は暗灰色で、背部に五個のV字形の暗色斑紋がある。體の下部に八、九個の淡褐色横帶があつて、側線の處は地色と同色で、毫も斑紋を持つてゐない。體長は百ミリメエトル（三寸三分）に達する。元と本種は朝鮮で取れたものである故にコオライトラギスの名が出たのであるが、南日本でも稀に漁獲せられる。

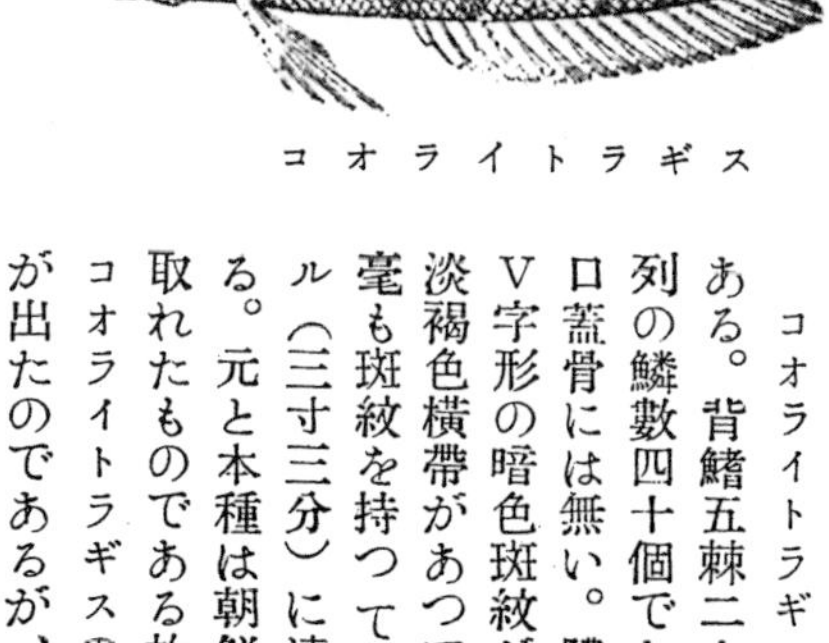

コオライトラギス

クラカケトラギス　鞍掛虎鱚　Neopercis sexfasciata (*Temminck & Schlegel*)
（**トラギス科**）

クラカケトラギスとは曾て私の命名したものである。背鰭五棘二十三軟條、臀鰭十九軟條、一縦列の鱗數六十個である。顎、鋤骨及び口蓋骨に齒がある。青灰色の地色へ四個の赤褐色斑紋を持ち、是等の斑紋の間に各々一個の同色の斑紋がある。體長は百五十ミリメエトル（五寸）に達する。南日本の海岸魚で、トラギス類では本種とオキトラギスとが最も多く、是等兩種は蒲鉾原料となるものであ

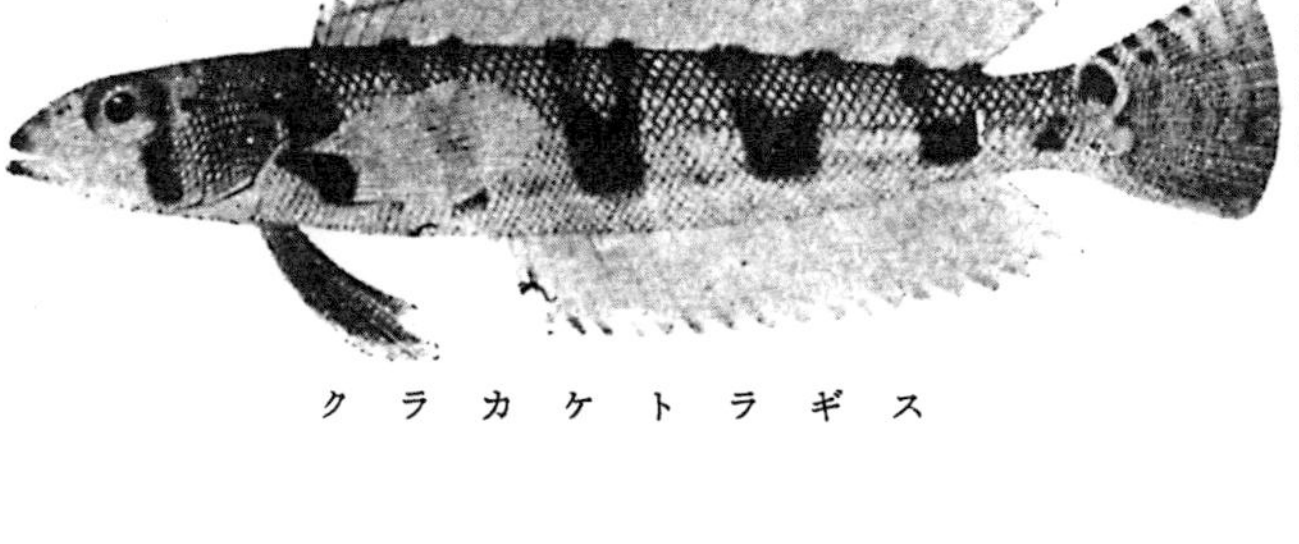

クラカケトラギス

る。クラカケトラギスは海岸に住み、オキトラギスは沖合に住む爲め、是よりも遙にクラカケトラギスの方が美味である。

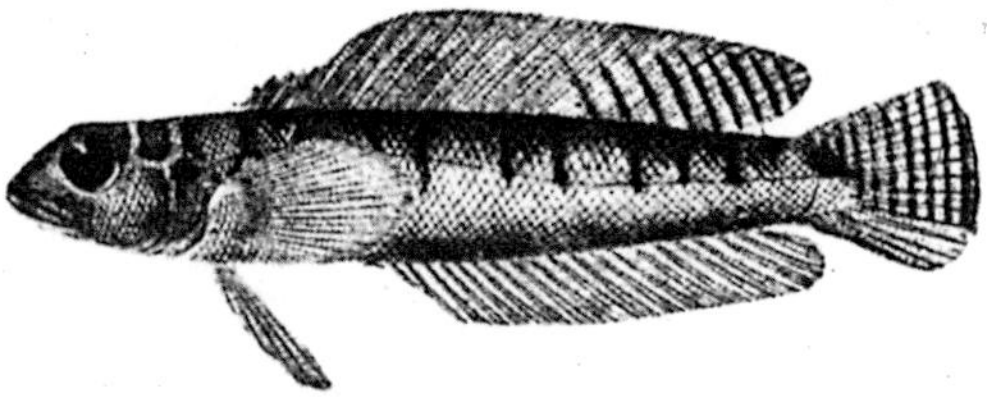
オキトラギス

オキトラギス　**沖虎鱚**　Neopercis multifasciata (*Döderlein*)（**トラギス科**）

オキトラギスとは何地の名稱かわからない。本種は他のトラギス類と違つて沖合に住む一つであるから、誰かゞ出鱈目に當時の研究者に敎へ、そのまゝ今日まで其名を襲用してゐるであらう。背鰭五棘二十三軟條，臀鰭二十軟條，一縱列の鱗數六十個である。顎，鋤骨及び口蓋骨に齒がある。地色は赤味があつて，九個の赤褐色橫帶があるが，是等橫帶の下方は黃色帶となつてゐる。體長は百五十ミリメエトル（五寸）に達する。南日本のものであるが，アカトラギスなどゝ共に稍や沖合に生活するものである。稍や澤山の漁獲があるから，蒲鉾原料ともなるものである。

アカトラギス　**赤虎鱚**　Neopercis aurantiaca (*Döderlein*)（**トラギス科**）

アカトラギスとは何地の名稱かわからない。誰かゞ出鱈目に言つたのをそのまゝ襲用したものであらう。背鰭五棘二十三軟條，臀鰭二十一軟條，一縱列の鱗數六十個である。顎，鋤骨及び口蓋骨に齒がある。體色は美い橙黃色で，五個の幅の廣い濃黃色の橫帶がある。頭は黃色と赤色とを交へ，鰭は黃色である。背鰭の後部は凡そ三個の紫色の斜走帶を持ち，尾鰭には五個の垂直帶がある。體長は百五十ミリメエトル（五寸）に達する。南日本の稍や沖合に產するものであるが，稀に漁獲せられるだけであるのは本種が元來稀種であると考へるよりも，特に本種を漁獲することに努めない爲であらう。

ユウダチトラギス　**夕立虎鱚**　Neopercis decemfasciata *Franz*（**トラギス科**）

ユウダチトラギスとは曾て私の命名したものである。背鰭四棘二十二又は二十三軟條，臀鰭十九又は二十軟條，一縱列の鱗數五十七個である。顎，鋤骨及び口蓋骨に齒がある。黃色の地色へ十二個の淡褐色橫帶がある。是等の橫帶は背部にあつて，側線以下へ擴がつてゐない。尾鰭には四，五個の淡褐色橫帶がある。體長は百三十ミリメエトル（四寸三分）に達する。南日本の稍や沖合に住むものであらうが，稀に吾々は入手するだけである。

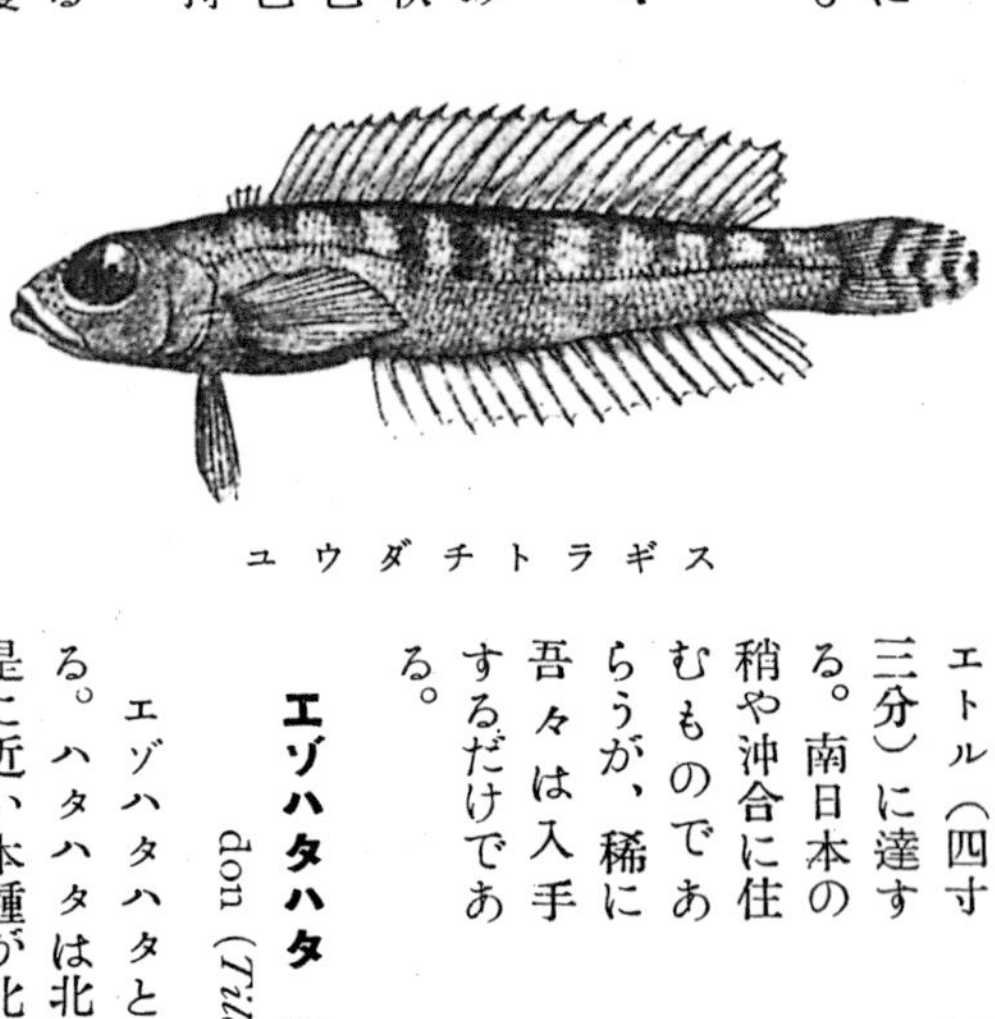
ユウダチトラギス

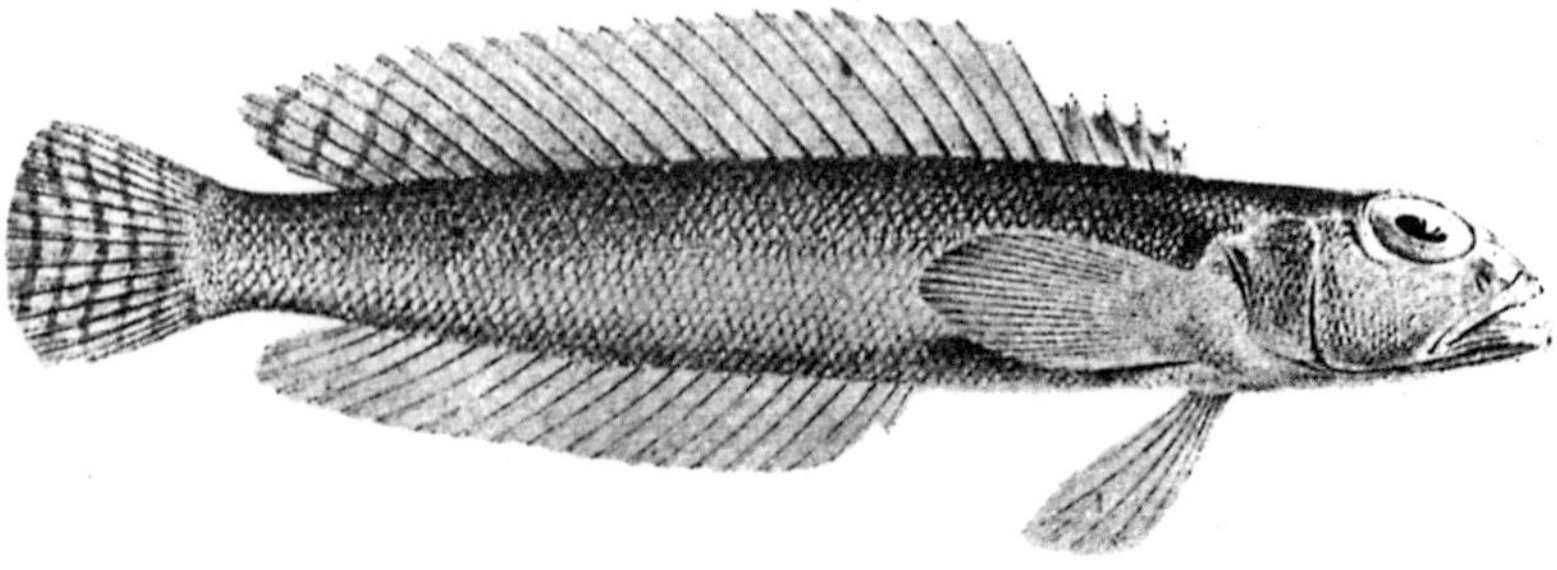
アカトラギス

エゾハタハタ　**蝦夷鰰**　Trichodon trichodon (*Tilesius*)（**ハタハタ科**）

エゾハタハタとは曾て私の命名したものである。ハタハタは北日本に饒產するものであるが是に近い本種が北海道に產すると云ふ學者がある。米國西岸のモンテリイにも分布してゐるから、氣長く見てゐると北海道方面から入手することも出來やうかと思ふが、まだ私は北海道で取れることを知らない。元來、北太平洋のもので、ベエリング海の砂地を

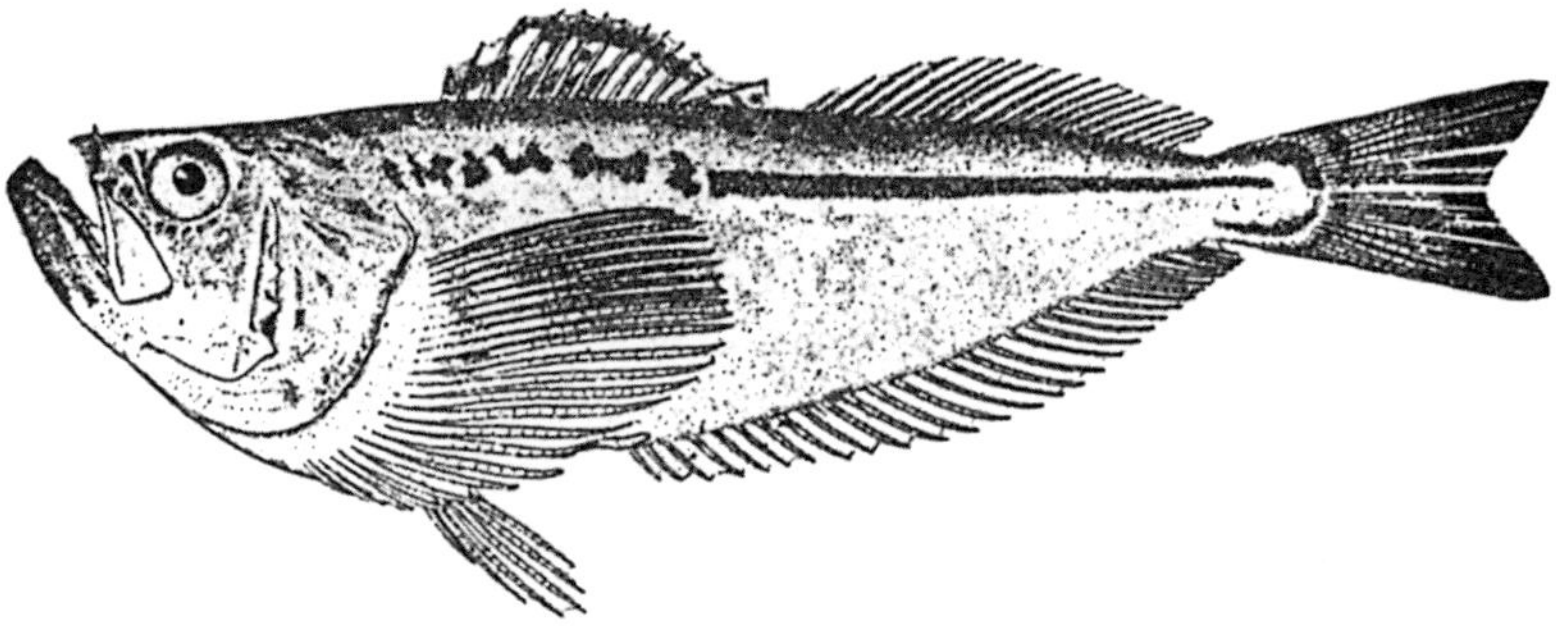

エゾハタハタ

海底としてゐる處に饒產するものである。第一背鰭十三棘、第二背鰭一棘十八軟條、臀鰭二十八軟條である。顎及び鋤骨に齒があるが、口蓋骨には無い。體色は銀光つてゐる淡褐色の地色で、暗褐色の一帶は側線に沿ふて走つてゐるが、其前部は不連續形で、斑點となつてゐる。體長は二百五十ミリメエトル（八寸三分）に達する。

ハタハタ　鰰　Arctoscopus japonicus (*Steindachner*)（**ハタハタ科**）

一般にハタハタ（秋田、新潟縣など）と云ふが、秋田でカミナリウォ、新潟縣能生でシマアジ、京都府久美濱でオキアジと云ひ、處によつては（久美濱）單にハタと云ふやうでもある。背鰭十棘十三軟條、臀鰭三十一軟條である。顎と鋤骨とに齒があるが、口蓋骨にはない。青味のある黃褐色の地色で、體の上部に淡褐色の斑紋を散在してゐる。稍やアジ類に似てゐるが、體は全く無鱗である。體長は百五十ミリメエトル（五寸）に達する。北日本に饒產するもので、本種の取れる處ならば北日本の區域であることがわかるのである。ハタハタの最も多く取れるのは秋田縣と山形縣とであるが、左程美味ではないが、是を食べて旨いと感じなくては秋田通とは言へない。東京魚市場では十二月ら翌年五月まで蝦に混じて入荷するが、用途は殆どない。ハタハタは每年十一月中旬に概ね北方から南方へ進んで、秋田縣沿岸一帶へ來游し、淺い處にある藻類へ卵を產み付けて退去する。稚魚は三、四月頃

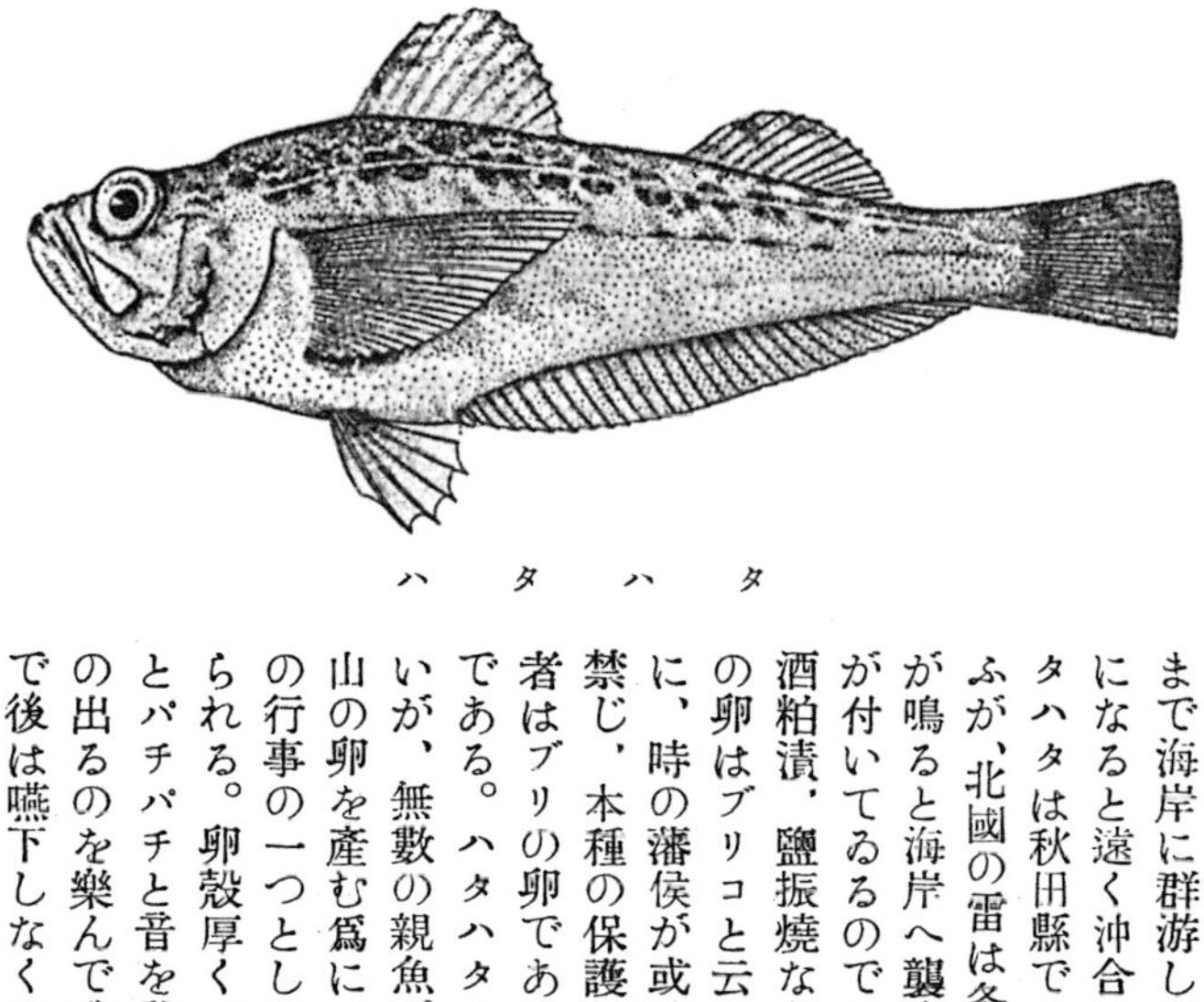

ハタハタ

まで海岸に群游してゐるが、五月中旬になると遠く沖合へ去るのである。ハタハタは秋田縣でカミナリウォとも云ふが、北國の雷は冬期に起こるので、是が鳴ると海岸へ襲來する爲め、此名稱が付いてゐるのである。煮付、味噌汁、酒粕漬、鹽振燒などゝする。ハタハタの卵はブリコと云ふ。それは舊幕時代に、時の藩侯が或時期に是れの漁獲を禁じ、本種の保護に努めた爲め、漁業者はブリの卵であるとして販賣したのである。ハタハタの卵の數は多くはないが、無數の親魚が海岸へ襲來して澤山の卵を產む爲に、吉事に用ひて正月の行事の一つとして秋田縣全般に用ひられる。卵殼厚く、强靱で、是を嚙むとパチパチと音を發する。子供は其音の出るのを樂んで嚙むを好むが、嚙んで後は嚥下しなくて吐き出すのである。卵は煮て酒粕汁とし、味噌汁や煮〆にもする。

ニラミオコゼ　睨鰧　Uranoscopus oligolepis *Bleeker*（**ミシマオコゼ科**）

ニラミオコゼとは曾て私の命名したものである。第一背鰭四棘、第二

背鰭十三軟條、臀鰭十三軟條、一縦列の鱗數四十七個である。體色淡褐色で、下方は淡色である。第一背鰭には一個の大きい黒色斑紋がある。第二背鰭と尾鰭とは稍や暗色で、遊離縁に近い處は稍や濃い暗色である。體長は二百十ミリメエトル（七寸）に達する。南日本から東印度諸島へ分布してゐる。我國ではミシマオコゼ類中で本種は稀なものである。

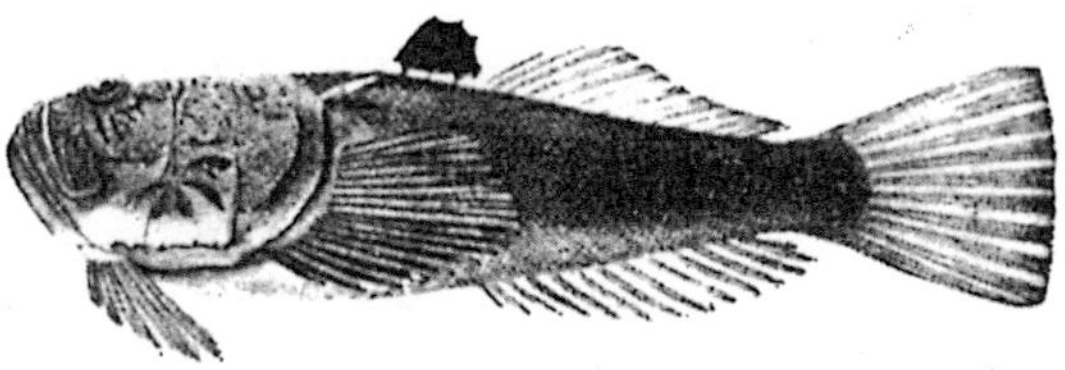
ニラミオコゼ

ミシマオコゼ　三島鰧　Uranoscopus japonicus *Houttuyn*（**ミシマオコゼ科**）

東京や附近でミシマオコゼ、關西、高知でムシマ、靜岡縣靜浦でミシマジョロ、ウシンボオ又はウシンベエ、濱松でオセン、新潟縣寺泊でウシアンコ又はウシサカンボ、同縣梶屋敷でオトコサカンボ、富山縣滑川町でアマンボ、京都府丹後國竹野郡竹野でキハッソク、舞鶴でギヌ、兵庫縣香住でコッテイ、筑後海（有明海のこと）でアンコオと云ふ。第一背鰭四棘、第二背鰭十四軟條、臀鰭十三軟條、一縦列の鱗數六十四個である。體は肥大し、稍や紡錘形であるが、頭は大きく、其上部は扁平で、兩眼は上方に向かつてゐる。體色は青味を帶びた淡灰色で、赤褐色の網狀斑紋を持つてゐる。體長は二百七十五ミリメエトル（九寸）に達する。南日本に多いものであるが、多少北日本へも分布してゐる。一つの長い上搏棘がある、是が爲め牛の角《つの》に似てゐる爲め、ウシサカンボ又は角《つの》のあるサカンボと云ひ、時によるとアオミシマに對し本種をオトコサカンボと云ふ。左程美味ではない。

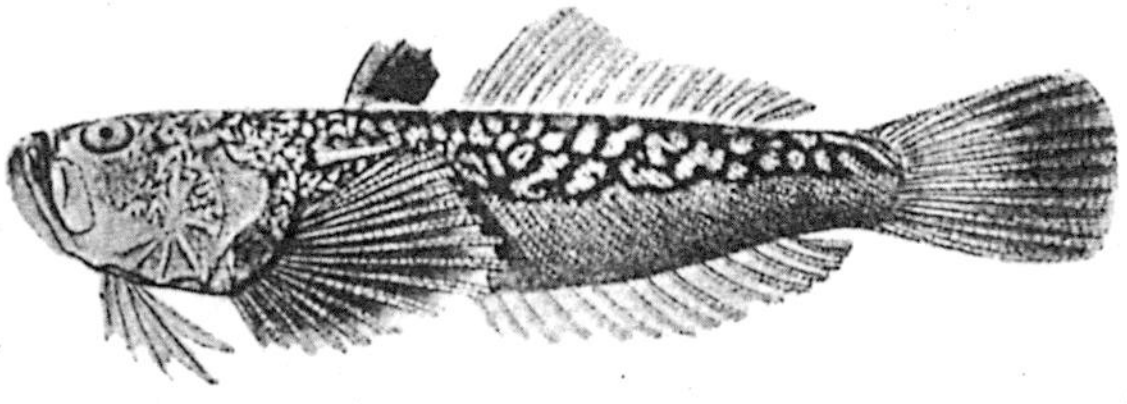
ミシマオコゼ

メガネウオ　眼鏡魚　Uranoscopus bicinctus *Temminck & Schlegel*（**ミシマオコゼ科**）

メガネウオとは何地の稱呼かわからない。第一背鰭四棘、第二背鰭十三軟條、臀鰭十三軟條、一縦列の鱗數五十六個である。體は暗灰色で、體側に二個の大きい褐黑色の斑紋があり、頭にも一個の同色斑紋がある。體にはミシマオコゼに見るやうな網狀斑紋はない。第一背鰭は紫黑色である。體長は二百七十五ミリメエトル（九寸一分）に達する。南日本から東印度諸島へ分布してゐる。我内地では少いものである。

メガネウオ

オコボ　於孝暮　Ichthyscopus lebeck (*Schneider*)（**ミシマオコゼ科**）

兵庫縣淡路國でオコボと云ふ。背鰭十九軟條、臀鰭十六軟條、一縦列の鱗數凡そ四十五個である。頭頗る大きく、背鰭棘部はない。體色は暗灰色で、大きい白色の斑紋を持つてゐる。頭は淡褐色で、鰓蓋部は淡

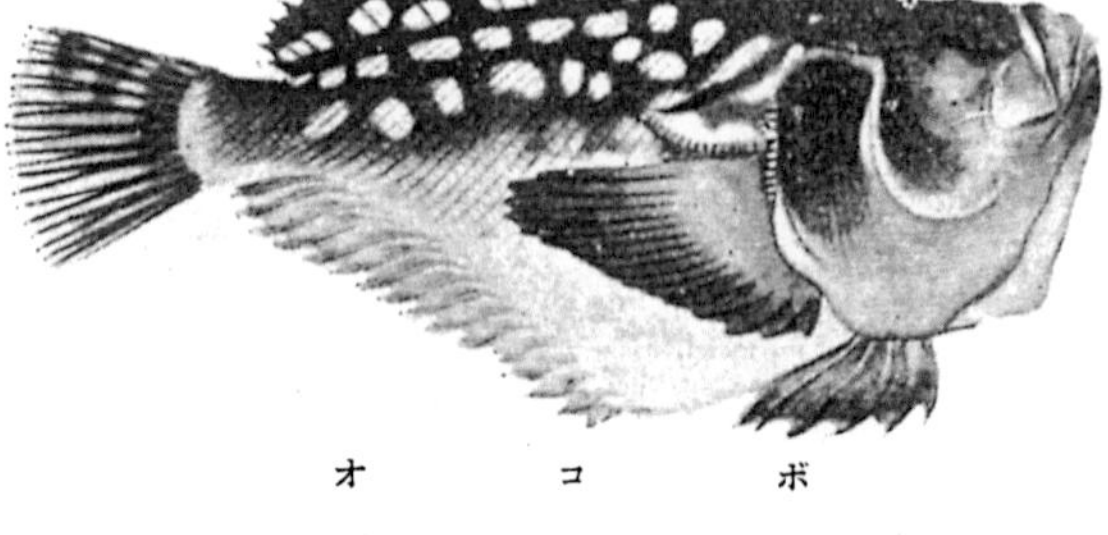
オコボ

黄味を持つた白色である。眼と眼との間には小い白色圓點を散在してゐる。體長は三百ミリメエトル(一尺)に達する。東印度諸島から南日本へ分布してゐる。不味のものであらうと思はれる。

アオミシマ　青三島　Gnathagnus elongatus (*Temminck & Schlegel*)（**ミシマオコゼ科**）

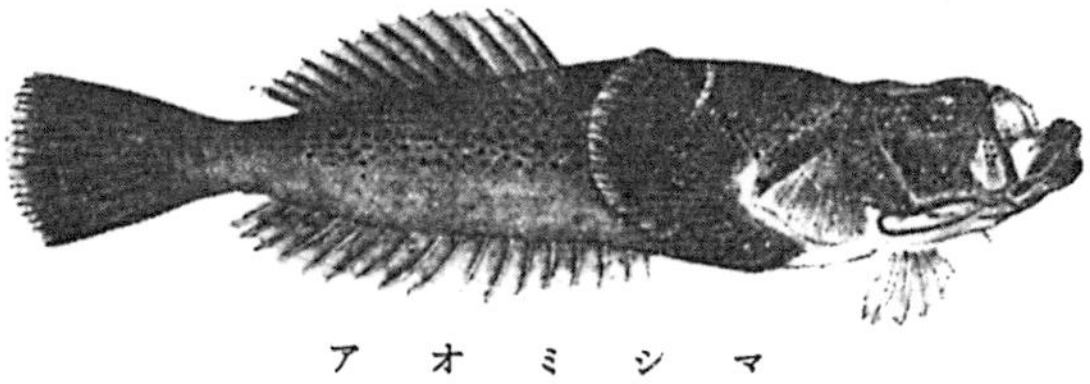
アオミシマ

アオミシマとは何地の稱呼かわからない。新潟縣ではミシマオコゼと共にサカンボと云ふが、是と區別する時はアマサカンボ又はオンナサカンボと云ふ。それは上膊棘のない爲である。背鰭十三軟條、臀鰭十六軟條である。體には微小な鱗があるが、腹面には是が無い。青綠色の地色で、是へ小い褐色斑紋を散在してゐる。體の下面は白つぽい。體長は二百七十五ミリメエトル(九寸)に達する。南日本のものであるが、多少北日本へも分布してゐる。左程美味ではない。

クロボオズギス　黒坊主鱚　Pseudoscopelus scriptus *Lütken*（**クロボオズギス科**）

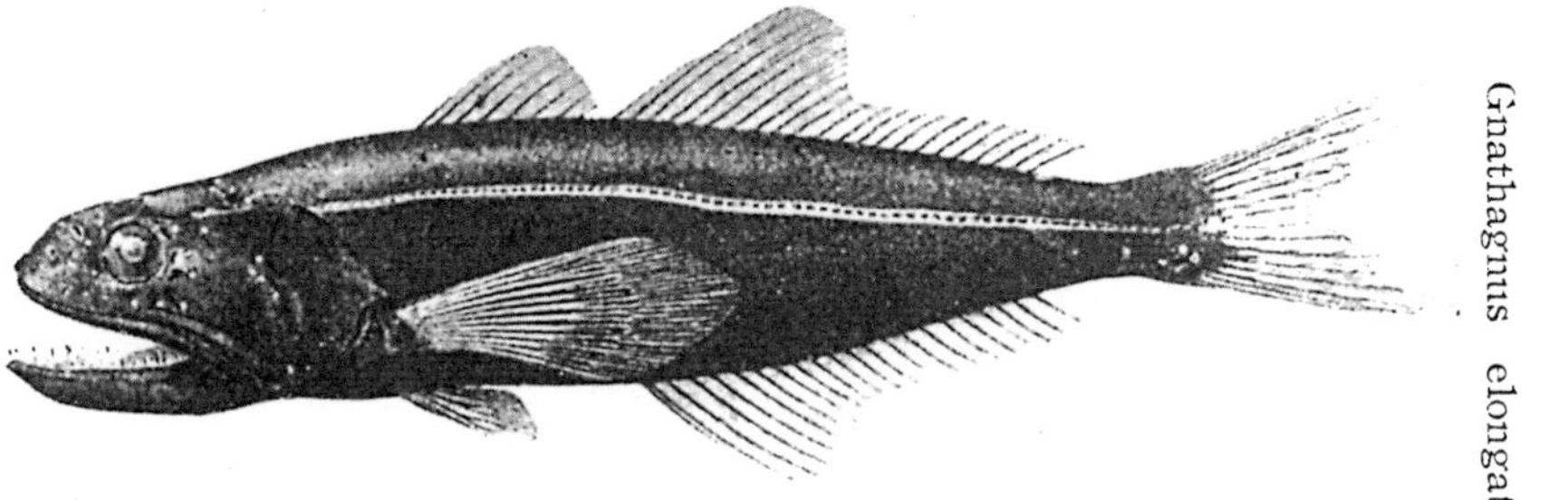
クロボオズギス

クロボオズギスとは曾て私の命名したものである。第一背鰭八棘、第二背鰭二十二軟條　臀鰭二十四軟條、一縱列の孔の數七十五個である。皮膚には鱗がない。體は紫黑色で、下部は更に黑い。凡ての鰭は白つぽい。側線部の孔及び頭の孔は白色であるが、他の孔は多くは黑色である。體長は百八十ミリメエトル（六寸）に達し、相模灘の深海に産するが、大西洋に産するものと同一種である。

セキレン　闘連　Calliurichthys japonicus (*Houttuyn*)（**ノドクサリ科**）

東京でネズッポ又はネズミゴチ、高知でセキレン、靜岡縣靜浦でキジノオと云ふ。第一背鰭四棘、第二背鰭九軟條、臀鰭八軟條である。皮膚に鱗がない。細長い體を持ち、鰓孔は小い。鰓蓋前骨の棘は簡單形で、槍形に細長く、細かな鋸齒緣を持つてゐるが、此棘に更に小棘は無い。尾鰭は頗る長いが、其長さは雌雄によつて著く相違する。體の上部は淡褐色で、不明瞭な斑紋を持つてゐるが、下部は白つぽい。雌雄によつて第一背鰭の斑紋が違ふが、尾鰭が著く長いことによつて本種であると判定することが出來る。體長は三百ミリメエトル（一尺）を超える。南日本のもので、支那へも分布してゐる。左程多くもなく、食用としての價値は少いものである。

セキレン

アカノドクサリ　赤喉腐　Callionymus altivelis *Temminck & Schlegel*（**ノドクサリ科**）

アカノドクサリとは曾て私の命名したものである。第一背鰭四棘、第二背鰭八軟條、臀鰭七軟條である。鰓蓋前骨にある棘には其上緣に上に向へる二小棘と基底に於て前方に向へる一小棘とある。尾鰭は左程長くはない。稍や黄味を帶びた赤色の地色へ濃赤色の斑紋を散在してゐる。

體長は二百七十五ミリメエトル（九寸）に達する。南日本の稍や深海に産するものであるが、左程美味ではない。

アイノドクサリ　相喉腐　Callionymus lunatus *Temminck & Schlegel*
（ノドクサリ科）

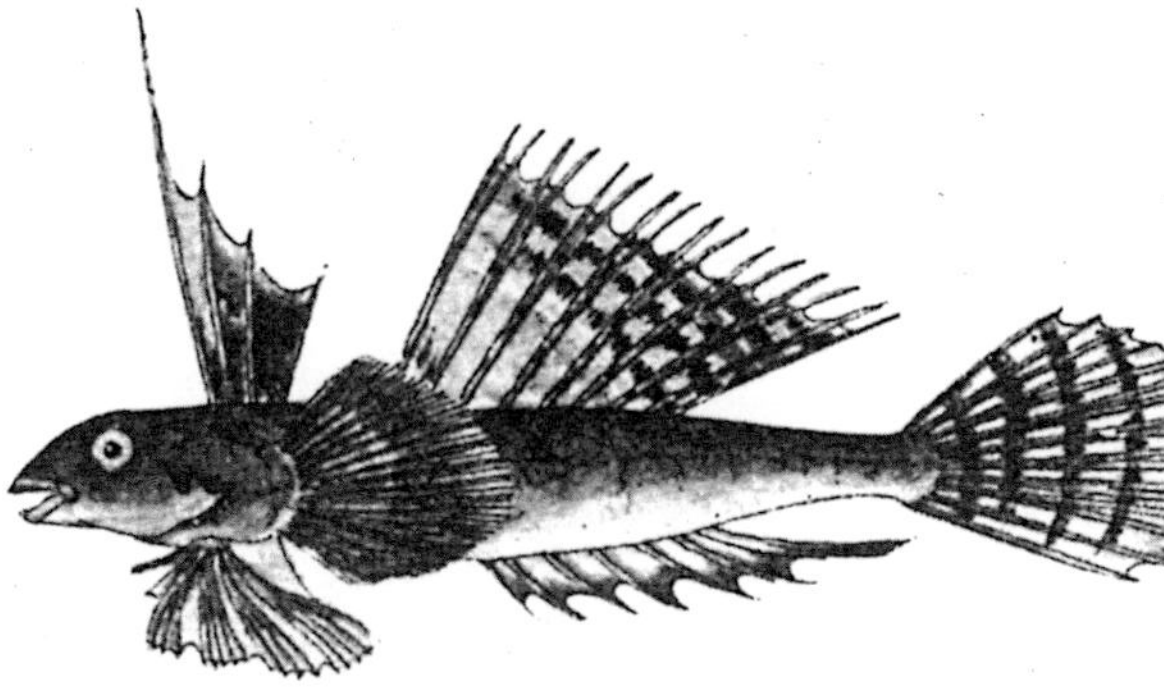
アカノドクサリ

アイノドクサリとは今回改名したものである。本種とノドクサリと果して別種か否かは頗る六かしい問題であるが、屡く別種として爰に擧げることとした。第一背鰭四棘、第二背鰭九軟條、臀鰭九軟條である。尾鰭は左程長くはない。鰓蓋前骨にある棘の上縁には上方に向へる二小棘と基底に於て前方に向へる一小棘とある。雌雄によつて斑紋が違ふが、臀鰭に黒色の幅の廣い帶のあるのとないのとは雌雄の差によるのではないかと思ふ。地色は體の上部に於て灰色で、褐色の斑紋を有し、下方は白つぽい。第一背鰭にある黒色部の面積の廣さは種々である。各地から澤山の標品を集めて研究する必要がある。體長は二百二十五ミリメエトル（七寸五分）に達する。南日本の海岸に多いものである。

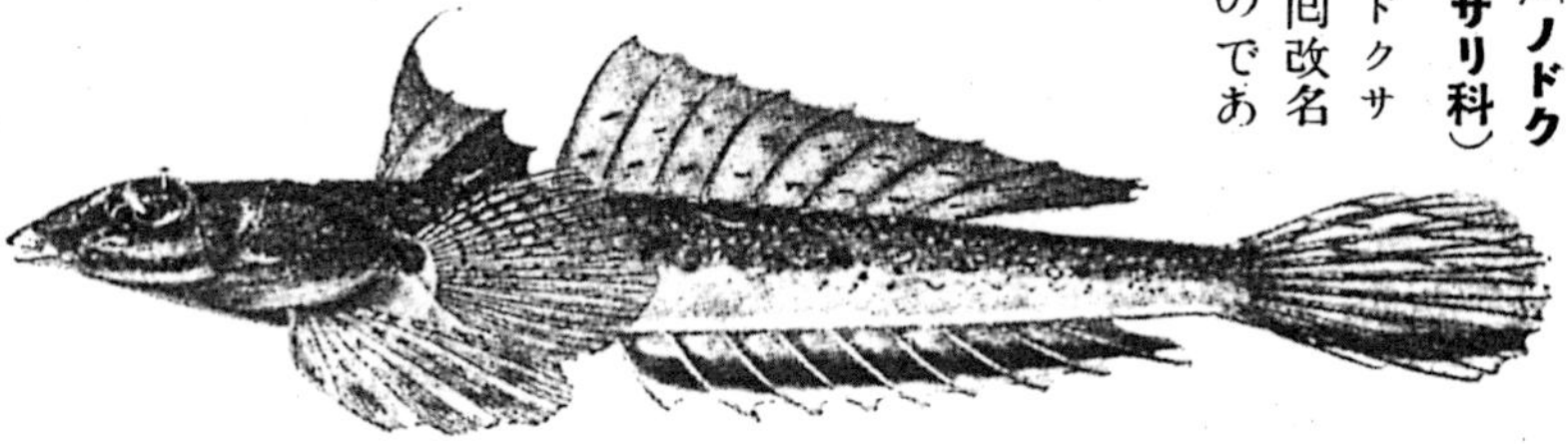
アイノドクサリ

ノドクサリ　喉腐　Callionymus valenciennesi *Temminck & Schlegel*
（ノドクサリ科）

高知でノドクサリ、東京でメゴチ、神奈川縣三崎でヌメリゴチ又はメゴチ、靜岡縣江の浦でオカゴチ、大阪でガッチョオ、兵庫縣淡路國でノドクサ、明石でテンコチ、香川縣でネバゴチ、愛知縣三谷町でメゴチ又はヌメラゴチ、新潟でヘタゴチ（ヘタとは岸の意）、新潟縣寺泊でメカギ、同縣能生でメカショ、タバコゴチ、ミ、トジ又はナメラゴチ、舞鶴でエゴラゴチ（エゴラは苦味の意）、福岡縣福岡でエグリハゼ、熊本でヨドゴチと云ふ。第一背鰭四棘、第二背鰭九軟條、臀鰭九軟條である。鰓蓋前骨にある棘の上縁には四個の上方に向へる小棘と基底に於て前方に向へる一小棘とある。體は上部に於て淡褐色で、複雜した斑紋を有し、下部に於ては白つぽい。雌雄によつて著く斑紋を異にし、雄では第一背鰭の上縁が幅狹く青黒色で雌では斯樣な色縁がなくて、此鰭の後部に於て一つの大きい青黒色の斑紋を有し、其外周を淡色の輪を以て圍んでゐる。臀鰭にある地色や斑紋は雌雄によつて一定してゐるのではないやうである。本種も澤山の標品を各地から集めて研究する必要がある。體長は二百二十五ミリメエトル（七寸五分）に達する。南日本の海岸に多いもので、普通には雜魚として

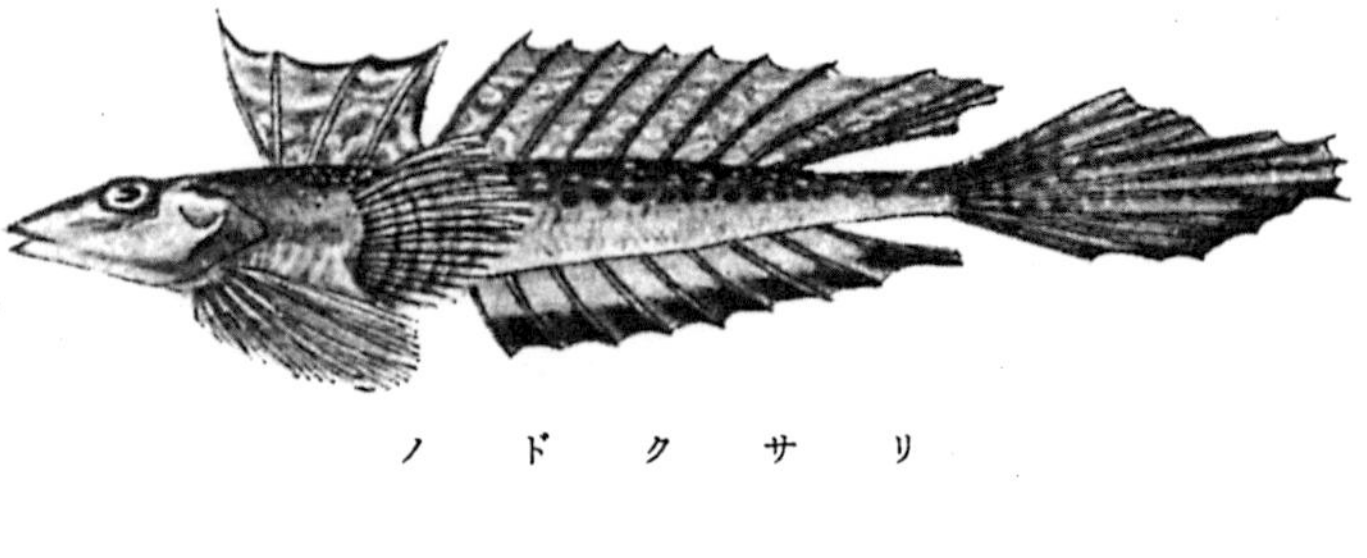
ノドクサリ

取扱はれ、左程珍重しないが、東京では天麩羅材料として重寶なものである。本種は往々煙草のやにのやうに苦味の甚しいことがある爲めタバコゴチ、エゴラゴチなどの名稱が出來るが、是は如何なる時に限つて斯樣な嫌な味があるかまだわからない。此魚は喉から早く腐り初める爲め、ノドクサリ又はノドクサの名稱が出る。また普通のコチは眼が小いが、本種は形だけが稍やコチに似て眼が大きいからメゴチの名稱が出るのである。また體には鱗がなくて滑であるから、ヌメリゴチ、ヌメラゴチなどの名稱が出るのである。

ハタタテヌメリ　旗立粘　Callionymus flagris *Jordan & Fowler*
（ノドクサリ科）

ハタタテヌメリとは曾て私の命名したものである。第一背鰭四棘、第二背鰭九軟條、臀鰭九軟條である。鰓蓋前骨にある棘の上縁には二、三個の上方に向つた鋭い小棘を持ち、基底に於て前方に向へる一棘がある。第一背鰭の棘及び尾鰭軟條の多くは著く伸びて絲狀を呈してゐる。體色は上部は暗灰色で、淡色の複雜した斑紋を具へ、下部は白つぽい。第一背鰭の上緣を緣取つて黑色帶があるし、第二背鰭及び尾鰭には澤山の褐色斑紋がある。雄の臀鰭は邊緣部が黑ずんでゐるが、雌では白つぽい。體長は百八十ミリメエトル（六寸）に達する。南日本の海岸に居るものであるが、左程多くは取れない。他のノドクサリ類と共に雜魚として取扱はれてゐる。

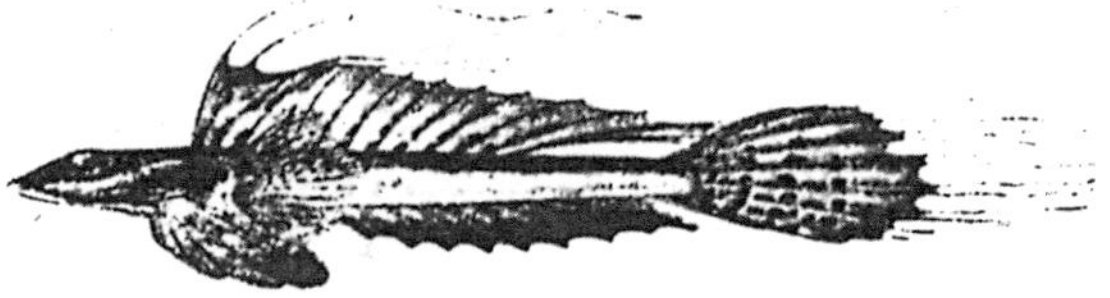

ハ　タ　タ　テ　ヌ　メ　リ

ハナビヌメリ　花火粘　Callionymus calliste *Jordan & Fowler*（**ノドクサリ科**）

ハナビヌメリとは曾て私の命名したものである。第一背鰭四棘、第二背鰭八軟條、臀鰭七軟條である。鰓蓋前骨にある棘の上縁には三個の上方に向へる小棘と、基底に於て前方に向へる一個の短棘とがある。第一背鰭頗る大きく、棘を連ねてゐる皮膜も隨分大きい。體色は上部は暗褐色で、多くの暗色の網狀斑紋を持ち、尙ほ五個の幅の狹い暗褐色橫帶を持つてゐる。體の下部は白つぽい。臀鰭基底に近い處には褐色斑點がある。臀鰭下緣は黑つぽく、尾鰭下葉には暗褐色の斑點を散在してゐる。體長は九十ミリメエトル（三寸）に達する。南日本に居るものであるが、多くは取れない。

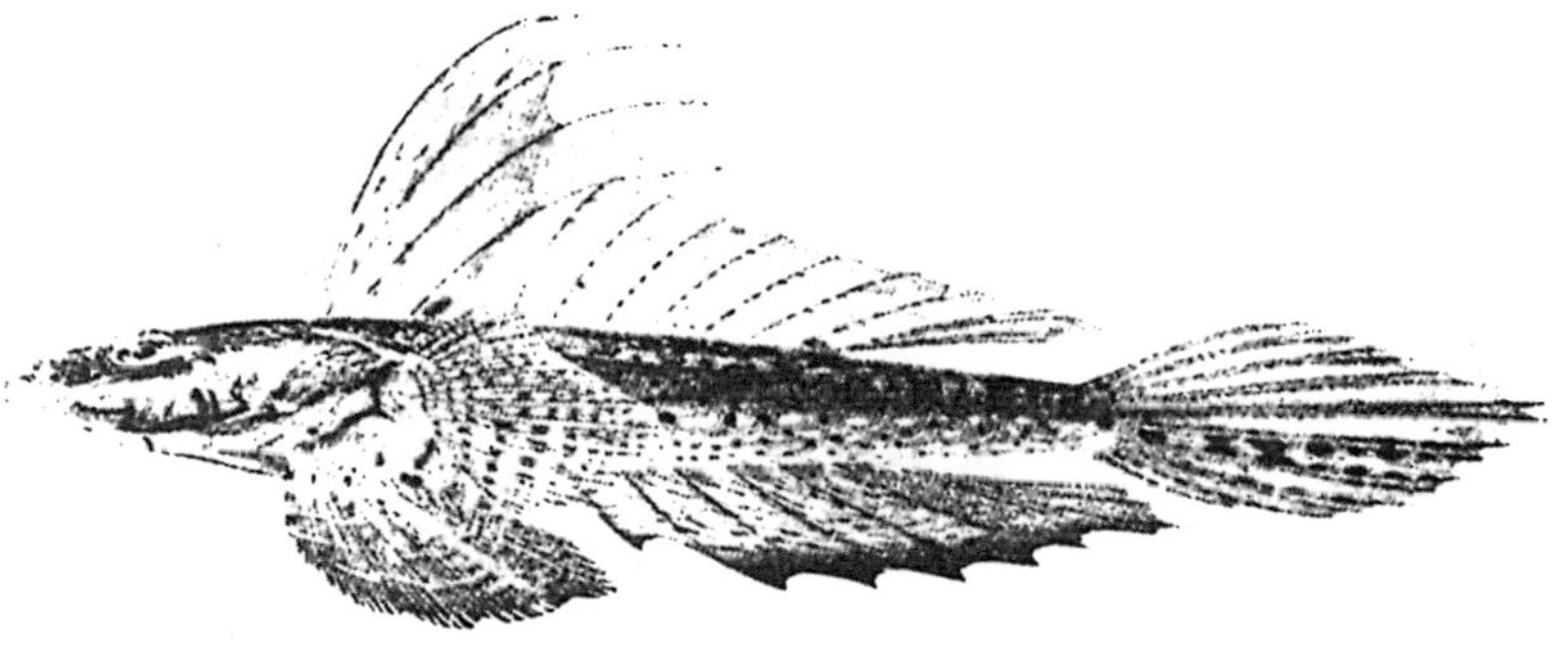

ハ　ナ　ビ　ヌ　メ　リ

ツルウバウオ　鶴姥魚　Aspasma ciconiae *Jordan & Fowler*（**ウバウオ科**）

ツルウバウオとは曾て私の命名したものである。背鰭十一又は十二軟條、臀鰭九軟條である。左右の腹鰭の間及び後方に一つの大きい吸盤があつて、是を作るには腹鰭の一部分も與かるのである。皮膜には鱗なく、體は稍や長いが、頭も大きい。體色は稍や赤味のある黄色である。體長は六十ミリメエトル（二寸）に達する。本種は和歌浦で取れたことがあるが、其後採集されない。神奈川縣三崎で往々に取れるものはウバウオ姥魚 Aspasma misakia *Tanaka*（ウバウオとは曾て私の命名したものである）で、是は三崎の外方にある城《ジャウ》ケ島《シマ》の外洋に面した處で稀に取れるものである。是等兩者の區別は

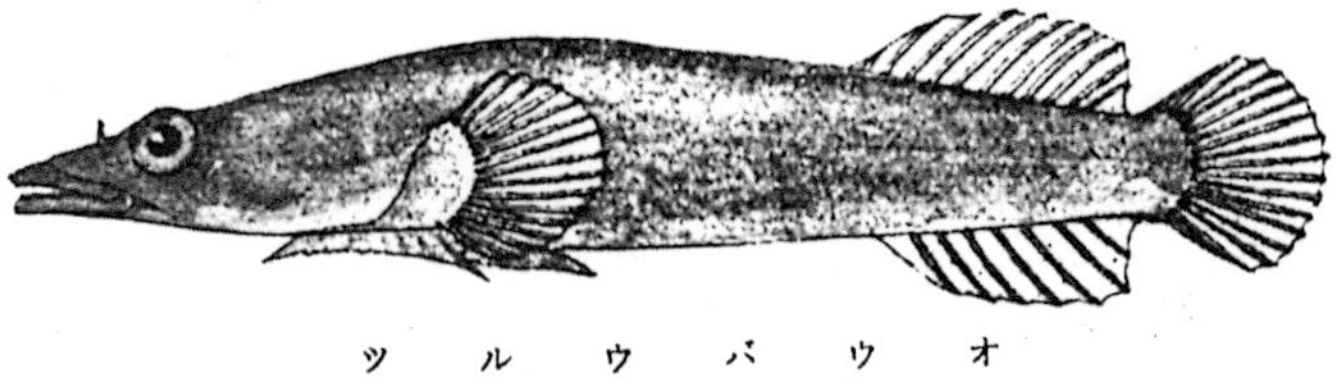

ツルウバウオ

ツルウバウオでは圖に示した通り背鰭と尾鰭とが全く連絡してないが、ウバウォでは背鰭と臀鰭とが尾鰭軟條の基底に近い處へ連絡し、背鰭十四又は十五軟條、臀鰭軟條十二又は十三軟條を持つてゐることである。尙ほウバウォは頗る小さく、私の今まで知つてゐる處では體長五十四ミリメエトル（一寸八分）以上のものはない。是等兩者は北日本へは分布してゐないこと、思はれるが、分布がまだ充分にわからない。左程稀とは思はれないが採集の方法が面倒で、干潮の際に海岸の岩礁の間に溜つた海水を汲み出して探すの外、採集する方法がない。

ツバメ　燕　Enneapterygius etheostoma (*Jordan & Snyder*)（**ギンポ科**）

ツバメとは神奈川縣三崎の臨海實驗所員青木熊吉氏の命名したものである。第一背鰭三棘、第二背鰭十四棘又は十五棘、第三背鰭九又は十軟條、臀鰭一棘十九乃至二十一軟條、一縦列の鱗數三十四乃至三十七個である。胸鰭は十六軟條で、就中、最下の七軟條は分枝しないで、肉質である。體は黃味のある白色で、數個の幅廣い褐色斜走横帶がある。三背鰭、臀鰭及び尾鰭には數多の褐色斑點を散在してゐる。體長は三十五ミリメエトル（一寸二分）に達する。南日本の海岸に饒產するものであるが、岩礁の間に居る。小

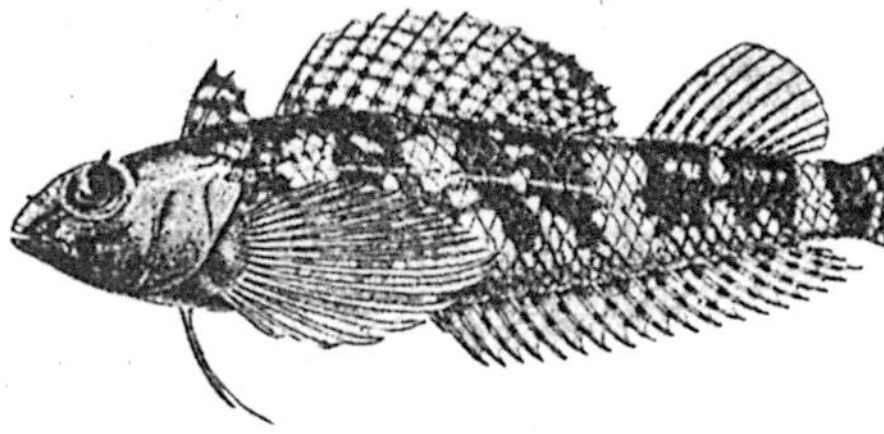

ツバメ

魚であるから、漁業者の目的物でない。是を取るには是非とも干潮時に海水の溜まつたのを汲み出して探がすの外、方法はない。固より食用に供しない。

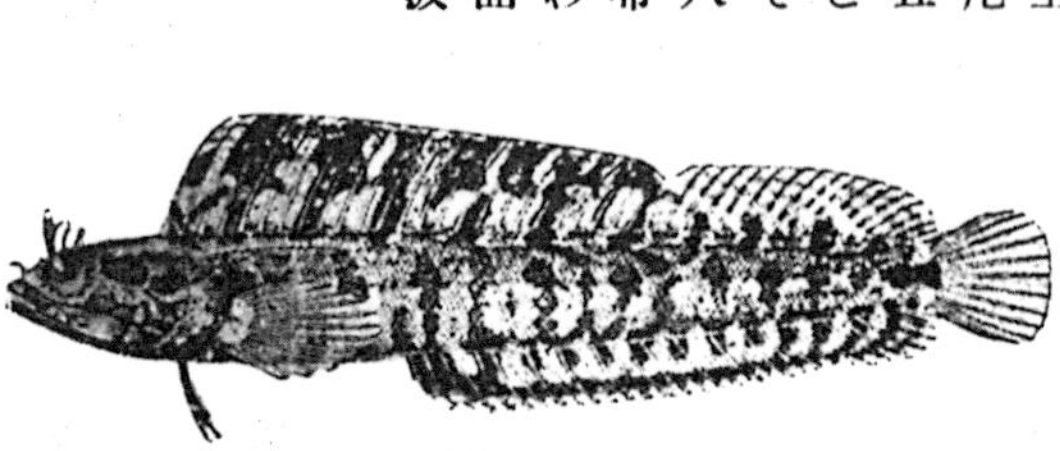

コケギンポ

コケギンポ　苔銀寶　Zacalles bryope *Jordan & Snyder*（**ギンポ科**）

コケギンポとは曾て私の命名したものである。背鰭二十五棘十六乃至十八軟條、臀鰭一棘三十一又は三十二軟條である。背鰭は棘部と軟條部との間に淺い一缺刻がある。體には小い鱗があるが、頭部は全く無鱗である。眼の上方に總狀の皮質絲狀附屬器を持つてゐる。體色は淡褐色で、九又は十個の暗褐色横帶がある。背鰭棘部及び臀鰭には褐色帶を多く持つてゐる。腹鰭は暗色であるが胸鰭と尾鰭とは淡灰色である。體長は七十ミリメエトル（二寸四分）に達する。南日本の海岸に多いもので、干潮の際に採集することが出來るが、魚市場へ現れることは滅多にない。殆ど食用にはならない。

イソギンポ　磯銀寶　Blennius yatabei *Jordan & Snyder*（**ギンポ科**）

イソギンポとは曾て私の命名したものである。背鰭十二棘十六軟條、臀鰭一棘十九軟條である。背鰭棘部と軟條部との間に一缺刻がある。體は稍や長く、鱗は無い。頭は短く、

イソギンポ

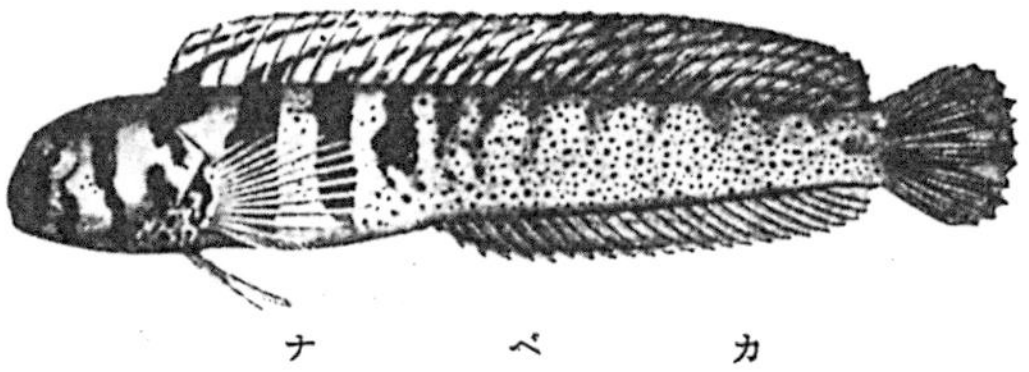

ナ　ベ　カ

吻の上外廓は殆ど垂直である。前鼻孔には一個の觸手狀附屬器があり、眼の上方には一個の大きい觸手狀附屬器がある。眼の上方にあるものは其一側に數個の小枝を持つてゐる。體色は暗灰色で、體の上部に褐色の斑點を散在してゐる。體長は三十ミリメエトル（一寸）内外で、南日本のものであるが、多少北日本へも分布してゐる。海岸の岩礁の間に居るもので食用とはならない。

ナベカ　那邊加　Petroscirtes elegans *Steindachnr*（ギンポ科）

神奈川縣三崎でナベカ、新潟縣大海町でテンジョオマワリと云ふ。背鰭十二棘二十二軟條，臀鰭一棘二十四軟條である。背鰭上縁には全く缺刻がない。體は細長く頭の上外廓は圓味を帶び、吻の上外廓は殆ど垂直である。稍や赤味のある濃黃色の地色へ頭と體の前部とに數個の赤褐色横帶がある。體の後部には横帶に代はるに數多の赤褐色の小圓點を散在してゐる。體長は六十ミリメエトル（二寸）に達する。我國の沿岸に多いもので，往々カツブシガイの死殼の中に潛んで生活してゐるから、斯樣な殼を取り上げると、中から泳ぎ出ることがある。食用とはならないが、美い魚である。盛に游泳するものでなく、水底に靜座するを好むものである。

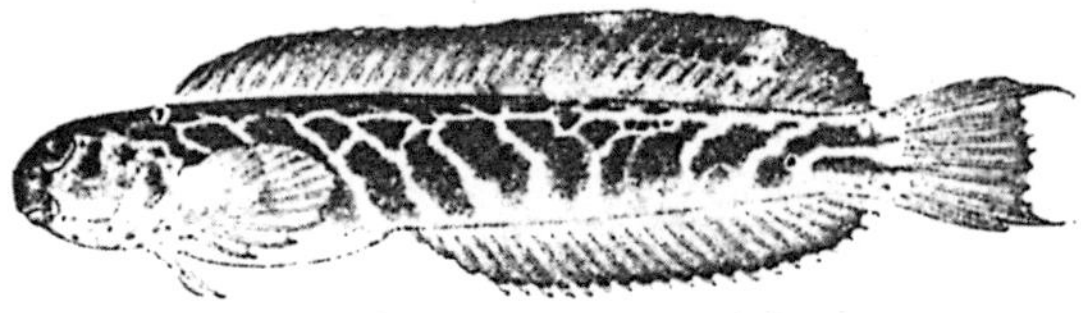

ク　モ　ギ　ン　ポ

クモギンポ　雲銀寶　Petroscirtes roxozonus *Jordan & Starks*（ギンポ科）

クモギンポとは曾て私の命名したものである、背鰭十三又は十四棘二十軟條、臀鰭二十四軟條である。眼の上方には觸手狀附屬器が無い。體色は淡灰色で、幅の廣い暗褐色横帶を持つてゐる。背鰭，臀鰭及び尾鰭は黑ずんでゐるが，胸鰭と腹鰭とは白つぽい。體長七十ミリメエトル(二寸三分)に達する。種子ヶ島以南に生活し、本州には居ないやうである。

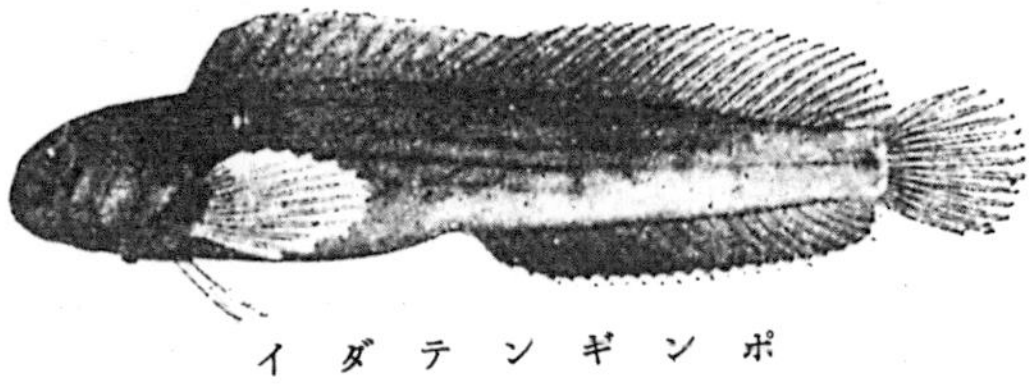

イ　ダ　テ　ン　ギ　ン　ポ

イダテンギンポ　韋駄天銀寶　Petroscirtes japonicus *Bleeker*（ギンポ科）

イダテンギンポとは曾て私の命名したものである。背鰭十二棘二十二軟條、臀鰭一棘二十二軟條である。背鰭は棘部と軟條部との間に淺い一缺刻がある。頭の上方には觸手狀附屬器は無い。體色は上部は淡褐色で、數個の褐色の縱走帶がある。體の下部は稍や白つぽい。鰭は凡て黑ずんでゐて、殊に背鰭棘部と臀鰭の前部とは黑褐色である。體長は六十ミリメエトル(二寸)に達する。南日本の海岸に生活する。

ニジギンポ　虹銀寶　Petroscirtes trossulus (*Jordan & Snyder*)（ギンポ科）

ニジギンポとは曾て私の命名したものである。背鰭十棘二十一軟條、臀鰭一棘十九軟條である。背鰭は前部の軟條稍や長いが、此鰭の上縁に毫も缺刻がない。頭は細長く、前端は細くなつて尖つてゐる。頭の上部に觸手狀附屬物がない。體色は灰色で、二條の紫黑色の縱走帶が

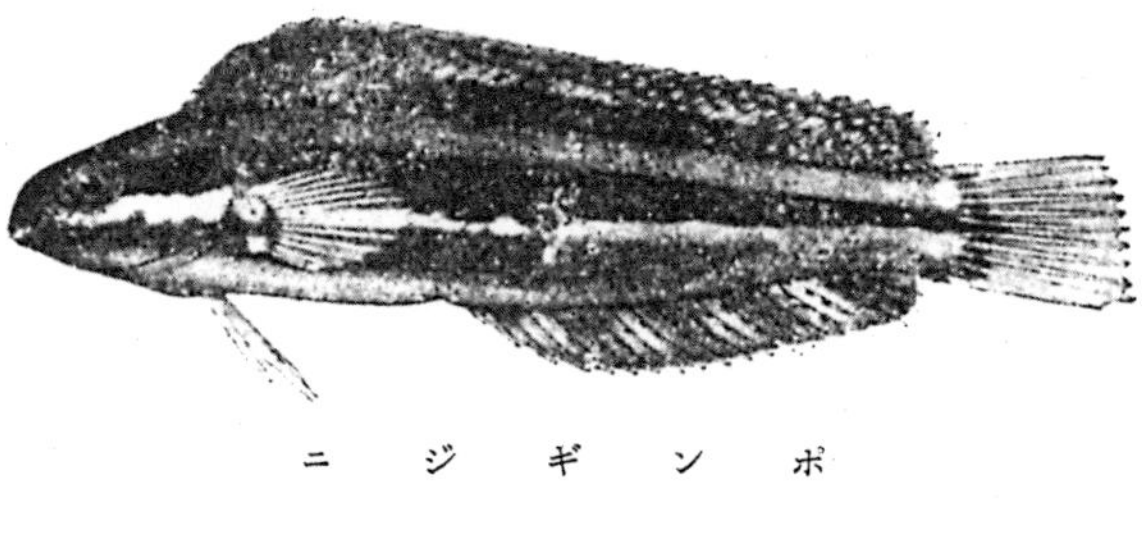

ニ　ジ　ギ　ン　ポ

ある。就中、下方の一帶は頭を前方へ通り、吻に達し、その爲め、此色帶の直下に頭及び體側に於て著く白つぽい一條の縱走帶を作つてゐる。背鰭と臀鰭とは灰色と黑色との斑紋を交錯し、他の鰭は白つぽくて、斑紋がない。體長は二百ミリメエトル（六寸六分）に達する。南日本の岩礁の間に生活する。

シマギンポ　縞銀寶　Salarias andersoni *Jordan & Starks*（**ギンポ科**）

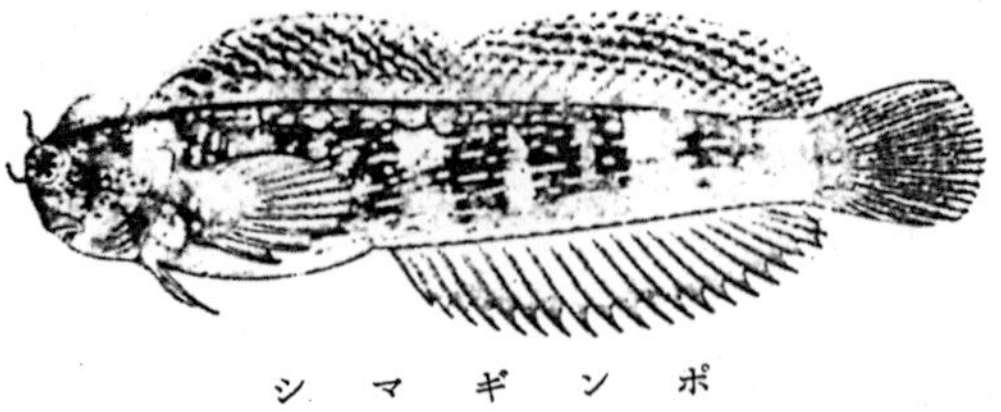

シマギンポ

シマギンポとは曾て私の命名したものである。背鰭十一棘十九又は二十軟條、臀鰭二十乃至二十二軟條である。眼の前方及び上方に各〻一個の觸手狀附屬器があつて、更に項部に一個の薄い皮褶がある。體色は褐色で、淡色の横帶を持つてゐるが、更に白つぽい小圓點を散在してゐる。眼の虹彩の斑紋も特異である。背鰭と尾鰭とに斑紋があるが、他の鰭には殆ど斑紋がない。體長は七十九ミリメエトル(二寸六分)に達する。種子ケ島以南に居るが、本州沿岸には居ないものであらう。

カエルウオ　蛙魚　Salarias enosimae (*Jordan & Snyder*)

カエルウオとは曾て私の命名したものである。靜岡縣の海岸で本種をトビハゼと云ふ處があるが干潮の際多少跳び廻はる性質があるであらうかと思はれる。背鰭十二又は十三棘二十又は二十一軟條、臀鰭一棘十九乃至二十二軟條である。背鰭棘部と軟條部との間には一つの深い缺刻がある。眼の上方に綵狀突起があるし、其後方に一つの大きい薄い皮褶があるが、幼時には全く是がなく、時によると頗る大きい皮褶を持つてゐるものがある。體色は稍や紫がゝつた灰色で、褐色の横帶がある。背鰭は黑つぽく、數多の白色線及び白點を持つてゐる。他の鰭は黑つぽく、殊に臀鰭は濃色である。體長は百二十ミリメエトル(四寸)に達する。南日本の海岸に多いが、殆ど食用とはしない。

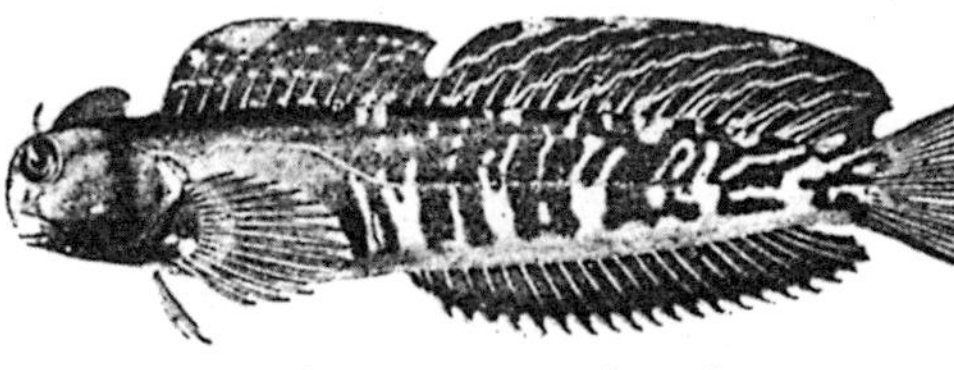

カヘルウオ

フサギンポ　總銀寶　Azuma emmnion *Jordan & Snyder*（**ギンポ科**）

フサギンポとは曾て私の命名したものである。背鰭六十一軟條、臀鰭一棘四十五軟條である。體及び頭部には鱗を密布してゐる。頭頂、頰部及び頤に觸手狀附屬器がある。體色は淡褐色で、體の上部に十個の黑點があつて、背鰭に存する暗色帶と多少結合してゐる。また體の下部に十一又は十二個の不明瞭な暗色帶があつて、其の多くは臀鰭へ侵入してゐる。腹鰭と尾鰭との邊緣に近い處は褐色で、邊緣は白つぽい。胸鰭も其大部分は褐色である。體長は二百五十ミリメエトル（八寸二分）に達する。南日本及び北日本の海岸に生活するものである。

リュウグウギンポ　龍宮銀寶　Bryostemma polyactocephalum (*Pallas*)（**ギンポ科**）

リュウグウギンポとは曾て私の命名したものである。背鰭五十九棘、臀鰭一棘四十五軟條である。頭部には數多の觸手狀附屬器がある。體色は淡灰色で不明瞭な淡褐色斑紋がある。凡ての鰭は淡褐色の地色へ數多の濃褐色の帶を持つて、稍や美く見えるが赤味がない爲め、派手には見えない。體長は二百四

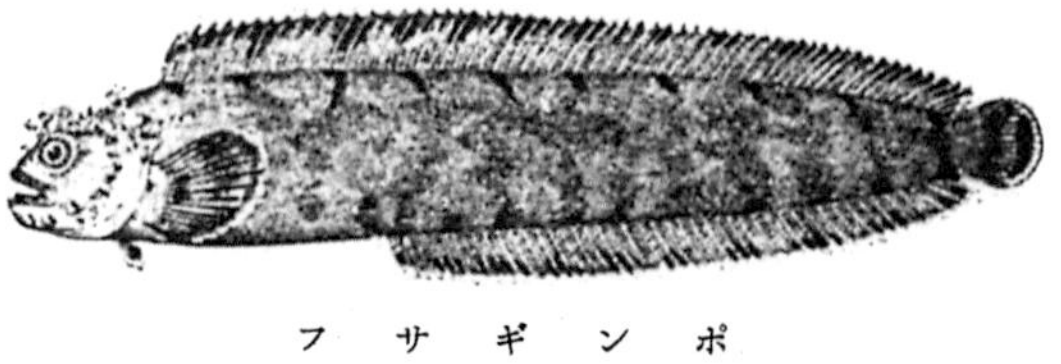

フサギンポ

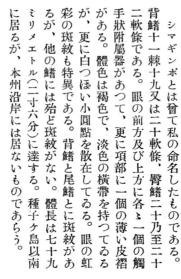

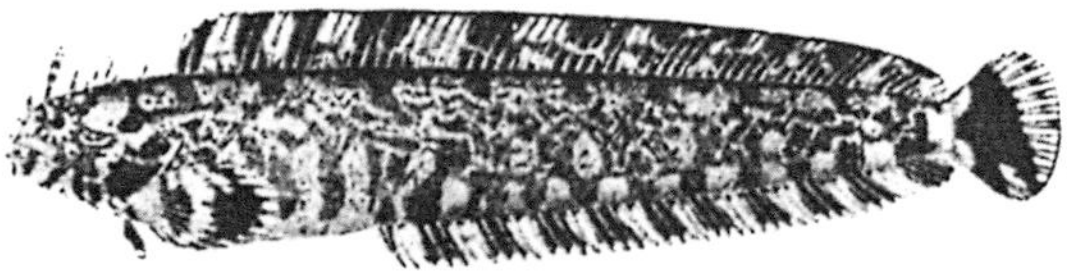

リウグウギンポ

十ミリメエトル（七寸九分）に達する。北日本からアラスカへまで分布してゐるが、多少南日本へも分布してゐるかと思はれる。

ギンポ　銀寶　Enedrias nebulosus (*Temminck & Schlegel*)（**ギンポ科**）

東京及び附近でギンポ又はギンボオ、濱名湖でカミソリウオ又はテンキリ、和歌山縣日高郡白崎村でナンキン、大阪でカミソリ、神戸駒ケ林でナキリ又はイタチベラ、新潟縣、兵庫縣網干、熊本でウミドジョオ、愛知縣三谷町でギンボ、富山縣滑川町でナギリ、舞鶴でネビラ、兵庫縣香住でカタナギ又はテッキリ、島根縣濱田でニギリと云ふ。背鰭八十一棘、臀鰭二棘三十九軟條である。體は細長く、頗る側扁し、頭は細長く、其前端は細くなり、尖つてゐる。腹鰭は頗る小い。體には小鱗を密布し、側線は無い。體色は黄味を帶びた灰色で、褐色の斑紋を不規則に散在してゐる。背鰭は灰色の地色へ、褐色線若干を具へてゐる。體長は百八十ミリメエトル（六寸）に達する。我國の海岸に産するものであるが、殆ど食用としないものである。不思議なことには東京では天麩羅材料として重寶がられ、春を美味の時期とする。

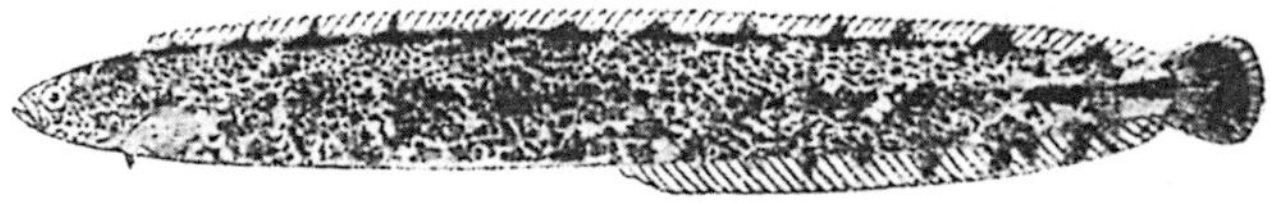

ギンポ

ハナイトギンポ　花絲銀寶　Neozoarces steindachneri *Jordan & Snyder*（**ギンポ科**）

ハナイトギンポとは嘗て私の命名したものである。イトギンポ類中では頗る斑紋の精巧な種類に屬する。背鰭三十八棘四十九軟條、臀鰭一棘七十二軟條である。眼の上方に一個の皮質突起がある。胸鰭はあるが、腹鰭が無い。小鱗を持つてゐるが、側線が無い。體色は灰色の地色で、複雜な褐色斑紋を持つてゐる。體長は六十ミリメエトル（二寸）に達する。北日本の海岸に居るものであるが、或は南日本へも分布してゐるかと思ふ。食用とはならないが、頗る複雜した斑紋を持つてゐる爲に爰に擧げることゝした。赤味が無いため、派手な色合のものではない。

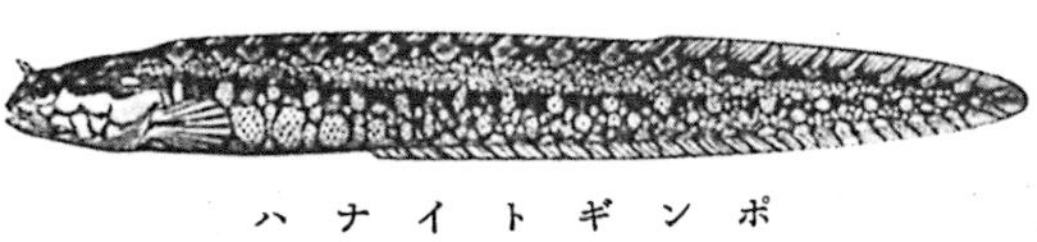

ハナイトギンポ

ダイナンギンポ　大灘銀寶　Dictyosoma bürgeri *Van der Hoeven*（**ギンポ科**）

ダイナンギンポとは何地の稱呼か不明である。多くの土地ではギンポと混稱してゐる。背鰭五十二棘、臀鰭一棘四十二軟條である。腹鰭は一個の微小棘を以て代表し、又は是を缺いでゐることもある。體には小鱗を密布し、側線は縱横に走つて、網目を作つてゐる。體色は淡褐色で、黒ずんだ斑紋を持つてゐる。然し地色や斑紋は老幼により、また個體によつて種々に變化する。體長は百八十ミリメエトル（六寸）に達する。我國各地の海岸殊に入江の海藻中に饒産するが、殆ど是を食用とするものはない。

ゲンナ　玄那　Opisthocentrus ocellatus (*Tilesius*)（**ギンポ科**）

北海道室蘭でゲンナ又はルゝカと云ふ。背鰭五十九棘、臀鰭二棘三十六軟條である。體及び頭部に小鱗がある。口は小く、前出せしめ得る。腹鰭なく、側線もない。體色は青褐色で、褐色の斑紋を有し、多少網目狀となつてゐる。背鰭にある眼狀斑紋は其數種々で、五乃至九個あ

ダイナンギンポ

る。體長は百三十五ミリメエトル（四寸五分）に達する。北日本のもので日本海の北岸にも産する。内灣のアジモの中に多いもので北海道水産試験場室蘭支場の勝木重太郎氏によると、「沿岸の海藻中に棲息し方言アブラコ（アイナメのこと）釣りの活餌料として漁業者に重寶がられまた天麩羅として美味である」。

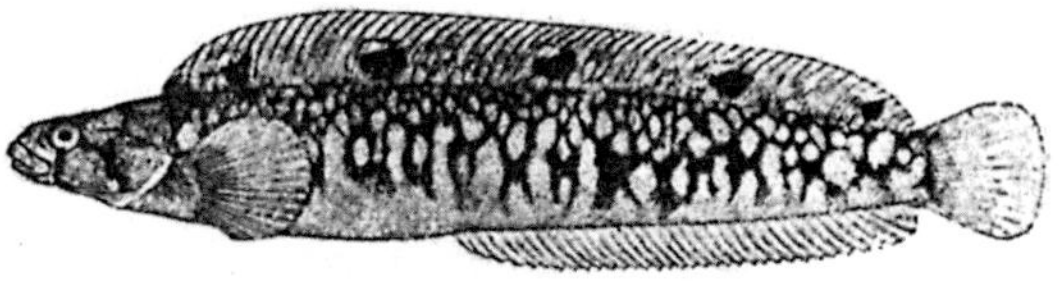
ゲ　ン　ナ

ナメアブラコ　**滑油子**　Abryois azumae *Jordan & Snyder*（**ギンポ科**）

室蘭でナメアブラコ又はガズ、小いのをギンポと云ふ。背鰭五十二棘、臀鰭二棘四十軟條である。稍やゲンナに近く、體に鱗があるが、頭部には是が無い。背鰭及び臀鰭の膜にも鱗がある。腹鰭が無い。體は稍や黄味を帶びた褐色で、褐色の斑紋があるが、其斑紋は蟲の食つた痕のやうな形である。體長は四百ミリメエトル（一尺三寸）に達する。北日本の内の更に北部に産する。北海道水産試験場室蘭支場の勝木重太郎氏によると、「大きく成長したものは食用としないが、百二十ミリメエトル（四寸）位のものを天麩羅とする。味は相當い〻」。

ムスジガジ　**六條我侍**　Ernogrammus hexagrammus (*Temminck & Schlegel*)（**ギンポ科**）

ムスジガジとは曾て私の命名したものである。背鰭四十一棘、臀鰭一棘二十八軟條である。體は細長く項部に於て稍や昂起してゐる。胸鰭も腹鰭もある。

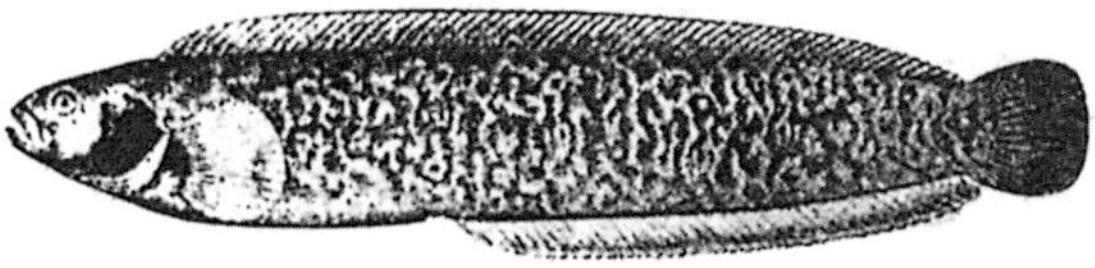
ナ　メ　ア　ブ　ラ　コ

體は小鱗を有し、頭には是が無い。體側には三個の側線があつて、是等の側線の各〻は數多の短い斜走枝線があるが、鱗接の側線へは達してない。體色は淡褐色で、體の上部に褐色の横帶がある。頭部には幅の廣い褐色横帶がある。體長は百二十ミリメエトル（四寸）に達する。北日本にも南日本にも産するが、殆ど食用とはならない。

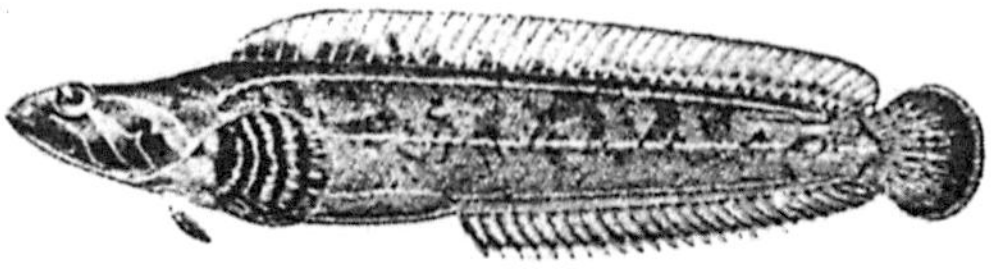
ム　ス　ジ　ガ　シ

エゾガジ　**蝦夷我侍**　Ozorthe dictyogramma (*Herzenstein*)（**ギンポ科**）

エゾガジとは曾て私の命名したものである。背鰭四十三乃至四十五棘、臀鰭一棘二十三乃至二十五軟條である。腹鰭を持つてゐる。三個の主要側線の外に、是に直角のものが交錯し、網目を造つてゐる。體に微小鱗があるが、頭は無鱗である。體色は淡褐色で、鰓孔上縁の上方に一個の黒い圓點がある。眼からは三個の暗色帶が放射してゐる。背鰭は淡黒色の不明瞭な斑點を持ち、胸鰭と尾鰭とは濃黒色の横帶がある。臀鰭には細長い淡色點があるし、尾鰭後縁は白色である。體長は百ミリメエトル（三寸三分）に達する。北日本の海岸に産するが殆ど食用とはならない。

タウエガジ　**田植我侍**　Stichaeus nozawae *Jordan & Snyder*（**ギンポ科**）

タウエガジとは曾て私の命名したものである。背鰭五十一棘、臀鰭一棘三十七軟條である。頭は細長く先端は尖つてゐる。腹鰭はよく發達してゐる。體には小鱗があるが、頭は無鱗である。側線は一個で

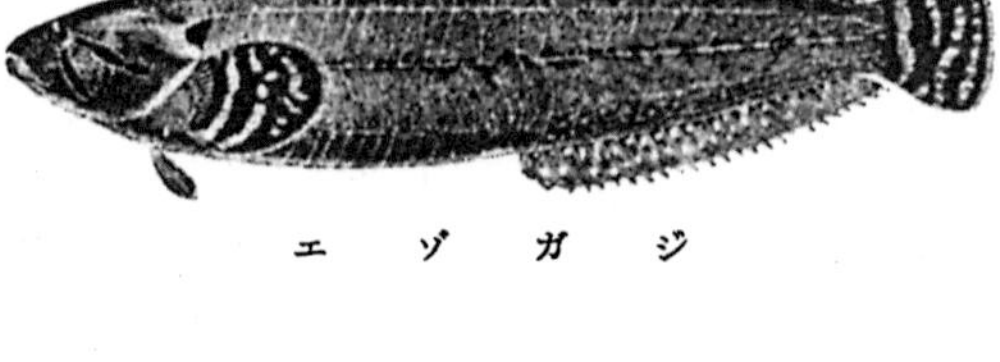
エ　ゾ　ガ　ジ

あつて、背外廓に接近して走つてゐる。體色は淡褐色で不明瞭な褐色斑紋がある。體長は二百五十五ミリメエトル（八寸五分）に達する。北日本のものである。雜魚として取扱はれてゐるであらう。

タウエガジ

*ガツナギ　我津那義

Dinogunellus grigorjewi (*Herzenstein*)（ギンポ科）

新潟縣能生でガツナギ、ガタナギ又はガツ、同縣出雲崎でサイズ新潟でテンヅツ、富山縣でズナ、舞鶴でゲンナイタラ、兵庫縣津居山、是に近い香住などでサジ、北海道でガジ、北海道茅部郡でナガズカ、室蘭でワラズカと云ふ。是等の方言の多くは本種ばかりでなく、近似種をも混稱した名稱である。背鰭五十六棘、臀鰭一棘四十三軟條である。體は細長いが、稍や肥大し、體高は全長の八分の一より稍や低い。頭は縱扁し、眼は小さく、上方に向いてゐる。口は斜に上方に向ひ、廣く裂けてゐる。腹鰭はよく發達してゐる。體には微小鱗があるが、頭部には鱗がない。體の上部は褐色で、下部は白つぽい。體の上部には黑褐色の斑紋があり、臀鰭には白つぽい邊緣がある。體長は五百ミリメエトル（一尺六寸五分）に達する。北日本のものであるが、水戸附近や新潟縣の海岸でも相當取れるものである。食用とするが、其價値は左程のことはないであらう。

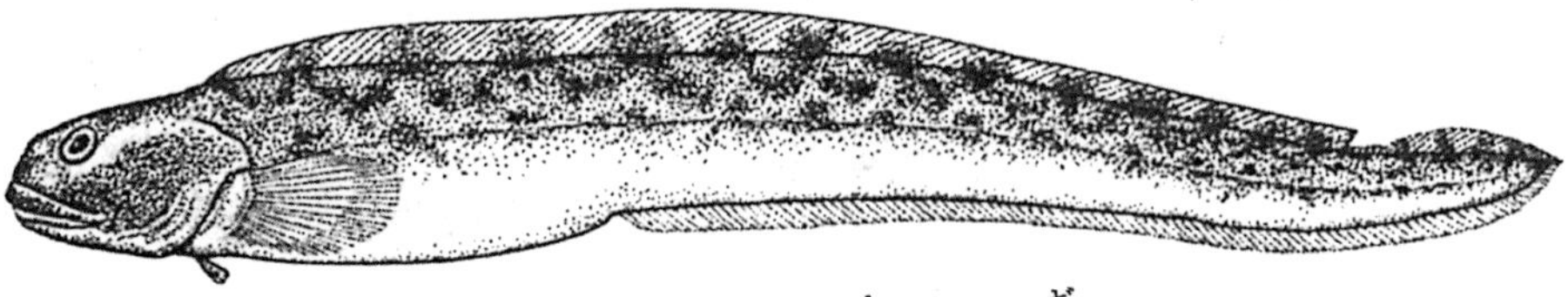

ガツナギ

スナモグリ　砂潜

Lumpenus anguillaris (*Pallas*)（ギンポ科）

北海道でアナゴ、アナモ又はスナモグリと云ひ、本種と是に近いものをガジ又はガズと云ふこともある。富山縣滑川では他の類種と共にナギリと稱せられる。背鰭七十五棘、臀鰭二棘四十七軟條である。體は頗る細長く、體高は體長の十一分の一である。體に小鱗があつて、頰部にもあるが、頭の前部には是が無い。腹鰭はよく發達してゐる。體色は暗灰色で、體側には褐色の細長い斑紋が一列に竝び、其上方は暗灰色の不明瞭な斑紋がある。體長は三百六十ミリメエトル（一尺二寸）に達する。北日本のものである。北海道水產試驗場室蘭支場の勝木重太郎氏によると、

「冬季には砂の中に深くを沒し、捕獲せられないから、スナモリの名稱が出たのである。惠山岬以東路沖合に亘つて、多量に棲息し、各地手操網で漁獲する。食味はわるいからへるものはなく、凡て魚粕とする」。

スナモグリ

ウナギギンポ　鰻銀寶

Xiphasia setifer *Swainson*（ウナギギンポ科）

ウナギギンポとは嘗て私の命名したものである。背鰭百二十五乃至百三十八軟條、臀鰭百十七乃至百二十二軟條、腹鰭三軟條である。體頗る長く、體高は體長

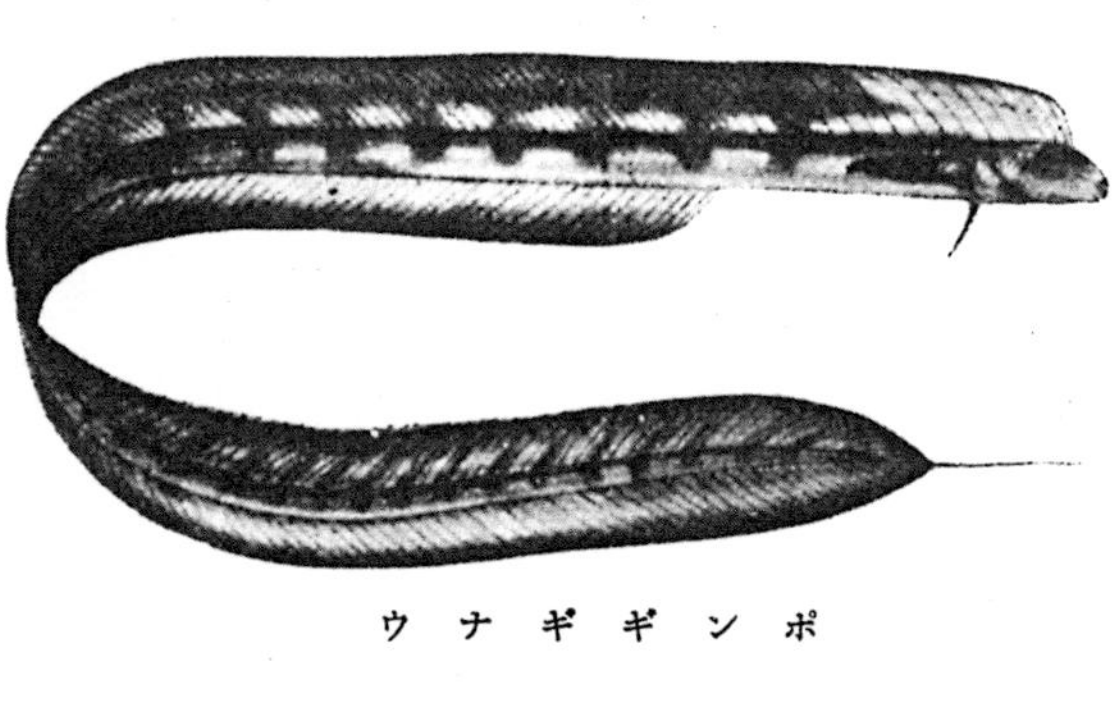

ウナギギンポ

の四十分の一である。體には鱗なく、滑で、三個の側線がある。尾鰭は背鰭及び臀鰭とよく連絡し、此鰭の中部の二軟條は伸びて絲狀を呈してゐる。體色は頗る美く、地色は紫褐色で、幅の廣い黄色の横帶がある。背鰭、臀鰭及び尾鰭は黄味を帶びた紫褐色で、背鰭の前部は黄味强く、一個の細長い青藍色の斑紋がある。體長は五百十ミリメエトル(一尺七寸)に達する。南日本から東印度諸島へ分布してゐるもので、東京附近では殆ど見られないが、高知市外の浦戸では割合に多く見られる。漁業者の食用になるものと思はれるが、高知市の魚市場などへは殆ど持出されることはない。

キツネダラ　狐鱈　Lycenchelys poecilimon *Jordan* & *Fowler*（**ゲンゲ科**）

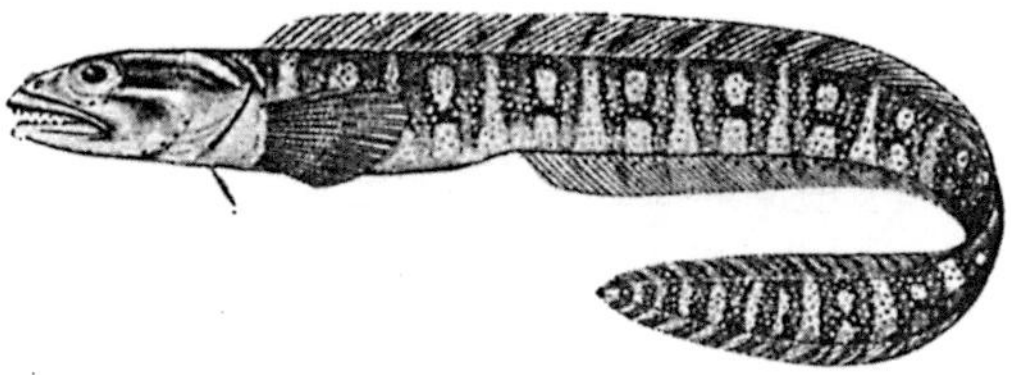

キツネダラ

兵庫縣但馬、福井でキツネダラ、新潟、新潟縣出雲崎でコンコン又はタラバノコンコン、同縣寺泊でトントコトン、同縣能生でキツネ又はタラバノキツネ、富山でナギリと云ふ。背鰭百七軟條臀鰭九十軟條である。體は細長く、體高は體長の十三分の一で、皮下に微小鱗を埋沒してゐるが、頭には全く鱗がない。腹鰭がある。顎にある齒は稍や大きく、尖り、一列に竝んでゐる。體色は青味のある灰色で、H狀の形をした褐色斑紋がある。體長は七百五十ミリメエトル(二尺五寸)、體重一キログラム半(四百匁)に達する。春夏の候、脂肪が多く、刺身にして美味である。北日本に產する標準魚類の一つで、是を產する地方は北日本であることがわかる。

シロゲンゲ　白玄華　Bothrocara zesta *Jordan* & *Fowler*（**ゲンゲ科**）

富山でシロゲンゲ、新潟縣能生でシロレンゲ又はシロゲンギョ、兵庫縣香住でドギと云ふ。背鰭百十二軟條、臀鰭九十二軟條である。腹鰭も側線もない。體には小鱗があるが、頭には全く是がない。體色は淡灰色で、殆ど斑紋がない。體は柔く、蒟蒻狀である。體長は四百九十ミリメエトル(一尺六寸三分)に達する。北日本に多いもので、食用とするが、味はクロゲンゲには及ばない。

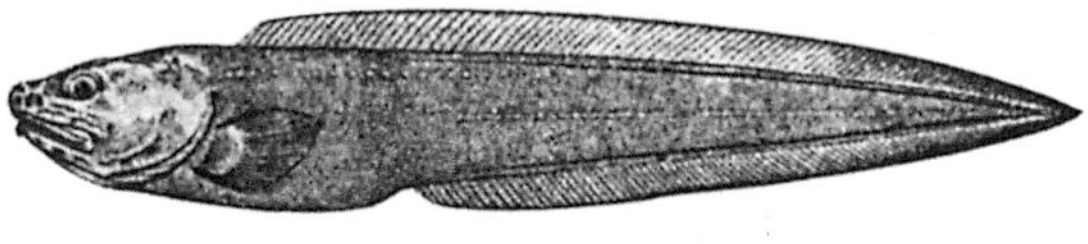

シロゲンゲ

クロゲンゲ　黑玄華　Furcimanus diaptera (*Gilbert*)（**ゲンゲ科**）

富山でクロゲンゲ、新潟縣能生に近い浦本村でクロゲンギョ、兵庫縣香住でホンドギと云ふ。シロゲンゲと共にゲンゲ、レンゲ又はドギなどと云ふが、稍や美味で、シロゲンゲよりも美味である爲め、ホンドギの名稱がある。背鰭凡そ九十軟條であるが、臀鰭の軟條は數へられない。體には微小鱗があるが、頭部には全く是がない。胸鰭は中部軟條著く短くて、爲に其後緣が二叉してゐる。側線は一つで、波狀に屈曲し、體の腹緣に近く走つてゐる。體色は褐色で、下部は白つぽい。所々に不規則形の暗褐色斑紋を散在する。體長は二百八十ミリメエトル(九寸二分)に達する。北日本に多いもので、北日本標準魚類の一つである。

カクレウオ　隱魚　Carapus sagamianus *Tanaka*（**カクレウオ科**）

從來本種をコモンカクレウオとし、琉球や奄美大島に產するジャノメナマコ Holothuria argus (*Jaeger*)

クロゲンゲ

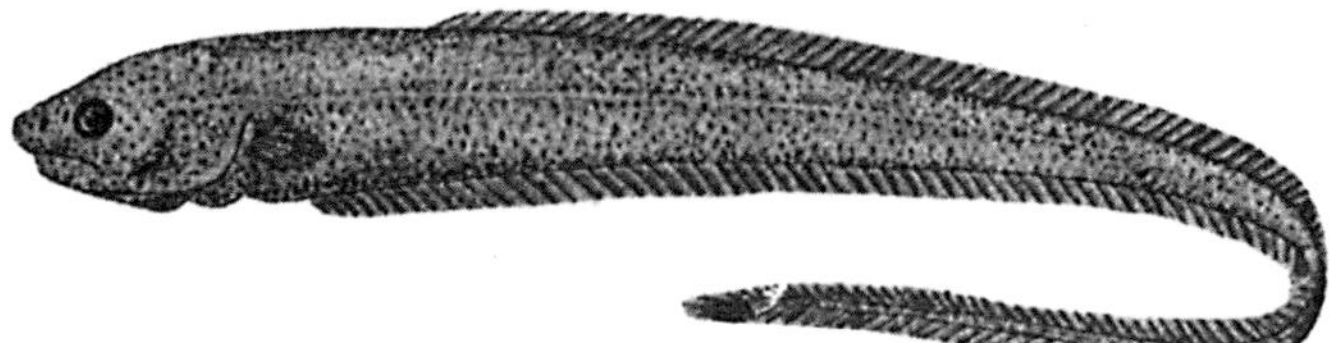

カクレウオ

の中に居るもの Carapus kagoshimanus (*Steindachner & Döderlein*) をカクレウオとしてあつたが、どうも都合がわるいから、今回思ひ切つて、コモンカクレウオの方をカクレウオと改名することゝし、琉球方面のものへはシロカクレウオの名稱を新に與へることゝする。體頗る細長く、體高は體長の十四分の一である。頭は稍や小く、眼は割合に大きい。體の後部は漸次に小くなつてゐる。背鰭、臀鰭、尾鰭及び胸鰭はあるが、腹鰭は無い。顎、鋤骨及び口蓋骨に齒がある。體色は白味の強い淡灰色で、數多の小黑點を密布してゐる。凡ての鰭は無色で、全く斑紋はない。體長は百七十五ミリメエトル(五寸三分)内外である。本種は普通にフジナマコ(一名オキナマコ)Holothuria monacaria (*Lesson*) の腸の中に住んでゐるが、稀にはヒトデの中にも居ることがある。外國種では眞珠貝の中にも居るとのことが外國の書物に載つてゐるが、本種にも斯樣のことがあるかはまだわからない。食用ナマコ Stichopus japonicus *Selenka* の中には決して住んでゐない。食用には供しないが、面白い生活をしてゐるから、ここに擧げることゝした。

アシロ　**阿代**　Otophidium asiro *Jordan & Fowler* (**アシロ科**)

アシロとは何地の稱呼か不明である。背鰭百五十五軟條、臀鰭百二十五軟條である。體は細長く、體高は體長の七分の一より稍や高い。左右の腹鰭は頤に存し、其各々は二叉せる長い鬚となつてゐる。背鰭、臀鰭及び尾鰭はよく結合し、相互の境界に缺刻がない。體には微小鱗を埋沒し、互に直角に交はり、外觀では皮膜に綸子形斑紋を作つてゐる。體色は稍や青味のある淡灰色で、背鰭、臀鰭及び尾鰭の邊緣は褐色である。體長は二百十ミリメエトル(七寸)に達する。主として南日本に生活するものであるが、新潟縣などでも得られるから、多少北日本へも分布してゐる。雜魚として取扱はれるであらう。多くの漁獲のあるものではない。

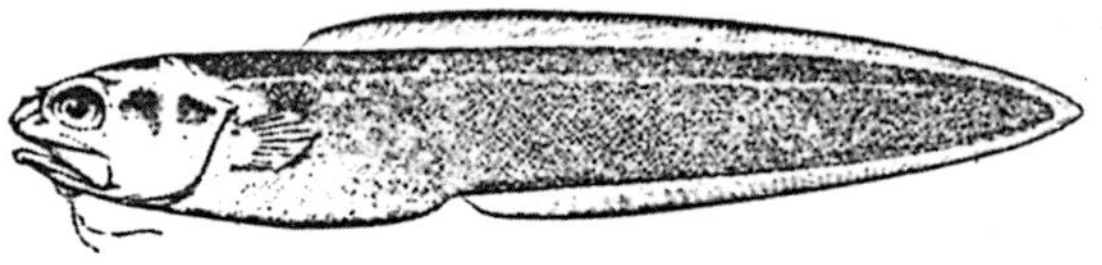

アシロ

タイワンイカナゴ　**臺灣玉筋魚**　Embolichthys mitsukurii (*Jordan & Evermann*) (**イカナゴ科**)

タイワンイカナゴとは曾て私の命名したものである。本種は初め、臺灣宜蘭で取れた標品で發表せられた爲め斯樣な通名を付けたが、相模灘でも稀に取れることがある。背鰭四十二軟條、臀鰭十五軟條、一縱列の鱗數は百十五個である。體は細長く、體高は體長の八分の一よりも低い。頭は細長く、先端稍や尖り、頭には鱗がない。側線は高く、背外廓に近く走つてゐる。小い腹鰭がある。イカナゴ類であるが、體には皮褶はない。體色は淡白である。體長は百二十ミリメエトル(四寸)に達する。南日本から臺灣へ分布してゐるが、澤山の漁獲はない。從つて食用としての價値はないであらう。

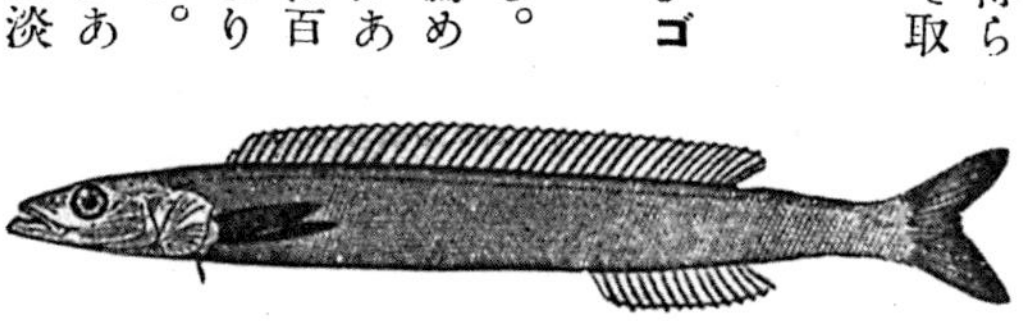

タイワンイカナゴ

イカナゴ　**玉筋魚**　Ammodytes personatus *Girard* (**イカナゴ科**)

東京ではコオナゴと云ひ、六月頃上總から來るものはコオナゴカマスと云ひ、佃煮としてはカマスジャコと云つて賣つてゐる。九州北部、山口縣ではカナギ、關西でイカナゴと云ひ、大阪や神戸で本種の幼魚をカマスゴと云ふ。背鰭五十四軟條、臀鰭三十軟條、體側の皮褶は百五十三個である。體は細長く、體高は體長の十一分の一である。腹鰭がない。皮褶には横走皮褶斜に後下方に走り、本種の特徴を示してゐる。是等の皮褶の間に小鱗を持つてゐる。背部に近く一個の側線があり、腹部に近く一個の皮褶がある。銀白色で、體長は百五十ミリメエトル（五寸）に達する。我國の各地に生活してゐるが、東京では大きいのを安い天麩羅材料とすることがある。關西では春四月頃淡路沿岸で四十五ミリメエトル（一寸五分）内外のものを澤山に取り、鹽煮として販賣し、是をカマスゴと云ふ。中流社會の必需品で、奈良縣などの山奧へも移出する。

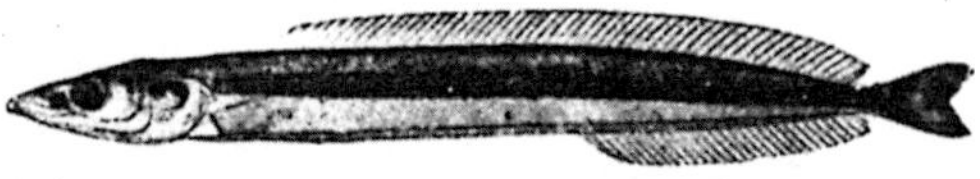

イカナゴ

イタチウオ　鼬魚　Brotula multibarbata *Temminck & Schlegel*（**イタチウオ科**）

神奈川縣三崎でイタチウオ、和歌山縣田邊でウミナマズ、高知でオキナマズと云ふ。背鰭、臀鰭及び尾鰭を合して百八十六軟條を持つてゐる。體及び頭部には小鱗を持ち、腹鰭は二軟條を持つてゐる。各顎の各側に三個の鬚がある。地色は體の上部は赤褐色で、下部は白つぽい、口唇其他其附近は赤色である。體長は三百ミリメエトル（一尺）に達する。南日本の稍や深海に産する。相當美味である。

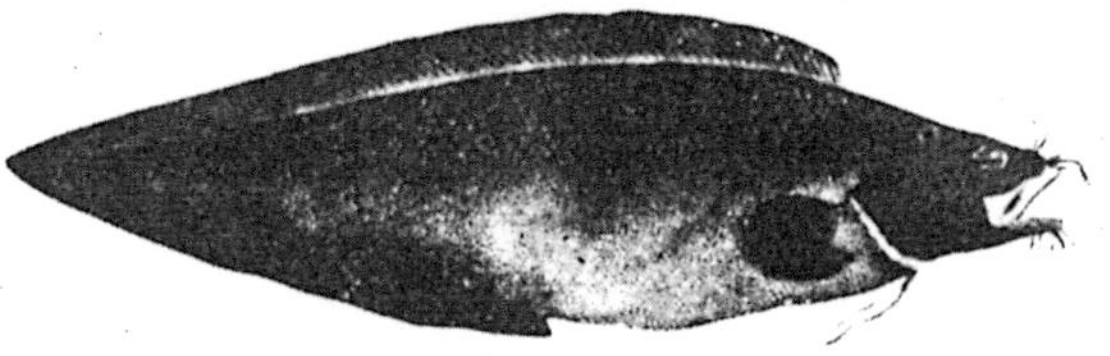

イタチウオ

ウミドジョオ　海泥鰌　Sirembo imberbis *Temminck & Schlegel*（**イタチウオ科**）

神奈川縣三崎でウミドジョオ、和歌山縣田邊でイモウオ、和歌浦でウミノナマズ、靜岡縣靜浦でタラ又はイタチウオ、高知でオキナマズと云ふ。是等の方言の多くは類種と混稱し、又は元來名稱のないものであつて、一時勝手に漁業者の命名したものもあらうと思はれる。背鰭凡そ九十軟條、臀鰭凡そ六十七軟條である。體には小鱗を持ち、頭部には鱗がない。腹鰭は喉位で、左右のもの各ゝ一軟條で、互に密接し、眼の下方にある。體色は灰色で、稍や青味があり、體の下部は白つぽくて、銀光つてゐる。體の上部に褐色の斑點があり、更に其上方で背鰭基底に接して同様の斑紋がある。背鰭、臀鰭及び尾鰭の邊緣に接して幅の廣い褐色横帶がある。體長は二百三十ミリメエトル（七寸六分）に達する。南日本のものであるが、稍や北日本へも分布してゐる。澤山に取れるものでなく、雜魚として取扱はれてゐる。稍や深い處の泥底地に生活するものであらう。

ウミドジョオ

ヨロイイタチウオ　鎧鼬魚　Hoplobrotula armata (*Temminck & Schlegel*)（**イタチウオ科**）

ヨロイイタチウオとは曾て私の命名したものである。背鰭八十六軟條、臀鰭七十四軟條、腹鰭二軟條、一縱列の鱗數は百十二個である。細長い體を持ち、體高は體長の五分の一より稍や低い。吻は短く、先端は殆ど截形である。體には鱗があるが、頭部には是がない。鰓蓋前骨邊緣に三個の強い棘を持つてゐる爲め、是に近いアワタチから識別することが出來る。體色は稍や赤味のある淡青灰色で、特に斑紋はない。體長は三百六十ミリメエトル（一尺二寸）に達する。南日本の稍や深海に産するもので從來多くは取れなかつたが、近頃では近海の機船底曳網で多く取れるやうになつた。雑魚として消費せられるだけのものである。

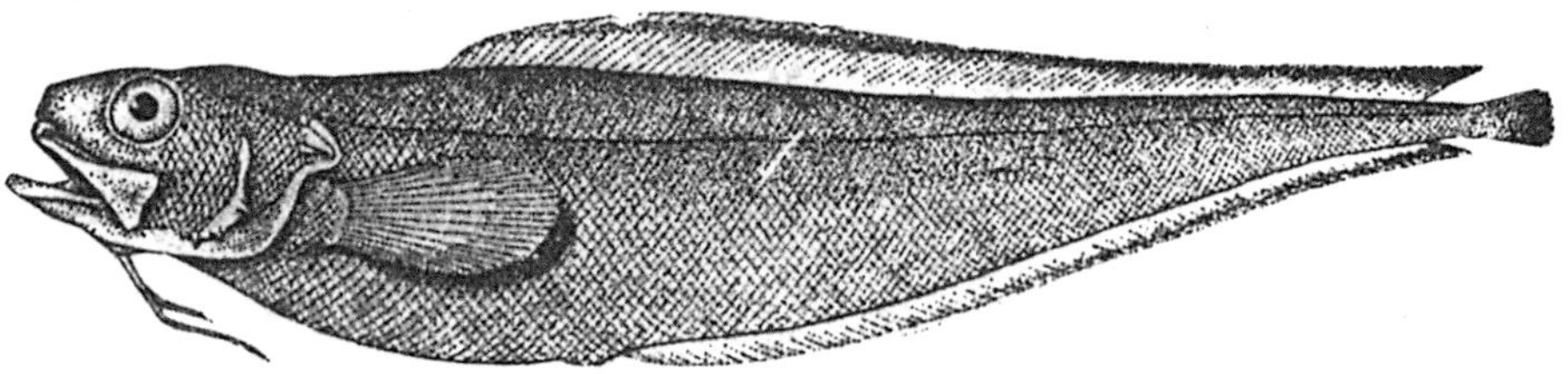

ヨロイイタチウオ

アワタチ　**栗立**　Watasea sivicola *Jordan & Snyder*（**イタチウオ科**）

新潟でアワタチ、新潟縣出雲崎でアマグズ又はサドアマダイ、高知でオキナマズと云ふ。是等の方言の多くは類種と混稱するものである。背鰭九十四軟條、臀鰭七十四軟條、一縱列の鱗數凡そ百個である。體には小鱗があり、頭にも鱗があつて、其先端は鈍くなつてゐる。鰓蓋前骨邊緣に二棘を具へてゐる。體色は淡灰色で、體の上部には多少網目狀となつた褐色斑紋があるし、背鰭、臀鰭及び尾鰭に大きい褐色斑紋がある。胸鰭は白つぽい。體長は二百四十ミリメエトル（八寸）に達する。南日本の稍や深海に産する。雑魚として消費せられる。

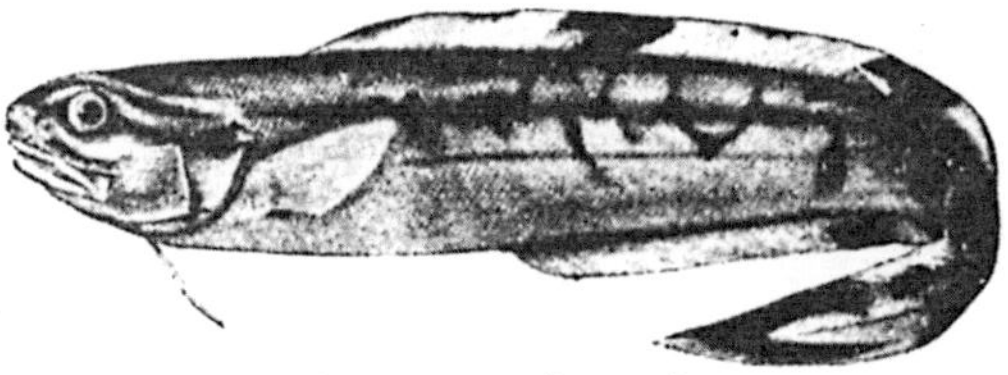

アワタチ

サイウオ　**犀魚**　Bregmaceros japonicus (*Tanaka*)（**サイウオ科**）

サイウオとは曾て私の命名したものである。富山縣滑川町でシュモクウォと云ふ。第一背鰭一棘、第二背鰭十五乃至十七軟條、第三背鰭二十個の離れ〲の軟條、第四背鰭二十乃至二十三軟條、臀鰭五十二乃至六十八軟條、腹鰭五軟條、一縱列の鱗數七十二乃至七十五個である。細長い魚で、體高は體長の八分の一よりも低い。頭は先端緩く圓味をなし、體には側線がない。第一背鰭は頭頂にあつて、長い絲狀形である。體色は紫褐色で、上部は更に濃色である。背鰭、胸鰭及び尾鰭は暗色で、腹鰭と臀鰭とは稍や淡い色である。體長は八十ミリメエトル（二寸七分）に達する。我國の海岸に居るもので、往々表面へ浮び上がる。富山縣魚津の海岸には電燈があるが、夜間此の光を追ふて澤山に浮び來る處を採集することがある。全く食用とはならぬもので、普通に魚市場では全く見られないものである。

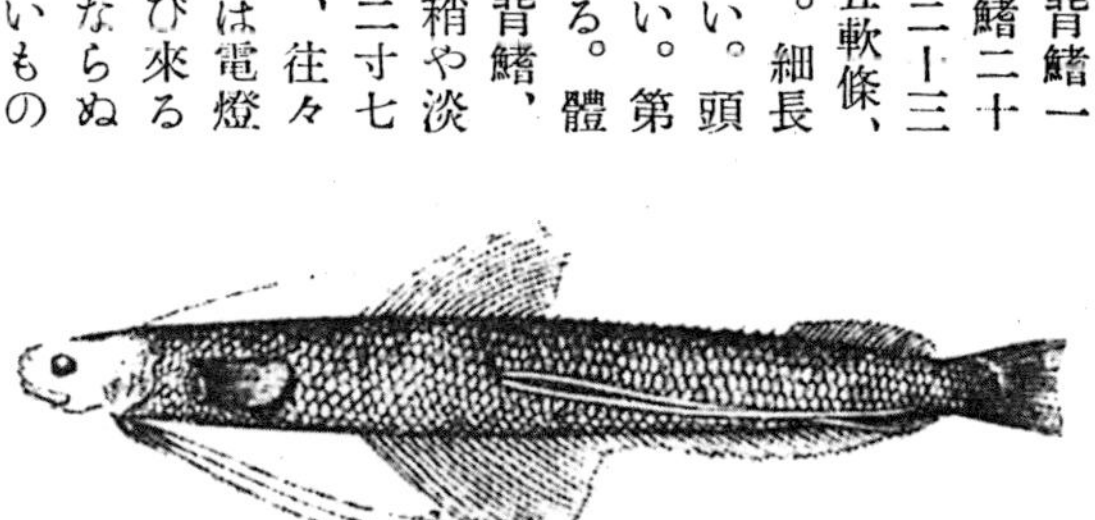

サイウオ

タラ　**鱈**　Gadus macrocephalus *Tilesius*（**タラ科**）

東京、北海道でタラ、北陸道では本種をマダラと云ひ、スケトオを單にタラと云つてゐる。北海道ではタラの外に、マダラ、ボンタラ（是は一尺以内のものゝみを云ふ）の名稱がある。第一背鰭十三軟條、第二背鰭十八軟條、第三背鰭十六軟條、第一臀鰭二十一軟條、第二臀鰭十七軟條、腹鰭凡そ七軟條である。體は肥大し大さも相當大きくなるもので、下顎は上顎よりも短く、頤にある鬚は顯著である。體色は赤褐色で、褐色の雲狀斑紋を持つてゐる。體長一メエトル餘（三尺五寸）に達する。北日本からアラスカ方面へ分布してゐる。大正五年度農林省の統計では（是にはスケトオをも含んでゐる）八千三百一萬五千三百五十九キログラム（二千二百十三萬七千四百二十九貫）、三百二十五萬二千十二圓、同年度朝鮮

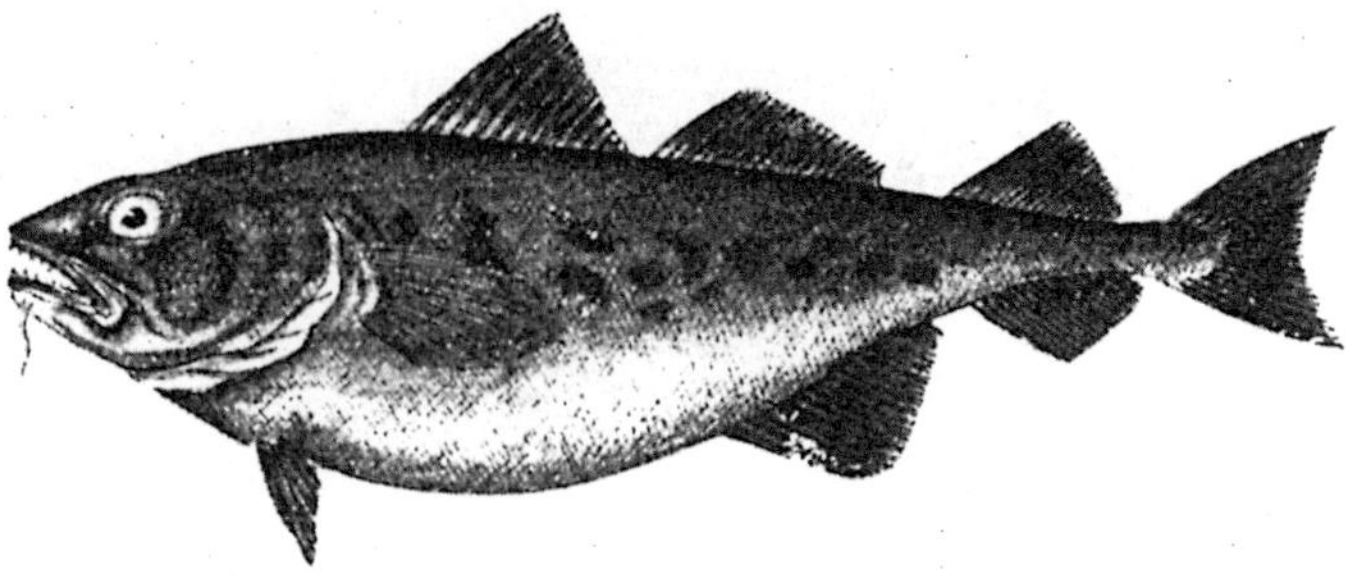

タ　　ラ

の漁獲高（スケトオを含まない）は八百七萬三千六百八十一貫、百三十七萬一千四圓、同年度關東廳の統計では（これにはタラとあつて、スケトオの項がないが、是をも含んでゐるか明でない）、二百四萬七千百三貫、五十五萬四千八百二十圓、昭和六年度樺太廳の統計では（スケトオを含まない）、五百三十三萬三千八百七十二貫、九十一萬六千八百七十七圓だつた。樺太では管下全體に分布し、東海岸で九月中旬から十一月上旬まで、亞庭灣で六月上旬から十二月上旬まで、西海岸及び海馬島で周年漁獲する。漁獲後貯藏に堪へることは頗る重寶であるが、新鮮な時はその割合に美味でなく、卵はスケトオの卵よりも大きく、是が爲め稍や不味であるが、卵塊が大きい爲めカラスミにも作るやうになつた。本種の肝臟から鱈肝油が出來るが、近頃は本種ばかりでなく、スケトオからも製するやうになつた。

スケトオ　**鯳**　Theragra chalcogramma (*Pallas*)（**タラ科**）

普通にスケトオ又はスケトオダラと云ふが、北陸道では單にタラと云ひ、富山ではキジダラと云ふことがある。朝鮮ではメンタイ又はミンタイ（明太魚と書く）と云ふ。第一背鰭十二軟條、第二背鰭十四軟條、第三背鰭十八軟條、第一臀鰭二十軟條、第二臀鰭二十軟條である。體高はタラよりも低く、大さも小い。體高は體長の六分の一である。下顎は上顎よりも長く、口は稍や上方に向つてゐる。頤にある鬚は頗る小く、殆ど無いと言つてもいゝほどである。體の上部は青褐色で、側方は銀白色である。體側に沿ふて二條の黃褐色線があるが、此色線は所々で切れてゐる。體長は九百ミリメエトル（三尺）に達する。北日本からアラスカへ分布してゐるが、我內地ではタラよりも西方へまで分布し、對馬の沖合でも見られることがあるとのことである。昭和二十七年度のスケトオの產額（我が國のみの）は二十二萬餘トン（五千五百七十萬貫）で我が國の魚類漁獲量の第六位、昭和二十八年度は二十五萬トン（六千百三十萬貫）で第七位であつた。昭和五年度朝鮮の統計では（是にはメンタイとして載せてある）、五百六十二萬八千六百三十九貫であつた。樺太での漁期はタラと同樣である。新潟縣ではスケトオは多いがタラは少く、またタラよりも賞味する。たゞ缺點はタラのやうに保存が出來ないで、味が急にわるくなるが、新鮮な時はタラよりも美味である。其他にスケトオの缺點はタラよりも小形で、瘠形であるから、是よりも遙に肉量の少いことである。一月中旬から二月中旬までを最も美味の時期とし、子付け（その卵をまぶすのである）のタラ（スケトオのこと）の刺身は頗る美味である。また粕と味噌とで煮ても美味である。朝鮮から內地へ移入せられるタラの子《こ》の鹽藏したものは頗る美味で、本種の卵塊であるが、タラの卵塊は到底斯樣な味を持つてゐないのであらう。

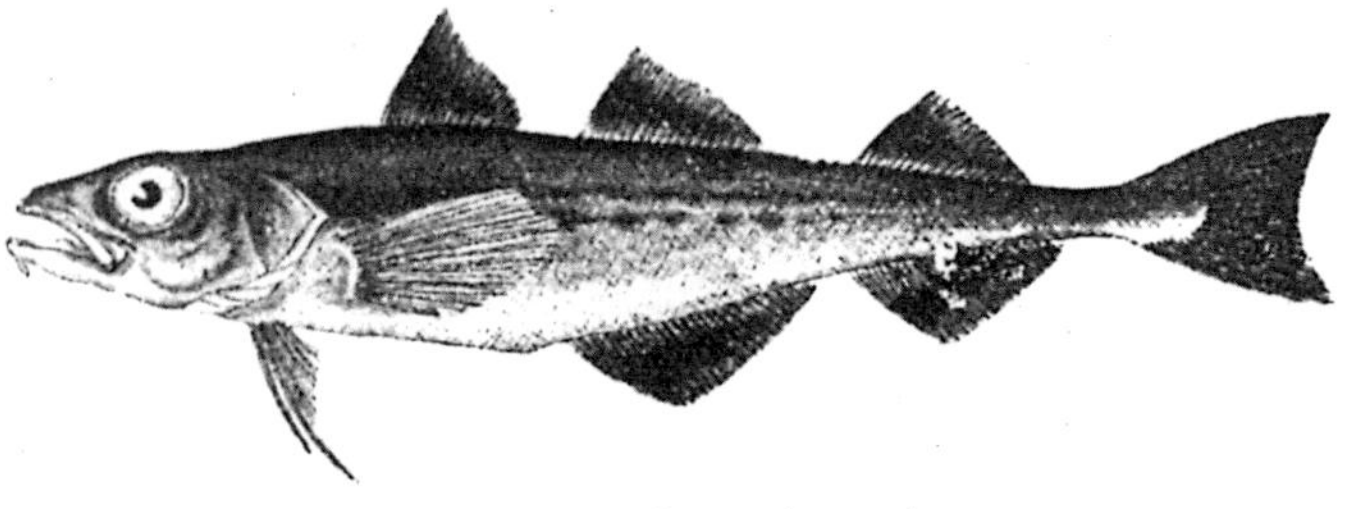

ス　ケ　ト　オ

コマイ　**粉馬以**　Eleginus navaga (*Kölreuter*)（**タラ科**）

北海道でコマイと云ふ。第一背鰭十一乃至十四軟條、第二背鰭十五乃至十九軟條、第三背鰭十七乃至二十三軟條、第一臀鰭十

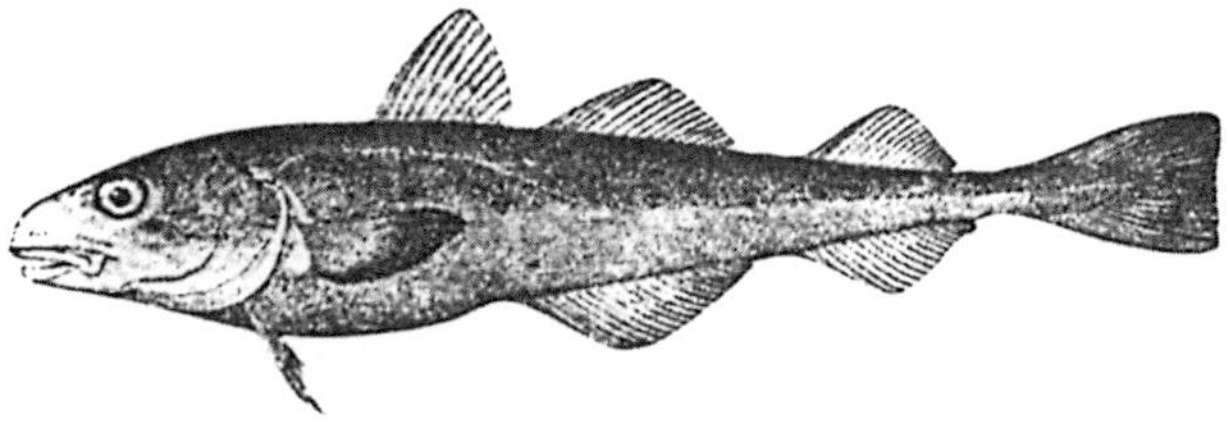

コ　マ　イ

九乃至二十四軟條、第二臀鰭十七乃至二十三軟條である。體は細長く、頭も細長い。下顎は上顎よりも短く、頤にある鬚は顯著である。體の上部は青褐色で不規則且つ不明瞭な斑紋を持ち、下部は淡く銀光つてゐる。體はタラ類中では頗る小形のもので、體長は二百六十五ミリメエトル（八寸八分）に達する。北日本の内の北部からアラスカ方面へ分布してゐる。福島縣沖や新潟縣沖では殆ど見られないものであるが、北海道厚岸《アッケシ》港内では秋期に是を釣獲するので有名で、根室灣では冬季港内の結氷した時、氷を割つて穴を穿ち、そこから綸《いと》を垂れて釣獲する。それ故本種を氷魚と書くことがある。澤山に漁獲せられるが、美味のものではない。

ヒ　ゲ　ダ　ラ

ヒゲダラ　鬚鱈　Lotella phycis (*Temminck & Schlegel*)（**タラ科**）

神奈川縣三崎でヒゲダラ、同縣小田原でタラ又はスケソオ、靜岡縣靜浦でノドグロ又はチョオクロ、高知市外浦戸でネズミ、富山縣滑川町や新潟縣西頸城郡浦本村でバト、同郡能生でラカン又はクロラカン、浦本村ではアブラドオシンとも云ふ。第一背鰭五軟條、第二背鰭五十九軟條、臀鰭五十一軟條、腹鰭九軟條である。體には小鱗があつて、頤には一個の鬚がある。體色は赤味のある褐色で、下部は白つぽく、垂直鰭は赤味のある褐色で、邊緣は幅廣く黑褐色である。口邊は赤味が強い。體長は二百十ミリメエトル（七寸）に達する。南日本のものであるが、多少北日本へも分布してゐる。美味のものである。

ヒゲ　鬚　Coelorhynchus japonicus (*Temminck & Schlegel*)（**ヒゲ科**）

神奈川縣三崎、茨城縣湊町でトオジン、愛知縣三谷《ミヤ》町でテンピと云ふ。嘗て神奈川縣三崎臨海實驗所員青木熊吉氏はトオジンと云ふ名稱が可笑しいと云ふので、ヒゲと改名し、吾々も是を襲用してゐるのである。第一背鰭十一又は十二軟條、其後方の離れ〴〵の軟條凡そ八十個、臀鰭七十七軟條、腹鰭七軟條である。側線と背外廓との間に五、六個の鱗列がある。吻は口を超へて前方に突出し、頤に一個の鬚がある。鱗には三乃至五個の強く放射せる隆起線がある。體色は暗褐色で、凡ての鰭は黑ずんでゐる。體長は四百五十ミリメエトル（一尺五寸）に達し、南日本の深海に産する。是に近いものにソロイヒゲ揃鬚 Coelorhynchus parallelus (*Günther*)（ソロイヒゲとは嘗て私の命名したものである）がある。是は側線と背外廓との間に五鱗列がある。體の鱗は三乃至七個の平行隆起線を持つてゐる。體色は淡灰色で、稍や銀光つてゐる。體長は二百四十五ミリメエトル（八寸二分）に達する。東京附近や靜岡縣の近海底曳手操網で澤山に取れるものはソロイヒゲである。是等兩種は殆ど食用としては頗る低い價値のもので

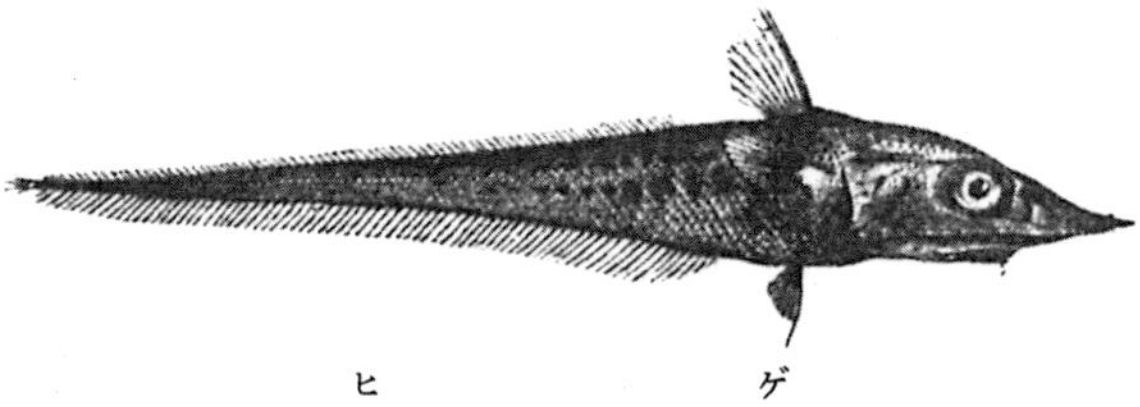

ヒ　ゲ

ある。我國ではヒゲ類の數種を産することになつてゐるが、よく驗べると、其種類の數は激減せしめることが出來ようと思はれる。

クツアンコオ　**苦津鮟鱇**　Lophius setigerus *Vahl* (**アンコオ科**)

東京、其附近、靜岡縣、高知でアンコォ、高知縣柏島、富山縣滑川町でアンコ、神奈川縣三崎でクツアンコォと云ふ。アンコォ類は凡そ二種あるが、本種は不味の方である爲め、三崎では擯斥してクツアンコォと云ふのである。それ故從來本種へアンコォの通名を與へてあつたが、どうも都合がわるいので、今囘本種に對して改名を行ふこと〻した。背鰭離棘四個

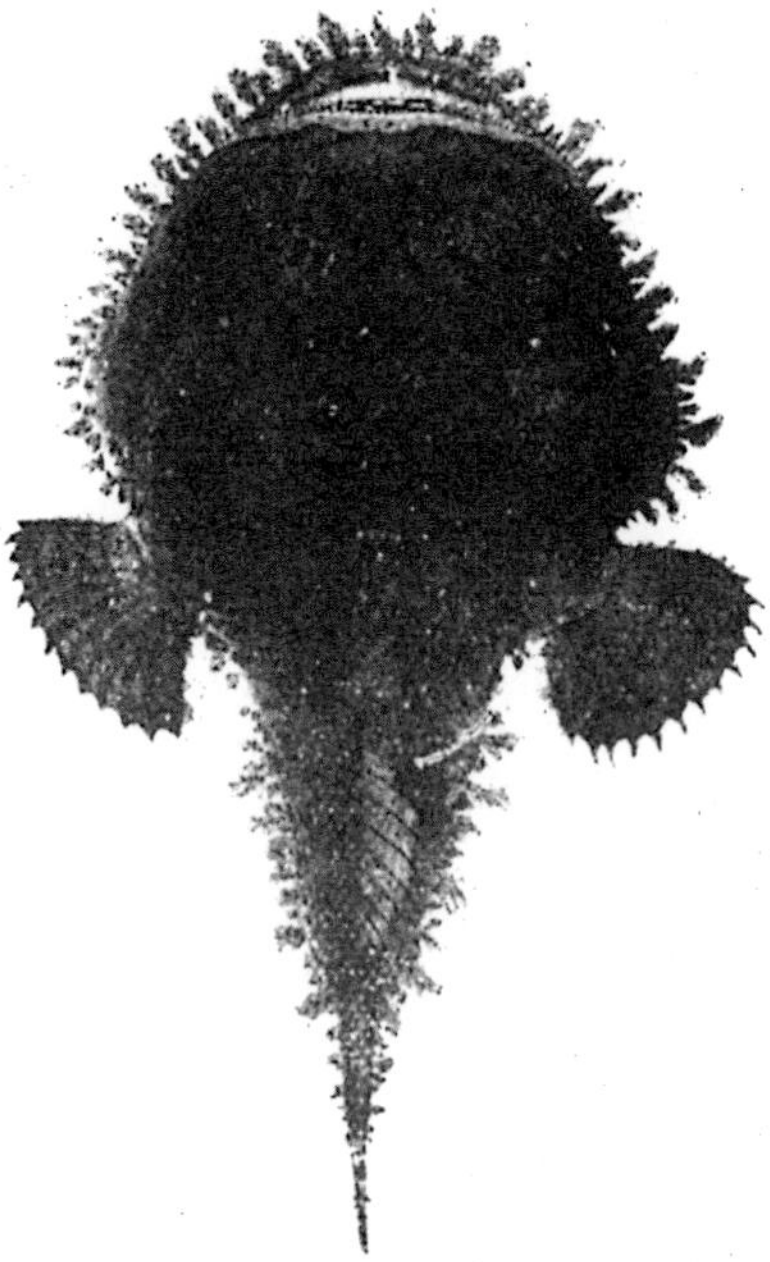

クツアンコオ

その後方のもの二棘九軟條、臀鰭七軟條、腹鰭七軟條である。頭はアンコォ(次に出る)よりも幅廣く、體色は灰色味強く、淡色の斑點を散在し、是等の斑點は各〻暗色の輪を以て圍まれてゐる。口腔の壁は黒色で黄色斑點を散在してゐる。顎、鋤骨及び口蓋骨に齒がある。口が頗る大きく、魚市場へ出たものでは往々數尾の小魚を口中に含んでゐるが、それは人に取られる途中に苦しまぎれに、口へ含んだものであらう。體長は六百ミリメエトル(二尺)に達する。我國に普通に産するものである。

アンコオ　**鮟鱇**　Lophius litulon (*Jordan*) (**アンコウ科**)

クツアンコォと殆ど同一に取扱つて、同一の方言で言つてゐる場合が多い。神奈川縣三崎や茨城縣ではアンコォを好む爲め、兩種をよく識別し、本種を以てクツアンコォよりも美味としてゐる爲め、本種を眞のアンコォとして識別してゐる。背鰭の離棘四個、その後方のもの二棘九軟條、臀鰭八軟條、腹鰭五軟條である。頭幅がクツアンコォよりも狹く、爲に頭が稍や細長く見える。體色はクツアンコォのやうに黒ずんでゐなくて、黄味を帶びた淡灰色で、口腔の壁も白つぽく、毫も黒と白との網狀斑紋を作つてゐない。嘗て或展覽會に數個のアンコォの乾燥標品が陳列せられた節に、一個は口腔白つぽく、他の一個には口腔

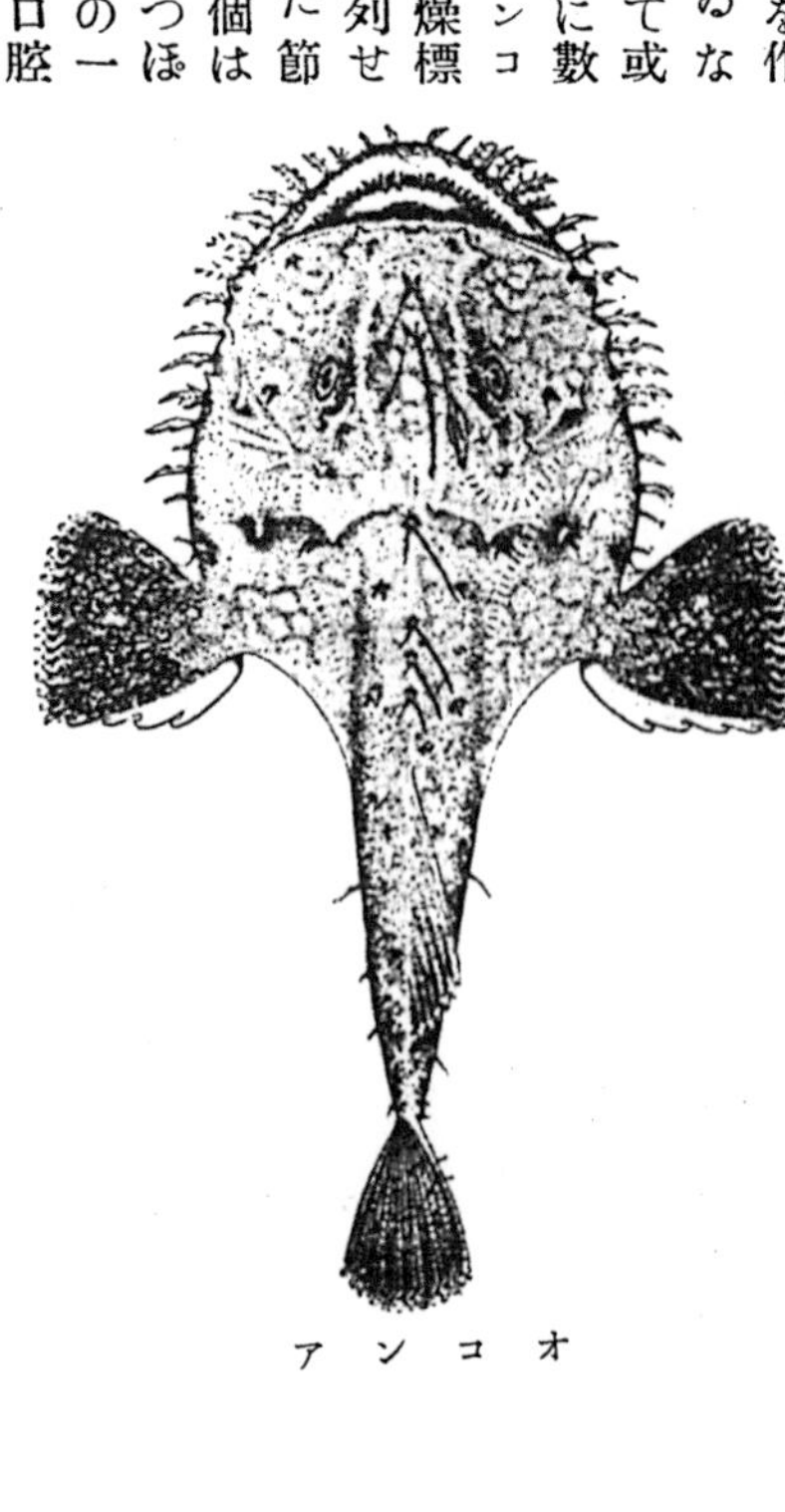

アンコオ

が黒色の網狀斑紋があつたので、何れが正しく何れが誤つてゐるかと云ふことがわからなかつたが、その後よく驗べると、是等兩者は何れも正しいもので、種類の相違に基いて口腔の色が違つてゐることがわかつた。本種を私はキアンコォと付けてあつたが、從來本種はクツアンコよりも美味で、多くの人が是を索めるため、今囘、改名して本種を單にアンコォと云ふか又はホンアンコォと云ふこと〻した。茨城縣水戸は殊にアンコォ料理の流行する處で、冬季には色々の料理があるが、友醋《ともず》(本種の肝臟を潰《つぶ》し、是を三杯醋に入れて混和したもの)を付けて本種の肉

を食べると頗る美味であるが、夏には著く不味となるものである。大さは凡そクツアンコオと同様で、分布も是と相違しないやうである。

イザリウオ　**壁魚**　Antennarius tridens *Temminck & Schlegel*
（**イザリウオ科**）

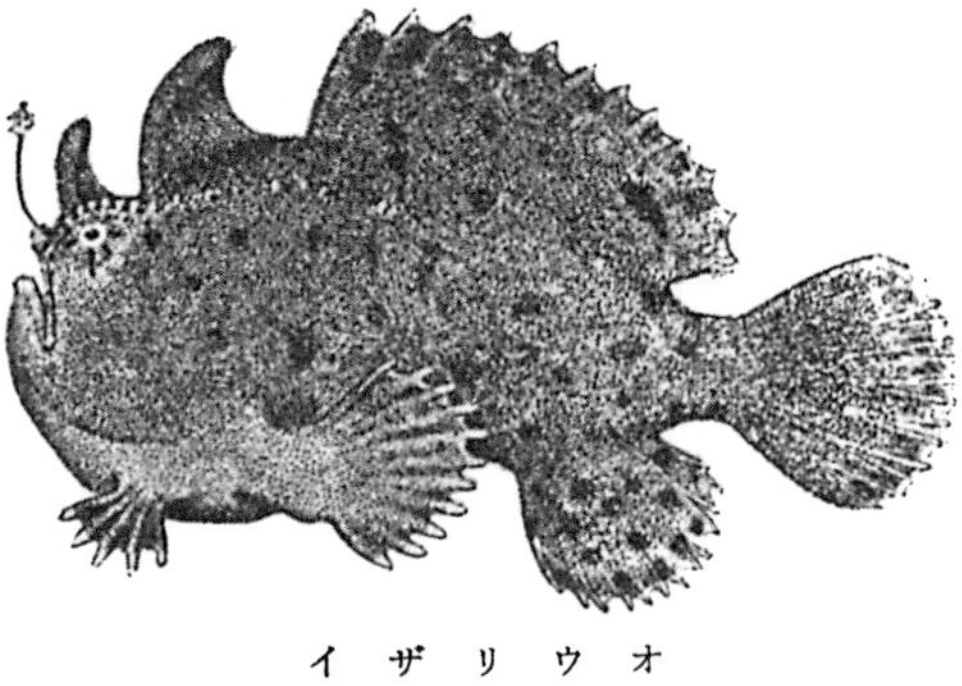
イ　ザ　リ　ウ　オ

神奈川縣三崎でイザリウオ、高知でウオツリボオズ、高知縣郡部でツリンボと云ふ。背鰭の離棘三個、その後方にあるもの十二軟條、臀鰭七軟條、腹鰭五軟條ある。體は稍や短く、側扁し、體高高く、體の後部は細くなつてゐる。胸部の腹面は膨れ出してゐて、口は稍や大きく、斜に上方に向いてゐる。皮膚は小形の粒狀突起又は小棘を持つてゐる。背鰭第一離棘は小く、吻部觸手として發達し、その先端は膨大してゐる。體色は種々であるが、普通のものでは青味のある灰色で、褐色の波狀斑紋を持つてゐる。中には頗る斑紋の精巧なものものもあり、また赤色の地色へ更に血赤色の大きい斑紋數個を持つてゐるものもあり、また地色は暗灰色で殆ど斑紋の見えないものもあつて、數種に分けられたこともあるが、是等は全く同一種内の個體變化の著い爲であつて、地色や斑紋の變化の頗る著しい一例である。體長は九十ミリメエトル(三寸)位で、往々にして更に大きいものもある。南日本の海岸に多いもので、全く食用とはしないが、個體變化の研究材料としては貴重なものである。

ハナオコゼ　**花鰧**　Pterophryne histrio (*Linné*)（**イザリウオ科**）

ハナオコゼとは何地の稱呼が不明である。靜岡縣靜浦でモクノヨと云ふ。背鰭離棘三個、その後方に存するもの十二軟條、臀鰭七軟條、腹鰭五軟條である。體は稍や短く、側扁し、鱗はない。體高は相當に高い。胸部の腹面は稍や張り出してゐて、口は稍や大きく、稍や斜に上方に向いてゐる。顎、鋤骨及び口蓋骨に歯がある。鰓孔は頗る小さく、穴のやうな形で、擬鰓はない。地色は濃黄色で、褐色の斑紋を持つてゐる。體長は百二十ミリメエトル（四寸）に達する。南日本のもので、ホンダワラの切片が海岸を流れてゐると、是へ乘つかゝつてゐるのを往々見受けるので、よく人々に掬ひ取られるのである。食用とはしないものであらう。

ク　ロ　ハ　ナ　オ　コ　ゼ

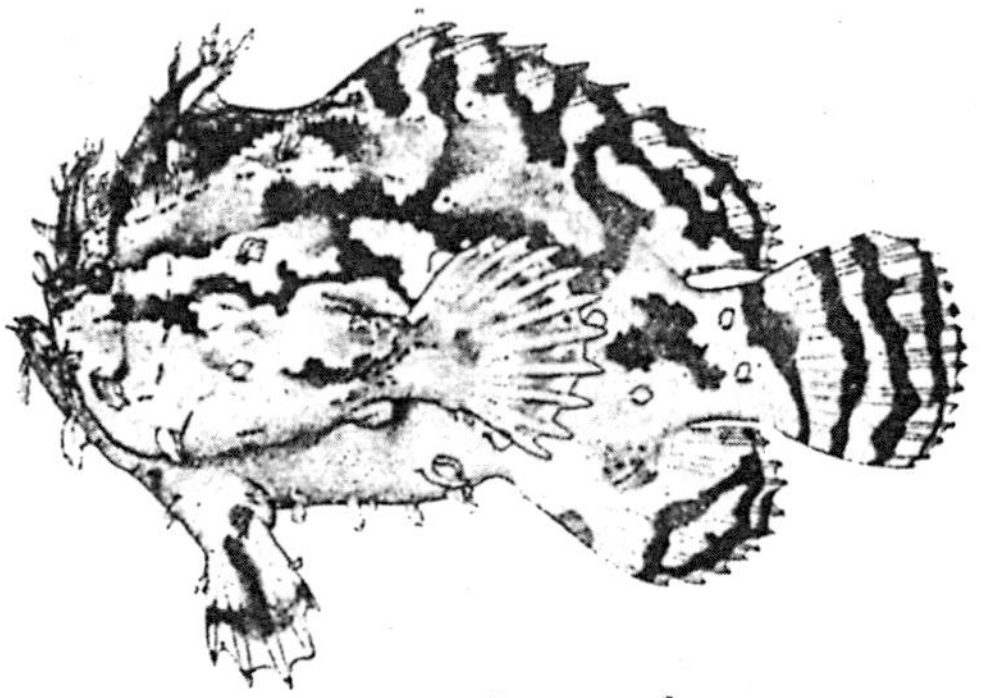
ハ　ナ　オ　コ　ゼ

クロハナオコゼ　**黑花鰧**　Pterophryne ranina (*Tilesius*)（**イザリウオ科**）

クロハナオコゼとは曾て私の命名したものである。背鰭離棘三個の外に、その後方に十二軟條、臀鰭七軟條、腹鰭五軟條である。體の地色は暗褐色で、淡黄色の斑紋を持つてゐる。體長はハナォコゼと同じく、分布も習性も同様である。澤山の標品を集めて見ると，ハナォコゼと本種との中間の色彩のものもあるから，同一種のものと考へて差支ないと思はれる。

フサアンコオ　**總鮟鱇**　Chaunax finbriatus *Hilgendorf*（**イザリウオ科**）

フサアンコォとは曾て私の命名したものである。高知市外浦戸でミズアンコォと云ふ。背鰭離棘一個の外に後方の背鰭十一軟條，臀鰭六軟條，腹鰭四軟條である。頭は大きく，縱扁し，口は大きく，殆ど垂直の位置を占めてゐる。皮膚は鋭い棘を有し，背鰭離棘は一個の小い觸手となり，其先端は膨大してゐる。此の觸手は吻の上部にある溝内に收めることが出來る。體は稍や赤く，赤褐色の斑點を散在し，眼の虹彩は濃綠色である。體長は三百ミリメエトル（一尺）に達する。南日本の稍や深海に產するもので，從來は稀種に屬したものであるが，近年近海の底曳手操網で稍や多く取られるやうになつた。食用としての價値は無い。

フサアンコオ

チョオチンアンコオ　**提燈鮟鱇**　Himantolophus groenlandicus *Reinhardt*（**チョオチンアンコオ科**）

チョオチンアンコォとは神奈縣三崎臨海實驗所員靑木熊吉氏の命名したものである。第一背鰭一棘，第二背鰭五軟條，臀鰭四軟條である。腹鰭が無い。背鰭棘は肉質の大きい觸手で，其先端は膨大して瘤狀物となり，是より更に若干の觸手を派生してゐる。皮膚は彈力に富んだ鞣皮《なめしがは》のやうで，鋭く尖つた大きい僅數の棘を散在してゐる。體色は紫がゝつた濃黑色で鰭條も同色であるが，鰭條を連ねてゐる皮膜は淡灰色である。頭上の觸手も黑色であるが，先端の瘤狀物と是より出てゐる突出物とは白つぽく，是等は發光器ではないかとも考へられてゐる。チョオチンアンコォの名稱は是から出るのである。體長は三百四十ミリメエトル（一尺一寸四分）に達する。深海に產するもので，私は從來，相模灘で取れた僅に四個を見たゞけであるが，グリインランドでも取れたことがある。食用とはならないが，研究上貴重のものであるから爰へ擧げることゝした。

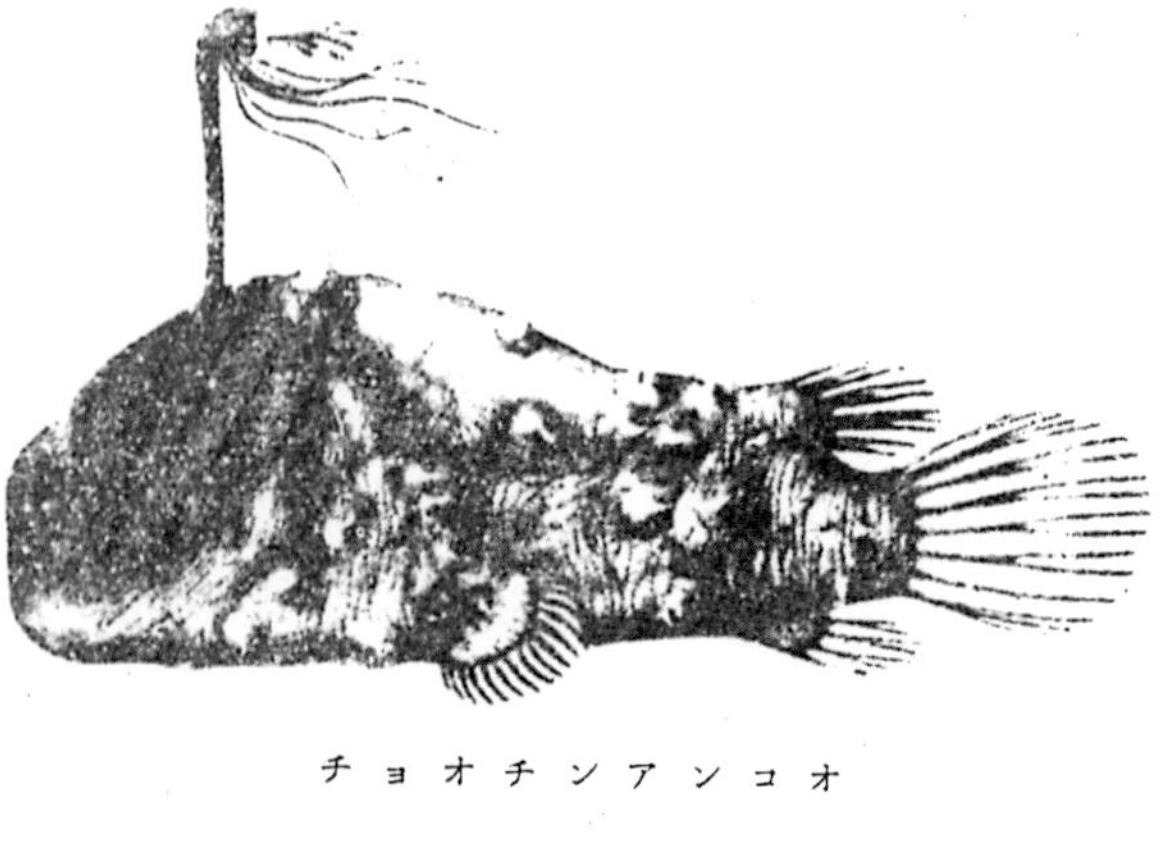

チョオチンアンコオ

アカグツ　**赤苦津**　Halieutaea stellata *Vahl*（**アカグツ科**）

神奈川縣三崎でアカグツ，東京，高知でアカアンコォ，靜岡縣靜浦でアキヤアンコォ，和歌浦でヤスリアンゴ，和歌山縣田邊でアカアゴ，大阪府堺でハリアンコォと云ふ。背鰭五軟條，臀鰭三軟條，腹鰭五軟條である。頭部頗る幅廣く，縱扁し，其外廓は稍や眞圓を途中で切つたものに近い。口裂廣く，前方に水平に向ひ，顎には強い齒を具へてゐるが，鋤骨と口蓋骨とには齒がない。額部には一個の橫走した骨質隆起緣があり，其の下方に一個の觸手狀の背鰭棘があつて，是は凹窪部に收め得られる。皮膚はその下に肉部少き爲め，堅く，殆ど體の上面全體に亘つて，長い簡單形の棘を密布してゐる。ハリアンコォの名稱は是から出るのである。頭板の邊緣や體側の邊緣に多數の突起があるが是等の各ミは其先端に四、五個の小棘を具へてゐる。體色は朱紅色で、多少褐色斑紋を持つてゐる。下面は頗る淡色である。體長は二百四十ミリメエトル（八寸）に達する。南日本のもので、左程珍くないが、肉部が少い爲め、食用に供するものはなく、往々乾燥して床間の飾物となつてゐることがある。アカグツの名稱は赤靴の意ではなく、赤色のクツアンコオの意味で、クツアンコオと同樣に不味寧ろ食べられないことを暗指したものである。熱帶性の魚類で、稍や深い海底に靜座してゐるもので印度、布哇などに產するものを加へると、十數種を識別せられてゐるがよく驗べると極めて少數の種類に減少せしめることが出來ると思はれる。何故に斯樣に多くの種類に識別せられたかと考へて見ると、標品を多く得られないこと、如何にも意表に出た奇妙な形をしてゐること、肉部少なく、骨格堅く、一定の形を保たしめ得られること、その爲め卽ち肉部のない爲に個體變化は極めて少いと想像し易いこと、肉部の少い爲め乾燥標品として入手し易く、それから輕々しく研究を進めた場合も相當多いことなどによるのであらう。

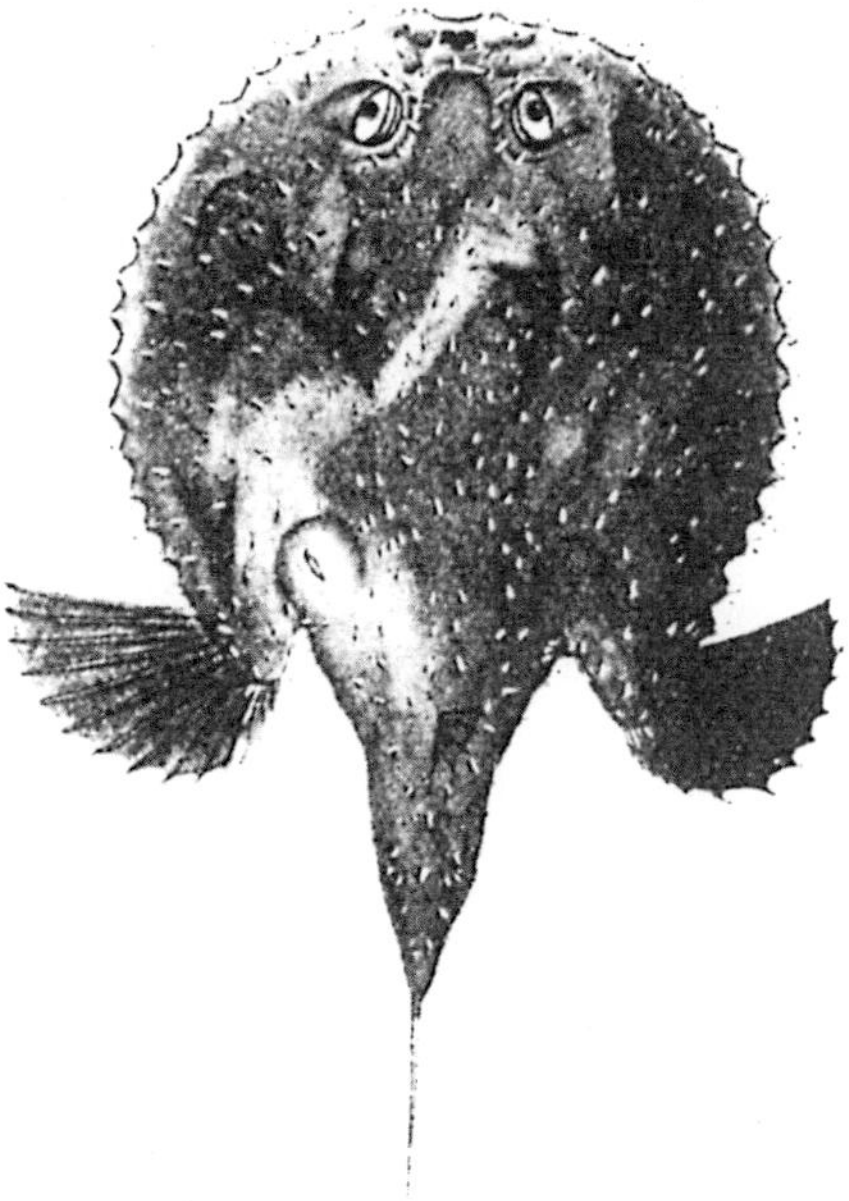

ア　カ　グ　ツ

フウリュウウオ　風流魚　Malthopsis lutea *Alcock*（**アカグツ科**）

フウリュウウオとは曾て私の命名したものである。第一背鰭一棘、第二背鰭七軟條、臀鰭三軟條、腹鰭一棘五軟條である。頭板は三角形で、其長さよりも幅が廣く、額の先端は突出して一つの突起を作つてゐる。吻部に凹窪があつて、背鰭棘を代表する觸手を是に收めることが出來る。口は小く、頭の下面にあつて、顎、鋤骨及び口蓋骨に絨毛齒がある。頭及び體部には大きい骨板を不規則に散在する。頭板の外緣には數多の骨質突起を具へてゐるが、頭板の後緣には殆ど突起がない。鰓は各側に僅に二個を存するのみである。體色は灰色で淡褐色の斑紋がある。往々頭板の側方に褐色の輪狀紋があるが、其數は不定で、同一個體でも左右側によつて數と位置とを異にしてゐる。體長は六十ミリメエトル(二寸)に達する。南日本から印度へまで分布してゐる。熱帶方面の稍や深い處に生活してゐるもので、布哇などからも取れ、從つて數種に識別せられてゐるが、同一種內の異型と考へたがよいかと思はれる。殊に頭板の形は廣狹種々であるが、是は個體變化又は種別に基くものと考へるよりも、標品を貯藏するに當つて、まだ生きてゐる際、又は死せんとする際に其形を種々に變へる爲であると考へた方がよいやうである。斯樣に貯藏液に浸す直前に於て、まだ魚が生きてゐる際の姿勢で、著く外形の變はる爲め、研究者を迷はせる場合は種々の種類で認めることが出來る。肉量少く、漁獲することも極めて稀であるから、食用には供しないが、體形、吻前に突出せる部分の形、頭上にある褐色斑紋の數などに於て相當個體變化が甚く、斯樣な研究には好都合のものである。

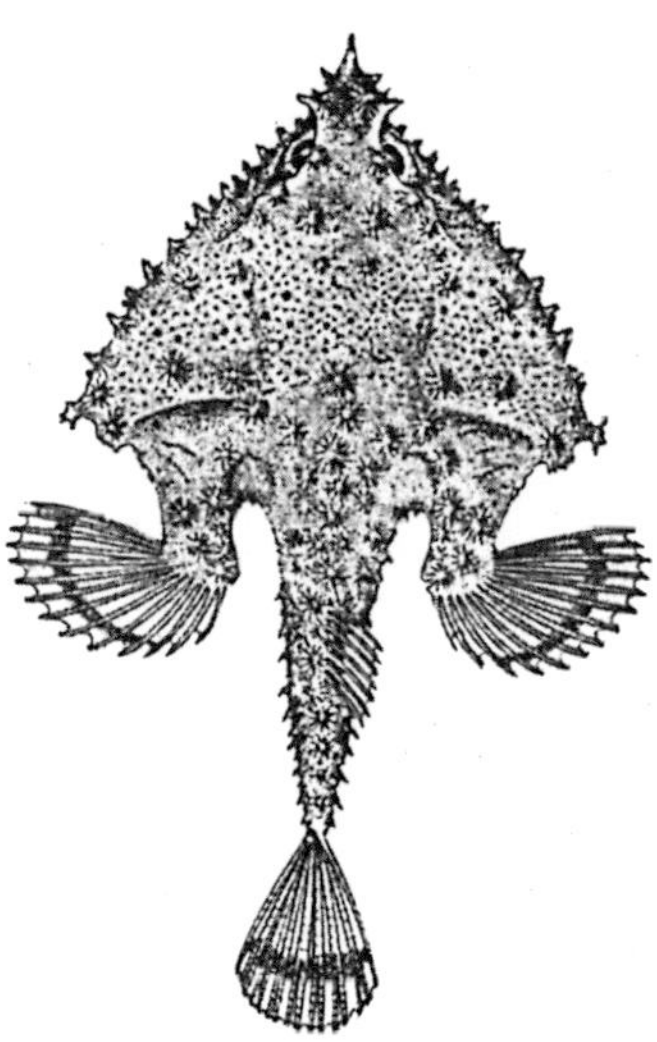

フ　ウ　リ　ウ　ウ　オ

改訂の部

＊**カワヤツメ**　*Entosphenus japonicus*（MARTENS）（五頁）

右の学名を用いるべきであると考える人もあったが、ここでは採らない。

＊**スナヤツメ**　*Entosphenus reissneri*（DYBOWSKI）（六頁）

右の学名を用いるべきであると考えた人もあったが、ここでは採らない。

＊**イタチザメ**（又は**虎**）　*Galeocerdo cuvieri*（LESUEUR）（**メジロザメ科**）（一三頁）

東京市場でトラと称する。右の学名をとる。肉が少なく、かつその質が加工に適しないため、喜ばれない。東海区水産研究所東秀雄博士によれば、台湾の高雄で邦人がトリブカと称していたという事である。歯の形がまことに複雑かつ美事で、何か装飾用に利用出来そうに思われる。

＊**ヨシキリザメ**　*Prionace glauca*（LINNAEUS）（**メジロザメ科**）（一四頁）

学名はこれを用いるべきである。

＊**シュモクザメ**（又は**シロシュモク**、又は**白カセ**、又は**白**、又は**マシュモク**）*Sphyrna zygaena*（LINNAEUS）（**シュモクザメ科**）（一六頁）

肉が白っぽいので加工業者はシロと称してハンペンの材料に用いるものである。粘り気が少なくて、かまぼこの原料には不適当であるという。太平・大西両洋の熱帯部と温帯部に産する。インド洋にも分布しているらしい。米国大西洋側では夏期大陸棚に沿うて北方へ向って回游し、その際しばしば群をなしている。一捲きで六五尾獲れたという記録がある。しかしここではこの北上群は全長二米以下の小形のものが多い。

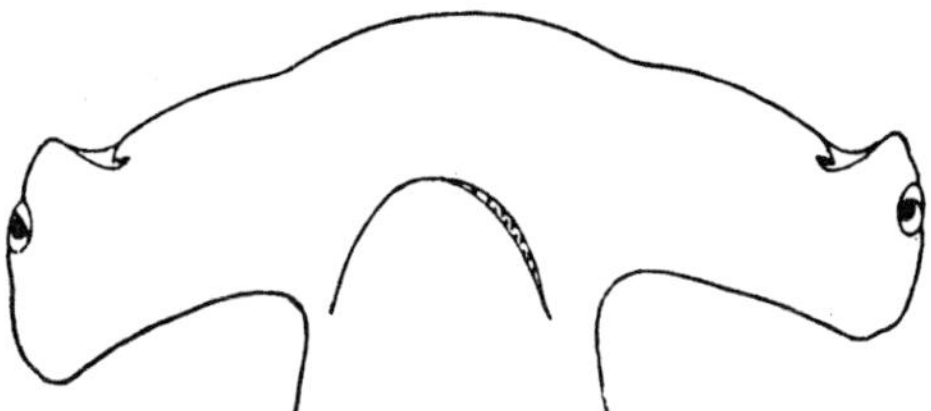

原図

シュモクザメ

＊**アオザメ**　*Isurus glaucus*（MÜLLER *et* HENLE）（**アオザメ科**）（一六頁）

シュモクザメ類やオナガザメ類やトビウオ類の如くに一見して他の類から区別出来るものでは、却って分類学的に研究が進んでいなかったようで、アオザメについても同様な事がいえるかと思う。従来、日本近海のアオザメはインド・太平両岸に広く分布する *glaucus* と考えられて来たが、筆者が時々東京市場において測定してみた所では、前者は後者と異なる点が少なくない。将来研究が進むにつれて、ここに採用したのと異なる学名を用いる事になるかもしれない。また太平洋の熱帯部から「バケアオ」と称する腹面の灰黒色で、胸鰭の大きなアオザメの類がとれるが、これまた別の類か、亜種かであろう。

＊ラクダザメ（モオカ）　*Lamna ditropis* HUBBS *et* FOLLETT **（アオザメ科）**（一七頁）

ラ ク ダ ザ メ

米語で *salmon shark* または *mackerel shark* と呼ばれ、大西洋の *porbeagle*（学名を *Lamna nasus*（BONNATERRE）という）に似ているが、成魚の腹部に黒色斑点があり、吻が広くて短い等の点で後者と異なる。南半球にも近似の種類がいるが、すべて熱帯を嫌い、また分布区域中緯度の比較的低い水域では、より深い所に棲む。日本のモオカは、アラスカからカリフォルニヤ州に亘って棲息するものと同一種である。

＊ウバザメ（又は**バカザメ**、又は**テングザメ**）　*Cetorhinus maximus*（GUNNERUS）**（ウバザメ科）**（一八頁）

全長一五・一五米に達するものが獲れた事もあり、全長九・一米、胴の周囲五・五米、体重一九〇〇貫、肝臓の重量二五〇貫以上もあった個体の記録があるが、甚だ大形であるため、体長と重量の関係に関する記録はまちまちである。例えば全長一〇・一米で体重九六六貫という記録もある。大きな口を開いて摂餌速力約二ノットでプランクトンを求めていたという記録がある。懐妊期間二年以上、出生する時の全長一・八米位と考えられている。出生後三—四年目に全長約七米となって性熟するといわれる。游泳時に背鰭と尾鰭が水面上に露われ、時としては吻が露われる事もある。アオザメ科でなく、ウバザメ科へ入れるべきである。ジンベエザメと共に最大の魚類である。

＊ジンベエザメ　*Rhincodon typus* SMITH **（ジンベエザメ科）**（一八頁）

最大全長一八・一八米或はそれ以上に達するという。全長一一・五一米のものでも体重三一九一貫あったというから、全長一八・一八米では相当な目方があろう。属名は *Rhineodon* を用いるべきでない。

＊オンデンザメ　*Somniosus pacificus* BIGELOW *et* SCHROEDER **（ヨロイザメ科）**（二一頁）

永い間、大西洋産の *Somniosus microcephalus*（BLOCH *et* SCHNEIDER）と同一種に属すると考えられていたが、一九四四年、太平洋産の同属のオンデンザメはそれとは別種である事が明らかにされ、新しく学名が与えられた。両者の異なる点は、第一背鰭の位置が、太平洋産のものでは大西洋産のものより後方にあり、その起部と胸鰭の着根との距離が、前者と腹鰭起部との距離にほぼ等しい（大西洋産のものでは半分以下である）。また尾鰭後縁の形、上下両顎の歯の形、第二背鰭の後上端と尾鰭の距離等が異なっているとされているが、下顎の歯の形が、日本産のものでも大西洋産のものに似ている場合があるので、さらに数多くの大小の標品について、上記の相異点の意義を検討しなければならないと考えられる。本文二一頁に田中茂穂先生が図示されたものは大西洋産のものである。

＊カライワシ　*Elops machnata* FORSKÅL **（カライワシ科）**（三三頁）

種名を改むべきである。世界中のものが比較研究された結果、水域別に別種のものがいる事がわかった。

＊コノシロ　*Clupanodon punctatus*（TEMMINCK *et* SCHLEGEL）（**コノシロ科**）（三四頁）

この学名を用いるべきであろう。

＊メナガ　*Clupanodon nasus*（BLOCH）（**コノシロ科**）（三五頁）

この学名を仮に採用する。

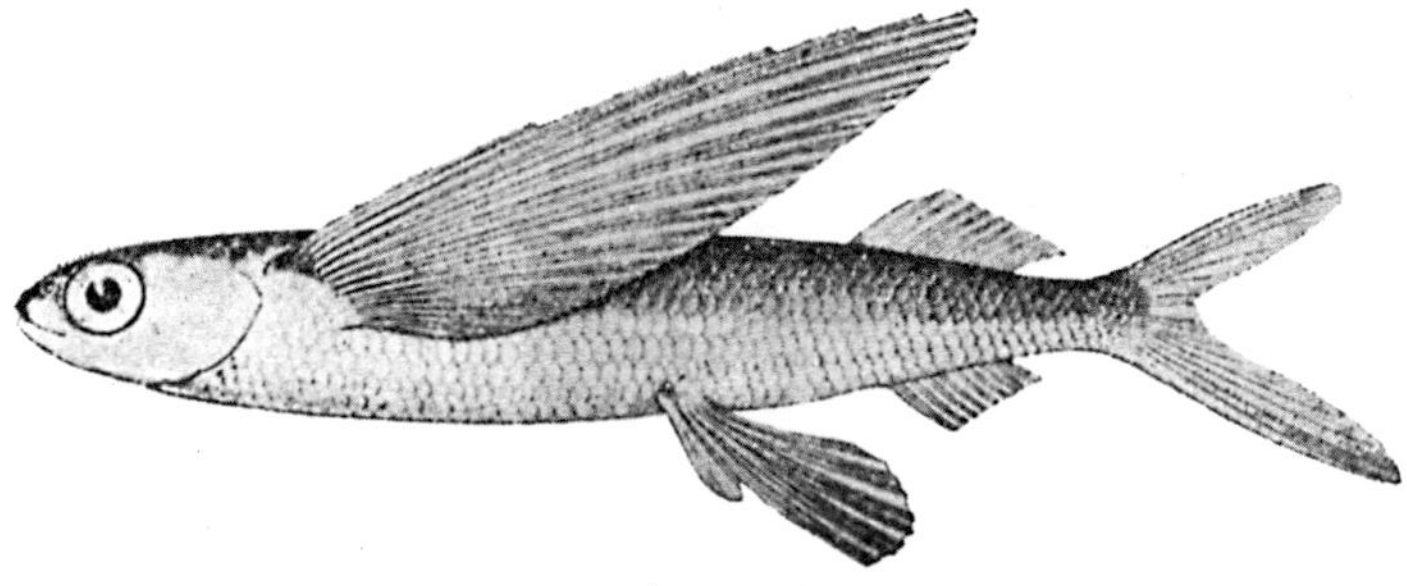

ト ビ ウ オ

＊アオメエソ　*Chlorophthalmus albatrossis albatrossis* JORDAN *et* SNYDER（**アオメエソ科**）（四七頁）

日本近海には本種の他にオニアオメエソ *Bathysauropsis gigas*（KAMOHARA）, ナガアオメエソ *Chlorophthalmus oblongus* KAMOHARA, アオメエソダマシ *C. albatrossis borealis* KURONUMA *et* YAMAGUCHI, トガリアオメエソ *C. acutifrons acutifrons* HIYAMA, ツマグロアオメエソ *C. acutifrons nigromarginatus* KAMOHARA 等のアオメエソ類が棲息しているが、その多くが過去十二年間に命名されたものである。

＊トビウオ（**飛魚**又は**青飛**）*Prognichthys agoo*（TEMMINCK *et* SCHLEGEL）（**トビウオ科**）（七九頁）

本文中に図示されたものは、後述のアリアケトビウオであろうと思われる。ファウナ・ヤポニカに記載されたもので、後世の学者が色々な種類を以て *agoo* であろうと考えたが、一九四七年出版された原図の写真によると、明らかに胸鰭の上から数えて第一、第二軟条が不分枝で、わが国で産業的にかなり重要な種類にこの特徴を有するものがあるので、一九五三年、私が表記の学名を採用した。八丈島や伊豆七島全体で夏トビと称するものの中の最も重要な種類の一つであり、体重七〇―八〇匁で性熟している。外房州・紀州・宮崎県等でも産業的に漁獲されている。幼魚には左右一対の短い鬚がある。臀鰭起部は背鰭第三軟条の下辺りにある。背鰭に黒斑の出現する事が多い。小形の間は腹鰭にも黒味を帯びた部分がある。背鰭は一〇―一二軟条、臀鰭は九―一一軟条、胸鰭は一六―一九軟条、背鰭の前方にある鱗数は（一列中に）三三―三八個である。産卵期は八丈方面で夏の終り頃である。

ム ロ ア ジ

＊マルアジ　*Decapterus maruadsi*（TEMMINCK *et* SCHLEGEL）（**アジ科**）（九二頁）

ムロアジ類中では体高が最も高く、一見マアジの如くである。

＊ムロアジ　*Decapterus muroadsi*（TEMMINCK *et* SCHLEGEL）（**アジ科**）（九三頁）

東京でアカゼと言う方がよくわかる。死後背方に黄色の縦線が現われる。生きている時はここが赤いという事である。干物にしないでも美味で、伊豆七島近海で、晩春—夏の候に相当量漁獲される。

＊カナフグ　*Lagocephalus laevigatus inermis*（TEMMINCK *et* SCHLEGEL）（**マフグ科**）（一六五頁）

一六五頁の図はカワフグであるが、カナフグの事はすでに記述せられているので、補足的な事を述べる。東支那海方面で底曳網により多量に漁獲される。インド・太平洋に広く分布するものらしく、濠洲でも、南アフリカでも知られている。背方に棘がなく、腹部前方に粒状物がある。大形になり、全長六〇糎に達するものがある。肝臓のみが有毒であるとされている。

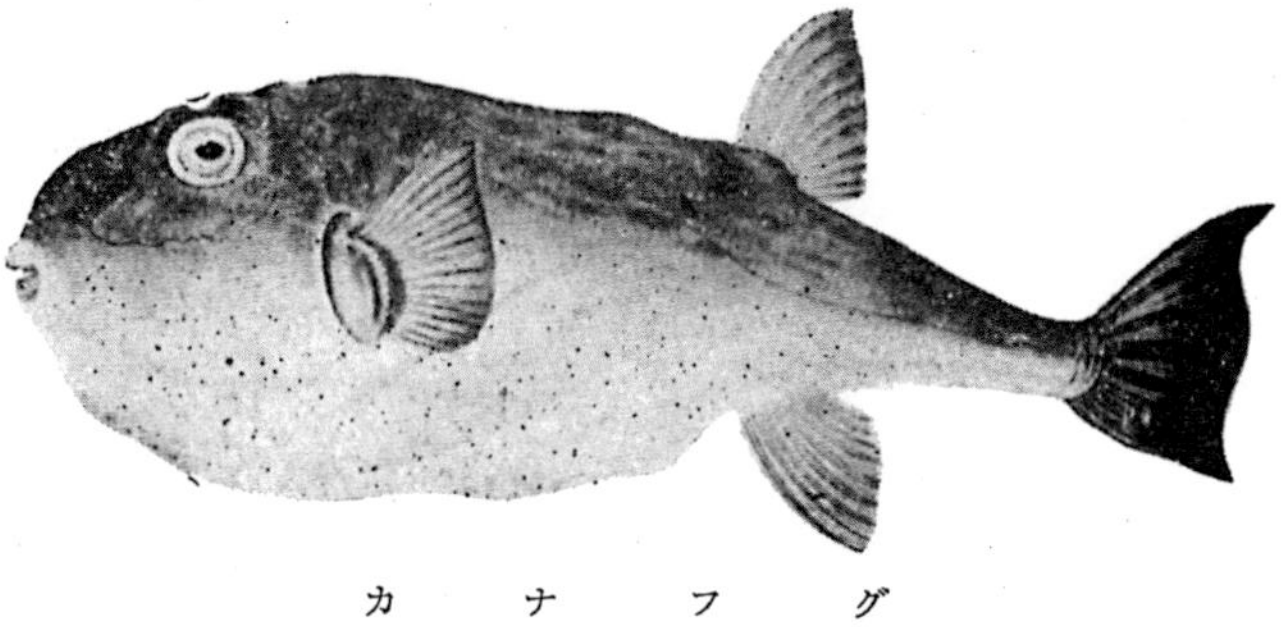

カ　ナ　フ　グ

＊サバフグ　*Lagocephalus lunaris*（BLOCH *et* SCHNEIDER）（**マフグ科**）（一六五頁）

全長三五五粍に達する。全く無毒であるが、新潟県石川県方面でサバフグというのはゴマフグの事であるから、同方面で言う所のサバフグを無毒と考えて食べると命にかかわる。

＊センニンフグ　*Pleuranacanthus sceleratus*（GMELIN）（**マフグ科**）（一六五頁）

全長七二〇粍に達する。わが国には極めて少ないものである。

＊コモンフグ　*Fugu poecilonotus*（TEMMINCK *et* SCHLEGEL）（**マフグ科**）（一六六頁）

コモンフグと呼んでいる所はないようで、学者のみが使用する言葉であろうと考えられる。モフグと呼ぶ地方がある。ショオサイフグ、ナメラフグ、ナシフグ、サバフグ、クサフグ、ヒガンフグに一見似た点があるが、概して褐色味が強く、肉眼で見える棘があり、また多くの場合眼の下にも白紋があり、体の模様も異なっている。全長二五〇粍位の中形のマフグ類である。*Sphoeroides alboplumbeus*（RICHARDSON）を採用した人が多いが、これには多くの疑問がある。

コ　モ　ン　フ　グ

＊トラフグ　*Fugu rubripes rubripes*（TEMMINCK *et* SCHLEGEL）（**マフグ科**）（一六六頁）

臀鰭が白い。

＊シマフグ　*Fugu xanthopterus*（TEMMINCK *et* SCHLEGEL）（**マフグ科**）（一六七頁）

分布の北限は相模湾である。全長四〇〇粍に達する。

＊ショオサイフグ（オキナコモンフグ）　*Fugu vermicularis vermicularis*（TEMMINCK *et* SCHLEGEL）（**マフグ**

科）（一六七頁）

オキナコモンフグはショオサイフグの大形の成魚に与えられた名である。東京市場ではゴマと称する。学者の言うゴマフグと混同せぬ様注意を要する。斑紋が成長につれてかなり変る。尾鰭下縁と臀鰭が白く、胸鰭後縁近くにある体側の黒紋が不明瞭であるから近縁のナメラフグと区別する事ができ、また棘が肉眼的には見えないから一見似ているゴマフグ、クサフグ、コモンフグ等から区別される。

＊ゴマフグ　*Fugu stictonotus*（TEMMINCK *et* SCHLEGEL）（**マフグ科**）（一六七頁）

マフグ類中、トラフグやナメラフグと共に北方へも分布しているもので、函館附近でも見られる。幼魚は福島県小名浜方面等に多く、ショオサイフグ、ナメラフグ、クサフグの幼魚と共に獲れるが、臀鰭がレモン色で、体が細長く、背方の地色が青緑色を帯びておりかつ棘を有するので、少し注意して見ると識別出来る。日本海方面でサバフグと呼んでいるから、学者の言うサバフグ *Lagocephalus lunaris*（無毒）と間違えないよう、注意を要する。

＊ヒガンフグ　*Fugu pardalis*（TEMMINCK *et* SCHLEGEL）（**マフグ科**）（一六八頁）

室蘭やウラジオストックから山東省、沖縄本島まで分布し、春に産卵する。北のものでは脊椎骨数が南のものよりも多い。

＊クサフグ　*Fugu niphobles*（JORDAN *et* SNYDER）（**マフグ科**）（一六八頁）

全長一六〇粍を超えない小形のマフグ類で、本邦沿岸に極めて普通に見られる。毒性が強い。神奈川県三崎の油壺附近で六月上旬頃、潮間帯の礫の間に産卵する。雄は潮の引いた後にも腹部をすでに空気中に露出した礫の上にあてていることがある。腹部を体の重みで押して放精する事もあるのであろうか。ショオサイフグ、ナメラフグ、コモンフグ、ゴマフグの幼魚と一寸間違い易いが、骨骼を調べてみると、本種は上記のものよりはトラフグやシマフグに近縁であることがわかる。

＊ナメラフグ　*Fugu vermicularis porphyreus*（TEMMINCK *et* SCHLEGEL）（**マフグ科**）（一六八頁）

幼期にはショオサイフグと甚だよく似ている。しかし臀鰭の色が濃黄色で、また背鰭と臀鰭の数がそれよりも多い。東北地方太平洋岸に見られる型の全長二〇〇粍位の未成魚はオオシュウフグと呼ばれていた。三崎及びそれ以南の型は全長二〇〇粍位になっても、依然ショオサイフグに似ている。全長四七〇粍に達する成魚では地色が褐色または緑褐色で、それに黒斑がある。九州方面にも少なくないが、北は樺太西海岸まで分布している。東北地方太平洋岸でも産額が多い。料理屋で用いられる他、干物として喜ばれる。

＊アカメフグ　*Fugu chrysops*（HILGENDORF）（**マフグ科**）（一六九頁）

三崎辺りでは珍らしくないが、多いものではなく、本邦中部の太平洋岸からだけ知られている。マフグ属 ***Fugu*** の他のフグ類とは類縁はかなり遠い。

＊ムシフグ　*Fugu exascurus*（JORDAN *et* SNYDER）（**マフグ科**）（一六九頁）

本邦のマフグ科魚類中では稀な方であるが、三崎では春に時々獲れる事がある。

＊クマサカフグ　*Lagocephalus lagocephalus oceanicus*

JORDAN *et* EVERMAN（**マフグ科**）（一七〇頁）

伊豆七島ではさほど珍らしいものではないが、市場へは殆んど出ない。鯖釣りの際にも獲れる。カジキやマグロの類の胃袋からしばしば見出される。

＊ **ホシフグ**　*Boesemanichthys firmamentum*（TEMMINCK *et* SCHLEGEL）（**マフグ科**）（一七〇頁）

本邦と濠洲とニュージーランドから知られている。鼻孔の構造はマフグ属のものとは異なり、モヨオフグやヨコシマフグに似ており、特に本邦には産しないオキナワフグ *Chelonodon patoca*（HAMILTON-BUCHANAN）によく似ているが、骨骼は独特のものである。相模湾ではさほど珍らしくはないが、多いものではない。天の橋立附近でも未成魚が時として何十尾か獲れた事がある。

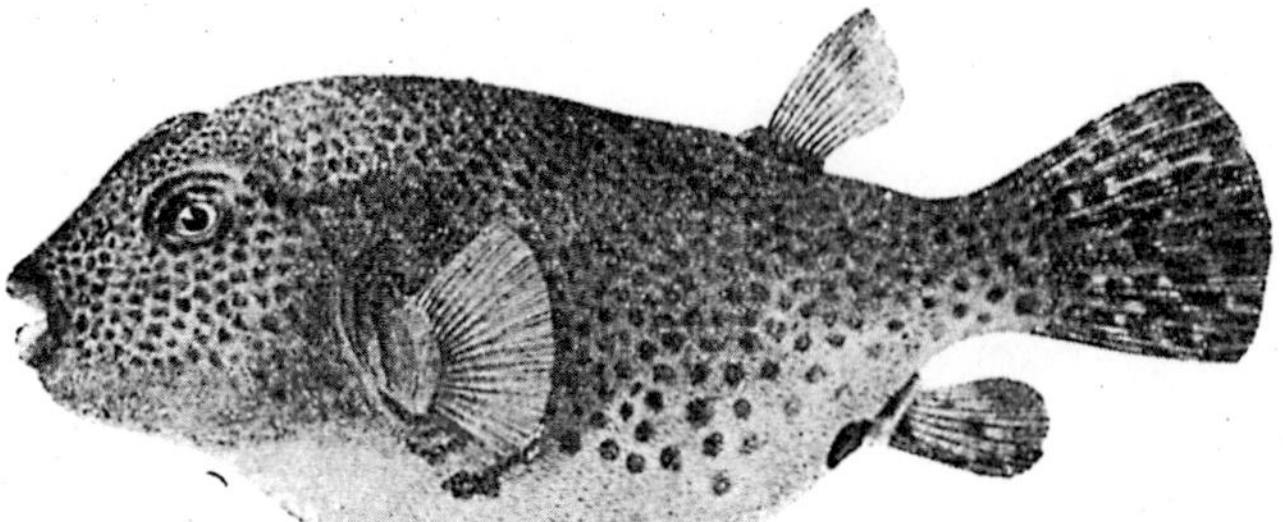

モヨウフグ

＊ **モヨオフグ**　*Tetraodon stellatus*（BLOCH *et* SCHNEIDER）（**マフグ科**）（一七一頁）

幼期には斑紋が成魚と甚だ異なりそのために別の学名が与えられていた。

＊ **ガンコ**　*Dasycottus setiger*（BEAN）（**カジカ科**）（一九二頁）

明らかに二種あるが、今まで一種として報告されて来た。最近渡部正雄博士がカジカ類の研究を纏められたから、必ずそのなかにこの二種の正しい学名が与えられている事であろう。

＊ **アブラガレイ**（又は**ヤガタガレイ**）　*Atheresthes evermanni* JORDAN *et* SNYDER（**カレイ科**）（二二三頁）

田中茂穂先生がアブラガレイの学名として採用された *Reinhardtius matsuurae* JORDAN *et* SNYDER はカラスガレイに当てるべきものである。後者では歯が尖り、固定していて、倒す事が出来ず、下顎歯は一列であり、また上顎長は両眼間隔の約三倍であるが、アブラガレイでは歯は先端が大抵弓矢状をなし、横に倒す事が出来、下顎歯は二列であり、上顎長は両眼間隔の七—九倍ある。

ガツナギ

＊ **ババガレイ**　*Microstomus achne* JORDAN *et* STARKS（**カレイ科**）（二二六頁）

この学名を採用すべきである。

＊ **ヤナギムシガレイ**　*Tanakius kitaharae* JORDAN *et* STARKS（**カレイ科**）（二二七頁）

この学名を採用すべきである。

＊ **ヒレグロ**（又は**イサミガレイ**）　*Glyptocephalus stelleri*（SCHMIDT）（**カレイ科**）（二二七頁）

この学名を採用すべきである。

＊ **ガツナギ**　*Dinogunellus grigorjevi*

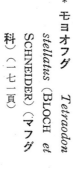

（HERZENSTEIN）（**ギンポ科**）（二五五頁）

田中茂穂先生が「日本の魚類」第二九二頁に述べておられるように、本文二五五頁の図が違っていた。ここに体の前部の図を掲げる。ワラズカと称して加工業者が広く利用している。相当量の漁獲がある。卵が有毒であると聞いているが、試験してみた事がない。

＊**トオザヨリ**　*Euleptorhamphus viridis*
（VAN HASSELT）
（**サヨリ科**）（七九頁）

体は大いに側扁し、かつ細長く、胸鰭が長く、背鰭・臀鰭が高い。トビウオ類に近縁のものであろう。トビウオ類に混って八丈島やその他の伊豆七島からときどきとれる。さほど多いものではない。全長五〇糎に達する。学名はここに誌したのを採るべきである。

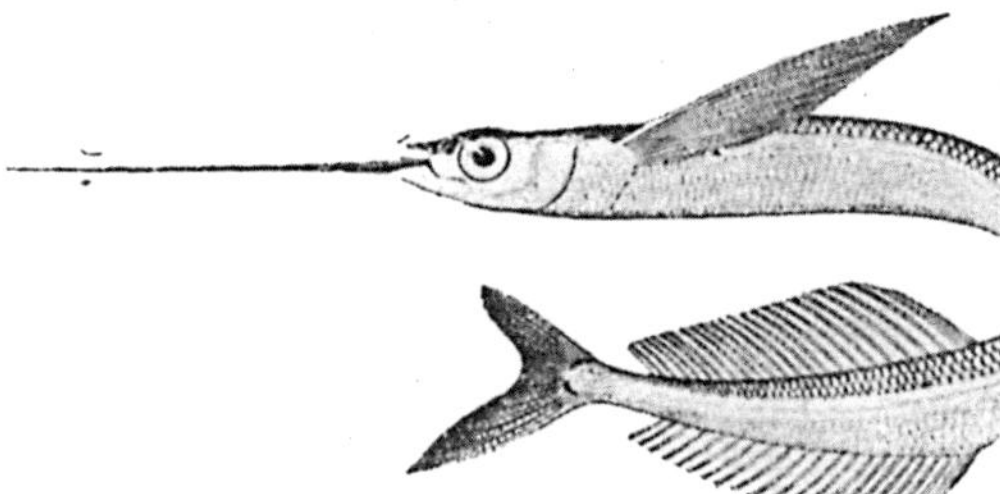

トオザヨリ

＊**ベニマス**（三八頁）、＊**サケ**（三九頁）、＊**マスノスケ**（三九頁）、＊**マス**（四〇頁）、＊**セッパリマス**（四〇頁）

以上のものの属名を *Oncorhynchus* とすべきである。

＊**サワラ**（八七頁）

学名は *Scomberomorus niphonius* (CUVIER *et* VALENCIENNES) の間違いで、むしろ、*Sawara niphonia* (CUVIER *et* VALENCIENNES) とすべきである。

＊**オキザワラ**（八八頁）

の学名の命名者は (LACÉPÈDE) である。

増補の部

クモハダオオセ

クモハダオオセ　雲肌大瀬　*Orectolobus maculatus* (BONNATERRE)（**オオセ科**）

オオセに似ているが、斑紋が大いに異なり、甚だ不規則形の白色の斑紋がある。南支那海から濠洲にわたって分布している。わが国では昭和二七年に浜松附近で採れた事がある。胎生で、濠洲では一尾の親魚から三七尾の胎児が出たという記録がある。濠洲には近似のものが数種あり、大型種は全長三・二米に達するが、小型種は全長四六糎位であるという。

ヨゴレ　汚れ（又は**琉球詰り**）　*Carcharhinus longimanus* (POEY)（**メジロザメ科**）

太平洋熱帯部及び亜熱帯部から鮪漁船が持帰る鮫類中、極めて普通な種類である。第一背鰭が円味を帯びていて、かつ甚だ大きく、胸鰭も大きい。背方は一様に黄褐灰色で腹部は淡色である。第一背鰭の外縁に近い部分は幅広く淡色、胸鰭や腹鰭や第二背鰭の外縁や尾鰭上・下後縁附近も淡色である事がある。尾鰭の背方起部のやや前方の凹みの辺りが濃黒褐色で、臀鰭や第二背鰭基部附近にも黒褐斑のあることがある。吻端は円味を帯び、上顎の歯は幅広い三角形で、その露出している二辺に小鋸歯がある。ハンペンのまぜもの用等として鮫肉加工業に広く利用せられている。大西洋の熱帯部及び亜熱帯部にも産する。将来精密な調査が行われれば、或は太平洋産のもののみにも地方的な亜種が識別されるかもしれない。大西洋産のもので最大なものは全長三・九五米以上のものがあるというが、東京市場でこれ程大きなものを見た事がない。

原図

ヨゴレ

ハチワレ　鉢割れ（又は**化け尾長**）　*Alopias profundus* NAKAMURA（**オナガザメ科**）

オナガザメ（又はマオナガ）とは異なり、体色が紫色を帯び、眼が大きく、歯が大きく、第一背鰭と胸鰭間の距離が小さい等の点で容易に識別される。太平洋熱帯部と亜熱帯部から鮪漁船が持帰る鮫類中の普通なものの一つである。南日本から台湾にかけて、深海又は海底に棲息すると言われた事

原図

ハチワレ

もあるが、分布区域や棲息場は更に調査する必要があると思われる。

アカシュモク　赤撞木（又は**赤カセ**、又は**赤**）　*Sphyrna lewini* (GRIFFITH)（**シュモクザメ科**）

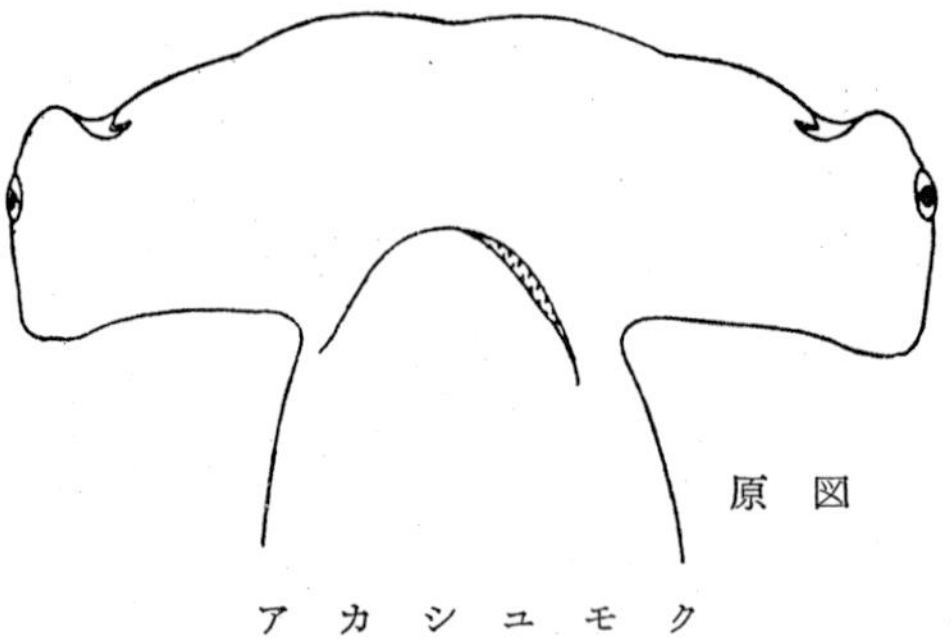

アカシュモク

太平洋産のシュモクザメ科魚類の分類については研究が不十分で、通常に市場で取扱われている二種のシュモクザメの中、アカシュモクの学名は本書において採用したものが正しいか否か、疑問がある。しかし体形や、肉質や、肝油中のヴィタミンAの単位等の異なる、極めて普通な二種を区別しておく必要があるので、今回アカシュモクに仮に学名をあてた。肉の色はシロシュモクでは赤味が少く、アカシュモクでは概して赤色が強いが、アカシュモクでも肉が極めて淡い色をしている場合もあるようである。また、体の軀幹部や頭部の形状にもある程度の変異はあるが、シロシュモクはアカシュモクに比べて体が細く、特に尾柄部が細くて、その処に青い斑点がある。また地色が、アカシュモクの方が、より濃い褐色である。頭部前端の形は図示したようにシロシュモクでは前縁の中央が凸形であるが、アカシュモクでは凹形であり、また撞木の形をした部分が、シロシュモクの方が細い（左右に長く、前後に短い）。歯はシロシュモクの方がアカシュモクにおけるより大きい。また眼の位置がシロシュモクではアカシュモクにおけるより前方にある。

アカシュモクは、肉が赤味を帯びているのでこの名がある。ハンペンを作る鮫肉の加工業者はシロシュモクを喜び、ヴィタミンAを狙う業者はアカシュモクを喜ぶ様である。アカシュモクの肉は薩摩揚げの材料になる。アカシュモクの大形のものが、夏季、日本の近海に数多く出現する事があるが、これは生殖時期に当るための現象であるらしい。

ユメザメ　夢鮫（又は**ヨナイチ**）　*Centroscymnus owstoni* GARMAN（**アブラザメ科**、別名**ツノザメ科**）

ツノザメ科という名が示す通り、二つの背鰭の前端部に棘がある。鱗が甚だ粗雑で、逆に強く撫でただけでも指端に傷がつく。産額が多く、比較的大形にもなり、肝臓の油も多くて、深海鮫類中、産業上最も重要なものの一つである。肉も加工用に利用される。駿河湾・相模湾に極めて普通で、焼津方面で**ヨナイチ**、国府津方面で他の種類をも含めて**カラス**と言う。世界中に近似種が四種知られている。

ユメザメ

ヨロイザメ　鎧鮫　*Dalatias licha* (BONNATERRE)（**ヨロイザメ科**）

鱗は比較的に小さいが、極めて堅くて、一隆起縁をもっている。下顎歯は左右相称で露出部が三角形である。北大西洋・地中海・南アフリカ・濠洲・ニュージーランド・台湾及び日本の深海で知られている。相模湾や駿河湾ではさほど珍しいものではない。皮革や肝油や肉が利用された事がある。

東海区水産研究所東秀雄博士によれば、本種は、台

ヨロイザメ

湾で黒蕃沙《コクバンシャ》と呼ばれている由である。相模湾沿岸ではコツブリという。

カエルザメ　蛙鮫　*Heteroscymnus longus* TANAKA

（ヨロイザメ科）

体はやや肥大し、吻は縦扁している。上顎歯は槍形で直立し、不規則に密生している。下顎歯は大きく、幅も広く左右不相称で、外縁は口角に向って尖っており、一欠刻がある。ヨロイザメ科の近縁のサメとは異なって、第一背鰭が第二背鰭より大きく、また胸鰭後縁が円味を帯びず角ばっている。鱗は微小で、体全体黒褐色である。相模湾や駿河湾に産する。比較的小形で、産業上さほど重要なものではない。その肉は煉製品にする際、かたまりにくいので、焼津方面では「オバケ」と呼んでいる。

カエルザメ

ネムリシビレエイ　眠[illegible]鱝　*Typhlonarke tarakea* PHILLIPPS

（シビレエイ科）

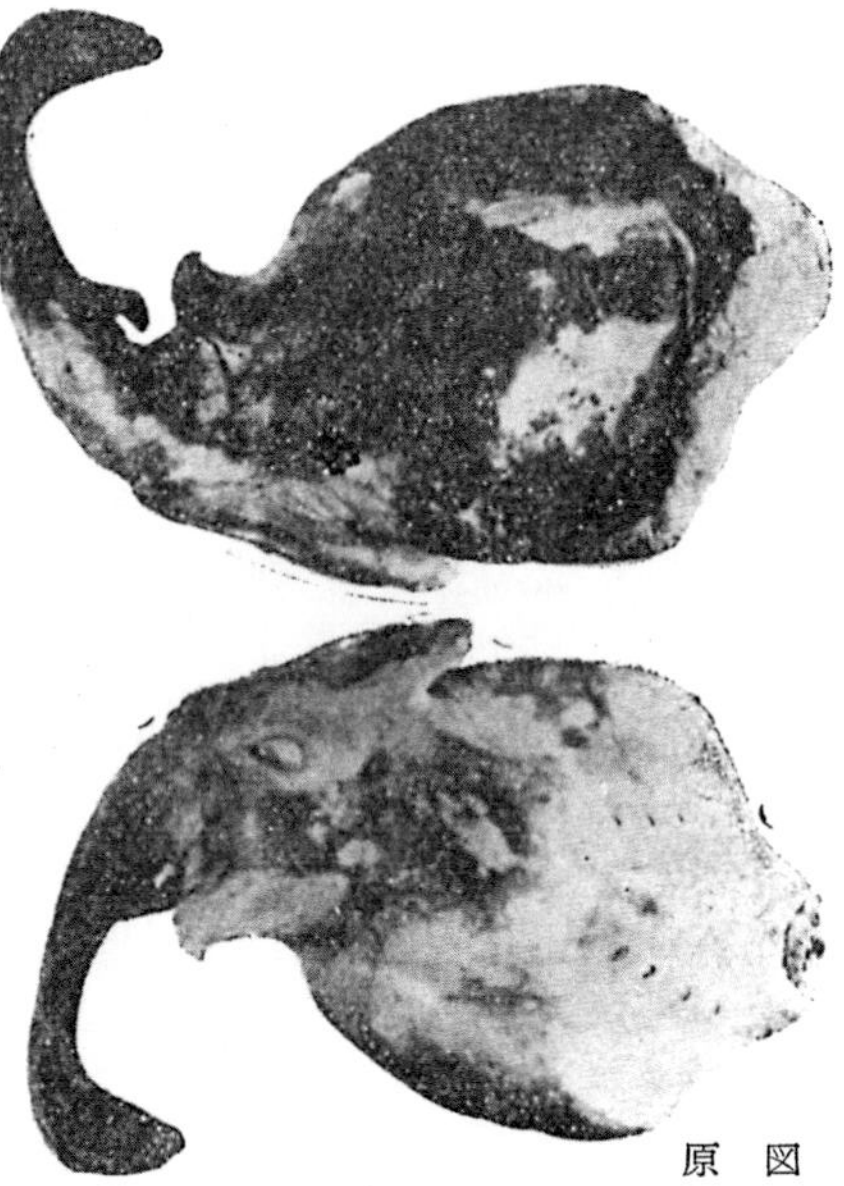

原図

ネムリシビレエイ

ネムリシビレエイとは高木和徳氏の命名されたものである。東支那海、土佐沖等から底曳網で採られている。比較的に稀なものである。ニュージーランドで知られているものと同一種と考えられる。インド洋にも近似の種類がある。雌雄で形態が甚だ異なるようである。眼が隠れている。腹鰭が変形して、海底で体を支える事が出来ると思われる。背鰭のないものが、ニュージーランドで採れているが、損傷によるものであろうという。本種がオーストラリヤの *Typhlonarke asyoni* (HAMILTON) 1902と同一種なら、このハミルトンの付けた名を採用すべき事となる。

シシャモ　柳葉魚　*Spirinchus lanceolatus* (HIKITA)

（ワカサギ科）

シシャモとはアイヌ語で、本種に学名を与えられたのは疋田豊治先生である。

ワカサギに一見似ている。背鰭一〇—一一軟条、臀鰭一七—二〇軟条、胸鰭一〇—一二軟条、腹鰭八軟条、一縦列の鱗数六一—六三個、脊椎骨数五八—六八個である。

北海道南東部だけに知られている。疋田先生によれば、通常沿海を群游し、鵡川・十勝川・大津川等を十一月初旬に産卵のため遡上する。その頭背方の色は黒味が強くな

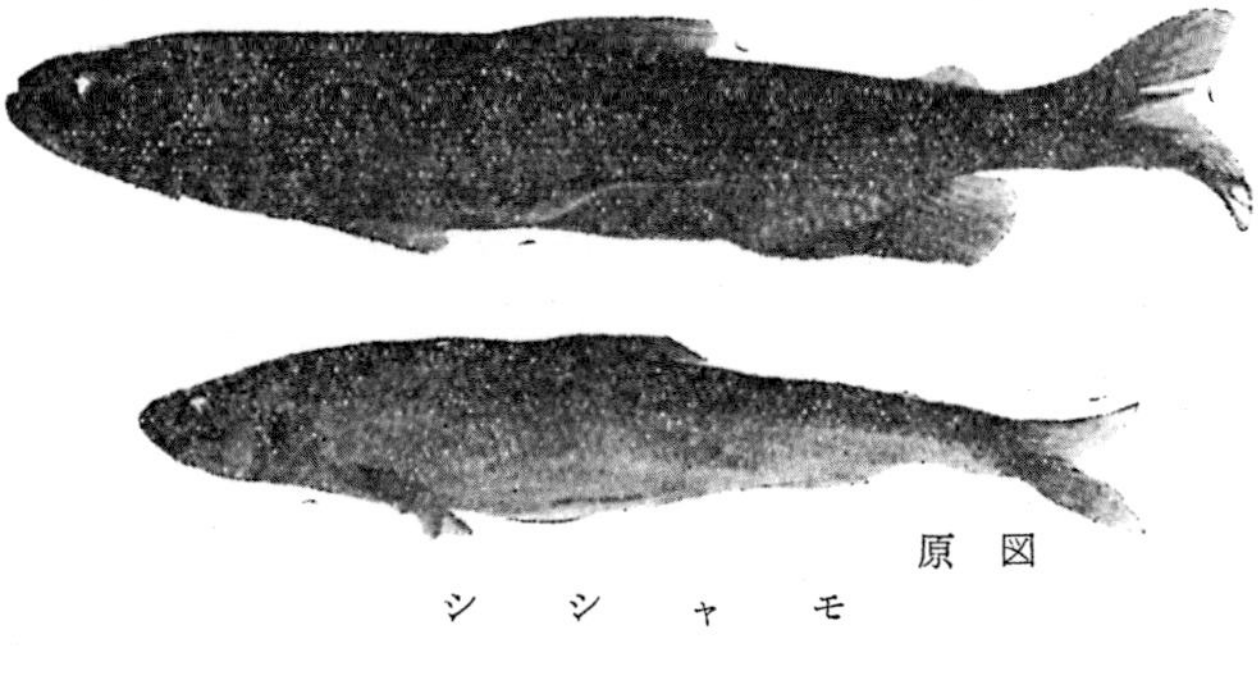

原図

シシャモ

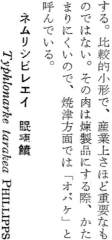

る。遡上区間は鵡川では河口から一〇哩以下で、十勝川及び大津川では河口から漸く四哩位まで到達する。遡上期間は数日で、その間に産卵する。上記の川の他に遊楽部川・沙流川・釧路川等に遡上する。生殖時期には第二次性徴が顕著である。美味の魚で、近年はその干物は東京方面でも喜ばれる。動物学雑誌第二十五巻及び第四十二巻に疋田先生の詳しい記述がある。

カラフトシシャモ　樺太柳葉魚　*Mallotus villosus* (MÜLLR)（ワカサギ科）

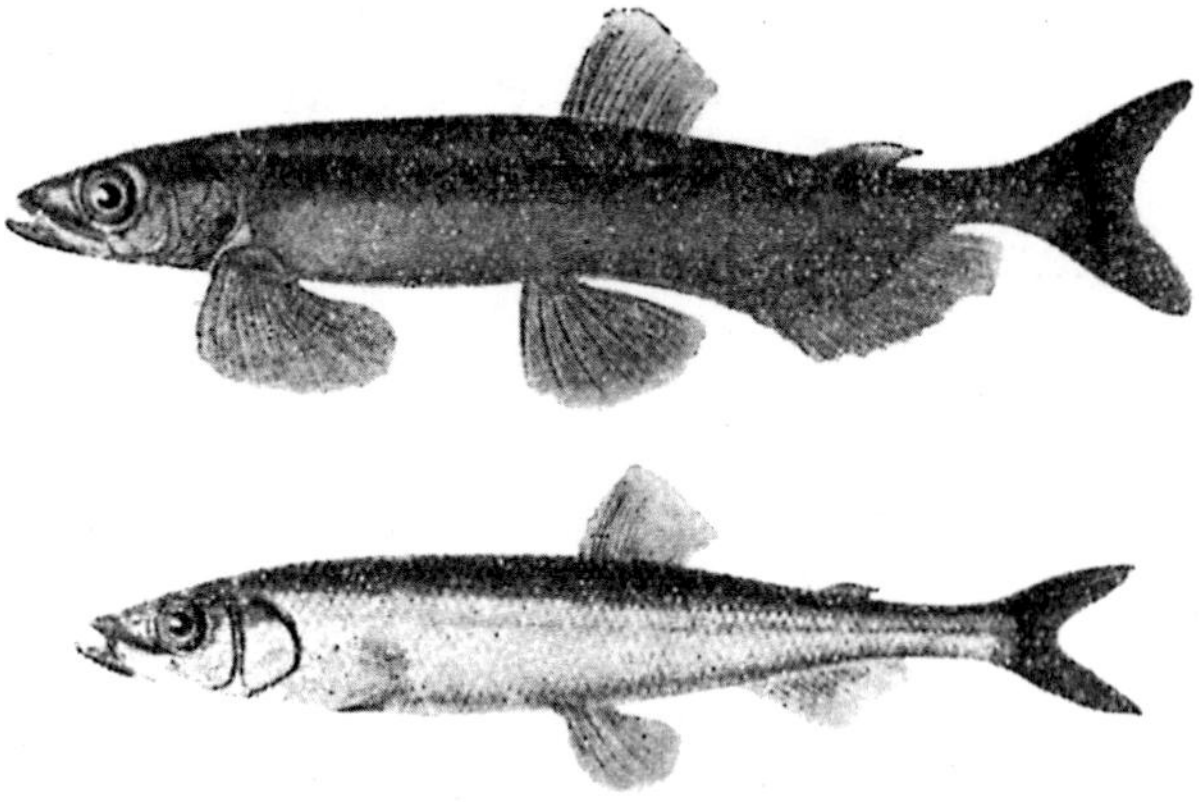

カ ラ フ ト シ シ ャ モ

シシャモに極めてよく似ているが、背鰭一二—一四軟条、臀鰭二一—二四軟条、胸鰭一六—一八軟条、腹鰭八軟条、鰓耙数三七—四〇個、脊椎骨数六七個（腹椎二六個、尾椎四一個）であるし、また遡河しない。本邦ではオホツク海沿岸だけから知られているが、本種は北半球の寒帯に広く分布している。疋田豊治先生によれば、樺太西海岸では四月—五月上旬、樺太東海岸では五月中旬—六月中旬に、水温摂氏九度内外で氷が融けると間もなく来遊するという。北海道北見濤払沿岸に六月中旬頃来遊する。沿岸の砂浜の細砂に放卵するという。生殖期に第二次性徴が顕著で、雄の体側には絨毛状の突起を密生する。美味の魚とせられているが、産業的に漁獲はされていない。カナダの同一種または極めて近似の種類では、多分一ヶ年で一生を終るとされている。この種では、産出された卵は潮の干満によって砂底に埋まり、時には一五糎位の深さに埋まる事もあるという。一尾の雌が産む卵数は三千—六千個で、約二週間で孵化し、その後翌年の生殖期まで殆んど見かけられなくなるという。

ナメハダカ　滑裸　*Lestidium nudum* GILBERT（ハダカエソ科）

ナ メ ハ ダ カ

甚だ珍らしいものである。脂鰭があり、腹鰭は体の後方にある。背鰭九軟条、臀鰭三三軟条、腹鰭一〇軟条である。全長二〇糎。ここに掲げた図はハワイ産のものであるが、わが国に寧ろ普通な次の二種では体後方の黒色部がない。一九〇五年に本種が命名された後、三年を経て発表せられた近似種のハダカエソ *Lestidium japonicum* TANAKA と一九五三年に発表されたマツバラナメハダカ（新称）*Lestidium prolixum* HARRY は相模湾、駿河湾、熊野灘、鹿児島附近の深海には少なくないと思われる。この類については、近年フィラデルフィア科学院の Harry 博士とデンマークの Ege 博士が大規模な研究をされた。

ミズウオダマシ　*Anotopterus pharao* ZUGMAYER（ミズウオダマシ科）

ミズウオダマシとは一九五二年に筆者の命名したものである。体形はミズウオによく似ているが、背鰭がなく、口蓋骨歯が極めて大きくて、前方に向いている。大西洋・北氷洋・南氷洋・太平洋に同一種または近似種が知られている。鯨類や鮃の類や、ビンナガマグロの胃袋中からも見出

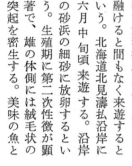

されている。深海性の魚であるが、夜間等に浮上すると思われる。日本近海では根室沖のサンマ棒受網でとれた事があり、またカムチャッカ東方で鮭鱒の流網で獲れた事もある。前者はサンマを、後者はイカナゴとアメマスを食っていた。それ等には鋭い小刀で切った痕のような、深い傷痕があった。全長約九〇糎になる。

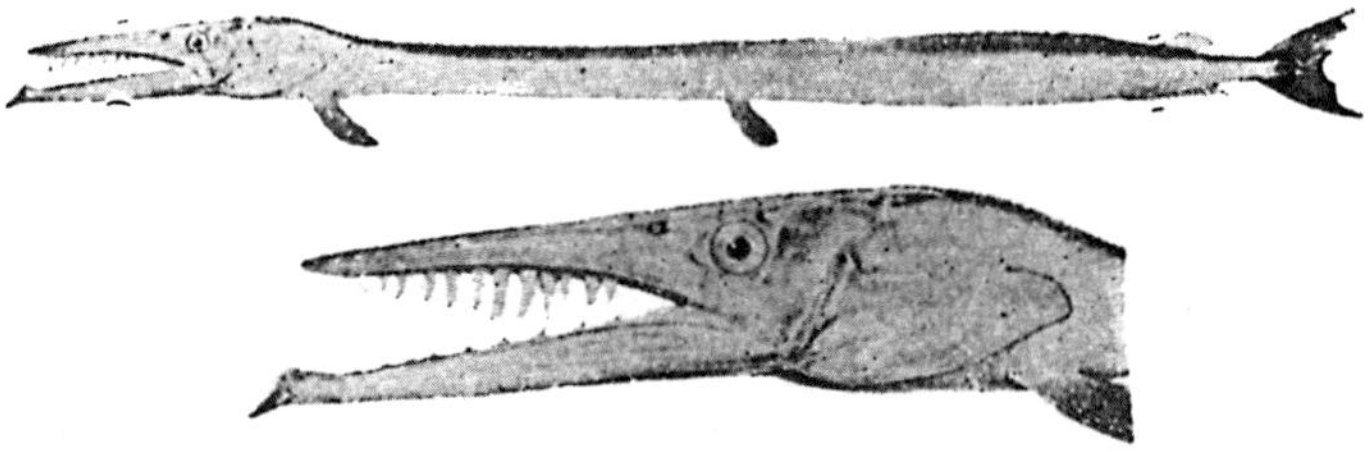

ミ　ズ　ウ　オ　ダ　マ　シ

ソコギス　*Macdonaldia challeugeri*（VAILLANT）
（**ソコギス科**）

体は細長く、吻は尖って突出している。鱗は甚だ小さい。背鰭に三四棘あり、各棘間の距離は棘の長さより小さくはない。臀鰭にも前方に多数の棘があり、後方に軟条がある。左右の鰓膜は前方で接続し、峡部に着いていない。全身淡褐色で、臀鰭軟条と鰓孔辺りのみ黒っぽい。珍らしいもので、東京近くの深海、ベーリング海から知られている。

ソ　コ　ギ　ス

サヨリトビウオ　*Oxyporhamphus micropterus*（VALENCIENNES）
（**サヨリトビウオ科**）

サ　ヨ　リ　ト　ビ　ウ　オ

胸鰭が短く、腹鰭が極めて短く、幼期には下顎がサヨリのように突出しているので、サヨリ類に入れられた事がある。しかし成魚はトビウオ類に似ている。背鰭一三—一六軟条、臀鰭一四—一六軟条、背鰭と臀鰭の起部はほぼ同一垂線上にある。小形の魚で、最大全長十八糎位である。日本南部には稚魚が多く、沖縄方面には成魚が少なくない。伊豆七島でも成魚が見られる。直接には産業的に重要ではないが大形魚類の好餌料であろう。世界中の熱帯・亜熱帯の海に産するが、少くとも二亜種があるようである。

ニジトビウオ（新称）
虹飛魚
Parexocoetus brachypterus
（RICHARDSON）（**トビウオ科**）

腹鰭やや短く、背鰭が高くて大部分黒い。最大全長一九糎位の小形のトビウオ類である。世界中の熱帯、亜熱帯の海に産するが、幾つかの亜種があると思われる。色彩が美しいので東京都水産試験場八丈現業場菅野裕氏が「ニジトビ」と称しておられたので、これを採用させて戴く事にした。伊豆七島の他の島で「イワシトビ」と称するものの中の一種である。背鰭一〇—一一軟条、臀鰭一〇—一一軟条である。直接産業

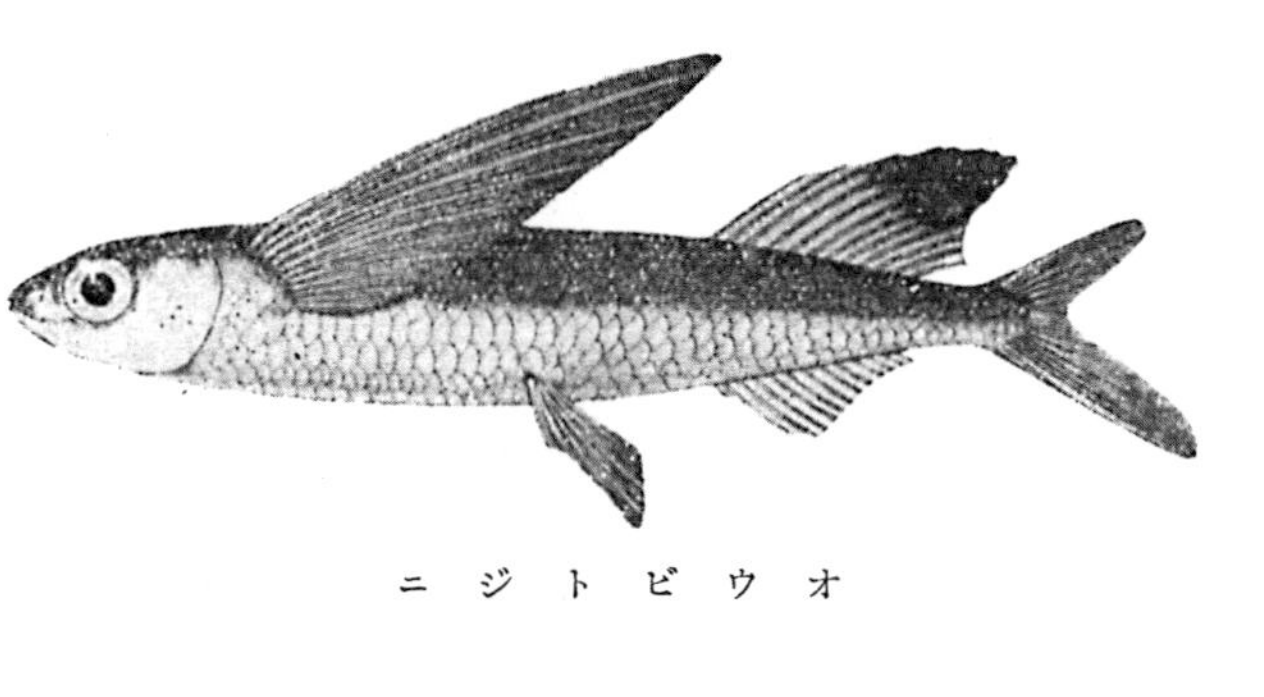

ニ　ジ　ト　ビ　ウ　オ

的には重要なものでない。

イダテントビウオ　韋駄天飛魚　*Exocoetus volitans* LINNAEUS

（**トビウオ科**）

胸鰭は長いが、腹鰭が短い。世界中の熱帯・亜熱帯の海に分布している。最大全長二四糎位の小形のトビウオ類である。背鰭は一三―一五軟条、臀鰭は一三―一四軟条である。日本近海でもさほど珍らしいものではない。直接には産業上重要でない。近似のものがある。

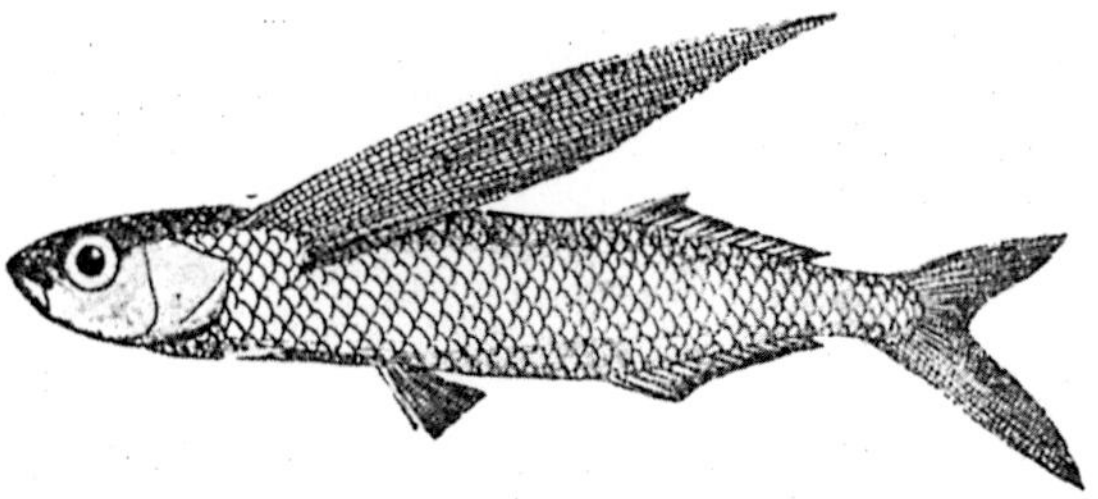

イダテントビウオ

アリアケトビウオ　有明飛魚　*Cypselurus starksi* ABE

（**トビウオ科**）

有明海で五月下旬頃から六月上旬にかけて産卵するものもあるのでこの名がある。南日本産のもので、瀬戸内海でも産業的に漁獲されている。分布の北限は相模湾であると思われる。むしろ小形の飛魚で、幼期に鬚がない。体が短く、やや太っていて、胸鰭がかなり下方まで黒っぽい。成魚では胸鰭の上方から第十一番目の軟条まで黒色である。背鰭は一二―一四軟条、臀鰭は八または九軟条、背鰭前方の鱗数は二九―三一個である。今井貞彦教授によれば、長崎方面で朝鮮飛と称しているとの事である。脊椎骨数は他の重要種より少なくて、四三または四四個である。上下の顎の歯は三尖頭を有し、口蓋骨にも歯がある。従来多くの学者がこれを *agoo* なりとして報告している。

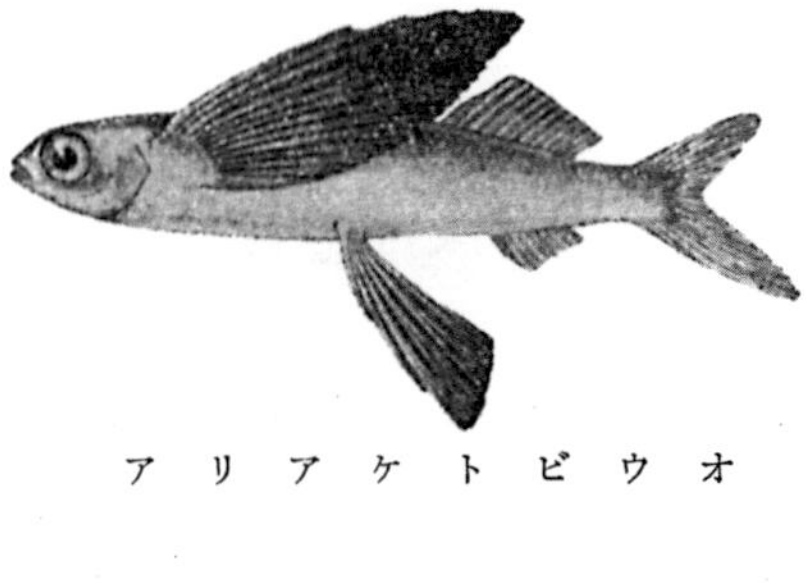

アリアケトビウオ

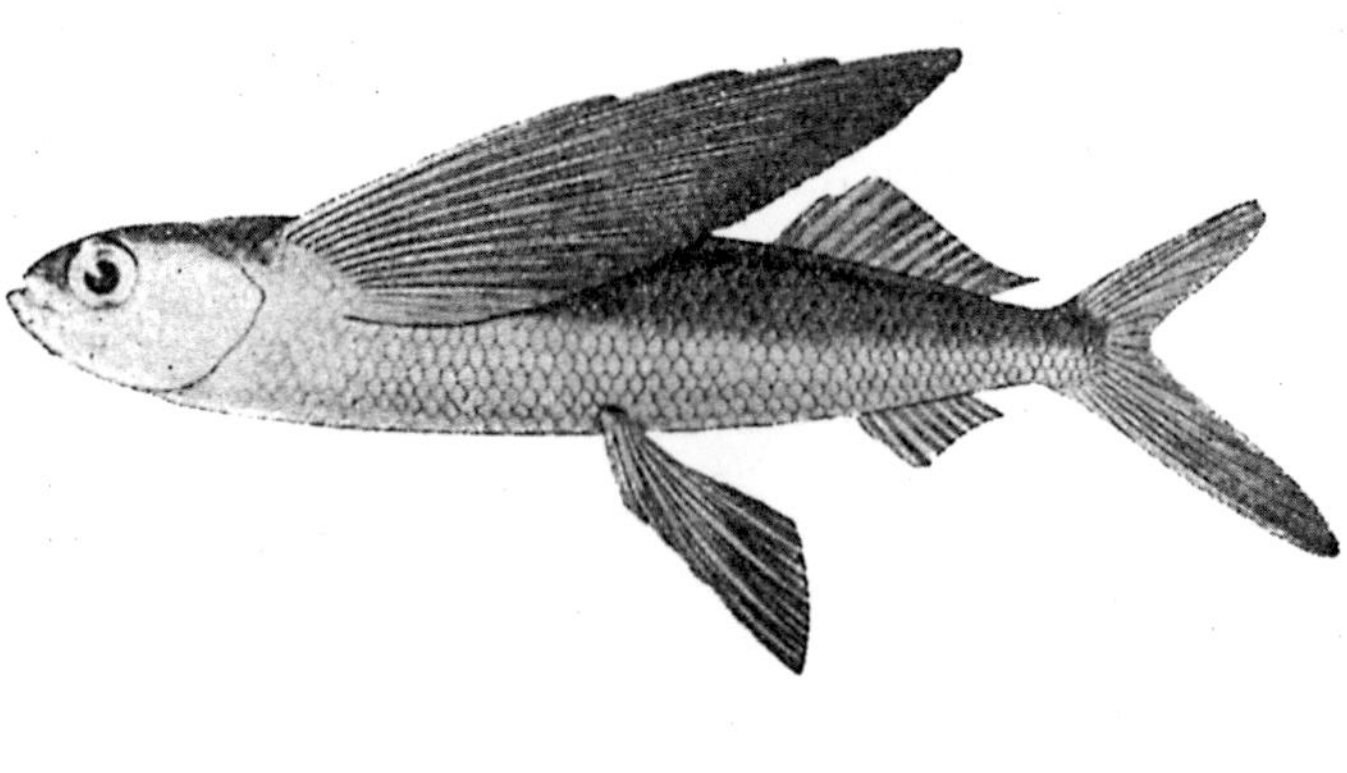

ホソトビ　細飛（**マル**、又は**オド**、又は**入梅飛**）　*Cypselurus opisthopus hiraii* ABE（**トビウオ科**）

九州・対島・日本海南部に極めて多く、同方面でマルと称する。日本中、北は北海道西南部まで、太平洋・日本海両側に広く分布し、初夏に北日本でも産卵する。最も普通に見られる中型（むしろ小型といっても宜しい）の飛魚で、幼期に下顎前端附近に、一本のやや先端の拡がった黒い鬚を有する。体がやや細く、腹鰭が体の後方にあって、鰓蓋の後端と、腹鰭起部との距離が、後者と尾鰭の下部最前部の微小な軟条の起部

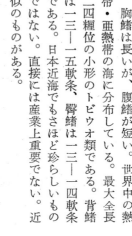

との距離より小でない。臀鰭起部は背鰭起部の遥か後方に始まり、背鰭一一—一四軟条、臀鰭は九または一〇軟条、胸鰭は一五—一七軟条、背鰭前方の鱗数は三二—三七個である。成魚では胸鰭の上方の七—九本の軟条まで淡紫青色で、下方は無色透明である。口蓋骨にも歯がある。伊豆七島で入梅飛と称するものの中の一つで、東京都水産試験場大島分場の五十嵐正治技師によれば、式根島方面でオドと呼んでいるようである。伊豆七島でもホソと呼ぶ漁業者がある。

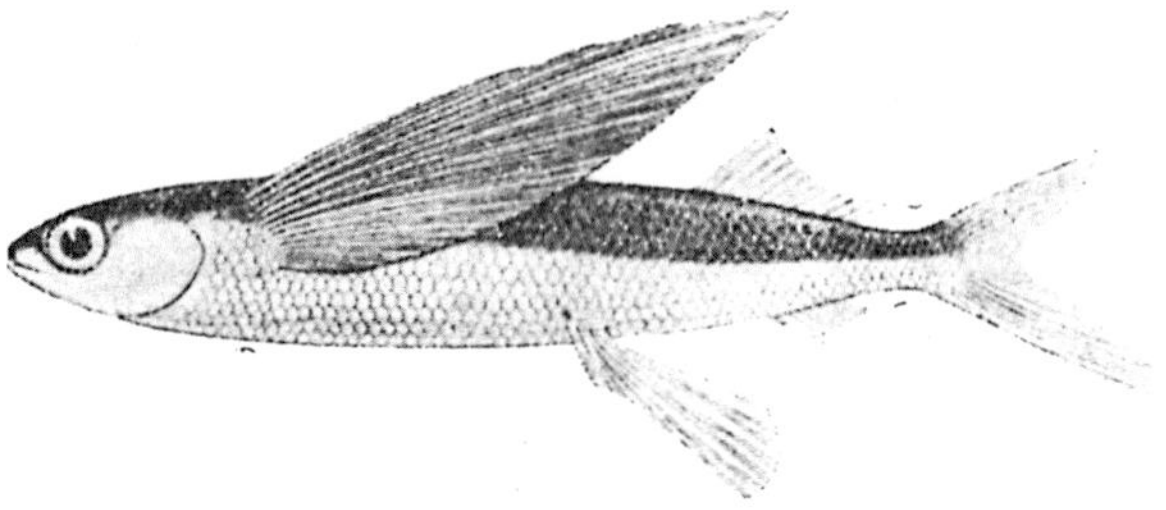

ホ　ソ　ト　ビ

アカトビ　**赤飛**　*Cypselurus atrisignis* JENKINS
（**トビウオ科**）

胸鰭が赤紫色で、それに黒点のないもの、少数あるもの、多数あるもの等、胸鰭の模様の変異は著しい。体色もやや赤味があり、伊豆七島で赤トビという。この方言を採用する事にする。背鰭に黒斑のあるものとないものがある。夏期伊豆七島で漁獲されるトビウオ類中では比較的重要なものであるが、本邦の他の地方では漁獲されていないようである。太平洋熱帯部、亜熱帯部に分布している。トビウオとほぼ同様の大きさになり、産卵期もほぼ同じく夏の終りであるが、味は幾分それより劣るといわれている。背鰭一三—一五軟条、臀鰭一〇—一一軟条、背鰭前方の背中線の一列の鱗数は三四—三五個である。口蓋骨には極めて少数の歯がある。これのないものもある。

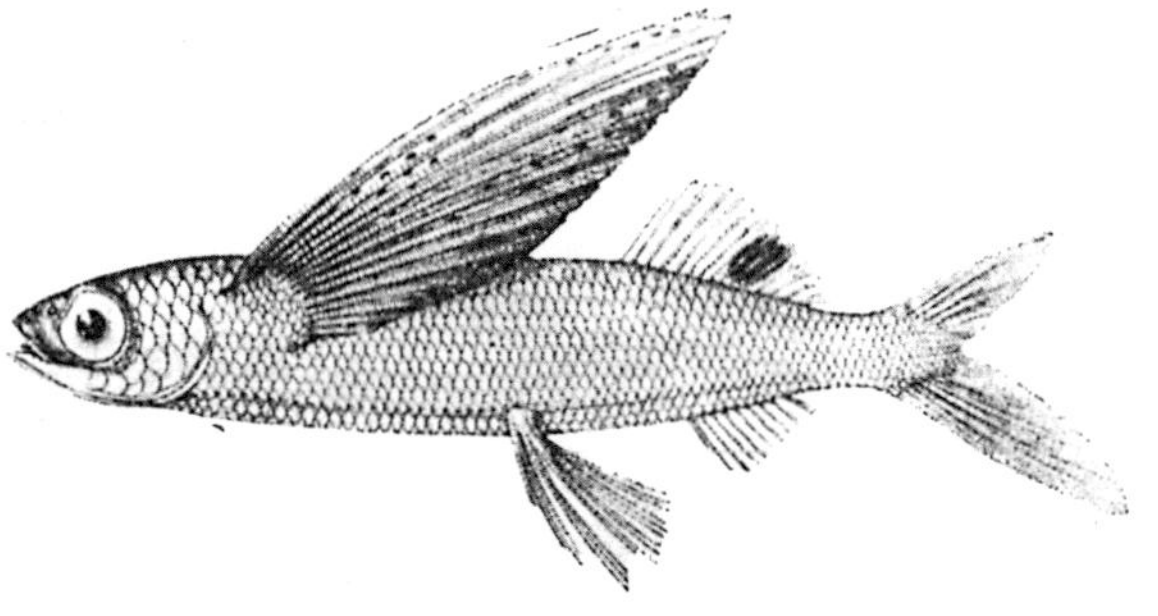

ア　カ　ト　ビ

全長三四〇粍に達する。本種に極めて似ているものが一種東インド諸島方面から太平洋熱帯部に分布しているが、本種と異なり胸鰭の後端が幅広く無色透明であり、背鰭前方の鱗数が少なくて三〇個またはそれ以下である。これにはマトオトビウオという和名がある。

ハマトビウオ　**浜飛魚**（又は**春飛**、又は**角飛**又は**大飛**、幼魚は瀬戸飛魚）　*Cypselurus pinnatibarbatus japonicus*
(FRANZ)（**トビウオ科**）

本邦で最大のトビウオ類。多分世界中でも最大のものであろう。体重一七〇匁を超えるものがある。春期に産卵のため青ケ島方面や八丈島その他伊豆七島周辺に大群をなして来游するのを春トビと称し、八丈島だけで一春に十数万貫の漁獲のある年がある。初秋には紀州や千葉県勝浦方面でも産業的に漁獲せられ、九州東南部や高知県では冬期に相当量漁獲される。脊椎骨数が本邦トビウオ類中では最も多く、五一又は五二個

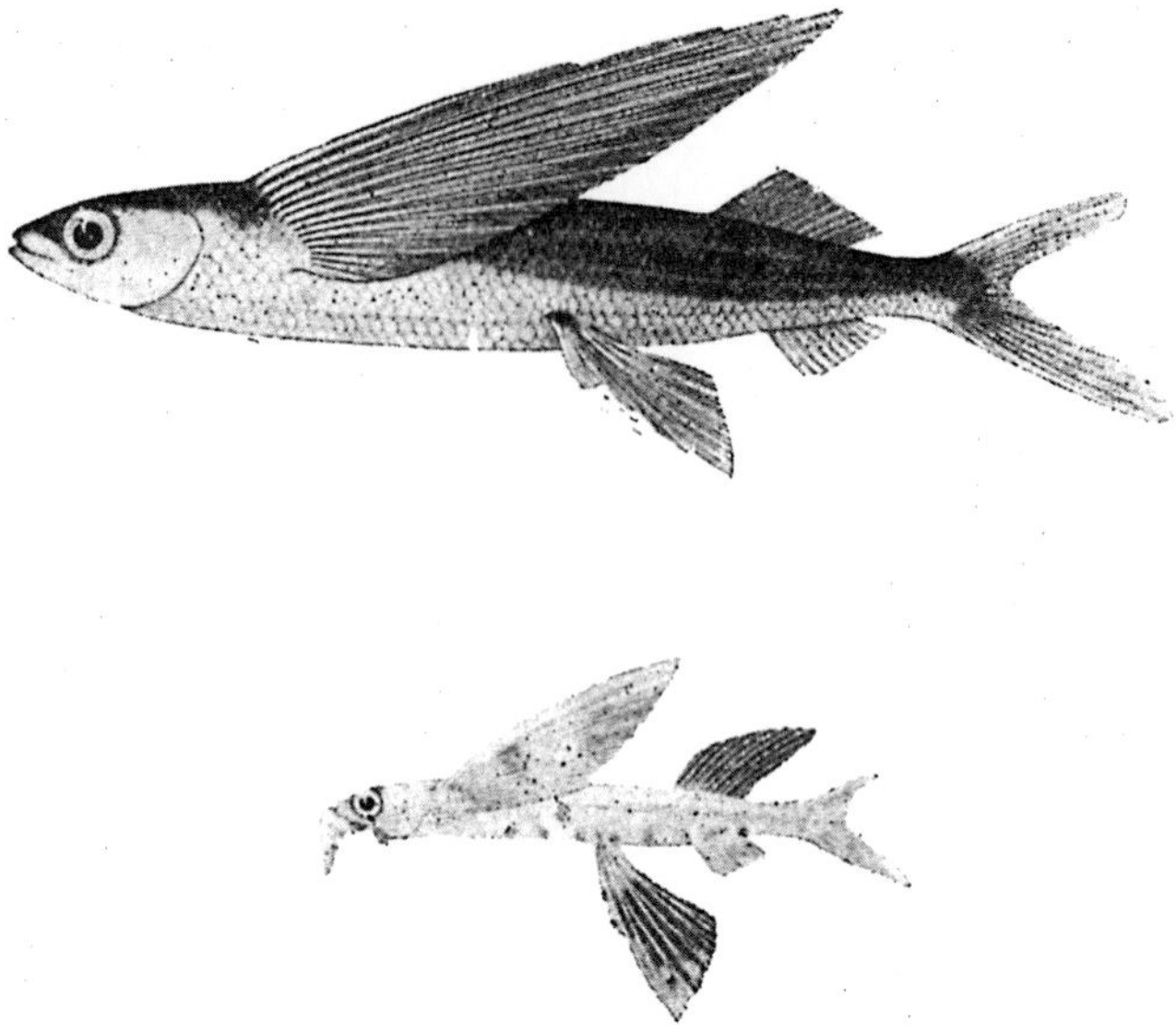

ハ　マ　ト　ビ　ウ　オ

ある。背鰭起部前方の鱗数も最も多くて、四〇個を超える。幼期には、下顎前端に赤色のフサ状の鬚があり、またニジトビウオのように背鰭が高い。昔からこの幼期のハマトビウオに色々な学名が与えられていた。カリフォルニア方面のトビウオの一種も多分これと同一種であろう。近似のものは大西洋にもいる。

ツクシトビウオ　**筑紫飛魚**（又は**角飛**、**夏飛**）　*Cypselurus heterurus döderleini* (STEINDACHNER)

ホソトビと共に五月以降屋久島や九州西岸から日本海沿岸に産卵のため大群をなして来游する。伊豆七島以外では春のトビウオ類中最も産額も多く、また美味なものである。魚商は「角」と称するが、八丈方面の

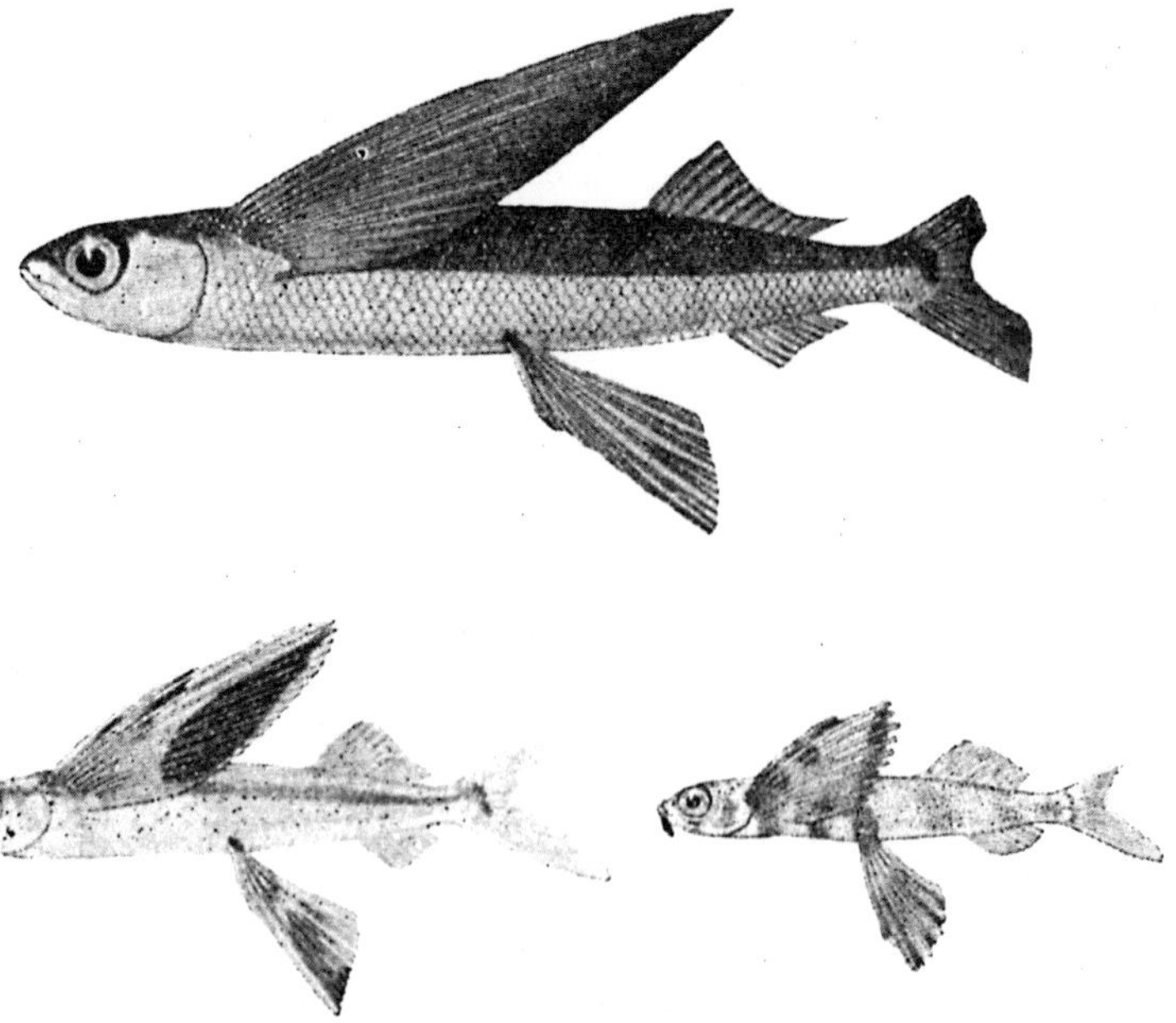

ツ　ク　シ　ト　ビ　ウ　オ

ハマトビウオをも東京では「角トビ」と称するから、注意を要する。ホソトビよりは大形になるが、ハマトビウオには及ばない。中型のトビウ

オというべきである。北は北海道石狩湾まで達する。青森附近でも赤い稚魚が見られる。伊豆七島では初夏にトビウオと雑り、両者を一緒にして青トビと称している。本州太平洋側の定置網に入るトビウオ類中最も普通なものである。ホソトビと間違い易いが、腹鰭の起部がそれより前方にある。背鰭は一二―一四軟条、臀鰭は九―一一軟条、脊椎骨数は四七―四九個である。

カラストビウオ *Cypselurus bahiensis spilonotopterus* (BLEEKER)(**トビウオ科**)

胸鰭が後縁と下縁に僅かの白色部がある他は、真黒である。背鰭にも大きな黒斑がある。全長四七五粍に達すると言われるが、筆者はこれ程大きいのを見た事がない。幼期には極めて長い左右一対の鬚が下顎にある。背鰭は一二―一四軟条、臀鰭九―一一軟条である。伊豆七島では稀なものである。太平洋の熱帯部と亜熱帯部、紅海等に分布し、同一または近似のものが大西洋にもいる。

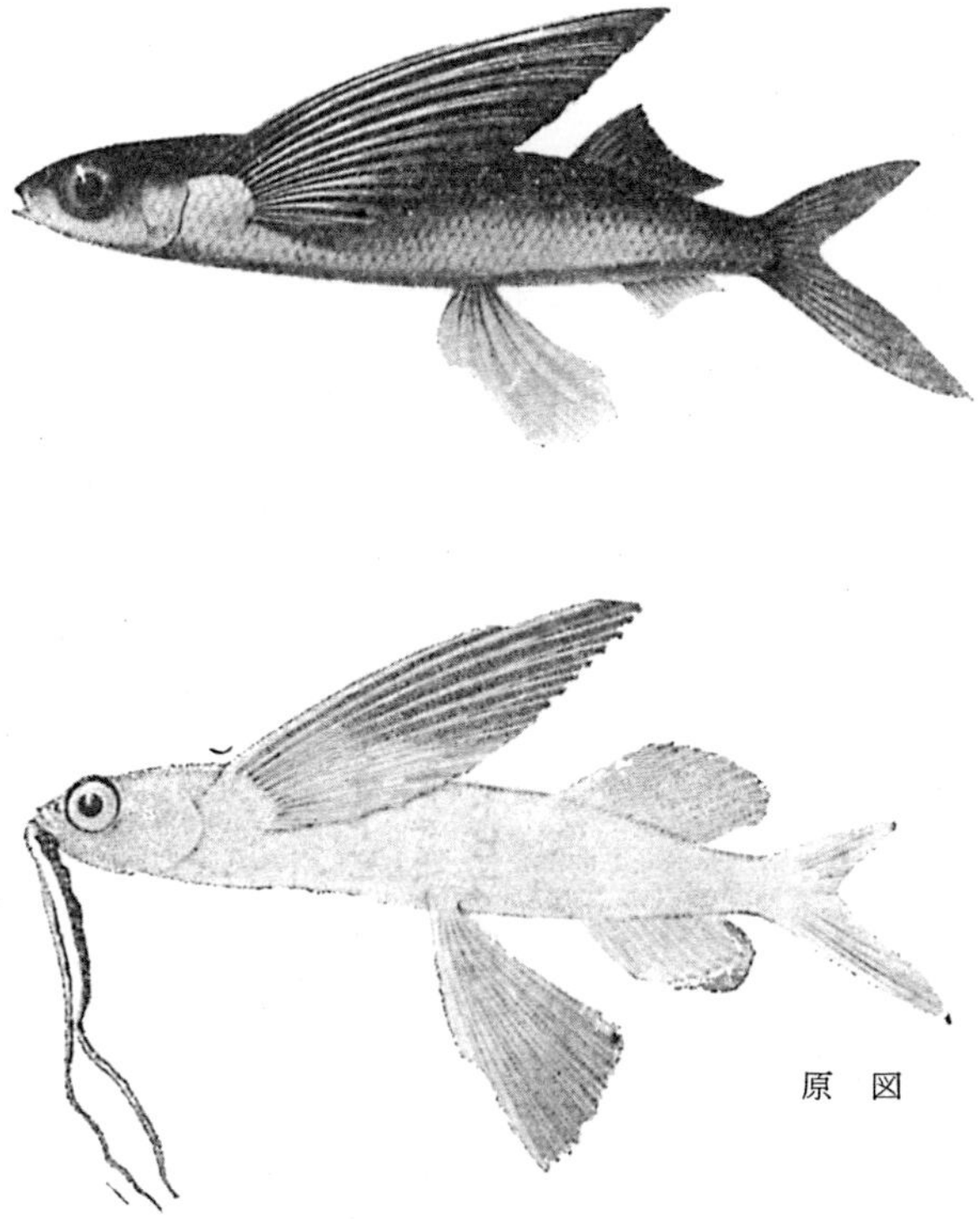

原図

カラストビウオ

アヤトビウオ　綾飛魚(又は蟬魚)　*Cypselurus poecilopterus* (VALENCIENNES)(**トビウオ科**)

体は肥厚して短く、胸鰭に黄緑色と黒褐色の大きい円い斑点がある。最大全長二五〇粍で、産業的に重要なトビウオ類中では最小のものである。夏季、伊豆七島・房州等で相当量の漁獲がある。太平洋熱帯部及び亜熱帯部に産する。背鰭は一二軟条前後、臀鰭七―八軟条である。東京市場等でセミトビというのは本種をいう場合が多い。小形のトビウオ類を一般にセミトビと呼ぶこともあるらしいから注意を要する。

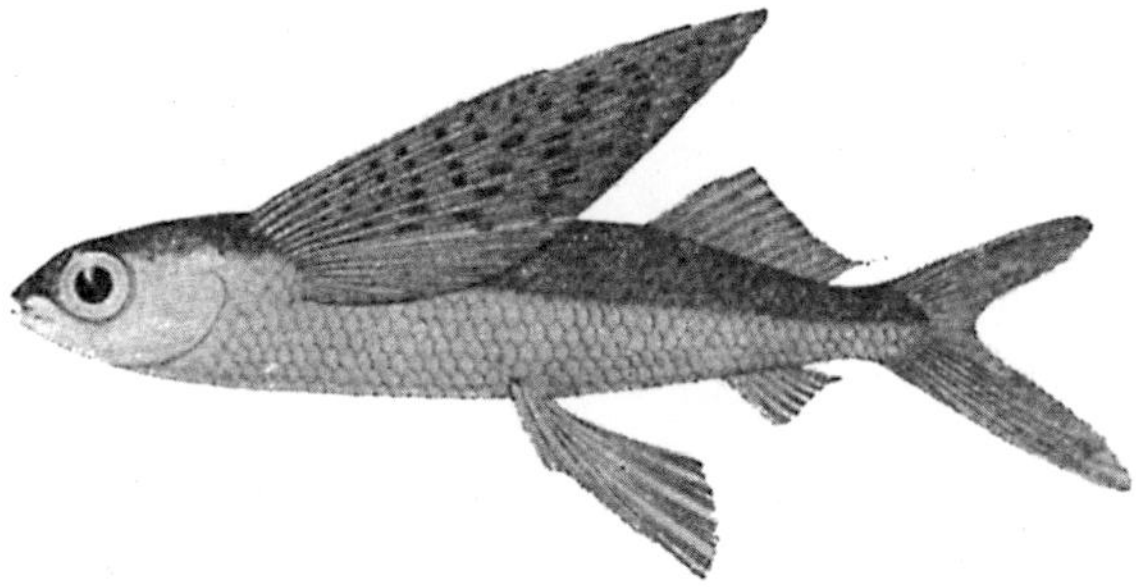

アヤトビウオ

サンノジダマシ(新称)　*Cypselurus altipennis* (VALENCIENNES)(**トビウオ科**)

サンノジに胸鰭の模様が似ているので、こう呼ぶ事とする。胸鰭は黒っぽくて、それに斜めの無色透明な帯があり、後縁も無色透明である。サンノジは背鰭と臀鰭の起部がほぼ同一垂線(体の長軸に対しての)上にあるが、サンノジダマシでは、他の*Cypselurus*属のものと同様、背鰭は臀鰭の前方に始まっている。本邦近海にはむしろ稀である。最大全長四〇〇粍になる。背鰭は一三軟条前後、臀鰭は一〇—一二軟条である。紅海と太平洋西南部に産する。

ホソアオトビ *Hirundichthys oxycephalus*（BLEEKER）（**トビウオ科**）

この和名は、東京都水産試験場八丈

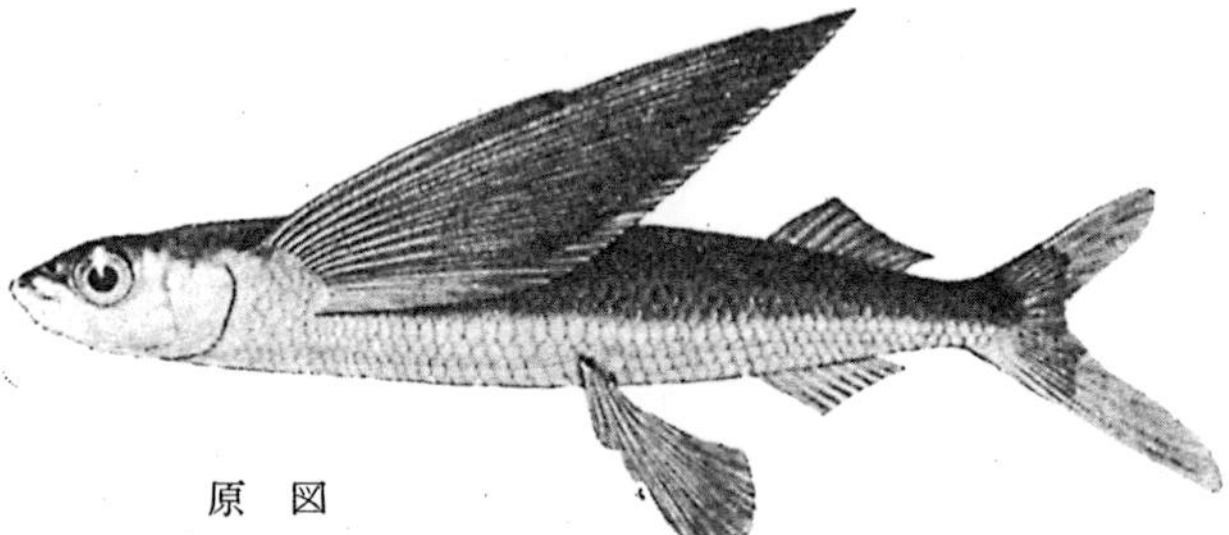

原図

ホソアオトビ

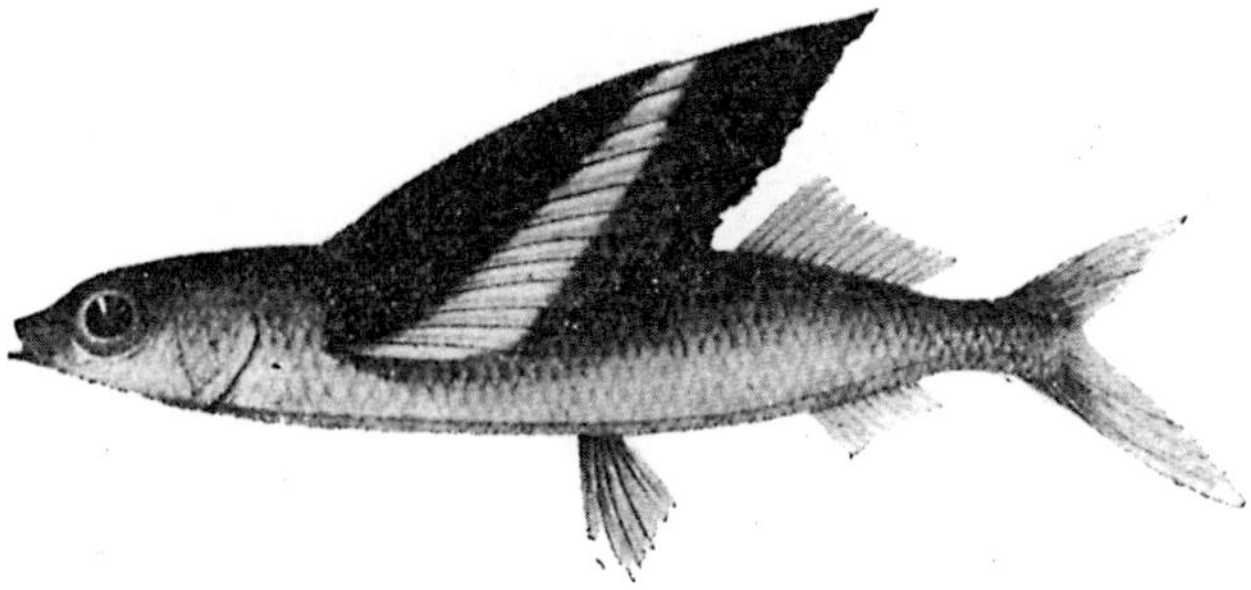

サンノジダマシ

現業場長菅野裕氏が昭和二十六年仮に用いておられたのを採用させて載いたものである。背鰭と臀鰭の起部がほぼ同一垂線（体の長軸に対して）上にある。胸鰭には不明瞭な模様があるのみで、近縁のサンノジの如く黒と白の境が判然としていない。背鰭は一〇—一一軟条、臀鰭は一一軟条、胸鰭は一五—一六軟条である。最大全長二二五粍位の中形（むしろ小形）のトビウオ類

である。日本近海には幼魚は少なくないが、成魚は多くはなく、本邦では、産業上重要なものでない。東インド諸島から伊豆七島に亙って分布している。同一または近似のものが、大西洋にもいる。それは太平洋のものより後に命名されたものであるから、もし両者が同一種なら、当然上記の学名を用いるべきである。

サンノジトビ *Hirundichthys speculiger*（VALENCIENNES）（**トビウオ科**）

名の示す通り、粗雑な見方をすれば胸鰭に三つの色帯が見える。実は、前方から述べると黒・白・黒・白と四つの色帯がある。後端の白は生時は無色透明であろうから、見難いであろう。背鰭起部と臀鰭起部がほぼ（体の長軸に対して）同一垂線上にある。最大全長三〇〇粍位になる。背鰭は一一—一二軟条、臀鰭は一一—一二軟条、胸鰭は一七軟条ある。口蓋骨に歯が少しあるという事になっているが、見難い場合が多いようである。本邦近海には同属のホソアオトビより余程稀にしか見られない。世界中の熱帯部、亜熱帯部の海に産する。

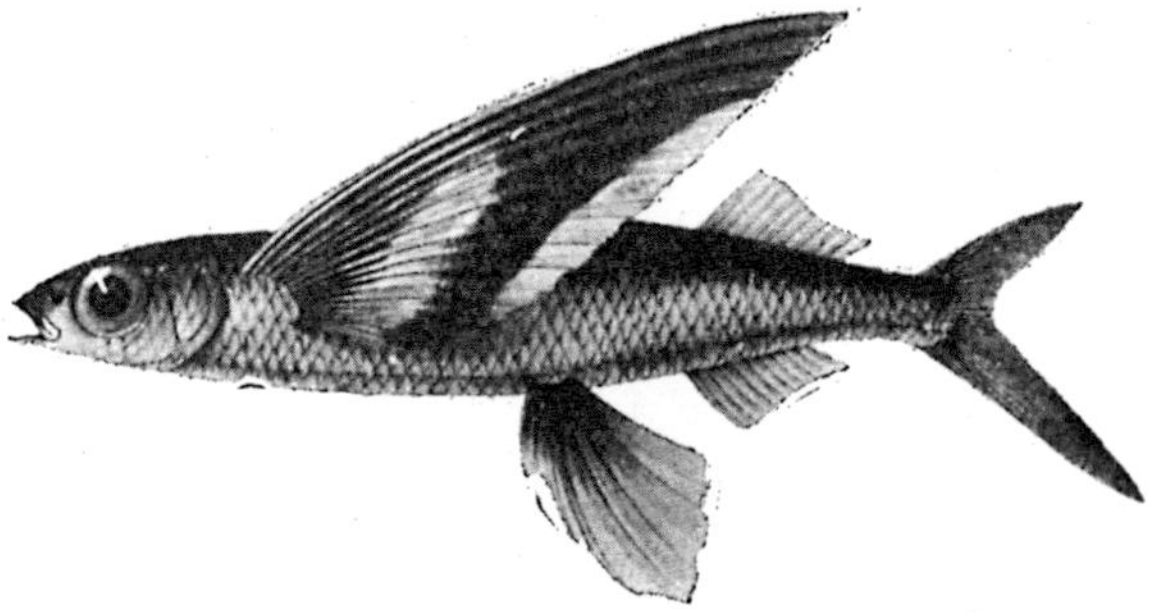

サンノジトビ

マイトビウオ　舞飛魚 *Danichthys rondeleti*（VALENCIENNES）（**トビウオ科**）

胸鰭の上方の二軟条が分枝していない。上から数えて第二軟条は第三

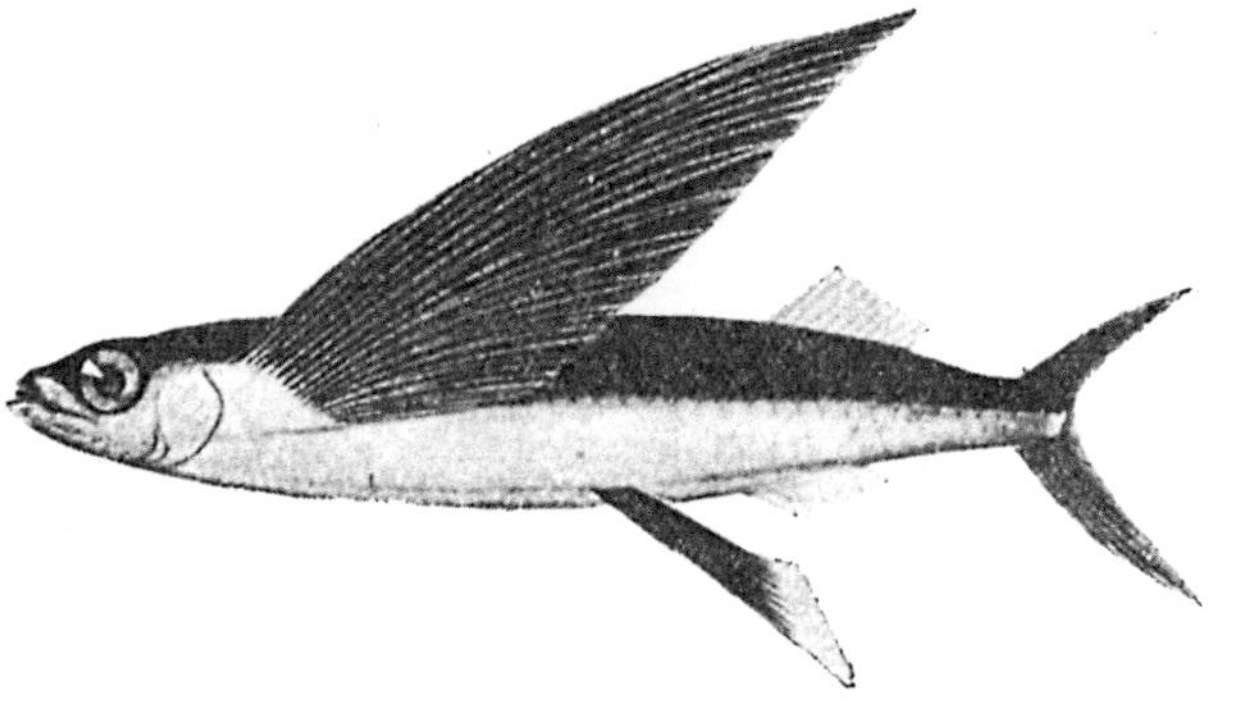

マイトビウオ

軟条よりかなり短い。背鰭の起部は臀鰭の起部とほぼ同一垂線（体の長軸に対して）上にある点がトビウオとの相異点の一つである。背鰭一〇—一二軟条、臀鰭一一—一三軟条、背鰭前方背中線の一列の鱗数二七—三一、脊椎骨数四六個である。体がむしろ細い。世界中の熱帯部から温帯部の海に見られる。本邦では幼魚と成魚が時折見られる。太平洋熱帯部と亜熱帯部には近似のものが一種以上ある。

アカナマダ *Lophotes capelleri* TEMMINCK *et* SCHLEGEL

（アカナマダ科）

体は大いに側扁し、かつ長く、帯状である。吻の前端は背方に昂起して、そこに長い背鰭の第一条が起り、次の鰭条は次第に低くなるが、眼の上方のものからまた次第にやや高くなり、そのまま体の後方に至り、再び低くなって尾鰭に連る。臀鰭は短く、かつ低

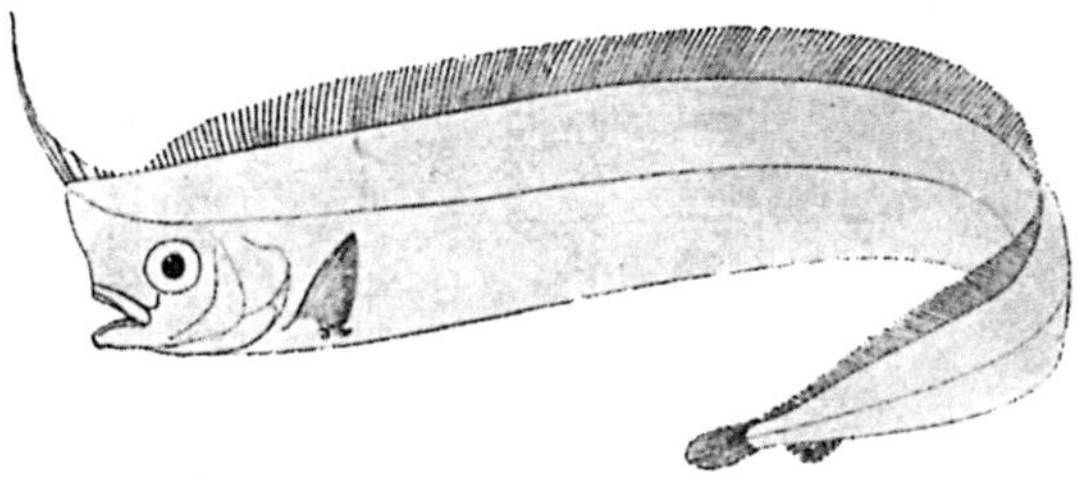

アカナマダ

い。全長二〇〇〇粍に達する。本邦ではやや珍らしいものである。分布は世界的に広いらしい。

テングノタチ *Eumecichthys fiski* (GÜNTHER)

（アカナマダ科）

極めて細長い魚で、かつ体は側扁している。吻が長く突出していて、その前端背方では背鰭が最も高い。背鰭は尾鰭基部まで連続していて三二〇条位あるが、臀鰭は甚だ基部が短く、僅かに五対の軟条があり、左右の軟条が僅かばかり離れている。腹鰭はない。尾鰭では最下の鰭条が最も堅い。全長九一七粍のものが本邦で獲れた事がある。南アフリカと本邦から報告されているだけであるが、本邦では今までに荻・高知沖その他から合計数尾獲れている。

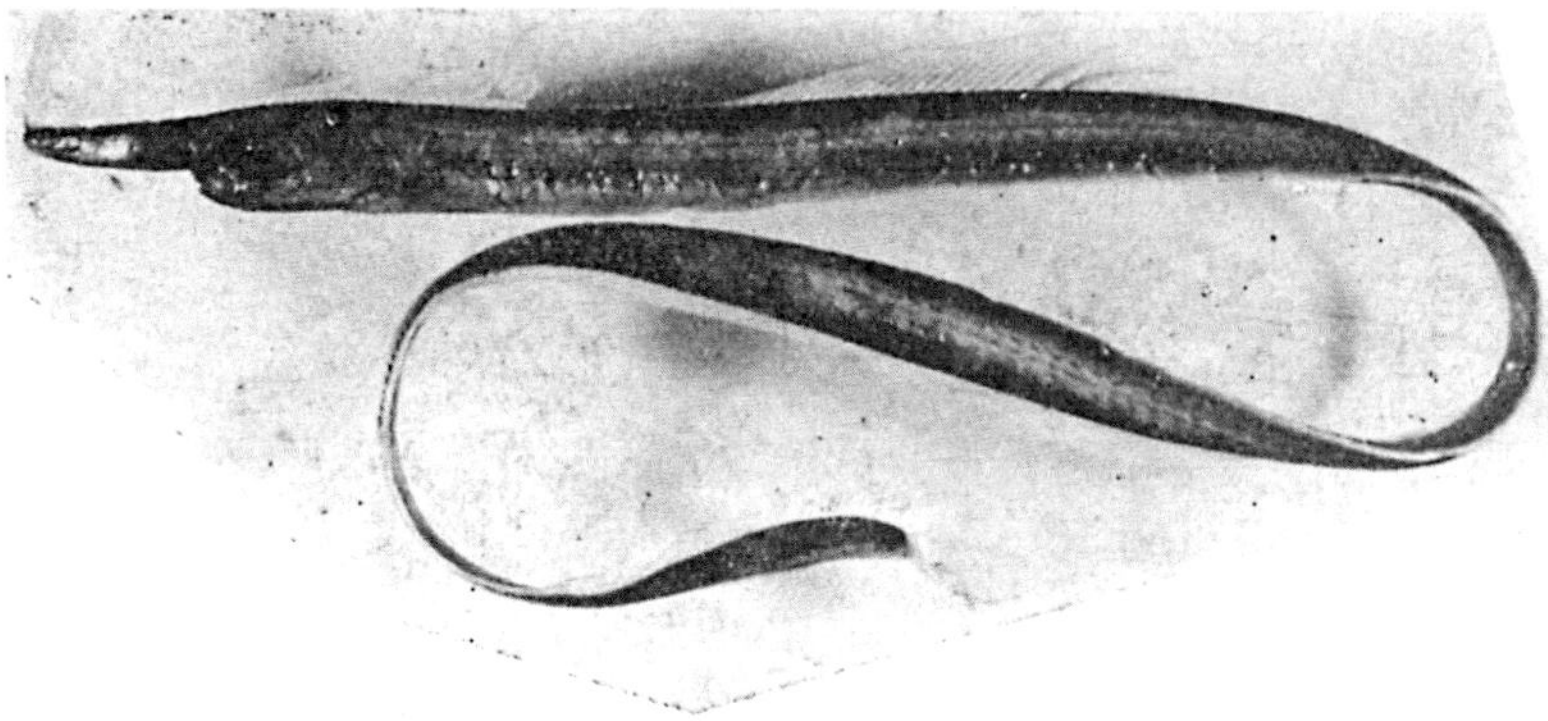

テングノタチ

ハシキンメ *Gephyroberyx japonicus* (DÖDERLEIN)

（ヒウチダイ科）

体は側扁し、肛門より前方の腹縁の鱗には棘があって、隆起縁をなしている。背鰭の棘は七—八個で、その中頃の棘が最も長い。黒味を帯びた赤褐色をなしている。最大全長三〇〇粍になるが、相模湾で

ハシキンメ

は全長一五〇—二〇〇粍位のものが相当量定置網で漁獲される事がある。分布は相模湾以西、高知までとされている。

ナカムラギンメ　中村銀眼　*Diretmus argenteus* JOHNSON（ナカムラギンメ科）

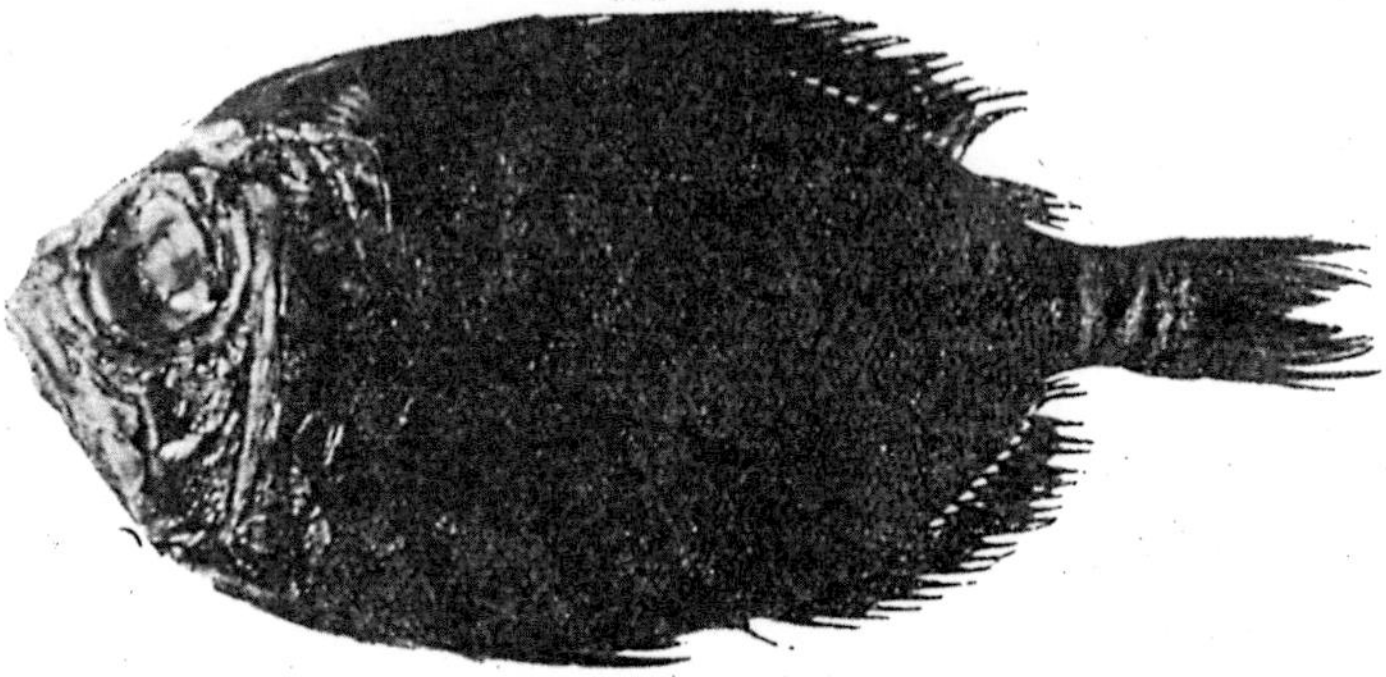

ナカムラギンメ

体高は大で、側扁している。全身黒っぽく、不思議なことには背鰭と臀鰭の後方では基底に近い部分に、二軟条間に一つずつ窓がある。背鰭は二七軟条、臀鰭は二一軟条、胸鰭は一八軟条、腹鰭は七軟条である。世界中の深海で少数ずつ知られているが、成魚の採れる事は稀である。本邦では三陸沖から採集された事がある。全長三〇〇粍になる。

ヒカリギンメ（新称）**（光銀眼）**　*Anomalops katoptron* (BLEEKER)（ヒカリギンメ科）（新称）

眼下に大形の発光器を左右一個ずつもっている。東インド諸島では地方によりかなり多いもののようであるが、本邦では房州で一尾獲れ、八丈島で数尾標品が得られているのみである。背鰭は五棘と一棘一四軟条、臀鰭は二棘一〇軟条、側線の有孔鱗は約六〇個、腹鰭基部と肛門間の稜鱗は一八個である。全体が黒っぽく、発光器の片面は白く、その裏側は黒い。羽根田彌太博士によれば、この両面のいずれかを外部に向ける事によって、光を明滅させるという事である。全長三〇〇粍になる。

ヒカリギンメ

オアカムロ　尾赤鰘　*Decapterus russelli* (RÜPPELL)（アジ科）

東京でオアカ、土佐・紀州でアカムロ（静岡方面のアカムロとは異なる）と言う。鰭が紅色を帯びている。背鰭は八棘・一棘三〇—三二軟条・一

オアカムロ

離鰭、臀鰭は二離棘・一棘、二四—二六軟条・一離鰭である。体は側扁していない。サバと混って釣獲されることがある。インド・太平両洋の熱帯・亜熱帯部に広く分布している。全長三五〇粍。

カッポレ　*Caranx ishikawai* WAKIYA（**アジ科**）

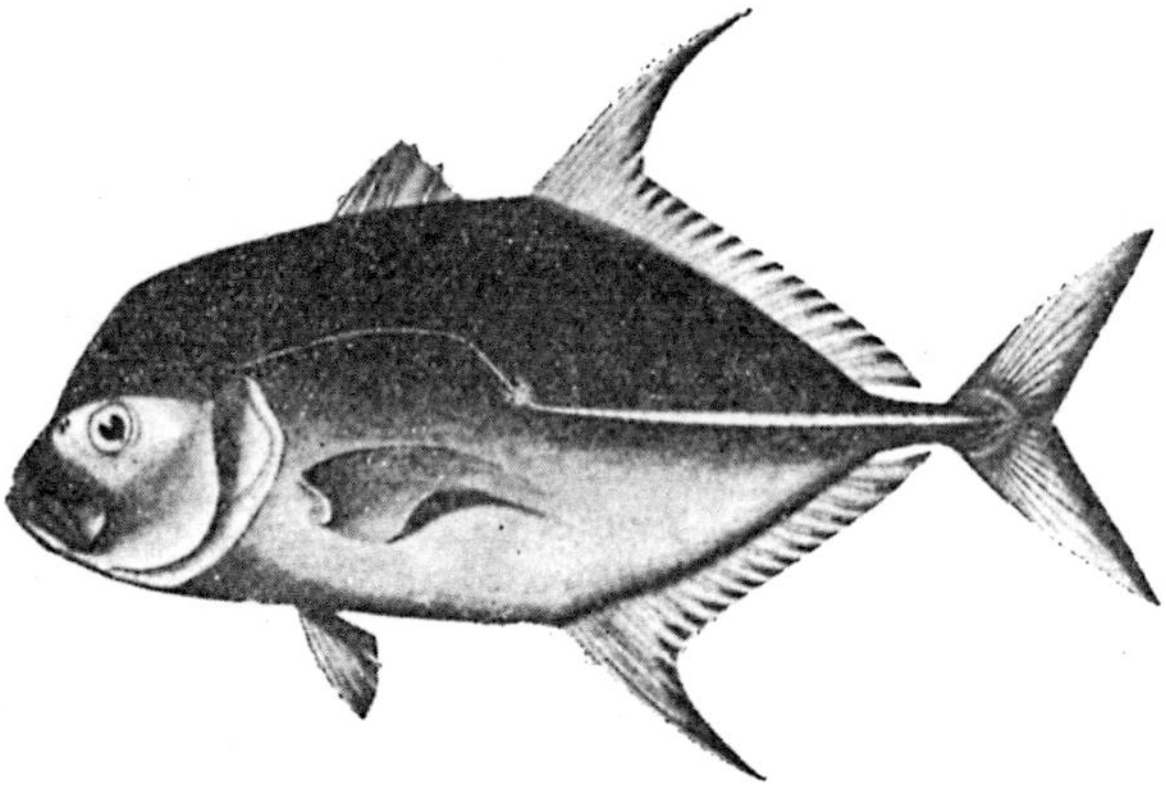

カッポレ

八丈島・伊豆七島でカッポレという。体高甚だ高く、側扁している。体色は一様に黒っぽい。背鰭八棘・一棘・二二軟条、臀鰭二離棘・一棘・一八軟条である。大形に達し、叉長五二〇粍のものを八丈で見た事がある。小笠原・台湾にも産するが、本州では知られていない。

ツムブリ　*Elagatis bipinnulata*（QUOY *et* GAIMARD）（**アジ科**）

ツムブリ

ブリに一見似ているが、背鰭及び臀鰭の後方に、各々二軟条からなる離鰭がある。尾鰭の上葉が下葉よりも長い。生時青色の二縦線があり、その下方に一黄色縦線がある。夏頃に東京近海でも見られる。世界中の熱帯及び亜熱帯部に分布している。

シマガツオ（又は**ハマシマガツオ**、又は**エチオピヤ**）*Lepidotus brama*（BONNATERRE）（**シマガツオ科**）

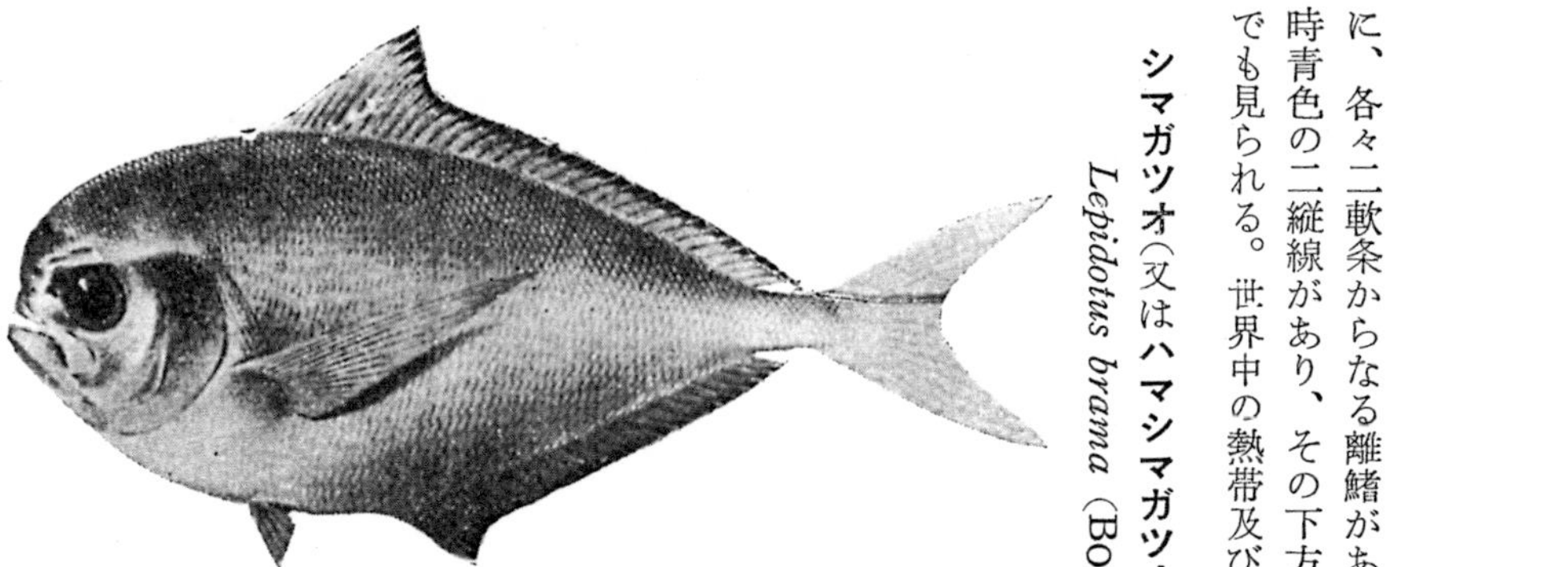

シマガツオ

体は大いに側扁し、吻端は円味がある。側線がある。鱗は幾分軟かく、骨もイボダイ等のようにやや軟かい。背鰭三—五棘、二七—三三軟条、臀鰭一—二棘、二二—二八軟条。全長一米以上に達するものがある。昭和十五年頃より以前には、三崎附近で深海の中層から相当量の漁獲をみた。またカムチャッカ沖の表層近くで鮭鱒流網でかなり多数獲れた事がある。世界中に分布しているようであるが、地方的に異なった型のものがあるかも知れない。肉は白い。左程美味とはいえない。

マンザイウオ　*Taractes steindachneri*（DÖDERLEINI）（**シマガツオ科**）

シマガツオに似ているが、側線がなく、背鰭と臀鰭の前部は延びて鎌

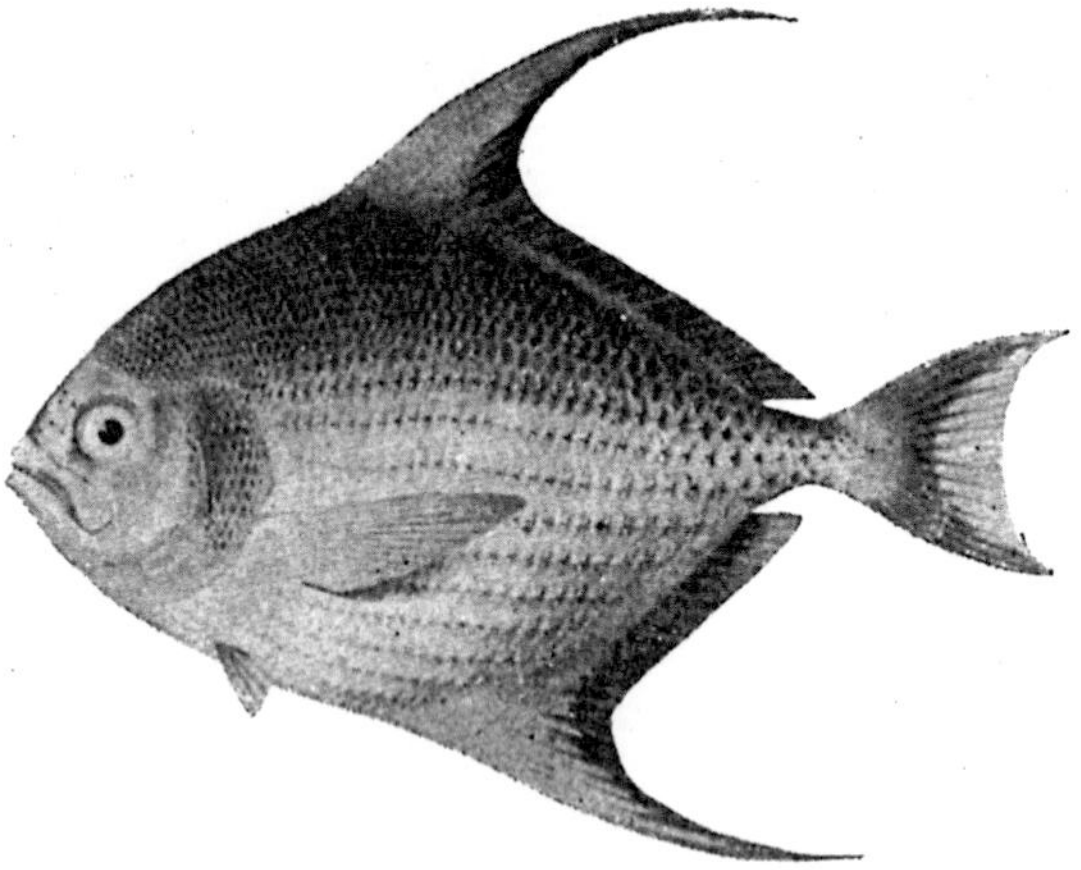

マンザイウオ

形をなしており、頭の上方が円味をもっていない。また尾鰭は深く二叉していない。背鰭四棘二八—三〇軟条、臀鰭二一三棘二〇—二四軟条。大体一様に青褐色で、背鰭と臀鰭の無鱗部が淡黒色、胸鰭・腹鰭及び尾鰭後半が淡色である。全長六〇〇粍に達する。東京近海・土佐・ハワイから知られている。

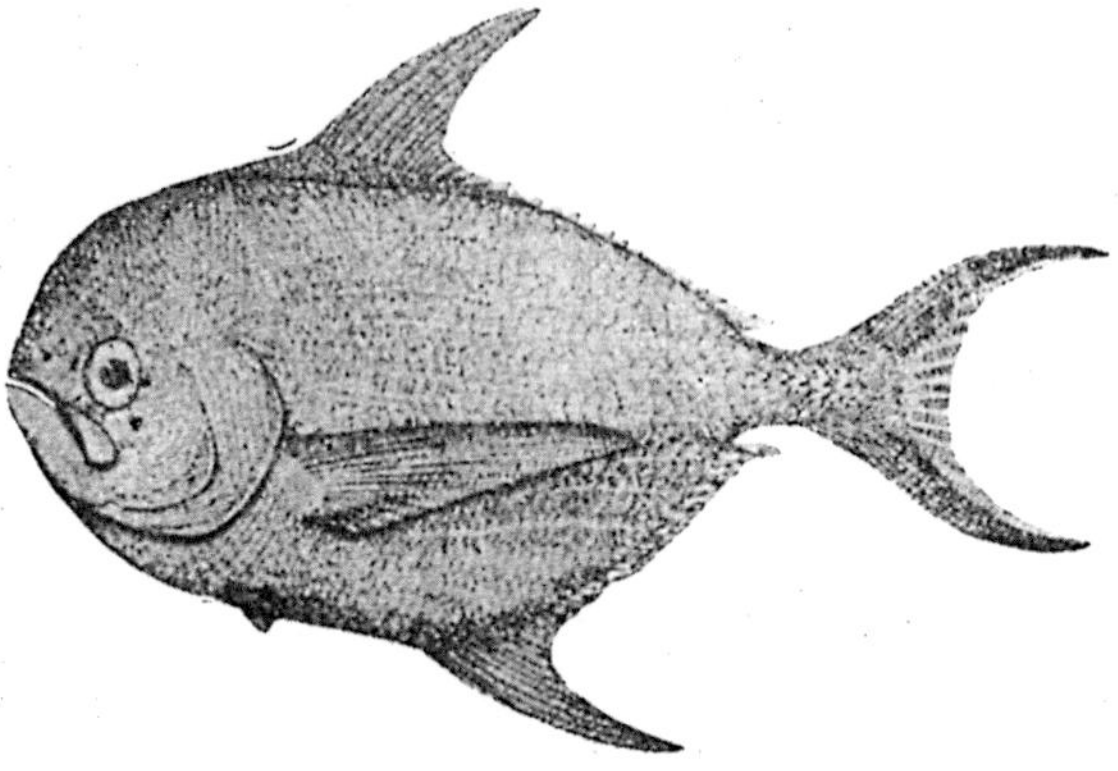

ヒレジロマンザイウオ

ヒレジロマンザイウオ *Taractes princeps* (JOHNSON)（シマガツオ科）

体は大いに側扁していて、マンザイウオやシマガツオによく似ている。側線はない。鱗は大きくて、黒っぽい。尾鰭の後半に新月形の白色部がある。背鰭三棘三一—三二軟条、臀鰭二棘二四—二六軟条。鮪類の延縄で時々漁獲される。最大全長八三〇粍に達すると言われている。

ドクウロコイボダイ *Tetragonurus cuvieri* RISSO（ドクウロコイボダイ科）

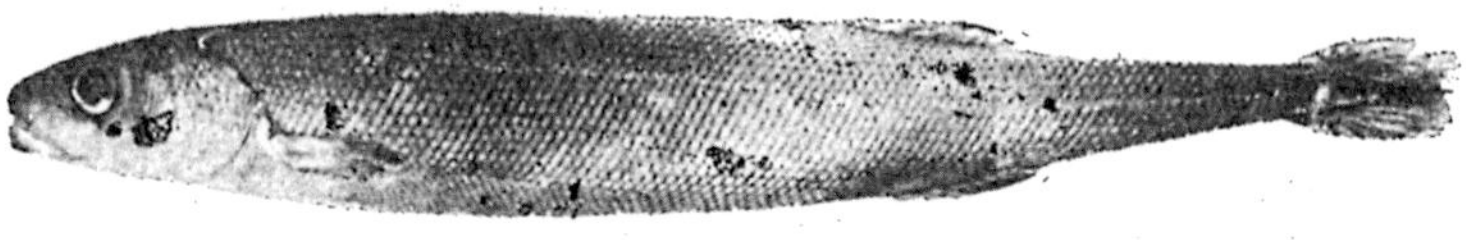

ドクウロコイボダイ

鱗が極めて規則正しく並び、かつ剝がれ難い。殆んど世界中の外海に分布しているらしいが、本邦では、近年小名浜及び真鶴等で獲れた記録があるだけである。背鰭一九棘前後と一三軟条前後、臀鰭一一棘一二軟条前後、鰓孔上隅から尾柄部の側面の上下一対の隆起の前端までの一列の鱗数一〇四個前後であるが、変異の幅が大きいと思われる。上下両顎の歯は特別な形をしていて、その数の変異も著しい。鋤骨や口蓋骨にも一列の小歯がある。眼の後方には一五—一六の小さな溝がある。地中海では有毒であったと記録されているが、日本では試みた事がない。最近南アフリカでも獲れて、Smith 教授が詳しい報告をして居られるが、毒の試験はしておられない。我国に更に一種ある。

コンニャクアジ *Icticus pellucidus* (LÜTKEN)（エボシダイ科）

名の示すように、頗る柔軟で、堅い部分がない。体は長楕円形で側扁している。尾鰭は深く二叉している。第一背鰭一二棘、第二背鰭三〇軟条、臀鰭三〇軟条、胸鰭一九軟条である。鱗は円鱗であるが、柔かでかつ剝がれ易い。体全体淡灰黒色で、口腔内壁腹腔膜及び鰭のすべては黒っぽい。全長四八〇粍に達する。初めて報告されたのは沖縄からであるが、その後、山口県萩（蒲原稔治博士）、東京湾（松

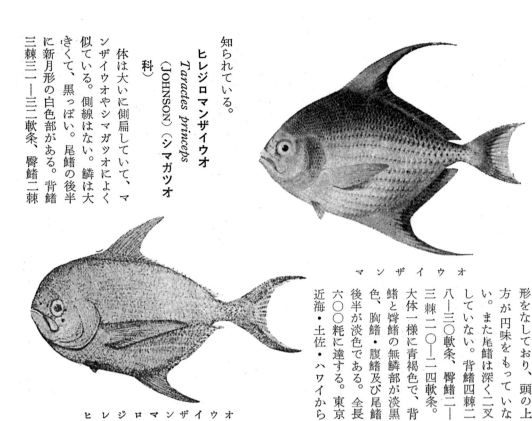

原喜代松博士と筆者)、三崎(富山博士)、東北地方北部の太平洋側(筆者)、釧路沖(筆者)からも得られた。珍らしいものである。

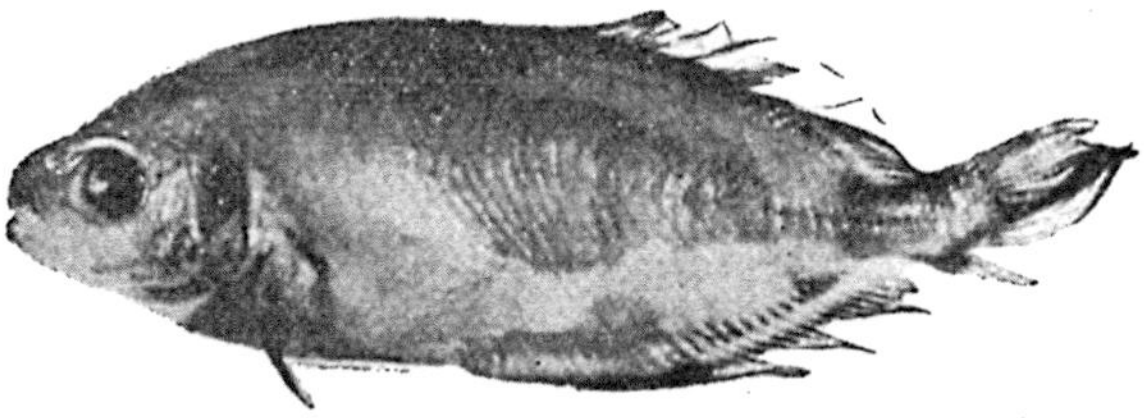

コンニャクアジ

アマシイラ(又は**カジキモドキ**)　*Luvarus imperialis* RAFINESQUE
(**アマシイラ科**)

体はやや長く、頭部背方は昂起して、体高が大である。口は小さくて吻の前端に突出している。鱗は微小であるが、剝がれ易い。歯は両顎に一列あり、微小で櫛歯状を呈している。成魚では尾柄の各側に一個の縦走隆起縁がある。体色は大体淡鋼鉄色乃至鉛色で、背方には桜色か紫色を帯びた部分もある。

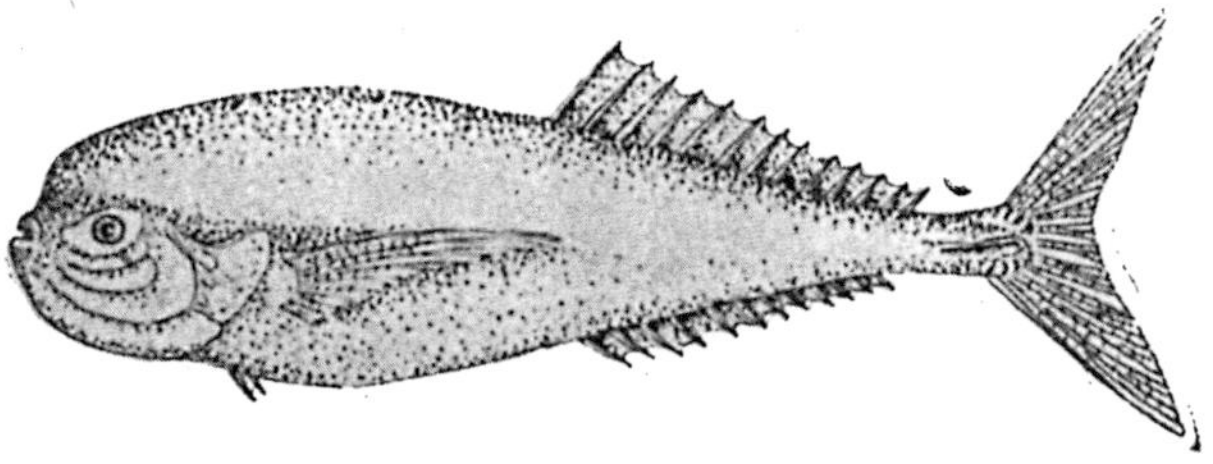

アマシイラ

口内は紫色か暗赤紫色を呈する。殆んど全世界の海にいるようであるが、稀なものである。本邦では東北地方北部の太平洋側で取れた事が少くとも二度ある。肉はマンダイのそれと似ているという。全長一八〇糎に達する。本邦で一九五二年夏採れたものは内臓なしで重量が二六貫あった。

ハマダイ　**浜鯛**(又は**尾長**)　*Etelis evurus* JORDAN *et* EVERMANN
(**タルミ科**)

ハマダイ

東京市場でオナガ、沖縄でアカマチ、高知でヘエジ、田辺でアカチビキという。成魚では尾鰭の上下両葉が著しく伸びる。体の背方は紅色を呈する。最大全長八〇糎位になる。深海に棲み、専ら釣りで漁獲する。八丈島近海では一五〇—三〇〇尋の深さで獲れる。美味の魚で、特に沖縄・鹿児島・伊豆七島等では賞味する。世界中の熱帯の海に分布しているようである。

ハナフエダイ　*Pristipomoides amoenus* SNYDER
(**タルミ科**)

八丈でタンゴヨ、沖縄でビタロオンという。背方に黄色の部分があり、その下方は赤味があって、そこへ淡青色の斑点がある。全長三五糎に達しないが、肉附きがよくて喜ばれる。美味である。沖縄・八丈島に多い。

ハナフエダイ

ハチジョオアカムツ　**八丈赤鯥**　*Etelinus marshi* (JENKINS)
(**タルミ科**)

八丈島でムツという。同島近海ではアオダイの漁場の深さとハマダイ(又は尾長)の漁場の深さの中間の深さで釣れる。さほど多いもので

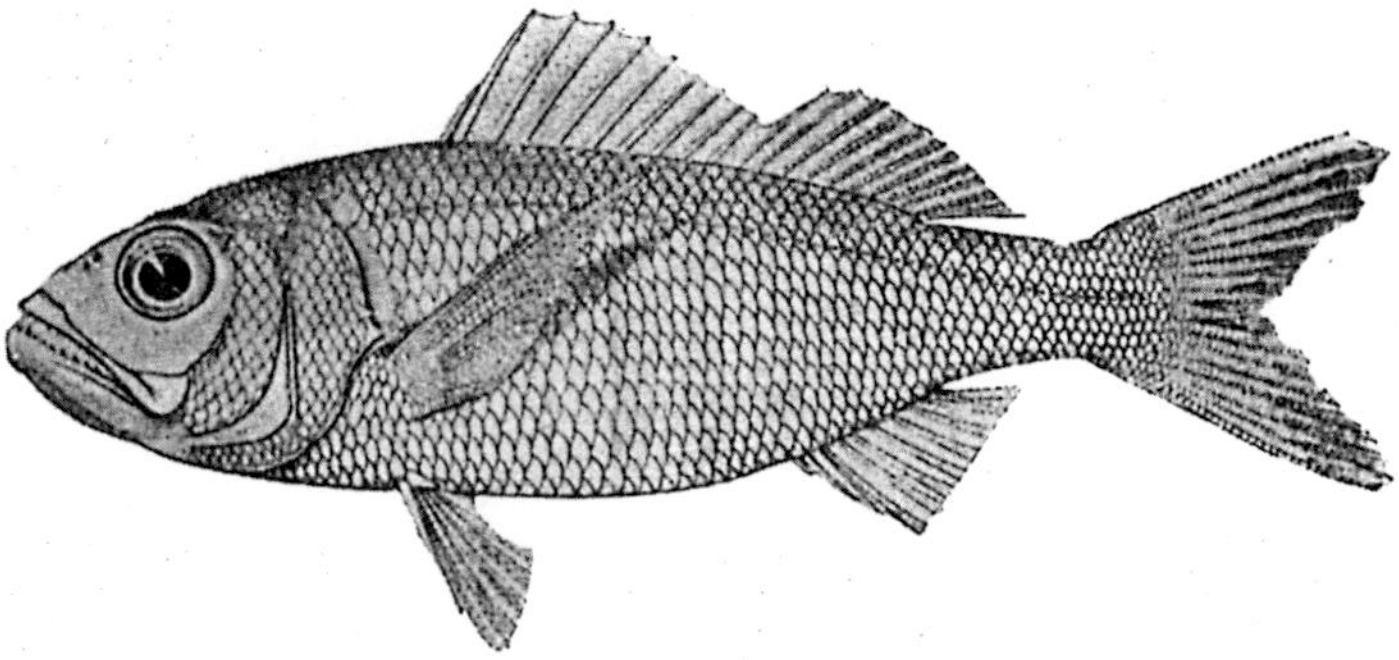

ハ チ ジ ョ オ ア カ ム ツ

はないが尾長等と共に時々市場に出る。大体赤くて側線の辺りに黄色の一縦帯がある。歯は上下両顎とも外側の一列は犬歯状で鋭く、特に前方に上下一対ずつの大きな犬歯がある。その内側に細かな歯が密生しているが、下顎では前方のみに限られている。背鰭は一〇棘一一軟条で第九棘は第十棘よりも第八棘に近づいている。臀鰭は三棘八軟条で第一棘は極めて短い。側線部の有孔鱗は五一個ある。全長六五九粍のものが採れた事がある。食用魚としてはハマダイ程には美味でないと言われるが肉が多くて重宝なものである。ハワイと伊豆七島から知られている。ハワイでは七月中旬産卵するらしいと言われている。ハチジョオアカムツとは筆者の命名したところである。

アオダイ　青鯛　*Paracaesio caeruleus* (KATAYAMA)

（タルミ科）

八丈島でアオゼ、高知でウメイロ、高知県須崎でチイキという。体はやや側扁し、体高が大である。雌雄で体色が幾分異なるが、大体青緑色或は黄緑色を帯びている。やや深い所で釣獲される。八丈島の底釣りで漁獲されるものの中、ハマダイと共に最も重要な種類である。紀州・土佐・八丈で知られているが、他の水域にもいると思われる点がある。

ア オ ダ イ

シロアマダイ　白甘鯛（又はシラカワ）　*Branchiostegus argentatus* CUVIER *et* VALENCIENNES

（アマダイ科）

田中茂穂先生が図示されたものはシラカワであると思われる。これとアカアマダイ、キアマダイの三種についてすでに同先生が記述されたので、ただ補足的な事をここに誌す。背鰭は七棘一五軟条、臀鰭二棘一二軟条、胸鰭一九軟条、脊椎骨数（最後の節片を一個と数えて）二四個。第一鰓弓の鰓耙数は上に八下に一三である。第十一番目の脊椎骨の腹面から出ている血管棘は後方に細い強く彎曲した突起を有し、その下端はやや太くなっている。両額骨が前端で形成している凹入部は浅くてやや広い。

キアマダイ　黄甘鯛　*Branchiostegus auratus* (KISHINOUYE)

（アマダイ科）

キ ア マ ダ イ

背鰭七棘一五軟条、臀鰭二棘一二軟条、胸鰭一八軟条、脊椎骨数（白甘鯛と数え方は同じ）二四個、第一鰓弓の鰓耙数は上に七、折れ目に一、下に一三である。
額骨前部内側に顕著な隆起があり、また深い溝がある。前鰓蓋骨の後下縁の鋸歯は甚だ顕著である。

アカアマダイ　赤甘鯛　*Branchiostegus japonicus* (HOUTTUYN)（**アマダイ科**）

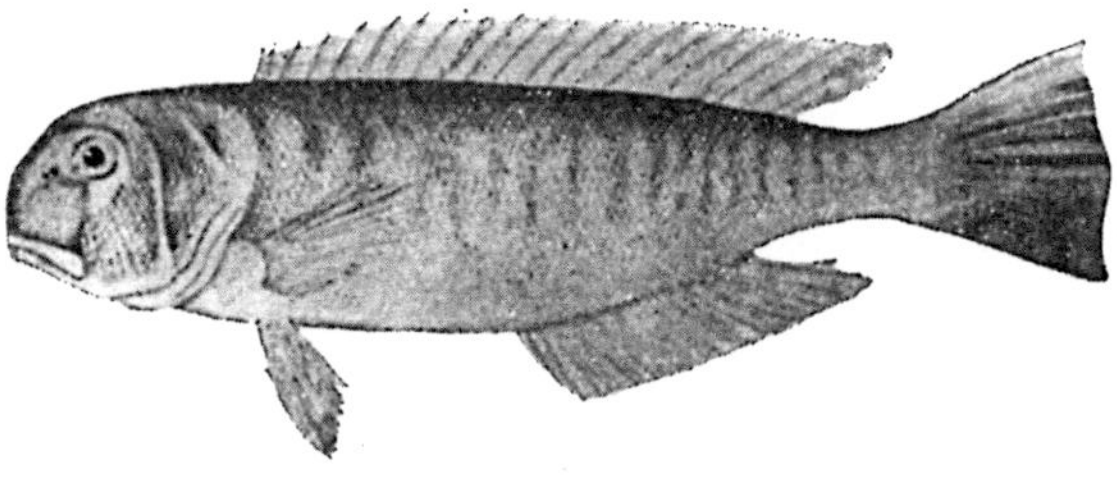

ア　カ　ア　マ　ダ　イ

背鰭七棘一五軟条、臀鰭二棘一二軟条、胸鰭一八軟条、脊椎骨数（数え方は前種におけると同様）は二四個、第一鰓弓の鰓耙数は上に九、下に一三または一四である。第十一番目の脊椎骨の腹部から出ている血管棘は、後方に太くて強い突起を有し、後者は下方に長く伸びている。両額骨が前端で形成している凹入部は狭くて、その両側の隆起は高い。

カワフグ　皮河豚（又は**水河豚**、又は**デデフグ**）*Liosaccus cutaneus* (GÜNTHER)（**マフグ科**）

田中茂穂先生がカナフグとして図示されたものはカワフグである。その記述せられた所は本当のカナフグについてのものである。全く棘がない。青緑色で皮膚に極めて細かな皺がある。インド・太平洋に広く分布し、日本近海ではやや深所にいる。無毒であるが、水っぽくて食用に適しない。

シッポオフグ　七宝河豚　*Amblyrhynchotes hypselogeneion* (BLEEKER)（**マフグ科**）

シッポオフグとはその模様から、長崎の金子一狼氏が田中茂穂先生宛の私信において用いられたものを採用させて戴いたものである。わが国では稀な種類で、駿河湾・高知県沖・長崎県沖で少数獲れた事がある。インド・太平洋の熱帯及び亜熱帯部に分布している。小形のマフグ類で全長一〇糎を超えないようである。色彩が他のマフグ類と全く異なり、眼の下等に横帯がある。背鰭は八または九軟条、臀鰭は七軟条である。毒性は不明である。我国で食用にされているフグ類とはかなり遠い類縁関係にある。

シ　ッ　ポ　オ　フ　グ

カラス　烏（又は**ガトラ**）*Fugu rubripes chinensis* (ABE)（**マフグ科**）

トラフグによく似ているが、臀鰭が黒い。東支那海方面で底曳網により多量に漁獲せられるが、味がトラフグに比べてかなり劣る由で、値段も安い。

ナシフグ　*Fugu vermicularis radiatus* (ABE)（**マフグ科**）

カ　ラ　ス

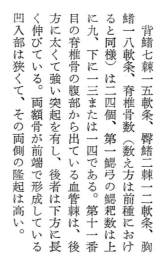

東京の市場ではショオサイと言う。ショオサイフグに酷似しているが、胸鰭後縁附近の体側の黒紋が明瞭で、しかもその周囲に菊の花の外廓の様な形の淡色の部分がある点が異なっている。分布区域は瀬戸内海の東部より以西、九州・朝鮮・支那・東支那海で、特に東支那海方面では底曳網で多量に漁獲せられる。天プラ材料に用いられ、また干物としても販売される。

ナ シ フ グ

ヨコシマフグ　**横縞河豚**　*Tetraodon hispidus* LINNAEUS（幼魚は**サザナミフグ**）（**マフグ科**）

幼魚は成魚と斑紋が大いに異なるので別の学名が与えられていた。インド・太平両洋の熱帯部で普通に見られるもので、最大全長四八〇粍に達する。本邦では幼魚は時々見られるが、成魚は来游しないようである。

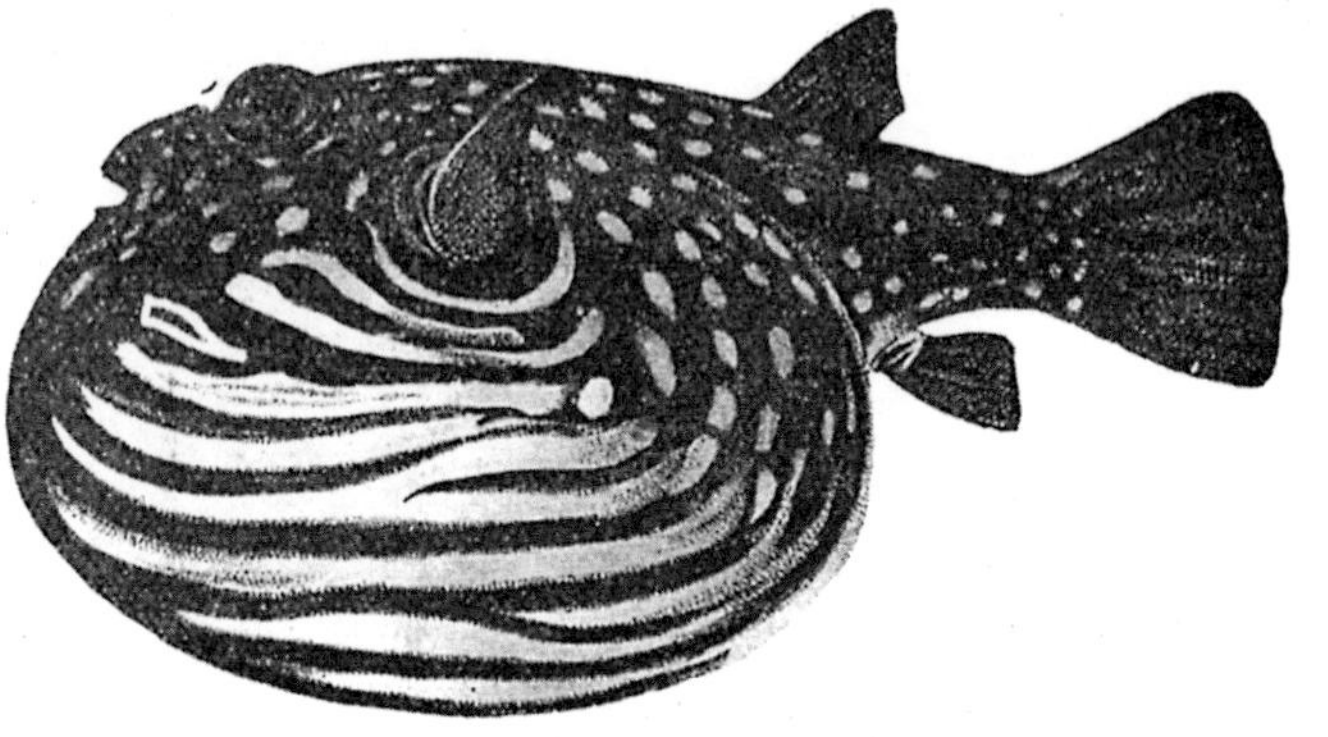
サ ザ ナ ミ フ グ

シマキンチャクフグ　**縞巾着河豚**　*Canthigaster valentini* (BLEEKER)（**キタマクラ科**）

キタマクラに似た体形を有しているが、模様が大いに異なり、黒褐色の横帯が背部から四個体側へ降り、眼の下方や尾柄下半部等には大きな黒褐色の斑紋がある。背鰭九軟条、臀鰭九軟条、胸鰭一六軟条である。太平洋熱帯部に産し、本邦中部以南にも出現する事がある。全長一二〇粍位の小形のものである。太平洋産のものに二型あるらしいが、これが二次性徴によるものか、或は地方的の差異か、材料が不十分で未だはっきりした事を述べる事が出来ない。

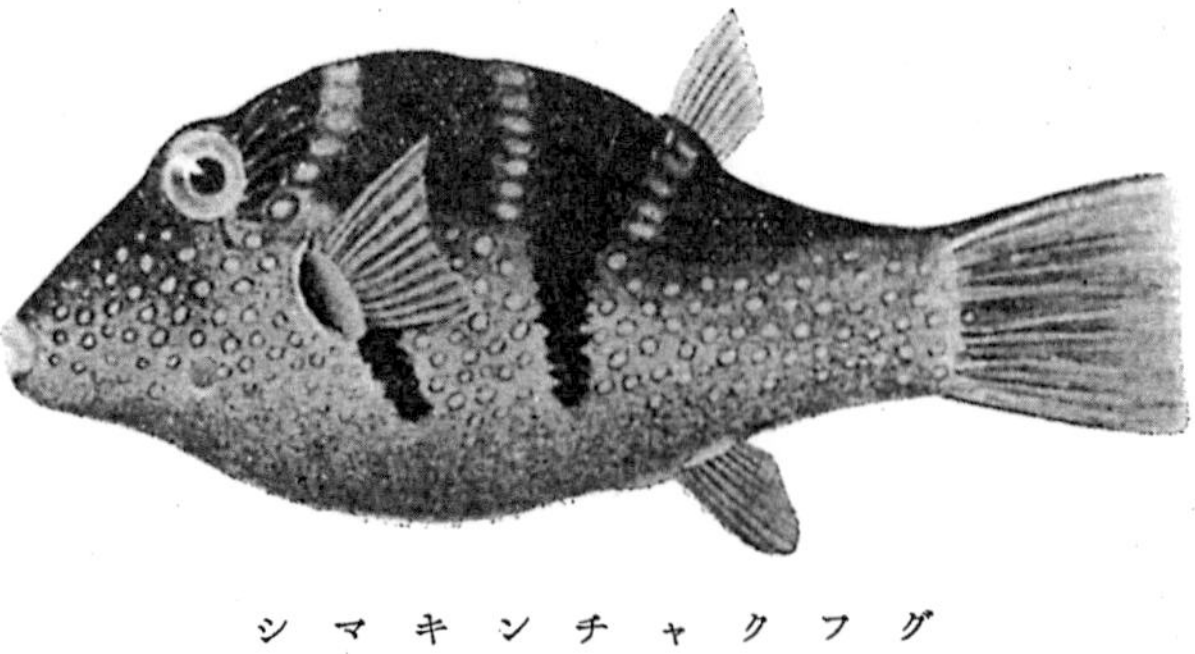
シ マ キ ン チ ャ ク フ グ

ヤリマンボオ　*Masturus oxyuropterus* (BLEEKER)（**マンボオ科**）

マンボオ属（*Mola*）の魚に似ているが、ヤリマンボオ属では尾鰭に当る所に突起があり、それに鰭条のように見えるものがある。ヤリマンボオ属の他の一種は *Masturus lanceolatus* (LIÉNARD) といい、背鰭の基部の長さが臀鰭の基部の長さより明らかに大であり、頭の上部の輪廓がなだらかに凸形である。また尾鰭に当る所に八（稀には七または九）条ある。ヤリマンボオでは背鰭の起部の長さと、臀鰭のそれとはほぼ等大であり、眼の上方に明瞭な凹みがある。また尾鰭に当る所には

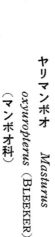

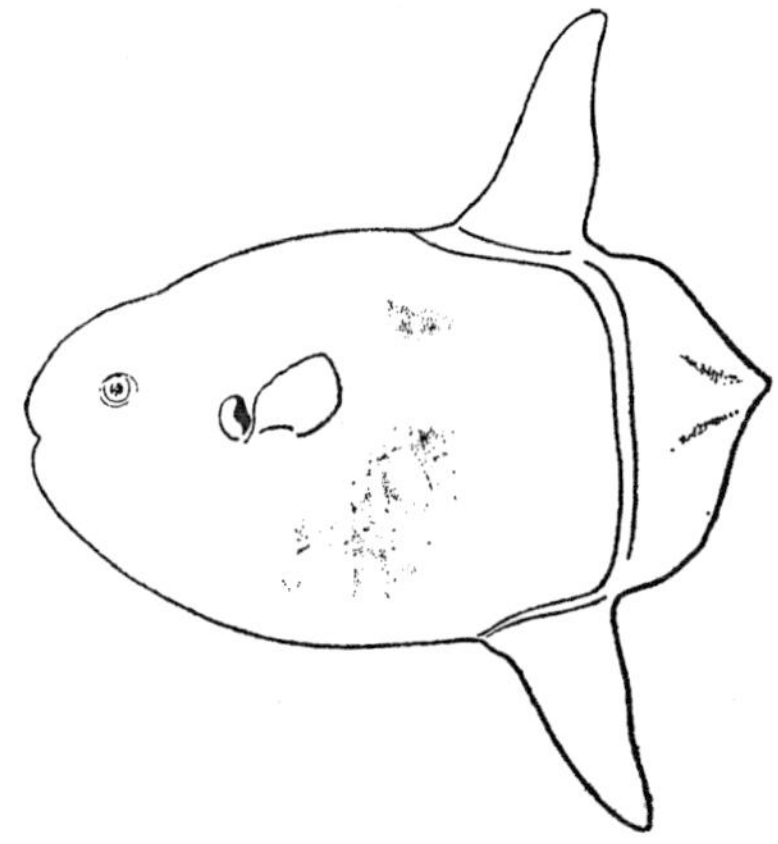

ヤリマンボオ

四(稀には五または六)条ある。両種ともマンボオのように大形になり、最大全長二米を超える。ヤリマンボオの成魚は大西洋西岸・東インド諸島・ハワイ・日本から、幼魚はフロリダ・メキシコ湾・南太平洋等から知られている。因みに、マンボオにも、オーストラリヤからもう一種知られている。

ギンダラ　**銀鱈**(又は**ナミアラ**)
Anoplopoma fimbria
(PALLAS)(**アブラボオズ科**)

アブラボオズに似ているが、体がやや細い。米国西岸やアラスカでは*Black cod* と称し、産業的に漁獲されている。本邦でも北海道南岸沖及び東南岸沖の一五〇尋内外で漁獲され、二〇〇尋内外のメヌケ縄にもかかる。本邦では例年漁獲をみなかったが、昭和十四年に比較的多量に漁獲された。本邦から初めて報告されたのは昭和十四年丸川久俊氏によってであり、最近疋田豊彦氏も噴火湾から報告しておられる。近年アブラボオズと共に相当量入荷することがあり、煉製品の原料となる。全長六〇糎になる。

ギンダラ

第一背鰭二〇棘、第二背鰭一五—一七軟条、臀鰭一五—一七軟条、胸鰭一四—一六軟条、側線鱗数約一七〇—二〇〇個である。上顎が下顎より僅かばかり突出している。米国においてはこれの生活史や生態についての研究の発表されたものが少なくない。

スジクサウオ　*Liparis franzi* ABE
(**クサウオ科**)

フランツ氏が神奈川県福浦から得た本種に欧洲産の *Liparis liparis* (LINNAEUS) という学名を採用されたが、これは誤りであったと思われるので、筆者が新学名と新和名をつけた。東京湾・三崎・千葉県小湊(これは筆者が最近見た。未発表)から知られている。小形の魚で全長七糎のもので、すでに直径一粍位の卵をもっている。後鼻孔がない。背鰭三三軟条(始めの四—五軟条はむしろ棘というべきかも知れない)、臀鰭二六軟条、胸鰭二九—三一軟条である。

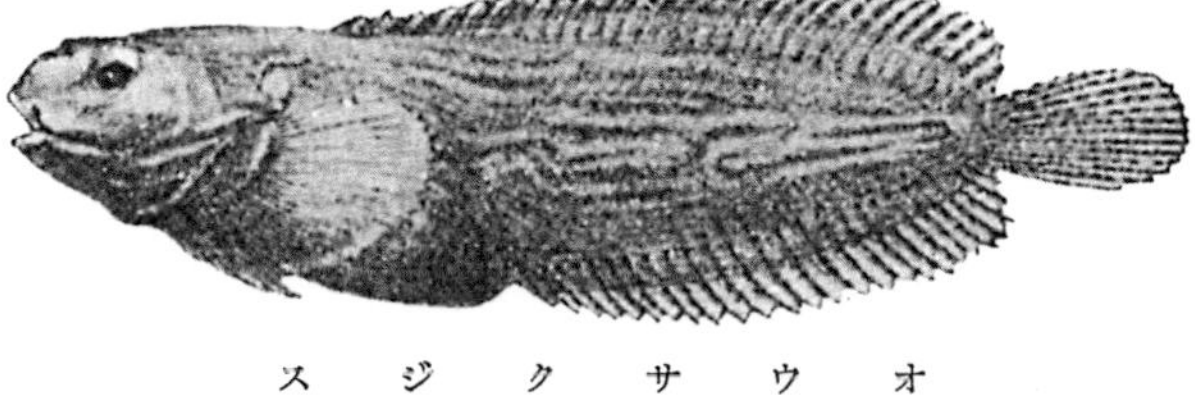

スジクサウオ

シワイカナゴ(又は**アカウオ**) *Hypoptychus dybowskii*
STEINDACHNER (**シワイカナゴ科**)

全長一〇〇粍以下の小形の赤い魚で、背鰭と臀鰭はほぼ対在する。背鰭二〇軟条、臀鰭二〇軟条、胸鰭九軟条である。樺太の亜庭湾・間宮海峡・オホック海南部・厚岸湾・噴火湾・日本海南部(宮津等)に知られている。さほど多くは見られない。本種の稚魚は成魚と大いに形が異なるよ

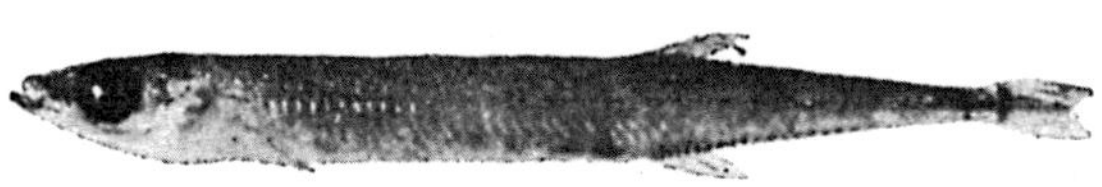

シワイカナゴ

うである。アカウオとは北海道北見国幌内方面における方言である。

イトヒキダラ　原図

イトヒキダラ　**糸引鱈**（又は**受口鱈**）　*Laemonoma longipes* SCHMIDT　**（タラ科）**

体は灰色で一見スケトウダラに似て見えるが、鰭の構造などは甚しく異なっている。第一背鰭六軟条、第二背鰭五二軟条、第三背鰭はない。臀鰭五〇軟条、胸鰭一五軟条、尾鰭は凸形で二二軟条、腹鰭は二軟条で、糸状に長く伸び、その後端は臀鰭の第十二軟条の基部に達する。口を閉じると下顎は上顎より突出している。

東北地方太平洋側や、銚子・戸田沖の深海に産し、時として相当量の漁獲がある。頭を取除いて出荷されることが多い。加工業者はスケトウダラの代用にしている事と思われる。鱗が剝がれ易い。

一九三八年六月、シュミット氏が本種を記載され、翌月には松原喜代松博士が *Laemonema morosum* と命名して記載をされた。産業的に漁獲される本種が一九三八年まで記載されなかったのはむしろ不思議である。或は深海漁場の開発に伴って近年多く取れ始めたのかもしれない。ここに掲げた写真では背鰭後方が破損している。

スミダラ

スミダラ　**墨鱈**（又は**カナダタラ**）　*Antimora microlebis* BEAN　**（タラ科）**

第一背鰭四軟条、第二背鰭五二軟条、臀鰭四一軟条で中頃に大きな欠刻がある。第一背鰭の第一軟条は糸状に伸びている。大西・太平両洋に近似種が五種あり、太平洋には本種が知られているのみである。北米太平洋側のサンフラシスコ以北、カムチャッカから三崎にわたって分布している。

アカナマダと共に墨汁嚢を有するものとして有名になった。小田原附近でスミダラというのはこのためである。カナダタラの墨汁嚢については松原喜代松博士と浅野長雄氏の共同研究が発表されている。それによると、スミダラの墨汁嚢は体側筋肉中に埋没され、皮面に開口している。両氏はこの墨汁は常時体の表面に塗布されて、敵の視界から遁れるのであろうと考えておられる。

ソコクロダラ　*Lepidion inosimae* (GÜNTHER)　**（タラ科）**

第一背鰭五軟条、第二背鰭五七—六〇軟条、臀鰭五〇—五二軟条である。第一背鰭軟条は長く糸状に伸び、腹鰭の前部二軟条も糸状に伸びている。体は側扁しているが、前方はやや肥強している。下顎は上顎より僅かに短く、頤部に一本の短い鬚がある。尾鰭は背鰭や臀鰭から全く離れている。鱗は剝がれ易い。体は淡紫灰色で背鰭や臀鰭の辺縁は帯黒紫色である。全長一米を超えるものがある。

相模湾と駿河湾の深海に多く、吸物種として喜ばれる。

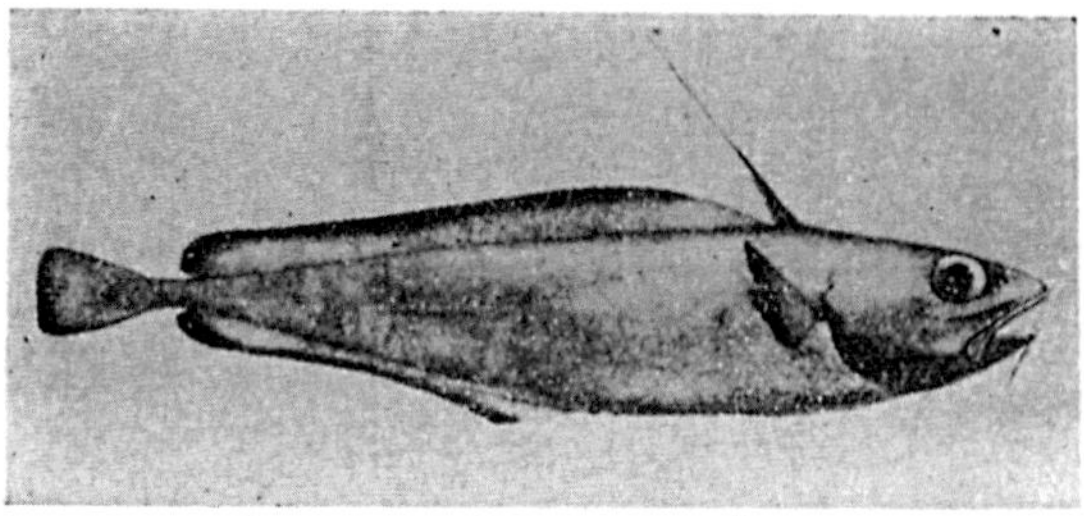
ソコクロダラ

図説　有用魚類千種［新装版］

2016年8月10日　発行

著　者　田中茂穂・阿部宗明
発行者　森北　博巳
発　行　森北出版株式会社
〒102-0071
東京都千代田区富士見1-4-11
TEL　03-3265-8341　FAX　03-3264-8709
http://www.morikita.co.jp/

印刷・製本　創栄図書印刷株式会社
〒604-0812
京都市中京区高倉二条上ル東側

ISBN978-4-627-26009-2　Printed in Japan

図説 有用魚類千種

昭和30年4月1日　第1版印刷
昭和30年4月5日　第1版発行

著者　田中茂穂
　　　阿部宗明

発行者　森北常雄

印刷所　正栄堂印刷社
　　　　第一印刷所

製本所　長山製本所

発行所

森北出版株式会社

東京都千代田区神田小川町3ノ10
電話東京(29) 3068・2616　振替東京34757

索　引　(1)

A

Abbottina psegma 59
Aboma lactipes.................234
Abryois azumae 254
Abudefduf sexfasciatus......142
Acanthidium eglantina...... 20
Acanthocepola krusensterni 139
Acanthocepola limbata......140
Acanthocybium sara......... 88
Acanthogobius flavimanus 238
Acanthogobius hasta.........238
Acipenser mikadoi 32
Acropoma japonicum.........104
Aeoliscus strigatus............ 77
Aëtobatus narinari............ 29
Agonomalus jordani 212
Agonomalus proboscidalis 212
Agrammus arammus 185
Ainocottus ensiger 196
Albula vulpes 33
Alcichthys alcicornis.........198
Alectis ciliaris 96
Alopias profundus 275
Alutera monoceros............162
Amate japonica..................227
Amblygaster melanosticta 36
Amblyrhychoter hypselogeneion 291
Ammodytes personatus......257
Amphiprion polymuns 141
Anampses cuvieri 145
Anoplopoma fimbria 293
Anguilla japonica.............. 66
Anomalops katoptron.........286
Anotopterus pharao 278
Antennarius tridens 263
Antigonia rubescens 152
Antimora microlepis 294
Aphareus furcatus............121
Apisturus macrorhynchus 12
Apistus evolans 182
Aploactis aspera 185
Apocryptes pectinirostris...231
Apogon döderleini 103
Apogon lineatus 101
Apogon marginatus............103
Apogon niger.....................102
Apogon notatus..................103
Apogon quadrifasciatus......103
Apogon schlegeli 102
Apogon semilineatus 102
Apogonichthys carinatus ...101
Apolectus niger..................100
Aracana aculeata...............164
Archistes plumarius 188
Arctoscopus japonicus 245
Areliscus joyneri...............229
Argentina kagoshimae 43
Argyrocottus zanderi.........196
Aspasma ciconiae 249
Astrabe lactisella...............241
Astronesthes ijimae 49
Ateleopus japonicus 50
Atheresthes evermanni 222, *272
Atherina bleekeri............... 80
Aulacocephalus temmincki 109
Aulichthys japonicus......... 75
Aulopus japonicus 44
Aulostomus chinensis 76
Auxis thazard 85
Azuma emmnion...............252

B

Banjos banjos 122
Balistes niger 160
Balistes undulatus 160
Barbatula oreas 53
Belligobio eristigma 58
Bembras japonicus............206
Bero elegans.....................201
Beryx splendens 81
Blennius yatabei...............250
Blepsias draciscus 202
Boesemanichthys firmamentum 170, *272
Bothrocara zesta...............256
Brachyopsis rostrata.........213
Branchiostegus argentatus 139, 290
Branchiostagus auratus...290
Branchiostegus japonicus...291
Bregmaceros japonicus......259
Brotula multibarbata.........258
Bryostemma polyactocephalum 252
Bryttosus kawamebari......108

C

Caesio chrysozona 124
Caesio erythrogaster 125
Callionymus altivelis.........247
Callionymus calliste 249
Callionymus flagris............249
Callionymus lunatus 248
Callionymus valenciennesi 248
Calliscyllium venustum ... 11
Calliurichthys japonicus ...247
Callyodon ovifrons 150
Cantherines unicornu 161
Canthidermis rotundata ...159
Canthigaster rivulata 171
Canthigaster valentini 292
Caprodon schlegeli 114
Caranx armatus 95
Caranx equula 94
Caranx helvolus 95
Caranx ignobilis 95
Caranx ishikawai 287
Caranx mertensi............... 94
Caranx sexfasciatus 94
Carapus sagamianus.........256
Carcharhinus gangeticus... 14
Carcharhinus longimanus 275
Carcharias tricuspidatus... 15
Carcharodon carcharias ... 17
Catulus torazame 11
Centracion japonicus......... 8
Centracion zebra.............. 9
Centrolophus japonicus......101
Centrophorus..................... 20
Centroscyllium ritteri 21
Centroscymnus owstoni ...276
Cephaloscyllium umbratile 10
Cepola schlegeli 140
Ceratocottus namiyei.........192
Cestracion zygaena......16, *268
Cetorhinus maximus ...18, *268
Chaenogobius macrognathus 235
Chaetodon collaris 152
Chaetodon lunula 153
Chaetodon nippon 154
Chaetodon setifer 152
Chaetodon vagabundus 153
Chaeturichthys hexanemus 239
Chaeturichthys sciistius ...239
Chanos chanos.................. 34
Chasmichthys dolichognathus 236
Chasmichthys gulosus 236
Chauliodus emmelas 48

Chaunax finbriatus............264
Cheilinus ceramensis.........148
Cheilio inermis..................148
Chelidonichthys kumu......207
Chelidoperca hirundinacea 113
Chilomycterus affinis.........172
Chiloscyllium indicum...... 9
Chimaera barbouri............ 31
Chimaera mitsukurii......... 31
Chimaera ogilbyi............... 30
Chirocentrus dorab............ 34
Chlamydoselachus anguineus
.... 8
Chloea castanea 235
Chloea nakamurae............236
Chloea sarchynnis 236
Chlorophthalmus albatrossis
.... 47, *269
Chlorophthalums albatrossis
albatrossis 47, *269
Choerodon azurio...............142
Chromis notata..................141
Cirrhilabrus temmincki ...149
Cirrhitichthys aureus 117
Clarias fuscus 52
Cleisthenes pinetorum 222
Clidoderma asperrimum ...226
Clupanodon nasus......35, *269
Clupanodon punctatus
.... 34, *269
Clupea harengus............... 37
Cobitis taenia 53
Coelorhynchus japonicus...261
Coilia mystus 38
Cololabis saira.................. 79
Conger anago 68
Conger japonicus............... 67
Conger myriaster............... 65
Conger nystromi 67
Coradion modestum 154
Coris picta........................146
Coryphaena hippurus......... 99
Corythroichthys isigakius 73
Cottiusculus gonez............198
Cottius schmidti 198
Cottunculus brephocephalus
..................196
Cottus kazika 194
Cottus pollux.....................193
Crossias allisi 197
Cryptocentrus filifer 234
Crystallias matsushimae ...216
Ctenopharyngodon idellus... 65
Cyclogaster owstoni 215
Cyclogaster tessellatus 216
Cycloptrichthys ventricosus
..................214
Cyprinocirrhites ui............117
Cyprinus carassius............ 62
Cyprinus carassius
(Avariety of)......... 63
Cyprinus carpio 64
Cypselurus agoo.........79, *269
Cypselurus altipennis 283
Cypselurus atrisignis.........281
Cypselurus bahiensis spilo-
notopterus 283
Cypselurus heterurus döder-
leini 282
Cypselurus opisthopus hiraii
..................280
Cypselurus pinnatibarbatus
japonicus 281
Cypselurus poecilopterus...283
Cypselurus starksi............280

D

Dactyloptena orientale 210
Daicocus peterseni 211
Dalatias licha 276
Danichthys rondeleti.........284
Daruma sagamia..............189
Dasybatus akajei.............. 27
Dasybatus zuger 28
Dasycottus setiger ...192, *272
Dasyscopelus spinosus 47
Decapterus maruadsi 92, *269
Decapterus muroadsi...93, *269
Decapterus russelli 286
Dexistes rikuzenius 223
Diaphus coeruleus 46
Dictyosoma bürgeri 253
Dinogunellus grigorjewi
.... 255, *272
Diodon holacanthus 172
Diploprion bifasciatus 107
Diretmus argenteus 286
Discobatus sinensis............ 26
Ditrema temmincki 140
Dorosoma nasus.........35, *269
Dorosoma thrissa 34, *269
Döderleinia berycoides 117
Drepane punctata 156
Duymaeria flagellifera 144

E

Ebosia bleekeri..................182
Echeneis albescens............217
Echeneis megalodiscus 217
Echeneis naucrates............216
Echinorhinus brucus......... 22
Elagatis bipinnulata 287
Eleginus navaga 260
Eleotriodes helsdingeni......230
Eleotris fusca 231
Elops machnata 33, *268
Elops saurus 33, *268
Embolichthys mitsukurii...257
Enedrias nebulosus............253
Engraulis japonica............ 37
Enneapterygius etheostoma
..................250
Entosphenus japonicus 5, *267
Entosphenus reissneri...6, *267
Epinephelus akaara 112
Epinephelus chlorostigma...109
Epinephelus craspedurus...109
Epinephelus diacanthus ...111
Epinephelus döderleini......111
Epinephelus epistictus 110
Epinephelus fario 110
Epinephelus fasciatus 112
Epinephelus flavocaeruleus
..................113
Epinephelus latifasciatus...110
Epinephelus megachir 109
Epinephelus moara............111
Epinephelus poecilonotus...110
Epinephelus septemfasciatus
..................112
Ereunias grallator 204
Erilepis zonifer 187
Erisphex potti 184
Ernogrammus hexagrammus
..................254
Erosa erosa 184
Erythrichthys schlegeli......132
Etelinus marshi 289
Etelis evurus.....................289
Etmopterus lucifer............ 20
Etmopterus pusillus 20
Etrumeus micropus 35
Eugaleus japonicus............ 15
Euleptorhamphus longirostris
=Euleptorhamphus viridis
............79, *273
Eumecichthys fiski............285
Eumicrotremus asperrimus
..................215
Eumicrotremus pacificus...215
Euthynnus pelamys 85
Euthyopteroma bathybium
..................126
Euthyopteroma virgatum...125
Eviota abax 229
Evistias acutirostris 133
Evynnis cardinalis 130
Evynnis japonica...............129
Exocoetus volitans 280

F

Fistularia petimba 76
Fluta alba 65
Franzia squamipinnis 115
Fugu chrysops 169, *271
Fugu exascurus.........169, *271
Fugu niphobles.........168, *271
Fugu pardalis 168, *271
Fugu poecilonotus......166, *270
Fugu rubripes chinensis ...291
Fugu rubripes rubripes
.... 166, *270
Fugu stictonotus 167, *271
Fugu vermicularis porphyreus
168, *271
Fugu vermicularis radiatus
.................291
Fugu vermicularis vermicularis 167, *270
Fugu xanthopterus ...167, *270
Furcimanus diaptera.........256
Furcina osimae 199

G

Gadus macrocephalus 259
Galeocerdo arcticus ...13, *267
Galeocerdo cuvieri......13, *267
Galeorhinus manazo 13
Galeus glaucus................. 14
Gambusia affinis 72
Gasterosteus aculeatus...... 77
Gasterotokeus biaculeatus
.... 74
Gephyroberyx japonicus ...285
Germo macropterus 86
Gerreomorpha erythroura
.................131
Girella mezina 131
Girella punctata 130
Glaucosoma bürgeri 117
Glossogobius brunneus 235
Glyptocephalus stelleri
.... 227, *272
Gnathagnus elongatus 247
Gnathopogon elongatus...... 56
Gobio gobio 58
Gomphosus longirostris......148
Goniistius quadricornis......138
Goniistius zebra 137
Goniistius zonatus 137
Gonorhynchus abbreviatus
.... 47
Gymnocanthus pistilliger...197
Gymnocranius griseus 126
Gymnothorax kidako......... 70
Gymnothorax reticularis ... 71

H

Halaelurus bürgeri............ 11
Halichoeres bleekeri 146
Halichoeres poecilopterus...145
Halichoeres tremebundus...146
Halieutaea stellata............264
Halosaurus affinis 38
Hapalogenys mucronatus...124
Hapalogenys nigripinnis ...124
Harengula zunasi 37
Harpodon microchir 44
Harriotta chaetirhamphus 31
Helicolenus dactylopterus
.................180
Hemibarbus barbus 57
Hemigrammocypris rasborella
.... 58
Hemilepidotus gilberti 191
Hemitripterus villosus 203
Heniochus acuminatus 155
Hepatus argenteus 157
Hepatus bariene 157
Heptatretus bürgeri 4
Heptranchias perlo............ 7
Heteroscymnus longus 277
Hexagrammos octogrammus
.................186
Hexagrammos otakii 185
Hexanchus griseus 7
Himantolophus groenlandicus
.................264
Hippocampus hystrix......... 75
Hippocampus coronatus ... 75
Hippocampus japonicus...... 74
Hippocampus mohnikei...... 74
Hippocampus takakurae ... 74
Hippoglossoides elassodon...221
Hippoglossus hippoglossus
.................222
Hirundichthys oxycephalus
.................284
Hirundichthys speculiger...284
Histiocottus bilobus 202
Histiophorus orientalis...... 89
Histiopterus typus 134
Holacanthus septentrionalis
.................154
Holocentrus ruber 82
Holocentrus spinosissimus 82
Hoplichthys langsdorfi 207
Hoplobrotula armata 258
Hoplognathus fasciatus......133
Hoplognathus punctatus ...133
Hucho blackistoni 41
Hymenophysa curta 54
Hypodytes rubripinnis 183
Hypomesus olidus 43
Hypophthalmichthys moritrix
.... 65
Hyporhamphus japonicus... 79
Hyporhamphus sajori 78
Hypoptychus dybovskii......293
Hypsagonus quadricornis...212

I

Icelus spiniger 190
Ichthyscopus lebeck 246
Icticus pellucidus 288
Ilisha elongata 36
Iniistius dea 149
Inimicus japonicus 183
Ischikauia steenackeri 62
Isistius brasiliensis........... 22
Isurus glaucus...........16, *267
Isurus nasus...............17, *268

K

Kareius bicoloratus 226
Kuhlia rupestris 104
Kyphosus lembus...............131

L

Labeo decorus 65
Labracoglossa argentiventris
.................101
Laemonoma longipes 294
Laeops lanceolata 218
Lagocephalus lagocephalus oceanicus..............170, *271
Lagocephalus laevigatus inermis.................165, *270
Lagocephalus lunaris
.... 165, *270
Lambdopsetta kitaharae 219
Lamna ditropis 17, *268
Lampetra fluviatilis......5, *267
Lampetra planeri.........6, *267
Lampris regia 99
Lateolabrax japonicus 107
Lefua echigonia 52
Lefua nikkonis................. 53
Leiognathus argentea 97
Leiognathus elongata........ 98
Leiognathus rivulata......... 98
Lepidaplois perditio 143
Lepidion inosimae 294
Lepidopsetta bilineata 224
Lepidopus tenuis 89
Lepidorhinus foliaceus 21
Lepidotrigla abyssalis 209
Lepidotrigla alata 208
Lepidotrigla güntheri.........208
Lepidotrigla japonica 209
Lepidotrigla microptera ...208
Lepidotus brama 287

Leptoscarus japonicus 150
Lestidium nudum 278
Lethotremus awae 214
Lethrinus haematopterus...128
Leuciscus hakonensis 60
Leucopsarion petersi 241
Limanda angustirostris......224
Limanda punctatissima......225
Limanda yokohamae 224
Liobagrus reini................. 51
Liosaccus cutaneus............291
Liparis franzi 293
Liza haematocheila........... 81
Lobotes surinamensis.........118
Lophius litulon..................262
Lophius setigerus 262
Lophotes capelleri 285
Lotella phycis 261
Luciogobius guttatus 241
Lumpenus anguillaris 255
Lutianus kasmira 118
Lutianus rivulatus............119
Lutianus russelli...............118
Lutianus sebae..................120
Lutianus vaigiensis............119
Lutianus vitta 119
Luvarus imperialis............289
Lycenchelys poecilimon......256

M

Macdonaldia challengeri ...279
Macropus opercularis 136
Macrorhamphosus japonicus
.... 76
Macrostoma japonicum...... 47
Malakichthys griseus.........106
Mallotus villosus...............278
Malthopsis lutea 265
Mapo poecilichthys............234
Masturus oxyuropterus......292
Maurolicus pennanti......... 49
Megalaspis cordyla............ 92
Megalocottus platycephalus
.................196
Megalops cyprinoides......... 33
Mene maculata................. 98
Micracanthus strigatus......155
Microdontophis erabo 70
Micropterus salmoides 106
Microstomus achne...226, *272
Microstomus hireguro 227
Microstomus kitaharae......227
Microstomus stelleri 226
Minous adamsi..................184
Misgurnus fossilis 52
Mobula japonica 30
Mogurnda obscura 230
Mola mola 172
Monacanthus cirrhifer......161
Monocentris japonica......... 84
Monoceros unicornis 156
Mugil cephalus.................. 80
Muraena pardalis 70
Muraenesox cinereus......... 68
Mustelichthys gracilis 116
Myctophum laternatum ... 46
Myliobatus tobijei 29
Myoxocephalus nivosus ...195
Myoxocephalus raninus ...195
Myoxocephalus stelleri......194
Myrichthys maculosus 70
Myripristis murdjan 82
Myxine garmani 5

N

Narcacion tokionis 25
Narke japonica................. 25
Naucrates ductor.............. 91
Nautiscus pribilovius.........202
Neoditrema ransonneti......141
Neopercis aurantiaca.........244
Neopercis decemfasciata ...244
Neopercis multifasciata ...244
Neopercis sexfasciata 243
Neoscopelus macrolepidotus
.... 46
Neostoma gracile.............. 48
Neozoarces steindachneri...253
Niphon spinosus 107
Notorhychus platycephalus 7
Novaculichthys woodi 149

O

Occa iburia 213
Ocynectes maschalis 199
Ocynectes modestus 200
Oncorhynchus gorbuscha
...........40, *273
O. keta 39, *273
O. milktschitsch 40, *273
O. nerker 38, *273
O. tschawitscha 39, *273
Ophichthus urolophus 68
Ophiocephalus argus 136
Ophisurus macrorhynchus
.... 69
Opisthocentrus ocellatus ...253
Opsariichthys uncirostris... 62
Orectolobus japonicus 9
Orectolobus maculatus......275
Oryzias latipes.................. 71
Osmerus dentex 43
Ostichthys japonicus 83
Ostracion cornutum 164
Ostracion diaphanum.........163
Ostracion gibbosum 163
Ostracion tuberculatum ...163
Otophidium asiro...............257
Owstonia totomiensis.........140
Oxyconger leptognathus ... 68
Oxyporhamphus micropterus
.................279
Ozorthe dictyogramma 254

P

Pagrosomus unicolor 128
Pallasina barbata 213
Parabembras curtus 206
Paracaesio caeruleus.........290
Parachaeturichthys poly-
nemus..........................239
Paralichthys olivaceus 219
Parapercis ommatura 243
Parapercis pulchella 242
Parapercis snyderi 243
Parapristipoma trilineatum
.................122
Parasilurus asotus 50
Parathynnus sibi.............. 86
Parexocoetus brachypterus
.................279
Parmaturus pilosus 12
Pelteobagrus nudiceps 51
Percanthias japonicus 115
Percis japonica..................211
Peristedion amiscus 210
Peristedion orientale 210
Petroscirtes elegans 251
Petroscirtes japonicus 251
Petroscirtes roxozonus 251
Petroscirtes trossulus 251
Photonectes albipennis 48
Phoxinus steindachneri...... 60
Pisodontophis cancrivora... 69
Plagiodus ferox................. 49
Platax teira 151
Platichthys stellatus 225
Platophrys myriaster.........217
Platycephalus indicus 204
Plecoglossus altivelis......... 42
Plectorhynchus cinctus......123
Plectorhynchus pictus 122
Pleuranacanthus sceleratus
.... 165, *270
Pleurogrammus monoptery-
gius 187
Pleuronichthys cornutus ...223
Plotosus anguillaris 50
Podothecus sachi..............213
Polyipnus stereope 49

Polymixia nobilis.............. 83
Polynemus plebeius 138
Priacanthus hamrur 105
Priacanthus japonicus 105
Prionace glauca 14, *267
Prionistius jordani...........191
Pristiophorus japonicus ... 22
Pristipomoides amoenus ...289
Pristipomoides oculatus ...120
Pristipomoides sieboldi 120
Pristipomoides sparus 121
Pristis 23
Pristiurus eastmani 12
Prognichthys agoo......79, *269
Prometheichthys prometheus
.... 89
Psammoperca waigiensis...108
Psenopsis anomala...........100
Pseudanthias elongatus ...116
Pseudobagrus aurantiacus
.... 51
Pseudoblennius percoides
.................200
Pseudoblennius zonostigma
.................200
Pseudogodio esocinus......... 57
Pseudolabrus gracilis.........144
Pseudolabrus japonicus......144
Pseudoperilampus typus ... 54
Pseudopriacanthus niphonius
.................106
Pseudorasbora parva......... 59
Pseudorhombus cinnamomeus
.................219
Pseudoscopelus scriptus ...247
Pseudotriacis acrages 10
Psychrolutes paradoxus ...203
Pteraclis aesticola 99
Pterogobius elapoides.........237
Pterogobius virgo 237
Pterogobius zonoleucus......238
Pterois lunulata 181
Pterophryne histrio 263
Pterophryne ranina 263
Pteroplatea japonica 28
Pterothrissus gissu........... 32
Pterygotrigla hemisticta ...207
Pungtungia hilgendorfi...... 59
Pygosteus sinensis 78

Q

Quinquarius japonicus 134

R

Rachycentron canadum ... 96
Raja isotrachys 27
Raja kenojei 26
Raja tengu......................... 27
Ranzania truncata............173
Reinhardtius matsuurae
.... 222, *272
Riczenius pinetorum 189
Rhamphobatus ancylostomus
24
Rhincodon typus.........18, *268
Rhinobatus schlegeli 24
Rhinochimaera pacifica...... 31
Rhinodon typicus 18, *268
Rhinogobius abei..............233
Rhinogobius giurinus.........232
Rhinogobius gymnauchen...233
Rhinogobius pflaumi 233
Rhinogobius similis............232
Rhinoplagusia japonica......228
Rhodeus cyanostigma......... 56
Rhodeus intermedius......... 56
Rhodeus kurumeus............ 55
Rhodeus limbatus 55
Rhodeus longipinnis 54
Rhodeus rhombeus 54
Rhodeus tabira.................. 55
Rhynchobatus djiddensis ... 24
Rogadius asper..................206
Rosanthias amoenus 115
Rudarius ercodes...............162

S

Sabastichthys nivosus 178
Sacura margaritacea.........116
Safole taeniura 105
Salanx microdon.............. 44
Salarias andersoni 252
Salarias enosimae 252
Salmo gorbuscha.............. 40
Salmo irideus 41
Salmo keta 39, *273
Salmo milktschitsch ...40, *273
Salmo nerka..............38, *273
Salmo tschawytscha ...39, *273
Salvelinus fontinalis......... 42
Salvelinus malma 41
Sarcocheilichthys variegatus
.... 58
Sarda chilensis.................. 87
Saurida argyrophanes 45
Sawara niphonia *273
Sayonara satsumae...........114
Scaeops grandisquama 218
Scaeops kobensis..............218
Scapanornynchus owstoni 15
Schmidtina misakia......... 188
Sciaena albiflora 132
Sciaena schlegeli..............132
Scoliodon walbeehmi......... 14
Scolopsis vosmeri 125
Scomber japonicus........... 84
Scomberomorus chinensis
...... 87, 88 *273
Scomberomorus commersoni
.... 88
Scomberomorus niphonius
............87, *273
Scombrops boöps..............104
Scorpaena fimbriata 180
Scorpaenopsis cirrhosa......181
Scorpaenopsis kagoshimana
.................181
Scymnodon squamulosus... 21
Sebastichthys elegans 177
Sebastichthys oblongus......177
Sebastichthys trivittatus...178
Sebastiscus albofasciatus
.................179
Sebastiscus marmoratus ...179
Sebastodes flammeus.........175
Sebastodes inermis............174
Sebastodes iracundus.........175
Sebastodes joyneri 175
Sebastodes matsubarae......174
Sebastodes schlegeli 177
Sebastodes thompsoni 176
Sebastodes vulpes 176
Sebastolobus macrochir ...174
Sebastosemus entaxis 178
Semicossyphus reticulatus
.................143
Selenanthias analis 114
Seriola aureovittata 91
Seriola purpurascens......... 92
Seriola quinqueradiata...... 91
Sicyopterus japonicus 240
Sillago parvisquamis.........138
Sillago sihama 138
Sirembo imberbis..............258
Solenostomus paradoxus ... 72
Somniosus microcephalus
.... 21, *268
Somniosus pacificus ...21, *268
Sparus aries.....................126
Sparus hasta.....................127
Sparus longispinis 127
Sphoeroides alboplumbeus
.... 166, *270
Sphoeroides chrysops
.... 167, *271
Sphoeroides exascurus
.... 167, *271
Sphoeroides inermis
.... 165, *270
Sphoeroides niphobles
.... 168, *271

Sphoeroides oceanicus 170, *271
Sphoeroides pardalis 168, *271
Sphoeroides porphyreus 168, *271
Sphoeroides rubripes 166, *270
Sphoeroides sceleratus 165, *270
Sphoeroides spadiceus 165, *270
Sphoeroides stictonotus 167, *271
Sphoeroides vermicularis 167, *270
Sphoeroides xanthopterus 167, *270
Sphyraena pinguis 80
Sphyrna lewini..................276
Sphyrna zygaena 16, *267
Spirinchus lanceolatus......277
Squalus mitsukurii............ 19
Squalus sucklii.................. 19
Squatina japonica 23
Squatina nebulosa 23
Stegostoma varium............ 10
Stelephorus japonicus 35
Stelgistrum stejnegeri 190
Stereolepis ischinagi 108
Stethojulis hekadopleura...145
Stethojulis kalasoma 145
Stichaeus nozawae............254
Stlengis osensis 188
Stromateoides argenteus ...100
Synaphobranchus pinnatus 66
Syngnathus schlegeli......... 73
Synodus japonicus 45

T

Tachysurus maculatus...... 52
Taenioides lacepedi 242
Taius tumifrons 130
Tanakius kitaharae...227, *272
Taractes princeps 288
Taractes steindachneri......287
Teuthis fuscescens............158
Tetragonurus cuvieri 288
Tetraodon aerostaticus 171, *272
Tetraodon alboreticulatus 171
Tetraodon firmamentum 170, *272
Tetraodon hispidus............292
Tetraodon stellatus...171, *272
Tetrapturus mitsukurii ... 90
Thalassoma hardwickei ...148
Thalassoma lunare............147
Thalassoma lutescens 147
Thalassoma umbrostigma 147
Theragra chalcogramma ...260
Therapon oxyrhynchus......121
Therapon servus...............121
Thynnus alalunga..............86
Thynnus thynnus 87
Thysanophrys crocodilus...205
Thysanophrys japonicus ...205
Thysanophrys macrolepis 205
Thysanophrys spinosus......204
Tilesina gibbosa 211
Tosana niwae 115
Trachinocephalus myops... 45
Trachurops crumenophthalma 93
Trachurus trachurus......... 93
Trachydermus fasciatus ...193
Trachynotus ovatus 96
Trachyrhamphus serratus 73
Triacanthodes anomalus ...158
Triacanthus brevirostris...159
Triacis scyllium 13
Triaenopogon barbatus......240
Trichiurus japonicus......... 89
Trichodon trichodon 244
Tridentiger bifasciatus......241
Tridentiger obscurus.........240
Triglops beani 191
Triodon bursarius 164
Trisotropis dermoptera......114
Trypauchen wakae............242
Tylosurus schismatorhynchus 78
Typhlonarke tarakea.........277

U

Uranoscopus bicinctus 246
Uranoscopus japonicus......246
Uranoscopus oligolepis 245
Urolophus fuscus............... 29
Upeneoides bensasi............134
Upeneus chrysopleuron......135
Upeneus multifasciatus......135
Upeneus spilurus...............135
Upeneus tragula 136

V

Varasper variegatus 221
Vellitor centropomus.........201
Verasper moseri 220
Verreo oxycephalu............143
Vireosa hanae 229
Vulpecula marina 16

W

Watasea sivicola 259

X

Xesurus scalprum 157
Xiphasia setifer 255
Xiphias gladius.................. 90
Xyrias revulsus 69
Xystrias grigorjewi............221

Z

Zacalles bryope 250
Zacco platypus.................. 61
Zacco temmincki............... 61
Zalises draconis 72
Zanclus canescens 155
Zebrias zebrinus 228
Zenopsis nebulosa 151
Zeus faber.........................151

索　引　(2)

ア

アイゴ……158
アイザメ……20
アイナメ……185
アイノドクサリ……248
アオカジカ……195
アオギス……138
アオザメ……16, *267
アオダイ……290
アオナ……110
アオハタ……111
アオバダイ……117
アオブダイ……150
アオミシマ……247
アオメエソ……47, *269
アカアマダイ……291
アカイサギ……114
アカウオ……242
アカエイ……27
アカエソ……45
アカカマス……80
アカガレイ……221
アカギンザメ……31
アカグツ……264
アカゴチ……206
アカザ……51
アカシゲトク……212
アカシタビラメ……229
アカシュモク……276
アカタチ……139
アカトビ……281
アカトラギス……244
アカドンコ……196
アカナマダ……285
アカノドクサリ……247
アカハゼ……239
アカハタ……112
アカマツカサ……82
アカムツ……117
アカメ……108
アカメフグ……169, *271
アカヤガラ……76
アキウミヘビ……70
アコオ……174
アゴハゼ……236
アサバ……224
アシシロハゼ……234
アシロ……257
アズマギンザメ……31
アナハゼ……200
アネサゴチ……205
アバチャン……216
アブオコゼ……184
アブラガレイ……222, *272
アブラザメ……19
アブラハヤ……60
アブラボオズ……187
アブラボテ……55
アベハゼ……233
アマギ……131
アマシイラ……289
アマダイ……139
アミウツボ……71
アミモンガラ……159
アヤトビウオ……283
アヤメカサゴ……179
アユ……42
アユモドキ……54
アラ……107
アリアケトビウオ……280
アワタチ……259
アンコオ……262

イ

イカナゴ……257
イゴダカホデリ……208
イサキ……122
イザリウオ……263
イシガキダイ……133
イシガキフグ……172
イシガレイ……226
イシダイ……133
イシチビキ……121
イシナギ……108
イシモチ……132
イショオジ……73
イズスミ……131
イソギンポ……250
イソハゼ……229
イソメクラ……4
イタセンパラ……54
イタチウオ……258
イタチザメ……13, *267
イダテンカジカ……199
イダテンギンポ……251
イダテントビウオ……280
イタハダカ……46
イチモンジタナゴ……56
イッテンアカタチ……140
イト……41
イトヒキアジ……96
イトヒキカジカ……196
イトヒキダラ……294
イトヒキハゼ……234
イトヒキベラ……149
イトベラ……144
イトマキエイ……30
イトマキフグ……164
イトヨ……77
イトヨリ……125
イヌゴチ……211
イネゴチ……205
イバラタツ……75
イバラハダカ……47
イボオコゼ……185
イボダイ……100
イラ……142
イワナ……41

ウ

ウキカモ……58
ウキゴリ……235
ウキハナダイ……115
ウグイ……60
ウサギザメ……31
ウスバハギ……162
ウチワザメ……26
ウチワフグ……164
ウツボ……70
ウナギ……66
ウナギギンポ……255
ウマズラ……161
ウバゴチ……206
ウバザメ……18, *268
ウミスズメ……163
ウミタナゴ……140
ウミテング……72
ウミドジョオ……258
ウミヒゴイ……135
ウミブナ……106
ウミヘビ……69
ウメイロ……125
ウラナイカジカ……203
ウルメイワシ……35
ウロコカジカ……188
ウロハゼ……235

エ

エイラクブカ……15
エソ……45
エゾガジ……254
エゾハタハタ……244
エゾホトケ……53
エツ……38
エドアブラザメ……7
エビスザメ……7
エボシカサゴ……182

オ

オアカムロ ……………………286
オイカワ ……………………… 61
オオクチイワシ ……………… 47
オオサガ ………………………175
オオスジテンジクダイ ………103
オオスジハタ …………………110
オオセ ………………………… 9
オオモンハタ …………………109
オキアジ ……………………… 95
オキエソ ……………………… 45
オキザワラ ……………88, *273
オキタナゴ ……………………141
オキトラギス …………………244
オキナヒメジ …………………135
オキナメジナ …………………131
オキヒイラギ ………………… 98
オキヒメカジカ ………………198
オキメクラ …………………… 5
オコボ …………………………246
オジイサン ……………………135
オジギカジカ …………………195
オシザメ ……………………… 10
オットセイカジカ ……………190
オトメベラ ……………………147
オナガザメ …………………… 16
オニアジ ……………………… 92
オニオコゼ ……………………183
オニカサゴ ……………………181
オニゴチ ………………………204
オニシャチウオ ………………211
オハグロベラ …………………144
オビアナハゼ …………………200
オヒョオ ………………………222
オヤニラミ ……………………108
オンデンザメ …………21, *268

カ

ガイコツザメ ………………… 12
カイワリ ……………………… 94
カエルウオ ……………………252
カエルザメ ……………………277
カガミダイ ……………………151
カグラザメ …………………… 7
カクレウオ ……………………256
カゴカキダイ …………………155
カサゴ …………………………179
カジカ …………………………193
カスザメ ……………………… 23
カスミサクラダイ ……………114
カスミザメ …………………… 21
カタクチ ……………………… 37
カツオ ………………………… 85
ガツナギ ………………255, *272
カッポレ ………………………287
カナガシラ ……………………208
カナフグ ………………165, *270
カネヒラ ……………………… 54
カノコウオ …………………… 82
カマキリ ………………………194
カマスサワラ ………………… 88
カマスベラ ……………………148
カマツカ ……………………… 57
カミナリベラ …………………145
カライワシ ……………33, *268
カラス …………………………291
カラスザメ …………………… 20
カラストビウオ ………………283
カラフトカジカ ………………191
カラフトシシャモ ……………278
カワアナゴオ …………………231
カワガレイ ……………………225
カワハギ ………………………161
カワバタモロコ ……………… 58
カワビシャ ……………………134
カワフグ ………………………291
カワヘビ ……………………… 65
カワマス ……………………… 42
カワムツ ……………………… 61
カワヤツメ ……………5, *267
ガンギエイ …………………… 26
ガンコ …………………192, *272
ガンゾオビラメ ………………219
カンダイ ………………………143
カンパチ ……………………… 92
カンランハギ …………………157

キ

キアマダイ ……………………290
キイトヨリ ……………………126
ギギ …………………………… 51
キクザメ ……………………… 22
キジハタ ………………………112
キス ……………………………138
ギス …………………………… 32
キダイ …………………………130
キタマクラ ……………………171
キチジ …………………………174
キツネガツオ ………………… 87
キツネダラ ……………………256
キツネベラ ……………………143
キツネメバル …………………176
キヌカジカ ……………………199
キヌバリ ………………………237
キヌベラ ………………………147
ギバチ ………………………… 51
キハッソク ……………………107
キビナゴ ……………………… 35
キビレ …………………………127
キホオボオ ……………………210
ギマ ……………………………159
キュウセン ……………………145
キュウリウオ ………………… 43
キュウリエソ ………………… 49
キワダ ………………………… 86
ギンアナゴ …………………… 67
ギンカガミ …………………… 98
キンカジカ ……………………198
キンギョハナダイ ……………115
ギンザメ ……………………… 30
ギンダラ ………………………293
キンチャクダイ ………………154
ギンポ …………………………253
ギンメ ………………………… 83
キンメダイ …………………… 81
ギンユゴイ ……………………105

ク

クエ ……………………………111
クギベラ ………………………148
クサウオ ………………………215
クサビフグ ……………………173
クサフグ ………………168, *271
クシカジカ ……………………188
クジメ …………………………185
グソクダイ …………………… 83
クダヤガラ …………………… 75
クツアンコオ …………………262
クマガエウオ …………………212
クマサカフグ …………170, *271
クマドリ ………………………160
クマノミ ………………………141
クモギンポ ……………………251
クモハゼ ………………………234
クモハダオオセ ………………275
クラカケトラギス ……………243
クルマダイ ……………………106
クルメタナゴ ………………… 55
クロアジモドキ ………………100
クロイトハゼ …………………230
クロウシノシタ ………………228
クロゲンゲ ……………………256
クロゾイ ………………………177
クロダイ ………………………127
クロテンジクダイ ……………102
クロハナオコゼ ………………263
クロハモ ……………………… 66
クロボオズギス ………………247
クロホシテンジクダイ ………103
クロマス ………………………106

ケ

ゲンナ …………………………253
ケンヒイ ……………………… 65
ゲンロクダイ …………………154

コ

コイ …………………………… 64
コオベダルマガレイ …………218
コオライトラギス ……………243
カナド …………………………208

コオリカジカ ……………………190
ゴクラクハゼ ……………………232
コケギンポ ……………………250
コショオダイ ……………………123
コスジテンジクダイ …………102
コチ ……………………………204
ゴテンアナゴ ………………… 68
コトヒキ ………………………121
コノシロ…………………34, *269
コバンアジ …………………… 96
コバンザメ ……………………216
コビキカジカ …………………192
コマイ …………………………260
ゴマゾイ ………………………178
ゴマフグ ……………167, *271
ゴモカジカ ……………………195
コモチジャコ …………………239
コモンハタ ……………………110
コモンフグ …………166, *270
コロザメ ……………………… 23
コロダイ ………………………122
コンゴオフグ …………………164
ゴンズイ ……………………… 50
コンニャクアジ ………………288
ゴンベ …………………………117
コンペイトオ …………………215

サ

サイウオ ………………………259
サイトオ ……………………… 34
サカタザメ …………………… 24
サギフエ ……………………… 76
サクラダイ ……………………116
サケ……………………39, *273
ササウシノシタ ………………227
ササノハベラ …………………144
サチコ …………………………202
サッパ ………………………… 37
アツマカサゴ …………………181
サバ …………………………… 84
サバヒイ ……………………… 34
サバフグ ……………165, *270
サブロオ ………………………213
サメカスベ …………………… 27
サメガレイ ……………………226
サヨリ ………………………… 78
サヨリトビウオ ………………279
サワラ ………………87, *273
サンゴタツ …………………… 74
サンゴメヌケ …………………175
サンノジダマシ ………………283
サンノジトビ …………………284
サンマ ………………………… 79

シ

シイラ ………………………… 99
シキシマハナダイ ……………115
シシャモ ………………………277
シチロオウオ …………………213
シッポオフグ …………………291
シノノメサカタザメ ………… 24
シビレエイ …………………… 25
シマアジ ……………………… 94
シマイサギ ……………………121
シマガツオ ……………………287
シマキンチャクフグ …………292
シマギンポ ……………………252
シマゾイ ………………………178
シマドジョオ ………………… 53
シマネコザメ ………………… 9
シマハゼ ………………………241
シマフグ ……………167, *270
シャチフリ …………………… 50
シュモクザメ…………16, *267
ショオキハゼ …………………240
ショオサイフグ ……167, *270
シラウオ ……………………… 44
シラコダイ ……………………154
シロアマダイ …………………290
シロアミフグ …………………171
シロウオ ………………………241
シロクラハゼ …………………241
シロゲンゲ ……………………256
シロコバン ……………………217
シワイカナゴ …………………293
ジンベエザメ…………18, *268

ス

スイ ……………………………201
スギ …………………………… 96
ズグエイ ……………………… 28
スケトオ ………………………260
スジクサウオ …………………293
スジタルミ ……………………118
スジハゼ ………………………233
スズキ …………………………107
ススキベラ ……………………145
スズメダイ ……………………141
スソウミヘビ ………………… 68
スダレダイ ……………………156
スナガレイ ……………………225
スナモグリ ……………………255
スナモロコ …………………… 59
スナヤツメ ……………6, *267
スミダラ ………………………294
スミツキアカタチ ……………140
スミツキハナダイ ……………114
スミヤキ ……………………… 89

セ

セイヨオカマツカ …………… 58
セキレン ………………………247
セッパリマス…………40, *273
セトベラ ………………………146
セナスジベラ …………………148
セミホオボオ …………………210
センニンフグ ………165, *270
センネンダイ …………………120
センバハゼ ……………………236
センマイハギ …………………162

ソ

ゾオザメ ……………………… 15
ソオダガツオ ………………… 85
ソオハチ ………………………222
ソコアマダイ …………………140
ソコカナガシラ ………………209
ソコギス ………………………279
ソコクロダラ …………………294
ソコホオボオ …………………207
ソトイワシ …………………… 33
ソトオリイワシ ……………… 46

タ

ダイナンギンポ ………………253
タイワンイカナゴ ……………257
タウエガジ ……………………254
タカクラタツ ………………… 74
タカサゴ ………………………124
タカノハ ………………………137
タカベ …………………………101
タキベラ ………………………143
タケアラ ………………………111
タケノコメバル ………………177
タコベラ ………………………148
タチウオ ……………………… 89
タチモドキ …………………… 89
タツノオトシゴ ……………… 75
タナゴ ………………………… 55
タプミノオ …………………… 72
タマガシラ ……………………125
タマミ …………………………128
タモリ …………………………124
タラ ……………………………259
ダルマオコゼ …………………184
ダルマカジカ …………………189
ダルマガレイ …………………218
ダルマザメ …………………… 22
タルミ …………………………119
ダンゴウオ ……………………214

チ

チカメキントキ ………………105
チダイ …………………………129
チチビツカジカ ………………197
チチブ …………………………240
チビキ …………………………120
チビキモドキ …………………120
チャガラ ………………………238
チョオザメ …………………… 32
チョオセンバカマ ……………122

チョオチョオウオ ……………152
チョオチンアンコオ …………264
チョオハン ……………………153

ツ

ツアウヒイ …………………… 65
ツクシトビウオ ………………282
ツズノメバチメ ………………176
ツチホゼリ ……………………113
ツノシャチウオ ………………212
ツノダシ ………………………155
ツバクロエイ ………………… 28
ツバメ …………………………250
ツバメウオ ……………………151
ツバメコノシロ ………………138
ツボダイ ………………………134
ツマグロテンジクダイ ………103
ツマリツノザメ ……………… 19
ツムブリ ………………………287
ツルウバウオ …………………249
ツルマキ ………………………228

テ

テツギョ ……………………… 63
テッポオテンジクダイ ………103
テリエビス …………………… 82
テングカスベ ………………… 27
テングギンザメ ……………… 31
テングダイ ……………………133
テングノタチ …………………285
テングハギ ……………………156
テンジクザメ ………………… 9
テンジクダイ …………………101
テンス …………………………149
テンスモドキ …………………149

ト

トオゴロイワシ ……………… 80
トオザヨリ………………79, *273
トオヘエ ……………………… 67
トオベツカジカ ………………203
トオユウ ………………………136
トカゲギス …………………… 38
トカゲゴチ ……………………205
トカゲハダカ ………………… 49
ドクウロコイボダイ …………288
ドクギョ ………………………119
トゲカナガシラ ………………209
トゲチョオチョオウオ ………152
トゲヨオジ …………………… 74
トゴットメバル ………………175
ドジョオ ……………………… 52
ドチザメ ……………………… 13
トビウオ…………………79, *269
トビエイ ……………………… 29
トビハゼ ………………………231
トビハタ ………………………114
トミヨ ………………………… 78
トラウツボ …………………… 70
トラギス ………………………242
トラザメ ……………………… 11
トラヒメジ ……………………136
トラフグ ………………166, *270
トラフザメ …………………… 10
トリカジカ ……………………204
ドロメ …………………………236
トンガリ ……………………… 24
ドンコ …………………………230

ナ

ナガエバ ……………………… 94
ナガサキチビキ ………………121
ナガサキトラザメ …………… 11
ナガハナダイ …………………116
ナカムラギンメ ………………286
ナシフグ ………………………291
ナツガレイ ……………………219
ナヌカザメ …………………… 10
ナベカ …………………………251
ナベコワシ ……………………196
ナマズ ………………………… 50
ナメアブラコ …………………254
ナメハダカ ……………………278
ナンヨオサヨリ ……………… 79
ナメラフグ ……………168, *271

ニ

ニギス ………………………… 43
ニクハゼ ………………………236
ニゴイ ………………………… 57
ニザダイ ………………………157
ニシキハゼ ……………………237
ニジギンポ ……………………251
ニジトビウオ …………………279
ニジベラ ………………………145
ニジマス ……………………… 41
ニシン ………………………… 37
ニベ ……………………………132
ニラミオコゼ …………………245

ネ

ネコザメ ……………………… 8
ネズミギス …………………… 47
ネムリシビレエイ ……………277
ネンブツダイ …………………102

ノ

ノコギリエイ ………………… 23
ノコギリザメ ………………… 22
ノドクサリ ……………………248
ノミノクチ ……………………110
ノロカジカ ……………………198

ハ

ハイレン ……………………… 33
ハオコゼ ………………………183
バカザメ…………………18, *268
ハゴトコ ………………………186
ハス …………………………… 62
ハシキンメ ……………………285
ハシナガアナゴ ……………… 68
バショオカジキ ……………… 89
ハゼクチ ………………………238
ハダカイワシ ………………… 46
ハタタテダイ …………………155
ハタタテヌメリ ………………249
ハタハタ ………………………245
ハチ ……………………………182
ハチジョオアカムツ …………289
ハチビキ ………………………132
ハチワレ ………………………275
ハナイトギンポ ………………253
ハナオコゼ ……………………263
ハナタツ ……………………… 74
ハナハゼ ………………………229
ハナビヌメリ …………………249
ハナフエダイ …………………289
ハネカジカ ……………………188
ババガレイ ……………226, *272
ハマギギ ……………………… 52
ハマゴンベ ……………………117
ハマダイ ………………………289
ハマダツ ……………………… 78
ハマトビウオ …………………281
ハモ …………………………… 68
ハリゴチ ………………………207
ハリセンボン …………………172

ヒ

ヒイラギ ……………………… 97
ヒガイ ………………………… 58
ヒカリギンメ …………………286
ヒガンフグ ……………168, *271
ビクニン ………………………216
ヒゲ ……………………………261
ヒゲキホオボオ ………………210
ヒゲダイ ………………………124
ヒゲダラ ………………………261
ヒゲハゼ ………………………239
ヒシコバン ……………………217
ヒシダイ ………………………152
ヒフキヨオジ ………………… 73
ヒメ …………………………… 44
ヒメオコゼ ……………………184
ヒメコダイ ……………………113
ヒメジ …………………………134
ヒメハゼ ………………………233
ヒメハナダイ …………………115
ヒメヒイラギ ………………… 98
ヒラ …………………………… 36
ヒラガシラ …………………… 14

ヒラタエイ …………………… 29
ヒラマサ …………………… 91
ヒラメ ……………………219
ビリンゴ ……………………235
ヒレグロ ……………227, *272
ヒレコダイ ……………………130
ヒレジロマンザイウオ ………288
ヒレナガメバル ………………178
ヒレナマズ …………………… 52
ビロオドザメ ………………… 21
ビンナガ …………………… 86

フ

フウセンウオ …………………215
フウライウオ ………………… 72
フウライチョオチョオウオ …153
フウリュウウオ ………………265
フクドジョオ ………………… 53
フサアンコオ …………………264
フサカケカジカ ………………197
フサカサゴ ……………………180
フサギンポ ……………………252
フジクジラ …………………… 20
ブダイ ……………………150
フナ …………………… 62
ブリ …………………… 91
ブリモドキ …………………… 91

ヘ

ヘコアユ …………………… 77
ヘダイ ……………………126
ベニカワムキ …………………158
ベニマス………………38, *273
ヘラツノザメ ………………… 20
ヘラヤガラ …………………… 76
ベロ ……………………201
ベンテンウオ ………………… 99
ベンテンハナダイ ……………116

ホ

ボオウミヘビ ………………… 69
ホオジロ …………………… 17
ボオズゴリ ……………………240
ホオセキハタ …………………109
ホオネンエソ ………………… 49
ホオボオ ……………………207
ホオライエソ ………………… 48
ホカケアナハゼ ………………202
ホシガレイ ……………………221
ホシザメ …………………… 13
ホシセミホオボオ ……………211
ホシダルマガレイ ……………217
ホシタルミ ……………………119
ホシノクリ …………………… 11
ホシフグ ……………170, *272
ホソアオトビ …………………284
ホソトビ ……………………280
ホタテウミヘビ ……………… 69
ホタルジャコ …………………104
ホッケ ……………………187
ホテイエソ …………………… 48
ホトケドジョオ ……………… 52
ボラ …………………… 80

マ

マアジ …………………… 93
マアナゴ …………………… 66
マイトビウオ …………………284
マイワシ …………………… 36
マカジキ …………………… 90
マガレイ ……………………224
マグロ …………………… 87
マコガレイ ……………………224
マス………………………40, *273
マスノスケ……………39, *273
マダイ ……………………128
マダラトビエイ ……………… 29
マツカサウオ ………………… 84
マツカジカ ……………………189
マツカワ ……………………220
マツダイ ……………………118
マツバゴチ ……………………206
マトオギス ……………………243
マトオダイ ……………………151
マトオテンジクダイ …………101
マナガツオ ……………………100
マハゼ ……………………238
マハタ ……………………112
マルアジ………………92, *269
マルエバ …………………… 95
マンザイウオ …………………287
マンダイ …………………… 99
マンボオ ……………………172

ミ

ミギマキ ……………………137
ミシマオコゼ …………………246
ミズウオ …………………… 49
ミズウオダマシ ………………278
ミズテング …………………… 44
ミズワニ …………………… 15
ミゾレカジカ …………………202
ミノカサゴ ……………………181
ミミズハゼ ……………………241

ム

ムギツク …………………… 59
ムシガレイ ……………………221
ムシフグ ……………169, *271
ムスジカジ ……………………254
ムスメベラ ……………………146
ムツ ……………………104
ムツカジカ ……………………200
ムツゴロオ ……………………231
ムロアジ………………93, *269

メ

メアジ …………………… 93
メイタガレイ …………………223
メイチダイ ……………………126
メカジキ …………………… 90
メガネウオ ……………………246
メジナ ……………………130
メジロザメ …………………… 14
メダイ ……………………101
メタカ …………………… 71
メダマカジカ …………………191
メダマガレイ …………………223
メナガ………………………35, *269
メナダ …………………… 81
メバチ …………………… 86
メバル ……………………174

モ

モカジカ ……………………194
モツゴ …………………… 59
モミジザメ …………………… 21
モヨ ……………………177
モヨオハタ ……………………109
モヨオフグ …………171, *272
モロコ …………………… 56
モンガラカワハギ ……………160
モンガラドオシ ……………… 70
モンツキ ……………………118

ヤ

ヤギウオ ……………………213
ヤケザメ …………………… 12
ヤナギベラ ……………………146
ヤナギムシガレイ ……227, *272
ヤマトシビレエイ …………… 25
ヤマノカミ ……………………193
ヤマブキベラ …………………147
ヤモリザメ …………………… 12
ヤリガレイ ……………………218
ヤリタナゴ …………………… 56
ヤリマンボオ …………………292

ユ

ユウダチタカノハ ……………138
ユウダチトラギス ……………244
ユゴイ ……………………104
ユメカサゴ ……………………180
ユメザメ ……………………276

ヨ

ヨオジウオ …………………… 73
ヨキヨ ……………………214
ヨコエソ …………………… 48
ヨコジマザワラ ……………… 88
ヨコシマフグ …………………292

ヨコスジカジカ ……………191
ヨゴレ ……………275
ヨシキリザメ ……………14, *267
ヨシノボリ ……………232
ヨロイアジ ……………95
ヨロイイタチウオ ……………258
ヨロイザメ ……………276

ラ

ライギョ ……………136
ラクダザメ……………17, *268
ラクダハコフグ ……………163
ラブカ ……………8

リ

リュウグウギンポ ……………252
リュウグウハゼ ……………237

ル

ルリハタ ……………109

レ

レンヒイ ……………65

ロ

ロクセンスズメダイ ……………142

ワ

ワカサギ ……………43
ワカマツ ……………213
ワタカ ……………62
ワラスボ ……………242